第二次增訂

臺灣脊椎動物誌

中　冊

A SYNOPSIS OF THE VERTEBRATES
OF TAIWAN

by

JOHNSON T. F. CHEN

陳　兼　善

Revised and Enlarged Edition (in 3 vols)

by

MING - JENN YU

于　名　振

Vol. II

臺灣商務印書館發行

臺灣脊椎動物誌（中册）

目　次

① 紅　　　鱸 *Doderleinia berycoides*
② 鱸　　　魚 *Lateolabrax japonicus*
③ 脇谷氏大眼鱸 *Malakichthys wakiyai*
④ 異臂花鱸 *Caprodon schlegeli*
⑤ 東　花　鱸 *Plectranthias kelloggi*

⑥ 巨點石斑 *Epinephelus areolatus*
⑦ 靑　石　斑 *Epinephelus awoara*
⑧ 赤　石　斑 *Epinephelus fasciatus*
⑨ 靑點石斑 *Epinephelus fario*
⑩ 縱帶石斑 *Epinephelus latifasciatus*

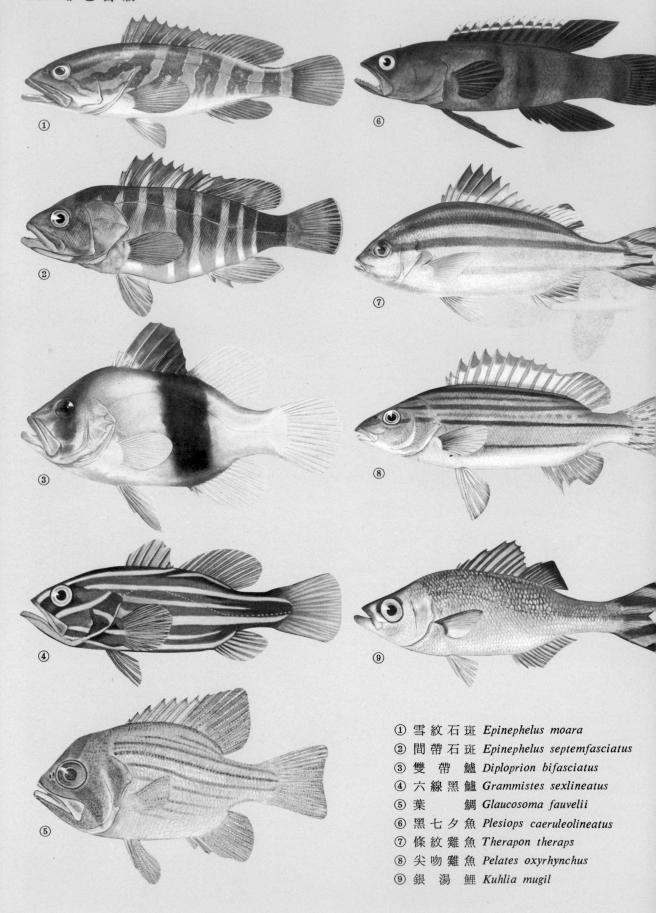

① 雪 紋 石 斑 *Epinephelus moara*
② 間 帶 石 斑 *Epinephelus septemfasciatus*
③ 雙 帶 鱸 *Diploprion bifasciatus*
④ 六 線 黑 鱸 *Grammistes sexlineatus*
⑤ 葉 鯛 *Glaucosoma fauvelii*
⑥ 黑七夕魚 *Plesiops caeruleolineatus*
⑦ 條 紋 雞 魚 *Therapon theraps*
⑧ 尖 吻 雞 魚 *Pelates oxyrhynchus*
⑨ 銀 湯 鯉 *Kuhlia mugil*

① 大　眼　鯛　*Priacanthus macracanthus*
② 曳絲大眼鯛　*Priacanthus tayenus*
③ 環尾天竺鯛　*Apogon fleurieu*
④ 四線天竺鯛　*Apogon quadrifasciatus*
⑤ 黑天竺鯛　*Apogon niger*

⑥ 細條紋天竺鯛　*Apogon lineatus*
⑦ 螢　石　鱸　*Acropoma japonicum*
⑧ 沙　　鮻　*Sillago sihama*
⑨ 星　沙　鮻　*Sillago maculata*

① 金色馬頭魚 *Branchiostegus auratus*
② 日本馬頭魚 *Branchiostegus japonicus*
③ 海　　鱺 *Rachycentron canadum*
④ 長 印 魚 *Echeneis naucrates*
⑤ 眞　　鰺 *Trachurus japonicus*

⑥ 銅 鏡 鰺 *Decapterus maruadsi*
⑦ 印度白鬚鰺 *Alectis indicus*
⑧ 腹 溝 鰺 *Atropus atropus*
⑨ 扁 甲 鰺 *Megalaspis cordyla*
⑩ 六 帶 鰺 *Caranx sexfasciatus*

① 瘦 平 鰺 *Atule mate*
② 平　　鰺 *Kaiwarinus equula*
③ 木 葉 鰺 *Selariodes leptolepis*
④ 金 帶 鰺 *Seriola lalandi*
⑤ 裴氏黃鱲鰺 *Trachinotus baillonii*

⑥ 逆 溝 鰺 *Scomberoides lysan*
⑦ 鬼 頭 刀 *Coryphaena hippurus*
⑧ 烏　　鯧 *Formio niger*
⑨ 眼 眶 魚 *Mene maculata*

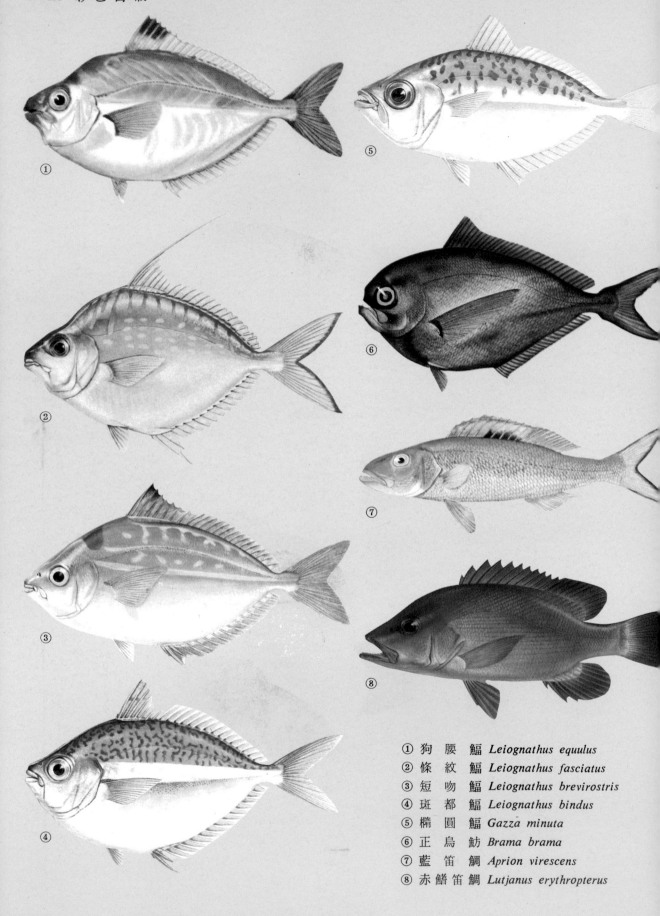

① 狗　腰　鰏　*Leiognathus equulus*
② 條　紋　鰏　*Leiognathus fasciatus*
③ 短　吻　鰏　*Leiognathus brevirostris*
④ 斑　都　鰏　*Leiognathus bindus*
⑤ 橢　圓　鰏　*Gazza minuta*
⑥ 正　烏　魴　*Brama brama*
⑦ 藍　笛　鯛　*Aprion virescens*
⑧ 赤鰭笛鯛　*Lutjanus erythropterus*

① 川 紋 笛 鯛 *Lutjanus sebae*
② 雙 斑 笛 鯛 *Lutjanus bohar*
③ 銀 紋 笛 鯛 *Lutjanus argentimaculatus*
④ 維 琪 笛 鯛 *Lutjanus vaigiensis*
⑤ 五 線 笛 鯛 *Lutjanus spilurus*
⑥ 絲 鰭 姬 鯛 *Pristipomoides filamentosus*

⑦ 虹色紅姑魚 *Nemipterus hexodon*
⑧ 瓜衫紅姑魚 *Nemipterus japonicus*
⑨ 白頸赤尾多 *Scolopsis vosmeri*

① 橫帶海鯽 *Scolopsis inermis*
② 短 鑽 嘴 *Gerres abbreviatus*
③ 長臂鑽嘴 *Pentaprion longimanus*

④ 橫帶髭鱸 *Hapalogeny mucronatus*
⑤ 花 軟 唇 *Plectorhynchus cinctus*
⑥ 細鱗石鱸 *Plectorhynchus pictus*
⑦ 三線雞魚 *Parapristipoma trilineatus*
⑧ 斑 雞 魚 *Pomadasys maculatus*

① 龍　　　占 *Lethrinus haematopterus*
② 青嘴龍占 *Lethrinus nebulosus*
③ 白　　　鱲 *Gymnocranius griseus*
④ 赤　　　鯮 *Taius tumifrons*
⑤ 嘉　鱲　魚 *Sparus major*
⑥ 小長旗鯛 *Argyrops bleekeri*
⑦ 血　　　鯛 *Evynnis japonicus*
⑧ 黑　　　鯛 *Mylio macrocephalus*

①

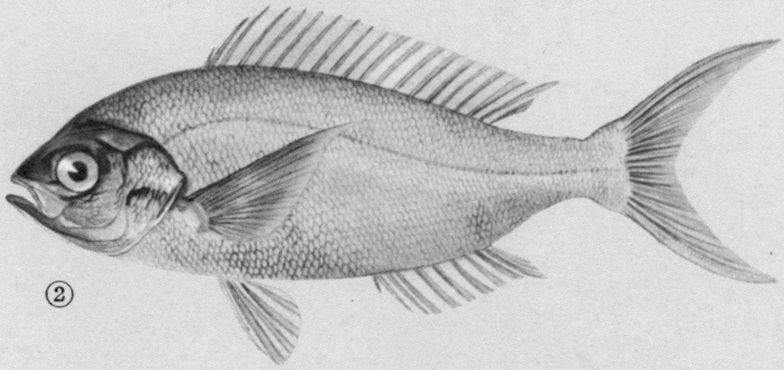
②

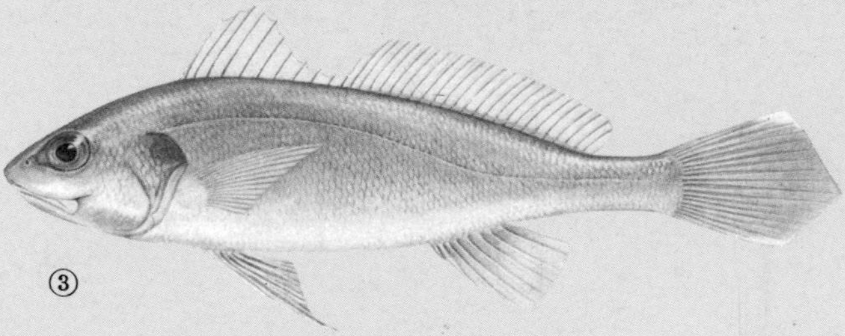
③

④

⑤

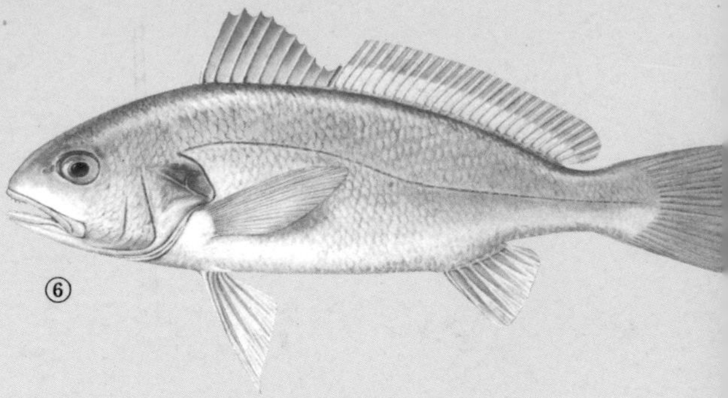
⑥

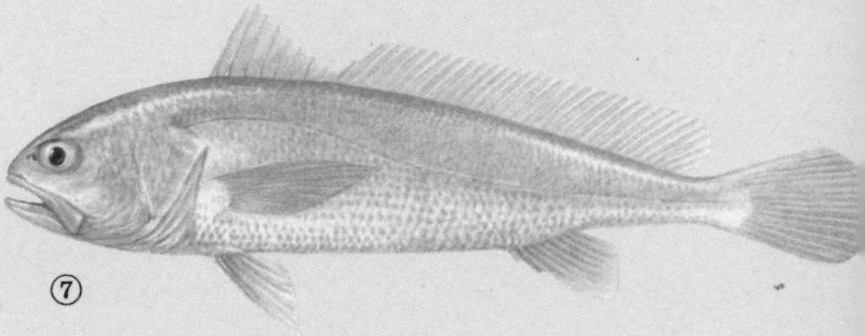
⑦

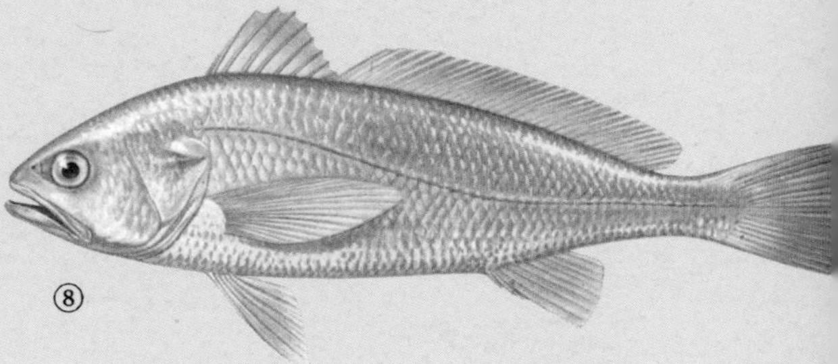
⑧

⑨

⑩

① 黃 錫 鯛 *Rhabdosargus sarba*
② 黃烏尾冬 *Paracaesio xanthurus*
③ 皮氏鮸口 *Johnius belangerii*
④ 白 花 鰔 *Nibea albiflora*
⑤ 鮸 魚 *Argyrosomus miiuy*
⑥ 日本白口 *Pennahia argentatus*
⑦ 大 黃 魚 *Larimichthys crocea*
⑧ 小 黃 魚 *Larimichthys polyactis*
⑨ 秋 姑 魚 *Upeneus bensasi*
⑩ 洋鑽秋姑魚 *Upeneus tragula*

① 摩鹿加秋姑魚 *Upeneus moluccensis*
② 金帶秋姑魚 *Upeneus vittatus*
③ 紅 鰡 魚 *Parupeneus chrysopleuron*
④ 瓜 子 䱥 *Girella punctata*
⑤ 銀 鯭 *Ephippus orbis*
⑥ 斑 點 簾 鯛 *Drepane punctata*
⑦ 條 紋 簾 鯛 *Drepane longimana*

① 圓翅燕魚 *Platax pinnatus*
② 黑星銀魮 *Scatophagus argus*
③ 眼斑准蝶魚 *Parachaetodon ocellatus*

④ 長吻蝶魚 *Forcipiger flavissimus*
⑤ 尖嘴蝶魚 *Chaetodon modestus*
⑥ 八帶蝶魚 *Chaetodon octofasciatus*

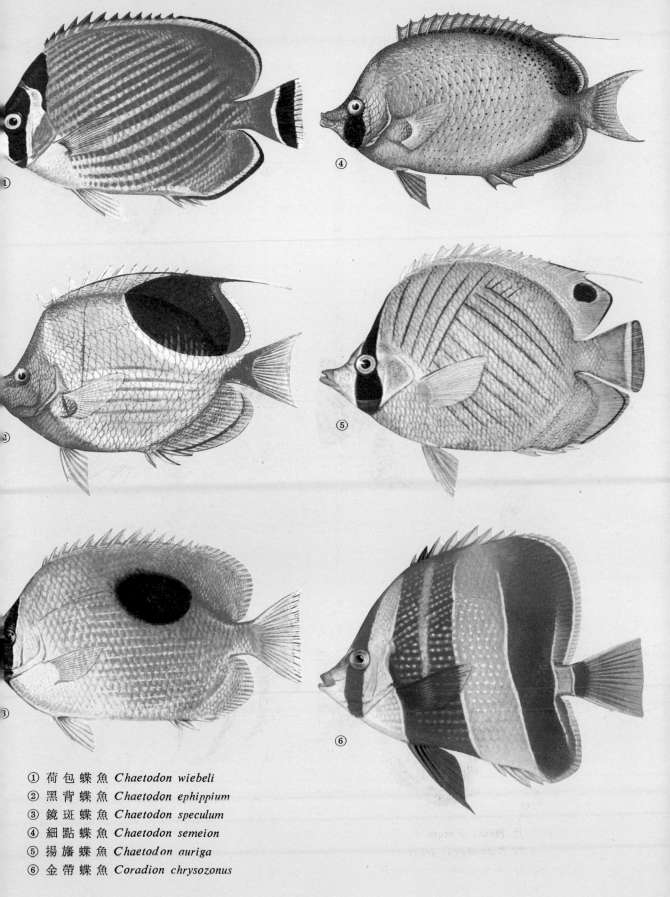

① 荷包蝶魚 *Chaetodon wiebeli*
② 黑背蝶魚 *Chaetodon ephippium*
③ 鏡斑蝶魚 *Chaetodon speculum*
④ 細點蝶魚 *Chaetodon semeion*
⑤ 揚旛蝶魚 *Chaetodon auriga*
⑥ 金帶蝶魚 *Coradion chrysozonus*

① 月斑蝶魚 *Chaetodon lunula*
② 〢紋蝶魚 *Chaetodon trifascialis*
③ 白吻雙帶立旗鯛 *Heniochus acuminatus*
④ 環紋棘蝶魚 *Pomacanthus annularis*
⑤ 叠波棘蝶魚 *Pomacanthus semicirculatus*
⑥ 斑點石鯛 *Oplegnathus punctatus*

① 雙帶海葵魚 *Amphiprion bicinctus*
② 條紋雀鯛 *Abudefduf saxatilis*
③ 福氏鷹斑鯛 *Paracirrhites forsteri*
④ 金色鷹斑鯛 *Cirrhitichthys aureus*
⑤ 魠華鯔 *Liza carinata*
⑥ 大鱗鯔 *Liza macrolepis*
⑦ 佛吉鯔 *Liza vaigiensis*
⑧ 烏魚 *Mugil cephalus*
⑨ 竹針魚 *Sphyraena jello*
⑩ 四絲馬鮁 *Eleutheronema tetradactylum*

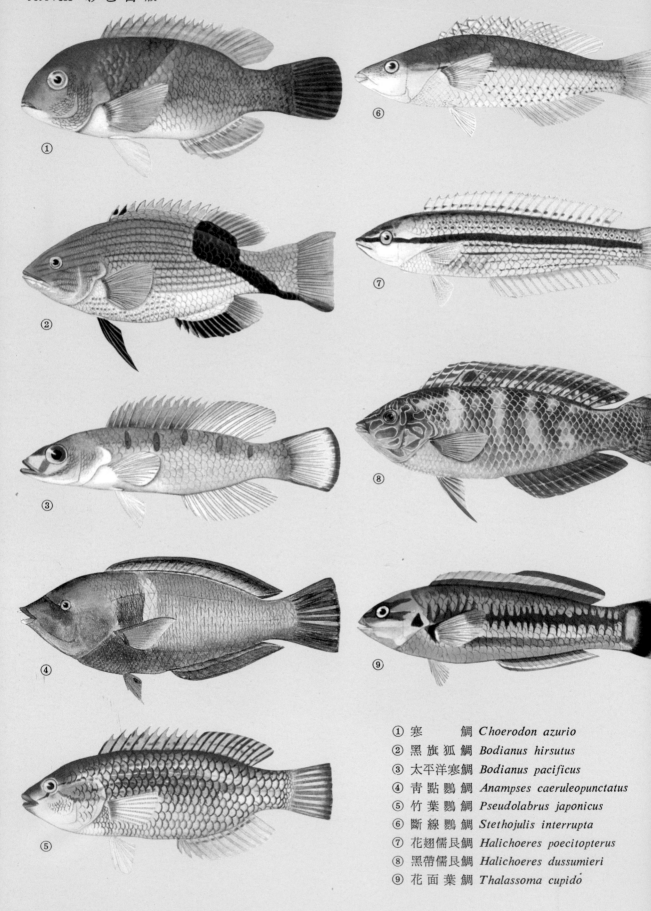

① 寒　　鯛 *Choerodon azurio*
② 黑旗狐鯛 *Bodianus hirsutus*
③ 太平洋寒鯛 *Bodianus pacificus*
④ 青點鸚鯛 *Anampses caeruleopunctatus*
⑤ 竹葉鸚鯛 *Pseudolabrus japonicus*
⑥ 斷線鸚鯛 *Stethojulis interrupta*
⑦ 花翅儒艮鯛 *Halichoeres poecitopterus*
⑧ 黑帶儒艮鯛 *Halichoeres dussumieri*
⑨ 花面葉鯛 *Thalassoma cupido*

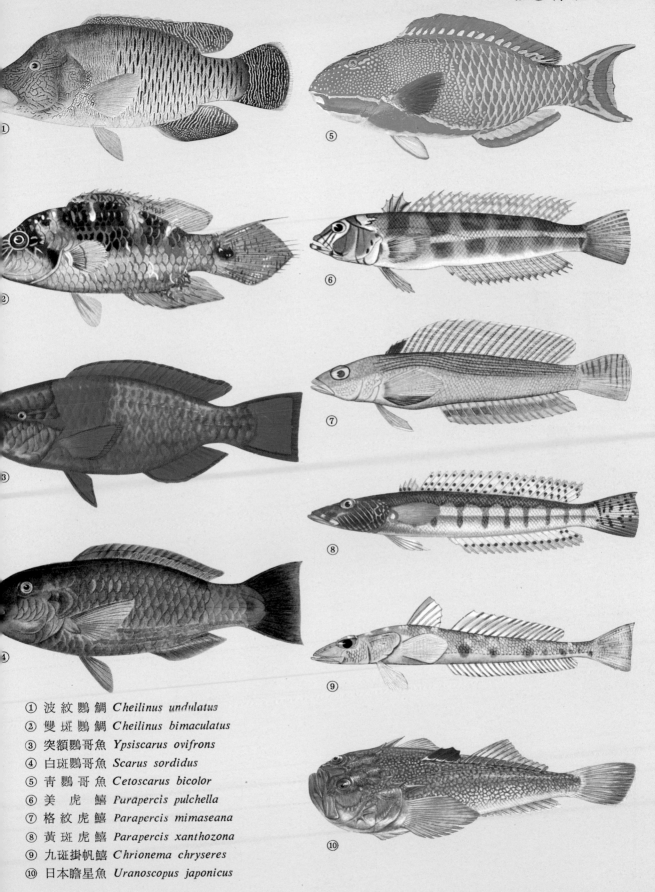

① 波紋鸚鯛　*Cheilinus undulatus*
② 雙斑鸚鯛　*Cheilinus bimaculatus*
③ 突額鸚哥魚　*Ypsiscarus ovifrons*
④ 白斑鸚哥魚　*Scarus sordidus*
⑤ 青鸚哥魚　*Cetoscarus bicolor*
⑥ 美　虎　鱚　*Parapercis pulchella*
⑦ 格紋虎鱚　*Parapercis mimaseana*
⑧ 黃斑虎鱚　*Parapercis xanthozona*
⑨ 九斑掛帆鱚　*Chrionema chryseres*
⑩ 日本瞻星魚　*Uranoscopus japonicus*

① 青瞻星魚 *Gnathagnus elongatus*
② 江之島鳚 *Istiblennius enosimae*
③ 韋馱鳚 *Omobranchus punctatus*
④ 篩口三鰭鳚 *Tripterygion etheostoma*

⑤ 黃臂棘鯊 *Acanthogobius flavimanus*
⑥ 虎齒鰕虎 *Vaimosa caninus*
⑦ 大彈塗魚 *Boleophthalmus pectinirostris*
⑧ 條紋臭都魚 *Siganus javas*
⑨ 網紋臭都魚 *Siganus oramin*
⑩ 小臭都魚 *Siganus virgatus*

① 星臭都魚 *Siganus guttatus*
② 角 蝶 魚 *Zanclus cornutus*
③ 綠色粗皮鯛 *Acanthurus triostegus*
④ 藍線粗皮鯛 *Acanthurus lineatus*
⑤ 杜氏粗皮鯛 *Acanthurus dussumieri*
⑥ 斑煩粗皮鯛 *Acanthurus nigrofuscus*
⑦ 白 腹 鯖 *Scomber japonicus*
⑧ 金帶花鯖 *Rastrelliger kanagurta*

① 巴　　鰹 *Euthynnus affinis*
② 圓花鰹 *Auxis rochei*
③ 小黃鰭鮪 *Thunnus tonggol*
④ 　　鮪 *Thunnus thynnus*
⑤ 長鰭鮪 *Thunnus alalunga*
⑥ 黃鰭鮪 *Thunnus albacares*

⑦ 高麗馬加鰆 *Sawara koreana*
⑧ 棘　　鰆 *Acanthocybium solandri*
⑨ 雨傘旗魚 *Istiophorus platypterus*
⑩ 紅肉旗魚 *Tetrapterus audax*
⑪ 劍旗魚 *Xiphias gladius*

① 鱗網帶鰆　*Lepidocybium flavobrunneum*
② 紫　金　魚　*Promethichthys prometheus*
③ 肥　帶　魚　*Trichurus lepturus*
④ 白　　　鯧　*Stromateoides argenteus*
⑤ 瓜　子　鯧　*Psenopsis anomala*

⑥ 印　度　圓　鯧　*Psenes indicus*
⑦ 本氏鼠䲗魚　*Callionymus beniteguri*
⑧ 長崎鼠䲗魚　*Callionymus huguenini*
⑨ 滑　鼠　䲗　魚　*Callionymus lunatus*
⑩ 紅　鼠　䲗　魚　*Synchiropus altivelis*
⑪ 姥　姥　魚　*Aspasmichthys ciconiae*

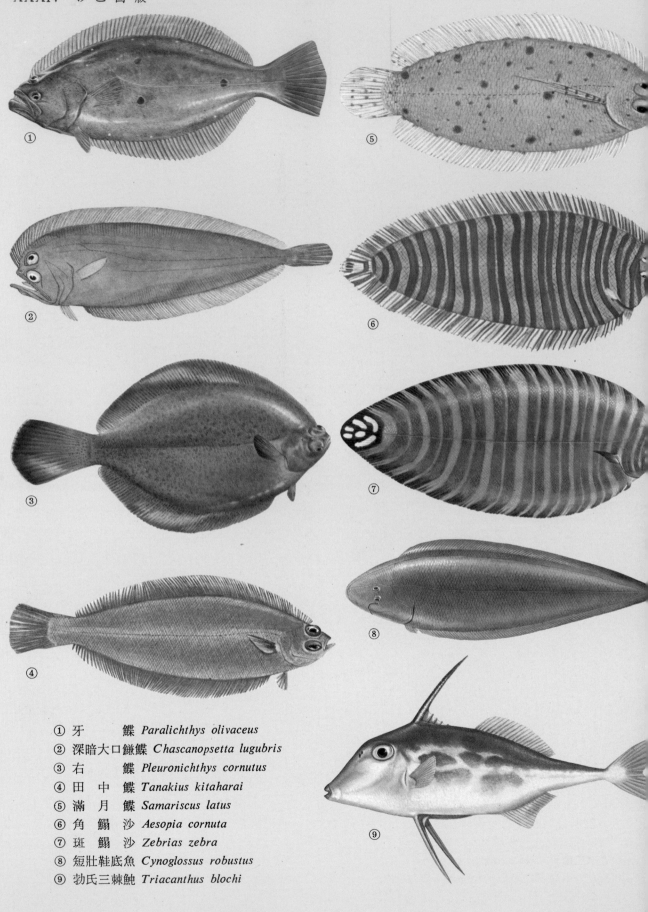

① 牙　　鰈 *Paralichthys olivaceus*
② 深暗大口鰜鰈 *Chascanopsetta lugubris*
③ 右　　鰈 *Pleuronichthys cornutus*
④ 田　中　鰈 *Tanakius kitaharai*
⑤ 滿　月　鰈 *Samariscus latus*
⑥ 角　鰨　沙 *Aesopia cornuta*
⑦ 斑　鰨　沙 *Zebrias zebra*
⑧ 短壯鞋底魚 *Cynoglossus robustus*
⑨ 勃氏三棘魨 *Triacanthus blochi*

① 短吻三棘魨　*Triacanthus brevirostris*
② 擬 三 棘 魨　*Triacanthodes anomalus*
③ 花斑皮剝魨　*Balistes conspicillum*
④ 黃緣皮剝魨　*Balistapus flavimarginatus*
⑤ 多棘皮剝魨　*Balistapus aculeatus*
⑥ 斜帶皮剝魨　*Balistapus echarpe*
⑦ 波紋皮剝魨　*Balistapus undulatus*
⑧ 長尾單棘魨　*Alutera scriptus*

① 大棘皮剝魨 *Canthidermis maculatus*
② 曳絲單棘魨 *Stephanolepis cirrhifer*
③ 長吻單棘魨 *Oxymonacanthus longirostris*
④ 駝背五稜鎧魨 *Rhinesomus gibbosus*
⑤ 黃鰭河魨 *Fuga xanthopterus*
⑥ 星點河魨 *Fuga niphobles*
⑦ 腹紋白點河魨 *Tetraodon hispidus*
⑧ 短棘刺河魨 *Chilomycterus affinis*
⑨ 翻 車 魚 *Mola mola*

第六章 硬骨魚綱 (續)
Class OSTEICHTHYES

鱸 目 PERCIFORMES

與前述較低等之眞骨魚類相較，本目魚類之特徵爲上頜邊緣通常由前上頜骨構成，頂骨被上枕骨分離，後顳骨通常分叉，有中篩骨，無眶蝶骨，無中烏喙骨。肩帶連於顱骨，腰帶直接連於匙骨。無肌間骨 (Intermuscular bones)。成體之骨中無骨細胞。背鰭一枚，通常有硬棘部與軟條部之分 (少數全部爲軟條)；或二枚，第一背鰭由硬棘組成，第二背鰭主要由軟條組成，與第一背鰭連續或分離。絕無脂鰭。胸鰭側位，垂直。腹鰭胸位、喉位、或頤位，偶或次胸位或腹位；具 I 硬棘 5 軟條，有時 I，1～4，或 II，3，亦有無腹鰭者。尾鰭軟條通常不超過 17(1, 15, 1)。鱗一般爲櫛鱗，少數爲圓鱗或消失。鰓蓋發達。鰾爲鎖鰾型，無魏勃氏器。多數爲海產。

本目爲魚類中種類最多之一目，其形態及棲息環境不一，其分類系統亦爭議最多，是否爲單系起源亦難以確定。今綜合格陵伍等 (1966)，GOSLINE (1968, 1971)，格陵伍(1975)，NELSON (1976，1984) 等將本目分爲以下二十亞目，其檢索表如下 (加 ♯ 號者不產於臺灣)：

1a. 雄魚之上枕骨有一特殊之鋸狀脊突以及一鈎狀突，以供卵之附着發育。泳鰾藏於由肋骨 (第5～10對) 膨大叠合所形成之骨管中⋯⋯⋯⋯⋯⋯⋯⋯⋯⋯⋯⋯⋯⋯⋯⋯⋯⋯**鈎頭魚亞目** KURTOIDEI

1b. 雄魚之上枕骨及肋骨均正常。

　2a. 腹鰭 I, 5，有時無硬棘而有 6 軟條，有時少於 5 軟條，腹位或次腹位，或無腹鰭。

　　3a. 背鰭一枚，基底較長，硬棘或有或無。無鰓上器。

　　　4a. 體延長；無腹鰭；背鰭、臀鰭前方有游離之硬棘，後方與尾鰭相連，有時有一分離之小形尾鰭，具 7 枚不分枝之軟條；鱗微小，或裸出 ⋯⋯⋯⋯⋯⋯⋯⋯⋯**棘鰍亞目** MASTACEMBELOIDEI

　　　4b. 體延長，側扁，透明；無腹鰭；背鰭、臀鰭在身體後半，鰭條簡單，無棘，後方不與尾鰭相連。體裸出，骨骼終生維持軟骨性⋯⋯⋯⋯⋯⋯⋯⋯⋯⋯⋯⋯ ♯**線魚亞目** SCHINDLERIOIDEI

　　　4c. 體側扁而高，柔軟易曲。背鰭起於枕部，基底甚長，臀鰭起於胸鰭後端，各鰭無棘。腹鰭存在。尾柄細長。成體無鱗。骨骼大部爲軟骨性 ⋯⋯⋯⋯⋯⋯⋯⋯⋯⋯⋯ ♯**檻魚亞目** ICOSTEOIDEI

　　3b. 背鰭一枚，基底甚長，無硬棘；腹鰭具 6 軟條。具鰓上器。體圓柱狀，頭部稍半扁。被中型圓鱗，側線發達。骨骼硬骨性 ⋯⋯⋯⋯⋯⋯⋯⋯⋯⋯⋯⋯⋯⋯⋯⋯⋯**鱧亞目** CHANNOIDEI

　　3c. 背鰭二枚，彼此遠離，第一背鰭有硬棘若干枚；腹鰭 I, 5。

5a. 腹鰭腹位或次胸位；胸鰭無游離軟條；鰭輻骨普通；上耳骨特別發達，向後方延長，末端爲刷毛狀。

 6a. 胸鰭高位；無側線，或雖有而不規則或不完全；口小，齒細；脊椎 24～26 ……………………………………………………………………………**鯔亞目 MUGILOIDEI**

 6b. 胸鰭下位；側線具有，連續性；口大，齒強；脊椎 24……**金梭魚亞目 SPHYRAENOIDEI**

5b. 腹鰭胸位；胸鰭多下位，下部有 3～14 枚軟條游離爲絲狀；胸鰭鰭輻骨最上方二枚爲支持胸鰭鰭條之普通形，下方一枚沿上下烏喙骨後緣延長，不支持鰭條，最下一枚則支持游離鰭條……………………………………………………………………………**馬鲅亞目 POLYNEMOIDEI**

2b. 腹鰭 I, 5，軟條可能較少，硬棘概具有；腹鰭胸位、喉位、或頤位（僅 APLODACTYLIDAE 爲次胸位），腹鰭缺少之例則極少見。

 7a. 後顳骨雖附着於顱骨，但不成爲顱骨之一部分。

  8a. 左右下咽骨不相癒合。

   9a. 左右腹鰭通常遠離，決不癒合而形成爲吸盤；腹鰭鰭條在內側者較短。

    10a. 尾柄概瘦小而堅強（模式的），有強大之尾鰭；具小圓鱗（或無鱗，或有骨板，亦有具不完全之櫛鱗者）。

     11a. 主上頜骨不能伸出而固着於前上頜骨，故多數形成爲尖銳之嘴（LUVARIDAE 較鈍，LEPIDOPIDAE 略形伸出）；在標準種類尾鰭鰭條與尾下支骨相重叠 ……………………………………………………………………………**鯖亞目 SCOMBROIDEI**

     11b. 主上頜骨多少或顯然的能伸出；尾鰭鰭條不與尾下支骨相重叠；鱗小，或完全無鱗，有時在側線上之鱗成爲大形稜鱗，有時在臀鰭前方有 I～II 枚離生之棘；背鰭各棘有時各個分離而能分別收納於窩中……………………………………………………………………………**鱸亞目 PERCOIDEI (CARANGIDAE 等)**

    10b. 尾柄並不顯著的瘦小，尾鰭亦不特別強大；多數具櫛鱗，發育完善；主上頜骨並不與前上頜骨堅強的連合；尾鰭鰭條不與尾下支骨相重叠。

     12a. 食道左右有一對食道囊，囊內密生齒狀突起 ……**鯧亞目 STROMATEOIDEI**
     12b. 食道左右無食道囊。

      13a. 由第一鰓弧之上鰓節延長而成爲呼吸用之鰓上器。

       14a. 鰓上器爲迷器性(Labyrinthine)；鰾之後部分裂；鼻骨大，全部縫合；背鰭、臀鰭一般有棘；脊椎骨 25～31。尾鰭具 14 分枝鰭條。鰓裂狹；鰓膜連合；被鱗………………………………………………………**鬪魚亞目 ANABANTOIDEI**

       14b. 鰓上器不爲迷器狀，其柄枝部片狀，只有一次生性鰓片。背鰭、臀鰭之基底短，無硬棘。尾鰭分枝鰭條 10，鰓裂廣；鰓膜不相連；不被鱗片 ……………………………………………………………**♯凹頭魚亞目 LUCIOCEPHALOIDEI**

      13b. 無鰓上器。

       15a. 腹鰭胸位。

16a.　口中型；齒一般並不顯著的尖銳……………………………………鱸亞目

16b.　口大型；齒一般尖銳 ………………………鼠鱚亞目 TRACHINOIDEI

15b.　腹鰭如存在時，喉位或頤位。

　17a.　腹鰭 I, 5。

　　18a.　每側鼻孔二枚…………… 鼠鱚亞目（URANOSCOPIDAE 等）

　　18b.　每側鼻孔一枚………… ‡南極魚亞目（NOTOTHENIOIDEI）

　17b.　腹鰭 I, 3，或不完全。

　　19a.　背鰭僅有軟條；下頜大，能突出；肋骨葉狀；無鰾；腹椎較
　　　　尾椎數爲多；耳石形狀特異，兩凸形；鱗如存在，爲圓鱗……
　　　　……………………………… 玉筋魚亞目 AMMODYTOIDEI

　　19b.　背鰭硬棘發達；下頜並不顯著的較上頜爲長；最前 1～2 枚
　　　　肋骨擴張用以支持鰾；尾椎較腹椎數爲多；耳石特大；鱗爲圓
　　　　鱗或櫛鱗。

　　　20a.　每側鼻孔單一 ………………… ‡棉鰍亞目 ZOARCOIDEI

　　　20b.　每側鼻孔二枚 ………………… 鰍亞目 BLENNIOIDEI

9b.　左右腹鰭通常顯然靠近，或彼此癒合而形成爲吸盤，其內側鰭條較長；左右鰓膜在
喉峽部癒合 ………………………………………鰕虎亞目 GOBIOIDEI

8b.　左右下咽骨相癒合。

　　　21a.　卵胎生………………… 鱸亞目（EMBIOTOCIDAE 等）

　　　21b.　卵生。

　　　　22a.　鼻孔左右各一枚…………………………………………
　　　　………………………鱸亞目（POMACENTRIDAE 等）

　　　　22b.　鼻孔左右各二枚…………… 隆頭魚亞目 LABROIDEI

7b.　後顳骨與顱骨固着而成爲顱骨之一部分。

　　　　23a.　腹鰭 I, 5，臀鰭棘 II～III 枚…………………………
　　　　………………………鱸亞目（CHAETODONTIDAE 等）

　　　　23b.　腹鰭內外側各有硬棘 I 枚，中間軟條 3 枚（I. 3. I），
　　　　　　或 I 棘 2～5 軟條(I, 2～5)；臀鰭棘 III(II)～VII…
　　　　………………………… 粗皮鯛亞目 ACANTHUROIDEI

鱸亞目 PERCOIDEI

　　鱸目爲硬骨魚類中種類最繁多之一目，而本亞目實佔有鱸目之大部分。背鰭一般有發達
之硬棘，腹鰭 I 硬棘 5 軟條，胸位或喉位，不形成爲吸盤，其內側鰭條一般較外側者爲短。

腰帶直接附着於匙骨。 尾柄一般瘦削有力； 尾鰭堅強， 其鰭條基部多數不與尾下支骨相重疊。 後顳骨多數與顱骨固接， 形成爲顱骨之一部分。 鼻骨不與額骨縫合。 中篩骨與鋤骨連接， 不形成爲眶間隔。下耳骨不與上枕骨相連合。無鰓上器 (Suprabranchial organ)。食道無齒。

　　本亞目爲鱸目中包含種類最多者，總數約 4,000 種， 分隸 70 餘科，海水淡水均產， 有的體色艷麗， 可供觀賞。

臺灣產鱸亞目 55 科檢索表[①]:

1a. 頭部背面無吸盤。

　2a. 後顳骨不與顱骨相固接。

　　3a. 左右鰓膜在喉峽部分離；腭骨有齒。

　　　背鰭有 VII～VIII 枚短棘， 後方各棘較長； 頭部先端不尖銳， 口不能顯著的伸出； 腹鰭小或缺如； 鱗片小形，側線上 50～60 枚⋯⋯⋯⋯⋯⋯⋯⋯⋯⋯⋯⋯⋯⋯⋯⋯⋯⋯**銀鱗鯧科**

　　3b. 左右鰓膜在喉峽部聯合；腭骨無齒。

　　　背鰭有棘 III～XI 枚，第 III～V 延長爲絲狀；頭部高度大於長度，吻部特短，口不能伸出；鱗爲櫛鱗或圓鱗，側線上 40～80 枚⋯⋯⋯⋯⋯⋯⋯⋯⋯⋯⋯⋯⋯⋯⋯⋯⋯**銀魛科**

　2b. 後顳骨與顱骨固接，且成爲顱骨之一部分。左右鰓膜與喉峽部癒合；齒爲刷毛狀或剛毛狀；鱗爲普通之櫛鱗。

　　4a. 側線不達尾鰭基底；臀鰭棘 III 枚；背鰭第棘 I 不向前。

　　　5a. 鰓膜相連合，跨越喉峽部⋯⋯⋯⋯⋯⋯⋯⋯⋯⋯⋯⋯⋯⋯⋯⋯⋯⋯⋯⋯⋯**柴魚科**

　　　5b. 鰓膜多少與喉峽部相連； 成魚前鰓蓋下角無伸出之強棘； 幼魚之頭部被骨質甲⋯⋯⋯**蝶魚科**

　　　5c. 鰓膜多少與喉峽部相連； 成魚之前鰓蓋下角有一伸出之強棘； 幼魚之頭部不被骨質甲⋯⋯⋯

　　　⋯⋯⋯⋯⋯⋯⋯⋯⋯⋯⋯⋯⋯⋯⋯⋯⋯⋯⋯⋯⋯⋯⋯⋯⋯⋯⋯⋯⋯⋯⋯**棘蝶魚科**

　　4b. 側線完全； 臀鰭棘 IV 枚；背鰭第 I 棘向前；齒有 3 尖頭⋯⋯⋯⋯⋯⋯⋯**黑星銀魛科**

　2c. 後顳骨雖與顱骨聯合，但不成爲顱骨之一部分。

　　　6a. 左右下咽骨彼此癒合。吻部左右各有鼻孔一枚。

　　　　7a. 臀鰭棘 III～X 枚；鰓 4 個，第四鰓弧後有一裂孔；無擬鰓；脊椎數 28～40⋯⋯**慈鯛科**

　　　　7b. 臀鰭棘 II 枚（間或 III 枚）；鰓 3 個半，第四鰓弧後有一小裂孔， 或無裂孔；擬鰓發育完善；脊椎數 25～27(10～12＋13～14＋1)⋯⋯⋯⋯⋯⋯⋯⋯⋯⋯⋯⋯⋯⋯⋯**雀鯛科**

　　　6b. 左右下咽骨彼此分離。腹鰭彼此分離，其內側鰭條較短。

---

① 除檢索表所列者外， 尚包括太陽魚科(CENTRARCHIDAE)， 本科之大嘴鱸 *Micropterus salmoides* (LACÉPÈDE) 原產美洲， 於數年前引入本省養殖。同科之藍鰓魚 *Lepomis macrochirus* RAFINE-SQUE 亦曾被引入， 似未成功。

8a. 尾柄並不顯著瘦削而有力，尾鰭並不顯著強硬，尾鰭鰭條基部不與尾下支骨相重叠；腹鰭胸位；主上頜骨與前上頜骨並不堅強連結；上鰓室無迷器。

9a. 口特大，齒一般銳利。

口爲斜垂直形，上下頜各有一列犬齒；前鰓蓋骨之隅角及下緣有鋸齒，主上頜骨後部寬廣，上主上頜骨一片；鱗爲圓鱗，側線通過背鰭基底，但不達尾基；脊椎骨 27 枚 ···**甘鯛科**

9b. 口中型，齒一般並不顯著的銳利。

10a. 主上頜骨不被眶前骨掩覆，或僅被眶前骨邊緣所掩覆。

11a. 臀鰭基底顯然較背鰭基底爲長。鱗大；背鰭一枚，各鰭條有分枝···**擬金眼鯛科**

11b. 臀鰭基底較背鰭基底爲短。

12a. 各齒與頜骨癒合，齒間充滿石灰質，因此形成強固之嘴··········**石鯛科**

12b. 各齒不與頜骨癒合，齒間分離，不形成嘴狀。

13a. 下頜縫合部之直後有二枚長鬚；背鰭二枚，彼此分離，第二背鰭基底短···**鬚鯛科**

13b. 下頜縫合部直後無鬚。

14a. 體顯著延長爲帶狀；背鰭與臀鰭之基底甚長，與發育不良之尾鰭相連合；肛門在胸鰭下方；腭骨無齒。體赤色··········**紅簾魚科**

14b. 體不延長爲帶狀；奇鰭彼此不連合；肛門一般在胸鰭以後。

15a. 臀鰭有 I～II 硬棘；背鰭一枚；鋤骨、腭骨均無齒。

前上頜骨無犬齒；頭部在眼前區急遽下降，故成爲方頭狀······**馬頭魚科**

15b. 臀鰭有 II 硬棘；背鰭二枚；鋤骨、腭骨均具絨毛狀齒。

兩頜齒細小，或具犬齒；頭部普通··········**天竺鯛科**

15c. 臀鰭有 III 硬棘。

16a. 鋤骨、腭骨均無齒。

17a. 體側扁而高；背鰭硬棘部與軟條部之間無缺刻；尾鰭後緣圓形；前鰓蓋骨之邊緣有強鋸齒··**松鯛科**

17b. 體細長；背鰭硬棘部與軟條部之間有一深缺刻，尾鰭深分叉；前鰓蓋骨之邊緣圓滑··**鮨科**

16b. 鋤骨、腭骨一般均有齒。

18a. 鱗片粗雜而難於剝離，頭部有鱗；臀鰭軟條部之基底與背鰭軟條部之基底同長。體赤色··········**大眼鯛科**

18b. 鱗片並不顯著的粗雜。

19a. 臀鰭軟條部之基底與背鰭軟條部之基底同長··········**湯鯉科**

19b. 臀鰭軟條部之基底較背鰭軟條部之基底爲短。

20a. 背鰭二枚，彼此分離，或接近而彼此無鰭膜相連接。

21a. 臀鰭軟條 7 枚；背鰭硬棘部不較軟條部特低；肛門在腹鰭與臀鰭兩方起點之中間，或比較的接近於腹鰭起點。齒絨毛狀；腹部肌肉中埋有發光器，此腺體中因有發光細菌而能發光……………………………………**螢石鱵科**

21b. 臀鰭軟條 16 枚以上；背鰭硬棘部甚低，只及軟條部之半。臀鰭與背鰭軟條部同大，二者均被鱗片。肛門較接近臀鰭起點，而去腹鰭起點較遠。齒尖銳，扁平，單列。腹面無發光器……………………………………**烏魴科**

20b. 背鰭一枚，或雖為二枚而彼此接近。

22a. 體側扁而高，背緣為強度弧形彎曲；臀鰭第 II 棘肥大；背鰭一般有特高之鰭條…………………**旗鯛科**

22b. 體不特高；臀鰭第 II 棘不肥大；背鰭亦無特高之鰭條。

23a. 背鰭硬棘部發育完善。

24a. 側線每側一條；腹鰭通常有 I 硬棘及 5 軟條；前方腹椎無側突 (Parapophyses)，後方者有側突，全部或部分側突有肋骨相連；臀鰭一般有 III 硬棘。

25a. 體被櫛鱗或小櫛鱗；臀鰭硬棘 III 枚。

26a. 頰部、鰓蓋部與後頭部被鱗。

27a. 鰓蓋骨有二圓棘，主棘之下方無棘 (*Niphon* 屬有三棘，是為例外)…………**真鱸科**

27b. 鰓蓋骨有三棘，主棘之上下各有一棘…………………………………………**花鱸科**

26b. 除吻部外，頭全部被鱗。鰓蓋骨有二扁棘…………………………………………**葉鯛科**

25b. 體被小圓鱗，多少埋於皮下。臀鰭0～III 棘；背鰭硬棘部與軟條部之間有深缺刻………**黑鱸科**

24b. 側線一般中斷而分為兩條；或為彼此獨立的三、四條；腹鰭 I 硬棘 2 ～ 4 軟條。

28a. 背鰭硬棘 XI～XII，臀鰭硬棘 III，腹鰭 I 硬棘 4 軟條，側線中斷而成為二條…………………………………………**七夕魚科**

28b. 背鰭硬棘 XVIII～XXI，臀鰭硬棘 IX～X，腹鰭 I 硬棘 2 ～ 3 軟條；側線三條，分別位於背緣、腹緣、及體側中央線

上……………………………………**棘鰭銀寶科**

23b. 背鰭硬棘部發育不良，僅有II～III棘或VII～VIII
棘；側線通常中斷而爲兩條，一條在背方，另一條在
尾柄之中軸部。

29a. 背鰭棘弱，一般 II～III 條，軟條有時無分
枝；無前鰓蓋棘，主鰓蓋骨之上後緣有粗雜之鋸
齒；兩頜之側齒直立；口小；無大形幽門盲囊…
………………………………………………**准雀鯛科**

29b. 背鰭具 VII～VIII 棘。前鰓蓋骨上方有一扁
棘………………………………………………**准稚鱸科**

10b. 主上頜骨之大部分被眶前骨掩覆。

30a. 胸鰭下部軟條特別粗肥且延長；腹鰭腹位。

31a. 背鰭X硬棘，硬棘部基底長大於軟條部之基底長；眼下部有眶下支骨
(Suborbital stay)；脊椎 10＋16 ……………………………**鷹斑鯛科**

31b. 背鰭XV硬棘或更多，因此其硬棘部基底長與軟條部基底長相等；無眶下
支骨；脊椎多於 10＋16 ………………………………………**鷹羽鯛科**

30b. 胸鰭（一般爲 34 軟條）下部軟條並不特別粗肥；腹鰭胸位。

32a. 臀鰭棘 I～II 枚。

33a. 尾鰭後緣圓形；背鰭二枚，彼此接近；體長橢圓形，側扁；臀鰭基底
顯然短於第二背鰭基底；頭骨多孔性；耳石大；口裂大………**石首魚科**

33b. 尾鰭後緣截平或凹入；二背鰭相離較寬；體細瘦，圓柱狀，略形側
扁；臀鰭基底與第二背鰭基底等長；頭骨非多孔性；耳石不特大；口裂
小……………………………………………………………………**沙鮻科**

32b. 臀鰭棘 III 枚。

34a. 外列齒門齒狀，互相密接，無犬齒亦無臼齒狀之齒，草食性。
背鰭與臀鰭全部或部分被鱗鞘；或不被鱗鞘；鋤骨有齒，偶或無齒，
門齒矢頭狀或有三尖頭……………………………………………**舵魚科**

34b. 外列齒不爲門齒狀。

35a. 背鰭兩枚。
體被中型或小型圓鱗，易脫落；上下頜齒爲絨毛狀齒帶，鋤骨、腭
骨有齒；眶前骨上下有鋸齒………………………………………**雙邊魚科**

35b. 背鰭一枚。

36a. 口類似於鰏科 (Leiognathidae)，能伸縮自如；由前上頜
骨前端向上後方之突起伸展至後頭部……………………………**鑽嘴科**

36b. 口不如鰏科之能伸縮自如；由前上頜骨前端向上後方之突起不

伸展至後頭部。

37a. 領骨側方齒爲臼齒狀，前方齒圓錐形，鋤骨除 *Evynnis* 屬
　　外，均無齒；主鰓蓋骨無棘。

38a. 頰部與頭頂有鱗；背鰭 XI～XIII 棘；吻不伸長；眶下支
　　骨強，前上頜骨之後端部掩覆主上頜骨之下緣…………**鯛科**

38b. 頰部與頭頂無鱗；背鰭 X 棘；吻多少可以伸長；眶下支骨
　　僅存痕跡……………………………………………**龍占科**

37b. 上下頜無臼齒狀齒。

39a. 鋤骨與腭骨均有齒；背鰭除 *Etelis* 屬（不產臺灣）外
　　均無缺刻；臀鰭第 II 棘並不特別粗大；主鰓蓋骨無棘……
　　……………………………………………………**笛鯛科**

39b. 鋤骨有齒，腭骨無齒；背鰭有深缺刻；臀鰭第 II 棘特
　　別粗大；主鰓蓋骨無棘……………………………**扁棘鯛科**

39c. 鋤骨、腭骨均無齒。

40a. 主鰓蓋骨無棘；胸鰭下部軟條不延長，背鰭與臀鰭之
　　最後軟條一般不突出；齒並不因成長後而漸消失。

41a. 頜骨有犬齒；眶下支骨發達或不發達。

42a. 背鰭硬棘 XI～XII 枚。齒大形，上頜齒 3～5
　　列，下頜齒 2～4 列，側方齒爲臼齒狀，前方齒圓
　　錐形…………………………………………**鯛科**

42b. 背鰭硬棘 X 枚。齒細小尖銳，而成絨毛狀齒帶…
　　…………………………………………**紅姑魚科**

41b. 頜齒無犬齒。

43a. 前鰓蓋骨無鱗，眶下支骨狹小………**絲尾鯛科**

43b. 前鰓蓋骨有鱗；眶下支骨寬大。

44a. 前鰓蓋骨後緣無鋸齒；背鰭棘弱…**烏尾冬科**

44b. 前鰓蓋骨後緣有鋸齒；背鰭棘強……**石鱸科**

40b. 主鰓蓋骨有 1～2 枚強棘；鰾分前後二部分…………
　　……………………………………………………**條紋鷄魚科**

8b. 尾柄在標準型概瘦小而有力，尾鰭顯然強硬（亦有後起性的種種變形），尾鰭鰭條與
　尾下支骨重叠；腹鰭胸位；主上頜骨不能伸出，與前上頜骨固結；體紡錘形，多少延長
　或顯著的延長；鱗一般小形或僅存痕跡，有時完全無鱗；鰓膜與喉峽部分離。

45a. 背鰭僅有軟條而無硬棘，其基底甚長，由眼之上後方開始，幾達尾鰭基部；無擬
　　鰓；體軀顯然延長；吻鈍圓，其前緣急遽下降……………………………………**鱰科**

45b. 背鰭有發育完善之硬棘；有擬鰓；體軀紡錘形或延長，尾柄強壯，兩側或有隆起

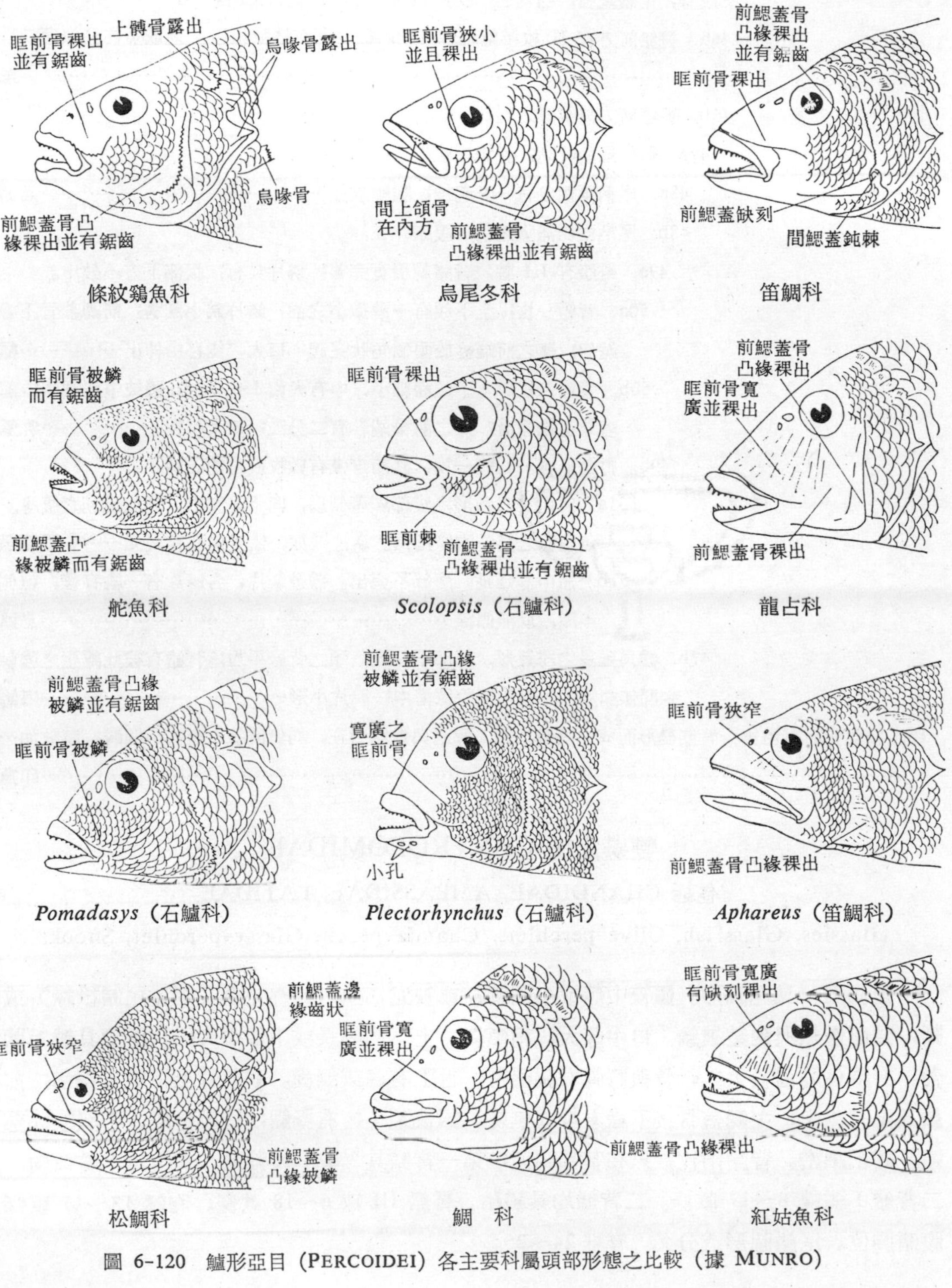
眶前骨裸出
並有鋸齒
上髆骨露出
烏喙骨露出
烏喙骨
前鰓蓋骨凸
緣裸出並有鋸齒
條紋鷄魚科
眶前骨狹小
並且裸出
間上頜骨
在內方
前鰓蓋骨
凸緣裸出並有鋸齒
烏尾冬科
前鰓蓋骨
凸緣裸出
並有鋸齒
眶前骨裸出
前鰓蓋缺刻
間鰓蓋鈍棘
笛鯛科
眶前骨被鱗
而有鋸齒
前鰓蓋凸
緣被鱗而有鋸齒
舵魚科
眶前骨裸出
眶前棘
前鰓蓋骨
凸緣裸出並有鋸齒
Scolopsis（石鱸科）
前鰓蓋骨
凸緣裸出
眶前骨寬
廣並裸出
前鰓蓋骨裸出
龍占科
前鰓蓋骨凸緣
被鱗並有鋸齒
眶前骨被鱗
Pomadasys（石鱸科）
前鰓蓋骨凸緣
被鱗並有鋸齒
寬廣之
眶前骨
小孔
Plectorhynchus（石鱸科）
眶前骨狹窄
前鰓蓋骨凸緣裸出
Aphareus（笛鯛科）
前鰓蓋邊
緣齒狀
眶前骨狹窄
前鰓蓋骨
凸緣被鱗
松鯛科
眶前骨寬
廣並裸出
鯛　科
眶前骨寬廣
有缺刻裸出
前鰓蓋骨凸緣裸出
紅姑魚科

圖 6-120　鱸形亞目（PERCOIDEI）各主要科屬頭部形態之比較（據 MUNRO）

稜脊，尾鰭堅強；吻普通，旣非鈍圓，亦不爲劍狀突出。

46a. 臀鰭前方有 II 枚游離硬棘（幼時硬棘間有鰭膜相連，老成魚往往無硬棘）……………………………………………………………………………………………………鯵科

46b. 臀鰭前方無游離之硬棘。

47a. 體側扁而特高；背鰭無離生之硬棘。

48a. 尾柄兩側各有一隆起稜；腹鰭缺如……………………………………………烏鯧科

48b. 尾柄兩側無隆起稜；腹鰭存在。

49a. 臀鰭有 III 棘，背鰭棘發育完善；鱗片具有；腹部下方不鼓出。

50a. 背鰭一枚；上下頜有一致微小之齒；鱗片爲小圓鱗；前鰓蓋骨下緣有鋸齒；鰾之前端終於兩個角狀突起；口大，能自由伸出……………鯧科

50b. 背鰭二枚；上下頜齒細小，中有犬齒 1～2 對；體被中型圓鱗；前鰓蓋骨邊緣圓滑；鰾之前後端各有二分叉；口大斜裂………………乳鯖科

49b. 臀鰭無棘，背鰭一枚，其前方僅有數枚痕跡的硬棘。

51a. 體近於三角形，腹部顯著側扁，向下方突出，形成銳利之腹緣。成魚腹鰭之第一軟條延長。鱗片缺如，體光滑而有銀光………眼眶魚科

51b. 體中等延長，腹部不突出。體被鱗片，各鱗片有一縱脊稜，但側線不顯，或無側線……………………………………………………………烏魴科

47b. 體爲延長之紡錘形，前部不側扁，頭之背緣平坦；背鰭有彼此離生之強棘，棘間無鰭膜，各棘均能收匿溝中；鱗片小形……………………………………海鱺科

1b. 頭部背面有由第一背鰭變形而成之吸盤，第二背鰭與臀鰭對在，均無硬棘；體被小圓鱗；鰾缺如……………………………………………………………………………………………………印魚科

雙邊魚科 CENTROPOMIDAE

包括 CHANDIDAE, AMBASSIDAE, LATIDAE

Glassies, Glassfish, Olive-perchlets, Chanda perch, Glassy-perchlet, Snooks

體側扁，長橢圓形。體被中等或小圓鱗，或被弱櫛鱗；側線完全（到達尾鰭後緣）或中斷；頭部僅頰與鰓蓋被鱗。口中等大，稍傾斜；上下頜等長或下頜微突出。兩頜具絨毛狀齒帶，有時外列齒較大；鋤骨與腭骨有狹齒帶；舌上有齒或無齒。眶前骨上下緣有鋸齒；前後緣具兩列鋸齒；主鰓蓋骨後下緣有棘或無棘。鰓被架 7；有擬鰓；鰓膜分離，不與喉峽部相連。鰓耙細密。背鰭兩枚，只在基部相連；第一背鰭具 VII～IX 強棘，其中第 I 棘前向。第二背鰭 I 弱棘 8～17 軟條。二背鰭均具鱗鞘。臀鰭 III 棘 6～18 軟條。胸鰭 13～17 軟條。腹鰭胸位。尾鰭圓形或分叉。脊椎 24～25。

臺灣產雙邊魚科 3 屬 4 種檢索表:

1a. 眶前骨及前鰓蓋骨有帶鋸齒之雙重邊緣。側線中斷為二條 (*Ambassis*)。

　2a. 背鰭前鱗片 7～14；側線完全；體長為體高之 $2\frac{3}{4}$～3 倍，頭長為眼徑之 3～$3^1/_5$ 倍；眶間隔平滑。背鰭硬棘部之第 II、III 棘間鰭膜全部黑色，尾鰭上下葉中部暗色。齒纖細，上下頜、鋤骨、腭骨上均成齒帶，舌面中央有齒一列；D. VII, I, 9；A. III, 10～11；L. l. 26～28＋4～5；L. tr. 4/1/8 ⋯⋯⋯⋯⋯⋯⋯⋯⋯⋯⋯⋯⋯⋯⋯⋯⋯⋯⋯⋯⋯⋯⋯⋯⋯⋯⋯⋯⋯⋯⋯⋯⋯⋯⋯⋯⋯⋯⋯**雙邊魚**

　2b. 背鰭前鱗片 14～20；側線往往中斷；體長為體高之 $2\frac{1}{2}$～$2\frac{2}{3}$ 倍，頭長為眼徑之 3～$3\frac{1}{8}$ 倍；眶間隔稍隆起。背鰭硬棘部 II、III 棘間鰭膜污色，體側中央有一銀色縱帶，各鰭淡色。齒特細，上下頜、鋤骨上勉能清認，腭骨及舌上無齒；D. VII, I, 9；A. III, 9；L. l. 13～14＋14＋3；L. tr. 4/1/6 ⋯⋯⋯⋯⋯⋯⋯⋯⋯⋯⋯⋯⋯⋯⋯⋯⋯⋯⋯⋯⋯⋯⋯⋯⋯⋯⋯⋯⋯⋯⋯⋯⋯⋯⋯⋯**眶棘雙邊魚**

1b. 眶前骨與前鰓蓋骨無帶鋸齒之雙重邊緣。側線完全而不中斷。

　3a. 舌上無齒；前鰓蓋骨下緣有棘，主鰓蓋骨下緣有棘或無棘。二鼻孔緊接；上頜後端達眼後下方。第一鰓弧下枝鰓耙 16～17. (*Lates*)

　　D. VII, I, 10～11；A. III, 8；L. l. 51～58；L. tr, 6～7/10～14。背鰭前中央線鱗片 27～28。體背部灰褐色，下部白色，奇鰭褐色，偶鰭淡色 ⋯⋯⋯⋯⋯⋯⋯⋯⋯⋯⋯⋯⋯⋯⋯⋯⋯⋯⋯⋯**扁紅眼鱸**

　3b. 舌上有齒；前鰓蓋骨下緣無棘，主鰓蓋骨下緣光滑。二鼻孔遠離；上頜後端達瞳孔下方。第一鰓弧下枝鰓耙 11～13 (*Psammoperca*)。

　　D. VII, I, 12～13；A. III, 8；L. l. 43～49；L. tr. 5/1/8～9。背鰭前中央線鱗片 23～24。體背部及各鰭黑褐色，下部淡褐色，各鰭灰褐色 ⋯⋯⋯⋯⋯⋯⋯⋯⋯⋯⋯⋯⋯⋯⋯⋯⋯**紅眼鱸**

雙邊魚 *Ambassis urotaenia* BLEEKER

　　又名尾紋雙邊魚；日名高砂石持。產高雄。

眶棘雙邊魚 *Ambassis gymnocephalus* (LACÉEÈDE)

　　英名 Bald Glassy。產宜蘭。(圖 6-121)

扁紅眼鱸 *Lates calcarifer* (BLOCH)

　　英名 Sea Bass, Blind Sea Bass。又名尖吻鱸。日名鋸羽太。俗名盲鰽 (Mong Tʒo)。產臺灣。(圖 6-121)

紅眼鱸 *Psammoperca waigiensis* (CUVIER & VALENCIENNES)

　　又名沙鱸。俗名紅目鰱。英名 Sand-bass, Glass-eye Perch。產臺灣。

眞鱸科 PERICHTHYIDAE

Temperate Basses；鮏科（日）

　　體側扁，長橢圓形。主鰓蓋骨有二鈍棘，主棘之下無棘 (*Niphon* 屬有三棘，是為例外)。側線連續。主上頜骨有一副骨。眶前骨之下緣無鋸齒。背鰭二枚，完全分離或僅基部相連，最後一棘顯然較前一棘爲長。尾鰭分叉；腹鰭 I 棘 5 軟條，無腋鱗。

　　本科包括一般習稱之鱸魚之類，原屬花鱸科，今據 GOSLINE (1966) 改列爲獨立之一科。

臺灣產真鱸科 4 屬 7 種檢索表:

1a. 上頜無副骨；鰓蓋骨有三強棘；前鰓蓋骨下角有一巨棘；眶前骨下緣有鋸齒。脊椎數13＋17(*Niphon*)。
　　D. XIII, 10～11; A. III, 6～8; P. 15～17. L. l. (有孔) 84～93. L. tr. 23～27/55～60。體爲一致之棕灰色，腹方銀白色，背鰭軟條部及尾鰭上下葉之近先端黑色…………………………………**東洋鱸**

1b. 上頜有副骨。鰓蓋骨有二棘。前鰓蓋骨下緣無鋸齒。

　2a. 鱗片較大而易脫落。上耳骨無向後伸出之大形突起。脊椎25。無腹孔。腹膜黑色。肛門在臀鰭之稍前方。

　　3a. 上下頜前方有犬齒一或二對，下頜兩側另有犬齒數枚。下頜縫合處無齒狀棘突。鰾具耳狀突起，此突起伸入一對基枕骨窩中 (DÖDERLEININAE)。
　　　　D. VIII, I, 10; A. III, 6～8 (多數爲 7); P. 15～18; L. l. 41～46; L. tr. 5/14。體被弱櫛鱗，口大，傾斜，下頜微突出。兩頜具細小銳齒，鋤骨、腭骨有絨毛狀齒帶，舌上無齒；下鰓蓋骨下緣具弱櫛齒。生活時紅色，背部較淡……………………………………………………………**紅鱸**

　　3b. 上下頜無犬齒。下頜近縫合處有一對尖銳之齒狀棘突。聽泡不膨大，無基枕窩；鰾無伸出之耳狀部 (MALAKICHTHYINAE)。

　　　4a. 臀鰭具 7 軟條，臀鰭基底短於臀鰭之最長鰭條。體長爲臀鰭基底長之 6.5～9 倍，體高之 3 倍以上。

　　　　5a. 體高大於體長之 1/3 以上，體長爲頭寬之 4.5～5.2 倍。D. X, 10; A. III, 7; P. 14; L. l. 42～46; L. tr. 5/13。體淡褐色，腹部銀白色，第一背鰭外緣黑色…………………………**大眼鱸**

　　　　5b. 體高小於體長之 1/3，體長爲頭寬之 5.5～6.2 倍。D. X, 10; A. III, 7; P. 14; L. l. 48～50; L. tr. 5/14。液浸標本淡灰褐色，腹面灰色，背鰭硬棘部外緣色暗，各鰭灰色………
　　　　…………………………………………………………………………**瘦大眼鱸**

　　　4b. 臀鰭具 9 軟條，臀鰭基底長於臀鰭之最長鰭條。體長爲臀鰭基底長之 5～6 倍，體高之 2.5～3 倍。D. IX～X (多數爲X), 10; A. III, 8～9 (多數爲 9); P. 13; L. l. 48～52; L. tr. 5/14～15。體淡褐色，腹部銀白色，第一背鰭外緣黑色………………………………**脇谷氏大眼鱸**

　2b. 鱗片較小而不易脫落；上耳骨有一向後伸出之大形突起。脊椎 34～37。有腹孔。腹膜白色 (MACCULLOCHELLINAE)。
　　前鰓蓋骨有細鋸齒，下緣有有前向而較大之棘。

　　　6a. D. XII～XV＋1, 12～14; A. III, 8; P. 14～18。L. l. 71～86; L. tr. 14～16/18～21。
　　　　頭比較的低，眼比較的小。背部藍灰色，腹部銀白色，側線以下有黑點散在…………**鱸魚**

　　　6b. D. XII, 15～16; A. III, 9～10; P. 16～17; L. l. 71～76; L. tr. 13～15/14～16。液浸標本灰褐色，腹面灰色，背鰭色暗而有黑點，尾鰭色暗，腹鰭、臀鰭黑色…………**高身鱸**

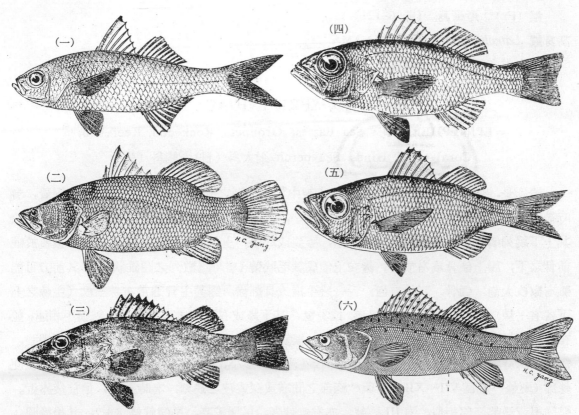

圖 6-121　　（一）眶棘雙邊魚；（二）扁紅眼鱸（以上雙邊魚科）；（三）東洋鱸；（四）紅鱸；
（五）脇谷氏大眼鱸；（六）鱸魚（以上眞鱸科）。

東洋鱸 *Niphon spinosus* CUVIER & VALENCIENNES

英名 Sawedged perch，日名鯢。俗名鱸魚。深海產。分佈北海道至菲律賓。臺灣產於
彭佳嶼近海。（圖 6-121）

紅鱸 *Döderleinia berycoides* (HILGENDORF)

又名睛鱸、濱鱸（動典）；俗名紅臭魚（？）；亦名赤鯥。產東港。（圖 6-121）

大眼鱸 *Malakichthys griseus* DÖDERLEIN

日名眼太羽太，海鮒。產臺灣。

瘦大眼鱸 *Malakichthys elegans* MATSUBARA & YAMAGUTI

英名 Slender seaperch。產本省東北部海域。

脇谷氏大眼鱸 *Malakichthys wakiyai* JORDAN & HUBBS

產東港。（圖 6-121）

鱸魚 *Lateolabrax japonicus* (CUVIER & VALENCIENNES)

英名 Sea Perch, Loo-fish, Spotted Wrasse；亦名銀鱸，玉花鱸（鄭），鱠，斑鱠，斑

鱸（F.）。產臺灣。（圖 6-121）

高身鱸 *Lateolabrax latus* KATAYAMA

產本省南部及北部岩礁區。

花鱸科 SERRANIDAE

=EPINEPHELIDAE; Sea Basses; Groupers, Rock-cod, Reef-cod,
Coral-trout, Hinds, Sea-perch 羽太科（日）; 鮨科（朱）

體延長，側扁，紡錘狀以至橢圓形; 被中型或小型之櫛鱗（亦有被圓鱗者），固着，有時被蔽於皮下; 頭部一般全部被鱗。側線單一，完全，多少為弧狀彎曲。側線鱗片數往往較其上下縱列鱗片數為少。口中型或大型，平裂或略斜; 上頜骨後端寬，露出或部分被覆於眶前骨之下; 副上頜骨或有或無。齒在上頜成絨毛狀帶（有時為數列之圓錐狀齒），其前方可能雜有數枚犬齒; 鋤骨、腭均有齒，舌一般平滑或具細齒。鰓蓋主骨通常有棘三枚（主棘之上下各有一棘）; 前鰓蓋骨後緣有鋸齒，或有棘，其下緣或有逆向之鋸齒或棘。鰓膜不相連，並在喉峽部游離。鰓四（三全鰓一半鰓）枚; 擬鰓存在。鰓被架 5〜8（通常為 7）。鰓耙強，短或長。脊椎 24〜26，有時稍多，但決不超過 35。鰾小，通常附着於腹壁。背鰭一枚，在硬棘部（硬棘一般為 VII〜XII 枚）與軟條部之間有或深或淺之缺刻; 有時兩枚，但前後靠近。臀鰭與背鰭軟條部相似，有 III 硬棘，亦有無棘者。尾柄較高，尾鰭軟條 8+7，其後緣圓、截平、或凹入，但決不為深分叉。胸鰭圓形或三角形。腹鰭 I, 5，胸位，無明顯之腋鱗。

本科種類繁多，概為食肉性，產熱帶或溫帶近海，少數為純粹之淡水魚類。其體色斑紋，往往為分類上之重要標準，據 L. P. SCHULTZ 氏報告（1953），其體側黑色橫帶之有無，變異甚多，不足重視，但其背部之黑斑，與頭部體側之黑點，則關係重大。其部分種類（尤如 *Serranus*）為異雄同體，但兩性器官並不同時發育。

臺灣產花鱸科 5 亞科 22 屬 77 種檢索表:

1a. 上頜無副骨（或有一痕跡性副骨）; 鱗片大形或中等。前鰓蓋骨有鋸齒緣。二鼻孔互相接近。背鰭一般具 X 棘。胸鰭圓形。

  2a. 上頜骨裸出無鱗。側線較低平。脊椎骨 24。尾舌骨小形，較角舌骨短。頭顱低而長（SERRANINAE）。體延長，中度側扁。側線完全，吻部無鱗。鰓蓋有二銳棘。上下頜、鋤骨、腭骨有絨毛狀齒帶。尾鰭後緣略凹入（*Chelidoperca*）。

    D. IX〜X（多數為 X），9〜10（多數為 10）; A. III, 6; P. 15〜17; L. l. 42〜45; L. tr. 4/10〜12。鰓耙 6〜8+11〜14。體赤紅色，體側有一灰黃色之縱帶，幼魚沿體側有五個不規則的褐色斑……………………………………………………………………………………………………**小花鱸**

  2b. 上頜骨通常有鱗。側線較高; 脊椎骨 26。背鰭 IX〜XII, 9〜20; 尾鰭分枝鰭條 13 枚（ANTHINAE）

3a. 上頜有一痕跡性副骨；尾鰭近於截平。第六或第七脊椎有側突起。

　　4a. 前上頜骨之後突不超過額骨之間；鋤骨上有八形齒簇。頭顱較長而低；鰓耙較短，互相遠離，
　　　　第一鰓弧鰓耙 25 枚以下。喉部無鱗（*Plectranthias*）。

　　　5a. 頭部全部被鱗片（包括上下頜及頰部）。

　　　　　6a. 尾鰭後緣截平或近於圓形，無延長之鰭條。背鰭硬棘部與軟條部之間有深缺刻。
　　　　　　　D. X, 14～16；A. III, 7；P. 15～17；L. l. 30～34；L. tr. 2/10～11。鰓耙 6～8＋10～
　　　　　　　12。體赤紅色，腹部白色，體側有六、七個橙黃色或黃色斑點⋯⋯⋯⋯⋯**花鱸**

　　　　　6b. 尾鰭後緣凹入，上葉有數鰭條延長為絲狀（有時下葉亦有）；背鰭第二或第三軟條亦延長
　　　　　　　為絲狀。
　　　　　　　D. X, 14～16；A. III, 7～8；P. 15；L. l. 33～36；L. tr. 3/13。鰓耙 6～8＋13。體赤紅
　　　　　　　色，體側有三條朱紅色橫帶，尾鰭基部有紅色小點⋯⋯⋯⋯⋯⋯⋯**東花鱸**

　　　5b. 頭部未完全被鱗片（吻之大部分，頰部及上下頜無鱗）。尾鰭後緣截平或略凹入。

　　　　　7a. D. X, 17～18；A. III, 6～7；P. 15（多數分枝）；L. l. 33～37；L. tr. 4/14。鰓耙
　　　　　　　6＋10～11。前鰓蓋下緣有二逆向之棘；胸鰭末端不達臀鰭基底之中點。體紅色，有不規
　　　　　　　則的淡色及深色斑塊⋯⋯⋯⋯⋯⋯⋯⋯⋯⋯⋯⋯⋯⋯⋯⋯**真花鱸**

　　　　　7b. D. X, 16；A. III, 7；P. 12；L. l. 31；L. tr. 4/12。鰓耙 4＋9。前鰓蓋下緣有二逆向
　　　　　　　之棘。體黃紅色，沿背鰭下方有不明顯且不規則的暗斑⋯⋯⋯⋯⋯**卡米花鱸**

　　　　　7c. D. X, 16；A. III, 7；P. 14；L. l. 32；L. tr. 3¹/₂/10～12。鰓耙 6＋12。體黃色，體
　　　　　　　側有不規則的暗色大形斑塊⋯⋯⋯⋯⋯⋯⋯⋯⋯⋯⋯⋯**中洲花鱸**

　　　　　7d. D. X, 14；A. III, 7；P. 13（均不分枝）；L. l. 25；L. tr. 1/10。前鰓蓋下緣有二逆
　　　　　　　向之棘；胸鰭末端接近臀鰭基底之中點。體紅褐色，體側有不規則的暗色斑駁，尾鰭基部
　　　　　　　及背鰭、臀鰭末端有暗色斑點⋯⋯⋯⋯⋯⋯⋯⋯⋯⋯⋯**長臂花鱸**

　　4b. 前上頜骨之後突超過額骨之間而環繞一凹窩；鋤骨上有三角形之齒簇；頭顱較短而高。鰓耙長
　　　　而密集，第一鰓弧有鰓耙 28～29 枚。喉部有鱗（*Solenanthias*）。
　　　　D. X, 17；A. III, 7；P. 15；L. l. 35～38；L. tr. 5/13～14。體卵圓形，顯著側扁；背鰭硬棘
　　　　部與軟條部之間有淺缺刻；尾鰭上葉先端多少延長為絲狀。體黃赤色，腹部灰黃色，體側有白色
　　　　大圓斑，臀鰭後部有一大形暗斑⋯⋯⋯⋯⋯⋯⋯⋯⋯⋯⋯⋯⋯⋯**斑花鱸**

3b. 上頜無副骨；尾鰭後緣凹入。第三～五脊椎有發達之側突起。

　　　8a. 鋤骨上有菱形之大形齒簇。上下頜有絨毛狀齒帶。

　　　　　9a. 舌上及中翼骨均有齒。下頜骨被鱗。

　　　　　　　10a. D. X, 19～20（多數為 20）；尾鰭略凹入，各鰭均無特別延長之鰭條，胸鰭長於
　　　　　　　　　頭長。下鰓蓋骨及間鰓蓋骨平滑；前上頜骨之後突伸達額骨之間（*Caprodon*）。
　　　　　　　　　雄魚黃紅色，由吻端越過眼窩有二黃色條紋，鰓蓋上有二黃色斜條紋。雌魚紅色，
　　　　　　　　　體側沿背鰭基底有 3～4 個不規則的褐色斑塊。A. III, 7～8；P. 16～17（左右不
　　　　　　　　　對稱）；L. l. 57～61；L. tr. 9～10/21～24。鰓耙 8～10＋21～23⋯⋯⋯⋯**異臂花鱸**

10b. D. X, 15～17；尾鰭後緣深凹入；背鰭軟條部、臀鰭軟條部及腹鰭之鰭條延長爲絲狀； 胸鰭短於頭長。 下鰓蓋骨及間鰓蓋骨有鋸齒； 前上頜骨之後突不到達額骨 (*Holanthias*)。

尾鰭上下葉不延長爲絲狀。A. 7；P. 16；L. l. 35；鰓耙 9～12＋15～16。 體淡紅色，上側有黃色斑駁，背鰭及尾鰭上下葉邊緣黃色 ·························**金帶花鱸**

9b. 舌上有齒，中翼骨無齒；D. X, 13～14；下頜骨裸出。前鰓蓋骨下角有強棘 (*Odontanthias*)。

11a. 側線上有孔鱗片 38 枚；體長爲體高之 3 倍。D. X, 14；A. III, 14；P. 18；鰓耙 15＋16， 液浸標本黃色， 背面褐色， 背面及尾柄部每一鱗片有一黑點，背鰭第 III～IV 棘之間外側有一黑點 ·························**單斑花鱸**

11b. 側線上有孔鱗片 30～31 枚；體長爲體高之 2.6 倍；D. X, 13；A. III, 7；鰓耙 10＋27～28。背鰭第 III 棘及前方數軟條延長爲絲狀。體紅色， 由吻至鰓蓋下方有一黃色斜帶，尾鰭基部黑色，背鰭第 III 棘末端黑色 ·········**紅衣花鱸**

8b. 鋤骨上有數枚小齒，舌上無齒。D. X, 18～20；下頜骨被鱗 (*Serranocirrhitus*)。
體長爲體高之二倍。A. III, 7；P. 13～14 (均不分枝)；L. l. 33～38；鰓耙 9～10＋23＋26。尾鰭深分叉。體淡紅色，每一鱗片有一黃斑 (腹面除外) ···············**高身花鱸**

8c. 鋤骨上有一小圓形、三角形或方形之齒簇；中翼骨及舌上均無齒，下頜後方有一列犬齒狀齒； 體較小。

12a. 胸鰭之中部鰭條不分枝。第一、二髓棘之間有一間髓棘 (Interneural spine) (*Tosana*)。

D. X, 13～14；A. III, 6～7；P. 15～16；L. l. 34～37；L. tr. 5/15。鰓耙 10～12＋23～25。尾鰭後緣半月形。腹鰭第二鰭條，臀鰭中部鰭條及尾鰭上下葉鰭條均延長爲絲狀，背鰭第 III 棘稍延長。 體上部淡紅色，體側中央有一黃色縱帶， 由眼下緣至鰓蓋有一短縱帶 ·························**姬花鱸**

12b. 胸鰭鰭條大都分枝；第一、二髓棘之間有二間髓棘。

13a. 體高佔體長之 41～50%；頭長佔體長之 34～43% (*Sacura*)。
體卵圓形，中度側扁；側線在背鰭後下方急降；前鰓蓋下緣有強鋸齒。背鰭第 III 棘和第 3 軟條均延長爲絲狀，雄魚尤爲顯著。尾鰭深凹入，上下葉邊緣鰭條延長爲絲狀。

D. X, 16～18；A. III, 7；P. 16～18；L. l. 26～30；L. tr. 5～6/19～20。鰓耙 10～13＋22～26。體紅色， 體側有不規則的珠白色斑點； 雌魚背鰭第 VII～X 棘之間有一大形黑斑 ·····················**珠斑花鱸**

13b. 體高約佔體長之 31～37%，頭長約佔體長之 31～35%；側線在背鰭後下方徐徐彎曲。

14a. 前鰓蓋骨下緣光滑；間鰓蓋骨及下鰓蓋骨後緣無鋸齒。背鰭無延長之棘

（第 II 或 III 棘或略延長，雄魚之腹鰭往往延伸至臀鰭起點）(*Anthias*)。

15a. L. l. 41~52; P. 15~19。

　　16a. L. l. 48~52; P. 16~19; D. X, 15~17; A. III, 7; 鰓耙 9~11+23~27。體淡紫色，由吻端沿眼之下緣至胸鰭基底有一橙黃色斜帶，頭部及胸部黃色，雄魚之背鰭軟條部之外側紅色………**游牧花鱸**

　　16b. L. l. 44~48; P. 16~18; D. X, 15~17; A. III, 7; 鰓耙 8~9+20~24。雄魚紫色，腹面近於白色，上側鱗片之邊緣橙紅色。由上唇前方至眼窩有一黃色縱帶，由頭而沿背鰭基底有一黃色縱帶。雌魚同色而紫色不顯……………………………………**史氏花鱸**

15b. L. l. 55~63; P. 18~22; D. III, 17; A. III, 7~8; 鰓耙 9~12+22~26。雌魚背面橙黃色，向下漸淡而近於白色，由吻端經眼下緣至胸鰭基底有一橙色縱帶。背鰭紅色，尾鰭黃色。雄魚頭部背面及身體前部上方紫色，後部黃色，腹面淡紫色，由吻端至眼有一橙色帶，由眼下經鰓蓋至胸鰭基底上方有一橙黃色帶，背鰭紅色，尾鰭橙紅色……**異色花鱸**

14b. 前鰓蓋下緣光滑；間鰓蓋骨及下鰓蓋骨之後緣有鋸齒。

　　17a. 背鰭硬棘部無鱗片；偶鰭無腋鱗；背鰭第 III 棘稍延長 (*Pseud-anthias*)。

　　　　18a. D. X, 15~16; A. III, 7; P. 19~20; L. l. 40~46; L. tr. 6~7/19~20。鰓耙 11~12+25~27。腹鰭第 2 鰭條、臀鰭中部鰭條，及尾鰭上下葉鰭條均延長爲絲狀。液浸標本黃灰色，無特殊斑點……………………………………………**長花鱸**

　　　　18b. D. X, 15~17; A. III, 7; P. 17~19; L. l. 44~47; L. tr. 4/17~19; 鰓耙 11~12+27~30。體色由紅至黃不一。由眼後經胸鰭基底至臀鰭基底上方有一淡色斜帶………………**側帶花鱸**

　　17b. 背鰭硬棘部有鱗，背鰭第 III 棘延長爲絲狀（雄魚特別顯著），偶鰭有腋鱗 (*Franzia*)。

　　　　D. X, 17; A. III, 7; P. 16~18; L. l. 39~43; L. tr. 6~7/16~19。鰓耙 9~11+22~24。雄魚紫紅色，眼下有兩條紫色線，背鰭、臀鰭之後部、尾鰭之中部、腹鰭之內側，均暗紅色，胸鰭有暗色小點。雌魚黃紅色，眼下有兩條紫色線紋，各鰭無斑點……**金花鱸**

1b. 主上領骨有副骨。體被櫛鱗，不埋於皮下。

　19a. 胸鰭基部上方無鱗狀皮瓣。

　　20a. 前後鼻孔接近；鰓耙密集而長。鱗片大形；上下領有絨毛狀寬齒帶，前方中央有一簇大形錐狀齒，鋤骨、腭骨有絨毛狀齒。左右胸鰭不對稱 (GIGANTHIINAE)。

　　　　D. IX, 13; A. III, 8; P. 16; L. l. 42~44（有孔鱗片）; L. tr. 8/19。鰓耙 10+20~21。前鰓

蓋骨有細鋸齒，主鰓蓋骨有三強棘。生活時體側淡紫色，腹面較淡。由吻部背面至眼下緣有一紫色條紋，背鰭有不規則的黃色斑點……………………………………………………………**巨棘花鱸**

20b. 前後鼻孔分離；鰓耙中等，排列稀疏。鱗片較小 (LIOPROPOMINAE)。

21a. 背鰭二枚，二背鰭間有鱗片 5～7 列。

22a. D^1. VIII; D^2. I, 10; A. II, 8; P. 13～14; L. l. 69～76; 側線上橫列鱗數 85～88; 背鰭前鱗片 25～27; 鰓耙 6～8＋13～15。鋤骨齒簇圓形; 胸鰭第 6～8 鰭條最長。前鰓蓋骨有強鋸齒。體暗褐色至黑色，體側有許多不甚明顯的小暗點散在; 第一背鰭有一大形暗斑，尾柄前半背面有一淡色橫斑…………………………………………………………**鹹鱸**

22b. D^1. VI; D^2. I, 12; A. III, 8; P. 15。側線上橫列鱗片 45～47; 背鰭前鱗片 12～13。鰓耙 7＋1＋13。胸鰭第四鰭條最長。前鰓蓋骨有細鋸齒。體淡褐色，有 7—8 條暗色縱條紋，各鰭灰色……………………………………………………………………………**條紋高鱸**

21b. 背鰭一枚，硬棘X枚以下，後方數棘之兩側或有鱗鞘。

23a. 背鰭無特別延長之硬棘 (*Chorististium*)。

24a. D. VIII, 14; A. III, 10; P. 16; L. l. 50～51; L. tr. 6/25。鰭耙 7＋13。體黃紅色,' 體側有十數個深紅色橫斑，連成一縱列，尾鰭上下葉色深………………**日本鱠**

24b. D. VIII, 13; A. III, 9; P. 14～16; L. l. 52; L. tr. 6/26; 鰭耙 7＋12。體黃紅色，體側中央有一深褐色寬橫帶，尾鰭黃色……………………………………**縱帶鱠**

24c. D. VIII, 12; A. III, 8; P. 15; L. l. 51; L. tr. 5/24。鰓耙 6＋11。體紅色至淡紅色，背面略深，無明顯之斑點……………………………………………………**彎月鱠**

23b. 背鰭第 II、III 棘特別延長，近於體長之三倍，第 II 棘外側有膨大部分 (*Flagelloserranus*)。

D. VIII, 11～12; A. III, 8～9; P. 13～15。鰓耙 4＋1＋7。背鰭硬棘部後部有深缺刻; 前鰓蓋骨有六枚強棘。生活時淡紅色，延長之硬棘有很多色點……………**鞭棘鱸**

19b. 胸鰭基部上方有一鱗狀皮瓣或皮質突起。背鰭單一，在硬棘部與軟條部之間可能有或深或淺之缺刻，硬棘一般在 VII 枚以上。臀鰭有 III 強棘; 腹鰭在胸鰭基底直下或略後; 前鰓蓋邊緣光滑，或具中庸之鋸齒。上下頜前方一般具犬齒，上下頜兩側往往有可以倒伏之蝶鉸狀齒 (EPINEPHELINAE)。

25a. 後鼻孔為一垂直之長裂紋; 無犬齒; 背鰭硬棘X枚 (*Cromileptes*)。

D. X, 17～18; A. III, 10; L. l. 74～100; L. tr. 21～24/34～37。鰓耙 6＋14。鰓蓋骨具二棘; 上下頜有較寬之絨毛狀齒帶，鋤骨、腭骨有齒，舌上無齒。體紅褐色，有許多黑色眼狀斑，幼時斑較大而數少……………………………………**鰜魚**

25b. 後鼻孔不為裂紋狀; 通常有數枚犬齒。

26a. 背鰭硬棘 VII～VIII; 臀鰭棘弱; 背鰓蓋骨下緣有一逆向之棘; 下頜前方兩側各有 1～2 枚犬齒。尾鰭後緣截平或略凹入 (*Plectropomus*)。

27a. 背鰭軟條部前方及臀鰭均無顯著之前葉; 體側無暗色垂直之細條紋。

28a. 尾鰭後緣截平；D. VIII, 11；A. III, 7；P. 16～17；L. l. 94～100＋12～
　　　15（有孔鱗片 81～86）；L. tr. 8～10/13～16；鰓耙 6＋9～12。體淡褐色，
　　　密佈有暗藍色邊緣之淡藍色斑點。各鰭近於黑色，背鰭軟條部及尾鰭之外緣白
　　　色，胸鰭外緣淡黃色‧‧‧‧‧‧‧‧‧‧‧‧‧‧‧‧‧‧‧‧‧‧‧‧‧‧‧‧‧**截尾豹鱠**

28b. 尾鰭後緣略凹入或成彎月形。

　　　29a. 體黃色、灰色、或淡褐色，體背方有四、五條黑褐色短橫帶，並且有多數
　　　　　具暗色邊緣之黃色斑點。D. VIII, 11～12；A. III, 7；P. 16；L. l. 103～
　　　　　110＋18～20（有孔鱗片 83～86）；L. tr. 6～8/17～18；鰓耙 7＋11～13‧‧‧‧
　　　　　‧‧‧‧‧‧‧‧‧‧‧‧‧‧‧‧‧‧‧‧‧‧‧‧‧‧‧‧‧‧‧‧‧‧‧‧‧‧‧**橫斑豹鱠**

　　　29b. 體朱紅色，紅褐色至棕褐色，體側密佈具暗色邊緣之小藍點。D. VIII,
　　　　　11；A. III, 7～8；P. 16～17；L. l. 108～120＋11～15（有孔鱗片73～81）。
　　　　　L. tr. 20～21/34～44。鰓耙 6～9＋10～14‧‧‧‧‧‧‧‧‧‧‧**豹紋豹鱠**

27b. 背鰭軟條部前方及臀鰭有明顯之前葉，鰭之外緣凹入。體紫紅色至褐色，頭
　　　部、背部前方，以及背鰭軟條部有暗褐色垂直線紋。D. VII～VIII, 12～13；
　　　A. III, 8. L. l. 93～133（有孔鱗片 83～90）；L. tr. 17～20/34～40；鰓耙5＋
　　　12‧‧‧‧‧‧‧‧‧‧‧‧‧‧‧‧‧‧‧‧‧‧‧‧‧‧‧‧‧‧‧‧‧‧‧‧‧**線紋豹鱠**

26b. 背鰭硬棘 IX 枚；臀鰭棘強；體形較小。

　　　30a. 下頜兩側各有一、二枚彎曲之犬齒，此外在上下頜前方中央另有一對犬
　　　　　齒。尾鰭後緣彎月形（*Variola*）。

　　　　　D. IX, 13～14；A. III, 8；P. 19；側線上一縱列鱗片 115～143；L. tr.
　　　　　20/30～40。鰓耙 7～10＋14。腹鰭後端到達臀鰭起點。體黃褐色至橙黃
　　　　　色而密佈紫色星點。尾鰭、背鰭和臀鰭之軟條部外緣黃色‧‧‧‧‧‧‧**星鱠**

　　　30b. 下頜兩側無彎曲之犬齒。尾鰭後緣圓形（*Cephalopholis*）。

　　　　　31a. 體長爲體高之2.3倍以下。

　　　　　　32a. 體淡黃色，體側有6條不甚明顯之橫帶；背鰭硬棘部之外緣以及腹
　　　　　　　鰭黑色，背鰭軟條部前方有一大形黑斑，D. IX, 15～16；A. III, 8；
　　　　　　　P. 16；L. l. 82～86（有孔鱗片 46～52）‧‧‧‧‧‧‧‧‧‧**花蓮鱠**

　　　　　　32b. 體黃色，體側有七條暗色垂直短橫帶，眼前有一暗色斑。
　　　　　　　D. IX, 14；A. III, 9；P. 18；L. l. 111～116（有孔鱗片 58～63）。
　　　　　　　鰓耙 8～10＋14～16‧‧‧‧‧‧‧‧‧‧‧‧‧‧‧‧‧‧‧**伊加拉鱠**

　　　　　31b. 體長爲體高之2.5倍以上。

　　　　　　33a. 臀鰭具 8 軟條。

　　　　　　　34a. 臀鰭第 II 棘與軟條部等長或略短。D. IX, 14～16；A. III.
　　　　　　　　8；P. 16～17；L. l. 88～96（有孔鱗片 46～50）。L. tr. 9～10/
　　　　　　　　29～30。鰓耙 8～9＋14～15。體爲一致之黑褐色，有若干條（8

條?）黑色橫帶，老成後不明，各鰭黑色，奇鰭有白邊……**橫帶鱠**

34b. 臀鰭第 II 棘顯然較軟條部爲短；上頜達眼之後緣。D. IX, 16；A. III, 8；L. l. 82～90。（有孔鱗片 44～63）。L. tr. 8～11/32～34。鰓耙 8＋16。體深褐色，體側有十餘條藍色波狀縱線紋，口腔及鰓腔橙色，背鰭硬棘末端黑色…………………………**黑鱠**

33b. 臀鰭具 9 軟條。

35a. 尾鰭後緣截平。D. IX, 17～18；A. III, 9；P. L. l. 100～115；L. tr. 11～13/43～48。鰓耙 11～10～15。體爲一致之暗褐色或黑色，幼魚尾鰭有白邊……………………**珞珈鱠**

35b. 尾鰭後緣圓形。

36a. 側線上有孔鱗片 60～75。

37a. 胸鰭 18 軟條；腹鰭短於頭部之眶後區。體暗褐色，有赤色小斑點散在，背鰭與身體同色，胸鰭前半淡紅色，後半淡黃色，臀鰭黑色。D. IX, 15；A. III, 9；L. l. 95～96（有孔鱗片 60～70）；L. tr. 8～10/35～40。鰓耙 7～10＋10～15……………………………………**霓鱠**

37b. 胸鰭 19 軟條；腹鰭與頭部之眶後區等長。體暗褐色，頭及軀幹部有暗褐色網狀花紋。D. IX, 15；A. III, 9；P. 19；L. l. 106～117（有孔鱗片 62～75）。鰓耙 9～10＋9～14……………………………………**網紋鱠**

36b. 側線上有孔鱗片 40～55。

38a. 臀鰭第 II、III 棘殆等長。體紅色，密佈暗色細點。D. IX, 15；A. III, 9；P. 17～18；L. l. 100～110（有孔鱗片 47～51）；L. tr. 10～11/28～30；鰓耙 8～10＋9～14……………………………………**紅鱠**

38b. 臀鰭第 II 棘顯然較第 III 棘爲長。體鮮紅色，密佈深紅色小斑點（液浸標本體色消失，僅有小白點散在）；各鰭有黑邊，尾鰭後緣有黑色寬橫帶，D. IX, 15；A. III, 9；P. 17；L. l. 87（有孔鱗片 40～50）；L. tr. 8～10/27～40。鰓耙 8～9＋11～17………**黑邊鰭紅鱠**

38c. 臀鰭第 II 棘較第 III 棘略長。體暗褐色或紫黑色，體側及各鰭佈滿具有黑圈之灰色斑點。D. IX, 16；A. III, 9；P. 17；L. l. 88～98（有孔鱗片 40～55）；L. tr. 9～10/32～40。鰓耙 9～11＋14～16………**眼斑鱠**

26c. 背鰭具 XI 枚（少數爲 X 枚）堅強之硬棘。

39a.　臀鰭 III, 10～12。顱骨之骨質隆起稜甚強，前方向額骨突出，並且向眶間隔延長，額骨背面無突起，前上頜骨之突起不嵌入額骨前端之彎曲部 (*Trisotropis*)。

　　D. XI, 19～21; A. III, 9～10; P. 18～19; L. l. 130～140 (有孔鱗片 66～68); L. tr. 21～27/66。鰓耙 9～11＋16～17。體灰紫色，各鰭色深……**鳶鱠**

39b.　臀鰭 III, 8～9; 顱骨之骨質隆起稜不向額骨突出，額骨在眶間隔之後部兩側有一突出部或瘤狀突起，前上頜骨之突出部正嵌入於額骨前端之彎曲部中。側線管簡單，無明顯之輻射狀稜 (*Epinephelus*)。

40a.　前鰓蓋骨下緣平滑; A. III, 8。前後鼻孔約等大。

41a.　尾鰭後緣截平或凹入 (幼時可能爲圓形)。

42a.　體長爲體高之 2.4～2.7 倍; 主鰓蓋骨之中央棘偏於鰓蓋上部，下鰓蓋骨與間鰓蓋骨圓滑。體深紫色，有不規則之小黑點 (多數較瞳孔爲小，而各點間之距離略大); 各鰭、尾柄及唇部黃色，尾鰭後半黑色而有黃邊。D. XI, 16～17; A. III, 8; P. 16～17; L. l. 125～136 (有孔鱗片 65～70); L. tr. 20～26/38～40。鰓耙 10～11＋14～18 ……**疏點石斑**

42b.　體長爲體高之 2.8～3.3 倍。主鰓蓋骨各棘間之距離大致相等; 下鰓蓋骨與間鰓蓋骨有細鋸齒。

43a.　尾鰭後緣略凹入; 頭長爲尾柄高之 2.9～3.1 倍; 奇鰭於黑邊之外鑲較狹之白邊，體側斑點大於瞳孔。D. XI, 15～17; A. III, 8; P. 16～17; L. l. 93～115 (有孔鱗片 51～70); L. tr. 19～26/41～46。鰓耙 8～10＋13～16………………**巨點石斑**

43b.　尾鰭後緣截平; 頭長爲尾柄高之 3.2～3.8 倍。背鰭軟條部、臀鰭及尾鰭均有單純之白邊; 體側斑點小於瞳孔，斑點間之地色成網狀。D. XI, 16～18; A. III, 8; P. 17～18; L. l. 104～112 (有孔鱗片 49～52); L. tr. 15～20/33～48。鰓耙 9～11＋13～16……**密點石斑**

43c.　尾鰭後緣截平; 頭長爲尾柄高之 3.2 倍。體背面淡褐色，腹面更淡，體側上方有多數橙黃色至紅色之斑點，尾鰭下葉及臀鰭外緣紫褐色。D. XI, 16～17; A, III, 8; P. 16; L. l. 107; L. tr. 15～16/40 ………………………………………………………………………**布氏石斑**

43d.　尾鰭後緣近於截平 (幼時圓形); 頭長爲尾柄高之 2.5～2.8 倍。體淡褐色，體側有四、五條向後上方斜走之濶橫帶。D. XI, 14～15; A. III, 8; P. 17～18; L. l. 104～120 (有孔鱗片 58～67); L. tr. 16～17/35～37。鰓耙 8～10＋13～17 ………………**吊橋石斑**

42c.　體長爲體高之 3 倍。主鰓蓋骨中央棘偏於鰓蓋下部 (各棘距離相等); 下鰓蓋骨平滑，間鰓蓋骨有細鋸齒。尾鰭後緣截平 (幼時圓形)。

D. XI, 16; A. III, 8; P. 18; L. l. 85～98 (有孔鱗片 52); L. tr. 17～18/33～36。鰓耙 8＋14～16 ‥‥‥‥‥‥‥‥‥‥**擬青石斑**

41b. 尾鰭後緣圓形；眼眶間隔小於眼徑。

44a. 胸鰭較頭長（除吻）為長；體側有大形暗斑（大小不等），斑間地色疏網狀。D. XI, 17; A. III, 8; P. 17; L. l. 86～92 (有孔鱗片 47～51); L. tr. 12～13/24～33。鰓耙 7～8＋12～15‥‥‥‥
‥‥‥‥‥‥‥‥‥‥‥‥‥‥‥‥‥‥‥‥‥‥‥‥‥‥‥**玳瑁石斑**

44b. 胸鰭等於或小於頭部之眶後區。

45a. 兩頜側齒三列或三列以上。

46a. 鰓蓋上各棘距離相等。

47a. 上頜向後達眼之後緣下方；眼徑與吻長相等。液浸標本淡褐色，背面較暗。幼時體側有六條不甚明顯之橫帶。
D. XI, 16; A. III, 8; P. 18～20; L. l. 95～115 (有孔鱗片 52～57); L. tr. 10～12/27～29; 鰓耙 6～8＋14～17‥‥
‥‥‥‥‥‥‥‥‥‥‥‥‥‥‥‥‥‥‥‥‥‥‥‥‥‥‥**赤石斑**

47b. 上頜向後超過眼之後緣以後；眼徑較吻長為短，為長或相等。

48a. 眼徑約與吻長相等。體淡灰色或灰褐色，有六角形之褐色斑點，近腹面漸疏並變為圓斑。背鰭第 VIII～XI 棘之間有一大形黑斑。D. XI, 15; A. III, 8; P. 19; L. l. 90～94‥‥‥‥‥‥‥‥‥‥‥‥‥‥‥‥‥‥‥‥‥**黑斑石斑**

48b. 眼徑較吻長為短。

49a. 體藍灰色，而有大形褐色斑點，背鰭軟條部，尾鰭及臀鰭上有蜂窩狀斑。D. XI, 16; A. III, 8; P. 17; L. l. 65 (有孔鱗片); 鰓耙 6～8＋15～17‥‥‥‥**藍身石斑**

49b. 體深褐色，有不明顯之黑斑，幼時有不明顯的闊橫帶。D. XI, 15～16; A. III, 8; P. 18; L. l. 97～108 (有孔鱗片 62～66); L. tr. 17～19/28～29; 鰓耙 9～10＋15～17‥‥‥‥‥‥‥‥‥‥‥‥**鱸滑石斑**

49c. 體青褐色或紅褐色，有六角形之深色斑點，形成網狀斑紋，沿背面有五個深色大斑，向上擴展至背鰭基部以上。D. XI, 16; A. III, 8; P. 18; L. l. 98 (有孔鱗片 61); L. tr. 11/24; 鰓耙 8～9＋16～17 ‥‥‥**蜂巢石斑**

46b. 鰓蓋上中間一棘比較接近於下棘。

50a. 上頜向後達眼之後緣下方；前鰓蓋後緣圓形，隅角部不突出，鋸齒亦不肥大。體暗褐色，有大小不等之白色斑點；胸鰭黑色而有白邊。體被櫛鱗。D. XI, 16; A. III, 8; P. 18; L. l. 93～100 (有孔鱗片 51～54)；L. tr. 11～14/25～26；鰓耙 8～9＋14～16 ……………………………………………………**藍點石斑**

50b.　上頜向後超過眼之後緣；鱗片大部分或一部分爲圓鱗。

51a.　體淡褐色，密佈小黑點，背部有五個暗色鞍狀斑，尾基上方有一較大之黑斑。D. XI, 14～15; A. III, 8; L. l. 90～105 (有孔鱗片 51～70)；L. tr. 15～22/27～32；鰓耙 10＋15 ………**黑點石斑**

51b.　體淡褐色，有五條濶橫帶 (一通過眼；二在鰓蓋上；三在背鰭硬棘部下方；四在背鰭軟條部下方；五通過尾柄)，老成標本無橫帶而有網狀紋；胸鰭有橫帶；背鰭各棘短於軟條，向後漸長。D. XI, 14～15; A. III, 8; L. l. 86～98 (有孔鱗片 50～60)；L. tr. 21～22/28～31；鰓耙 10＋15～16 ……………………………………………………**槍頭石斑**

45b.　兩頜側齒二列。

52a.　鰓蓋上各棘距離相等，側線上有孔鱗片 49～53。

53a.　背鰭最後數棘之下方有一黑斑，各鰭無顯著斑點。生活時紅褐色，體側及頭部密佈與瞳孔等大之紅色斑點。D. XI, 15～17; A. III, 8; P. 17～19; L. l. 92～98 (有孔鱗片 50～53)；L. tr. 13/31；鰓耙 8～9＋14～15……………………………………………………**赤點石斑**

53b.　體褐色，每一鱗片有一帶綠色之白點，喉峽部有一大形暗褐色斑。D. XI, 17; A. III, 7～8; P. 17～18; L. l. 95～100 (有孔鱗片 47～52)；L. tr. 11～15/27～28；鰓耙 8＋12～14…………………………………………**霜點石斑**

53c.　體淡褐色，體側有六條暗色斜橫帶 (處處中斷)，並有斑點散佈各處。D. XI, 15～16; A. III, 8; P. 17～18; L. l. 93～108 (有孔鱗片 50～53)；L. tr. 17/28；鰓耙 7～9＋14～16 ……………………………………………**青石斑**

53d.　地色淡褐色，有許多黑色小斑，背鰭基部有二、三個不甚明顯的暗褐色斑，在尾柄上部另有一橫斑。D. XI, 16;

A. III, 8; P. 18; L. l. 92～98（有孔鱗片 51）; L. tr. 11～14/22; 鰓耙 9＋16 ……………………………**黑駁石斑**

53e. 地色暗褐色，有大形多少成多角狀的暗褐色或黑色斑。
D. XI, 15～17; A. III, 8; P. 17; L. l. 92～108（有孔鱗片 48～50）; L. tr. 15～17/27～31; 鰓耙 6～8＋14～16……………………………………………………**網紋石斑**

53f. 體褐色，下部較淡，頭及軀幹密佈黑色或深褐色斑點，斑點間地色暗褐，其距離與斑點相等或略小，各鰭較地色略深。D. XI, 16; A. III, 8; P. 17～19; L. l. 88～110（有孔鱗片 47～51）; L. tr. 20～24/33～36; 鰓耙 7～9＋13～14……………………………………………………**青點石斑**

52b. 鰓蓋上各棘之距離相等; 側線上有孔鱗片 56～62。

54a. 地色褐色，體側、頭部及各鰭有極小之黑色斑點; 幼魚體側有五條暗色橫帶; 尾鰭、臀鰭黑色。D. XI, 15; A. III, 8; P. 19; L. l. ±110（有孔鱗片 56～61）; L. tr. 13/27～29; 鰓耙 9～10＋15～16………**瑪拉巴石斑**

54b. 體淡褐色，頭部斑點甚小，分佈亦疏，體側有暗色橫帶，各鰭有黑色及白色圓點。D. XI, 15; A. III, 8; L. l. 90（有孔鱗片 56～62）……………………**鮭形石斑**

54c. 體淡褐色，體側有七條暗色濶橫帶，帶緣綴有小黑點。D. XI, 15～16; A. III, 8; P. 19; L. l. ±105（有孔鱗片 58～60）; L. tr. 14/35; 鰓耙 7～8＋13～14…………………………………………………………**鑲點石斑**

54d. 體紅褐色，無斑點; 頰部有二不明顯之灰色短帶，一由眼後至鰓蓋，一由眼下方至前鰓蓋下緣。胸鰭約與頭部之眶後區等長; 眼徑小於吻長; 上頜向後達眼之後緣下方。D. XI, 14～15; A. III, 8; P. 17; L. l. 88-95; L. tr. 11～12/28; 鰓耙 9～11＋13～15 ………**正石斑**

52c. 鰓蓋上各棘之距離相等; 側線上有孔鱗片 68～71。體灰褐色，體側有三縱列黑色小斑點。D. XI, 13～15; A. III, 8; p. 17～19; L. l. 108～116（有孔鱗片 68～71）; L. tr. 13/32～34; 鰓耙 8～10＋13～16 …………………**小紋石斑**

52d. 鰓蓋上之中央一棘比較接近下棘。

55a. 側線上有孔鱗片48～50。體褐色，密佈白色斑點，此等斑點多少連綴成波狀縱紋，各棘有黃白色斑點，奇鰭有白邊。D. XI, 15；A. III, 8；L. l. ±100；
（有孔鱗片 48～50）；L. tr. 12～14/27～28；鰓耙
8～10+14～15 ……………………………………**波紋石斑**

55b. 側線上有孔鱗片60～66。地色淡褐，有三條深色濶
縱帶（地色成爲相間之縱帶），此等縱帶或間斷而成
爲不規則的斑點。D. XI. 12～13；A. III, 8；L. l.
100～105（有孔鱗片 60～66）；L. tr. 12/26；鰓耙
9～11+13～16 ……………………………………**縱帶石斑**

55c. 側線上有孔鱗片64～67。體淡褐色，有六條暗色斜
橫帶（在側線下方可能分歧）。D. XI, 14～15；A.
III, 8；P. 18；L l. 93～105；L. tr. 13～15/30～
32；鰓耙 9～11+14～16……………………………**雲紋石斑**

55d. 側線上有孔鱗片 57～67。體欖褐色至褐色，體側
有 5～6 條暗色斜帶(部分成對)，由眼有四條放射狀
帶至吻部及後頭部，大魚各帶往往形成斑塊或消失。
D. XI, 13～14；A. III, 8；L. l. 85～90；L. tr. 15
～18/26～29 ………………………………………**泥石斑**

52e. 鰓蓋上之中央一棘比較接近上棘。側線上有孔鱗片 49～
50。體灰褐色，體側及各鰭均佈滿大形黑色斑點（小於點間
距離），背鰭硬棘部中央有一暗色區域。D. XI, 15～16；
A. III, 8；P. 17～18；L. l. 103～105；L. tr. 13/33；鰓耙
9+15 ……………………………………………………**花點石斑**

40b. 前鰓蓋骨下緣有一或二小鋸齒。臀鰭 III, 9；後鼻孔顯然大於前鼻孔。
體淡褐色至深褐色，有七條暗色橫帶，眼下方有一黑色條紋。D. XI, 14～
16；A. III, 9～10；P. 17～18；L. l. 110～115（有孔鱗片 64～71）；L. tr.
14～15/33～35；鰓耙 9～10+13～15 ……………………………**間帶石斑**

小花鱸 *Chelidoperca hirundinacea* (CUVIER & VALENCIENNES)

亦名燕赤鮨；日名姬小鯛。產臺灣。*C. pleurospilus* (GÜNTHER) 爲其異名。（圖 6-122）

花鱸 *Plectranthias japonicus* (STEINDACHNER)

日名霞櫻鯛。產基隆、東港。*Sayonara satsumae* JORDAN & SEALE 爲其異名。

東花鱸 *Plectranthias kelloggi* (JORDAN & EVERMANN)

日名東花鯛。產基隆、東港。*Zalanthias azumanus* (JORDAN & RICHARDSON) 爲其
異名。

眞花鱸 *Plectranthias anthioides* (GÜNTHER)

　　產本省南部及東部海域。

卡米花鱸 *Plectranthias kami* RANDALL

　　據沈世傑敎授 (1984) 產高雄。

中洲花鱸 *Plectranthias chungchowensis* SHEN & LIN

　　沈世傑敎授等 (1984) 發表之新種，標本採自高雄中洲。

長臂花鱸 *Plectranthias longimanus* (WEBER)

　　中研院動物所有標本採自恆春。

斑花鱸 *Selenanthias analis* TANAKA

　　日名墨附花鯛。產臺灣。

異臂花鱸 *Caprodon schlegeli* (GÜNTHER)

　　其兩側胸鰭不等長，故名。日名赤伊佐木。產臺灣。片山氏 (1960) 報告本種雌雄體色
　　斑紋不同。*C. longimanus* GÜNTHER, *C. affinis* TANAKA 均其異名。

金帶花鱸 *Holanthias chrysostictus* (GÜNTHER)

　　產本省北部及東北部海域。*H. katayamai* RANDALL, MAUGE & PLESSIS 爲其異名。

單斑花鱸 *Odontanthias unimaculatus* (TANAKA)

　　據劉文御君告知產東港。

紅衣花鱸 *Odontanthias rhodopeplus* (GÜNTHER)

　　產臺灣北部沿岸。

高身花鱸 *Serranocirrhitus latus* WATANABE

　　產綠島附近。

姬花鱸 *Tosana niwai* SMITH & POPE

　　日名姬花鯛；亦名姬鮨 (朱)。*Mustelichthys gracilis* (FRANZ), *M. ui* TANAKA 均其
　　異名。(圖 6-122)

珠斑花鱸 *Sacura margaritaceus* (HILGENDORF)

　　日名櫻鯛。產大溪。(圖 6-122)

游牧花鱸 *Anthias pascalus* (JORDAN & TANAKA)

　　據沈世傑敎授 (1984) 產臺灣東部及蘭嶼沿岸。

史氏花鱸 *Anthias smithvanizi* RANDALL & LUBBOCK

　　據沈世傑敎授 (1984) 產臺灣。

異色花鱸 *Anthias dispar* (HERRE)

　　據沈世傑敎授 (1984) 產臺灣東部及蘭嶼沿岸。

長花鱸 *Pseudanthias elongatus* (FRANZ)

　　產大溪、澎湖。

側帶花鱸 *Pseudanthias pleurotaenia* (BLEEKER)

　　據沈世傑教授 (1984) 產澎湖、蘭嶼。

金花鱸 *Franzia squamipinnis* (PETERS)

　　又名長棘花鮨 (朱)。產基隆。據片山氏 (1960) 報告本種雌雄體色及絲狀鰭條均不同，
F. cheirospilos (BLKR.)(♂)，*F. rubra* TANAKA, *Pseudanthias nobilis* (FRANZ) 等
均其異名。(圖 6-122)

巨棘花鱸 *Giganthias immaculatus* KATAYAMA

　　據劉文御君告知產東港。

䱀鱸 *Belonoperca chabanaudi* FOWLER & BEAN

　　產恆春近海。

條紋高鱸 *Ypsigramma lineata* SCHULTZ

　　產蘭嶼沿岸。

日本鱠 *Chorististium japonica* (DÖDERLEIN)

　　日名露鶴虞鱠。產基隆。

縱帶鱠 *Chorististium latifasciata* (TANAKA)

　　日名鶴虞鱠；俗名變身苦 (?)。產基隆。(圖 6-122)

彎月鱠 *Chorististium lunulata* (GUICHENOT)

　　據沈世傑教授 (1984) 產臺灣東北部岩礁海域。

鞭棘鱸 *Flagelloserranus meteori* KOTTHAUS

　　據 KOTTHAUS (1970) 產臺灣近海。

鰺魚 *Cromileptes altivelis* (CUVIER & VALENCIENNES)

　　英名 High-finned grouper, Humped-back-cod (seabass)；亦名扁鮨，銳首擬石斑。
產臺灣、澎湖。

截尾豹鱠 *Plectropomus truncatus* FOWLER & BEAN

　　英名 Squaretail seabass。又名截尾鰓棘鱸。產臺灣。

橫斑豹鱠 *Plectropomus melanoleucus* (LACÉPÈDE)

　　英名 Coral-cod, 鰓棘鱸 (朱)，條鮨 (梁)；日名條羽太。產臺灣、澎湖。有的學者認
爲本種爲次種之色型之一。

豹紋豹鱠 *Plectropomus leopardus* (LACÉPÈDE)

　　英名 Blue-spotted seabass。產澎湖。(圖 6-122)

線紋豹鱠 *Plectropomus oligacanthus* BLEEKER

產臺灣。

星鱠 *Variola louti* (FORSSKAL)

英名 Yellow-margined grouper, Fairy cod, Lunar-tailed cod, moon-tail seabass；又名側牙鱸；日名薔薇羽太。產臺灣，澎湖。（圖 6-122）

花蓮鱠 *Cephalopholis awanius* TSAI

產花蓮。蔡住發先生於 1960 年發表之新種，色型與後種很相近。

伊加拉鱠 *Cephalopholis igarasiensis* KATAYAMA

據益田一等 (1975) 產臺灣。（圖 6-122）

橫帶鱠 *Cephalopholis pachycentron* (CUVIER & VALENCIENNES)

英名 Brown-barred rock-cod, Brown-banded rock-cod (seabass)；又名橫帶九棘鱸。產澎湖，基隆。

黑鱠 *Cephalopholis boenack* (BLOCH)

英名 Blue-lined rock-cod；亦名 Hih Shih Pan (黑石斑—F), Hih kwei Tze (F.)，縱帶九棘鱸，青條鮨；日名青條羽太。產臺灣。

珞珈鱠 *Cephalopholis rogaa* FORSSKÅL

英名 Red-flushed rock-cod, Redmouth rock-cod。又名褐九棘鱸。產臺灣。

霓鱠 *Cephalopholis urodelus* (BLOCH & SCHNEIDER)

英名 Flag-tailed rock-cod；亦名尾紋九棘鱸；日名虹羽太；俗名鱠仔魚。產基隆，花蓮，蘇澳。

網紋鱠 *Cephalopholis sonnerati* (CUVIER & VALENCIENNES)

英名 Tomato rock-cod；又名紅九棘鱸。產澎湖，蘇澳。

紅鱠 *Cephalopholis miniatus* (FORSSKÅL)

英名 Deep-sea bass, Bath Robe seabass, Coral rock-cod, Vermilion seabass；亦名夕鱠，青星九棘鱸，石斑魚；俗名鮕魚，瞽魚，郭魚，過魚；日名羽太。*C. formosanus* TANAKA 為其異名。產基隆、澎湖。

黑邊鰭紅鱠 *Cephalopholis aurantius* (CUVIER & VALENCIENNES)

英名 Orange rock-cod；俗名紅鷄仔，紅獅公。產南方澳，花蓮。

眼斑鱠 *Cephalopholis argus* BLOCH and SCHNEIDER

英名 Peacock rock-cod, Spotted seabass, Black rock-cod；又名斑點九棘鱸。產澎湖。

蔦鱠 *Trisotropis dermopterus* (TEMMINCK & SCHLEGEL)

又名細鱗三稜鱸。日名鳶羽太。產臺灣。

疏點石斑 *Epinephelus flavocaeruleus* (LACÉPÈDE)

英名 Yellowtail rock-cod, Purple rock-cod; 俗名大鱸，鱠魚，胡椒鱠; 日名土掘羽太; 亦名黑點鮨，高身石斑魚。產臺灣。*Epinephelus* 屬動典譯爲鮨。*E. hoedlii* (BLEEKER) 當爲本種之異名。

巨點石斑 *Epinephelus areolatus* (FORSSKÅL)

英名 Square-tail rock-cod, Yellow spotted rock-cod, Areolated grouper; 亦名寶石石斑魚; 日名紋羽太。產高雄、基隆。

密點石斑 *Epinephelus chlorostigma* (CUVIER & VALENCIENNES)

亦名花鮨 (動典)，網紋石斑魚，俗名糯米鱠; 日名寶石羽太。產基隆、高雄。

布氏石斑 *Epinephelus bleekeri* (VAILLANT & BOCOURT)

英名 Bleeker's grouper。據 FAO 手冊分佈臺灣近海。

吊橋石斑 *Epinephelus morrhua* (CUVIER & VALENCIENNES)

英名 Contour rock-cod, 亦名雲紋石斑 (朱)，斑竹鱠; 日名掛橋羽太。*E. döderleini* FRANZ (據中村)，*E. cometae* TANAKA (據梁) 爲其異名。片山氏 (1960) 將本種分爲三亞種，卽 *E. morrhua morrhua, E. morrhua poecilonotus, E. morrhua cometae,* 均產臺灣。

擬青石斑 *Epinephelus diacanthus* (CUVIER & VALENCIENNES)

英名 Double-thorned rock-cod, Two-spine rock-cod; 亦名紅鱠 (袁), Shih pan, Shih pan u (石斑魚—F); 日名擬靑羽太。產臺灣。

玳瑁石斑 *Epinephelus megachir* (RICHARDSON)

英名 Long-pectoralcd honeycomb grouper; Long-finned rock-cod, Spotted grouper; 亦名 Tae Mei Pan (玳瑁斑), Hwa Paou Yu (花豹魚), Fa Kau Daeu (花狗斑)，Fa Kau Yu 花狗魚 (均據 F.)，篩紋鮨 (動典)，指印石斑魚 (朱); 日名模樣羽太。產基隆、澎湖。(圖 6-122)

赤石斑 *Epinephelus fasciatus* (FORSSKÅL)

英名 Red-barred rock-cod; Black-tipped rock-cod, Red-banded grouper; 亦名黑邊石斑魚 (朱)，赤鮨 (動典)，赤豆鱒 (動典); 日名赤羽太。產臺灣、澎湖。

黑斑石斑 *Epinephelus melanostigma* SCHULTZ

產蘭嶼。

藍身石斑 *Epinephelus tukula* MORGAN

據沈世傑教授 (1984) 產臺灣東北部岩礁區海域。

鱸滑石斑 *Epinephelus tauvina* (FORSSKÅL)

英名 Bullnose bass, Black seabass, Greasy estuary rock-cod, Greasy grouper。又名巨石斑魚；俗名 Loh Wah。產高雄。

蜂巢石斑 *Epinephelus hexagonatus* (BLOCH & SCHNEIDER)

亦名六角石斑魚，產臺灣。

藍點石斑 *Epinephelus caeruleopunctatus* (BLOCH)

英名 Ocellated rock-cod；俗名鱠魚。產高雄、澎湖。

黑點石斑 *Epinephelus fuscoguttatus* (FORSSKÅL)

英名 Marbled grouper, Flowercod, Carpetcod, Blotchy rock-cod, Brown marbled grouper。亦名棕點石斑魚；產臺灣、澎湖。

槍頭石斑 *Epinephelus lanceolatus* (BLOCH)

產臺灣。

赤點石斑 *Epinephelus akaara* (TEMMINCK & SCHLEGEL)

產臺灣北部近海。

霜點石斑 *Epinephelus rhyncholepis* (BLEEKER)

產澎湖。

青石斑 *Epinephelus awoara* (TEMMINCK & SCHLEGEL)

英名 Banded grouper, Yellow grouper；亦名黃釘斑 (Wong Teng Pan)，青鮨；俗名鱸貓。產高雄、澎湖。

黑駁石斑 *Epinephelus corallicola* (CUVIER & VALENCIENNES)

英名 Coral rock-cod, Large-spotted rock-cod。*E. macrospilus* BLEEKER 為其異名。產臺灣。

網紋石斑 *Epinephelus merra* BLOCH

英名 Short-pectoraled Honeycomb grouper, Wirenetting rock-cod；又名蜂巢石斑魚（朱）。產臺灣、澎湖。

青點石斑 *Epinephelus fario* (THUNBERG)

英名 Blue-spotted grouper，Trout rock-cod；亦名鮭點石斑（朱）。日名星羽太。產臺灣、澎湖。(圖 6-122)

瑪拉巴石斑 *Epinephelus malabaricus* (BLOCH & SCHNEIDER)

又名點帶石斑魚（朱）。產臺灣。

鮭形石斑 *Epinephelus salmonoides* (LACÉPÈDE)

產澎湖。

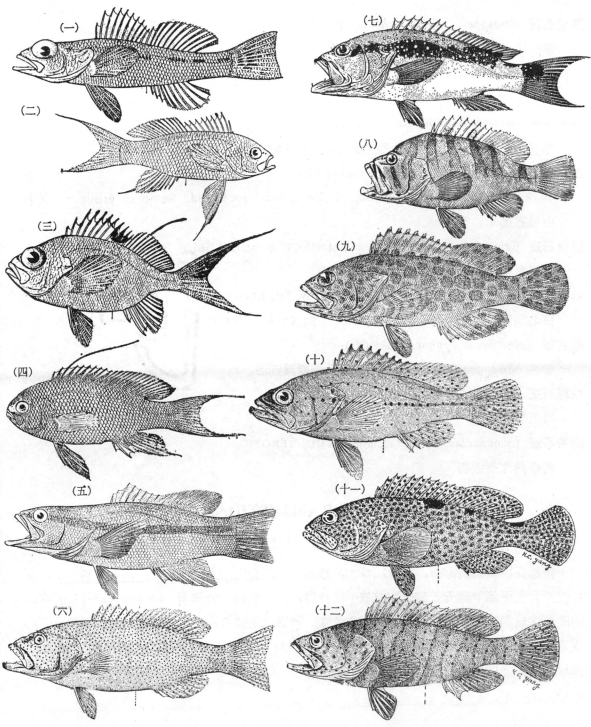

圖 6-122　（一）小花鱸；（二）姬花鱸；（三）珠斑花鱸；（四）金花鱸(♂)；（五）縱帶鱠；
（六）豹紋豹鱠；（七）星鱠（幼魚）；（八）伊加拉鱠；（九）玳瑁石斑；（十）小
紋石斑；（十一）青點石斑；（十二）鑲點石斑；（一～四據松原；五～十據片山；
十一～十二據楊鴻嘉）。

鑲點石斑 *Epinephelus amblycephalus* (BLEEKER)

產澎湖。（圖 6-122）

正石斑 *Epinephelus hata* KATAYAMA

據楊鴻嘉（1975）產高雄。

小紋石斑 *Epinephelus epistictus* (TEMMINCK & SCHLEGEL)

亦名小點石斑魚（朱）；日名小紋羽太。產宜蘭。（圖 6-122）

波紋石斑 *Epinephelus summana* (FORSSKÅL)

英名 Speckle-finned rock-cod, White-spotted rock-cod, Summan grouper。又名白星石斑魚。產澎湖。

縱帶石斑 *Epinephelus latifasciatus* (TEMMINCK & SCHLEGEL)

又名寬帶石斑；日名大條羽太。產臺灣。

雲紋石斑 *Epinephelus moara* (TEMMINCK & SCHLEGEL)

日名藻羽太。*E. nebulosa* (T. & S.) 為其異名。產高雄。

泥石斑 *Epinephelus brunnes* (BLOCH)

英名 Mud grouper。據 FAO 手冊分佈臺灣近海。

花點石斑 *Epinephelus maculatus* (BLOCH)

產恆春近海。

間帶石斑 *Epinephelus septemfasciatus* (THUNBERG)

產臺灣北部近海。

黑鱸科 GRAMMISTIDAE

Soapfishes

體延長，或成長卵形，側扁；口大，傾斜，下頜伸出，上頜有副骨。鼻孔每側二枚，互相接近。上下頜、鋤骨、腭骨均有絨毛狀齒帶，舌上無齒。背鰭 II～IX 棘，12～27 軟條，中間有深缺刻。臀鰭 0～III 棘，8～17 軟條。胸鰭、尾鰭均圓形；體被小圓鱗，埋於皮下，或為小櫛鱗，側線完整。鰓蓋骨具三棘（有的 I 棘）。腹鰭位於胸鰭下方或稍前方，最內之鰭條以皮膜與體壁相連。脊椎 24～25。體表黏液有皂泡效果，內含有毒之黑鱸素（Grammistin）。

臺灣產黑鱸科 2 亞科 5 屬 5 種檢索表:

1a. 前鰓蓋骨有鋸齒二列。體被小櫛鱗。背鰭硬棘部基底顯然長於軟條部 (DIPLOPRIONINAE)。

  2a. 體高而短，體長為體高之2.1～2.3倍。口極度傾斜；眶間區極度隆起。胸鰭短於腹鰭 (*Diploprion*)。

D^1. VIII; D^2. I, 12～15; A. II, 12; P. 17; L. l. 100～115 (有孔鱗片 80～87)；L. tr. 22～24/65～70。鰓耙 10～12+19～21。體黃色，有二條黃褐色寬橫帶，第一條由頭部至背鰭起點，第二條由背鰭硬棘部後方向後下方傾斜。背鰭硬棘部及腹鰭色暗⋯⋯⋯⋯⋯⋯⋯⋯⋯⋯⋯⋯⋯⋯⋯**雙帶鱸**

2b., 體延長，體長為體高之 2.6～3.5 倍。口略傾斜；眶間區中度隆起。胸鰭不短於腹鰭 (*Aulacocephalus*)。

D. IX, 12; A. III, 9; P. 14～16; L. l. 78～87 (有孔鱗片 76～81)；L. tr. 11/55～57。鰓耙 9+18～19。體紫褐色，有一黃色縱帶，由吻端沿背鰭基底至尾鰭基部⋯⋯⋯⋯⋯⋯⋯⋯**琉璃黑鱸**

1b. 前鰓蓋骨邊緣有強棘數枚。體被小圓鱗。背鰭硬棘部不較軟條部為長 (GRAMMISTINAE)。

3a. 頤部有一皮質突起，有時甚小。

4a. 臀鰭 II, 9；棘埋於皮下；頤部皮質突起小形。眶間區裸出 (*Grammistes*)。

D. VII, 13～14; P. 16～18; L. l. 61～66 (有孔鱗片)；L. tr. 12～13/41～43。鰓耙 7～10+12～13。體暗褐色，有 6～9 條縱條紋 (幼時較少)。各鰭外緣白色 ⋯⋯⋯⋯⋯⋯**六線黑鱸**

4b. 臀鰭 III, 8；棘短壯。頤部皮質突起大形。眶間區被鱗 (*Pogonoperca*)。

D. VII, 13; P. 16. L. l. 65 (有孔鱗片)；L. tr. 20/43；鰓耙 10+13。體褐色，有五個暗色斑塊及多數白色圓點⋯⋯⋯⋯⋯⋯⋯⋯⋯⋯⋯⋯⋯⋯⋯⋯⋯⋯⋯⋯**斑點鬚鱸**

3b. 頤部無皮質突起。前鰓蓋骨邊緣無棘，或僅有一鈍棘。D. VII, 12; A. III, 9；棘短而壯 (*Grammistops*)。

L. l. 90; L. tr. 15～16/22～23 (由側線向上至背鰭軟條部基底)。鰓耙 6～7+12～13。體之前部淡褐色，後部暗褐色 (液浸標本)，鰓蓋上有一大形眼狀斑 ⋯⋯⋯⋯⋯⋯⋯⋯⋯**眼斑黑鱸**

雙帶鱸 *Diploprion bifasciatum* (KUHL & VAN HASSET) CUVIER & VALENCIENNES
英名 Off-shore window shutler；亦名黃鱸，黃帝魚，火燒魚(F.)；產臺灣、澎湖。(圖 6-123)

琉璃黑鱸 *Aulacocephalus temmincki* BLEEKER
英名 Goldribbon rock-cod；日名琉璃羽太。產基隆。

六線黑鱸 *Grammistes sexlineatus* (THUNBERG)
英名 Goldstriped rock-cod, Soapfish；亦名線紋黑鱸 (梁)；日名布晒。產臺灣。(圖 6-123)

斑點鬚鱸 *Pogonoperca punctata* (CUVIER & VALENCIENNES)
產蘭嶼。(圖 6-123)

眼斑黑鱸 *Grammistops ocellatus* SCHULTZ
產臺灣南端岩礁中。

D.VIII. D.I, 13～15；A. II, 12；P. 17～19；L.l. 26～29（＋3）；L.tr. 22～27（？
…？）；G.r. 10～28（9～21）；鰓 23～35；……（鰓膜與峽部分離或相連，前鰓蓋骨
無棘或有1～2強棘，……）…………………………………………………………………

BL.，鰾或無鰾，幽門盲囊……………………………………………………（*Acropoma*
cdax）…………………………………………………………………………

C.IX. D.A. III., 9……………………………………………………………；P. 14～27；鰓 21，
16～17；脊椎24…；……………………………………………………………………………

III.，前鰓蓋骨有鋸齒，……………………………………………………（*Rhomboplites*）…

32.；WBN＝G.7（…C.7）；VIN．35～……………………………………………

42.；前鰓 II. w. 9～12 C. i. v.……………………………………………………（*Anomalops*）…

D.VII. 1～15………………………………………………………………………；1；14～15（？ii. 9～10
17～22）。…………………………………………………………………………

iii. 後半 (III. E)…………………………………………………………………………

D.VIII.15；前鰓蓋 b. i. f.……………………………………………………………；10～11 線鱗……

R. 此類鰭為亞……………………………………………………………………………

Bi. 後鰓骨短無距，……………………………………………………………………（？，
phumber?）……………………………………………………………………

i.；L.1. 30～42，17～30……………………………………………………………………

Epinephelus？…………………………………………………………………………

蝠魚 *Diploprion bifasciatum* 。…………………………… E. VALENCIENNES
E.E. Off-shore window shutterfly. 形色褐臺灣海峽，北部基隆……………………………………
（圖 6-123）

平滑單鰭 *Caracanthus maculatus* ？……………………………………………………
或在 *Oplichthus reef-cod* 台灣海峽……

天箭魚 *Cyrtoilstar sc…fin* 台灣海峽……

鯛科 *Gilanllpashork ……* 鰓北部基隆……

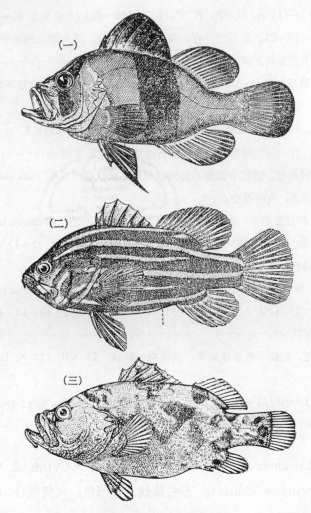

圖 6-123　（一）雙帶鱸；（二）六線黑鱸；（三）斑點鬚鱸
（一據朱等，二、三據片山氏）。

准雀鯛科 PSEUDOCHROMIDAE

Dottybacks；擬雀鯛科

　　體橢圓形，側扁。頭部輪廓鈍圓。口中型，斜裂，下頜多少能伸縮。上下頜側齒一列，
前方二列，外列齒較大；鋤骨有齒，腭骨有齒或無齒。前鰓蓋骨光滑，或有鋸齒緣。鰓蓋主
骨光滑，或近於光滑。鰓膜連合，或有缺刻。擬鰓櫛齒狀或纓絡狀。鰓被架6。有鰾。無幽
門盲囊。體被中型櫛鱗或圓鱗，頭部及兩頰被小圓鱗，鰓蓋有不規則之大形鱗片。各奇鰭基
部均有細鱗。在第一上鰓節鉤狀突和第二下咽鰓靭帶附着點之間無弧間軟骨，故與多數其他
鱸形魚類不同。脊椎26～35(10～13＋16～25)。側線分爲二截，上側線沿背側緣，終於背鰭

基底後端，中側線沿尾部中央線直走。背鰭一枚，基底長，前方有少數硬棘（通常 II～III，21～37）。臀鰭硬棘 II～III 枚，13～21 軟條。尾鰭後緣圓或截平。胸鰭圓，鰭條 17 或更多，各鰭條分枝。腹鰭 I, 5，胸位。<u>南太平洋</u>及<u>印度洋</u>沿岸小魚，近似花鱸科，但背鰭棘較少，而側線二條。

臺灣產准雀鯛科 2 屬 17 種檢索表:

1a. 鋤骨有齒，腭骨無齒。背鰭 II 棘，臀鰭 III 強棘，二者均有鱗鞘；尾鰭後緣圓形。體側中央一縱列鱗片約 60～80 枚 (*Dampieria*)。

　2a. 體側中央線一縱列鱗片 60～80 枚。尾鰭後緣圓形。

　　3a. 體側有多條縱走之線紋。

　　　4a. 背鰭軟條部基底無黑斑。

　　　　5a. D. II, 25～26；A. III, 14～15；P. 19；L. l. 48～50（上），14～17+2～3（下）；L. tr. 6/18；鰓耙 7+12。體側中央一縱列鱗片 62。生活時背面紅褐色，腹面紅色，由胸鰭末端至尾基有十餘條黑色狹帶，背鰭、臀鰭、尾鰭有黑邊，頰部有十餘條斜走暗色條紋……**黑條紋准雀鯛**

　　　　5b. D. II, 25；A. III, 14；L. l. 60+21。體黃褐色，體側每一鱗片有一暗點，形成約 16 條縱線紋，頰部有斜走線紋，眼之周圍有不完整之藍圈。背鰭有 8～9 條褐色波狀線紋，在第 II 棘與第一軟條間有一黑點……………………………………**線紋准雀鯛**

　　　4b. 背鰭軟條部基底有一大小不定之黑斑。

　　　　D. II, 25；A. III, 14；L. l. 53～57（上），17～18+2～3（下）；L. tr. 6～7/20～21。鰓耙 5+9。體紅褐色，往往帶黃味；奇鰭有黑邊，頰部亦有斜走線紋，體側有十餘條黑色縱線紋……………………………………………………………………………**黑斑准雀鯛**

　　3b. 體側無暗色之縱走線紋。

　　　6a. 各鱗片中央有一暗色點。背鰭有 4～6 縱列暗灰色眼狀小斑點，各斑點之外緣灰色。臀鰭有淡青色斜走線紋。D. II, 26；A. III, 14；L. l. 48～51（上），13～15+2（下）…………………………………………………………………………………**眼斑准雀鯛**

　　　6b. 各鱗片中央無暗色點。

　　　　7a. 背鰭軟條部基底無黑斑。

　　　　　8a. 背鰭軟條部後部一色，無顯著之斑點，各軟條近於等長。體紅色，後部較暗，眼之周圍有一環狀暗帶，頭側有斜走暗色紋，胸鰭基部有黑斑。D. II, 24～25；A. III, 14～15；P. 18；L. l. 42+20；體側中央一縱列鱗片 60～65。鰓耙 4～5+1+7～8……**環眼准雀鯛**

　　　　　8b. 背鰭軟條部之後部有藍色縱線紋及斑點，後部軟條之長約為前部之倍。體暗紅色，下部較淡，每一鱗片有一藍色小點，頭側有藍色斜走線紋，胸鰭基部有黑斑。D. II, 25；A. III, 14；L. l. 53～54（上）；13～18+2（下）；L. tr. 7～8/19～20。鰓耙 6+12……………………………………………………………………………**斑鰭准雀鯛**

　　　　　8c. 體側有 10～11 條黑色橫帶，鱗片小，L. l. 50～60（上）…………**橫帶准雀鯛**

7b. 背鰭軟條部前方基底有黑斑。體欖黃色，頭側有十餘條斜走之黑色線紋，各鰭灰色或灰
黃色，奇鰭有黑邊。D. II, 25～26；A. III, 14～15；L. l. 52～58（上），16～18＋2～3
（下）；體側中央一縱列鱗片 60～65；L. tr. 7/18～20。鰓耙 7～8＋12～14……**黃准雀鯛**

1b. 鋤骨、腭骨均有齒。背鰭通常 II～III 棘，第 I 棘甚小。背鰭、臀鰭均有鱗鞘。體側中央一縱列鱗片
32～45 枚（*Pseudochromis*）。

9a. 背鰭軟條 20～23；臀鰭軟條 10～14。

10a. 尾鰭有一馬蹄形黑帶，由尾基上方沿尾鰭上緣及後緣至尾基下方；沿背鰭基底有
一黑色寬橫帶。體黃褐色。D. III, 21～23；A. II, 13～14；P. 18～19；L. l. 22
～26（上）＋6～9（下）；L. tr. 3/10。體側中央一縱列鱗片 35～40 ……**黑帶准雀鯛**

10b. 尾鰭後緣有一透明環帶。D. III, 21～22；A. III, 11～13；L. l. 20～25＋3～8。
鰓耙 5～6＋11～13。體紫紅色，眼之周圍藍色 ……………………………**紫准雀鯛**

10c. 尾鰭顏色一致。

11a. 體藍褐色，頭側黃褐色，胸鰭後方有 8 ～ 9 條藍色橫線或橫帶，偶鰭黃色。奇
鰭色暗，沿上方側線有一條黃色狹縱帶，鰭條均分枝。D. II, 20～23；A. II, 12
～14；P. 18～19；L. l. 25～30＋7～10；體側中央一縱列鱗片 33；鰓耙 4＋12
………………………………………………………………………………**藍帶准雀鯛**

11b. 體側無橫帶，而為一致之暗褐色，尾鰭稍淡，背鰭往往有少數縱走之暗色線紋，
背鰭前方少數軟條不分枝。D. II, 21；A. II, 13～14；P. 18；L. l. 22～24＋6
～9；體側中央一縱列鱗片 33；鰓耙 4＋10～11………………………**瘦身准雀鯛**

11c. 身體為一致之橙黃色，各鰭稍淡，奇鰭有細黑邊。D. II, 23；A. II, 14；P.
14；L. l. 31＋6；一縱列鱗片 35 ……………………………………**泥黃准雀鯛**

11d. 生活時身體為一致之朱紅色，尾鰭稍淡（液浸標本欖褐色）。D. II, 22；A.
II, 13；P. 15；L. l. 27＋9；鰓耙 3＋10………………………………**喜界准雀鯛**

9b. 背鰭軟條 25～27；臀鰭軟條 14。鰓蓋上緣無棘。

12a. 奇鰭為一致之灰色。

體橘紅色，側線下方之多數鱗片各有一小藍點，通過眼球有二條藍色線紋。
D. III, 26；A. III, 14；體側一縱列鱗片 41，一斜列 14。鰓耙下枝 13………
………………………………………………………………………………**金色准雀鯛**

12b. 背鰭軟條部和臀鰭有藍色縱走線紋。

13a. 偶鰭色暗，體褐色，腹面稍淡，尾鰭淡黃或污色；背鰭、臀鰭有 6 ～ 7 條灰
色縱線，有時間斷為小點；胸鰭基部有黑斑。D. III, 27；A. III, 14；L. l.
24～34＋8～10；L. tr. 3/12～14。體側中央一縱列鱗片 37～38。鰓耙 5＋
12……………………………………………………………………………**褐准雀鯛**

13b. 偶鰭淡紅色，奇鰭黃色。體褐色，背鰭、臀鰭有 5 ～ 7 條灰色縱線紋；尾
鰭黃色，上下緣白色，有時為一致之暗色。D. III, 26；A. II～III, 14；L.

l. 23~28＋7~8；L. tr. 2~4/9~12；體側中央一縱列鱗片 37~46。鰓耙 5＋13 ·· **黃鰭准雀鯛**

黑條紋准雀鯛 *Dampieria melanotaenia* (BLEEKER)

又名黑線戴氏魚，黑線丹波魚。產臺東。

線紋准雀鯛 *Dampieria lineatus* CASTELNAU

產臺灣南端沿岸、蘭嶼。

黑斑准雀鯛 *Dampieria melanostigma* FOWLER

產臺灣、澎湖。(圖 6-124)

眼斑准雀鯛 *Dampieria ocellifera* FOWLER

產恆春南端沿岸。

環眼准雀鯛 *Dampieria cyclophthalmus* (MÜLLER & TROSCHEL)

產臺灣。

斑鰭准雀鯛 *Dampieria spiloptera* (BLEEKER)

產臺灣、澎湖。

橫帶准雀鯛 *Dampieria atrafasciatus* (HERRE)

產本省東部沿岸。

黃准雀鯛 *Dampieria trispilos* (BLEEKER)

產臺灣。

黑帶准雀鯛 *Pseudochromis melanotaenia* BLEEKER

產臺灣南端沿岸。

紫准雀鯛 *Pseudochromis porphyreus* LUBBOCK & GOLDMON

產蘭嶼。

藍帶准雀鯛 *Pseudochromis cyanotaenia* BLEEKER

產臺灣、蘭嶼。

瘦身准雀鯛 *Pseudochromis tapeinosoma* BLEEKER

產臺東、蘭嶼、澎湖。(圖 6-124)

泥黃准雀鯛 *Pseudochromis luteus* AOYAGI

產恆春。

喜界准雀鯛 *Pseudochromis kikaii* AOYAGI

產恆春沿岸。

金色准雀鯛 *Pseudochromis aureus* SEALE

產臺灣、蘭嶼。

褐准雀鯛 *Pseudochromis fuscus* MULLER & TROSCHEL

又名棕擬雀鯛，英名 Brown dottyback。產恆春沿岸。

黃鰭准雀鯛 *Pseudochromis xanthochir* BLEEKER

產小琉球。

准稚鱸科 PSEUDOGRAMMIDAE

本科之體形及主要特徵大致與准雀鯛科相似。只是其背鰭有 VII 硬棘，16～17 軟條。側線間斷，或分為上下兩部分。口裂向後達眼之後下方；前鰓蓋上方有一扁棘。鋤骨，腭骨均有齒。脊椎 26～28 枚。

臺灣產准稚鱸科 2 屬 2 種檢索表：

1a. 眶間區有一對大孔，眼眶周圍有數枚小孔。體側中央一縱列鱗片 50～54 枚。僅上側線發達（*Pseudogramma*）。

D. VII, 19～22; A. III, 15～18; L. l. 48～50（有孔鱗片 22～28）；鰓耙 4+9。體淡褐色，體側有 6 條不明顯的或呈網狀的深褐色橫帶，鰓蓋有一比瞳孔稍大之暗褐色斑點⋯⋯⋯⋯⋯⋯**多棘准稚鱸**

1b. 眶間區及眼眶周圍均無孔。上側線，中側線均存在。體側一縱列鱗片約 59～71 枚（*Aporops*）。

D. VII, 23～24; A. III, 19～21; P. 16～17。鰓耙 5～6+1+10～11。體淡褐色，全身有暗褐色小斑點。鰓蓋無斑點，頤部暗褐色⋯⋯⋯⋯⋯⋯⋯⋯⋯⋯⋯⋯**雙線准稚鱸**

多棘准稚鱸 *Pseudogramma polyacanthus* (BLEEKER)

英名 Honeycomb podge, One-spot dottyback。產恆春。（圖 6-124）

雙線准稚鱸 *Aporps bilinearis* SCHULTZ

產蘭嶼。（圖 6-124）

七夕魚科 PLESIOPIDAE

Longfins, Roundheads. 鮗科

體橢圓形，側扁。頭鈍圓。外形近似石斑，故亦有列入花鱸科者，但側線有兩條，在上方者接近於背鰭基部，略呈弧狀，在下方者直走，位于尾部中央線。口中等，能伸縮，上下頜等長。齒絨毛狀，鋤骨、腭骨均有齒，舌上有齒或無齒，鰓蓋諸骨被鱗，後緣光滑。鰓膜分離，或在前方連合。鰓耙短。擬鰓存在。鰓被架 6。脊椎 25～26（尾椎 15～16）。體被大型或中型櫛鱗或圓鱗。背鰭一枚，硬棘部較長（XI～XV），或與軟條部相等。臀鰭小，具 III 棘尾鰭圓或尖突。胸鰭短而圓。腹鰭 I, 4，較胸鰭長，第一軟條特別長而粗大，位於胸鰭基底下方或略前。沿岸岩礁中小形魚類。

臺灣產七夕魚科3屬5種檢索表:

1a. 背鰭 XII～XIII 棘；鰓蓋下方通常有一藍色眼狀斑。胸鰭下方鰭條二次分枝。

  2a. D. XII, 7; A. III, 8; P. 20～22; L. l. 20～25+13～16（有孔鱗片）。鰓耙 5～6+1+10～12，
    體黑褐色，背鰭各棘之末端白色···**礁湖七夕魚**

  2b. D. XII～XIII, 6～7; A. III, 8; P. 20; L. l. 17～18+13～14（有孔鱗片）；鰓耙 4～5+1+6～
    8，體色較上種略淡 ··**七夕魚**

1b. 背鰭 XI 棘；鰓蓋無黑斑。背鰭各棘之末端白色或橙色。

  3a. 體延長。背鰭硬棘部之鰭膜有深缺刻。

    4a. 體暗褐色，每一鱗片之中央褐色，體側有六條不明顯的暗色寬橫帶，眼後有二、三條短橫條
    紋，背鰭硬棘部外緣橙色，由背鰭硬棘部下方至軟條部外側有一藍色狹條紋。尾鰭後緣橙黃色。
    D. XI, 8; A. III, 8～9; P. 17～19; L. l. 18+12。鰓耙3～4+1+5～7·············**黑七夕魚**

    4b. 體爲一致之暗藍褐色，每一鱗片中央有一黃褐色點，背鰭、臀鰭，及尾鰭之邊緣黃褐色。D.
    XI, 9; A. III, 9; P. 15; L. l. 19～21+6～8；鰓耙 9+1+17 ·····················**蘭氏七夕魚**

  3b. 體較短，各鰭鰭條延長，外緣圓形。背鰭硬棘部之鰭膜無缺刻。

    D. XI, 9～10; A. III, 9～10; P. 19～20; L. l. 19～21+9～11; 鰓耙 2～4+1+8。體爲一致之
    黑褐色，除胸鰭外，體側各部密佈白色或灰色之斑點，背鰭後方基部有黑色眼斑········**瑰麗七夕魚**

礁湖七夕魚 *Plesiops corallicola* BLEEKER

  產本省東北部沿岸岩礁中。

七夕魚 *Plesiops nigricans* (RÜPPELL)

  產臺灣。本種與上種差別甚微，可能爲其異名。（圖 6-124）

黑七夕魚 *Plesiops caeruleolineatus* RÜPPELL

  又名黑鮻。產臺灣。*P. melas* BLEEKER 可能爲本種之異名。

蘭氏七夕魚 *Assessor randalli* ALLEN & KUITAR

  產本省南端岩礁區域。中研究動物所之新記錄標本 (1978) *A. macneilli* 可能爲本種之
誤。

瑰麗七夕魚 *Calloplessiops altivelis* (STEINDACHNER)

  產本省沿岸岩礁中。

棘鰭銀寶科 ACANTHOCLINIDAE

  本科近似於七夕魚，而較爲延長，被小型櫛鱗。側線一至三條；如爲三條，一沿背鰭下
方，一沿尾部中央線，一沿腹緣。齒完全，腭骨有齒或無齒。鰓四枚，擬鰓存在。鰓膜連
合，但在喉峽部游離。鰓被架 6。鰓耙短而數少。無鰾；無幽門盲囊。脊椎12+18。背鰭一

枚，甚長，自頭後直至尾鰭，有硬棘約 XVIII～XXI。臀鰭稍短（其基底長僅略長於背鰭基底之 1/2），亦有較多之硬棘（VIII～XV）。腹鰭喉位，I, 2～3。

臺灣產棘鰭銀寶科 2 屬 2 種檢索表：

1a. 側線每側一條，不完全，沿背鰭硬棘部基底。鰓蓋有二銳棘。腭骨有齒。

   D. XVIII～XIX, 4～5; A. VIII～IX, 4, 5; P. 17; L. l. 9; 體側中央一縱列鱗片 28～30。鰓耙 2+1+6。體暗褐色至黑色，奇鰭之鰭條之外端白色，胸鰭基部有一白點，由吻背至背鰭起點有一灰色帶………………………………………………………………………………………………………海特氏銀寶

1b. 側線每側三條。鰓蓋無銳棘。腭骨無齒。

   D. XVIII, 5～6; A. X, 5; P. 17～18; V. I, 3。L. l. 22～23+30～31+16。體側中央一縱列鱗片 35～36。鰓耙 2+1+6; 體紅褐色至黑褐色，體側有 12～15 條暗色橫帶，鰓蓋上方有一明顯之黑斑………………………………………………………………………………………………………橫帶銀寶

海特氏銀寶 *Acanthoplesiops hiatti* SCHULTZ

   據沈世傑教授（1984）產本省東南端岩礁區。

橫帶銀寶 *Ernogrammoides fasciatus* CHEN & LIANG

   產本省北部近海。（圖 6-124）

葉鯛科 GLAUCOSOMIDAE

體近卵圓形，側扁。體被粗糙櫛鱗，不易脫落。頭上除吻端及上下唇外均被小鱗；側線完全，近於直走。頭大；口傾斜，下頜稍突出。上頜有副骨。上頜骨不掩於眶前骨之下。眼大。眶間區狹。兩頜有細齒帶，鋤骨及腭骨有絨毛狀齒。前鰓蓋骨邊緣平滑或具鈍鋸齒。鰓蓋骨有二扁平之棘。鰓裂廣，有擬鰓。鰓被架 6。鰓膜分離，不與喉峽部相連。鰓耙長而扁。背鰭 VIII, 11～14; 各棘向後漸高，硬棘部與軟條部連續，中間無缺刻。臀鰭 III, 9～12。尾鰭後緣彎月形或近於截平，或微凹入。本科只包括一屬，生活於較深之海域。

臺灣產葉鯛科 1 屬 2 種檢索表：

1a. 側線鱗片約 50 枚。

   體銀灰色，口腔、腹腔膜黑色。D. VIII, 11; A. III, 9; L. l. （有孔鱗片）50～52; L. tr. 12/22。鰓耙 6～10+14～16 ……………………………………………………………………………………………青葉鯛

1b. 側線鱗片約 60 枚。

   體黃褐色或灰褐色，有金色光澤。體側有 7～9 條縱走褐色條紋。眼下至鰓蓋下角有一褐色帶。D. VIII, 11; A. III, 9; P. 15; L. l. 60; L. tr. 11～12/21～22。鰓耙 4～5+11～13……………………葉鯛

青葉鯛 *Glaucosoma hebraicum* RICHARDSON

產基隆、高雄、澎湖。*G. bürgeri* RICH. 爲其異名。

葉鯛 *Glaucosoma fauvelii* SAUVAGE

產東港。（圖 6-124）

條紋鷄魚科 THERAPONIDAE

= TERAPONIDAE; Theraponids. 鯯科

Theropon perch; Crescent perch; Tigerperch; Grunters

體橢圓，側扁，呈鱸魚狀。被小型或中型櫛鱗；頭部被小圓鱗；側線單一，完全，其鱗片比較的小。偶鰭基部無腋鱗。口裂小或中等，在前下方，能伸縮。上下頜齒爲絨毛狀帶，外列較大，或扁平而有三尖頭，鋤骨、腭骨齒易落，或無齒。後頭部通常有骨質隆起稜，或粗糙不平。上髆骨（上匙骨）與烏喙骨往往裸露，邊緣有鋸齒。前鰓蓋有鋸齒緣，鰓蓋有 1 ～ 2 枚強棘。鰓被架 6。鰾因中部緊縊，分爲前後兩部，由頭顱後端或後顳骨至鰾之前室前端有肌肉相連，以助發聲。幽門盲囊數普通。背鰭一枚，但中間凹入，硬棘較多 (XI～XIV)，第 IV、V 棘特高，以後則漸低。各棘異位排列，可收匿於鞘溝中。背鰭軟條 8～14 枚。尾鰭圓、截平、或凹入。臀鰭 III 棘 7～12 軟條。胸鰭圓或尖。腹鰭起點在胸鰭基底以後。脊椎25～27。體側通常有暗色縱帶。熱帶沿海肉食性魚類，有時可以生活於淡水中。

臺灣產條紋鷄魚科 3 屬 6 種檢索表:

1a. 上下頜齒圓錐形，爲絨毛狀帶，外列者略大；鰓膜分離（小部分連於喉峽部）；頭大，口裂斜，中型 (*Therapon*)。

2a. 鰓蓋下棘發達。背鰭硬棘部有一大形黑斑，尾鰭上下葉有斜走之黑色條紋。

  3a. 鋤骨、腭骨有齒；鱗片較小（側線上方有鱗 ±15 列）；頰部有鱗 6 ～ 7 列。體側有三、四條濃褐色縱帶，每帶之前部略向上彎，故呈弧狀。D. XI～XII, 10; A. III, 8～9; L. l. 76～78+6; L. tr. 15～16/1/23～25。鰓耙 6～7+13·····································花身鷄魚

  3b. 鋤骨、腭骨無齒；鱗片較大（側線上方有鱗 ±8 列）；頰部有鱗 5 ～ 6 列。幼時體側有六條白色橫帶，漸長則此橫帶逐漸間斷而成爲六列之白點，以後各點前後相連，成爲四條直走之白色縱帶（亦可認爲有三條深褐色縱帶）。D. XII, 10; A. III, 8; L. l. 45～52+4～5; L. tr. 8～10/1/14～15。鰓耙 8～9+17～18 ······················條紋鷄魚

  2b. 鰓蓋下棘小；眼眶後上方（轉上區 Suprascapula）無鱗；前後鼻孔接近。背鰭硬棘部無黑斑，尾鰭無黑色斜斑，側線以上有七個黑色橫斑，側線以下有二條黑色縱帶，有時因縱帶斷裂而爲二縱列之黑斑，臀鰭基部有一大形黑斑。D. XI～XII, 10～11; A. III, 8～9; L. l. 53～58+10; L. tr. 6～8/1/20～21; 鰓耙 10+16～18····················横紋鷄魚

1b. 上下頜齒圓錐形，或扁平而有圓錐形齒冠，可以清分爲若干列（通常上頜三列，下頜二列），外列較大，褐色，或有褐色之齒冠，腭骨、鋤骨無齒；鰓膜連合（但不與喉峽部相連）；頭大；口裂中型，斜

位 (*Pelates*)。

4a. 鰓耙 16～18＋21～24；頰鱗 5 列。體側有六條深色縱帶（第一條在背鰭基底，第六條在胸鰭下方，接近於腹緣，往往不明。故在體側似乎僅有四條縱帶），背鰭硬棘部及鰓蓋後上方（肩部）各有一大形黑斑，有時不明；D. XII, 10；A. III, 10；L. l. 70～73＋5～7；L. tr. 12～14/1/23 ·············**四線鷄魚**

4b. 鰓耙 8～9＋13～17；頰鱗 7 列。體側有四條黑色縱帶（老成標本可能在二縱帶間尙有一不甚明顯之縱帶），背鰭硬棘部有黑邊，背鰭軟條部及臀鰭基底各有一黑帶，尾鰭上下葉各有幾個平行之黑色條紋。D. XII, 10；A. III, 8；L. l. 70＋7；L. tr. 15/1/22 ················**尖吻鷄魚**

1c. 上下頜齒多列，扁平如矢頭狀，有三尖頭，褐色；鋤骨、腭骨無齒；鰓膜連合（但不與喉峽部相連）；頭小；口裂小，方形 (*Helotes*)。

鰓耙 7＋16；頰鱗 6 列。體側有四～六條黑色縱帶，背鰭硬棘部除基底白色外，均黑色，肩部有一大形黑斑。D. XI～XII, 10～11；A. III, 10～11；L. l. 90～98＋5～8；L. tr. 17/1/19～20 ······**六線鷄魚**

花身鷄魚 *Therapon jarbua* (FORSSKÅL)

英名 Jarbua, Crescent perch, Three-striped Tigerfish, Thornfish, Convex-lined theraponid；亦名 Ting kun yu（頂弓魚—F.），細鱗鯻（朱），箭鷄魚（動典）；俗名花身；日名矢形鷄魚。產高雄、澎湖、基隆、羅東。(圖 6-124)

條紋鷄魚 *Therapon theraps* CUVIER & VALENCIENNES

英名 Grunt, Banded grunter, Straight-lined thornfish, Three-lined theraponid；亦名 Ketsee tsze, Kin sih（金絲—F.），弧紋鷄魚，鯻魚；俗名唱歌魚（袞）。產基隆。(圖 6-124)

橫紋鷄魚 *Therapon cancellatus* (CUVIER & VALENCIENNES)

英名 Cross-barred Grunt, Three-spot grunter。又名柵紋鯻。產臺灣、蘭嶼。

四線鷄魚 *Pelates quadrilineatus* (BLOCH)

英名 Four-lined theraponid, Trumpeter, Four barred grunt；亦名列牙鯻 Cheung ko po（唱歌譜—F.）。產基隆、高雄、澎湖。

尖吻鷄魚 *Pelates oxyrhynchus* (TEMMINCK & SCHLEGEL)

亦名 Shih kes tsee（石角仔？），Shih koh tsih（石角鯻？），日名縞鷄魚。產臺灣。

六線鷄魚 *Helotes sexlineatus* (QUOY & GAIMARD)

英名 Six-lined grunt, Striped perch。又名叉牙鯻（朱）。產高雄。

扁棘鯛科 BANJOSIDAE

萬歲鯛科（日）；朝鮮袴科（日）

一切特徵近於石鱸科，但背鰭硬棘長而扁，故列爲獨立之一科。體被細櫛鱗，頭部鱗片起於眼後，頰部有鱗 10 列，背鰭軟條部及臀鰭基底均有鱗鞘。側線完全，呈弧狀。上下頜齒圓錐狀，成一狹帶，外列齒較爲粗壯，鋤骨有齒而腭骨無齒。鰓蓋無棘，前鰓蓋下方成一直角。鰓膜不相連，並在喉峽部游離。鰓四枚，擬鰓大形。鰓被架 7。背鰭硬棘部較高，第 III 棘更強，棘間膜缺刻甚深。臀鰭 III 棘，第 II 棘特別粗壯。背鰭軟條部顯然較臀鰭軟條部爲高。尾鰭後緣略凹入。腹鰭在胸鰭基底之後，較胸鰭大，有 I 強棘。

　　已知者僅 1 屬 1 種，卽扁棘鯛。體淡褐色，有八條不甚明顯之黑色縱帶，腹鰭黑色，胸鰭淡色，背鰭、臀鰭有黑邊，尾鰭後方黑色而有白邊。D. X. 12；A. III. 7；L. l. 55+6；L. tr. 12/1/20。鰓耙 6+15。

扁棘鯛 *Banjos banjos* (RICHARDSON)

　　又名壽魚（朱）。日名萬歲鯛。產臺灣。（圖 6-124）

湯鯉科 KUHLIIDAE
=DULEIDAE; Mountain Basses; Flagtails; Aholeholes;
毒魚科（日）

　　體延長，側扁，紡錘狀。外形似大眼鯛，但頭部與眼均比較的小。體被大型或中型之櫛鱗，並不粗雜。側線完全。口大，能伸縮。上下頜有絨毛狀齒帶，鋤骨、腭骨、內外翼骨均有齒。鰓四枚，擬鰓存在。鰓膜在喉峽部游離；鰓被架 6。鰓耙細長。頰部及鰓蓋被鱗，前鰓蓋下緣裸出。鰓蓋主骨有二棘，前鰓蓋骨及眶前骨有鋸齒緣。背鰭一枚，硬棘 X 枚，與軟條部相接處凹入；臀鰭 III 棘，軟條部略較背鰭軟條部發達。二者均可收匿於發達之鱗鞘中。腹鰭無腋鱗，其基底在胸鰭基底略後。尾鰭後緣凹入或分叉。脊椎 10+15。通常生活於半鹹水或淡水中。

臺灣產湯鯉科 1 屬 4 種檢索表:

1a. L. l. 40～45；第一鰓弧下枝有鰓耙 14～19。

　2a. 上頜骨向後伸展達眼之中點之下方，或更後，其高約爲眼徑之 1/2；吻長與眼徑相等；臀鰭軟條部與背鰭軟條部之基底相等。體上部深藍色，有銀色閃光，下部銀白色，各鱗有一黑斑，沿背鰭軟條部基底及邊緣各有黑色帶紋。D. X. 11；A. III. 9～10；L. l. 41～44；L. tr. 4～4½/1/9～11。鰓耙 5～6+1+15～18‥‥‥**大口湯鯉**

　2b. 上頜骨向後伸展不達眼之中點下方，其高約爲眼徑之 1/3；吻長較眼徑爲短；臀鰭軟條部基底較背鰭軟條部者爲短。體褐色，下部銀白色，往往有不規則之小黑斑散佈於體之上部，背鰭、臀鰭軟條部及尾鰭有黑邊。D. X. 10～12；A. III. 11～13；L. l. 40～45；L. tr. 4½/1/9～10。鰓耙 7～9+1+14～19‥‥‥**湯鯉**

1b. L. l. 46～56；第一鰓弧下枝有鰓耙 23～26。

　3a. 上頜骨向後達瞳孔之前緣下方；吻長較眼徑略短，或相等。背鰭前中央線一縱列鱗片 9～10 枚。

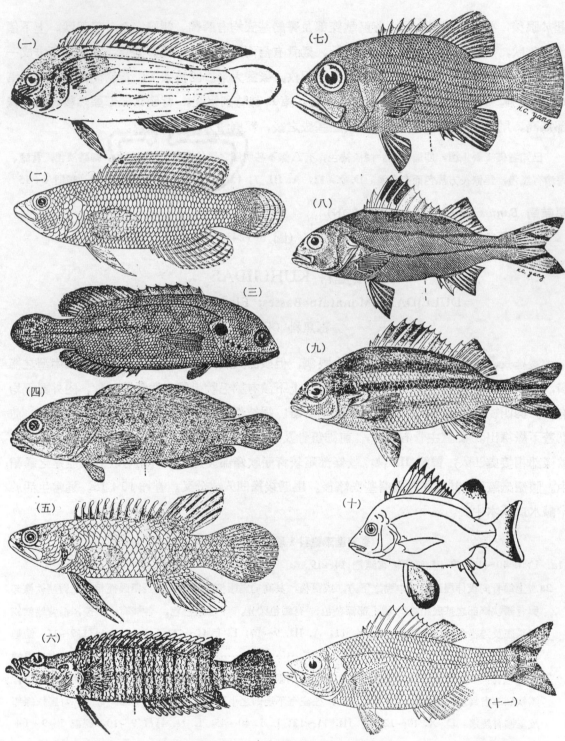

圖 6-124　（一）黑斑准雀鯛；（二）瘦身准雀鯛（以上准雀鯛科）；（三）多棘准稚鱸；
（四）雙線准稚鱸（以上准稚鱸科）；（五）七夕魚（七夕魚科）；（六）橫帶
銀寶（棘鰭銀寶科）；（七）葉鯛（葉鯛科）；（八）花身雞魚；（九）條紋雞
魚（以上條紋雞魚科）；（十）扁棘鯛（扁棘鯛科）；（十一）銀湯鯉（湯鯉科）。

體青色，下部銀白色，尾鰭上下葉各有二黑色帶與鰭條相直交，中間另有一縱帶，各鰭淡黃色。D. X. 9～11；A. III, 10～11；L. l. 53～56；L. tr. 5/1/14；鰓耙 8～10＋21～26 ………**銀湯鯉**

3b. 上頜骨向後達眼之前緣下方；吻長顯然短於眼徑。背鰭前方中央一縱列鱗片 12～14 枚。尾鰭之黑色縱帶較寬，上下葉先端白色。D. X, 11；A. III, 11；L. l. 48～53；鰓耙 9＋22～24…………………………………………………………………………………………………**小笠原湯鯉**

大口湯鯉 *Kuhlia rupestris* (LACÉPÈDE)

英名 Rock Muntain Bass, Rock Flagtail。產臺灣。

湯鯉 *Kuhlia marginata* (CUVIER & VALENCIENNES)

英名 Mountain Bass, Aholehole, Spotted Flagtail。日名毒魚或湯鯉；高山語曰 Aonin。產淡水、宜蘭、蘭嶼各地。

銀湯鯉 *Kuhlia mugil* BLOCH & SCHNEIDER

英名 Barred Flagtail。又名花尾湯鯉。日名銀毒魚或銀湯鯉；俗名烏尾多。產臺灣。*K. taeniura* (C. & V.) 為其異名。(圖 6-124)

小笠原湯鯉 *Kuhlia boninensis* (FOWLER)

產本省南端岩礁中。

大眼鯛科 PRIACANTHIDAE

Catalufas, Bigeyes; Bulleyes; 金時鯛科 (動典)

體長橢圓形，顯然側扁。頭大；吻短；眼大，往往達頭長之 1/2。口裂大，近於垂直；上頜骨寬，部分被眶前骨掩覆；上下頜、鋤骨、腭骨有絨毛狀齒帶，舌上無齒。鼻孔每側兩個，後鼻孔近於眼眶前緣，為一大裂孔。鰓蓋主骨甚狹，後緣有少數弱棘；前鰓蓋骨有鋸齒緣，後下角往往有一強棘，成長後可能消失。鰓膜不相連，並在喉峽部游離。鰓被架 6。鰓四枚；擬鰓甚大。鰾大形。幽門盲囊少數。脊椎 22～23（尾椎 13）。全體除吻端外，密被粗雜小鱗（鱗之後緣完全，但有一粗雜之板狀脊稜）。側線完全，弧狀彎曲，但不達尾基。背鰭一枚，硬棘 IX 或 X，可以收匿溝中，軟條 9～15。臀鰭有 III 強棘，軟條數同背鰭。二者硬棘之前緣通常有鋸齒或有小棘突。尾鰭概有 16 軟條，其後緣圓形、截平、或凹入。胸鰭小，圓或尖。腹鰭 I, 5，大形，在胸鰭基底略前，有膜連於腹部之淺溝，無腋鱗。熱帶或亞熱帶之深海中型魚類，生活時多為鮮艷之緋紅色。

臺灣產大眼鯛科 2 屬 8 種檢索表:

1a. 體比較的低，橢圓形，體長大於體高之 2 倍；鱗小，68～120，沿側線直至尾鰭；背鰭、臀鰭各有 11～16 軟條，腹鰭較頭長為短 (*Priacanthus*)。

2a. 腹鰭中等長，不超過頭長，後端不達臀鰭起點。

3a. 尾鰭後緣截平或略凹入。

　　4a. 體朱紅色或暗紅色，體軀背部有暗色橫帶或暗色斑點。背鰭、臀鰭有暗紅色或褐色斑點。D.
　　　　X, 12～13; A. III, 14; P. 18; L. l. 60±。第一鰓弧鰓耙 20～23 ……………………**血斑大眼鯛**

　　4b. 體爲一致之紅色或淡紅色。

　　　　5a. 背鰭及臀鰭有黃色圓斑；背鰭前部及腹鰭內側無黑斑；奇鰭外緣無黑邊。腹鰭末端不爲黑
　　　　　　色。D. X, 13～14; A. III, 13～14; P. 18; L. l. 76～89。第一鰓弧鰓耙 23～26……**大眼鯛**

　　　　5b. 背鰭及臀鰭有紅色斑點，背鰭前部及腹鰭內側基部黑色，奇鰭之外緣及腹鰭之末端黑色。
　　　　　　D. X, 14; A. III, 15; P. 18; L. l. 63～70。第一鰓弧鰓耙 19～22………………**斑鰭大眼鯛**

3b. 尾鰭後緣半月形，其上下葉因成長而增加其突出度。

　　　　6a. 奇鰭不爲暗色或黑色，腹鰭基底無暗色斑。但內膜有顯著之紫黑色圓點，愈近腹部則愈
　　　　　　大。背鰭第 3～5 軟條延長。第一鰓弧鰓耙 21～25; D. IX～X. 12～13; A. III, 13; P.
　　　　　　18; L. l. 62～72 ………………………………………………………………………**曳絲大眼鯛**

　　　　6b. 各鰭暗色，腹鰭基底有一暗色斑。背鰭中部軟條不延長。第一鰓弧鰓耙 20～25; D. X.
　　　　　　14～15; A. III, 14～15; P. 18; L. l. 80～96……………………………………**寶石大眼鯛**

2b. 腹鰭長大，與頭長相等或超過頭長，後端達臀鰭起點。腹鰭膜眞黑色；尾鰭後緣截平或略凸出。第
　　一鰓弧鰓耙 19～23; D. X. 12～13; A. III. 12～13; P. 18; L. l. ±70………………………**紅目大眼鯛**

1b. 體比較的高，卵圓形，體長小於體高之 2 倍；鱗大，30～56，沿側線直至尾鰭；背鰭、臀鰭各有 9～
　　12 軟條；背鰭第 IV～V 棘最長；腹鰭與頭長殆相等 (*Pseudopriacanthus*)。

　　　　　　7a. D. X, 10～11; A. III, 9～10, L. l. 45～56。第一鰓弧鰓耙 25～30。體赤紅色，幼魚體
　　　　　　　　側有五條白色垂直條紋，較帶間地色爲狹，各鰭黑色，鱗片有短而寬之棘突…**大鱗大眼鯛**

　　　　　　7b. D. X, 11～12; A. III, 11～12; P. 18; L. l. 50。第一鰓弧鰓耙 23～25。體赤紅色，
　　　　　　　　體側有 12 條暗紅色橫條紋，奇鰭有黑邊………………………………………**橫帶大眼鯛**

血斑大眼鯛 *Priacanthus cruentatus* (LACÈPÉDE)

　　英名 Glasseye snapper; Glass bigeye; Dusky finned bulleye。亦名斑鰭大眼鯛。
　　產澎湖。(圖 6-125)

大眼鯛 *Priacanthus macracanthus* CUVIER & VALENCIENNES

　　英名 Red Bulleye; 又名短尾大眼鯛; 俗名紅目鰱，岩蚣; 日名金時鯛。產臺灣。(圖
　　6-125)

斑鰭大眼鯛 *Priacanthus blochii* BLEEKER

　　產恆春。

曳絲大眼鯛 *Priacanthus tayenus* RICHARDSON

　　英名 Big-eyes snapper; Purple-spotted bulleye; 亦名大眼鯛 (F.)，長尾大眼鯛
　　(朱); 俗名紅目眶，紅目連，防風，哥里 (客)，赤壳 (客)，Giam Kong (J. & PICH.);

日名絲引金時。產高雄。

寶石大眼鯛 *Priacanthus hamrur* (FORSSKÅL)

英名 Crescent-tail bigeye; Lunar-tailed bulleye。日名寶石金時鯛。產高雄。

紅目大眼鯛 *Priacanthus boops* (SCHNEIDER)

英名 Bulleye, 又名黑鰭大眼鯛；俗名紅目鰱。產基隆。

大鱗大眼鯛 *Pseudopriacanthus niphonius* (CUVIER & VALENCIENNES)

英名 Japanese bigeye。又名車鯛（動典）。產臺灣。（圖 6-125）

橫帶大眼鯛 *Pseudopriacanthus multifasciata* (YOSHINO & IWAI)

產恆春。

天竺鯛科 APOGONIDAE
=CHEILODIPTERIDAE; AMIIDAE; Cardinal Fishes;
Soldierfish; Siphonfish

體略延長，側扁，有比較大形之頭部（往往大於除尾鰭外之體長之 1/3）與眼（往往爲頭長之 1/4 以至 1/3）。口大，斜裂；上頜骨顯露。上下頜、鋤骨有絨毛狀齒帶；腭骨上較少，有時缺如；前上頜骨有時具犬齒；舌上無齒。前鰓蓋骨有雙邊，光滑，或有鋸齒。鰓蓋主骨有一、二小棘。鰓膜在喉峽部游離；鰓被架 6 或 7。鰓四枚；擬鰓發育完善。鰾存在。幽門盲囊數少。鱗片大形，有的較小，在體側者多爲櫛鱗，在頭部者多爲圓鱗，亦有全體被圓鱗者。腹鰭無腋鱗。側線一條，偶或間斷。背鰭兩枚，互相遠離；第一背鰭 VI～IX 強棘，第二背鰭 I 棘 8～14 軟條。臀鰭有 II 弱棘，7～18 軟條，通常與第二背鰭相似。胸鰭低位。腹鰭 I, 5, 胸位。尾鰭微凹，截平，或圓形。脊椎數 24～25（尾椎 14～15）。本科爲熱帶沿海小魚，有時上溯至河口，或完全在淡水中生活。有若干種類雄者能吞唧卵塊，以便幼魚在口腔內孵化。

臺灣產天竺鯛鯛科 10 屬 57 種檢索表:

1a. 上下頜、鋤骨有細齒或絨毛狀齒，腭骨有齒或無齒。無眞正之犬齒。

2a. 腭骨無齒。體被櫛鱗。臀鰭短，通常爲 II 棘，8～10 軟條。

3a. 側線不完全；鰓蓋主骨上有一大黑斑 (*Fowleria*)。

4a. 體暗褐色，體側有 8 縱列褐色小點，其中 5 列到達尾基。鰓蓋上部有一卵圓形黑色眼斑。D. VII～I, 9; A. II, 8; P. 14. L. l. 24（有孔鱗片 11～12）；鰓耙 0+1+3～4……**等斑天竺鯛**

4b. 體褐色而有不規則的斑駁，各鰭色淡；鰓蓋上有一白邊之眼斑，有時不顯。D. VII～I, 9; A. II, 8; P. 14; L. l. 22～24（有孔鱗片 10～13）；鰓耙 0+1+4……………………**頰斑天竺鯛**

3b. 側線完全；前鰓蓋邊緣平滑，鰓蓋主骨上無黑斑 (*Apogonichthys*)。

5a. 體側有暗色橫帶；尾鰭圓形。

6a. 體爲一致之褐色，有 5 條不明顯的暗色橫帶（較帶間爲狹），各鰭灰色。D. VII～I, 9;
A. II, 8; P. 12; L. l. 17～21（有孔鱗片 9～10）；鰓耙 1+1+5 ·················**臺灣正石䱗**

6b. 體褐色，有暗褐色斑點散在。有時有少數暗色橫帶。由眼上方至前鰓蓋角有一暗色線紋，
另一條由眼下方至頰部。D. VII～I, 9; A. II, 8; P. 14; L. l. 24·················**南洋正石䱗**

5b. 體側無暗色橫帶。

背鰭硬棘部有一大形黑色眼斑。前鼻孔有一狹長皮瓣。尾鰭後緣圓形，體黃褐色，有時有不明
顯之橫斑。D. VII～I, 9; A. II, 8; P. 16; L. l. 24·················**眼斑正石䱗**

2b. 腭骨有齒；側線完全。

7a. 體被圓鱗。

8a. 臀鰭 II 棘，8～9 軟條。鰓耙一般爲 7 條。鰓蓋鱗片大形。由舌下方至腹部，經肛門
及臀鰭兩側，尾柄下部而至尾基，有一銀白色管狀腺體 (Siphamia)。

9a. 背鰭 VI～I, 7～10；臀鰭 II, 8. 吻部圓錐形，不及頭長之 1/4。鰓耙細長。體側
有暗色斑點散在·················**吳氏管天竺鯛**

9b. 背鰭 VII～I, 9；臀鰭 II, 8; P. 10～16。尾鰭凹入或分叉。體側有 1～3 條深色
縱帶。

10a. 體淡褐色，有三條褐色縱帶，一條由吻端通過眼至尾基中央，一條由眼上方至背
鰭軟條部基底，一條由眼下方至臀鰭基底 L. l. 23·················**棕線管天竺鯛**

10b. 體灰色而有暗色小點散在。體側有三條深褐色縱帶，分佈同上種，在最低縱帶下
方之鱗片均有微細之垂直線紋。L. l. 20～23；鰓耙 1+1+6～8·····**變色管天竺鯛**

8b. 臀鰭 II 棘，9～13 軟條。鰓耙長，一般爲 22 條上下。鰓蓋鱗片小。無銀白色之長管
狀腺體 (Rhabdamia)。

D. VI～I, 9; A. II, 12～13; P. 13～14; L. l. 25. 尾鰭分叉。液浸標本黃色，吻端及
下頜，以及各鰭基部，均有小黑點。體側有一條不明顯之縱條紋·················**箭天竺鯛**

7b. 體被櫛鱗。

11a. 臀鰭軟條 13～16。鱗片大形。尾鰭分叉 (Archamia)。

12a. 鰓蓋直後有一黑色或暗色斑。臀鰭軟條 16。

13a. 在鰓蓋膜後緣，側線下方，有一散漫而不規則之黑斑。體側有約 22～24 條
狹橫條紋，尾鰭基部有一散漫之黑色圓斑。D. VI～I, 9; P. 13～15; L. l.
26～27·················**橫紋長鰭天竺鯛**

13b. 在鰓裂後方有一深色圓斑，側線通過其中央。尾鰭基部有一大於眼徑之黑
色圓斑。D. VI～I, 9; P. 13. L. l. 24·················**雙斑長鰭天竺鯛**

12b. 鰓蓋直後無暗色斑點。

14a. 臀鰭軟條 15～18。鰓耙數平均 20。尾鰭基部有一散漫之黑褐色斑。頭
及軀幹佈滿黑素胞。D. VI～I, 9; P. 14. L. l. 26·········**褐斑長鰭天竺鯛**

14b. 臀鰭軟條 13～15。鰓耙數平均 22。尾鰭基部之斑點色深。體側黑素胞較少。D. VI～I, 9；P. 13～14；L. l. 23～25……………………**原長鰭天竺鯛**

11b. 臀鰭軟條 10 以下。體高一般爲體長之 1/2 以下。鰓耙數一般不超過 20 條 (*Apogon*)。

15a. 前鰓蓋骨未正常硬骨化，柔軟易屈。體側無縱帶或橫條紋。

16a. D. VII～I, 9；A. II, 8；P. 13；L. l. 25～27。尾鰭分叉，前鰓蓋脊完全，前鰓蓋骨後緣有鋸齒。體爲一致之紅褐色，各鰭紅色………
……………………………………………………………………**紅天竺鯛**

16b. D. VI～I, 9；A. II, 8. 尾鰭分叉。

17a. 前鰓蓋脊及前鰓蓋骨後緣均有鋸齒。眼眶下緣有鋸齒。液浸標本黃色，各鰭灰色。P. 14～15；L. l. 26 ……………………**一色天竺鯛**

17b. 前鰓蓋脊完全，前鰓蓋骨後緣有鋸齒。

18a. 背鰭第 II 棘較長，倒伏時超過軟條部起點。眼眶下緣不規則。液浸標本淡黃色，各鰭灰色。P. 12～13；L. l. 25 …**長棘天竺鯛**

18b. 背鰭第 II 棘較短，倒伏時不達軟條部之起點。眼眶下緣有鋸齒。液浸標本爲一致之灰色。P. 13；L. l. 26～28 …**堅頭天竺鯛**

15b. 前鰓蓋骨正常硬骨化。

19a. 體卵圓形，體長爲體高之 2 倍以下。頭部背面聳起。前鰓蓋棘不規則，前鰓蓋骨後緣有鋸齒。尾鰭後緣凹入。雌者背鰭第 I 棘倒伏時超過軟條部之起點。體黃褐色，體軀後部有不明顯的斑點。鰓蓋及胸部銀白色。由背鰭硬棘部下方至肛門有一暗色寬橫帶。背鰭硬棘部及腹鰭之外緣色暗。D. VI～I, 9；A. II, 8～9；P. 12～13；L. l. 24～25 ………………**絲鰭天竺鯛**

19b. 體延長，體長超過體高之 2 倍。

20a. 體側無縱走條紋。

21a. 眼眶下緣有鋸齒。

22a. 前鰓蓋後緣全部有鋸齒，前鰓蓋棘不規則，尾鰭後緣截平。

23a. 生活時體褐色或灰綠色，背鰭硬棘部及軟條部下方各有一條暗色寬帶，尾基有一狹橫帶；體長爲體高之 2.5～2.6 倍。D. VII～I, 9；A. II, 7～8；P. 15～17；L. l. 23～26 ……………………………………**牛眼天竺鯛**

23b. 生活時體棕褐色，各鰭黑色；體長爲體高之 2.2～2.6 倍。D. VII～I, 9；A. II, 8；P. 13；L. l. 24～26…
……………………………………………………………………**黑天竺鯛**

22b. 前鰓蓋後緣部分有鋸齒。

24a. 前鰓蓋脊黑色，前鰓蓋角不規則，前鰓蓋骨上緣完
　　全，下部有鋸齒。尾鰭截平或淺凹。液浸標本灰黃色，
　　背鰭硬棘部外側色暗，軟條部中央有一黑色縱帶，尾鰭
　　外緣黑色。體長爲體高之 3～3.5 倍。D. VII～I, 9;
　　A. II, 8; P. 15～17; L. 1. 24～26……………………
　　………………………………………………………**黑邊天竺鯛**

24b. 前鰓蓋脊白色，波狀；前鰓蓋骨下角有鋸齒。尾鰭圓
　　形。體棕黑色，背鰭軟條部後方有一大黑斑，臀鰭邊緣
　　黑色，體長爲體高之 2.7～3.3 倍。D. VII～I, 9; A.
　　II, 8; P. 15; L. 1. 24～26………………**單斑天竺鯛**

21b. 眼眶下緣不規則，但無鋸齒。

25a. 頰部由眼至前鰓蓋角有一暗色長三角形斑。尾鰭淺
　　凹。

26a. 頰斑之寬徑約爲瞳孔之半。體銀灰色而有淡紅色
　　光澤，尾鰭上下緣各有一暗褐色條紋，尾柄部有一
　　暗色鞍狀斑，幼魚時此斑超越側線而形成一圍繞尾
　　柄之環帶。體側無鞍狀斑，背鰭硬棘部色暗。
　　D. VII～I, 9; A. II, 8; P. 12～13; L. 1. 25～
　　26。鰓耙 25～30 ………………………**魔鬼天竺鯛**

26b. 頰斑之寬徑不及瞳孔之半。尾柄之鞍狀斑同上
　　種，體側另有二鞍狀部，分別在背鰭硬棘部與軟條
　　部之下方。尾鰭外側鰭條黑色而有白邊。D. VII～
　　I, 9; A. II, 8; P. 13; L. 1. 23～27; 鰓耙 24～28
　　………………………………………………**斑達天竺鯛**

26c. 頰斑之寬徑不及瞳孔之半。體褐色而有淡紅色光
　　澤。尾鰭爲一致之淺色，背鰭硬棘部色暗。尾柄上
　　部有一暗色鞍狀斑。D. VII～I, 9; A. II, 8; P.
　　13～14. L. 1. 23～27; 鰓耙 23～29…**雲紋天竺鯛**

25b. 頰部由眼至前鰓蓋角無暗色長斑。

27a. 頭部由吻端經眼至鰓蓋後緣有一暗色縱帶，尾
　　鰭淺分叉。

28a. 由眼上緣至背鰭軟條部起點下方有另一黑色
　　縱帶。尾基有一黑色圓點，背鰭硬棘部末端有
　　一黑斑點。體桃紅色。D. VII～I, 9; A. II,

8；P. 12～13；L. l. 24+3 ………半線天竺鯛

28b. 由眼上緣至背鰭軟條部基底無縱帶。尾基有黑色寬橫帶，沿側線及臀鰭基底各有一列黑點。D. VII～I, 9；A. II, 8；P. 13～14；L. l. 26～27…………………………環尾天竺鯛

27b. 頭部無暗色縱帶。

29a. 體淺灰色，體側有 7～12 條灰褐色垂直條紋（條寬小於間隙）。頭頂、背鰭及尾鰭邊緣有黑色小點。尾鰭圓形。D. VII～I, 9；A. II, 8；P. 13～15；L. l. 25………………………………………………………………細條紋天竺鯛

29b. 體側有 2 條暗色橫帶。尾鰭分叉。

30a. 第一條橫帶由背鰭硬棘部前下方至腹面，第二條由軟條部後端下方至臀鰭後端。尾基中央有一暗色圓斑，背鰭硬棘部有黑邊，軟條部有一暗色縱帶，尾鰭色暗。大形標本（尤如雄者）體側有 6～7 條不明顯的暗色縱帶，鰓蓋中部有一大如瞳孔之圓斑。D. VI～I, 9；A. II, 8；P. 14～15；L. l. 23～24 (27?)……三斑天竺鯛

30b. 第一條橫帶起自背鰭硬棘部起點下方，第二條起自軟條部起點下方。尾基中央有一暗色圓斑，各鰭大部分黑色。D. VII～I, 9；A. II, 8；P. 14～15；L. l. 25～2[6]…………………………………雙帶天竺鯛

29c. 體側無明顯之橫帶；尾鰭淺凹，上下葉圓形。體暗褐色，由眼至前鰓蓋角有一不明顯的暗色條紋。第二背鰭下方有一眼狀斑，腹鰭顯著暗色。D. VII～I, 9；A. II, 8；P. 14～15；L. l. 25～27；鰓耙 5+1+14……………………………………黑身天竺鯛

20b. 體側有縱走條紋。

31a. 背鰭 VI～I, 9。

32a. 體黃褐色，體側有三條主要暗褐色寬縱帶至尾基（上方一條之前部二分叉），另外沿背鰭基底一條，胸鰭下方二條。三主要縱帶在尾基分裂

為四個不規則的斑點。背鰭軟條部及臀鰭近基底有暗色縱帶。A. II, 9; P. 14; L. l. 23～25 ………………………………………………**裂帶天竺鯛**

32b. 體淡褐色而有銀白色光澤，體側有二條深色縱帶，其一由吻端經眼至尾鰭前部中央，另一條由鰓蓋上方至尾柄上方。各鰭色淡，背鰭軟條部及臀鰭近基底有縱線紋或狹帶。A. II, 8; P. 14; L. l. 24～25 ………………………………………………………………………**中線天竺鯛**

31b. 背鰭 VII～I, 9。臀鰭 II, 8。

33a. 體側有一至多條暗色縱條紋，由吻端至尾基。

34a. 體灰紅色，體側有 6 條黃色縱帶，尾基無斑點，背鰭軟條部及臀鰭近基底有狹帶。P. 14; L. l. 25 ……………………**金線天竺鯛**

34b. 體側有 5 ～ 6 條暗褐色或黑色縱帶。

35a. 體側有 6 條暗褐色縱帶，尾基有一大黑圓斑。P. 14～15; L. l. 24～26 ………………………………………………**小條天竺鯛**

35b. 體側有 5 條暗褐色縱帶。

36a. 尾基有一明顯之深色斑點。

37a. 尾基斑點近於圓形，幼魚時卵圓形，褐色至深褐色，輪廓顯明。 胸鰭基部至鰓蓋後緣顏色不特深， 眼後無其他短條紋。尾鰭淺分叉。P. 13～15; L. l. 25～27 ……**寬帶天竺鯛**

37b. 尾基斑點長卵形至長方形， 其長徑為垂直徑之倍， 暗褐色，輪廓不顯著。胸鰭基底至鰓蓋後緣通常褐色至深褐色，由眼後至背鰭軟條部下方之間有一短縱條紋。P. 14; L. l. 27～28 ………………………………………………**粗身天竺鯛**

36b. 尾基無明顯之暗色斑點。

38a. 在中央縱帶上方，自眼後至背鰭下方有一不甚明顯之短縱帶。三主要縱帶之末端多少分裂為斑點狀，第三條經胸鰭基底上方，有時不明顯。背鰭軟條部及臀鰭近基底各有一暗色縱帶，尾鰭分叉。P. 15～16; L. l. 24～27 ………………………………………………………………………**四帶天竺鯛**

38b. 在中央縱帶之上方，由眼後至背鰭下方無短縱帶。尾鰭淺分叉。

39a. 中央縱帶較其上下之淺色帶稍狹，上下二暗色縱帶至尾基向中央帶會聚。背鰭軟條部及臀鰭近基底有暗色縱帶。P. 13～14; L. l. 24～28 …………………**九帶天竺鯛**

39b. 中央縱帶較上下之淺色帶為寬，背鰭硬棘部色暗，背鰭軟條部及臀鰭近基底各有暗色縱帶。P. 13～14; L.

　　　　　　　　　l. 24～28……………………………………阿魯巴天竺鯛

35c. 體側有四條暗褐色或黑色縱帶，各帶較帶間爲狹，向後漸細，
　　　中央縱帶止於尾柄黑色圓斑之前，背鰭軟條部及臀鰭近基底有暗
　　　色縱帶。P. 13; L. l. 25 ……………………………………稻氏天竺鯛

35d. 體側有三條暗褐色或暗色縱帶，尾基有一小黑點，在側線上
　　　方。P. 14; L. l. 23＋5～6 ……………………………………棕天竺鯛

35e. 體灰綠色，體側有二條暗褐色縱帶，第二條到達尾基中央，尾
　　　柄部無暗色斑。P. 13; L. l. 25～27 ………………………四線天竺鯛

35f. 由吻端至眼由一條暗色或黑色縱帶。尾基有圓斑或黑點。尾鰭
　　　分叉。

　　　40a. 體淡褐色，各鰭灰白色，背鰭硬棘部前緣黃褐色，
　　　　　軟條部淡紅色而有褐色及珠光斑點，尾基斑點主要在
　　　　　側線上方，大如瞳孔。P. 13; L. l. 23＋6～7………
　　　　　………………………………………………………棘頭天竺鯛

　　　40b. 背鰭硬棘部前緣無黃色帶，軟條部無斑點。

　　　　　41a. 尾基圓斑黑褐色，側線通過其中央，其直徑約爲
　　　　　　瞳孔之 4/5。背鰭前方 III 棘之鰭膜上部黑色，尾
　　　　　　鰭上下緣暗褐色，背鰭軟條部及臀鰭近基底有不明
　　　　　　顯之狹縱帶。幼魚時體側褐色，縱帶由吻端延伸至
　　　　　　尾基，後部較狹。P. 14～16. L. l. 22～24………
　　　　　　………………………………………………………棘眼天竺鯛

　　　　　41b. 尾基之黑褐色圓斑明顯，在側線後端上方，而不
　　　　　　與側線相接觸，其直徑約爲瞳孔之 3/5。背鰭前方
　　　　　　III 棘之鰭膜上部黑色，背鰭軟條部及臀鰭近基底
　　　　　　有黑色狹縱帶。幼魚時體側褐色縱帶由吻端延伸至
　　　　　　尾基。P. 13. L. l. 23～25 ……………………單線天竺鯛

　　　　　41c. 尾基之黑褐色斑點散漫，圓形至卵圓形，其直徑
　　　　　　約爲瞳孔之 9/10，其下緣與側線接觸。體側褐色
　　　　　　縱帶由吻端至尾基之寬度一致，老成標本縱帶完全
　　　　　　消失。背鰭前方 IV 棘之鰭膜上部黑色，背鰭軟條
　　　　　　部有 2～3 縱列褐色小點，臀鰭近基底有一褐色縱
　　　　　　帶。P. 13. L. l. 21～25 ……………………史氏天竺鯛

33b. 體側無暗色縱帶或橫帶。

　　　　　42a. 尾基無暗色斑點。液浸標本爲一致之褐色，腹
　　　　　　面較淡。背鰭硬棘部外側有暗色圓斑。生活時

由吻至眼後有一深褐色寬縱帶，此帶之上下緣藍色。P. 14. L. l. 25 ⋯⋯⋯⋯⋯⋯⋯⋯**正天竺鯛**

42b. 尾基有一黑色圓斑，後頭部兩側各有一小黑點，吻部及頤部黑色，背鰭硬棘部外緣黑色。P. 15；L. l. 23～24⋯⋯⋯⋯⋯⋯⋯⋯**雙點天竺鯛**

1b. 上下頜有眞正之犬齒。

43a. 側線完全。

44a. 體被櫛鱗。前鰓蓋骨完整。尾鰭分叉。

45a. 下頜先端縫合部兩側各有 1～2 枚大形犬齒，下頜兩側另有 2～6 枚犬齒 (*Cheilodipterus*) 體淡褐色，有 8～9 條褐色縱帶，較帶間稍寬。背鰭硬棘部黑色，腹鰭外部色暗，尾柄部有暗色環帶。D. VI～I, 9; A. II, 8; P. 13. L. l. 23～26 ⋯⋯⋯⋯⋯⋯⋯⋯**巨齒天竺鯛**

45b. 下頜先端無大形犬齒，僅在兩側有 2～6 枚犬齒 (*Paramia*)。
體淡褐色，體側有 6 條黑褐色縱帶。D. VI～I, 9; A. II, 8; P. 10～11. L. l. 24～25 ⋯⋯⋯⋯⋯⋯⋯⋯⋯⋯⋯⋯⋯⋯⋯⋯⋯⋯⋯⋯⋯⋯⋯⋯⋯**六線天竺鯛**

44b. 體被大形圓鱗，易脫落 (*Synagrops*)。

46a. 各鰭硬棘無鋸齒。體延長。兩頜有犬齒，上頜犬齒位於前方，後方爲絨毛狀齒帶，下頜犬齒成一列，位於下頜邊緣。前鰓蓋骨多少成鋸齒狀。尾鰭分叉。體爲一致之褐色，背鰭及尾鰭色暗。D. IX～I, 9; A. II, 7. L. l. 30, L. tr. 2/5～6⋯⋯⋯⋯⋯⋯**日本尖齒鯛**

46b. 腹鰭棘之外緣有細鋸齒；吻長約與眼徑相等。體延長，體長約爲體高之 3.7～4 倍。上下頜、鋤骨、腭骨有絨毛狀齒帶，上頜前方有一對長犬齒；下頜有四對犬齒，中央一對甚小。體褐色，背鰭硬棘部有黑邊。D. IX～I, 8～9; A. II, 6～7; L. l. 26～27; L. tr. 2/7⋯⋯⋯⋯⋯⋯⋯⋯⋯⋯⋯⋯⋯⋯⋯⋯**菲島尖齒鯛**

44c. 體裸出無鱗。頭部或軀幹部有小乳突，排成網狀或線狀。有的前鰓蓋具棘及薄而透明之膜狀皮瓣 (*Gymnapogon*)。

47a. 前鰓蓋骨有棘及皮瓣。背鰭 VI～I, 9；臀鰭 II, 9～10。

48a. 上頜骨較短，後端僅達眼眶後緣下方。尾基有明顯之黑斑，有時成二半圓形。尾鰭淺分叉⋯⋯⋯⋯⋯⋯⋯⋯⋯：⋯⋯⋯⋯⋯⋯⋯⋯**尾斑裸天竺鯛**

48b. 上頜骨較長，後端超過眼眶後緣下方。尾基無任何斑點⋯⋯⋯⋯⋯⋯**無斑裸天竺鯛**

47b. 前鰓蓋骨無棘及皮瓣。尾柄細長。背鰭 VI～I, 8；臀鰭 II, 8；胸鰭16。體淡褐色，各鰭透明。頭部及尾基或有黑素胞。尾鰭圓形⋯⋯⋯⋯⋯⋯**細尾裸天竺鯛**

43b. 側線不完全。鱗片小。尾鰭圓形 (*Pseudamia*)。
D. VI～I, 8～9; A. II, 9～10; P. 16. L. l. 36。體淡紅色，有 13 條黑色狹縱帶。尾基黑色。背鰭硬棘部及尾鰭黑褐色。背鰭軟條部及臀鰭褐色而有一淡色縱帶⋯⋯⋯⋯⋯⋯⋯⋯**鈍尾擬天竺鯛**

等斑天竺鯛 *Fowleria isostigma* (JORDAN & SEALE)

　　產臺東。

頰斑天竺鯛 *Flowleria aurita* (CUVIER & VALENCIENNES)

　　英名 Crosseyed cardinal。產恆春。

臺灣正石鮒 *Apogonichthys brachygramma* (JENKINS)

　　英名 Foa. 日名臺灣正石持。產臺灣。

南洋正石鮒 *Apogonichthys perdix* BLEEKER

　　英名 Crosseyed cardinal。日名南洋正石持。產高雄。*A. fo* (JORDAN & SEALE) 爲
　　其異名。

眼斑正石鮒 *Apogonichthys ocellatus* (WEBER)

　　英名 Ocellated cardinal。產基隆、大溪、恆春、小琉球。

吳氏管天竺鯛 *Siphamia woodi* (McCULLOCH)

　　產恆春。

棕線管天竺鯛 *Siphamia fuscolineata* LACHNER

　　產高雄。

變色管天竺鯛 *Siphamia versicolor* (SMITH & RADCLIFFE)

　　據 HAYASHI (1979) 產大溪。

箭天竺鯛 *Rhabdamia gracilis* (BLEEKER)

　　英名 Arrow cardinal。據 HAYASHI (1979) 產大溪。*Apogonichthys gracilis* BLEEKER
　　爲其異名。

橫紋長鰭天竺鯛 *Archamia dispilus* LACHNER

　　產恆春。

雙斑長鰭天竺鯛 *Archamia biguttata* LACHNER

　　產基隆。

褐斑長鰭天竺鯛 *Archamia fucata* (CANTOR)

　　英名 Redbarred cardinal。產臺東。

原長鰭天竺鯛 *Archamia lineolata* (CUVIER & VALENCIENNES)

　　英名 Shimmering cardinal, Bronze-streaked cardinalfish. 又名條長鰭天竺鯛，原
　　天竺鯛。產宜蘭（梁）、大溪、高雄、東港。*A. macropteroides* (BLEEKER), *A. notata*
　　(DAY) 均爲其異名。

紅天竺鯛 *Apogon coccineus* RÜPPELL

　　英名 Ruby cardinal. 俗名大面栗仔，紅門仔。產基隆、蘭嶼、臺東、恆春。*A. eryt-*

hrinus SNYDER 可能為其異名。

一色天竺鯛 *Apogon unicolor* DÖDERLEIN

產野柳、蘭嶼、恆春。

長棘天竺鯛 *Apogon doryssa* (JORDAN & SEALE)

產恆春。

堅頭天竺鯛 *Apogon crassiceps* GARMAN

產蘭嶼、恆春、蘇澳、基隆。

絲鰭天竺鯛 *Apogon nematopterus* BLEEKER

本種產菲律賓，新幾內亞等地。臺大動物系有標本而無採集記錄。*A. orbicularis* C. &
V. 之第 II 背鰭棘較短，橫帶較狹，可能為同種之雄者。

牛眼天竺鯛 *Apogon nigrippinis* CUVIER & VALENCIENNES

英名 Bullseye cardinal。產澎湖、大溪。

黑天竺鯛 *Apogon niger* DÖDERLEIN

英名 Black cardinalfish；日名黑石持，又名黑天竺鯛；俗名目擇仔魚。產臺灣。

黑邊天竺鯛 *Apogon ellioti* DAY

英名 Flag-fin cardinalfish。亦名黑緣鯢（梁）。產高雄、澎湖、花蓮、基隆、大溪、
恆春。

單斑天竺鯛 *Apogon carinatus* CUVIER & VALENCIENNES

亦名斑鰭天竺鯛。產基隆、高雄、大溪、澎湖、東港。

魔鬼天竺鯛 *Apogon savayensis* GÜNTHER

英名 Ghost cardinal。產後壁湖。

班達天竺鯛 *Apogon bandanensis* BLEEKER

英名 Three-saddles cardinalfish。產恆春。（圖 6-125）

雲紋天竺鯛 *Apogon nubilis* GARMAN

產恆春、臺東。

半線天竺鯛 *Apogon semilineatus* TEMMINCK & SCHLEGEL

產澎湖、大溪、基隆、高雄。（圖 6-125）

環尾天竺鯛 *Apogon fleurieu* (LACÉPÈDE)

英名 Bandtail cardinal, Ring-tailed cardinalfish。產基隆、大溪、澎湖、恆春。
A. aureus DAY 為其異名。又名花紋天竺鯛、斑柄天竺鯛、條紋天竺鯛。

細條紋天竺鯛 *Apogon lineatus* TEMMINCK & SCHLEGEL

又名條紋天竺鯛（楊）。產高雄、澎湖、基隆、南方澳、東港。（圖 6-125）

三斑天竺鯛 *Apogon trimaculatus* CUVIER & VALENCIENNES

　　英名 Three-spot cardinalfish。　產花蓮。

雙帶天竺鯛 *Apogon taeniatus* CUVIER & VALENCIENNES

　　英名 Twobelt cardinal。產淡水。(圖 6-125)

黑身天竺鯛 *Apogon melas* BLEEKER

　　產本省南端岩礁中。

裂帶天竺鯛 *Apogon compressus* (SMITH & RADCLIFF)

　　產花蓮。臺大動物系有此標本，HAYASHI (1980) 鑑定爲本種。

中線天竺鯛 *Apogon kinensis* JORDAN & SNYDER

　　英名 Rifle cardinal。又名雙帶天竺鯛、雙線天竺鯛。產大溪、基隆、東港、澎湖、高雄、恆春。

金線天竺鯛 *Apogon cyanosoma* BLEEKER

　　英名 Pale-lined cardinal。產基隆、恆春。

小條天竺鯛 *Apogon endekataenia* BLEEKER

　　俗名大面栗仔。產基隆。

寬帶天竺鯛 *Apogon angustatus* (SMITH & RADCLIFF)

　　英名 Broadstriped Cardinal。產恆春、蘭嶼、臺東。

粗身天竺鯛 *Apogon robustus* (SMITH & RADCLIFF)

　　又名短壯天竺鯛(李)。產蘭嶼、基隆、恆春、野柳、花蓮、臺東。

四帶天竺鯛 *Apogon fasciatus* (WHITE)

　　英名 Four-banded Soldierfish。據 HAYASHI (1979) 產大溪。

九帶天竺鯛 *Apogon novemfasciatus* CUVIER & VALENCIENNES

　　英名 Nine-banded soldierfish; 又名九線天竺鯛(朱)。產恆春。(圖 6-125)

阿魯巴天竺鯛 *Apogon aroubiensis* HOMBORN & JACQUINOT

　　產蘭嶼、恆春。

稻氏天竺鯛 *Apogon doderleini* JORDAN & SNYDER

　　亦名 Hung Sor Lor (紅梳絡—F)。產高雄、澎湖、蘭嶼、蘇澳、野柳、恆春等地。

棕天竺鯛 *Apogon fuscu* (QUOY & GAIMARD)

　　產澎湖。

四線天竺鯛 *Apogon quadrifasciatus* CUVIER & VALENCIENNES

　　英名 Twostripe cardinal。產東港、高雄、澎湖。(圖 6-125)

棘頭天竺鯛 *Apogon kallopterus* BLEEKER

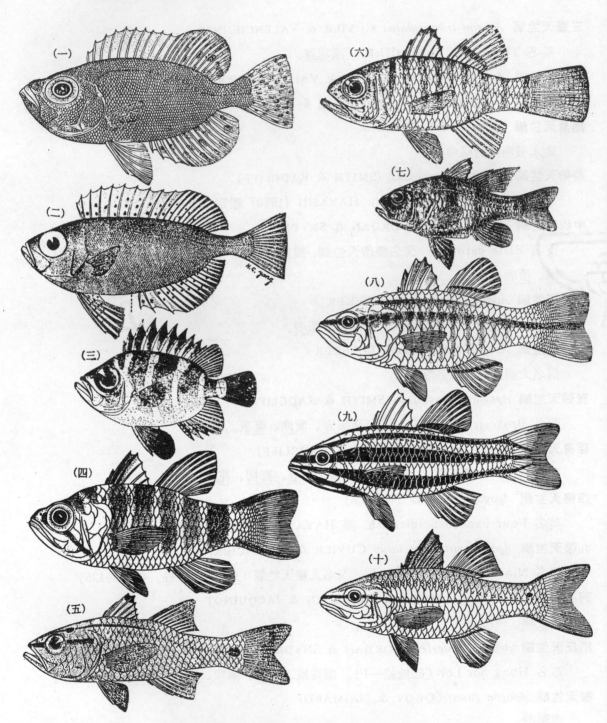

圖 6-125　（一）血斑大眼鯛；（二）大眼鯛；（三）大鱗大眼鯛（以上大眼鯛科）；（四）班達天竺鯛；（五）半線天竺鯛；（六）細條紋天竺鯛；（七）雙帶天竺鯛；（八）四線天竺鯛；（九）九帶天竺鯛；（十）棘眼天竺鯛（以上天竺鯛科）（一、四、九、十據 FOWLER，二據楊鴻嘉，三、五、七、八據朱等）。

英名 Spinyhead cardinal。產臺灣。

棘眼天竺鯛 *Apogon fraenatus* VALENCIENNES

英名 Spiny-eyed cardinal, Spurcheek cardinal。日名臺灣石持。產臺灣。(圖 6-125)

單線天竺鯛 *Apogon exostigma* (JORDAN & STARKS)

英名 One-lined cardinal。產恆春。

史氏天竺鯛 *Apogon snyderi* JORDAN & EVERMANN

產恆春。

正天竺鯛 *Apogon apogonides* (BLEEKER)

英名 Shorttooth cardinal。產恆春。

雙點天竺鯛 *Apogon notatus* (HOUTTUYN)

產恆春。

巨齒天竺鯛 *Cheilodipterus macrodon* (LACÉPÈDE)

英名 Eight-lined cardinalfish。產恆春。

六線天竺鯛 *Paramia quinquelineatus* (CUVIER & VALENCIENNES)

英名 Sharptooth cardinal, Five-lined cardinalfish。產恆春。

日本尖齒鯛 *Synagrops japonicus* (STEINDACHNER & DÖDERLEIN)

又名鱷口天竺鯛（楊）。產基隆。

菲島尖齒鯛 *Synagrops philippinensis* (GÜNTHER)

產東港。

尾斑裸天竺鯛 *Gymnapogon urospilotus* LACHNER

產恆春。

無斑裸天竺鯛 *Gymnapogon annona* WHITLEY

產蘭嶼。

細尾裸天竺鯛 *Gymnapogon gracilicauda* LACIINER

產恆春。

鈍尾擬天竺鯛 *Pseudamia amblyuropterus* (BLEEKER)

產恆春。

螢石鱚科 ACROPOMATIDAE
=ACROPOMIDAE; Lanternbellies; Liminous cardinalfishes
螢雜喉科（日）

體長橢圓形，側扁；被中型易落之圓鱗或細櫛鱗，頭部僅頰部及鰓蓋被鱗。側線完全，偏上，依背側緣彎曲。口大，斜裂；下頜強度突出。眶前骨狹窄，上頜骨外露，不爲眶前骨所掩蓋。上下頜、腭骨、鋤骨有絨毛狀齒帶，在下頜者較大，一列或數列。上頜前端有彎曲之大犬齒，下頜者較小。第一背鰭有 VII～IX 枚細長之硬棘；第二背鰭有 I 弱棘及 10 軟條，在二背鰭間有短棘，此棘有時不明顯。臀鰭 III 弱棘及 7～8 軟條，其基底較第二背鰭爲短。此二鰭硬棘均無鋸齒緣；尾鰭分叉。鰓耙數多而細長。主鰓蓋骨薄，邊緣膜狀，後角突出，並有二、三小棘，前鰓蓋骨有雙重邊緣，光滑或有鋸齒。鰓膜分離，亦不與喉峽部相連。有擬鰓，鰓被架 7。肛門偏前，靠近腹鰭基底。胸鰭較大，低位。在胸鰭下方有一 "U" 字形發光腺，腺體黃色，埋於皮下。深海小魚，酷似天竺鯛，置暗處能發光。

臺灣產螢石䱵科 1 屬 2 種檢索表：

1a. 體被不易脫落之櫛鱗；第一鰓弧下枝鰓耙數 16～19；發光器短，自腹部稍前方起至肛門；肛門距臀鰭起點較近，而距腹鰭起點較遠。淡色。L. l. 43～45 ⋯⋯⋯⋯⋯⋯⋯⋯⋯⋯⋯⋯⋯⋯螢石䱵

1b. 體被極易脫落之圓鱗；第一鰓弧下枝鰓耙數 14～16；發光器甚長，自喉峽部伸展至臀鰭起點稍後方；肛門距腹鰭起點接近，而距臀鰭起點較遠；L. l. 45～47 ⋯⋯⋯⋯⋯⋯⋯⋯⋯⋯羽根田氏螢石䱵

螢石䱵 *Acropoma japonicum* GÜNTHER

日名螢囉喉；梁譯螢光天竺鯛，亦名饕鰊（動典）。產臺灣、澎湖。（圖 6-126）

羽根田氏螢石䱵 *Acrompoma hanedai* MATSUBARA

種名記念專攻魚類發光器之日本學者羽根田氏。產高雄、東港。

沙鮻科 SILLAGINIDAE

Whitings; Smelt-whitings; Sandborers; 鱚科；鱚科（日）

體爲長紡錘形，略側扁，由第一背鰭向前，有長而尖銳之頭部，向後有逐漸纖小之尾部。眼在頭之中部，略偏上。口裂小，開於吻端。上頜骨隱於大形之眶前骨下。前上頜骨能伸縮。上下頜齒細小，鋤骨前方有齒，腭骨舌上均無齒。主鰓蓋骨小，有一短棘；前鰓蓋骨後緣垂直，平滑或略有鋸齒，下緣水平，左右前鰓蓋骨向頭部腹面擴展，構成頭下之主要部分。鰓膜在頭之下面與另一側相會合。鰓四枚；擬鰓發達。鰓被架 6。幽門盲囊少數。鰾簡單。脊椎 34～43（尾椎 27～72）。被小形櫛鱗；頰部及鰓蓋通常被圓鱗。側線完全，單一，略形彎曲。奇鰭無鱗鞘，但鰭膜上可能被小鱗；腹鰭無腋鱗。背鰭兩枚，第一背鰭短，有纖長之棘 IX～XII 枚，有時第 II 棘爲絲狀延長；第二背鰭有軟條 16～26 枚。二背鰭基部之間有痕跡性鰭膜爲之相連。臀鰭有 I～II 弱棘，15～27 軟條，與第二背鰭對在。胸鰭中等大，不對稱。腹鰭尖，I, 5，有時硬棘與第 1 軟條相結合。尾鰭後緣截平，或淺凹，有 15 軟條。近海產小型魚類，有時溯游入河口。

臺灣產沙鮻科 1 屬 5 種檢索表:

1a. 側線鱗片數 ±70。吻長於眼徑。腹鰭硬棘纖細。

　2a. 頰部、眶間區被圓鱗或櫛鱗。

　　3a. D. XI〜XII〜I, 20〜23; A. II, 21〜23。L. l. 64〜70; L. tr. 5〜6/11。鰓耙 1〜3＋8〜10。頰部有鱗 2〜3 列。體側無明顯之銀白色縱帶……………………………………………**沙鮻**

　　3b. D. XI〜I, 17〜19。A. II, 17〜21。頰部有圓鱗或櫛鱗 3〜4 列。體側有明顯之銀白色縱帶。

　　　4a. 體側有不規則的黑色斑塊，銀白色縱帶較狹。頰部有圓鱗或櫛鱗 3〜4 列。第一背鰭上方有黑斑，第二背鰭邊緣淺褐色，有二縱條紋，尾鰭有三橫條紋。L. l. 66〜69。L. tr. 5/11。鰓耙 1〜2＋6〜8 ……………………………………………………………………………………**星沙鮻**

　　　4b. 體側無黑色斑塊，銀白色縱帶較寬。頰鱗三列，上列為圓鱗，下二列為櫛鱗。L. l. 66; L. tr. 5/9 ……………………………………………………………………………………………**銀帶沙鮻**

　2b. 頰部、眶間區均被櫛鱗。

　　5a. L. l. 70〜75; L. tr. 3/9。D. XI〜I, 22〜23; A. II, 22〜23。鰓耙 2〜4＋9〜12。頰鱗 3 列。生活時乳白色，液浸標本棕黃色，背面較暗，腹面白色，背鰭有暗色小點…………**青沙鮻**

　　5b. L. l. 80〜86; L. tr. 7/13。D. XII〜XIII〜I, 21〜22; A. II, 22〜23。鰓耙 1〜2＋7〜9。頰鱗 4 列。液浸標色暗黃色，腹面灰色。由頰部至尾基有一黑色縱條紋，背面每一鱗片有一由褐色小點所構成之垂直條紋……………………………………………………………………**小鱗沙鮻**

沙鮻 *Sillago sihama* (FORSSKÅL)

　　英名 Common whiting, Sandborer, Northern whiting, Silver sillago; 亦名鱚、沙鑽、多鱗鱚（朱）、鼠頭魚（動典）、大頭沙鑽; 俗名砂腸仔、沙盪、金梭魚; 日名鱚。產高雄、羅東、澎湖。

星沙鮻 *Sillago maculata* QUOY & GAIMARD

　　英名 Banded whiting, Spotted sandborer, Trumpeter whiting, Blotchy sillago; 亦名斑鱚（朱）、沙錐魚、沙鑽、船釘魚（F.）; 日名星鱚。產臺灣、澎湖。

銀帶沙鮻 *Sillago argentifasciata* MARTIN & MONTALBAN

　　產澎湖。

青沙鮻 *Sillago japonica* TEMMINCK & SCHLEGEL

　　英名 Japanese whiting。亦名沙鑽（F.）、少鱗鱚（朱）、青鱚（動典）; 日名青鱚。產基隆。（圖 6-126）

小鱗沙鮻 *Sillago parvisquamis* GILL

　　產新竹。

馬頭魚科 BRANCHIOSTEGIDAE

=LATILIDAE, MALACANTHIDAE; Branquillos; Tile fishes;

方頭魚科（朱）

體紡錘狀，延長，側扁。頭部多少爲圓錐形，有的上部輪廓在眼以前殆爲垂直下降，形如馬頭，故名。口開於頭之前下方，近於平裂；上頷骨後端達眼之前緣下方，無副上頷骨，亦不被眶前骨所掩覆。眼則近於前上角，小或中等。齒較強，在上下頷前方者成一帶，在兩側者僅一列，鋤骨、腭骨及舌上均無齒。被小櫛鱗；側線完全，多少依背側輪廓彎曲。前鰓蓋邊緣多少有鋸齒，鰓蓋主骨有一棘。鰓膜分離，或部分連合，且多少連於喉峽部。鰓四枚；擬鰓發育完善。鰓被架6。脊椎 24～30。幽門盲囊少數，或全缺。背鰭一枚，有 IV～X 枚弱棘，基底長，自頭後直至尾柄。臀鰭近似於背鰭軟條部，僅 I～II 弱棘。尾鰭截平或 ε 形。胸鰭位置較低，各鰭條均分枝。腹鰭 I. 5，次胸位，或次喉位。

臺灣產馬頭魚科 2 屬 5 種檢索表：

1a. 背鰭前中央線上有一縱走稜脊（大形皮摺）；前上頷骨無犬齒；體高佔體長之 21～36%。體較鈍短而多少成長方形，頭部輪廓在眼前垂直下降，形如馬頭（BRANCHIOSTEGINAE）。

2a. 上下頷向後不達眼之下方。

　體高佔體長之 24～28%，背鰭前縱脊淡色，尾鰭有多數白點，尾鰭下葉無三角形暗部分；眶下區有一銀白色區域。D. VII, 15; A. II, 12; P. 19; L. l. 49+2～4; L. tr. 8/24 ⋯⋯⋯⋯⋯⋯**白馬頭魚**

2b. 上下頷向後超越眼之前緣。背鰭前縱脊暗色。

3a. 體高佔體長之 22～25%。由眼下緣至上唇有二銀色條紋，背鰭中央有一縱列暗色長斑。尾鰭上緣色暗，其內淡紅色，再下方有六條黃色縱條紋，條紋間之鰭膜暗色，中央有二較寬之縱條紋，尾鰭下葉色暗。D. VII, 15; A. II, 12; P. 17～19; L. l. 48+1～3; L. tr. 6～8/16～20⋯⋯**銀馬頭魚**

3b. 體色大致同上種，但由眼下緣至上唇僅一條銀色條紋，背鰭中央無縱列之暗斑，尾鰭上緣色淡，下葉有十數枚黃色斑點⋯⋯⋯⋯⋯⋯⋯⋯⋯⋯⋯⋯⋯⋯⋯⋯⋯⋯⋯⋯⋯⋯⋯⋯⋯**金色馬頭魚**

3c. 體高佔體長之 24～30%。眼下無銀色條紋；背鰭中央無縱列之暗斑。吻部紅色或黃色，體背面暗紅色，腹面銀白色，尾鰭中央有二黃色縱帶，下葉有大三角形暗色區域。D. VII, 15; A. II, 12; P. 17～19; L. l. 48+2～4; L. tr. 7～9/17～25 ⋯⋯⋯⋯⋯⋯⋯⋯⋯**日本馬頭魚**

1b. 背鰭前方無縱脊，體高佔體長之 12～26%。前上頷骨後部有一鈍犬齒；體延長或紡錘形，前頭部不垂直下降（MALACANTHINAE）。

4a. D. III～IV, 43～47; A. I, 38～40; P. 16～17; L. l. 116～132; L. tr. 10～15/30～40。吻顯著延長，約佔頭長之 1/2。體背面欖灰色至紫藍色，腹面淡藍色，由鰓蓋至尾鰭有一暗色寬縱帶，尾鰭下葉暗色而有一方形白色區域⋯⋯⋯⋯⋯⋯⋯⋯⋯⋯⋯**縱帶軟棘魚**

4b. D. I～IV, 52～60; A. I, 46～55; P. 15～17; L. l. 146～181（有孔鱗片）; L. tr. 7～10/31～36。鰓耙 9～20。吻比較的短，上下頷後端達眼窩之前半。液浸標本淡褐色，腹面白色，尾鰭中央有二條平行之暗色縱帶⋯⋯⋯⋯⋯⋯⋯⋯**短吻軟棘魚**

白馬頭魚 *Branchiostegus albus* DOOLEY

DOOLEY 於 1978 年發表之新種。分佈日本、韓國及東海、南海近岸。臺灣之標本採自頭城、大溪。

銀馬頭魚 *Branchiostegus argentatus* (CUVIER)

又名銀方頭魚。產東港。

金色馬頭魚 *Branchiostegus auratus* (KISHINOUYE)

產臺灣。

日本馬頭魚 *Branchiostegus japonicus* (HOUTTUYN)

英名 Japanese tilefish。亦名 Fang t'ou yü（方頭魚），Ma t'au ue（馬頭魚）；日本方頭魚，斑鰭方頭魚（朱）；俗名吧唄、吧哖。日名黃甘鯛。產本島近海。（圖 6-126）

縱帶軟棘魚 *Malacanthus latovittatus* (LACÉPÈDE)

英名 Sand tilefish。又名弱棘魚。產臺灣。（圖 6-126）

短吻軟棘魚 *Malacanthus brevirostris* GUICHENOT

產臺灣。

乳鯖科 LACTARIIDAE

Milkfishes; Milk trevally; 乳香魚科

體延長，側扁。眼在頭之前半。口大，斜裂；眶前骨狹窄，上頜骨不被眶前骨掩蓋，有上頜副骨，後端寬。被中型圓鱗，易落。鰓蓋裸出。頭頂有大形黏液窩及枕骨稜。側線略偏上，感覺管顯著，循背緣後走，在側線上之鱗片較大，但無稜鱗，至尾柄部亦無稜嵴。前鰓蓋骨後緣平滑，鰓蓋骨後緣有一凹口。鰓裂寬；有擬鰓；鰓膜不連合，並在喉峽部游離；鰓被架 7。齒細小而尖銳，上頜一列，下頜一帶，先端有犬齒 1～2 枚；鋤骨、腭骨、舌上亦有小齒。背鰭兩枚，第一背鰭有弱棘 VII～VIII；第二背鰭與臀鰭對在，但後者基底較長，二者均被易剝落之鱗片。胸鰭尖銳，較頭部略短。腹鰭胸位。尾鰭深分叉。脊椎 24(10＋14)。

臺灣產乳鯖 1 種。D. VII～VIII～I, 20～22; A. III, 25～28; P. 17。L. l. 68～80。體銀白色，背面鉛灰色，鰓蓋後上角及後緣有黑斑，背鰭、尾鰭外緣色暗。

乳鯖 *Lactarius lactarius* (BLOCH & SCHNEIDER)

英名 Milk trevally；又名乳香魚；俗名斧頭晶。產紅毛港。（圖 6-126）

扁鰺科 POMATOMIDAE

Bluefishes; 鯥科

體略延長，側扁；頭大，有堅強之枕脊。口傾斜，廣濶，間上頜骨能伸縮，下頜略突出，上頜有大形露出之副上頜骨。前鰓蓋骨後緣有細鋸齒，並且有皮膜掩覆下鰓蓋骨，主鰓蓋骨後緣扁而尖。齒單列，稀疏而尖銳，側扁。鋤骨上有三角形絨毛狀齒帶，腭骨及舌上亦均有絨毛狀齒帶。體被中小形圓鱗，頰部及鰓蓋區亦被鱗。側線近於直走，尾部無骨質稜鱗或盾板。背鰭二枚，第一背鰭短而低，有 VII～VIII 弱棘，有鰭膜相連，倒伏時隱於背中央之溝中。第二背鰭有 I 棘 13～28 軟條，後方無離鰭。臀鰭有 I～II 分離之小棘，23～28 軟條，與第二背鰭同形，等於或略低於第二背鰭。背鰭、臀鰭上均密佈小鱗片。胸鰭短，向後不達第二背鰭起點。腹鰭胸位。尾鰭分叉。鰓 4 枚，第四鰓之後有裂孔。鰓被架 7；擬鰓大形，鰓膜不相連，並且與喉峽部游離。

　　本省只有扁鯵 1 種，D¹. VII～VIII; D². I, 23～28; A. I～II, 23～28; L. l. 90～100; L. tr. 8/19～20。鰓耙（下枝）10。體背方藍色或綠色，腹面銀白色，胸鰭基部有藍黑色斑，背鰭、臀鰭灰綠而略帶黃色，尾鰭深綠而略帶黃色。

扁鯵 *Pomatomus saltator* LINNAEUS

　　英名 Bluefin, Bluefishes, Skipjack, Shad。又名鱸。廣佈印度洋及西太平洋，包括臺灣在內。（圖 6-126）

海䱻科 RACHYCENTRIDAE

=RHACHYCENTRIDAE; 汀䱂鰍科（動典）; 軍曹魚科（朱）

Sergeant fishes; Prodigal sons; Black kingfish; Canadian cobia

本科為體軀延長而近於圓柱狀之中型海魚。頭部平扁而寬；口裂水平位，開於吻端，前上頜骨不能伸縮，上頜骨達眼眶前緣下方。眼小，有狹脂性眼瞼。被小圓鱗，埋於厚皮膚之下，頭部除兩頰、鰓蓋上方、及後頭部而外，裸出。側線在前方略有波曲，尾柄兩側無隆起稜嵴。上下頜有濶絨毛狀齒帶，鋤骨、腭骨、舌上有微細之齒。有擬鰓；鰓膜不相連，並在喉峽部游離；鰓被架 7；鰓耙短壯。背鰭硬棘部僅以 VII～IX（通常 VIII）枚短小而分離之棘為代表，概能收匿溝中。背鰭軟條部基底較長（26～33），前方鰭條高，多少成為鐮刀狀。臀鰭與背鰭軟條部同形 (II～III, 22～28)，對在，但基底較短。無離鰭。尾鰭深凹入。胸鰭低位，小形，尖銳。腹鰭在胸鰭基底略前。無鰾。幽門盲囊形小而數多。

　　本科僅 1 屬 1 種，曰海䱻，D¹. VII～IX（各個分離，能收入於溝中）; D². 3～4, 30～36; A. II～III. 23～26; P. 20～21; L. l. 約 270～325。體背部深褐色，下接顯明之銀色縱帶，以下則帶黃色，幼時在此帶之上方更有一淡色縱帶，二帶之間黑色。

海䱻 *Rachycentron canadum* (LINNAEUS)

　　英名 Canadian sergeant fish; 亦名汀䱂鰍，軍曹魚; 俗名海鰱魚。產基隆、高雄。

　　（圖 6-126）

印魚科 ECHENEIDAE

= ECHENEIDIDAE; Remoras; Shark suckers; Sucking fishes; 鮣科。

本科以前由於其第一背鰭在頭頂變成為吸盤，故立為獨立之一目，曰盤頭目 (DISCO-CEPHALI or ECHENEIFORMES)，現今多數學者主張移隸於鱸亞目中。惟 GOSLINE (1971) 等仍持舊說。

體為延長之紡錘狀，極似海鱺 (*Rachycentron*)，但第一背鰭變形為橢圓形之吸盤，其鰭條由盤之中軸向兩側分裂而成為羽狀之盤底（有 10～28 條活動之橫瓣，外緣肉質），賴以吸着於鮫類，其他大形魚類或海龜，海生哺乳動物而隨之廻游，但亦能自力游泳。第二背鰭與臀鰭對在，基底長，無硬棘。胸鰭位置比較的高。腹鰭胸位，小形。尾鰭圓或凹入。尾柄纖細。體被小圓鱗。側線直走於體側中央。無鰾。頭部平扁，頭頂平或凹入，以適合於吸盤之存在。無眶下支骨。口裂寬，不能伸縮，下頜前突。鰓蓋諸骨無棘，無鋸齒緣，鰓膜游離，不連於喉峽部。第四鰓後有裂孔。上頜骨纖細，與前上頜骨固結。齒骨能活動，與關節骨之前端相連接。上下頜、鋤骨、腭骨有絨毛狀齒帶，有時舌上亦有齒。鰓耙短，擬鰓萎縮；鰓被架 7～9。脊椎 26～30。

臺灣產印魚科 3 屬 5 種檢索表:

1a. 體延長；胸鰭尖銳；背吸盤 (Dorsal disk) 有 21～28 對鰭瓣 (Laminae, 相當於硬棘)；體長為盤長之 3.5～4.35 倍；尾部較吻端至肛門為長。尾柄圓柱狀。胸鰭內緣有不足 1/3 部分連結於腹面；脊椎 30 (*Echeneis*)。

　　D^2. 33～37; A. 33～37; 二者對在；背吸盤後端不超越胸鰭；體長為頭長之 4.3～5.74 倍，體高之 8～12.27 倍‥‥**長印魚**

1b. 體較粗短；胸鰭鈍圓；背吸盤有 11～19 對鰭瓣；體長為背吸盤長之 2.2～3.5 倍；尾部較吻端至肛門為短。尾柄側扁。胸鰭內緣有 1/2 以上部分連結於腹面；脊椎 27。

2a. 體長為背吸盤之 2.6～3.45 倍；背吸盤後端不超越胸鰭與腹鰭；胸鰭鰭條軟 (*Remora*)。

　3a. 背吸盤特寬，有 11～13 對鰭瓣；體不扁而寬；D. 17～22; A. 20～23‥‥‥‥‥‥**白短印魚**

　3b. 背吸盤較狹，鰭瓣 13 對以上；體側扁。

　　4a. D^2. 29～32; A. 25～30; 鰭瓣 14～17; 上唇側緣凹入；鰓耙數 15 以下；第二背鰭起點在臀鰭起點略前‥‥‥‥‥‥‥‥‥‥‥‥‥‥‥‥‥‥‥‥‥‥‥‥‥‥‥‥‥‥‥‥‥‥‥‥**黑短印魚**

　　4b. D^2. 22～25; A. 22～25; 鰭瓣 16～20; 上唇側緣凸出；鰓耙數超過 25; 第二背鰭起點在臀鰭起點略後‥‥‥‥‥‥‥‥‥‥‥‥‥‥‥‥‥‥‥‥‥‥‥‥‥‥‥‥‥‥‥‥‥‥**短印魚**

2b. 體長為背吸盤之 2.2 倍；背吸盤後端超越胸鰭及腹鰭；胸鰭鰭條骨質化 (*Rhombochirus*)。

　　D^2. 23; A. 23; A. 23～24; D^2 與 A 彼此相對；鰭瓣 18; 體長為頭長之 4.34 倍，體高之 7.24 倍‥‥**菱印魚**

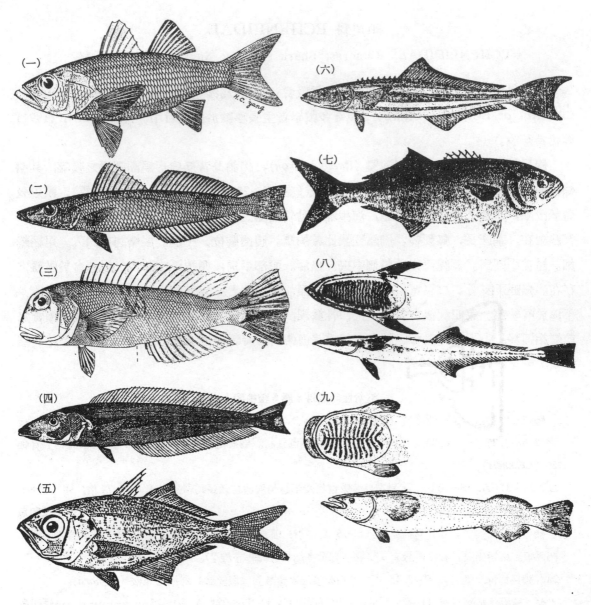

圖 6-126　（一）螢石䱵（螢石䱵科）；（二）青沙鮻（沙鮻科）；（三）日本馬頭魚；（四）縱帶軟棘魚（以上馬頭魚科）；（五）乳鯖（乳鯖科）；（六）海鱺（海鱺科）；（七）扁鯵（扁鯵科）；（八）長印魚；（九）白短印魚（以上印魚科）（一據 FOWLER，二、六據朱等，三、五、七據 WEBER & DE BEAUFORT）

長印魚 *Echeneis naucrates* LINNAEUS

　　英名 Shark sucker；Shark remora, Slender suckerfish, Pilot sucker, Whitetailed sucker；日名小判鮫；亦名鮣。產基隆、蘇澳、高雄。（圖 6-126）

白短印魚 *Remora albescens* (TEMMINCK & SCHLEGEL)

英名 White remora。日名白小判；亦名白短鮣。產基隆、蘇澳。高雄。

黑短印魚 *Remora brachyptera* (LOWE)

英名 Spearfin remora。 又名短臂短鮣。日名黑小判。產基隆、蘇澳、高雄。

短印魚 *Remora remora* (LINNAEUS)

英名 Brown remora, Short suckerfish。 亦名短鮣。產高雄。

菱印魚 *Rhombochirus osteochir* (CUVIER)

日名菱小判。產高雄。（圖 6-126）

鰺　科 CARANGIDAE

= CARANGIDAE + SERIOLIDAE; Pompanos; Cavallas; Trevallies; Jacks; Hardtails; Runners; Kingfishes, Darts, Pilotfishes, Scads, Leatherskin, Horse-mackerel。竹筴魚科（動典）

體側扁，橢圓或卵圓，有時延長爲紡錘狀，有時短高而近於圓形。鱗片小而不顯，胸部者往往退化或消失，或如針狀而埋於皮下。側線之前部彎成弧形。尾柄瘦小有力，雖無稜脊（*Naucrates* 有皮質稜脊），而側線後方之鱗片往往變形爲稜鱗。口裂大小、位置，變化多端。前上頜骨多少能伸縮；上頜有副上頜骨，或無之。鰓蓋諸骨薄而光滑，前鰓蓋骨在幼時可能有三數棘，成長後卽消失。上下頜有細齒一列或一帶，鋤骨、腭骨有齒或無齒，翼骨、舌上亦可能有齒。鰓四枚；最後一個的後方有一裂隙；鰓耙細長，擬鰓通常具有，但成長後往往消失。鰓裂廣；鰓膜在喉峽部游離。鰓被架一般 7 枚，偶或 8 枚。背鰭兩個。第一背鰭各硬棘多數細小（III～IX），成長後可能消失，第 I 硬棘有時向前伏臥，其餘各棘有時收匿溝中。第二背鰭 (I, 18～37) 與臀鰭 (III, 15～31) 大都對在而同形，前方二棘往往分離，其後方有時具少數離鰭。胸鰭往往延長爲鐮刀狀，但亦有比較短小者。腹鰭胸位，發育完善，鰭條 I. 5。尾鰭深分叉。鰾後方通常 2 分叉。幽門盲囊細小而數多。脊椎 10＋14～17。熱帶海洋大型或中型魚類，游泳迅速，多數可供食用。

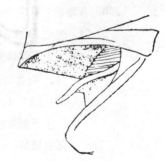

圖 6-127　烏魯鰺口部張開，顯示其羽毛狀之鰓耙突出於口腔中（據 WEBER & DE BEAUFORT）

臺灣產鰺科 4 亞科 23 屬 58 種檢索表:

I. 側線至少在直走部分有稜鱗，前方有顯著的弧形部分，後方直走。胸鰭較長，一般不短於頭長，鐮刀形。第二背鰭與臀鰭之基底均相當長。上頜骨有一副上頜骨（**鰺亞科** CARANGINAE）

1a. 沿側線全長均有稜鱗（*Trachurus*）。　稜鱗 70 枚以上，在直走部與彎曲部者均向背腹面擴展而近於等高，或直走部者略高。

2a.　頭長大於體高；沿側線有稜鱗 69～72 (35～36＋34～36)；彎曲部最高之稜鱗，並不較直走部之最高者爲高。D¹. VIII；D². I, 31～33；A. II＋I, 27～29；鰓耙 13～15＋37～41。生活時體之上部藍綠色。鰓蓋後緣有一黑斑 ……………………………………………………………………………**真鰺**

2b.　頭長與體高相等；沿側線有稜鱗 75～76 (40＋35～36)；彎曲部之稜鱗較直走部分者略高。D¹. VIII；D². II＋I, 32～33；A. II＋I, 28～29；生活時體上部藍綠色，鰓蓋後緣有一黑斑………
…………………………………………………………………………………………**綠真鰺**

1b.　側線上僅直走部分有稜鱗。

　　3a.　第二背鰭及臀鰭後方有一至數枚離鰭。

　　　　4a.　第二背鰭及臀鰭後方各有一枚離鰭 (*Decapterus*)。

　　　　　5a.　背鰭前方鱗片向前不超過眼之中央線。

　　　　　　6a.　上頜骨之後緣略凹入；胸鰭略短於頭長。上下頜各有細齒一列，鋤骨前方近於無齒。D¹. I＋VIII；D². I, 29～32＋1；A. II＋I, 26～28＋1；稜鱗 33～36；鰓耙 11～12＋30～32……………………………………………………………………………**紅瓜鰺**

　　　　　　6b.　上頜骨之後緣上方凹入，下方圓形並突出；胸鰭顯然短於頭長。下頜有細齒一列，上頜無齒，鋤骨前方有二細齒帶。D¹. I＋VIII；D². I, 34～37＋1；A. II＋I, 27～30＋1；稜鱗 27～36；鰓耙 10～11＋34～38 ……………………………………………………**長身鰺**

　　　　　5b.　背鰭前方鱗片向前超過眼之中央線。

　　　　　　7a.　鰓耙 34 或 34 枚以上；生活時各鰭不爲紅色。

　　　　　　　8a.　上下頜無齒；上頜骨之末端不達眼之前緣下方；側線直走部分之前半部無稜鱗。鋤骨、腭骨均無齒。D¹. I＋VIII；D². I, 32～34＋1；A. II＋I, 27～30＋1；稜鱗 25～35；鰓耙 10～12＋36～41 …………………………………………………**拉洋鰺**

　　　　　　　8b.　上下頜各有細齒一列；上頜骨之末端接近或到達眼之前緣下方；側線直走部分之前半部有稜鱗。

　　　　　　　　9a.　鋤骨前方無齒（幼魚），或只限於鋤骨之前端（成魚）。胸鰭略短於頭長。稜鱗約佔側線直走部之 3/4。生活時尾鰭上葉黃色，下葉灰色，體側中央有一黃色縱帶。D¹. I＋VIII；D². I, 29～33＋1；A. II＋I, 25～28＋1；稜鱗 33～38；鰓耙 12～14＋37～39 ……………………………………………………………………**黃帶鰺**

　　　　　　　　9b.　鋤骨之前端及後軸均有齒；胸鰭約與頭長相等。稜鱗佔側線直走部之全長。生活時各鰭灰黃色，背鰭軟條部前方白色。D¹. I＋VIII；D². I, 30～36＋1；A. II＋I, 25～30＋1；稜鱗 30～37；鰓耙 12～13＋35～39 …………………………………**銅鏡鰺**

　　　　　　7b.　鰓耙 34 枚以下，生活時各鰭帶紅色。

　　　　　　　10a.　鰓蓋膜之後緣不成鋸齒狀。胸鰭後端超過第二背鰭之起點。D¹. I＋VIII；D². I, 27～30＋1；A. II＋I, 20～24＋1；稜鱗 32～35，佔側線直走部之全長；鰓耙 11～12＋29～32……………………………………………………………………**紅扁鰺**

10b. 鰓蓋膜之後緣成鋸齒狀（成魚）；胸鰭後端不達第二背鰭之起點。D^1. I＋VIII；
D^2. I, 29～32＋1；A. II＋I, 23～26＋1；稜鱗 38～40, 佔側線直走部之全長。鰓
耙 10～12＋30～32。生活時各鰭紅色 ……………………………………**泰勃鰺**

4b. 第二背鰭及臀鰭後方有八至九枚離鰭 (*Megalaspis*)。

D^1. I (向前倒伏)＋VIII；D^2. I, 10～11＋8～10；A. II＋I, 8～10＋6～8；稜鱗 53～58；鰓耙
10～11＋21～22。稜鱗特別高而堅強, 側線自背鰭第 IV～V 棘下方開始直走。體背面藍綠色,
腹面銀白色, 鰓蓋後上方有一明顯之黑點……………………………………**扁甲鰺**

3b. 第二背鰭及臀鰭後方均無離鰭。

11a. 第一背鰭小形, 硬棘數較少（少於 VII 枚）, 各棘並無鰭膜爲之相連, 成長後
往往消失；第二背鰭及臀鰭前方數枚軟條特別延長爲絲狀（可能較體長爲長）；
胸鰭與腹鰭之鰭條亦同樣延長。鱗片不顯, 埋於皮下 (*Alectis*)。

12a. 眶前骨之高等於或不及眼徑。頭部輪廓中度凸出。D^1. VI（成長後消失）；
D^2. I, 19～22；A. II（成長後消失）＋I, 15～17。稜鱗（弱）10～15；鰓耙
（細長）5＋14～15。體背部藍綠色, 腹部銀白色, 絲狀鰭條色暗；背鰭第 3～
6 軟條基部有一黑斑……………………………………………**白鬚鰺**

12b. 眶前骨之高顯然大於眼徑。頭部輪廓顯然凸出。D^1. VI（成長後消失）；
D^2. I, 18～19；A. II（成長後消失）＋I, 16～17。稜鱗（弱）8～13；鰓耙（粗
短）8～9＋23～24。體色同上種, 絲狀鰭條黑色……………………**印度白鬚鰺**

11b. 第一背鰭有棘 VII～VIII 枚, 各棘互有鰭膜連絡之；第二背鰭與臀鰭前方軟條
如呈絲狀, 顯然較體軀爲短。鱗片雖小, 却顯然可見。

13a. 腹面正中線有一深中央縱溝, 腹鰭可收匿於溝中, 肛門及臀鰭棘亦匿於溝
中。腹鰭約與頭長相等 (*Atropus*)。

D^1. I＋VIII；D^2. I, 21～24；A. II＋I, 17～19；稜鱗（弱）30～36；鰓耙
8～9＋21～23……………………………………………………**腹溝鰺**

13b. 腹面正中線無縱溝；腹鰭一般較頭長爲短。

14a. 鰓耙顯著的長, 呈羽毛狀, 向前伸入口中 (*Ulua*)。

D^1. VII；D^2. I, 21；A. II＋I, 17；稜鱗 29～33；鰓耙 24～27＋51～60
……………………………………………………………**烏魯鰺**

14b. 鰓耙不特長, 不呈羽毛狀, 亦不伸入口中。

15a. 上下頜均有齒。

16a. 鋤骨、腭骨及舌上均有齒。

17a. 脂性眼瞼發育完善, 只留中央一垂直裂隙 (*Atule*)。

背鰭、臀鰭最後一軟條多少成離鰭狀, 近於分開。側線前部略呈弧
形, 約與直走部等長, 直走部分起於背鰭第 6～8 軟條下方。體長
爲頭長之 3.5 倍, 爲胸鰭長之 3 倍。上下頜有細齒一列, 上頜前方

者成狹帶狀。D¹. I+VIII; D². I, 22～25; A. II+I, 19～21; P. 22～24; 稜鱗 38～45; 鰓耙 11～12+27～28……………**瘦平鰺**

17b. 脂性眼瞼只掩蓋眼之後半部。背鰭、臀鰭最後一軟條不爲離鰭狀，不分開。

18a. 胸帶與喉峽部交界處有一深溝，溝之上方有一大形肉質突起 (*Selar*)。

19a. 側線之前部略成弧形，在背鰭軟條部起點下方開始直走; D¹. I+VIII; D². I, 24～25; A. II+I, 20～21; 稜鱗 44～46; 鰓耙 23（下枝）……………………………………**牛眼鰺**

19b. 側線之前部近於平直，直走部分自背鰭軟條部中央下方開始; D¹. I+VIII; D². I, 24～26; A. II+I, 21～23; 稜鱗 32～38; 鰓耙 10～11+27～28 ………………………**脂眼鰺**

18b. 胸帶與喉峽部交界處無深溝。

20a. 上下頜齒單列或成狹帶（上頜前端或有小齒簇）， 無大形齒。稜鱗顯著。胸部被鱗 (*Alepes*)。

21a. 腹面輪廓較背面凸出。側線直走部自背鰭第 4 ～ 6 軟條下方開始。上頜齒成一狹帶。D¹. I+VIII; D². I, 23～24; A. II+I, 18～20; 稜鱗 36～40; 鰓耙 9～10+28～30。鰓蓋後緣上方有一顯著黑斑…………………**麗葉鰺**

21b. 腹面與背面輪廓同樣凸出。側線直走部分自背鰭第 1 ～ 4 軟條下方開始，上頜齒單列。

22a. 鰓蓋斑顯著。D¹. I+VIII; D². I, 23～25; A. II+ I, 19～21; 稜鱗 42～51; 鰓耙 10～14+26～31……… …………………………………………………………**吉打鰺**

22b. 鰓蓋斑不顯。

23a. 第一背鰭黑色。D¹. I+VIII; D². I, 23～24; A. II+I, 20～21; 稜鱗 48～56; 鰓耙 6～10+20～21… …………………………………………………**黑鰭鰺**

23b. 第一背鰭不爲黑色。D¹. I+VIII; D². I, 25～26; A. II+I, 21～22; 稜鱗 54～58; 鰓耙 9～11+24～ 26……………………………………………………………**大尾鰺**

20b. 上下頜齒細小，成絨毛狀齒帶，有時外列齒增大。稜鱗不發達。胸部有時裸出，或僅部分被鱗片。第二背鰭及臀鰭前方數軟條長成後或多少延長，但絕不爲絲狀。

24a. 外翼骨無齒; 側線之直走部只後部具稜鱗 (*Carangoides*)。

25a. 胸部全部或幾乎全部均被鱗片。

26a. 鱗片微小而不顯, 胸部完全被鱗。下頜顯著伸出。前鰓蓋後緣色暗。側線之弧形部較直走部長約 1/3, 後者自背鰭第 14～15 軟條下方開始。D¹. I＋VIII; D². I, 22～24; A. II＋I, 18～19; 稜鱗 (微小) 15～19; 鰓耙 8～11＋19～24。胸鰭長於頭長, 末端到達臀鰭第 4 軟條……**橫紋平鰺**

26b. 鱗片顯著, 胸部在正中線裸出。側線前部成平緩弧形, 較直走部長約 1/4, 後者自背鰭第 13 軟條下方開始。D¹. I＋VII～VIII; D². I, 24～26; A. II＋I, 22～23; 稜鱗 (微弱) 15～23; 鰓耙 7～8＋19～21。胸鰭長於頭長, 後端到達臀鰭第 2 軟條…………**金點平鰺**

25b. 胸部之腹面及側方局部裸出; 第二背鰭及臀鰭前部軟條延長而形成鐮刀狀。

27a. 第二背鰭軟條 24 枚以上 (通常 26～33), 臀鰭軟條 20 枚以上 (通常為 22～27)。

28a. 胸部之裸區向後達腹鰭起點。

29a. 體長為體高之 2.5～2.7 倍, 胸部裸區向上僅達距胸鰭基部 1/4 處。側線上下方有少數黃色小點, 鰓蓋後緣上方有一暗色長斑。D¹. I＋VIII; D². I, 29～32; A. II＋I, 24～26; 稜鱗 (弱) 24～27; 鰓耙 8～9＋22～23 …………………**直線平鰺**

29b. 體長為體高之 2.2～2.3 倍; 胸部裸區向上達距胸鰭基部 1/2 處。體側無黃色小點, 而幼魚有若干 (七) 條暗色橫帶, 鰓蓋後緣上方有一暗色長斑。D¹. I＋VIII; D². I, 30～33; A. II＋I, 25～27; 稜鱗 25～28; 鰓耙 8～9＋18～19……………**印度平鰺**

28b. 胸部之裸區向後超過腹鰭起點。

體長約為體高之 3 倍。幼魚由下頜基部至肩部有一黑帶, 體側有若干金色斑點。D¹. I＋VIII; D². I, 26～29; A. II＋I, 22～25; 稜鱗 15～20; 鰓耙 6～7＋18～20 ………**星點平鰺**

27b. 第二背鰭軟條 24 枚以下 (通常為 19～23), 臀鰭軟條 20 枚以下 (通常為 16～19)。

30a. 胸部之裸區向上超過胸鰭基底; 第二背鰭及臀鰭之前方鰭條不延長為絲狀。頭部輪廓成弧形。D¹. I＋VIII; D². I, 20～23; A. II＋I, 17～18; 稜鱗 25～28; 鰓耙 10＋24～26 ……**瓜仔鰺**

30b. 胸部之裸區向上不超過胸鰭基底, 第二背鰭及臀鰭之前方鰭條延長為絲狀。

31a. 吻部等於或短於眼徑。第二背鰭及臀鰭之前部數軟條隨年齡而漸長。

32a. 腹鰭黑色；鰓耙 20 枚以上。D¹. I+VIII；D². I, 20～21；A. II+I, 16～18；稜鱗（弱）17—20；鰓耙 11～14+21～23⋯⋯⋯⋯⋯⋯⋯⋯⋯⋯⋯⋯⋯⋯⋯⋯⋯⋯**鎧鰺**

32b. 腹鰭不爲黑色；鰓耙 20 枚以下。D¹. I+VIII；D². I, 21～22；A. II+I, 17；稜鱗（弱）18～26；鰓耙 6～9+15～17⋯⋯⋯⋯⋯⋯⋯⋯⋯⋯⋯⋯⋯⋯⋯⋯**海德蘭鎧鰺**

31b. 吻部長於眼徑；第二背鰭及臀鰭之前部數軟條自幼魚起卽延長爲絲狀。

33a. 頭部背面輪廓比較低平，吻長顯然大於眼徑；第二背鰭前部軟條約與臀鰭前部軟條等長。D¹. I+VIII；D². I, 19～20；A. II+I, 15～17；稜鱗 22～33；鰓耙 6～8+16～18⋯⋯⋯⋯⋯⋯⋯⋯⋯⋯⋯⋯⋯**冬瓜鰺**

33b. 頭部背面輪廓成緩弧形，鼻孔前方略凹入，吻長等於或大於眼徑，第二背鰭前方軟條短於臀鰭前方軟條。D¹. I+VIII；D². I, 21～23；A. II+I, 18～19；稜鱗 17～25；鰓耙 6～7+17～18 ⋯⋯⋯⋯⋯⋯⋯⋯⋯⋯⋯⋯⋯⋯**青羽鰺**

24b. 外翼骨具齒；側線之直走部全部被稜鱗；胸部之裸區不達胸鰭基部 (*Carangichthys*)。

34a. 側線之直走部短於弧形部；第二背鰭基底下方有許多黑色菱形斑，愈後部者愈大。胸部裸區之後緣成弧形。D¹. I+VIII；D². I, 18；A. II+I, 16～17；稜鱗（強）23～26；鰓耙 8～9+18～19 ⋯⋯⋯⋯⋯⋯⋯⋯**曳絲平鰺**

34b. 側線之直走部約與弧形部等長。第二背鰭基底下方之斑點不顯。胸部裸區之後緣近於一直線。D¹. I+VIII；D². I, 21～22；A. II+I, 18～19；稜鱗（強）38～42；鰓耙 8～9+18～20 ⋯⋯⋯⋯⋯⋯⋯⋯⋯⋯⋯⋯**長鎧鰺**

20c. 上頜齒爲一狹帶，外列齒較強大；下頜齒一列，前方有 2 ～ 4 枚犬齒。鋤骨、腭骨及舌上均有齒。稜鱗較發達。第二背鰭及臀鰭前方軟條較長，成鐮刀狀。胸部大都被鱗 (*Caranx*)。

35a. 胸部全部被鱗。

36a. 體不甚高，體長約爲體高之 2.6～2.9 倍；上頜向後達瞳孔或眼之後緣。臀鰭灰色或黃色。

37a. 背鰭前方之背面弧度較平緩。D¹. I+VIII；D². I, 18～21；A. II+I, 14～17；稜鱗（強）24～33；鰓耙 6～7+16～18 。幼魚體側有 5 ～ 6 條

　　　　　暗色橫帶⋯⋯⋯⋯⋯⋯⋯⋯⋯⋯⋯⋯⋯⋯⋯⋯⋯⋯⋯⋯⋯⋯⋯⋯**六帶鰺**

　　37b.　背鰭前方之背面弧度較大。D^1. I+VIII；D^2. I, 19~21；A. II+I, 16
　　　　　~18；稜鱗（強）34~38；鰓耙 5~7+11~15 ⋯⋯⋯⋯⋯⋯⋯**泰利鰺**

　　36b.　體軀較高，體長約爲體高之2.4~2.6倍；上頜向後不超過眼之中央垂線。
　　　　　臀鰭黑色。

　　　　38a.　背鰭前方之背面弧度中等。體背面藍綠色或褐色，成魚體側有許多暗
　　　　　　　色小點。D^1. I+VIII；D^2. I, 22~24；A. II+I, 18~20；稜鱗（強）
　　　　　　　30~42；鰓耙 7~8+17~21 ⋯⋯⋯⋯⋯⋯⋯⋯⋯⋯⋯⋯⋯**藍鰭鰺**

　　　　38b.　背鰭前方之背面弧度較大。體背面暗綠色，各鰭黑色，胸鰭基部黃色，
　　　　　　　成魚體側無暗斑。D^1. I+VIII；D^2. I, 21~22；A. II+I, 17~19；稜
　　　　　　　鱗（強）31~33；鰓耙 7~8+19~21⋯⋯⋯⋯⋯⋯⋯⋯⋯⋯**潤步鰺**

　　35b.　胸部腹面裸出，僅在腹鰭前方有一簇小鱗。

　　　　39a.　背鰭前方之背面弧度平緩；胸部裸區之上緣近於平直。體背面藍綠
　　　　　　　色，腹部銀白色。體側上方有黑色小點散在。D^1. I+VIII；D^2. I,
　　　　　　　21~22；A. II+I, 17~18；稜鱗 36~38；鰓耙 8~9+18~20 ⋯⋯
　　　　　　　⋯⋯⋯⋯⋯⋯⋯⋯⋯⋯⋯⋯⋯⋯⋯⋯⋯⋯⋯⋯⋯⋯⋯⋯**巴布亞鰺**

　　　　39b.　背鰭前方之背面弧度較陡峭；胸部裸區之上緣成弧形。體背面藍綠
　　　　　　　色，腹部銀白色，體側上方有微小黑點。D^1. I+VIII；D^2. I, 19~20；
　　　　　　　A. II+I, 16~17；稜鱗 28~32；鰓耙 5~6+11~16 ⋯⋯⋯**浪人鰺**

　17c.　脂性眼瞼不顯。第二背鰭及臀鰭前方軟條不特別延長。

　　40a.　成魚之上頜長於下頜；上下頜齒單列，錐形而有尖頭（*Pseudocaranx*）。
　　　　　體長約爲體高之 3 倍；體側中央有一黃色寬縱帶，鰓蓋斑明顯。胸部被鱗，只在腹
　　　　　面中央有一小形裸區。D^1. I+VIII；D^2. I, 23~26；A. II+I, 21~23；稜鱗（弱）
　　　　　24~28；鰓耙 11~14+24~26 ⋯⋯⋯⋯⋯⋯⋯⋯⋯⋯⋯⋯⋯⋯⋯**縱帶鰺**

　　40b.　上下頜約等長；上下頜齒成絨毛狀齒帶（*Kaiwarinus*）。
　　　　　體長約爲體高之 2 倍；體側中央無縱帶，鰓蓋斑不顯，背鰭、臀鰭軟條部之外緣內
　　　　　側有一暗色條紋。胸部全部被鱗。D^1. I+VIII；D^2. I, 23~25；A. II+I, 22~23；
　　　　　稜鱗（弱）28~29；鰓耙 8~9+20 ⋯⋯⋯⋯⋯⋯⋯⋯⋯⋯⋯⋯⋯⋯**平鰺**

16b.　鋤骨、腭骨及舌上均無齒，上下頜齒尖銳而彎曲。胸部大部分裸出。稜鱗有逆向之棘
　　　（*Uraspis*）。

　　　　41a.　側線之直走部分起於第二背鰭第 12~13 軟條下方。胸部裸區向上只達距胸鰭
　　　　　　　基部 1/2 處。幼魚體側有 6～7 條暗色橫帶。D^1. I+VIII；D^2. I, 27~29；A.
　　　　　　　0~II+1, 20~22；稜鱗（強）33~35；鰓耙 6~7+14~15⋯⋯⋯⋯**冲鰺**

　　　　41b.　側線之直走部分起於第二背鰭第 15~16 軟條下方；胸部裸區完全覆蓋胸鰭基
　　　　　　　部。幼魚體側有 6～7 條暗色橫帶。D^1. I+VII~VIII；D^2. I, 28；A. 0~II+

　　　　　　　　　　1, 19～21；稜鱗（強）35～37；鰓耙 4～5+14～15 ……………………**正冲鰺**

15b. 上頜無齒。

　　　　42a. 下頜有一列小齒，鋤骨、腭骨無齒，舌上有細齒 (*Selaroides*)。

　　　　　　體長約為體高之 3.5 倍。 脂性眼瞼掩蓋眼之後半。 胸部被小圓鱗。 體背面藍
　　　　　　色，體側中央上方有一條黃色縱條紋。D¹. I+VIII；D². I, 24～25；A. II+
　　　　　　I, 20～22；稜鱗（弱）25～34；鰓耙 10～13+26～34 ………………**木葉鰺**

　　　　42b. 下頜無齒， 鋤骨、腭骨亦無齒， 僅舌面粗糙； 上下唇有乳狀突。 胸部有鱗
　　　　　　(*Gnathanodon*)。

　　　　　　體長約為體高之 2 ～ 3 倍。脂性眼瞼不顯。胸部被鱗。體黃色，體側有 9～11
　　　　　　條黑色橫帶。D¹. I+VIII；D². I, 18～19； A. II+I, 15～17；稜鱗（弱）15
　　　　　　～20；鰓耙 8～9+18～21 ……………………………………………**無齒鰺**

II. 側線近於直走，或略彎曲，或呈波狀，概無稜鱗。胸鰭短於頭長，不成鐮刀狀。

　　43a. 側線在尾柄部成一皮質之隆起稜線（成魚）； 臀鰭基底顯然短於第二背鰭基底； 上頜骨有一明顯
　　　　之副骨；尾柄之上下方有凹溝（**黑帶鰺亞科** NAUCRATINAE）

　　44a. 幼魚之尾柄部有發達之皮質稜線。第一背鰭有硬棘 IV～V 枚，成長後彼此分離而無膜相連
　　　　(*Naucrates*)。

　　　　D¹. IV（少數 V 或 VI）；D². I, 26～29；A. II+I, 15～17。鰓耙5～7+16～19。體灰色，下
　　　　部較淡，體側有六、七條暗色橫帶，成長後漸不明顯。尾鰭黑色，末端白色。腹鰭及胸鰭內側色
　　　　暗………………………………………………………………………………………**黑帶鰺**

　　44b. 幼魚之尾柄部無皮質稜線；第一背鰭有硬棘 V～VII 枚，彼此有膜相連。

　　　45a. 第二背鰭及臀鰭後方無離鰭。

　　　　46a. 主上頜骨之後端擴大，在成魚不到達眼之後部；吻長約為眼徑之倍；鰓耙形狀正常
　　　　　　(*Seriola*)。

　　　　　47a. 吻端較尖；主上頜骨向後不超過瞳孔之前緣。鰓耙20枚或更多。

　　　　　　48a. 主上頜骨之後上角尖銳； 胸鰭約與腹鰭等長。D¹. V～VI； D². I, 30～35；A. II+
　　　　　　　　I, 18～20；鰓耙 8～9+22～23。 體背面藍灰色，腹面漸淡，體側中央有一不明顯的黃
　　　　　　　　色縱帶………………………………………………………………………**青甘鰺**

　　　　　　48b. 主上頜骨之後上角鈍圓； 胸鰭較腹鰭為短。D¹. VI（幼時 VII）；D². I, 33～36；A.
　　　　　　　　0～II+I, 20～23；鰓耙 8～9+20。體色同上種，體側之黃色縱帶較明顯………**金帶鰺**

　　　　　47b. 吻端鈍圓。主上頜骨之後端鈍圓，向後超過瞳孔之前緣。鰓耙數少於20。

　　　　　　49a. 第二背鰭前方軟條短於胸鰭。體藍綠色，由眼至第一背鰭起點有一暗色斜帶，體側
　　　　　　　　中央有一黃色縱帶。D¹. V～VII；D². I, 30～33；A. II+I, 19～22；鰓耙 6～7+15
　　　　　　　　～16………………………………………………………………………**紅甘鰺**

　　　　　　49b. 第二背鰭前方軟條長於胸鰭。 體色同上種。D¹. VII；D². I, 26～29； A. II+I,
　　　　　　　　18～21；鰓耙 7～8+17～19 ……………………………………………**黃尾鰺**

46b. 主上領之後端不擴大，向後到達眼之後部；吻長不及眼徑之倍；鰓耙轉變為結節狀 (*Seriolina*)。

胸鰭較腹鰭為短；主上領骨後上角鈍圓。體背面藍色，腹面淡褐色；幼魚體側有六條不規則的橫帶或斜帶，成長後不顯。D^1. V～VII；D^2. I, 31～35；A. 0～1+1, 15～17；鰓耙 0～2+6～8 ··小甘鰺

45b. 第二背鰭及臀鰭後方各有一枚離鰭（各有二軟條）(*Elagatis*)。

主上領骨後端擴大，不達眼之前緣。胸鰭約與腹鰭等長，尾鰭深分叉。體背面藍綠色，腹面銀白色，體側有二條平行之黃色縱帶，各鰭黃色。D^1. VI；D^2. I, 24～29+2（一般為 26）；A. I+I, 17+2；鰓耙（細長）9～11+24～26··雙帶鰺

43b. 側線在尾柄部不成皮質隆起稜線；臀鰭基底約與第二背鰭基底等長；上領骨無明顯之副骨；尾柄上下方無凹溝。

　　50a. 前上領骨不能伸出；　第二背鰭及臀鰭前部鰭條不成鐮刀狀；　身體延長；　鱗片菱形、針狀或矢頭狀（**逆鈎鰺亞科** SCOMBEROIDINAE）。

　　51a. 身體比較的高；主上領骨之後端超越眼之後緣。體側鱗片菱形；鰓耙（下枝）少於 15。

吻部鈍短，下領略伸出。體側在側線上或側線上方有一列 5～8 枚黑色圓斑。D^1. I+VI～VII；D^2. I, 20～21；A. II+I, 17～19；鰓耙 2+9～10···大口逆鈎鰺

　　51b. 身體比較的低；主上領骨之後端不超越眼之後緣。鰓耙（下枝）不少於 15。

　　　52a. 主上領骨後端到達眼之後緣。幼魚在下領骨縫合部無犬齒。成魚在側線上下方各有一列小形斑點，上列 6～8 枚，下列 3～4 枚。第二背鰭之外側黑色。鱗片矢頭形。D^1. I+VII；D^2. I, 20～21；A. II+I, 18；鰓耙 7～8+17～18 ··逆鈎鰺

　　　52b. 主上領骨後端接近瞳孔之後緣；幼魚在下領骨縫合部有一或二對犬齒；體側有一列 5～8 枚小形暗斑，前方數枚橫過側線，第二背鰭之外側黑色。D^1. I+VII；D^2. I, 20～21；A. II+I, 18～19；鰓耙 6～7+17～18 ······托爾逆鈎鰺

　　50b. 前上領骨能伸出；第二背鰭及臀鰭前方之鰭條成顯著之鐮刀形。體形較高。體被小圓鱗。（**黃臘鰺亞科** TRACHINOTINAE）。

　　　53a. 體長為體高之二倍或不及二倍；口裂正在眼之下緣下方。體側無斑點。D^1. I+VI；D^2. I, 17～20；A. II+I, 16～19；鰓耙（稀而短）5～6+7～9 ··黃臘鰺

　　　53b. 體長大於體高之二倍。口裂在眼之下緣上方。

　　　　54a. 在側線上有 3～6 個小於瞳孔之黑斑。吻鈍；腹鰭比較的短。D^1. I～VI；D^2. I, 21～23；A. II+I, 21～24；鰓耙（粗短）7～11+15～17······ ··裴氏黃臘鰺

54b. 在側線上及側線上方有 2 ～ 6 個不甚明顯之圓斑。吻尖銳；腹鰭比較的
長。D¹. I+VI；D². I，22～23；A. II+I，20～21；鰓耙 6+12～13……
⋯⋯⋯⋯⋯⋯⋯⋯⋯⋯⋯⋯⋯⋯⋯⋯⋯⋯⋯⋯⋯⋯⋯⋯⋯⋯⋯⋯⋯⋯⋯⋯⋯⋯羅氏黃臘鰺

眞鰺 *Trachurus japonicus* (TEMMINCK & SCHLEGEL)

英名 Saurel, Horse mackerel, Yellow mackerel, Mackerel scad；亦名鰺魛（袁），
竹筴魚（動典）；俗名巴攏（高），瓜魚。眞鰺爲日名。產臺灣。*T. argenteus* WAKIYA
（日名南方眞鰺）爲其異名。

綠眞鰺 *Trachurus declivis* (JENYNS)

WAKIYA（1924）列本種產臺灣；SUZUKI（1962）亦認爲本種與上種有別，但是
GUSHIKEN（1983）認爲本種及 OSHIMA（1925）所發表而分佈臺灣的 *T. trachurus*
均爲上種之正常變異個體，其眞像如何，有待進一步硏究。（圖 6-128）

紅瓜鰺 *Decapterus russelli* (RÜPPELL)

英名 Round scad；亦名紅鰭鰺（袁），靑鰺（張）；俗名烏尾多，紅瓜魚；日名赤鯸。
產基隆、臺南、澎湖。*D. kura* (C. & V.)，*D. dayi* WAKIYA，以及沈世傑敎授（1984）
報告產於臺灣東部之 *D. kiliche* (CUVIER) 均應爲本種之異名。

長身鰺 *Decapterus macrosoma* BLEEKER

英名 Big-bodied round scad, Cherootfish；亦名長鰺（動典），長體圓鰺（朱）。產臺
灣、澎湖。

拉洋鰺 *Decapterus macarellus* (CUVIER)

英名 Layang scad；亦名領圓鰺（朱），產臺灣。*D. lajang* BLEEKER，*D. macrosoma*
(nec BLEEKER) WAKIYA 均爲本種之異名。

黃帶鰺 *Decapterus muroadsi* (TEMMINCK & SCHLEGEL)

體側中央有一黃色縱帶，故名。俗名紅瓜魚，巴攏。產臺灣。

銅鏡鰺 *Decapterus maruadsi* (TEMMINCK & SCHLEGEL)

英名 Amberfish, Blue Mackerel scad, Round scad；亦名靑磚魚（袁），圓鰺（動
典），藍圓鰺（朱）；俗名甘廣（高），銅鏡（中），金古（基），池魚（客），巴弄；日名
丸鰺。由基隆至高雄、澎湖均有報告。（圖 6-128）

紅扁鰺 *Decapterus akaadsi* ABE

亦名無斑圓鰺。產東港。*D. kurroides* (nec BLEEKER) OSHIMA 爲其異名。

泰勃鰺 *Decapterus tabl* BERRY

產臺灣。*D. kurra* (nec BLEEKER) OSHIMA, *D. russelli* (nec RÜPPELL) WAKIYA 均
爲其異名。

扁甲鰺 *Megalaspis cordyla* (LINNAEUS)

　　英名 Linnaeus's Hardtail, Pompanos, Finny scad, Torpedo kingfish, Hardtail scad；亦名鐵甲鰺（袁），大甲鰺（朱），Peen-Kea（F.—扁甲）；俗名 Thi-kha（鐵甲），大目巴攏；日名鬼鰺。產基隆、臺南、東港各地。（圖 6-128）

白鬚鰺 *Alectis ciliaris* (BLOCH)

　　英名 Threadfish, Mirrorfish, Pennantfish, Cobblerfish, Moonfish；亦名曳絲鰺（梁），短吻絲鰺（朱）；俗名花串，白鬚公，山鬚瓜仔；日名絲引鰺。產臺灣。

印度白鬚鰺 *Alectis indicus* (RÜPPELL)

　　英名 Indian threadfish, Indian mirrorfish；亦名臺灣曳絲鰺（梁），絲鰺（張），長吻絲鰺（朱）；俗名大花串，白鬚公；日名臺灣絲引鰺。產高雄、澎湖等地。*A. major* (C. & V.) 以及 *A. gallus* (nec LINNAEUS) OSHIMA 均爲其異名。（圖 6-128）

腹溝鰺 *Atropus atropus* (BLOCH & SCHNEIDER)

　　英名 Cleftbelly kingfish, Kuweh trevally, Pompanos；亦名扁甲鰺（袁），溝鰺（張），凹鰺（梁）；俗名白郭，皮刀瓜。產高雄。

烏魯鰺 *Ulua mentalis* EHRENBERG in CUVIER & VALENCIENNES

　　英名 Cale-cale trevally，烏魯爲夏威夷一帶對本種之通稱。又名羽鰓鰺。產東港、高雄。*U. richardsoni* JORDAN & SNYDER, *U. mandibularis* (MACLEAY) 均爲其異名。

瘦平鰺 *Atule mate* (CUVIER & VALENCIENNES)

　　英名 Finlet kingfish, Yellowtail scad；亦名游鰭葉鰺（朱）。產高雄、澎湖。*Caranx affinis* RÜPPELL, *C. (Atule) affinis* WAKIYA 均爲其異名。

牛眼鰺 *Selar boops* (CUVIER & VALENCIENNES)

　　英名 Ox-eyed scad。又名牛眼凹肩鰺。產臺灣。

脂眼鰺 *Selar crumenophthalmus* (BLOCH)

　　英名 Purse-eyed scad, Big-eyed scad, Gobble-eyes, Amberfish；亦名大目鰺（袁），目鰺（動典），脂眼凹肩鰺，白鰺；俗名大目瓜魚，大目巴攏，巴攏。產臺灣。按本種之名稱原有很多主張，現咸認爲 *Trachurops macrophthalmus* (RÜPP.)，*T. mauritianus* (Q. & G.), *T. torvus* (JENYNS) 均爲其異名。

麗葉鰺 *Alepes pava* (CUVIER & VALENCIENNES)

　　英名 Herring trevally。產臺灣。*Caranx (Atule) miyakamii* WAKIYA, *C. (Selar) kalla* (nec C. & V.) WEBER & de BEAUFORT 均爲其異名。

吉打鰺 *Alepes djedaba* (FORSSKÅL)

　　英名 Banded scad, Slender yellowtail kingfish, Even-bellied crevalle, Djeddaba crevalle；亦名吉打葉鰺（朱）。產臺南、高雄等地。

黑鰭鰺 *Alepes melanopterus* SWAINSON

英名 Blackfin crevalle。又名黑鰭葉鰺。產臺灣。*Caranx (Atule) malam* (BLEEKER) 爲其異名。

大尾鰺 *Alepes vari* (CUVIER & VALENCIENNES)

產臺灣。WAKIYA (1924) 及 SUZUKI (1962) 之 *Caranx (Atule) djeddaba* 當爲本種之誤。*C. (Atule) macrurus* BLEEKER 爲本種之異名。

橫紋平鰺 *Carangoides plagiotaenia* BLEEKER

英名 Shortridge kingfish。產臺灣。

金點平鰺 *Carangoides bajad* (FORSSKÅL)

俗名柑仔，瓜仔。產臺灣。*Caranx (Carangoides) auroguttatus* EHRENBERG IN C. & V. 爲其異名。

直線平鰺 *Carangoides orthogrammus* (JORDAN & GILBERT)

產臺灣。*C. hemigymnostethus* (nec BLEEKER) OSHIMA 爲其異名。

印度平鰺 *Carangoides ferdau* (FORSSKÅL)

英名 Ferdau's cavalla, Ferdy (kingfish)；亦名半裸鰺（梁），平線若鰺（朱）；日名印度貝割。產臺灣。*Caranx (Citula) hemigymnostethus* (BLEEKER) 爲其異名。

星點平鰺 *Carangoides fulvoguttatus* (FORSSKÅL)

英名 Yellowspotted kingfish, Golden-spotted trevally。產南方澳。

瓜仔鰺 *Carangoides malabaricus* (BLOCH & SCHNEIDER)

英名 Malabar cavalla, Malabar jack, Naked-shield kingfish；亦名花鰺，水晶 (Shu Tsing)，六線鰺，金鮐（袁），高背鎧鰺（梁），馬拉巴裸胸鰺（朱）；俗名瓜仔魚（南部），花鯝，甘仔魚（高），Go yan。產基隆、安平、高雄。

鎧鰺 *Carangoides armatus* (FORSSKÅL)

英名 Longfinned cavella；亦名甲裸胸鰺；俗名 Go yen，山鬚仔魚。鎧鰺日名也。產基隆、高雄、澎湖。*Caranx rastrosus* JORDAN & SNYDER, *C. (Citula) schlegeli* WAKIYA, *C. (Citula) ciliaris* (nec RÜPPELL) WAKIYA *Citula pescadorensis* OSHIMA 均爲本種之異名。

海德蘭鎧鰺 *Carangoides hedlandensis* (WHITLEY)

產臺灣。*Caranx (Citula) armatus* (nec FORSSKÅL) WAKIYA, *Caranx (Citula) plumbeus* (nec QUOY & GAIMARD) WAKIYA, *Citula armata* (nec FORSSKÅL) OSHIMA 均爲本種之異名。

冬瓜鰺 *Carangoides chrysophrys* (CUVIER & VALENCIENNES)

英名 Longnose kingfish, Long-nosed trevally。華南名此爲 Tong Kwa Tsong (F.)，故名。又名長吻裸胸鰺（朱）。產臺灣。

青羽鰺 *Carangoides caeruleopinnatus* (RÜPPELL)

英名 Bluefin kingfish。產臺灣。*Caranx formosanus* JORDAN & SNYDER 可能爲本種之異名。本種與以上兩種差別甚微，故朱等（1959）認爲係上種之異名。

曳絲平鰺 *Carangichthys dinema* (BLEEKER)

英名 Shadow kingfish。又名雙線裸胸鰺。產東澳。

長鎧鰺 *Carangichthys oblongus* (CUVIER & VALENCIENNES)

英名 Coachwhip kingfish。產臺灣。WAKIYA (1924) 之 *Caranx (Citula) deani* 以及 *C. (C.) tanakai* 均爲本種之異名。

六帶鰺 *Caranx sexfasciatus* QUOY & GAIMARD

英名 Six-banded jack, Banded cavalla, Bigeye kingfish, Dusky jack；俗名 Amba koyo；日名銀龜鰺。產宜蘭、羅東、東港、高雄。據 GUSHIKEN (1983), OSHIMA (1925) 之 *C. forsteri* C. & V., WAKIYA (1924) 之 *C. xanthopygus* (nec C. & V.) 和 *C. oshima*，均爲本種之異名。*C. xanthopygus* C. & V. 爲一無資格名稱。

泰利鰺 *Caranx tille* CUVIER & VALENCIENNES

產臺灣。OSHIMA (1925) 之 *C. cynodon* BLEEKER 爲本種之異名。

藍鰭鰺 *Caranx melampygus* CUVIER & VALENCIENNES

英名 Bluefin trevally, Blue kingfish；俗名鮕仔魚。產基隆。

濶步鰺 *Caranx lugubris* POEY

產花蓮。*C. ishikawai* WAKIYA 爲本種之異名。

巴布亞鰺 *Caranx papuensis* ALLEYNE & MACLEAY

英名 Papuan trevally。產基隆。WAKIYA (1924) 之 *C. sansun* (nec FORSSKÅL) 爲本種之異名。

浪人鰺 *Caranx ignobilis* (FORSSKÅL)

英名 Lowley trevally, Giant kingfish, Yellowfin jack；亦名珍鰺（朱）；俗名 Go yan；浪人鰺爲日名。產高雄。WAKIYA (1924) 之 *C. lessoni* C. & V., *C. bucullentus* (nec ALLEYNE & MACLEAY), *C. jarra* (nec C. & V.) 均爲本種之異名。

縱帶鰺 *Pseudocaranx dentex* (BLOCH & SCHNEIDER)

英名 Underjaw kingfish；日名縞鰺，島鰺。產臺灣。WAKIYA (1924) 之 *Caranx (Longirortrum) delicatissimus* (DÖDERLEIN), *C. (L.) mertensi* (nec C. & V.) 以及

C. (L.) *platessa* (C. & V.) 均爲本種之異名。

平鰺 *Kaiwarinus equula* (TEMMINCK & SCHLEGEL)

英名 Whitefin cavalla, Horse kingfish；又名高體若鰺（朱）；日名貝割，平鰺。產臺灣。OSHIMA (1925) 之 *Carangoides equula* (T. & S.) 爲其異名。（圖 6-128）

冲鰺 *Uraspis helvolus* (FORSTER)

產臺灣。又名白舌尾甲鰺。據 GUSHIKEN (1983)，WAKIYA (1924) 之 *Caranx* (*Uraspis*) *micropterus* (RÜPPELL)，以及 C. (U.) *uraspis* (nec GÜNTHER) 均爲本種之異名。

正冲鰺 *Uraspis uraspis* (GÜNTHER)

產臺灣。據 GUSHIKEN (1983)，OSHIMA (1925) 之 *Alepes helvolus* (nec FORSTER) 當係本種之誤。

木葉鰺 *Selariodes leptolepis* (CUVIER & VALENCIENNES)

英名 Yellow-stripped crevalle, Smooth-tailed trevally；亦名金帶細鰺（朱）。產臺灣。

無齒鰺 *Gnathanodon speciosus* (FORSSKÅL)

英名 Toothless cavella, Golden kingfish；亦名黃金鰺（梁），黃鸝無齒鰺（朱）。產基隆、高雄、澎湖。

黑帶鰺 *Naucrates ductor* (LINNAEUS)

英名 Pilot fish, Amber fish。俗名烏鮒；日名鰤擬。產臺灣。*N. indicus* C. & V. 爲其異名。

青甘鰺 *Seriola quinqueradiata* TEMMINCK & SCHLEGEL

英名 Yellow tail, Yellow fish, Amber jack, Black-banded trevally；亦名黃尖子（顧）；俗名青鮒，青甘；日名鰤。產臺灣。

金帶鰺 *Seriola lalandi* CUVIER & VALENCIENNES

日名平政。產臺灣。*S. aureovittata* T. & S. 爲其異名。

紅甘鰺 *Seriola dumerili* (RISSO)

英名 Dumeril's Amberjack, Red-tail shark pilot, Greater yellowtail, Allied kingfish；亦名紫青甘鰺（陳），杜氏鰤（朱）；俗名紅鮒；日名間八。產基隆、高雄。*S. purpurascens* T. & S. 爲其異名。（圖 6-128）

黃尾鰺 *Seriola rivoliana* CUVIER & VALENCIENNES

俗名油鮒。產高雄。*S. bonariensis* C. & V. 爲其異名。

小甘鰺 *Seriolina nigrofasciata* (RÜPPELL)

英名 Butter Yellowtail, Black-banded kingfish；亦名黑條紋鰤（朱）；俗名鮎鰤，皺

倫。產臺灣。*S. intermedia* (T. & S.) 爲其異名。

雙帶鰺 *Elagatis bipinnulatus* (QUOY & GAIMARD)

英名 Yellow-finned runner, Blue-stripped runner; Rain-bow runner; 亦名紡錘鰤。產彭佳嶼、澎湖。(圖 6-128)

大口逆鈎鰺 *Scomberoides commersonnianus* LACÉPÈDE

英名 Largemouth queenfish, Talang queenfish; 亦名長頜鯺鰺 (朱); 產臺灣。WAKIYA (1924) 之 *C. lysan* (nec FORSSKÅL) 以及朱等 (1962) 之 *Chorinemus lysan* (nec FORSSKÅL) 均爲本種之誤。

逆溝鰺 *Scomberoides lysan* (FORSSKÅL)

英名 Double-dotted queenfish, Whitefish, Skinnyfish, Giant dart; 亦名大口異鰹; 俗名鬼平。產臺灣。*Chorinemus orientalis* T. & S., *C. sancti-petri* C. & V., 以及 *C. tolooparaph* (RÜPPELL) 均爲本種之異名。(圖 6-128)

托爾逆鈎鰺 *Scomberoides tol* (CUVIER & VALENCIENNES)

英名 Deep leatherskin。產臺灣。WAKIYA (1924) 之 *S. moadetta, S. formosanus* 均爲本種之異名，WAKIYA (1924) 和 OSHIMA (1925) 之 *S. sanctipetri* (nec C. & V.) 亦均屬於本種。

黃臘鰺 *Trachinotus blochii* (LACÉPÈDE)

英名 Yellow-wax pomfrat, Snobnose pompano; 亦名卵形鯧鰺 (朱)，Hwang Lap Chong (黃臘鯧)，Hwang La Tsang (F.—黃臘鰺)。產臺灣。本種以前名之爲 *T. ovatus* (LINNAEUS)，現今一般依 WEBER & de BEAUFORT (1931) 而改用本名。

裴氏黃臘鰺 *Trachinotus baillonii* (LACÉPÈDE)

英名 Black-spotted swallowtail, Smallspot pompano; 亦名小斑鯧鰺 (朱); 俗名卵鰺，紅鰺; 日名小判鰺。產高雄。WAKIYA (1924) 之 *T. cuvieri, T. quadripunctatus* (RÜPPELL) 均爲本種之異名。(圖 6-128)

羅氏黃臘鰺 *Trachinotus russellii* CUVIER & VALENCIENNES

英名 Largespot pompano; 亦名靑鰺 (動典)。產高雄。

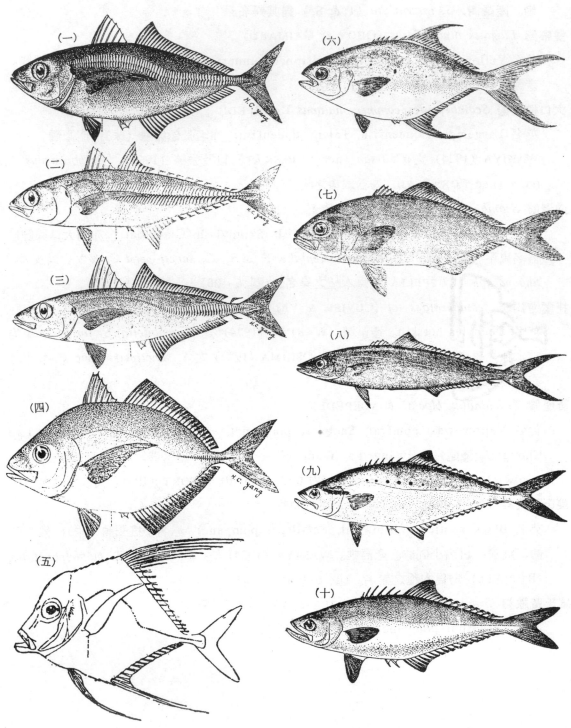

圖 6-128　（一）綠眞鰺；（二）扁甲鰺；（三）銅鏡鰺；（四）平鰺；（五）印度白鬚鰺；
　　　　　（六）裴氏黃臘鰺；（七）紅甘鰺；（八）雙帶鰺；（九）托爾逆鈎鰺；（十）逆鈎
鰺。

鱰　科 CORYPHAENIDAE

Dolphins; 麒鰍科（張）

　　體延長，側扁，適應於高速度之游泳。被小圓鱗，固着於革質皮膚中。側線每側一條，在胸鰭上方爲不規則的彎曲，向後則直走。口裂寬，略斜，下頜略突出。上下頜、鋤骨、腭骨均有顆粒狀齒，外列齒較稀疏，舌上有二簇絨毛狀齒。鰓蓋諸骨完全，無缺刻。頭骨頂部隆起，老成雄魚更爲顯著。背鰭一枚，無硬棘，基底甚長，起於眼之上方直至尾基，其前方鰭條較長，但不能昂擧，披垂如馬鬃。臀鰭與背鰭同形，亦無硬棘，但基底僅及其二分之一。無離鰭。尾鰭深分叉，上下葉延長而尾柄瘦強。胸鰭短小，鐮刀狀。腹鰭胸位，左右接近，鰭條 I, 5。無鰾。無擬鰓。鰓孔大；鰓蓋光滑；鰓膜在喉峽部游離。鰓被架 7。食道無角質齒。幽門盲囊多數。脊椎 30～34。

臺灣產鱰科 1 屬 2 種檢索表:

1a. 體長爲體高之 3.4～3.8 倍；頭長爲腹鰭長之 1.4～1.6 倍。腹鰭起點在胸鰭基底後端或中央直下方。背鰭起點在眼後緣之後方，鰭條數 44～48。側線鱗片 188～202 枚，在胸鰭上方成低緩弧形。脊椎 33 枚。體綠褐色，腹部銀白色而帶淡黃，沿背鰭有一列斑點，側線下有二或多列。背鰭、臀鰭黑色，臀鰭有白邊，幼魚尾鰭末端白色⋯⋯⋯⋯⋯⋯⋯⋯⋯⋯⋯⋯⋯⋯⋯⋯⋯⋯⋯⋯⋯⋯**短鬼頭刀**

1b. 體長爲體高之 4.4～5.0 倍；頭長爲胸鰭長之 1.1～1.4 倍。腹鰭起點在胸鰭基底前端下方。背鰭起點在眼後緣之正上方，鰭條 56～65。側線鱗片 286～304 枚，在胸鰭上方成相當之角度。脊椎 31 枚。體色與上種同，體側有較多之黑點。背鰭色暗，幼魚尾鰭之全部外緣白色⋯⋯⋯⋯⋯⋯⋯⋯⋯⋯⋯**鬼頭刀**

短鬼頭刀 *Coryphaena equiselis* LINNAEUS

　　英名 Pompano dolphinfish。產臺灣。

鬼頭刀 *Coryphaena hippurus* LINNAEUS

　　英名 Common dolphinfish。亦名陰涼魚（袤），麒鰍（朱）；俗名飛虎魚。產臺灣近海。（圖 6-129）

烏鯧科 FORMIONIDAE

=FORMIIDAE; PARASTROMATEIDAE; APOLECTIDAE;

False Butterfishes

　　體卵圓形，高而側扁，背腹緣均隆凸，頭等中大，吻短而鈍。眼小，脂性眼瞼不發達。口小，前位，稍傾斜。上下頜殆等長，各具一列尖銳之細齒，腭骨、舌上均無齒。鱗細小，明顯。側線在前部稍呈弧形，尾柄部之側線上鱗片多少擴大爲稜鱗狀，形成一側嵴。第一背鰭 IV 棘，幼魚顯著，成長後則埋於皮下；第二背鰭基底長。臀鰭與第二背鰭同形而對在，有一弱棘，一簡單之棘狀軟條，末端分節，以及多數分枝之軟條。胸鰭為長鐮刀狀。腹鰭胸位，幼時存在，成長後消失。尾柄瘦強，尾鰭後緣分叉。鰓孔大，鰓膜不與喉峽部相連；鰓被架7。幽門盲囊小形，多數。食道內無角質齒。

本科僅1種，即烏鯧，以前列入鯧科。D. 0〜VI（痕跡的），39〜45；A. 0〜II（痕跡的），35〜40；P. 23〜24；L. l. 約 100。鰓耙 6〜7＋13〜15。體為一致之黑褐色，主鰓蓋骨後緣及各奇鰭邊緣黑色。

烏鯧 *Formio niger* (BLOCH)

英名 Black Pomfret, False Butterfish；亦名昌鼠魚，黑鯧。產高雄、基隆。(圖6-129)

眼眶魚科 MENIDAE

眼鏡魚科（朱）；Moon-fishes；Razor trevally；Ponyfishes。

體特形側扁，薄而高。腹緣薄而銳利，輪廓彎度特大，背側微彎，酷似豬肉舖中所用之肉刀，故俗名皮刀魚或疱刀魚。頭小，背緣聳高而銳，枕脊高聳。鱗片微小，可以手觸而不能目見，側線近於背緣，終止於背鰭後端之下方，有時分為二條分枝。口能伸縮，向上傾斜如管狀。上下頜均有絨毛狀齒帶，鋤骨、腭骨無齒。眼中等，無脂性眼瞼。鰓蓋諸骨光滑；鰓裂廣，鰓膜不相連，並在喉峽部游離；鰓被架7。背鰭一枚，幼時有 IV 棘，成長後消失，而有 3〜4 不分枝而較高之軟條，其餘軟條均甚低。臀鰭甚低，成魚往往被覆於皮膚下。尾柄短而側扁。無隆起稜脊；尾鰭深分叉，上下葉同長。胸鰭與頭長相等。腹鰭胸位，無腋鱗，成魚之第一鰭條延長為絲狀。

本科僅1種，即眼眶魚。D. 3〜4, 40〜46；A. 30〜33；P. 15〜16。鰓耙 7〜8＋24〜25。體上部藍色，下部銀白色，側線上下方各有2〜3列小於眼徑之黑色圓斑。

眼眶魚 *Mene maculata* (BLOCH & SCHNEIDER)

英名 Ponyfish, Toothed soapy, Moonfish。又名眼鏡魚（朱）。日名眼鏡。亦名目魚（動典）。俗名皮刀。產高雄、基隆。(圖 6-129)

鰏 科 LEIOGNATHIDAE

＝LIOGNATHIDAE；Pouters；Slipmouths；Soapies；

Slimies；Slimys；Ponyfishes；柊科（日）

本科為小型或中型之熱帶沿海食肉性魚類。體側扁而橢圓，有時顯然短高，或延長而為紡錘狀。概被圓鱗，鱗大者往往連頭部亦有鱗，鱗小者則頭部裸出，或胸部及體軀前部均裸出。側線多少偏於背部，隨背部輪廓而彎曲，直達尾基，或終於背鰭下方。口能伸縮自如，伸出時為一管狀，向水平位、向上、或略向下突出。頭頂有二平滑之眶上骨脊，略成三角形，向後至背鰭前方而成爲項棘 (nuchal spine)。眶上骨脊邊緣光滑或有鋸齒。眼前緣一般有 1～2 小棘。上頜骨終於眶前骨下，無上主上頜骨。鰓蓋諸骨邊緣光滑，或前鰓蓋骨下緣有鋸齒。鰓被架 5 或 6。鰓膜分離，與喉峽部連合，或游離。擬鰓存在，或缺如。上下頜齒細小而尖銳，一列或數列，下頜前端有一對犬齒，鋤骨、腭骨無齒。背鰭一枚，其硬棘並不游離，且有鎖固機制，D. VIII～XI, 10～16；A. III～V, 7～14，二者基部均有鱗鞘。胸鰭發達，多少爲鐮刀狀。腹鰭 I, 5，胸位或次胸位，有一大形腋鱗。尾柄細瘦；尾鰭凹入，或深分叉。

臺灣產鰏科 3 屬 16 種檢索表:

1a. 鰓被架 5；鰓膜與喉峽部連合；D. VIII, 15～16；A. III, 14。

2a. 上下頜齒細小，刷毛狀，各成一列，無犬齒。

3a. 口極小，伸出時向上斜，閉合時下頜垂直位 (*Secutor*)。

4a. 體卵圓形，體長約爲體高之 1.5～1.8 倍；鱗中型，l. l. ±30。由眼之前緣至頰部有一黑色線紋，鰓蓋上有一黑斑。D. VII～IX, 16～17；A. III, 14；P. 16～18, L. l. 30～38⋯⋯⋯**仰口鰏**

4b. 體長卵形，體長約爲體高之 2 倍；鱗小，l. l. ±50。頭部無特殊斑點，體側上方有藍色小點，形成若干橫帶，體側下方有小暗點，背鰭末端黑色⋯⋯⋯⋯⋯⋯⋯⋯**靜鰏**

3b. 口小，水平或下斜位，全部伸出時概向下斜，閉合時下頜向上成 30°～45° 角；背部與腹部之外輪廓相似（或前者較爲凸出）(*Leiognathus*)。

5a. 兩頰有鱗；體長（尾鰭除外）約爲體高之 5 倍；下頜向上斜成 30° 角。D. VIII, 16；A. III, 14；P. 17～18；L. l. 47～56 ⋯⋯⋯⋯⋯⋯⋯⋯⋯**長身鰏**

5b. 頭部完全無鱗；口閉合時下頜上向成 35°～45° 之斜角。

6a. 頭部背面之外輪廓圓形，吻端截平，眶間隔凹入；體之背部外輪廓較腹部外輪廓之凹度爲大；體長爲體高之 1.7～2.0 倍；口裂始部與眼之下緣之下方在同一水平位上。後頭部無顯著之黑斑。

7a. 胸部鱗片薄而透明（驟視之若無鱗）；下頜大彎入；體長爲頭長之 3 倍；頭長爲眼徑之 3 倍；眼徑與吻長殆相等。背鰭硬棘部無黑斑。

8a. 背鰭第 II 硬棘延長，末端能彎曲，與體高相等或略長，臀鰭雖延長而稍短；D. VII～VIII, 16；A. III, 14；P. 18～20；L. l. 65（感覺管）⋯⋯⋯⋯⋯⋯**條紋鰏**

8b. 背鰭第 II 硬棘短於體高之1/2；D. VIII, 16, A. III, 14；P. 20；L. l. 60（感覺管）⋯⋯⋯⋯⋯⋯⋯⋯⋯⋯⋯⋯⋯⋯⋯⋯⋯⋯⋯⋯⋯⋯⋯**狗腰鰏**

7b. 胸部被普通鱗片；下頜略彎入；體長爲頭長之 3 倍；頭長爲眼徑之 2.5 倍；眼徑較鈍圓之吻部爲長；主上頜骨之後端達眼之中央之下方。吻部密布黑點；背鰭硬棘部之邊緣黑色。D. VII～VIII, 16～17；A. III, 14；P. 18～20；L. l. 50～60（感覺管）⋯⋯⋯**臺灣鰏**

6b. 頭部背面之外輪廓多少爲一直線狀，眶間隔及前額部有時微凹，後頭部不凸出，吻端亦不截平；口裂始部在眼之下緣前方 1/3 處之水平位上。

9a. 側線直達尾鰭基底。

10a. 背鰭之第 II 硬棘爲絲狀延長，較體高爲長；體長爲體高之 3 倍，頭長之 $4^4/_5$ 倍；頭長爲眼徑之 3 倍，眼徑與吻長相等。後頭部無黑帶。D. VIII, 16；A. III, 14；……………………………………………………………………………………………曳絲鯛

10b. 背鰭之第 II 硬棘不爲絲狀延長，而僅及（或不及）體高之 1/2。

11a. 吻較眼徑爲短；後頭部有一黑帶。

12a. 胸部無鱗，體長爲體高之 $2^2/_3$ 倍，頭長之 $4^1/_3$ 倍，頭長爲眼徑之 $2^3/_4$ 倍。第 III 至 VII 背鰭棘上半部有一不顯之黑斑。胸鰭基部暗色，由眼上方至尾基有一黃色縱帶。D. VIII, 16～17；A. III, 14；P. 18～19；L. l. 58～69…短吻鯛

12b. 胸部無鱗或有微小或隱埋之鱗片。體長爲體高之 $1^1/_5$～$2^1/_2$ 倍，頭長之 $3^1/_2$ 倍；眼徑爲頭長之 1/3。體銀白色，後頭部有一暗褐色斑塊，背鰭硬棘部上半有一黑斑。D. VIII, 16；A. II, 14；P. 17～18；L. l. 約 60（有孔鱗片）…………………………………………………………………………………………頸斑鯛

11b. 吻較眼徑略長或相等；體長爲體高之 $2^3/_4$ 倍，頭長之 $3^4/_5$ 倍；頭長爲眼徑之 $3^1/_5$ 倍。體背面有許多黑色斑紋，略向後下方斜。D. VIII, 16；A. III, 13～14；P. 17～19；L. l. 55～61 ……………………………………………………花身鯛

9b. 側線僅達背鰭後端，或略前，或略後，決不達尾鰭基底；後端之感覺管不明；背鰭第 II 棘約爲體長之 1/2 或小於 1/2。

13a. 胸部裸出，背面輪廓較腹面爲突出。背鰭硬棘部上方有一黑斑。體側無斑紋…………………………………………………………………………………………黑斑鯛

13b. 胸部有鱗。

14a. 腹緣銳利而突出；體長爲體高之 1.5～2 倍，頭長之 3.5 倍；頭長爲眼徑之 3 倍。背鰭硬棘部有一黃色斑，其上更有一黑邊。D. VIII, 16～17；A. III, 14；P. 16～17；L. l. 56～68 ……………………………………………斑都鯛

14b. 背側與腹側的輪廓相同。背鰭硬棘部無黃色斑。

15a. 成體體長爲體高之 2.3 倍，頭長之 3.5 倍，頭長爲眼徑之 2 倍。背部有不規則的暗色斑點或有角的線紋，排列有致，D. VIII, 16；A. III, 14；P. 17～19；L. l. 42～57。上下頜一般有齒 3～4 列………大眼鯛

15b. 成體體長爲體高之 2.5～3 倍，頭長之 3.4～3.7 倍，頭長爲眼徑之 2.5～3 倍。背部有不規則之暗色斑點。D. VIII, 16；A. III, 14；P. 17；L. l. 44。上下頜一般有齒 1～2 列 …………………………細紋鯛

2b. 上頜銳齒一列，其上頜縫合部兩側各有一犬齒；下頜有彎曲之圓錐狀齒一列，每列先端有一犬齒，二犬齒間留一空隙，以適合於上頜犬齒之嵌入 (Gazza)。

16a. 體除胸鰭基部至臀鰭起點間之三角形區域裸出外，其他部分均被鱗。體長爲體高之 2～$2^1/_5$ 倍，頭長之 $2^7/_8$～3 倍；頭長爲眼徑之 3～

$3^1/_8$ 倍，吻長之 3〜$3^3/_4$ 倍。體褐色，腹面銀白色，奇鰭灰色，偶鰭白色，體側上半有不規則的暗色條紋和斑塊。D. VIII, 16; A. III, 14; P. 17〜18; L. l. 58〜65; 鰓耙 5＋14〜16 ⋯⋯⋯⋯⋯⋯⋯⋯⋯⋯橢圓鰏

16b. 體側在背鰭軟條部和臀鰭連線間以前完全裸出。體長為體高之 1.8〜2.1 倍，頭長之 2.8〜3.2 倍。體銀白色，上方較暗而無斑點，鰓蓋上方有暗斑。D. VIII, 16; A. III, 13〜14; L. l. 50〜60; 鰓耙 5〜6＋14〜16 ⋯⋯⋯⋯⋯⋯⋯⋯⋯⋯⋯⋯⋯⋯⋯銀身鰏

仰口鰏 *Secutor ruconius* (BUCHANAN-HAMILTON)

英名 Spotted slipmouth, Pug-nosed ponyfish, Pug-nosed soapy; 亦名黑星鰏（梁），鹿斑鰏（張），Fa Chong Ue (F.)；日名受口柊。產高雄。（圖 6-129）

靜鰏 *Secutor insidiator* (BLEEKER)

英名 Slender soapy, pugnose Ponyfish。產臺灣。

長身鰏 *Leiognathus elongatus* (GÜNTHER)

英名 Elongate slimy。亦名長鰏（朱）。姬鰏（動典）；俗名重鱗仔魚（？）；日名姬柊。產臺灣。（圖 6-129）

條紋鰏 *Leiognathus fasciatus* (LACÉPÈDE)

英名 Thread-finned ponyfish。亦名長棘鰏（朱）。產基隆。

狗腰鰏 *Leiognathus equulus* (FORSSKÅL)

英名 Common slipmouth, Slimy, Common ponyfish; 亦名高背鰏（梁）; 短棘鰏（朱）; 俗名 Go Yau（狗腰）; 日名柊，硫球鰏。產高雄、羅東。*L. edentulus* (BL.), *L. caballus* (C. & V.) 均其異名。

臺灣鰏 *Leiognathus splendens* (CUVIER)

英名 Black-tipped sonyfish。亦名黑邊鰏（朱）。日名臺灣柊。產高雄、基隆。

曳絲鰏 *Leiognathus leuciscus* (GÜNTHER)

俗名互美仔；日名絲柊。產高雄、東港。

短吻鰏 *Leiognathus brevirostris* (CUVIER & VALENCIENNES)

華南名此為庚魚，狗敢（鄭），狗腰 (F.)。產高雄。

頸斑鰏 *Leiognathus nuchalis* (TEMMINCK & SCHLEGEL)

產臺灣。沈世傑教授（1984）所列 *L. blochii* (VAL.) 可能即係本種。

花身鰏 *Leiognathus rivulatus* (TEMMINCK & SCHLEGEL)

亦名雜紋鰏（梁），洞鰏（動典），條鰏（朱），Hwa Shin Lih（花身鯉），Hwa Kin Tsze (F.)；日名冲柊。產高雄、澎湖。

黑斑鰏 *Leiognathus daura* (CUVIER)

英名 Goldstripe sonyfish。產臺灣。

斑都鰏 *Leiognathus bindus* (CUVIER & VALENCIENNES)

英名 Orange-tipped sonyfish。亦名黃斑鰏（張），Chong Yui (F.)。產基隆、高雄、澎湖。

大眼鰏 *Leiognathus berbis* (CUVIER & VALENCIENNES)

因其具有較大之眼而命名。又名細紋鰏（朱）。產澎湖。

細紋鰏 *Leiognathus lineolatus* (CUVIER & VALENCIENNES)

又名粗紋鰏（朱）。產澎湖。

椭圓鰏 *Gazza minuta* (BLOCH)

英名 Toothed soapy, Toothed ponyfish；亦名卵鰏（梁），牙鰏（張），小牙鰏（朱）；日名小判柊。按小判為一種椭圓形之日本古錢，故名為椭圓鰏。產高雄、澎湖、蘭嶼。*G. argentarius* (FORSTER), *G. equulaeformis* JORDAN & EVERMANN 均為其異名。

銀身鰏 *Gazza achlamys* JORDAN & STARKS

英名 Silver toothed ponyfish。產本省西南部海域。

烏魴科 BRAMIDAE

Pomfrets

體卵圓形，側扁。鱗片小形至中形，不易脫落，往往有一中央銳稜，形成縱走之隆起縱線。側線不顯或無側線。背鰭單一，基底長，主要由軟條構成，前方鰭條不分節，或延長為鐮刀形。臀鰭與背鰭同形，但基底較短。胸鰭長；腹鰭胸位而有腋鱗。尾鰭深分叉。口中等，傾斜，下頜突出，前上頜骨能伸縮。上下頜有細齒帶；鋤骨及腭骨齒易脫落。上枕骨稜甚高；無眶下支骨。鰾或有或無。幽門盲囊少數。脊椎骨 41～43 枚。

臺灣產烏魴科 5 屬 8 種檢索表（根據成體）：

1a. 背鰭、臀鰭均較高，無鱗，易屈，能完全倒伏而隱於由基底之細長鱗片所形成之溝鞘中。背鰭、臀鰭前部之鰭條等粗；背鰭之基鞘前方有橫跨背中線之鱗片（*Pterycombus*）。

背鰭軟條 48～49；脊椎（包括尾部棒狀骨）45～48 ⋯⋯⋯⋯⋯⋯⋯⋯⋯⋯⋯⋯**多棘烏魴**

1b. 成魚之背鰭、臀鰭均有鱗片，鰭之基部無溝鞘，鰭不能完全倒伏。頭部背面兩眼之間顯然隆起而成弧形。

2a. 頭部背面兩眼之間平扁或略凹入，不成圓弧形（*Taractes*）。

尾部有一強脊稜，由大形之鱗片癒合而成。成魚側線不顯。D. 30～32；A. 21～23；P. 19～22；鰓耙 9～11。L. l. 43+3～4。脊椎 31～33。體黑褐色，尾鰭後緣白色⋯⋯⋯⋯⋯⋯⋯⋯⋯⋯⋯**紅褐烏魴**

2b. 頭部背面兩眼之間輪廓成圓弧形，由眼上緣至兩眼間中線之距離大於眼徑之 1/2。

  3a. 頭部極度側扁；下頜之下緣在中央線相接。尾柄部之鱗片隨尾鰭中部鰭條基部鱗片之大小而變 (*Brama*)。

    4a. 幼魚之胸鰭位置較高，其最低鰭條與腹鰭着生點之間之距離，大於頭長之 42% 或標準體長之 12%。脊椎骨 38～40 ························· **熱帶烏魴**

    4b. 幼魚之胸鰭位置較低，其最低鰭條與腹鰭着生點之間之距離，小於頭長之 42% 或標準體長之 12%。

     5a. 胸鰭鰭條 20 (19～21)。脊椎骨 41 (40～43) ··················· **杜氏烏魴**

     5b. 胸鰭鰭條 22 (21～23，偶或 20)。成魚之標準體長爲體高之 2.2 倍。

      6a. 臀鰭軟條 28；脊椎 39～41 ··················· **日本烏魴**

      6b. 臀鰭軟條 30；脊椎 41～43；D. 35～38 ··················· **正烏魴**

  3b. 頭部中度側扁；下頜之下緣不在中央線完全相接，喉峽之一部分露出。尾柄之鱗片顯然較尾鰭基部之鱗片爲大。

      7a. 眼上方及眼後無裸出無鱗區。胸鰭末端超過臀鰭起點。腹鰭在胸鰭基部前端下方 (*Taractichthys*)。

        體側鱗片，由鰓裂上端至尾鰭基部約 38 縱列或更少。D. 34～36；A. 33～34；P. 21～22；脊椎 44～46 ··················· **大鱗烏魴**

      7b. 眼上方及眼後有裸出無鱗區；胸鰭後端到達臀鰭起點；腹鰭在胸鰭基底後端下方 (*Eumegistus*)。

        D. 34～35；A. 24；P. 21～22；脊椎 17+22+1 ··················· **光鮮烏魴**

多棘烏魴 *Pterycombus petersii* (HILGENDORF)

  英名 Prickly pomfret。據 MEAD (1972) 其幼魚分佈臺灣東部海域。

紅褐烏魴 *Taractes rubescens* (JORDAN & EVERMANN)

  筆者曾於 72 年 1 月 8 日在東港魚市場發現三尾，各長約 50 公分。

熱帶烏魴 *Brama orcini* CUVIER

  英名 Tropical pomfret。據 MEAD (1972) 本種之分佈涵蓋臺灣附近海域。

杜氏烏魴 *Brama dussumieri* CUVIER

  據 MEAD (1972) 本種之分佈涵蓋臺灣附近海域。

日本烏魴 *Brama japonica* HILGENDORF

  產北太平洋。楊鴻嘉曾在小琉球近海採獲；東海大學亦曾在小琉球採獲標本。(圖 6-129)

正烏魴 *Brama brama* (BONNATERRE)

  據楊鴻嘉先生告知產東港。

大鱗烏魴 *Taractichthys steindachneri* (DÖDERLEIN)

圖 6-129　（一）鬼頭刀（鱰科）；（二）鬼頭刀頭部因成長而逐漸變形之狀況；（三）烏
鯧（烏鯧科）；　（四）眼眶魚（眼眶魚科）；（五）仰口鰛；（六）長身鰛（以上
鰛科）；（七）薛氏魠（魠科）；（八）日本烏魴（烏魴科）。

英名 Sickle pomfret, Bigscale pomfret。據 MEAD (1972) 本種之幼魚分佈臺灣東南方海域。

光鮮烏魴 *Eumegistus illustris* JORDAN & JORDAN

據沈世傑教授 (1984) 產本省東北部海域。

鮭　科 EMMELICHTHYIDAE
=ERYTHRICHTHYIDAE, DIPTERYGONOTIDAE;
Bonnetmonths, Rovers；諧魚科

體紡錘形，延長，略側扁。口斜裂，下頜突出；前上頜骨能強度伸縮。齒細小，易落，或缺如；腭骨無齒。主上頜骨寬，被鱗，向後伸入眶前骨下。上主上頜骨發達；吻軟骨大形。前鰓蓋骨光滑，或有細鋸齒緣；鰓蓋主骨後緣有一尖銳之突出物。鰓四枚；具擬鰓。鰓膜在喉峽部游離。下咽骨有齒帶。幽門盲囊少數。體被中型櫛鱗；頭部除吻端外被細鱗。背鰭軟條部及臀鰭基底後方均被鱗鞘。背鰭一枚或兩枚，後者之例，在二背鰭間通常有游離之硬棘。臀鰭基底較背鰭軟條部爲短，通常有 III 硬棘及 9 軟條。尾鰭凹入，或分叉，上下葉如剪刀狀重疊。鰓被架 7；脊椎 24 (10＋14)。

臺灣產鮭科 3 屬 3 種檢索表:

1a. 吻向前頜骨上方突出，其先端無缺刻；背鰭硬棘部基底較軟條部基底爲長，二部中間深凹入。

　2a. 第一鰓弧下枝鰓耙 26。背鰭最後 1～3 棘短而分離。D. X～XII, I, 11～13; A. III, 9～11; L.

　　1. 68～76。體背面紅褐，腹面銀白色⋯⋯⋯⋯⋯⋯⋯⋯⋯⋯⋯⋯⋯⋯⋯**史氏鮭**

　2b. 第一鰓弧下枝鰓耙 22; D. XIII～XV; I, 9～11; A. III, 9～12; 背鰭後部各棘分離，最後第二棘

　　特長⋯⋯⋯⋯⋯⋯⋯⋯⋯⋯⋯⋯⋯⋯⋯⋯⋯⋯⋯⋯⋯⋯⋯⋯⋯⋯⋯⋯**燭鮭**

1b. 吻向前頜骨前端突出，其先端有一淺缺刻；背鰭硬棘部基底較軟條部基底爲長，二部中間 (在最後第二背鰭棘以前處) 深凹入；兩鼻孔靠近；主上頜骨有鱗 (*Erythrocles*)。

　D. X; I, 11; A. III, 10～11; L. l. 69～70; 鰓耙 9＋1＋26。生活時全體鮮紅色，液浸標本背部淡褐色，側面下面銀白色。各鰭均帶淡褐色⋯⋯⋯⋯⋯⋯⋯⋯⋯⋯⋯⋯⋯⋯⋯⋯**薛氏鮭**

史氏鮭 *Emmelichthys struhsakeri* HEEMSTRA & RANDALL

產臺灣北部岩礁海域。

燭鮭 *Dipterygonotus leucogrammicus* (BLEEKER)

依日名譯如上。產基隆。

薛氏鮭 *Erythrocles schlegeli* (RICHARDSON)

日名血引。產基隆。(圖 6-129)

笛鯛科 LUTJANIDAE

LUTIANIDAE, LUTHIANIDAE; Snappers, Seaperches

體似龍占，但前鰓蓋骨有鱗 3 列或 3 列以上。全體被小型或中型櫛鱗或圓鱗。頭除眼前部外多少有鱗。側線單一，完全，略偏背側。口開於先端，多少能伸縮。上頜骨後端寬，口閉合時大部分掩於眶前骨下，後者裸出，外緣光滑。除少數例外，大都無副上頜骨。前上頜骨有一上突 (Superior process)，在主上頜骨之內側。上下頜齒數列，上頜有時無齒，外列及前端齒較大，細圓錐狀或犬齒狀，但決無臼齒。鋤骨、腭骨通常有絨毛狀齒，亦有無齒者，舌上通常有細齒，老成個體較為顯著。鰓蓋骨一般無棘，前鰓蓋骨下緣裸出，邊緣光滑或有鋸齒，往往有一缺刻，以容納間鰓蓋骨上之短鈍突起。鰓膜不相連，在喉峽部游離；鰓被架 5～7。鰓四枚，擬鰓大形。鰾簡單。腸短。幽門盲囊少數。脊椎 24（尾椎 14）。背鰭一枚，有時中間有深缺刻，VIII～XII, 10～17，棘強壯而排列異位交錯。臀鰭 III, 7～14。尾鰭截平，凹入，或深分叉。背鰭、臀鰭基部有鱗鞘或無之。胸鰭一般尖長，腹鰭位於胸鰭稍後下方。熱帶或亞熱帶中型肉食性魚類，多充食用。

臺灣產笛鯛科 7 屬 36 種檢索表:

1a. 上頜無副上頜骨；鋤骨、腭骨均無齒。

  2a. 眶間隔凸起；頭頂有鱗或無鱗；上下頜通常有犬齒；背鰭連續；背鰭軟條部及臀鰭基底多少被鱗鞘，其最後軟條不延長。

   3a. 前鰓蓋骨後緣具缺刻；體側鱗片常在側線上方斜行或平行。尾鰭後緣截平，略凹入或淺分叉。鰓耙較少而短 (*Lutjanus*)。

    4a. 背鰭第 4 至第 7 軟條特別延長為絲狀，硬棘部低於軟條部。由眼至前鼻孔有一深溝。側線上下鱗列概與體側中軸（水平位）平行。體側有七至九條藍色條紋。D. X, 15～16; A. III, 9; L. l. 49～55＋3～5; L. tr. 7～9/1/17～22。鰓耙 5＋13 ⋯⋯⋯⋯⋯⋯⋯⋯**曳絲笛鯛**

    4b. 背鰭無特別延長之軟條。

     5a. 側線上下方鱗片均與側線平行，背鰭以前鱗片擴展至眶間區，顳區有鱗，前鰓蓋有鱗 7～8 列。D. X, 13～14; A. III, 7～8; P. 15; L. l. 44～46; L. tr. 7～8/12～13。鰓耙 9＋12。液浸標本棕灰色，在背鰭軟條部起點下方有一略大於眼徑之黑色斑（其 4/5 在側線上方），體側每一鱗片有一小黑點⋯⋯⋯⋯⋯⋯⋯⋯⋯⋯⋯**黑斑笛鯛**

     5b. 側線以上之鱗列與側線平行，側線以下則與體之中軸（即水平位）平行；背鰭以前之鱗片起於後頭部（由此至背鰭起點有鱗 13 列）；前鰓蓋有 5 橫列之小鱗片。液浸標本上部褐色，下部色淡，側線以下每一鱗片有一銀白色斑點，彼此相連成為銀色縱線；在側線以上，相當於背鰭硬棘部與軟條部中間之下方，有一大卵圓形深褐色斑。D. X, 12～13; A. III, 8; L. l. 45～48;

L. tr. 6/1/16⋯⋯⋯⋯⋯⋯⋯⋯⋯⋯⋯⋯⋯⋯⋯⋯⋯⋯⋯⋯⋯⋯⋯⋯⋯⋯⋯**愛倫氏笛鯛**

5c. 側線以上之鱗列（至少有一部分）由前下方向後上方斜走，側線以下則與體之中軸平行。

6a. 背鰭以前之鱗片不伸展至眶間區。

7a. 側線以上之鱗列在前部均與側線平行，後部（由背鰭硬棘部後半起）斜走；前鰓蓋有 7 ～ 8 橫列小鱗片。液浸標本紅褐色，下部銀白色，成長後體側有八至十一條銀色橫帶。

D. X, 13～14；A. III, 8～9；L. l. 45～48；L. tr. 6～6½/1/17～19，鰓耙 6+11～12⋯
⋯⋯⋯⋯⋯⋯⋯⋯⋯⋯⋯⋯⋯⋯⋯⋯⋯⋯⋯⋯⋯⋯⋯⋯⋯⋯⋯⋯⋯**銀紋笛鯛**

7b. 側線以上之鱗列全部斜走。

8a. 體側有黑色橫帶；尾鰭基部有黑色大圓斑。

9a. 體側有八條寬橫帶，向下漸狹。體褐色，腹面白色，各鰭褐色。D. X, 13；A. III, 8；L. l. 50+5～6；L. tr. 5½/17，鰓耙 7+12 ⋯⋯⋯⋯⋯⋯**半帶笛鯛**

9b. 體側有六條黑色橫帶，體側另有五條暗色縱帶，與橫帶成直角相交。D. X, 13；A. III, 8；L. l. 45～47+4～5；L. tr. 7～8/15～17；鰓耙 7+10⋯⋯⋯⋯**交叉笛鯛**

8b. 體側無暗色橫帶。

10a. 體側無暗色縱帶。

11a. 體青褐色，在背鰭硬棘部下方有一白色或紅色斑點；臀鰭前部黑色，後部白色，尾鰭上下緣色暗。D. X, 14；A. III, 8；L. l. 49～50+4；L. tr. 9～11/16～21。鰓耙 8+16⋯⋯⋯⋯⋯⋯⋯⋯⋯⋯⋯⋯⋯⋯⋯⋯**雙斑笛鯛**

11b. 背鰭硬棘部下方無白色斑點。

12a. 頭部有若干斷續而不規則之藍色縱線，體側鱗片有銀灰色細點，在背鰭軟條部前下方之側線上有一大形之橢圓形黑斑，黑斑中央有珠光。

D. X, 15；A. III, 8；L. l. 46～49+10～11；L. tr. 7～9/17～21，鰓耙 6+13⋯⋯⋯⋯⋯⋯⋯⋯⋯⋯⋯⋯⋯⋯⋯⋯⋯⋯⋯⋯**海鷄母笛鯛**

12b. 體紅褐色至黃褐色，頭部有若干斷續而不規則之藍色縱線（成魚或消失不見），體側在軟條部下方之側線上有一小形白斑。D. X, 13～16；A. III, 8；L. l. 47～56；鰓耙 5～6+17～23⋯⋯⋯⋯⋯⋯⋯⋯**白星笛鯛**

12c. 頭部無藍色縱線，側線上亦無珠光斑點。

13a. 體側無黑斑。

14a. L. r. 6½～7/17。前鰓蓋骨邊緣之凹入部明顯，有鱗片 6 橫列。體側鱗片有一銀色小點，形成不明顯的縱帶。背鰭有黑邊，尾鰭黑色或紫褐色。D. X, 14；A. III, 7～8；L. l. 46～50+4～5，鰓耙 6～7+10～11⋯⋯⋯⋯⋯⋯⋯⋯⋯⋯⋯⋯⋯⋯⋯⋯⋯⋯⋯⋯**維琪笛鯛**

14b. L. tr. 7～7½/17～20。前鰓蓋之凹入部不明顯，有鱗片 7 列。尾鰭後緣及背鰭外緣均有暗色帶。體淡紫色，體側有多數黃色縱線紋，胸鰭、腹鰭黃色，幼魚自眼後至尾基中央有一暗色縱帶，此帶之上緣有一淡色狹帶。

　　　　　　　D. X, 13~14; A. III, 8; L. l. 45~52; 鰓耙 7+13~15 ……**紫尾笛鯛**

　　14c. L. tr. 8/17~19。前鰓蓋骨之凹入部不明顯，有鱗片 7 列。體側由眼至
　　　　　尾基有一暗色縱帶，寬如眼徑，此帶之上下緣各有一條較狹之白色縱帶；
　　　　　尾鰭色暗；背鰭基部稍暗，外緣有暗色寬帶。幼魚在中央縱帶之上方有四
　　　　　條，下方一條白色縱帶。D. X, 13~15; A. III, 8~9; L. l. 46~50+5
　　　　　~8; 鰓耙 6+12 ……………………………………………………**黃足笛鯛**

　　13b. 體側有一黑色大斑。

　　　　15a. 鋤骨齒成爲三角形之一簇，後方無突出部；眼下部寬；體側黑斑在側
　　　　　　線與背鰭硬棘部中點之間。D. X, 12~13 (14); A. III, 8; L. l. 46~
　　　　　　54; L. tr. 6~6½/1/16~19; 鰓耙 7+12……………………………**單斑笛鯛**

　　　　15b. 鋤骨齒亦爲三角形之一簇，但後方有一突出部；眼下部甚狹。

　　　　　16a. 體側黑斑長圓形，大部分在側線以上，背鰭軟條部前部，硬棘部後
　　　　　　　端下方，幼時在體側有三條黑色縱帶 (1. 由吻端經眼達背鰭軟條部之
　　　　　　　基底；2. 由眼之後緣經體側黑斑至尾鰭上葉；3. 由上頜經胸鰭基底至
　　　　　　　尾鰭下葉)，成長後消失，而代以六、七條金色略向後上斜之縱走條
　　　　　　　紋 (液浸標本概消失)。D. X, 14~15; A. III, 8; L. l. 50; L. tr.
　　　　　　　7/16~17; 鰓耙 6+8 ……………………………………………**黑星笛鯛**

　　　　　16b. 體側黑斑圓形，外緣白色，大部分在側線以下，背鰭軟條部前部下
　　　　　　　方。D. X, 12~13; A. III, 7~8; L. l. 46~50+8; L. tr. 7~8/14
　　　　　　　~15, 鰓耙 5~6+12~13 ………………………………………**火斑笛鯛**

6b. 背鰭前方之鱗片擴展至眶間區，或達眼眶以前。

　17a. 前鰓蓋骨下角有極淺之缺刻，或無缺刻，間鰓蓋骨僅有一弱棘或無棘。

　　18a. 由吻經眼至尾鰭上葉之基底有一褐色縱帶。D. X, 13 (有時爲 IX, 13 或 XI, 12);
　　　　　A. III, 7~9; L. l. 48~52; L. tr. 6~7/16~18; 鰓耙 6+12 ……………**縱帶笛鯛**

　　18b. 體側無深褐色或黑色縱帶，而有金色縱條紋，中央一條最寬，胸鰭基部無黑斑。

　　　19a. 眼前區與眼下區均甚狹。D. XI, 12~13; A. III, 8 (7); L. l. 43~51; L. tr.
　　　　　　5~6/12~13; 鰓耙 8+16~18 …………………………………………**琴絃笛鯛**

　　　19b. 眼前區與眼下區較廣 (較上頜骨廣)；由吻經眼至尾鰭上葉有時有淡黃色縱帶。
　　　　　　D. X, 13~14; A. III, 8; L. l. 46~51; L. tr. 6~7/13~15; 鰓耙 6+15……
　　　　　　………………………………………………………………………………**正笛鯛**

　17b. 前鰓蓋骨下角上方有深缺刻。

　　　20a. 體玫瑰紅色至褐色，有金色線紋，在側線上方者斜走，在體側中央一條較寬，
　　　　　　在背鰭最後各棘下方可能有一暗色斑，完全在側線上方。背鰭有暗色邊，胸鰭基
　　　　　　部色暗。D. X~XI, 13~15; A. III, 7~8; L. l. 50~57; L. tr. 7~9/17~
　　　　　　20; 鰓耙 7+15………………………………………………………………**紅線笛鯛**

20b. 體淡褐色，體側有 5 ～ 6 條銀白色而有藍邊之縱帶，第三條自鰓蓋開始。部分個體在背鰭軟條部起點下方與側線之間有一黑斑。D. X, 13～16；A. III, 8；L. l. 46～48；L. tr. 8～9/18～20；鰓耙 7＋14 ……………………………**五線笛鯛**

20c. 體淡褐色或灰褐色，體側有 **4** 條銀白色而有藍邊之縱帶（或有第五條而僅限於頰部），幼魚在背鰭軟條部下方，第二、三縱帶之間有一黑斑。D. X, 14～15；A. III, 8；L. l. 44～50＋7～8；L. tr. 8～11/18～24；鰓耙 7～9＋10～15……………………………………………………………………………**四線笛鯛**

20d. 體背面紅褐色或紫紅色，腹面紅色或黃紅色，體側有九條不甚明顯的金色縱條紋，背鰭軟條部下方有一暗色圓斑。D. XI, 13；A. III, 8；L. l. 46～47；L. tr. 10/16；鰓耙 7＋13～14………………………………………………………**藍帶笛鯛**

5e. 側線上下方鱗列均斜走。

21a. 背鰭軟條部後端鈍圓，其基底較其鰭高爲長。

22a. 前鰓蓋完整；由背鰭至眼及上頜有一暗色寬帶，尾柄上有一大形黑斑，斑之前後均有白邊。尾鰭截平或稍凹入。D. XI, 14～15；A. III, 9；L. l. 50～62；L. tr. 12～13/20～22；鰓耙 7＋13………………………………………………**赤鰭笛鯛**

22b. 前鰓蓋有深缺刻；頭部無暗帶，幼魚尾柄上部及尾部黑色；尾鰭深凹，上葉隨年齡而延長。D. X, 13～15；A. III, 8～9；L. l. 46～53；L. tr. 7～8/19～22；鰓耙 8＋18 ……………………………………………………………………**隆背笛鯛**

21b. 背鰭軟條部後端尖銳，其基底較鰭高爲短；前鰓蓋有淺缺刻。

23a. 尾柄有大形黑斑，其前後有白邊，體側有若干金色縱線。D. X～XI, 14～15；A. III, 8～9；L. l. 49～52＋7～8；L. tr. 7～8/18～22；鰓耙 5＋14………**摩拉吧笛鯛**

23b. 生活時體紅色，各鱗均有一淡黃點，體側有三條深紅色寬橫帶（1. 在後頭部，向前下方斜走而至吻端；2. 在背鰭硬棘部下方，直下至腹鰭；3. 在硬棘部與軟條部之間，向後斜走而達尾鰭下葉）。D. XI, 15～16；A. III, 9～11；L. l. 45～50＋6～7；L. tr. 7～11/19～26；鰓耙 6＋12………………………………………………**川紋笛鯛**

3b. 前鰓蓋骨有深缺刻，以容納堅強之間鰓蓋棘。鰓耙多而細長。尾鰭淺分叉，上下葉圓形。背鰭軟條部及臀鰭形成長而尖之鰭葉。頭頂鱗片不達眶間區。側線上方鱗片稍傾斜，下方者直走 (*Macolor*)。

背部黑褐色，有數個白斑，頭部白色，前端有一寬橫帶，體下部白色，自胸鰭腋部至尾部中間有一黑色縱帶；各鰭大部分黑色。D. X, 13～14；A. III, 10～11；L. l. 51～53＋5～6；L. tr. 8～9/19～23；鰓耙 40＋75 ………………………………**黑背笛鯛**

3c. 前鰓蓋骨邊緣無缺刻。體側鱗片全部斜走。尾鰭後緣彎月形。背鰭軟條部及臀鰭不延長爲長而尖之鰭葉。頭頂鱗片到達眶間區 (*Pinjalo*)。

體紅色或淡紅色，腹鰭、臀鰭黃色至淡紅色，背鰭有暗邊。D. XI, 14；A. III, 10(11)；L. l. 65～70＋12（有孔鱗片 47～50）；L. tr. 10/19～20；鰓耙 8＋14 ………………………**斜鱗笛鯛**

2b. 眶間隔平坦；頭頂無鱗；上下頜有大形或小形之犬齒；背鰭軟條部及臀鰭基部無鱗；鰓蓋無棘；尾鰭深分叉，成魚尾鰭上下葉不同長。

24a. 背鰭前後連續，硬棘部與軟條部之間不易淸分。

25a. 胸鰭短，不為鎌刀狀（*Aprion*）。

26a. 胸鰭顯然較腹鰭為短；體較瘦長，體長為體高之 $3\frac{3}{4}$～4 倍；頭長為吻長之 $2\frac{1}{8}$～$2\frac{2}{3}$ 倍，為眼徑之 4～$5\frac{1}{8}$ 倍。體背部靑褐色，下部淡色，各鰭帶褐色，背鰭最後五硬棘間有一列黑色斑點，D. X, 11；A. III, 8；L. l. 45～49；L. tr. 7/18；鰓耙 5～9+13～14 ···藍笛鯛

26b. 胸鰭約與腹鰭等長，體較短壯，體長為體高之 $3\frac{5}{9}$ 倍；頭長為吻長之 $3\frac{1}{7}$ 倍，為眼徑之 $3\frac{1}{2}$ 倍。背鰭各棘間無特殊斑紋，其他特徵近似上種······田中笛鯛

25b. 胸鰭長，呈鎌刀狀（*Pristipomoides*）。

27a. 腭部前方有犬齒狀齒，舌上無齒。L. l. 47～60。

28a. 生活時赤紅色至淡褐色，下側較淡，體側到處有銀色小點，背鰭鰭膜上有黃色斑點。鱗片較大。L. l. 47～52。鰓耙 6～8+14～16。D. X, 11；A. III, 8；L. tr. 7/14～15·····································長崎姬鯛

28b. 背鰭、臀鰭軟條延長如絲狀，體灰紅色，眶間區及吻部有小暗點散在，尾鰭有橙紅色邊。D. X, 11；A. III, 8；L. l. 60～65；鰓耙 5～8+14～16··絲鰭姬鯛

28c. 體色同上種，但頭頂有網狀斑點，背鰭外緣黃色。D. X, 11；A. III, 8；L. l. 59～62；鰓耙 6～9+15～18 ·······························黃鰭姬鯛

28d. 生活時體側上方黃色，腹方淡朱紅色，L. l. 58～66；鰓耙 2～5+8～14。D. X, 11；A. III, 8；L. tr. 7/14～16··························小齒姬鯛

27b. 腭部前方無犬齒；舌上有細齒成一簇。體灰紫紅色，側線鱗片70～74枚。鰓耙 8～10+17～21 枚。D. X, 10～11；A. III, 8；L. tr. 7～8/15～16。背鰭前中央線鱗片 18～20；頰部鱗片 6～7 列 ·····························姬鯛

24b. 背鰭中間有深缺刻（*Etelis*）。

鰓耙 10～13+14～17。體褐色，下部灰色，有銀白色閃光。D. X～XI, 11；A. III, 8；L. l. 46+50+7～8；L. tr. 6～7-12～13。背鰭前中央線鱗片 17～20；頰部鱗片 6～7 列···濱鯛

曳絲笛鯛 *Lutjanus nematophorus* (BLEEKER)

　英名 Thread-fin snapper; Chinamanfish, Threadfin seaperch。產<u>臺灣</u>、<u>澎湖</u>。

黑斑笛鯛 *Lutjanus johni* (BLOCH)

　英名 John's seaperch, Blackspot snapper。產<u>澎湖</u>、<u>東港</u>。

愛倫氏笛鯛 *Lutjanus ehrenbergii* PETERS

英名 Red snapper；亦名紅笛鯛。產臺灣、澎湖。FOWLER（1931）認其爲火斑笛鯛之異名，WEBER & dE BEAUFORT（1936）仍認爲獨立之一種，玆依之。

銀紋笛鯛 *Lutjanus argentimaculatus* (FORSSKÅL)

英名 Gray snapper, River snapper, Mangrove jack (red snapper)；亦名胡麻笛鯛（梁）；紫紅笛鯛（朱）；俗名 Ang Tsoh（紅糟）。產羅東、基隆、東港、高雄、澎湖。

半帶笛鯛 *Lutjanus semicinctus* QUOY & GAIMARD

英名 Half-banded seaperch。產澎湖。

交叉笛鯛 *Lutjanus decussatus* (CUVIER & VALENCIENNES)

產澎湖。（圖 6-130）

雙斑笛鯛 *Lutjanus bohar* (FORSSKÅL)

英名 Twospot snapper, Redsnapper, White spotted snapper, Twospot seaperch。又名二星毒魚。俗名海豚哥。產基隆、恆春。肉有輕毒。

海雞母笛鯛 *Lutjanus rivulatus* (CUVIER & VALENCIENNES)

英名 Blue-spotted snapper, Speckled snapper, Blue-spotted seaperch。又名藍點笛鯛（朱）；俗名海雞母。產臺灣。

白星笛鯛 *Lutjanus stellatus* AKAZAKI

產本省南端及北部海域。

維琪笛鯛 *Lutjanus vaigiensis* (QUOY & GAIMARD)

英名 Waigin snapper, Yellowstriped snapper, Red-margined seaperch；亦名金帶笛鯛（朱），泂笛鯛（動典）。產臺灣。（圖 6-130）

紫尾笛鯛 *Lutjanus janthinuropterus* (BLEEKER)

英名 Yellow-streaked seaperch。又名黑緣笛鯛（張等）。產臺灣。

黃足笛鯛 *Lutjanus flavipes* (CUVIER & VALENCIENNES)

俗名紅公眉。產南方澳。腹鰭黃色，故名。肉有輕毒。

單斑笛鯛 *Lutjanus monostigma* (CUVIER & VALENCIENNES)

英名 Red snapper, One-spot snapper (seaperch)；亦名孤星笛鯛；俗名點記。產東港、基隆。（圖 6-130）

黑星笛鯛 *Lutjanus russellii* (BLEEKER)

英名 Russell's snapper, Moses perch；亦名黑星鯛（動典），勒氏笛鯛（張）；俗名烏占，加鱴，火點。產高雄、恆春。FOWLER（1931）認此爲火斑笛鯛之異名，WEBER & DE BEAUFORT（1936）仍認爲獨立之一種。JOR. & RICH.（1909）之 *L. fuscescens* （nec GTHR.）為其異名。

火斑笛鯛 *Lutjanus fulviflamma* (FORSSKÅL)

英名 Dorysnapper, Black-spot seaperch, 又名金焰笛鯛（朱）。愛倫氏笛鯛，黑星笛鯛，可能均為本種異名。產基隆、高雄、恆春、澎湖。

縱帶笛鯛 *Lutjanus vitta* (QUOY & GAIMARD)

英名 Black-stripped snapper, Brown-stripped snapper, One-band seaperch, 亦名橫條笛鯛，畫眉笛鯛（朱），金鷄魚，金星鷄魚（動典），Ho-tsaou, Ho-tso, Fo-tso (F.)；俗名 Si-kong, 赤海魚，黃記。產基隆、高雄、澎湖。（圖 6-130）

琴絃笛鯛 *Lutjanus lineolatus* (RÜPPELL)

英名 Red Sea lined snapper, Yellow snapper, Bigeye snapper, Yellow striped seaperch。又名線紋笛鯛（朱）。產高雄、澎湖。

正笛鯛 *Lutjanus lutjanus* BLOCH

英名 Madras snapper, Rosy seaperch；又名黃笛鯛（朱）。產澎湖。可能與縱帶笛鯛為同一種。

紅線笛鯛 *Lutjanus sufolineatus* (CUVIER & VALENCIENNES)

英名 Rufous seaperch。產恆春。

五線笛鯛 *Lutjanus spilurus* (BENNETT)

英名 Blue-striped snapper, 產高雄。*L. quinquelineatus* (BL.)（據 JOR. & RICH.）當係本種異名。

四線笛鯛 *Lutjanus kasmira* (FORSSKÅL)

英名 Blue-banded, snapper, Blood snapper, Yellow-and-blue seaperch。亦名條魚，條笛鯛（動典）。產高雄、恆春。（圖 6-130）

藍帶笛鯛 *Lutjanus caeruleovittatus* (VALENCIENNES)

產本省北部海域。

赤鰭笛鯛 *Lutjanus erythropterus* BLOCH

英名 Red snapper；亦名紅鰭笛鯛，橫笛鯛（動典）；俗名紅鷄仔，赤海鷄，Hai Ling, 紅沙魚。產臺灣。*Diacope sanguinea* CUVIER, *Lutjanus sanguineus* (CUVIER), *L. annularis* (C. & V.) 均為其異名。（圖 6-130）

隆背笛鯛 *Lutjanus gibbus* (FORSSKÅL)

英名 Humpback snapper, Red snapper, Paddle-tail；俗名海豚哥；日名姬樽見。產基隆。

摩拉吧笛鯛 *Lutjanus malabaricus* (BLOCH & SCHNEIDER)

英名 Malabar red snapper, Scarlet seaperch。俗名赤海。產高雄、澎湖。*L. dodecacanthus* (BLKR.) 爲其異名。

川紋笛鯛 *Lutjanus sebae* (CUVIER & VALENCIENNES)

英名 Seba's snapper, Red emperor, Emperor snapper。體側橫帶三條如川字，故名。又名千年笛鯛（朱）。產臺灣、澎湖。

黑背笛鯛 *Macolar niger* (FORSSKÅL)

英名 Black beauty, Black-and-white Seaperch (snapper)。產高雄。

斜鱗笛鯛 *Pinjalo pinjalo* (BLEEKER)

英名 Pinjalo snapper。產臺灣。

藍笛鯛 *Aprion virescens* (CUVIER & VALENCIENNES)

英名 Blue snapper, Slender snapper, Green jobfish; 亦名藍擬鯥，產基隆。肉有輕毒。

田中笛鯛 *Aprion kanekonis* TANAKA

產東港。

長崎姬鯛 *Pristipomoides typus* BLEEKER

英名 Rosy jobfish, sharpteeth snapper; 亦名礁笛鯛（動典），紫魚（朱）。*Platyinius sparus* JORDAN & EVERMANN 爲其異名。

絲鰭姬鯛 *Pristipomoides filamentosus* (CUVIER & VALENCIENNES)

產臺灣。

黃鰭姬鯛 *Pristipomoides flavipinnis* SHINOHARA

產本省東北部海域。

小齒姬鯛 *Pristipomoides microdon* (STEINDACHNER)

產高雄、野柳、基隆。*Platyinius amoenus* SNYDER 爲其異名。(圖 6-130)

姬鯛 *Pristipomoides sieboldii* (BLEEKER)

產臺灣。

濱鯛 *Etelis carbunculus* CUVIER & VALENCIENNES

英名 Ruby snapper。產南方澳。

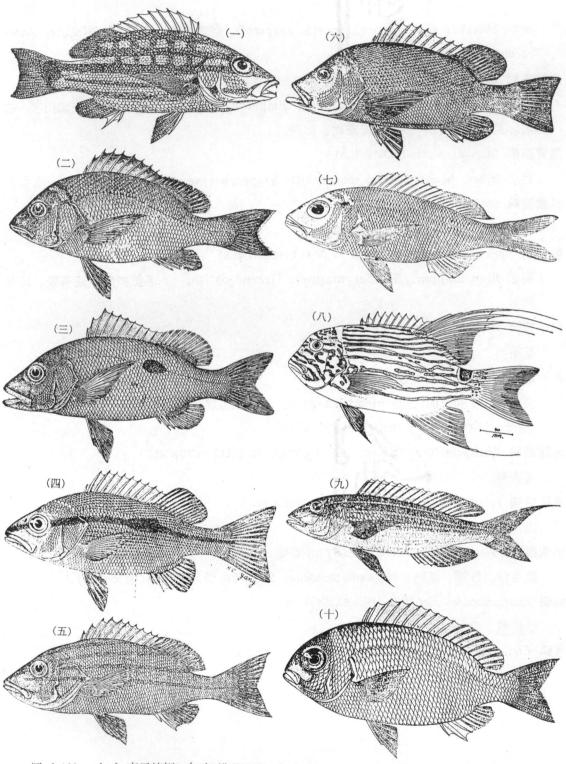

圖 6-130 （一）交叉笛鯛；（二）維琪笛鯛；（三）單斑笛鯛；（四）縱帶笛鯛；（五）四線
笛鯛；（六）赤鰭笛鯛；（七）小齒姬鯛（以上笛鯛科）；（八）項圈鯛；（九）金
線紅姑魚；（十）白頸赤尾冬（以上紅姑魚科）。

紅姑魚科 NEMIPTERIDAE

包括 SCOLOPSIDAE; Threadfin snappers; Threadfin bream;

Seabreams; Butterfly-breams; Monocle-breams; Spinecheek;

絲鯛科

體形似鯛，橢圓或延長。體被中形或小形櫛鯛，眼以前裸出。頭頂有鱗，頰部及鰓蓋被圓鱗數列。側線單一，完全，略成弧形。鰓蓋主骨有不明顯之弱棘，前鰓蓋骨後下方裸出，邊緣光滑或有弱鋸齒。口小或中等，稍傾斜。上領無副上領骨，主上領骨後端寬，口閉合時大部分掩於眶前骨之下。眶前骨寬，裸出。前上領骨之後部在主上領骨之下可滑動，其上緣有一突起，在主上領骨之內側。眶下骨棚強大，其下掩蓋眶下床之三分之一。有擬鰓，鰓膜在喉峽部游離。有時具眼下棘。上下領齒小而尖銳，成絨毛狀齒帶，外列齒較大，錐形，部分種類或有臼齒狀齒。前端往往有 3 ～ 4 對錐形犬齒狀大齒，鋤骨、腭骨均無齒。背鰭一枚，連續，棘較弱，一般為 X 棘 8～11 軟條，硬棘與軟條同高，或中間有淺缺刻。臀鰭 III 棘 6 ～ 8 軟條，棘亦較弱。背鰭及臀鰭基底無鱗鞘，鰭上亦無小鱗。胸鰭長鐮刀形；腹鰭在胸鰭之下方。尾鰭分叉。腹鰭第一鰭條，及尾鰭上下邊緣之鰭條，有時延長為絲狀。鰓被架 6；鰓耙短而少，結節狀。脊椎數 24。

臺灣產紅姑魚科 3 屬 27 種檢索表:

1a. 背鰭硬棘部甚低，軟條部及臀鰭前方軟條均延長為絲狀。體色鮮麗 (*Symphorus*)。

　2a. 體長為體高之 2.2～2.5 倍；後頭部有一白色橫帶；奇鰭軟條部無斑點；尾柄上側有一黑色鞍狀斑。

　　頰鱗 8～11 列。體淡褐色，下部白色，體側有灰色縱帶十餘條，在背部者較狹，向下漸寬。D. X, 14～16; A. III, 8～10; P. 16; L. l. 50～56; L. tr. 10～12/18～23，鰓耙 6+10 …………**項圈鯛**

　2b. 體長為體高之 3 倍；後頭部無白色橫帶；奇鰭軟條部有斑點；尾柄上側無黑色鞍狀斑。

　　頰鱗 10 列；體欖褐色而有紅色小點，體側有七條藍色有暗邊之狹帶，奇鰭軟條部有紫色圓斑。D. X, 15～16; A. III, 9; L. l. 55; L. tr. 9/20; 鰓耙 5+13……………………………………**狹帶長鰭鯛**

1b. 臀鰭軟條不延長為絲狀，但背鰭、尾鰭及腹鰭有時具絲狀軟條。

　3a. 眶下骨無後向之棘。

　　4a. 頰鱗 3 列；頭部鱗片不達眶間區前部。前鰓蓋骨後部無鱗片；背鰭具 9 軟條；臀鰭 7 軟條（偶或 8 枚）。(*Nemipterus*)。

　　5a. 體側有縱條紋或橫斑。

　　　6a. 上下領均有犬齒；眶間區寬廣。

　　　　7a. 體側有深色橫斑。眶下骨之角甚鈍，後緣極度傾斜，其後緣多少成一直線，向上延仲時到達背鰭前部。

　　　　　8a. 體長為體高之 3.2～3.5 倍。上下領犬齒各三對。沿背面兩側有九個褐色鞍狀斑，在

    背鰭起點後下方有一紅斑（有時各斑均不淸楚）⋯⋯⋯⋯⋯⋯⋯**裴氏紅姑魚**

8b. 體長爲體高之 3.7～3.8 倍。上頜大形犬齒三對，下頜小形犬齒四對。體側有五、六條深色橫帶（液浸標本消失），各鰭黃色⋯⋯⋯⋯⋯⋯**鞍斑紅姑魚**

7b. 體側無深色橫斑。眶下骨之後角並非甚鈍，後緣多少成一直線，延伸時到達背鰭之前。

  9a. 體長爲體高之 2.9～3.1 倍。L. l. 44～50，上頜犬齒 3 對，下頜犬齒 4 對，體側有 6～7 條黃色縱帶，側線下方一條最寬。側線起點下方有一暗斑，背鰭薔薇色而有黃邊，臀鰭有二黃色縱帶⋯⋯⋯⋯⋯⋯⋯⋯⋯⋯**虹色紅姑魚**

  9b. 體長爲體高之 3.8 倍，L. l. 51～52，上頜犬齒 3 對，下頜犬齒 4～5 對，由吻端至尾基有一灰黃色帶，另一條由胸鰭基部向後漸細而達尾鰭，背鰭第 I、II 棘間外側鮮紅色，其他部分黃色⋯⋯⋯⋯⋯⋯⋯⋯⋯⋯**紅棘紅姑魚**

  9c. 體長爲體高之 4.1～4.4 倍，L. l. 50，上下頜犬齒各 4 對。頭部淡紅色而有二鮮黃色橫帶，一由鼻孔橫過眼之中央，一由眼下向前至上頜。腹側有不明顯之黃線及一寬黃帶，腹面中央線銀白色⋯⋯⋯⋯⋯⋯⋯⋯⋯⋯**狹身紅姑魚**

6b. 上頜有犬齒，下頜無犬齒。眶間區一般較狹。

  10a. 背鰭第 I、II 棘相連，並延長爲絲狀，其長殆超過背鰭基底。側線下方有一黃帶；在腹面中央銀白色線之兩側各有 4 條黃色縱線紋。側線起點下方有一黃斑。上頜犬齒四對⋯⋯⋯⋯⋯⋯⋯⋯⋯⋯⋯⋯⋯⋯⋯⋯**雙鞭紅姑魚**

  10b. 背鰭第 I、II 棘較其他各棘爲短。

    11a. 背鰭硬棘部鰭膜有深缺刻。上頜犬齒三對。體側下方有數條不明顯的黃色縱線，側線起點處有一紅褐色斑，沿背側有 8～9 個不甚明顯之鞍狀斑塊⋯**薔薇鯛**

    11b. 背鰭硬棘部鰭膜無缺刻或僅有淺凹。

      12a. 上頜犬齒 7 對。體長爲體高之 3.4 倍。L. l, 49；腹鰭鰭條延長爲絲狀，但尾鰭上下葉均不特別延長。體紅色，體側有六條銀白色縱條紋；背鰭有二條黃色縱帶，臀鰭有一條⋯⋯⋯⋯⋯⋯⋯⋯**狄拉瓜紅姑魚**

      12b. 上頜有細長犬齒 6 對，胸鰭鰭條 18 條以上，尾鰭上葉延長爲絲狀。

        13a. 體長爲體高之 2.6～2.7 倍。側線上方有 1～3 條黃色縱線紋，側線下方有 7～9 條，沿腹面有一黃色縱帶；背鰭有一條，臀鰭有二條黃色縱帶。在側線起點下方有一橙黃色大斑⋯⋯⋯⋯⋯⋯⋯⋯**瓜衫紅姑魚**

        13b. 上頜有犬齒 4 對，胸鰭鰭條 16～17 枚。

          14a. 臀鰭鰭條 8 枚，眶間區略隆起，胸鰭鰭條 7 枚。尾鰭上葉延長爲絲狀。頭部上方及體之背面紅色，下方銀白色。自眼後至尾基上方有一明顯之黃色縱帶，此帶之上方有一淺黃色帶終於背鰭軟條部後端。眼前至吻端有一黃線，側線下方有七條黃色狹縱帶。背鰭近基底有一條，在臀鰭有二條黃色縱線⋯⋯⋯⋯⋯⋯⋯⋯⋯**金線紅姑魚**

          14b. 臀鰭鰭條 7 枚。眶間區多少平坦。

15a. 眶下骨之下緣顯然凹入，胸鰭軟條 16，尾鰭上葉延長爲絲狀。體淡紅
色，體側在側線下方有二條黃色寬縱帶，腹面由喉部至尾基有一鮮黃色縱
帶。背鰭有黃邊及波狀黃線，尾鰭上緣黃色……………………**黃腹紅姑魚**

15b. 眶下骨之下緣不凹入，胸鰭軟條 16，尾葉上葉不延長爲絲狀。體紅色，
頭部無黃線，體側在側線下方有二條黃色縱帶，中部最寬，下方或有其他
不明顯的縱帶。背鰭淡紅色，外緣黃色，內側有一藍線紋，尾鰭上葉末端
黃色………………………………………………………………**灰鰭紅姑魚**

5b. 體色一致，無縱帶或橫斑，僅在背鰭、臀鰭近邊緣處有一暗色縱帶，基底有一縱列暗色點。
臀鰭 8 軟條。L. l. 48(51)；L. tr. 4/9………………………………**松原氏紅姑魚**

3b. 眶前骨寬而裸出，眶下骨有一後向之棘，其下方並有少數小鋸齒。背鰭軟條 8～11；臀鰭軟條
6～8 (*Scolopsis*)。

16a. 眶下棘微小，眶下骨下緣通常有細鋸齒。

17a. 體色一致，或體側中央有一灰色縱帶。
第一鰓弧下枝鰓耙11～12；前鰓蓋骨突出緣無鱗。液浸標本灰黃色，
體側中央帶緋紅色（生活時體側當係紅色），腹部白色。D. X, 9；A.
III, 7；P. 16；L. l. 48（有孔鱗片 35～36）；L. tr. 3/11 ……**海鯡**

17b. 體側有六條不明顯的鞍狀橫帶；前鰓蓋骨突出緣有細鋸齒。體褐
色，各鰭灰褐色。D. X, 9；A. III, 7～8；L. l. 34～36＋0～2；L.
tr. 4～5/13～14，鰓耙 4～6＋5～6 ………………………**橫帶海鯡**

16b. 眶下棘強大而明顯。

18a. 至少腹部之部分鱗片之基部有黑點。沿背鰭基底有白線。在鰓裂
後方有一白色斜斑，斑之外緣黑色。D. X, 9；A. III, 7；L. l.
41＋3；L. tr. 4/9，鰓耙 5＋5 ……………………………**異色海鯡**

18b. 腹部鱗片之基部不具黑點。

19a. 體側每一鱗片有一珠光或黃色斑點，由眼至吻端有二珠光條紋。
D. X, 9；A. III, 7；P. 14；L. l. 36～37＋4；L. tr. 4～5/11，
鰓耙 6＋6 ………………………………………………**條紋海鯡**

19b. 體側鱗片無珠光或黃色斑點。

20a. 體紅色，腹部珠白色，由後頸部經鰓裂下至喉部有一白色之
弧狀斑紋；有時另有一白色縱帶，由鰓蓋上角沿側線下方直走
而終於尾柄以前。頰部有鱗六列。D. X, 9(10)；A. III, 7～
8；L. l. 40～43；L. tr. 4～5/9；鰓耙 3～6＋5～6…………
…………………………………………………………**白頸赤尾冬**

20b. 頸部無白色弧狀斑紋。

21a. 體色不一（死後灰黃色），由眼向後沿側線有一淡藍色縱

帶，兩眼之間有藍色狹帶；背鰭黃色，中央有一藍色縱帶，胸部基部上方有一紅斑。D. X, 9; A. III, 7; L. l. 44+5; L. tr. 5/11, 鰓耙 5+5 ·····················**藍帶赤尾冬**

21b. 體青灰色，腹面灰白色，由眼後至尾柄上方有一褐色縱帶，帶之中部最寬，眶間區有一黃色寬橫帶。D. X, 9; A. III, 7; P. 16~18; L. l. 42~45; L. tr. $4\frac{1}{2}$~5/13~14; 鰓耙 4+5~6······**黑帶赤尾冬**

21c. 體色同上種，沿背鰭基底有一白色縱帶。D. X, 8~9; A. III, 7; P. 17; L. l. 40; L. tr. $3\frac{1}{2}$/12~13; 鰓耙 5+8~9 ··**白帶赤尾冬**

21d. 體側沿側線無藍色縱帶。

22a. 體綠褐色，下部漸淡，而終成爲銀白色，眼眶後上方有一白色圓斑（大小與瞳孔相若），在眶間隔橫過吻背有兩條白色條紋，由眼眶前下方至上頜中部另有一條，由鰓蓋後上角至背鰭軟條部之終點（大部分在側線上）有時有一黃色縱帶。頰部有鱗 8 列；D. X. 9; A. III, 7; P. 16; L. l. 44~47+2~4; L. tr. 4~5/17; 鰓耙 5+5 ···**花吻赤尾冬**

22b. 眼眶後上方無白色圓斑（其餘各部分花紋亦與上種不同）。

23a. 由側線上方至背鰭硬棘部（中部）之間有鱗 4 列；頰部有鱗 4 列。體上半棕褐色，下半白色，背部有二、三條淡黃色平行縱帶。D. X, 9; A. III, 7; P. 13~15; L. l. 40~46+3~4; L. tr. 4/12~13; 鰓耙 5+5······································**黃帶赤尾冬**

23b. 由側線上方至背鰭硬棘部（中部）之間有鱗 6 列；頰部有鱗 9 列。體棕綠色，各鰭淡褐色，體側有一黑色縱帶，由吻經眼直至尾基。D. X, 9; A. III, 7; P. 16; L. l. 43~45+3~5; L. tr. $4\frac{1}{2}$~$5\frac{1}{2}$/12~14; 鰓耙 4~5 ··**單帶赤尾冬**

23c. 由側線上方至背鰭硬棘部（中部）之間有鱗 4 列；頰部有鱗 4 列。眼徑大於吻長及眶間隔。體黑褐色，下部淡色，由眼至背鰭軟條部有一彎曲的淡色寬帶。D. X, 9; A. III, 7; L. l. 43~46; L. tr. $3\frac{1}{2}$/12~13; 鰓耙 4+5·······································**雙帶赤尾冬**

項圈鯛 *Symphorus spilurus* GÜNTHER

英名 Blue-lined seabream。又名長鰭鯛（朱）。俗名黃鷄母。產高雄。（圖 6-130）

狹帶長鰭鯛 *Symphorus taeniolatus* GÜNTHER

據 KUNTZ (1970) 產臺灣。

裴氏紅姑魚 *Nemipterus peronii* (CUVIER & VALENCIENNES)

英名 Rosy threadfin bream, Peron's butterfly-bream。又名裴氏絲鯛，桃絲鯛；俗名美紅星，紅星哥。產高雄、澎湖。

鞍斑紅姑魚 *Nemipterus ovenii* (BLEEKER)

產高雄。

虹色紅姑魚 *Nemipterus hexodon* (QUOY & GAIMARD)

英名 Ornate threadfin bream, Ocellated butterflybream。亦名絲鰭鯛。產臺灣。

紅棘紅姑魚 *Nemipterus nemurus* (BLEEKER)

英名 Redspine threadfin bream, Whip-tailed threadfin bream。據 FAO 手册分佈臺灣南部海域。

狹身紅姑魚 *Nemipterus metopias* (BLEEKER)

英名 Slender threadfin bream。產東港。

雙鞭紅姑魚 *Nemipterus nematophorus* (BLEEKER)

英名 Doublewhip threadfin bream。據 FAO 手册分佈臺灣南部海域。

薔薇鯛 *Nemipterus tolu* (CUVIER & VALENCIENNES)

英名 Notched butterfly bream, Notched threadfin brcam。產高雄。*N. mulloides* (BLEEKER) 爲其異名。

瓜衫紅姑魚 *Nemipterus japonicus* (BLOCH)

英名 Long-tailed nemipterid, Japanese threadfin bream。亦名瓜衫 (F)，日本金線魚（張）；日名日本絲樵。產高雄、澎湖。

狄拉瓜紅姑魚 *Nemipterus delagoae* SMITH

產本省東北部海域。

金線紅姑魚 *Nemipterus virgatus* (HOUTTUYN)

英名 Golden threadfin brcam。亦名紅姑魚，金絲魚，金線魚（動典），紅魚，紅衫(F)；俗名紅姑黑魚，金線連，黃線，尾蝶仔；日名絲樵鯛，金線魚。產基隆。（圖 6-130）

黃腹紅姑魚 *Nemipterus bathybus* SNYDER

英名 Yellowbelly threadfin bream。產東港。

灰鰭紅姑魚 *Nemipterus marginatus* (CUVIER & VALENCIENNES)

英名 Palefinned threadfin bream。據 FAO 手册分佈臺灣。

松原氏紅姑魚 *Nemipterus matsubarae* JORDAN & EVERMANN

日名絲星槎。產宜蘭、澎湖。

海鮘 *Scolopsis eriomma* JORDAN & RICHARDSON

英名 Shimmering spinecheek。俗名 Hai-tai（海鮘），Dai-hii。產高雄。

橫帶海鮘 *Scolopsis inermis* (TEMMINCK & SCHLEGEL)

又名橫帶眶棘鱸（朱）。產臺灣。

異色海鮘 *Scolopsis xenochrous* GÜNTHER

英名 Olive-spotted monocle-bream。產小琉球。

條紋海鮘 *Scolopsis margaritifer* (CUVIER & VALENCIENNES)

英名 Pearly monocle-bream。產澎湖。

白頭赤尾冬 *Scolopsis vosmeri* (BLOCH)

英名 Silverflash spinecheek；亦名紅海鯽（Hung-hae-tsih—F.），伏氏眶棘鱸（張）；
日名臺灣玉頭。產基隆、高雄。*S. torquatus* GÜNTHER 為其異名。（圖 6-130）

藍帶赤尾冬 *Scolopsis taeniopterus* (CUVIER & VALENCIENNES)

英名 Lattice monocle-bream。據 FAO 手册產臺灣。

黑帶赤尾冬 *Scolopsis dubiosus* WEBER

產本省南部近海。

白帶赤尾冬 *Scolopsis ciliatus* (LACÉPÈDE)

產本省西南部近海。

花吻赤尾冬 *Scolopsis temporalis* (CUVIER & VALENCIENNES)

英名 Rainbow monocle-bream。產基隆及東海岸。

黃帶赤尾冬 *Scolopsis cancellatus* (CUVIER & VALENCIENNES)

英名 Latticed monocle-bream。日名橫濱玉頭。產臺灣。

單帶赤尾冬 *Scolopsis monogramma* (CUVIER & VALENCIENNES)

英名 Monogrammed monocle-bream。日名印度玉頭。產基隆、宜蘭、澎湖。

雙帶赤尾冬 *Scolopsis bilineatus* (BLOCH)

英名 Two-line monocle-bream。產高雄。

松鯛科 LOBOTIDAE

Tripletails

外形近似石斑，而鋤骨、腭骨及舌上均無齒，頭之眼前部甚短。口中型，斜裂。上下頜各有齒成一狹帶。前鰓蓋骨有鋸齒緣。鰓被架 6 。脊椎 24 （尾椎 12～14）。鰾存在。幽門盲囊 3 。被大型或中型弱櫛鱗，在頭部（眼以前裸出）及近於背緣或腹緣者較小；側線完全，弧形。眶前骨裸出，下緣光滑。前鰓蓋骨下部被鱗，後緣有鋸齒，主鰓蓋骨有 1 ～ 2 棘。背鰭軟條部及臀鰭基底突起，有細鱗。背鰭一枚，甚長；硬棘 XII～XIII，交錯排列，可以收匿溝中；軟條部基底較短，14～16，與硬棘部之間多少有缺刻。臀鰭與背鰭軟條部對在，有 III 弱棘及 11～12 軟條。二者之鰭葉圓形，外觀上猶如 "三尾"。尾鰭後緣圓。胸鰭圓形。腹鰭 I, 5，胸位，有腋鱗。

臺灣僅產松鯛 1 種。D. XII, 15～16; A. III, 11; P. 15～16; L. l. 42～44; L. tr. 9～11/16～18。鰓耙 6～7+13～15。體綠褐色，頭部、背部較濃，胸鰭黃褐色，其他各鰭黑色，背鰭、臀鰭基部有暗色斑點。幼時有白邊。

松鯛 *Lobotes surinamensis* (BLOCH)

英名 Black perch, Blank grunt; 俗名紅曹（北）。產本島沿岸，大者達一公尺，產量少而味美。（圖 6-131）

鑽嘴科 GERREIDAE

Silver perches; Mojarras; Pursemouths; Silver biddies;

Silverfishes; 銀鱸科（張）; 黑鷺科（日）

體卵圓形，側扁。口小，唇薄，開於尖銳之吻端，能伸縮自如，伸出時向下垂（故有鑽嘴之稱）。有前領棘 (Premaxillary spines)，向後達眼眶上方之凹窩內，兩側會合在頭頂形成一深溝。眶前骨狹，个能掩覆上領骨。眶前骨有一間隙，上領骨可自由活動於其下。無副上領骨。上下領齒纖細為絨毛狀，腭骨、鋤骨及舌上無齒。鱗大或中等，易落，圓形或微櫛；頭頂光滑無鱗。頰部及鰓蓋均被鱗。側線完全，緩弧狀，略偏於背側。背鰭一枚，IX～X 棘 10～15 軟條，臀鰭與背鰭之軟條部相當，有 III 硬棘（或 V～VI 棘），7～14 軟條，二者基部均有鱗鞘，其鰭條一部或全部可以收入鞘內。尾鰭深分叉。腹鰭胸位，有長腋鱗。胸鰭長而尖銳。脊椎 10＋13～14。鰓蓋主骨無棘；前鰓蓋骨光滑，或下方有細鋸齒。鰓膜不連合，並在喉峽部游離。鰓四枚；擬鰓或現或隱。鰓被架 6 。鰓耙短而寬。鰾存在。幽門盲囊小，僅 3 個。熱帶或亞熱帶產中型或小型之海魚，以小型無脊椎動物為食餌。體多貝銀白色光輝，有時進入河口。

臺灣產鑽嘴科 3 屬 9 種檢索表:

1a. 臀鰭短，II～IV, 7～10。無擬鰓；下咽骨癒合。

　2a. 背鰭X棘；前鰓蓋骨邊緣圓滑或有鋸齒 (*Gerreomorpha*)。

頰部有鱗3列；前鰓蓋骨下緣圓滑。背鰭各硬棘黑色。D. X, 9；A. III, 7～8；P. 16；L. l. 40～42 +3～4；L. tr. 5～6/9～10；鰓耙 5+1+7 ……………………………………**日本鑽嘴**

2b. 背鰭 IX 棘；前鰓蓋骨邊緣圓滑 (*Gerres*)。

　3a. 背鰭第 II 棘延長爲絲狀 (通常較體高爲長)。

　　D. IX, 9～11；A. III, 7～8；L. l. 45～48；L. tr. 5～6/11～12；鰓耙 5～6+1+7～8…**曳絲鑽嘴**

　3b. 背鰭第 II 硬棘不延長爲絲狀 (通常較體高爲短)。

　　4a. 背鰭最後硬棘較其後方之軟條爲短。

　　　5a. 體短高，體長爲體高之 $1^7/_8$～$2^7/_8$ 倍。

　　　　6a. 胸鰭比較的長，向後伸達臀鰭起點或超越之。

　　　　　7a. 由側線至背鰭硬棘部之間有鱗 4～5 枚，頭長約爲第 II 背鰭棘之 $1^3/_5$～2 倍，體長爲體高之 2～$2\frac{1}{2}$ 倍。體背部銀灰色，腹部乳白色，背鰭硬棘部有一狹黑邊。D. IX, 10；A. III, 6～7；P. 16；L. l. 35；L. tr. 4～5/9；鰓耙 4～6+7～8 …………………**短棘鑽嘴**

　　　　　7b. 由側線至背鰭硬棘部之間有鱗 5～7 枚。

　　　　　　8a. 頭長約爲背鰭第 II 棘之 $1^1/_{10}$～$1\frac{1}{3}$ 倍，體長爲體高之 $1^7/_8$～$2^1/_8$ 倍。體背部褐色，腹部 (包括側面) 白色，體側有與鱗列相當但不甚明顯之縱線。D. IX, 10；A. III, 7；L. l. 32～36；L. tr. 4/10；鰓耙 5+7 ……………………………………**短鑽嘴**

　　　　　　8b. 頭長約爲背鰭第 II 棘之 $1\frac{1}{3}$～$1^7/_8$ 倍，體長爲體高之 $2\frac{1}{2}$～$2\frac{3}{4}$ 倍。體背部欖褐色，腹部及側面白色，均有銀光。D. IX, 10；A. III, 7；L. l. 35～38；L. tr. $3\frac{1}{2}$～4/10～11；鰓耙 6+7 ……………………………………**奧奈鑽嘴**

　　　　6b. 胸鰭比較的短，向後不達臀鰭起點。

　　　　　頭長約爲背鰭第 II 棘之 $1\frac{1}{2}$ 倍。體長爲體高之 $2\frac{3}{4}$ 倍。體背部淡褐色，腹部 (包括側面) 銀白色。D. IX, 10；A. III, 7；L. l. 40～43；L. tr. 4～5/9～10；鰓耙 6+7 …………**巨鑽嘴**

　　　5b. 體纖長，體長爲體高之 $3\frac{1}{4}$～$3^2/_5$ 倍；頭長爲背鰭第 II 棘之 $1\frac{1}{4}$～2 倍。體銀白色，背鰭有黑邊，幼魚體側有不規則的暗色橫斑。D. IX, 10；A. III, 6～7；L. l. 43～48；L. tr. 5～6/10；鰓耙 4+8 ……………………………………………………**長身鑽嘴**

　　4b. 背鰭最後硬棘與軟條同長。

　　　體長爲體高之 $2\frac{3}{4}$～3 倍。體爲一致之淡褐色；各鰭褐色。D. IX, 10；A. III, 7；L. l. 45～46；L. tr. 4～5/9～11；鰓耙 5+7 ……………………………………**銀鑽嘴**

1b. 臀鰭長，臀鰭棘 III 枚以上，軟條 13～17；背鰭與臀鰭硬棘部均較軟條部爲高；胸鰭長鐮刀狀，遠較頭部爲長；有擬鰓；下咽骨分離 (*Pentaprion*)。

　前鰓蓋骨下緣有細鋸齒。體銀白色，體側中央線有一銀色閃光之縱帶。D. IX～XI, 14～15；A. V～VI, 12～14；P. 16；L. l. 44～48；L. tr. 6/11～12，鰓耙 5～6+11～12 …………………………**長臂鑽嘴**

日本鑽嘴 *Gerreomorpha japonica* (BLEEKER)

　亦名日本十棘銀鱸 (張)。產澎湖。

曳絲鑽嘴 *Gerres filamentosus* CUVIER

英名 Spotted silver biddy, Threadfin pursemouth。亦名曳絲烏前魚（梁），長棘銀鱸（朱），Hai tsih（海鯽? —F.）；日名絲引黑鷺。產東港、高雄、蘭嶼。*Xystaema punctatus* C. & V. 爲本種異名。（圖 6-131）

短棘鑽嘴 *Gerres lucidus* CUVIER

亦名短棘銀鱸（張）。產澎湖。

短鑽嘴 *Gerres abbreviatus* BLEEKER

英名 Deep-bodied silver-biddy；又名短體銀鱸（朱）。俗名 O Ke（烏鷄?）。產臺灣。

奧奈鑽嘴 *Gerres oyena* (FORSSKÅL)

英名 Slenderspine pursemouth, Black-tipped silver-biddy。產蘇澳、澎湖。*G. erythrourum* JORDAN 爲其異名。（圖 6-131）

巨鑽嘴 *Gerres macrosoma* BLEEKER

英名 Large-bodied silver-biddy。又名長體銀鱸（朱）。俗名碗米仔。產基隆。日名爲大口黑鷺，因種名誤拼爲 *macrostoma*，致有此誤譯也。

長身鑽嘴 *Gerres oblongus* CUVIER

英名 Oblong pursemouth, Elongate silver-biddy。產澎湖。

銀鑽嘴 *Gerres argyreus* (BLOCH & SCHNEIDER)

英名 Pacific Silver-biddy。日名瘦黑鷺。產臺灣。

長臂鑽嘴 *Pentaprion longimanus* (CANTOR)

又名五棘銀鱸（朱）。產頂茄萣、高雄、澎湖。

石鱸科 HAEMULIDAE
=POMADASIDAE; POMADASYIDAE; 包括 GATERINDAE,
PLECTORHYNCIIIDAE; Grunts, Grunters, Rubberlips, Sweetlips,
Thick-lipped grunters, Javelinfishes.
石鯽科（顧）。

體橢圓，側扁，高者似鯛，低者似鱸；被中型或較大之櫛鱗；頰部、鰓蓋及頭頂之大部分均被鱗片。眶前骨寬，被鱗，邊緣平滑，主上領骨大部分被眶前骨掩蓋。側線完全，側線上鱗片通常略小。口小，或中型。前領骨略能伸縮。唇厚。頤部有溝（鷄魚）或無溝，有鬚（髭鯛）或無鬚；下唇後方通常有 2 小頤孔。上下領齒尖細，成爲一帶或一列，無臼齒、犬齒、或門齒，鋤骨、腭骨、舌上無齒。鰓蓋無棘，或有弱棘，前鰓蓋骨後下部有鱗片，邊緣有鋸齒。背鰭一枚，中部略凹入，硬棘較強，交錯排列。臀鰭有硬棘 III 枚，第 II 棘特強，其軟條數通常較背鰭者為少。二者均有低鱗鞘。腹鰭胸位，有腋鱗。尾鰭後緣圓、截平、凹入、或分叉。擬鰓發達。鰓被架 5～7。鰓膜在喉峽部游離。腸短；幽門盲囊少數。有鰾。脊椎數 26～27（10～11＋16）。熱帶或亞熱帶沿岸魚類。

臺灣產石鱸科 4 屬 23 種檢索表:

1a. 頤部無中央縱溝。

　2a. 頤部無鬚；背鰭前方無前伏之硬棘（Antrose spine）；尾鰭後緣凹入或分叉。

　　3a. 背鰭連續，中間無缺刻。鰓耙 16～17＋24～25。矢頭狀眶前骨較狹；有一對小頤孔（*Parapristi-poma*）。

　　　D. XIII～XVI, 17～19; A. III, 7; P. 15～17; L. l. 90～94＋12; L. tr. 16～17/17～19。體為一致之灰褐色，幼時有二條平行之深褐色縱帶，與三條淺灰白色縱帶相間隔⋯⋯⋯⋯⋯⋯**三線雞魚**

　　3b. 背鰭硬棘部與軟條部之間有缺刻。鰓耙 7～8＋11～15。眶前骨較寬；有三對明顯的頤孔（*Plectorhynchus*）。

　　　4a. 背鰭 IX～X 棘，23～26 軟條。鱗片較小，側線鱗片 82～117，側線上下鱗片 17～19/30～32。

　　　　體褐色，腹部淡色，頭部、背部、背鰭、尾鰭上有若干大形之黑色斑點散佈其間，幼時往往聯合為六、七條縱帶（成長後逐漸破裂而僅留二、三條，老成標本則只見斑點而無縱帶）。D. IX～X, 21～26; A. III, 6～8; P. 14～15; L. l. 57～70（有孔鱗片）; L. tr. 17～19/30～32; 鰓耙 6～9＋11～14⋯⋯⋯⋯⋯⋯⋯⋯⋯⋯⋯⋯⋯⋯⋯⋯⋯⋯**細鱗石鱸**

　　　4b. 背鰭 XI～XIV 棘，13～22 軟條。鱗片較大，側線鱗片 50～95，側線上下鱗片 10～14/18～26。

　　　　5a. 側線鱗片 50～55，背鰭硬棘強壯，在軟條部前方有深缺刻。體為一致之紅褐色，下部稍淡，各鰭邊緣污色，只胸鰭較淡。幼魚之尾鰭以及背鰭、臀鰭之外緣黃白色。D. XIII～XIV, 16～18; A. III, 7～8; L. l. 49～50（有孔鱗片）; L. tr. 10～11/18～21。鰓耙 9～10＋16～20⋯⋯⋯⋯⋯⋯⋯⋯⋯⋯⋯⋯⋯⋯⋯⋯⋯⋯⋯⋯⋯⋯⋯⋯⋯⋯⋯⋯⋯**黑石鱸**

　　　　5b. 側線鱗片 58～105，背鰭棘 XII～XIII（少數 XIV），17～22 軟條，棘不甚強壯，軟條部前方無缺刻。

　　　　　6a. 成魚體側無暗色或黑色縱帶（或見於幼魚時期），或有暗色斑點。

　　　　　　7a. 唇甚寬而厚。幼魚暗褐色而有白色大圓斑塊，成魚全身及奇鰭有暗褐色圓斑（不見於胸部及腹面）。D. XI～XII, 18～19; A. III, 8; P. 15; L. l. 58～70（有孔鱗片 52～59）; L. tr. 11～14/18～24。鰓耙 10＋26⋯⋯⋯⋯⋯⋯⋯⋯⋯⋯⋯⋯⋯⋯⋯⋯**厚唇石鱸**

　　　　　　7b. 唇中等肥厚。幼魚欖綠色而吻部及頰部有淡藍色線紋。成魚暗灰色或灰綠色，有的有不明顯的狹橫條紋，各鰭黑色，偶鰭無斑點。D. XII～XIII, 18～23; A. III, 7; P. 15; L. l. 75～90（有孔鱗片 52～60）; L. tr. 12～13/19～20。鰓耙 11＋16～18⋯⋯⋯⋯⋯**灰石鱸**

6b. 體側有暗色或黑色縱帶。

　8a. 各鰭無暗色斑點或條紋；地色爲灰色或褐色。

　　9a. 體側有多數平行之暗帶。

　　　10a. 幼魚頭部及體側有 10 餘條多少向後方直走之金色縱線紋，至成魚頭後之線紋間斷爲小斑點。D. XIII, 20～22; A. III, 7; L. l. 60 (有孔鱗片)。鰓耙 12～15＋18～20······**黃點石鱸**

　　　10b. 體側有 7～9 條黃色水平縱帶，帶較帶間爲狹。各鰭爲一致之黃色。D. XIII, 18～20; A. III, 6～7; P. 15～17; L. l. 75～78 (有孔鱗片 53～58); L. tr. 12～13/20。鰓耙 11～12＋19～20······**南洋石鱸**

　　9b. 體側有三條弧狀深色寬縱帶，一條自後頭部經胸鰭基底向後縱走，直達臀鰭基底及尾鰭下半，第二條由背鰭第 III～VII 棘下方，至側線再向後縱走直達尾鰭上半，第三條沿背鰭軟條部之基底，在二、三條之間有許多黑色圓點散佈其間。背鰭硬棘部黑色，其他各鰭灰黑色。D. XII～XIII, 15～17; A. III, 7～8; P. 16～19; L. l. 92～114 (緊接側線上方之鱗片) 或 65～70 (緊接側線下方之鱗片); L. tr. 16～18/22～24。鰓耙 6～9＋12～15 ······**花軟唇**

　8b. 各鰭有暗色斑點或斑塊。

　　11a. 體側有 3～4 條暗色縱帶。

　　　12a. 體欖褐色，有三條白色縱帶，一條自眶間區向後沿背鰭硬棘部基底兩側至軟條部起點，第二條自吻端，經眼上方至背鰭軟條部基底末端，尾柄上側及尾鰭上半，第三條自眼下方至尾鰭下緣基部，然後斜向尾鰭中央，與第二條相合。奇鰭軟條部外側有白色縱帶，邊緣黑色。D. XIII, 19; A. III, 7; L. l. 76～87 (有孔鱗片 56～57); L. tr. 11～13/18～19。鰓耙 8＋19～21·········**白帶石鱸**

　　　12b. 幼魚黃白色，有 3～4 個大形不規則的黑褐色縱斑，在體側中央互相連接成縱帶。背鰭基部有一寬縱帶，外側白色。D. XII～XIII, 17～21; A. III, 7～8; P. 15; L. l. 100 (有孔鱗片 80～85); L. tr. 13/23～25············**東方石鱸**

　　11b. 體側有 6～9 條黑色縱帶。

　　　13a. 體淡褐色。幼魚體側有二條淡色寬縱帶。成魚體側有 6～7 條深褐色或黑色平行而均勻之縱帶。奇鰭有黑邊及不規則之大形斑點、胸鰭基部有暗色斑。D. XII～XIII, 17～20; A. III, 7～8; L. l. 84～97＋14～15 (有孔鱗片 52～62); L. tr. 11～14/18～20。鰓耙 9～10＋20～21 ·········**雙帶石鱸**

　　　13b. 體淡褐色，幼魚體側有 9 條黑色縱帶，老成標本增至 18～19 條，上方之黑帶逐漸變爲向背鰭基部上升之斜帶，下方者則間斷爲斑點。奇鰭有暗色斑點。D. XII～XIII, 19～20; A. III, 7; P. 15; L. l. 77～93 (有孔鱗片 55～58); L. tr. 13～14/20～21。鰓耙 10＋20 ······**斜帶石鱸**

　　　13c. 體褐色，幼魚體側有不規則的暗色斑塊，至成魚逐漸變爲 7～8 條暗色縱帶，與白色縱帶平行排列。D. XII～XIII, 18～20; A. III, 7; P. 17; L.

l. 90～93（有孔鱗片 60）；鰓耙 8～10＋20～21⋯⋯⋯⋯⋯⋯⋯⋯**條紋石鱸**

2b. 頤部有一簇細鬚；背鰭前方有一前伏之硬棘；吻端有小顆粒狀突起；尾鰭後緣鈍圓（*Hapalogeny*）。

14a. 背鰭第 III 棘短於或等於第 IV 棘；主鰓蓋骨痕跡的埋沒於皮下。奇鰭

邊緣淡色，體側有斜走的或直走的縱帶。

15a. 體側有四條黑色縱帶。臀鰭第 II 棘強大，約等於頭長之 1/2；頭長爲

眼徑之 3 倍；D. I, XII, 14; A. III, 9; L. l. 50; L. tr. 15/21⋯⋯⋯

⋯⋯⋯⋯⋯⋯⋯⋯⋯⋯⋯⋯⋯⋯⋯⋯⋯⋯⋯⋯⋯⋯**岸上氏髭鯛**

15b. 體灰黑色，體側有兩條暗色縱帶。臀鰭第 II 棘約爲頭長之 2/7；頭長

爲眼徑之 $4\frac{1}{2}$ 倍。主上頜骨有鱗或無鱗。

16a. 鱗片較大，由臀鰭起向上一橫列鱗片 17 枚。腹鰭較長，向後可達

肛門。主上頜骨無鱗。下頜腹面有三對極小之孔，在喉部有一對裂

孔。D. XI～XII, 14～16; A. III, 9～10; L. l. 48～50。鰓耙 6～

8＋11～13 ⋯⋯⋯⋯⋯⋯⋯⋯⋯⋯⋯⋯⋯⋯⋯⋯⋯⋯**黑鰭髭鯛**

16b. 鱗片較小，由臀鰭起點向上一橫列鱗片 24～25 枚。腹鰭後端不達

肛門。主上頜骨有小鱗片。下頜腹面有小孔四對，喉部一對。

17a. 前鰓蓋骨後緣垂直；兩頜齒小，無犬齒狀齒。D. XI, 15; A.

III, 9; L. l. 52; 鰓耙 6＋14⋯⋯⋯⋯⋯⋯⋯⋯⋯⋯⋯**髭鯛**

17b. 前鰓蓋骨之角隅部凸出。上下頜外列齒較大，前方有犬齒狀齒。

D. XI, 15; A. III, 9; L. l. 50（58～60 緊接側線下）⋯⋯⋯⋯

⋯⋯⋯⋯⋯⋯⋯⋯⋯⋯⋯⋯⋯⋯⋯⋯⋯⋯⋯⋯⋯**縱帶髭鯛**

14b. 背鰭第 III 棘遠較第 IV 棘爲長；頭長爲眼徑之 $3\frac{1}{2}$～$3^{4}/_{5}$ 倍，臀鰭第 II

棘之 $1^{9}/_{10}$～$2^{1}/_{8}$ 倍。體灰褐色，體側有五條深色橫帶，胸鰭淡色，其餘各

鰭黑色。D. XI, 15; A. III, 9～10; L. l. 46～47（有孔之鱗片；緊接側

線上方者 67，緊接下方者 58～60）；L. tr. 9～10/19～20⋯⋯**橫帶髭鯛**

1b. 頤部中央有縱溝；背鰭軟條部及臀鰭之基底有甚低鱗鞘。臀鰭第 II 棘特強；背鰭有 12～18 軟條

（*Pomadasys*）。

18a. 體側有黑色斑點（幼時往往排成爲若干橫列或縱列）。

19a. 體污褐色，下部銀白色，背部（側線以上）有四、五個大形

黑斑，另一個在背鰭硬棘部。頰部有鱗 12 列；D. XII～XIII,

13～14; A. III, 7; P. 17; L. l. 49～50＋6～10; L. tr. 7～

8/12～13。鰓耙 4～6＋12～14 ⋯⋯⋯⋯⋯⋯⋯⋯⋯**斑鷄魚**

19b. 背部有小形黑點（有時每一鱗片上有一個）。

20a. 由側線上方至背鰭硬棘部（中部）有鱗 5 列，頰部有鱗 10

列。體灰綠色，下部淡黃色而有銀色閃光，背部每一鱗片均

有紅褐色小點，各鰭淡黃色，背鰭硬棘部有數列褐點，軟條部有四列。D. XII, 14; A. III, 7; L. l. 45+6; L. tr. 5/10。鰓耙 6+12 ……………………………………………**銀雞魚**

20b. 由側線上方至背鰭硬棘部（中部）有鱗 8 列；頰部有鱗 13～17列。體灰褐色，下部白色，背部每一鱗片有一黑點，另有數列較大之黑斑；背鰭硬棘部有黑點三列，軟條部二列。D. XIII, 13～15; A. III, 6～8; P. 14～15; L. l. 45～52; L. tr. 7～8/12～14。鰓耙 5～6+12～13…**黑雞魚**

18b. 體側有暗色縱帶。

21a. 體側有 6～11 條暗色縱帶，最下一條起自胸鰭基部。鰓蓋上有一小於眼徑之黑斑。D. XII～XIII, 14～16; A. III, 8～9; P. 15; L. l. 58～62; L. tr. 9/15～16。鰓耙 7～10 ………………………………………**赤筆雞魚**

21b. 體側有 3～4 條暗色縱帶，第四條自胸鰭基底下方至尾基下方；D. XII, 13～16; A. III, 7～8; L. l. 51～57; L. tr. 7～8/13～14；鰓耙（下枝）14～15……**金帶雞魚**

三線雞魚 *Parapristipoma trilineatus* (THUNBERG)

　　英名 Chicken grunt, 亦名雞鱸（鄭），三線磯鱸（張）；俗名圭（雞）仔魚；日名伊佐木魚（雞魚）。產臺灣、澎湖。*Pleclorhynchus ocyurus* JORDAN & EVERMANN 為其異名。（圖 6-131）

細鱗石鱸 *Plectorhynchus pictus* (THUNBERG)

　　英名 Common thick-lipped grunt, Painted grunt, Painted sweetlip, Sailfin rubberlip; 亦名胡椒鯛（朱），Yaou-we（要尾？ 凹尾？），Yaou-ne, Yap-me (F.)。俗名圭仔魚；日名臺灣胡椒鯛，轉鯛，石鯽，胡蘆鯛。產基隆、宜蘭、高雄、澎湖。*P. poecilopterus* (C. & V.), *P. radjabau* (LAC.) 均其異名。

黑石鱸 *Plectorhynchus nigrus* (CUVIER & VALENCIENNES)

　　英名 Brown sweetlips, Harry rubberlip (hotlips)。又名黑胡椒鯛（朱）。產宜蘭。*P. crassispina* (RÜPPELL) 為其異名。

厚唇石鱸 *Plectorhynchus chaetodonoides* LACÉPEDE

　　英名 Harlequin Sweetlip。產臺灣。

灰石鱸 *Plectorhynchus schotaf* (FORSSKÅL)

　　英名 Gray sweetlips, Minstrel。東海大學魚類研究室有一標本採自梧棲港。

黃點石鱸 *Plectorhynchus flavomaculatus* (EHRENBERG)

　　英名 Blackspotted rubberlip。產臺灣。

南洋石鱸 *Plectorhynchus celebicus* BLEEKER

　　英名 Celebes sweetlips。產臺灣。

花軟唇 *Plectorhynchus cinctus* (TEMMINCK & SCHLEGEL)

　　英名 Yellow spotted grunt；日名胡椒鯛；亦名黃斑石鯛（袁），厚唇石鱸（鄭），花
　　尾胡椒鯛（張）。花軟唇爲華南俗名。產臺灣。

白帶石鱸 *Plectorhynchus albovittatus* (RÜPPELL)

　　產臺灣。

東方石鱸 *Plectorhynchus orientalis* (BLOCH)

　　英名 Oriental sweetlips。產臺灣。

雙帶石鱸 *Plectorhynchus diagrammus* (LINNAEUS)

　　俗名鐵婆。產南方澳、恆春。

斜帶石鱸 *Plectorhynchus goldmanni* (BLEEKER)

　　東海大學魚類研究室存一標本採自臺中魚市場，可能獲自臺灣近海。

條紋石鱸 *Plectorhynchus lineatus* (LINNAEUS)

　　又名條紋胡椒鯛。產恆春。

岸上氏髭鯛 *Hapalogeny kishinouyei* SMITH & POPE

　　俗名柏鐵婆。產基隆、東港。（圖 6-131）

黑鰭髭鯛 *Hapalogeny nigripinnis* (TEMMINCK & SCHLEGEL)

　　據楊鴻嘉（1975）產高雄，亦見於基隆。

髭鯛 *Hapalogeny nitens* RICHARDSON

　　產基隆。

縱帶髭鯛 *Hapalogeny maculatus* RICHARDSON

　　亦名 Kin-sih, Kin-fung（金風）。梁名斑鬚鯛。產澎湖。

橫帶髭鯛 *Hapalogeny mucronatus* (EYDOUX & SOULEYET)

　　亦名銅盆魚（張、顧），石飛馬（袁），峽梭鯛（梁）。Shih-tseu, Shi-kea-ha, Shik-
　　kip-lap, Ta-tit-lap（帶鐵鱲，以上均據 F.）；俗名打鐵婆；日名多紋里。產臺灣。

斑鷄魚 *Pomadasys maculatus* (BLOCH)

　　英名 Banded grunt, Saddle grunter, Spotted javelinfish, Banded pomadasid；亦
　　名大斑石鱸（張），Pih-loo（白鱸）；俗名咕咕，花身仔，石鯽仔；日名斑高砂鯛。產
　　基隆、高雄。（圖 6-131）

銀鷄魚 *Pomadasys argenteus* (FORSSKÅL)

英名 Silver grunt；　亦名 Sing-loo（星鱸—F.）。銀石鱸（朱）。產臺灣。

星鷄魚 *Pomadasys hasta* (BLOCH)

英名 Head grunt, Common javelinfish, Spotted pomadasid；亦名 Tow-loo, Tau-lo（頭鱸），Ko-kengyun (F.)；俗名咕咕，加盧仔，花微仔；亦名斷斑石鱸（朱），日名高砂鯛。產基隆、高雄、羅東。

赤筆鷄魚 *Pomadasys furcatus* (SCHNEIDER)

俗名赤筆仔。產南方澳。

金帶鷄魚 *Pomadasys stridens* (FORRSKÅL)

英名 Striped piggy。東海大學生物系最近自東港採得標本。朱光玉（1957）記載 *P. striatus* (GILCHRIST & THOMPSON) 產澎湖，按該種原產非洲，可能爲本種之誤。沈世傑教授等（1984）發表之新種 *P. quadrilineatus* 應屬本種之異名。

龍占科 LETHRINIDAE

Lenjans; Porgies; Pigface-breams; Emperors; Nake-headed snapper;

Scavengers; 魣科；裸頰鯛科；笛吹鯛科（日）

體形近似於鯛科，但有時比較的延長，吻尖銳；被中型櫛鱗，頭頂與頰部（前鰓蓋）均裸出；背鰭僅有硬棘X枚；故仍易於區別。眼高位，在頭之中部或稍後。唇厚，口裂在吻端，略能伸縮；眶前骨特寬，裸出，邊緣光滑，將主上頜骨之大部分掩蓋。上頜骨大部分被覆於眶前骨下。上下頜側齒一列，圓錐狀或臼齒狀；前端有犬齒；鋤骨、腭骨、舌上均無齒。前鰓蓋骨後下方裸出，後緣光滑，其後下方成一直角；鰓蓋主骨被鱗，後方成一鈍角。左右鰓膜大部分連合，但在喉峽部游離。鰓四枚；擬鰓大形。鰓被架6。幽門盲囊少數。背鰭一枚，硬棘部之基底甚長，各棘交錯排列；軟條部基底則甚短，與硬棘部之間無缺刻。臀鰭硬棘 III 枚。腹鰭胸位，有腋鱗。胸鰭長，一般可達臀鰭起點上方。尾鰭後緣凹入。僅含1～2屬，生活時各不同種之體色雖顯然有別，而各種之鰭條（D. X, 9～10; A. III, 8～10）與鱗片數（L. l. 44～48，少數 42～44）幾乎完全一致，故液浸標本區別甚難。

臺灣產龍占科 1 屬 15 種檢索表:

1a. 吻特別延長而尖銳；體高小於頭長；上頜向後僅達由吻端至眼眶前緣距離之中點，而不達前鼻孔之前緣下方。上頜側齒尖銳。L. l. 46～49；L. tr. 5～5½/17～19。鰓耙 4～5+5～7。⋯⋯⋯⋯⋯**長吻龍占**

1b. 吻不特長，體高等於或大於頭長。上頜向後比較的近於眼眶前緣，達於或超過前鼻孔之下方。上頜後方有臼齒狀齒或錐狀齒。

2a. 背鰭第 II 硬棘延長爲絲狀。鰓裂後有一黑斑，體長爲體高之 3～3.1 倍，頭長之 2.6～3 倍。L. l. 46～47; L. tr. 4～4½/15～16。鰓耙 4～6+5～7 ……………………………**絲鰭龍占**

2b. 背鰭第 II 硬棘並不延長。

3a. 體側有黑斑。

4a. 體側有 10～11 條暗色橫帶；側線下相當於胸鰭中部上方有一黑色小圓點；兩頜齒圓錐狀；體纖長，體長爲體高之 3.3 倍，頭長爲眼徑之 3.3 倍。L. l. 48; L. tr. 5/15 …………**橫紋龍占**

4b. 體側橫帶如存在時與上種不同。

5a. 體側暗色斑終生存在；頰部無暗色橫帶。

6a. 沿體側中央無白色中軸線。

7a. 胸鰭後端以後有一黑斑，此外沿體側有七、八條深色橫帶，往往分裂爲網狀。體比較的纖長，體長爲體高之 2.8～3.1 倍；兩頜側齒圓錐狀或次臼齒形；L. l. 47～48; L. tr. 4～4½/15～16。鰓耙 5+5 ……………………………………………………**網紋龍占**

7b. 胸鰭中部上方有一大形黑斑，側線上方有四、五條暗色縱線。體長爲體高之2.5倍；兩頜側齒前部爲圓錐狀，後部爲大形臼齒狀。L. l. 47; L. tr. 6/14。鰓耙（下枝） 4……
…………………………………………………………………………………**阿根遜龍占**

7c. 胸鰭前半部上方有一小黑斑，幼魚自吻端至眼後有一暗色縱帶，體側有七條不明顯之暗色橫帶。體長爲體高之 2.6～2.7 倍；兩頜側齒近於圓錐狀，前方通常有一對犬齒，犬齒後方有絨毛狀齒帶；後方有 4～5 個短錐形齒。L. l. 47+4, L. tr. 6～7/15。鰓耙 5+5
…………………………………………………………………………………**一點龍占**

7d. 胸鰭後半部上方有一大形黑斑，液浸標本褐色，下部白色，頭部帶紫色。體長爲體高之 2.4～2.8 倍；兩頜具絨毛狀齒帶，外列齒圓錐狀，其中前方一、二枚爲犬齒狀，後方四枚爲臼齒狀；L. l. 45～48; L. tr. 5～6/14～16。鰓耙 5+5 ……………**單斑龍占**

7e. 胸鰭上方及後端無特殊黑斑，生活時灰綠色，有不規則的暗褐色垂直斑紋，眼周圍有放射狀線紋。體長爲體高之 2.4～2.5 倍，爲頭長之 2.8～2.9 倍。側齒臼齒狀，前方齒犬齒狀。L. l. 47; L. tr. 4½/17…………………………………………………**紅鰭龍占**

6b. 沿體側中央通常有一白色中軸線，在此中軸線上下方可能更有數條與之平行。體長爲體高之 2.4～2.8 倍，爲頭長之 2.5～2.7 倍。L. l. 43～48; L. tr. 4½/16～18。鰓耙 6+8……
…………………………………………………………………………………**條紋龍占**

5b. 體側暗色斑成長後逐漸消失，全體蔚藍色（液浸標本褐色），每一鱗片中央有一白點，體側可能有若干條深色橫帶，有時破裂爲不規則之斑點；體長爲體高之 2.5～2.9 倍，爲頭長之 2.8～3.2 倍；兩頜有絨毛狀齒帶，外列齒圓錐狀，其中前方四枚爲犬齒，後方四枚爲臼齒；L. l. 45～48; L. tr. 5～6/14～16。鰓耙 5～6+5 ……………………………**青嘴龍占**

3b. 體側無黑斑，顳部無黑點，眼前無藍色線紋，頰部無綠色斜帶。

8a. 頭部與軀幹部體色相近。

9a. 體側有 5～6 條紅色或黃色縱帶（或由斑點相連而成）。體長爲體高之 2.3～2.6 倍，爲頭長之 2.4～2.8 倍；上下頜有絨毛狀齒帶，外列齒圓錐狀，其中後端二、三枚爲臼齒；L. l. 44～48；L. tr. 5～6/14～16。鰓耙 4～5+5⋯⋯⋯⋯⋯**紅帶龍占**

9b. 體側無縱帶，每一鱗片有一白色、金色、或暗色斑點。

10a. 體長爲體高之 2.2～2.4 倍，頭長之 2.6～3 倍。沿鱗列有若干黑色縱條紋。L. l. 49；L. tr. 4½/14～16。鰓耙 5～6+4～6⋯⋯⋯⋯⋯⋯⋯⋯⋯**龍占**

10b. 體長爲體高之 2.6 倍，爲頭長之 2.8 倍。體欖綠色，各鰭黃色或淡紅色。L. l. 46～48；L. tr. 6/17⋯⋯⋯⋯⋯⋯⋯⋯⋯⋯⋯⋯**濱龍占**

10c. 體長爲體高之 2.6 倍，爲頭長之 2.7 倍。沿鱗列可能有若干淡色縱條紋。L. l. 48；L. tr. 5/13⋯⋯⋯⋯⋯⋯⋯⋯⋯⋯⋯⋯⋯**磯龍占**

8b. 體淡褐色而頭部則爲深褐色。體長爲體高之 2.6～2.8 倍，爲頭長之 2.6～3 倍。L. l. 44～48；L. tr. 5～6/14～15。鰓耙 4+5⋯⋯⋯⋯⋯⋯⋯**烏帽龍占**

長吻龍占 *Lethrinus miniatus* (BLOCH & SCHNEIDER)

英名 Long-nosed emperor; longface emperor; 亦名鮬，長吻裸頰鯛（朱），吹哨魚；俗名猪哥兒；日名狐笛吹 。產臺灣近海及澎湖。*L. rostratus* GÜNTHER 爲其異名。（圖 6-131）

絲棘龍占 *Lethrinus nematacanthus* BLEEKER

英名 Lancer, Threadfin emperor, Longspine emperor; 亦名淺棘裸頰鯛（朱）；絲鮬；日名絲笛吹。產基隆。

橫紋龍占 *Lethrinus amboinensis* BLEEKER

俗名 Lengtsian。產高雄。據 WEBER & DE BEAUFORT (1936, 1) 之意見，本種爲網紋龍占之異名。

網紋龍占 *Lethrinus reticulatus* CUVIER & VALENCIENNES

英名 Reticulated emperor。日名網笛吹。產臺灣。

阿根遜龍占 *Lethrinus atkinsoni* SEALE

產澎湖。

一點龍占 *Lethrinus frenatus* VALENCIENNES

俗名龍尖。產澎湖。*L. richardsoni* GTHR. 爲其異名。

單斑龍占 *Lethrinus harak* (FORSSKÅL)

英名 Thumb-print emperor, Blackspot emperor。產臺灣。*L. rhodopterus* BLEEKER 爲其異名。

紅鰭龍占 *Lethrinus fletus* WHITLEY

英名 Red-finned emperor。產淡水、澎湖。

條紋龍占 *Lethrinus kallopterus* BLEEKER

英名 Yellow-spotted emperor; Orange-spotted emperor。產澎湖。

青嘴龍占 *Lethrinus nebulosus* (FORSSKÅL)

英名 Common lenjan, Common porgy; Pearly lenjan; Blue emperor, Spangled emperor, 亦名泥黃（粵）；星斑裸頰鯛（朱）；俗名青嘴。*L. opercularis* C. & V. 為其異名。產臺灣、澎湖。

紅帶龍占 *Lethrinus ornatus* VALENCIENNES

英名 Ornate emperor, Yellow-striped emperor。產臺灣。*E. erythrurus* VAL. 為其異名。

龍占 *Lethrinus haematopterus* TEMMINCK & SCHLEGEL

英名 Common lenjan; 亦名尖嘴鱲（F.）；紅鰭裸頰鯛（朱），俗名龍尖，連占，連尖；日名笛吹鯛。產安平、高雄、澎湖。(圖 6-131)

濱龍占 *Lethrinus choerorhynchus* (BLOCH & SCHNEIDER)

日名濱笛吹。產臺灣。JOR. & RICH. (1909) 名此為 *L. richardsoni* (not GTHR.)。

磯龍占 *Lethrinus mahsenoides* CUVIER & VALENCIENNES

日名磯笛吹。產高雄。*L. insulindicus* BLKR. 為其異名。

烏帽龍占 *Lethrinus leutjanus* (LACÉPÈDE)

英名 Purple-headed emperor, Redspot emperor。又名白龍占，四帶裸頰鯛（朱）；烏帽子日名也。產臺灣。*L. lentjan* LAC. 為其異名。

絲尾鯛科 PENTAPODIDAE

=MONOTAXIDAE; Large-eye Bream; 錐齒鯛科

體長橢圓形，側扁。體被中等或較小之櫛鱗，頭頂裸出或被鱗，前鰓蓋骨無鱗，頰部有鱗 4～6 列。頭相當寬，眶間區隆起。前額骨大形，並隨年齡而形成一眶前突出部。眼特大形，前後鼻孔等大，多少成圓形。眶下骨棚 (Suborbital shelf) 微弱，僅為第二眶下骨向前伸出之扁三角形突起。口小或中等，端位，上頜能伸出。主上頜骨後部寬大，至少部分被眶前骨掩蓋。前上頜骨之末端在主上頜骨之內側。上下頜前方齒錐形，通常成數列，部分前端齒為犬齒狀；兩側齒單列，錐狀或臼齒狀。腭骨及舌上均無齒。鰓被架 6；有擬鰓。鰓耙短而少， 成節結狀。 左右鰓膜之連接部狹窄， 在喉峽部游離。 前鰓蓋骨後緣光滑或有細鋸齒，鰓蓋骨有一扁平鈍棘。背鰭一枚，棘或強或弱，具 X 棘 9～11 軟條。臀鰭 III 棘 7～10 軟條，一般以第三棘最長。腹鰭胸位；尾鰭分叉，上下葉或有少數鰭條延長爲絲狀。幽門盲囊少數。泳鰾在後部凹入。脊椎骨 10＋14＝24。

臺灣產絲尾鯛科 4 屬 7 種檢索表:

1a. 主上頜骨有一堅強之鋸齒狀縱脊。

  2a. 上下頜兩側有圓形扁平之臼齒一列，前方爲一列犬齒狀齒，中間是一簇小形齒，頭頂在眼前方顯著隆起 (*Monotaxis*)。

    體上部紅褐色，下部銀色，各鱗片中央銀色，眼周圍黃色或橙色，背側有二、三條淡色橫帶。D. X, 10; A. III, 9; L. l. 44～45＋1～2; L. tr. 5/14～15。頰鱗 5～6 列 ……………………………**異黑鯛**

  2b. 上下頜有絨毛狀狹齒帶，外列齒錐狀，上頜前方犬齒 4 枚，下頜前方犬齒 6 枚，頭頂在眼前方平坦或略隆起 (*Gnathodentex*)。

    3a. L. l. 70～78; L. tr. 5½/16～19。D. X, 10; A. III, 9; P. 19。前鰓蓋鱗片 3 列，主鰓蓋鱗片 5～7 列。上頜後端達眼窩前緣下方，眶下骨狹，頭長爲其 6.6～7.4 倍。體淡褐色，下部白色，體側有 10 餘條金黃色縱條紋，中央者較寬，眼下有一銀色斑，背鰭軟條部下方有灰黃色斑點……
    ………………………………………………………………**金帶鯛**

    3b. L. l. 41～47; L. tr. 6～8/15～17。D. X, 10; A. III; 10～11; P. 14。前鰓蓋鱗片 4～5 列，主鰓蓋鱗片 5～6 列。上頜後端達後鼻孔之下方。眶下骨較寬，頭長爲其 3.7～3.8 倍。體黃灰色，腹側較淡，各鱗片邊緣色暗，體側有不明顯的暗色橫斑塊，背鰭、臀鰭、尾鰭橙黃色…………
    ………………………………………………………………**莫三鼻克鯛**

1b. 主上頜骨表面光滑而無鋸齒狀縱脊。

  4a. 前鰓蓋骨全部被鱗；頭頂鱗片擴展至眼間隔前方；眶下骨棚之邊緣游離，後端鈍尖；臀鰭軟條 7 (*Pentapodus*)。

    前鰓蓋骨後緣圓滑；尾鰭上下葉延長。由眼後方至尾鰭有黃色寬縱帶。D. X, 9; A. III, 7; P. 2, 14; L. l. 47; L. tr. 2½/15。鰓耙 5＋5…………………………………………**細齒絲尾鯛**

  4b. 前鰓蓋骨後緣有一寬裸出帶，頭頂裸出無鱗；眶下骨棚邊緣不游離；臀鰭有 9～11 軟條 (*Gymnocranius*)。

    5a. 頭長爲眼徑之 4.3 倍。體銀灰色，腹面銀白色，吻部、頰區及鰓蓋上有數條波狀藍色條紋，背鰭、臀鰭橙黃色。D. X, 10～11; A. III, 9～10; L. l. 45～49; L. tr. 6～7/17。鰓蓋鱗片 4～5 列，前鰓蓋鱗 3 列。鰓耙 3＋5 …………………………………………**藍線裸頂鯛**

    5b. 頭長爲眼徑 2.7～4 倍。體銀灰色， 腹面銀白色， 頭部及體側有 5～8 條不規則的暗色橫帶，一由眼間經眶下區至前鰓蓋骨，一由背鰭前方至鰓蓋後緣及胸鰭基部，其他在體側及尾柄部。D. X, 10; A. III, 9; L. l. 47～51; L. tr. 6/16～19。鰓蓋鱗片 6～7 列， 前鰓蓋鱗

4～5列。鰓耙 3～5＋5～6 ···白鱲

5c. 頭長為眼徑之 3.6 倍。體為一致之灰褐色， 頭部背面紫褐色。D. X, 10; A. III, 10; P.
14; L. l. 49; L. tr. 6/17～18。鰓蓋鱗片 5～6 列， 前鰓蓋鱗 3 列； 鰓耙 3～4＋5～6·······
···日本裸頂鯛

異黑鯛 *Monotaxis grandoculis* (FORSSKÅL)

英名 Bigeye barenose, Humpnose large-eye bream; 又名大眼黑鯛（朱）；且名橫縞
黑鯛。肉有劇毒。產臺灣。（圖 6-131）

金帶鯛 *Gnathodentex aurolineatus* (LACÉPÈDE)

英名 Gold-lined seabream, Glowfish, Striped large-eye bream。產基隆。

莫三鼻克鯛 *Gnathodentex mossambicus* SMITH

英名 Mozambique large-eye bream。產臺灣。

細齒絲尾鯛 *Pentapodus microdon* (BLEEKER)

英名 Small-toothed threadfin bream。產高雄。

藍線裸頂鯛 *Gymnocranius robinsoni* (GILCHRIST & THOMPSON)

英名 Blue-lined large-eye bream。產臺灣。

白鱲 *Gymnocranius griseus* (TEMMINCK & SCHLEGEL)

英名 Naked-headed seabream, Grey barnose, Grey large-eye bream。 亦名白果
（鄭），灰裸頂鯛，夷鯛（動典），Paak leap（白鱲 —F.）；俗名白加鱲，白加納。產臺
灣、澎湖。（圖 6-131）

日本裸頂鯛 *Gymnocranius japonicus* AKAZAKI

產臺北金山。

鯛　科 SPARIDAE

Pargos; Porgies; Sea breams; Snappers; Silver-breams
海鮒科（張）；棘鬣魚科（動典）

體卵圓形或橢圓形，側扁，頭大，前半甚高，後半較低，背緣彎曲，腹緣較平。被大形
櫛鱗或圓鱗，但櫛齒纖細；頭頂與兩頰通常有鱗。側線單一，完全，偏於背側。口裂小，近
於水平位，在頭之前下方。主上頜骨大部分或全部為眶前骨所掩覆。眶下骨棚寬大。上下頜
前端齒為犬齒狀或門齒狀，兩側齒為臼齒狀或圓錐狀；腭骨無齒。鰓膜不相連，在喉峽部游
離。眼中等大。鼻孔每側成對，前鼻孔較小，圓形，後鼻孔大形，卵圓或裂隙狀。前鰓蓋骨

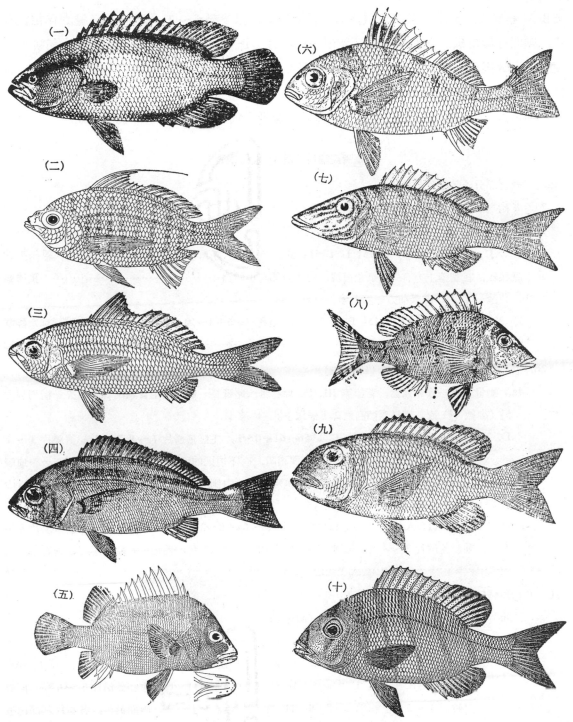

圖 6-131 (一) 松鯛（松鯛科）；（二）曳絲鑽嘴；（三）奧奈鑽嘴（以上鑽嘴科）；
（四）三線雞魚；（五）岸上氏髭鯛；（六）斑雞魚（以上石鱸科）；（七）
長吻龍占；（八）龍占（以上龍占科）；（九）異黑鯛；（十）白鱲（以上絲尾
鯛科）。

被鱗，無棘或鋸齒緣。鰓蓋骨後緣有一扁平鈍棘。鰓被架 5～7。鰓四枚，擬鰓存在。有鰾。幽門盲囊少數。脊椎 10+14。背鰭一枚，有 XI～XIII 枚強大之硬棘，各棘交錯排列，硬棘部與軟條部之間有缺刻或無缺刻。臀鰭有 III 硬棘，第 II 棘特強。胸鰭長而尖銳。腹鰭 I, 5，胸位；有腋鱗。尾鰭凹入或分叉。

　　熱帶以至溫帶沿岸食肉或食草性魚類，少數進入河口。多數爲上品食用魚類。

臺灣產鯛科 6 屬 11 種檢索表:

1a. 背鰭之部分硬棘延長爲絲狀。

　2a. 背鰭之前方數棘延長（*Argyrops*）。

　　3a. 背鰭 XII 棘，最前方二棘短縮微小。

　　　D. XII, 10; A. III, 8; P. 15; L. l. 51; 鰓耙 6+13。新鮮標本淡紅色，下方銀白色，沿鱗列有縱條紋，在鰓蓋上方有一暗紅色斑塊，胸鰭腋部有小暗斑‥‥‥‥‥‥‥‥**長旗鯛**

　　3b. 背鰭 XI 棘，僅最前方一棘短縮。

　　　D. XI, 10; A. III, 8; P. 15; L. l. 50～52; 鰓耙 4～6+8～10。新鮮標本淡紅色，體側有六條紅色橫帶，第一條橫過眼窩‥‥‥‥‥‥‥‥‥‥‥‥‥‥‥**小長旗鯛**

　2b. 背鰭之第 I、II 棘發育正常（*Evynnis*）。

　　4a. 鋤骨上有一簇錐狀齒，背鰭第 III、IV 棘易屈，略延長。由側線至背鰭硬棘部中央一橫列鱗片 5½（少數 4½）枚。體長爲體高之 2.1 倍以上。

　　　D. XII, 10; A. III, 9; P. 15; L. l. 56～61+0～1。主鰓蓋鱗片 7～8 列，前鰓蓋鱗片 3～4 列。鰓耙 7～8+12～13。體赤紅色，背面稍暗，有不規則的青色斑點散在 ‥‥‥‥‥‥**血鯛**

　　4b. 鋤骨上無齒，背鰭第 III、IV 棘顯著延長爲絲狀，由側線至背鰭硬棘部中央一橫列鱗片 6½（少數 5½）枚。體長爲體高之 2.2 倍以下。

　　　D. XII, 10～11; A. III, 8; P. 15; ; L. l. 58～64+0～2; L. tr. 7/14～17。主鰓蓋鱗片 6～8 列，前鰓蓋鱗片 3～4 列。鰓耙 7～8+12～13。體赤紅色，體側有數縱列不規則的青色小點‥‥‥‥‥‥‥‥‥‥‥‥‥‥‥‥‥‥‥‥‥‥‥‥‥‥‥‥‥‥**飯鯛**

1b. 背鰭無特別延長之硬棘。

　5a. 臀鰭第 II 棘顯然長於第 III 棘（*Mylio*）。

　　6a. L. l. 43～50; 側線上方鱗片 4～5 列。

　　　7a. 上頜齒 4～5 列，外列爲圓鈍之臼齒，下頜齒 3～4 列。D. XI～XIII, 10～11; A. III, 8～9; P. 15; L. l. 45～48+4～8; L. tr. 4～5/11～13。主鰓蓋鱗片 3～6 列，前鰓蓋鱗片 4～5 列。鰓耙 5～8+9～11。體銀灰色，背面較暗，腹面黃色，各鱗片基部色暗而邊緣白色。兩眼之間有暗帶，側線起點處有暗點，腹鰭黃色，胸鰭、臀鰭基部色暗，外部黃色‥‥‥‥‥‥‥‥‥‥‥‥‥‥‥‥‥‥‥‥‥‥‥‥‥‥‥‥‥**烏鯮**

　　　7b. 上頜齒 4 列，外列齒錐形或多少平扁，下頜齒 3 列。D. XI～XII, 11～13; A. III,

8～9；P. 15～17；L. l. 43～46＋5～6；L. tr. 4/12。主鰓蓋鱗片 3 列，前鰓蓋鱗片 5 ～
6 列。鰓耙 5～9＋9～11。體爲一致之灰黑色，頭部尤深，各鱗邊緣黑色，各鰭灰黑色，
臀鰭中部有深黑色帶⋯⋯⋯⋯⋯⋯⋯⋯⋯⋯⋯⋯⋯⋯⋯⋯⋯⋯⋯⋯⋯⋯**黃鰭鯛**

6b. L. l. 51～55；側線上方鱗片 6 ～ 7 列。D. XI, 11～12；A. III, 8；P. 15；L. tr. 7/13～
14。主鰓蓋鱗片 5 ～ 6 列，前鰓蓋鱗片 4 ～ 5 列。兩頜側方臼齒 4 ～ 5 列。鰓耙 6～7＋9～
10。體灰黑色，具銀光，側線起點處有一不規則之黑斑，除胸鰭外，各鰭邊緣黑色⋯⋯**黑鯛**

6c. L. l. 46～52。側線上方鱗片 5 列，下方 11～14 列。兩頜側方臼齒 3 列以上。D. XI, 11；
A. III, 8；P. 15；鰓耙 6～7＋9～10。體灰黑色，各鰭近黑色（胸鰭除外）⋯⋯⋯⋯**黑尾鯛**

5b. 臀鰭第 II 棘不較第 III 棘長甚。

8a. 上下頜無臼齒，體側背方有三個金黃色斑點（*Taius*）。

D. XII, 10；A. III, 8；P. 14；L. l. 47～50＋5～6；L. tr. 4～5/14～15。主鰓蓋鱗
片 4 ～ 6 列，前鰓蓋鱗片 2 ～ 3 列。鰓耙 6～8＋10～13。體鮮紅色而有金黃色閃光，
腹部銀白色，吻上部及上頜金黃色，體側背方有三個金色斑⋯⋯⋯⋯⋯⋯⋯⋯⋯**赤鯮**

8b. 上下頜有臼齒。體側背方無金黃色斑點。

9a. 體紅色，背方有藍色斑點，臀鰭軟條 7 ～ 9（*Sparus*）。

D. XII, 9～12；A. III, 7～9；P. 15；L. l. 53～60＋3～10；L. tr. 8～9/15～17。
主鰓蓋鱗片 6 ～ 8 列，前鰓蓋鱗片 4 ～ 5 列；鰓耙 6～8＋9～11。體淡紅色，或暗紅
而略帶黑色，散佈若干晶藍色小點（成長後或消失），尾鰭後緣黑色，下緣白色⋯⋯
⋯⋯⋯⋯⋯⋯⋯⋯⋯⋯⋯⋯⋯⋯⋯⋯⋯⋯⋯⋯⋯⋯⋯⋯⋯⋯⋯⋯⋯⋯⋯**嘉鱲魚**

9b. 體並非紅色，亦無藍色斑點。臀鰭軟條 11～12（*Rhabdosargus*）。

D. XI～XII, 13～15；A. III, 11～12；P. 15；L. l. 63～68＋2～10；L. tr. 7/13～
15。主鰓蓋鱗片 3 ～ 5 列，前鰓蓋鱗片 3 ～ 5 列；鰓耙 5～7＋7～9。體青灰色，腹
部較淡，每一鱗片之中心黃色，形成若干依鱗列縱走之金色條紋，側線起點處數枚鱗
片之邊緣黑色，形成一不規則的黑斑，腹鰭、臀鰭黃色，背鰭、尾鰭之外緣色暗⋯⋯
⋯⋯⋯⋯⋯⋯⋯⋯⋯⋯⋯⋯⋯⋯⋯⋯⋯⋯⋯⋯⋯⋯⋯⋯⋯⋯⋯⋯⋯⋯⋯**黃錫鯛**

長旗鯛 *Argyrops spinifer* (FORSSKÅL)

英名 Red porgy, King soldier bream; Rooster fish, Longspine seabream。亦名扯
旗鱲 (F.)，四長棘鯛；俗名長旗飯，大飯仔，鯚（Poa'n）；日名高砂鯛。產臺灣。（圖
6-132）

小長旗鯛 *Argyrops bleekeri* OSHIMA

OSHIMA (1927) 發表本種，認其與上種有別，松原氏 (1955) 則認其爲上種之異名。惟
朱等 (1959) 以及 AKAZAKI (1962) 均列 *A. bleekeri* 爲獨立之種。李信徹博士 (1983)
亦列本種爲獨立之種。另外 OSHIMA (1927) 曾報告 *Paragyrops edita* TANAKA 產基
隆，FOWLER 列爲本種之異名，但朱等 (1953) 列 *P. edita* 爲獨立之種；AKAZAKI

(1962) 將 *A. longifilis* (C. & V.) 列爲 *A. bleekeri* 之異名。到底應如何，有待詳加研究。

血鯛 *Evynnis japonicus* TANAKA

產臺灣。

飯鯛 *Evynnis cardinalis* (LACÉPÈDE)

英名 Golden-skinned pargo, Cardinal seabream；亦名金絲鱲，赤盤魚；俗名皿仔魚，盤仔魚。產臺灣。（圖 6-132）

烏鯮 *Mylio latus* (HOUTTUYN)

英名 Black seabream, Yellowfin seabream。亦名烏頰魚（動典），黑鱲，黑盤魚，黃鰭鯛（張）；俗名黃匙，赤鰭。產臺南、澎湖。*Sparus latus* HOUTTUYN 爲其異名，*S. datnia* (HAMILTON-BUCHANAN) 可能亦爲其異名。

黃鰭鯛 *Mylio berda* (FORSSKÅL)

英名 Yellow-finned seabream, Picnic seabream, Freshwater porgy, Riverbream, Pikey-bream；亦名灰鰭鯛（朱）；俗名黃鰭，赤翼仔，烏格。產高雄、澎湖。*Sparus hasta* BLOCH & SCHNEIDER 可能爲其異名。

黑鯛 *Mylio macrocephalus* (BASILEWSKY)

亦名海鮒（張）；俗名金絲鱲，黃鰭鱲，厚唇，烏毛，Ang-ke；日名黑鯛。*S. longispinis* JORDAN & RICHARDSON, *S. schlegeli* BLEEKER，以及 *S. swinhonis* GÜNTHER 均爲其異名。產臺灣。（圖 6-132）

黑尾鯛 *Mylio sivicolus* (AKAZAKI)

產基隆。

赤鯮 *Taius tumifrons* (TEMMINCK & SCHLEGEL)

英名 Red seabream, Yellowback seabream。亦名鱲魚，波鱲 (F.)，黃鯛（動典）；俗名加鱲。產基隆、高雄、臺中。*Dentex hypselosomus* (BLEEKER) 爲其異名。（圖 6-132）

嘉鱲魚 *Sparus major* (TEMMINCK & SCHLEGEL)

英名 Red pargo, Great pargo, Silver seabream；亦名紅鱲，七星 (F.)，眞鯛，銅盤魚，嘉鯽魚，棘鬣魚，過臘，鯛（動典）；日名正鯛，本鯛。產基隆、高雄、澎湖。*Chrysophrys major* T. & S., *Pagrosomus major* (T. & S.) 均其異名。（圖 6-132）

黃錫鯛 *Rhabdosargus sarba* (FORSSKÅL)

英名 Goldlined seabream, Tarwhine, stumpnose；亦名黃錫鱲 (F.)，撒巴鱲（陳），剝鯛（梁），平鯛（張）；俗名枋頭。產臺灣、澎湖。*Chrysophrys aries* T. & S. 爲其異名。（圖 6-132）

烏尾冬科 CAESIONIDAE

＝CAESIODIDAE; Bananafish; Fusiliers, Caesios; 梅鯛科

體側扁，橢圓，卵形，或延長。被小型或中型櫛鱗，頭部自眼以前裸出。側線完全，近於平直。頰部及鰓蓋骨被鱗，但鰓蓋上方自此側至彼側往往成爲無鱗之區域。眶前骨後部狹，裸出，邊緣完整。前上頜骨能伸縮，主上頜骨多少被眶前骨掩蓋，後端較寬，達於眼前下方。背鰭一枚，硬棘細弱，軟條部基底較長（有時爲硬棘部基底之 2 倍）。臀鰭具 III 弱棘。背鰭、臀鰭基部有鱗鞘或裸出（<u>臺灣種均有鱗鞘</u>）。腹鰭胸位，有腋鱗。尾鰭深分叉，多數種類上下葉先端有黑斑，或上下葉各有一黑色縱帶，故有烏尾之稱。口小，上下頜齒細小，一列或一帶，無特化之門齒、犬齒、或臼齒；間上頜骨往往有一顯著之骨質突起，在主上頜骨下方滑動，在口中清楚可見。鋤骨、腭骨齒細小，或無齒。舌面光滑無齒。鰓蓋有一小鈍棘，或無棘。前鰓蓋骨無鋸齒。

　　<u>太平洋</u>及<u>印度洋</u>近珊瑚礁及岩岸附近之美麗魚類，往往成大羣覓食。肉雖粗，但可食用。

臺灣產烏尾冬科 3 屬 11 種檢索表:

1a. D. XI～XII, 18～21（軟條部基底爲硬棘部之 2 倍）。尾鰭上下葉各有一黑色條紋，其中在上葉者向前與體側之黑色縱帶相連，在此縱帶下方更有一藍色縱帶。上下頜齒僅一列 (*Pterocaesio*)。

　　A. III, 12～13; L. l. 73～75; L. tr. 7～7½/1/16; 鰓耙 9～10+26‧‧‧‧‧‧‧‧‧‧蒂爾烏尾冬

1b. D. X, 10～15（軟條部基底與硬棘部殆相等）。

　2a. 上下頜齒數列爲一帶，鋤骨、腭骨均有齒；背鰭有軟條 10～11 枚 (*Paracaesio*)。

　　3a. 鱗片較大，側線鱗片 70 枚或更多。

　　　體色前方黑紫，其餘黃色。D. X, 10 ～11; A. III, 8～9; L. l. 70～72; L. tr. 8/1/16 ‧‧‧‧‧‧‧‧‧
　　　‧‧黃烏尾冬

　　3b. 鱗片較小，側線鱗片數 50 或更少。

　　　4a. 上頜骨裸出，體爲一致之淡青色，而無暗色橫帶，幽門盲囊 7。D. X, 10; A. III, 8; P. 16;
　　　　L. l. 48～50; 鰓耙 10～12+17～20 ‧‧‧‧‧‧‧‧‧‧‧‧‧‧‧‧‧‧藍色烏尾冬

　　　4b. 上頜骨被鱗片，體淡藍灰色而背部有四條暗色橫帶。幽門盲囊 5。D. X, 10; A. III, 8; P.
　　　　16; L. l. 48～50; 鰓耙 8～11+17～18 ‧‧‧‧‧‧‧‧‧‧‧‧‧‧‧橫帶烏尾冬

　2b. 上下頜齒數列或一列，腭骨通常無齒；背鰭有軟條 12～15 枚 (*Caesio*)。

　　5a. 上下頜齒數列，外列較大；鱗較大 (53～58)。

　　　6a. 左右上頜區鱗列相連接；體長爲體高之 2.3～2.4 倍；下頜相接處有二犬齒。生活時體側
　　　　及頭部紫藍色，向後變爲黃綠色，下部銀白色，尾鰭爲一致之黃色。D. X, 15; A. III, 11;
　　　　L. l. 52～58; L. tr. 6～7/15～16; 鰓耙 11～13+24～27 ‧‧‧‧‧‧‧‧‧‧赤腹烏尾冬

6b. 左右上顎區鱗列在中央線上分開；體長爲體高之2.4倍；下頜相接處無犬齒。液浸標本紫褐色，下部淡黃色，尾鰭上下葉先端黑色。D. X, 14; A. III, 11; L. l. 57; L. tr. 6～7/18; 鰓耙 9+19 ·· **花烏尾冬**

6c. 左右上顎區鱗列在中央線上分開；體長爲體高之 2.9～3.2 倍；下頜相接處外列齒有 2 枚較其他各齒爲大。液浸標本上部淡紅褐色，下部白色，其間有一黑色或藍色寬縱帶。各鰭灰黃色。胸鰭腋部有一三角形斑。D. X, 14; A. III, 11(12); P. 17～18. L. l. 60～61; L. tr. 6/16～17; 鰓耙 10+25 ·· **黃背烏尾冬**

5b. 上下頜齒一列（或近於一列）；鱗較小（60～65）。

7a. 尾鰭上下葉各有一黑色縱帶。體長爲體高之 3.4～3.5 倍；D. X, 14; A. III, 12; L. l. 65～70; L. tr. 7～8/15～16; 鰓耙 8～9+25～26 ·· **烏尾冬**

7b. 尾鰭上下葉先端各有一黑斑。

8a. 體側有一金黃色縱帶，在背面另有一縱帶與之平行。體長爲體高之 3.4～3.7 倍；D. X, 15; A. III, 12; L. l. 67～97; L. tr. 8/16～17 ·············· **金帶烏尾冬**

8b. 體側有兩條褐色縱帶，帶之上下鑲以白色縱線。體長爲體高之 3.3～3.7 倍；D. X, 14～15; A. III, 12; L. l. 73～78; L. tr. 9/16～18; 鰓耙 8～10+25 ······ **雙帶烏尾冬**

8c. 體側無縱帶。體長爲體高之 3.9～4.1 倍；D. X, 15; A. III, 11 (12); L. l. 68～73; L. tr. 7/1/15; 鰓耙 10+24 ·· **瘦身烏尾冬**

蒂爾烏尾冬 *Pterocaesio tile* (Cuvier & Valenciennes)

產基隆。

黃烏尾冬 *Paracaesio xanthurus* (Bleeker)

英名 Yellowtail fusilier. 產臺灣。

藍色烏尾冬 *Paracaesio caeruleus* (Katayama)

產恆春、東港。

橫帶烏尾冬 *Paracaesio kusaharii* Abe

產基隆、東港。

赤腹烏尾冬 *Caesio erythrogaster* Cuvier & Valenciennes

又名黃梅鯛（朱）。產臺灣。

花烏尾冬 *Caesio lunaris* Cuvier & Valenciennes

英名 Plump caesio, Rising-moon fusilier; 日名花高砂。產臺灣。

黃背烏尾冬 *Caesio xanthonotus* Bleeker

產恆春。

烏尾冬 *Caesio caerulaureus* Lacépède

英名 Black-tailed caesio, Blue-and-gold fusilier; 亦名蘊（擁？）; 褐梅鯛（朱）; 背

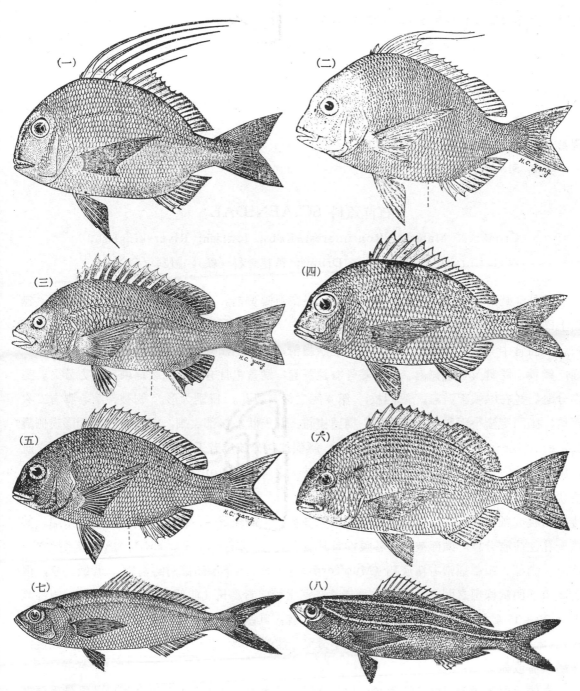

圖 6-132　（一）長旗鯛；（二）鰒鯛；（三）黑鯛；（四）赤鯮；（五）嘉鱲魚；（六）黃
錫鯛（以上鯛科）；（七）烏尾冬；（八）雙帶烏尾冬。

烏尾冬（梁）。產臺灣。（圖 6-132）

金帶烏尾冬 *Caesio chrysozona* CUVIER & VALENCIENNES

英名 Golden-banded caesio; 英名 Bananafish; Black-tip fusilier; 俗名黑尾苳; 日名花鰱，高砂魚。產臺灣、澎湖。

雙帶烏尾冬 *Caesio diagramma* BLEEKER

產基隆。（圖 6-132）

瘦身烏尾冬 *Caesio pisang* BLEEKER

英名 Slender fusilier. 產臺灣。

石首魚科 SCIAENIDAE

Croakers; Maigres; Roncadores; Kobs; Jewfish; River-kingfish;
Corvalos; Grunters; Drums; 黃花魚科（顧）; 鮸科（日）

體長橢圓形而側扁。吻端鈍圓或尖突。眼在兩側偏前。口裂斜或平，在吻端或吻下。無副上頜骨。主上頜骨大部分或全部隱在眶前骨之下。前上頜骨能伸縮。眶下骨棚如存在時甚狹。眶前骨中等寬，被鱗。上下頜有絨毛狀齒帶，有時上頜外列或下頜內列為較大之圓錐狀齒；鋤骨、腭骨及舌上無齒。前鰓蓋骨有鈍鋸齒；鰓蓋主骨有一或二軟扁棘，上方分叉。鰓膜分離，並在喉峽部游離。鰓四枚，第 4 鰓之後有裂孔。擬鰓大形。鰓被架 7。腸有二次廻轉；幽門盲囊小而數少。鰾大形，構造複雜，圓筒狀，後部尖細，有時前端兩側形成側囊 (Lateral sacs) 或側管 (Lateral tubes)；鰾側往往分歧為若干側枝。在繁殖期中因鰾之肌肉急遽收縮之結果，往往能在水底發聲。有特大之耳石 (Otoliths)，背面常具顆粒狀突起或崎狀隆起，腹面有蝌蚪狀印跡，有頭區、尾區之分，故本科魚類名為石首魚。脊椎 24～30。體被圓鱗或細櫛鱗，薄而固着，奇鰭基部亦多被鱗。側線單一，側線鱗到達尾鰭之末端，其感覺孔往往有分枝。頭部被鱗，各膜性骨片有多孔管 (Cavernous canals)，為側線系統之一部分。吻部、頤部通常有粘液孔 (Muciferous pores)。下頜頤部有時有鬚。背鰭一枚，但在硬棘部與軟條部之間有一缺刻，後者基底通常較前者為長（前部具 VI～XIII 棘，後部具 I 棘 20～35 軟條）。臀鰭具 I～II（少數 III）棘，其基底遠較背鰭軟條部為短（軟條 6～13 枚）。尾鰭截平、圓、尖銳或雙凹形，決不分叉。腹鰭 I, 5，胸位，有時略在胸鰭基底以後；腋鱗或有或無。

熱帶、亞熱帶沿岸食肉性魚類，少數生活於淡水中。我國華中沿海各省以此為最重要之食用魚類。

臺灣產石首魚科 15 屬 30 種檢索表:

1a. 鰾無側囊或側管。頤部有一鬚，鬚之末端有一小孔 (SCIAENINI)。

1b. 鰾有側囊或側管。

　2a. 鰾只有一對不分枝之側管。

　　3a. 聽石（矢狀石）之後端寬而高，並且顯著彎曲；鰓弧下枝鰓耙 19～23 (KATHALINI)。

　　3b. 聽石（矢狀石）之後端彎曲成一直角，末端漸尖，不到達腹緣；鰓弧下枝鰓耙 7～12。

　　　4a. 鰾之側管由鰾之前端伸出，向前通過橫隔膜而進入頭部 (MACROSPINOSINI)。

　　　4b. 鰾之側管簡單，由鰾之前端伸出，不伸入頭部，而向後沿鰾之兩側達腹腔後端，或埋在腹壁肌肉中。背鰭軟條 21～27 (BAHABINI)。

　　　　D. VII, I, 22～25; A. II, 7; P. 17。L. l. 55～58; L. tr. 9～11/11～12。鰓耙 4～5+1+10～12。吻略尖，稍大於眼徑。吻緣孔不顯著，中央孔圓形。頤孔三對，第一對甚小，在頤部前方。無頤鬚。鰓蓋骨後緣有二扁棘。鰓被架 7。體灰棕帶橙黃色，腹側灰白色，胸鰭腋部有一黑斑，背鰭硬棘部有黑邊，尾鰭灰黑色⋯⋯⋯⋯⋯⋯⋯⋯⋯⋯⋯⋯⋯⋯⋯⋯⋯**黃唇魚**

　2b. 鰾之側管呈分枝狀。

　　5a. 鰾沿兩側有多對樹枝狀之側管。

　　　6a. 鰾之主體部分槌狀，第一對側管伸入頭部。聽石蝌蚪形，"頭"端截平並斜彎，"尾"端膨大而中空 (JOHNIINI)。

　　　　7a. 頤部有鬚。體被圓鱗。D. X, I, 23～26; A. II, 7; P. 16。L. l. 51～53; L. tr. 6/16～17。脊椎 10+15。鰓弧下枝鰓耙 6～10。上頜圓突，吻褶分為四葉，中間二葉較小。上下頜齒細小，為絨毛狀齒帶。背鰭第 II、IV 棘延長為絲狀。前鰓蓋邊緣具細鋸齒，主鰓蓋骨上方有二扁棘。體背部灰黑色，腹面白色；背鰭硬棘部上半黑色，下半灰色，其他各鰭灰黑色⋯⋯⋯⋯⋯⋯⋯⋯⋯⋯⋯⋯⋯⋯**鈍頭鬚鱨**

　　　　7b. 頤部無鬚。

　　　　　8a. 下頜齒約等大，成寬齒帶；上頜齒並不互相遠離。

　　　　　　9a. 頭部鱗片以及軀幹部至少前部背面為圓鱗，後部為具細齒之櫛鱗。D. X, I, 25～28; A. II, 7; P. 17。L. l. 50; L. tr. 5～6/18。鰓弧下枝鰓耙 7～9。吻圓突，大於眼徑。吻褶游離，分為四葉，吻緣孔 5 個，位於吻褶外側及吻橐之間。頤孔三對。前鰓蓋邊緣有細鋸齒，主鰓蓋後上方有二扁棘。體紫褐色，腹部金黃色，側線上有一白色縱帶。背鰭硬棘部黑色，其他各鰭邊緣灰色⋯⋯⋯⋯⋯⋯⋯⋯⋯**白帶魠口**

　　　　7b. 枕部及全身（胸部除外）鱗片均為櫛鱗。

　　　　　10a. 鰓弧下枝鰓耙 10～13。吻部突出，殆超出上下頜。

　　　　　　D. X, I, 26～29; A. II, 7; P. 17。L. l. 50～55; L. tr. 5～6/15。鰾有 13 對側管。吻褶分葉，側葉發達。吻上孔 3 或 5 枚，吻緣孔 5 枚。頤孔 3 對。上頜齒外列較大，內側為絨毛狀細齒帶；下頜齒為絨毛狀細齒帶，內列或略大。體金色而略帶紫，背鰭硬棘部邊緣黑色，軟條部及其他各鰭之邊緣色暗⋯⋯⋯⋯⋯⋯⋯⋯**突吻魠口**

10b. 鰓弧下枝鰓耙 5～10。

吻部前方陡斜，略超越上頜前端。鰓耙甚短，鈍棘狀。D. IX～X, I, 27～28; A. II, 7～8; P. 17。L. l. 44～50; L. tr. 6/9。吻褶游離，分爲四葉，吻孔 5+5; 頤孔 5 枚，外圍有厚皮膚。上頜外列齒較大，彎屈，錐形，內側爲 4～5 列絨毛狀小齒; 下頜爲同大之小齒。臀鰭第 II 棘粗強，其長大於眼徑。體灰褐色，背部深暗，兩側及腹面銀白色; 背鰭硬棘部邊緣黑色，其他各鰭色淡，鰓蓋部黑色⋯**皮氏魷口**

7b. 下頜內列齒較大，並互相遠離，上頜之大形齒亦相互遠離。口端位或次端位，下頜通常佔頭長 40% 以上。鰓弧下枝鰓耙 9～20。

　11a. 鰓弧下枝鰓耙 13～16。眶間隔爲頭長之 26～31.5%。

　　12a. 吻部及眶前區膨大。臀鰭第 II 棘短而弱，其長小於眼徑。D. IX～XI, I, 26～28; A. II, 8; P. 16。L. l. 47～50; L. tr. 6/10～12。吻褶四葉，吻孔 5+5; 頤孔三對。上頜外列齒大形，前方者較疏，後方較密集，內側齒 3～4 列，埋於乳突中; 下頜齒細小，後方內側三列略大。體褐色，腹部色淡，背鰭上半部黑色，胸鰭基部有一黑斑⋯⋯⋯⋯⋯⋯⋯⋯⋯⋯⋯⋯⋯⋯**杜氏魷口**

　　12b. 吻端向後下方彎屈，但不膨大。臀鰭第 II 棘中等，約爲頭長之 1/3。D. IX～X, I, 26～29; A. II, 7; P. 18。L. l. 49～51; L. tr. 7/8～9。頭部及胸部大都爲圓鱗，枕部及體軀其他部分爲櫛鱗。吻孔 3+5; 頤孔三對，前方一對在一凹窩中相接或以一溝道相連。（擬五孔型）⋯⋯⋯⋯⋯⋯⋯⋯**灣鯎**

　11b. 鰓弧下枝鰓耙 9～12。眶間隔爲頭長之 24～30.5%，吻部不突出，上頜前端略超越下頜，後端在瞳孔下方。D. X, I, 29～30; A. II, 7～8; P. 18。L. l. 47～55; L. tr. 7/10。頭部被圓鱗，軀幹部被櫛鱗。吻孔 3+5; 頤孔三對，前方一對密接，通常以一溝相連（擬五孔型）。背側面灰褐色，腹側面銀白色，背側有一淡色縱條紋，沿側線亦有一淡色縱條紋。背鰭硬棘部上方黑色，軟條部外緣黑色，基部有一黑色條紋，其他名鰭淡灰色，鰓蓋黑色⋯⋯⋯⋯⋯⋯⋯⋯⋯**丁氏魷口**

6b. 鰾之主體部分胡蘿蔔形。

　13a. 前方一對頤孔密接，在縫合部之後，或合爲一孔。鰾之第一對側管全部或部分進入頭部（*Protonibea* 屬例外）（NIBEINI）。

　　14a. 鰾之第一對側管不進入頭部（共 20 對）。D. X～XI, I, 22～24; A. II, 7～8; P. 16。L. l. 51～54; L. tr. 7/11。口端位，下頜略短於上頜。吻褶邊緣游離，分爲二葉。吻孔 3+5，吻緣側孔裂隙狀。頤孔三對，中央一對互相接近，並有一半圓溝相連。鱗片除吻部及眼下外大都爲櫛鱗。上下頜齒爲絨毛狀齒帶，上頜外列齒及下頜內列齒較大。體黑褐色，背鰭具不規則黑斑，臀鰭、胸鰭、腹鰭黑色。幼魚在側線上方有五個黑色斑塊⋯⋯⋯⋯⋯⋯⋯⋯⋯⋯⋯⋯⋯⋯⋯⋯⋯⋯⋯⋯⋯⋯⋯**巨鮸**

　　14b. 鰾之第一對側管全部或部分進入頭部。

　　　15a. 下頜齒大小一致。有單一尖細之頤鬚。臀鰭第 II 棘強壯，爲標準體長之 11.5～

14.5%。D. X, I, 25～28；A. II, 7 (+1)；P. 16。L. l. 46～49；L. tr. 6～7/10～11。鰓耙 4～5+1+8～9。吻端近於垂直；吻褶四葉，中間二葉小。吻孔 3+5，吻緣側孔在裂隙中。頤孔五枚。上頜有絨毛狀齒帶，外列略大。下頜齒爲一致之細齒。吻部及眼下爲圓鱗，眶間區、頸部、胸部及全身被櫛鱗。背面淡灰色，背鰭硬棘部黑色，其他各鰭淡灰色，背鰭前方有一菱形黑斑……………………………………**勒氏鯎**

15b. 上下頜各有一列大形之齒以及很多極小之齒。無頤鬚。

16a. 背鰭軟條 24～25。頭長爲標準體長之 29.5～31.5%。D. X, I, 24～25；A. II, 7；P. 17。L. l. 53～54；L. tr. 7～8/10～11。鰓弧下枝鰓耙 8～10。鰾之側管 17 對。吻微突，吻褶邊緣波曲。吻孔 3+5；側吻緣孔裂縫狀。頤孔爲 "擬五孔型"，中央一對接近。體銀灰色，背部較深，鱗片上有許多黑點。背鰭硬棘部邊緣黑色，其他各鰭淡灰色……………………………………**朱氏鯎**

16b. 背鰭軟條 26～31。

17a. 眶間區寬爲頭長之 18～22.5%。

18a. 吻部不伸出，爲頭長之 23～27.5%；臀鰭棘長爲標準體長之 13～16.5%。胸鰭長爲標準體長之 19.5～23%。D. IX～XI, I, 27～31；A. II, 7～8；P. 17。L. l. 48～50；L. tr. 8～11/16。鰓弧下枝鰓耙 7～10。鰾之側管 18～22 對。體背面弧形。吻褶游離，具側葉。吻孔 3+5，側吻緣孔在裂隙中。頤孔五枚，中央孔由二孔合成。吻部，眼下，眼後及胸部爲圓鱗，其他部分爲櫛鱗。體暗灰帶綠色，腹部白色，兩側色淡。背鰭上緣黑色，每一鰭條前方有一黑點。腹鰭白色……………………………………**黑邊鯎**

18b. 吻部伸出，爲頭長之 27～30.5%。臀鰭棘長爲標準體長之 11～13.5%，胸鰭爲標準體長之 23.5～26.5%。D. X. I, 26～29；A. II, 7；P. 16。L. l. 51；L. tr. 10/10。脊椎 25。鰓弧下枝鰓耙 9～10。鰾之側管 17～20 對。吻短，稍突出。吻褶邊緣游離，淺分四葉。中間二葉較小。吻孔 3+5。頤孔爲 "擬五孔型"，中央二孔接近，中間有肉墊。頭頂及軀幹被櫛鱗，(胸部前方除外)，鰓蓋被圓鱗或櫛鱗，沿背鰭軟條部基底有單列鱗片構成之鱗鞘。上下頜齒多列成齒帶，上頜外列齒粗大，犬齒狀，排列稀疏，下頜內列齒略大。體灰褐色，背面較深，體側前部側線上方有許多暗色斑點，排成波狀斜紋。背鰭硬棘部邊緣淺灰色，鰭膜灰褐色，基底有一灰色條紋；胸鰭、腹鰭黃色，鰭膜上散佈小黑點……………………………………**半條紋鯎**

17b. 眶間區寬爲頭長之 21.5～26%。吻部伸出，略短鈍。D. X～XI, I, 27～31；A. II, 7～8；L. l. 51～53；L. tr. 10/9～10。鰓弧下枝鰓耙 8～10(+2～4)。鰾之側管 24 (23～26) 對，吻孔 3+5。吻褶游離，分二葉，不顯著。頤孔爲「擬五孔型」，中間一對接近，中間有肉墊。上下頜齒均成絨毛狀齒帶，上頜外列齒大而尖，下頜內列齒略大。體灰橙色，腹面銀白色，背側有許多波狀條紋，向前下方傾斜，不與側線下方進續。背鰭硬棘部上方暗褐色，軟條部邊緣黑色，每一鰭條基底有一黑色小點……………………………………………………**白花鹹**

13b. 前方一對頤孔在頤部前方，中間爲縫合部分開。

　　19a. 鰾無伸達頭部之側管。無發光器 (OTOLITHINI)。

　　　20a. 無顯著之犬齒狀齒。

　　　　21a. 鰾之側管展開如翼狀，在一平面上，每一主幹向側方伸出，小枝在其後側。矢狀石之"尾"部只略彎，末端接近後緣（曲棍球棒狀）。眶間區寬爲標準體長之 8.4～10.4％（*Pennabia*）。

　　　　　22a. 尾鰭後緣截平；頤孔二對。D. X, I, 23～25；A. II, 7～8；P. 16；L. l. 48～52；L. tr. 7～8/14。鰓耙 5+1+12。鰾有側管 21 對。體被櫛鱗，頰部及鰓蓋被圓鱗，腹面被圓鱗或有少數櫛鱗。吻鈍短，吻褶邊緣完整。吻孔 3+5。頤孔六枚，中央以及內側孔四方形排列，外側孔有時或消失。上下頜齒成細齒帶，上頜外列齒及下頜內列齒大形，排列稀疏。體側青灰色，腹部銀白色，背鰭、尾鰭灰黑色……………………………………………………………………………**截尾鹹**

　　　　　22b. 尾鰭菱形；頤孔三對。

　　　　　　23a. 鰓弧下枝鰓耙 12～13。鰾有側管 18 對。D. IX～XI, I, 23～30；A. II, 7～9；P. 16；L. l. 44～50。鰓耙 5～7+12～16。吻鈍圓，口端位。吻孔 3+5。中央頤孔微小。頭部及體軀前部被圓鱗，後部被細櫛鱗。背鰭軟條部基底有二列鱗片構成之鱗鞘。上下頜齒帶狹窄，上頜外列齒較大，排列稀疏，下頜內列齒較大。體背面青灰色，腹面銀色，下頜前端有一羣黑色小點，胸部亦密佈小點……………………………………………**白米魚**

　　　　　　23b. 鰓弧下枝鰓耙 8～9；鰾之側管 22～27 對。

　　　　　　　24a. 背鰭軟條 23～25，硬棘部有一大黑斑。D. X, I, 23～25；A. II, 7；P. 16。L. l. 48～49；L. tr. 6～8/12～14。鰓耙 5+1+9。鰾之側管 24～27 (25) 對。吻鈍圓，口端位。吻褶游離，不分葉。吻孔 3+5，吻上孔有時消失。頤孔極小，內側四孔成方形排列。上頜齒帶狹，無明顯之犬齒狀齒，下頜齒 2～3 列，內列略大。吻部，眼下方，眼間，以及胸部前方，側線下方在肛門以前被圓鱗，其他部分爲櫛鱗。體背面灰黑色，腹部白色。背鰭在 VI～IX 棘間有一大黑斑。鰓蓋部亦有一黑斑……………………………………………………………………**白鹹**

　　　　　　　24b. 背鰭軟條 25～28，硬棘部色點較淡。D. IX～X, I, 25～28；A. II, 7～8；P. 16。L. l. 48～51；L. tr. 6/11～12。鰓

　　　　　耙 5～7＋1＋8～9。脊椎 25 (10＋5)。鰾之側管 24～27 對。
　　　　吻部平直或略隆起。 吻褶完整，不分葉。吻孔 3＋5，吻上孔
　　　　微小。 頤孔微小， 中央及內側孔排成方形。 吻部及眼下被圓
　　　　鱗，其他部分爲櫛鱗，背鰭、臀鰭基部有一列鱗鞘。上頜齒帶
　　　　細小，外列齒較大，下頜齒 2 列，內列較大。體側面灰褐色，
　　　　腹部銀白色， 背鰭軟條部中間有一白色縱帶紋， 硬棘部有黑
　　　　邊。鰓蓋上有一黑斑⋯⋯⋯⋯⋯⋯⋯⋯⋯⋯⋯⋯**日本白口**

21b. 鰾之側管由後背方向前腹方斜走，通常相互重叠，並有明顯的背枝
　　　　及腹枝，分別伸向後方及前方，部分並被覆鰾之本體。

　　　　25a. 胸鰭長爲標準體長之 25.5～28.5%。眶間區寬爲標準體長
　　　　　　之7.7～9.1%。矢狀石之"尾"部曲棍球棒狀（*Atrobucca*）。
　　　　　　D. IX～X, I, 29～31; A. II, 7; P. 17。L. l. 50～54; L.
　　　　　　tr. 8/10。鰓耙 5＋1＋8～12。鰾之側管 24～30。脊椎 24
　　　　　　(10＋4)。吻鈍尖; 吻摺完整，不分葉。吻孔 3＋5，中吻緣
　　　　　　孔圓形，側吻緣孔裂隙狀。頤孔六枚，微小，內側四孔排成
　　　　　　四方形。上下頜齒成細齒帶，上頜外列及下頜內列齒較大，
　　　　　　上頜前方有 2～3 對齒較大。頭部被圓鱗， 體被櫛鱗， 背
　　　　　　鰭、臀鰭之基部有鱗鞘。背側方灰黑色，腹部銀白色，各鰭
　　　　　　灰黑色，胸鰭腋部黑色，口腔及鰓腔亦黑色⋯⋯⋯⋯⋯**黑鮸**
　　　　25b. 胸鰭長爲標準體長之 15～22.5%。 鰾之側管發育情形不
　　　　　　一，後部者較短，成芽體狀; 眶間區寬爲標準體長之 5～6.8
　　　　　　%。矢狀石之"尾"部 J 字形; 下頜之大形齒強壯，分佈稀
　　　　　　疏（*Argyrosomus*）。

　　　　　　26a. 成體之尾鰭後緣雙凹形或 S 形。D. IX～X, I, 27～29;
　　　　　　　　A. II, 6～8; P. 16;L. l. 47～51; L. tr. 8～9/10。鰓耙
　　　　　　　　4＋1＋9～10。鰾之側管 26 對。脊椎 25～26。吻尖突，
　　　　　　　　吻褶完整， 邊緣波曲。吻孔 3＋5， 中吻緣孔圓形，側吻
　　　　　　　　緣孔裂隙狀。頤孔六枚。吻部及眼下被圓鱗，其他部分爲
　　　　　　　　細櫛鱗。上頜外列齒較大，圓錐形，內側齒細小; 下頜齒
　　　　　　　　二列， 內列較大， 錐形， 排列稀疏。體黑褐色，腹部灰
　　　　　　　　色，背鰭邊緣黑色，胸鰭腋部有一黑斑⋯⋯⋯⋯⋯**日本鮸**
　　　　　　26b. 成魚之尾鰭菱形。
　　　　　　　　27a. 鰾之側管 30～35 對，各有若干背枝及腹枝。D. VIII
　　　　　　　　　　～IX, I, 28～30; A. II, 7; P. 21; L. l. 49～54; L.
　　　　　　　　　　tr. 9～10/10。鰓耙 5～6＋1＋9。脊椎 24～25。吻短而

鈍尖，吻褶邊緣游離，不分葉。吻孔 3+5；頤孔 2～3
對。上頜外列齒犬齒狀，內側爲細齒帶；下頜內列齒犬
齒狀，外側成細齒帶。吻部及眼下被圓鱗，鰓蓋區，
眶間區及軀幹部被櫛鱗。體暗灰褐帶紫綠色，腹部灰白
色，背鰭硬棘部外緣黑色，軟條部中央有--黑色條紋，
胸鰭腋部有暗斑……………………………………**鮸魚**

27b. 鰾之側管 22～29 對，未淸分爲背枝及腹枝。D. X,
I, 25～28; A. II, 7; L. l. 52。鰓耙 5+1+8。吻部略
下彎，口端位。吻孔 3+5；頤孔三對。上頜齒帶狹；
下頜齒二列，內列較大。吻部及眼下被圓鱗，鰓蓋區，
眶間區，以及軀幹部被櫛鱗。體側上方有斜條紋，背鰭
硬棘部外緣色暗，軟條部基底有小黑點………**廈門巨鮸**

20b. 上下頜一方或兩方之縫合部附近有一或二對犬齒。

28a. 僅上頜前方有犬齒。頤孔三對。下頜被上頜覆蓋，吻略伸出。
鰾之側管不擴展至鰾之背面。矢狀石之後端略彎，在後緣成盤狀
(*Chrysochir*)。

D. X, I, 25～27; A. II, 6～7; P. 17; L. l. 48～51; L. tr. 7/10。
鰓耙 4～5+1+6～9。鰾之側管 30 對。吻尖而突，吻褶游離，分
爲二葉。吻孔 3+5。頤孔三對，第一對在縫合部兩側，裂隙狀。
上頜外列齒犬齒狀，大形，排列稀疏，閉口時露出口外。下頜齒爲
細齒帶，內列較大。除吻部及眼下爲圓鱗外，其他部分均爲櫛鱗。
背鰭軟條部及臀鰭之基部有 1～2 列小鱗構成鱗鞘。體灰褐色，背
側色深，腹部銀白色，體側 2/3 以上有黑色小點，排成向前下方斜
走之波狀條紋。鰓蓋上有一暗色斑……………………………**尖頭鰔**

28b. 上下頜前方均有犬齒。無頤孔或退化爲前方一對以及成簇之小
孔。下頜伸出。鰾之側管排成一斜面，後背方之分枝芽體狀，不擴
展至鰾之背面。矢狀石之後部略彎，後端成盤狀 (*Otolithes*)。

D. IX～X, I, 27～30; A. II, 7; P. 16; L. l. 51～54; L. tr. 7～
8/10～13。鰓弧下枝鰓耙 8～11。鰾之側管 30～37 對。吻鈍尖，
吻褶完整，不分葉。吻緣孔 5，中吻緣孔圓形，外側者裂隙狀，不
顯著。上頜齒二列，前方有 1～2 對大形犬齒；下頜前方有一對犬
齒。體被圓鱗，體軀後部下方有少數櫛鱗。體銀色，背面淡灰，背
鰭灰黑色，其他各鰭黃色，鰓蓋上有一黑斑………………**銀齒鰔**

19b. 鰾前部之側管伸達頭部。頭部及腹面鱗片有發光器(CALLICHTHYINI)。

29a. 鰾之側管 26～33 對。枕骨脊不顯著。背鰭軟條 30～37；臀鰭

軟條 7~10 (*Larmichthys*)。

30a. 尾柄長爲尾柄高之三倍以上。臀鰭第 II 棘等於或大於眼徑。
脊椎·25~26 枚。

D. VIII~IX, I, 31~34; A. II, 8; P. 15~17; L. l. 56~57;
L. tr. 8~9/8。鰓耙 5~9+15~19。鰾之側管 27~33 對，均
具背分枝及腹分枝。吻鈍尖，口端位；吻褶完整，不分葉。吻
孔 3+5，吻上孔微小，有時消失。頤孔六枚，不明顯。上頜
齒多列，外列大形，前方數齒最大；下頜齒二列，內列及後方
數齒較大。頭部及體之前部被圓鱗，體之後部被櫛鱗，背鰭軟
條部及臀鰭之鰭膜有 2/3 以上被小圓鱗，尾鰭被鱗。背面及上
側面黃褐色，下側面及腹面金黃色……………………**大黃魚**

30b. 尾柄長爲尾柄高之二倍以上。臀鰭第 II 棘短於眼徑。脊椎
28~30 枚。

D. IX~X, 31~36; A. II, 9~10; P. 16; L. l. 50~62; L.
tr. 5~6/8。鰓耙 8~9+1+16~20。鰾之側管 26~32 對，均
具背分枝及腹分枝。吻短而鈍尖，口前位；吻褶完整，不分
葉。吻孔3+5，吻上孔微小，不顯著。頤孔六枚，微小。上頜
齒成齒帶，外列較大；下頜齒二列，內列較大。體之前部及頭
部被圓鱗，體之後部被櫛鱗，背鰭軟條部及臀鰭之鰭膜有 2/3
以上被小圓鱗，尾鰭亦被小圓鱗。背面及上側面黃褐色，下側
面及腹面金黃色……………………………………**小黃魚**

29b. 鰾之側管 14~23 對。枕骨脊顯著。背鰭軟條 23~28；臀鰭軟
條 11~13 (*Collichthys*)。

D. VIII, I, 24~28; A. II, 11~13; P. 15; L. l. 49~53。鰓耙
9~12+1+16~20。鰾之側管 21~23 對，各分爲背分枝及腹枝
枝，在鰾之背腹面中央幾相遇。頭大而圓鈍，額部隆起，高低不
平，粘腋腔發達。吻短而鈍，吻褶完整，不分葉。吻孔 3+5。
頤孔四枚，微小。上下頜齒成細齒帶，無分化之大齒。上頜縫合
部無齒（前上頜骨有發光器），下頜有縫合結，上有齒一簇。體
及頭部被圓鱗，極易脫落。背側面灰黃色，腹側面金黃色，背鰭
硬棘部邊緣及尾鰭後緣黑色……………………………**梅童魚**

6c. 鰾之主體部分錨狀，無伸入頭部之側管 (MEGALONIBEIN)。

鰾有二前葉，26 對樹狀短側管，無進入頭部者。頤孔爲 "擬五孔型"，中央孔互相接近，中
間有肉墊。D. X+I, 21~22; A. II, 7；鰓耙 4~6+8~13。吻上孔三個，呈弧形排列，吻
緣孔 5 個。吻尖突，吻摺完整，不分葉。上下頜齒細小，排成齒帶，外列齒大形，尖銳，排

列稀疏，鋤骨、腭骨無齒，體被櫛鱗，背鰭軟條部及臀鰭基部有一列鱗鞘。體銀灰而帶橙褐色⋯⋯⋯⋯⋯⋯⋯⋯⋯⋯⋯⋯⋯⋯⋯⋯⋯⋯⋯⋯⋯⋯⋯⋯⋯⋯⋯**褐毛鰭**

5b.　鰾管之排列與 (5a) 不同，有一 "頭" 部，伸入頭部，乃爲由鰾之後端伸出之細長腹管之前端，或爲鰾前端伸出之管之一部分，另一部分爲單一腹管或由鰾之前部伸出之一束腹管。背鰭軟條 27～45 (OTOLITHOIDINI)。

　　31a.　鰾管由鰾之後端伸出。脊椎 12＋13。無背鰭前骨片 (Predorsal benes) (*Otolithoides*)。D. IX, I, 27～32; A. II, 7～8; P. 18～19; L. l. 50～60。鰓耙 5～6＋1＋11。鰾之側管一對，由鰾之後端伸出，向前伸入頭部，在此有數短分枝。頭部鈍錐形，口端位。吻孔 3＋5。頤孔四枚。上下頜齒爲絨毛狀齒帶，上頜外列齒較大，前端數枚犬齒狀。下頜內列齒較大。頭部被圓鱗，體被櫛鱗，背鰭、臀鰭上有小圓鱗。體背側綠褐色或灰褐色。兩側黃綠色，腹面黃色⋯⋯⋯⋯⋯⋯⋯⋯⋯⋯⋯⋯⋯⋯⋯⋯⋯⋯**銅色齒鰔**

　　31b.　鰾管由鰾之前端伸出，立卽分爲若干小枝。每側有一頭枝及一腹枝，頭枝僅在橫隔膜前方分枝。脊椎 12＋13 或 11＋14。有二或三枚絲狀之背鰭前骨片 (*Panna*)。D. IX～X, I, 31～36; A. II, 7～8; P. 19; L. l. 70～80; L. l. 11～12/18～20。鰓耙 5＋1＋10～12。吻略尖，吻褶不分葉。吻孔 3＋5; 頤孔三對，前方一對微小，在縫合部兩側，二、三兩對裂隙狀。上頜兩側各有 2～3 枚犬齒（較其他長 2 倍以上），其內爲狹細齒帶；下頜縫合部有一簇較大之齒，內列齒較大，其外有 1～2 列小齒。頭部（枕區除外）、胸部，以及胸鰭基部上下方爲圓鱗，其他部分爲櫛鱗。體背側灰綠色，腹部銀白或淡黃色，各鰭黃色，背鰭、臀鰭邊緣黑色，鰓蓋上有一藍斑⋯⋯⋯⋯⋯⋯⋯⋯⋯⋯**小齒鰔**

黃唇魚　*Bahaba taipingensis* (HERRE)

英名 Chinese bahaba。產我國海域。FAO 之魚類鑑別活頁手冊中關於本種之分佈包括臺灣在內。*B. flavolabiata* (LIN) 爲其異名。

鈍頭鬚鰔　*Johnius amblycephalus* (BLEEKER)

英名 Bearded croaker。亦名鰔魚，杜氏黑花魚，團頭叫姑魚（朱）；俗名黑加鯛。產高雄、基隆、臺南、澎湖。*Sciaena dussumieri* (C. & V.) 爲其異名。

白帶魷口　*Johnius carutta* BLOCH

英名 Karut croaker。亦名白條叫姑魚（朱）。本種原據朱光玉 (1956) 產基隆。惟本種之分佈主要爲印度及泰國西岸，見於臺灣近海之可能性不大。據 TRAWAVAS (1977) 稱當係 *J. tingi* 之誤。（圖 6-133）

突吻魷口　*Johnius coitor* (HAMILTON-BUCHANAN)

英名 Coitor croaker。據 FAO 魚類鑑別活頁手冊本種之分佈涵蓋臺灣。

皮氏魷口　*Johnius belangerii* (CUVIER & VALENCIENNES)

英名 Belanger's croaker (Jewfish)，Mini-kob。據 TRAWAVAS (1977) 產臺灣。朱

元鼎等 (1963) 之新種 *J. fasciatus* 爲其異名。朱光玉 (1956) 之 *J. dussumieri* (nec CUVIER) 可能爲本種之誤。

杜氏魷口 *Johnius dussumieri* (CUVIER & VALENCIENNES)

英名 Dussumier's croaker (Jewfish), Green-backed Jewfish。本種原據朱光玉 (1956) 產東港、高雄、基隆。惟本種之分佈原限於安達曼海，見於臺灣之可能性不大，可能係上種之誤。

灣鰄 *Johnius sina* (CUVIER & VALENCIENNES)

英名 Sin croaker, Small kob, Drab Jewfish。據 FAO 手册本種在南中國海分佈甚廣，涵蓋臺灣在內。但朱光玉 (1956) 所列本種可能爲 *Nibea soldado* (LAC.) 之誤。

丁氏魷口 *Johnius tingi* (TANG)

產基隆。朱光玉 (1956) 之 *J. carutta* (nec BLOCH) 以及朱元鼎等 (1963) 之 *Wak sina* (nec CUVIER) 均爲其異名。

巨鮸 *Protonibea diacanthus* (LACÉPÈDE)

英名 Spotted croaker。亦名花姑魚，黃姑魚 (朱)，胡麻鮸 (日)。產臺灣。*Nibea goma* (TANAKA) 爲其異名。(圖 6-133)

勒氏鮸 *Dendrophysa russelli* (CUVIER & VALENCIENNES)

英名 Goatee croaker。據 TRAWAVAS (1977) 本種之分佈自印度沿岸至我國廣東。FAO 手册關於本種之分佈涵蓋澳洲以北全部南中國海一帶，包括臺灣在內。

朱氏鰄 *Nibea chui* TRAWAVAS

英名 Chu's croaker。本種分佈我國、日本，南至香港、海南島，包括臺灣在內。

黑邊鰄 *Nibea soldado* (LACÉPÈDE)

英名 Soldier croaker, Silver Jewfish (Kob)。據 FAO 手册本種在南中國海分佈甚廣，涵蓋臺灣在內。朱光玉 (1956) 所列 *Nibea sina* (nec CUVIER) 可能爲本種之誤。

半條紋鰄 *Nibea semifasciata* CHU, LO & WU

英名 Sharpnose croaker。據 FAO 手册本種分佈我國東南沿海，以至東海，包括臺灣在內。朱光玉 (1956) 之 *Nibea albiflora* (nec RICHARDSON) 當屬本種。

白花鰄 *Nibea albiflora* (RICHARDSON)

英名 White flower croaker。本種之分佈與上種同。朱光玉 (1956) 之新種 *Nibea girunensis* 當係本種之異名。

截尾鰄 *Pennahia macrophthalmus* (BLEEKER)

英名 Bigeye croaker。據 FAO 手册本種分佈南中國海，包括海南島、香港，以及臺灣西南部。朱元鼎等 (1963) 之 *Argyrasomus aneus* (nec BLOCH) 爲其異名。

白米魚 *Pennahia macrocephalus* (TANG)

　　英名 Big-head pennah croaker。產臺灣海峽，爲該區產量最多之拖網魚。（圖 6-133）

白鮸 *Pennahia pawak* (LIN)

　　英名 Pawak croaker, White croaker。亦名斑鰭白姑魚（朱）。產臺灣。（圖 6-133）

日本白口 *Pennahia argentatus* (HOUTTUYN)

　　英名 Silver pennah croaker。亦名白姑魚。產臺灣海峽。

黑鮸 *Atrobucca nibe* (JORDAN & THOMPSON)

　　英名 Blackmouth croaker, Black croaker。亦名黑口魚（林），黑姑魚（朱），加鮊魚（Ga bang he）；日名黑鮸，花鮸，黑久智（黑口）。產基隆、高雄、澎湖。*Pseudotolithus brunneolus* JORDAN & RICHARDSON 爲其異名。（圖 6-133）

日本鮸 *Argyrosomus japonicus* (TEMMINCK & SCHLEGEL)

　　英名 Japanese meagre。亦名黑毛鱨，日本巨鮸，日本黃姑魚（朱）。產基隆。

鮸魚 *Argyrosomus miiuy* (BASILWSKY)

　　英名 Mi-iuy croaker。產臺灣。

厦門巨鮸 *Argyrosomus amoyensis* (BLEEKER)

　　英名 Amoy croaker。 本種分佈我國東南沿海及臺灣海域。 朱元鼎等 (1963) 之新種 *Nibea miichthyoides* 爲其異名。

尖頭鮸 *Chrysochir aureus* (RICHARDSON)

　　英名 Reeve's croaker。產基隆、臺南、屏東。*Pseudosciaena acuta* TANG, 以及 *Nibea acuta* (LIN) 均爲其異名。

銀齒鮸 *Otolithes ruber* (SCHNEIDER)

　　英名 Tiger-toothed croaker, Snapper kob。亦名銀牙鮸（張）。產屏東。*O. argenteus* (C. & V.) 爲其異名。

大黃魚 *Larimichthys crocea* (RICHARDSON)

　　英名 Large yellow croaker。 亦名黃花魚，黃花。產臺灣。*Pseudosciaena amblyceps* BLEEKER 爲其異名。（圖 6-133）

小黃魚 *Larimichthys polyactis* (BLEEKER)

　　俗名黃口，黃瓜、紅瓜。日名金久智（金口）。產臺灣。*Pseudosciaena manchurina* JORDAN & THOMPSON 爲其異名。

梅童魚 *Collichthys lucidus* (RICHARDSON)

　　亦名黃皮頭，黃皮，獅子魚，棘頭梅童魚（朱）。*Larimichthys rathbunae* JORDAN & STARKS（據梁）爲本種異名。

褐毛鱨 *Megalonibea fusca* CHU, LO & WU

　　產臺灣。

銅色齒鰔 *Otolithoides biauritus* (CANTOR)

　　英名 Bronze croaker。又名長吻擬牙鰔（朱）。據 FAO 手册本種在南中國海分佈極
廣，涵蓋臺灣在內。*O. brunneus* (DAY) 為其異名。

小齒鰔 *Panna microdon* (BLEEKER)

　　英名 Panna croaker。又名小齒擬牙鰔（朱）。本種之分佈大致與上種同。

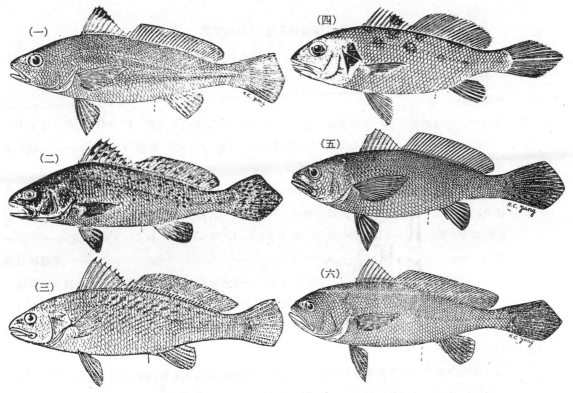

圖 6-133　（一）白帶鬚鰔；　（二）巨鮸；　（二）白米魚（四）白鰔；　（五）黑鰔；
（六）大黃魚。

鬚鯛科 MULLIDAE

Goatfishes; Red Mullets; Surmullets;

緋鯉科，羊魚科（朱），海鯝科（鄭）

　　本科魚類頤部概有肉質而簡單之鬚一對，故易於識別。體紡錘形，延長而略側扁。被大
形圓鱗（通常僅吻端裸出）或櫛鱗（有細櫛齒）。側線完全，偏於背緣，感覺管常分枝。頭

小，側扁，頭頂輪廓略呈弧形隆起。眼在幼時較大，成長後在比例上漸小。口小而能伸縮。主上頜骨部分被寬大之眶前骨所遮蔽，後者大都裸出。無副上頜骨。上下頜齒細小，爲絨毛狀帶；　鋤骨、腭骨有時有齒。　前鰓蓋骨後緣光滑或有細鋸齒。　鰓蓋完整，　後上緣有一扁弱棘。鰓膜不與喉峽部相連；鰓被架 3～4。鰓四枚；擬鰓發達。鰾簡單；胃管狀；幽門盲囊約 20 個。脊椎 9～10＋14。背鰭兩枚，遠離，基底均甚短。D¹ VI～VIII，可倒伏溝槽中，第 I 棘甚小。D² I, 6～9。臀鰭有弱棘 I～II，軟條 6，與第二背鰭對在，或略前，或略後。尾鰭分叉。腹鰭 I, 5，胸位，有腋鱗。小型或中型之底棲海魚；體色美麗，紅色或黃色者較多，腹面通常有一層紅色素。

臺灣產鬚鯛科 3 屬 27 種檢索表:

1a. 上下頜、鋤骨、腭骨均有齒（但上下頜齒細小，　多形成爲絨毛狀齒帶）；　上頜延長至眼之下方約 1/3 處 (*Upeneus*)。

  2a. 眶前區被鱗。

    3a. 體色一致，背鰭無斑紋，尾鰭後緣灰色，其上半有三至五條灰色橫帶。D¹ VII（間或 V 或 VIII）；D². I, 8；A. I, 6；P. 15；L. l. 28～30＋2～3；L. tr. 2～3/6～7；鰓耙 8＋17 ⋯⋯⋯⋯⋯**秋姑魚**

    3b. 體有各式斑點。

      4a. 第一背鰭約與第二背鰭等高，頭與軀幹有黑色斑點，由吻端經眼，沿側線而達尾基有一黑褐色縱帶，尾鰭上下葉各有 4～6 條黑色斜走之條紋，第一背鰭外側色暗，第二背鰭有 2～3 條不規則的縱帶。D¹. VII～VIII；D². I, 7；A. I, 6；L. l. 30～32＋2；L. tr. 3/6。鰓耙 4～7＋16～18 ⋯⋯⋯⋯⋯⋯⋯⋯⋯⋯**洋鑽秋姑魚**

      4b. 第一背鰭顯然較第二背鰭爲高，由眼至尾基有一褐色狹縱帶。尾鰭上葉有 4～5 條黃色斜帶，下葉有一暗褐色縱帶，　第二背鰭有 5 條不明顯的縱條紋。D¹. VIII；D². I, 8～9；A. I, 8；L. l. 33～35；L. tr. 3/6。鰓耙 13＋3 ⋯⋯⋯⋯⋯⋯⋯⋯**赭帶秋姑魚**

  2b. 眶前區無鱗。

    5a. 體側中央有一黃色縱帶，由眼至尾鰭基部；背鰭與尾鰭上葉有黃黑相間之橫帶。D¹. VIII；D². I, 8；A. II, 6；P. 16；L. l. 34～35＋3；L. tr. 3/7。鰓耙 6～8＋18～20 ⋯⋯⋯⋯⋯⋯⋯⋯⋯⋯⋯**摩鹿加秋姑魚**

    5b. 尾鰭無條紋，體側有兩條黃色縱帶，其一由眼至尾基，另一由胸鰭基部至尾基。第一背鰭末端黑色，有 2～3 條暗色縱帶；第二背鰭外緣色暗，中央有一暗色縱帶。D¹. VIII；D². I, 8；A. I, 6～7；P. 16；L. l. 32～36＋2～5；L. tr. 3/6～7；鰓耙 8～10＋17～22 ⋯⋯**硫磺秋姑魚**

    5c. 尾鰭上下葉各有四至六條黑色斜走之條紋，體側有四或五條黃色縱帶。前後背鰭末端黑色，有 1～2 條灰藍色或暗色縱帶。D¹. VIII；D². I, 8；A. I, 6～7；L. l. 32～36＋3～4；L. tr. 3/6～7；鰓耙 6～8＋16～20 ⋯⋯⋯⋯⋯⋯⋯**金帶秋姑魚**

1b. 腭骨無齒。各鰭無條紋，或僅第二背鰭及臀鰭有條紋。

6a. 上下領各有細齒--帶。二背鰭間有鱗片 5 橫列，沿尾柄上部有鱗片 12 橫列 (*Mulloidic-thys*)。

　　7a. 體側中央有一黃色縱帶，頭部另有一黃色橫線紋。D^1. VII; D^2. I, 8; A. I, 6; L. l. 38+5; L. tr. 3/6 ‧‧**黃帶鬚鯛**

　　7b. 體側中央有一黃色縱帶，但頭部無黃色橫線紋。D^1. VII～VIII; D^2. I, 8; A, I ～II, 6～7; L. l. 35～36+4～5; L. tr. 2～3/6～7; 鰓耙 8+20 ‧‧‧‧‧‧‧‧‧‧‧‧‧‧‧‧‧‧‧‧‧‧‧‧‧‧**紅鬚鯛**

　　7c. 體為一致之黃色，背面黃褐色，各鰭黃色，尾鰭有暗邊。D^1. VII～VIII; D^2. I, 8; A. I, 6; P. 17; L. l. 36～37+3; L. tr. 3/7; 鰓耙 8～9+20～24 ‧‧‧‧‧‧‧‧‧‧‧‧‧‧‧**熖鬚鯛**

　　7d. 體背側綠色，腹面白色，由鰓蓋棘至尾鰭上葉基部有一狹黃帶（前部在側線下方），在第一背鰭下方，此縱帶上有一、二枚灰黑色斑。各鰭無條紋，背鰭黃綠色，胸鰭淡紅色，尾鰭黃色，鬚白色。D^1. VII～VIII; D^2. I, 8～9; A. I, 7; L. l. 35+2～3; L. tr. $2\frac{1}{2}$/6 ‧‧‧**瘦金帶鬚鯛**

6b. 上下領齒均僅一列，較強而大小不等。二背鰭間有鱗片 2～3 橫列；沿尾柄上方有鱗 8～9 橫列。第二背鰭及臀鰭均有條紋，但第一背鰭無之 (*Parupeneus*)。

　　8a. 體側至少有一黑斑。

　　　　9a. 在胸鰭上方有一小黑斑。頷鬚向後到達腹鰭。頭部有數條平行之藍色條紋；背方鱗片有暗邊，側方鱗片之中央色淡，形成約 5 條不明顯的縱線紋。D^1. VIII; D^2. I, 8～9; A. I, 6～7; L. l. 29～30; L. tr. $2\frac{1}{2}$/6; 鰓耙 6+19 ‧‧‧‧‧‧‧‧‧‧‧‧‧‧‧‧‧‧**斑點海緋鯉**

　　　　9b. 在背鰭軟條部後端基底下方側線上有一黑斑。頭部及軀幹前部背方黑色；由口經眼下方至背鰭硬棘部下方有一灰色帶。腹鰭黑色。D^1. VIII; D^2. I, 8～9; A. I, 6～7; P. 14; L. l. 26～29+2～3; L. tr. 3/5～7; 鰓耙 7+21～24 ‧‧‧‧‧‧‧‧‧‧‧**黑頭海緋鯉**

　　　　9c. 在背鰭軟條部後端尾柄上有一黑色鞍狀斑。體側有二條淡色縱帶，並擴展至頭部；頷鬚伸達前鰓蓋骨後緣，各鰭為一致之灰色。D^1. VIII; D^2. I, 8; A. I, 6; L. l. 27～28+1～2; L. tr. 3/6; 鰓耙 6+24 ‧‧‧‧‧‧‧‧‧‧‧‧‧‧‧‧‧‧‧‧**鞍斑海緋鯉**

　　　　9d. 在二背鰭之間下方，側線上有一黑色圓斑，第二背鰭下方有一黃色區域，第二背鰭基部 1/3 黑色。D^1. VIII; D^2. I, 8; A. I, 6; L. l. 28～30; L. tr. $2\frac{1}{2}$/$5\frac{1}{2}$; 鰓耙 6～7+22～24 ‧‧‧‧‧‧‧‧‧‧‧‧‧‧‧‧‧**黑斑海緋鯉**

　　　　10a. 在尾柄中央近尾鰭基部側線上有一-卵圓形黑斑，由吻端經眼至背鰭軟條部末端下方有一黑褐色縱帶。各鰭灰色至透明。鬚灰色。D^1. VIII; D^2. I, 8; A. I, 6; L. l. 28～29+2; L. tr. 3/6; 鰓耙 6+21 ‧‧‧‧‧‧‧‧‧‧‧‧‧‧‧‧‧‧**單帶海緋鯉**

　　　　10b. 在尾柄上接近尾鰭基底處有一黑色圓斑，頭部有斜走之金黃色線，體側無暗色縱線，相當於兩背鰭間下方之側線上有一小錢狀之黃色斑。D^1. VIII; D^2. I. 9; A. II. 6; L. l. 27～31; L. tr. 3/6～7; 鰓耙 6+18～20 ‧‧‧‧‧‧‧‧‧‧‧**印度海緋鯉**

　　8b. 體側有黑色橫帶。

　　　　11a. 體側有三條黑色寬橫帶，第一條在背鰭硬棘部下方，第二條在軟條部下方，第三條在尾柄後半。地色粉紅，無暗色縱帶。背鰭硬棘部灰褐色，軟條部暗褐色而有 4～5 條灰褐色縱帶。臀鰭有 6～7 條縱帶。尾鰭暗褐色。D^1. VIII；D^2. I, 8；A. II, 6；L. l. 28+2～3；L. tr. 2～3/6～7；鰓耙 9+30⋯⋯⋯**雙帶海緋鯉**

11b. 體側有四、五條黑色橫帶。在尾柄橫帶與背鰭軟條部下橫帶之間有一黃色區域。

12a. 第一背鰭下橫帶之寬度約與第一背鰭基底相等，其他各橫帶寬狹不一。眼後有一大如眼徑之暗褐色圓斑，背鰭軟條部及臀鰭有 3～4 條狹黃帶。D^1. VIII；D^2. I, 8；A. I, 6；P. 15；L. l. 27～29+2～3；L. tr. 2～3/6～7；鰓耙 7+27～28⋯⋯⋯⋯⋯**三帶海緋鯉**

12b. 第一背鰭基部下方無黑色橫帶，由吻端背面經眼至鰓蓋上方有一暗色帶，背鰭前方背面有 4～5 個暗色橫帶。二背鰭之間有一黑褐色橫帶，第二背鰭下方及尾柄部各有一黑褐色橫帶。第一背鰭外側暗褐色，第二背鰭大部分黑褐色，臀鰭有 5～6 條暗褐色縱帶；腹鰭基部灰色，外端暗褐色，有 7～8 條波狀橫帶。D^1. VIII；D^2. I, 8；A. I, 6；L. l. 27～28+3；L. tr. 3/6；鰓耙 8+30⋯⋯⋯⋯⋯⋯⋯⋯⋯⋯⋯⋯**多帶海緋鯉**

8c. 體側無大形黑點或黑斑。

13a. 背鰭軟條部後方有一灰色或白色斑。

14a. 有一金色縱帶，由吻端經眼，沿側線上方直至第二背鰭後端（或稍前至第一背鰭後端），此縱帶之上下方各有平行之淺黃色縱帶。背鰭軟條部後方有一淺黃色鞍狀斑，此斑之後在側線上方有一不明顯的暗色斑。下頜鬚向後伸展至鰓裂；D^1. VIII；D^2. I, 8；A. I, 6；L. l. 27～31；L. tr. 3/6～7；鰓耙 7+24⋯⋯⋯⋯⋯⋯**蓬萊海緋鯉**

14b. 體側無如上述之縱帶。

15a. 頭部有金色或藍色線紋；背鰭軟條部及臀鰭有斜走條紋。

16a. 體背面紫紅色至藍褐色，下側漸淡，頭部有 4 條藍色縱條紋。D^1. VIII；D^2. I, 8；A. II, 6～7；P. 16；L. l. 26～28+2～3；L. tr. 2～3/6～7；鰓耙 7+24⋯⋯⋯⋯⋯**圓口海緋鯉**

16b. 體色同上種；頭部有 5 條青色縱條紋自吻端達眼後方。尾柄背方有一黃色鞍狀斑，各鰭淡黃色。第二背鰭有 3～4 條黃色縱條紋，臀鰭有 4 條青色縱條紋。D^1. VIII；D^2. I, 8；P. 16；L. l. 28～30+2；L. tr. 3/7；鰓耙 6～7+23～24⋯⋯⋯⋯⋯**金色海緋鯉**

15b. 頭部無線紋。下頜鬚延伸至對側前鰓蓋骨之後緣。體背面灰褐色，下側漸淡。下頜鬚灰褐色。尾柄部有一白色鞍狀斑。幼魚體側有一暗褐色縱帶，由吻端經眼沿側線至背鰭軟條部下方。D^1. VIII；D^2. I, 8；A. II, 6；L. l. 27+2；L. tr. 3/6～7；鰓耙 5+23⋯⋯⋯⋯⋯**紫斑海緋鯉**

13b. 背鰭軟條部後方無灰色或白色斑。

  17a. 體側有條紋或斑點。

    18a. 體鮮紅色，由眼至尾基有一金色縱帶，各鰭紅色，頜鬚淡黃色。D^1. VIII; D^2. I, 7～8; A. I, 6; L. l. 28～30; L. tr. 3/6; 鰓耙 7+21 ⋯⋯⋯⋯⋯⋯⋯⋯⋯⋯⋯⋯⋯⋯⋯⋯⋯⋯⋯**紅鱗魚**

    18b. 體背面紅色，下側漸淡，多數鱗片之中心黃色。頭部及頰部有 4 條藍色縱線紋。第二背鰭及臀鰭有 3 ～ 4 條縱條紋，但極易褪去。D^1. VIII; D^2. I, 8～9; A. I, 6～7; L. l. 70; L. tr. $2\frac{1}{2}$/$6\frac{1}{2}$～7 ⋯⋯⋯⋯⋯⋯⋯⋯⋯⋯⋯⋯⋯⋯⋯⋯⋯⋯⋯**海緋鯉**

  17b. 體色一致，無特殊斑紋。

    19a. 體為一致之灰黃色。D^1. VIII; D^2. I, 8; A. I, 6; L. l. 36 ⋯⋯⋯⋯⋯⋯⋯⋯⋯⋯⋯⋯⋯⋯⋯⋯⋯⋯⋯⋯⋯⋯⋯**素色海緋鯉**

    19b. 體為一致之紅色，下頜鬚超過前鰓蓋後緣。背鰭軟條部有一不明顯的暗色縱帶。D^1. VIII; D^2. I, 8; A. I～II, 6～7; P. 16; L. l. 27～30; L. tr. 2～3/6～7; 鰓耙 7+18～20 ⋯⋯⋯⋯⋯⋯⋯⋯⋯⋯⋯⋯⋯⋯⋯⋯⋯⋯⋯⋯**紅色海緋鯉**

秋姑魚 *Upeneus bensasi* (TEMMINCK & SCHLEGEL)

英名 Red-mullet, Stripedfin goatfish, Yellowfin goatfish; 亦名條尾緋鯉（朱），海緋鯉（袁）；俗名秋高，秋哥，紅秋哥，紅魚（高）；支不（客）；日名比賣知。產基隆、宜蘭、大溪、高雄、澎湖、蘭嶼。(圖 6-134)

洋鑽秋姑魚 *Upeneus tragula* RICHARDSON

英名 Spotted red-mullet; Blackstriped goatfish; Bar-tailed goatfish, Darkband goatfish, 亦名 Yang tswan (Ocean borer 洋鑽), Yeung tsun (Sea arrow), 撮鰭，黑斑緋鯉；俗名 Hoe Sin（虎鯖?）；日名嫁比賣知。產基隆、東港、宜蘭、高雄、澎湖。(圖 6-134)

赭帶秋姑魚 *Upeneus sundaicus* BLEEKER

英名 Ochreband goatfish。據 FAO 手册產臺灣。

摩鹿加秋姑魚 *Upeneus moluccensis* (BLEEKER)

英名 Goldband goatfish。俗名鬚哥魚；亦名摩鹿加緋鯉。產基隆、大溪、東港。(圖 6-134)

硫磺秋姑魚 *Upeneus sulphureus* CUVIER & VALENCIENNES

英名 Yellow-striped goatfish; Sunrise goatfish, Yellow goatfish; 亦名琥珀鰭（動典），黃帶緋鯉（朱），黃紋緋鯉。產臺灣。(圖 6-134)

金帶秋姑魚 *Upeneus vittatus* (FORSSKÅL)

英名 Yellowbanded goatfish, Yellowstriped goatfish。產基隆、東港。*U. quadrilineatus* CHENG & WANG 可能為本種之異名。

黃帶鬚鯛 *Mulloidichthys erythrinus* (KLUNZINGER)

英名 Goatfish, Surmullet, Salmonet；俗名鬚哥魚。產新竹。

紅鬚鯛 *Mulloidichthys auriflamma* (FORSSKÅL)

英名 Goatfish, Salmonet, Surmullet；Golden-banded goatfish。又名金帶擬羊魚。產蘭嶼、東港、恆春。

焰鬚鯛 *Mulloidichthys vanicolensis* (CUVIER & VALENCIENNES)

英名 Flame goatfish。俗名紅秋哥魚。產臺灣。（圖 6-134）

瘦金帶鬚鯛 *Mulloidichthys flavolineatus* LACÉPÈDE

英名 Slender goldband goatfish, Salmoan goatfish, Yellowstripe goatfish；又名斑帶擬羊魚（朱）。產臺灣。*M. samoensis* GÜNTHER 為其異名。

斑點海緋鯉 *Parupeneus heptacanthus* LACÉPÈDE

英名 Spotted golden goatfish。產臺灣。據FAO手冊，分佈東南亞淺海中之幼魚，體側有一黑點或灰點，常被鑑定為 *P. pleurospilus* BLEEKER，而產於印度一帶深海中者，體側有一小紅點，常被鑑定為 *P. cinnabarinus* CUVIER。

黑頭海緋鯉 *Parupeneus barberinoides* (BLEEKER)

英名 Swarthy-headed goatfish。又名鬚海緋鯉（沈）。產恆春、臺東。

鞍斑海緋鯉 *Parupeneus spilurus* (BLEEKER)

產宜蘭。FAO 手冊將本種列為 *P. fraterculus* C. & V. 之異名。

黑斑海緋鯉 *Parupeneus pleurostigma* (BENNETT)

東大有標本採自小琉球。

單帶海緋鯉 *Parupeneus barberinus* (LACÉPÈDE)

英名 Goatfish；Dash-dot goatfish；Red-mullet；俗名大條鮹，鬚哥（梁）。產基隆、恆春。（圖 6-134）

印度海緋鯉 *Parupeneus indicus* SHAW

英名 Indian goatfish；Yellow-spot goatfish，亦名印度副緋鯉（朱）；Tsing-fei-te (F.), Ching-fete (F.)；俗名 Hai-tai。產基隆、宜蘭、高雄、蘇澳、恆春。（圖 6-134）

雙帶海緋鯉 *Parupeneus bifasciatus* LACÉPÈDE

英名 Three-barred goatfish, Doublebar goatfish, Two-striped goatfish；Twosaddle goatfish。產恆春。

三帶海緋鯉 *Parupeneus trifasciatus* (LACÉPÈDE)

英名 Five-barred goatfish。又名三帶副緋鯉（朱）。俗名老爺，當係日名譯意。產臺灣。

多帶海緋鯉 *Parupeneus multifasciatus* (QUOY & GAIMARD)

英名 Red and black banded goatfish。產臺灣。

蓬萊海緋鯉 *Parupeneus fraterculus* CUVIER & VALENCIENNES

英名 Black saddle goatfish; 亦名 Sam-so（三鬚，F.），紅背緋鯉（沈），雙帶副緋鯉（朱）。日名蓬萊比賣知。產本島近海。*P. pleurotaenia* (PLAFAIR) 可能為本種之異

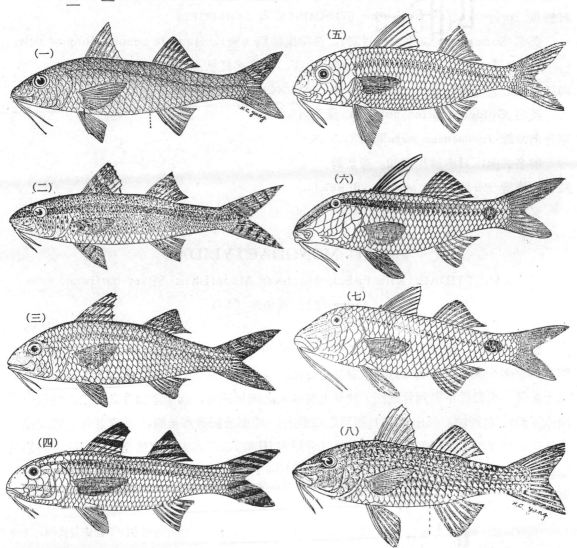

圖 6-134 　（一）秋姑魚；　（二）洋鑽秋姑魚；　（三）摩鹿加秋姑魚；　（四）硫磺秋姑魚；
（五）焰鬚鯛；　（六）單帶海緋鯉；　（七）印度海緋鯉；　（八）蓬萊海緋鯉。

名。本種與鞍斑海緋鯉不易淸分，是否僅爲體色之差異，值得硏究。（圖 6-134）

圓口海緋鯉 *Parupeneus cyclostomus* (LACÉPÈDE)

英名 Goldsaddle goatfish; Bright-saddle goatfish。產恆春。

金色海緋鯉 *Parupeneus chryseredros* LACÉPÈDE

英名 Golden goatfish; Yellow-tailed goatfish。又名綠海緋鯉（沈），頭帶副緋鯉（朱）。產恆春、臺東。

紫斑海緋鯉 *Parupeneus porphyreus* JENKINS

英名 Purplish goatfish。俗名紅鬍哥。產基隆、澎湖。

紅鰭魚 *Parupeneus chrysopleuron* (TEMMINCK & SCHLEGEL)

英名 Surmullet; 亦名海鯉（袁），黃帶副緋鯉（朱），Hung te neaou, Hong te new, Fei te tseo, Fe te tso, Fi tai tesuh (F.); 俗名紅秋高。產本島近海。

海緋鯉 *Parupeneus luteus* (CUVIER & VALENCIENNES)

英名 Golden-spotted goatfish。產基隆。

素色海緋鯉 *Parupeneus megalops* TANAKA

俗名袋鰞; 日名梟比賣知。產臺灣。

紅色海緋鯉 *Parupeneus janseni* (BLEEKER)

又名詹森海緋鯉（沈）。產大溪。

銀鱗鯧科 MONODACTYLIDAE

=PSETTIDAE; Kite Fishes; Moonies; Moonfishes; Silver batfishes;
Fingerfish; 鳶魚科（朱）

體側扁而高，酷似鯧魚。上下領及腭骨有絨毛狀齒帶。鼻孔每側兩個。鰓膜在喉峽部游離。鰓被架 6 或 7。下咽骨分離。有眶下骨棚。口中型，能伸縮。主上領骨大部分顯露; 無副上領骨。後顬骨不與顬骨固接。枕骨上有強大之突起稜脊，向前至額骨之前緣。體被小櫛鱗或圓鱗; 有側線，弧形。鱗片擴展至奇鰭上。頰部及鰓蓋亦被鱗; 前鰓蓋骨有鋸齒緣。背鰭硬棘部萎縮，軟條部與臀鰭均延長（臀鰭有 III 棘）。二者前方之軟條成鐮刀狀。胸鰭圓形; 尾鰭稍凹入。腹鰭退化或消失。脊椎 9～10＋14。熱帶沿岸魚類，有時至河口，或溯游至上流。

臺灣僅產 1 屬 1 種，即銀鱗鯧。體背部褐色，側面及腹部銀白色; 由背鰭前方向下經鰓蓋後部，下達軀幹部正中有一黑色橫帶，另一橫帶則由後頭經眼而向下至喉峽部。D. VII～VIII, 26～31; A. III, 27～30; P. 17; V. I, 2～3; L. l. 50～65; L. tr. 14～15/1/44～45。鰓耙 6～10＋19～23。

銀鱗鯧 *Monodactylus argenteus* (LINNAEUS)

英名 Silver batfish; Natal moony; 又名銀大眼鯧（朱）。日名姬燕魚；銀鱗鯧爲華南俗名。產臺灣。（圖 6-135）

擬金眼鯛科 PEMPHERIDAE

Deep-water Catalufas, Sweepers.

酷似金眼鯛（*Beryx*），但臀鰭顯然較背鰭爲長，故在顴形亞目中爲最易識別之一科。體側扁，長卵圓或橢圓形。被櫛鱗或圓鱗，頭側、尾鰭、臀鰭基底上方亦均被鱗。側線完全，延伸至尾鰭上，側線鱗之感覺管狹長或短寬。頭中等大，吻端鈍圓；眼中型或大型，無脂性眼瞼，故又有 Catalufas（大眼鯛）之稱，亦有眼小而被脂性眼瞼者。眶前骨狹長，平滑。前鰓蓋骨邊緣光滑或有棘。鰓蓋主骨無棘。口斜裂，下頜突出；上頜骨顯露，無副上頜骨。上頜骨後端不超過眼之中點下方。上下頜、鋤骨、腭骨均有絨毛狀齒。舌上無齒。鰓四枚；鰓耙細長（25～31）；擬鰓存在。鰓裂寬，鰓膜不相連，並在喉峽部游離。幽門盲囊 9～10。少數種類有發光器。鰓被架 6～7。背鰭一枚，在體之前半部，基底甚短（IV～VII, 7～12）。臀鰭甚長，有 III 棘 17～45 軟條。腹鰭小形，胸位，有腋鱗。尾鰭後緣凹入。脊椎骨 25（10＋15）。

臺灣產擬金眼鯛科 2 屬 5 種檢索表：

1a. 體比較的延長；上下頜齒通常一列；前鰓蓋骨後緣無棘；臀鰭鰭條 30 以下，不被鱗（*Parapriacanthus*）。

　　D. V, 7～9; A. III, 18～20; L. l. 80。體上面黃色，下面銀白色‥‥‥‥‥‥‥‥‥**充金眼鯛**

1b. 體特高，呈卵圓形；上下頜齒各數列爲一帶；前鰓蓋骨後緣有 1～3 枚強棘；臀鰭鰭條 30 以上，並被細鱗（*Pempheris*）。

2a. 全體被櫛鱗；D. VI, 10～11; A. III, 33～38; L. l. 59～67＋22; 鰓耙 11＋24。體赭色，各鰭深色‥‥‥‥‥‥‥‥‥‥‥‥‥‥‥‥‥‥‥‥‥‥‥‥‥‥‥‥‥‥‥‥‥**黑鰭擬金眼鯛**

2b. 體鱗大部分爲圓鱗，僅體軀邊緣有弱櫛鱗。

3a. 側線鱗 50～60（至尾基爲止）；鰓弧下枝鰓耙 21～23。

　　4a. 胸鰭基部無黑斑。體污褐色，各鰭邊緣深色。D. V～VI, 9; A. III, 38～44; L. l. 53～59＋19～20; L. tr. 6～7/12～13。鰓耙 9＋21‥‥‥‥‥‥‥‥‥‥‥**黑緣擬金眼鯛**

　　4b. 胸鰭基部有黑斑。體暗褐色而有黑味。臀鰭邊緣灰色。D. V～VI, 9～10; A. III, 39～43; L. l. 50～64; L. tr. 6～7/15～16。鰓耙 10＋21‥‥‥‥‥‥‥**烏伊蘭擬金眼鯛**

3b. 側線鱗片 70～80（至尾基爲止）。體櫪褐色，臀鰭邊緣灰色。D. V, 9; A. III, 44; L. l. 76＋15 鰓耙 7＋1＋18‥‥‥‥‥‥‥‥‥‥‥‥‥‥‥‥‥‥‥‥‥‥‥‥‥‥‥‥‥‥**白緣擬金眼鯛**

充金眼鯛 *Parapracanthus ransonneti* STEINDACHNER

產基隆。日名金眼擬。*P. beryciformes* FRANZ 可能爲其異名。

黑鰭擬金眼鯛 *Pempheris compressus* (SHAW)

產臺灣。*Pempheris umbrus* (SNYDER) 爲其異名。

黑綠擬金眼鯛 *Pempheris vanicolensis* CUVIER & VALENCIENNES

英名 Vanikoro sweeper; 俗名解餌刀（梁）; 日名南方葉丹寶。產小硫球。（圖 6-135）

烏伊蘭擬金眼鯛 *Pempheris oualensis* CUVIER

英名 Oualan sweeper; Blacktip sweeper。產臺灣。

白綠擬金眼鯛 *Pempheris nyctereutes* JORDAN & EVERMANN

日名臺灣葉丹寶。產澎湖。

舵魚科 KYPHOSIDAE

=CYPHOSIDAE（包含 GIRELLIDAE, SCORPIDAE）;

眼仁奈科（日），魠科，極樂魠科，舵科（朱），瓜子鱲科;

Seachubs Rudderfishes, Greenfishes; Nibblers; Halfmoons.

Drummers, Stone-breams

體橢圓或卵圓，側扁而高。頭小，吻短鈍，外形在鯽、鯧之間。口小，端位，上下頜等長; 上頜無副上頜骨; 上頜骨部分爲眶前骨所掩覆。眼小或中型。體被中、小型櫛鱗（偶或圓鱗）; 頭部除吻端及眶間區（有時鰓蓋亦裸出）外多數密被細鱗; 奇鰭基部被細鱗，並有鱗鞘; 腹鰭常有腋鱗。側線完全，單一，循背側緣彎曲。上下頜被整齊之細齒，一列或數列成齒帶; 外列較大，前方爲門齒狀，齒之上端分叉或不分叉。鋤骨、腭骨、舌上均無齒，或有細齒。前鰓蓋骨圓滑，或具細鋸齒; 主鰓蓋骨無棘（偶或有一、二鈍棘）。鰓膜分離，有時與喉峽部相連合。擬鰓發育完善。鰓耙細長。鰾存在，後方往往有二角。幽門盲囊數多或少。背鰭一枚，硬棘部與軟條部之間無缺刻，有時淺凹入。背鰭硬棘 X～XV，臀鰭硬棘 III枚，臀鰭通常與背鰭軟條部對在。偶鰭小型或中型，腹鰭次胸位。尾鰭後緣凹入或分叉。熱帶、亞熱帶草食性小魚。

臺灣產舵魚科 2 屬 6 種檢索表:

1a. 兩頜前方齒不分叉; 鋤骨、腭骨、及舌上均有齒。背鰭硬棘部不凹入。前鰓蓋後下方有鱗。臀鰭軟條 11～14 (*Kyphosus*)。

2a. 背鰭軟條部基底等於或長於硬棘部基底; 軟條 14～15，前方軟條等於最長之硬棘。

3a. 側線有孔鱗片 50～55。頭長爲眼徑之 3.5～4 倍。D. XI, 14; A. III, 12～13; P. 17。L. 1. 70～75; L. tr. 11～13/16～19。鰓耙 8～10＋17～22。體欖灰色以至黑色，沿鱗列有若干淡色縱

走線紋···**蘭勃鮀魚**

3b.　側線有孔鱗片 55～58。頭長爲眼徑之 3～3.6 倍。D. X～XI, 14～15；A. III, 12～13；L. l. 65～77；L. tr. 11～12/18；鰓耙 10+20。體銀灰色，沿水平鱗列有銀色縱線紋。眼下方有一銀白色縱帶。各鰭灰色···**銅色鮀魚**

2b.　背鰭軟條部基底短於硬棘部基底；軟條 11～12，前方軟條通常長於最長之硬棘；D. XI, 12；A. III, 11～12；L. l. 61～66 (有孔鱗片 48～56)；L. tr. 9～11/18～19。鰓耙 8～10+18～20。背部及頭頂暗褐色，下部較淡，沿水平鱗列有銀色或金色線紋；由眶前骨沿眼之下緣有一淡色線紋；各鰭近於黑色···**天竺鮀魚**

1b.　兩頜前方齒分爲三叉；鋤骨、腭骨、及舌上均無齒 (*Girella*)。

4a.　鰓蓋骨僅上方 1/3 有鱗；尾鰭上下葉先端尖銳。體側無黃綠色橫帶。

5a.　D. XIV～XVI (多數 XV), 12～15 (多數 13)；A. III, 11～13；L. l. 48～60；L. tr. 10/16～17。鰓耙 40～49。上下頜外側齒爲簡單之一列，門齒狀，各有三尖頭···············**瓜子鱲**

5b.　D. XIV～XV, 13～16；A. III, 12～13；L. l. 54～62；L. tr. 16/21。鰓耙 32～41。上下頜外側齒二至四列，彼此重叠，各齒有三尖頭·····················**黑瓜子鱲**

4b.　鰓蓋骨全部被小鱗；唇甚厚；尾鰭上下葉先端鈍圓；D. XIV, 13～14 (多數 14)；A. III, 11；L. l. 56～59；L. tr. 9/18～19；鰓耙 36～40。體灰黑色，由第 VII～IX 背鰭硬棘向下有一黃綠色橫帶 (成魚消失)···**黃帶瓜子鱲**

蘭勃鮀魚 *Kyphosus lembus* (CUVIER & VALENCIENNES)

英名 Lembus rudderfish，故譯如上；或名 Large-tailed drummer。亦名短鰭鮀；日名極樂魠。產臺灣。(圖 6-135)

銅色鮀魚 *Kyphosus vaigiensis* (QUOY & GAIMARD)

英名 Brass chub, Waigeu drummer。據 JONES 等 (1972) 產恆春。

天竺鮀魚 *Kyphosus cinerascens* (FORSSKÅL)

英名 Blue chub, Ashen drummer。又名長鰭鮀魚。據日名譯如上。產基隆。

瓜子鱲 *Girella punctata* GRAY

瓜子鱲 (Kwa tze la) 係華南名；亦名鮿魚；日名目仁奈。產臺灣。(圖 6-135)

黑瓜子鱲 *Girella melanichthys* (RICHARDSON)

亦名黑鮿 (動典)。產基隆。

黃帶瓜子鱲 *Girella mezina* JORDAN & STARKS

日名翁眼仁奈。亦名翁鮿 (動典)。產高雄。

銀鮍科 EPHIPPIDAE

= EPHIPPIDAE＋PLATACIDAE(燕魚科)＋DREPANIDAE(鷄籠鯧科)；

Spadefishes, Seabats, Leaffishes, Sicklefishes, Concertinafishes;

鰻頭鯛科（日）＋燕魚科＋簾鯛科。

體短而高，全體輪廓爲菱形以至圓形。頭高大於頭長。吻短，鈍圓，亦能向前突出如管狀。眶前骨約與眼徑等高。上頜無副骨。後顳骨不與顱骨固接。枕脊高起。體被小型櫛鱗或中型圓鱗，頭部鱗片特別細小，奇鰭亦密被細鱗，側線弧形，眶前區及前鰓蓋邊緣裸出。鼻孔兩個，前鼻孔爲一小圓孔，後鼻孔爲裂紋狀，在眶前區中下方。上下頜有刷毛狀齒帶，或扁而具三尖頭而能動，腭骨無齒，鋤骨有齒或無齒。鰓膜與喉峽部癒合，鰓被架 6。背鰭、臀鰭均甚高（幼魚特高），與軟條部清分，亦均有強棘 (D. III～XI 枚，第 I 棘向前伏臥或否），胸鰭短或長（簾鯛最長之胸鰭鰭條達尾基）。脊椎骨 10＋14。

臺灣產銀鮍科 3 屬 7 種檢索表:

1a. 背鰭硬棘 III～VII 枚，短小，第 I 棘不向前伏臥；背鰭、臀鰭前方諸軟條特別延長；腹鰭特長，起點在胸鰭以前；齒側扁而有三尖頭。鱗片較小，側線鱗多於 50 (*Platax*)。

2a. 吻部向前突出；齒之三尖頭大小殆相等，鋤骨有少數之齒，但易落；鱗片比較的大（側線上少於 70）；背鰭、臀鰭後角鈍圓；尾鰭後緣略凹入。體褐色，腹部略淡，奇鰭有黑邊，體側有三條深褐色橫帶（1.自後頭經眼至喉峽部；2.自背鰭前端向下經胸鰭基底至腹緣；3.在尾柄前方，上升至背鰭軟條部，下降至臀鰭軟條部）。D. V, 30～37; A. III, 23～24; L. l. 60～65（有孔鱗片 45～57）; L. tr. 26～30/47～50。鰓耙 1～2＋8～10⋯⋯⋯⋯⋯⋯⋯⋯⋯⋯⋯⋯⋯⋯⋯⋯⋯⋯⋯⋯**燕魚**

2b. 吻部鈍圓；齒之三尖頭中間一個特強，鋤骨無齒；鱗片比較的小；背鰭、臀鰭後角尖突，尾鰭後緣突出。體色同上，亦有三橫帶，但最後一條較寬。由側線弧形部頂端至背鰭間鱗片約 20 枚。D. V, 34～38; A. III, 25～29; L. l. 76～80（有孔鱗片 50～55）; L. tr. 24～25/44～46; 鰓耙 1＋9⋯⋯⋯⋯⋯⋯⋯⋯⋯⋯⋯⋯⋯⋯⋯⋯⋯⋯⋯⋯⋯⋯⋯⋯⋯⋯⋯⋯⋯⋯⋯⋯⋯⋯**尖翅燕魚**

2c. 吻部鈍圓。齒之三尖頭之中央一尖頭較長而強，兩側尖頭只及中央尖頭之 1/3～1/4。由側線弧形部頂端至背鰭間鱗片約 18～20 枚。

3a. D. VII, 29～32; A. III, 23; 眼之前方有一凹入部⋯⋯⋯⋯⋯⋯⋯⋯**萬隆燕魚**

3b. D. V(VI), 36～40; A. III, 28; 眼與吻部之間有一凹入部 ⋯⋯⋯⋯⋯⋯**圓翅燕魚**

1b. 背鰭硬棘 VIII～XI 枚，較爲發達，第 I 棘向前伏臥；背鰭、臀鰭前方諸軟條不特別延長；腹鰭亦不特長。齒尖細成刷毛狀。鱗片較大，側線鱗片 50±。

4a. 背鰭硬棘 VIII～IX 枚，第 III 棘特長；胸鰭長，呈鐮刀狀；體被櫛鱗，側線上鱗片約 50 枚，吻較眼徑爲長 (*Drepane*)。

5a. 體側有四至十一條由黑點連綴而成之垂直帶；鰾之側面有兩對盲管突起，後突起甚長且分枝甚多。鰓膜連於喉峽部，且橫過喉峽部成一皮摺。D. I, VIII～IX, 19～22; A. III, 17～19;

　　　　P. 17；L. l. 46～55；L. tr. 14～16/32～35。鰓耙 5～7+10～11 ·····················斑點簾鯛

　　5b. 體側有四至九條黑色橫帶；鰾之側面有十五對分枝繁多之盲管突起；鰓膜連於喉峽部，但不
　　　癒合成皮摺。D. I, VIII, 20～21；A. III, 17～18；P. 15～17；L. l. 45～48；L. tr. 15～16/
　　　32～35。鰓耙 5～7+9 ··條紋簾鯛

　4b. 背鰭硬棘 X～XI 枚，第 IV～VI 棘延長；胸鰭短，不為鐮刀狀；體被圓鱗，側線上鱗片約
　　　40 枚；吻長與眼徑殆相等（*Ephippus*）。
　　　體鉛青色，下部銀白色，各鰭淡色，體側有暗色橫帶 6 條。D. IX（連伏臥者X枚），18～20；
　　　A. III, 15～16；P. 19；L. l. 40～45；L. tr. 7/15～16；鰓耙 1～2+8～9 ·····················銀鯮

燕魚 *Platax teira* (FORSSKÅL)
　　英名 Round-faced batfish，亦名燕魚（動典）。產高雄。

尖翅燕魚 *Platax orbicularis* (FORSSKÅL)
　　英名 Orbicular Leaf-fish, Narrow-banded batfish，亦名飛翼，圓燕魚（朱），尖翅
燕鯛；俗名鯧仔；日名南洋燕魚。產臺灣。（圖 6-135）

萬隆燕魚 *Platax batavianus* CUVIER & VALENCIENNES
　　產臺灣。

圓翅燕魚 *Platax pinnatus* (LINNAEUS)
　　產臺灣。*P. melanosoma* BLEEKER 可能為其幼魚時期。

斑點簾鯛 *Drepane punctata* (LINNAEUS)
　　英名 Spotted drepane, Spotted batfish; Sicklefish; Concertinafish。亦名鷄籠鯧
（Kai Lung Chong），斑點鷄籠鯧（朱），柳蓋 (F.)，玉簾鯧，鏡鯧，鷄倉，金鐘，加
破埔。產高雄。（圖 6-135）

條紋簾鯛 *Drepane longimana* (BLOCH & SCHNEIDER)
　　亦名條紋鷄籠鯧。產臺灣。

銀鯮 *Ephippus orbis* (BLOCH)
　　又名白鯧（朱），華南名此為 Yin Kung (RICH.)；日名鰻頭鯛。產臺灣。

黑星銀鯮科 SCATOPHAGIDAE
Scats, Scatty, Argus fishes, Butterfish.

　　體短而高，尾柄短，外形似蝶魚。眼中等。口小，上下頜短壯，不能伸縮。上頜骨掩蔽
於寬廣之眶前骨下。齒成刷毛狀，有三尖頭，能活動，在上下頜成寬帶狀。鋤骨、腭骨無齒。
鰓膜與喉峽部連合，成為橫過喉峽部之皮褶。鰓耙少而短。具擬鰓。鰓被架 6～7。後頭部
有一突起脊。後顳骨與頭骨相固接。脊椎 24～25（其中 12～13 個屬於尾部）。體被一致之

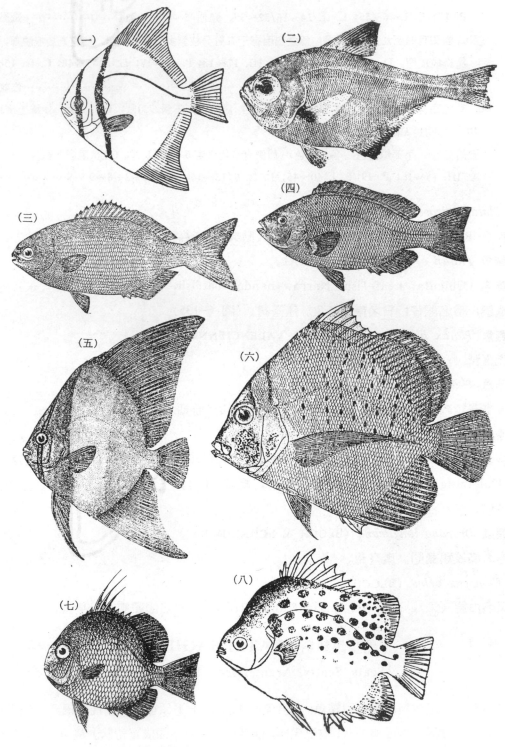

圖 6-135 （一）銀鱗鯧（銀鱗鯧科）；（二）黑緣擬金眼鯛（擬金眼鯛科）；（三）蘭勃舵魚；
（四）瓜子鱲（以上舵魚科）；（五）尖翅燕魚；（六）斑點簾鯛；（七）黑星銀鮢
（銀鮢科）。

小型櫛鱗；側線完全，隨背緣彎曲。頰部及鰓蓋被鱗，但無鋸齒或棘。背鰭一枚，但因中央凹入，故硬棘部與軟條部可以清分。硬棘堅強而交錯排列，有一前伏之棘。臀鰭具 IV 棘。胸鰭短而圓；腹鰭胸位，有小形腋鱗。尾鰭具 16 分枝鰭條。

臺灣僅產 1 種，即黑星銀鉷魚。體褐色，下部略帶紫色，至腹緣則爲銀白色，體側有若干黑色斑點，斑之大小及多少，變異極多。D. X～XI, 16～18；A. IV, 13～15；P. 16～18；L. l. 85～120（有孔鱗片 80～88）；L. tr. 22～30/55～70。鰓耙 4～5+11～13。

黑星銀鉷 *Scatophagus argus* (LINNAEUS)

英名 Common spodefish, Spotted scat, Spotted butterfish。亦名金鼓，金錢魚(朱)，爛扁魚 (F.)；俗名變身苦；日名黑星鰻頭鯛。產宜蘭、高雄、東港、羅東。(圖 6-135)

柴魚科 SCORPIDAE

蠍魚科 (朱)，蠋魚科 (劉)

身體卵圓形，側扁。頭頗小而眼較大。體被小形弱櫛鱗，背鰭和臀鰭基部亦被小鱗所成之鱗鞘。齒刷毛狀，尖銳，或末端分葉。腭骨一般有齒。鰓膜連合，跨越喉峽部。後顳骨與顱骨固接。背鰭 IX～XV 棘，11～30 軟條。臀鰭 III 棘 10～30 軟條。

本科之 *Microcanthus* 屬因外形與蝶魚之類非常相像，所以長久以來一直被列入蝶魚科中。惟據 FRASER-BRUNNER (1945) 的研究結果，因 (1) 其鰓膜不與喉峽部相連，而蝶魚的鰓膜則多少與喉峽部相連；(2) 其背鰭與臀鰭的基底有鱗鞘，而蝶魚則被以佈滿小鱗片之皮膚，沒有眞正的鱗鞘；(3) 其尾鰭後緣凹入，分爲二葉，而蝶魚的尾鰭則大都呈截平形；(4) 蝶魚的發育經過一個叫做 Tholichthys stage 的幼魚期，外形和成魚大不相同，而本屬魚類則否。此外，二者的肋骨和頂骨在構造上亦有差異，所以以列入本科爲宜。*Microcanthus* 屬與本科之 *Atypichthys* 以及 *Neatypus* 二屬尤爲相似，不但體側都有暗色橫帶，並且腭骨都無牙齒。

臺灣僅產柴魚 1 種。D. XI～XVI；A. III, 14；P. 16；L. l. 52～55；L. tr. 10～14/24～26。鰓耙 6～7+13～14。體軀較爲延長（體長爲體高之 2 倍）；眼亦較大（通常大於吻長）。齒參差不齊，但比較長而有力，排成若干列；前鰓蓋有強鋸齒緣；側線連續至尾基。體黃色，體側有六條稍向後下方走之褐色縱帶，無眼帶；六條縱帶中，第一條起於背鰭第 III 硬棘基部向後達背鰭軟條部中間；第 II 條起於背鰭起點以前向後達軟條部後下方；第 III 條起於枕區而終於尾鰭中部；第 IV 條起於眼後上方而終於臀鰭後上方；第 V 條由吻經眼沿胸鰭基底而達臀鰭起點；第 VI 條位於胸鰭下方，一般不甚明顯。

柴魚 *Microcanthus strigatus* (CUVIER & VALENCIENNES)

亦名條紋奴鯛，縞奴鯛 (動典)，細刺魚 (朱)；日名駕舁鯛。柴魚爲華南俗名。產基

隆、臺南、東港、澎湖。（圖 6-136）

蝶魚科 CHAETODONTIDAE

Butterfly-fish; Coralfish; 喋喋魚科（日）

體短高而強度側扁，呈菱形或近於圓形。口小，開於吻端，略能伸縮。被中型或小型弱櫛鱗，或圓鱗，各部分之鱗片大小並不一致，身體中部者大形，在頭部、胸部、及各鰭基部者則甚小，奇鰭無鱗鞘。側線一條，完全，弧形，通常到達尾基，終於尾基或背鰭後端之下方。齒細長，在上下頜成爲刷毛狀狹帶，腭骨無齒。前鰓蓋完全，幼時或有鋸齒，幼時有棘，成長後消失。鰓膜多少連於喉峽部。鰓被架 6 ～ 7。鰓耙短。擬鰓大形。腸細長而盤曲；鰾之前端有二突起。脊椎 11＋13。背鰭有硬棘 VI～VIII 枚，軟條 15～30 前方無伏臥之棘，後方與軟條部相接，並不特短。臀鰭有硬棘 III～IV（少數V）枚，軟條 14～23。尾鰭具15分枝鰭條（主要鰭條 17 枚），後緣截平、圓、或凹入。腹鰭有發達之腋鱗。概爲珊瑚礁中食肉性小魚，美麗如蝶，故名。幼魚稱 Tholichthys，其頭部被骨質甲，有別於其他魚類。

臺灣產蝶魚科 6 屬 54 種檢索表:

1a. 側線完全，終於尾鰭基部。

  2a. 背鰭第 IV 棘正常，或稍微延長；無眶上角；頸部不隆起或凸出。

    3a. 側線鱗片 65 枚以上。胸鰭延長，鐮刀形。

      4a. 吻部延長爲一管狀，口開於管之先端，上下頜爲短鉗狀；體被小型、中型、或大型櫛鱗；側線達尾基；臀鰭 III 棘；上下頜先端（開口處）有細齒呈花瓣狀（*Forcipiger*）。

      體閃黃色，由吻經眼至鰓蓋後角，復直上至背鰭起點有一大形（三角形）黑斑，背鰭、臀鰭軟條部邊緣深褐色，臀鰭最後數鰭條上有一黃色圓斑。

      5a. 背鰭硬棘 XI，側線鱗片 66～75。體高爲吻長之 1.1～1.5 倍。口極小，吻如簡單管狀。D. XI, 25～26; A. III, 17～20; P. 14～15; L. tr. 10～12/26～30。鰓耙15～18。胸部有 7 ～ 9 列褐色小點 ·······**黑長吻蝶魚**

      5b. 背鰭硬棘 XII，側線鱗片 74～80。體高爲吻長之 1.6～2.1 倍。口近於正常。D. XII～XIII, 22～23; A. III, 17～18; P. 15～16; L. tr. 11～14/27～34。鰓耙 12～16。胸部無褐色小點 ·······**長吻蝶魚**

    4b. 吻不延長爲管狀。側線鱗片 68～90 (*Hemitaurichthys*)。

      6a. 身體後部自臀鰭第 I 棘開始，及身體前部在胸鰭基部以前均暗褐色，中部白色。D. XII, 24～26; A. III, 21; P. 17; L. l. 69～73（有孔鱗片 68～72）; L. tr. 14～15/33～37。鰓耙 14～17 ·······**霞斑蝶魚**

      6b. 身體中部及後部除背鰭軟條部及臀鰭外，以及身體前部上方均爲灰色或白色，頭部以及喉部至腹鰭黃色或褐色。D. XII, 23～26; A. III, 20～21; P. 16～18; L. l. 68～74;

L. tr. 12～16/31～37。鰓耙 15～17⋯⋯⋯⋯⋯⋯⋯⋯⋯⋯⋯⋯⋯⋯⋯⋯**羞怯蝶魚**

3b. 側線鱗片 60 枚以下。胸鰭後緣圓形，不延長。背鰭硬棘 VIII～XI。

7a. 吻短，不成管狀。齒細小或隱於厚唇之下。背鰭軟條部及臀鰭位於體之後部，殆在同一垂直線上 (*Coradion*)。

8a. D. VIII, 31～33; A. III, 20～22; P. 14; L. l. 49～50; L. tr. 10～11/22～23。鰓耙11。背鰭軟條部聳起，吻部背面由鼻孔至上唇有暗色帶；眼帶下端止於間鰓蓋骨下緣。軀幹前方有一寬橫帶，其上部二分。另一橫帶由背鰭軟條部前方至臀鰭中部。背鰭、臀鰭外緣有白黑二線紋。腹鰭黑色，尾鰭暗灰色。幼魚在背鰭軟條部後方有一有白環之大如眼徑之黑斑⋯⋯⋯⋯⋯⋯⋯⋯⋯⋯⋯⋯⋯⋯⋯⋯⋯**黑尾蝶魚**

8b. D. XI, 28～29; A. III, 20; P. 15; L. l. 48～52; L. tr. 9～10/20～24。鰓耙 9。背鰭軟條部不聳起。吻部背面暗帶由眼上方至吻端。眼帶在喉峽部連接。體側橫帶之分佈大致如上種⋯⋯⋯⋯⋯⋯⋯⋯⋯⋯⋯⋯⋯⋯⋯⋯⋯⋯⋯**金帶蝶魚**

7b. 吻延長如管狀 (*Chelmon*)。

頭長爲吻長之 1.7～2.1 倍。體高爲吻長之 2.4～3.1 倍。D. IX, 28～30; A. III, 19～21; P. 14～15; L. l. 43～46; L. tr. 8～11/19～24。鰓耙 13～17。吻部背面暗帶由眼上方至吻端。兩側眼帶在上方連接。體側有三條狹橫帶。背鰭軟條部後方有眼狀斑⋯⋯⋯⋯⋯⋯⋯⋯⋯⋯⋯⋯⋯⋯⋯⋯⋯⋯⋯⋯⋯⋯⋯⋯⋯⋯⋯⋯⋯⋯**突吻蝶魚**

2b. 背鰭第 IV 棘延長爲絲狀。成魚之眶上骨有棘或角。成魚之頸部往往隆起，或有強硬之骨質突起 (*Heniochus*)。

9a. 體側有二條暗色寬斜帶，第一條掩蓋眼、胸鰭及腹鰭基部，第二條由背鰭硬棘部前方至臀鰭後半。背鰭軟條部基底色暗。D. XI～XII, I, 21～22; A. III, 17～18; P. 16; L. l. 57～61; L. tr. 11～12/23～25。鰓耙 22～23 (～26)⋯⋯**三帶立旗鯛**

9b. 體側第一條斜帶不掩蓋眼，而掩蓋胸鰭及腹鰭。

10a. 第一條斜帶掩蓋胸鰭、腹鰭及背鰭前方三棘。

11a. 眼帶向下到達間鰓蓋骨邊緣，並且在腹面相連。眼帶之前有一白色帶，更前則環繞吻部有一黑色帶。D. XI～XII, 25～27; A. III, 17～18; P. 16～17; L. l. 53～64 (有孔鱗片 51～60); L. tr. 10～11/24～28。鰓耙 13～14⋯⋯⋯⋯⋯⋯⋯⋯⋯⋯⋯⋯⋯⋯⋯⋯⋯⋯⋯⋯⋯⋯⋯⋯**黑吻雙帶立旗鯛**

11b. 眼帶不延續至間鰓蓋骨。吻部無黑色環帶，橫過頤部無白色條紋。在第一條斜帶與眼窩之間有一白色帶。眶上角不發達。D. XI～XII, 22～26; A. III, 17～19; P. 16～17; L. l. 48～57; L. tr. 11～13/23～28。鰓耙 13～18⋯⋯⋯⋯⋯⋯⋯⋯⋯⋯⋯⋯⋯⋯⋯⋯⋯⋯⋯⋯⋯⋯⋯⋯**白吻雙帶立旗鯛**

10b. 第一條斜帶掩蓋胸鰭、腹鰭，以及背鰭第 III 棘以後之一棘或多棘。

12a. 第一條斜帶不掩蓋延長之背鰭第 IV 棘，由第 V～VII 棘向下漸寬。眼帶顯著，由背鰭起點前方向前下方斜走至頤部及喉部。吻部背面暗色。第二條斜帶由背鰭最後一棘開始向後下方斜走至臀鰭，掩蓋體軀後部約1/3。D. XII, 24～27；A. III, 18～19；P. 17；L. l. 58～64（有孔鱗片 55～61）；L. tr. 9～10/23～26；鰓耙 13～19 ……………………………………………**獨角立旗鯛**

12b. 第一條斜帶掩蓋延長之背鰭第 IV 棘，二斜帶前後連接，使體側由腹鰭起點，臀鰭末端向上至背鰭硬棘部中部爲一致之暗色，頭部背面至背鰭前方大部色暗。D. XI, 23～24；A. III, 17～18；P. 14～15；L. l. 55～65（有孔鱗片 52～62）；L. tr. 11～13/21～24。鰓耙 15～22……………**黑背立旗鯛**

10c. 第一條斜帶自背鰭第 IV～VI 棘向後下方斜走至臀鰭後半。第二條自背鰭第 XI 棘開始，掩蓋軟條部以及尾柄上部。眼帶甚寬，由頸部開始經眼向後下方斜走，掩蓋前鰓蓋骨、鰓蓋骨，以及胸鰭、腹鰭之基部。吻部背面色暗。D. XII, 21～23；A. III, 17～19；P. 15；L. l. 50～52；L. tr. 10～11/22～26。鰓耙 7～9＋12～16……………………………………………………………**立旗鯛**

1b. 側線不完全，終於背鰭最後軟條附近。

13a. 背鰭硬棘 VI 枚（*Parachaetodon*）。

D. VI（少數 VII), 28～30；A. III, 18～20；P. 14～15；L. l. 39～46。背鰭棘向後漸增高，至第二軟條爲最高。體側有三條有暗邊之橫帶，另一條橫過眼窩，尾柄有一條淡邊之橫帶，在背鰭基部第三條橫帶上方有一暗斑……………………………………………**眼斑准蝶魚**

13b. 背鰭硬棘 X～XVI（*Chaetodon*）。

14a. 體側鱗片大都呈菱形，上方鱗列上斜，下方鱗列下斜，在中央形成一前向之角。體長卵形，背鰭硬棘部圓形，第 XV 棘最長，軟條部尖銳；臀鰭尖銳，側線低弧形（*Megaprotodon* 亞屬）。體長爲體高之 2.4～2.6 倍；由背鰭起點至吻端之外輪廓微穹，但吻部上方略凹入。體淡褐色，下部白色，眼帶與眼徑同寬，體側有巜字狀黑色條紋（約二十個，每個前方成銳角，背鰭、臀鰭軟條部、及尾鰭在邊緣以內各有一紫色紋；尾鰭大部分黑色）。D. XIII～XIV, 16～18；A. IV～V, 13～15；P. 14；L. l. 21～29（通常 24～26；有孔鱗片 20～25）；Sq. l. 23～25；L. tr. 8～9/16～19。鰓耙 5～8＋17～20……………………………………………**巜紋蝶魚**

14b. 鱗片形狀大體一致，後緣圓形，軀幹部者較大，上部鱗片水平排列，下側後部者稍向上傾斜。

15a. 體長卵形，背鰭硬棘向後漸長；吻鈍短，頭長爲吻長之 3.1～4.1 倍；背鰭、臀鰭有圓角，背鰭軟條部基底長約爲硬棘部基底之 1/2。D. XIV, 16～17；A. III～IV, 15～16。（*Tetrachaetodon* 亞屬）。

16a. 臀鰭硬棘 IV 枚。體長爲高之 1.6～1.8 倍；由背鰭起點至吻端之外輪廓殆成一直線。體黃色，眼帶與瞳孔同寬，在尾柄上側有一白邊之黑色眼狀斑，在背側橫過側線有一大形黑色橢圓斑（約與頭長相等），沿鱗列有約 17～19 條黑色縱線（略向上斜）。D. XIII～XIV, 16～18；A. IV～V, 14～16；P. 15；L. l. 36～41（有孔鱗片 33～41）；Sq. l. 43～45；L. tr. 5～8/13～17。鰓耙 4～6＋13～15 ……………………………………**黑腰蝶魚**

16b. 臀鰭硬棘 III 枚；體側有一圓形或卵圓形黑斑，但尾柄部無眼狀斑。

17a. 體側黑斑有白邊。體黃色，由鰓蓋上角向後下方傾斜至臀鰭有二條銀灰色狹帶，一在胸鰭上方，一在其下方。眼帶較淡而有暗邊，向下至間鰓蓋下緣。背鰭軟條部及臀鰭之基部，以及尾鰭之中部有黃帶。側線弧度較小。D. XIV, 16~18; A. III, 15~16; P. 15; L. l. 36~40 (有孔鱗片 29~37); Sq. l. 38~46; L. tr. 8~10/17~20。鰓耙 5+14~15……………………………………………………………………………………**本氏蝶魚**

17b. 體側黑斑無白邊，卵圓形，橫徑約如頭長。體黃色，無斜走之狹帶，但沿鱗列有不明顯的暗色縱線紋。眼帶向下到達喉峽部。背鰭軟條部及尾鰭中部有黃帶。側線成明顯之弧形。D. XIV, 17~18; A. 15~16; P. 14; L. l. 37~42 (通常為 39~40; 有孔鱗片 33~39); Sq. l. 40~44; L. tr. 4~12/17~20。鰓耙 5~6+10~15 ……………………………**鏡斑蝶魚**

15b. 體菱形至卵圓形；背鰭硬棘部三角形，第 III 或 IV 棘最長；臀鰭第 II 棘顯然長於第 III 棘；背鰭及臀鰭之後緣近於垂直。吻尖銳 (*Roa* 亞屬)。

18a. D. XIII (少數 XII), 18~21; A. 15~17; P. 14; L. l. 38~41 (有孔鱗片 35~39); L. tr. 6~10/21~24。鰓耙 16~20。體黃色，體側後部有一寬橫帶，由背鰭硬棘部後部及全部軟條部，向下掩蓋全部臀鰭。背鰭軟條部及臀鰭之外緣白色；尾鰭之前半黃色，後側白色。眼帶不顯……………………………………………………………**日本蝶魚**

18b. D. XI, 20~23; A. III, 16~19; P. 13~15; L. l. 41~49 (有孔鱗片 36~45); L. tr. 11~13/24~27。鰓耙 13~18。體淡黃色，眼帶由背鰭前方至前鰓蓋下緣。頭部背面至吻端有一暗色帶。體側有二條暗色寬橫帶，帶之前後緣色深。尾鰭基部有一暗色橫斑。背鰭第 2~8 軟條之間有一有白邊之黑色圓斑………………………**尖嘴蝶魚**

15c. 體卵圓形；背鰭及臀鰭成鈍角(有的背鰭軟條延長為絲狀)。鱗片規則，有角，水平排列，下側者稍向上傾斜。吻尖銳，稍上突。D. XII~XIV, 20~25; A. III, 19~22 (*Rabdophorus* 亞屬)。

19a. 無眼帶，或眼帶退化為眼眶上下緣之暗色短線紋。頭部輪廓自背鰭前方向前下方成直線傾斜或稍凹入。背鰭第 5 或 6 軟條延長為絲狀。

體黃褐色，後上方有一卵圓黑斑，掩蓋背鰭之大部分，斑之下緣有寬白邊。體側下方有 6~7 條淡色縱線紋。D. XII~XIII, 21~26 (通常為 23~24); A. III, 20~22; P. 15; L. l. 33~40 (有孔鱗片 31~37); Sq. l. 34~37; L. tr. 8~11/13~17。鰓耙 3+10~13…………………………………………………………………………**黑背蝶魚**

19b. 有眼帶，眼上方尤為明顯。

20a. 背鰭有一至多條軟條延長為絲狀。

21a. 背鰭第 V 棘最長，第 5 與 6 軟條延長為絲狀。體黃色，前方有 8 條由前下方向後上方斜走 (至背鰭基底) 之暗色條紋，其中第 6~8 條甚短，起於側線；後方有 10 條與此直角相交之同樣條紋，其中前 7(8) 條與上述之第 5 條相交，以後之 3 條則各與上述之第 6~8 條之下端 (在側線上) 相交，背鰭有黑邊，尾鰭後緣略前有一黃色橫帶，前後有黑邊。D. XIII, 22~25; A. III, 19~21; P. 15; L.

1. 33～43（有孔鱗片 29～40）；Sq. 1. 29～30；L. tr. 5～8/13～18。鰓耙 4～6+13～15 ‥‥‥‥‥‥‥‥‥‥‥‥‥‥‥‥‥‥‥‥‥‥‥‥‥**揚旛蝶魚**

21b. 背鰭第 VI 或 VII 棘最長，第 3（或 2～3, 3～4）軟條延長為絲狀。體橙褐色。下側較淡。背鰭及臀鰭之基部各有一條黑縱帶，向後漸寬，近邊緣各有一黑色線紋。體側鱗片中央各有一暗褐色小點。眼帶由背鰭前方至間鰓蓋下緣。尾鰭上下緣灰黑色。D. XIV, 23～26；A. III, 19～22；P. 15；L. 1. 33～39（有孔鱗片 28～35）；Sq. 1. 30～31；L. tr. 6～9/13～16。鰓耙 3+14‥‥‥‥‥‥**細點蝶魚**

20b. 背鰭無延長為絲狀之軟條。

22a. 體側由背鰭之鱗鞘至腹鰭邊緣有 12 條或更多之垂直線紋。

23a. 背鰭軟條部基底下方有一新月形之褐色帶，此帶之前下方伸展至後方數硬棘，後方伸展至尾柄部及臀鰭基底。眼帶寬，由枕區及眶間區至喉峽部，在枕區與眶間區之間色淡。吻端色暗。口裂在眼之下緣以下。D. XII, 24～28；A. III, 20～22；P. 15～17；L. 1. 26～33（有孔鱗片 21～30）；Sq. 1. 20～27；L. tr. 5～8/14～16。鰓耙 3～5+12～15‥‥‥‥‥‥‥‥‥**新月蝶魚**

23b. 背鰭軟條部基底無大形暗色斑帶。身體後部黃色，與前部截然清分。體側上部有二大形黑色橫斑。尾柄部有黑斑或黑帶。背鰭硬棘 XII。

24a. 體側大形橫斑向下到達或超過體軸中央，體側有 16～17 條暗色垂直線紋；尾柄有黑斑，兩側之黑斑在上方或下方相會合。眼帶在枕區相連，成馬蹄形。D. XII, 23～24；A. III, 19～21（通常為 19）；P. 15；L. 1. 32～37（有孔鱗片 23～30）；L. tr. 5～6/12～14。鰓耙 14～20‥‥‥**鞍斑蝶魚**

24b. 體側大形黑色橫斑向下不到達側軸中央，尾柄部有黑帶。體側有 15～16 條深色橫紋。眼帶完全，在喉峽部會合，在枕部成馬蹄形。D. XII, 23～25；A. III, 20～21；P. 15；L. 1. 29～34（有孔鱗片 23～31）；Sq. 1. 25～30；L. tr. 6～7/12～15。鰓耙 17～21‥‥‥‥‥‥‥‥‥‥‥‥**簾蝶魚**

22b. 體側無 12 條或更多之垂直線紋。

25a. 尾鰭有黑色橫帶；體側有狹條紋，在前部上側者向上斜，在後下部者向臀鰭傾斜，與前者成直角，或二者成平行相交。

26a. 尾柄與體側同色。體側條紋平行交叉。背鰭近邊緣有暗色帶。眼帶約與眼徑等寬，在枕部相合。D. XII～XIII, 21～23；A. III, 18～20；P. 15；L. 1. 30～37（有孔鱗片 25～35）；Sq. 1. 24～30；L. tr. 4～5/12～14。鰓耙 4～6+9～15 ‥‥‥‥‥‥‥‥‥**雷氏蝶魚**

26b. 尾柄帶黑色，體側前方 6 條斜走線與後方 10 餘條斜走線紋成直角相交。通過尾柄基部向上至背鰭軟條部前方，向下至臀鰭中部有黑色弧狀帶。背鰭、臀鰭及尾鰭之邊緣內側有黑色狹帶。眼帶在枕部相會。D. XII～XIII, 23～25；A. III, 19～22；P. 15；L. 1. 34～40

（有孔鱗片 30～37）；　Sq. l. 29～35；L. tr. 4～6/13～18。 鰓耙 4～
6＋11～15 ………………………………………………………………**飄浮蝶魚**

25b. 尾柄部無黑色橫帶。體側上部前方有 3～4 列向上斜走之淡色小點。
沿背鰭基底有一半月形黑斑，並通過尾柄而擴展至臀鰭上部，此帶之下
緣白色，與眼帶後緣之白線紋相接。眼帶在背鰭前方相合，在眼下方成
銀灰色。D. XII, 20～22；A. III, 18；P. 14；L. l. 31～36（有孔鱗片
27～34）；L. tr. 5～6/12～13。 鰓耙 17～20 ……………………**彎月蝶魚**

15d. 體圓形至卵圓形；　背鰭硬棘向後漸長；　背鰭及臀鰭成鈍角。 吻鈍短。 頭長為吻長之 3～4
倍。眼帶之前後有其他橫帶；有眶上 “角”。鱗片小或中等，圓形（*Citharoedus* 亞屬）。

27a. 體側每一鱗片有一大形淡色斑點，形成約 20 列略向後上方傾斜之點紋，並略成網狀。
由背鰭 I～III 棘基部通過胸鰭至胸部有一白色寬橫帶。 眼帶寬， 上方起自背鰭起點， 向
下至胸部，並且向後掩蓋腹鰭。眼帶與白帶之間有狹黃線。尾柄及臀鰭黑色，背鰭及尾鰭
外緣內側有黑條紋。D. 26～29； A. III, 20～22； P. 16； L. l. 45～48（有孔鱗片 39～
46）；L. tr. 7～9/17～20。 鰓耙 18～28………………………………………**網紋蝶魚**

27b. 體側無線條連成的網狀斑紋；尾柄不為黑色；背鰭硬棘部前方至腹鰭無白色寬帶。腹鰭
色淡。

28a. 體側有數條黑色弧形條紋， 多少成同心圓排列， 條紋各具黃邊。 頭部有 3 條黑色橫
帶，第一條在口周圍；第二條為眼帶，上狹下寬，向後至腹鰭，第三條橫過鰓蓋。尾鰭
有 2 黑色橫條紋。D. XII～XIII, 23～25； A. III, 18～20； P. 16； L. l. 47～55（有孔
鱗片 40～47）；Sq. l. 48～55；L. tr. 8～11/22～28。 鰓耙 6＋20…………**麥氏蝶魚**

28b. 體側有 6 條向後上方斜走之橙黃色或褐色狹帶，各帶有暗邊。頭部有 5 條黑色橫帶，
第一條在口部， 第二條為眼帶， 第三條通過前鰓蓋， 第四、五條在鰓蓋主骨上。 各鰭
黃色， 背鰭軟條部及臀鰭有狹黑邊及邊內黑線， 尾鰭有 2 黑色狹橫帶。 D. XII, 24～
28； A. III, 20～23； P. 16； L. l. 47～52（有孔鱗片 36～51）；Sq. l. 43～50；L. tr.
8～11/23～29。 鰓耙 5～6＋14～19 ………………………………………**六帶蝶魚**

15e. 體卵圓形；背鰭及臀鰭成鈍角；吻短，頭長約為吻長之 2.8～3.5 倍。鱗片圓形，上側者水
平排列，下側後者顯著卜斜（*Chaetodontops* 亞屬）。

29a. 尾柄之前部色暗。

30a. 眼帶較眼徑為寬，在眶間區相連。尾柄之黑斑向上擴展，沿背鰭軟條部基底成一
狹帶。 體軀前部背方有三角形暗斑。幼魚在背鰭軟條部有一明顯之黑斑，尾鰭近基
部有一暗色橫條紋。D. XII～XIII, 22～25； A. III, 17～20； P. 15～16； L. l. 35
～44（有孔鱗片 31～41）；L. tr. 7～9/14～18。 鰓耙 17～19…………**月斑蝶魚**

30b. 眼帶不顯著，僅見於眼下；尾柄前部有一暗色寬帶，擴展至背鰭軟條部及臀鰭。
體側大部分黑褐色，有時與尾柄之暗帶相連，枕部有一馬蹄形黑斑。胸鰭透明；腹
鰭黑褐色。背鰭、臀鰭有暗邊，內側色淡。幼魚在背鰭 7～16 軟條間有一大形黑色

眼斑。D. XII～XIII, 24～27；A. III, 20～21；P. 15～16；L. l. 40～46（有孔鱗片 35～43）；L. tr. 7～8/17～19。鰓耙 16～21……………**黃吻蝶魚**

29b.　尾柄以及其前部與體側同色。

31a.　體側暗色線紋水平，在側線上方前部者間斷為淡色斑點。眼帶較眼徑為狹，在枕部相連，向下達間鰓蓋邊緣。D. XII, 23～24；A. III, 18～20；P. 15；L. l. 37～45（有孔鱗片 35～43）；L. tr. 7/13～14。鰓耙 17～22 …………**金色蝶魚**

31b.　體側暗色線紋向後上方傾斜。眼帶寬狹不一。

32a.　眼帶如橫斑狀，顯然寬於眼徑，在枕部另有一單獨之馬蹄形黑斑。尾鰭無黑色橫帶；體側有 13～14 條（沿鱗列）暗色斜走線紋。背鰭軟條部及臀鰭有黑邊，尾鰭中部有暗色橫條紋，幼魚在背鰭軟條部後方有一黑斑，D. XII, 23～26；A. III, 18～21；P. 14；L. l. 34～43（通常為 38～40）；L. tr. 7/14～15。鰓耙 14～18 ………………………………………………**菲島蝶魚**

32b.　眼帶由枕區至間鰓蓋骨，兩側相接或不相接，略寬於眼徑；尾鰭有黑色橫帶。吻端黑色或暗褐色。

33a.　頭部有二淡色橫條紋，其一由一側鼻孔通過喉峽部至另一側鼻孔，另一條由一側口角通過頤部至另一側口角。由背鰭第一硬棘橫過鰓蓋及胸部至另一側有一白色橫帶。體側每一鱗片中央色淡，形成急邊上斜之點列。臀鰭外緣色淡，內側有一暗色線紋，腹鰭黑褐色。D. XII, 25～28；A. III, 20～22；P. 15；L. l. 37～40（有孔鱗片 33～39）；L. tr. 7～8/15～18。鰓耙 16～19……………………………………………………………**紅尾蝶魚**

33b.　眼帶寬，部分橫過枕部。在眼帶後上方有另一暗斑，由一側鰓蓋角至另一側。吻端黑色；頤部色淡。淡色上斜之條紋不顯著；背鰭、臀鰭有暗邊，內側色淡；胸鰭透明；腹鰭與體側同色，D. XII, 22～25；A. III, 18～20；P. 15；L. l. 38～46（有孔鱗片 35～44）；L. tr. 6～9/12～13。鰓耙 15～19……………………………………………………………**荷包蝶魚**

15f.　體卵圓形；背鰭、臀鰭成鈍角；吻尖而短，頭長約為吻長之 2.7～3.3 倍。鱗片駁雜，圓形至有角，水平排列，下側鱗片或略斜走（*Chaetodon* 亞屬）。

34a.　無眼帶（或僅見於幼魚時期）。體側無條紋或黑點；背鰭後緣及臀鰭灰色，每一鱗片之邊緣暗褐色。D. XIII, 22；A. III, 16；P. 14；L. l. 38～43（有孔鱗片 38～41）；L. tr. 7～8/17～19。鰓耙 16………………………………………………………**繡蝶魚**

34b.　有黑色或為前後緣色暗之淡色眼帶。

35a.　D. XIV, 22～23；A. III, 16～18。

36a.　眼帶黑色；臀鰭邊緣黑色，內側黃色。P. 14。尾柄與體側同色。體黃色，每一鱗片中央有一藍色或紫色小點，形成 10 餘條略向上斜之縱列。眼帶有黃邊，向下不達喉峽部。背鰭軟條部有狹白邊，內側有黑線。L. l. 36～42（通常為 39～41；有孔鱗片

37~40）；Sq. l. 35~42；L. tr. 7~9/15~17。鰓耙 3~5+17~18 ………**胡麻蝶魚**

36b. 眼帶色淡而有暗邊。P. 15。尾柄黑色，體黃色，上側黑色，而有二白斑，分別位於
背鰭硬棘部與軟條部之中部下方。上唇及吻部色暗。背鰭軟條部及臀鰭有藍色條紋，
基部黃色，外側褐色。L. l. 38~45（有孔鱗片 38~43）；L. tr. 9~11/15~19。鰓
耙 15~19 ……………………………………………………………………**四斑蝶魚**

35b. 背鰭通常具 XII 硬棘。體淡黃色，背部黑色，體側有 21~22 條向後上方斜走之暗色
條紋，胸部鱗片有黑色圓點。眼帶在枕部連接；尾柄有不完整之黑帶。背鰭無黑斑，
D. XII, 18~20；A. III, 17~18；P. 14~15；L. l. 33~39（有孔鱗片 29~36）；Sq.
l. 35~40；L. tr. 6~7/15~17。鰓耙 6~8+13~16……………………………**曙色蝶魚**

35c. 背鰭通常具 XIII 硬棘。

37a. 眼帶在胸部連接區較寬，並擴展至腹鰭。體黃褐色，體側有一褐色橫帶，由背鰭
第 II~IV 棘下方經胸鰭基部至腹鰭後方。身體後半色暗，每一鱗片中央有一紅點。
吻端及唇部黑色。背鰭軟條部及臀鰭有狹黑邊。D. XIII, 20~23；A. III, 17~20；
P. 14；L. l. 33~41（通常爲 36~40；有孔鱗片 29~39）；Sq. l. 30~31；L. tr.
5~8/12~15。鰓耙 5~8+13~18……………………………………………………**霙蝶魚**

37b. 眼帶在胸部不連接，或連接而不顯著，且不擴展至腹鰭。

38a. 眼帶寬，在眼上方更寬，在枕部會合。

39a. 尾柄有寬橫帶，但不擴展至背鰭及臀鰭。體銀白色，上部帶黃綠色。體側有
10~11 橫列小點。各鰭黃色而邊緣有狹黑邊。D. XIII, 20~23；A. III, 17~
20；P. 14~15；L. l. 38~53（通常爲 40~45；有孔鱗片 34~43）；Sq. l. 44；
L. tr. 7~9/19~24。鰓耙 17~19……………………………………………**粟籽蝶魚**

39b. 尾柄與體側同色，體側橫列小點大致如上種而似與縱列斑點相重叠。背鰭及
臀鰭外緣灰色，下接黑線；背鰭後角接近黑線處有一黑斑，掩蓋 6 軟條。眼帶
前後緣色淡。吻部及上唇色暗。D. XIII, 21~22；A. III, 18；P. 14；L. l.
39~40（有孔鱗片 36~38）；L. tr. 7~8/19。鰓耙 16~17…………**貢氏蝶魚**

38b. 眼帶狹，色淡而有暗邊，在擴展至枕區，體側上方有約 7～8 條不完整之暗色
橫帶，向下漸間斷爲斑點。體黃色，背面褐色。體側下方鱗片各有一黑點，形成
縱列。在枕部有一馬蹄形黑斑，其上有一灰色區域向後延伸至背鰭第 I 棘。背鰭
及臀鰭有狹黃線紋及黑線紋；尾鰭基部黃色，外緣透明。D. XIII, 23~25；A.
III, 17~18；P. 14；L. l. 37~44（通常爲 39~42；有孔鱗片 34~42）；Sq. l.
29~35；L. tr. 7~8/15~16。鰓耙 5+11 ……………………………**繁紋蝶魚**

15g. 體長卵形；背鰭硬棘部逐漸增長；背鰭及臀鰭成鈍角。吻短，頭長爲吻長之 3.1~4.1 倍。
鱗片垂直延長。側線高弧狀而有角，頭部在眼帶之前後各有一條黑色橫帶（*Coralochaetodon*
亞屬）。

體黃色，體側有約 20 條與鱗列相當之紫藍色縱條紋。背鰭軟條部及臀鰭之基底有寬黃邊之黑

帶。尾鰭有黃邊之黑色橫帶。眼帶在枕區及胸部均相合。D. XIII, 20～23; A. III, 19～21; P. 13～15; L. l. 30～39 (通常為 34～39; 有孔鱗片 27～36); Sq. l. 38～40; L. tr. 4～6/13～15。鰓耙 2～5+11～16 ‥‥‥‥‥‥‥‥‥‥‥‥‥‥‥‥**三帶蝶魚**

15h. 體卵圓形至圓形；背鰭及臀鰭圓形。吻短鈍，頭長約為吻長之 2.5～3.2 倍。鱗片大小形狀不一，圓形，有角，或菱形。側線成高圓弧形 (*Lepidochaetodon* 亞屬)。
　　　體上部黃色，頭部下側灰白色，體側前部有約 10 條黃褐色狹垂線。中部上方有一鑲白邊之黑色圓斑，大小約為眼徑之倍。眼帶向下至間鰓蓋骨下緣。環繞尾柄有一黑色狹帶，此帶並擴展至背鰭及臀鰭之後緣。D. XIII, 21～23; A. III, 18～20; P. 14～15; L. l. 38～47 (通常為 41～45; 有孔鱗片 37～44); Sq. l. 39～44; L. tr. 6～10/18～22。鰓耙 4～7+12～14‥‥‥‥‥
　　　‥‥‥‥‥‥‥‥‥‥‥‥‥‥‥‥‥‥‥‥‥‥‥‥‥‥‥‥‥‥‥‥**單斑蝶魚**

15i. 體高而圓；背鰭高，硬棘向後漸長，最後一棘最長。吻短而尖，頭長約為吻長之 2.8～3.9 倍。鱗片菱形至圓形，成橫 V 字形排列。眼帶之後各有一黑色橫帶 (*Gonochaetodon* 亞屬)。
　　40a. 尾鰭有彎月形或橫三角形之暗斑，此斑之周邊白色，尾鰭後緣色淡。體灰色，後部暗褐色，體側有 11 條＜形暗褐色條紋，前部條紋排列較疏，眼帶向後下方斜走至腹鰭。背鰭邊緣黑色，內側有一暗色線紋。臀鰭外緣透明。D. XI, 22～28 (通常為 24～25); A. III, 20～21; P. 14; L. l. 25～33 (有孔鱗片 14～26); Sq. l. 30～33; L. tr. 6～8/15～19。鰓耙 7～8+15～19 ‥‥‥‥‥‥‥‥‥‥‥‥‥‥‥‥**三角蝶魚**
　　40b. 尾鰭暗色，後緣色淡。體銀灰色，後部暗褐色，體側有約 20 條＜形暗褐色條紋，前部條紋間距相等。眼帶在枕區相會，在眼下方較寬，向後到達腹鰭。D. XI, 23～26; A. III, 20～22; P. 14; L. l. 24～30 (通常為 26～28; 有孔鱗片 16～23); L. tr. 6～10/19～21。鰓耙 22～27 ‥‥‥‥‥‥‥‥‥‥‥‥‥‥‥‥‥‥**巴氏蝶魚**

15k. 體卵圓形；背鰭硬棘部圓形，接近三角形，軟條部圓形；臀鰭有角。吻尖銳，頭長為吻長之 2.6～3.2 倍。鱗片大，菱形，排列為橫 V 字形，後部鰭片較小。眼帶狹或退化 (*Rhombochaetodon* 亞屬)。
　　41a. 體灰黃色，體側有三條不規則的暗色橫帶，第三條黑色，由背鰭硬棘部後方及軟條部前方向下至尾柄基部及臀鰭後方。第一條由背鰭第一棘至鰓蓋上部。第二條由背鰭第 V～XI 棘至體側中央。尾鰭中部有彎月狀暗橫帶，後緣暗色。沿鱗列有交叉之斜走暗色條紋，成網眼狀。D. XIII, 21～22; A. III, 16; P. 14～15; L. l. 35～39 (有孔鱗片 34～38); L. tr. 5～6/10～12。鰓耙 22～23‥‥‥‥‥‥‥‥‥‥‥‥‥**銀蝶魚**
　　41b. 體側後部橫帶黃色至紅色；眼帶存在，狹窄，前後有淡色或暗色邊，或兼有淡暗二色邊。
　　　　42a. 每鱗片之邊緣暗色，形成網狀之體紋。後部之橫帶起自背鰭第 6 或第 7 軟條，向下至臀鰭之下角。眼帶在枕區不相合，而在背鰭起點以前有一有白邊之馬蹄形暗斑。尾鰭有彎月形橙色橫帶，D. XIII, 20～23; A. III, 16～17; P. 14; L. l. 32～39 (有孔鱗片 29～37); L. tr. 4～5/11～12。鰓耙 16～19‥‥‥‥‥‥‥‥‥‥‥‥**黃尾蝶魚**

42b. 體側條紋成橫Ｖ字形。後部之橫帶向前擴展至背鰭硬棘後部之一部分。眼帶在眶間區相連接，枕區之暗斑不顯，且無白邊。D. XIII, 21～23；A. 16～17；P. 14；L. l. 35～43 (有孔鱗片 30～41)；L. tr. 4～7/12～16。鰓耙 19～21…………珠光蝶魚

15 l. 體近於正圓形。背鰭及臀鰭亦顯然爲圓形。側線低弧狀，鱗片小，圓形，在下側者水平排列，在上側者略上斜。吻短，頭長爲吻長之 2.8～4.5 倍 (*Discochaetodon* 亞屬)。

體黃褐色，體側有 8 條黑褐色狹橫帶，第二條爲眼帶，第七條在尾柄，第八條在尾鰭基部。D. X～XI, 17～19；A. III, 16～17；P. 12～14；L. l. 36～42 (有孔鱗片 27～38)；Sq. l. 42～46；L. tr. 9～13/19～24。鰓耙 11～19 ……………………………………八帶蝶魚

黑長吻蝶魚 *Forcipiger longirostris* (BROUSSONET)

英名 Black (Big) Long-nosed butterflyfish, Long-snouted coralfish。產臺灣。

長吻蝶魚 *Forcipiger flavissimus* JORDAN & McGREGOR

英名 Long-nosed Butterflyfish。以前學者們大都將本種列爲上種之異名。由吻長及側線鱗片數看來，臺灣近海所產者似以本種爲主。

霞斑蝶魚 *Hemitaurichthys zoster* (BENNETT)

英名 Brown and white butterflyfish, Brushtooth butterflyfish, Black pyramid butterflyfish；日名霞喋喋魚，產臺灣。

羞怯蝶魚 *Hemitaurichthys polylepis* (BLEEKER)

英名 Shy butterflyfish, Pyramid butterflyfish。產臺灣東部。

黑尾蝶魚 *Coradion altivelis* McCULLOCH

英名 High-finned coralfish。產澎湖。*C. fulvocinctus* TANAKA 爲其異名。

金帶蝶魚 *Coradion chrysozonus* (CUVIER)

英名 Golden-girdled coralfish, Orange-banded coralfish；又名少女魚 (朱)。產臺灣。

突吻蝶魚 *Chelmon rostratus* (LINNAEUS)

英名 Beaked coralfish。又名鑽嘴魚 (朱)。據 SHEN & LIM (1977) 產臺灣。

三帶立旗鯛 *Heniochus chrysostomus* CUVIER

英名 Copper-banded butterflyfish, Threeband pennant coralfish。又名黑棘立旗鯛 (劉)。產臺灣。

黑吻雙帶立旗鯛 *Heniochus singulurlus* SMITH & RADCLIFFE

英名 Philippine pennant coralfish, Singular bannerfish。產臺灣。

白吻雙帶立旗鯛 *Heniochus acuminatus* (LINNAEUS)

英名 Pennant coralfish, Coachman, bannerfish, Longfinned butterflyfish, Featherfin coralfish。又名馬夫魚（朱）。產高雄、澎湖。

獨角立旗鯛 *Heniochus monoceros* CUVIER & VALENCIENNES

英名 Masked bannerfish, Horned coachman。產臺灣、蘭嶼。

黑背立旗鯛 *Heniochus varius* (CUVIER)

英名 Hunchbacked coralfish, Sea bull, Humphead bannerfish。產臺灣。

立旗鯛 *Heniochus permutatus* CUVIER & VALENCIENNES

英名 Horned coralfish。產臺灣。（圖 6-136）

眼斑准蝶魚 *Parachaetodon ocellatus* (CUVIER & VALENCIENNES)

英名 Ocellate coralfish。據 ALLEN (1979) 產臺灣。

巛紋蝶魚 *Chaetodon trifascialis* QUOY & GAIMARD

英名 Chevron butterflyfish, Rightangle coralfish。巛古川字，像其體側條紋也。產臺灣、澎湖。*C. strigangulus* GMELIN, *S. triangularis* RÜPPELL 均為其異名。

黑腰蝶魚 *Chaetodon plebeius* CUVIER & VALENCIENNES

英名 Blue-blotched (spot) butterflyfish, Two-spot coralfish。日名南方喋喋魚。產臺灣、澎湖。

本氏蝶魚 *Chaetodon bennetti* CUVIER & VALENCIENNES

英名 Bennett's coralfish, Archer butterflyfish。產恆春。

鏡斑蝶魚 *Chaetodon speculum* CUVIER & VALENCIENNES

英名 Oval-spot butterflyfish (coralfish), Mirror butterflyfish。產臺灣、澎湖。

日本蝶魚 *Chaetodon nippon* DÖDERLEIN & STEINDACHNER

英名 Blackish (Japanese) butterflyfish。產基隆及東部近海。

尖嘴蝶魚 *Chaetodon modestus* TEMMINCK & SCHLEGEL

英名 Japanese golden-barred butterflyfish。亦名奴鯛（動典），補蝴蝶魚（朱），尖嘴鱲。日名元祿鯛。產臺南、澎湖、大溪。*Coradion desmotes* JORDAN & FOWLER, *Chaetodon desmotes* FOWLER 均為其異名。（圖 6-136）

黑背蝶魚 *Chaetodon ephippium* CUVIER & VALENCIENNES

英名 Saddled coralfish, Saddle-back butterflyfish。又名鞍斑蝶魚，日光蝶魚。產高雄、東港、龜山、恆春。（圖 6-136）

揚旛蝶魚 *Chaetodon auriga* FORSSKÅL

英名 Threadfin butterflyfish。日名棘喋喋魚。亦名絲蝴蝶魚（朱），棘鯛（動典）。產高雄、澎湖。*C. setifer* BLOCH 為其異名。（圖 6-136）

細點蝶魚 *Chaetodon semeion* BLEEKER

英名 Dotted butterflyfish (coralfish), Decorated butterflyfish。產恆春。

新月蝶魚 *Chaetodon lineolatus* CUVIER & VALENCIENNES

英名 New-moon coralfish, Lined butterflyfish。產澎湖、高雄、恆春。本書舊版稱擬飄浮蝶魚。

鞍斑蝶魚 *Chaetodon ulietensis* CUVIER & VALENCIENNES

英名 Saddled butterflyfish, Pacific double-saddle butterflyfish。產臺灣近海。

簾蝶魚 *Chaetodon falcula* BLOCH

英名 Sickle (saddled) butterflyfish, Pig-faced coralfish。產臺灣南部近海。

雷氏蝶魚 *Chaetodon rafflesi* BENNETT

英名 Raffle's coralfish (butterflyfish), Latticed butterflyfish。產臺灣南部近海。

飄浮蝶魚 *Chaetodon vagabundus* LINNAEUS

英名 Vagabond butterflyfish (coralfish)。產臺灣近海。(圖 6-136)

彎月蝶魚 *Chaetodon selene* BLEEKER

英名 Moon butterflyfish, Yellow-dotted butterflyfish。又名紋身蝶魚（劉）。產臺灣南部近海。

網紋蝶魚 *Chaetodon reticulatus* CUVIER & VALENCIENNES

英名 Mailed butterflyfish, Reticulated butterflyfish。產臺灣南部及東部近海。(圖 6-136)

麥氏蝶魚 *Chaetodon meyeri* SCHNEIDER

英名 Maypole butterflyfish, Meyer's butterflyfish。產綠島。

六帶蝶魚 *Chaetodon ornatissimus* CUVIER & VALENCIENNES

英名 Ornate coralfish (butterflyfish)。產蘇澳、澎湖、蘭嶼、恆春。

月斑蝶魚 *Chaetodon lunula* (LACÉPÈDE)

英名 Raccon butterflyfish, Halfmoon butterflyfish。亦名月鯛（動典）。產蘭嶼、小琉球、澎湖。(圖 6-136)

黃吻蝶魚 *Chaetodon flavirostris* GÜNTHER

英名 Yellow-face butterflyfish, Black butterflyfish。產高雄、屏東、澎湖。

C. dorsiocellatus AHL 爲其異名。

金色蝶魚 *Chaetodon auripes* JORDAN & SNYDER

英名 Golden butterflyfish, Oriental butterflyfish。產臺灣近海、蘭嶼、澎湖。

C. aureus TEMMINCK & SCHLEGEL, FOWLER & BEAN (1929) 以及 LIANG (1948) 之 *C. collare* (not of BLOCH) 均爲其異名。

菲島蝶魚 *Chaetodon adiergastos* SEALE

英名 Bantayan butterflyfish, Philippine butterflyfish; 又名烏頭蝶魚（劉）。產臺灣南部近海。

紅尾蝶魚 *Chaetodon collare* BLOCH

英名 Red-tailed butterflyfish, Collare butterflyfish。產臺灣。

荷包蝶魚 *Chaetodon wiebeli* KAUP

英名 Pocket butterflyfish, Wiebel's butterflyfish。產高雄、淡水、澎湖、恆春。
C. bella-maris SEALE 爲其異名。

繡蝶魚 *Chaetodon daedelma* JORDAN & FOWLER

英名 Wrought-iron butterflyfish。產臺灣。

胡麻蝶魚 *Chaetodon citrinellus* CUVIER & VALENCIENNES

英名 Citron coralfish, Speckled butterflyfish。產屏東、蘭嶼、硫球嶼。

四斑蝶魚 *Chaetodon quadrimaculatus* GRAY

英名 Four-spot butterflyfish。產基隆。

曙色蝶魚 *Chaetodon melannotus* BLOCH & SCHNEIDER

英名 Black-back butterflyfish, Arabian butterflyfish; 日名曙喋喋魚。產澎湖、恆春。

霞蝶魚 *Chaetodon kleinii* BLOCH

英名 Klein's butterflyfish (Coralfish)。產臺灣。

粟籽蝶魚 *Chaetodon miliaris* QUOY & GAIMARD

英名 Millet-seed coralfish。很多位學者報告本種分佈日本至夏威夷。但 Burgess (1978) 認爲本種只限於夏威夷。自日本至澳洲所產而稱本種者應爲後種。

貢氏蝶魚 *Chaetodon guentheri* AHL

英名 Gunther's butterflyfish。產恆春、大溪。

繁紋蝶魚 *Chaetodon punctatofasciatus* CUVIER & VALENCIENNES

英名 Spots-and-bands coralfish, Spot-band butterflyfish。產臺灣。

三帶蝶魚 *Chaetodon trifasciatus* MUNGO PARK

英名 Three-banded coralfish, Purple butterflyfish, Melon butterflyfish。產蘭嶼、恆春。（圖 6-136）

單斑蝶魚 *Chaetodon unimaculatus* BLOCH

英名 Teardrop butterflyfish, Limespot butterflyfish, One-spot coralfish。產臺灣。

三角蝶魚 *Chaetodon triangulum* CUVIER & VALENCIENNES

英名 Triangular coralfish, Triangle butterflyfish。產澎湖、恆春。（圖 6-136）

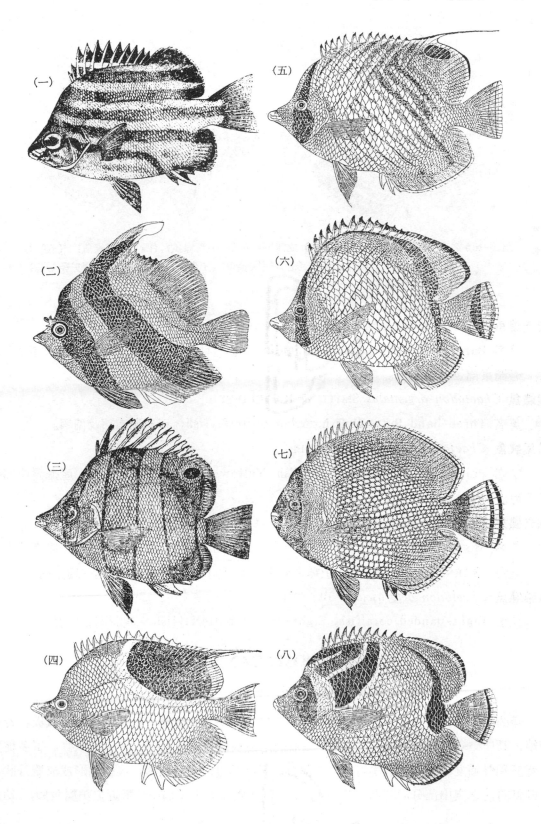

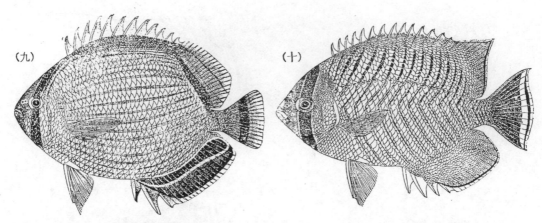

圖 6-136　（一）柴魚（柴魚科）；（二）立旗鯛；（三）尖嘴蝶魚；（四）黑背蝶魚；（五）楊
旛蝶魚；（六）飄浮蝶魚；（七）網紋蝶魚；（八）月斑蝶魚；（九）三帶蝶魚；
（十）三角蝶魚。

巴氏蝶魚 *Chaetodon baronessa* CUVIER & VALENCIENNES

英名 Baroness butterflyfish, Triangular butterflyfish；又名三角紋蝶魚（劉）。產
臺灣東部及西部近海。

銀蝶魚 *Chaetodon argentatus* SMITH & RADCLIFFE

英名 Three-band Butterflyfish, Asian butterflyfish；產臺灣南部及蘭嶼。

黃尾蝶魚 *Chaetodon xanthurus* BLEEKER

英名 Philippine chevron butterflyfish, Yellow-tailed butterflyfish；產臺灣南部近
海。

珠光蝶魚 *Chaetodon mertensii* CUVIER & VALENCIENNES

英名 Mertens butterflyfish, Pearly butterflyfish。據 JONES 等 (1972) 產臺灣南部
近海。SHEN (1973) 將其列入上種之異名，但 STEENE (1977) 認為一獨立種。

八帶蝶魚 *Chaetodon octofasciatus* BLOCH

英名 Eight-banded coralfish, Eight-striped butterflyfish。產澎湖、恆春。

棘蝶魚科 POMACANTHIDAE

Angelfishes

體強度側扁；在前鰓蓋骨下角有一強棘；腹鰭無發達之腋鱗。幼魚時期無骨質板。背鰭
連續，具 IX～XV 棘，15～37 軟條，無前伏之硬棘，臀鰭具 III 棘 14～25 軟條。很多種類
之背鰭和臀鰭之軟條部形成尖長之突出部分。尾鰭具 15 分枝鰭條，後緣圓形或成彎月狀。
泳鰾無向前之突出部分。脊椎 10＋14。本科主要為西太平洋珊瑚礁附近之美麗魚類，幼魚

與成魚之色型有顯著差異。

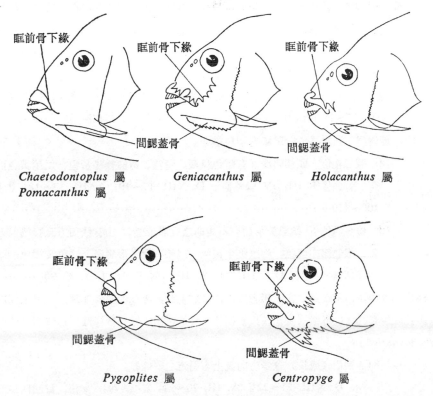

圖 6-137　棘蝶魚亞科各屬之眶前骨及鰓蓋諸骨構造之差異 (據 Munro)

臺灣產棘蝶魚科 8 屬 27 種檢索表:

1a. 鱗片小或中型 (L. l. 75 以上)，排列不整齊； 眶前骨後緣不游離； 間鰓蓋大形，無棘； 眶間區寬 (較眼徑為大)。

　2a. 鱗片小或極小 (L. l. 85 以上)，但在頭部者與在軀幹者並無顯著之區別； 側線終止於背鰭軟條部之後端，有時在尾柄部另有與此並不連續之一段； 鱗片表面粗雜，基部不分裂。後鼻孔較前鼻孔大； 奇鰭鰭條並不延長 (*Chaetodontoplus*)。

　3a. D. XI～XII。鱗片基部有副鱗 (auxiliaries)，一縱列鱗片約 85～100。有的有明顯之眼帶。

　　4a. D. XII, 16～18; A. III, 16～18。一直列鱗片約 85。體軀前部鱗片具副鱗。眼帶黑色，寬等於眼徑，由枕部至胸部。體前部黃色，後部色暗，體側有很多不規則的藍色縱線紋。吻部背面黑色，偶鰭及尾鰭黃色，背鰭軟條部及臀鰭有紫色邊……………………**蟲紋棘蝶魚**

　　4b. D. XI, 21～22; A. III, 19～20。一縱列鱗片約 100。體側鱗片多數有一副鱗。體紫褐色。背鰭與臀鰭有多條波狀而間斷之縱線紋。頭側及胸部較淡，由背鰭硬棘部前方至胸鰭及腹面有一寬黃帶，另一黃帶由背鰭硬棘部中部至尾柄，向後漸寬……………………**杜氏棘蝶魚**

　3b. D. XIII, 17～20; 一縱列鱗片 90 或更多，體側鱗片無副鱗。

5a. 體側至少在前部及頭側有藍色縱線紋或縱帶。尾鰭黃色。

　6a. 體褐色，體側有 7～11 條有黑邊之縱條紋，多少成波狀，在背鰭軟條部及臀鰭或略向內斜。背鰭硬棘向後漸長，最後一棘最長。D. XIII, 18～19; A. III, 17～19; L. r. 約 100⋯⋯⋯⋯⋯⋯⋯⋯⋯⋯⋯⋯⋯⋯⋯⋯⋯⋯⋯⋯⋯⋯⋯⋯⋯⋯⋯⋯⋯⋯**北方棘蝶魚**

　6b. 體灰色，體側有數條不規則或間斷之黃色條紋。背鰭前部黃色，後部黑色而有黃邊。臀鰭黑色而有黃黑二縱線紋。胸鰭灰黃色，基部有藍色環。腹鰭黑色；尾鰭黃色。D. XIII, 17～18; A. III, 17～18; L. r. 約 90; L. tr. 17/68 ⋯⋯⋯⋯⋯⋯⋯⋯⋯**黃面棘蝶魚**

5b. 體側為一致之暗色；尾鰭有暗色橫帶。

　7a. 體黑褐色，頭部略淡而有暗色斑駁。背鰭、臀鰭後緣黃色；尾鰭黃色而有褐色寬橫帶。背鰭僅第 III、IV 棘略高。D. XIII, 17～19; A. III, 17～18; P. 17; L. r. 約 100～110⋯⋯⋯⋯⋯⋯⋯⋯⋯⋯⋯⋯⋯⋯⋯⋯⋯⋯⋯⋯⋯⋯⋯⋯⋯⋯**黑身棘蝶魚**

　7b. 雄魚黑色，頭部灰色而有不規則之大形黃斑，由背鰭前方至腹鰭前方有一淡黃色帶，喉峽部亦黃色；胸鰭後半黃色；尾鰭有彎月形黑斑。雌魚黃褐色，頭部灰黃色，後頭部橫帶白色。D. XIII, 20; A. III, 19; P. 18; L. r. 約 90⋯⋯⋯⋯⋯⋯**擬棘蝶魚**

2b. 鱗片小或中型，不整齊，在頭部者極小，呈絨毛狀，因此與軀幹部鱗片迥然不同；側線完全；前鼻孔較後鼻孔大；奇鰭鰭條在成長後往往比較的突出；尾鰭後緣圓。幼時黑色，而有白色斑紋（*Pomacanthus*）。

　8a. 體側（成長）有多少向後上方斜走之縱條紋。

　　9a. D. XIII, 21～22; A. III, 20～21; L. r. 70; 背鰭、臀鰭軟條部後緣截平。體黃褐或灰褐色，以鰭基部為中心，有五至七條藍色縱條紋，向後上方斜走而集中於背鰭軟條部，鰓蓋上方騎於側線先端有一藍色環紋，大小與眼徑相當⋯⋯⋯⋯⋯⋯⋯⋯⋯⋯⋯⋯⋯⋯⋯⋯⋯⋯⋯⋯⋯⋯⋯⋯⋯⋯⋯⋯⋯**環紋棘蝶魚**

　　9b. D. XIV, 19～21; A. III, 18～21; L. r. 約 76; L. tr. 13/35～37。鰓耙 7+13。背鰭、臀鰭後緣成長後鈍圓。幼時有若干弧狀紋，藍白相間，最後一個在尾柄部者成為白色環（此環以前各弧紋殆與此成為若干同心圓），成長後則成為十五至二十五條縱紋，略向後上斜；眼帶起於眶間區，向後通過眼眶，向前鰓蓋下部傾斜；胸鰭基部上方有一大形黑斑⋯⋯⋯⋯⋯⋯**條紋棘蝶魚**

　8b. 體側（成長）有橫紋、斑點、或一致之淡色。D. XIII, 21～23; A. III, 20～21; L. r. 約 65～75; L. tr. 12～13/34～35。鰓耙 5～6+12～13。背鰭、臀鰭軟條部後方成為一鈍角（成長後前方數軟條更為延長，因之變為銳角）。體色幼時頗與上種相近，但弧狀之彎度小，而尾柄部無白色環；成長後體之前半黃色，向後漸變為灰褐色，到處有細黑點密布（但在背鰭、臀鰭軟條部，及尾鰭上則為細白點）⋯⋯⋯⋯⋯⋯⋯⋯⋯⋯⋯⋯⋯⋯⋯⋯⋯⋯⋯⋯⋯⋯⋯⋯⋯⋯**疊波棘蝶魚**

1b. 鱗片較大（L. r. 50 以下），排列整齊。

　　10a. 間鰓蓋骨大形；眶間區寬度大於眼徑；主鰓蓋上有鱗片 6 列或 6 列以上。

11a. 側線完全; 頰部鱗片不規則, 大小不一。眶前骨凸出, 其後緣不游離。間
　　鰓蓋骨無棘。腹鰭之末端超過臀鰭起點。尾鰭圓形。鱗片無副鱗 (*Euxiphi-*
　　pops)。

　12a. 體黃褐色, 體側有 6～7 條暗色橫帶, 頭部在眼後有一白色橫帶。幼魚在
　　　頭側及體側有顏色不一之橫帶 18 條。D. XIII, 18～21; A. III, 18～20;
　　　P. 18～19; L. r. 約 50; L. tr. 7～8/25～26。鰓耙 5+13……**六帶棘蝶魚**

　12b. 體褐色, 頭部較暗而有淡色斑點。眶間區有一黃色橫帶。體側無暗色橫
　　　帶。各鰭黃色。背鰭軟條部後方有黑色眼斑, 尾鰭有黑邊。D. XIII～
　　　XIV, 16～18; A. III, 16～18; L. r. 約 46～52; L. tr. 7/20～21。鰓耙
　　　5+11～12 ………………………………………………………**黃頰棘蝶魚**

11b. 側線終止於背鰭軟條部後端下方, 有時在尾柄部另有一側線。鱗片較大而
　　排列規則。

　13a. 眶前骨之前緣中部有缺刻 (有時亦見於下緣), 後緣游離並具鋸齒。

　　14a. 尾鰭後緣圓形或截平; 主鰓蓋骨有鱗 9 列; 兩頜齒較長, 約為眼徑
　　　　之 1/3～1/2 (*Holocanthus*)。

　　　體前半鮮黃色, 後上方藍色而每一鱗片有淡藍色斑點, 背鰭軟條部及
　　　尾鰭藍黑色而有淡藍色斑點。在眼後與背鰭起點之間有一三角形淡藍
　　　色區域。D. XIV, 17～18; A. III, 16～17; L. l. 44 (有孔鱗片);
　　　L. tr. 7/24………………………………………………………**愛神棘蝶魚**

　　14b. 尾鰭後緣凹入, 上下緣鰭條往往延長為絲狀。主鰓蓋骨有鱗 6～8
　　　　列; 兩頜齒短, 約為眼徑之 1/5 (*Genicanthus*)。

　　　15a. 背鰭除軟條部後下方之外黑色。體側背方堇色或褐色, 下部乳白
　　　　　色, 自眼後至尾柄有 3～5 條黑色縱帶, 各鰭有細黑點散在。雄魚
　　　　　腹鰭黑色, 尾鰭上下葉無黑帶; 雌魚及幼魚腹鰭灰色, 尾鰭上下葉
　　　　　有黑帶。D. XV, 15～16; A. III, 16～17; P. 16; L. r. 45～47。
　　　　　鰓耙 4+12………………………………………………**拉馬克棘蝶魚**

　　　15b. 背鰭及臀鰭之外側均為黑色。

　　　　液浸標本褐色, 雄魚下側白色而有 8～13 條黑色縱條紋 (2～3 條
　　　　後端至臀鰭基部), 尾鰭淡褐色, 上下葉稍暗。雌魚在眶間區有一
　　　　黑斑, 此斑之前有一大形黑斑, 吻部上方有一倒 U 字形黑斑。尾鰭
　　　　上下葉有黑帶。D. XV, 15～16; A. III, 14; P. 16; L. r. 45～
　　　　48; L. tr. 7～8/17～18。鰓耙 4～5+13…………**渡邊氏棘蝶魚**

　　　15c. 背鰭及臀鰭之外側均非黑色。

　　　　16a. A. III, 17。

　　　　　體淡褐色, 雄魚體側上半有約 21 條不規則的暗色狹橫條紋, 另

有 5～6 條在枕區。上唇中央暗褐色。尾鰭淡褐色而有不明顯之小點。背鰭有間斷之褐色縱帶。雌魚無橫條紋，鱗片邊緣色暗。在眼後上方有一短橫黑帶。由眼後下緣向下有一暗色條紋，前鰓蓋上緣有一黑帶，鰓蓋後上方有一黑斑。尾柄後部黑色，由尾基至尾鰭上下葉亦黑色，尾鰭中後部白色而有黑色小點。D. XV, 15～16；P. 16～17；L. r. 46～48；L. tr. 8/18 ……**半帶棘蝶魚**

16b. A. III, 18。

體黃色。雄魚體側有 14～16 條褐色橫條紋（較帶間為狹），向下到達腹面，枕部至吻部有 7～9 個橫斑。腹鰭前方中央有一如眼同大之黑斑。奇鰭有很多淡色小點。雌魚體側無橫條紋，各鱗片之中央色淡，由眶間區至背鰭起點間有一淡色區域。由尾柄上下緣至尾鰭上下葉末端有黑色帶。背鰭及臀鰭有淡色斜條紋。D. XV, 15～17；P. 15～17；L. r. 46～48；L. tr. 9/25 …………………………………………………………**黑點棘蝶魚**

13b. 眶前骨之前緣中部無缺刻，亦無強棘，其後緣不游離，亦無鋸齒；間鰓蓋骨無強棘，前鰓蓋棘無深溝；下頜齒長；頰鱗小，排列不規則；尾鰭後緣截平 (*Apolemichthys*)。

體（生活時）橙黃色，頭頂及肩部兩側各有一瞳孔大小之黃邊淡青色眼狀斑，臀鰭有青黑色濶邊；D. XIV, 19；A. III, 19；L. r. 46～48；L. tr. 9～10/26～27。鰓耙 4+13 ……………………**三斑棘蝶魚**

10b. 間鰓蓋骨小形；眶間區大於、等於、或小於眼徑；側線終止於背鰭軟條部之後端下方。

17a. 間鰓蓋骨無棘，後部有一狹小之分枝，達下鰓蓋骨；眶前骨之下緣突出，無棘，後緣不游離，無鋸齒；眶間區大於眼徑；主鰓蓋骨有鱗 8 列 (*Pygoplites*)。

體黃色，有八、九條淡青色之黑邊橫帶，寬度與各帶間隔相等，由背鰭前方至眼後有一黑邊之狹青色帶，胸、腹、尾鰭均為黃色，臀鰭褐色而有數條青色縱線，背鰭軟條部黑色。D. XIV, 18；A. III, 17；L. l. 38 ……………………**錦紋棘蝶魚**

17b. 間鰓蓋骨有鋸齒，後方並有棘，與下鰓蓋骨遠離；眶前骨後緣游離，有鋸齒或有若干強棘；眶間區與眼徑相等或小於眼徑；主鰓蓋骨有鱗 5 列以下 (*Centropyge*)。

18a. 尾鰭後緣圓凸。

19a. D. XV, 15～17。尾鰭黃灰色。

20a. 體金黃色，背鰭、臀鰭基部暗褐色，口附近色暗；頭

部有黑褐色斑駁，並且有黑色波狀條紋及白點。背鰭外

緣淡黃色；臀鰭有 5 條黑色狹縱帶；尾鰭後緣淡黃色。

D. XV, 15; A. III, 17; P. 17; L. r. 46～48; L. tr.

8/23～24……………………………………………**赫氏棘蝶魚**

20b. 體前部包括胸鰭、腹鰭及背鰭之前部黃色，體後部包

　　括背鰭之後部及臀鰭之全部爲黑色。眶間區有黑橫帶，

　　向下擴展至眼下方。尾鰭黃色。D. XV, 15～17; A.

　　III, 17～18; P. 17; L. r. 45～48; L. tr. 7～9/20～

　　22。鰓耙 4＋12…………………………………**二色棘蝶魚**

19b. D. XIV, 15～17。尾鰭色暗。

21a. 體紫黑色或黑褐色，體側中央在側線下方有一長卵

　　形白色橫斑。臀鰭有寬黃邊；腹鰭軟條黃色。眶前骨

　　菱形，下緣前部圓滑，後部有細鋸齒。間鰓蓋骨小，

　　有一枚向後突出之棘。鱗片基部無副鱗。D. XIV,

　　16～17; A. III, 16～17; P. 17; L. r. 45～48; L.

　　tr. 8～9/20～22。鰓耙 5＋11…………**白斑棘蝶魚**

21b. 體側爲一致之暗褐色，頭部及胸部或稍淡。眶前骨

　　有粗鋸齒；前鰓蓋骨下緣另有三枚後向之棘，第三枚

　　最長。間鰓蓋骨近於圓滑。D. XIV, 15～17; A.

　　III, 16～18; L. r. 38～43; L. tr. 7～8/22～23。鰓

　　耙 5＋13………………………………………**黑褐棘蝶魚**

21c. 體前部紅褐色，後部藍褐色，每一鱗片有一淡藍色

　　小點，但兩性間及個體間體色變異甚大。D. XIV,

　　16; A. III, 17 …………………………………**異色棘蝶魚**

21d. 體灰褐色，體側中央無橫斑，臀鰭無寬縱帶。

22a. 體黃色，體側有 17～20 條略向前下方斜走之黑

　　褐色橫條紋；頭部及背側黑褐色，胸部及腹面黃褐

　　色。胸鰭灰色或黃色。眶前骨下緣凸出，有數枚向

　　後下方伸出之小棘。前鰓蓋骨下緣另有 1～2 枚向

　　後伸出之棘；間鰓骨小而圓，亦有後向之棘。D.

　　XIII～XV (通常爲 XIV), 15～17; A. III, 16～

　　18; P. 16～17; L. r. ±40; L. tr. 6～7/17～19。

　　鰓耙 5＋16………………………………………**雙棘棘蝶魚**

22b. 體前部淡褐色，後部暗褐色，無暗色橫條紋，尾

　　鰭後緣白色。每一鱗片之中央有淡色小點，鱗片間

有少數小形副鱗。 眶前骨有細鋸齒； 前鰓蓋骨下緣另有數枚後向之棘。間鰓蓋骨後方有二或多枚銳棘。D. XIV, 15～16； A. III, 16～17； P. 16～17； L. r. 44～48； L. tr. 7/19～22。鰓耙 3～4＋12～15‥‥‥‥‥‥‥‥‥‥‥‥‥‥‥**伏羅氏棘蝶魚**

18b. 尾鰭後緣截平，尾鰭顏色一致。

23a. 尾鰭白色（生活時黃灰色）； 體側上方黑色，下方暗褐色， 背鰭、臀鰭黑色， 胸鰭色淡。眶前骨有二後向之棘，前鰓蓋骨有鋸齒，下緣有三棘，間鰓蓋骨有二小棘。D. XIV, 16； A. III, 16； P. 16； L. r. 40； L. tr. 5/16 ‥‥‥‥‥‥‥‥‥‥‥‥‥‥‥‥‥‥‥‥‥**黃尾棘蝶魚**

23b. 尾鰭黑色或污色；體側背面污黑，中央及腹面色淡而有不規則之黑色斑點，後部者較小，多少如網狀或成橫列狀，前上方者較大。背鰭黑色，臀鰭基部紅色， 外側黑色； 胸鰭及腹鰭紅色。眶前骨有 9 棘，前鰓蓋骨有 14～25 小棘，除角棘外下緣另有 1～2 短棘。間鰓蓋骨有 1～3 小棘。 D. XIII～XIV, 16～17； A. III, 16～18； P. 17～18； L. r. 44～46； L. tr. 7/20 ‥‥‥‥‥‥‥‥‥‥‥‥‥‥‥‥‥‥‥‥‥**銹色棘蝶魚**

蟲紋棘蝶魚 *Chaetodontoplus mesoleucus* (BLOCH)

英名 Vermiculated angelfish。據 ALLEN (1979) 產臺灣。

杜氏棘蝶魚 *Chaetodontoplus dubouleyi* (GÜNTHER)

英名 Scribbled angelfish。產東港。

北方棘蝶魚 *Chaetodontoplus septentrionelis* (TEMMINCK & SCHLEGEL)

英名 Blue-stripe angelfish。亦名囊鯛（動典），九線刺蓋魚（劉）。產臺南、高雄、澎湖。

黃面棘蝶魚 *Chaetodontoplus chrysocephalus* (BLEEKER)

產基隆。SHEN & LIM (1975) 發表之新種 *C. cephaloreticulatus* 當爲本種之異名。

黑身棘蝶魚 *Chaetodontoplus melanosoma* BLEEKER

英名 Black velvet angelfish。產基隆、臺灣東部沿海。

擬棘蝶魚 *Chaetodontoplus personifer* (McCULLOCH)

英名 Yellow-tail angelfish。產臺灣東部及南部沿海。

環紋棘蝶魚 *Pomacanthus annularis* (BLOCH)

英名 Bluering angelfish。產臺灣。

條紋棘蝶魚 *Pomacanthus imperator* (BLOCH)

英名 Emperor Angelfish, Yellow banded angelfish。產基隆、高雄、恆春。中村氏 (1943. 1) 之記載附圖均為本種，但學名誤為 *P. lamarck*。(圖 6-138)

叠波棘蝶魚 *Pomacanthus semicirculatus* (CUVIER & VALENCIENNES)

英名 Blue Angelfish, Semicircle Angelfish。產屏東、澎湖、蘭嶼。*Holacanthus lepidolepis* BLKR., *Acanthochaetodon lunatus* TANAKA 均為本種異名。(圖 6-138)

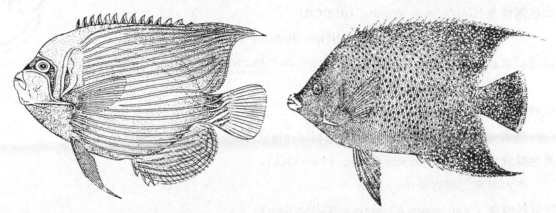

圖 6-138 左: 條紋棘蝶魚; 右: 叠波棘蝶魚 (以上蝶魚科)。

六帶棘蝶魚 *Euxiphipops sexstriatus* (CUVIER & VALENCIENNES)

英名 Six-banded angelfish。產基隆。

黃頰棘蝶魚 *Euxiphipops xanthometopon* (BLEEKER)

英名 Yellow-faced angelfish。

愛神棘蝶魚 *Holocanthus venustus* YASUDA & TOMINAGA

產基隆。

拉馬克棘蝶魚 *Genicanthus lamarck* (LACÉPÈDE)

英名 Lamarck's angelfish。產臺灣。

渡邊氏棘蝶魚 *Genicanthus watanabei* (YASUDA & TOMINAGA)

英名 Watanabe's angelfish。產臺東、綠島。SHEN & LIM (1975) 發表之新種 *G vermiculatus* 為一色型變異，當列為本種之異名。

半帶棘蝶魚 *Genicanthus semifasciatus* (KAMOHARA)

英名 Japanese swallow。產基隆、臺東。*G. fucosus* (YASUDA & TOMINAGA) 為其

雌相。

黑點棘蝶魚 *Genicanthus melanospilos* (BLEEKER)

英名 Black-spot angelfish。產臺灣。

三斑棘蝶魚 *Apolemichthys trimaculatus* (CUVIER & VALENCIENNES)

英名 Three-spot angelfish。 產臺中、澎湖、恆春。

錦紋棘蝶魚 *Pygoplites diacanthus* (BODDAERT)

英名 Blue-banded angelfish, Royal angelfish, Regal angelfish。產高雄。

赫氏棘蝶魚 *Centropyge hearldi* WOODS & SCHULTZ

英名 Herald's angelfish。產恆春。

二色棘蝶魚 *Centropyge bicolor* (BLOCH)

英名 Yellow-and-black Angelfish, Bicolor angelfish。產恆春。

白斑棘蝶魚 *Centropyge tibicen* (CUVIER & VALENCIENNES)

產臺灣。

黑褐棘蝶魚 *Centropyge nox* (BLEEKER)

英名 Nigger-brown Angelfish, Mid-night angelfish。產臺灣。

異色棘蝶魚 *Centropyge interruptus* (TANAKA)

產本省東北部岩礁中。

雙棘棘蝶魚 *Centropyge bispinosus* (GÜNTHER)

英名 Two-spined angelfish。產恆春。

伏羅氏棘蝶魚 *Centropyge vroliki* (BLEEKER)

英名 Pearly-scaled Angelfish。產臺灣。

黃尾棘蝶魚 *Centropyge flavicauda* FRASER-BRUNNER

英名 White-tail angelfish。產恆春。SHEN (1973) 發表之新種 *C. caudoxanthorus* 為一色型變異，應列為本種之異名。其所列 *C. fisheri* (SNYDER) 當為本種之誤。

銹色棘蝶魚 *Centropyge ferrugatus* RANDALL & BURGESS

英名 Rusty pygmy angelfish。產恆春。JONES 等 (1972) 所列之 *C. potteri* 為本種之異名。

旗鯛科 HISTIOPTERIDAE

=PENTACEROTIDAE; Long-nosed Porgies; Boarfishes; Armorheads;
天狗鯛科（日）；川飛車科（日）；帆鰭魚科（朱）

體特高而側扁，背側輪廓顯然隆起，如不對稱之弓背，腹側輪廓則近於直走。頭部比較的低而小，眼上方突起，吻背凹入。頭部背面有露出之骨質板，具輻射狀瘤突；口中型，低位，開於吻端，上下頜相等；唇部有時具細鬚。無上主上頜骨。上下頜齒各成一狹帶，鋤骨、腭骨時或有齒，舌上無齒。鰓蓋主骨光滑，前鰓蓋骨有時有鋸齒緣。鰓膜分離，且在喉峽部遊離。鰓被架 7。鰓耙粗短。幽門盲囊多數。鰾大形。體被小形櫛鱗，頰部被細鱗，吻部，睭前部及顱背均裸出；側線完全，依背側緣彎曲，但不伸入尾鰭。背鰭一枚，基底甚長，而鰭條甚高，有 IV～XIV 枚強大之硬棘，9～29 軟條不能收匿溝中。臀鰭甚短，有 II～V 枚硬棘，7～13 軟條，第 II 棘特強。胸鰭低位，尖銳，上方鰭條較長。腹鰭 I, 5，強大，硬棘粗壯，其基底在胸鰭基底略後。尾鰭略凹。大形食肉性海魚，臺灣僅產 1 種。

　　旗鯛：D. IV, 27～29；A. III, 10～11；P. 17；L. l. 60～66；L. tr. 15～17/34～35。體欖褐色，有四條淡色斜帶，各鰭黑色，胸鰭除基部外色淡。

旗鯛 *Histiopterus typus* TEMMINCK & SCHLEGEL

　　日名川飛車；亦名帆鰭魚（朱）。產高雄。（圖 6-139）

石鯛科 OPLEGNATHIDAE

=HOPLEGNATHIDAE; Parrot Basses, Knifejaws, Beaked Perches

　　體側扁而高，呈卵圓形。被小櫛鱗；側線一條，依背側緣彎曲。口小，不能伸縮，主上頜骨不爲睭前骨所掩蓋，成魚之各牙齒間充滿石灰質，上下頜與齒相癒合而形成爲鸚鵡嘴狀，上唇可以在齒面活動。腭骨無齒。鰓裂大；鰓四枚，在最後鰓上有一裂隙；擬鰓大形。前鰓蓋骨邊緣有鋸齒。鰓膜大部分連合，但在喉峽部遊離。鰓被架 6～7。鰓耙矢頭狀。鰾存在。幽門盲囊少數。背鰭一枚，基底長；硬棘（XI～XII 枚）較軟條（11～22）爲低。臀鰭基底短（III, 11～16），約與背鰭軟條部相當。腹鰭在胸鰭基底略後，有腋鱗。尾鰭截平，或凹入。

臺灣產石鯛科 1 屬 2 種檢索表：

1a. 體淡褐色至白色，體側有七條黑色橫帶，老成後不明。D. XI～XII, 17～18；A. III, 12～13；L. l. 90～122（有孔鱗片 70～80）；L. tr. 30～31/60～62。鰓耙 5+13⋯⋯⋯⋯⋯⋯⋯⋯**橫帶石鯛**

1b. 體灰褐色，全身佈滿暗色至黑褐色圓形斑點，漸長而斑點不規則。D. XII, 14～16；A. III, 11～13；L. l. 110±（有孔鱗片 80～82）；L. tr. 34/50。鰓耙 7～8+15～16⋯⋯⋯⋯⋯⋯⋯⋯**斑點石鯛**

橫帶石鯛 *Oplegnathus fasciatus* (TEMMINCK & SCHLEGEL)

　　英名 Stone Bream；俗名石鯽。產臺灣。（圖 6-139）

斑點石鯛 *Oplegnathus punctatus* (TEMMINCK & SCHLEGEL)

　　產臺灣堆。（圖 6-139）

慈鯛科 CICHLIDAE
Cichlids; Mouth Breeders

本科魚類以其雌者有以口腔保護卵及幼魚之特性而著名。爲熱帶中南美洲、非洲、馬達加斯加以及西印度羣島重要淡水及半鹹水魚類。其體形側扁而高，被中型櫛鱗或圓鱗；每側鼻孔單一。齒小，側扁而尖端成裂瓣狀，上下頜齒一至多列。背鰭硬棘多數，一般在 VIII 枚以上，臀鰭硬棘 III 枚或更多。背鰭、臀鰭基部無鱗。側線往往間斷爲二條，上段由鰓蓋向後至背鰭後部基底，下段由體之中央向後至尾柄中央。尾鰭後緣圓形或截平。

臺灣產慈鯛科1屬5種檢索表[①]：

1a. 第一鰓弧下枝鰓耙 8～9 枚。

　D. XIV～XVI, 12～13; A. III, 7～10; L. l. 28～30; L. tr. 4/10。尾鰭後緣截平。體被圓鱗；體暗棕色，下半暗紅色，胸鰭基底、腹鰭基底攬青色，鰓蓋後緣有一暗斑，背鰭、臀鰭有許多黃點，背鰭第 1～4 軟條之基部有一半圓形黑斑。雌魚之喉部有二條白色橫帶⋯⋯⋯⋯⋯⋯⋯⋯⋯⋯⋯⋯⋯⋯⋯**吉利吳郭魚**

1b. 第一鰓弧之下枝有鰓耙 14 枚以上。

　2a. 尾鰭終生有明顯之垂直黑色條紋；體之下半白色，喉部、胸部亦白色；腹鰭末端不達肛門。體被圓鱗；D. XVI～XVII, 12～13; A. III, 8～11; L. l. 31～35; L. tr. 5/12⋯⋯⋯⋯⋯⋯**尼羅吳郭魚**

　2b. 尾鰭終生有斑點而無垂直條紋。

　　3a. 頭部背面略凹入，喉部、胸部白色，胸鰭淡紅色，體被櫛鱗；D. XV～XVIII, 11～15; A. III, 8～11; L. l. 29～32; L. tr. 5/12～13 ⋯⋯⋯⋯⋯⋯⋯⋯⋯⋯⋯⋯**在來吳郭魚**

　　3b. 頭部背面平直。

　　　4a. 喉部、胸部銀灰色，胸鰭色淡而透明，體被櫛鱗；D. XV～XVI, 11～12; A. III, 9; L. l. 29～32; L. tr. 5/11～12⋯⋯⋯⋯⋯⋯⋯⋯⋯⋯⋯⋯⋯⋯**奧利亞吳郭魚**

　　　4b. 體淡黃褐色。體被櫛鱗；D. XVI, 12～13; A. III, 10; L. l. 29～31; L. tr. 5/12 ⋯⋯⋯⋯⋯⋯⋯⋯⋯⋯⋯⋯⋯⋯⋯⋯⋯⋯⋯⋯⋯⋯⋯⋯⋯⋯⋯⋯⋯⋯⋯⋯**紅色吳郭魚**

吉利吳郭魚 *Tilapia zillii* (GERVAIS)

唐允安先生於 52 年自南非引進。

尼羅吳郭魚 *Tilapia nilotica* (LINNAEUS)

游祥平、鄧火土二位於 55 年自日本引進。

在來吳郭魚 *Tilapia mossambica* PETERS

原產非洲， 1946 年經吳振輝、郭哲彰二氏自印尼攜歸十三尾，首先試行放養於高雄，

---

① 此外，除吉利吳郭魚不易雜交之外，其他各種之間均易產生雜交種。例如在來吳郭魚×尼羅吳郭魚之雜交種卽著名之福壽魚；奧利亞×尼羅吳郭魚之雜交種爲奧利亞單性魚。

經過甚佳，未久即推廣於本島各地，爲重要之淡水養殖魚類。惟本種之體形較小，肉味較差，現已被其他各種取代其原來的地位。(圖 6-139)

奧利亞吳郭魚 *Tilapia aurea* PETERS

曾文陽、廖一久、黃丁郎三位於 63 年自以色列引進。

紅色吳郭魚 *Tilapia sp.*

可能爲上述各種之一之變種。

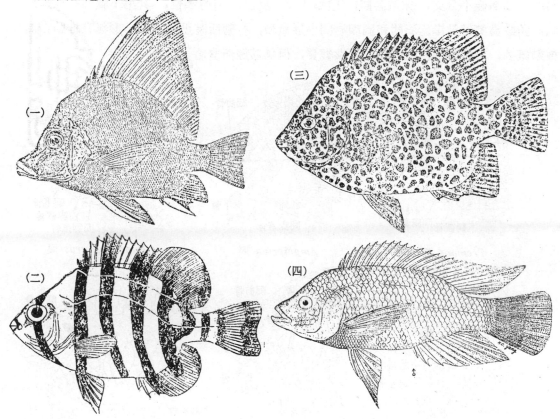

圖 6-139　(一)；旗鯛 (旗鯛科)；　(二) 橫帶石鯛；　(三) 斑點石鯛 (石鯛科)；
(四) 在來吳郭魚 (慈鯛科) (一、三據朱等)。

雀鯛科 POMACENTRIDAE

=AMPHIPRIONIDAE+CHROMIDAE+POMACENTRIDAE;

Demoiselles; Coralfishes, Damselfishes. Sea-anemone fishes.

體短而側扁，卵圓形或長橢圓形。頭小，有圓形之輪廓。吻短而鈍。口小，開於吻端，略能向前伸出，上下領同長。上領骨被眶前骨所掩覆。有眶下骨棚。眼偏前，幼時大形，成長後稍小。齒圓錐狀，或爲門齒狀，強大而固定；鋤骨、腭骨均無齒。左右下咽骨癒合，略成三角形。鼻孔爲一圓孔，每側一枚 *Chromis, Dascyllus* 等屬有具二鼻孔者)。前鰓蓋骨邊緣光滑或有鋸齒；鰓蓋主骨光滑，或有鋸齒緣，或有少數鈍棘。鰓膜多少癒合，但在喉峽部游離；鰓被架 5～7 。鰓三個半。鰓耙矢頭狀。擬鰓存在。脊椎 26（尾椎 14）。鰾發達。幽門盲囊 2 或 3 。體被小型或中型櫛鱗，但有種種變化；奇鰭有鱗鞘，腹鰭有腋鱗。側線間斷，前段偏上，後段在尾部中央線，均以小孔爲代表。背鰭一枚，基底長（IX～XIV, 11～18），硬棘部較軟條部爲長（可能同長）。臀鰭與背鰭軟條部對在，有 II 棘（偶或 III 棘）。胸鰭下部鰭條不分支，末端游離；腹鰭 I, 5, 胸位，有時喉位，其第 1 軟條往往延長爲絲狀。多數爲熱帶沿岸岩石間和珊瑚岩間小形魚類，行動活潑迅速，以小形無脊椎動物爲食。種類繁多，有些體色頗爲美麗，可供觀賞，但無甚經濟價值。

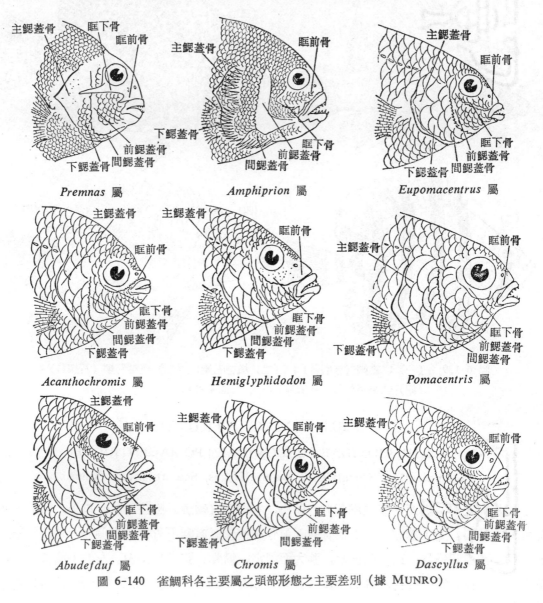

圖 6-140　雀鯛科各主要屬之頭部形態之主要差別（據 MUNRO）

臺灣產雀鯛科 3 亞科檢索表：

1a. 鱗片小，由鰓蓋後緣至尾基一縱列鱗片 50 枚以上。鰓蓋諸骨均有鋸齒⋯⋯⋯⋯⋯⋯〔I〕 **海葵魚亞科**

1b. 鱗片較大，一縱列鱗片 45 枚以下。鰓蓋諸骨均無鋸齒。尾鰭分叉。

  2a. 尾基上下緣通常有 2～3 枚前向之短棘狀鰭條。齒錐形，一列或多列。頭部除吻端及鼻孔附近外通常全部被鱗片⋯⋯⋯⋯⋯⋯⋯⋯⋯⋯⋯⋯⋯⋯⋯⋯⋯⋯⋯⋯⋯⋯⋯⋯⋯⋯⋯⋯⋯〔II〕 **光鰓雀鯛亞目**

  2b. 尾基上下緣無前向之短棘狀鰭條。齒錐形或門齒狀，一列或二列。頭部全部被鱗片，或僅吻部、眶前區及眶下區裸出 ⋯⋯⋯⋯⋯⋯⋯⋯⋯⋯⋯⋯⋯⋯⋯⋯⋯⋯⋯⋯⋯⋯⋯⋯⋯〔III〕 **雀鯛亞目**

〔I〕 海葵魚亞科 AMPHIPRIONINAE 1 屬 8 種檢索表：

鱗小，一縱列鱗片 50～60 枚，側線後段僅有數小孔，或無小孔；後頭部被鱗片；齒一列，圓錐形；鰓蓋主骨、下鰓蓋骨（有時間鰓蓋骨）均有棘或放射狀之鋸齒；眶前骨及眶下骨有短齒而無長棘；D. VIII ～XI, 13～21（硬棘部基底與軟條部殆相等）；尾鰭後緣圓形、截平、或略凹入。A. II, 11～15（*Amphiprion*）。

1a. 體側有二或三個橫斑，中央橫斑或縮小或成鞍狀。

  2a. 背鰭前中央線鱗片向前擴展至眼窩後緣或超過之。

    3a. 體長爲體高之 2.1 倍以下；頭長爲背鰭最長硬棘長之 2.5 倍以下。尾鰭灰色。

      4a. 體側有三個完整之白色橫斑；在尾柄前方，深色與淺色之界限明顯，尾柄之橫斑與其他橫斑同色；背鰭色暗。D. X～XI, 15～17；A. II, 13～15；P. 19～21；L. l. 34～45（有孔鱗片）；Sq. l. 19～21；L. tr. 4～5/18～22。鰓耙 18～20⋯⋯⋯⋯⋯⋯⋯⋯⋯⋯⋯⋯**克氏海葵魚**

      4b. 體側有二個完整之白色橫斑，中央橫斑之寬度不達九枚鱗片；在尾柄前方，深色與淺色之界限不顯著。尾柄或爲褐色，與其他橫斑異色。背鰭灰色或污色。

        5a. 體褐色至黑色，頭部之橫斑在背方變狹或間斷。D. X～XI, 15～17；A. II, 13～14；P. 19～21；L. l. 35～42（有孔鱗片）；Sq. l. 50～57；L. tr. 4～5/18～21。鰓耙 18～21⋯⋯⋯⋯⋯⋯⋯⋯⋯⋯⋯⋯⋯⋯⋯⋯⋯⋯⋯⋯⋯⋯⋯⋯⋯⋯⋯⋯⋯⋯⋯⋯⋯**黃鰭海葵魚**

        5b. 體褐色至暗褐色，頭部之橫斑在背方中央不變狹或間斷，其寬度小於眼徑；幼魚在尾柄部或有鞍狀斑，在成體通常消失。大形個體通常爲灰色（橫斑除外）。D. X, 15～17；A. 13～14；P. 19；L. l. 37～40（有孔鱗片）；Sq. l. 52～59；L. tr. 4～6/19～23。鰓耙 19⋯⋯⋯⋯⋯⋯⋯⋯⋯⋯⋯⋯⋯⋯⋯⋯⋯⋯⋯⋯⋯⋯⋯⋯⋯⋯⋯⋯⋯⋯⋯⋯⋯⋯⋯**雙帶海葵魚**

    3b. 體長爲體高之 2.1 倍以上；頭長爲背鰭最長硬棘長之 2.5 倍以上（通常爲 3 倍）。尾鰭大部分色暗而有灰邊；體側有二或三個灰白色橫斑，中央橫斑短縮成鞍狀，背方較寬，最大寬度通常不達 15 個鱗片。尾柄橫斑存在。尾鰭暗色部分向後漸狹。D. X～XI, 14～15；A. II, 12～14；P. 18～19；L. l. 32～41（有孔鱗片；通常爲 36～40）；Sq. l. 48～55（通常爲 52～54）；L. tr. 4～6/17～21。鰓耙 18～19 ⋯⋯⋯⋯⋯⋯⋯⋯⋯⋯⋯⋯⋯⋯**鞍斑海葵魚**

  2b. 背鰭前中央線鱗片向前不達眼窩之後緣。

    6a. 背鰭硬棘 XI（少數爲 X）；頭長爲背鰭最長硬棘長之 2.1～2.9 倍。D. XI, 14～15；A.

　　　　　　II, 11～13; P. 17; L. l. 34～48 (有孔鱗片; 通常爲 35～40); Sq. l. 56～66 (通常爲 56～

　　　　　　62); L. tr. 4～5/22～25。鰓耙 15～17 ⋯⋯⋯⋯⋯⋯⋯⋯⋯⋯⋯⋯⋯**眼斑海葵魚**

　　　6b. 背鰭硬棘 IX～X (通常爲 X); 頭長爲背鰭最長硬棘長之 3.0～3.4 倍。D. X, 15～16;

　　　　　　A. II, 12～13; P. 16; L. l. 30～38 (有孔鱗片; 通常爲 35～38); Sq. l. 57～63 (通常爲

　　　　　　51～56); L. tr. 4～6/22～26。鰓耙 15～17 ⋯⋯⋯⋯⋯⋯⋯⋯⋯⋯⋯**橘色海葵魚**

1b. 體側無橫斑或僅一橫斑。

　　　7a. 體長爲體高之 2.1 倍以下。頭部有橫斑; 背鰭前中央鱗片向前不超過眼窩之前緣。腹鰭

　　　　　　通常部分爲灰色。D. IX～X, 17～18; A. II, 13～15 (多數爲 14); P. 18～19; L. l.

　　　　　　31～44 (通常爲 36～39); Sq. l. 52～60; L. tr. 4～5/17～21。鰓耙 18～19⋯⋯⋯⋯

　　　　　　⋯⋯⋯⋯⋯⋯⋯⋯⋯⋯⋯⋯⋯⋯⋯⋯⋯⋯⋯⋯⋯⋯⋯⋯⋯**白條海葵魚**

　　　7b. 體長爲體高之 2.1 倍以上。頭部有橫斑; 背鰭前中央鱗片到達眼眶前緣。腹鰭與臀鰭均

　　　　　　爲灰色。D. X, 16～17; A. II, 12～13; P. 17; L. l. 32～43 (有孔鱗片; 通常爲 35～

　　　　　　40); Sq. l. 50～59 (通常爲 52～54); L. tr. 3～4/19～20。鰓耙 17～19⋯⋯⋯**粉紅海葵魚**

〔II〕光鰓雀鯛亞科 CHROMINAE 2 屬 25 種檢索表:

1a. 眶下骨及前鰓蓋骨後緣有細鋸齒; 體近於圓形, 體長爲最大體高之 1.4～1.7 倍。尾鰭後緣凹入

　　(*Dascyllus*)。

　　2a. 背鰭軟條 12 (最後一條通常自基部分枝); 體灰白色, 體側有三條黑色橫帶。

　　　3a. 尾鰭灰色。D. XII, 12～13; A. II, 12～13; P. 17～18; L. l. 16～18 (有孔鱗片)。鰓耙 23～

　　　　　　25⋯⋯⋯⋯⋯⋯⋯⋯⋯⋯⋯⋯⋯⋯⋯⋯⋯⋯⋯⋯⋯⋯⋯**三帶光鰓雀鯛**

　　　3b. 尾鰭大部分黑色。D. XII, 12～13; A. II, 12～13; P. 18; L. l. 16～17 (有孔鱗片); 鰓耙 25～

　　　　　　27⋯⋯⋯⋯⋯⋯⋯⋯⋯⋯⋯⋯⋯⋯⋯⋯⋯⋯⋯⋯⋯⋯⋯**黑尾光鰓雀鯛**

　　2b. 背鰭軟條 14～16。

　　　4a. 體黃色至褐色, 每一鱗片近後緣有一暗色帶, 由背鰭起點至腹鰭基部通常有一暗色橫帶; 背鰭

　　　　　　硬棘部基底灰色, 外緣黑色, 腹鰭大部分黑色, D. XII, 13～15; A. II, 13～15; P. 16～18; L.

　　　　　　l. 20 (有孔鱗片)。鰓耙 25～28⋯⋯⋯⋯⋯⋯⋯⋯⋯⋯⋯⋯⋯**網紋光鰓雀鯛**

　　　4b. 體褐色至黑色, 體側上部有一灰色斑點, 成魚此斑往往消失, 幼魚在前頭部另有一灰色斑。

　　　　　　D. XII, 14～16; A. II, 12～15; P. 18～20; L. l. 18～20 (有孔鱗片)。鰓耙 23～25⋯⋯⋯⋯

　　　　　　⋯⋯⋯⋯⋯⋯⋯⋯⋯⋯⋯⋯⋯⋯⋯⋯⋯⋯⋯⋯⋯⋯⋯**三斑光鰓雀鯛**

1b. 眶下骨光滑或有細弱鋸齒, 或被鱗片; 前鰓蓋骨後緣光滑。體延長或成長卵形, 體長爲最大體高之

　　1.8～2.7 倍。尾鰭分叉 (*Chromis*)。

　　　5a. 頸部及背面之鱗片基部有 1～3 枚小形之副鱗 (auxiliary scales); 前鰓蓋骨之上緣及角部

　　　　　　有鋸齒。體褐色, 下側茶灰色, 各鰭灰褐色; 背鰭前方色深, 尾鰭上下葉邊緣深褐色, 末端黑

　　　　　　色, 體長爲體高之 2.0～2.2 倍。D. XII, 10～13; A. II, 11～12; P. 17～19; L. l. 15～18;

　　　　　　L. tr. 3/9。鰓耙 27～32⋯⋯⋯⋯⋯⋯⋯⋯⋯⋯⋯⋯⋯⋯⋯⋯**細鱗光鰓雀鯛**

　　　5b. 體側鱗片均無副鱗。

6a. 尾鰭上下葉邊緣有前向之短棘狀鰭條 (Spinules) 2枚。

7a. 背鰭硬棘 **XII** 枚。

8a. 體延長，體長為體高之 2.3～2.7 倍。體褐色，體側依鱗列有8條不甚明顯之銀灰色縱條紋，眼後在鰓蓋部有約10枚銀灰色斑點，尾鰭上下葉有黑色寬縱帶。D. XII, 10～11；A. II, 10～12；P. 16～18；L. l. 16～18；L. tr. 3/9。鰓耙 23～28 ⋯⋯⋯⋯**范氏光鰓雀鯛**

8b. 體較高，體長為體高之 1.6～2.1 倍。眶下骨之游離緣到達或接近瞳孔之後緣。體側無條紋，尾鰭下葉無明顯之黑帶。

9a. 前鰓蓋骨之上緣有鋸齒，背鰭軟條 11～12；尾鰭上下葉第三主要鰭條不與鰭膜游離，亦不特別延長；尾鰭顏色不特深。體灰褐色，鱗片邊緣略暗；背鰭軟條部及臀鰭之後半灰色，該處基部各有一乳白色而大如瞳孔之斑點。肛門附近黑色。體長為體高之 2.1～2.2 倍。D. XII, 11～12；A. II, 10～11；P. 17～19；L. l. 15～17；L. tr. 3/10。鰓耙 26～31 ⋯⋯⋯⋯⋯⋯⋯⋯⋯⋯⋯⋯⋯⋯⋯⋯⋯⋯⋯⋯⋯⋯⋯**雙斑光鰓雀鯛**

9b. 前鰓蓋骨邊緣光滑。背鰭軟條 12～14，尾鰭上下葉第三主要鰭條延長為絲狀；尾鰭顯然較體側為暗。

10a. 胸鰭軟條 16，尾柄部不較其他部分色深，體黃褐色，背面暗褐色，背鰭、臀鰭之後部色深。尾鰭上下葉色深。體長為體高之 1.5～1.7 倍。D. XII, 12～13；A. II, 12～13；P. 16；L. l. 14。鰓耙 26～29 ⋯⋯⋯⋯**安朋光鰓雀鯛**

10b. 胸鰭軟條 17～18。尾鰭及尾柄較其他部分色深。

11a. 體甚高，體長約為體高之 1.6 倍。體淡灰褐色，胸鰭基部有散漫之暗斑，生活時吻側黃色。D. XII (少數 XIII), 12～13；A. II, 12～14；P. 16～18；L. l. 13～15；L. tr. 3/8～9；鰓耙 26～32 ⋯⋯⋯⋯⋯⋯⋯⋯⋯⋯⋯**卵形光鰓雀鯛**

11b. 體不甚高，體長為體高之 1.9～2.1 倍。體黃褐色，尾柄上下緣及尾鰭上下葉邊緣黑色，胸鰭基部上半有一黑色楔狀斑。D. XII, 12；A. II, 12；P. 15～16；L. l. 15～16；L. tr. 3/9。鰓耙 6～9＋18～20⋯⋯⋯⋯⋯⋯⋯**黑鰭光鰓雀鯛**

11c. 體不甚高，體長為體高之 1.9～2.1 倍。體暗黃褐色至黑色；胸鰭基部有大形黑斑；吻側不為黃色。

12a. 側線有孔鱗片 17～18。臀鰭軟條 11～12，背鰭軟條一般為 12。體暗褐色至黑色，自背鰭軟條部中部通過尾柄至臀鰭軟條部後部為界，以後之部分為白色。D. XII, 12～13；L. tr. 3/9；鰓耙 24～30⋯⋯⋯⋯⋯⋯**二色光鰓雀鯛**

12b. 側線有孔鱗片 15～16；臀鰭軟條 13～14。背鰭軟條一般為 13。體褐色，尾柄後部四分之二白色；尾鰭灰色，基部及外緣略暗；背鰭及臀鰭褐色，軟條部稍暗，後部為白色。D. XII, 12～13；L. tr. 3/9；Sq. l. 27。鰓耙 25～31⋯⋯⋯⋯⋯⋯⋯⋯⋯⋯⋯⋯⋯⋯⋯⋯⋯⋯⋯⋯⋯**亞倫氏光鰓雀鯛**

7b. 背鰭硬棘 **XIII** 枚。

13a. 背鰭軟條 14～15。體甚高，體長約為體高之 1.6～1.8 倍。體暗褐色，尾柄部及尾鰭黃灰色，胸鰭基部色暗，尾鰭上下葉外緣色暗。A. II, 13～14; P. 19; L. l. 17～19; Sq. l. 26; L. tr. 4/10～11。鰓耙 29～32 ……………… ……………………………………………………………………**短身光鰓雀鯛**

13b. 背鰭軟條 10～13（少數爲 14）；體不甚高，體長約爲體高之 1.9～2.2 倍。尾柄及尾鰭不顯然較其他部分爲淡；背鰭後端基部通常有一灰黃色或白色小斑點。

14a. 臀鰭軟條 10（少數爲 9），前鰓蓋骨邊緣有鋸齒；體黃灰色，腹面漸變爲白色而有藍綠色珠光。胸鰭基部上方有一小暗點，尾鰭上下葉邊緣有暗色帶。D. XIII（少數爲 XIV），10～12; A. II, 9～10; P. 18～20; L. l. 17～19; Sq. l. 26～27; L. tr. 4/9～10; 鰓耙 26+34…………**燕尾光鰓雀鯛**

14b. 臀鰭軟條通常爲 11。在胸鰭基部有一大形黑斑，前鰓蓋骨邊緣光滑。

15a. 背鰭軟條一般爲 12 枚；背鰭軟條部外緣圓形（展開時）。尾鰭黃色，上下葉末端黑色，體欖綠色，各鱗片邊緣黑色。胸鰭基部有一大形黑色圓斑。背鰭、臀鰭大部黑色，胸鰭、腹鰭灰色，體長爲體高之 1.8～2 倍。D. XIII（少數 XIV），11～13; A. II, 10～12; P. 18～20; L. l. 17～19; Sq. l. 26; L. tr. 4/9～10。鰓耙 29～35………………**黃斑光鰓雀鯛**

15b. 背鰭軟條一般爲 13；背鰭軟條部外緣有角；尾鰭上下葉有黑帶，背鰭、臀鰭黑色，後部灰色，背鰭軟條部基底後方有白斑。胸部基部有大三角形黑斑。體長爲體高之 1.8～2.1 倍。D. XIII（少數 XII 或 XIV），12～14; A. II, 10～12; P. 18～20; L. l. 16～19; Sq. l. 26; L. tr. 3/8～9; 鰓耙 28～34 ……………………………………………**斑鰭光鰓雀鯛**

7c. 背鰭硬棘 XIII～XIV 枚。眼特大，爲體長之 13.3～14.1%，頭長之 2.1～2.55%。後鼻孔亦大形，在眼前成裂隙狀。體側中央由眼至尾柄有一暗色或黃色縱條紋。A. II, 11～13; P. 19～20; L. l. 16～18; L. tr. 4/10～11; 鰓耙 8～9+19～21 …………**大眼光鰓雀鯛**

6b. 尾鰭上下葉邊緣有前向之短棘狀鰭條 3 枚。身體及各鰭並非全部爲暗褐色。

16a. 背鰭硬棘 XII 枚。背鰭、臀鰭軟條 9～10；背鰭、臀鰭之鰭膜上無鱗（或僅在軟條部基部有單列鱗片）。生活時藍綠色，尾鰭上下葉無黑帶。

17a. 胸鰭軟條 17～18；胸鰭腋部灰色或略暗。每一鱗片中央有一藍色點，眼眶前有一藍色短線紋。體長爲體高之 2.0～2.1 倍。D. XII, 9. 10; A. II, 10; L. l. 15～16; Sq. l. 26; L. tr. 3/8。鰓耙 28～32…………………………………………………………………**藍綠光鰓雀鯛**

17b. 胸鰭軟條 18～19。胸鰭腋部黑色，眼眶前有一暗色狹條紋。體長爲體高之 1.9～2.0 倍。D. XII, 9～10; A II, 9～10; L. l. 15～16; L. tr. 3/8。鰓耙 28～34…………**黑腋光鰓雀鯛**

16b. 背鰭硬棘 XII～XIII 枚；背鰭、臀鰭軟條 11；背鰭、臀鰭基底有鱗片，擴展至鰭高之 1/2 以上。生活時灰色，尾鰭上下葉有黑帶。D. XII～XIII, 10～12; A. II, 11; P. 17～19; L. l. 14～17; L. tr. 3/9; 鰓耙 7～9+21～23 ‥‥‥‥‥‥‥‥‥‥‥‥‥‥‥‥‥**三葉光鰓雀鯛**

16c. 背鰭硬棘 XIII 枚。

　　18a. 體長爲體高之 1.6～1.9 倍。

　　　　體黃灰色至淡褐色，背鰭硬棘部下方褐色，胸鰭基部有一小暗色斑。體長爲體高之 1.8～1.9 倍。D. XIII, 11～13; A. II, 11～12; P. 18～20; L. l. 16～19; Sq. l. 26; L. tr. 3～4/9～10。鰓耙 23～26‥‥‥‥‥‥‥‥‥‥‥‥‥‥‥‥‥‥‥‥‥‥**黃光鰓雀鯛**

　　18b. 體長爲體高之 2.0～2.4 倍。

　　　　19a. 體深褐色或黑褐色；胸鰭基部無明顯之斑點，或有一極小之斑點。

　　　　　　20a. 尾鰭及尾柄均爲黃色，背鰭及臀鰭之後緣亦黃色，腹鰭黑色，胸鰭腋部有一小黑點，體長爲體高之 2.1～2.3 倍。D. XIII, 10～11; A. II, 10～11; P. 18～20; L. l. 16～19; Sq. l. 27; L. tr. 3/8～9。鰓耙 25～30 ‥‥‥‥**黃尾光鰓雀鯛**

　　　　　　20b. 尾鰭及尾柄與其他部分同色。

　　　　　　　　21a. 胸鰭基部及腋部黃色；尾鰭上下葉邊緣有黑條紋，但末端不較附近部分爲暗，背鰭、臀鰭後端數鰭條白色。D. XIII, 11; A. II, 11～12; P. 19; L. l. 16～17; Sq. l. 26～27; L. tr. 3/8; 鰓耙 30～32‥‥‥‥‥‥‥‥‥‥**黃腋光鰓雀鯛**

　　　　　　　　21b. 胸鰭基部有一小褐點（成體不顯）；各鰭黃色。D. XIII, 11～12; A. II, 11～12; P. 19; L. l. 18; Sq. l. 26; L. tr. 3/8。鰓耙 27～30 ‥‥‥‥‥‥‥‥‥‥‥‥‥**灰光鰓雀鯛**

　　　　19b. 體褐色至欖灰色。前鰓蓋骨上緣有黑斑，背鰭、臀鰭後部灰色，尾鰭上下葉有暗褐至黑色寬邊，末端黑色。體長爲體高之 2.1～2.3 倍。D. XIII, 11; A. II, 11; P. 18～20; L. l. 17～19; L. tr. 3/9。鰓耙 27～32‥‥‥‥‥‥‥‥‥‥**韋氏光鰓雀鯛**

〔III〕雀鯛亞科 POMACENTRINAE 12 屬 56 種檢索表:

1a. 鱗片較小，由鰓裂上緣至尾基一縱列鱗片 44～46。體長爲體高之 2.4～2.8 倍 (*Teixeirichthys*)。鰓蓋土骨、下鰓蓋骨、間鰓蓋骨有細鋸齒緣；上下頜齒各一列，齒側扁而齒端尖；鰓蓋主骨上方有 2 鈍棘，前鰓蓋骨後緣有強鋸齒；鱗片在頭頂達眶間區之後部，鰓蓋諸骨（除前鰓蓋骨之下部外）均被鱗；側線後段不發達。

　　2a. 體深褐色，腹部較淡，背鰭、臀鰭、及腹鰭邊緣深色，胸鰭基部上方有一小黑斑。體長爲體高之 2.4 倍。D. X. 12; A. II, 12; L. l. 29+15 （後段僅以小孔代表）; Sq. l. 47; L. tr. 7/13。鰓耙

27⋯⋯⋯⋯⋯⋯⋯⋯⋯⋯⋯⋯⋯⋯⋯⋯⋯⋯⋯⋯⋯⋯⋯⋯⋯⋯⋯⋯⋯**臺灣雀鯛**

2b. 體灰黃色，每一鱗片之中央有一深色條紋，而在體側形成 8～12 條暗色縱條紋；眶前區有一暗色條紋，胸鰭基部上方有一小暗點。體長為體高之 2.6～2.7 倍。D. XIII, 12～14；A. II, 14～15；P. 17～19；L. l. 27～31；Sq. l. 44～45；L. tr. 6～7/12～13⋯⋯⋯⋯⋯⋯⋯⋯**喬丹氏雀鯛**

1b. 鱗片較大，一縱列鱗片通常為 26～35 枚。體長為體高之 1.5～3.0 倍。

3a. 前鰓蓋骨後緣有鋸齒或有強弱不一之細鋸齒。

4a. 上下頜齒單列。

5a. 下鰓蓋骨有鋸齒 (*Pristotis*)。

體為一致之淡褐色至深褐色，下側略淡，胸鰭基部上方有一暗點。頰部及鰓蓋有暗色斑點散在。眶下骨及眶前骨無缺刻。體長為體高之 2.5～2.8 倍，D. XIII, 12～13；A. II, 12～14；P. 17～18；L. l. 19～20+8；L. tr. 4/11；鰓耙 26～28⋯⋯⋯⋯⋯⋯⋯⋯⋯**海灣雀鯛**

5b. 下鰓蓋骨光滑而無鋸齒。

6a. 眶下骨被鱗片；吻部鱗片至鼻孔附近；齒端無缺刻 (*Stegastes*＝*Eupomacentrus*)

7a. 背鰭硬棘 XII 枚。眶前區較狹，最狹處約為眼徑之 1/2～2/3。胸鰭基部上方有一小黑點。

8a. 眶下骨有一列鱗片。體暗褐色，背鰭軟條部後端基有一大如眼徑之黑斑。體長為體高之 1.9～2.0 倍。D. XII, 16～17；A. II, 13～14；P. 18～19；L. l. 18～19；Sq. l. 25～26；L. tr. 3/9。鰓耙 22～25⋯⋯⋯⋯⋯⋯⋯⋯**黑空雀鯛**

8b. 眶下骨有二或三列鱗片。尾柄上側無任何斑點，體暗褐色，每一鱗片之邊緣稍暗，形成網狀之條紋，背鰭第 II～V 棘近外緣處有一暗色斜斑，胸鰭腋部有一小黑點，體長為體高之 1.9～2.0 倍。D. XII, 16～18；A. II, 12～14；P. 18～20；L. l. 20+7～8；Sq. l. 28；L. tr. 4/11～13。鰓耙 6+12⋯⋯⋯⋯⋯⋯**高身雀鯛**

8c. 眶下骨有鱗片二列。

9a. 尾柄上側有一大形鞍狀暗斑；體黃褐色；胸鰭基部上方有一小黑點。體長為體高之 2.2 倍。D. XII, 15～17；A. II, 12～14；P. 20～21；L. l. 19～20+8；Sq. l. 28；L. tr. 4/11～12。鰓耙 31～33 ⋯⋯⋯⋯⋯⋯⋯⋯⋯⋯**金色雀鯛**

9b. 尾柄上側無鞍狀斑，背鰭硬棘部之外側黑色。體暗褐色，每一鱗片之後緣色暗。胸鰭基部上方黑色。體長為體高之 1.8～2.1 倍。D. XII, 16～17；A. II, 13～15；P. 18～21；L. l. 19～21+6～10；Sq. l. 28～29；L. tr. 4/10～12 ⋯⋯⋯⋯⋯⋯**珍氏雀鯛**

7b. 背鰭硬棘 XIII 枚。眶下骨有細鋸齒。

10a. 體黑褐色至黑色，尾鰭上葉末端灰黑色（生活時橙紅色）；背鰭外緣內側有暗色帶，第 II～III 硬棘間有一黑點。體長為體高之 1.6～1.8 倍。D. XIII, 15～17；A. II, 13～14；P. 18～20；L. l. 19～20+7～11；Sq. l. 28～29；L. tr. 4/11。鰓耙 17～20 ⋯⋯⋯⋯⋯⋯⋯⋯⋯⋯⋯⋯**澳洲雀鯛**

10b. 體暗褐色，胸部略淡。尾鰭上葉末端為暗灰色（與附近部分同色），背鰭硬棘部無黑斑，體長爲體高之 1.9～2.1 倍。D. XIII, 16～17；A. II, 13～14；P. 18～20；
L. 1. 20+8；Sq. 1. 28；L. tr. 4/11。鰓耙 18～20 ……………………**太平洋雀鯛**

10c. 體黑褐色，各鰭色暗，胸鰭腋部有暗點；尾鰭後部及背鰭軟條部後緣，胸鰭末端
色淡。背鰭硬棘部中央有一淡色縱條紋，體長爲體高之 2～2.1 倍。D. XIII, 15～
16；A. II, 13～14；P. 2, 18～19；L. 1. 20～21；L. tr. 3/11。鰓耙 2～3+12 …
…………………………………………………………………………**黃褐雀鯛**

6b. 眶下骨裸出；吻部裸出。背鰭前中央鱗片擴展至眼眶前緣。

體延長，體長爲體高之 2.6～2.9 倍。背鰭硬棘 XIV 枚 (*Pomachromis*)。

體上側暗褐色，下側漸變爲灰白色以至白色，各鱗片邊緣色深，背鰭大部分暗褐色，僅軟條
部後方爲灰色。臀鰭基部灰色，外側黑色。尾鰭上下葉有寬黑帶，胸鰭基部上方有黑斑。體長
爲體高之 2.4～2.7 倍。D. XIV, 12～14；A. II, 13；P. 19；L. 1. 18～19+10；Sq. 1. 26；
L. tr. 3/10。鰓耙 24～25 ………………………………………………**李察氏雀鯛**

4b. 上下頜齒各二列（至少在前部是如此）。

11a. 眶下骨裸出；前鰓蓋骨後緣有明顯之鋸齒。

12a. 吻部大部分裸出；眶前骨與眶下骨之間無缺刻。背鰭前中央鱗片向前擴展至
眼眶前緣或略超過之 (*Dischistodus*)。

13a. 體背面前部褐色，下側灰色至白色，在肛門附近有一大形黑色區域。背
鰭硬棘部大部分暗褐色，其他各鰭灰色。頭部及鰓蓋區有若干大形淡藍色斑
點，吻部有二淡藍色橫紋。D. XIII, 13～14；A. II, 13～14；P. 17～18；
L. 1. 15～18+6～8；Sq. 1. 26～27；L. tr. 3/9。鰓耙 21～23……**黑臀雀鯛**

13b. 體淡褐色，除肛門外附近不爲黑色，頭頂及背鰭硬棘部下方和軟條部後半
下方褐色，頭部有淡褐色點線。D. XIII, 14～16；A. II, 14～15；P. 16～
16；L. 1. 16～17；鰓耙 9～10+29～32 ………………………………**網點雀鯛**

12b. 吻部鱗片擴展至鼻孔附近或超過之。眶前骨與眶下骨之間通常有一明顯之缺
刻 (*Pomacentrus*)。

14a. 體長爲體高之2.4 倍或以上。

15a. 眶前骨有 1～2 枚後向之小棘；眶下骨有鋸齒。鰓耙 23～24。
體深藍色（液浸標本褐色），下側略淡，每一鱗片有一藍色或灰色橫條
紋，背鰭外線內側有波狀條紋。在側線起點處有一大如瞳孔之暗斑。體
長爲體高之 2.4～2.6 倍。D. XIII, 13～14；A. II, 12～14；P. 16～
17；L. 1. 16～18+9；Sq 1. 27；L. tr. 3/9 ………………………**藍雀鯛**

15b. 眶前骨及眶下骨邊緣光滑；鰓耙 20～22。
體天藍色（液浸標本暗褐色），頤部、胸部及腹部污褐色。背鰭大部分
藍色，僅最後數軟條灰色；側線起點處有一暗色點；尾鰭及尾柄部有時
爲淡褐色；胸鰭基部色暗，體長爲體高之 2.5～2.6 倍。D. XIII, 13～

　　　　15; A. II, 13～15;　P. 17～18; L. l. 17～18+8～10; Sq. l. 26～28;

　　　　L. tr. 3/8～9⋯⋯⋯⋯⋯⋯⋯⋯⋯⋯⋯⋯⋯⋯⋯⋯⋯⋯⋯⋯**霓虹雀鯛**

14b.　體長爲體高之 2.3 倍或以下（通常爲 1.8～2.1 倍）。

　16a.　胸鰭基部有一明顯之黑色大圓斑。

　　17a.　體爲一致之暗褐色至黑色。體長爲體高之 1.8～2.0 倍，D. XIII,

　　　　13～15; A. II, 14～15; P. 16～17; L. l. 16～17+10; Sq. l. 26;

　　　　L. tr. 3/8。鰓耙 19～21⋯⋯⋯⋯⋯⋯⋯⋯⋯⋯⋯⋯⋯⋯⋯**黑鰭雀鯛**

　　17b.　體藍褐色或淡藍色，各鱗片之中央色淡，背鰭、臀鰭後部灰色。尾

　　　　鰭灰色，腹鰭黑色，各鰭無斑點。眶下骨後部有鱗片，體長爲體高之

　　　　1.9～2.0 倍。D. XIII, 14～15; A. II, 14～16; P. 18～19; L. l.

　　　　17～19+7～10; Sq. l. 27～29; L. tr. 3/9。鰓耙 23～24⋯⋯⋯⋯

　　　　⋯⋯⋯⋯⋯⋯⋯⋯⋯⋯⋯⋯⋯⋯⋯⋯⋯⋯⋯⋯⋯⋯⋯⋯**菲律賓雀鯛**

　16b.　胸鰭基部之大部分未被明顯之黑色圓斑所掩蓋。

　　18a.　眶下骨有鱗片。體淡藍色（液浸標本褐色至灰色），背面略暗。

　　　　各鰭色淡至透明；胸鰭基部上方有一小暗點，體長爲體高之 2.0～

　　　　2.3 倍。D. XIII, 14～15; A. II, 14～15; L. l. 17～18+9; L.

　　　　tr. 3/9。鰓耙 20⋯⋯⋯⋯⋯⋯⋯⋯⋯⋯⋯⋯⋯⋯⋯⋯⋯⋯**頰鱗雀鯛**

　　18b.　眶下骨裸出。

　　　19a.　尾鰭灰白色，與尾柄部之顏色顯然清分。

　　　　20a.　前頭部有數條細線紋（生活時爲藍色），每一鱗片有一小藍

　　　　　　點，背鰭軟條部有一眼狀斑，臀鰭外緣內側有灰色線紋。體長

　　　　　　爲體高之 2.0～2.1 倍。D. XIII, 15～16; A. II, 15～16; P.

　　　　　　16～18; L. l. 17～19+8～10; Sq. l. 27～28; L. tr. 3/8～

　　　　　　9。鰓耙 20～22⋯⋯⋯⋯⋯⋯⋯⋯⋯⋯⋯⋯⋯⋯⋯⋯⋯**細點雀鯛**

　　　　20b.　前頭部無細線紋，各鱗片無藍色小點，僅在幼魚時期背鰭軟

　　　　　　條部有眼狀斑；臀鰭外緣內側通常無灰色線紋。體長爲體高之

　　　　　　1.9～2.2 倍。D. XIII, 14～16; A. II, 15～16; P. 17～18;

　　　　　　L. l. 18～19; Sq. l. 27; L. tr. 3/8。鰓耙 18～19⋯⋯⋯⋯

　　　　　　⋯⋯⋯⋯⋯⋯⋯⋯⋯⋯⋯⋯⋯⋯⋯⋯⋯⋯⋯⋯⋯⋯⋯**白尾雀鯛**

　　　19b.　尾鰭暗色或灰色，與尾柄部顏色並非顯然清分。

　　　　21a.　體側大部分爲灰色，或至少下側爲灰色。

　　　　　22a.　體軀背部前方通常色深，多少與其餘部分顯然清分。在

　　　　　　　背鰭軟條部前方有眼狀斑。胸鰭基部上方有小黑點。體長

　　　　　　　爲體高之 2.0～2.1 倍。D. XIII, 14～16; A. II, 14～

　　　　　　　15; P. 17; L. l. 16～17+9; Sq. l. 25; L. tr. 3/8。鰓

　　耙 21～23 ……………………………………摩鹿加雀鯛

22b. 體色一致，或僅背側前方略暗。

　　23a. 胸鰭基部上方之暗斑約爲瞳孔之 1/3～1/2, 體長爲體
　　　　高之 2.0～2.1 倍。頭側通常有白色斑點，幼魚在背鰭
　　　　軟條部有眼狀斑，背鰭、臀鰭無狹黑邊。D. XIII, 14～
　　　　16; A. II, 14～16; P. 17; L. l. 16～17+9～10; Sq.
　　　　l. 25～26; L. tr. 3/8。鰓耙 22～24…………安朋雀鯛

　　23b. 胸鰭基部上方之暗斑顯然小於瞳孔之 1/3, 體長爲體
　　　　高之 1.8～1.9 倍。頭側無白斑；背鰭軟條部均無眼狀
　　　　斑；背鰭、臀鰭有狹黑邊。D. XIII, 13～15； A. II,
　　　　14～15; P. 17; L. l. 17～18; Sq. l. 25～26; L. tr.
　　　　3/9。鰓耙 23～24…………………………檸檬雀鯛

21b. 體色一般爲褐色。

　　24a. 前頭部有數條細線紋（生活時爲藍色），每一鱗片有
　　　　藍色小點；背鰭軟條部通常均有眼狀斑或黑斑；前頭
　　　　部及體側背方通常灰色（生活時橘黃色）。體長爲體
　　　　高之 1.9～2.1 倍。D. XIII, 15～16; A. II, 15～16;
　　　　P. 17～18; L. l. 17～18。鰓耙 20～21……王子雀鯛

　　24b. 前頭部無細線紋（小幼魚例外），體側鱗片無藍點，
　　　　背鰭軟條部有眼斑或無。前頭部及體側背方與其他部
　　　　分同爲褐色。

　　　　25a. 鰓耙 26～30; 體側大部分爲褐色，頭部有灰色斑
　　　　　　點，生活時尾柄背方有藍斑。體長爲體高之 1.8～
　　　　　　2.0 倍。D. XIII, 14～15； A. II, 14～15； P.
　　　　　　17～18; L. l. 16～17+9; Sq. l. 28; L. tr. 3/9…
　　　　　　…………………………………………藍點雀鯛

　　　　25b. 鰓耙 20～24。體色與上種不同。

　　　　　　26a. 胸鰭軟條 18～19。尾柄背方有黑斑或黑色鞍
　　　　　　　　斑。體黑褐色，側線起點處有一小暗點，幼魚在
　　　　　　　　背鰭軟條部有一眼斑。體長爲體高之 1.8～2.0
　　　　　　　　倍。D. XIII, 14～15； A. II, 14～15; L. l.
　　　　　　　　17～18+6～10; Sq. l. 26～28; L. tr. 3/8～9。
　　　　　　　　鰓耙 20～22 ………………………三斑雀鯛

　　　　　　26b. 胸鰭軟條 16～17。體淡褐色至褐色，鱗片有
　　　　　　　　暗邊，尾柄背方有白色至褐色之鞍狀斑。體長爲

體高之 1.9～2.0 倍。D. XIII, 14～15; A. II, 15～16; L. l. 15～16+8; Sq. l. 27～28; L. tr. 3/8。鰓耙 20～21 ……………………**白點雀鯛**

11a. 眶下骨被鱗片。前鰓蓋骨之後緣有細鋸齒或弱鋸齒。

27a. 體軀多少延長，體長爲體高之 2.3～2.8 倍。外列齒末端扁平；尾鰭彎月形或強度凹入。背鰭後部、臀鰭以及尾鰭外側鰭條往往延長爲絲狀 (*Neopomacentrus*)。

28a. 尾鰭黃色，無任何斑點。

29a. 眶下骨邊緣露出。體黑褐色，背鰭及臀鰭褐色，背鰭軟條部後端及尾柄部與尾鰭同色，胸鰭基部有暗斑。體長爲體高之 2.4～2.6 倍。D. XIII, 11～12; A. II, 10～11; P. 17～18; L. l. 16～18+6～9; Sq. l. 26; L. tr. 3/9。鰓耙 20～22……………………**紫雀鯛**

29b. 眶下骨邊緣掩於鱗片之下。體深藍色（液浸標本褐色），胸部較淡，側線起點處有一黑點，背鰭軟條部後半以及尾柄之上側與尾鰭同色。胸鰭基部及腋部色暗。體長爲體高之 2.5～2.8 倍。D. XIII, 11～12; A. II, 11～12; P. 15～18; L. l. 17～19; Sq. l. 25～28; L. tr. 2～3/7～8。鰓耙 20～30 ……………………**黃尾雀鯛**

28b. 尾鰭黃色（至少內側部分爲黃色），有暗色邊緣。眶下骨邊緣露出。體紫褐色至灰褐色，背面較暗。在側線起點處有一大形暗斑，大於眼徑之 1/2。背鰭、臀鰭之最後部分灰色；胸鰭灰色，基部有黑斑，腋部上方有一暗色點。體長爲體高之 2.3～2.5 倍。D. XIII, 10～12; A. II, 10～12; P. 16～17; L. l. 15～19+10～11; Sq. l. 29; L. tr. 3/8～9。鰓耙 21～23……………………**藍帶雀鯛**

27b. 體長圓形，體長爲體高之 2.0～2.3 倍。外列齒末端錐狀；尾鰭後緣圓形或略凹入；尾鰭外側鰭條以及背鰭後部、臀鰭之鰭條不延長爲絲狀（部分 *Pomacentrus*, 不見於臺灣）。

3b. 前鰓蓋骨後緣光滑。齒單列或二列。

30a. 側線上段有孔鱗片 20～22；側線中部至背鰭間鱗列 3～5，齒單列，齒端有缺刻。眶前骨及眶下骨裸出或被鱗片 (*Abudeduf*)。

31a. 在尾柄部上側有一大形黑斑。背鰭軟條 15～16。體灰色至淡褐色，體側有五條暗色橫帶。幼魚在背鰭前方有一黑斑。體長爲體高之 1.6～1.8 倍。D. XIII, 15～17; A. II, 14～16; P. 17～19; L. l. 21～22; Sq. l. 28; L. tr. 4/12。鰓耙 26～28 ……………………**梭地雀鯛**

31b. 尾柄部背面無大形黑斑。背鰭軟條 12～14。

32a. 體褐色，體側有 1～3 條狹灰帶（1～2 鱗片寬）；除尾鰭爲暗黃色外，其他各鰭褐色。

鰓蓋上緣近側線起點處有一暗點。體長爲體高之 1.7～1.9 倍。D. XIII, 13～14；A. II, 12～14；P. 16～18；L. l. 20～22；Sq. l. 28～30；L. tr. 4/9～10。鰓耙 26～28⋯⋯⋯⋯⋯⋯⋯⋯⋯⋯⋯⋯⋯⋯⋯⋯⋯⋯⋯⋯⋯⋯⋯⋯⋯⋯⋯⋯⋯⋯**暗色雀鯛**

32b.　體灰色至褐色，體側有 4～7 條暗色橫帶；尾鰭灰色至黑色。

　　33a.　尾鰭上下葉內側有暗色縱帶。體暗灰色，下側漸淡，體側有 4～6 條黑色橫帶。體長爲體高之 1.8～2.0 倍。D. XIII, 13～14；A. II, 12～14；P. 18；L. l. 19～21＋3～8；Sq. l. 28～29；L. tr. 3½/11。鰓耙 24～27⋯⋯⋯⋯⋯⋯⋯⋯⋯⋯⋯**六帶雀鯛**

　　33b.　尾鰭上下葉內側無暗色縱帶。

　　　　34a.　背鰭軟條 14 枚。體側有 6～7 條暗色橫帶，體暗灰色，背鰭、臀鰭最後端基部無大形暗斑。體長爲體高之 1.7～1.9 倍。D. XIII, 14～15；A. II, 13～15；P. 17～20；L. l. 20～22＋8～9；Sq. l. 28～29；L. tr. 3½～5/10～12。鰓耙 23～25⋯⋯⋯⋯⋯⋯⋯⋯⋯⋯⋯⋯⋯⋯⋯⋯⋯⋯⋯⋯⋯⋯⋯⋯⋯⋯**孟加拉雀鯛**

　　　　34b.　背鰭軟條 12～13。

　　　　　　35a.　體側有五條暗色橫帶；眶下骨裸出。體暗灰色，腹面白色，體長爲體高之 1.7～1.9 倍。D. XIII, 12～13；A. II, 11～13；P. 19；L. l. 21～22＋9～10；Sq. l. 26～29；L. tr. 4～5/10～11。鰓耙 26～28⋯⋯⋯⋯⋯⋯⋯⋯⋯**條紋雀鯛**

　　　　　　35b.　體側有 6 條散漫之暗色橫帶；尾柄前半有一散漫之斑點。體灰色，體長爲體高之 1.8～2.1 倍。D. XIII, 12～13；A. II, 12～13；P. 18～19；L. l. 21～23＋8～9；Sq. l. 28～29；L. tr. 4～5/10～11。鰓耙 23～25⋯⋯⋯⋯⋯⋯⋯⋯**七帶雀鯛**

30b.　側線上段有孔鱗片 12～19；側線中部至背鰭間鱗列 1～2½。齒端無缺刻。

　　　36a.　背鰭硬棘 XII 枚。眶下骨光滑，被鱗片。齒單列，較長 (*Plectroglyphidodon*)。

　　　　37a.　體長爲體高之 2.1～2.4 倍；背鰭軟條 14～15；臀鰭軟條 11；鰓耙 10～12。體爲一致之灰色，背面前部略暗。P. 20；L. l. 19～20＋5～10；Sq. l. 27～29；L. tr 3/8⋯⋯⋯⋯⋯⋯⋯⋯⋯⋯⋯⋯⋯⋯⋯⋯⋯⋯⋯⋯⋯**明眸雀鯛**

　　　　37b.　體長爲體高之 1.7～1.9 倍；背鰭軟條 15～20；臀鰭軟條 12～18。鰓耙 12～23。

　　　　　　38a.　鰓耙 21～23；L. l. 18～19＋7～8；Sq. l. 25～27；L. tr. 3/9。D. XII, 16～18；A. II, 13～14；P. 19～20。體暗褐色，有藍色小斑點散佈頭側及背部。尾鰭及尾柄後部黃色⋯⋯⋯⋯⋯⋯⋯⋯⋯⋯**珠點雀鯛**

　　　　　　38b.　鰓耙 12～17；L. l. 20～22；背鰭軟條 15～20；臀鰭軟條 12～18。

　　　　　　　　39a.　體爲一致之暗褐色，在背鰭第 IV～VI 棘之下方或有一灰色斑。尾柄部無寬黑斑。體長爲體高之 1.9～2.0 倍。D. XII, 15～16；A. II, 12～13；P. 20～21；L. l. 20＋6～10；Sq. l. 26～29；L. tr. 3/9～11。鰓耙 15～17⋯⋯⋯⋯⋯⋯⋯⋯⋯⋯⋯⋯⋯⋯⋯⋯⋯⋯⋯⋯⋯⋯⋯**白帶雀鯛**

　　　　　　　　39b.　體色主要爲灰色至褐色，體側無灰色斑。胸鰭軟條 18～19。

40a. 臀鰭軟條 14～16。鰓耙 16～17。體大部分淡褐色，尾柄部及尾鰭灰色，由背鰭軟條部起點至臀鰭有一褐色橫帶（4～5 鱗片寬）。體長爲體高之 1.8～1.9 倍。D. XII, 17～18; L. l. 21～22＋7～9; Sq. l. 29～30; L. tr. 4/9。鰓耙 16～17……………………………………**廸克氏雀鯛**

40b. 臀鰭軟條 16～18; 鰓耙 12～14。體淡褐色至褐色，尾柄部前方有一暗色寬橫帶。背鰭、臀鰭、尾鰭色暗，胸鰭灰色。體長爲體高之 1.7～1.9 倍。D. XII, 18～19; L. l. 21～22＋7～9; Sq. l. 29～30; L. tr. 4/9。鰓耙 12～14……………………………………………**約島雀鯛**

36b. 背鰭硬棘 XIII～XIV 枚。

41a. 體近於圓形，體長爲體高之 1.5～1.8 倍；背鰭最長硬棘大致等於吻端至前鰓蓋骨邊緣最上部之距離。眶下骨被鱗或裸出。齒單列，齒端扁平而有缺刻（*Amblyglyphidodon*）。

42a. 側線上有孔鱗片 13～14 枚; P. 15～16; 背鰭軟條 11; 上下頜前方有齒二列; 液浸標本背部前方暗褐色，其他部分及各鰭灰色………………………………………………………………………**三元雀鯛**

42b. 側線上有孔鱗片 16～17 枚; P. 16～18; 背鰭軟條 12～14。上下頜前方齒單列。

43a. 眶下骨裸出; 背鰭硬棘之長度向後漸增。體色爲一致之灰褐色至黃色（生活時黃色），背鰭前方色暗，各鰭灰色。體長爲體高之 1.5～1.7 倍。D. XIII, 12～14; A. II, 14～15; P. 17; L. l. 16＋6～8; Sq. l. 25～26; L. tr. 2/10。鰓耙 25～29………………………………………………………………………**黃背雀鯛**

43b. 眶下骨被鱗片; 背鰭硬棘之長度向後不漸增（中央硬棘最長）。體側及各鰭之一部分色暗，體側或有暗色帶。

體側有五條橫帶（老成標本不明），背鰭、臀鰭色暗，尾鰭上下葉無暗色邊緣。體長爲體高之 1.6～1.7 倍。D. XIII, 12～13; A. II, 13～15; P. 17～18; L. l. 16～17＋7～9; Sq. l. 25～26; L. tr. 3/8～9。鰓耙 25～27…………………………**黑吻雀鯛**

41b. 體中等延長，體長爲體高之 1.8～2.7 倍。背鰭最長硬棘通常顯然短於吻端至前鰓蓋骨邊緣最上部之距離。

44a. 體高中等，體長爲體高之 2.0 倍以下。眶前骨及眶下骨被鱗片。齒二列（至少前部如此）（*Paraglyphidodon*）。

45a. 身體全部爲黑色，體長爲體高之 1.7～1.8 倍。尾鰭後緣略凹入，上下葉圓形，背鰭、臀鰭之中部軟條較短，等於或短於頭長。D. XIII, 14～15; A. II, 13～14; P. 18～19;

　　　　L. 1. 16～18＋7～10; Sq. 1. 26～28; L. tr. 3～4/9～11。

　　鰓耙 20～21 ……………………………………………**黑雀鯛**

45b. 身體並非全部爲黑色。

　46a. 體側大部分爲灰白色，背鰭以及側線以上爲黃色至淡褐
　　　　色，臀鰭硬棘及前方數軟條黑色，腹鰭黑色，胸鰭及尾鰭
　　　　灰色。體長爲體高之 1.8～2.0 倍。D. XIII, 14～15; A.
　　　　II, 13～15; P. 18～19; L. 1. 17; Sq. 1. 28; L. tr. 4/9。
　　　　鰓耙 20～22 ……………………………………**皇貴雀鯛**

　46b. 體色大部分爲褐色至藍褐色。臀鰭前緣不爲黑色。

　　47a. 前鰓蓋骨後緣色暗。

　　　48a. 背鰭、臀鰭中部軟條延長爲絲狀。幼魚體黃色，體
　　　　　側有二條黑色寬縱帶，一條在側線上方，一條通過體
　　　　　軸中央，各鰭黃色。成魚褐色，胸鰭腋部有黑斑。體
　　　　　長爲體高之 1.9～2.1 倍。D. XIII, 14～16; A. II,
　　　　　14～15; P. 15～17; L. 1. 17＋9; Sq. 1. 26～28;
　　　　　L. tr. 3～4/9～10。鰓耙 26 …………**黑褐雀鯛**

　　　48b. 背鰭、臀鰭中部軟條不延長爲絲狀。體紫褐色至深
　　　　　褐色，腹鰭色暗，尾鰭、尾柄及身體後部多少帶黃
　　　　　色。體長爲體高之 2.0～2.1 倍。D. XIII, 14～16;
　　　　　A. II, 13～15; P. 16～17; L. 1. 15～18＋7～10;
　　　　　Sq. 1. 25～26; L. tr. 3/9～10。鰓耙 24～26………
　　　　　…………………………………………………**擬黑雀鯛**

　　47b. 頭部及胸部有 2～3 條暗色橫帶，體藍褐色，腹面漸
　　　　　變爲淡褐色至黃色，橫帶之間白色。腹鰭灰色，尾鰭及
　　　　　身體後部藍褐色。體長爲體高之 1.7～1.9倍。D. XIII,
　　　　　12～14; A. II, 13～14; P. 17; L. 1. 16＋8～10; Sq.
　　　　　1. ⊥27; L. tr. 3/7。鰓耙 22～23……………**橫帶雀鯛**

44b. 體卵形至延長，體長一般爲體高之 2.0 倍以上。眶前骨及眶
　　下骨被鱗片或裸出。齒二列或一列 (*Glyphidodontops*)。

　49a. 眶下骨被鱗片。

　　50a. 頭部背面，體側背方及背鰭黃色，尾鰭黃色，其他部
　　　　　分藍色，齒單列。體長爲體高之 2.2 倍。D. XIII, 14～
　　　　　15; A. II, 15～17; P. 15～17; L. 1. 15～17＋9～11;
　　　　　L. tr. 3/8。鰓耙 21～22…………………………**史氏雀鯛**

　　50b. 體前部橙黃色，後部淡黃色，胸鰭腋部有一黑點，側

線起點處有一暗點。體長為體高之 2.4～2.8 倍。
D. XIII, 13～15; A. II, 13～15; P. 16～17; L. l.
17～19＋7～10; Sq. l. 25～27; L. tr. 2/8～9。鰓耙
17～19……………………………………………**帝王雀鯛**

49b. 眶下骨裸出。

51a. 前鰓蓋骨有鱗片二列。

52a. 生活時大部分為天藍色，腹面或為黃色（♀）；
頭側有二縱黑條紋。背鰭後部基底下方有一暗斑
（♀）；背鰭藍色或黃色。尾鰭黃色（♂）或色暗。
腹鰭黃色。體長為體高之 2.2～2.8 倍。D. XIII,
12～13; A. II, 11～14; P. 16～17; L. l. 16～18
＋6～10; Sq. l. 26～27; L. tr. 3/8～10。鰓耙 17～
19……………………………………………**藍魔鬼雀鯛**

52b. 生活時鐵灰色至黑褐色，在背鰭第 IV～VI 棘下
方或有一灰白色橫帶，在背鰭最後軟條下方有一黑
點。尾鰭或色淡。體長為體高之 2.1～2.5 倍。
D. XIII, 12～14; A. II, 12～14; P. 17～19＋9～
10; L. l. 16～18; Sq. l. 26～27; L. tr. 3/8～9。
鰓耙 22～25 ……………………………………**單斑雀鯛**

51b. 前鰓蓋骨有鱗片 3 列。

53a. 肛門附近黑色，體為一致之淡褐色至灰色，腹
面白色。體長為體高之 2.2～2.3 倍。D. XIII,
12～14; A. II, 12～14; P. 18; L. l. 17～19＋
7～9; Sq. l. 24～26; L. tr. 3/8～9。鰓耙 21～
24……………………………………………………**灰雀鯛**

53b. 肛門附近不為黑色。體側有斑紋。

54a. 體灰褐色，有的由眼上緣，並沿背鰭基底
有一藍色狹帶，至軟條部成為一或二個眼狀黑
斑。在背鰭最後軟條下方或有另一小黑斑。胸
鰭、尾鰭污褐色。體長為體高之 2.1～2.5 倍。
D. XIII, 13～15; A. II, 12～14; P. 16～17;
L. l. 16～18＋7～10; Sq. l. 26～28; L. tr.
2～3/7～9。鰓耙 16………………………**雙斑雀鯛**

54b. 體淡綠色，淡褐色以至深褐色，由眼至背鰭
軟條部中部下方有一藍色至褐色之寬縱帶。背

鰭最後硬棘基部有黑斑；尾柄部背面有黑色鞍斑。有的個體暗褐色，鰓蓋部、體側中部及尾柄部有黃灰色橫帶。 體長爲體高之 2.3～2.5 倍。D. XIII, 12～14; A. II, 12～13; P. 18～19; L. l. 17～19+6～9; Sq. l. 26～27; L. tr. 3/8; 鰓耙 19～21 ……………波浪雀鯛

克氏海葵魚 *Amphiprion clarkii* BENNETT

　　英名 Clark's anemonefish。又名雙帶雀鯛（劉）。產臺灣。*A. xanthurus* C. & Y., *A. japonicus* T. & S. 均其異名。(圖 6-141)

黃鰭海葵魚 *Amphiprion chrysopterus* CUVIER

　　英名 Orange-fin anemonefish。 產臺灣。

雙帶海葵魚 *Amphiprion bicinctus* RÜPPELL

　　英名 Two-banded anemonefish。 產臺灣。(圖 6-141)

鞍斑海葵魚 *Amphiprion polymnus* (LINNAEUS)

　　英名 White-tipped anemonefish, Saddleback anemonefish。又名神女雙鋸魚（朱）。產臺灣。

眼斑海葵魚 *Amphiprion ocellaris* CUVIER

　　又名眼斑雀鯛（劉）。產臺灣。

橘色海葵魚 *Amphiprion percula* (LACÉPÈDE)

　　英名 Orange anemonefish, Clownfish。產臺灣。

白條海葵魚 *Amphiprion frenatus* BREVOORT

　　英名 Onebar anemonefish, Bridled anemonefish。又名白條雙鋸魚（朱），一帶紅雀鯛（劉）。產臺灣、蘭嶼。

粉紅海葵魚 *Amphiprion perideraion* BLEEKER

　　英名 Pink anemonefish。 又名環帶雀鯛（劉）。產臺灣。

三帶光鰓雀鯛 *Dascyllus aruanus* (LINNAEUS)

　　英名 White-tailed footballer, Zebra humbug。產恆春。(圖 6-141)

黑尾光鰓雀鯛 *Dascyllus melanurus* BLEEKER

　　產臺灣。

網紋光鰓雀鯛 *Dascyllus reticulatus* (RICHARDSON)

　　英名 Reticulated puller, Twobar humbug。產恆春。*D. marginatum* FOWLER 爲其異名。

三斑光鰓雀鯛 *Dascyllus trimaculatus* (RÜPPELL)

英名 Domino, White-spot puller。產恆春。*Tetradrachmum trimaculatum* BLEEKER 爲其異名。(圖 6-141)

細鱗光鰓雀鯛 *Chromis lepidolepis* BLEEKER

英名 Scaly chromis。產臺灣。

范氏光鰓雀鯛 *Chromis vanderbilti* (FOWLER)

英名 Vanderbilti's chromis。產綠島、恆春。

雙斑光鰓雀鯛 *Chromis elerae* FOWLER & BEAN

英名 Twin-spot chromis。產恆春。

安朋光鰓雀鯛 *Chromis amboinensis* (BLEEKER)

英名 Ambon chromis。產綠島。

卵形光鰓雀鯛 *Chromis ovatiformis* FOWLER

產恆春。

黑鰭光鰓雀鯛 *Chromis atripes* FOWLER & BEAN

產本省東北部岩礁中。

二色光鰓雀鯛 *Chromis margaritifer* FOWLER

英名 Half-and-half puller, Chocolate tip, Bicolor chromis。*C. bicolor* (MACL-EAY), *C. dimidiatus* (KLUNZINGER), *C. dimidiatus margaritifer* FOWLER 均其異名。產恆春。

亞倫氏光鰓雀鯛 *Chromis alleni* RANDALL, IDA, & MOYER

產恆春。

短身光鰓雀鯛 *Chromis chrysura* (BLISS)

英名 Stout-body chromis。產基隆、臺東。*C. isharae* (SCHMIDT)（日名奄美雀鯛）爲其異名。

燕尾光鰓雀鯛 *Chromis fumea* (TANAKA)

產恆春、大溪、野柳。據 RANDALL 等 (1981) 稱 SHEN & CHEN (1978) 發表之新種 *C. caudofasciata* 爲本種之異名。

黃斑光鰓雀鯛 *Chromis flavomaculata* KAMOHARA

產恆春。

斑鰭光鰓雀鯛 *Chromis notatus* (TEMMINCK & SCHLEGEL)

產基隆、蘇澳、野柳。據 RANDALL 等 (1981) 稱 SHEN & CHEN (1978) 報告採自野柳之 *C. mirationis* 應爲本種之誤。本種有二亞種，即 *C. n. n.* (T. & S.) 和 *C. n.*

miyakeensis MOYER & IDA，二者體型略異，均見於臺灣。

大眼光鰓雀鯛 *Chromis mirationis* TANAKA

據沈世傑教授（1984）產本省東北部岩礁中。RANDALL 等（1981）認爲本種之分佈限於日本。

藍綠光鰓雀鯛 *Chromis caeruleus* (CUVIER & VALENCIENNES)

英名 Blue-green puller; Blue puller。產臺灣。(圖 6-141)

黑腋光鰓雀鯛 *Chromis atripectoralis* WELANDER & SCHULTZ

英名 Black-axil chromis。產恆春。

三葉光鰓雀鯛 *Chromis ternatensis* (BLEEKER)

產本省南端沿岸。

黃光鰓雀鯛 *Chromis analis* (CUVIER & VALENCIENNES)

英名 Yellow chromis, Brown chromis。產臺灣。

黃尾光鰓雀鯛 *Chromis xanthurus* (BLEEKER)

英名 Pale-tail chromis。產恆春。

黃腋光鰓雀鯛 *Chromis xanthochir* (BLEEKER)

英名 Yellow-axil chromis。本書 "舊版" 記載產東港，可能錯誤。據 RANDALL 等（1981）稱本種未見於臺灣及日本，以前所有關於本種在此地區之報告均係 *C. weberi* 之誤。

灰光鰓雀鯛 *Chromis cinerascens* (CUVIER & VALENCIENNES)

亦名斑鰭光鰓魚。產臺灣堆、基隆、東港。

韋氏光鰓雀鯛 *Chromis weberi* FOWLER & BEAN

英名 Weber's chromis。產恆春、基隆。

臺灣雀鯛 *Teixeirichthys formosana* (FOWLER & BEAN)

產高雄。

喬丹氏雀鯛 *Teixeirichthys jordani* (RUTTER)

又名喬氏臺雅魚（朱）。產高雄、澎湖、大溪。

海灣雀鯛 *Pristotis jerdoni* (DAY)

英名 Gulf damsel。產恆春。

黑空雀鯛 *Stegastes nigricans* (LACÉPÈDE)

英名 Black damsel, Dusky damsel。又名黑雀鯛（朱）。產臺灣。JONES 等（1972）另報告 *Pomacentrus albofasciatus* SCHLEGEL & MÜLLER 產於恆春。CHANG 等（1983）亦報告 *S. albofasciatus* 產於綠島，其是否爲本種之誤，或是否爲本種之異名，

尚待研究。（圖 6-141）

高身雀鯛 *Stegastes altus* (OKADA & IKEDA)

產恆春、基隆。

金色雀鯛 *Stegastes aureus* (FOWLER)

英名 Golden Gregory。產基隆、蘇澳。

珍氏雀鯛 *Stegastes jenkinsi* (JORDAN & EVERMANN)

產野柳、恆春、大溪、小琉球、基隆。ALLEN (1975) 列本種為太平洋雀鯛之異名。

澳洲雀鯛 *Stegastes apicalis* (DE VIS)

英名 Australian Gregory。產恆春。

太平洋雀鯛 *Stegastes fasciolatus* (OGILBY)

英名 Pacific Gregory。產蘇澳、澎湖、恆春。*Eupomacentrus marginatus* JENKINS, *Pomacentrus atrilabiatus* FOWLER 當係本種之異名。

黃褐雀鯛 *Stegastes luteobrunneus* (SMITH)

產蘭嶼。

李察氏雀鯛 *Pomachromis richardsoni* (SNYDER)

英名 Richardson's reef-damsel。產恆春。

黑臀雀鯛 *Dischistodus notophthalmus* (BLEEKER)

英名 Black-vent damsel, Yellow damsel。產恆春。*D. melanotus* (BLEEKER) 為其異名。

網點雀鯛 *Dischistodus prosopotaenia* (BLEEKER)

產本省南端沿岸。

藍雀鯛 *Pomacentrus pavo* (BLOCH)

英名 Blue damsel, Sapphire damsel。產恆春。

霓虹雀鯛 *Pomacentrus coelestis* JORDAN & STARKS

英名 Neon damsel。產野柳、萬里、基隆、恆春。

黑鰭雀鯛 *Pomacentrus melanopterus* BLEEKER

英名 Charcoal damsel, Bar-finned damsel。產臺灣。*P. brachialis* C. & V. 為其異名。

非律賓雀鯛 *Pomacentrus philippinus* EVERMANN & SEALE

英名 Philippine damsel。產基隆、恆春。

頰鱗雀鯛 *Pomacentrus lepidogenys* FOWLER & BEAN

英名 Scaly damsel。產臺灣。

細點雀鯛 *Pomacentrus bankanensis* BLEEKER

英名 Speckled damsel。產澎湖、恆春、基隆。*P. dorsalis* GILL 為其異名。

白尾雀鯛 *Pomacentrus rhodonotus* BLEEKER

英名 White-tailed damsel。產恆春、基隆。*P. flavicauda* WHITLEY 為其異名。

摩鹿加雀鯛 *Pomacentrus moluccensis* BLEEKER

英名 Molucca damsel。產恆春。

安朋雀鯛 *Pomacentrus amboinensis* BLEEKER

英名 Ambon damsel。產恆春、高雄。

檸檬雀鯛 *Pomacentrus popei* JORDAN & SEALE

英名 Lemon damsel。產恆春。*P. sulflavus* WHITLEY 為其異名。

王子雀鯛 *Pomacentrus vaiuli* JORDAN & SEALE

英名 Princes damsel。產臺灣。

藍點雀鯛 *Pomacentrus grammorhynchus* FOWLER

英名 Blue-spot damsel。產臺灣。

三斑雀鯛 *Pomacentrus tripunctatus* CUVIER & VALENCIENNES

英名 Three-spot damsel。產恆春。

白點雀鯛 *Pomacentrus albimaculus* ALLEN

英名 White-spot damsel。產蘇澳。

紫雀鯛 *Neopomacentrus violascens* (BLEEKER)

英名 Violet damsel。產臺灣、澎湖。

黃尾雀鯛 *Neopomacentrus azysron* (BLEEKER)

英名 Yellow-tail damsel。產恆春、蘇澳。

藍帶雀鯛 *Neopomacentrus taeniurus* (BLEEKER)

英名 Blue-ribboned damsel, Fresh-water damsel。產基隆。

梭地雀鯛 *Abedefduf sordidus* (FORSSKÅL)

英名 Black-spot sergeant, Yellow-banded sergeant-major, Spot damsel。又名豆娘
魚（朱）。日名縞雀鯛。產蘭嶼、臺東。(圖 6-141)

暗色雀鯛 *Abedefduf notatus* (DAY)

英名 Dusky damsel, Yellow-tail sergeant。產恆春、臺東。

六帶雀鯛 *Abedefduf coelestinus* CUVIER & VALENCIENNES

英名 Six-banded sergeant-major, Scissor-tail sergeant。又名藍豆娘魚（朱）。產基
隆、臺東。*A. sexfasciatus* (LACÉPÈDE) 當係本種之異名。

孟加拉雀鯛 *Abedefduf bengalensis* (BLOCH)

英名 Narrow-banded sergeant-major, Bengal sergeant。又名孟加拉豆娘魚（朱），日名印度雀鯛。產基隆、淡水、蘭嶼、澎湖。*A. affinis* GÜNTHER 爲其異名。

條紋雀鯛 *Abedefduf saxatilis* (QUOY & GAIMARD)

英名 Five-banded sergeant-major。 亦名岩雀鯛（梁）。 產基隆、臺南、臺東。DE BEAUFORT (1940) 認爲產於西太平洋、 印度洋者應爲一亞種 *A. saxatilis vaigiensis* (QUOY & GAIMARD)，或認應另立一種 *A. vaigiensis* (QUOY & GAIMARD)。

七帶雀鯛 *Abedefduf septemfasciatus* CUVIER & VALENCIENNES

英名 Seven-banded sergeant-major, Sevenbar damsel, Banded sergeant。產臺灣。（圖 6-141）

明眸雀鯛 *Plectroglyphidodon imparipennis* (VAILLANT & SAUVAGE)

英名 Bright Eye, Stop-start damsel。產臺灣。*A. iwasaki* OKADA & IKEDA 爲其異名。

珠點雀鯛 *Plectroglyphidodon lacrymatus* (QUOY & GAIMARD)

英名 Jewel damsel。產基隆、恆春。

白帶雀鯛 *Plectroglyphidodon leucozona* (BLEEKER)

英名 White-band damsel。 產恆春、基隆。*A. behnii* (non BLEEKER) FOWLER 爲其異名。

迪克氏雀鯛 *Plectroglyphidodon dickii* (LIENARD)

英名 Dick's damsel, Narrowbar damsel。 產恆春、蘇澳。

約島雀鯛 *Plectroglyphidodon johnstonians* FOWLER & BALL

英名 Johnston damsel。產恆春。

三元雀鯛 *Amblyglyphidodon ternatensis* BLEEKER

據 CHANG 等 (1983) 產綠島。

黃背雀鯛 *Amblyglyphidodon aureus* CUVIER & VALENCIENNES

英名 Golden damsel。產臺灣。

黑吻雀鯛 *Amblyglyphidodon curacao* (BLOCH)

英名 Black-snouted sergeant, Staghorn damsel。 產臺灣。

黑雀鯛 *Paraglyphidodon melas* (CUVIER & VALENCIENNES)

英名 Black sergeant, Zulu damsel, Black damsel。又名黑豆娘魚（朱）。產恆春。

皇貴雀鯛 *Paraglyphidodon melanopus* (BLEEKER)

英名 Royal damsel, Yellowback damsel。產恆春。

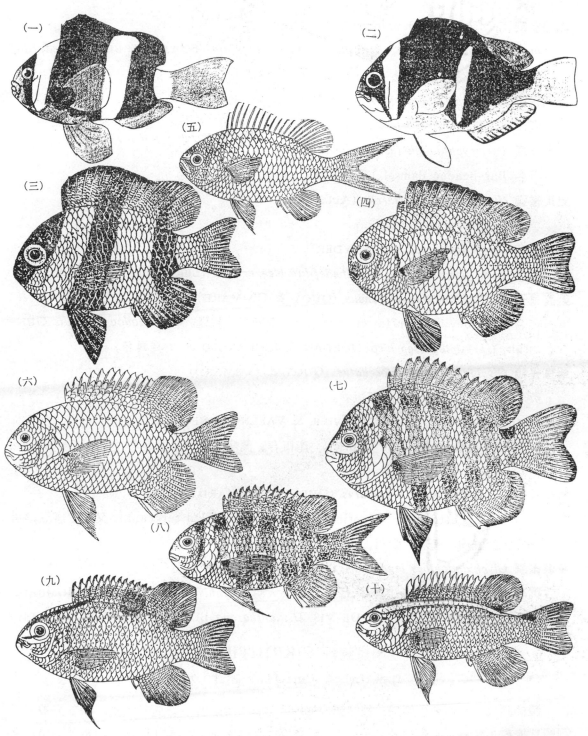

圖 6-141 （一）克氏海葵魚；（二）雙帶海葵魚；（三）三帶光鰓雀鯛；（四）三斑光鰓雀
鯛；（五）藍綠光鰓雀鯛；（六）黑空雀鯛；（七）梭地雀鯛；（八）七帶雀鯛；
（九）雙斑雀鯛；（十）波浪雀鯛（一、二據 ALLEN；三～十據 FOWLER）。

黑褐雀鯛 *Paraglyphidodon xanthurus* (BLEEKER)

英名 Chocolate damsel。產恆春。*Chromis bitaeniatus* FOWLER & BEAN, *Abedefduf behnii* (non BLEEKER) ALLEN（部分）均爲其異名。

擬黑雀鯛 *Paraglyphidodon nigroris* (CUVIER & VALENCIENNES)

產恆春。*Chrysiptera behnii* FOWLER, *Paraglyphidodon behnii* ALLEN（部分）爲其異名。

橫帶雀鯛 *Paraglyphidodon thoracotaeniatus* (FOWLER & BEAN)

英名 Bar-headed damsel。產小琉球。

史氏雀鯛 *Glyphidodontops starcki* (ALLEN)

英名 Starck's damsel。產恆春。

帝王雀鯛 *Glyphidodontops rex* (SNYDER)

英名 King damsel。產恆春。*Abedefduf bleekeri* FOWLER & BEAN 爲其異名。

藍魔鬼雀鯛 *Glyphidodontops cyaneus* (QUOY & GAIMARD)

英名 Blue devil, Cornflower sergeant。產恆春、基隆。*Glyphidodon assimilis* GÜNTHER, *Chrysiptera sapphira* (JORDAN & RICHARDSON) 均其異名。

單斑雀鯛 *Glyphidodontops uniocellatus* (QUOY & GAIMARD)

英名 One-spot damsel。產恆春。

灰雀鯛 *Glyphidodontops glaucus* (CUVIER & VALENCIENNES)

英名 Grey damsel, Blue damsel。產恆春、蘭嶼。又名素豆娘魚（朱）。*Chrysiptera hollisi* FOWLER 爲其幼魚。

雙斑雀鯛 *Glyphidodontops biocellatus* (QUOY & GAIMARD)

英名 Two-spot damsel, Blueribbon damsel, Ocellaled sergeant。又名雙斑豆娘魚（朱）。產蘇澳、恆春、蘭嶼、野柳。（圖 6-141）

波浪雀鯛 *Glyphidodontops leucopomus* (LESSON)

英名 Surge damsel。產小琉球、澎湖、恆春、大溪。*Glyphisodon albofasciatus* HOMBRON & JACQUINOT, *G. amabilis* DE VIS, *G. xanthozona* BLEEKER 均其異名。（圖 6-141）

鷹斑鯛科 CIRRHITIDAE

Hawkfishes; Curlyfins; 鯔科（朱）

體橢圓或延長，多少側扁。被圓鱗或櫛鱗，側線完全，單一，近於直走，大部分被上下列鱗片掩蓋。頰部及主鰓蓋骨被鱗。口小，端位。前上頜骨後部寬大，能伸縮。主上頜骨後端寬，露出。眶下骨棚寬大。上下頜齒尖細，成爲一帶，外列齒爲犬齒狀，上頜前方者最長；鋤骨通常有齒，腭骨有齒或無齒。前鰓蓋骨後緣有鋸齒，主鰓蓋骨後緣略形凹入。鰓四枚，擬鰓存在；鰓被架 3～6。左右鰓膜相連部分甚寬，但與喉峽部分離。背鰭一枚，硬棘 X，由前向後漸短，軟條 11～17，硬棘部基底較軟條部爲長。硬棘間鰭膜之末端成裂鬚狀。臀鰭硬棘 III，強大，軟條 5～7。胸鰭寬廣，下方 5～8 軟條不分枝，且特別粗壯而延長。腹鰭次胸位，無腋鱗。尾鰭略凹入或圓形。無鰾。脊椎骨數 26～28。

臺灣產鷹斑鯛科 6 屬 13 種檢索表:

1a. 體被櫛鱗；鰓蓋有 3 棘；側線上方有鱗 2 列 (ISOBUNINAE)。

D. X, 15; A. III, 7; L. l. 33～34; L. tr. 2/10。上頜有一對門齒，下頜無門齒。胸鰭下方 6～7 枚鰭條不分枝。體黃褐色，每一鱗片之中央有一散漫之黃色斑點‥‥‥‥‥‥‥‥**日本准鷹斑鯛**

1b. 體被圓鱗；鰓蓋骨後緣有 2 不明顯之扁棘。側線上方有鱗 3～5 列 (CIRRHITINAE)。

2a. 尾鰭後緣彎月形，上下葉延長多少如絲狀。背鰭軟條 16～17；腭骨有齒 (*Cyprinocirrhites*)。

D. X, 16～17; A. III, 6; P. 14; L. l. 47～49; L. tr. 3/9。胸鰭下方 6 軟條不分枝。鰓耙 4+1～11～12。鰓蓋骨有大形鱗片 4 列。前鰓蓋骨邊緣有鋸齒。體爲一致之淡黃褐色，各鰭灰黃色，背鰭硬棘部外側色暗‥‥‥‥‥‥‥‥**燕尾鷹斑鯛**

2b. 尾鰭後緣圓形，截平，或略凹入。背鰭軟條 11～15。

3a. 頰部有 12 列以上之小形鱗片而無大形鱗片。體標準長爲體高之 2.6～3.4 倍。腭骨有齒。胸鰭下方 7 軟條不分枝 (*Cirrhitus*)。

D. X, 11; A. III, 6; P. 14; L. l. 39～45; L. tr. 4/9。鰓耙 6～7+1+11～13。眶間區凸起，眶上脊低。腭骨有齒一列。體褐色，體側有暗色或黑色斑點及條紋‥‥‥‥‥**低眶鷹斑鯛**

3b. 頰部有大形鱗片 4～6 列 (通常亦有小鱗)。

4a. 側線至背鰭硬棘部有大形鱗片 5 列；背鰭硬棘部鰭膜不深凹入，在最長之硬棘間鰭膜約達棘長之 4/5 或更多。在各棘近末端處鰭膜延伸爲單一鬚狀。腭骨無齒 (*Paracirrhites*)。

5a. 胸鰭第二軟條分枝，至少在末端分枝；吻部鱗片可達鼻孔；眼後緣上方無上斜之色斑。背鰭第 IX 與 X 棘約等長 (第 X 棘稍長)。側線鱗片 45～49。

6a. 體標準長爲體高之 2.6～2.8 倍。頰部小鱗片不在大形鱗列之間，亦不在大鱗之鱗列中。體淡褐色，沿背側至側線有一暗褐色寬縱帶。頭部及軀幹前部有很多暗色小斑點，體側無暗色橫斑，腹面無灰色縱線紋。D. X, 11; A. III, 6; P. 14; L. l. 45～49; L. tr. 5/11。鰓耙 5～6+1+10～12。胸鰭下方不分枝軟條 7 枚‥‥‥‥‥‥**福氏鷹斑鯛**

6b. 體標準長爲體高之 2.9 倍；頰部小鱗片環繞大形鱗片，並且在大鱗鱗列之間，以及鱗列中相鄰之鱗片間。頭部或軀幹前部無小斑點。體側有 9 條不規則的暗色垂直條紋。腹面有灰色線紋。D. X, 11; A. III, 6; P. 14; L. l. 49(48); L. tr. 5/10。鰓耙 6+1+11。胸鰭下方不分枝軟條 7 枚‥‥‥‥‥‥‥‥**正鷹斑鯛**

5b. 胸鰭第二軟條不分枝；吻部鱗片不到達鼻孔。由眼之後上方有一黑色橫 U 字形斑。

D. X, 10; A. III, 6; P. 14; L. l. 45～50; L. tr. 5/11。鰓耙 4～5+1+11～12。胸鰭下方不分枝軟條 6～7。體淡灰褐色，有三條鮮黃色帶橫過間鰓蓋骨‥‥‥‥‥‥**馬蹄鷹斑鯛**

4b. 側線中部上方有大形鱗片 3～4 列。背鰭硬棘部鰭膜深凹入，在最長之硬棘間僅達棘長之 2/3，在各棘近末端處鰭膜形成簇狀緣鬆。腭骨有齒。

　7a. 前鰓蓋後緣細鋸齒狀；眶前骨後緣不游離；眶間區被鱗；背鰭第一軟條不延長爲絲狀；胸鰭下方 5（少數 6）軟條不分枝（*Amblycirrhitus*）。

　　8a. 側線鱗片 38～45，背鰭軟條 12。

　　　鰓蓋上有一大形暗褐色或黑色眼狀斑，另一斑在背鰭第 9 軟條下方，胸鰭末端達臀鰭第 II 棘上方。體高約爲背鰭最長棘之 2.7 倍。D. X, 12；A. X, 12；P. 14；L. l. 40～42；L. tr. 3/9。鰓耙 3～5+1+10～11。體淡褐色，有 10 個不規則的褐色橫斑 ……………………………………………………………………………………**雙斑鷹斑鯛**

　　8b. 側線鱗片 48～50。背鰭軟條 11。胸鰭末端不達臀鰭起點上方。鰓蓋無眼狀斑。

　　　　D. X, 11；A. III, 6；P. 14；L. l. 48；L. tr. 4/12。體淡褐色，有約 10 條寬度不一之暗褐色橫斑。背鰭軟條部下方有一大如眼徑之黑色眼斑…………………**單斑鷹斑鯛**

　7b. 前鰓蓋後緣粗鋸齒狀；眶前骨後緣自下方至眼之間有 1/4～1/3 游離。眶間區無鱗。背鰭第一軟條通常延長爲絲狀。胸鰭下方 6 或 7 軟條不分枝（*Cirrhitichthys*）。

　　9a. 體標準長爲體高之 2.4～3 倍，體高爲背鰭最長棘之 1.7～2.2 倍。胸鰭下方 6 軟條不分枝。

　　　10a. 體標準長爲體高之 2.4～2.7 倍；眼徑爲眶間區之 1.7 倍；眶前骨之後緣有少數小棘；前鰓蓋骨後緣棘狀鋸齒數 17～22。D. X, 12；A. III, 6；P. 14；L. l. 41～43；L. tr. 3/9～10。鰓耙 4～5+1+9～11。體淡褐色，有 5～7 個暗色垂直斑，中間 4 個擴展至背鰭基部。前方 4 斑之間在側線上有一暗色點，在眶間區後方有一簇暗褐色小點…………………………………………………………………**橫帶鷹斑鯛**

　　　10b. 體標準長爲體高之 2.7～3 倍。眼徑爲眶間區之 2 倍。眶前骨之後緣無棘（除鋸頰鷹斑鯛之外）；前鰓蓋骨後緣棘狀鋸齒數不達 20。

　　　　11a. 頭部背面眼之上方有一明顯之凹入部。D. X, 12；A. III, 5～6；P. 14；L. l. 44～47；L. tr. 3/9～10。鰓耙 3～5+1+9～10。體淡褐色，體側有二暗褐色垂直寬斑塊，其一由後頭部背鰭前部至胸鰭基部上方，另一由背鰭第 VI～VII 棘至側線；另有 3～4 個不明顯的暗色區域分別在背鰭起點及後部和尾柄上方……………………………………………………………………………………**鋸頰鷹斑鯛**

　　　　11b. 頭部背面無凹入部，而成稍微隆起之曲線。

　　　　　12a. 上頜後緣接近眼之前緣下方。背鰭第 IV 棘最長，第 1 軟條不較後方各鰭條爲長。D. X, 12；A. III, 6；P. 14；L. l. 42～45；L. tr. 3/9。鰓耙 4～5+1+10～12。體淡褐色，體側有 5 個暗褐色橫斑，前二者由多數小暗點組成，後三者由大形斑點組成。第一斑最明顯，由背鰭起點至鰓蓋。由眼向下方及前下方各有一條暗褐色線紋…………………………………………**鷹斑鯛**

　　　　　12b. 上頜後緣到達或超過眼之前緣下方。背鰭第 V 棘最長，第一軟條顯然較後方各鰭條爲長。D. X, 12（少數爲 13）；A. III, 6；P. 14；L. l. 41～46（通常爲 43～44）；L. tr. 3/10。鰓耙 3～5+1+9～11。體背面淡褐色，腹面白色。頭部及體側有明顯的暗褐色至紅色之斑塊，在軀幹部者排成四縱列。背鰭及尾鰭有暗褐色斑點‥‥‥‥‥‥‥‥‥‥‥‥‥‥‥‥‥‥‥‥‥‥‥‥‥**尖頭鷹斑鯛**

9b. 體標準長爲體高之 2.2～2.5 倍，體高爲背鰭最長棘之 2.2～2.6 倍。胸鰭下方 7（少數爲 6）軟條不分枝。腹鰭後端達肛門。眶間區前部及鼻孔間區被鱗。D. X, 12；A. III, 6；P. 14；L. l. 40～44；L. tr. 3/10。鰓耙 4～6+1+9。體金黃色，側線上方有 5 條不明顯的暗色斑塊，其間並有較短之斑塊‥‥‥‥‥‥‥‥‥‥**金色鷹斑鯛**

日本准鷹斑鯛 *Isobuna japonica* (STEINDACHNER & DÖDERLEIN)

據 JONES 等（1972）產恆春。

燕尾鷹斑鯛 *Cyprinocirrhites polyactis* (BLEEKER)

英名 Swallowtail hawkfish。產恆春。

低眶鷹斑鯛 *Cirrhitus pinnulatus* (BLOCH & SCHNEIDER)

英名 Marbled hawkfish。又名鰳。產臺灣。

福氏鷹斑鯛 *Paracirrhites forsteri* (BLOCH & SCHNEIDER)

英名 Freckled hawkfish。日名是好爺。產臺灣、蘭嶼。（圖 6-142）

正鷹斑鯛 *Paracirrhites types* RANDALL

據 JONES 等（1972）產恆春。按本種原僅產於南太平洋之 Marquesas 羣島，JONES 等之標本是否屬本種，尚待再加研究。

馬蹄鷹斑鯛 *Paracirrhites arcatus* (CUVIER & VALENCIENNES)

英名 Horseshoe hawkfish; Ring-eyed hawk。又名副鰳（朱）。產恆春、蘭嶼。

雙斑鷹斑鯛 *Amblycirrhitus bimacula* (JENKINS)

英名 Two-spot hawkfish。產恆春。

單斑鷹斑鯛 *Amblycirrhitus unimacula* (KAMOHARA)

據 RANDALL（1963）以及 KUNTZ（1970）產蘭嶼、臺灣。

橫帶鷹斑鯛 *Cirrhitichthys aprinus* (CUVIER & VALENCIENNES)

英名 Spotted hawkfish; Blotched hawkfish。又名斑金鰳（朱）。產臺灣。

鋸頰鷹斑鯛 *Cirrhitichthys serratus* RANDALL

據 JONES 等（1972）產恆春。按本種原見於關島、馬利亞那羣島。

鷹斑鯛 *Cirrhitichthys falco* RANDALL

產恆春、蘭嶼。

尖頭鷹斑鯛 *Cirrhitichthys oxycephalus* (BLEEKER)

產恆春。（圖 6-142）

金色鷹斑鯛 *Cirrhitichthys aureus* (TEMMINCK & SCHLEGEL)

又名金鱗（朱），洞絲魚，鱗（動典）。日名冲好爺。產臺灣。（圖 6-142）

鷹羽鯛科 APLODACTYLIDAE

＝HAPLODACTYLIDAE；鷹鱗科，鷹斑鱗科（朱）

體側扁，長橢圓形；最高處在背鰭前方，向後逐漸下傾。被圓鱗，側線完全，高位，近於平直。口小，端位，較低。主上頜骨大部分被眶前骨掩覆。眼下無眶下支骨。唇較厚，齒小，圓錐形，門齒狀，或具三尖頭，在兩頜前端成多行排列，向後逐漸成爲單行。鋤骨有齒，腭骨，及舌上均無齒。前鰓蓋骨邊緣平滑，鰓蓋後上角有一扁棘，其上緣有一半月形缺刻。有擬鰓；鰓被架 6。鰓膜相連而與喉峽部游離。背鰭一枚，XIV～XXIII 棘，16～21 軟條，硬棘部短於或等於軟條部。臀鰭 III 棘，6～9 軟條。胸鰭下部 6～8 軟條肥厚而不分枝，末端游離。腹鰭次胸位。脊椎骨通常爲 34 枚。

臺灣產鷹羽鯛科 1 屬 3 種檢索表:

1a. 體灰褐色，體側有 9 條斜走（自前上方向後下方）之黑色橫帶；尾鰭有白色圓斑；眼前上方乳狀突起明顯；胸鰭肥厚鰭條末端不達於肛門。D. XVII, 32; A. III, 8; P. 14; L. l. 56～60; L. tr. 7～8/14 ～15·······································花尾鷹羽鯛

1b. 體灰白色，體側有 8 條斜走之黑色橫帶；尾鰭無白色圓斑；眼前上方乳狀突起不明顯；胸鰭肥厚鰭條末端遠超過肛門。D. XVII, 27; A. III, 9; P. 14; L. l. 56～57; L. tr. 8/14 ··············素尾鷹羽鯛

1c. 體灰褐色，體側有 9 條黑色橫帶（自前上方至後下方），前三條在頭部，最後一條自尾基至尾鰭下葉。尾鰭無白斑。D. XVII, 33; A. III, 8; P. 14; L. l. 65 ·················條紋鷹羽鯛

花尾鷹羽鯛 *Goniistius zonatus* (CUVIER & VALENCIENNES)

產淡水。

素尾鷹羽鯛 *Goniistius quadricornis* (GÜNTHER)

產基隆。（圖 6-142）

條紋鷹羽鯛 *Goniistius zebra* (DÖDERLEIN)

產本省東北部海域。

甘鯛科 OWSTONIDAE

Deepsea Jawfishes；底甘鯛科；歐氏朧科（朱）

深海小魚，體延長而側扁，頗似紅簾魚，亦有列入喉位目者。被中型或大型圓鱗。側線

一條，由鰓蓋後上角，向後上方沿背鰭基底後走，或短或長。口大，口裂近於垂直。上下頜各有一列犬齒狀齒，鋤骨、腭骨、舌上均無齒。前鰓蓋骨無棘，有時下緣呈波狀。眶前骨無棘。眼甚大，高位；眶間區平坦或凸出。背鰭一枚，硬棘細弱，III～IX 枚；臀鰭與背鰭軟條部對在。尾鰭長而尖。腹鰭 I, 5，在胸鰭基底下方或略前方。

臺灣產甘鯛科 2 屬 3 種檢索表:

1a. 體中型延長；鱗大型或中型；眶間區略形隆起體紅色 (*Owstonia*)。

　2a. 頰無鱗；兩側側線在背鰭起點以前相會合·······················底甘鯛

　2b. 頰有鱗；兩側側線不在背鰭起點以前會合；側線在枕區 (眼之後上方) 出發，沿背鰭基底後走，另有一短枝由鰓裂上昇與其會合·······················土佐甘鯛

1b. 體顯著延長如帶；鱗片較上屬為大；眶間區平坦 (*Pseudocepola*) ·······················擬正紅簾魚

底甘鯛 *Owstonia totomiensis* TANAKA

　　產東港。

土佐甘鯛 *Owstonia tosaensis* KAMOHARA

　　又名土佐歐氏䲢。產東港。(圖 6-142)

擬紅簾魚 *Pseudocepola taeniosoma* KAMOHARA

　　亦名長身擬赤帶魚 (梁)。產高雄。

紅簾魚科 CEPOLIDAE

Bandfishes; 赤太刀科 (日)，赤刀魚科 (朱)，酒魚科 (動典)

體軀延長側扁如帶魚，體色鮮紅，故日人名之為赤太刀。頭短，吻鈍，不如帶魚之尖銳。向後逐漸尖細，延長之背鰭、臀鰭 (均無硬棘) 在後端與尾鰭相連合。腹鰭 I, 5，胸位。胸鰭小，與腹鰭相稱。軀幹部甚短，肛門位於胸鰭下方。體被小圓鱗；側線一枚，由鰓裂上端，沿背緣後走，可能模糊不明。口開於吻端，斜裂。上頜骨寬而裸出，無副上頜骨。眼大，側位而高。上下頜齒一列，細長，有時為犬齒狀；鋤骨、腭骨及舌上均無齒。前鰓蓋邊緣光滑，或在下後角有小形鈍棘。鰓裂大，鰓四枚；擬鰓發達。鰓膜不相連，且在喉峽部游離；鰓被架 6。鰾大形。脊椎 65～100。中型海魚，遍佈於熱帶、溫帶海洋。

臺灣產紅簾魚科 2 屬 4 種檢索表:

1a. 前鰓蓋骨後緣有四至八枚小棘，背鰭鰭條之分節不明。(*Acanthocepola*)。

　2a. 背鰭前方數鰭條上有一黑斑。

　　3a. 體長為體高之 13 倍，頭長之 12 倍；奇鰭較低 (顯然輕體高或頭長為低)；前鰓蓋骨後緣有六、

　　　七枚鈍棘；D. 104；A. 105；L. l. 300。背鰭有黑邊，臀鰭有褐邊⋯⋯⋯⋯⋯**一點紅簾魚**

　3b. 體長爲體高之 7 倍，頭長之 7.6 倍；奇鰭較高（最高之鰭條殆與頭長相等）；前鰓蓋骨後緣有六

　　　枚強棘；D. 85；A. 96；L. l. ??。臀鰭有黑邊 ⋯⋯⋯⋯⋯⋯⋯⋯⋯⋯⋯⋯⋯**印度紅簾魚**

　2b. 背鰭前方無黑斑，背鰭、臀鰭均有黑邊。前鰓蓋骨後緣有五枚鈍棘；D. 80；A. 76；L. l. 150⋯⋯

　　　⋯⋯⋯⋯⋯⋯⋯⋯⋯⋯⋯⋯⋯⋯⋯⋯⋯⋯⋯⋯⋯⋯⋯⋯⋯⋯⋯⋯⋯⋯⋯⋯⋯**紅簾魚**

　1b. 前鰓蓋骨後緣無棘；背鰭鰭條之分節較明顯，一般有分枝 (*Cepola*)。

　　　上頜有一黑色狹缺口。體鮮紅色。D. 68～70；A. 60～64；P. 19 ⋯⋯⋯⋯⋯⋯**史氏紅簾魚**

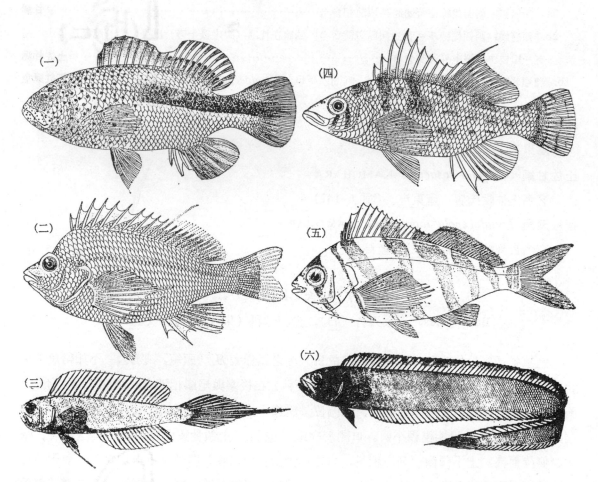

　　圖 6-142　（一）福氏鷹斑鯛；　（二）尖頭鷹斑鯛；　（三）金色鷹斑鯛（以上鷹斑鯛科）；
　　　　　（四）素尾鷹羽鯛（鷹羽鯛科）；（五）土佐甘鯛（甘鯛科）；（六）紅簾魚（紅
　　　　　簾魚科）（一據松原；二，三據 FOWLER；四據朱等）。

一點紅簾魚 *Acanthocepola limbata* (CUVIER & VALENCIENNES)

　　俗名孤星赤帶魚，孤星酒魚；背點棘赤刀魚（朱）；日名一點赤太刀。產基隆、宜蘭。
　　A. mesoprion JOR. & EVERM. 爲其異名。

印度紅簾魚 *Acanthocepola indica* (DAY)

英名 Blackspot Bandfish。亦名印度棘赤刀魚。產澎湖。

紅簾魚 *Acanthocepola krusensternii* (TEMMINCK & SCHLEGEL)

亦名紅帶，長尾魚，拉魚 (F.)，克氏棘赤刀魚（朱），酒魚，赤帶魚（動典）；俗名紅娘仔，赤立魚；日名赤太刀。產基隆、花蓮。（圖 6-142）

史氏紅簾魚 *Cepola schlegeli* (BLEEKER)

產本省東北部深海中。

鯔亞目 MUGILOIDEI

Mullets; 烏魚

鱸形目中具有腹位或次腹位之腹鰭者。胸鰭高位。腰帶骨以靭帶與匙骨或後匙骨相連。第三及第四上咽骨癒合。腹部脊椎有橫突。齒不植立於深窩中。鰓裂大；鰓被架 5 ～ 7；鰓蓋骨後緣無棘。體被圓鱗或櫛鱗。側線缺如或不發達。

本亞目之分類，學者們意見不一，迄無定論。BERG (1940) 將銀漢魚科、鯔科、金梭魚科共列於鯔目中，其地位低於鱸形目。GOSLINE (1968, 1971) 則把鯔形亞目列入鱸形目中，另把馬鮁、銀漢魚、顯陽魚 (PHALLOSTETHIDAE) 等科加入該亞目中。GOSLINE 復因鯔與迷器二亞目之腰帶與匙骨之間不直接成關節，有別於其他鱸形目魚類，而認為該二亞目為鱸形目早期演化的分支。但是格陵伍等 (1966) 以及 MACLLISTER (1968) 則把鯔、金梭魚、馬鮁三科分別列為鱸形目中的三個或二個獨立之亞目。

鯔 科[①] MUGILIDAE

Mullets, 鯔科（日）

本科為沿海產中型食用魚類，有時溯游至河川上流。頭略平扁，斷面成三角形，體圓柱狀，向後多少側扁。被大形之圓鱗或櫛鱗。無側線，但相當於側線位置之鱗片往往有細條紋或小孔。口橫裂，端位或略下位。間上頜骨略能伸縮，側面不擴大。口閉合時主上頜骨全部或部分被掩蔽。眼大或中型，生於頭側，脂性眼瞼發達或不發達。吻短，口小，上下唇薄或厚，或有許多小突起。齒缺如，或在上下唇有絨毛狀之齒，或在上頜有真正之細齒，但是鋤骨、腭骨、翼骨以及舌上均無齒。第一背鰭僅 IV 硬棘，通常遠在腹鰭基底以後。第二背鰭遠離第一背鰭，而較大。臀鰭僅 III 弱棘，在第二背鰭下方，二者相似。尾鰭凹入。腹鰭腹

---

① 本科日名鯔常係鯔之誤。本草綱目釋名：「鯔色緇黑，故名」。又集解鯔魚條，李時珍曰：「鯔魚生東海，狀如青魚，長者尺餘，其子滿腹，有黃脂，味美；獺喜食之。吳越人以為佳品，醃為鮝臘。」以是知本科應譯為鯔，日名鯔，顯係字形近似而傳誤也。

位，但略偏前， 具 I 弱棘 5 分枝軟條。 胸鰭位於體高之中部， 或略上。 腰帶骨不與匙骨相
連，但與後匙骨固結。 各鰭除第一背鰭外， 其基部多少被鱗。 鰓裂廣； 鰓膜分離， 並在喉峽
部游離。 鰓被架 5 或 6 。 有擬鰓。 鰓耙細長， 形成為一濾過器， 可自泥沙中濾取有機物以供
食用。 胃砂囊狀， 腸特別彎曲細長。 偶有雌雄同體者。 脊椎 24～26。

臺灣產鯔科 4 屬 16 種檢索表:

1a. 成魚之脂性眼瞼發育完善， 有時將瞳孔完全掩蓋； 無基蝶骨及額骨孔 (Frontal fenestra)； 後顳骨前
　　端有上、 外、 下三個突起。 主上頜骨之後端在前上頜骨後端下方不向下彎曲 (*Mugil*)。

2a. 眶前骨下緣之後部向上方凹入， 下緣與後緣有強鋸齒； 體被大形圓鱗或弱櫛鱗。 頭頂鱗片始於前鼻
　　孔上方。 胸鰭約為頭長之 7/10； 主上頜骨後端露出於口角； A. 9； 體側縱列鱗片 34～38； 背鰭前方
　　縱列鱗片 20～24； 胸鰭、 腹鰭及第一背鰭基部均有長尖形之腋鱗 ……………………………鋸鯔

2b. 眶前骨之下緣眞直， 有微小之鋸齒， 後緣圓滑。

3a. 臀鰭具 8 軟條。

　　主上頜骨之後端被眶前骨掩蔽； 脂性眼瞼甚厚； 背部中央無隆起稜脊； 體被圓鱗； 除第一背鰭外，
　　各鰭鰭膜上均有細小鱗片。 腹鰭及第一背鰭之基部有長尖形腋鱗。 體側有 6 ～ 7 條不明顯之縱帶。
　　第一背鰭以前有鱗片 23 枚； D^1. IV； D^2. 1, 8； A. III, 8； P. 16； l. l. 37～42； l. tr. 14～15。 鰓
　　耙 24～36＋50～76 ………………………………………………………………………………烏魚

3b. 臀鰭具 9 軟條。

　　主上頜骨之後端完全被眶前骨掩蔽； 吻長略短於眼徑； 第一背鰭之起點正在吻端與尾基間之中點；
　　臀鰭前方 1/3 在第二背鰭以前； 胸鰭殆與頭長相等； D^1. IV； D^2. 1, 8； A. III, 9； l. l. 33～35；
　　l. tr. 10～11。 第一背鰭之前有鱗片 19 枚 …………………………………………………嗜拉鯔

1b. 成魚之脂性眼瞼不發達， 或竟缺如； 有基蝶骨及額骨孔， 後顳骨前端之外突起不顯著或缺如。

4a. 上下唇無肉質繸狀物， 上唇不特厚， 下唇緣薄， 向前而不向下曲， 主上頜骨之後端在口角後方
　　顯然向下彎曲。

5a. 體被櫛鱗或圓鱗， 但鱗片之後緣無指狀分裂。 口閉合時主上頜骨之後端顯露 (*Liza*)。

6a. 一縱列鱗片 28～32 枚。

　　主上頜骨之後端露出； 脂性眼瞼特薄； 背部中央線無隆起稜脊； 第一背鰭之前有鱗片18～21
　　枚； D^1. IV； D^2. 1, 8～9； A. III, 8； l. l. 28～32； l. tr. 10～13。 鰓耙 28＋68………白鯔

6b. 一縱列鱗片 36～40 枚。

7a. 主上頜骨之後端完全被掩覆； 胸鰭之後端達第一背鰭之起點； 第一背鰭前方有鱗片 20
　　枚； 下頜後角鈍圓； 背部中央線無隆起稜脊； D^1. IV； D^2. 2, 7； A. III, 9 ………臺灣鯔

7b. 主上頜後端露出； 胸鰭之後端達第 11 鱗片； 體被大形櫛鱗。第一背鰭前方有鱗片 22～
　　25 枚； 下頜後角鈍圓； 背部中央線， 即第一背鰭前後有一隆起稜脊； D^1 IV； D^2. 2, 7；
　　A. III, 9 …………………………………………………………………………………鮡華鯔

6c.　一縱列鱗片 30～34 枚。

8a.　主上頜骨之後端露出，前後鼻孔互相分離。吻長等於或略長於眼徑；第一背鰭之起點
距吻端較近，而距尾基較遠。胸鰭遠較頭長爲短；臀鰭前方 1/3 在第二背鰭以前。
D^1. IV；D^2. I, 8～9；A. III, 9；背鰭前有鱗片 19 枚······································**鞍特鯔**

8b.　主上頜骨後端完全被掩覆；前後鼻孔分離；由第一背鰭之起點至尾基之距離，略小於
由彼至吻端之距離；第一背鰭之前有鱗片 18 枚；D^1. IV；D^2. I, 8；A. III, 9；l. l.
33；l. tr. 11 ···**小鯔**

8c.　主上頜骨後端露出；前後鼻孔接近。

9a.　第一背鰭之起點在吻端至尾基之距離之中點；第一背鰭之前有鱗片 20 枚；D^1. IV；
D^2. I, 8；A. III, 9；l. l. 33；l. tr. 10···**澎湖鯔**

9b.　第一背鰭起點至吻端之距離，大於由彼至尾基之距離；腹鰭及第一背鰭基部有腋
鱗，胸鰭基部無腋鱗。第一背鰭前有鱗片 18～21 枚；D^1. IV；D^2. II, 7；A. III,
9；l. l. 30～33；l. tr. 10～12 ··**大鱗鯔**

6c.　一縱列鱗片 26～29 枚。

10a.　主上頜骨顯露；由第一背鰭起點至吻端之距離，大於由彼至尾基之距離；D^1. IV；
D^2. I, 8；A. III, 9；l. l. 28～29；l. tr. 10～11；第一背鰭之前鱗片 18 枚······
···**污鰭鯔**

10b.　主上頜骨僅後端露出；由第一背鰭起點至吻端之距離，大於由彼至尾基之距離；
體被大形櫛鱗，第一背鰭及腹鰭基部有短三角形腋鱗，胸鰭基部無腋鱗。體側有六
條褐色縱帶，胸鰭黑色，尾鰭近於截平。D^1. IV；D^2. I, 7～8；A. III, 8；l. l.
25～28；l. tr. 9～12；第一背鰭前鱗片 15～16 枚。鰓耙 32＋58 ··········**佛吉鯔**

5b.　體被圓鱗，鱗片之後緣有指狀分裂。口閉合時主上頜骨之後端隱蔽不見 (*Valammugil*)。

11a.　脂性眼瞼掩蓋眼之大部分，僅瞳孔露出。

12a.　一縱列鱗片 30～35 枚。第一背鰭起點距吻端較近，而距尾基較遠，第二背
鰭起點在臀鰭起點略後；胸鰭等於或略長於頭長，胸鰭腋鱗長約爲鰭長之半。
胸鰭腋部有暗斑··**長鰭鯔**

12b.　一縱列鱗片 37～40。第一背鰭起點距吻端較近，而較尾基較遠，第二背鰭
起點在臀鰭起點之後；胸鰭略短於頭長，胸鰭腋鰭鱗長約爲鰭長之半。胸鰭腋部
有黑點，第一背鰭外緣黑色··**史氏鯔**

11b.　脂性眼瞼只掩蓋眼之外緣。第一背鰭起點位於吻端與尾基之中點。第二背鰭起
點與臀鰭起點在同一垂線上。胸鰭等於或略短於頭長。胸鰭黃色，腋部暗藍色。
l. l. 38～42···**藍斑鯔**

4b.　上下唇有肉質總狀突起，上唇顯著肥厚，下唇緣厚而向下翻曲；基枕骨爲瘤狀；額骨孔小；後
顳骨無外突起 (*Crenimugil*)。

D^1. IV; D^2. I, 8; A. III, 9; l. l. 38～42; l. tr. 13～14。第一背鰭前方鱗片 20 枚。鰓耙 50＋60⋯⋯⋯⋯⋯⋯⋯⋯⋯⋯⋯⋯⋯⋯⋯⋯⋯⋯⋯⋯⋯⋯⋯⋯⋯⋯⋯⋯⋯⋯⋯⋯⋯⋯⋯⋯⋯瘰唇鯔

鋸鯔 *Mugil affinis* GÜNTHER

依日名譯如上；又名前鱗鯔；俗名烏仔魚。產基隆。松原氏（1955）謂本種可能爲 *Mugil tade* C. & V. 之異名。

烏魚 *Mugil cephalus* LINNAEUS

英名 Common mullet; Sea, bully, or mangrove mullet, Flathead mullet, Striped mullet；又名頭鯔，俗名烏仔魚，或烏仔、烏頭；日名眞口、眞鯔，*M. oeur* FORSSKÅL, *M. japonica* T. & S. 均爲其異名。冬季成羣游經臺灣西南岸，漁民大量捕獲，取其卵巢，乾製爲烏魚子。（圖 6-143）

噶拉鯔 *Mugil kelaartii* GÜNTHER

日名南洋鯔。產高雄、東港。*M. engeli* BLEEKER 可能爲其異名。（圖 6-143）

白鯔 *Liza subviridis* (CUVIER & VALENCIENNES)

英名 Green-backed or Brown-banded mullet, 華南名此爲白鯔 (Pah Tze)；產安平、澎湖。大島氏所謂 *Mugil anpinensis* 當係本種之異名；*Mugil dussumieri* C. & V. 以及 *M. javanicus* BLEEKER 亦係本種之異名。

臺灣鯔 *Liza formosae* OSHIMA

日名臺灣眼奈陀。產安平。

魸華鯔 *Liza carinata* (CUVIER et VALENCIENNES)

又名稜鯔。俗名 Tawah（魸華）。產淡水、臺南。（圖 6-143）

韃特鯔 *Liza tade* (FORSSKÅL)

英名 Tade grey mullet。亦名南洋鯔（梁）；俗名烏仔。產淡水。

小鯔 *Liza parva* OSHIMA

亦名姬鯔（梁），俗名 Shoahii；日名姬眼奈陀。產東港、臺南。

澎湖鯔 *Liza pescadorensis* OSHIMA

產東港、高雄、澎湖。

大鱗鯔 *Liza macrolepis* (ANDREW SMITH)

英名 Large-scale mullet。產高雄、曾文溪、屏東、澎湖。*Mugil troscheli* (BLKR.) 爲其異名。

污鰭鯔 *Liza melinoptera* (CUVIER & VALENCIENNES)

據朱光玉（1957）增列。產澎湖。

佛吉鯔 *Liza vaigiensis* (QUOY & GAIMARD)

英名 Large-scaled mullet, Black-finned mullet, Squaretail mullet, Diamond-scale mullet。又名黃鯔。梁潤生記載 *M. oligolepis* (nec BLKR.) 產於淡水，當係本種之誤。

長鰭鯔 *Valamugil cunnesius* (CUVIER & VALENCIENNES)

英名 Longfin grey mullet。據 FAO 手册分佈臺灣。*Mugil longimanus* GÜNTHER 為其異名。

史氏鯔 *Valamugil speigleri* (BLEEKER)

英名 Speigler's grey mullet。據 FAO 手册分佈臺灣。

藍斑鯔 *Valamugil seheli* (FORSSKÅL)

英名 Bluespot grey mullet。據 FAO 手册分佈臺灣。

瘰唇鯔 *Crenimugil crenilabis* (FORSSKÅL)

英名 Warty-lipped mullet, Fringe-lip mullet。日名風來鯔；亦名漂鯔 (動典)。產臺灣、澎湖。

金梭魚亞目 SPHYRAENOIDEI

PERCESOCES; Perch pikes; 梭子魚目 (動典); 鯸鰤目 (日)

鱸目中具有腹位或次胸位之腹鰭者。胸鰭下位。一般記載均謂其腰帶骨與匙骨或後匙骨並無聯繫，但據 GREGORY (1933) 報告，*S. ideastes* 之腰帶骨有一長靭帶與匙骨縫合線相連。前部脊椎無椎體橫突。第三、四上咽骨以及下咽骨彼此分離。齒大形，不相等，植立於深窩中。鰓裂大，鰓膜不連合，且與喉峽部分離；鰓被架 7。鰓耙短，或退化。體被小圓鱗。側線發達，直走。熱帶或亞熱帶魚類，多棲息於河口。大形，肉食性，漁人見之有戒心。

金梭魚科 SPHYRAENIDAE

Barracudas; Sea-pike; 鰤科 (朱)

體延長，次圓柱形；頭長，吻部尖突；口裂大，寬平。上頜邊緣由略能活動的前上頜骨組成，主上頜骨寬廣，其上方有一上頜副骨。下頜突出。上下頜及腭骨均有堅強之尖利牙齒，大小不一，鋤骨無齒。第一背鰭具 V 硬棘，在腹鰭上方。腹鰭位置比較的接近於胸鰭。第二背鰭 I～II, 8～9，遠在第一背鰭以後，與臀鰭對在，二者外形相似。尾鰭分叉。脊椎 24 (11＋13)。

臺灣產金梭魚科 1 屬 8 種檢索表:

1a. 側線上鱗片 110 枚以上。

　　2a. 第一背鰭之起點在胸鰭後端上方，而在腹鰭基底略後。

　　　　3a. 鰓蓋骨後端有二尖頭。體背方灰色至褐色，下方銀白色，體側有 8～14 條橫帶（不達側線下方），背鰭、尾鰭黑色。頭長爲眼徑之 5.4～8.5 倍。D¹. V; D². II, 8～9; P. 13～15; L. l. 123～140; L. tr. 17～19/20～24 ……………………………………………………………竹針魚

　　　　3b. 鰓蓋骨後端有單一弱尖頭。頭長爲眼徑之 4.5～5.0 倍。D¹. V; D². I, 9; A. II, 8; L. l. 110～120; L. tr. 15/18 …………………………………………………………大眼金梭魚

　　2b. 第一背鰭之起點在腹鰭起點以前，而在胸鰭後端以後。尾鰭黃色，其他各鰭污色。D¹. V; D². I～II, 8～9; A. II, 7～8; L. l. 115～130; L. tr. 12～13/? ………………………日本金梭魚

　　2c. 第一背鰭之起點在胸鰭末端之前。體背面黑色，腹面銀白色，體側有 18～23 個略成角狀之橫斑，並且擴展至側線下方。D¹. V; D². I, 9; A. I～II, 8～9; P. 13～15; L. l. 120～140; L. tr. 12～15/11～16 ……………………………………………………………………黑背金梭魚

1b. 側線上鱗片數 90～95 枚。

　　　　4a. 第一背鰭之起點在胸鰭後端之前，而與腹鰭起點在同一垂直線上。D¹. V; D². I, 9; A. II～III, 8～9; L. l. 90±; L. tr. 7/10 ………………………………………………達摩金梭魚

　　　　4b. 第一背鰭之起點在胸鰭後端之上方，腹鰭起點在第一背鰭起點之前。體背面褐色，腹面銀白色，在側線下方有一灰色縱帶。D¹. V; D². I, 9; A. II, 8; L. l. 95; L. tr. 8～9/10…………………………………………………………………………………………………肥金梭魚

1c. 側線上鱗片數 80～85 枚。

　　　　5a. 前鰓蓋骨下角圓形。體背面青灰色，腹面銀白色，體側有 19～22 個不明顯之橫斑。第一背鰭之上部，第二背鰭之大部分，以及尾鰭之中央鰭條黑色。D¹. V; D². I, 9; A. II, 7～8; P. 13～14; L. l. 75～85; L. tr. 9～11/14～15 ……………………………………………巨金梭魚

　　　　5b. 前鰓蓋骨下角直角形。體背面褐色，腹面銀白色，各鰭黃色。D¹. V; D². I, 8～9; A. II～III, 8～9; P. 2, 12～2, 13; L. l. 82～87; L. tr. 6/9 …………………………………黃尾金梭魚

竹針魚 *Sphyraena jello* CUVIER & VALENCIENNES

　　英名 Banded barracuda, Pickhandle barracuda, Slender Sea-pike; 又名斑條魪（朱）; 俗名梭仔; 日名大魪; 竹針爲華南俗名。產臺灣、澎湖。

大眼金梭魚 *Sphyraena forsteri* CUVIER & VALENCIENNES

　　亦名大眼梭子魚; 日名大目魪。產臺灣。

日本金梭魚 *Sphyraena japonica* CUVIER & VALENCIENNES

　　俗名大眼梭子魚，倭鮊，金梭魚，梭魚，尖鮻（基），竹操魚（高），竹尖（客）; 日名大和魪。產臺灣。（圖 6-143）

黑背金梭魚 *Sphyraena qenie* KLUNZINGER

英名 Dark-finned sea-pike。產臺灣。

達摩金梭魚 *Sphyraena obtusata* CUVIER & VALENCIENNES

英名 Stripped barracuda; 日名達磨大和魣。產臺灣。

肥金梭魚 *Sphyraena pinguis* GÜNTHER

又名油魣 (朱); 日名赤魣。產基隆。(圖 6-143)

巨金梭魚 *Sphyraena barracuda* (WALBAUM)

英名 Barracuda, Giant barracuda, Giant sea-pike。產臺灣。*S. picuda* BLOCH & SCHNEIDER, *S. commersoni* CUVIER, *S. agam* RÜPPELL 均爲其異名。

黃尾金梭魚 *Sphyraena flavicauda* RÜPPELL

日名臺灣魣。產高雄、澎湖。*S. langsar* BLEEKER 爲其異名。

馬鮁亞目 POLYNEMOIDEI

RHEGNOPTERI; Threadfins; 破鰭目

本亞目有與金梭魚亞目合併而爲尖鱸目 (PERCESOCES) 者。但其腹鰭胸位，接於胸鰭基部，胸鰭之位置較低，且淸分爲兩部分，上部爲普通鰭條，與第一、二鰭輻骨 (Radials) 相連接，下方爲游離之絲狀鰭條，與第四鰭輻骨相連接，有觸覺功用。第三鰭輻骨上並無鰭條。腰帶骨由後匙骨支持之。背鰭兩枚，互相遠離，第一背鰭具 VII～VIII 弱棘，第二背鰭與臀鰭對在，具 11～15 軟條；臀鰭具 II～III 棘；腹鰭次腹位，具 I 棘 5 分枝軟條。尾鰭深分叉。鰾如具有，槪係大形，且無氣道。鱗片中大形，爲弱櫛鱗；側線完全，直達尾基。鼻骨掩覆吻的前部。鰓裂寬濶，鰓膜不與喉峽部相連。鰓被架 7，鰓耙細長。脊椎 24～25。熱帶沿海極有價值之食用魚類，大者可達二公尺。

馬鮁科 POLYNEMIDAE

Threadfins, Tasselfishes.

體延長，側扁。頭部、體側、及各鰭基部均被櫛鱗。吻短而鈍，突出於口前。上頜由能伸縮之前上頜骨構成；主上頜骨筆尖形，向後漸寬，遠達眼眶後緣。無上主上頜骨。上下頜、腭骨均有絨毛狀齒帶，有時亦見於鋤骨。眼比較大形，但前後均有脂性眼瞼，故視覺退化而觸覺發達，適於在泥淖之濁水中生活。

臺灣產馬鮁科 2 屬 5 種檢索表:

1a. 下唇僅見於口角；齒露出於上下頜之外；無鰾；胸鰭具有 4 枚游離之絲狀軟條 (*Eleutheronema*)。
體背面淡綠色，腹面淡黃色，各鰭黃色。D^1. VIII; D^2. I~II, 13~15; A. II, 15~17; P. 16~17+4;
L. l. 78~80; L. tr. 9~10/13~14 ···**四絲馬鮁**

1b. 下唇發育完善，但不擴展至下頜縫合部；齒不露出於上下頜之外；通常有鰾；胸鰭具有 5 枚或 5 枚以
上游離之絲狀軟條 (*Polynemus*)。

  2a. 胸鰭游離軟條 5 枚。

    3a. 胸鰭軟條不分枝；L. l. 60~65；吻部顯然突出；腹鰭起點與臀鰭起點間之距離，遠較頭長為短；
尾柄高小於頭長；鋤骨有齒；體金黃色，背面較暗。沿鱗列有暗色縱條紋。胸鰭黑色，其他各鰭灰
色。D^1. VIII; D^2. I, 13~14; A. II~III, 11~12; P. 17~18+5; L. tr. 6~8/11~13 ·········
··**五絲馬鮁**

    3b. 胸鰭第 2、3 枚軟條不分枝，其他均分枝。

      4a. L. l. 47~50；腹鰭起點與臀鰭起點間之距離，遠較頭長為短；鋤骨無齒；體背面金黃色，各
鰭黃色，側線起點處有一卵圓形黑斑。D^1. VIII; D^2. I, 13~14; A. II~III, 12~13; P. 2,
13+5; L. tr. 5~6/10~12 ··**小口馬鮁**

      4b. L. l. 70~75；腹鰭起點與臀鰭起點間之距離，與頭長相等，或稍大於頭長；鋤骨有齒；D^1.
VIII; D^2. I, 13~14; A. II~III, 11~12; P. 2~3, 12+5; L. tr. 7/1/12~13 ········**印度馬鮁**

  2b. 胸鰭游離軟條 6 枚，多數分枝；鋤骨無齒；腹鰭起點與臀鰭起點間之距離，遠較頭長為短；體背面
褐色，腹面銀白色，在側線起點處有一卵圓形黑斑。D^1. VIII; D^2. I, 12~14; A. II~III, 12~13;
P. 1, 12~13+6; L. l. 48~50; L. tr. 5/9 ····································**六絲馬鮁**

四絲馬鮁 *Eleutheronema tetradactylum* (SHAW)
    英名 Four-rayed threadfin, Giant threadfin, Cooktown salmon; 亦名 Ma yew,
Ma you (F.)，四指馬鮁，土鰡，南洋午魚（梁）；俗名午仔魚（花）；日名南方頤無。
產高雄。（圖 6-143）

五絲馬鮁 *Polynemus plebeius* BROUSSONET
    英名 Striped threadfin, Common threadfin。又名五指馬鮁。日名燕鰶。產高雄。

小口馬鮁 *Polynemus microstoma* BLEEKER
    英名 Black-spot threadfin, Small-mouthed threadfin; 亦名臺灣午魚（梁），蘭嶼
馬鮁（陳）；日名臺灣頤無。產蘭嶼。

印度馬鮁 *Polynemus indicus* SHAW
    英名 Indian threadfin。日名印度頤無。產高雄。

六絲馬鮁 *Polynemus sextarius* (BLOCH & SCHNEIDER)
    英名 Blackspot threadfin, Sixfinger threadfin。又名六指馬鮁。產高雄。（圖 6-143）

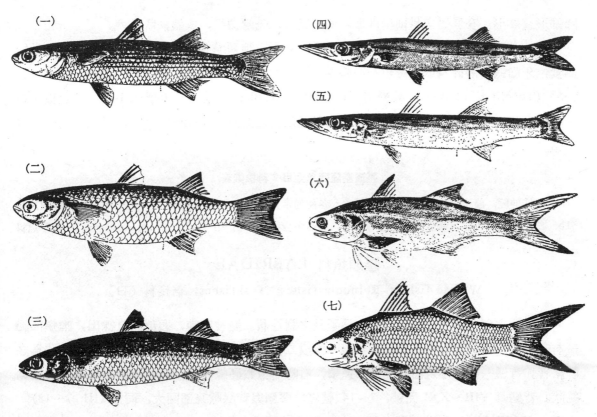

圖 6-143　（一）烏魚；　（二）噶拉鰡；　（三）魠華鰡（以上鰡科）；　（四）日本金梭魚；
（五）肥金梭魚（以上金梭魚科）；　（六）四絲馬鮁；　（七）六絲馬鮁（以上馬
鮁科）。（據朱等）。

隆頭魚亞目 LABROIDEI

=PHARYNGOGNATHI, 咽領類

　　左右下咽骨肥大，彼此堅固癒合。咽齒（Pharyngeal teeth）堅強，圓粒狀或扁平狀，
排列如砌石。無第四咽鰓節齒板；第一咽鰓節退化或無；第四上鰓節高度特化。鼻孔每側二
個。鰓三枚半，退化，最後鰓孔之直後，一般無裂孔。腹鰭胸位，I 棘 5 軟條。背鰭、臀鰭
硬棘不特強。鱗片大形，爲弱櫛鱗或圓鱗。其他各點與鱸亞目無基本的差別。

　　齒之形態爲本亞目分類之重要標準。一般而言，其上下頜與咽骨均有齒，鋤骨、腭骨無
齒。上下頜齒在隆頭魚科（LABRIDAE）各個分離，但基部則彼此癒合而爲齒板（Dental
plate）。鸚哥魚科之上下頜齒雖亦癒合爲齒板，但上方尖頭爲五星狀排列（Quincunx order），
或爲覆瓦狀排列，亦有各齒完全癒合成爲鳥嘴狀，僅中央有一縫合線，故可清分爲左右兩半
者（如 *Callyodon*）。下咽骨如上述癒合爲板狀體後，在隆頭魚科呈 T 字或 Y 字形，咽齒則爲

圓錐形或瘤形。在鸚哥魚科則呈匙形，咽齒寬廣，先端截平，成鑲嵌狀排列。

　　熱帶及亞熱帶近海岩石或珊瑚礁間生活的魚類，種類繁多，體形不一，大都以軟體動物爲食，牙齒適於磨碎貝殼。體色一般頗爲艷麗，並且會改變性屬，初期 (Primary phase)、後期 (Terminal phase) 及轉變期 (Transitional phase) 之性別及體色不同。多數種類在夜間將身體埋於沙礫中。少數小形隆頭魚科種類爲清潔魚 (Cleaner fish)，爲大魚清除外寄生蟲。

臺灣產隆頭魚亞目 2 科檢索表：

1a. 口能伸縮，前上頜骨不與主上頜骨固着。各齒通常分離⋯⋯⋯⋯⋯⋯⋯⋯⋯⋯⋯⋯**隆頭魚科**

1b. 口不能伸縮，主上頜骨與前上頜骨固着，各齒多少癒合⋯⋯⋯⋯⋯⋯⋯⋯⋯⋯⋯**鸚哥魚科**

隆頭魚科 LABRIDAE

Wrasse fishes; Rainbow fishes; Tuskfishes; 倍良科（日）

　　體橢圓，卵圓，多少側扁，極少爲延長之圓柱狀。體被圓鱗，頭部完全裸出，唯頰部鰓蓋有時被鱗。前鰓蓋骨有鋸齒緣。側線一條或二條，亦有一條而中間僅賴鱗片上之小孔爲之聯絡者。背鰭一枚，硬棘部與軟條部連續，有時前方數硬棘游離，有時此游離之硬棘延長爲絲狀。背鰭具 VIII～XXI 硬棘，7～14 軟條；臀鰭與背鰭軟條部同大，同形 (III, 7～18)。胸鰭、尾鰭圓形。口前位，能伸縮。齒一列或二列，前方有犬齒（少數有門齒），各齒不癒合，或僅基部癒合，但決不形成爲鳥嘴狀。鋤骨、腭骨無齒。唇厚，內側有摺褶。擬鰓發達。鰓膜多少相連。鰓被架 5 或 6。脊椎 23～41。

臺灣產隆頭魚科 4 亞科檢索表：

1a. 側線連續，在後部急彎，但不間斷。

　2a. 背鰭硬棘 XI～XIII。

　　3a. 上下頜各有二對門齒。前鰓蓋骨邊緣光滑。頰部及鰓蓋骨被鱗⋯⋯⋯⋯⋯⋯〔I〕**擬寒鯛亞科**

　　3b. 上下頜無門齒。兩頰及鰓蓋多少被鱗片；前鰓蓋骨邊緣有微小鋸齒；眶前區及兩頰較高⋯⋯⋯⋯⋯

　　⋯⋯⋯⋯⋯⋯⋯⋯⋯⋯⋯⋯⋯⋯⋯⋯⋯⋯⋯⋯⋯⋯⋯⋯⋯⋯⋯⋯⋯⋯⋯〔II〕**寒鯛亞科**

　2b. 背鰭硬棘 VIII 或 IX ⋯⋯⋯⋯⋯⋯⋯⋯⋯⋯⋯⋯⋯⋯⋯⋯⋯⋯⋯⋯⋯⋯〔III〕**鸚鯛亞科**

1b. 側線在後部間斷，前段（上段）依體之背側緣而略彎，後段（下段）在尾部⋯⋯⋯〔IV〕**短鸚鯛亞科**

〔I〕擬寒鯛亞科 PSEUDODACINAE

體褐色，每一鱗片有一紅褐色橫斑。吻部及頰部有藍色線紋。背鰭有暗色網狀條紋及狹黑邊，臀鰭有二暗縱條紋，胸鰭基部黑色。D. XI, 12; A. III, 14; P. 14; L. l. 29+2～3; L. tr. 4/10～11。鰓耙 5+9⋯⋯⋯⋯⋯⋯⋯⋯⋯⋯⋯⋯⋯⋯⋯⋯⋯⋯⋯⋯⋯⋯⋯⋯⋯⋯⋯⋯⋯⋯⋯**摩鹿加擬寒鯛**

〔II〕寒鯛亞科 BODIANINAE 5 屬 23 種檢索表：

1a. 胸鰭下方鰭條延長 (*Peaolopesia*)。

新鮮標本上部紅褐色，下部淡紫色，體側有兩條紫色縱帶，另一縱帶由口角經眼下緣，胸鰭基部而至腹面；背鰭及臀鰭有黃色縱帶或線紋；尾鰭及胸鰭紅色；腹鰭淡綠色；有紫色及黃色縱條紋。D. XII, 8; A. III, 10; L. l. 27～28; L. tr. 2½/8～9。鰓耙 4～5＋9～10‥‥‥‥‥‥‥‥‥‥**日本裸頰寒鯛**

1b. 胸鰭下方鰭條不延長，後緣近於圓形。

　2a. D. XII～XIII, 6～8。口閉合時上唇將下唇掩蔽；眶前區甚高；兩頜側齒密集而多少相癒合，形成鋸齒緣。前方各有二對犬齒，後端犬齒或有或無。L. l. 30 以下（一般 27～29）；背鰭前鱗片 7～9 枚（少數 6 枚）。

　　3a. 上唇薄，呈劍鋒狀；上頜較長，弧狀，向後伸展至（或超越）眼之前緣 (*Xiphocheilus*)。
　　　頭部及體側無縱帶或橫帶，在背鰭硬棘部下方側線上有一暗色斑，另一暗色斑位於尾鰭基部上側，胸鰭基部暗色。P. XII, 8; A. III, 8; L. l. 24＋3; L. tr. 2½/6。鰓耙 4＋8‥‥‥‥‥‥‥**四斑寒鯛**

　　3b. 上唇不特別薄，亦不呈劍鋒狀；上頜較短，不呈弧狀，向後不達眼之前緣 (*Choerodon*)。

　　　4a. 背鰭軟條部下方無暗色斑，有時僅有灰色斑紋。

　　　　5a. 體紅色，由胸鰭腋部至背鰭硬棘部後方有一暗色斜帶。此帶之後有一更寬大之淡色區域，再後則為一片三角形暗色區域。D. XIII, 7; A. III, 10; L. l. 26～27＋1～2; L. tr. 3～4/9～10。鰓耙 8～10＋7～8‥‥‥‥‥‥‥‥‥‥‥‥‥‥‥**寒鯛**

　　　　5b. 體褐色，下部淡色，有一楔形淡色帶由腹部向側線彎曲部之最高處延伸，尾柄上下方淡色，胸鰭基部暗色，頭部有很多淡色小點。D. XIII, 7; A. III, 9; L. l. 27＋2; L. tr. 3/9。鰓耙 5～6＋9‥‥‥‥‥‥‥‥‥‥‥**楔斑寒鯛**

　　　　5c. 體側無大形暗色斑紋，各鱗片邊緣黑色或暗色，基部有暗褐色放射狀細線；瞳孔及頰部藍色，尾柄有六列鮮藍色斑點，各鰭黃色。D. XIII, 7; A. III, 10; L. l. 30; L. tr. 5/9‥‥‥‥‥‥
　　　　　‥‥‥‥‥‥‥‥‥‥‥‥‥‥‥‥‥‥**黑旗寒鯛**

　　　　5d. 體側由胸鰭基部至尾柄有一橙黃色縱帶，背鰭及腹鰭有黃色縱線，臀鰭有黃斑及線紋。眼周圍有三條短線紋及一暗斑。D. XII, 8; A. III, 10; L. l. 27＋2; L. tr. 3/9。鰓耙 9＋11‥‥‥
　　　　　‥‥‥‥‥‥‥‥‥‥‥‥‥‥‥‥‥‥**三寶顏寒鯛**

　　　　5e. 體側有四條淡色縱紋，軀幹有一淡色三角區，尾柄有一淡色橫帶，背鰭有黑邊，第 XI 棘至第 2 軟條間有黑斑，臀鰭有一斜走黑斑，腹鰭有一黑點。D. XIII, 7; A. III, 9; L. l. 26＋2; L. tr. 3/10。鰓耙 6＋9‥‥‥‥‥‥‥‥‥‥**四帶寒鯛**

　　　4b. 背鰭軟條部下方有大小不等之黑斑。

　　　　6a. 體側中部有一大形黑斑，越過側線至背鰭軟條部基底，但向後不達尾柄，斑之前緣淡黃色，各鰭淡色。D. XII, 8; A. III, 9～10; L. l. 25～26＋2; L. tr. 4/9。鰓耙 7～8＋9～10
　　　　　‥‥‥‥‥‥‥‥‥‥‥‥‥‥‥‥‥‥**黑斑寒鯛**

　　　　6b. 頭部及體側上部欖綠色，腹部硫黃色，眼眶前後有數條紫藍色線紋；背鰭軟條部前端下方及尾柄上方各有一污藍色斑；下頜齒綠色。D. XIII, 7～8; A. III, 10; L. l. 26～27＋1～2; L. tr. 3/9～10。鰓耙 8＋7‥‥‥‥‥‥‥‥‥‥‥‥**青衣寒鯛**

6c. 體側後半有一三角形黑斑，其底邊相當於體之中軸，由胸鰭基底直達尾基，其前方腰邊向後上斜達背鰭軟條部，其後方腰邊則由背鰭軟條部前端向後下斜而至尾基，此黑斑內後部（相當於尾柄上方）有一藍色鞍狀斑，尾鰭上緣黑色。D. XIII, 7; A. III, 10; L. l. 27; L. tr. 2/9。鰓耙 5〜7＋10〜11⋯⋯⋯⋯⋯⋯⋯⋯⋯⋯⋯⋯**喬丹氏寒鯛**

2b. D. XI〜XIII, 10〜11。口閉合時上唇不掩覆下唇；眶前區較低。

7a. 口角有後犬齒；背鰭基底有鱗鞘；側鱗鱗片 30〜40 枚。

8a. 左右鰓膜癒合較廣，中央無缺刻。兩頜側齒一列，相互密接並癒合而形成一鋸齒緣。頭部較高而鈍（*Lienardella*）。

體長卵形，吻略尖。犬齒藍綠色，上頜6枚，下頜4枚，向外伸出，並向後彎曲。體黃綠色，腹面較淡，體側有8條暗紅色橫帶（三條在頭部），第四及第八條最寬。胸鰭黃色，背鰭、腹鰭及臀鰭暗紅色；尾鰭灰色而有紅邊。D. XIII, 8; A. III, 10; P. 15; L. l. 27〜30; L. tr. 4/10。鰓耙 6＋11 ⋯⋯⋯⋯⋯⋯⋯⋯⋯⋯⋯⋯⋯**橫帶寒鯛**

8b. 左右鰓膜癒合普通，中央有深缺刻。兩頜齒一列或二列。頭部不顯著高而鈍（*Bodianus*）。

9a. 前鰓蓋骨邊緣被鱗片；A. III, 10〜12。

10a. 頭尖突；頭長為吻長之 2.8〜3.5 倍。

11a. 體側無縱帶或橫帶，而有斑塊或斑點。

12a. 吻部褐色或暗褐色。

13a. 臀鰭前部中央有一大形黑色斑點，背鰭、臀鰭之後端以及側線之末端各有一黑斑；背鰭與側線之間有三、四個淡色斑點。D. XII, 10; A. III, 10; P. 16; L. l. 29＋2; L. tr. 4/10。鰓耙 5＋10 ⋯⋯⋯⋯⋯⋯⋯**斑紋寒鯛**

13b. 背鰭與側線之間有七個（或少於七個）淡色斑點，頭部有三個黃色斑。D. XI, 10; A. III, 10; L. l. 28; L. tr. 2/8。鰓耙 7＋10⋯⋯**太平洋寒鯛**

13c. 身體前部色暗，後部色淡。背鰭軟條部，臀鰭及腹鰭各有一大形黑斑。D. XII, 9〜10; A. III, 11〜12; P. 15〜16; L. l. 30〜33。鰓耙 5＋12 ⋯⋯⋯⋯⋯⋯⋯⋯⋯⋯⋯⋯⋯⋯⋯⋯⋯⋯⋯⋯⋯**腋斑寒鯛**

12b. 吻部白色；體側有四對白色大斑，分居背側與腹側。背鰭紅褐色，軟條部後部黃色，臀鰭內側，尾鰭及腹鰭之基部黃色。D. XII, 10; A. III, 12; P. 15; L. l. 30; L. tr. 6/11⋯⋯⋯⋯⋯⋯⋯⋯⋯⋯⋯⋯⋯**白斑寒鯛**

11b. 體側中部由胸鰭基部上方向後上方至背鰭硬棘部後部有一黑色斜帶。體前上部黑褐色，後下部淡褐色。由口角至下鰓蓋有一黑色狹縱條紋；胸鰭基部有一大黑斑。體側並有 7 枚不規則的黃斑。D. XII, 9; A. III, 11; P. 15; L. l. 28; L. tr. 3/9。鰓耙 4＋12 ⋯⋯⋯⋯⋯⋯⋯⋯⋯⋯**中胸寒鯛**

10b. 頭部鈍短；頭長約為吻長之 3.7〜4.4 倍。體側前背方褐色，後背方淡紅色，腹部前方暗褐色，由胸鰭後部上方，向後上方至背鰭硬棘部後方及軟條部前方之基底，有一紅褐色斜帶。體後部有數枚不規則的暗褐色斑點。背鰭前方有一黑斑；腹鰭暗褐色；尾柄及尾鰭上下緣有暗褐色帶；臀鰭前外側暗褐色。D. XII, 10; A. III, 12; P. 16; L. l. 32。鰓耙 4+12 ....**青頭寒鯛**

9b. 前鰓蓋骨邊緣裸出；A. III, 12。

　　14a. 上下頜齒各一列。

　　　　15a. 體黃色（液浸標本淡褐色），依各鱗列有若干赤色或褐色縱線，由背鰭軟條部至尾柄有一大形黑斑，臀鰭有白邊，腹鰭淡色，背鰭第 II、III 棘間有黑斑。D. XI〜XIII, 9〜10; A. III, 12; P. 16; L. l. 30〜31+1; L. tr. 5/11〜12。鰓耙 5〜6+8〜12 ....**雙月斑狐鯛**

　　　　15b. 體紅色，頭部有許多黃色小點，體側中部背方有一黃色橫帶，帶之後方褐色，背鰭硬棘部藍黑色。D. XII, 11; A. III, 12; P. 17; L. l. 31+2; L. tr. 6/12。鰓耙 8+13 ....**紅衣狐鯛**

　　　　15c. 液浸標本褐色，每一鱗片有一藍灰色斑點；有一大形黑斑由背鰭軟條部基底向後伸展至尾柄以及尾鰭下緣；臀鰭前下部黑色，腹鰭黑色，背鰭第 I 至 III 棘間鰭膜黑色。D. XII, 10; A. III, 12; P. 17; L. l. 30+2; L. tr. 5/11。鰓耙 5+13 ....**黑鰭狐鯛**

　　14b. 上下頜齒各二列。

　　　　16a. 體鮮紅色，有若干淡色縱線及數列暗色斑點；背鰭硬棘部中間有黑斑，背鰭與側線之間有數個淡色斑點。D. XII, 11; A. III, 12; P. 17〜18; L. l. 32〜33+2; L. tr. 5½/11〜12。鰓耙 3〜6+8〜10···**狐鯛**

　　　　16b. 體色同上種。但背鰭無黑斑。D. XII, 10; A. III, 12; P. 16; L. l. 29。鰓耙 5+8 ....**黃斑狐鯛**

7b. 口角無後犬齒；背鰭及臀鰭基底無鱗鞘；側線鱗片 45〜50 枚。體暗紅色，幼魚體側有一白色寬縱帶，背鰭、臀鰭、尾鰭及腹鰭各有一大形黑斑。老成雄魚前額部顯然隆起。D. XII, 9〜10; A. III, 12; P. 17; L. l. 42〜50。鰓耙 6〜7+10〜17 ......**網紋擬狐鯛**

〔II〕鸚鯛亞科 CORINAE 15 屬 58 種檢索表：

1a. 前鰓蓋骨有鋸齒緣；頰及鰓蓋被大形鱗片；L. l. 24〜25，背鰭前鱗片 4；背鰭前方數棘較高，雄者延長為絲狀。♂淡褐色，背部有五、六個深褐色斑點，各斑下方相當於側線處彼此相連。♀褐色，循鱗列有若干淡色縱線，各鰭有白色波狀紋（有時為數列斑點）。D. IX, 11; A. III, 9; L. tr. 2/6〜7。鰓耙 3+6 ....**曳絲鸚鯛**

1b. 前鰓蓋骨後緣光滑；L. l. 26 以上；背鰭前鱗片 5 枚以上。

2a. 體延長，近於圓柱狀（略形側扁），體長大於體高之 5 倍（5.5〜8 倍）；體被中、小型圓鱗；背鰭、臀鰭有鱗鞘，頭部近於裸出，僅前鰓蓋有小鱗一列及主鰓蓋骨上方有少數小鱗；唇之內側有垂纓狀褶襞；上下頜齒各一列，前方各有犬齒一對，在上頜者較強 (Cheilio)。

體上部深褐色，下部白色，劃分清晰；體側中央有一列黑色小點，各鰭淡褐色。D. IX, 13; A. III, 12; L. l. 46~48; L. tr. 5½/11。背鰭前正中線鱗片 10。鰓耙 8+18⋯⋯⋯⋯⋯⋯⋯⋯**金梭鯛**

2b. 體延長，呈卵圓形而非圓柱狀，體高大於體長之 1/5；鰓蓋主骨無鱗。

　3a. 背鰭硬棘 IX 枚。

　　4a. 口小，端位；上頷兩側後方各有一枚明顯之犬齒狀齒。

　　　5a. 下唇分爲二葉（中間有一明顯之U字形缺口）；體較細長 (*Labroides*)。

　　　　6a. L. l. 50~54。體淡藍色，由吻端至尾鰭末端有一黑色縱帶，向後漸寬。背鰭第 I~III 棘間有一暗斑。臀鰭基部有一暗色縱帶。D. IX, 11; A. III, 10; P. 12; L. tr. 5/11⋯⋯⋯⋯
　　　　⋯⋯⋯⋯⋯⋯⋯⋯⋯⋯⋯⋯⋯⋯⋯⋯⋯⋯⋯⋯⋯⋯⋯⋯⋯⋯**藍帶裂唇鯛**

　　　　6b. L. l. 25~28；體前部及頭部色暗，後部色淡。幼魚由吻端至體側中央有一黑色縱帶。尾鰭有一彎月形黑帶（不見於幼魚）。背鰭、臀鰭黑色而有白邊。D. IX, 11; A, III, 10; P. 12; L. tr. 3/10⋯⋯⋯⋯⋯⋯⋯⋯⋯⋯⋯⋯⋯⋯⋯⋯⋯⋯⋯⋯⋯⋯**二色裂唇鯛**

　　　5b. 下唇不分爲二葉。

　　　　7a. 臀鰭 II 棘；頭部腹面無鱗 (*Labropsis*)。

　　　　　吻部絡籠狀，截平；唇厚而有摺，上唇之後有深溝。幼魚體黑色，體側有三條淡灰色縱帶，背鰭、臀鰭及尾鰭均有白邊。成魚爲一致之暗紅褐色，胸鰭基部有一黑色圓斑。尾鰭上下角色淡。D. IX, 11~12; A. II, 9~10; P. 12; L. l. 38~40; L. tr. 5/15。鰓耙 8~11 ⋯⋯⋯⋯⋯⋯⋯⋯⋯⋯⋯⋯⋯⋯⋯⋯⋯⋯**琉球厚唇鯛**

　　　　7b. 臀鰭 III 棘；頭部腹面除頤區外佈滿鱗片；上下唇成厚摺片狀 (*Labrichthys*)。

　　　　　雌者暗褐色，唇黃色，背鰭、臀鰭之外側有不明顯的縱條紋，尾鰭有白邊。雄者黃褐色，體側有很多細縱條紋；背鰭、臀鰭及尾鰭之外緣藍色，內側有黑縱線紋。D. IX, 11; A. III, 9~10; P. 13; L. l. 25~27 ⋯⋯⋯⋯⋯⋯⋯⋯⋯⋯⋯⋯⋯⋯**單線摺唇鯛**

　　4b. 口普通，不特小。

　　　8a. 側線鱗片 50 枚以上。

　　　　9a. 側線鱗片 50~85 枚 (*Coris*)。

　　　　10a. 側線鱗片 70 以上。

　　　　　11a. 體黃色，上部較深，由吻端至尾鰭上葉有一暗褐色縱帶，帶之上緣平直，下緣有許多舌狀突起，背鰭基部黑色。背鰭第 I、II 棘不延長。D. IX, 12; A. III, 12; L. l. 83; L. tr. 7/30。鰓耙 7+11 ⋯⋯⋯⋯⋯⋯⋯⋯⋯⋯⋯⋯⋯**花娘鸚鯛**

　　　　　11b. 體欖褐色，後部較暗而有多數天藍色小點；在背鰭第 VI~IX 棘下方有一淡綠色橫帶。尾鰭淡黃色，外側紅色。背鰭第 I, II 棘延長。幼魚橙黃色，在背方有三個有黑邊之不規則白斑，頭頂及枕部各有一黑邊白斑，尾鰭淡黃色，其基部有白色半環，環之前緣黑色，背鰭及臀鰭有黑帶。D. IX, 12; A. III, 12; L. l. 68~74+2~3; L. tr. 7~8/31~32。鰓耙 6~8+11~12⋯⋯⋯⋯**蓋馬氏鸚鯛**

　　　　10b. 側線鱗片 60~65。

體欖綠色，在背鰭第 IV～VII 棘下方有一綠色橫帶。 體側有不明顯之褐色小點。頭部褐色，鰓蓋膜上有一暗斑。尾鰭綠色而有紅色小點。幼魚灰綠色， 頭部及體軀前部有很多大如瞳孔之黑點，背鰭有二個大形白邊之眼斑，尾鰭有彎月形黑帶及斑點。 臀鰭有寬黑縱帶。 背鰭各棘不延長。D. IX, 12; A. III, 12; L. l. 58＋3; L. tr. 6/26; 鰓耙 7＋11 ‥‥‥‥‥‥‥‥‥‥‥‥‥‥‥‥‥‥‥‥‥‥‥‥**紅喉鸚鯛**

10c. 側線鱗片 50～60。

　　12a. 體黃色，頭部背面暗褐色，體側有九條暗色橫帶，三條淺紅色縱帶。背鰭黑褐色，外緣紅色，第 I～III 棘之間有一黑斑。臀鰭暗紅色，外側有三條淡藍色縱線。尾鰭黃褐色，上下角色淡。D. IX, 12; A. III, 12; P. 12; L. l. 51～54; L. tr. 5～6/19～20 ‥‥‥‥‥‥‥‥‥‥‥‥‥‥‥‥‥‥‥**彩衣鸚鯛**

　　12b. 體黃綠色，上側有 4～7 個暗色鞍狀斑，頭側及頰部有暗色斑點及數條藍邊之紅色彎曲帶紋。背鰭第 I～II 棘之間有一小黑點，第 1～3 軟條間有一大眼斑，第 9～10 軟條間有另一小黑點。D. IX, 11; A. III, 11; P. 11～12; L. l. 52～58; L. tr. 5/18～19。鰓耙 6＋11 ‥‥‥‥‥‥‥‥‥‥‥**雜色鸚鯛**

9b. 側線鱗片 100 枚以上; 兩頜前方各有四枚犬齒， 後方無犬齒; 背鰭硬棘柔軟易屈 (*Hologymnosus*)。

幼魚乳白色，體側有三條褐色縱帶。長大後近黑色，體上側有一乳白色寬縱帶。成魚淡褐色，體側有 20 餘條褐色橫帶 (較帶間區略狹); 頭部藍色，有數條暗邊之褐色或紅色帶; 胸鰭基部後方有一淡色區域。D. IX, 12; A. III, 12; L. l. 105～115; L. tr. 10/46～48。鰓耙 6＋13 ‥‥‥‥‥‥‥‥‥‥‥‥‥‥‥‥‥‥‥‥‥‥**細鱗鸚鯛**

8b. 側線鱗片 50 枚以下。

　　13a. 唇特別肥厚而有褶襞，下唇中裂，形成一對向下之大形肉垂; 上下頜先端之犬齒 (一對) 向前 (水平位) 突出; 頰部後下方有一帶小鱗; 側線成乙字形連續 (*Hemigymnus*)。

　　　　14a. 液浸標本暗褐色，有數條淡色橫帶; 胸鰭淡色，基部黑色，其他各鰭黑色。D. IX, 11; A. III, 11; L. l. 28～29; L. tr. 4/11。鰓耙 6～7＋13～17 ‥‥‥‥‥‥‥‥‥‥‥‥‥‥‥‥‥‥‥‥‥‥‥**大口鸚鯛**

　　　　14b. 液浸標本後部暗褐色， 前部淡色， 體側無淡色橫帶; 胸鰭基部不為黑色。D. IX, 11～12; A. III, 11; L. l. 28; L. tr. 4～6/11～14。鰓耙 7～8＋19～21 ‥‥‥‥‥‥‥‥‥‥‥‥‥‥‥‥‥‥‥‥‥‥**垂口鸚鯛**

　　13b. 唇中等肥厚，下唇中裂，形成小形肉垂; 頰鱗三至五列 (*Pseudolabrus*)。

　　　　15a. 體長小於體高之 4 倍，頰鱗四或五列。體之前部背方有數條黑色縱線紋，在頭部者尤為明顯; 腹鰭外側軟條不為絲狀延長; 背鰭硬棘部有黑斑。D. IX, 11; A. III, 10; L. l. 23～24＋1; L. tr. 3/8～9。鰓耙 3～8＋8～12 ‥‥‥‥‥‥‥‥‥‥‥‥‥‥‥‥‥‥‥‥‥‥‥**竹葉鸚鯛**

15b. 體長大於體高之 4 倍，頰鱗三列。由吻端經眼至尾鰭基部有一暗色縱帶；腹鰭外側軟條為絲狀延長；背鰭中部有一淡色縱帶。D. IX, 11; A. III, 10; L. l. 22～24; L. tr. 1/7。鰓耙 6+11 ………**細竹葉鸚鯛**

13c. 唇不特別肥厚。

16a. 胸部鱗片較體側者為大，上下頜有一列門齒狀齒，彼此緊接，前端無犬齒，後端有一枚犬齒；頰部裸出（頭部僅眼後上方有鱗）；側線為乙字狀連續 (*Stethojulis*)。

17a. 胸鰭軟條 14 或 15；初期 (Primary phase) 在吻端背面中央有一黑褐色小點。

18a. 胸鰭軟條 15（少數為 14）。鰓耙 24～28（通常為 25～27）。體長為體高之 3.3～3.85 倍。初期在體側下半有 5 條白色縱狹條紋；初期及終期在側線末端上方有一小暗點，終期在鰓蓋膜上方有一長卵形黑斑。D. IX, 11; A. III, 11; L. l. 26; L. tr. 2½/9 ……………………………………………………**腹紋鸚鯛**

18b. 胸鰭軟條 14（少數為 15）。鰓耙 25～30（通常為 27～29）。體長為體高之 3～3.3 倍。初期在體側下方無白色條紋，而在尾柄部中央有 1～4 枚（通常為 2 枚）暗褐色小點。終期在胸鰭基部上方有一紅色區域，體側有 2 條藍色平行線紋，其一由鰓裂沿紅色部上緣至肛門上方，另一由胸鰭腋部至尾鰭。D. IX, 11; A. III, 11; L. l. 25; L. tr. 2/9 ……………………………**班達鸚鯛**

17b. 胸鰭軟條 13（少數 12）；吻端背面中央無暗褐色點。

19a. 體長為體高之 2.7～3.2 倍。鰓耙 25～28。初期在體側上方三分之二有灰色小點；下方三分之一有數縱列暗色點，尾鰭基部中央有一暗色點。終期在體側有三條灰色狹縱條紋（生活時為藍色），一經鰓裂上角，一經胸鰭基部下方而均至尾基，中央一條止於胸鰭基部上方。D. IX, 11; A. III, 11; L. l. 26～28; L. tr. 2½/3/8～9………………**三線鸚鯛**

19b. 體長為體高之 3.4～4.4 倍；鰓耙 19～23。初期在胸鰭下方無灰邊之黑線；終期在尾柄部無黑色區域。雌性體側上半鉛灰色，下半乳白色，二者之間有一淡藍色縱條紋，下側依鱗列有 6 縱列褐色小點。雄者體色相似，但體側有 4 條淡紅色線紋，第一條沿背鰭基底，第二條由吻背中央經眼之上部而至鰓裂上緣，第三條由吻端經眼下方至胸鰭基部上方中斷，再延伸至尾基，第四條在胸鰭基底下方。D. IX, 11～12; A. III, 11～12; L. l. 26～28; L. tr. 6 ～7+11～14………………**斷線鸚鯛**

16b. 胸部鱗片不較體側者爲大。上下頜前方有犬齒二或四枚。

20a. 上下頜前方各有一對向前伸出之門齒狀齒，扁平而有切截緣 (*Anampses*)。

21a. L. l. ±50；背鰭前鱗片 16。雌魚及幼魚爲一致之深褐色，背鰭及臀鰭最後三軟條上有一黑色眼狀斑； 雄魚青褐色， 頭部及胸部有若干深藍色蠕蟲狀線紋；每一鱗片有一藍色垂直線紋，背鰭、臀鰭鉛青色，有乳白色邊緣及白色小點，胸鰭棕綠色，，基部有很多藍色小點。D. IX, 12； A. III, 12； L. l. 50+2； L. tr. 10/21。鰓耙 6+10⋯⋯⋯⋯⋯⋯⋯⋯**蟲紋鸚鯛**

21b. L. l. 26～27。

22a. 體中等高至甚高，體長約爲體高之 2.3～3 倍； 鰓耙 18～25； L. l. 27。體側鱗片有暗邊之淡藍色小點或垂直條紋。液浸標本雄魚紫褐色，體側每一鱗片有一淡色線紋（垂直），幼魚在背鰭硬棘部下方至腹側有淡色濶帶；尾鰭無斑點，背鰭有淡色斑點及縱帶。雌魚赤褐色，或帶紫色，體側每一鱗片有一白色暗邊之斑點（生活時斑內爲青色），頭側有若干白色黑邊之線紋，背鰭、臀鰭帶紅色，邊緣白色，邊下有黑色縱線，更有若干斑點，與體側鱗片上者相同而較小，尾鰭亦有同樣之斑點，胸鰭、腹鰭帶黃色， D. IX, 12； A. III, 12； L. tr. 5～6/11。鰓耙 5～9+10～12⋯⋯⋯⋯⋯⋯**青點鸚鯛**

22b. 體不甚高，體長約爲體高之 2.8～3.65 倍。鰓耙 14～20, L. l. 26。

23a. 尾鰭後緣截平或略凹入。鰓耙 18～20。雌魚黑褐色，每一鱗片有一灰色圓點，尾鰭黃色，背鰭及臀鰭之軟條部後方有一黑色眼斑。雄魚暗褐色，頭部前方橙紅色，體側及各鰭有白色或黃灰色小點。背鰭軟條部及臀鰭有白邊，尾鰭紅褐色，後部較淡，中間有黑白二條弧形線分開。D. IX, 12； A. III, 12； L. tr. 3/10⋯⋯⋯⋯⋯**北斗鸚鯛**

23b. 尾鰭後緣多少成圓形。鰓耙 14～19。

24a. 鰓耙 14～17。體黑褐色，體側每一鱗片有一白色點，頭部有很多大如瞳孔之白點。尾鰭基部黃色，然後一黑色寬橫帶，後緣白色。鰓蓋膜後端有一黑色圓斑。D. IX, 12； A. III, 12； L. tr. 2/11⋯⋯⋯⋯**鳥尾鸚鯛**

24b. 鰓耙 15～19。體色與上種不同。體長爲體高之 2.9～3.4 倍。雌相之背鰭及臀鰭後端各有一大形黑斑。

25a. 由胸鰭基部至背鰭基底後端黑色而有藍色小點，下側漸成乳白色。雌者下側有藍色斑
點，雄魚下側有藍色垂直線紋。胸鰭基部無暗斑。D. IX, 11～13; A. III, 11～13; P. 12
…………………………………………………………………………………………**新幾內亞鸚鯛**

25b. 體後部暗紅褐色，有暗邊之藍色小點散在，向前至腹部、胸部及頭部腹面漸成黃色。背
鰭、臀鰭紅褐色；胸鰭黃色，基部有一暗褐色斑。腹鰭黃色。D. IX, 12; A. III, 12; P.
12……………………………………………………………………………………………**黃胸鸚鯛**

20b. 上下頜前方各有二對犬齒，上頜外側一對向外後方彎曲，上頜後方有一犬齒。前鰓蓋骨僅後
下角游離 (*Macropharyngodon*)。

26a. 地色為藍色，每一鱗片之後緣有淡藍色光澤；頭部有數條不規則之淡藍色帶。尾鰭上
下緣深藍色。D. IX, 11; A. III, 11; P. 10; L. l. 27; L. tr. 4/11。鰓耙 14～18……
………………………………………………………………………………………**內革羅曲齒鸚鯛**

26b. 地色為紅褐色，每一鱗片有一綠色圓點，在胸部及枕區形成縱帶，頭部有形狀不一之
藍色斑塊。雌魚及幼魚淡褐色，全身有不規則的網狀斑紋。D. IX, 11; A. III, 11; P.
10～11; L. l. 27～29; L. tr. 3～4/9～11。鰓耙 6+11 ………………**網紋曲齒鸚鯛**

20c. 上頜外側犬齒不向外伸出，上下頜齒一列，內側或有若干細齒，上頜後端有犬齒一枚。頰部
裸出。胸部鱗片與體側者同大或略小，側線為乙字狀連續 (*Halichoeres*)。

27a. 上下頜均具四枚細長而分離之犬齒，外側犬齒向外後方彎曲，內側犬齒較短；腹鰭
外側軟條延長為絲狀。由吻端至尾基有一不甚明顯之縱帶，第五至第六側線鱗片下有
一暗色斑，由上唇後端經眼至鰓蓋後緣有一淡色帶，頭部兩側有一逗點狀暗色斑……
………………………………………………………………………………………………**靑腹儒艮鯛**

27b. 上頜犬齒兩枚或四枚，下頜犬齒兩枚，排列較整齊。

28a. 在鰓蓋上方有一小簇鱗片；背鰭、臀鰭均 11 軟條。

29a. 眼下方或後方無鱗。

30a. 尾柄上側有一大形暗色斑，體側有四、五不規則的斑點，由胸鰭向後下方至
腹部有一暗色條紋，由吻端至眼之前緣有一褐色帶，鰓蓋及下鰓蓋上有兩條褐
色帶………………………………………………………………………………**三斑儒艮鯛**

30b. 尾柄上側無暗色斑；體側有一條由乙字形條紋所構成之橫帶……**頸帶儒艮鯛**

29b. 眼下方或後方有鱗。背鰭硬棘部前方基底各有一白斑；背部各鱗均有靑灰色垂
直線紋，頸側有數條灰白色斜走線紋，尾鰭有六條深色橫帶…………**四點儒艮鯛**

28b. 除枕區外頭部全裸；背鰭、臀鰭 11～13 軟條。

31a. 背鰭與臀鰭有低鱗鞘；吻尖銳；口水平，在眼眶下緣略下；背鰭硬棘柔
弱；犬齒中型。

32a. 胸鰭完全為一大形黑斑所掩蔽；背部每一鱗片有一黑點，尾鰭基部上側
有一較眼徑略小之黑斑，背鰭、臀鰭有淡色線紋………………**黑臂儒艮鯛**

32b. 胸鰭基部未完全被暗色斑所掩蔽。胸鰭基部上方有一小黑點。

33a. 雄魚尾鰭後部有四條新月形之斑紋，背鰭、臀鰭有縱帶，背鰭及尾鰭基部無黑斑。雌魚尾鰭無新月形斑紋，體側依鱗列有黃藍相間之縱條紋，背鰭前方和中部，以及尾柄上方各有一白邊之黑色眼斑……**烏尾儒艮鯛**

33b. 尾鰭中後部有一大形暗色橫斑（幼魚為一致之淡色），背鰭、臀鰭有多數淡色小點及斜條紋，頭部有多數深淡相間之縱線紋……**白雪儒艮鯛**

33c. 尾鰭紫色，有紫紅色之橫帶；背鰭、臀鰭有紫紅色縱帶。頭側有四、五條紅色縱帶，其一由口角至胸鰭起點。頤部、胸部及胸鰭基底下方有數條紅褐色縱帶……………………………………………………**瑰麗儒艮鯛**

31b. 背鰭及臀鰭無鱗鞘；吻不特別尖銳，口裂顯然在眼下緣以下。

34a. 背鰭前部之硬棘約與後部者等長。液浸標本淡褐色，背部有四、五個暗色斑，由眼至吻端，由眼至上頜，各有一條深色條紋，眼後至鰓蓋有若干深色斑點；背鰭第 IV～V，第 V～VI 棘間膜上有黑斑，軟條部上有一列或數列白色圓斑，胸鰭基底上方有一三角形黑斑………………………………………………………………………………**黑帶儒艮鯛**

34b. 背鰭前部之硬棘較後部者為短。

35a. 背鰭前部各硬棘間有一暗色斑點或眼狀斑。

36a. 背鰭軟條部有暗色斑點或眼狀斑。

37a. 尾鰭基部上方有一鑲白邊之暗色斑點，體側有五、六個大形暗色橫斑，由吻端至眼有一暗色橫帶，眼後緣有一短橫帶，鰓蓋上有不規則的暗色斑，背鰭與臀鰭有多數淡色眼狀斑………………………………………………………………………**里巴儒艮鯛**

37b. 尾鰭基部無暗色斑點。上頜有犬齒四枚，外側兩枚向後方彎曲。

38a. 背鰭有垂直或傾斜斑紋。

39a. 臀鰭有多數黑色小點，背鰭下方有五個暗色橫斑，體側中央亦有五個暗色斑紋，頭部背側有暗色小點，眼後有一垂直條紋，眼前有一暗色斑點，尾鰭有八條不明顯的垂直條紋…………………………………………**小儒艮鯛**

39b. 臀鰭有淡色斑點或線紋，成縱列或傾斜排列，體側有暗色斑紋，頭側有數條縱走暗色帶，眼後有一黑色斑點，鰓蓋瓣下有一大形黑色斑點；雄魚臀鰭中央有一淡色縱帶，基部有一列淡色眼狀斑；雌魚臀鰭有淡色斜線紋…………………………………………………………………**真珠儒艮鯛**

38b. 背鰭後部有白色眼狀斑，臀鰭基部有一列白色眼狀斑，中部有一白色縱帶；頭部有數條濃淡相間之條紋…**雲紋儒艮鯛**

36b. 背鰭軟條部無暗色斑點或眼狀斑。

40a. 背鰭第 I～IV 棘之間有一暗色斑，頭側有數條暗色縱帶，體側無縱帶或橫帶………
……**安保儒艮鯛**

40b. 背鰭前部硬棘間無暗色斑，體側中央有一暗色縱帶………………………**花翅儒艮鯛**

40c. 雄魚背鰭前方數棘暗褐色；尾鰭黑色，外緣灰白色；頭部有兩條暗色橫帶；雌魚背
鰭灰白色，有多數灰褐色斑點，頭側無明顯之橫帶……………………………**纖棘儒艮鯛**

35b. 背鰭前部各硬棘間無暗色斑點或眼狀斑。

41a. 背鰭軟條部有暗斑或眼斑。

42a. 背鰭第 1～4 軟條間有一黑斑。體淡綠色，頭側有數條不規則之暗帶，體側有
大形暗斑，多少相連並分叉，胸鰭上方有三條或多條不明顯之縱條紋，背鰭有不
規則的連續小斑塊；臀鰭內側色暗；尾鰭有數橫列暗褐小點…………**單斑儒艮鯛**

42b. 背鰭第 1～3 及 9～11 軟條間各有一暗色眼斑，體暗紅色，頭部腹面至臀鰭以
前色淡。體側前方有淡色縱條紋；眼後有一暗斑…………………………**雙斑儒艮鯛**

41b. 背鰭軟條部無暗斑或眼斑。

體暗色，每一鱗片之中央色淡，背鰭與臀鰭有多數有暗色邊緣之小形眼狀斑。頭側
有數條不規則之暗色帶…………………………………………………………………**大眼儒艮鯛**

3b. 背鰭硬棘 VIII 枚，軟條 13 枚；體被大型圓鱗，頸部裸出；無後犬齒。

42a. 吻短，不呈管狀 (*Thalassoma*)。

43a. 鰓蓋上部有少數鱗片。

44a. 體側有暗色寬橫帶，有時各橫帶互相連接而成大形斑塊。

45a. 身體後部之橫帶多少擴展至臀鰭，頭側無橫帶；尾鰭後緣半月形，成魚上下葉延長…
……**詹森氏葉鯛**

45b. 體側後部之橫帶不擴展至臀鰭，臀鰭前部軟條上有一暗色斑，頸部斑紋呈放射狀……
……**哈氏葉鯛**

44b. 體側有縱帶，如有橫帶往往與縱帶互相連接而形成為一、二縱列四角形斑點。

46a. 頸部有暗色斑點及條紋，體側有兩條淡褐色縱帶，背部有六個褐色斑；尾鰭後緣截
平或略圓……………………………………………………………………………………**影斑葉鯛**

46b. 頸部背側淡色，吻部有一黑邊之三角形暗色大斑，由頸部至尾鰭上側有一褐色縱
帶，體側中央及下部各有一淡紅色縱帶，兩帶之間有垂直條紋相連接；尾鰭後緣圓
形，上下葉稍延長………………………………………………………………………**紫衣鯛**

46c. 體暗綠色，頭部有放射狀條紋，體側有兩條淡紅色條紋，二者之間有多數垂直條
紋，形成兩列多少呈四角形之綠色斑；尾鰭後緣半月形，上下葉顯然延長…**五帶葉鯛**

46d. 體赤褐色，體側有極顯著之長方形橫斑，排成二縱列，頭部無特殊之斑紋；尾鰭後
緣截平，但上下葉略形延長……………………………………………………………**綠斑葉鯛**

46e. 體背部褐色，腹部青色，有二條暗青色縱帶，二帶間有二縱列之暗赤色橫斑，向後

則成爲三列；由吻經眼達鰓蓋主骨之後端有一暗色縱帶，帶之上下有若干同色之波狀線紋；胸鰭基底赤色，背鰭第 II～IV 之間有一黑斑，尾鰭後半暗赤色⋯⋯⋯**花面葉鯛**

44c. 體側無深色縱帶及橫帶，體側鱗片通常有垂直線紋，頭部有彎曲的縱帶。

47a. 體淡綠色或淡褐色，背鰭前部硬棘間有一黑斑，胸鰭上半外緣略內有一暗紅色縱斑⋯⋯⋯⋯⋯⋯⋯⋯⋯⋯⋯⋯⋯⋯⋯⋯⋯⋯⋯⋯**黃衣葉鯛**

47b. 體通常爲藍色，背鰭前部硬棘間無黑斑，胸鰭上部上緣略內有一暗紅色縱斑⋯⋯⋯⋯⋯⋯⋯⋯⋯⋯⋯⋯⋯⋯⋯⋯⋯⋯⋯⋯⋯⋯⋯⋯⋯⋯⋯**月斑葉鯛**

43b. 頭部無鱗；頭側有二條暗色縱條紋，一由吻端經眼下至胸鰭基部上方，一由口角經頰部而至胸部⋯⋯⋯⋯⋯⋯⋯⋯⋯⋯⋯⋯⋯⋯⋯⋯⋯⋯⋯⋯⋯**鈍頭葉鯛**

42b. 吻部向前延長呈管狀，上下頜位於吻端 (*Gomphosus*)。

幼魚藍綠色，體側有二條黑色縱帶，吻不突出。雄魚深藍色，各鰭淡綠色。雌魚體前部淡褐色，後部（有時尾部）深褐色，頭部顏色不較體部爲淡；奇鰭淡色；胸鰭有濃色與淡色橫斑；尾鰭後部白色；每一鱗片有一暗色垂直線紋⋯⋯⋯⋯⋯⋯⋯⋯⋯⋯⋯**突吻鸚鯛**

〔III〕**短鸚鯛亞科** CHELININAE **9 屬 25 種檢索表:**

1a. 背鰭硬棘 VIII～IX。

2a. 背鰭第 I、II 棘與後方各棘同樣粗壯，亦不隔離；體不特別側扁；頭頂不顯著聳起，頰部有鱗。

3a. 上下頜能強度伸縮，下頜骨向後超越鰓膜；上下頜齒各一列，前方各有犬齒一對；鱗片大形，頰鱗二列 (*Epibulus*)。

體污褐色或暗褐色，有時爲黃色，而鱗片具有褐色條紋，背鰭第 I、II 棘間有一暗色斑點，向後成爲暗色縱帶，D. IX, 10; A. III, 8; L. l. 13～15+6～8+2～3; L. tr. 2/6。鰓耙 6+11 ⋯⋯⋯⋯⋯⋯⋯⋯⋯⋯⋯⋯⋯⋯⋯⋯⋯⋯⋯⋯⋯⋯⋯⋯⋯**管口鸚鯛**

3b. 上下頜略能伸縮，下頜骨正常。

4a. 頭部鱗片大形，頰部由第一鱗片掩蓋。體褐色，眼後及尾柄各有一白色橫帶。奇鰭灰褐色，在背鰭最後一棘及臀鰭軟條部前方各有一黑色眼斑。腹鰭大部分黑色。D. IX, 9; A. III, 8; L. l. 13～15+5～6+2～3; L. tr. 2/6。鰓耙 5+8⋯⋯⋯⋯⋯⋯⋯⋯**菲島大鱗鸚鯛**

4b. 頭部鱗片不特大。

5a. 臀鰭第 III 棘長於第 II 棘；齒直立，一列，上頜犬齒不向後外方伸出；鱗片大形（其上段側線通常僅有 15～16 鱗），頰鱗二列，尾基有特大之鱗三片 (*Cheilinus*)。

6a. 背鰭棘 X 枚。體欖綠色或淡褐色，頭部有淡紅色或黑色條紋，由眼呈放射狀排列，體側鱗片具白色斑點，奇鰭及腹鰭有白色斑點⋯⋯⋯⋯⋯⋯⋯⋯⋯⋯⋯**紅斑綠鸚鯛**

6b. 背鰭棘 IX 枚。

7a. 體長爲體高之 2.3～2.7 倍；頭長等於或略大於頭高。

8a. 前鰓蓋骨之下緣被鱗片。背鰭與臀鰭有發達之鱗鞘。

體褐色，沿體側中央有三或四個黑點；頭部及體軀前部有很多白色（生活時爲紅色）小

點⋯⋯⋯⋯⋯⋯⋯⋯⋯⋯⋯⋯⋯⋯⋯⋯⋯⋯⋯⋯⋯⋯⋯⋯**尖頭鸚鯛**

8b. 前鰓蓋骨下緣裸出。

9a. 尾鰭後緣楔形，上下緣鰭條略長，中間數鰭條亦較長，故呈 ε 字狀。體墨綠色，體側有三、四條深色橫帶及四個深色斑點，頭部有粉紅色斑點及條紋，體側鱗片具有垂直之淡紅色及暗色線紋，背鰭、臀鰭各有二條淡褐色縱帶⋯⋯⋯⋯**三葉鸚鯛**

9b. 幼魚尾鰭後緣圓形，成魚尾鰭上下葉顯然延長。體污綠色，有六、七條褐色橫帶向上伸展至背鰭，向下至臀鰭，眼後上方有一褐色斑，體側有五個暗褐色斑點排成一縱列；頭部有淡色放射狀條紋及小點；各鰭之硬棘綠色⋯⋯⋯⋯**橫帶鸚鯛**

9c. 尾鰭後緣圓形。液浸標本紅褐色，每一鱗片有一垂直的褐色線紋，腹部鱗片具有不規則的淡色線或花紋；眼後有二條深色向上傾斜之平行線紋⋯⋯⋯⋯**波紋鸚鯛**

7b. 體長為體高之 2.4～3.2 倍；頭長為頭高之 1.1～1.2 倍；前鰓蓋裸出之下緣甚狹；背鰭、臀鰭有發達之鱗鞘。眼後有一深褐色斑，在胸鰭後，正當側線下方有一更大之斑，體側由頭至尾有不規則的縱帶，向後漸形模糊⋯⋯⋯⋯**雙斑鸚鯛**

7c. 體長為體高之 2～3.3 倍；頭長為頭高之 1.3～1.8 倍；前鰓蓋裸出之下緣甚寬。

10a. 尾鰭後緣圓形，上下葉略突出。體欖綠色或紅色，體側往往有三個暗色鞍狀斑，頭部下面有八條向後下方斜走之黑色線紋⋯⋯⋯⋯**雙線鸚鯛**

10b. 尾鰭後緣截平，展開時略呈圓形。液浸標本淡褐色，尾柄有一淡色橫帶，頭部有多數淡色斜走之線紋⋯⋯⋯⋯⋯⋯⋯⋯⋯⋯⋯**單帶鸚鯛**

10c. 尾鰭後緣略呈圓形；體綠色或欖綠色。體側有多數淡色斑點，由眼之後緣至鰓蓋有二條暗褐色帶；背鰭硬棘間有深缺刻；第 I、II 棘間有一暗色斑；尾柄中央有一不規則的暗色縱帶⋯⋯⋯⋯⋯⋯⋯⋯⋯⋯⋯⋯⋯⋯⋯**銳吻鸚鯛**

5b. 臀鰭第 II 棘長於第 III 棘；上頜犬齒 8 枚，下頜 2 枚，前者各齒向後外方伸出；鰭片大形，在尾基之三片特大，頰鱗二或三列，背鰭、臀鰭有鱗鞘（*Pseudocheilus*）。

背鰭、臀鰭各棘間有深缺刻，鰭膜在各棘之先端延長為絲狀。液浸標本淡綠色，腹面及頭部紅褐色，體側有三條污紅色縱帶，各帶上下緣藍綠色，因此形成六條紅綠相間之縱條紋；各鰭藍色，頰部有兩個褐色斑點，尾柄上方有一個褐色斑點。D. IX, 11～12; A. III, 9; P. 15～16′; L. l. 15～16+5～8。鰓耙 4+11⋯⋯⋯⋯⋯⋯⋯⋯⋯⋯⋯⋯⋯**六帶擬鸚鯛**

2b. 背鰭第 I、II 棘纖弱而易屈；身體特別側扁。

11a. 頭部背面無突起龍骨；兩頜齒各數列，頭部無鱗（*Novaculichthyes*）。

體長為體高之 2.8～3 倍；眼之後下方有少數退化之鱗片；背鰭各棘均不延長為絲狀。體褐色，頭部稍淡；沿胸鰭內側有一新月形黑色斑紋，胸鰭基部黑色；背鰭第 I、II 棘間與 II、III 棘間鰭膜黑色；尾鰭基部淡色，後部暗色；頭部以眼為中心有五、六條暗色放射狀條紋。D. IX, 13～14; A. III, 13; P. 12; L. l. 20+6。鰓耙 5～6+10～13⋯⋯⋯⋯⋯⋯⋯⋯⋯⋯⋯⋯⋯⋯**帶尾鸚鯛**

11b. 頭部背面呈尖削之龍骨狀；兩頜齒一列或多列。

12a. 背鰭第 I、II 棘稍延長，雖與後方諸棘隔離，但仍有低鰭膜連接之；頰部有小鱗數列；上下頜齒一列 (*Hemipteronotus*)。

13a. 腹鰭第 1 軟條之末端不達肛門。

14a. 體為一致之污褐色，眼後有一污點；沿側線前方有數個淡褐色點，在側線下方胸鰭末端上方有一大形暗色斑；下頜有兩條灰色橫帶；背鰭、臀鰭有不明顯之灰色波狀斜帶⋯⋯⋯⋯⋯⋯⋯⋯⋯⋯**離鰭鯛**

14b. 體（液浸標本）淡黃色或微紅，相當於胸鰭內側後上部有一乳白色（生活時紅色）橢圓斑；成魚臀鰭之後部有黑色斑；幼魚之背部，在側線與背鰭軟條部之間有少數黑點散在，其前方（在側線上）則有一大形之黑斑⋯⋯⋯⋯⋯⋯⋯⋯⋯⋯⋯⋯⋯⋯⋯⋯⋯⋯⋯⋯⋯⋯**黑斑離鰭鯛**

13b. 腹鰭第一軟條特別延長，其末端往往超過臀鰭起點。

15a. 體（液浸標本）淡黃色，鰓蓋稍帶紫紅色；生活時體後部紅色，有若干不明顯之縱線；在側線前部下方有一藍色斑（液浸標本），頭部有不規則的藍色蠕蟲狀線紋⋯⋯⋯⋯⋯⋯⋯⋯**薔薇離鰭鯛**

15b. 體紅色，液浸標本肉黃色，鰓蓋上有一大形藍色斑，由胸鰭之上緣至腹部有一大形淡紅色區域，此區域之內有一鑲黃邊之鮮紅色縱斑⋯⋯⋯⋯⋯⋯⋯⋯⋯⋯⋯⋯⋯⋯⋯⋯⋯⋯⋯⋯⋯⋯**紅斑離鰭鯛**

15c. 體橄綠色，背鰭第 VII 硬棘下有一黑斑，約佔三鱗（由上向下計）位置，其最下之鱗片即第八側線鱗；背鰭、臀鰭暗色而有許多小淡色點散在，多少形成平行之斜線；尾鰭有八條垂直暗色帶⋯⋯⋯**星離鰭鯛**

12b. 背鰭第 I、II 棘不特別延長，與後方諸棘隔離，但仍有鰭膜連接之；眼後下方有少數小鱗；上下頜齒二列以上 (*Xyrichthys*)。

液浸標本褐色，體側每一鱗片有一暗色橫線；各鰭褐色，背鰭有二條，臀鰭有三條暗色縱帶，並有多數斜走線紋，尾鰭有數條暗色垂直線紋⋯⋯**細斑離鰭鯛**

12c. 背鰭第 I、II 棘特別延長，與後方諸棘遠離，並無鰭膜，可認為獨立之第一鰭；頰部通常無鱗；上下頜齒通常一列 (*Iniistius*)。

16a. 由口角至頰部有一明顯的凹溝。液浸標本黃色，體側有三個不明顯之暗色橫斑，側線下方各鱗片往往具有淡褐色斑點，在第五至第六側線鱗上方有一黑色斑點；背鰭有暗色縱線或斜線，臀鰭中央有一不明顯之暗色縱帶⋯⋯⋯⋯⋯⋯⋯⋯⋯⋯⋯⋯⋯⋯⋯**紅楔鯛**

16b. 由口角至頰部無凹溝。液浸標本灰黃色，體側有五條暗色橫帶，在第七、八側線鱗上方有一黑色斑；背鰭有一暗色縱帶及若干暗色斜紋，臀鰭中央有一暗色縱帶，尾鰭後緣暗色⋯⋯⋯⋯⋯⋯⋯⋯⋯**孔雀楔鯛**

1b. 背鰭硬棘 XI〜XII 枚 (*Cirrhilabrus*)。

17a. 背鰭前正中線鱗片 6 枚；奇鰭及腹鰭淡藍色（生活時）或藍綠色

（液浸後）；成體鱗片後緣通常爲深藍色；胸鰭基部有一明顯之暗褐色斜斑。D. XI, 9; A. III, 9; P. 15; L. l. 16～18＋5～9＋1～2；鰓耙 16～19 ···**藍身絲鰭鯛**

17b. 背鰭前正中線鱗片 5 枚；奇鰭及腹鰭不爲藍色；鱗片後方無深藍色邊；胸鰭基部如有深褐色斑散漫而不明顯。

18a. 鰓耙 16～19。成體之尾鰭圓形；雄者腹鰭甚長，最長鰭條約佔體長之 0.6。體褐色，由口經眼及胸鰭基底上部至尾基上方有一暗邊之淡褐色帶。D. XI, 9; A. III, 9; P. 14～15; L. l. 16～18＋5～8＋1～2 ·····················**丁氏絲鰭鯛**

18b. 鰓耙 19～22。成體之尾鰭尖銳或雙凹；雄者腹鰭不特長，最長鰭長約爲體長之 0.3。頭部及體側無縱條紋。

19a. 成體尾鰭雙凹；體長爲頭長之 2.9～3.2 倍，爲體高之 3.2～3.5 倍。尾柄部（在側線上方）有一大卵圓形黑斑；背鰭無黑邊。D. XI, 9; A. III, 9; P. 15; L. l. 16～18＋6～7 ··**艷麗絲鰭鯛**

19b. 成體尾鰭之中央鰭條延長；體長爲頭長之 3.2～3.4 倍，爲體高之 2.9～3.2 倍。尾柄部無黑斑。成體之背鰭有寬黑邊。D. XI, 9; A. III, 9; P. 15; L. l. 17～18＋7～8 ·······**黑緣絲鰭鯛**

摩鹿加擬寒鯛 *Pseudodax moluccanus* (CUVIER & VALENCIENNES)

產恆春。

日本裸頰寒鯛 *Peaolopesia gymnogenys* (GÜNTHER)

產基隆、鹿港。*Choerodonoides japonicus* KAMOHARA 爲其異名。

四斑寒鯛 *Xiphocheilus qudrimaculatus* GÜNTHER

產高雄。

寒鯛 *Choerodon azurio* (JORDAN & SNYDER)

英名 Winter perch；亦名隆頭魚（動典），藍猪齒魚（張）。產基隆、臺南、澎湖、恆春。

楔斑寒鯛 *Choerodon anchorago* (BLOCH)

英名 Pigtooth wrasse, Yellow-cheeked tuskfish；日名楔倍良；亦名白尾柄寒鯛（梁）。產臺灣。

黑旗寒鯛 *Choerodon nectemblema* (JORDAN & EVERMANN)

英名 Blackflag wrasse, Spotted wrasse；亦名麻隆頭魚（袁）；日名麻倍良；俗名鸎哥、練仔。產臺灣。

三寶顏寒鯛 *Choerodon zamboangae* (SEALE & BEAN)

　　產澎湖、東港。*C. pescadorensis* YU 爲其異名。

四帶寒鯛 *Choerodon quadrifasciatus* YU

　　產東港、恆春。

黑斑寒鯛 *Choerodon melanostigma* FOWLER & BEAN

　　產臺灣。(圖 6-144)

青衣寒鯛 *Choerodon schoeleinii* (CUVIER & VALENCIENNES)

　　英名 Green wrasse, Black-spot tuskfish; 亦名青衣 (R.)，黃衣，花鸚哥，Ta sing
　　ko (F.)，舒氏猪齒魚 (朱)，青隆頭魚 (鄭)。產澎湖、恆春、基隆。

喬丹氏寒鯛 *Choerodon jordani* (SNYDER)

　　日名倍良；俗名鸚哥。產本島近海。(圖 6-144)

橫帶寒鯛 *Lienardella fasciatus* (GÜNTHER)

　　產恆春。

斑紋寒鯛 *Bodianus diana* (LACÉPÈDE)

　　英名 Three-eyed hogfish, Diana's wrasse。產高雄、恆春。

太平洋寒鯛 *Bodianus pacificus* (KAMOHARA)

　　產基隆。

腋斑寒鯛 *Bodianus axillaris* (BENNETT)

　　英名 Turncoat hogfish。產恆春。

白斑寒鯛 *Bodianus albomaculatus* (SMITH)

　　產恆春。JONES 等 (1972) 之 *B. aldabrensis* 爲其異名。

中胸寒鯛 *Bodianus mesothorax* (BLOCH & SCHNEIDER)

　　產恆春、蘇澳。

青頭寒鯛 *Bodianus anthioides* (BENNETT)

　　英名 Bronzehead hogfish。產臺東。

雙月斑狐鯛 *Bodianus bilunulatus* (LACÉPÈDE)

　　英名 Crescent wrasse; 亦名若提魚 (朱); 俗名黃鸚魚。產臺灣。

紅衣狐鯛 *Bodianus perditto* (QUOY & GAIMARD)

　　英名 Goldsaddle hogfish。日名瀧倍良; 亦名瀧遍羅 (動典)。產臺灣。(圖 6-144)

黑鰭狐鯛 *Bodianus hirsutus* (LACÉPÈDE)

　　英名 Tarry hogfish。產高雄。*Lepidoplois loxozonus* (SNYDER)，*Cossyphus macrurus*
　　GÜNTHER 均爲其異名。

狐鯛 *Bodianus oxycephalus* (BLEEKER)

英名 Pigfish, 日名狐倍良。產基隆、臺南、高雄、蘇澳。*B. vulpinus* (RICHARDSON)
為其異名。（圖 6-144）

黃斑狐鯛 *Bodianus luteopunctatus* (SMITH)

產本省西南部岩礁海域。

網紋擬狐鯛 *Semicossyphus reticulatus* (CUVIER & VALENCIENNES)

據 BURGESS 等 (1974) 產臺灣。

曳絲鸚鯛 *Pteragogus flagellifera* (CUVIER & VALENCIENNES)

英名 Cocktail wrasse; 日名御齒黑倍良; 亦名荔枝魚, 石斑, 黃鶯魚, 紅鸚哥魚, 瘦
牙 (F.), 屠氏魚 (朱), 砂遍羅 (動典)。產基隆、澎湖、恆春。

金梭鯛 *Cheilio inermis* (FORSSKÅL)

英名 Cigar wrasse, Sharp-nosed rainbowfish。體延長, 似金梭魚, 故日名鱪倍良。
亦名鰤遍羅 (動典), 管唇魚 (朱); 俗名海龍。產臺灣。（圖 6-144）

藍帶裂唇鯛 *Labroides dimidiatus* (CUVIER & VALENCIENNES)

英名 Bluestreak cleaner wrasse, Bridled beauty。產恆春。

二色裂唇鯛 *Labroides bicolor* FOWLER & BEAN

產恆春。

琉球厚唇鯛 *Labropsis manabei* SCHMIDT

產恆春。

單線摺唇鯛 *Labrichthys unilineatus* (GUICHENOT)

產恆春。

花娘鸚鯛 *Coris musume* (JORDAN & SNYDER)

日名娘倍良; 亦名花娘儒艮鯛 (梁)。產基隆、東港、恆春。（圖 6-144）

蓋馬氏鸚鯛 *Coris gaimard* (QUOY & GAIMARD)

英名 Rainbow wrasse, Gaimard's rainbowfish, Lazyfish。產高雄、澎湖、基隆、恆春。
（圖 6-144）

紅喉鸚鯛 *Coris angulata* LACÉPÈDE

英名 Redthroat wrasse, Clown coris。產澎湖、恆春。本種種名亦曰 *Coris aygula*
LAC; 但在 LACÉPÈDE 原著中 *C. angulata* 出現之頁數較前, 依命名規約採用之。

彩衣鸚鯛 *Coris multicolor* (RÜPPELL)

產恆春。SHEN & CHOI (1978) 之 *Coris sp.*, 以及 BURGESS 等 (1974) 之 *Coris
venusta* 可能都屬本種。

雜色鸚鯛 *Coris variegata* (RÜPPELL)

JONES 等 (1972) 報告本種產恆春，經 SHEN & CHOI (1978) 改列爲 *Coris sp.*。

細鱗鸚鯛 *Hologymnosus semidiscus* (LACÉPÈDE)

英名 Finescale wrasse, Ringed wrasse, Narrow-banded rainbowfish。產澎湖、恆春。

大口鸚鯛 *Hemigymnus fasciatus* (BLOCH)

英名 Five-banded wrasse, Barred thicklip。日名大口倍良。產臺灣。

垂口鸚鯛 *Hemigymnus melapterus* (BLOCH)

英名 Thick-lipped wrasse, Blackeye thicklip。日名垂口倍良。產高雄、恆春。

竹葉鸚鯛 *Pseudolabrus japonicus* (HOUTTUYN)

日名笹之葉倍良；亦名篠葉遍羅（動典），日本擬隆頭魚（梁）。產基隆、澎湖。

細竹葉鸚鯛 *Pseudolabrus gracilis* (STEINDACHNER)

日名絲倍良；亦名細擬隆頭魚。產臺南、恆春。

腹紋鸚鯛 *Stethojulis strigiventer* (BENNETT)

英名 Silver-streaked rainbowfish, Threeribbon wrasse。產小硫球。*S. renardi* (BLEEKER) 爲其雄性。

班達鸚鯛 *Stethojulis bandanensis* (BLEEKER)

據 RANDALL & KAY (1974)，*S. bandanensis* (BLEEKER) 爲其初期色型，*S. axillaris* (QUOY & GAIMARD) 以及 *S. casturi* (BLEEKER) 爲其異名。*S. linearis* SCHULTZ 爲其雄魚之後期色型。產野柳、小琉球、恆春、基隆、蘭嶼。(圖 6-144)

三線鸚鯛 *Stethojulis trilineata* (BLOCH & SCHNEIDER)

產野柳、基隆、澎湖、小硫球。據 RANDALL & KAY (1974) 及其他學者，*S. phekadopleura* (BLEEKER) 爲本種之雌性，故爲其異名。

斷線鸚鯛 *Stethojulis interrupta* (BLEEKER)

英名 Oyster fish, Cutribbon wrasse, Little redspot wrasse；又名斷紋紫胸魚 (朱)，俗名蠔魚。產野柳、基隆、小硫球、恆春、澎湖。據 KISHIMOTO (1974)，*S. kalosoma* (BLEEKER) 與 *S. trossula* JORDAN & SNYDER 均爲本種之異名，爲由雌性轉變爲雄牉過程中之不同色型。

蟲紋鸚鯛 *Anampses geographicus* CUVIER & VALENCIENNES

英名 Lined chiseltooth wrasse；日名蟲倍良。產臺灣。據 RANDALL (1972)，以及 MASUDA 等 (1975)，*A. pterophthalmus* BLEEKER 爲不同之色型，主要爲同種之幼魚，雌魚，以及性轉變中之個體。

青點鸚鯛 *Anampses caeruleopunctatus* RÜPPELL

英名 Spotted chiseltooth wrasse, Bluespotted tamarin；亦名斑薄遍羅。產臺灣、澎湖。據 RANDALL (1972)，*A. diadematus* RÜPPELL 為其雄魚。

北斗鸚鯛 *Anampses meleagrides* CUVIER & VALENCIENNES

英名 Yellowtail tamarin；日名北斗倍良。產高雄、恆春。據 RANDALL (1972)，*A. amboinensis* BLEEKER 為其雄性。(圖 6-144)

烏尾鸚鯛 *Anampses melanurus* BLEEKER

產臺灣堆、恆春。

新幾內亞鸚鯛 *Anampses neoguinaicus* BLEEKER

產恆春。

黃胸鸚鯛 *Anampses twistii* BLEEKER

產恆春。(圖 6-144)

內革羅曲齒鸚鯛 *Macropharyngodon negrosensis* HERRE

產恆春。MASUDA 等 (1975) 認為本種為後者之雄魚。

網紋曲齒鸚鯛 *Macropharyngodon meleagris* (CUVIER & VALENCIENNES)

產恆春。英名 Reticulated wrasse, Guineafowl wrasse。

青腹儒艮鯛 *Halichoeres cyanopleura* (BLEEKER)

產高雄。

三斑儒艮鯛 *Halichoeres trimaculatus* (QUOY & GAIMARD)

英名 Three-spot wrasse。又名三斑海豬魚（朱）。俗名蠔魚。產小硫球、澎湖、恆春。(圖 6-145)

頸帶儒艮鯛 *Halichoeres scapularis* (BENNETT)

英名 Zig-zig wrasse。產恆春。

四點儒艮鯛 *Halichoeres hortulanus* (LACÉPÈDE)

英名 Four-spot wrasse。又名方斑海豬魚（朱）。產高雄、小硫球、澎湖、蘭嶼。*H. centiquadrus* (LACÉPÈDE) 為其異名，*H. notophthalmus* (BLEEKER) 為其幼魚。(圖 6-145)

黑臂儒艮鯛 *Halichoeres melanochir* FOWLER & BEAN

產野柳、高雄、澎湖、恆春、蘭嶼。又名黑斑海豬魚（朱）。

烏尾儒艮鯛 *Halichoeres melanurus* (BLEEKER)

英名 Yellow-tailed wrasse。產澎湖。

白雪儒艮鯛 *Halichoeres marginatus* RÜPPELL

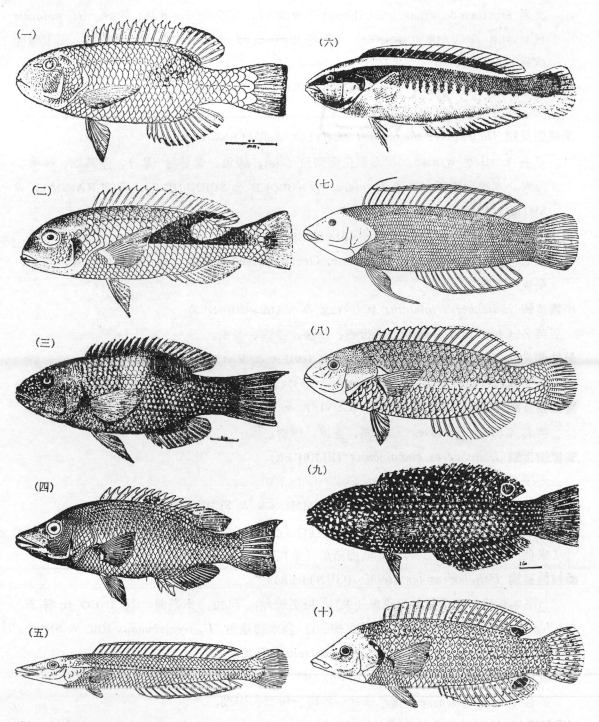

圖 6-144 （一）黑斑寒鯛；（二）喬丹氏寒鯛；（三）紅衣狐鯛；（四）狐鯛；（五）金梭
鯛；（六）花娘鸚鯛；（七）蓋馬氏鸚鯛；（八）班達鸚鯛；（九）北斗鸚鯛；
（十）黃胸鸚鯛。

英名 Ocellated wrasse, Beribboned wrasse。產小硫球、蘭嶼、恆春。*H. notopsis*
(CUVIER & VALENCIENNES)（英名 Two-eyed wrasse；日名白雪倍良）爲本種性
成熟前之型態。

瑰麗儒艮鯛 *Halichoeres kallochroma* (BLEEKER)

又名飾儒艮鯛（李）。產基隆。

黑帶儒艮鯛 *Halichoeres dussumieri* (CUVIER & VALENCIENNES)

英名 Lattice wrasse。又名雲斑海豬魚（朱），蠔魚、鸚哥鯉 (R.)。產高雄、蘇澳、
恆春。本書舊版稱本種爲 *H. nigrecens* (BLOCH & SCHNEIDER)，今據 RANDALL &
SMITH (1982) 改正。

里巴儒艮鯛 *Halichoeres leparensis* (BLEEKER)

英名 Lepar wrasse, Large wrasse, Green-barred wrasse。產小硫球、恆春、蘭嶼、
臺東、基隆。

小儒艮鯛 *Halichoeres miniatus* (CUVIER & VALENCIENNES)

英名 Chinnibar wrasse。產恆春、基隆、蘇澳、臺東。

眞珠儒艮鯛 *Halichoeres margaritaceus* (CUVIER & VALENCIENNES)

英名 Pearly wrasse, Pearl-spotted wrasse。產小硫球、恆春、蘭嶼、基隆。

雲紋儒艮鯛 *Halichoeres nebulosus* (CUVIER & VALENCIENNES)

英名 Cloudy wrasse。產澎湖、臺東、恆春。

安保儒艮鯛 *Halichoeres amboinensis* (BLEEKER)

產澎湖。

花翅儒艮鯛 *Halichoeres poecilopterus* (TEMMINCK & SCHLEGEL)

日名氣宇船；靑倍良（*Julis poecilopterus*）(♂)，紅倍良（*Julis pyrrhogrammus*）(♀)，
求仙；亦名遍羅（動典），花鱚海豬魚（張）。產臺灣。

纖棘儒艮鯛 *Halichoeres tenuispinis* (GÜNTHER)

日名本倍良；又名細棘海豬魚（朱）；俗名蠔魚，河妹。產臺灣。據 INUO 氏稱 *H.
bleekeri* (STDR. & DÖDN.)（日名柳倍良）爲本種雄魚，*H. tremebundus* JOR. & SNYD.
（日名瀨戶倍良）爲本種雌魚，*H. tenuispinis* 爲其中間型。

單斑儒艮鯛 *Halichoeres kawarin* (BLEEKER)

英名 Picture wrasse。產小硫球、基隆、恆春、澎湖。

雙斑儒艮鯛 *Halichoeres biocellatus* SCHULTZ

產恆春。

大眼儒艮鯛 *Halichoeres argus* (BLOCH & SCHNEIDER)

英名 Argur wrasse, Peacock wrasse。產<u>恆春</u>、<u>臺東</u>、<u>蘇澳</u>。

詹森氏葉鯛 *Thalassoma jansenii* (BLEEKER)

英名 Jansen's wrasse。產<u>澎湖</u>、<u>恆春</u>。

哈氏葉鯛 *Thalassoma hardwicke* (BENNETT)

英名 Six-barred wrasse, <u>日名</u>背筋倍良。產<u>高雄</u>、<u>澎湖</u>、<u>臺東</u>、<u>蘭嶼</u>、<u>恆春</u>。

影斑葉鯛 *Thalassoma umbrostigma* (RÜPPELL)

<u>日名</u>絹倍良。產<u>澎湖</u>、<u>小硫球</u>、<u>蘭嶼</u>、<u>恆春</u>、<u>臺東</u>。

紫衣葉鯛 *Thalassoma purpureum* (FORSSKÅL)

英名 Purple wrasse, Rainbow wrasse。產<u>高雄</u>、<u>恆春</u>。

五帶葉鯛 *Thalassoma quinquevittatus* (LAY & BENNETT)

英名 Red-banded wrasse, Black spot wrasse。*T. güntheri* (BLEEKER) 爲其異名，產<u>澎湖</u>、<u>臺東</u>、<u>恆春</u>、<u>蘭嶼</u>。

綠斑葉鯛 *Thalassoma fuscum* (LACÉPÈDE)

英名 Gray wrasse, Green-blocked wrasse, Ladder wrasse。<u>日名</u>龍宮倍良。產<u>基隆</u>、<u>澎湖</u>、<u>恆春</u>。

花面葉鯛 *Thalassoma cupido* (TEMMINCK & SCHLEGEL)

英名 Brocade fish; <u>日名</u>錦倍良；亦名花面素鯛（<u>梁</u>），錦魚（<u>動典</u>）。產<u>野柳</u>、<u>恆春</u>、<u>蘭嶼</u>、<u>蘇澳</u>、<u>基隆</u>。<u>東大</u>另有一標本被鑑定爲 *T. cupido bipunctatum* VASILIU。

黃衣葉鯛 *Thalassoma lutescens* (LAY & BENNETT)

<u>日名</u>山吹倍良，產<u>澎湖</u>、<u>基隆</u>、<u>恆春</u>、<u>蘭嶼</u>。（圖 6-145）

月斑葉鯛 *Thalassoma lunare* (LINNAEUS)

英名 Dragon bait fish, Crescent-tail wrasse。<u>日名</u>乙女倍良。產<u>澎湖</u>、<u>基隆</u>、<u>蘇澳</u>、<u>恆春</u>。

鈍頭葉鯛 *Thalassoma amblycephalus* (BLEEKER)

英名 Sunscreen wrasse, Twotone wrasse。*T. melanochir* (BLEEKER) 爲本種之成魚。產<u>恆春</u>。

突吻鸚鯛 *Gomphosus varius* LACÉPÈDE

英名 Yellow clubnose。產<u>澎湖</u>、<u>恆春</u>。*C. tricolor* QUOY & GAIMARD 爲其雄性。（圖 6-145）

管口鸚鯛 *Epibulus insidiator* (PALLAS)

英名 Telescopefish, Slingjaw。產<u>高雄</u>、<u>恆春</u>。本種上下領能突出如管，故名。（圖 6-145）

菲島大鱗鸚鯛 *Wetmorella philippina* FOWLER & BEAN

產恆春。

紅斑綠鸚鯛 *Cheilinus chlorurus* (BLOCH)

英名 Redspot green wrasse, Yellow-dotted Maori-wrasse, Floral wrasse。又名綠色唇魚（朱）。產澎湖、恆春。

尖頭鸚鯛 *Cheilinus oxycephalus* BLEEKER

英名 Pointed-head Maori-wrasse, Snooty wrasse。產恆春。

三葉鸚鯛 *Cheilinus trilobatus* LACÉPÈDE

英名 Tripletail wrasse。又名三葉唇魚（朱）。產高雄、恆春、臺東、基隆、澎湖。（圖 6-145）

橫帶鸚鯛 *Cheilinus fasciatus* (BLOCH)

英名 Barred wrasse, Scarlet-breasted Maori-wrasse。產恆春、臺東。

波紋鸚鯛 *Cheilinus undulatus* CUVIER & VALENCIENNES

英名 Double-headed Maori-wrasse, Giant green wrasse, Humphead wrasse。產高雄、恆春。

雙斑鸚鯛 *Cheilinus bimaculatus* CUVIER & VALENCIENNES

英名 Ragged-tail wrasse。日名紙鳶倍良。產基隆、恆春、澎湖。*C. ceramensis* BLEEKER 為其異名。

雙線鸚鯛 *Cheilinus diagrammus* (LACÉPÈDE)

英名 Scribbled wrasse, Violet-lined Maori-wrasse, Cheeklined wrasse。又名多線唇魚。產臺灣。（圖 6-145）

單帶鸚鯛 *Cheilinus rhodochrous* GÜNTHER

又名紅唇魚（朱）。產高雄、恆春、澎湖。

銳吻鸚鯛 *Cheilinus oxyrhynchus* (BLEEKER)

英名 Rice-ball fish。產小硫球、恆春。

六帶擬鸚鯛 *Pseudocheilinus hexataenia* (BLEEKER)

英名 Six-lined wrasse, Six-stripe wrasse。產小硫球。（圖 6-145）

帶尾鸚鯛 *Novaculichthys taeniourus* (LACÉPÈDE)

英名 Redbelly wrasse。產高雄、恆春。（圖 6-145）

離鰭鯛 *Hemipteronotus pentadactylus* (LINNAEUS)

日名平倍良。英名 Fivefinger razorfish, Keel-headed wrasse。產高雄、澎湖、恆春、蘇澳。（圖 6-145）

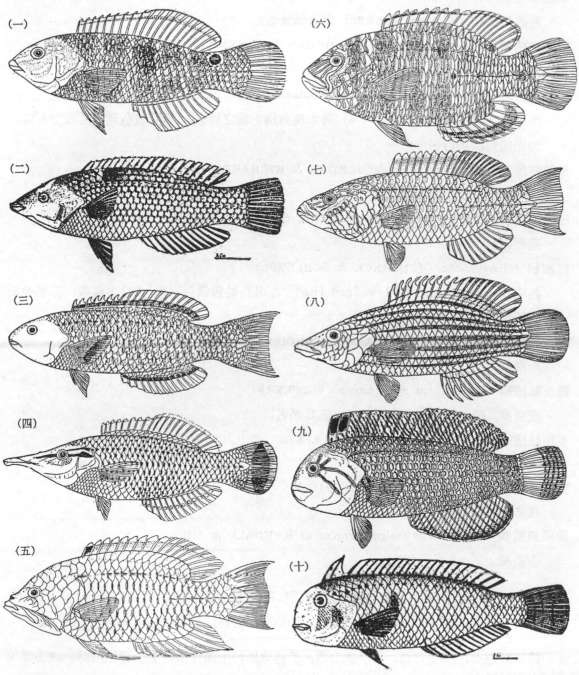

圖 6-145　（一）三斑儒艮鯛；　（二）四點儒艮鯛；　（三）黃衣葉鯛；　（四）突吻鸚鯛；
（五）管口鸚鯛；　（六）三葉鸚鯛；　（七）雙線鸚鯛；　（八）六帶擬鸚鯛；
（九）帶尾鸚鯛；　（十）離鰭鯛（二～九據 FOWLER）。

黑斑離鰭鯛 *Hemipteronotus melanopus* (BLEEKER)

產臺灣。*H. spilonotus* (BLKR.) 爲本種異名。

薔薇離鰭鯛 *Hemipteronotus verrens* JORDAN & EVERMANN

日名薔薇平倍良。產基隆、高雄。

紅斑離鰭鯛 *Hemipteronotus caeruleopunctatus* YU

產高雄。SHEN & CHOI (1978) 將本種列爲上種之異名，唯其體色及腹鰭長度有別，到底如何，仍待研究。

星離鰭鯛 *Hemipteronotus evides* JORDAN & RICHARDSON

日名星平倍良。產高雄。

細斑離鰭鯛 *Xyrichthys punctulatus* CUVIER & VALENCIENNES

產澎湖。

紅楔鯛 *Iniistius dea* (TEMMINCK & SCHLEGEL)

英名 Broad perch, Red-wedged fish; 亦名洛神頭鰭魚（朱），日名紅楔；亦名叠氏隆頭魚（袁）。產臺灣。

孔雀楔鯛 *Iniistius pavo* CUVIER & VALENCIENNES

產澎湖。

藍身絲鰭鯛 *Cirrhilabrus cyanopleura* (BLEEKER)

產臺灣。*C. solorensis* BLEEKER 爲其異名。

丁氏絲鰭鯛 *Cirrhilabrus temminckii* BLEEKER

產臺灣。

艷麗絲鰭鯛 *Cirrhilabrus exquisitius* SMITH

產臺灣。

黑綠絲鰭鯛 *Cirrhilabrus melanomarginatus* RANDALL & SHEN

產臺灣。

鸚哥魚科 SCARIDAE

=CALLYODONTIDAE; Parrot fishes; 鈫科; 鱗科，鸚嘴魚科（朱）

體長卵圓形，多少側扁。口小或中型，不能伸縮；上頜骨與前上頜骨相固結。齒全部或大部分（在前方者）癒合爲鳥嘴狀，只在上下頜齒前方中央留有齒縫，故有 Parrot fishes 之稱。口閉合時下頜先端被上頜掩蔽。齒板之邊緣形成連續之切截双，各齒已不能分辨。腭骨、鋤骨無齒；在唇上及上下頜內側可能有犬齒。上咽骨有 1～3 列咽齒，外列往往發育不良。下咽骨完全癒合爲一，成匙狀或長方形，下咽骨齒寬扁而呈砌石狀排列。唇頗厚，上唇分內外二層，內層或沿外層之全長存在，或僅後部發達而前部與外層合併。鼻孔兩對。鱗片大形，圓鱗。側線兩條，在背鰭後端基底間斷，或有小孔爲之連續。頰部有鱗 2 ～ 4 列，鰓蓋上鱗片大形，尾基有三枚大形尖長之鱗片。背鰭一枚，有 IX 靮棘及 10 軟條。臀鰭 III 棘 9 軟條。胸鰭尖形。尾鰭分枝軟條 11。腹鰭胸位。尾鰭圓形、截平或淺凹，上下葉先端往往延長。鰓膜與喉峽部相連，第四鰓弧上有單列鰓絲。擬鰓發達。鰓筢架 5。脊椎 25。多爲熱帶沿海岩礁間美麗之魚類，大者可達一公尺許。以藻類，以及貝類、珊瑚等無脊椎動物爲食。部分種類於夜間停憩於其自身分泌的黏液套膜中。某些種類可供食用，若干種類則有毒，須加注意。

　本科魚類雌雄異色者極爲普遍，最近據 RANDALL & BRUCE (1983) 之詳細研究，發現有很多種在初期或雌或雄並不一定，有的全部爲雌性，到後期則有些個體變爲雄性。

臺灣產鸚哥魚科 2 亞科 6 屬 22 種檢索表:

1a. **鸚哥魚亞科 SCARINAE**　　頰部在眼下有鱗 2 ～ 4 列（有時其第 2 列僅有一鱗）；各齒固結成爲一齒板如鸚鵡嘴狀，但上下頜中間均有一縫合線；齒板邊緣不見有齒之痕跡，口閉合時上頜齒板掩覆下頜齒板；胸鰭鰭條 II, 11～15；下咽骨生齒面長度大於寬度；鰓膜與喉峽部連合處甚寬，並無游離之褶襞。

2a. 每側上咽骨有臼齒三列，最外側一列不發育；鰓筢 16～24。齒板之外面顆粒狀，齒板上無犬齒；後鼻孔顯然大於前鼻孔（可達四倍），卵圓形或裂隙狀。

　　頭部上方輪廓略呈弧形；標準體長爲體高之 2.5～2.8 倍；頭長爲吻長之 1.8～2.2 倍。胸鰭鰭條 14～15；背鰭前鱗片 5 ～ 7；第 3 列頰鱗 4 ～ 8 枚。間鰓蓋有鱗 2 列。鰓筢 20～24。雌雄異色。幼魚起初紅色，背部黃色，在背鰭前方有一大形黑斑，橫跨頭部有一不明顯之寬暗帶，吻部與口淡色；後來雄魚綠色，各鱗片邊緣橙色，頭部及身體前部有橙色小點………………………………**青鸚哥魚**

2b. 每側上咽骨有一列大形臼齒，此齒列外側之發育不良之齒列或有或無。鰓筢 38～81。齒板之外面較不滑，齒板之後方往往有犬齒。後鼻孔不特大於前鼻孔（*S. ghobban* 例外）。

3a. 齒板較狹，其高度約爲眼徑之 1/2。吻較尖銳；眼接近背緣；眶間隔不顯著隆起。頰鱗小形，排成三角形之孤立鱗簇；胸鰭鰭條 15（少數 14）；第三列頰鱗 3 ～ 5；齒不露出唇外。體淡褐色至灰白色，下側各鱗片之中央白色，後緣褐色………………………………………**紅海鸚哥魚**

3b. 齒板不甚狹，其高度通常大於眼徑。頭部不甚尖突；眼不接近背緣；眶間區顯著隆起，頰鱗非小形，不成孤立之鱗簇。

4a. 背鰭前中央線上有鱗片三枚（*Ypsiscarus*）。

　　頰鱗三列，下列 1～3 枚。體深綠褐色，各鱗有淡色寬邊。成魚額部顯著隆起如瘤突…**突額鸚哥魚**

4b. 背鰭前中央線上有鱗 4 ～ 7 枚（*Scarus*）。

5a. 頭部背面輪廓由口至眼急劇上升，然後向後而近於平直。上咽骨上無發育不良之側列齒。起初體色紅褐，每一鱗片有黑邊及黑色短條紋，各鰭紅色。後來雄魚背面爲綠色，腹面淡藍綠色，上唇有藍綠色帶，下唇有藍色邊緣…………………………………**紅紫鸚哥魚**

5b. 吻部前上方不如上種之陡峭。上咽骨上各有一列發育不良之外列齒。

6a. 胸鰭鰭條通常為 16（少數 15 或 17）。頰鱗 3 列，第三列通常有鱗 5～7 枚。齒露出唇外，上下唇成 80～110 度角。頭部背面輪廓強度隆起。起初體為黃色，頭部腹面藍綠色，後來雄魚變為綠色，各鱗邊緣淡紅或橙色；頭部背面綠色至紫色，唇藍綠色，口角橙色，齒板藍綠色……
……**鈍頭鸚哥魚**

6b. 胸鰭鰭條 13～15（少數 16）。頰鱗二或三列，第三列不多於 4 枚。頭部背面輪廓不同於上種。

7a. 背鰭前中央線有鱗片 4 枚；頰鱗 2～3 列。

8a. 胸鰭鰭條 14；齒板之一半或一半以上被上下唇掩蓋；頰鱗 2～3 列，第 3 列可能僅以少數鱗片（可能僅一枚）為代表。齒白色或黃白色。

9a. 頰鱗 2 列；在背鰭前中央第一枚鱗片之前方無側鱗。

10a. 在背鰭第一棘間膜之基部無大形暗褐色斑點。

11a. 胸鰭基部上方有一黑斑（液浸標本久則褪失）。
　　　體側為一致之鮮褐色或淡紅褐色；液浸標本在腹部有 2～3 條淡色縱線紋，每一鱗列一條；背鰭、尾鰭黃色，臀鰭基部淡紅褐色，有藍色狹邊。眼周圍無放射狀線紋。齒白色，幾乎被唇掩蓋…………………………………………**白條鸚哥魚**

11b. 胸鰭基部無黑斑。背鰭、臀鰭有綠、橙、藍三條有色之條紋，腹鰭前方中線上有藍點。吻部黃綠色，在眼之前緣有一灰色圓點，尾鰭上下緣藍色，內側有橙色縱帶
……**翠綠鸚哥魚**

10b. 在背鰭第一棘間膜之基部有一大形暗褐色斑點（液浸標本更明顯），胸鰭基部上方有一三角形暗褐色小斑。起初腹面無白色條紋，後來雄魚之上唇邊緣變為藍綠色，並且向後至眼眶下緣成一橫帶。齒板白色。鰓耙 40～50 ………………**鸚嘴鸚哥魚**

9b. 頰鱗 3 列，在背鰭前中央第一枚鱗片前方有一對小形側鱗。眼前背方突出。體綠色，鱗片邊緣橙黃色，眶間有二綠色橫帶，上唇有二綠帶，下唇邊緣綠色………**雜色鸚哥魚**

8b. 胸鰭鰭條 15；齒板之 1/2 以下被上下唇掩蓋。頰鱗 2 列。

12a. 背鰭前中央線鱗片前方 2 枚並不較後方 2 枚之寬度大許多。

13a. 體色起初紅褐色，每一鱗片有一橙色條紋，體側有四條灰紅色橫帶，胸鰭黃色。後來雄魚變為灰綠色，每一鱗片有一淡褐色條紋，由上唇經眼下緣至鰓蓋有一條藍綠色狹帶。奇鰭淡黃色而有藍邊…………………………………**面具鸚哥魚**

13b. 體深綠色，每一鱗片基部有一淡色垂直條紋。由眼後至背鰭第 VI 棘下方有一黃色區域。上下唇深綠色，有黃色狹邊。臀鰭外方 3/4 綠色，近基部有一灰色斜縱帶，齒板白色………………………………………………………………**琉球鸚哥魚**

12b. 背鰭前中央線鱗片前方二枚顯然較後方 2 枚為寬。鰓耙 39～51。體色起初暗褐色，有時可見體側有 2 列白點，上下唇附近紅色。齒板灰褐色。後來雄魚頰部變為橙黃色或綠色，齒板綠色；尾柄及尾鰭綠色，尾鰭上有褐色縱條紋…………
………**白斑鸚哥魚**

7b. 背鰭前中央線上有鱗片 5～7 枚。頰鱗 3 列。

14a. 背鰭前中央線鱗片通常 7 枚。胸鰭鰭條通常 14 枚。

15a. 體色起初紅褐色，體側鱗片灰色而有褐點及短線紋，頭部之上下唇、頤部及眼前後有暗綠色帶，齒板藍綠色。後來雄魚變爲暗綠色，鱗片邊緣暗紅色，頭部有同樣之綠色帶，臀鰭最後第二鰭條延長…………**污褐鸚哥魚**

15b. 體色起初黃褐色至淡紅褐色，體側有 5 條暗褐色條紋，頭部無綠色斑紋，齒板白色。後來雄魚頭部下半變爲綠色而有多數橙色小點及不規則之短條紋，臀鰭最後第二鰭條不延長……………………**單帶鸚哥魚**

14b. 背鰭前中央線上有鱗片 5 或 6 枚 (多數爲 6 枚)。胸鰭鰭條通常14或15枚。

16a. 背鰭前中央線上有鱗片 5 枚 (有時爲 6 枚)；胸鰭鰭條 14 枚。體色起初褐色至灰褐色，腹部沿鱗列中央有三條白色條紋。後來雄魚變爲綠色而每一鱗片有一橙色條紋 (腹部者除外)，背部前方有綠色小點，由吻端經眼有一淡紅色帶，帶之上下緣綠色，眼上方有放射狀藍綠色帶……………………………………………………………**蟲紋鸚哥魚**

16b. 背鰭前中央線上鱗片通常 6 枚；胸鰭鰭條 14 或 15 枚。但體色與上種不同。

17a. 胸鰭鰭條大都爲 14 枚。第三列頰鱗 2～3 枚。齒板上無犬齒。起初體側上方 2/5 有 3 條黃色短斜帶，黃帶相間者是暗灰色帶，二者寬度相若，體下方 3/5 淡黃色。後來雄魚變爲綠色，鱗片邊緣淡紅色，上唇邊緣淡紅色，上方有一藍綠色寬帶，在口角與下唇之藍綠帶相接，並且向後延伸至鰓蓋邊緣………………**五帶鸚哥魚**

17b. 胸鰭鰭條大都爲 15 (少數 16)。

18a. 後鼻孔較前鼻孔大 2～5 倍，第三列頰鱗通常僅一枚。體色起初黃色，各鱗片中央藍色，體側有五條藍色橫帶。後來雄魚變爲綠色，鱗片邊緣淡紅色。頰部下方有一不規則之綠色寬帶。齒板灰紅色………………………………………………………………**藍點鸚哥魚**

18b. 後鼻孔僅較前鼻孔略大。第三列頰鱗 1～3 枚。齒板藍綠色；體色與上種不同。

19a. 體色起初紅褐色而有暗褐色橫帶，尾鰭黃色，略成圓形。鰓耙 39～53。後來雄魚頭部及軀幹前部變爲淡黃色，鱗片中央藍色，尾柄綠色，上下唇有藍綠色寬帶，擴展至頤部及眼下方…………………………………………………………………………**銹色鸚哥魚**

19b. 尾鰭起初深凹入，雄魚最後成彎月形。鰓耙 51～65。齒板起初白色，最後雄魚者藍綠色。體色起初暗紅色，尾柄部較淡，有很多大小不一之白色小點，雄魚最後變爲綠色…………**綠頜鸚哥魚**

1b. **鸚鯉亞科 SPARISOMATINAE**　頰部自眼以下有 3～4 鱗排成一列；各齒僅部分固結爲齒板如鳥嘴狀，但板緣仍留有齒之痕跡，有時呈門齒狀，彼此重疊如覆瓦；口閉合時上頷齒板被下頷齒板所掩覆，或二齒板彼此相接；胸鰭鰭條 II, 11；鰓耙 2～3+1+6～12，其中 1 枚乃在鰓弧角上；上咽骨每側有齒三列，下咽骨之生齒面寬度大於長度。

20a. 背鰭前方有鱗 4 枚；背鰭硬棘較細而能揉曲。

21a. 上下頷均有門齒狀齒，成覆瓦狀排列而淸晰可見；下咽骨中列齒 6～7 枚；上唇內層在中部間斷；上頷側面有犬齒，向外並多少向後彎曲 (*Calotomus*)。

22a. 尾鰭在幼時截平，成長至 100 mm 以上凹入，更大則深凹入；後緣有白色寬邊；中部尾鰭鰭條之長度約爲最長之胸鰭鰭條之 3/4 或相等⋯⋯⋯⋯⋯⋯⋯⋯**白星鸚鯉**

22b. 尾鰭後緣圓形，後緣汚色。尾鰭中央鰭條在幼期等於或長於最長之胸鰭鰭條。體紅褐色，有很多大小不等之淡色斑點⋯⋯⋯⋯⋯⋯⋯⋯⋯⋯⋯⋯**日本鸚鯉**

20b. 上下頷不見有覆瓦狀之門齒狀齒，成長雄魚之上頷齒板有外犬齒，幼魚及成長之雌魚無之；下咽齒中列有齒 6 枚，在外側者發育不良；口閉合時，上頷齒尖與下頷齒相鎖合 (*Leptoscarus*)。

地色在體軀上方褐色，下方淡褐色；全體包括各鰭有深褐色細點散在；胸鰭基底黑色或深褐色；體下方三（縱）鱗列上各鱗片中心褐色，故外觀上在胸鰭後有三條彼此交互排列之深、淺色縱帶⋯⋯⋯⋯⋯⋯⋯⋯⋯⋯⋯⋯⋯⋯⋯⋯⋯⋯⋯⋯⋯⋯⋯⋯⋯⋯⋯⋯⋯**鸚鯉**

青鸚哥魚 *Cetoscarus bicolor* (RÜPPELL)

產高雄、恆春。*Chlorurus pulchellus* (RÜPPELL)，*Scarus ophthalmistius* HERRE 均其異名。

紅海鸚哥魚 *Hipposcarus harid* (FORSSKÅL)

產臺灣。

突額鸚哥魚 *Ypsiscarus ovifrons* (TEMMINCK & SCHLEGEL)

據 CHANG 等 (1983) 產綠島。

紅紫鸚哥魚 *Scarus rubroviolaceus* BLEEKER

英名 Ember parrotfish, Black-veined red parrotfish。產澎湖、基隆、綠島。

鈍頭鸚哥魚 *Scarus gibbus* RÜPPELL

產小硫球、綠島。*S. microrhinos* BLEEKER 爲其異名。

白條鸚哥魚 *Scarus dubius* BENNETT

英名 White-lined parrotfish, Yellow-tailed brown parrotfish。又名條腹鸚哥魚（朱）。產臺灣。*S. hypselopterus* BLEEKER, *S. moensi* BLEEKER 均爲其異名。

翠綠鸚哥魚 *Scarus formosus* CUVIER & VALENCIENNES

英名 Kellogg's parrotfish。產小硫球。

鸚嘴鸚哥魚 *Scarus psittacus* (FORSSKÅL)

產臺灣。據 RANDALL & BRUCE (1983), *S. venosus* C. & V., *S. forsteri* C. & V. 均為其異名。(圖 6-146)

雜色鸚哥魚 *Scarus festivus* CUVIER & VALENCIENNES

產本省北部及東北部岩礁中。*S. lunula* SNYDER 為其異名。

面具鸚哥魚 *Scarus capistratoides* BLEEKER

本書舊版據松原而列為 *S. forsteri* 之異名，應屬誤列。惟據多位著者記載，本種分佈印尼、菲律賓以及印度洋中，可能亦達臺灣。

琉球鸚哥魚 *Scarus bowersi* (SNYDER)

據劉振鄉產小硫球、綠島。

白斑鸚哥魚 *Scarus sordidus* FORSSKÅL

英名 Green-finned parrotfish。又名灰鸚嘴魚 (朱)。*S. erythrodon* C. & V., *Pseudoscarus margartius* CARTIER, *Callyodon rostratus* SEALE, *C. albipunctatus* SEALE 均其異名。(圖 6-146)

污褐鸚哥魚 *Scarus niger* FORSSKÅL

英名 Dusky parrotfish。產臺灣。*S. nuchipunctatus* C. & V., *S. limbatus* C. & V., *Callyodon lineolabiatus* FOWLER & BEAN 均其異名。

單帶鸚哥魚 *Scarus frenatus* LACÉPÈDE

又名網目鸚哥魚。產恆春、綠島。*Callyodon vermiculatus* FOWLER & BEAN, *S. sexvittatus* SMITH, *Scarus vermiculatus* SCHULTZ 均其異名。

蟲紋鸚哥魚 *Scarus globiceps* CUVIER & VALENCIENNES

又名一字鸚哥魚 (李)。產恆春。*S. lepidus* JENYNS 為其異名。(圖 6-146)

五帶鸚哥魚 *Scarus scaber* CUVIER & VALENCIENNES

英名 Fivesaddle parrotfish。產綠島。JONES 等 (1972) 報告 *S. pectoralis* C. & V. 產恆春。RANDALL (1963, 1969) 認為該種係 *S. oviceps* C. & V. 之雄性成魚，但 RANDALL & BRUCE (1983) 根據前者之最初描述 (正模式標本已不存在) 而認為 *S. pectoralis* 為 *S. scaber* 之雄性個體。惟筆者之意 *S. oviceps, S. pectoralis* 似乎均應列為 *S. scaber* 之異名。(圖 6-146)

藍點鸚哥魚 *Scarus ghobban* FORSSKÅL

英名 Blue parrotfish, Blue-barred orange parrotfish。又名鸚嘴魚 (朱)。產臺灣、澎湖。*S. lacerta* C. & V., *S. dussumieri* C. & V. 均為其異名。

銹色鸚哥魚 *Scarus ferrugineus* FORSSKÅL

產臺灣、澎湖。*S. aeruginosus* C. & V. 為其異名。

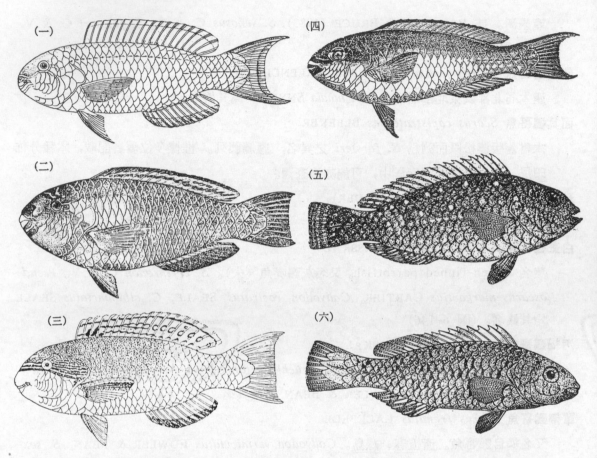

圖 6-146　（一）鸚嘴鸚哥魚；　（二）白斑鸚哥魚；　（三）蟲紋鸚哥魚；　（四）五帶鸚哥魚；
（五）白星鸚鯉；　（六）鸚鯉。　（一據 FOWLER；二據岡田、松原；三、四據
SCHULTZ；五、六據 DE BEAUFORT）。

綠領鸚哥魚 *Scarus prasiognathos* CUVIER & VALENCIENNES

產本省南部及澎湖岩礁中。*S. chlorodon* JENYNS 為其異名。

白星鸚鯉 *Calotomus spinidens* (QUOY & GAIMARD)

英名 Halftoothed parrotfish。產高雄。*Callyodon waigiensis* C. & V., *C. sandwicensis* C. & V. 均為其異名。（圖 6-146）

日本鸚鯉 *Calotomus japonicus* (CUVIER & VALENCIENNES)

產恆春。

鸚鯉 *Leptoscarus vaigiensis* (QUOY & GAIMARD)

英名 Marbled parrotfish。又名纖鸚嘴魚（朱）。按本種與青點鸚鯉 *Leptoscarus coeruleopunctatus* (RÜPPELL) 從來認為不同之二種。據 L. P. SCHULTZ (1958) 之意見，此二種體色及一般特徵完全一致，唯 *coeruleopunctatus* 在上領有一列犬齒，而本種無

之。彼曾檢查 25 個成長之雌魚均無犬齒，16 個成長之雄魚概有犬齒，足證犬齒之有無完全爲性的二型。故將其合併爲一種。產高雄。（圖 6-146）

鱸䲁亞目 TRACHINOIDEI
惠浮魚亞目（朱）

所謂 Trachinoid fish 之一羣魚類，其在分類系統上的位置極難決定。以前學者往往列入喉位目 (JUGULARES)（如 BOULENGER, 1910）䲁目 (BLENNIFORMES, 如本書"初版"）或䲁亞目 (BLENNIOIDEI)（如 NELSON, 1976）中，現在根據格陵伍等 (1966) 列爲鱸目中之一亞目，其特徵如下。

體長形，側扁或稍平扁。口大，齒強，有的具能倒伏之犬齒，鋤骨一般有齒，腭骨有齒或無齒。背鰭二枚（或一枚），但硬棘部甚短，各硬棘弱小；軟條部與臀鰭對在，基底甚長。腹鰭 I, 5, 胸位，其起點通常在胸鰭基底略前，有的爲喉位或頤位。鱗片與鱸亞目比較，發育不完全，被大形或小形櫛鱗（顆粒狀）或圓鱗。顱骨通常側扁，眼下隆起稜低，或有大形眶下骨而無眶下支骨。頭部各骨片概無強棘。口裂不甚大，水平，斜位，或垂直形。有擬鰓。脊椎 27 枚，大都爲海生魚類。

臺灣產鱸䲁亞目 6 科檢索表:

1a. 腹鰭胸位（起點在胸鰭基底以前）；口端位；顱骨不裸露。
  2a. 體被粗雜顆粒狀或棘狀小櫛鱗，有的無鱗。背鰭二枚。口大，略傾斜。有活動性之犬齒。
    3a. 體被顆粒狀小櫛鱗。體側每側具側線二條，有多數垂直方向之小側枝。前鰓蓋骨角隅部有一矛狀強棘。眶前骨有一三叉狀強棘。鋤骨有齒，腭骨無齒。口角不超過眼之後緣下方……………**鱸䲁科**
    3b. 體裸出無鱗。體側每側具側線一條。頭部無強棘。鋤骨無齒，腭骨有齒。口裂甚大，口遠超過眼之後緣下方………………………………………………………………**大口䲁科**
  2b. 體被普通圓鱗或櫛鱗。背鰭一枚或二枚。
    4a. 側線完全，在體側中央線直走。
      5a. 頭側被鱗片。背鰭有硬棘部與軟條部之分，硬棘有時成絲狀延長。前鰓蓋骨有棘。
        6a. 背鰭一枚，硬棘部與軟條部之間無缺刻，或有而不顯；背鰭二枚時，基底相連，唯中間有深缺刻。上烏喙骨無孔………………………………………………………**虎䲁科**
        6b. 背鰭二枚，其基底分離。上烏喙骨有孔………………………………………**掛帆䲁科**
      5b. 頭側無鱗。背鰭一枚而無硬棘。前鰓蓋及主鰓蓋骨均無棘………………………**絲鰭䲁科**
    4b. 側線延背方而接近背鰭，終止於背鰭中部下方。背鰭一枚。
      口大，水平。兩頜具圓錐狀細齒。背鰭前部鰭條硬棘狀………………………………**後頜䲁科**
1b. 腹鰭如存在時，大型，喉位或頤位。口上位。眼上側位。顱骨裸露………………………**瞻星魚科**

鱷鱚科 CHAMPSODONTIDAE

Gapers, Sabregills；鱷齒䲁科（朱）；頰棘沙䱊科（梁）

體延長，側扁；全體被顆粒狀小櫛鱗，故呈粗雜狀。口甚大，斜裂；上領骨寬而露出。
主上領骨達前鰓蓋。上下領齒細長如絨毛，雜有可以褶伏之犬齒，鋤骨有齒，腭骨無齒。側
線兩條，上方者稍偏於背側緣，下方者稍偏於腹側緣，更有多數短分枝與之直角相交。前鰓
蓋骨後角有一長棘，有時在其下方另有數枚小棘，上方有鋸齒。眶前骨之下緣有一三叉狀尖
棘。眼近背側，眼上有皮鬚。背鰭兩枚，第一背鰭甚短，有 IV～V 弱棘，第二背鰭甚長，
I, 18～20；臀鰭與第二背鰭對在而略短 (I, 17～18)。胸鰭短小，側中位。腹鰭 I, 5, 大形，
在胸鰭下方略前。尾鰭分叉。鰓裂廣。擬鰓存在。

臺灣產鱷鱚科 1 屬 2 種檢索表:

1a. 腹部全部被鱗；眼上之皮鬚不顯。眶間區約等於眼徑。上領向後達眼之後緣。D. V, 21；A. 19～20；
   鰓耙（下枝）11～14···貢氏鱷鱚

1b. 腹部裸出。眼之後上部有二小形皮鬚，眶間區小於眼徑。上領向後超過眼之後緣。D. V, 19～20；A.
   17～19；鰓耙（下枝）10～11···史氏鱷鱚

貢氏鱷鱚 *Champsodon guentheri* REGAN

產臺灣。

史氏鱷鱚 *Champsodon snyderi* FRANZ

英名 Snyder's Sabre-gill。亦名斯涅氏頰棘沙䱊。產臺灣。（圖 6-147）

大口鱚科 CHIASMODONTIDAE

Black Swallowers

體延出，裸出或被粗糙之小鱗。口大，斜裂，前上領骨及上領骨細長，在後部固接。上
下領有長齒，成寬齒帶。鋤骨無齒，腭骨有齒，腹部能脹大。背鰭二枚。鰓裂廣，鰓膜與喉
峽部分離。有擬鰓。鰓耙不發達。深海魚類。

本科臺灣僅產1種，即黑仿主鱚：D^1. IX；D^2. 23；A. 22；P. 14；L. l. 75 (孔)。體紫黑色，在頭
部腹面有五縱列發光器（前二後三），在二腹鰭之間有一橫列，肛門前腹面正中線有一縱列，沿臀鰭基底
兩側各一縱列。

黑仿主鱚 *Pseudoscopelus scriptus sagamiensis* TANAKA

據鄧火土、陳春暉 (1972) 產臺灣南部海域。（圖 6-147）

虎䲁科 MUGILOIDIDAE

=PINGUIPEDIDAE, PARAPERCIDAE; Sandsmelts, Sandperch, Grubfish;

鱸形䲁科（朱）

體近卵圓或延長，多少近於圓柱狀。全身被小形櫛鱗或圓鱗；側線簡單完全，在體側中央近於直走。頭部無骨板，無棘或隆起稜脊，或有極低之隆起稜。無眶下支骨。鰓蓋有棘，前鰓蓋骨平滑或有小鋸齒。眼側位或稍高。口大，平裂，略能伸縮。上頜骨不外露，無副上頜骨。唇略肥厚。齒細小，上下頜各一帶，並雜有較大之尖齒或犬齒。鋤骨有齒；腭骨有齒或無齒。鰓四枚，有擬鰓。鰓被架 6。鼻孔每側 2 個。鰓膜連合，但在喉峽部游離。背鰭一枚，具 II～VIII 棘，17～25 軟條，或在硬棘部與軟條部之間有低鰭膜爲之連接。臀鰭較背鰭略短，前方有棘或無棘。腹鰭喉位，遠離，在胸鰭正下方或略前，無腋鱗。尾鰭截平或深彎月形，具 13～15 分枝鰭條。熱帶沿海小魚，色彩美麗。

臺灣產虎䲁科 1 屬 20 種檢索表:

1a. 腭骨有齒。

  2a. 背鰭具硬棘 IV 枚。

    D. IV, 20～25; A. 19～20; L. l. 57～61; L. tr. 5/12。體黃色，有十二條淡褐色橫帶，尾鰭有 6 條淡褐色橫條紋⋯⋯⋯⋯⋯⋯⋯⋯⋯⋯⋯⋯⋯⋯⋯⋯⋯⋯⋯⋯⋯⋯**十二帶虎䲁**

  2b. 背鰭具 V 枚硬棘。

    3a. 下頜外列齒 10 枚。

      D. V, 21 (少數 22); A. I, 16～17; L. l. 48～52; L. tr. 3/13～14; 鰓耙 3+6。體側及頭部背面淡黃綠色，腹部淡灰色，體側約有 10 條暗色橫帶，各帶在側線附近互相連接；頭側有二條黑褐色斜帶。頤部前方有一暗斑，前上頜骨前方有三個褐邊之淡色橫斑，上唇側方褐色。背鰭硬棘部灰黃色，中央有一大形黑斑；臀鰭淡灰色，鰭條間有 2～3 列小黑點⋯⋯⋯⋯⋯⋯⋯⋯⋯⋯⋯⋯**圓虎䲁**

    3b. 下頜外列齒 6 或 8 枚。

      4a. 下頜外列齒 6 枚。體側上半有 7～13 個暗色橫斑帶。

        5a. 尾鰭基部中央有一暗色斑。體淡紅色，腹面淡黃色，體側上半有 10 條赤褐色橫帶，每二條較爲接近（故成爲五對），頸部有一褐邊之淡色橫斑。D. V, 23; A. 20; L. l. 60; 鰓耙 4～6 +7～9⋯⋯⋯⋯⋯⋯⋯⋯⋯⋯⋯⋯⋯⋯⋯⋯⋯⋯⋯⋯⋯⋯⋯⋯**十帶虎䲁**

        5b. 尾鰭基部中央無暗斑；頸部無橫斑。

          6a. 體橙黃色，體側有七條暗色寬橫帶，五條在背鰭基底下方，此外無暗色帶或暗色斑點。

          D. V, 23; A. 19～21; L. l. 57～60; L. tr. 6～7/16～20 ⋯⋯⋯⋯⋯⋯**赤虎䲁**

          6b. 體側上方有 13 條暗色狹橫帶，2 條在背鰭硬棘部下方，9 條在軟條部下方⋯⋯**倍斑虎䲁**

    4b. 下頜外列齒 8 枚。

7a. 背鰭最後一棘最長。

8a. P. 16～17；環繞尾柄鱗片 30～34 枚；體淡青色而帶赤味，體側上半有 5～6 條暗色橫帶，第一條在眼後，第二條在鰓蓋後，其餘均在背鰭基底下方，其上端分叉，至側線下則合而爲一，故成 V 字狀。尾基上方有一白邊之黑斑。D. V, 23；A. 19；L. l. 60～64；鰓耙 3～7＋10～12 ……………………………………………………………………………**鞍斑虎鱚**

8b. P. 19；環繞尾柄鱗片 27 枚；體側上方無 V 字形斑，尾柄基部無大形黑斑，體側上方有格狀細紋。D. V, 23；A. 19；P. 18～19；L. l. 61～65；L. tr. 6～6¹/₂ / 13～17；鰓耙 2～5＋9～13 …………………………………………………………………………**格紋虎鱚**

7b. 背鰭中央一棘最長。

9a. 背鰭硬棘部與軟條部之間有缺刻（有鰭膜連接第一軟條基部）。

體側上方有五個暗色 V 字形斑，一個在背鰭硬棘部下方，四個在軟條部下方，體側中央有一淡色寬縱帶，其下方有八、九個暗色橫斑，胸鰭基部有一黑斑。D. V, 21；A. 17；L. l. 40；L. tr. 3/10～13；鰓耙 2～3＋9 ……………………………………………**史尼德虎鱚**

9b. 背鰭硬棘部與軟條部連續。

體紅黃色，體側有五個黑褐色橫帶，每二帶間有不甚明顯的同色而較狹之橫帶二條。D. V, 23；A. 19～21；P. 20；L. l. 50～54 …………………………………**牟婁虎鱚**

1b. 腭骨無齒。

10a. 下頜外列齒 6 枚。

11a. 背鰭硬棘部與軟條部之間有缺刻（有低鰭膜連接第一軟條之基部）。

體側中央有一暗邊之淡色寬帶；背鰭下方有成 V 字形之暗色斑。D. V, 21～23；A. I, 17～18；L. l. 77～87；L. tr. 6～8/20～24 ………………………………**雲紋虎鱚**

11b. 背鰭硬棘部與軟條部連續（第一軟條以鰭膜連至最後硬棘之末端）。

12a. 背鰭具 IV 硬棘。

13a. 液浸標本褐色，體側有十個暗褐色橫斑，各斑外緣色淡。頭頂有大形暗斑。唇色淡，有三條褐色垂直帶。D. IV, 21；A. 17；P. 2, 15；L. l. 64 ……**四棘虎鱚**

13b. 液浸標本灰白色，在側線下方有一列十個小黑圓點，在同樣部位另有一序列不甚明顯之垂直斑點，並向上擴展至側線上方，再至背鰭基部形成 W 形。胸鰭基部下緣有另一小圓黑點。尾鰭有多數小暗點，中央鰭條白色。D. IV, 20～21；A. I, 17；L. l. 58～60；L. tr. 6～8/12～14；鰓耙 3＋11 …………………**肩斑虎鱚**

13c. 背面灰褐色而有橙色小點，腹面灰白色。頭側眼下方有 2 個暗褐色斑塊，體側有九個褐色斑，胸鰭基部有一暗褐色大斑。唇部有二褐斑。尾鰭中央偏下有一大黑斑，其後有一白斑。D. IV, 21；A. I, 17；L. l. 59～60；L. tr. 7/13～14 …………………………………………………………………………**頭斑虎鱚**

12b. 背鰭具 V 硬棘。

14a. 上髆部有一明顯的眼狀斑，在體側有三縱列淡色斑，上列 8 個，中列 9 個，下列 9 個（上、中列者相間，中、下列者相並排列）；D. V, 21；A. 16～17；L. l. 59～65；L. tr. 9/15～16 ···四角虎鱚

14b. 上髆部無眼狀斑。液浸標本體紅色，由胸鰭腋部經尾鰭基部中央直達尾鰭後端有一白色縱帶；體側至尾基有九條不甚明顯之暗色橫帶，每帶因白色縱帶之貫穿而中斷；頭部有不甚明顯之暗斑，各鰭白色，奇鰭茶色而有暗色斑點。

D. V, 21；A. 17～18；L. l. 58～62；L. tr. 6/18 ·····················黃斑虎鱚

14c. 上髆部無眼狀斑。體褐色，條紋如上種，但是有七條暗色橫帶，各橫帶之下端有一黑色眼狀斑。D. V, 21；A. 1, 15～17；P. 17～18；L. l. 58～60；L. tr. 7/16～17；鰓耙 6+10～11 ··································蒲原氏虎鱚

10b. 下頜外列齒 8 枚。背鰭中央一棘最長。

15a. 背鰭最後一棘以鰭膜連於第一軟條之基部。尾鰭正中央無大形黑斑。

16a. 體側有五、六條暗赤色之橫帶，體側中央有一淡青色縱帶，將上述橫帶分為上下兩部分，縱帶以上之地色為黃赤色，以下為血赤色，頭側及吻上有紫青色波狀橫線，奇鰭有深色斑點，尾鰭上方數軟條略形延長。D. V, 21；A. 18；L. l. 62 ···美虎鱚

16b. 尾鰭基底之上部有一大形黑褐色眼狀斑，體側有二、三個 V 字形褐色斑。前鰓蓋骨下角有小棘 6～7 枚，鰓蓋主骨後角有一棘。D. V, 22；A. 18～19；P. 14～15；L. l. 58～60；L. tr. 4～5/10～13；鰓耙 2～3+10 ···正虎鱚

15b. 背鰭最後一棘與第一軟條之間之鰭膜連至最後一棘之末端。

17a. 頰部有 2～3 縱列褐點，體側下方有 5～7 個暗色眼狀斑。D. V, 19～22；A. 16～18；L. l. 58～63；L. tr. 7～8/15～17 ·········多斑虎鱚

17b. 頰部有 4～8 條暗色斜線紋，體側下方有一列 3～5 個黑色白邊之圓斑，尾鰭中央有一黑色輪紋，背鰭硬棘部基底有一黑斑，軟條部有三縱列之黑點。臀鰭有一列黑點。D. V, 19～22；A. 16～18；L. l. 60～63；L. tr. 7～8/16 ···六斑虎鱚

十二帶虎鱚 *Parapercis decemfasciata* (FRANZ)

產臺灣。

圓虎鱚 *Parapercis cylindrica* (BLOCH)

又名圓柱鱸形䲁。俗名狗鮔。產基隆。（圖 6-147）

十帶虎鱚 *Parapercis multifasciata* DÖDERLEIN

日名沖虎鱚；亦名洞䲁（動典）。產臺灣。

赤虎鱚 *Parapercis aurantiaca* DÖDERLEIN

產臺灣。亦名赤鯯（動典）。

倍斑虎鱚 *Parapercis binivirgata* (WAITE)

產本省西南部近岸。

鞍斑虎鱚 *Parapercis sexfasciata* (TEMMINCK & SCHLEGEL)

日名鞍掛鱚；亦名虎鯯，虎鱚（動典）。產臺灣、澎湖。（圖 6-147）

格紋虎鱚 *Parapercis mimaseana* (KAMOHARA)

產本省西南部近岸。

史尼德虎鱚 *Parapercis snyderi* JORDAN & STARKS

產東港。

牟婁虎鱚 *Parapercis muronis* (TANAKA)

產臺灣。（圖 6-147）

雲紋虎鱚 *Parapercis nebulosa* (QUOY & GAIMARD)

英名 Barfaced sandsmelt。產基隆。

四棘虎鱚 *Parapercis quadrispinosa* (M. WEBER)

產臺灣。

肩斑虎鱚 *Parapercis clathrata* OGILBY

產臺灣。

頭斑虎鱚 *Parapercis cephalopunctata* (SEALE)

產臺灣。（圖 6-147）

四角虎鱚 *Parapercis tetracantha* (LACÉPÈDE)

LACÉPÈDE 名此爲 *Labrus tetracanthus*；因其前鼻孔後方各有一瓣，鰓蓋上各有一棘，故有四角之稱。C. & V. 將其種名改爲 *cancellata*，但爲尊重優先權，故仍用舊名。英名 White blotched grubfish。產臺灣、澎湖。

黃斑虎鱚 *Parapercis xanthozona* (BLEEKER)

英名 Yellow-spot grubfish；又名黃紋臉鱸形騰（朱）。產澎湖。

蒲原氏虎鱚 *Parapercis kamoharai* SCHULTZ

產基隆。

美虎鱚 *Parapercis pulchella* (TEMMINCK & SCHLEGEL)

亦名虎鯯（動典）。產臺灣、澎湖。

正虎鱚 *Parapercis ommatura* JORDAN & SNYDER

英名 Sand divers（屬之通稱）；又名眼斑鱸形騰（朱）；日名的鱚。產臺灣、澎湖。

多斑虎鱚 *Parapercis polyphthalma* (CUVIER & VALENCIENNES)

SMITH (1961) 認爲本種乃次種之雌性，若干學者亦認本種爲次種之異名。但 SCHULTZ (1968) 列本種與次種均爲獨立之種。

六斑虎鱚 *Parapercis hexophthalma* (CUVIER & VALENCIENNES)

英名 Ocellated grubfish, Spotted sandsmelt。又名斑尾鱸形䲁（朱）。產臺灣。

掛帆鱚科 PERCOPHIDIDAE

包括 BEMBROPIDAE, HEMEROCOETIDAE, PTEROPSARIDAE;
Duckbills; 鮋形䲁科（朱）

體延長，稍側扁，呈亞圓筒形，頭部稍平扁，上烏喙骨下緣有一小孔。體被中等或較小之櫛鱗或圓鱗；頭側有鱗而無眼下稜。側線完全，側中位或低位。口大，端位，下頜稍突出。兩頜、鋤骨及腭骨均有絨毛狀齒。上頜骨外露，向後達眼下方，後端皮瓣或有或無。眼大，上側位，眶間隔狹窄。前鰓蓋骨及鰓蓋主骨常具小棘。背鰭二枚，互相分離，第一背鰭短小，具 III～VI 棘，第二背鰭長，具 14～19 軟條。臀鰭長，具 16～26 軟條。腹鰭喉位，具 I 棘 5 軟條，中央軟條最長，二腹鰭互相遠離。胸鰭寬大，圓形。尾鰭圓形或截平。鰓膜分離，與喉峽部不相連。鰓 4 枚。鰓被架 6。有擬鰓。

臺灣產掛帆鱚科 3 屬 5 種檢索表:

1a. 主上頜骨之後端有一肉質皮瓣。前鰓蓋骨之角隅部有二枚小棘，主鰓蓋骨有二枚中等大之棘 (*Bembrops*)。

D¹. VI, D². 14; A. 16; L. l. 42～53; 背鰭第 I 棘延長爲絲狀。體黃褐色，下部較淡，沿側線有黑色暈斑，第一背鰭黑色，尾鰭淡黃褐色，有褐色斑點，基部上方略淡，有一卵圓形黑斑‥‥‥‥**尾斑掛帆鱚**

1b. 主上頜骨後端無肉質皮瓣。

  2a. 體被弱櫛鱗。體線沿體正中線直走。背鰭及臀鰭之前方鰭條延長爲絲狀 (*Pteropsaron*)。

    3a. D. VI, 21～23; A. 27; L. l. 34～36; L. tr. 2/3。前鰓骨內緣有一列細鬚，與第一鰓弧之鰓耙相交錯排列‥‥‥‥‥‥‥‥‥‥‥‥‥‥‥‥‥‥‥‥**掛帆鱚**

    3b. D. V, 20～22; A. 24～27; P. 18～19; L. l. 32～35。體灰黃色，體側有兩條黃色縱條紋，鰓蓋有一黃色橫斑‥‥‥‥‥‥‥‥‥‥‥‥‥‥‥‥‥‥**臺灣掛帆鱚**

  2b. 體被強櫛鱗；側線沿體側下方直走 (*Chrionema*)。

    4a. D. VI, 16～17; A. 24～25; P. 22～23; L. l. 79～89。鰓耙 5～6+1+14～16。吻部背面鱗片不達後鼻孔。胸鰭末端達第二背鰭下方。體側有 8～9 個不規則之暗斑，上頜色暗‥‥‥**九斑掛帆鱚**

    4b. D. VI, 15～17; A. 25～26; P. 23～24; L. l. 78～89。鰓耙 4～5+1+13～15。吻部背面鱗片到達眼窩前緣，體側有三個大形暗斑‥‥‥‥‥‥‥‥‥‥‥‥‥**三斑掛帆鱚**

尾斑掛帆鱚 *Bembrops caudimacula* STEINDACHNER

英名 Flatnose。產臺灣。

掛帆鯔 *Pteropsaron evolans* JORDAN & SNYDER

　　據楊鴻嘉（1975）產高雄。（圖 6-147）

臺灣掛帆鯔 *Pteropsaron formosensis*（KAO & SHEN）

　　產大溪。KAO & SHEN（1985）發表之新種。

九斑掛帆鯔 *Chrionema chryseres* GILBERT

　　產臺灣。

三斑掛帆鯔 *Chrionema chlorotaenia* McKAY

　　產高雄。

絲鰭鯔科 TRICHONOTIDAE
包括 LIMNICHTHYIDAE; Hairfins, Sandeels, Sanddivers,
Sand submarines

　　體特別延長，纖細。被小圓鱗，頭部、頰部及鰓蓋部近於裸出。側線連續，側中位或低位。背鰭基底長，在雌者連續，雄者前方二鰭條分離，不分節，並延長為游離之絲狀。臀鰭基底長，前方有一不分枝鰭條或弱棘。胸鰭有狹基；腹鰭具 I 弱棘 5 軟條，其基底略超越胸鰭。尾鰭長卵形。眼互相接近。口大，端位，水平，能伸縮，下頜先端尖突。上頜骨不顯露。兩頜、腭骨及鋤骨均有絨毛狀齒帶。鰓膜在喉峽部游離。鰓 4 枚。鰓被架 7。擬鰓存在。本科之絲鰭鯔（*Trichonotus setigerus*）有一特殊之虹彩皮瓣（iris flap），由多數細長絲條構成，覆於晶體之外方。其側線鱗的後緣各有一 V 字形深缺口。

臺灣產絲鰭鯔科 2 屬 2 種檢索表:

1a. 臀鰭起點在背鰭起點之前，至吻端之距離小於至尾鰭基部之距離。V. I, 5。側線在體側中央線之下，至少在後部如此。吻肉質；上頜突出於下頜之前。背鰭起點在吻端至尾基之中點。下唇之背側外緣有一縱列肉質小突起。腹鰭鰭條不延長為絲狀。D. 21～26; A. 23～29; P. 11～13（*Limnichthys*）。

1b. 臀鰭起點在背鰭起點之後。V. I, 5。側線沿體側中央線直走。吻部非肉質，下頜突出於上頜之前。下唇之背側外緣無肉質小突起。腹鰭內側鰭條延長為絲狀（*Trichonotus*）。
　　側線上方鱗片 4 列，下方 5 列。側線上方有10條褐色寬橫帶。D. VI～VII, 40～43; A. I, 36; P. 12～14; L. l. 60; 體褐色，側線鱗片各有一小黑點 ⋯⋯⋯⋯⋯⋯⋯⋯⋯⋯⋯⋯⋯⋯⋯⋯⋯⋯⋯⋯⋯⋯⋯⋯絲鰭鯔

沙絲鰭鯔 *Limnichthys sp.*

　　英名 Sand submarine。JONES 等（1972）曾在恆春採得本屬標本一尾，種名未定。

絲鰭鯔 *Trichonotus setigerus* BLOCH & SCHNEIDER

英名 Hairfin, Sand divers。據楊鴻嘉（1975）產高雄。*T. marleyi* SMITH 為其異名。沈世傑教授（1984）亦報告有標本探自澎湖、大溪。（圖 6-147）

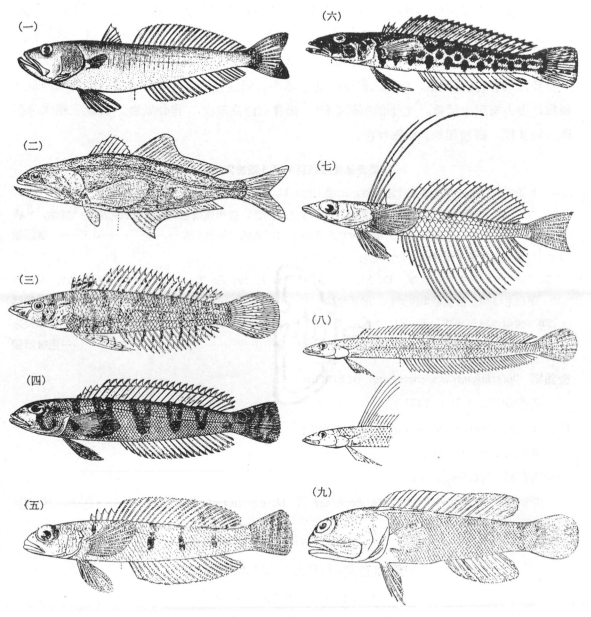

圖 6-147 （一）史氏鱷鱚（鱷鱚科）；（二）黑仿主鱚（大口鱚科）；（三）圓虎鱚；（四）鞍斑虎鱚；（五）牟婁虎鱚；（六）頭斑虎鱚（以上虎鱚科）；（七）掛帆鱚（掛帆鱚科）；（八）絲鰭鱚，上雌；下雄（絲鰭鱚科）；（九）橫帶後頜鱚（後頜鱚科）（一、六、七據松原；二據鄧火土、陳春暉；三據 FOWLER；四據朱等；五據岡田、松原，九據 CHAN）。

後頜鱚科 OPISTHOGNATHIDAE

Jawfishes

體延長，中度側扁。體被小圓鱗。頭部多少平扁，裸出。側線單一，高位，終止於背鰭中部下方。背鰭連續，棘細弱 (IX～XII 枚)，殆與軟條不易清分。臀鰭具 II 棘。尾鰭軟條 14～15（分枝軟條 12～13）。腹鰭互相接近，略超越胸鰭，具 I 棘 5 軟條（外側 3 條粗壯而不分枝）。胸鰭基部垂直，口大，端位，近於水平，略能伸縮。主上頜骨寬，後端超過眼之後緣，上方有副上頜骨。上下頜有細齒帶。鋤骨有齒或無齒，腭骨無齒。鰓膜在喉峽部游離。鰓 4 枚。鰓被架 6。擬鰓存在。

臺灣產後頜鱚科 1 屬 3 種檢索表：

1a. 上頜骨後端遠超過前鰓蓋骨之後緣，末端上翹。D. XI, 14 (15)；A. II, 14 (15)；P. 18；V. I, 5；sq. l. 約 80；鰓耙（下枝）13。液浸標本為一致之淡褐色，奇鰭黑褐色，背鰭有三列深色小斑點，外緣色暗，沿基部有八個倒 U 字形斑點；臀鰭有 2～3 列不規則的深色小點‥‥‥‥‥‥‥**後頜鱚**

1b. 上頜骨之後端不達前鰓蓋骨之後緣，後端截平。

2a. 體側有七條暗色短橫帶。D. XI, 11；A. II, 11；P. 19；Sq. l. 約 50；鰓耙（下枝）19。眼徑為頭長之 1/3。液浸標本淡黃色，頭頂較暗‥‥‥‥‥‥‥‥‥‥**橫帶後頜鱚**

2b. 體側無暗色橫帶。D. XI, 11；A. II, 11；P. 18；sq. l. 約 50；鰓耙（下枝）23。眼徑為頭長之 1/4。液浸標本為一致之淡黃色，頭頂稍暗‥‥‥‥‥‥‥**一色後頜鱚**

後頜鱚 *Opisthognathus castelnaui* BLEEKER

產彭佳嶼。(圖 6-147)

橫帶後頜鱚 *Opisthognathus fasciatus* CHAN

英名 Jawfish。產東港。

一色後頜鱚 *Opisthognathus sp.*

產澎湖。本種多少近似於 *O. hopkinsi* 及 *O. evermanni* JORDAN & SNYDER，但鰭條數及體色略有別。

瞻星魚科 URANOSCOPIDAE

Stargazers; Puffer fishes;

䲁科（朱）；三島䲁科（日）；眼鏡魚科（動典）

外形頗似鼬科，但構造迥異。頭大而近於立方形，背面多少平扁，頭頂及頭側有顯然發達之堅固骨板。前上頜骨能伸縮，無副上頜骨。口垂直位，下頜突出，口唇為垂纓狀。眼在頭頂。產於大西洋之 *Astroscopus* 屬有內鼻孔，用以呼吸。並有由眼肌所衍生而成之發電器位於眼後。上下頜、鋤骨、腭骨各有數列尖銳之齒。背鰭一枚或兩枚，其硬棘部不甚發達，有時無硬棘。胸鰭大形，其上方有兩枚具二溝槽之強棘，其基部均有毒腺，毒性甚強。腹鰭遠在胸鰭以前（喉位），相當於前鰓蓋之下方。體被細小圓鱗，或裸出。側線側上位。掠食性。下頜內側有可伸出之長舌狀突出構造，稱呼吸瓣，以此捕捉食餌。脊椎 24～26 枚。鰓裂寬廣，鰓膜微連，在喉峽部游離。鰓被架 6。無鰾。無生殖突起。

臺灣產瞻星魚科 3 屬 5 種檢索表:

1a. 背鰭二枚，第一背鰭具 IV～V 弱棘；鱗片排列整齊（由背側至腹側傾斜排列），但項背無鱗；唇部、鼻孔及鰓蓋後緣有皮瓣；肱棘 (Humeral spine) 發達；呼吸瓣與下唇連接，並隱於口內舌下方 (*Uranoscopus*)。

  2a. 呼吸瓣平滑；成魚之呼吸瓣不延長爲可伸出之絲狀；前鰓蓋下緣有棘 3 枚（少數 4 枚）；D. IV～V, 13～14；A. 13～14；P. 17～18；L. l. 55。體側上半部有玫瑰色或黃色不規則斑點……**日本瞻星魚**

  2b. 呼吸瓣延長爲可伸出的絲狀；前鰓蓋下緣有棘 4 或 5 枚（少數 6 枚）。

    3a. 絲狀呼吸瓣扁而寬，短於眼徑，少數成魚退化爲銳角狀；前鰓蓋下緣有棘 4～5 枚；D. IV, 12～14；A. 13～14；P. 18；sq. l. 47～55。體側無顯著之斑紋，第一背鰭有一大形黑色斑………**貧鱗瞻星魚**

    3b. 絲狀呼吸瓣厚而長，約爲眼徑之 2 倍；前鰓蓋下緣有棘 4～5 枚（少數 6 枚）；D. IV, 12～13；A. 13～14；P. 17；sq. l. 52。體暗灰色，體側有二個大形黑褐色斑，頰部有一黑褐色斑，第一背鰭紫黑色…………………………………………………………………………………**雙斑瞻星魚**

1b. 背鰭單一；呼吸瓣不發達。

  4a. 鱗片排列整齊；肱部有流蘇狀之皮瓣；鰓蓋上部後緣呈流蘇狀；D. 17～20；A. 16～17；P. 17；sq. l.（沿側線緣）66～69。體暗灰色，體側上半部有白色斑點散在…………**披巾瞻星魚**

  4b. 鱗片排列不甚整齊；肱部無流蘇狀皮瓣；肱棘短；鰓蓋後緣平滑；D. 13；A. 16～17；P. 23。體青灰色，上半部密佈褐色小斑點………………………………………………………**青瞻星魚**

日本瞻星魚 *Uranoscopus japonicus* HOUTTUYN

  亦名網紋䲁（朱），望天魚，望大雷，打龍鎚 (F.)，角魚 (R.)，眼鏡魚；俗名大頭丁；日名三島䲁。產基隆。味劣。（圖 6-148）

貧鱗瞻星魚 *Uranoscopus oligolepis* BLEEKER

  亦名紋頸䲁（朱）。日名睆䲁。產臺灣、澎湖。

雙斑瞻星魚 *Uranoscopus bicinctus* TEMMINCK & SCHLEGEL

  亦名雙斑䲁。產臺灣。

披巾瞻星魚 *Ichthyoscopus lebeck* (BLOCH & SCHNEIDER)

  亦名披巾䲁，披肩䲁，魚䲁（朱）。產基隆。（圖 6-148）

青瞻星魚 *Gnathagnus elongatus* (TEMMINCK & SCHLEGEL)

亦名青䱛。產臺灣。

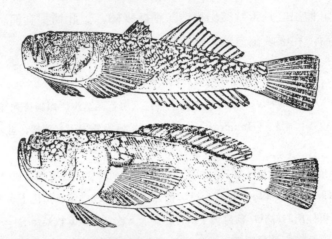

圖 6-148　上，日本瞻星魚；下，披巾瞻星魚（據朱等）。

＃南極魚亞目 NOTOTHENIOIDEI

分佈南半球南極附近之魚類，部分到達南溫帶，如智利、川斯坦、澳洲南端，以及紐西蘭。有些種類的血液中含有特別的醣蛋白，以防止血液凍結；有些種類的紅血球中不含血紅素。其腹鰭喉位，具 I 棘 5 分枝軟條。每側鼻孔單一。各鰭無堅硬之棘。尾鰭主要鰭條 10～19。胸鰭具 3 枚鰭輻骨。側線 2 ～ 3 條，亦有僅一條者，如牛魚科。體被圓鱗或櫛鱗，腭骨無齒，鋤骨齒或有無。鰓被架 5 ～ 9。無泳鰾。

本亞目包括牛魚(BOVICHTHYIDAE)，南極魚(NOTOTHENIIDAE)，深海龍(BATHYDRACONIDAE)，鱷冰魚 (CHANNICHTHYIDAE) 等科，全部近 100 種。

＃棉鳚亞目 ZOARCOIDEI

本亞目包括若干在外觀上似鳚亞目之中小形魚類，其分類地位尚多爭議。格陵伍等 (1966) 將本亞目列於鱈目之中。赫勃斯（C. HUBBS, 1952）亦早已指出本亞目與鳚亞目之基本差別，而主張它們與鼬魚 (Ophidioid fishes) 之間可能有密切親緣關係。不過此項主張受到高斯林 (GOSLINE, W. A. 1971) 的反對，他把該亞目列於與鱸目中的首科之一，與鱸首科平行。奈爾遜 (NELSON, J. S., 1984) 即將棉鳚和鱸列為平行之二亞目。

本亞目主要分佈北太平洋，包括棉鳚 (ZOARCIDAE)、錦鳚 (PHOLIDIDAE)、隱棘 (CRYPTACANT-

HODIDAE)、深海鰯 (BATHYMASTERIDAE)、狼魚 (ANARHICHADIDAE) 等科，均不見於臺灣。

鳚亞目 BLENNIOIDEI

　　體長卵形，延長以至鰻形不一，中度以至強度側扁。體裸出，或被小圓鱗或小櫛鱗，有時埋於皮下，有時亦見於鰓蓋諸骨上。側線單一，完全，不完全，或間斷，有時為側上位。鰓蓋諸骨發育完善。鰓裂廣，或僅為一小孔。鼻孔每側一對（部份 *Enchelyurus* 屬例外）。鰓膜游離或與喉峽部相連。腹鰭如存在，喉位或頤位，具 I 棘 2～4 簡單軟條。背鰭一枚、二枚或三枚，完全由軟條構成，或前方有少數弱棘。其軟條部與臀鰭對在而延長，臀鰭前方或有一至數枚弱棘。背鰭與臀鰭之支鰭骨分別與髓棘及脈棘相連接。尾鰭游離，或以鰭膜與背鰭、臀鰭相連接，或三者連續而不間斷。側蝶骨的側翼可伸展至額骨之下翼。頂骨常被上枕骨隔離；眶下骨無骨突，不與前鰓蓋骨聯接。口小或中等，上下頜有一至數列小尖齒或絨毛狀齒帶，有的並具犬齒。腭骨、鋤骨有齒或無齒。頭部有的具枕脊或皮瓣，分別位於頸部、眼上、鼻孔、及感覺孔附近。

臺灣產鳚亞目 4 科檢索表:

1a. 體裸出；背鰭單一，硬棘部與軟條部之間或有深缺刻。

　　2a. 背鰭、臀鰭甚長，完全由 100 枚以上之分節軟條組成，並且與尾鰭完全相連。尾鰭中央鰭條有時延長為絲狀。背鰭起點在眼之前⋯⋯⋯⋯⋯⋯⋯⋯⋯⋯⋯⋯**長帶鳚科**

　　2b. 背鰭、臀鰭中等長，不與尾鰭相連，或僅以低鰭膜相連。尾鰭中央鰭條不延長。背鰭起點在眼之後。背鰭硬棘部與軟條部大致相等。背鰭、臀鰭之軟條部通常在 35 枚以下⋯⋯⋯⋯⋯**鳚科**

1b. 體被小形或中形櫛鱗。腹鰭存在，具 2～3 軟條，軟條之前或有 I 棘。尾鰭與背鰭、臀鰭分離，或以低鰭膜相連。背鰭二枚或三枚，互相分離或以低鰭膜相連。

　　3a. 背鰭二枚，第一背鰭具 III 棘，第二背鰭前部棘多數，後部為少數之軟條。鱗片小，埋於皮下⋯⋯⋯⋯⋯⋯⋯⋯⋯⋯⋯⋯⋯⋯⋯⋯⋯⋯⋯⋯⋯⋯⋯⋯⋯⋯⋯⋯⋯⋯⋯**石鳚科**

　　3b. 背鰭三枚，第一背鰭具 III～IV 棘，第二背鰭完全由棘組成，第三背鰭完全由分節之軟條組成。體被中型櫛鱗⋯⋯⋯⋯⋯⋯⋯⋯⋯⋯⋯⋯⋯⋯⋯⋯⋯⋯⋯⋯⋯⋯⋯⋯⋯⋯⋯⋯⋯**三鰭鳚科**

長帶鳚科 XIPHASIIDAE

Hair-tail Blennies

　　體特別延長，而如鰻狀，側扁。體裸出。側線存在，側上位，在尾部消失。鰓裂小孔狀。鰓膜連於喉峽部。背鰭單一，特長，由 100 餘軟條組成，其起點在眼之前。臀鰭與背鰭相似。尾鰭完全與背鰭、臀鰭相連，其中央鰭條往往延長如絲狀。胸鰭圓形，下方鰭條粗肥。腹鰭喉位，含 3 軟條。口小，端位。上下頜有單列細長之門齒狀齒，上頜後方有一小犬齒，下頜後方有特長之犬齒。腭骨無齒。頭部無觸角狀皮瓣。

　　臺灣產長帶鳚 1 屬 1 種。D. 120～131；A. 97～120；P. 12～13。體長爲體高之 28～50 倍，頭長之 13～17 倍。體淡黃色，約有 24～28 條灰褐色寬橫帶，帶寬約與帶間相等。奇鰭邊緣灰褐色或黑褐色，背鰭前方數軟條黃色，在第 4～7 軟條間有一黑色黃邊之眼狀斑。

長帶鳚 *Xiphasia setifer* SWAINSON

英名 Snake blenny, Hair-tail blenny。亦名鰻鳚（楊）。產東港、基隆。（圖 6-149）

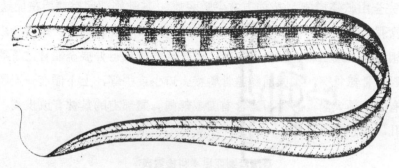

圖 6-149　帶鳚（帶鳚科）。

鳚　科 BLENNIIDAE
＝BLENNIIDAE＋SALARIIDAE＋NEMOPHIDIDAE
Combtooth blennis, Rockskipper；銀寶科（日）

　　體橢圓或延長，稍側扁；裸出，或具變形之鱗片；側線完全，或退化爲前部之一系列小孔。頭鈍短；口大或小，齒視種類而異；通常在上下頜前方僅有單列密集之櫛狀齒，後方或有一直立或彎曲之大形犬齒。腭骨無齒，少數在鋤骨上有齒。鰓裂側位，向下擴展至喉峽部，或爲胸鰭基部上方之小裂隙。鰓膜在喉峽部游離，或多少癒著。背鰭一枚，前部爲 III～XVII 枚易屈之硬棘，與後部軟條部之間或有缺刻。臀鰭類似於背鰭軟條部，通常有 II 棘。腹鰭喉位，I 棘，2～4 分節軟條；亦有無腹鰭者。尾鰭有時與背鰭、臀鰭相連合。胸鰭 10～18 軟條，不分枝。本科之更重要特點是烏喙骨退化，並且與匙骨相癒合。間鰓蓋骨亦退化，在前鰓蓋骨的腹方內側，其後端與間舌骨的腹端形成一靭帶狀連接，在上舌骨的後側面成突起狀。頭部或有形狀不一之觸角狀皮瓣，主要分佈於鼻孔、眼上及頸部。各地沿海小型或中型魚類，包含若干親緣關係不甚明瞭之種類，有時分成爲獨立之若干科。

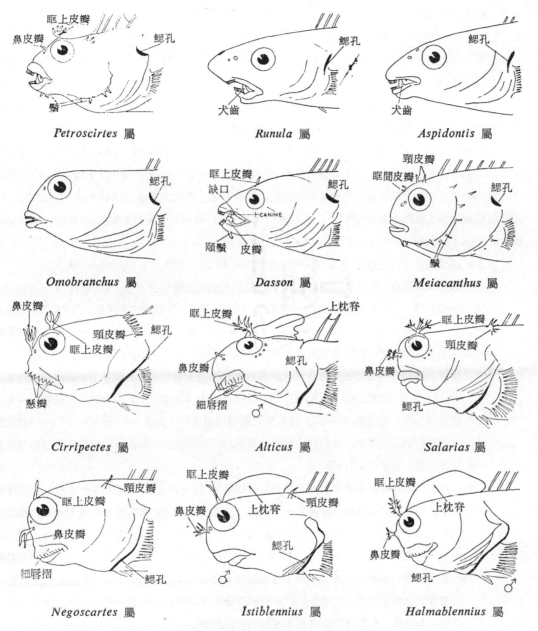

圖 6-150　鳚科各主要屬之頭部形態之比較（據 MUNRO）

臺灣產鳚科 2 亞科 22 屬 62 種檢索表:

1a. 有基蝶骨，有間插骨（Intercalare, 在前耳骨之後上方）。成體無鱗，主要為底棲性。前上領骨中央
　　有細弱之莖突，但在上唇上方有骨質稜，並形成一凹溝，以承接上唇。齒小，埋於唇中，多少能活動。
　　(BLENNINAE)

2a. 尾鰭有分枝軟條 6～10 枚；背鰭軟條 13～24；腹鰭 I, 3～I, 4。前上領骨牙齒 60 枚以下。圍眶骨

5 片 (BLENNIINI)。

3a. 頭頂自眶間至背鰭起點間無縱列之皮鬚 (*Pictiblennis*)。

鰓裂廣，左右鰓膜相連而在喉峽部游離。上下頜齒不活動，後方有一對犬齒。有眶上皮瓣，雄者較長。體淡褐色，體側有六、七對並列之暗色橫帶，但變異甚大。D. XII, 16～18；A. II, 17～18；P. 14 ⋯⋯⋯⋯⋯⋯⋯⋯⋯⋯⋯⋯⋯⋯⋯⋯⋯⋯⋯⋯⋯⋯⋯⋯⋯⋯⋯**平頂鳚**

3b. 頭頂自眶間至背鰭起點間有一縱列皮鬚 (*Scartella*)。

眶上有一短皮瓣。體色同上種。D. XII, 14～15；A. II, 16～17；P. 14 ⋯⋯⋯⋯⋯**鬚頂鳚**

2b. 尾鰭鰭條不分枝（少數有 1～2 鰭條分枝）；背鰭軟條 17～26；腹鰭 I, 2；前上頜骨牙齒 40 枚以下。圍眶骨 3～5 片。間鰓蓋骨之腹後側有突起，向後超過上舌骨之後緣 (OMOBRANCHINI)。

鼻孔前緣無皮瓣（前鼻孔或成細管狀），圍眶感覺孔 7～9；背鰭前中央有上顳孔(median predorsal supratemporal pore)，其前方之枕區無感覺孔。眶間孔 2～4。

4a. 下頜感覺孔 3 枚；上顳骨-前鰓蓋-下頜感覺孔共 13 枚（少數 12）(*Omobranchus*)。

5a. 大形標本頭頂有一葉片狀皮瓣；鰓裂通常限於胸鰭最上鰭條之上方。D. XII, 19～22；A. II, 22～24；C. 12～13。眶間孔 2，側線管 3～8；雌魚上下頜後方無犬齒，下頜門齒狀齒 30 枚以上⋯⋯⋯⋯⋯⋯⋯⋯⋯⋯⋯⋯⋯⋯⋯⋯⋯⋯⋯⋯⋯⋯⋯⋯⋯⋯⋯⋯**肉冠鳚**

5b. 頭頂無葉片狀皮瓣；鰓裂位置高低不一。

6a. 橫越背鰭前方有一暗色寬橫帶（有灰邊）；體側前方有數條暗色縱條紋；鰓裂限於胸鰭基底上方。D. XII（少數 XI 或 XIII），19～24；A. II, 20～26；C. 12～14。側線管 2～8。下頜齒22～38；上頜齒 21～33。雌雄魚之頭頂均無葉片狀皮瓣 ⋯⋯⋯⋯⋯⋯⋯**韋馱鳚**

6b. 背鰭前方無暗色橫帶；體側前方無暗色縱條紋；鰓裂位置高低不一；雄性之尾鰭鰭條有的延長為絲狀。背鰭棘 XII～XIV。

7a. 鰓孔向下擴展至胸鰭第 3～6 鰭條。背鰭硬棘 11～13 枚；側線孔 1～4 枚。背鰭軟條部無暗色條紋，但雄魚之最後 1～4 軟條上往往有一暗斑。背鰭第 15 分節軟條之長度在雄魚佔標準體長之 14.7～22.4%，雌魚者佔 12.1～16%。眼眶後有一垂直暗帶，圍眶骨 4 枚⋯⋯⋯⋯⋯⋯⋯⋯⋯⋯⋯⋯⋯⋯⋯⋯⋯⋯⋯⋯⋯⋯⋯⋯⋯⋯⋯⋯⋯**大湖鳚**

7b. 鰓孔由限於胸鰭之上方以至向下至胸鰭第6鰭條而不一，背鰭硬棘 12～14 枚。背鰭軟條部有暗色條紋或無，但雄魚往往在背鰭軟條部之中部有一枚或一短列暗斑。側線孔 0～9 枚。背鰭第 15 分節軟條之長度在雄魚佔標準體長之 9.1～16%，在雌魚佔 8.4～13.6%。眼眶後垂直暗帶或有或無。圍眶骨 5 枚。

8a. 背鰭分節軟條 17～20（通常為 18～19）。頭部腹面為一致之污色，或有污色小斑點，擴展至胸鰭、腹鰭前方。體側有 11～12 條暗色橫帶，帶之下半略向後斜。背鰭軟條部中央有一大形眼斑。D. XIII（少數 XII 或 XIV），17～20；A. II, 20～23；C. 12～14。側線管 0～9。上頜齒15～24；下頜齒18～26。雌雄頭頂均無葉狀皮瓣⋯⋯⋯**長身鳚**

8b. 背鰭分節軟條 18～23（通常為 19～22）。頭部腹面色暗，有暗色之人字形斑，或人字形與蠕蟲狀混合之斑紋。頭部在眼後有明顯之暗色點。

9a. 側線管 0～8（通常 3 個以上）；圍眶感覺孔 7～10（通常爲 8～9）；體側通常有 8～9 對多少垂直之暗色狹帶或斑點；頭部腹面有人字形及蠕蟲狀斑紋。D. XIII（少數 XII 或 XIV），18～23；A. II, 21～26；C. 12～16。上頜齒 14～25；下頜齒 16～28。雌雄頭頂均無葉片狀皮瓣⋯⋯⋯⋯⋯⋯⋯⋯⋯⋯⋯⋯⋯⋯⋯⋯⋯⋯⋯⋯⋯**吉曼氏鳚**

9b. 側線管 0～4（通常少於 3 個）；圍眶感覺孔 7～9；體側有 11 條或較少之暗色寬斜帶；頭部腹面爲一致之暗色，或有不甚明顯之人字形斑紋。D. XIII（少數 XII 或 XIV），19～22；A. II, 21～25；C. 13～15；上頜齒 16～27；下頜齒 18～28。雌雄頭頂均無葉片狀皮瓣⋯⋯⋯⋯⋯⋯⋯⋯⋯⋯⋯⋯⋯⋯⋯⋯⋯⋯⋯⋯⋯**斜帶鳚**

4b. 下頜感覺孔 2 枚；上顎骨-前鰓蓋-下頜感覺孔共 11～12 枚。

　　10a. 背鰭硬棘 XI～XIII；胸鰭軟條 13（少數 14）；鰓裂在胸鰭第 5 軟條以上。背鰭、臀鰭與尾鰭之連接部分不超過尾鰭全長之 1/6（*Parenchelyurus*）。

　　　　側線由 3～8 枚二孔之側線管組成，身體爲一致之暗色，有時有不明顯之斑點。D. XI, 18；A. 22；P. 13。無眼上皮瓣及頸皮瓣。上下唇平滑。前鼻孔成短管狀。尾鰭後緣圓形⋯⋯⋯⋯⋯⋯⋯⋯⋯⋯⋯⋯⋯⋯⋯⋯⋯⋯⋯⋯⋯**准黑鳚**

　　10b. 背鰭硬棘 VI～XI；胸鰭軟條 13～17（通常 14～16）；鰓裂向下可達胸鰭第 11 鰭條；背鰭、臀鰭與尾鰭之連接部分達尾鰭全長之 1/3 以上（*Enchelyurus*）。

　　　　11a. D. VI～IX, 23；A. II, 20；P. 15。上下頜齒 I～30～I。雄者頭部一致色暗，或有暗色細條紋⋯⋯⋯⋯⋯⋯⋯⋯⋯⋯⋯⋯⋯⋯⋯⋯⋯⋯⋯⋯⋯**克氏黑鳚**

　　　　11b. D. VIII～X, 20～24；A. II, 18～21。雄魚頭部有不規則的色點，頭部腹面色暗而有網狀之斑紋，或有不明顯之暗色寬帶⋯⋯⋯⋯⋯⋯⋯⋯⋯**黑鳚**

2c. 尾鰭鰭條分枝或不分枝；背鰭軟條 10～24；腹鰭 I, 2～4（多數爲 I, 3～4）；圍眶骨 2, 4 或 5 片。間鰓蓋骨後側無突起（SALARIINI）。

　　12a. 橫過頸部有一長列 20～60 枚皮瓣，背中央線或有一狹隙，但不超過每側皮瓣基部全長之 1/4。側線完全，延伸至或接近尾基。

　　　　13a. 背鰭分節鰭條 14～16；臀鰭分節鰭條 14～16（14 者甚少）。上下頜齒均多數，細長易屈，均能活動，且寬度大體一致。下頜齒數 85～135，約爲上頜齒數之半。鋤骨無齒。下頜每側後方各有 1～2 枚犬齒。上唇近於細摺狀。頤部無鬚。P. 15（下方 5～6 鰭條粗大）；V. I, 4；C. 5+4（分枝鰭條）（*Cirripectes*）。

　　　　　　14a. 體灰色，體側及胸鰭有暗色斑點。D. XII, 14；A. II, 15。頸皮瓣 47～62；鼻皮瓣 4～12；眼上皮瓣 8～18⋯⋯⋯⋯⋯⋯⋯⋯⋯⋯⋯⋯⋯**褐點䲁鳚**

　　　　14b. 體色與上種顯然不同。

　　　　　　15a. 體紫褐色至暗褐色；尾鰭上緣橙色或黃色，頰部有紅點，背鰭外側前方及胸鰭下方鰭條之末端紅色。D. XII, 14～15；A. II, 15～16。頸皮瓣 26～39；鼻皮瓣 3～6；眼上皮瓣 3～5⋯⋯⋯⋯⋯⋯⋯⋯⋯⋯⋯**黑斑䲁鳚**

　　　　15b. 體色與上種顯然不同。

16a. D. XII, 13～14; A. II, 14～15。體淡褐至暗褐色，幼魚體側中央有一暗
色縱帶，有時間斷爲數枚長斑。成魚體側有 5～12 條暗褐色橫帶，喉部、頰
部及鰓蓋部有多數灰色圓點。頸皮瓣 33～42; 鼻皮瓣 4～11; 眼上皮瓣 4～
5 ……………………………………………………………………**紅鰭鬚鰯**

16b. D. XII, 15（少數 14); A. II, 16（少數 15)。體淡褐色至褐色，幼魚體
側有暗斑，唇後部有褐點; 成魚體側有 8～15 條暗色橫帶，並且有黑色及白
色小點散在。頸皮瓣 25～31; 鼻皮瓣 1～5; 眼上皮瓣 2～4 ……**橫帶鬚鰯**

13b. 背鰭分節鰭條 11～13; 臀鰭分節鰭條 12～14。上頜齒能自由活動; 下頜齒稍能
活動，其寬度約爲上頜齒之倍，齒數 65 以下，約爲上頜齒數之 1/3。鋤骨無齒，
下頜無犬齒。上唇有 18～24 個發達之細摺。眼上皮瓣多裂狀，有 5～10 個分枝。
側線在前方有很多短側枝; 頤部兩側有一對觸鬚（*Exallias*)。

D. XII, 12～13; A. II, 13～14; P. 15（下方 6 軟條粗大)。體棕灰色而密佈小黑
點，或每 4～10 個黑點形成 5～6 對橫斑。頸皮瓣 30～36; 鼻皮瓣 4～7; 眼上
皮瓣 7～9（基部有細柄）……………………………………………**短身鬚鰯**

12b. 頸部如有皮瓣，不成一橫列，而爲每側一枚或一簇，背中央線有廣大間隙，大於或
等於每簇皮瓣之基部長度。側線完全或不完全。

17a. 無頸皮瓣，亦無眼上皮瓣，而有簡單之鼻皮瓣; 尾鰭鰭條均不分枝。上頜
齒能活動，95 枚以上; 下頜齒 29 枚以上，下頜後方或有 (0～4) 犬齒狀齒
（通常每側一枚)，較附近各齒略寬並稍鈍短。圍眶骨 4 片（*Ecsenius*)。

18a. 背鰭硬棘部與軟條部之間無缺刻，最後一棘之長度大於體長之 1/10。
前鼻孔之前後緣均有皮瓣。D. XI～XII, 19～21; A. 20～22; P. 13～
14; C. 13～14。鰓耙 12～17。下頜門齒狀齒 34～45。側線孔 0～10。
尾鰭後緣截平，但上下緣鰭條或延長而超越截平線。尾柄部高而薄。體
暗黑色，尾柄部以後色淡。背鰭色暗而有斜走之條紋，臀鰭有暗邊及中
央狹縱帶……………………………………………………………**波江氏鰯**

18b. 背鰭硬棘部與軟條部之間有缺刻，最後一棘之長度小於體長之 0.09。
側線無上下成對之孔（或僅在起點有一對)。前鼻孔僅後緣有皮瓣。

19a. 背鰭分節鰭條 16～22; 臀鰭分節鰭條 18～23。全部脊椎 34～39
枚。背鰭硬棘 XII 枚; 胸鰭鰭條 13～14。體側中央有一暗色縱條紋，
延伸至尾鰭基部，連續或間斷爲若干暗色斑點………………**條紋鰯**

19b. 背鰭分節鰭條12～15; 臀鰭分節鰭條14～17，全部脊椎30～34枚。

20a. 體側有一縱列 1～10 個灰邊之暗色圓形或卵圓形斑，最大者等於
或大於眼徑之半。腹鰭顯然色暗………………………………**眼斑鰯**

20b. 體側斑點無灰邊，通常小於眼徑之半。腹鰭色暗。鰓耙 11～16;
上頜門齒狀齒 97～127。胸鰭基部有一橫Y字形斑，體側自眼後有

暗色縱條紋，但無明顯之微細條紋……………………………………………**琉球鳚**

17b. 無頸皮瓣，或無眼上皮瓣，但非二者均無（或二者均有）。尾鰭鰭條分枝或不分枝；下頜每側最後牙齒與附近牙齒相似。圍眶骨 5 片。

21a. 背鰭硬棘 IX～XI；尾鰭鰭條全部不分枝；胸鰭鰭條 15～18（通常爲 16）；腹鰭分節鰭條 2。頭部及體側爲一致之暗色（*Atrosalarias*）。

D. IX～XI, 18～22；A. II, 18～21；P. 15～18。鰓耙 22～35。上頜齒 135～226；下頜齒 82～147。兩側後方有微小犬齒，鋤骨無齒。頸部兩側有單一短皮瓣。全身除胸鰭、尾鰭略淡外，大部爲黑褐色，胸鰭上部軟條基部有一暗斑……………………………………**褐鳚**

21b. 背鰭硬棘 XII～XVII（少數爲 XI）；尾鰭鰭條分枝或不分枝；胸鰭鰭條 13～16（少數爲 16）。腹鰭分節鰭條 2～4。頭部及體側色型不一。

22a. D. XII, 9～12；A. II, 10～13。前部之側線孔有微小而交叠之鱗片狀皮瓣覆蓋之（*Stanulus*）。體灰黃色而上側有黃褐色之網狀斑紋，胸鰭基部有一鮮黃色弧狀斑。無眼上皮瓣………………………………………………………………………………**塞昔爾鳚**

22b. 背鰭全部鰭條（硬棘在內）26～38，分節鰭條 13～24。臀鰭分節鰭條 14～28。側線孔無微小而交叠之鱗片狀皮瓣覆蓋之。

23a. 上頜齒能自由活動，成體之上頜齒數通常超過 120（110～380）。

24a. 全部尾鰭鰭條均不分枝。臀鰭分節鰭條 23～28。

25a. 下唇後方有一明顯之杯狀肉質吸盤（*Andamia*）。

26a. 背鰭第 II 棘延長，在♀略長於頭長，在♂爲頭長之倍。全身爲一致之暗色，無橫帶或大斑，僅頭頂及背鰭棘部下方有少數白點散在。D. XV～XVII, 17～18；A. II, 24～25；P. 15；V. I, 4。鼻皮瓣微小，簡單；眼上皮瓣之兩緣有細鬚，上下唇均呈細摺狀………………………………………………………**吸盤鳚**

26b. 背鰭第 II 棘延長約爲頭長之 1$\frac{1}{2}$ 倍；雄魚頭頂有三角形皮瓣。身體有白點散在。D. XIV, 19～21；A. II, 24～25；P. 15 ………………………**雷氏吸盤鳚**

26c. 背鰭第 II 棘不特別延長，約爲頭長之 2/5。頭頂及體側無白點，全身爲一致之暗褐色，腹面灰色。D. XVI, 18；A. II, 24；P. 15；V. I, 4。上下唇薄，其邊緣均有不規則的細摺。鼻皮瓣簡單，眼上皮瓣短於眼徑，內緣有 2～3 枚，外緣有 3～5 枚小瓣鬚………………………………………………**太平洋吸盤鳚**

25b. 下唇後方無杯狀肉質吸盤（*Alticus*）。

D. XIV, 22～23；A. II, 26～27；P. 15。上下唇全部成摺狀………………**跳鳚**

24b. 尾鰭之部分鰭條在近末端處分枝（至少在成魚如此）。臀鰭分枝鰭條 17～25。

27a. 頭頂中央線有葉片狀皮瓣；無頸皮瓣；鼻皮瓣簡單；眼上皮瓣有裂片狀分枝。側線止於背鰭基中點下方。上頜感覺管在背中區只有單一感覺孔。背鰭最後軟條與尾柄部游離（*Praealticus*）。

28a. 吻部輪廓向後上方傾斜。體側有 10 條不明顯的暗色橫帶，每二條成一對。後部有淡藍色小點。D. XIII, 17～19; A. II, 18～19; P. 14; V. I, 3⋯⋯⋯⋯**種子島䲁**

28b. 吻部前方近於垂直，有時前額部略向前傾斜。體側有 6 條暗色橫帶，各帶又分前後兩條。頭側有多數小黑圓點。體側有大小不一之珠光點散在。D. XII, 18～19; A. II, 20～21; P. 15; V. I, 3⋯⋯⋯⋯⋯⋯⋯⋯⋯⋯⋯⋯⋯**珠點䲁**

27b. 不具 26a 所列各項共同特徵。

29a. 鰓膜在胸鰭最下方鰭條處與喉峽部相連，有時橫過喉峽部成游離之狹摺。在前鰓蓋下頜孔附近有皮鬚 2～4 條。背鰭第 I 棘之基部有皮瓣 (*Crossosalarias*)。

D. XII, 16～19; A. II, 18～20; P. 15。鰓耙 9～22。體側有黑素點，在前部成網狀，後部成灰色小眼斑。喉部後半有二黑色大斑⋯⋯⋯⋯⋯⋯⋯⋯⋯⋯⋯**狹鰓䲁**

29b. 鰓膜在側方和後方開放，形成一活動之深皮摺，橫過喉峽部；前鰓蓋下頜孔無相伴之皮鬚；背鰭第 I 棘基部無皮瓣。

30a. 腹鰭分節鰭條 2～3。

31a. 臀鰭最後鰭條完全與尾柄部游離。背鰭硬棘 XIII～XIV；腹鰭分節鰭條 3 枚；臀鰭前方鰭條不延長。頭頂中央線有葉片狀皮瓣（至少見於雄魚）；下頜後方犬齒或有或無。上頜齒 205～225；下頜齒 165～195。背鰭硬棘部與軟條部之間有深缺刻 (*Istiblennius*)。

32a. 上唇有細摺。

33a. 有簡單之頸皮瓣。

34a. 眼上皮瓣簡單、細長，長於眼徑之 1/2。上頜後方有小形犬齒。體欖灰色至淡褐色，體側有七個下方分叉之暗色橫帶，帶之中央有 5～6 對黑邊之白點，排成二縱列。體側上方有多數小黑點。雄魚鰓蓋後角有一大如瞳孔之三角形斑，鰓膜有狹暗邊。臀鰭及尾鰭之下部色暗。雌魚眼後上方有暗色橫帶，帶之後緣有細黑線紋，眼上有黑邊之白線紋，喉部有彎月狀暗色橫帶。D. XIII, 19～21; A. II, 20～22; P. 14⋯⋯⋯⋯⋯⋯⋯⋯⋯⋯⋯⋯⋯⋯⋯⋯⋯⋯⋯⋯⋯⋯⋯**彈塗䲁**

34b. 眼上皮瓣之兩側有絲狀瓣鬚。下頜後方無犬齒。

體褐色，有七對不明顯的橫帶，並且有排列不規則之銀白色小點，尾部尤為清晰，頭部有小灰點。背鰭有明暗相間之斜帶，臀鰭有二列灰點。D. XII～XIII, 19～20; A. II, 19～20; P. 14 ⋯⋯⋯⋯⋯**白點䲁**

33b. 無頸皮瓣，下唇平滑。下頜後方無犬齒。

D. XIII（少數為 XII 或 XIV), 21～23; A. II, 23～24; P. 14。體淡褐色，體側有約六條明顯的暗褐色至黑色之縱線紋，在尾柄部成為若干小黑點。頭側有垂直條紋，有時可見體側有 6～7 對暗色橫斑⋯⋯⋯**黑線䲁**

32b. 上下唇均平滑。

35a. 鼻皮瓣簡單。眼上皮瓣短觸角狀，短於眼徑。體暗褐色，胸鰭上方有略暗之網狀斑紋，體側有 10 餘條寬狹不一之暗色橫帶。眶間區後方有一橫帶，向下延伸至上唇，枕區至鰓蓋之橫帶較不明顯。背鰭有白色小點，外緣黑褐色。臀鰭黑褐色，基部有白點，鰭條末端白色。D. XIII, 20；A. II, 20；P. 14 ……………………………………**黑邊鰕**

35b. 鼻皮瓣細長，簡單；眼上皮瓣簡單、扁平。二背鰭約與體高相等。體淡褐色，體側有多數暗色橫帶，後部之橫帶間斷。D. XII～XIII, 19～22；A. II, 22～23；P. 14 ……………………………………**穆氏鰕**

35c. 鼻皮瓣多裂片狀。

36a. 眼上皮瓣之兩側有多數絲狀瓣鬚。頸部無皮瓣。

37a. 前額向前伸出。雄魚頭頂之葉片狀皮瓣向後可達背鰭起點，約爲眼高之半。雄魚黃綠色。有七對暗色橫斑，尾柄部有多數暗色圓點。背鰭硬棘部有斜條紋，軟條部內側及外緣色暗。臀鰭內側色淡，外緣色暗。尾鰭外緣色暗，有二淡色縱帶。D. XIII, 21～23；A. II, 23～25；P. 14……………………………………**杜氏鰕**

37b. 前額部傾斜，雄魚頭頂之葉片狀皮瓣約爲眼高之 3/4。體黃綠色，體側有 7～8 個下端分叉之橫斑。背鰭有暗點形成之縱條紋。雄魚之背鰭部及臀鰭有暗邊。D. XIII, 20～22；A. II, 21～23；P. 14……………………………………………………**條斑鰕**

36b. 眼上皮瓣簡單，不較眼徑爲長。

38a. 背鰭最後軟條以鰭膜與尾鰭相連，向後可達尾鰭之第一枚大形鰭條。下頜後方無犬齒。有頸皮瓣。

39a. 雌魚褐色至灰褐色，體側有 6～7 對不明顯的橫帶，後部及背鰭密佈暗色小點。雄魚體側橫帶或有或無；背鰭有 10～12 條白色縱條紋，外緣色暗；頭頂葉狀皮瓣黑色，頭側或有不規則之灰色斑紋。D. XIII（少數爲 XII 或 XIV），18～22；A. II, 20～23；P. 14 ……………………………**波浪鰕**

39b. 體深褐色，有數枚青色雲狀橫斑，胸鰭上方斑紋多少成網狀，兩眼間隔後方至上唇間有暗色橫帶。背鰭硬棘部色暗，有二列淡色斑點，軟條部有波狀之淡色斜條紋；尾鰭、臀鰭爲一致之暗色，臀鰭有暗邊。D. XIII, 20～22；A. II, 20～22；P. 14……………………………………………**江之島鰕**

38b. 背鰭最後鰭條連於尾鰭基部，或完全不相連。

40a. 雌魚頭頂有葉狀皮瓣，等於或低於眼高之 1/2。雄魚體側有 7～8 個暗色橫斑，最後一斑在尾柄部。體側中央有

3～4 條黑色縱線，在後方間斷爲小點。雌魚體側中央有 4～6 條黑色縱線紋。D. XIII, 19～21；A. II, 20～21；P. 14，下方4～5鰭條粗大……………………………**青點鳚**

40b. 雌魚頭頂無葉狀皮瓣，或有一不明顯之稜脊。雄魚之葉狀皮瓣與眼高相等或大於眼高。

41a. 雌魚眼後有二垂直黑斑，雄魚有八條黑色縱線紋。體側有八個下端分叉之橫斑。雌魚背鰭每一鰭條有2～3個黑斑。雄魚背鰭近於一致之暗色。D. XIII, 18～21；A. II, 19～21；P. 14 ……………………………**比立頓鳚**

41b. 雄魚體側有九條暗色橫帶，中央有二列明顯之黑邊卵圓斑；雌魚體側橫帶不明顯，而在胸鰭下方至尾鰭有3～5條不規則的線紋。D. XIII, 19～20；A. II, 20～22；P. 14……………………………………**間斑鳚**

31b. 臀鰭最後鰭條以鰭膜連於尾柄部。在雄性，臀鰭前方鰭條往往延長 (*Salarias*)。

42a. 上唇有細摺，下唇平滑。頸皮瓣簡單，其長約爲瞳孔之半。頭頂無葉片狀皮瓣。眼上皮瓣簡單，有時在近基部有瓣鬚。鼻皮瓣細長，成對。下頜後方小犬齒或有或無。D. XII, 16～18；A. II, 17～19；P. 14。體褐色，有不明顯之橫帶，前鰓蓋邊緣色暗。雄魚上唇有小點，下唇有五條白色橫帶。體側上方有一至數縱列黑點。背鰭基部有暗帶，鰭條有二、三黑點。臀鰭外緣內側色暗……………………………………**皺唇鳚**

42b. 上下唇均平滑。頸皮瓣多裂片狀。眼上皮瓣亦多裂片狀。鼻皮瓣粗短而有4～7枚短瓣鬚。雌雄頭頂均無葉片狀皮瓣。下頜後方無犬齒。D. XII, 18～20；A. II, 19～21；P. 14。體綠色或褐色而有暗色橫帶，擴展至背鰭基部。身體前部上方密佈小黑點，下方有黑色平行縱線紋。體側到處有大小不一之白色圓斑。頤部及喉部有灰色橫斑。背鰭前方有白點，軟條部及尾鰭均有小黑點……………………………………**橫帶鳚**

30b. 腹鰭分節鰭條4枚。頸部無葉片狀皮瓣，或僅有一低皮摺。下頜後方有犬齒。鋤骨上有一列短鈍之錐形小齒橫過其上 (*Entomacrodus*)。

43a. 上唇之下緣無細摺。鰓耙 9～15。

眼上皮瓣等於或短於眼徑，內緣有2～3枚瓣鬚，外緣無瓣鬚。有小形頸皮瓣。體淡褐色，體側有暗色小點，形成少數不甚明顯之大斑。眼後有一小黑點。背鰭、尾鰭有暗色小點，臀鰭色暗。D. XIII, 13～15；A. II, 15～17。鰓耙 9～18……………………………………**海蛙鳚**

43b. 上唇之下緣全部或部分有細摺；鰓耙通常 14 枚以上。

44a. 上唇下緣之中央三分之一至五分之一有細摺，兩側部分平滑。眼上皮瓣
　　　單一，簡單，其長度約爲眼徑之 1.1～2 倍。背鰭第 I～II 棘之間有一黑
　　　斑。後犬齒微小。

　　45a. D. XIII, 16～17；A. II, 18。 鼻皮瓣無瓣鬚。 體側暗斑由多數灰色
　　　　　蠕蟲狀或網狀之條紋組成，或由灰色之細點或短條紋組成……星點蛙鰤

　　45b. D. XIII, 15；A. II, 16～17。 鼻皮瓣有少數瓣鬚。♂體淡欖灰色，
　　　　　由眼放出三條污色濶帶，最後一條在頰部，最短最寬，由眼至口之後角
　　　　　者最長最狹，另一帶由眼前至上頜，不甚明顯；體側有七條暗色寬橫帶，
　　　　　前六條由背鰭基部向下，每條分裂爲二，第 I、II 背鰭棘間膜上有一大
　　　　　於瞳孔之暗色斑，二背鰭均有波狀斜紋。♀者在下頜縫合部有一明顯之
　　　　　三角斑， 左右口角各有一淡色帶， 在喉部中央線相會合； 臀鰭基部淡
　　　　　色，邊緣乳白色，下有污色縱帶……………………………………賴特蛙鰤

44b. 上唇下緣全部有細摺，或中央二分之一至三分之一無細摺。

　　46a. 上唇中央 1/3～1/2 平滑，兩側部分有細摺，眼上皮瓣簡單，內緣
　　　　　有 2～4 瓣鬚。頸部有一對短皮瓣。D. XIII, 14～16；A. II, 15～
　　　　　17。鰓耙 13～18。在胸鰭基部上方有一黑斑， 體側中央有不甚明顯
　　　　　的彎曲雙橫帶。尾鰭有橫條紋……………………………………尾紋蛙鰤

　　46b. 上唇全部有細摺（有的不甚明顯，並且甚不規則）。

　　　47a. 頸部兩側各有一枚簡單之皮瓣。

　　　　48a. 在胸鰭基部上方有一明顯之黑斑。體淡灰色至淡褐色，有不規
　　　　　　　則的暗褐色斑駁， 形成約 6 條雙橫帶， 並且有不規則的縱條紋。
　　　　　　　背鰭、臀鰭、尾鰭均有暗褐色斑點，胸鰭基部有一褐斑，其後有
　　　　　　　一白斑。D. XIII, 16～18；A. II, 16～19。鰓耙 17～30。眼上
　　　　　　　皮瓣約與眼徑等長，內外緣均有多數瓣鬚。鼻皮瓣掌狀大形標本
　　　　　　　之頸皮瓣或有小形分枝……………………………………網紋蛙鰤

　　　　48b. 胸鰭基部上方無黑斑。 體淡褐色， 體側有多數大小不一之暗
　　　　　　　點，大者不及眼徑之半，以中央線附近，背鰭基部中央二分之一
　　　　　　　下方者最大，由此向外漸小漸密。眼後有一垂直彎曲暗色條紋。
　　　　　　　背鰭有暗色斜點紋。D. XIII, 14～17；A. II, 15～18。 鰓耙
　　　　　　　14～22。眼上皮瓣等於或超過眼徑，內外緣均有多數瓣鬚。鼻皮
　　　　　　　瓣掌狀………………………………………………………珍珠蛙鰤

　　　　48c. 胸鰭基部上方無黑斑。體爲一致之灰色，體側或有 4 雙橫列之
　　　　　　　暗點，另有一列在尾柄。上唇有約 20 條暗色條紋。D. XIII, 15
　　　　　　　～16；A. II, 16～17；P. 14。鰓耙 21～28…………紐富島蛙鰤

　　　47b. 頸部兩側各有 2～20 枚之皮瓣。

頸部兩側皮瓣各由單一之基部生出（少數一側由二基部生出）。前
鼻孔之前方有 2 或多個感覺孔。眼上皮瓣僅內緣有瓣鬚。上唇下緣
之細摺 23～32 個。體淡褐色，體側有九條垂直暗色橫帶，前八條
成四對，一條在尾柄部，每條由三個不規則的斑點組成。頭側污
色，眼後有一黑點，由眼後下緣至前鰓蓋有三條斜條紋。D. XIII,
14～16；A. II, 15～17。鰓耙 16～25。眼上皮瓣 3～9 枚 ………
…………………………………………………………………**摺唇蛙鳚**

23b. 上頜齒不活動或近於不活動，18～50 枚。下頜齒 16～38。背鰭分節鰭條 17～21。尾鰭中
部鰭條在近末端處分枝。

　49a. 背鰭硬棘 XIII。頸皮瓣及鼻皮瓣爲多裂片之掌狀。眼上皮瓣每側 2 枚或多裂片狀
　　（*Mimoblennius*）。

　　上頜齒 30～34，下頜齒 25～30，下頜後方有犬齒，鋤骨無齒。D. XIII, 16～19；A.
　　II, 19～21；P. 14～15。體灰色，眼後及鰓蓋部有不規則的暗色斑駁，頭下及腹鰭前方
　　暗色至黑色，體側有不規則的斑駁，或有約 7 條暗色橫帶。背鰭前方二鰭條之間有一暗
　　斑……………………………………………………………………………………**黑帶鳚**

　49b. 背鰭硬棘 XI～XIII（通常爲 XII）。無頸皮瓣，如有鼻皮瓣及眼上皮瓣均甚簡單。腹
　　鰭 I, 2～3；背鰭、臀鰭之最後鰭條以鰭膜連於尾柄上。側線不完全，終於背鰭前部下
　　方。上下唇邊緣平滑（*Rhabdoblennius*）。

　　D. XIII, 20～22；A. II, 21～22。上下頜齒各 30～50 枚。體側有八個不明顯的暗色橫
　　斑，並且有二、三列不明顯的淡色縱長小斑點。背鰭硬棘部與軟條部之間有缺刻，雄魚
　　頭頂正中線有葉片狀皮瓣…………………………………………………………**細身鳚**

1b. 無基蝶骨，亦無間插骨。下頜後方有大形犬齒。成魚自由游泳，前上頜骨中央有明顯的莖突，但上唇
上方無骨質稜。牙齒多少固定。鰓裂廣（NEMOPHIDINAE）。

　50a. 沿下頜犬齒的前面無深溝，下頜犬齒附近無齒骨腺（dentary gland）。

　　51a. 胸鰭鰭條 11～13 枚（一般爲 12 枚）；尾鰭之前向鰭條 10～18 枚；成魚之額骨互相癒合（無
　　　可見之骨縫）；前上頜骨之背方完全被中篩骨（median ethmoid）及鼻骨所掩蓋（*Plagiotremus*）。

　　　52a. 眶間孔二枚；背鰭硬棘 X～XII 枚（通常爲 XI 枚）；尾鰭之中央鰭條與附近之鰭條同色；
　　　　齒骨之末端鑿形。

　　　　成體之地色爲褐色或黑褐色，體側有二條淡藍色狹縱帶，一條自眼上緣向後，沿背鰭基底下方
　　　　至尾柄上方，另一條自吻端經眼下緣至尾基，第三條不明顯，自頭部下方至腹部。背鰭、臀鰭
　　　　淡褐色。D. X～XI, 31～37；A. II, 29～37 …………………………………**藍帶鳚**

　　　52b. 眶間孔單一；背鰭硬棘 VII～IX 枚（通常爲 VIII 枚）；尾鰭中央鰭條顯然較附近鰭條色深；
　　　　齒骨之末端卵圓形或鈍鎗頭形。

　　　　體側中央有一暗色縱帶，帶之上下緣不規則，背側尤甚，因而間斷爲一系列垂直之斑點，斑之
　　　　上方色深，下方色淡。頭部上方有三條白色狹條紋。背鰭外緣暗灰色，下方大部分色暗；臀鰭

　　　為一致之暗色，邊緣色淡。D. VII～IX, 34～39; A. II, 28～33⋯⋯⋯⋯⋯⋯**矮身䲁**

51b. 胸鰭鰭條 13～16; 尾鰭前向之鰭條 5～8 枚。側線向後至少到達背鰭最後一硬棘之下方。成
　　魚之額骨分開; 前上頜骨之背方未完全被中篩骨和鼻骨掩蓋。

　　53a. 鰓孔之下緣完全在胸鰭基底上方; 臀鰭之分節鰭條 14～21 枚; 眼上皮瓣或有或無，顳後
　　　　皮瓣存在 (*Petroscirtes*)。

　　　　54a. 背鰭第 I 棘顯然長於第 IV 棘，亦長於第 II 棘，其間形成一缺口。腹鰭外側基部有暗
　　　　　斑。D. X～XII, 14～16; A. II, 14～16; P. 11, 門齒狀齒; 下頜 20～36; 上頜 20～33
　　　　　⋯⋯⋯⋯⋯⋯⋯⋯⋯⋯⋯⋯⋯⋯⋯⋯⋯⋯⋯⋯⋯⋯⋯⋯⋯⋯⋯⋯⋯⋯⋯**僧帽䲁**

　　　　54b. 背鰭第 I 棘等於或短於第 IV 棘，亦短於第 II 棘。腹鰭外側基部無暗斑。

　　　　　55a. 下頜縫之皮瓣多裂狀; 前鰓蓋孔有皮瓣，每側有孔 3～6 枚。無眼上皮瓣。
　　　　　　D. XII, 21; A. II, 21; P. 14。鰓蓋上有一較眼徑略小之暗斑; 由吻端經眼及鰓蓋斑
　　　　　　而沿體側有一散漫之暗帶，終於尾基之暗色大斑⋯⋯⋯⋯⋯⋯⋯⋯⋯⋯**史氏䲁**

　　　　　55b. 下頜縫之皮瓣簡單 (如有時); 前鰓蓋孔無皮瓣。

　　　　　　56a. 成體有二條或多條深色縱條紋，中央一條特別明顯，腹方的一條在頭部及胸鰭基部
　　　　　　　有時成分散之暗點。沿身體背緣有一暗色狹帶，並且擴展至背鰭基部，背鰭外側有斑
　　　　　　　點或網狀紋。臀鰭有斑點，網紋成一致之暗色。D. X～XII, 17～21; A. II, 17～
　　　　　　　21; P. 13～16。眼上皮瓣或有或無⋯⋯⋯⋯⋯⋯⋯⋯⋯⋯⋯⋯⋯⋯**鈍頭䲁**

　　　　　　56b. 體側有五條不明顯之褐色或暗色寬橫帶，有時相連成一縱帶。頭部及體側有暗色小
　　　　　　　點; 背鰭、臀鰭之軟條部有褐色斑點，排成斜條紋狀。背鰭前方 IV～V 棘之鰭膜色
　　　　　　　暗，第 1～2 棘之間有暗點。D. X～XI, 16～19; A. II, 16～19; P. 13～15。眼上
　　　　　　　皮瓣或有或無⋯⋯⋯⋯⋯⋯⋯⋯⋯⋯⋯⋯⋯⋯⋯⋯⋯⋯⋯⋯⋯⋯⋯**變色䲁**

　　53b. 鰓孔之下緣向下至少到達胸鰭第三鰭條之基部; 背鰭之分節軟條 26～34，臀鰭分枝軟條
　　　　25～30。無眼上皮瓣，亦無顳後皮瓣 (*Aspidontus*)。

　　　　體側縱帶如存在，向後漸寬，到達尾鰭內側鰭條之末端; 成魚尾鰭後緣截平，中央鰭條不特
　　　　長。D. X～XII, 26～29; A. II, 25～28; P. 13～15⋯⋯⋯⋯⋯⋯⋯⋯⋯⋯**縱帶䲁**

50b. 沿下頜犬齒之前面有深溝; 有明顯之齒骨腺擴展至犬齒基部 (*Meiacanthus*)。

　　　57a. 頭部腹面及腹部為一致之灰色 (喉部或有一、二小點)，頭部之暗帶與帶間等寬。
　　　　顳上溝之中點有孔一枚。D. III～V (通常為 IV), 25～28; A. II, 14～16; P. 13
　　　　～16。體乳白色，體側有三條黑褐色縱帶，第一條自眼上方向後沿背鰭基底至背鰭
　　　　後端，第二條由吻側經眼沿體側中央至尾柄，第三條由口角經胸鰭基底而至臀鰭末
　　　　端。尾柄及尾基有黑點; 背鰭有寬黑邊，後半有一列暗色斑點，尾鰭鰭條有黑點⋯
　　　　⋯⋯⋯⋯⋯⋯⋯⋯⋯⋯⋯⋯⋯⋯⋯⋯⋯⋯⋯⋯⋯⋯⋯⋯⋯⋯⋯⋯⋯**線紋䲁**

　　　57b. 頭部腹面及腹部色暗，或有網狀紋; 頭部如有暗帶，帶寬約為帶間寬之二倍⋯⋯
　　　　⋯⋯⋯⋯⋯⋯⋯⋯⋯⋯⋯⋯⋯⋯⋯⋯⋯⋯⋯⋯⋯⋯⋯⋯⋯⋯⋯⋯⋯**蒲原氏䲁**

平頂䲁 *Pictiblennius yatabei* (JORDAN & SNYDER)

　　產本省東北部岩礁中。

頂鬚䲁 *Scartella cristata* (LINNAEUS)

　　產本省東北部岩礁中。

肉冠䲁 *Omobranchus fasciolatoceps* (RICHARDSON)

　　產本省北部河口附近。

韋馱䲁 *Omobranchus punctatus* (CUVIER & VALENCIENNES)

　　又名日本美䲁，且名韋馱天銀寶。產淡水、澎湖。*O. japonicus* (BLEEKER) 爲其異名。

大湖䲁 *Omobranchus ferox* (HERRE)

　　產澎湖。*Petroscirtes kranjiensis* HERRE 爲其異名。

長身䲁 *Omobranchus elongatus* (PETERS)

　　英名 Cloister blenny, Chevroned blenny。又名長身韋馱䲁。產臺灣。*Petroskirtes kallosoma* BLEEKER 爲其異名。

吉曼氏䲁 *Omobranchus germaini* (SAUVAGE)

　　產基隆。

斜帶䲁 *Omobranchus loxozonus* (JORDAN & STARKS)

　　據 TSA, & YANG (1974) 報告其標本採自基隆。

准黑䲁 *Parenchelyurus hepburni* (SNYDER)

　　產小琉球、臺東。

克氏黑䲁 *Enchelyurus kraussi* (KLUNZINGER)

　　據 SPRINGER (1972) 產恆春。

黑䲁 *Enchelyurus ater* (GÜNTHER)

　　產綠島。

褐點鬚䲁 *Cirripectes fuscoguttatus* STRASBURG & SCHULTZ

　　產蘭嶼。（圖 6-151）

黑斑鬚䲁 *Cirripectes variolosus* (CUVIER & VALENCIENNES)

　　英名 Red-tipped fringed-blenny, Muzzled rockskipper。產蘭嶼。*C. reticulatus* FOWLER 爲其異名。（圖 6-151）

紅鰭鬚䲁 *Cirripectes sebae* (CUVIER & VALENCIENNES)

　　英名 Banded fringed-blenny。又名黑鬚蛙䲁（李）。產小琉球、臺東、基隆。

橫帶鬚䲁 *Cirripectes quagga* (FOWLER & BALL)

　　產恆春。

短身鬚鳚 *Exallias brevis* (KNER)

英名 Leopard rockskipper。產蘭嶼。

波江氏鳚 *Ecsenius namiyei* (JORDAN & EVERMANN)

產臺灣、澎湖。

條紋鳚 *Ecsenius lineatus* KLAUSEWITZ

產臺灣。

眼斑鳚 *Ecsenius oculus* SPRINGER

產臺灣。

琉球鳚 *Ecsenius yaeyamaensis* (AOYAGI)

產臺灣。

褐鳚 *Atrosalarias fuscus* (RÜPPELL)

產臺灣。（圖 6-151）

塞昔爾鳚 *Stanulus seychellensis* SMITH

產蘭嶼。

吸盤鳚 *Andamia tetradactylus* (BLEEKER)

產臺東。

雷氏吸盤鳚 *Andamia reyi* (SAUVAGE)

產本省南端岩礁中。

太平洋吸盤鳚 *Andamia pacifica* TOMIYAMA

產臺東。

跳鳚 *Alticus saliens* (FORSTER)

產本省南端岩礁中。

種子島鳚 *Praealticus tanegashimae* (JORDAN & STARKS)

又名藍身鳚（李）。產臺東。

珠點鳚 *Praealticus margaritarius* (SNYDER)

產蘭嶼。

狹鰓鳚 *Crossosalarius macrospilus* (SMITH-VANIZ & SPRINGER)

產臺灣。

彈塗鳚 *Istiblennius periophthalmus* CUVIER & VALENCIENNES

英名 Bullethead rockskipper, False mudskipper。產小琉球、蘭嶼、臺東。*I. paulus* (BRYAN & HERRE) 當為其異名。（圖 6-151）

白點鳚 *Istiblennius meleagris* (CUVIER & VALENCIENNES)

產蘭嶼、臺灣。

黑線鳚 *Istiblennius lineatus* (Cuvier & Valenciennes)

英名 Black-lined blenny。又名線鳚（李）。產小琉球、蘭嶼、臺東、恆春、基隆。（圖 6-151）

黑邊鳚 *Istiblennius atrimarginatus* (Fowler)

產宜蘭。

穆氏鳚 *Istiblennius mulleri* (Klunzinger)

產本省南端岩礁中。

杜氏鳚 *Istiblennius dussumieri* (Cuvier & Valenciennes)

產澎湖、基隆。

條斑鳚 *Istiblennius striatomaculatus* (Kner)

英名 Streaky rockskipper。又名黑點蛙鳚（李）。產基隆。

波浪鳚 *Istiblennius edentulus* (Bloch & Schneider)

英名 Rippled rockskipper, Smooth-lipped blenny。又名擬蛙鳚（李）。產小琉球、蘭嶼、臺東、恆春、基隆。（圖 6-151）

江之島鳚 *Istiblennius enosimae* (Jordan & Snyder)

日名蛙鳚，亦名線紋瓣冠銀寶（梁）。產基隆、蘭嶼。（圖 6-151）

青點鳚 *Istiblennius cyanostigma* (Bleeker)

產小琉球、蘭嶼。*I. andamensis* (Day) 當為其異名。（圖 6-151）

比立頓鳚 *Istiblennius bilitonensis* (Bleeker)

產小琉球、蘭嶼、臺東。

間斑鳚 *Istiblennius interruptus* (Bleeker)

產小琉球。

皺唇鳚 *Salarias sinuosus* Snyder

又名長鰭鳚（本書舊版）。英名 Crinkle-lipped blenny。產基隆。

橫帶鳚 *Salarias fasciatus* (Bloch)

英名 Jewelled rockskipper。產臺灣。（圖 6-151）

海蛙鳚 *Entomacrodus thalassinus* (Jordan & Seale)

又名五點蛙鳚（李）。產基隆。（圖 6-151）

星點蛙鳚 *Entomacrodus stellifer* (Jordan & Snyder)

產大溪、小琉球、基隆。（圖 6-151）

賴特蛙鳚 *Entomacrodus lighti* (Herre)

產澎湖、萬里。

尾紋蛙鳚 *Entomacrodus caudofasciatus* (REGAN)

產小琉球。

網紋蛙鳚 *Entomacrodus decussatus* (BLEEKER)

產小琉球、恆春。

珍珠蛙鳚 *Entomacrodus striatus* (QUOY & GAIMARD)

英名 Pearly rockskipper。產小琉球、基隆。

紐富島蛙鳚 *Entomacrodus niuafooensis* (FOWLER)

產本省東北部岩礁中。

摺唇蛙鳚 *Entomacrodus epalzeocheilus* (BLEEKER)

英名 Fringelip rockskipper。產小琉球。

黑帶鳚 *Mimoblennius atrocinctus* (REGAN)

又名松葉鳚（李）。產基隆。

細身鳚 *Rhabdoblennius ellipes* JORDAN & STARKS

產小琉球。（圖 6-151）

藍帶鳚 *Plagiotremus rhinorhynchus* (BLEEKER)

產恆春。

矮身鳚 *Plagiotremus tapeinosoma* (BLEEKER)

又名黑帶線鳚（張、邵、李），點黑線鳚（李）。產恆春、萬里、基隆。

僧帽鳚 *Petroscirtes mitratus* RÜPPELL

產本省東北部岩礁中。

史氏鳚 *Petroscirtes springeri* SMITH-VANZ

產野柳。SMITH-VANZ (1976) 發表之新種，標本由 Dr. V. G. SPRINGER 採得。

鈍頭鳚 *Petroscirtes breviceps* (BLEEKER)

產恆春、澎湖、萬里。*P. trossulus* (JORDAN & SNYDER) 爲其異名。

變色鳚 *Petroscirtes variabilis* CANTOR

據 SMITH-VANG (1976) 產高雄。

縱帶鳚 *Aspidontus taeniatus* QUOY & GAIMARD

產臺灣。

線紋鳚 *Meiacanthus grammistes* (CUVIER & VALENCIENNES)

產臺灣。

蒲原氏鳚 *Meiacanthus hamoharai* TOMIYAMA

據 CHANG 等 (1983) 產綠島。

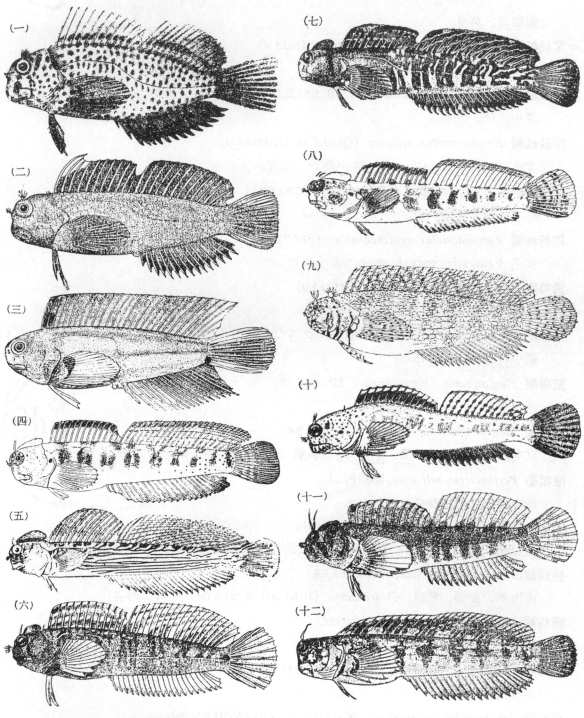

圖 6-151　（一）褐點鬚䲁；（二）黑斑鬚䲁；（三）褐䲁；（四）彈塗䲁；（五）黑線䲁；
（六）波浪䲁；（七）江之島䲁；（八）青點䲁；（九）橫帶䲁；（十）海蛙䲁；
（十一）星點蛙䲁；（十二）細身䲁（二、七、十二據松原；一、五、六、八、
十、十一據 SCHULTZ & CHAPMAN；三、九據 FOWLER）。

石鮣科 CLINIDAE
Weedfish, Klipfish.

體中等延長，側扁，被微小圓鱗或埋於皮下而近於裸出。口能伸縮，上下頜有錐形或絨毛狀齒，有的腭骨及鋤骨亦有齒。側線完全或不完全，通常在胸鰭一帶急彎。頸部無皮瓣。鰓膜相連，與喉峽部游離，鰓裂廣。胸帶內緣有一上伸之鈎狀突起，鰓蓋張開時可見。背鰭連續，硬棘數多於軟條，前方三棘往往延長，或與後部之間有缺刻，軟條均簡單而不分枝。臀鰭有少數硬棘或無棘。尾鰭不與背鰭、臀鰭相連，或其基部以鰭膜與背鰭、臀鰭相連。腹鰭喉位，有 2～4 簡單而分節之鰭條。熱帶、亞熱帶岸邊小中型魚類，棲於潮間帶之岩穴及海潮間。

臺灣產石鮣科僅黃身石鮣 1 種: D. III, XXVII, 4; A. II, 19～23; P. 13; V. 3; sq. l. 100～110。體為一致之橙黃色。

黃身石鮣 *Springeratus xanthosoma* (BLEEKER)

產小琉球、野柳、臺東。(圖 6-152)

三鰭鮣科 TRIPTERYGIIDAE

主要特徵同石鮣科，但體被較大之櫛鱗，背鰭分為三部分，前二部分完全由硬棘組成，第三部分為分節軟條，通常在 7 枚以上。臀鰭具 I～II 弱棘，或無棘。腹鰭喉位，棘退化。鰓被架 6～7。頸部無皮瓣。

臺灣產三鰭鮣科 2 屬 11 種檢索表:

1a. 側線前部為有孔鱗片，在胸鰭上方略成弧形 (*Tripterygion*)。

2a. 一縱列鱗片 40～50 枚。

3a. 前部側線有孔鱗片 22 枚。體灰褐色，頭部密佈暗色小點，頰部及鰓蓋部最密，體側有 8 條略向後傾斜之橫帶，眼下方有數個暗斑。D. III—XIV—10; A. I, 19; P. 17; V. 2; sq. l. 40 ………………………………………………………………………………………………**斜帶三鰭鮣**

3b. 前部側線有孔鱗片 28 枚。體淡黃色，體側有 10 條不明顯之橙色斜走橫帶。尾鰭黑色，僅後緣略淡。D. III—XVII—12; A. II, 26; P. 17; sq. l. 43 ……………………………**污尾三鰭鮣**

2b. 一縱列鱗片 25～38 枚。

4a. 頭部下半黑色。

5a. 頭部下方及胸鰭前方黑色。

6a. 奇鰭之鰭條無黑點。

7a. 尾鰭、臀鰭並非黑色；頭下黑色部達胸部以前。

　　　　體鮮紅色，頭部自眼以下至腹鰭以前，以及胸鰭基部均黑色；由眼後至鰓裂上方有一淡紅色斑。體側有七個橫斑；背鰭外側色暗，臀鰭有 5～6 個大形暗斑。D. III—XIII—12；A. I, 18；P. 15；sq. l. 35 ···**黑胸三鰭鳚**

7b. 尾鰭、臀鰭均黑色。液浸標本白色，體側密佈小黑點，多少排成不明顯的橫帶。頭下及胸部斑點最大最密，往往成眼狀斑。第二背鰭外緣色暗。D. III—X～XI—7～8； A. I, 14～15；胸鰭上方 6～7 鰭條分枝，下方 6 鰭條不分枝，一縱列鱗片 32＋2 ·········· **半黑三鰭鳚**

6b. 奇鰭之硬棘或鰭條上有黑點。雌魚淡黃色，體側有六條向後下方傾斜之暗褐色橫帶。頭部有不規則的褐斑，各鰭有暗色斑點。雄魚體色較暗，體側有 2～3 條淡色橫帶，除尾鰭外，各鰭近於黑色， 第二背鰭有白邊，第三背鰭及臀鰭後端有白點。D. III—XIV—10；A. I, 20；P. 16；sq. l. 37 ·· **篩口三鰭鳚**

5b. 頭下半及胸鰭前方密佈黑點。體暗褐色，體側有暗色小點， 並且有 6～7 條不明顯的垂直橫帶。臀鰭有細點形成之寬縱帶。背鰭、尾鰭色暗。D. III—XIII—9；A. I, 16；P. 16；sq. l. 30 ·· **黑尾三鰭鳚**

4b. 頭部下半不爲黑色或暗色。

　　8a. 前部側線有孔鱗片少於 20 枚，一般爲 12～17 枚；一縱列鱗片 30～33 枚。

　　　　9a. 臀鰭中央無一列大形黑斑。

　　　　　　10a. D. III—X～XII—6～9；A. I, 15～17；P. 16；V. I, 2；sq. l. 32～35。雄魚頭下方有褐點， 其他部分較疏； 尾鰭暗褐色或黑色， 有時可見有少數橫斑， 其他各鰭色暗，胸鰭有 3～4 個暗褐色小斑點。雌魚體色較淡。側線前部有孔鱗片 12～13 枚 ··· ··· **小三鰭鳚**

　　　　　　10b. D. III—XI—9；A. I, 14～16；P. 16；sq. l. 30～35。 體玫瑰紅色， 頭頂及吻部密佈黑色小點，頰部、鰓蓋部者較大而不規則，在胸鰭基部前後形成斑塊。胸鰭有 5 個黑色橫斑。體側小點多少形成不規則之橫帶，尾鰭有 4 個不規則的暗色橫斑，臀鰭基部有一列七個暗斑，側線前部有孔鱗片 12 枚 ················· **菲島三鰭鳚**

　　　　　　10c. D. III—XII, 7～8；A. 18；P. 16； sq. l. 30～31 2¹/₂/6。液浸標本黃色，有七條不規則的褐色橫帶，前方四條多少互相連接；頭部有褐色斑點和條紋；臀鰭無色，有七個不明顯的暗點 ·· **橫帶三鰭鳚**

　　　　9b. 臀鰭中央有一列 4 個大形暗斑。

　　　　　　D. III—XIII—9；A. I, 18；P. 13；sq. l. ab. 30。體紅色，腹面及各鰭淡紅色。頭部有暗色小點，由吻端至鰓蓋上角成一暗條紋，在鰓蓋及胸鰭前方及下部成大形暗斑。體側有 8 條不明顯的橫帶。背鰭有暗色小點。側線前部有孔鱗片 17 枚 ········· **四斑三鰭鳚**

1b. 側線在胸鰭後方下彎 (*Helcogramma*)。

　　D. III—XII—7～8；A. I, 18；P. 16；L. l. 35；L. tr. 2¹/₂/6。體灰褐色，體側有七對暗色斜帶 ······ ·· **斜條紋三鰭鳚**

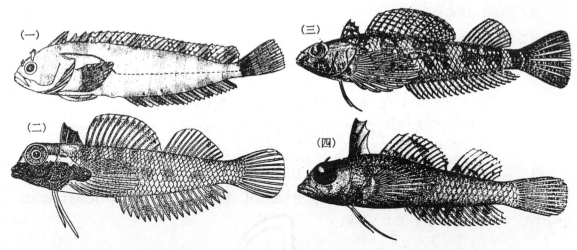

圖 6-152　（一）黃身石鳚；（二）黃胸三鰭鳚；（三）篩口三鰭鳚；（四）小三鰭鳚
（一據沈世傑；二、三據松原；四據 SCHULTZ）。

斜帶三鰭鳚 *Tripterygion inclinatus* (FOWLER)

　　產小琉球、蘭嶼。

污尾三鰭鳚 *Tripterygion bapturum* JORDAN & SNYDER

　　產蘭嶼。

黑胸三鰭鳚 *Tripterygion fuscipectoris* (FOWLER)

　　又名黑面罩三鰭鳚（李）。產小琉球、蘭嶼、臺東。（圖 6-152）

半黑三鰭鳚 *Tripterygion hemimelas* KNER & STEINDACHNER

　　產小琉球。

篩口三鰭鳚 *Tripterygion etheostoma* JORDAN & SNYDER

　　產蘭嶼。（圖 6-152）

黑尾三鰭鳚 *Tripterygion fuligicauda* (FOWLER)

　　產小琉球、蘭嶼。

小三鰭鳚 *Tripterygion minutus* (GÜNTHER)

　　產蘭嶼。（圖 6-152）

菲島三鰭鳚 *Tripterygion philippinum* PETERS

　　產小琉球。

橫帶三鰭鳚 *Tripterygion fasciatum* WEBER

　　產本省東北部岩礁區。

四斑三鰭鳚 *Tripterygion quadrimaculatum* (FOWLER)

產小琉球、蘭嶼。

斜條紋三鰭鳚 *Heleogramma sp.*

沈世傑教授（1984）發現之未定名種，標本採於本省東北部岩礁岸邊。

#襤魚亞目 ICOSTEOIDEI

MALACICHTHYES；軟魚目

體側扁，延長。骨骼柔軟。上頜僅以前上頜骨為邊緣。各鰭無硬棘。成體無鱗。腹鰭如存在，腹位，具5軟條。鰓被架6～7。泳鰾鎖鰾型。本亞目只含襤魚一科 (ICOSTEIDAE, Ragfish) 一種，分佈北美太平洋近岸。

#線魚亞目 SCHINDLERIOIDEI

長稚型 (Neotenic) 海產小魚，無成體特徵，體透明，鰓大形。背鰭具 15～20 鰭條，臀鰭 11～17 鰭條，胸鰭 15～17 鰭條，尾鰭主要鰭條 13。短小鰓被架5枚，脊椎 33～39。成魚以前腎為其排泄器官。本亞目只含線魚一科 (SCHINDLERIIDAE)，分佈大洋洲。

玉筋魚亞目 AMMODYTOIDEI

體延長，吻尖銳，下頜顯著突出。前頜骨亦多少能伸出。上下頜無齒。背鰭基底長 (*Hypoptychus* 基底短)。背鰭、臀鰭均無硬棘。腹鰭如存在時，喉位，具 I 棘 3 軟條。胸鰭位置較高，但比較的近於腹面。尾鰭分叉。被圓鱗，或裸出。體側有向後下方斜走之多數側皮褶 (Plicae laterale)。中篩骨甚長，左右下咽骨分離。耳石為特異之兩凸形。肋骨葉狀。後部腹椎有側突。尾椎數少於腹椎。鰾缺如。

玉筋魚科 AMMODYTIDAE

= AMMODYTIDAE＋BLEEKERLDAE；Sand Launces.

體矢狀，延長而側扁；被小圓鱗。側線在體之中央，或偏於背側。頭長，下頜突出；口大，兩頜有細齒，或無齒。鋤骨顯著，有的具角質突起。鰓裂甚寬，鰓膜分離，與喉峽部游離。鰓四枚，擬鰓大形。鰓耙細長。鰓被架7。背鰭一枚，甚長，無硬棘，軟條40～65。臀鰭短，偏於背鰭後端下方。尾鰭小，淺分叉。胸鰭中型，低位。腹鰭喉位 I, 3，有時無腹鰭。沿腹緣有皮褶或無皮褶。棲息於熱帶以至極北沿岸沙底之銀白色小魚。

臺灣產玉筋魚科2屬2種檢索表:

1a. 有腹鰭，喉位，具Ⅰ棘3軟條；上下頜有細齒（*Embolichthys*）。

　　D. 42；A. 15；L. l. 115。體被小圓鱗而無皮摺，體淡草黃色，各鰭色暗 …………………**臺灣玉筋魚**

1b. 無腹鰭，上下頜無齒（*Bleekeria*）。

　　D. 40～42；A. 14～16；L. l. 114。體淡草褐色，各鰭透明 ……………………………………**綠玉筋魚**

臺灣玉筋魚 *Embolichthys mitsukurii* (JORDAN & EVERMANN)

　　俗名沙鰍。產宜蘭、澎湖、高雄、東港。（圖 6-153）

綠玉筋魚 *Bleekeria viridianguilla* (FOWLER)

　　俗名沙鰍。產高雄。

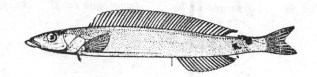

圖 6-153　臺灣玉筋魚（據松原）。

鰕虎亞目 GOBIOIDEI

　　體小，紡錘形，略呈圓柱狀。被圓鱗或櫛鱗，前部無鱗，或全部裸出；一般無側線。頭部有許多感覺孔，排成爲若干列，近代學者咸認爲本目分類上之重要特徵。口多少開於先端，前上頜骨能伸縮。眼上位，幾近頭頂，稍突出；兩眼距離頗近，眶間區狹窄。無頂骨，後耳骨較大，達基枕骨，並分隔側枕骨與前耳骨；無基蝶骨。舌頜骨寬，後顳骨分叉。眶下骨不硬骨化，或無眶下骨。吻短。背鰭二枚，亦有連合爲一枚者；第一背鰭有Ⅰ～Ⅷ柔靱硬棘，往往爲纖細之絲狀。腹鰭胸位，Ⅰ, 4～5；左右接近；或癒合爲一，爲吸盤之用。鰓四枚；擬鰓存在或萎縮。鰓被架5。鰓膜一般連結於喉峽部，故鰓裂僅開於兩側（亦有在腹面相通者）。上下頜有齒，一至多列，有的具大形犬齒。鋤骨有齒或無齒。生殖孔與肛門之間通常有乳頭狀突起（名爲肛乳突 Anal papilla），形狀不一。通常無鰾。無幽門盲囊。脊椎25～35。熱帶或溫帶之沿岸小魚，有時亦生活於內河。少數可供食用，但殊無經濟價值。

臺灣產鰕虎亞目5科檢索表:

1a. 背鰭兩枚；腹鰭互相分離，或癒合爲一。

　2a. 左右腹鰭互相遠離。每一腹鰭之外側鰭條變形爲寬皮瓣，瓣上有縱溝。頭部腹面及胸部特別平坦；口小，下位……………………………………………………………………………………**溪鱧科**

　2b. 左右腹鰭互相接近，但不癒合，外側鰭條不變形爲寬皮瓣。頭部、腹面及胸部不顯著平扁。口中等

或大形，端位，或下頜略突出。胸帶中有髆骨……………………………………………塘鱧科

　2c. 左右腹鰭癒合爲一吸盤狀。胸帶中通常無髆骨…………………………………………鰕虎科

1b. 背鰭多少連接而成爲一枚；腹鰭癒合爲吸盤狀。

　4a. 鰓蓋上方無凹穴，鱗片甚小或無鱗片……………………………………………………擬鰕虎科

　4b. 鰓蓋上方有一深凹穴，體被小鱗片…………………………………………………………赤鯊科

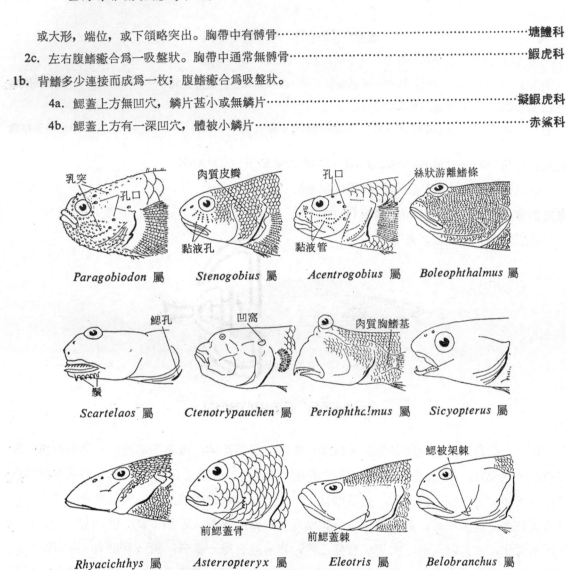

圖 6-154　鰕虎亞目各主要屬之頭部形態之比較（據 Munro）

溪鱧科 RHYACICHTHYIDAE

Loach gobies

　　身體前部平扁，後部側扁，頭部腹面及胸部特別平坦，與偶鰭共同形成一吸着面。體被圓鱗，向前擴展至眼後、鰓蓋上部以及頰部。側線存在，有 35～40 鱗（櫛鱗）。頭部平扁，口小，下位。背鰭二枚，第一背鰭具 7 弱棘，第二背鰭與臀鰭同形，相對，具 I 弱棘 8～9 軟條，與微凹之尾鰭遠離。胸鰭大，扇形，具 21～22 軟條。腹鰭互相遠離，外側鰭條變形爲寬皮瓣，瓣上有縱溝。上唇厚。齒多列，外列較大。眼小。

本科魚類之外形及習性均像平鰭鰍，在東南亞僅產一種，卽溪鱧：D. VII～I, 8～9；A. I, 8～9；P. 21～22。體黃色或褐色，有時體側有暗斑。第一背鰭之外緣及基部有暗帶，第二背鰭有三條暗帶。胸鰭、腹鰭有橫斑。

溪鱧 *Rhyacichthys aspro* (KUHL & VAN HASSELT)

英名 Loach goby。日人 M. WATANABE 於 1972 年首次報告產於高屏溪上游，以後曾晴賢君亦曾於 1981 年三月在花蓮縣馬蘭鈎溪採得標本。梁潤生教授（1984）對本種有詳細之描述與討論。（圖 6-155）

塘鱧科 ELEOTRIDAE

Pond murrels; Sleepers; Gudgeons; 杜父科；土鮒科

體長卵圓形至延長、圓柱形或側扁，頭部側扁或平扁。口大；齒成多列，外列往往增大，有的具犬齒。腭骨通常無齒。兩腹鰭接近而決不癒合。背鰭兩枚，二者基部或有鰭膜連合。第一背鰭多數有 II～VIII 棘，第二背鰭與臀鰭對在。鰓被架 4～6。前鰓蓋或鰓被架上可能有棘。體被櫛鱗或圓鱗，有時部分或全部裸出。無側線。多數種類有鰾。脊椎 25～28。本科產於河川或沿海岩礁間，在淡水產者體較大而可供食用。

臺灣產塘鱧科 16 屬 36 種檢索表:

〔I〕. 眼發育正常；體被鱗片（ELEOTRINAE）。

1a. 鋤骨有齒；體被小圓鱗，在體側中央線上（l.l.）100 枚或以上；頭部被鱗（*Bostrichthys*）。
D¹. VI；D². I, 9～10；A. I, 8～9；l. l. ±100；l. tr. 30。體上方綠色，下方及各鰭帶黃色，上方有橢圓形斑點及紫色橫紋，背鰭、臀鰭有黑色縱紋，胸鰭、腹鰭、尾鰭有黑色橫紋，尾基上方有橙黃斑……
……………………………………………………………………………………**中國塘鱧**

1b. 鋤骨無齒。

2a. 前鰓蓋骨有一下向之棘，但多少隱於皮下（*Eleotris*）。

3a. l. l. 60～65；l. tr. 16～19；背鰭前鱗片 50 枚；背鰭後至尾鰭基部 19～23；D¹. VI；D². I, 8～9；A. I, 8。體上方綠黑色，下方橙黃色，體側每一鱗片有一黑斑，故依鱗列形成若干黑色縱線，第一背鰭有二、三條淡色縱帶，第二背鰭、臀鰭、及尾鰭有暗色斑點，胸鰭基底上方有（赤）黑斑………………………………………………………………………………**棕塘鱧**

3b. l. l. 60 以下；背鰭後至尾鰭基部鱗片 17 枚以下。

4a. 尾柄中部一橫列鱗片 11～14 枚；D¹. VI；D². I, 8～9；A. I, 8；l. l. 45～55；l. tr. 14～15；背鰭前方鱗片 40～45 枚；背鰭後至尾鰭基部鱗片 15～17。體上方污赤或污綠色，下方較淡，背鰭、臀鰭有黑色縱線，胸鰭基底上方通常有黑斑………………………………**黑塘鱧**

4b. 尾柄中部一橫列鱗片 8～10 枚。

5a. 背鰭前方鱗片 60 枚；背鰭後至尾鰭基部鱗片 12 枚；D^1. VI；D^2. I, 8～9；A. I, 8～9；l. l. 45～55；l. tr. 14。體上方污綠色，下方橙黃色，體側有不甚顯著之線紋 10 條，各鰭有深色斑點‥‥‥‥‥‥‥‥‥‥‥‥‥‥‥‥‥‥‥‥‥‥‥‥‥‥‥‥‥‥‥‥**銳頭塘鱧**

5b. 背鰭前方鱗片 36 枚；背鰭後至尾鰭基部鱗片 15～17；D^1. VI；D^2. I, 8～9；A. I, 8；l. l. 53；l. tr. 14～16。液浸標本綠褐色，背部較深，眼後至前鰓蓋有二條黑色縱帶，體側有 12 條暗褐色橫帶，胸鰭基部有二黑斑，各鰭有暗色斑點‥‥‥‥‥‥‥‥‥‥‥**條紋塘鱧**

2b. 前鰓蓋邊緣有 1 ～ 6 枚後向之棘；頭部側扁 (*Asterropteryx*)。

前鰓蓋角隅部具 3 ～ 5 棘；D^1. VI；D^2. I, 9～11；A. I, 8～10；l. l. 24；l. tr. 8。體褐色，每一鱗片（背部除外）有一藍點，體側有大形不規則的藍色橫斑；，奇鰭褐色，有藍色點‥‥‥‥‥‥‥**星塘鱧**

2c. 前鰓蓋骨無下向之棘；兩頰與吻無皮質突起或小鬚。

6a. 眶間隔區有骨質隆起稜。

7a. 眶間區有光滑之骨質隆起稜；l. l. 36～46；D^1. VII（間或 VI 或 VIII）(*Mogurnda*)。頭短，尖而扁平，"寬" 大於 "高"；下頜顯然突出；除吻部、頤部外均被鱗；第一背鰭短而低；胸鰭寬而長，向後達肛乳突或超過之；腹鰭則遠較胸鰭爲短小。體黑褐色，有七或八條模糊之深色橫帶，各鰭有褐色、淡色相間之條紋。D^1. VII；D^2. I, 8；A. I, 7；l. l. 46‥‥‥‥‥‥‥‥‥‥‥‥‥‥‥‥‥‥‥‥‥‥‥‥‥‥‥‥‥‥‥‥‥‥‥**土鮒**

7b. 眶間區有具鋸齒緣之骨質隆起稜；l. l. 26～30；D^1. VI。

8a. 頭長而尖，呈三稜鏡狀，其高與寬相等；下頜顯然突出 (*Butis*)。

9a. 外列齒較大形；各鱗片基部往往有少數細小之副鱗，頭部在眶間區、眼下區、及前鰓蓋上均密被小鱗，自眼上緣至隆起稜之間有鱗 2 ～ 3 列。體灰色，或帶欖綠色，每一鱗片有一淡色斑點，前後相連成爲若干縱列，體側更有五、六條黑色橫帶，胸鰭基部有一黑色圓斑，第二背鰭、腹鰭、臀鰭、及尾鰭均有數條黑色條斑（與鰭條直角相交）。D^1. VI；D^2. I, 7～8；A. I, 7～9；l. l. 28～30；D^1. 起點至眶間區。鱗片 18～20 枚 ‥‥‥‥‥‥‥‥‥‥‥‥‥‥‥‥‥‥‥‥‥‥‥‥‥‥‥‥‥**大鱗塘鱧**

9b. 外列齒不顯著增大；無副鱗，眼與眶稜之間無鱗。體暗綠色，由眼至鰓蓋有一不明顯之條紋，頭部及體側有暗點，鱗片上有橙色或珠色小點。D^1. VI；D^2. I, 8；P. 18～19；L. l. 30；L. tr. 9～10；背鰭前 20‥‥‥‥‥‥‥‥‥‥‥‥‥**安朋塘鱧**

8b. 頭短而鈍，寬度大於高度；下頜突出 (*Prionobutis*)。

體鱗無副鱗，眼上緣與隆起稜之間無鱗；體黃褐色，有黑褐色寬橫帶，略向後下方斜；胸鰭基底有黑斑，第一背鰭黑色，第二背鰭、尾鰭、臀鰭均有淡色條紋。D^1. VI；D^2. I, 8；A. I, 8；l. l. 28～30‥‥‥‥‥‥‥‥‥‥‥‥‥‥‥‥‥‥‥**花錐塘鱧**

6b. 眶間區無骨質隆起稜。

10a. 鰓蓋、頰部被鱗，背鰭前中央鱗片到達眼之後緣或中央。頭部感覺孔系統近於缺如 (*Trimma*)（有例外）。

11a. D². I, 8～9；A. I, 8～9；P. 13～15；l. l. 24～27；l. tr. 7～8。胸鰭鰭條不分枝，背鰭棘延長如絲狀。體黃色；體側有一藍色縱條紋，眼周圍有藍色條紋，尾鰭基部色暗…………
……………………………………………………………………………………**尾斑塘鱧**

11b. D². I, 8；A. I, 8；P. 16；l. l. 24～26。體紅色，體側上方及沿側線有白色斑點…**紅塘鱧**

10b. 頭部及頸部無鱗；頭部感覺孔發達情形不一。

12a. 第二背鰭軟條 20 枚以內。

13a. 腹鰭長而狹，鰭條鬚邊狀。l. l. 22～28 (*Eviota*)。

14a. 頭部感覺孔系統完整。

15a. D. VI—I, 9～10；A. I, 8；P. 16～18；l. l. 23～24；l. tr. 8。胸部、胸鰭基底無鱗。腹鰭鰭膜發育完善。枕區後方有單一暗點，胸鰭基部有二暗點。尾柄部有一暗點，沿臀鰭基底至尾柄腹側有五個暗點…………………………………**磯塘鱧**

15b. D. VI, 8～9；A. I, 7～8；P. 15～17；l. l. 23～25；l. tr. 6～8。枕部兩側各有一暗斑；體側上方有一列小暗點，背鰭硬棘部基部有一散漫之暗斑……**寶石塘鱧**

14b. 頭部感覺孔系統不完整，缺顳間孔 (IT)。胸鰭鰭條簡單或分枝；雄魚之生殖乳突形狀不一。脊椎 26。第一背鰭一或數棘延長。第二背鰭 I, 9 或 I, 10。

16a. 尾柄部有一大形暗斑。雄魚之生殖乳突緣鬚狀或杯狀；腹鰭第五鰭條退化或缺如。

17a. D. VI—I, 9～10；A. I, 7～8；P. 15～17；l. l. 22～25；tr. s. 6～8。胸部裸出。頰部有暗色斑點，常聚集爲棒狀斑塊。體側有六枚暗斑，二枚在臀鰭以前，四枚在臀鰭至尾柄部…………………………………………**塞班塘鱧**

17b. D. VI—I, 8～10；A. I, 7～9；P. 14～18；l. l. 23～25；tr. s. 6～8。胸部裸出。枕部有二斑點，胸鰭基部有二淡斑。沿腹面後部中央有五個暗斑………
………………………………………………………………………………**韮綠塘鱧**

16b. 尾柄部無大形暗斑，或僅有一淡斑，雄魚之生殖乳突簡單，不爲緣鬚狀或杯狀。腹鰭第五鰭條存在，但較短，約爲第四鰭條長之 1/4。

D. VI～I, 9～10；A. 7～9；P. 15～17；l. l. 23～25；tr. s. 6～7。胸部裸出。胸鰭基部有二大斑，眼後有二斑，頰部、鰓蓋亦有同人之斑點。沿背鰭基部至尾鰭起點有 12～15 枚暗斑………………………………………………**昆士蘭塘鱧**

13b. 腹鰭不特別狹長；體高而短，強度側扁；l. l. 23～32 (*Hypseleotris*)。

18a. 頭部由眼至喉部有一褐色條紋；l. l. 28；l. tr. 8。體紅綠色，下方較淡。背鰭黑色，第一背鰭基部中央有白點，外緣之內側白色，第二背鰭有三條白色斜條紋。胸鰭淡紅色，基部有一紫色橫條紋，尾鰭基部橙紅色，中央及外緣色暗。D¹. VI；D². I, 9；A. I, 10；P. 14 …………………………**帶鰭塘鱧**

18b. 眼後至喉部無褐色條紋。l. l. 27～30；l. tr. 7～9；液浸標本爲一致之灰褐色而到處有微小之黑點。胸鰭基底有一暗色橫帶，尾鰭基部下方有一黑色圓點。D^1. VI; D^2. I, 8～9; A. I, 10 ···**短塘鱧**

13c. 腹鰭不特別狹長；體不特高；無鬚。

19a. 頭部部分或全部被鱗，至少後部之鱗片爲櫛鱗。

20a. 體特別延長，頭部及軀幹部均側扁；上頜齒一列 (*Eleotriodes*)。

21a. D^1. VI; D^2. I, 16～18; A. I, 16～18; l. l. ±105; l. tr. 35。
頭部由上頜至鰓蓋有珠色斑紋；體側有四、五條紅色縱線；各鰭黃紅色，背鰭有三、四條紅色縱線，胸鰭基部有珠色橫條紋，尾鰭上下方有彎曲的紅色條紋···**紅帶塘鱧**

21b. D^1. VI; D^2. I, 11～13; A. I, 11～13。

22a. l. l. 130; l. tr. 35。尾鰭圓形，中央五鰭條最長，上下鰭條絲狀。體紅綠色，下方珠紅色，體側有二條紫色縱帶，一條由吻端經眼至尾鰭上部，一條由下頜經胸鰭至尾鰭下部。第一背鰭紅色，外側有一黑色大斑；第二背鰭紅色，外側有紫、紅二縱條紋；腹鰭黃色；尾鰭紅黃色，上下緣暗紫色·································**雙帶塘鱧**

22b. l. l. ±105; l. tr. 35。尾鰭槍頭狀，但無特別延長之鰭條。頭側上方有四條紅色縱帶，頰部及鰓蓋部有 1～3 個紅色斑點；體側有五個大形眼狀斑；第一背鰭有 6 條紅色條紋，第二背鰭有三列眼狀斑；臀鰭後半有一紅色縱條紋，尾鰭有二列馬蹄形眼斑·············
···**長鰭塘鱧**

22c. l. l. 85～90; l. tr. 22～23。尾鰭較鈍，略長或略短於頭部。體上方紅綠色，下方珠紅色。頰部有 2～3 列紫邊之藍點，體側下方有一紅縱條紋。第一背鰭有多數紫點，第二背鰭有 4～6 條紫紅色條紋。臀鰭外緣有一紫紅色條紋，基部有 8～10 個橙色眼斑。尾鰭上下緣有紅色眼狀斑·····································**六點塘鱧**

20b. 體不特別延長，前部圓筒狀，後部側扁，頭部強度側扁。

23a. l. l. 28～40 (*Ophiocara*)。

24a. l. l. 38～40; l. tr. 11～13; 背鰭前方鱗片 24～26; A. I, 6～7; 上頜骨伸達眼之中部下方或更後。體深綠色或欖綠色，體側有暗色縱走之條紋，背鰭與臀鰭有橙黃色斑點···**頭孔塘鱧**

24b. l. l. 30; l. tr. 10～11; 背鰭前方鱗片 13～18; A. I, 8～9; 上頜骨伸達眼之前部下方。體上部暗色，下部橙黃色，體側鱗片具有深色斑點，由眼至鰓蓋有二、三條紅色條紋，鰭膜暗色，鰭條橙黃色，背鰭、腹鰭、及臀鰭有紅邊，胸鰭基部有鑲紅邊之暗色橫帶，尾鰭有黃色斑點·····················**無孔塘鱧**

23b. l. l. 40 以上 (*Oxyeleotris*)。

25a. 體側有不規則的黑色斑紋; 尾柄上部無眼狀斑。D^1. VI; D^2. I, 9; A. I, 7~8; l. l. 80~90; l. tr. 25; 背鰭前鱗片 60~65⋯⋯⋯⋯⋯⋯⋯⋯⋯⋯⋯⋯⋯⋯⋯⋯⋯**斑駁尖塘鱧**

25b. 體側無斑紋，為一致之褐色，尾柄上部有一白邊之黑色 斑。D^1. VI; D^2. I, 9~12; A. I, 8~10; l. l. 85~102; l. tr. 24~29, 背鰭前鱗片 55~60⋯⋯⋯⋯⋯⋯**尾斑尖塘鱧**

19b. 頭部完全裸出; l. l. 90~100; D^2. l. 13~17 (*Parioglossus*)。

26a. D^1. VI; D^2. I, 13~14; A. I, 13~14; l. l. ±90。尾 鰭後緣略尖或成圓形。液浸標本淡色，體側中央有一黑色 寬縱帶，另一黑色縱帶沿身體背側至尾鰭上部，下部有一 不甚明顯之縱帶; 背鰭有黑色小點及白邊⋯⋯⋯**帶狀塘鱧**

26b. D^1. VI; D^2. I, 15~18 (通常為 16); A. I, 15~19 (通常為 17); l. l. ±110; 尾鰭後緣截平。體側中央有一 不明顯之深色縱帶，伸達尾基。背面中央有一不明顯之縱 帶，腹面無斑紋⋯⋯⋯⋯⋯⋯⋯⋯⋯⋯⋯⋯⋯**道津氏塘鱧**

12b. 第二背鰭軟條 20 枚以上。

27a. 頤部無鬚。

28a. D^2. I, 24~30; A. I, 24~30。體被圓鱗。尾鰭截平或略凹入。 V. I, 4 (*Ptereleotris*)。

29a. D^2. I, 27; A. I, 27; P. 27; l. l. 100 以上。頭部及頸部裸出。尾鰭略長 於頭部。體上部紅綠色，下側珠紅色，吻部及頰部有藍色卵圓形斑點。眼後 及鰓蓋後有彎曲之藍色條紋。各鰭橙黃色，背鰭有紫邊，第一背鰭有一斜條 紋。臀鰭有藍、橙二縱條紋; 胸鰭基部下方有二紫色橫條紋⋯⋯**瑰麗塘鱧**

29b. D^2. I, 25; A. I, 24~25; P. 22~23。體為一致之藍色或藍褐色，前部較 淡，第一背鰭及尾鰭中央大部分色淡⋯⋯⋯⋯⋯⋯⋯⋯⋯**三色塘鱧**

29c. D^2. I, 27; A. I, 27; P. 23; L. l. 100 以上。體紅綠色，下部珠紅色， 吻部及頰部有藍色點，鰓蓋上有一藍色條紋，各鰭橙黃色，胸鰭基部下方有 一藍色條紋⋯⋯⋯⋯⋯⋯⋯⋯⋯⋯⋯⋯⋯⋯⋯⋯⋯**細鱗塘鱧**

29d. D^2. I, 30; A. I, 29; P. 23~24; L. l. 100 以上。體上方紅綠色，下方 珠紅色，各鰭橙色，尾鰭中部黑色⋯⋯⋯⋯⋯⋯⋯⋯⋯**異臂塘鱧**

28b. D^2. I, 28; A. I, 24; P. 17。體被櫛鱗，齒單列。尾鰭後緣尖銳。第一背鰭 第一棘延長為絲狀 (*Nemateleotris*)。

l. l. 108+10; l. tr. 27。體延長，側扁; 前部淡褐色，後部紅色，第二背鰭外 緣黑色，內側有一暗色縱條紋，向後延伸至尾鰭上方，每一鰭膜有 3～6 個灰 點。臀鰭外緣灰黑色，內側有一暗色條紋延伸至尾鰭下方。尾鰭上下葉後方黑

色……………………………………………………………………………………………**絲鰭塘鱧**

27b. 頤部中央前方有一鬚。D². I, 27; A. I, 25; V. I, 4 (*Pogonoculius*)。

體延長，極度側扁。體灰褐色，體側有約 21 條橙色垂直狹帶，帶較帶間爲狹。

頭部在眼後及胸鰭前方有不規則的藍色斜條紋………………………………**鬚塘鱧**

〔II〕. 兩眼退化；體裸出，皮膚柔軟而鬆弱；V. I, 4 (AUSTROLETHOPINAE)。

背鰭分離，第一背鰭具 VI 弱棘，第二背鰭、臀鰭無棘。腹鰭退化，分離。胸鰭短。鰓裂側位；鰓耙退化 (*Austrolethops*)。

D². 14~15; A. 13~14; P. 16~17; C. 7+15+9。體背面褐色，其餘部分色淡而有小暗點。背鰭硬棘部黑色，第二背鰭前方色淡。胸鰭上部有暗斑或全部色暗。腹鰭黑色………………………**軟塘鱧**

中國塘鱧 *Bostrichthys sinensis* (LACÉPÈDE)

亦名烏塘鱧（朱），烏魚 (F.)。產臺灣。

棕塘鱧 *Eleotris fusca* (BLOCH & SCHNEIDER)

英名 Dusky sleeper, Brown gudgeon。日名天竺河穴子。產蘇澳、花蓮、仙頭、羅東、蘭嶼、恆春。(圖 6-155)

黑塘鱧 *Eleotris melanosoma* BLEEKER

英名 Black gudgeon, Broadhead sleeper。產東港。

銳頭塘鱧 *Eleotris oxycephala* TEMMINCK & SCHLEGEL

日名河穴子；亦名土螞（動典）；俗名 On kora。產臺北、宜蘭、羅東、蘇澳、花蓮、屏東、高雄等地。

條紋塘鱧 *Eleotris fasciatus* CHEN

產蘭嶼。

星塘鱧 *Asterropteryx semipunctatus* RÜPPELL

英名 Star-finned gudgeon。產澎湖、蘭嶼、恆春。(圖 6-155)

土鮒 *Mogurnda obscura* (TEMMINCK & SCHLEGEL)

亦名杜父，飛彈塗，土附魚，河鱸，蕩魚（動典）；俗名鮒魚，九鮒；日名鈍甲，鈍口。產臺灣。(圖 6-155)

大鱗塘鱧 *Butis butis* (HAMILTON BUCHANAN)

英名 Crimson-tipped flathead-gudgeon。又名嶠塘鱧（朱）。產臺灣。(圖 6-155)

安朋塘鱧 *Butis amboinensis* (BLEEKER)

產本省西部及西南沿岸。

花錐塘鱧 *Prionobutis koilomatodon* (BLEEKER)

英名 Mud sleeper。亦名黑鯔，花錐，駝峯魚（均據 F.）鋸塘鱧魚（張）。產淡水。

尾斑塘鱧 *Trimma caudomaculata* YOSHINO & ARAGA

產本省西南部沿岸。本屬之基本特徵目前尚未確定。

紅塘鱧 *Trimma naudei* SMITH

據沈世傑教授（1984）產本省南部沙底海域。

磯塘鱧 *Eviota abax* (JORDAN & SNYDER)

據李信徹（1980）產蘭嶼、恆春、臺東、基隆。（圖 6-155）

寶石塘鱧 *Eviota smaragdus* JORDAN & SEALE

產蘭嶼。

塞班塘鱧 *Eviota saipanensis* FOWLER

據 LACHNER & KARNELLA（1980）產貓鼻頭。

韮綠塘鱧 *Eviota prasina* (KLUNZINGER)

據 LACHNER & KARNELLA（1980）產野柳。

昆士蘭塘鱧 *Eviota queenslandica* WHITLEY

據 LACHNER & KARNELLA（1980）產墾丁。

帶鰭塘鱧 *Hypseleotris taenionotopterus* (BLEEKER)

據 KUNTZ（1970）產臺灣。

短塘鱧 *Hypseleotris bipartita* HERRE

俗名赤筆仔。產羅東、高雄、鳳山、屏東。

紅帶塘鱧 *Eleotriodes strigatus* (BROUSSONET)

又名絲條美塘鱧（朱），紅蜂塘鱧（張、李）。產高雄、恆春。

雙帶塘鱧 *Eleotriodes helsdingenii* BLEEKER

英名 Railway glider。產恆春、臺東。

長鰭塘鱧 *Eleotriodes longipinnis* (LAY & BENNETT)

英名 Ocellated gudgeon。又名長鰭美塘鱧（朱）。產澎湖。

六點塘鱧 *Eleotriodes sexguttatus* (CUVIER & VALENCIENNES)

英名 Blue-cheeked gudgeon, Ladder glider。又名藍點塘鱧（李）。產恆春、基隆。（圖 6-155）

頭孔塘鱧 *Ophiocara porocephala* (CUVIER & VALENCIENNES)

英名 Flathead Sleeper。產東港。

無孔塘鱧 *Ophiocara aporos* (BLEEKER)

英名 Snake-headed gudgeon。產羅東。

斑駁尖塘鱧 *Oxyeleotris marmorata* (BLEEKER)

本種原產東南半島、及澳洲、菲律賓、斐濟、薩莫亞等地，於1975年自高棉引入養殖。

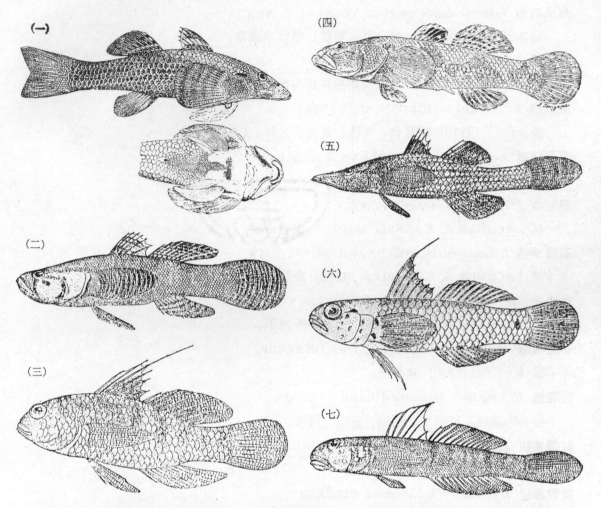

圖 6-155　（一）溪鱧（溪鱧科）；　（二）棕塘鱧；　（三）星塘鱧；　（四）土鮒；　（五）大鱗
塘鱧；　（六）磯塘鱧；　（七）六點塘鱧（一、二、三、五、七據 KOUMANS, 四
據富山一郎）。

尾斑尖塘鱧 *Oxyeleotris urophthalmus* (BLEEKER)

產臺灣 (?)。

帶狀塘鱧 *Parioglossus taeniatus* REGAN

產恆春。

道津氏塘鱧 *Parioglossus dotui* TOMIYAMA

產恆春、臺東。

瑰麗塘鱧 *Ptereleotris evides* (JORDAN & HUBBS)

產臺灣。

三色塘鱧 *Ptereleotris tricolor* SMITH

　　產臺灣。

細鱗塘鱧 *Ptereleotris microlepis* (BLEEKER)

　　產本省南端岩礁中。

異臂塘鱧 *Ptereleotris heteropterus* (BLEEKER)

　　產本省南端岩礁中。

絲鰭塘鱧 *Nemateleotris magnificus* FOWLER

　　產恆春。

鬚塘鱧 *Pogonoculius zebra* FOWLER

　　產臺灣。

軟塘鱧 *Austrolethops wardi* WHITELY

　　又名華氏細眼塘鱧（李）。產恆春、基隆。

鰕虎科 GOBIIDAE

Gobies；鯊科

=GOBIIDAE+APOCRYPTEIDAE+PERIOPHTHALMIDAE

　　鰕虎類中，腹鰭癒合爲一個吸盤，後緣可能有一缺刻，基膜（Basal membrane）或有或無，體長卵形至細長，側扁或近於柱狀。眼無柄，亦不顯然突起；胸鰭無特別發達之肌肉質基部者，均屬於本科。背鰭兩枚，遠離，或接近，或在基部有膜連合。第一背鰭具 II～VIII 軟棘（通常爲 VI 棘，亦有缺第一背鰭者）。第二背鰭與臀鰭對在，同形，基底較短，鰭條較少。臀鰭具 I 弱棘。背鰭、臀鰭均不與尾鰭相連。體被圓鱗或櫛鱗，眼以前以及眼上方裸出。亦有完全裸出者。口大，上頜齒一列或數列，下頜齒二列或多列，圓錐狀，臼齒狀，或有 2～3 個尖頭，也有的爲犬齒狀。有的頭部有鬚。成魚之胸帶中無髆骨，烏喙骨小形。胸鰭之鰭輻骨接於匙骨上，僅最下部鰭條接於烏喙骨上。一般無鰾。本科均係小形魚類，產於珊瑚礁、近海岩礁、湖沼、河流、或山溪激流中，種類甚多，均無經濟價值。

臺灣產鰕虎科 6 亞科 33 屬 79 種檢索表①：

1a. **短鰕虎亞科 GOBIODONTINAE**　　體卵圓形，強度側扁；兩頜齒數列；前後二背鰭多少接近，體裸出，皮膚肥厚；下頜縫合部兩側，在齒帶之內側，有一至數枚犬齒；口裂小而近於水平位；上下頜相等 (*Gobiodon*)。

2a. 體黑色至黑褐色，頭部有五條靑色橫線，四條在頭側，一條在胸鰭基部。鰓蓋上方無黑點。

　　D¹. VI; D². I, 10; A. I, 8～9; P. 11～19。下頜縫合部有犬齒 1～2 枚⋯⋯⋯⋯⋯⋯⋯**五帶短鰕虎**

---

① 據 Amer. Mus. Nov. No. 1876 (1958)，另有 *Oxyurichthys formosanus* NICHOLS 產於淡水河，鄧火土，鄭昭任 (1960) 亦報告該種產於宜蘭、羅東。

2b. 體黑色至橙色，鰓蓋上方有一黑點，體側前部有四條藍色橫條紋，兩條由眼至上頜，第三條在鰓蓋上，第四條在胸鰭基部。第二背鰭及臀鰭有藍色縱帶。D^1. VI; D^2. I, 10; A. I, 9; P. 19〜21。下頜縫合部兩側有犬齒 3〜4 枚，第一背鰭前緣較尖⋯⋯⋯⋯⋯⋯⋯⋯⋯⋯⋯⋯⋯⋯⋯⋯**橙色短鰕虎**

2c. 全身綠色，頭頂有橙黃色斑點散在，但體色有種種變異。D^1. VI; D^2. I, 10; A. I, 9; P. 18。第一背鰭前緣鈍圓⋯⋯⋯⋯⋯⋯⋯⋯⋯⋯⋯⋯⋯⋯⋯⋯⋯⋯⋯⋯⋯⋯⋯⋯**暗色短鰕虎**

1b. 體多少延長。

3a. **三峯齒鯊亞科 TRIDENTIGERINAE**　　上下頜之外列齒具三尖頭。

4a. 頭部及下頜均無鬚，體裸出 (*Kelloggella*)。

體為一致之褐色或黑色，到處平均分佈暗色小點，眼下小點或形成二不規則之橫帶。背鰭、臀鰭紅色而有黑邊。尾鰭紅色至灰色。D^1. VI; D^2. I, 12; A. I, 8; P. 14 ⋯⋯⋯⋯⋯⋯⋯**紅衣鯊**

4b. 頭部及下頜均有鬚，體被櫛鱗 (*Triaenopogon*)。

上下頜齒各二列，外列齒有三尖頭。眶下骨、眶前骨、前鰓蓋骨，以及下頜骨等處具多數小鬚。體灰色、黃褐色，或欖綠色，有四、五條不甚規則之深褐色橫帶。D^1. VI; D^2. I, 10; A. I, 9; l. l. 35〜38; l. tr. 14 ⋯⋯⋯⋯⋯⋯⋯⋯⋯⋯⋯⋯⋯⋯⋯⋯⋯⋯⋯⋯⋯⋯⋯⋯⋯⋯**鍾馗鯊**

3b. **鰕虎亞科 GOBIINAE**　　背鰭存在，硬棘 VI 枚或更多。上下頜齒二列以上，各齒均為單一型。

5a. 頭部下面無鬚。

6a. 舌端鈍圓、截平或略凹。

7a. D^1. VI (或以下)；頭部上方無顯著之隆起稜。

8a. 體被圓鱗或櫛鱗；l. l. 20〜50 (少數 50〜80)；眼在頭之中部或略前 (眼後區遠較頭長之 2/3 為小)。

9a. 眶間區後方無橫溝；後頭區無縱走之隆起稜。

10a. 上唇前方多少顯露。

11a. 舌之大部分游離。

12a. 前鼻孔離上唇較遠。

13a. 左右腹鰭內側鰭條之基部以狹膜相連，形成前方有開口之不完全之吸盤狀。頭部鱗片起自眼後。上下頜齒二列。l. l. 24〜35; D^2. I, 8〜11; A. I, 8〜9 (*Quisquilius*)。

14a. D^2. I, 10〜11; A. I, 8〜9; l. l. ±30; l. tr. ±10。背鰭中央線鱗片 ±16。體黃色而有小黑點，體側有十二條淡色橫帶，第一、二條通過眼窩，第三、四條在後頭部，最後三條在尾柄部。背鰭、尾鰭有小黑點，其他各鰭無斑點⋯⋯⋯⋯⋯⋯⋯⋯⋯⋯⋯⋯⋯⋯⋯⋯⋯⋯⋯⋯⋯⋯**尤金鯊**

14b. D^2. I, 9; A. I, 9, l. l. 28〜30; l. tr. 7。背鰭前中央線鱗片 8。液浸標本褐色或灰色，體側有七、八條不甚明顯之暗色橫帶，鰓蓋上緣有一白邊之黑斑，第一背鰭前方有一黑色長斑，第二背鰭有一同形之斑⋯**馬來鯊**

14c. D^2. I, 10〜11; A. I, 8; l. l. 27〜28; l. tr. 14。背鰭前中央線鱗片 15〜16。體磚紅色，鱗片邊緣較暗，頭部由眼向下及向後上方有放射狀淡

色條紋，尾鰭後緣色淡……………………………………………………**因卡鯊**

13b. 左右腹鰭之前方有低鰭膜或無之；頭部至背鰭起點以前裸出(*Zonogobius*)

　　　D². I, 8～9；A. I, 7～8；P. 16～17；l. l. 25～27；l. tr. 9～10。體褐色，
　　　體前部有七、八條鑲暗褐邊之灰色橫帶…………………………………**條鯊**

13c. 腹吸盤之前部無開口。

　　15a. 上唇形成吻之前緣；舌咽骨單一型。

　　　　16a. 胸鰭上方有若干鰭條爲游離之絲狀。前鼻孔下方有一小乳突；由頰
　　　　　　部前緣向後有一縱溝 (*Bathygobius*)。

　　　　17a. 胸鰭基部無暗色斑點。

　　　　　18a. 前鼻孔頂端有一皮質蓋瓣； 鰓蓋部有鱗。 腹鰭棘倒伏時， 棘
　　　　　　　之先端與腹鰭後端間之距離，較腹鰭後端至臀鰭起點間之距離爲
　　　　　　　短，棘與第一軟條間有深缺刻。

　　　　　　D². I, 9～10；A. I, 8；P. 21～25；l. l. 35～46；l. tr. 14～17。
　　　　　　背鰭前中央線鱗片 21～32， 向前達眼間隔之中央或後方。頰部有
　　　　　　鱗。胸鰭游離鰭條 6～9，各具 5～7 分枝。第一背鰭色暗(小型
　　　　　　個體有斑紋)，第二背鰭、尾鰭有暗色帶，腹鰭色暗……**闊頭鰕虎**

　　　　　18b. 前鼻孔頂端無皮質蓋瓣；鰓蓋部無鱗。腹鰭棘倒伏時，棘之先
　　　　　　　端與腹鰭後端間之距離，較腹鰭後端至臀鰭起點間之距離爲長，
　　　　　　　棘與第一軟條間有淺缺刻。

　　　　　19a. 下頜後部內側有齒，爲所有下頜齒中最大者。

　　　　　　D². I, 8～10；A. I, 8；P. 20～22；l. l. 35～38；l. tr. 11～
　　　　　　13。背鰭前中央線鱗片 30，向前達眼之後緣與鰓蓋之間上方。
　　　　　　眼間隔、頰部、鰓蓋部均被鱗，胸鰭游離鰭條 4， 各具 2 分
　　　　　　枝。體暗紅色，體側有暗色斑點，第一背鰭有 3～4 條暗色縱
　　　　　　帶，第二背鰭、胸鰭及尾鰭有暗色斑點………………**岩鰕虎**

　　　　19b. 下頜後部外側有齒，爲所有下頜齒中最小者。

　　　　　20a. 下頜腹面之皮質蓋膜之後側端突出。背鰭前中央線鱗片到
　　　　　　達前鰓蓋之後緣。D². I, 8～10；A. I, 7～8；P. 16～20；
　　　　　　l. l. 33～39；l. tr. 10～14。背鰭前中央線鱗片 6～14。眼
　　　　　　間隔、頰部、鰓蓋部均無鱗。胸鰭游離鰭條 4，各有 2 分枝。
　　　　　　第一背鰭第 III 棘以後下方， 第二背鰭之第一軟條以後下
　　　　　　方，第七軟條以後下方，尾鰭前方背側，各有一暗色橫帶。
　　　　　　體側有暗色縱條紋，中央有一縱列九個暗色斑，前部下方另
　　　　　　有二暗色斑，第一背鰭下方有一暗色縱帶，第二背鰭、尾鰭
　　　　　　有深色斑紋……………………………………………**椰子鰕虎**

20b. 下頜腹面皮質蓋膜之後側端不突出，背鰭前中央線鱗片到達眼之直後。

21a. 胸鰭游離鰭條 3 枚，各具 2～3 分枝。D^2. I, 8～10；A. I, 7～8；P. 16～20；l. l. 31～40；l. tr. 12～15。 背鰭前中央線鱗片 11～19 枚。眼間隔、頰部、鰓蓋部均無鱗。生活時體色不一，背面欖褐色，腹面色淡。體側中央有一縱列七個向下方延伸之暗色斑。第一背鰭之第 IV 棘以後下方，第二背鰭之第二軟條以後下方，第八軟條以後下方，以及尾鰭前方背側，各有一暗色橫帶。第一背鰭之外緣色淡，第二背鰭及尾鰭有深色斑紋⋯**黑鰕虎**

21b. 胸鰭游離鰭條 4 枚，各具 2～3 分枝。D^2. I, 9～10；A. I, 8～9；P. 17～20；l. l. 31～39；l. tr. 12～14。背鰭前中央線鱗片 11～21 枚。眼間隔、頰部、及鰓蓋部均無鱗。體灰黑色，體側中央有一縱列八個暗色斑，各斑不向下延伸，前部下方另有三個暗色斑。第一背鰭之第 IV 棘以後下方，第二背鰭之第二軟條以後下方，第八軟條下方，以及尾鰭前方背側各有一暗色橫帶。體側暗色縱條紋較顯著，第一、二背鰭及尾鰭均有深色斑紋⋯⋯⋯⋯⋯⋯⋯⋯⋯⋯⋯⋯⋯⋯⋯⋯⋯⋯⋯**巴東鰕虎**

17b. 胸鰭基部有明顯的斑點。

D^2. I, 7～8；A. I, 7；l. l. ±30；l. tr. 8～9。背鰭前中央線鱗片 ±10。體灰色，背方有五個鞍狀橫斑， 第一枚在頸部， 第二枚在第一背鰭下方， 第三、四枚在第二背鰭下方， 第五枚在尾柄部；眼下方有一褐色長斑。胸鰭起點上方有一、二黑點，第一背鰭有二黑色橫帶，第二背鰭有 3 列，尾鰭有 4～6 列黑點⋯⋯⋯⋯⋯⋯⋯⋯⋯⋯⋯⋯⋯⋯⋯⋯⋯**肩斑鰕虎**

16b. 胸鰭上方無游離之絲狀鰭條。

22a. 頭部側面多少被鱗片。

23a. 頰部及鰓蓋主骨全被大形鱗片。D^2. I, 10；A. I, 9；l. l. 24～32 (*Gnatholepis*)。

24a. 頰鱗之間因有二條縱走之黏液管而分為三羣。l. l. 30；l. tr. 9；背鰭前中央線鱗片 10～11 枚。體側各鱗片中央具白色點，體側中央有數條白色縱帶，背鰭下方有二、三列黑點（或云體側有七、八條橫條紋）⋯⋯⋯⋯⋯⋯**鸚哥鯊**

24b. 頰部在上列鱗片的下方有一條縱走之黏液管。D^2. I, 10；A. I, 9；P. 16～18；l. l. 28～30；l. tr. 10；背鰭前中央線鱗片 9～10，體上方褐色，下方色淡，每一鱗片中央有一白點，尾鰭基部有一大黑斑，體側另有同樣而較淡之斑四枚，此等斑點或以黑線連接之。鰓蓋後有一銀灰色斑，眼上有一黑帶。背鰭、臀鰭有暗褐色小點，尾鰭有數條白色橫帶⋯⋯⋯⋯⋯⋯⋯⋯⋯⋯⋯⋯⋯⋯**美尾鯊**

24c. 頰鱗之間無縱溝，因之黏液管亦不分羣。

25a. l. l. 25；l. tr. 7；D^2. 9；A. 10；P. 17。 沿體側正中線有六個暗色斑點，第一個在鰓裂上緣，最後一個在尾鰭基部；頭部每一鱗片有暗色點。背鰭、尾鰭有小黑點，排成波狀線紋，臀鰭有寬暗邊。眼下方無黑色橫帶⋯⋯⋯⋯⋯⋯**浴衣鯊**

25b. l. l. 30；l. tr. 9；D^2. I, 10～11；A. I, 10～11；P. 14～17。背鰭前中央線鱗片 8～11。由眼下至口後有一黑色橫帶，鰓蓋上有 1～2 縱條紋，體側有暗色斑點，條紋在下方者形成六個大形暗斑；背鰭有數縱列暗點⋯⋯⋯⋯⋯⋯**武士鯊**

23b. 頰部裸出，鰓蓋主骨被大形鱗片；1. 1. 26～38 (*Vaimosa*)。

　　26a. 吻較眼徑不特長；頰部無顯著之黏液孔列；主上頜骨向後達眼之前緣下方；下頜前方有犬齒一、二對；1. 1. 27～30；1. tr. 9；D². I, 9；A. I, 9；P. 18～19；背鰭前中央鱗片 17～20。頭部有藍色或珠色斑點，背部有五個黑色橫斑，胸鰭基部有一黑色斑點………………………………………**虎齒鰕虎**

　　26b. 眼較小，吻長爲眼徑之二倍；頰部有五列顯著之黏液孔；上頜骨向後達眼眶中部下方。1. 1. 28；1. tr. 10；背鰭前中央線鱗片 25；D². I, 10～11；A. I, 9；P. 19。體欖綠色，頸部及鰓蓋以後有若干閃藍色斑點，腹鰭及奇鰭黑色，胸鰭黃色而有黑邊…………………………………………**梅遜氏鰕虎**

22b. 頭部側面裸出，僅鰓蓋主骨上部有小形鱗片；舌咽骨單一型 (*Rhonogobius*)。

　　27a. 頭部與軀幹部顯然側扁；第一背鰭下軀幹部之寬度約爲其高度之 1/2。

　　　1. 1. 27～29；1. tr. 9；D². I, 9；　A. I, 11 (原始記載第一背鰭 VII 棘)。體黃褐色，在體側中央線上下各有四個或更多的褐色或紫色大斑，鰓蓋後緣有藍褐色細條紋，或分離小斑點…………………………**雀鰕虎**

　　27b. 軀幹部略形側扁，或近於圓筒狀，其寬度 (在 D¹ 下) 約爲其高度的 2/3 或更寬。

　　28a. 吻較短，殆與眼徑等長或略短；鰓膜連於喉峽部。1. 1. 26～32。

　　29a. 眶間區甚狹，兩眼殆在正中線相接觸。

　　　30a. 頸部被鱗。體淡灰色，體側有數條縱帶，並且有橫條紋與之連絡，故略呈網紋狀，沿中央線更有五個深色斑，眼下有深色縱帶，第一背鰭後方有一黑色縱斑。D². I, 10；A. I, 10；P. 17………**條紋鰕虎**

　　　30b. 頸部被鱗，液浸標本淡黃色，由吻端至尾部有六條褐色縱線，下方一條間斷爲斑點，體側中央有一列五個大形黑點，其下有一列八個大形褐點，其上有一列小黑點，由眼後至尾柄上方有一列小黑點。體側在斑線之間另有六縱列灰白色圓斑。第一背鰭在第 I～II 棘之間有一黑色眼斑，第二背鰭有二縱列褐點，尾鰭有暗褐色橫斑，D². I, 8；A. I, 8；1. 1. 26～28；1. tr. 8～9；背鰭前中央線鱗片 6～8……**麗飾鰕虎**

　　　30c. 頸部裸出。體淡欖綠色，頭側、體軀上部，以至尾鰭上半均有小黑斑點散在，沿體側中央線有數枚 (五) 較大而不規則的黑斑，前後背鰭均有黑邊，邊以下各有三列黑圓斑 (在鰭膜上)。D². I, 9；A. I, 9；P. 17；1. 1. 30 (26) ；1. tr. 8 ………………**斑點鰕虎**

　　29b. 眶間區約爲眼徑之1/2。頸部裸出；1. 1. 32；1. tr. 11～12；尾鰭鈍圓，體橙綠色，下部較淡，頭部及身體背側有不規則的黑色斑點，體側有三至五枚黑色大斑，背部有四個鞍狀斑；各鰭黃色，第一背鰭有三列，第二背鰭有四列小黑點，尾鰭上部有小黑點，尾鰭與臀鰭有黑邊…**雲紋鰕虎**

28b. 吻較長，為眼徑之二倍或更長。

31a. l. l. 29～32；D². I, 8～9；A. I, 7～9；P. 18～21。後頭部鱗片
伸展幾達眼眶後緣。體淡灰色而略帶欖綠味，體側中央有六個不規
則的大形灰褐色斑，兩頰有數條斜走的蠕蟲狀紋…………**極樂鰕虎**

31b. l. l. 30 (+)；l. tr. 10；D². I, 8；A. I, 9；後頭部鱗片僅達前
鰓蓋之後角。體淡褐色或深褐色，有深色斑紋，但個體變異甚劇，
奇鰭有淡色邊……………………………………………………**川鰕虎**

27c. 頭部及軀幹部之背方側扁，橫斷面略呈三角形。l. l. 23～24；l. tr. 7；
D². I, 9；A. I, 8；P. 16～17。背鰭前中央線鱗片 4～5。第一背鰭第 I 棘
最長。體側中央有一縱列暗色斑點，最後在尾鰭基部者最明顯；背鰭第 I～II
棘間有一黑斑，其他部分有小黑點，第二背鰭有橫斑………………**植鰕虎**

15b. 吻部突出於上唇之前上方；舌咽骨雖為二分叉，但頭前緣彎入甚淺；體被櫛鱗，頭部鱗片自眼之後
方開始。l. l. 25～45 (*Acentrogobius*)。

32a. 胸鰭上部之鰭條游離。

l. l. 26～28；l. tr. 8～9；D². I, 10～11；A. I, 8～9；P. 18～20；背鰭前中央線鱗片 10～12。
體綠色，下部較淡，體側每一鱗片有一閃光之斑點，頭側有黃色小點及三條紫色橫線，頭頂有不
規則的紫色斑點；各鰭橙黃色，有紫色斑點或條紋……………………………………**飾銜鯊**

32b. 胸鰭無游離之鰭條。

33a. 背鰭前中央線鱗片 9～10 枚。

34a. l. l. 26～30；l. tr. 8；D². I, 10；A. I, 9；P. 19。 體側有暗色斑點散在，並且有一暗色
縱帶………………………………………………………………………………**康培氏銜鯊**

34b. l. l. 28(±)；l. tr. 8～9；D². I, 10～11；A. I, 8～9；P. 18～20。體藍褐色，體側每一
鱗片有閃光斑點……………………………………………………………………**珠點銜鯊**

33b. 背鰭前中央鱗片 17～20 枚。

35a. l. l. 29；l. tr. 8～9；D². I, 10～11；A. I, 10；背鰭前中央線鱗片 18 枚。體側有四個
不甚明顯之暗色斑……………………………………………………………………**星銜鯊**

35b. l. l. 30；l. tr. 9；D². I, 10～11； A. I, 11；P. 14～17。體背面綠色，腹面略淡，由
眼至上頜後方有一紫色條紋， 體側有暗點及線紋， 鰓蓋有 1～2 紫色條紋， 背鰭後方有
5～6 列紫斑………………………………………………………………………**高倫氏銜鯊**

35c. l. l. 32；l. tr. 9； D². I, 10；A. I, 8；P. 16～17； 背鰭前中央線鱗片 17～20。體背
方黑綠色至欖綠色，下方略淡。頭部由吻至眼有二、三條暗色條紋，體側中央有許多不規
則的暗點，每一鱗片有閃綠色小點。鰭膜紫色，第一背鰭有 2～4 黑點，中央有一縱帶，
第二背鰭有 2～3 縱列黑點，尾鰭上半有黑點，胸鰭基部有二黑短條紋…………**紫鰭銜鯊**

35d. l. l. ±36；l. tr. 12；D². I, 9～11；A. I, 8～10；P. 17～19；背鰭前中央線鱗片 18。
體紅綠色，下部稍淡，體側後部有 5～7 個暗色點，排成一縱列；背鰭基部有暗點，臀鰭

有暗邊，尾鰭有不規則之斑點·····························龐氏銜鯊

12b. 前鼻孔靠近上唇，有圓錐狀之鼻管自上唇下垂。後頭部及鰓蓋上均有鱗。舌咽骨二分叉；肩帶
內緣有小形肉質皮瓣或無皮瓣。吻較眼徑為短，或與之相等 (*Mugilogobius*)。

 36a. l. l. 40；l. tr. 13～15；D². I, 8；A. I, 8；P. 16；背鰭前方鱗片 20～23。液浸標
本暗褐色，身體後半部有二條暗色縱帶，伸達尾基，身體前部有四、五條暗色寬橫帶；
第一背鰭後方有一黑斑，第二背鰭上方有一淡色縱條紋·············阿部氏鰕虎

 36b. l. l. 52；l. tr. 16；D². I, 7；A. I, 7；背鰭前鱗片 25～30。液浸標本淡黃褐色，背
方有十餘條不規則的褐色或深褐色橫帶，下端各二分枝；鰓蓋上有一褐色大斑·········
···塔加拉鰕虎

11b. 舌大部分固着於口腔底，往往僅舌尖游離。

 37a. 唇肥厚；吻長大於眼徑之二倍；肩帶內緣有肉質皮瓣 (*Awaous*)。

  38a. l. l. 50～52；l. tr. 13～15。D². I, 10；A. I, 10；P. 15～17。背鰭前中央線鱗
片 13～15。體欖綠色，下方較淡，頭部由眼至上頜有二條黑色斜紋，尾鰭有 7～9
條黑色橫條紋；體側有不規則的深色斑點，沿中央線有一列較深之斑點，最後一斑
在尾基者最顯著；胸鰭基底上方有一黑斑·····················厚唇鯊

  38b. l. l. 52～58；l. tr. 15～19；D². I, 10；A. I, 10；P. 16～18。背鰭前中央線鱗
片 17～24。頭部及體側有不規則的黑色斑點，由眼至上頜有二條黑色斜紋；各鰭
黃色，第一背鰭有 3～4 條，第二背鰭有 5～6 條暗色縱條紋，尾鰭基部中央和胸
鰭基部上方各有一黑斑·································絲厚唇鯊

 37b. 唇不特肥厚；吻長小於眼徑之二倍。

  39a. l. l. 27～30；l. tr. 7～8。頭部側扁，裸出；頸部肩帶內緣無明顯之肉質皮
瓣；頸部之一部分被鱗片 (*Oligolepis*)。

   D². I, 10～11；A. I, 10～11；P. 20～21。體黃色，由眼至上頜後方有一紫色斜
帶，體側有五個深褐色斑點排成一縱列，斑點之間有深色短橫條紋······斑點狹鯊

  39b. l. l. 45～55；肩帶內緣有肉質皮瓣；眼後方及頭部背面有鱗片 (*Stenogobius*)。

   D². I, 10～11；A. I, 10～11；P. 15～16；l. l. 50～55；l. tr. 12～14；背鰭前
方鱗片 16～20。體綠色。體側有 8～12 條暗色橫帶，眼下方有一條暗色寬橫
帶；背鰭有暗色縱帶，胸鰭基部上方有暗色條紋，尾鰭色暗·········種子鯊

  39c. l. l. 28～30；肩帶內側無明顯之肉質皮瓣；鱗片始於鰓蓋上方；頸部有一縱走
之皮質稜脊 (*Cristatogobius*)。

   D². I, 9；A. I, 9；l. l. 30；l. tr. 12。體為一致之灰白色，無明顯之斑點，第
一背鰭暗褐色，有二個不規則的黑色斑·····················白頸脊鯊

10b. 上唇之前部有真皮性皮膜掩覆之；頭及軀幹均側扁；l. l. 50～57；D². I, 13～16；A. I, 13～16
(*Amblygobius*)。

 40a. 體側有縱帶（至少前部）而無橫帶。l. l. 55～65；頸部無眼狀斑。

41a. 體背面綠紅色，下面珠色，頭部側面有二紅色條紋，各鑲黑邊。頭部和胸部有小藍點，體側上方有四條紅色至暗橙色縱帶，另有 10～12 條同色之橫條紋，尾鰭上方有橘色眼狀斑，背鰭、臀鰭有藍色條紋……………………**十字紋鯊**

41b. 液浸標本爲一致之紅褐色，體側有三條暗褐色縱條紋，尾鰭下部有一深色條紋，背鰭第 IV～V 棘間外方有一大形黑斑……………………………**林克氏鯊**

40b. 體側有橫帶；l. l. 50～55。

42a. 背鰭前方鱗片約 30 枚。上頜骨向後達眼之前半下方。D². I, 13～15; A. I, 14; P. 18～20; l. l. 50～55; l. tr. 18～19。體上部紅褐色，下部黃色，頭側有數列鑲紫邊之黃色眼斑，頭頂及頸部有一縱列暗色眼狀斑，體側有五、六條褐色橫帶。鰓膜無暗色條紋………………………**環帶鯊**

42b. 背鰭前方鱗片 20～22 枚。上頜骨向後達眼之中部下方或更後。D². I, 14～15; A. I, 14～15; P. 17～19; l. l. 55; l. tr. 18。體上部綠紅色，體側有五、六條黑色（或紅色）橫帶；頭部有多數珠光斑點。鰓膜有黑色條紋……………………………………………………………………**更紗鯊**

9b. 眶間區後方有橫溝；枕區中央線上有一縱走之皮脊(Skinny crest)；上頜齒一列(*Oxyurichthys*)。

43a. 眼上方無皮質突起。

44a. l. l. 48～50; l. tr. 21; D². I, 12; A. I, 13。體長爲體高之 6 倍，上頜骨向後達瞳孔前緣之下方。第一背鰭前中央線鱗片 24。體爲一致之黃褐色，無特殊斑紋，臀鰭邊緣黑色…………………**長背鴿鯊**

44b. l. l. 48～55; l. tr. 14～16; D². I, 12; A. I, 13; P. 20～22; 第一背鰭前方鱗片16～18。體長爲體高之 5.4～6.3 倍，上頜骨向後達眼眶中部下方；第一背鰭各棘延長爲絲狀（第 I 棘可能超過體長之1/2）。體灰綠色以至金色，下部珠白色，體側有五、六條模糊之橫帶，上半部各鱗均有一小黑點，眼上緣有一黑斑；前後背鰭及尾鰭各有若干小斑連成之條紋（與鰭條直角相交）……………………………**鬚鴿鯊**

44c. l. l. 50～65; l. tr. 14～16。第一背鰭各棘延長爲絲狀；體側有五、六條模糊之橫帶，上半部各鱗有一小點，眼上緣有一黑斑，背鰭及臀鰭有若干斑點形成之縱條紋………………………**眼絲鴿鯊**

44d. l. l. 75～80; l. tr. 24; D². I, 12; A. I, 13; P. 15; 第一背鰭前方鱗片 17～20; 體長爲體高之 7 倍，上頜骨向後達眼眶中部下方。第一背鰭硬棘較短，僅超過體高。體淡褐色而有深色暈紋，體側有六個大斑，每兩斑間下方更有不明顯的暗色斑………………**尖尾鴿鯊**

43b. 眼上緣有一白色短觸角狀突起。

l. l. 52～56; l. tr. 14～16; D². I, 12; A. I, 13～14; P. 19～22; 背鰭前中央線鱗片 17。體長爲體高之 5.4～6 倍；口大，上頜骨向後達瞳

孔之後緣或超過之；第一背鰭硬棘作絲狀延長（第 I 棘約與頭長相等）；尾鰭長而尖銳。體上方紅綠色，下方珠紅色，背部有六個褐色橫斑，沿體側中央有五、六個褐色大斑；第一背鰭有三列，第二背鰭有 5～6 列紫紅色小點……………………………………………………………………**眼角鰕鯊**

8b. 體被細小圓鱗或櫛鱗；l. l. 75～140；眼之後上方有鱗或無鱗；頭部側扁；眼高，在頭部先端，眼後區大於頭長之 2/3；上頜骨後端達前鰓蓋 (*Cryptocentrus*)。

　45a. 頭部與頸部均裸出；全部鱗片均為圓鱗。

　　46a. l. l. 81～88；l. tr. 30～35；D². I, 11；A. I, 11；P. 18。體長為體高之 5～5.5 倍。體淡黃色，由第一背鰭後端至肛門有一黑色橫帶………………………**楊氏猴鯊**

　　46b. l. l. ±95；l. tr. ±35；D². I, 10；A. I, 10。體長為體高之 4.8 倍。體黃色，體側有六條暗色寬橫帶，頸部、鰓蓋等處有褐色斑點…………………………**巴布亞猴鯊**

　　46c. l. l. 95～105；l. tr. 30；D². I, 10；A. I, 9；P. 17～18；體長為體高之 5.8 倍。第一背鰭各棘作絲狀延長。體紅綠色，下方珠色，體側有四、五個 V 字形深褐橫斑；背鰭第 I～II 棘間有一黑斑，第二背鰭有二列黑點……………………**絲鰭猴鯊**

　　46d. l. l. 75～85；l. tr. 25；D². I, 10～11；A. I, 9～10；體長為體高之 5～6 倍。第一背鰭第 II 棘延長為絲狀。液浸標本褐色，下方較淡，背部有許多不規則的黑色斑點，第一背鰭無斑……………………………………………………………**谷津氏猴鯊**

　45b. 體側鱗片前部為圓鱗，後部為櫛鱗。

　　l. l. 85；l. tr. 24；D². I, 10；A. I, 10；P. 17～18。第一背鰭前方鱗片±25。體紅綠色，下部紅色，頸部與鰓蓋有許多紫色眼狀斑，體側有 4～8 個暗斑，以及 8～10 條向前傾斜之橫帶……………………………………………………………………**紅猴鯊**

7b. D¹. VI。頭部上方，兩側及下頜有多數皮質隆起稜 (*Callogobius*)。

　47a. 全部鱗片均為圓鱗，頰部及鰓蓋裸出，眶間區與眼徑同寬或略小。

　　D². I, 8～9；A. I, 8～9；P. 21；l. l. ±45；l. tr. 12；第一背鰭前方鱗片±17。體暗綠色而密佈小黑點，在體側形成不規則之橫條紋；各鰭亦有小點，胸鰭、尾鰭之基部有黑斑……………………………………………………………………………**圓鱗鯊**

　47b. 體側鱗片前部為圓鱗，後部為櫛鱗。眶間區顯然較眼徑為狹（約為 1/3）。

　　48a. l. l. ±30；l. tr. 11～13；D². I, 9；A. I, 8；P. 17；第一背鰭前方鱗片±15。體淡褐色而在前後背鰭下方各有一條暗色橫帶。背鰭有暗斑，胸鰭、臀鰭、尾鰭有暗色橫帶。腹鰭無基膜相連……………………………………………………**稜頭鯊**

　　48b. l. l. 28～30；l. tr. 9～10；D². I, 8；A. I, 6；P. 16；第一背鰭前方鱗片±8。體灰褐色，多數鱗片之中央色淡，頭上皮摺色暗；背鰭、臀鰭、尾鰭有淡色斑點。腹鰭有基膜相連……………………………………………………………**史奈利鯊**

　　48c. l. l. 40～45；l. tr. 15～16；D². I, 9～10；A. I, 7～8；P. 16～18；腹鰭之基膜或有或無。第一背鰭前方鱗片 20，體背面紅綠色，下面橙黃色，體面到處有黑色雲狀斑，體側有 3～4 條不明顯的橫帶，各鰭黃色…………………………**赫色鯊**

7c. D¹. VII 或 VII 以上。

49a. 胸鰭上方無游離之鰭條；鱗片爲中型櫛鱗；吻長；鋤骨無齒。

50a. D¹. VIII～XI；D². I, 17～20；A. I, 14～16。體特別延長（超過體高之 10倍）而側扁；尾柄部殆成爲帶狀；尾鰭尖銳，較頭長爲長（*Synechogobius*） D¹. IX；D². I, 15；l. l. 88；l. tr. 14。液浸標本淡褐色；尾鰭黑色，基部 有新月形斑紋…………………………………………………………………**長身鯊**

50b. D¹. VIII～IX；D². I, 16～19；A. I, 14～17；l. l. 68～72；l. tr. ±16。 體延長，前方爲圓筒狀，或平扁，而後方略形側扁；尾鰭圓或尖銳，短於或 等於頭長。體被櫛鱗，頸部與胸部爲圓鱗（*Acanthogobius*）。

51a. D¹. VIII～IX；D². I, 12～14；A. I, 11；l. l. 50～65；l. tr. 14～18。 背鰭前方鱗片 22～30。液浸標本淡黃褐色，各鱗片有暗色斑點。體側中 央有一縱列不規則的大形暗色斑點，第一背鰭有三縱列小點，第 VI 棘後 有一大形黑斑，第二背鰭有五縱列小點；尾鰭有波狀條紋，基部有大形暗 斑；胸鰭基部上方有一暗色圓斑……………………………………………**黃臂棘鯊**

51b. D¹. VIII～IX；D². I, 17～19；A. I, 14～17；P. 22；l. l. 70～80； l. tr. 16～17；背鰭前方鱗片約 33。液浸標本黃灰色，尾基有一深色大 斑，沿體側中線有淡色斑十枚。背鰭、尾鰭有暗色點……………**尾斑棘鯊**

49b. 胸鰭上方有一部分游離之絲狀鰭條；鱗片甚小（*Pterogobius*）。

肩帶內緣光滑；吻長至少爲頭長之 1/3。D¹. VIII；D². I, 19～21；A. 22； P. 23；l. l. 75～80；l. tr. 27。體淡赤灰色，有六、七個鑲黃邊之黑色橫帶， 向上侵入背鰭，向下侵入臀鰭；眼下至頰部下緣有一暗帶，後頭部有一U字形 斑，兩端在眼之後緣………………………………………………………………**翼鯊**

5b. 舌端深凹入；頭部平扁，下頜向前突出；上下頜均具犬齒；吻長大於眼徑。l. l. 25～40（*Glossogobius*）。

D¹. VI；D². I, 9～10；A. I, 8～9；l. l. 25～35；l. tr. 7～9（以下三種共通）。

52a. 左右鰓膜連合，且橫過喉峽部；虹彩上部有一圓點伸入瞳孔內。背鰭前方有鱗14～17枚。 體黃褐以至黑色，背部有五個深褐色橫斑，第一背鰭上有兩個眼狀小斑…………**雙斑叉舌鯊**

52b. 鰓膜連於喉峽部；背鰭前方鱗片 21～26 枚。虹彩上部無圓點（有二亞種）。

53a. 體背側及後頭部有不規則的黑斑散在………………………………………**背斑叉舌鯊**

53b. 體背側及後頭部無黑斑散在……………………………………………………**叉舌鯊**

4b. 頭部下面有鬚；肩帶內側無肉質皮瓣。

54a. 頭部平扁；裸出。D¹. VI；D². I, 11（*Gobiopsis*）。

55a. 無前鰓蓋孔；身體細長，尾柄高爲肛後長之 24～30%。

l. l. 33～36；l. tr. 13～17；背鰭前方鱗片 7～11。頭部之楔狀斑緩緩向下傾斜而達 前鰓蓋上方，背面之暗色鞍狀斑在體側中央相連而形成一多少連續之條紋……**砂鰕虎**

55b. 有二前鰓蓋孔；身體較高，尾柄高爲肛後長之 31～37%。

l. l. 29～37；l. tr. 13～16；背鰭前方鱗片 6～11。頭部之楔狀斑向下傾斜而達前鰓蓋下方；背面之鞍狀斑在體側中央不相連，或略相連且向腹方略延伸……**五帶砂鰕虎**

54b. 頭部高度大於寬度。

56a. 胸鰭上部無游離之鰭條；l. l. 28～55；頭部下面有鬚約 90 枚 (*Parachaeturichthys*)。

D¹. VI；D². I, 9～10；A. I, 9；l. l. 28～32；l. tr. 7～8；背鰭前方鱗片 12～13 枚。頭側扁，被鱗。體暗灰色或黑褐色，下部較淡，各鰭帶黑色；尾基上半有一黑色黃邊之卵形斑……**多鬚擬鰕虎**

56b. 胸鰭上部有數鰭條游離；l. l. 60；下頷鬚 20 枚以上 (*Sagamia*)。

D¹. VIII；D². I, 14～15；A. I, 13；P. 20。體被小櫛鱗，頭部裸出，僅枕部及鰓蓋有小形鱗片，頰部在眼下方有四列小黏液孔。體灰褐色，有若干暗褐色斑點散在，奇鰭有暗色橫條紋……**銹鰕虎**

7d. 背鰭硬棘退化爲 VI 枚以下，或無硬棘部。

背鰭無硬棘部。頭部平扁，上頷先端掩於頰肌之下。喉峽部寬廣；臀鰭起點在背鰭起點之後 (*Luciogobius*)。

D. I, 9；A. I, 9；P. 17。體褐色，有暗色小點密佈 …………………………**西海竿鰕虎**

3c. 下頷齒一列。

57a. **臥齒鰕虎亞科 APOCRYPTERINAE**　　第二背鰭基底延長；下頷齒近於平臥，下頷縫合部兩側各有一枚直立之犬齒；體被圓鱗。

58a. 無自由活動之下眼瞼；眼不在頭部背面突出；第一背鰭基底之長度大於其鰭之高度 (*Apocrypteridi* 臥齒鰕虎族)。眼位於頭之前半部；D¹. VI, D². I, 21～23；l. l. 40～70 (*Apocryptodon*)。

D². I, 22；A. I, 22；P. 22；l. l. 50～55；l. tr. 13；背鰭前方鱗片±20。體灰色，體側有五個不明顯的白色斑，頭部腹面有多數黑點；胸鰭暗色，尾鰭近下部處漸暗，下緣白色……**臥齒鰕虎**

58b. 具自由活動之下眼瞼；眼突出於頭部背面；第一背鰭之高度大於其基底之長度 (*Boleophthalmidi* 大彈塗魚族)。

59a. 下頷邊緣無鬚；l. l. 60～150；下頷齒有斜缺刻，齒端截平或略膨大，前方有少數犬齒狀齒 (*Boleophthalmus*)。

D¹. V；D². I, 23～26；A. I, 23～26；P. 17～20；l. l. ±100；l. tr. ±20。體青藍色，有淡色小點散在……**大彈塗魚**

59b. 下頷邊緣有鬚；鱗片微小，只存痕跡，後部之鱗片略大；下頷齒尖銳 (*Scartelaos*)。

D¹. V；D². I, 25～26；A. I, 23～26；P. 21。體上部深藍色，下部漸淡，頭部、胸鰭基部及背鰭有黑點，體側下部有 4～6 條褐色短橫帶，尾鰭上部

有暗帶，下部白色，後端黑色⋯⋯⋯⋯⋯⋯⋯⋯⋯⋯⋯⋯⋯**青彈塗魚**

57b. 第二背鰭不特別延長。

60a. **禿頭鯊亞科** SICYDIAPHIINAE　體被鱗或裸出；眼不突出；無自由活動之下眼瞼。胸鰭基部肌肉不特別發達。

61a. 腹鰭合成圓形之小吸盤，並且連於腹部，其前方之繫帶成深臼狀；吻向前方突出，先端鈍圓，口裂開於其下方；體被鱗片，但吻部與頰部裸出；上頜齒可動性，有二、三尖頭，在下頜縫合部兩側至少有一枚犬齒 (*Sicyopterus*)。

D^1. VI；D^2. I, 10；A. I, 10；l. l. 59；l. tr. 18。體色稍帶赤味，有十條不甚明顯之褐色橫帶⋯⋯⋯⋯⋯⋯⋯⋯⋯⋯⋯⋯⋯**日本禿頭鯊**

61b. 腹鰭合成吸盤，但並不連於腹部；下唇具唇齒 (Labial teeth)；上下頜齒排列緊密，多少具三尖頭 (*Stiphodon*)。

D^1. VI；D^2. I, 9；A. I, 10；l. l. 33～35；l. tr. 8～9；背鰭前方鱗片 ±14。雌魚黃色，有二條黑色縱條紋，由眼上方至背鰭有二條黑線紋；雄魚暗褐色，有兩條黃色橫帶，一在第二背鰭之前，一在其後⋯⋯⋯⋯⋯
⋯⋯⋯⋯⋯⋯⋯⋯⋯⋯⋯⋯⋯⋯⋯⋯⋯⋯⋯⋯⋯⋯⋯⋯**雙帶禿頭鯊**

60b. **彈塗魚亞科** PERIOPHTHALMINAE　眼突出於頭部背側；有能自由活動之下眼瞼；胸鰭基部肌肉特別發達；上頜齒 1～2 列，下頜齒一列。上頜齒一列；上下頜齒均直立；下頜縫合處之後方無犬齒；腹鰭僅基部相連接 (*Periophthalmus*)。

D^1. XII～XVI；D^2. I, 11～13；A. I, 10～13；P. 14；l. l. 76～100；l. tr. 25～27。體上部青藍色，下部白色，約有十二條深色橫帶，兩背鰭各有一白邊，邊以內更有一暗褐色縱帶⋯⋯⋯⋯⋯⋯⋯⋯⋯⋯**彈塗魚**

五帶短鰕虎 *Gobiodon quinquestrigatus* (CUVIER & VALENCIENNES)
臺灣堆。（圖 6-156）

橙色短鰕虎 *Gobiodon citrinus* (RÜPPELL)
產恆春。

暗色短鰕虎 *Gobiodon rivulatus* (RÜPPELL)
產恆春。

紅衣鯊 *Kelloggella cardinalis* (JORDAN & SEALE)
日人倉持利明於 1979 年 5 月在臺東（成功）採得標本。

鍾馗鯊 *Triaenopogon barbatus* (GÜNTHER)
亦名髭鰕虎（朱），張飛鰡。產臺北、臺南等地河川中。（圖 6-156）

尤金鯊 *Quisquilius eugenius* JORDAN & EVERMANN

英名 Convict goby。產基隆、蘭嶼、臺東、恆春。*Amblygobius naraharae* SNYDER 爲其異名。(圖 6-156)

馬來鯊 *Quisquilius malayanus* HERRE

產高雄、東港等地沿岸。

因卡鯊 *Quisquilius inhaca* (SMITH)

據 JONES 等 (1970) 產恆春。

條鯊 *Zonogobius semidoliatus* (CUVIER & VALENCIENNES)

又名條鰕虎魚 (朱)，紋身條鯊 (李)。產恆春、蘭嶼、臺東、基隆。*Z. boreus* SNYDER 之體色略淡，1. 1. 30 左右，背鰭硬棘不顯著延長，體側橫條紋不見於胸鰭以後，據李信徹博士 (1980) 報告產於基隆。其他區別爲 *Z. semidoliatus* 之最後一橫帶在第二背鰭起點下方，而 *Z. boreus* 者則貫連胸鰭基部及後頭部。但 KOUMANS (1953) 則早將 *Z. boreus* 列爲條鯊之異名。(圖 6-156)

潤頭鰕虎 *Bathygobius cotticeps* (STEINDACHNER)

產恆春。

岩鰕虎 *Bathygobius petrophilus* (BLEEKER)

產蘭嶼。*Gobius villasus* WEBER 爲其異名。

椰子鰕虎 *Bathygobius cocosensis* (BLEEKER)

產恆春。

黑鰕虎 *Bathygobius fuscus* (RÜPPELL)

英名 Frillgoby。又名深鰕虎 (朱)；日名雲紗魚。產基隆、澎湖、蘭嶼、恆春等地岩礁中。(圖 6-156)

巴東鰕虎 *Bathygobius padangensis* (BLEEKER)

產臺北市附近溝渠中。KOUMANS (1953) 列本種爲上種之異名。

肩斑鰕虎 *Bathygobius scapulopunctatus* (DE BEAUFORT)

產恆春、基隆等地沿岸。(圖 6-156)

鸚哥鯊 *Gnatholepis puntang* (BLEEKER)

產高雄、東港、鳳山等地河川中。

美尾鯊 *Gnatholepis calliurus* JORDAN & SEALE

英名 Silver spotted goby。產高雄、東港。

浴衣鯊 *Gnatholepis otakii* (JORDAN & SNYDER)

俗名鎧仔。產高雄。

武士鯊 *Gnatholepis knighti* JORDAN & EVERMANN

又名大紋鰕虎（李）。產基隆、臺東、恆春。據 KOUMANS（1953）本種應爲 *Acentro-gobius cauerensis*（BLEEKER）之異名，惟後者頰部有黏液溝。TOMIYAMA（1936）則稱 *G. knight* 之頰部鱗片未被黏液溝劃分爲羣。二者之間是否有差別，有待再加研究。（圖 6-156）

虎齒鰕虎 *Vaimosa caninus*（CUVIER & VALENCIENNES）

又名犬牙細棘鰕虎（朱）；石鯔（F.）；日名黑子沙魚。產臺南、高雄。（圖 6-156）

梅遜氏鰕虎 *Vaimosa masoni*（DAY）

產臺南。

雀鰕虎 *Rhinogobius viganensis* STEINDACHNER

日名雀沙魚。產臺南。

條紋鰕虎 *Rhinogobius pflaumi* BLEEKER

又名普氏吻鰕虎。產臺灣。

麗飾鰕虎 *Rhinogobius decoratus* HERRE

據 JONES 等（1970）產恆春。

斑點鰕虎 *Rhinogobius gymnauchen* BLEEKER

又名裸項吻鰕虎（鄭等），裸項櫛鰕虎魚（朱）；日名姬沙魚。產高雄。（圖 6-156）

雲紋鰕虎 *Rhinogobius nebulosus*（FORSSKÅL）

英名 Hair-finned goby。又名繭鮋鰕虎（楊）。產高雄。*Ctenogobius criniger*（C. & V.）爲其異名。（圖 6-156）

極樂鰕虎 *Rhinogobius giurinus* RUTTER

英名 Paradise goby。日名極樂沙魚。產臺北、桃園、羅東、宜蘭、花蓮、臺中、臺南、屏東、大肚溪。

川鰕虎 *Rhinogobius brunneus*（TEMMINCK & SCHLEGEL）

日名葦登；亦名擬鯊（動典）。產全省各地河川中。本種之體色變異甚大。*Ctenogobius candidus* REGAN, *Rhinogobius taiwanus* OSHIMA, *R. formosanus* OSHIMA 以及 *R. similis* JORDAN & SNYDER 均爲其異名。

植鰕虎 *Rhinogobius neophytus*（GÜNTHER）

產臺東、恆春。

飾銜鯊 *Acentrogobius ornatus*（RÜPPELL）

英名 Ornate goby。又名妝飾珠鰕虎魚（朱）。*Acentrogobius* 日名銜鯊。產澎湖、蘭嶼、臺東。

康培氏銜鯊 *Acentrogobius campbelli* (JORDAN & SNYDER)

又名凱氏細棘鰕虎魚，凱氏珠鰕虎魚（朱）。產澎湖、基隆。（圖 6-156）

珠點銜鯊 *Acentrogobius spence* (SMITH)

據沈世傑教授（1989）產本省南端沿岸岩礁中。

星銜鯊 *Acentrogobius hoshinonis* (TANAKA)

產澎湖。

高倫氏銜鯊 *Acentrogobius cauerensis* (BLEEKER)

產本省南端沿岸。

紫鰭銜鯊 *Acentrogobius janthinopterus* (BLEEKER)

產本省南部沿岸河口。

龐氏銜鯊 *Acentrogobius bontii* (BLEEKER)

產東港。*Ctenogobius moloanus* (HERRE) 為其異名。

阿部氏鰕虎 *Mugilogobius abei* (JORDAN & SNYDER)

又名鯔鰕虎魚（鄭等）。產澎湖。

塔加拉鰕虎 *Tamanka tagala* (HERRE)

產宜蘭、臺南、東港。*Glossogobius parvus* OSHIMA 為其異名。

厚唇鯊 *Awaous ocellaris* (BROUSSONNET)

亦名眼斑厚唇沙魚；日名南方沙魚。產臺北、宜蘭、東港、蘭嶼。*Awaous grammepomus* (BLEEKER), *A. melanocephalus* (BLEEKER) 均為其異名。

絲厚唇鯊 *Awaous stamineus* (VALENCIENNES)

產臺灣。

斑點狹鯊 *Oligolepis acutipinnis* (CUVIER & VALENCIENNES)

英名 Sharptail goby。 亦名斑痣狹鰕虎（梁）。產羅東、東港。

種子鯊 *Stenogobius genivittatus* (CUVIER & VALENCIENNES)

產蘭嶼、羅東。*S. lacrymosus* (PETERS) 為其異名。本種在日本初發現於種子島，故名。（圖 6-156）

白頸脊鯊 *Cristatogobius albins* CHEN

俗名鎧仔。產東港。

十字紋鯊 *Amblygobius decussatus* (BLEEKER)

產臺灣南端。

林克氏鯊 *Amblygobius linki* HERRE

產臺灣南端。

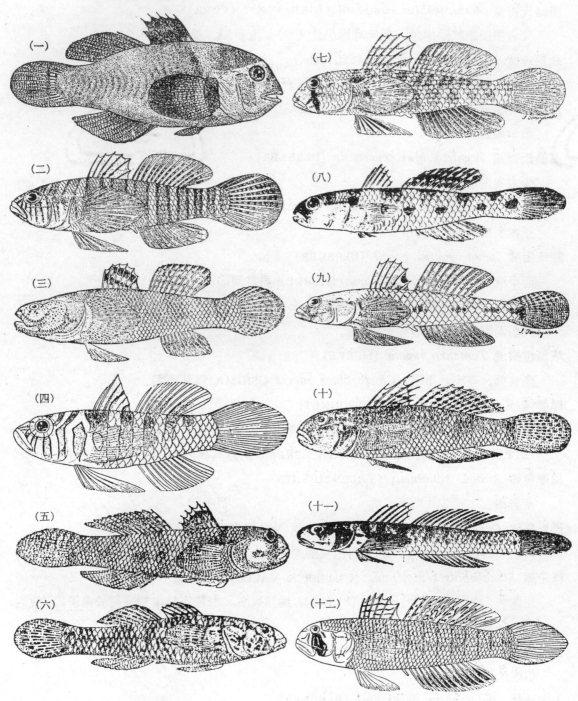

圖 6-156 （一）五帶短鰕虎；（二）鍾馗鯊；（三）尤金鯊；（四）條鯊；（五）黑鰕虎；
（六）肩斑鰕虎；（七）武士鯊；（八）虎齒鰕虎；（九）斑點鰕虎；（十）雲紋鰕
虎；（十一）康培氏鰕虎；（十二）種子鯊；（一、三、四、五、六據 KOUMANS；
七、九據富山一郎；八、十一據朱等；二、十二據 FOWLER）。

環帶鯊 *Amblygobius albimaculatus* (RÜPPELL)

又名白條鈍鰕虎魚（朱）。產高雄、恆春。*A. phalaena*（C. & V.）為其異名。

更紗鯊 *Amblygobius sphynx* (CUVIER & VALENCIENNES)

英名 Sphinx goby。*Amblygobius* 日名更紗沙魚。產高雄。

長背鴿鯊 *Oxyurichthys amabilis* SEALE

產枋寮。據 KOUMANS（1953）本種為尖尾鴿鯊之異名。

鬃鴿鯊 *Oxyurichthys microlepis* (BLEEKER)

英名 Long-tailed goby, Maned goby；亦名小鱗溝鰕虎魚（朱），小鱗尖尾魚（朱）；日名鬃沙魚。產高雄。（圖 6-157）

眼絲鴿鯊 *Oxyurichthys ophthalmonema* (BLEEKER)

據沈世傑教授（1984）產臺灣南部溪流中。KOUMANS（1953）列本種為眼角鴿鯊之異名。（圖 6-157）

尖尾鴿鯊 *Oxyurtchthys papuensis* (CUVIER & VALENCIENNES)

英名 Frogface。又名尖尾魚（朱）；日名南蠻沙魚。產高雄、羅東。*O. visayanus* HERRE 為其異名。

眼角鴿鯊 *Oxyurichthys tentacularis* (CUVIER & VALENCIENNES)

又名觸角尖尾魚（朱）；華南名此為白鴿，故凡屬 *Oxyurichthys* 之鯊，概名之為鴿鯊。產淡水河、澎湖。

楊氏猴鯊 *Cryptocentrus yangii* CHEN

俗名鮕仔。產東港。*Cryptocentrus* 日名猴鯊。

巴布亞猴鯊 *Cryptocentrus papuanus* (PETERS)

產澎湖。*C. cheni* HERRE 為其異名。

絲鰭猴鯊 *Cryptocentrus filifer* (CUVIER & VALENCIENNES)

亦名花柳鮕；絲鰭虎魚（朱），絲鰭鯊（動典）；日名絲引沙魚。產臺北、臺南、澎湖。

谷津氏猴鯊 *Cryptocentrus yatsui* TOMIYAMA

產鹿港、臺南。

紅猴鯊 *Cryptocentrus russus* (CANTOR)

又名紅絲鰕虎魚（朱）。產枋寮。

圓鱗鯊 *Callogobius liolepis* KOUMANS

產恆春、蘭嶼。

稜頭鯊 *Callogobius sclateri* (STEINDACHNER)

英名 Fringe-headed goby。產臺東、恆春。

史奈利鯊 *Callogobius snelliusi* KOUMANS

　　產恆春。

赫色鯊 *Callogobius hasseltii* (BLEEKER)

　　產臺灣。

長身鯊 *Synechogobius hasta* (TEMMINCK & SCHLEGEL)

　　又名矛尾複鰕虎（朱）；日名沙魚口，因其體軀特長，故改名如上。產臺灣。（圖 6-157）

黃臂棘鯊 *Acanthogobius flavimanus* (TEMMINCK & SCHLEGEL)

　　產臺灣北部河流中。

尾斑棘鯊 *Acanthogobius ommaturus* (RICHARDSON)

　　又名尾斑複鰕虎（朱），赤鯊（張），鰕虎（鄭），日名高麗眞沙魚。產臺北。（圖 6-157）

翼鯊 *Pterogobius elapoides* (GÜNTHER)

　　亦名繡鯊（動典）；日名絹張；產臺灣北部河川中。（圖 6-157）

雙斑叉舌鯊 *Glossogobius biocellatus* (CUVIER & VALENCIENNES)

　　又名雙斑舌鰕虎魚（朱）；日名瞳沙魚。*G. abacopus* JOR. & RICH. 爲其異名。

背斑叉舌鯊 *Glossogobius giuris brunneus* (TEMMINCK & SCHLEGEL)

　　亦名背斑叉舌鰕虎（梁），洞沙魚（梁）；俗名 Kangan。產宜蘭、羅東、臺北、花蓮、東港、蘭嶼、澎湖。*G. olivaceus* (T. & S.) 當爲其異名。

叉舌鯊 *Glossogobius giuris giuris* (HAMILTON-BUCHANAN)

　　英名 Flat-head goby；亦名花鮹（F.），虎鯊（張），爬地虎（張）。產全省各地河川中。（圖 6-157）

砂鰕虎 *Gobiopsis arenaria* (SNYDER)

　　又名伊佐五鰕虎（李）。產基隆、臺灣南端沿岸。

五帶砂鰕虎 *Gobiopsis quinquecincta* (H. M. SMITH)

　　產臺灣南端沿岸。

多鬚擬鰕鯊 *Parachaeturichthys polynema* (BLEEKER)

　　亦名擬矛尾鰕虎魚（朱）。產臺灣、澎湖。（圖 6-157）

銹鯊 *Sagamia geneionema* (HILGENDORF)

　　產臺灣。

西海竿鯊 *Luciogobius saikaiensis* DÔTU

　　又名蚓鯊（李）。產基隆。

臥齒鯊 *Apocryptodon madurensis* (BLEEKER)

　　又名叉牙鰕虎魚（朱）。產臺南。（圖 6-157）

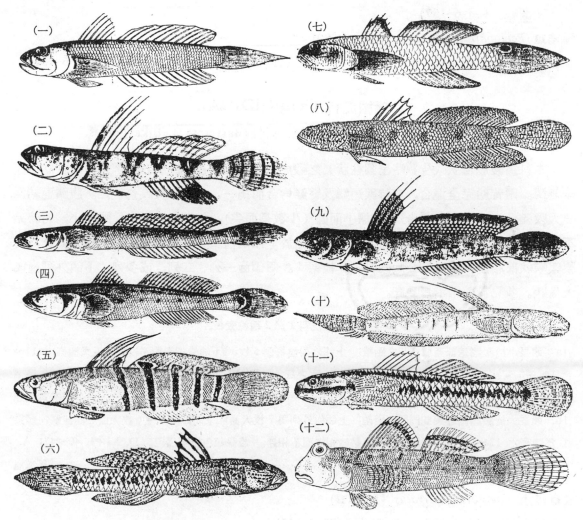

圖 6-157　（一）鬐鴿鯊；（二）絲鰭猴鯊；（三）長身鯊；（四）尾斑棘鯊；（五）翼
鯊；（六）叉舌鯊；（七）多鬚擬鬚鯊；（八）臥齒鯊；（九）大彈塗魚；
（十）青彈塗魚；（十一）雙帶禿頭鯊；（十二）彈塗魚（一、二、三、九
據朱等；六、八、十、十一據 KOUMANS；五據松原；十二據 FOWLER）。

大彈塗魚 *Beleophthalmus pectinirostris* (LINNAEUS)

　　產臺灣。*A. chinensis* OSBECK 爲其異名。（圖 6-157）

青彈塗魚 *Scartelaos viridis* (HAMILTON-BUCHANAN)

　　產鹿港、羅東。（圖 6-157）

日本彈塗魚 *Sicyopterus japonicus* (TANAKA)

　　產臺北、蘭嶼。

雙帶禿頭鯊 *Stiphodon elegans* (STEINDACHNER)

產蘭嶼。（圖 6-157）

彈塗魚 *Periophthialmus cantonensis* (OSBECK)

英名 Mudskipper, jumping fish。俗名石跳仔；日名飛沙魚。產臺灣。（圖 6-157）

擬鰕虎科 GOBIOIDIDAE

盲鰷魚科 TAENIOIDIDAE；鰻鰕虎科；Barretos；Eellike gobies.

本科爲鰻形帶狀（少數略呈圓柱狀）之鰕虎。體裸出或被小圓鱗。頭部近於圓柱狀，完全無鱗。兩背鰭完全連合，有時與尾鰭及臀鰭均合而爲一，且有厚皮膜包被之。腹鰭連結爲一大吸盤（亦有局部分離者）。胸鰭小而圓（少數長而尖），無游離之鰭條。眼極小，有時殆不易覺察。口大，前位，口裂甚斜，下頜突出於上頜之前。下頜腹面有觸鬚。鰓裂側位，鰓膜與喉峽部相連。鰓區無袋狀內腔。鰓被架 4。兩頜齒一列、二列、或多列，下頜外列齒成犬齒狀。多見於熱帶沿岸砂底。

臺灣產擬鰕虎科 1 屬 2 種檢索表：

1a. 頭長小於腹鰭基部至肛門間之距離；上頜外列齒每側 5 枚，下頜齒每側約 4 枚；體長爲體高之 11～14 倍；背鰭、臀鰭與尾鰭互相連接。體爲一致之灰色。D. VI, 43～49；A. I, 42～47；P. 13 ⋯⋯⋯灰盲鰷魚

1b. 頭長大於腹鰭基部與肛門間之距離；上頜齒外列爲 7 枚犬齒；下頜每側 4～6 枚犬齒。體無鱗；體長爲體高之 13～15 倍；背鰭、臀鰭與尾鰭相接而不相連。體鉛灰色以至黑色。D. VI+I, 40～47；A. I, 38～45；P. 15 ⋯⋯⋯⋯⋯⋯⋯⋯⋯⋯⋯⋯⋯⋯⋯⋯⋯⋯⋯⋯⋯⋯⋯⋯⋯⋯⋯⋯盲鰷魚

灰盲鰷魚 *Taenioides cirratus* (BLYTH)

亦名鬚鰻鰕虎魚（朱）。產東港。（圖 6-158）

盲鰷魚 *Taenioides anguillaris* (LINNAEUS)

俗名宜九；亦名鱷形鰻鰕虎魚（朱）。產東港。*Amblyopus caeculus* GÜNTHER 爲其異名。（圖 6-158）

赤鯊科 TRYPAUCHENIDAE

孔鰕虎科（朱）；Burrowing gobies.

體形近似盲鰷魚，但概被小型或中型之圓鱗，有時向前擴展至眼及頭部兩側。鰓蓋上方有一深凹穴，內通一小腔，但並不與鰓腔相通。左右腹鰭癒合完全或不完全（僅基部連合）。背鰭連續，與臀鰭、尾鰭連接或不連接。頭短而側扁。眼小，但較爲顯著。頤部無鬚。上下頜齒一帶，外列較強。多見於熱帶沿岸砂底。

臺灣產赤鯊科 2 屬 2 種檢索表:

1a. 腹鰭完全癒合為完整之漏斗狀或盤狀，後緣圓形。背鰭、臀鰭在後方與尾鰭相連合。液浸標本紅褐色以至灰褐或藍褐色，頭部較淡，各鰭黃色或白色。D. VI+I, 40～49; A. I, 40～48; P. 17～19; L. l. 72～76; L. tr. 20～24 ⋯⋯⋯⋯⋯⋯⋯⋯⋯⋯⋯⋯⋯⋯⋯⋯⋯⋯⋯⋯⋯⋯⋯⋯⋯⋯⋯**赤鯊**

1b. 腹鰭癒合為吸盤狀，但後緣有深缺刻。背鰭、臀鰭在後方與尾鰭相連合。液浸標本為一致之黃色，頭部灰色，各鰭黃色。D. VI, 45～53; A. I, 43～48; P. 15～17; L. l. 60～68; L. tr. 14～16⋯⋯**櫛赤鯊**

赤鯊 *Trypauchen vagina* (BLOCH & SCHNEIDER)

又名孔鰕虎魚（朱）。俗名永公仔；日名天竺赤魚。產臺南。（圖 6-158）

櫛赤鯊 *Ctenotrypauchen microcephalus* (BLEEKER)

英名 Blind goby。又名小頭櫛孔鰕虎（朱）。日名赤魚。產臺灣。*C. chinensis* STEINDACHNER 與本種不能清分，可能為本種之異名。（圖 6-158）

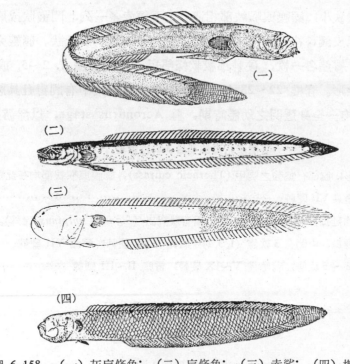

圖 6-158　（一）灰盲條魚；（二）盲條魚；（三）赤鯊；（四）櫛赤鯊。

＃鈎頭亞目 KURTOIDEI

體延長，顯著側扁，被極小之圓鱗。頭部除鰓蓋及前鰓蓋被鱗外，其他部分裸出。側線甚短，僅頭後一小段，或全無側線。鼻孔每側一對。無眶下支骨，眶下骨微小。口大，端位，能伸縮，主上領骨不形成口之前緣。鰓蓋諸骨完全，但主鰓蓋骨、下鰓蓋骨及間鰓蓋骨甚薄。前鰓蓋骨角部有棘。上下頜骨有絨毛狀齒帶，鋤骨、腭骨有小齒。雄魚之枕部有由上枕骨形成之明顯鈎突，外覆皮膚。背鰭單一，II, 12～13（前方另有 V～VII 未發育之棘）；臀鰭 II, 31～47（前方另有 I 未發育之棘）。腹鰭 I, 5, 胸位、腰帶骨與匙骨之下緣相接。

本亞目僅含一科（KURTIDAE, Nurseryfishes）二種，分佈中南半島、印度及澳洲之淡水及半鹹水中，據 DE BEAUFORT & CHAPMAN (1951) 其中之 *Kurtus indicus* BLEEKER 亦產於我國。

粗皮鯛亞目 ACANTHUROIDEI
刺尾魚亞目（朱）

本亞目包含 BERG (1947) 之 ACANTHUROIDEI (= TEUTHOIDEI) 與 SIGANOIDEA (= AMPHACANTHI) 兩亞目。體側扁橢圓，或短高而近於菱形。尾柄瘦小，兩側有棘或盾板，或無之。口小，因鼻骨與篩骨均延長而使頭部高聳。後顱骨與顱骨固著；副蝶骨將中篩骨與鋤骨分開。鰓裂狹小；鰓膜與喉峽部相連。上下頜齒各一列，門齒狀或刷毛狀，腭骨通常無齒。鱗片小，粗皮鯛科特別粗壯，固著於皮膚，使皮膚呈砂紙狀。側線完全，近背緣，向後達尾基。背鰭、臀鰭各一枚，硬棘部較軟條部短或長。腹鰭 I, 2～5, 或 I, 3. I。尾鰭後緣彎月形。泳鰾大形。脊椎 22～23 枚。近海岩礁小魚，其中有劇毒且具惡臭者（如臭都魚）。以藻類爲食。有一全身透明之幼體時期，稱 Acronurus stage，以浮游生物爲食。

臺灣產粗皮鯛亞目 3 科檢索表:

1a. 體短高，近於菱形；胸部有堅強之胸甲（Thoracic cuirass），鰓膜與喉峽部均在此癒合而不能清分；吻爲管狀突出。背鰭具 VII 硬棘······**角蝶魚科**

1b. 體橢圓形（比較的延長）；胸部無胸甲；吻不爲管狀突出（*Siganus vulpinus* 除外）。

2a. 腹鰭有內外二硬棘，中間有 3 軟條（I, 3, I）；背鰭 XIII 硬棘；臀鰭 VII 硬棘······**臭都魚科**

2b. 腹鰭 I 硬棘，2～5 軟條；背鰭僅 V～IX 硬棘；臀鰭 II～III 硬棘 ······**粗皮鯛科**

角蝶魚科 ZANCLIDAE
Moorish idols; 鐮魚科（朱）

體短而高，近於菱形。被纖毛狀細櫛鱗。吻向前突出如管，但不能隨意伸縮。上下頜齒細長，如刷毛狀。鋤骨有齒，腭骨無齒。眶間區凸起，或成爲一對之角。胸部因烏喙骨與匙骨特別發達，形成一個堅強之胸甲（Thoracic cuirass），鰓膜與喉峽部亦與此癒合而不易清分。尾鰭後緣略凹入。背鰭連續，具 VII 枚硬棘，第 I、II 棘短壯，其他各棘柔韌，第 III 棘延長爲絲狀，但隨年齡而漸短。臀鰭具 III 棘，後緣垂直。胸鰭圓形，鰓裂小，向下不達口之水平位。鰓被架 4。擬鰓大形。側線完全，成顯著之弧形。尾柄兩側無棘或瘤突。

臺灣產角蝶魚 1 種，其眶間區有一對銳角（幼時不顯）。體黃白色，有二條黑色寬橫帶，第一條起自背鰭前方至眶間區，下迄胸部；第二條上起背鰭軟條部後半，下迄臀鰭上半部。尾鰭黑色，但後緣白色。D. VII, 39～43; A. III, 31～37; P. 18～19。

角蝶魚 Zanclus cornutus (LINNAEUS)

英名 Moorish idol。又名鐮魚。日名角出。產臺灣。Z. canescens (L.) 爲其幼魚。（圖 6-159）

臭都魚科 SIGANIDAE
=TEUTHIDIDAE; Siganids; Rabbitfish; Spine-feet;
藍子魚科（動典）

外形酷似粗皮鯛，但腹鰭內外側均有 I 硬棘，中間 3 軟條 (I, 3, I)，內側棘以鰭膜連於腹壁；背鰭具 XIII 枚異位之強棘，10 枚分枝軟條，前方有一臥伏之棘隱於皮下。臀鰭具 VII 棘 9 分枝軟條。尾柄兩側無鈎棘或盾板——故易於識別。體長卵圓形，側扁；被微小而延長之圓鱗，埋於皮內。側線完全，高位。頭小，吻鈍，無眶下支骨。有一前腭骨，前接主上頜骨，後連腭骨。左右鼻骨在中央連合，緊接中篩骨。中篩骨前緣伸展至前額骨以前；更向前伸出一骨板，構成鼻間隔。腰帶骨特殊。口小，前下位，不能伸出。齒一列，門齒狀，有鋸齒緣，鋤骨、腭骨及舌上均無齒。鰓膜連於喉峽部，但左右鰓膜並不相接。擬鰓發育完善。鰓被架 5。脊椎 10＋13。尾鰭後緣截平、凹入、或分叉。沿海草食性小魚，往往有劇毒（鰭棘有側溝，由此分泌毒液，炙人生劇痛）而肉奇臭。

臺灣產臭都魚科 1 屬 13 種檢索表[①]:

1a. 頭部之背腹面輪廓顯然凹入，吻部突出成管狀。液浸標本淡褐色，由背鰭起點至吻端有一暗褐色帶，頭頂中央有一淡色縱帶，頰部近於白色而有多數小褐點……………………………………**狐臭都魚**

1b. 頭部之背腹面不顯著凹入。

　2a. 背鰭最後一棘較第一棘爲短或等長。體長爲體高之 2.4～4 倍。背鰭軟條部及臀鰭較低，輪廓大致成圓形。

　　3a. 體長爲體高之 3.8～4 倍，頰部完全裸出；尾鰭深分叉。頭部以及體側上方有小褐點，其他部分銀白色。背鰭硬棘部中央有一列卵圓形大暗斑，外側有一列較小之斑………………………**銀色臭都魚**

　　3b. 體長爲體高之 2.4～2.8 倍。頰部通常有少數易脫落之鱗片（幼魚或近於全裸）。

　　　4a. 側線與背鰭硬棘部中部之間有鱗片 17～19 縱列。前鼻孔之後緣有一長皮瓣。

　　　　5a. 尾鰭深分叉。胸鰭軟條 ii, 16; 鰓耙 6＋17～12。體褐色，有深色斑點散在，並有微細之褐

① 另據池田兵司（博物學雜志 38 卷 68 號）謂在**基隆**曾獲得 S. concavocephalus PARADICE & WHITELEY 一種，按此種原產**澳洲**，池田氏之鑑定可能有誤，故未列入。

　　　　色網狀花紋‧‧‧**花臭都魚**

　　5b. 尾鰭略凹入或近於截平。胸鰭軟條 ii, 14～15。鰓耙 4～5＋13～17。體暗欖灰色或褐色，
　　　　有藍灰色之波狀條紋（條紋約與間隔等寬），或有不規則之暗色斑塊。肩部往往有一大形黑斑
　　　　‧‧**黑臭都魚**

4b. 側線與背鰭硬棘部中部之間有鱗片 20 縱列或更多，前鼻孔有低邊緣，在後方形成一短後鼻瓣。

　　6a. 在側線與背鰭硬棘部中部之間有鱗片 20～23 列；L. l. 180～200；P. ii, 14。尾鰭後緣幼
　　　　時截平，成長後分叉。體褐色，有白色斑點緊密散在。肩部有一大形黑色圓斑‧‧‧‧‧‧**網紋臭都魚**

　　6b. 在側線與背鰭硬棘部中部之間有鱗片 25～30 列；L. l. ±270；P. ii, 15。尾鰭後緣凹入
　　　　或淺分叉。體黃褐色，幼時有白色星狀斑，成魚無斑紋，有時有暗色點散在。肩部無大形黑
　　　　斑‧‧**臭都魚**

1b. 背鰭最後一棘顯然較第一棘爲長。體長爲體高之 1.8～2.4 倍。背鰭軟條部及臀鰭比較的高，輪廓略
　　尖突，或成相當角度。

　　7a. 側線與背鰭中部硬棘之間有鱗片 30～35 列。體背面及側面有淡色斑點，多少連續成縱
　　　　帶狀。尾鰭凹入，幼魚時期截平‧‧‧‧‧‧‧‧‧‧‧‧‧‧‧‧‧‧‧‧‧‧‧‧‧‧‧‧‧‧‧‧‧‧‧‧**條紋臭都魚**

　　7b. 側線與背鰭中部硬棘之間有鱗片 18～24 列。

　　　　8a. 吻部、眶間區及枕部有橫帶，但頭部及體側無此等暗帶，背面及體側有藍色斑點。體
　　　　　　長爲體高之 2.5 倍以上‧‧‧‧‧‧‧‧‧‧‧‧‧‧‧‧‧‧‧‧‧‧‧‧‧‧‧‧‧‧‧‧‧‧‧‧‧‧**白點臭都魚**

　　　　9a. 頭部背面在眼之前方顯然凹入，吻部多少伸出，眼後至背鰭起點之前略凸出。尾鰭
　　　　　　略凹入。體黃色，體側上方有四條褐色橫帶（每帶兩股），第一條在背鰭第 III 棘下方，
　　　　　　第二條在第 VII～VIII 棘下方，第三條在 XI～XII 棘下方，第四條在第 3～4 軟條
　　　　　　下方‧‧**四帶臭都魚**

　　　　9b. 頭部背面自吻端至眼上方略凸起，然後在背鰭起點以前有一凹入部。側線與背鰭硬
　　　　　　棘部中部之間有鱗片 18～24 縱列。

　　　　　　10a. 吻部、眶間區、及枕區均有暗色狹橫帶。

　　　　　　　　由頤部經眼至背鰭起點有一寬深色帶；由背鰭硬棘部至胸鰭基底有第 二 條寬深色
　　　　　　　　帶；帶間黃色；此等帶紋在液浸標本往往消失不顯；背部有暗色點散在；體長爲體
　　　　　　　　高之 1.9～2 倍‧‧**小臭都魚**

　　　　　　10b. 頭部上方無暗色狹橫帶。

　　　　　　　　11a. 由頤部經眼至背鰭起點有一寬深色帶；眼上方有許多更深色之圓點；體側在胸
　　　　　　　　　　鰭上方有六條青色垂直線，更後有九至十條縱走線，多少呈波紋狀‧‧‧‧**雜臭都魚**

　　　　　　　　11b. 無如上述之深色帶；尾鰭後緣凹入或近於截平。側線鱗片 125～145。

　　　　　　　　　　12a. 體褐色，有蠕蟲狀青色線紋；尾鰭有褐色點散在‧‧‧‧‧‧‧‧‧‧**蟲紋臭都魚**

　　　　　　　　　　12b. 除頭、胸、腹部外，體側到處有許多褐色斑（生活時橙黃色），斑間之地色
　　　　　　　　　　　　成爲青色而有金屬閃光之網狀紋；頭側有三條青色斜走線，最前一條由眼下至
　　　　　　　　　　　　口角；背鰭軟條部後方基底有一大形之金黃色或褐色斑‧‧‧‧‧‧‧‧**星臭都魚**

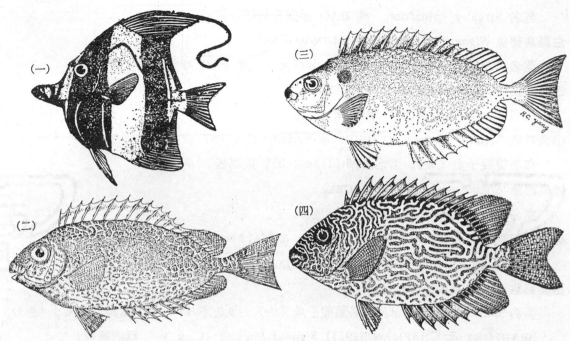

圖 6-159　　(一) 角蝶魚；　(二) 黑臭都魚；　(三) 網紋臭都魚；　(四) 蟲紋臭都魚。
(一據 WEBER & DE BEAUFORT；二據 DE BEAUFORT；三據朱等；
四據 HERRE & MONTALBAN)。

狐臭都魚 Siganus vulpinus (SCHLEGEL & MÜLLER)

　　產高雄。

銀色臭都魚 Siganus argenteus (QUOY & GAIMARD)

　　英名 Silver spinefoot。據李信徹博士 (1980) 產蘭嶼。但又稱亦可能為 S. rostratus
(L.) 之幼期。

花臭都魚 Siganus rostratus (CUVIER & VALENCIENNES)

　　產臺灣、澎湖。

黑臭都魚 Siganus spinus (LINNAEUS)

　　英名 Black trevally, Mi-mi。又名網紋臭都魚 (李)。產臺東、基隆。(圖 6-159)

網紋臭都魚 Siganus oramin (BLOCH & SCHNEIDER)

　　亦名黃斑藍子魚 (朱)。中村氏記載本種，但未定名。產本島沿海。(圖 6-159)

臭都魚 Siganus fuscescens (HOUTTUYN)

　　英名 Doctor Fish, Fuscous spinefoot，亦名黎艋 (Le mong-R.)，褐藍子魚，雉魚
(動典)；俗名樹魚，鰇魚 (基)，羊鍋 (南部)，娘孃仔。產基隆、淡水、高雄、澎湖。

條紋臭都魚 Siganus javas (LINNAEUS)

英名 Streaky spinefoot。 據 FAO 手册分佈臺灣附近。

白點臭都魚 *Siganus canaliculatus* (MUNGO PARK)

英名 Whitespotted Rabbitfish (Spinefoot)。據 FAO 手册分佈臺灣附近。

四帶臭都魚 *Siganus tetrazona* (BLEEKER)

英名 Banded Spinefoot。產臺灣。

小臭都魚 *Siganus virgatus* (CUVIER & VALENCIENNES)

亦名帶藍子魚（朱）。俗名臭都 (Trau toh)。產高雄。

雜臭都魚 *Siganus puellus* (SCHLEGEL)

亦名 Blue-lined Spinefoot。產高雄。

蟲紋臭都魚 *Siganus vermiculatus* (CUVIER & VALENCIENNES)

英名 Vermiculated Spinefoot。 亦曰鰜魚，洋矮。產汕頭。(圖 6-159)

星臭都魚 *Siganus guttatus* (BLOCH)

英名 Golden Spinefoot。亦名點藍子魚（朱），鰜魚 (Niu e)。產高雄、基隆。 據 DE BEAUFORT & CHAPMAN (1951) *Siganus lineatus* (C. & V.) 爲本種異名。

粗皮鯛科 ACANTHURIDAE

= HEPATIDAE; TEUTHIDAE; ACRONURIDAE;

Surgeonfishes; Tang; Doctorfishes; Unicorn fishes;

黑鱸魚科；黑剝科，（日）；刺尾魚科（朱）；縞鯛科（動典）。

體橢圓而側扁。尾柄瘦而強，兩側有棘或骨質盾板。眼高。後顳骨與顱骨相連合，側蝶骨將中篩骨與鋤骨分開。中篩骨完全在側篩骨以前。口小而低，前上頜骨不能或略能伸縮。上下頜各有一列門齒狀之齒，齒緣有鋸齒或波狀緣，亦有細長而爲刷毛狀者，鋤骨、腭骨均無齒。鼻孔兩個，在眼以前，彼此密接。鼻孔以下有一溝 (Preocular groove)。鱗片小，固着於皮膚，故皮面粗雜如砂紙。側線完全，向後達尾基。左右鰓膜在喉峽部癒合。鰓杷萎縮。擬鰓大形。脊椎 22～23。背鰭一枚，軟條部基底概較硬棘部爲寬 (IV～IX 棘，19～31 軟條)。臀鰭類似於背鰭軟條部 (III 棘，19～36 軟條)。腹鰭 I 棘 3 或 5 軟條，其起點在胸鰭基部略後。本科爲熱帶沿海草食性魚類，體深色而有鮮艷之斑紋。有毒，不宜供食用。

本科之後期幼魚 (Postlarvae) 之外形差別甚大。 一般爲透明，腹側銀白色，體面無鱗而有垂直之稜脊。尾棘未發育，但背鰭、臀鰭前方數棘甚長，並且有鋸齒緣。此種幼魚在 *Acanthurus* 屬稱 Acronurus 在 *Naso* 屬稱 Keris。

臺灣產粗皮鯛科 8 屬 35 種檢索表:

1a. 尾柄部有一尖銳之矢頭狀棘（尖頭向前）， 能活動而收匿於一溝中 。 臀鰭 III 棘 。 頭長為尾柄高之 2. 1～3. 5 倍。背鰭、臀鰭硬棘細長。

2a. 齒細長， 刷毛狀， 能動； 背鰭棘 VIII～IX (*Ctenochaetus*)。

3a. 上下頜每側齒 30 枚以下。背鰭或臀鰭之後端基部均無黑點（幼魚或例外）。

體栗褐色，有多數（約 30 條）之藍色波狀縱線，背鰭、臀鰭各有三條縱線，眼之前下方有Y字狀之白色斑紋，頭部、胸部往往有許多白色小點。D. IX (VIII), 27～29； A. III, 25～26； P. 17…… ……………………………………………………………………………………………………**連紋粗皮鯛**

3b. 上下頜每側齒 30 枚以上。背鰭、臀鰭之後端基部各有一黑點。體褐色，有多數不規則的波狀灰色狹縱條紋。背鰭、臀鰭均有黑邊。胸鰭暗褐色，上緣黑色。D. VIII, 26～27； A. III, 24～25； P. 16 ……………………………………………………………………………………**二點粗皮鯛**

2b. 齒較大，不能動，扁平，邊緣有缺刻。

4a. 背鰭 IV～V 棘； 背鰭、臀鰭前方軟條遠較後部為長。尾鰭後緣截平。鱗片有長櫛齒； 頭長為尾柄高之 3～3. 5 倍。尾棘溝淺 (*Zebrasoma*)。

5a. D. IV, 28～33； A. III, 22～26； P. 15～17。體長為背鰭最長軟條之 2. 1～2. 5 倍。體褐色，有五、六條灰色垂直橫帶…………………………………………………………**高鰭粗皮鯛**

5b. D. IV～V. 23～28； A. III, 19～28。體長為背鰭最長軟條之 2. 8～3. 7 倍。

6a. D. V （少數為 IV）, 23～26； A. III, 19～22； P. 14～16。體為一致之黃色至淡黃色，胸鰭有狹暗邊。尾棘鞘白色…………………………………………………………**黃高鰭粗皮鯛**

6b. D. V （少數為 IV）, 23～25； A. III, 19～21； P. 14～16。體暗褐色，前部黃褐色。體側有多數淡藍色波狀狹縱線紋，在前部間斷為藍色小點，尾鰭黑褐色；尾棘鞘白色。幼魚體側有 9～11 條橫帶，每帶有二平行之暗色線紋…………………………………**藍線高鰭粗皮鯛**

4b. 背鰭 VIII～IX 棘； 背鰭、臀鰭前方軟條不特別延長。

7a. 腹鰭 I, 3；尾鰭後緣近於截平；尾棘在尾柄之前部，其後端固著於皮下 (*Paracanthurus*) D. IX, 19～20； A. III, 18～20； P. 16～17。 體藍色， 由眼後向上沿背鰭基底至尾柄有一黑褐色寬縱帶， 該帶復由尾柄向前至胸鰭而向上彎， 因而形成一長卵形藍斑。 尾鰭黃色，上下緣有黑褐色寬邊………………………………………………………………**楔尾藍粗皮鯛**

7b. 腹鰭 I, 5；尾鰭後緣彎月形 （少數為圓形）；鱗片之櫛齒短。頭長為尾柄高之 2. 1～3. 2 倍。尾棘之前後端尖銳，尾棘溝顯著 (*Acanthurus*)。

8a. 眼下方有一灰白色區域。

9a. 眼下至上唇後半有一灰白色帶。體暗褐色至黑褐色。背鰭、臀鰭黑色，近外緣有灰黃色狹帶，基部黃色， 向前漸狹。 胸鰭暗褐色， 基部有一黃斑。 腹鰭黑色，外緣灰色。 尾鰭色暗， 後緣內方有一黑色橫帶。尾棘白色。D. IX, 29～30； A. III, 26～ 27； P. 16………………………………………………………………………………**日本粗皮鯛**

9b. 眼下有一灰黃色卵圓斑，向下不達上唇。體色同上種，但胸鰭基部無黃斑。D. IX,

31～32；A. III, 26～27；P. 16 ┈┈┈┈┈┈┈┈┈┈┈┈┈┈┈┈┈┈┈┈┈┈**白吻粗皮鯛**

8b. 眼下方無灰白色區域。

10a. 眼後至胸鰭上方有一黑邊之黃色長斑，斑長大於頭長，帶寬大於眼徑。體栗褐色。背鰭、臀鰭有藍邊，尾鰭後緣灰白色。尾棘鞘黑色。D. IX, 23～25；A. III, 22～24；P. 15～16┈┈┈┈┈┈┈┈┈┈┈┈┈┈┈┈┈┈┈┈┈**一字粗皮鯛**

10b. 眼後無黑邊之黃色長斑。

11a. 眼後或肩部有一黑帶或黑斑。

12a. 眼後至胸鰭中部上方有一黑色長斑。體深栗褐色，肩上部橙黃色，各鰭黑色，尾棘溝黑色，由尾柄向前延伸爲一黑線，其長爲棘長之數倍；尾鰭後緣白色，胸鰭後部亦白色。D. IX, 24～28；A. III, 23～26；P. 16～17┈┈┈┈**黑斑粗皮鯛**

12b. 肩部有一大於眼徑之黑色圓斑。體褐色而有多數波狀灰色縱線紋，頭部有多數小灰點。背鰭、臀鰭有數條藍色細縱線紋，尾鰭基部有一白色橫帶。尾棘白色，棘鞘黑色，由棘向前無黑色縱線。D. IX, 24～26；A. III, 23～24；P. 16┈┈┈┈┈┈┈┈┈┈┈┈┈┈┈┈┈┈┈┈┈┈┈┈┈┈┈┈┈┈┈**肩斑粗皮鯛**

12c. 肩部有一小於眼徑（約爲眼徑之 2/3）之黑斑。體褐色而有多數不明顯的灰藍色波狀縱線紋。背鰭、臀鰭有藍色細縱線紋，背鰭基底另有一較寬之深色縱帶，尾鰭基部有一灰色區域。尾棘溝黑色。D. IX, 26～28；A. III, 25～26；P. 17 ┈┈┈┈┈┈┈┈┈┈┈┈┈┈┈┈┈┈┈┈┈┈┈┈┈┈┈┈┈**黑點粗皮鯛**

11b. 眼後或肩部無黑斑或黑帶。

13a. 體側有五、六條垂直狹黑帶，第一條通過眼，最後一條在尾柄部。生活時體淡綠色，腹面白色。各鰭黃色。D. IX, 22～24；A. III, 19～22；P. 14～16┈┈┈┈┈┈┈┈┈┈┈┈┈┈┈┈┈┈┈┈┈┈┈┈┈┈┈**綠色粗皮鯛**

13b. 體側無垂直黑帶。

14a. 吻較短，體長爲吻長之 6.6～8.2 倍。口小，齒小而多，成魚下頜齒 22 枚或更多。體褐色而有藍灰色縱線紋，頭部線紋不規則。各鰭褐色，背鰭基部有一暗褐色線紋，向後漸粗。背鰭、臀鰭有不明顯的縱帶。胸鰭腋部無暗斑。D. IX, 24～26；A. III, 23～24；P. 16～17 ┈┈┈**布氏粗皮鯛**

14b. 吻不特短，體長約爲吻長之 3.9～5.3 倍。口不特小，成魚下頜齒 22 枚或更少。

15a. 背鰭、臀鰭後端基部各有一黑點。

16a. 由背鰭起點橫過鰓蓋有 一 暗褐邊之寬白帶，此帶之後有一暗褐色斑，之前有一不明顯之暗褐色斑。體褐色。尾鰭基部有一白色橫帶。D. IX, 25～27；A. III, 23～25；P. 16 ┈┈┈┈┈┈┈┈**白頰粗皮鯛**

16b. 背鰭起點至鰓蓋無白帶。尾鰭後緣彎月形。體黑褐色，生活時頭部及胸部有多數橙色小點。背鰭、臀鰭有數條縱條紋。胸鰭黃灰色，上緣黑色；尾鰭黑色，後緣白色。尾棘溝有黑邊。D. IX, 24～27; A.
III, 22～24; P. 16～17 ……………………………………**斑頰粗皮鯛**

15b. 背鰭、臀鰭後端基部無黑點。

　　17a. 體側上方四分之三有 七 條明顯之黑褐色縱帶， 體之上方地色黃
　　　　色，下方灰褐色。尾棘甚長，無明顯之棘鞘。D. IX, 26～30; A.
　　　　III, 25～28; P. 16～17……………………………………**藍線粗皮鯛**

　　17b. 體側無明顯之黑色縱帶。尾棘不特長，但有明顯之棘鞘。

　　　　18a. 生活時上下唇紅色，·其外有一珠白色環帶 （至少包圍下頜基
　　　　　　部），後方並有一黑帶。橫過胸部有一淡藍色帶， 帶寬約爲眼徑
　　　　　　之半。背鰭軟條部外方有三條，臀鰭有二條紅色線紋，與藍色線
　　　　　　紋相間。腹鰭磚紅色而有黑色外緣。D. IX, 24～25; A. III, 23
　　　　　　………………………………………………………**白頤粗皮鯛**

　　　　18b. 上下唇不爲紅色。

　　　　　　19a. 背鰭硬棘 VIII 枚。

　　　　　　　　20a. 尾鰭黑色。

　　　　　　　　　　21a. 尾棘及尾棘溝均爲黑色；尾鰭有寬灰邊。體紫黑色，在
　　　　　　　　　　　　鰓裂後緣及胸鰭基底上方有一橙黃色區域 （高大於寬）。
　　　　　　　　　　　　口下方至兩側有一白環 。 沿鰓裂邊緣至喉峽部有 一寬黑
　　　　　　　　　　　　帶。胸鰭黑色， 下方中央有一黃點。D. VIII, 27～28;
　　　　　　　　　　　　A. III, 24～26; P. 16 ……………………**火斑粗皮鯛**

　　　　　　　　　　21b. 尾棘白色。幼魚體爲一致之黃色，尾鰭圓形無灰邊。成
　　　　　　　　　　　　魚體暗褐色，尾鰭上下鰭條延長，體側有多數灰色垂直或
　　　　　　　　　　　　多角形斑點或線紋，交錯如網。上下唇黑色。鰓膜略暗。背
　　　　　　　　　　　　鰭、臀鰭外部黑色；尾柄暗褐色；腹鰭黑色；胸鰭灰白色，
　　　　　　　　　　　　上緣黑色。D. VIII, 27; A. III, 25; P. 16…**黑鰭粗皮鯛**

　　　　　　　　20b. 尾鰭灰褐色而後緣內方有一灰色橫帶，後緣黑色，尾鰭圓
　　　　　　　　　　形，尾棘小而尖銳。體灰褐色或暗綠色，有很多白色圓點及
　　　　　　　　　　波狀線紋交錯如網。背鰭、臀鰭有數列白點。鰓膜略暗。胸
　　　　　　　　　　鰭灰色或無色；腹鰭灰色。D. VIII, 27; A. III, 25; P. 16
　　　　　　　　　　………………………………………………**麗生粗皮鯛**

　　　　　　19b. 背鰭硬棘 IX 枚。

　　　　　　　　22a. 尾鰭有很多小黑點。尾棘鞘白色，尾棘溝黑色。體褐
　　　　　　　　　　色，有多數藍灰色略成波狀之細縱線紋。兩眼間有一黃
　　　　　　　　　　色橫帶。尾柄基部有一灰色橫帶。背鰭、臀鰭有四、五
　　　　　　　　　　條暗色縱條紋。胸鰭後半黃色。D. IX (少數爲 VIII),

25～27; A. III, 24～26; P. 16～17 ……………………………………………**杜氏粗皮鯛**

22b. 尾鰭無黑色小點。

23a. 胸鰭後部三分之一黃色，基部三分之二色暗，尾棘小，近黑色。體褐色，背鰭、臀鰭有三、四條藍黃相間之寬縱帶，尾柄後部有一寬灰橫帶。D. IX (少數為 VIII), 25～27; A. III, 23～25; P. 16～17 ……………………………………………**黃鰭粗皮鯛**

23b. 胸鰭為一致之褐色，尾棘近黑色，體黑褐色。背鰭黑色，軟條部有 8～9 條狹縱帶。腹鰭黑色；尾柄後部有一成彎月形之白色區域。D. IX, 25～27; A. III, 24～25; P. 17 ……… ………………………………………………………………………………**馬塔粗皮鯛**

23c. 胸鰭為一致之灰色，尾棘暗褐色，棘鞘黑色。體灰褐色。後部有暗褐色波狀線紋，在中部成網狀。上唇黑色。背鰭、臀鰭灰色而有四、五條暗色縱帶及黑邊。腹鰭灰色而有黑邊。D. IX, 25～26; A. III, 24; P. 17～18 ……………………………………**網紋粗皮鯛**

1b. 尾柄部有一至六個不能活動之骨質盾板，上有龍骨狀突起，或前向之鈎。頭長為尾柄高之 3.5～6 倍。背鰭、臀鰭硬棘粗壯。

24a. 臀鰭 III 棘。腹鰭 I, 5。背鰭 VIII～IX, 23～24。牙齒細鋸齒狀。尾柄每側有盾板 3～6 枚 (*Xesurus*)。

體木葉形，為一致之黑褐色，盾狀板更黑，尾鰭有白邊。D. IX, 23～24; A. III, 22～23; P. 17～18 ……………………………………………………………………**三棘天狗鯛**

24b. 臀鰭 II, 26～30; 腹鰭 I, 3; 背鰭 IV～VII, 26～31。齒小，尖銳。尾柄兩側各有盾板 1～2 枚。

25a. 尾柄兩側各有骨質盾板 2 枚。尾鰭上下葉或延長為絲狀。草食性。

26a. 齒小，多數，尖銳，末端有細鋸齒。體型隨年齡而成長卵形。盾狀板發達，上有前向之鈎 (*Naso*)。

27a. 成魚在前頭部有向前伸出之角狀突起。

28a. 角狀突起約與眼眶上緣在同一水平位上。吻比較的長（約與角狀突起同長），吻之背面向後上方傾斜。尾柄兩側各有二枚骨質盾板。幼魚尾鰭後緣略凹入；成魚尾鰭上下葉延長為絲狀。齒全緣。體為一致之灰褐色，背鰭、臀鰭有幾條黑色縱線，腹鰭後端色淡。D. V～VI, 26～29; A. II, 27～29; P. 17～18 ………… …………………………………………………………………………**獨角天狗鯛**

28b. 角狀突起約與眼眶中央或下緣在同一水平面上。吻長短不一（較角狀突起為短）。尾鰭上下葉不延長為絲狀。

29a. 吻之背面在角狀突起下方近於垂直。尾鰭後緣近於截平。尾柄兩側各有二枚盾板。

30a. 體側及頭部有 50～60 條之黑色橫線紋，不甚規則。體為一致之褐色。D. VI, 27～29; A. II, 28～30; P. 16 ……………………………**短吻天狗鯛**

30b. 體為一致之暗褐色，鰓膜白色；尾鰭有少數暗點，外部灰色。角狀突起細長，水平伸出，在成體前端往往超出吻端。尾鰭寬而截平，上下葉略突出；尾柄盾板前大後小。D. VI, 29；A. II, 29；P. 16……………………赫氏粗皮鯛

29b.　吻之背面在角狀突起下方向後上方傾斜。角狀突起粗短，通常不超出吻端。體暗褐色，頭部褐色，鰓膜白色。背鰭基部有一灰帶；背鰭、臀鰭軟條部有數條縱線紋。尾鰭後緣近於截平。尾柄盾板小形。D. 28～29；A. 27～29；P. 17～19………………………………………………………………短角天狗鯛

27b.　成魚在前頭部有一瘤狀突起（向前突出但不超出上頜）。

31a.　體茶褐色，頭部及軀幹部有藍色細點，在背方成不規則之縱列，在下側成爲排列緊密之藍色垂直線。尾鰭上下方鰭條延長爲絲狀。D. VI, 26～27；A. II, 26～27；P. 16～17 …………………………高鼻天狗鯛

31b.　體綠褐色，下部較淡，體側有很多暗色小圓點，背鰭、臀鰭暗褐色，有二縱列黑褐色斑點及白色寬邊。尾鰭褐色，有暗色小點及白邊，尾鰭上下方鰭條不延長爲絲狀。D. V, 27～29；A. II, 26～27；P. 16～18…瘤鼻天竺鯛

27c.　成魚在前頭部無角狀盾板，亦無瘤狀突起。

D. VI, 25～29；A. II, 27～29；P. 17～18。尾鰭後緣彎月形，尾柄棘小形。體暗褐色，背鰭軟條部有三條不明顯的灰色縱帶………………………六棘天狗鯛

26b.　上下頜齒約 30 枚或更少，有較大之門齒狀齒，外端鈍圓而有全緣。體延長，不隨年齡而改變。成魚在前頭部或吻端無角狀突起或瘤狀突（Callicanthus）。

D. VI～VII, 27～29；A. II, 28～30；P. 17。尾鰭後緣彎月形。展開時截平。成魚尾鰭上下鰭條延長爲絲狀。體灰褐色，由眼下緣至口角有一黃色帶，鼻孔邊緣白色。眶間區及眼後背面黃色。背鰭內側黑色，外側乳白色。臀鰭與體側同色，幼魚臀鰭黃色。尾柄棘黃色………………………………………………………鸚鵡天狗鯛

25b.　尾柄兩側各有骨質盾板一枚，上有逆生之鈎。前頭部無角狀或瘤狀突起。尾鰭上下葉鰭條不特別延長。掠食性（Axinurus）。

體污褐色，下部略淡，背鰭、臀鰭有白邊，並有若干斜走之白色條紋，其餘各鰭淡褐色。D. VI, 28～30；A. II, 29～30；P. 17………………………………低鼻天狗鯛

漣紋粗皮鯛 *Ctenochaetus striatus* (QUOY & GAIMARD)

英名 Orange-dotted hair-toothed tang, Striped bristletooth。日名漣剝（漣鱰魚）；亦名縞鯛（動典）。產臺灣。*C. strigosus* (BENNETT) 爲其異名。

二點粗皮鯛 *Ctenochaetus binotatus* RANDALL

產恆春。

高鰭粗皮鯛 *Zebrasoma veliferum* (BLOCH)

英名 Purple-finned sailfin-tang。又名高鰭刺尾魚（朱）；俗名粗皮魚。產基隆。（圖 6-160）

黃高鰭粗皮鯛 *Zebrasoma flavescens* (BENNETT)

英名 Yellowtang。產恆春。

藍線高鰭粗皮鯛 *Zebrasoma scopas* (CUVIER)

英名 Blue-lined sail-fin-tang。產恆春。

楔尾藍粗皮鯛 *Paracanthurus hepatus* (LINNAEUS)

英名 Wedge-tailed blue tang, Blue surgeon。產恆春。

日本粗皮鯛 *Acanthurus japonicus* (SCHMIDT)

產恆春。

白吻粗皮鯛 *Acanthurus glaucopareius* CUVIER

英名 White-cheeked surgeonfish。又名灰額刺尾魚（朱）。產恆春。上種與本種差別甚微，故 RANDALL（1956）將上種列爲本種之異名。

一字粗皮鯛 *Acanthurus olivaceus* BLOCH & SCHNEIDER

英名 Orange-epaulette surgeonfish。肩部橫斑如 "一" 字，故名。產臺灣。（圖 6-160）

黑斑粗皮鯛 *Acanthurus gahhm* (FORSSKÅL)

英名 Black-barred surgeonfish, Epaulette surgeon。產臺灣。

肩斑粗皮鯛 *Acanthurus maculiceps* (AHL)

英名 Pale-lined surgeonfish。又名肩斑粗皮鯛（李）。產恆春、基隆。（圖 6-160）

黑點粗皮鯛 *Acanthurus bariene* LESSON

英名 Black-spot surgeonfish。日名橄欖剝（橄欖鱗魚）。產臺灣。

綠色粗皮鯛 *Acanthurus triostegus* (LINNAEUS)

英名 Convict surgeonfish。又名條紋刺尾魚（朱）。日名縞剝（縞鱗魚）。產臺灣、蘭嶼。（圖 6-160）

布氏粗皮鯛 *Acanthurus bleekeri* GÜNTHER

產恆春、蘇澳、基隆。

白頰粗皮鯛 *Acanthurus leucopareius* (JENKINS)

據李信徹博士（1980）報告產蘭嶼。

斑頰粗皮鯛 *Acanthurus nigrofuscus* (FORSSKÅL)

英名 Spot-cheeked surgeonfish。本書舊版根據 DE BEAUFORT & CHAPMAN（1951）所列之 *A. lineolatus* C. & V. 應爲本種之異名。JORDAN & EVERMANN（1902）以及 JORDAN & FOWLER（1902）之 *Teuthis bipunctatus*（nee GÜNTHER），*A. matoides* C. & V. 亦爲本種之異名。本書舊版所列 *Acanthurus elongatus* 亦爲其異名。若干學者稱此爲 *Hepatus elongatus*。

藍線粗皮鯛 *Acanthurus lineatus* (LINNAEUS)

英名 Blue-lined surgeonfish, Blueband surgeon。　產臺灣、蘭嶼。(圖 6-160)

白頤粗皮鯛 *Acanthurus leucocheilus* HERRE

據 HERRE (1953) 產臺灣。

火斑粗皮鯛 *Acanthurus pyroferus* KITTLITZ

英名 Orange-gilled surgeonfish。產恆春。FOWLER & BEAN (1929) 以及 AOYOGI (1943) 之 *Hepatus leucosternon* 爲其異名。

黑鰭粗皮鯛 *Acanthurus melanopterus* SHEN & LIM

產恆春。

麗生粗皮鯛 *Acanthurus lishenus* SHEN & LIM

產恆春。

杜氏粗皮鯛 *Acanthurus dussumieri* CUVIER & VALENCIENNES

英名 Dussumier's surgeonfish, Pencilled surgeon。 又名青剝魚(動典)。產臺灣。

黃鰭粗皮鯛 *Acanthurus xanthopterus* CUVIER & VALENCIENNES

英名 Ring-tailed surgeonfish。產臺灣。*A. matoides* BLEEKER 爲其異名。本書舊版 之 *A. fuliginosus* 亦爲其異名。

馬塔粗皮鯛 *Acanthurus mata* (CUVIER)

英名 Tailring surgeon。 產恆春、蘇澳。

網紋粗皮鯛 *Acanthurus reticulatus* SHEN & LIM

產恆春。

三棘天狗鯛 *Xesurus scalprum* (CUVIER & VALENCIENNES)

亦名黑將軍(R.)，橄欖魚(袁)，三棘天狗粗皮鯛(梁)，剝魚(動典)；俗名拍鐵婆，剝皮羊。產基隆。*Prionurus microlepidotus* LACÈPÉDE 爲其異名。

獨角天狗鯛 *Naso unicornis* (FORSSKÅL)

英名 Long-snouted unicornfish, Longhorn unicorn。 俗名剝皮羊，打鐵婆；日名天狗剝(天狗鱚魚)；亦名角剝魚(動典)，單角吻魚(朱)。產臺灣。(圖 6-160)

短吻天狗鯛 *Naso brevirostris* (CUVIER & VALENCIENNES)

英名 Short-snouted unicornfish, Shorthorn unicorn。日名角天狗。產臺灣。(圖6-160)

赫氏天狗鯛 *Naso herrel* SMITH

產恆春。*Naso brachycentron* HERRE 爲其異名。

短角天狗鯛 *Naso annulatus* (QUOY & GAIMARD)

英名 Shorthorn unicorn。 產恆春。

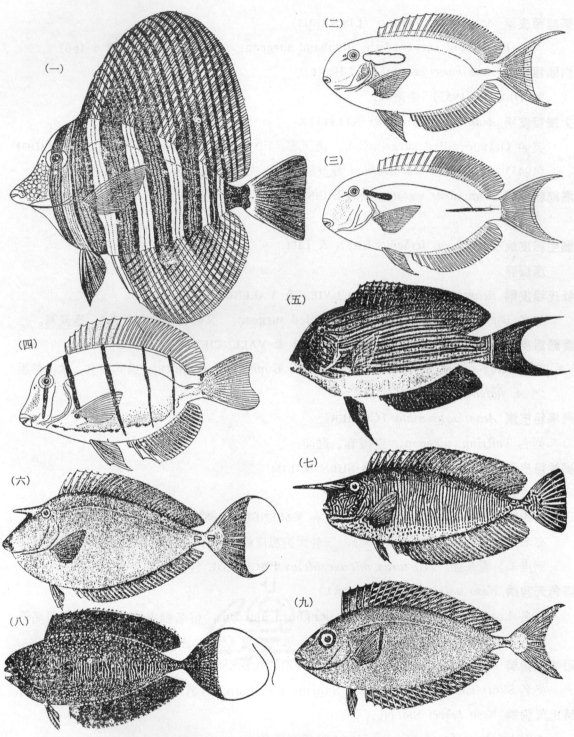

圖 6-160　（一）高鰭粗皮鯛；　（二）一字粗皮鯛；　（三）黑斑粗皮鯛；　（四）綠色粗皮鯛；
（五）藍線粗皮鯛；　（六）獨角天狗鯛；　（七）短角天狗鯛；　（八）高鼻天狗鯛；
（九）低鼻天狗鯛（一～四據 FOWLER；五～九據 HERRE）。

高鼻天狗鯛 *Naso vlamingii* (CUVIER & VALENCIENNES)

　　英名 Bignose unicorn, Valming's unicornfish。　產臺灣。(圖 6-160)

瘤鼻天狗鯛 *Naso tuberosus* LACÉPÈDE

　　英名 Hump-nosed unicornfish。　產基隆。

六棘天狗鯛 *Naso hexacanthus* (BLEEKER)

　　產恆春。

鸚鵡天狗鯛 *Callicanthus lituratus* (BLOCH & SCHNEIDER)

　　產恆春。

低鼻天狗鯛 *Axinurus thynnoides* CUVIER & VALENCIENNES

　　產臺灣。(圖 6-160)

鯖亞目 SCOMBROIDEI

　　體紡錘形，或延長側扁（或強度側扁）。被細圓鱗或弱櫛鱗，亦有部分或全部鱗片埋於皮下而似裸出者。頭後鱗片或增大而形成胸甲，包圍偶鰭基部以及側線之前部。側線單一，或成分枝狀，有時不明或重疊，終於尾柄兩側之稜脊。口裂大，主上頜骨不能向前伸出，與前上頜骨固着，多少形成爲尖銳之嘴 (LUVARIDAE 口小，吻短而圓鈍)。上下頜各有齒（齒或大或小）一列或一帶，亦有無齒者；腭骨有齒或無齒。眼側位。吻兩側各有二鼻孔。顱骨之眶吻區 (Orbitorostral position) 延長或十分延長，但眶後部 (Postorbital part) 短縮。鰓裂大；擬鰓存在。鰓膜在喉峽部游離。背鰭二枚或連合爲一枚，二枚時第一背鰭通常爲硬棘，第二背鰭接近或遠離第一背鰭，由軟條構成；一枚時往往自頭部延伸至尾鰭基。臀鰭與第二背鰭對在，有時退化。背鰭、臀鰭後方往往有小離鰭 (Finlets)。胸鰭高位或低位。腹鰭胸位或次胸位，I 棘 5 軟條或更少，亦有退化或缺如者。尾鰭具有，尾柄細而強有力，偶或消失，鰭條基部有時分叉，並與尾下支骨相重疊。鰾或有或無。幽門盲囊或多或少。

臺灣產鯖亞目 6 科檢索表：

1a. 體多少成紡錘形，或延長而側扁。鱗片一般小形，有時僅存痕跡或部分全裸。背鰭多少具有硬棘，或有發育完善之硬棘部。擬鰓存在；吻尖銳，其前緣並非急峻下降。

　2a. 體紡錘形，或中型延長；尾鰭發育完善，尾鰭鰭條基部與尾下支骨 (Hypural) 疊合；尾柄強壯，兩側有顯著之隆起稜。

　　3a. 吻不爲劍狀突出；胸鰭通常上位；腹鰭 I 棘 5 軟條，鰭形普通；顱骨背面後部有 5 條隆起線⋯⋯⋯⋯⋯⋯⋯⋯⋯⋯⋯⋯⋯⋯⋯⋯⋯⋯⋯⋯⋯⋯⋯⋯⋯⋯⋯⋯⋯⋯⋯⋯⋯**鯖科**

　　3b. 吻爲劍狀之突出構造，由前上頜骨與鼻骨形成；胸鰭下位；腹鰭缺如，或僅有 3 軟條彼此紐結；顱骨背面不見有隆起線。

4a. 體細長，被細長之骨質鱗；齒小，但終生具有；第一背鰭基底長，接近第二背鰭；腹鰭具有；尾柄兩側各具 2 隆起稜，吻比較的短，其橫斷面呈圓形⋯⋯⋯⋯⋯⋯⋯⋯⋯⋯⋯⋯⋯⋯⋯⋯⋯**正旗魚科**

4b. 體不被鱗；成魚無齒；第一背鰭基底短而遠離第二背鰭；腹鰭缺如；尾柄兩側各僅 1 條隆起稜；吻較長，酷似具有兩面刀鋒之劍，其橫斷面不爲圓形⋯⋯⋯⋯⋯⋯⋯⋯⋯⋯⋯⋯⋯**扁嘴旗魚科**

2b. 體延長，有時爲帶狀；尾鰭缺如，或有尾鰭而其鰭條基部與尾下支骨並不叠合；尾柄兩側，除 *Lepidocybium* 屬之外，概無隆起稜。

　　5a. 體雖延長但不爲帶狀；尾鰭發育完善；背鰭之硬棘部與軟條部分界顯明；腹鰭 I 棘 5 軟條，有時軟條數較少，有時無腹鰭；脊椎 50 枚以下⋯⋯⋯⋯⋯⋯⋯⋯⋯⋯⋯⋯⋯⋯⋯⋯⋯**帶鰆科**

　　5b. 體延長爲帶狀；尾鰭分叉，或無尾鰭，後端爲絲狀；背鰭前後連續爲一枚，無硬棘部軟條部之分；臀鰭甚低，鰭條不突出皮外，或前部鰭條成爲若干離生之棘；脊椎數 100 至 200 枚⋯⋯⋯⋯⋯⋯⋯⋯⋯⋯⋯⋯⋯⋯⋯⋯⋯⋯⋯⋯⋯⋯⋯⋯⋯⋯⋯⋯⋯⋯⋯⋯⋯⋯⋯⋯⋯⋯**帶魚科**

1b. 體較高而顯著側扁。鱗片大形，作覆瓦狀排列。背鰭、臀鰭基底長，背鰭硬棘部極不發達，不與軟條部分離⋯⋯⋯⋯⋯⋯⋯⋯⋯⋯⋯⋯⋯⋯⋯⋯⋯⋯⋯⋯⋯⋯⋯⋯⋯⋯⋯⋯⋯⋯⋯⋯⋯⋯**扁鰺科**

鯖 科 SCOMBRIDAE

Mackerels, Tunnies, Albacores, Skipjack, Frigate mackeral;
靑花魚科（動典）

　　本科包含鯖、鰹、鮪、鰆等，或分爲若干科。體多紡錘形，亦有延長而側扁者。尾柄細瘦而強有力，其兩側有隆起稜。口裂大，開於吻端；吻尖，但不爲劍狀突出；前頜骨不能伸出，上主上頜骨一片。兩頜齒各一列，生於齒槽（Alveole）中，有時在鋤骨、腭骨、及翼骨上亦有齒。眼有時具脂性眼瞼。側線多少爲波狀。鱗片通常爲圓鱗，或爲不完全之櫛鱗。在胸鰭所在區域內，鱗片可能變形爲堅硬之胸甲（Corselet）。鰹、鮪之類特別發達。胸鰭高位。腹鰭胸位，I 棘 5 軟條。背鰭二枚，第一背鰭爲硬棘，能向後倒伏於溝中。第二背鰭及臀鰭後方有若干小形離鰭。尾鰭後緣凹入。左右鰓膜分離，與喉峽部不相連。有擬鰓。鰾或有或無。顱骨背面有 5 條縱走之隆起線，線間形成深溝。

臺灣產鯖科 14 屬 22 種檢索表:

1a. 體紡錘形；尾柄兩側概具隆起稜；背鰭（D²）及臀鰭後方概有離鰭。

　2a. 尾柄之隆起稜每側兩條而較小；二背鰭遠離，D¹. IX～XII；體被鱗，胸甲甚小或缺如；齒細小；鰓耙細長而數多。

　　3a. 鰓耙中等長（第一鰓弧上約有 40 個）；體紡錘形；鋤骨、腭骨上有齒；體高小於頭長。第一背鰭下方有髓弧間骨 12～28 枚。臀鰭第 I 棘強壯（*Scomber*）。

　　　4a. 體之橫斷面近於圓形。體長（吻端至尾叉）爲體高之 5.9 倍。第一背鰭下方髓棘間骨 18～22 枚。體靑綠色，上部有波狀紋，下部有小黑斑。D¹. X～XII；D². I, 11 (5)（5 爲離鰭數）；

　　　A. I, 12 (5) ···尖頭花鰆

4b.　體之橫斷面近於橢圓形。 體長（吻端至尾叉）為體高之 5.02 倍。 第一背鰭下方有髓棘間骨 13～15 枚。體青綠色， 上部有波狀紋， 下部無斑點。D¹. IX～X; D². I, 12 (5); A. I～II, 10～12 (5) ···日本花鰆

3b.　鰓耙甚長，呈羽毛狀。腭骨、鋤骨上無齒；體高約等於頭長。第一背鰭下方有髓弧間骨 10～11 枚。臀鰭棘微小或退化 (*Rastrelliger*)。

　　5a.　主上頜骨接近淚骨之後緣。鰓耙甚長，第一鰓弧下枝鰓耙約 30 枚，最長之鰓耙每側各有小棘約 130 枚。體側扁，被易脫落之圓鱗。體高等於頭長。上頜無齒，下頜齒圓錐形。體青灰色，沿背鰭基底有一列黑點，側面有約六條黃色縱線紋，腹面銀白色，各鰭黃色。背鰭有黑邊，胸鰭末端黑色，尾鰭大部黑色。D¹. IX～X; D². 12 (5～6); A. 12 (5～6); P. 19·····金帶花鰆

　　5b.　主上頜骨不達淚骨之後緣。 鰓耙較短， 第一鰓弧鰓耙數約 21～25，最長之鰓耙每側各有小棘約 55 枚。體略側扁，被易落之薄鱗，體高小於頭長。上下頜各有一列小圓錐形齒。體背面色暗，腹面黃白色。背側由背鰭起點下方至尾柄有二列黑點。第一背鰭基部有二至六枚大斑。有的在側線位置有二條不明顯的縱條紋。 胸鰭基部後方有一黑斑。 背鰭、 胸鰭之外緣黑色。D¹. IX～X; D². 11～13 (5～6); A. 12～13 (5); P. 18～21························福氏金帶花鰆

2b.　尾柄兩側各有一較強之隆起稜，其上下有時更有一較細之稜脊（共為三條）。

　　6a.　D¹. X～XVI。

　　　7a.　側線及胸甲外無鱗；第二背鰭較第一背鰭為低；上下頜各有一列細齒；鰾缺如。

　　　　8a.　第一背鰭基底長，向後達第二背鰭。

　　　　　9a.　僅上下頜骨上有齒；脊椎數 20+21=41 (*Katsuwonus*)。

　　　　　　體背面紫黑色而有綠色金屬閃光，腹面銀白色。側線下方有五條暗灰色寬縱條紋。各鰭銀灰色。 D¹. XIV～XVII; D². II. 12～14 (7～9); A. II. 12～15 (7～8); P. 26～29。鰓耙 17～21+33～42 ·····································正鰹

　　　　　9b.　除上下頜骨外，腭骨（有時鋤骨）上亦有齒；脊椎數 20+19=39 (*Euthynnus*)。

　　　　　　10a.　鋤骨上有齒。上部藍黑色，腹面銀白色，體背側有暗色之斜走條紋。胸鰭、腹鰭基部之間有數枚黑色圓點。D¹. XV～XVI; D². 12～13 (8); A. 13～14 (7); P. 26～28。鰓耙 8+23·······································巴鰹

　　　　　　10b.　鋤骨上無齒。體色同上種。D¹. XV～XVI; D². 11～13 (8); A. 12～14 (7); P. 25～28。鰓耙 10+27～29 ·····························臺灣巴鰹

　　　　8b.　第一背鰭基底短，與第二背鰭遠離。齒僅見於上下頜；脊椎數 20+19=39 (*Auxis*)。

　　　　　11a.　體稍側扁；胸甲終於胸鰭先端附近；D¹. X～XI; D². 11～12 (8); A. 13 (7); P. 20。第一鰓弧全部鰓耙約 30 枚。體背部棕黑色，腹部淺灰色，在胸甲後上方有不規則的黑色蟲狀斑紋；第一背鰭灰褐色，其他各鰭色淡··············平花鰹

　　　　　11b.　體之橫斷面殆近於圓形； 胸甲向後延展殆接近於側線之終點； D¹. IX～X; D². 11～12 (8～9); A. 13 (7)。第一鰓弧全部鰓耙約 44～48 枚。 體色同上

　　　種···圓花鰹

　7b.　全體被鱗，但在側線及胸甲上者往往較大。

　　12a.　兩領齒細小，略呈圓錐形；胸甲明顯（*Thunnus*）。

　　　13a.　皮血管（Cutaneous blood-vessel）通過相當於第五脊椎之肌節；肝臟表
面有小靜脈組成之脈絡叢。

　　　　14a.　胸鰭較短，爲頭長之 4/5 以下，其先端不達第二背鰭之起點。第二背鰭
及臀鰭均甚低。D^1. XIII～XV；D^2. 14（8～9）；A. 13～15（7～8）；P.
31～38；L. 1. 約 230。鰓耙 9～16＋21～28。尾柄隆起稜黑色··········**鮪**

　　　　14b.　胸鰭較長，爲頭長之 4/5 以上，其先端到達第二背鰭起點或超過之。尾
鰭後緣白色。胸鰭特長，成帶狀，其先端到達背鰭之第二離鰭。第二背鰭
及臀鰭之高度中等。D^1. XIII～XIV；D^2. 14～16（7～8）；A. 14～15
（7～8）；P. 31～34；L. 1. 約 210。鰓耙 7～10＋18～22 ··········**長鰭鮪**

　　　13b.　皮血管通過相當於第七脊椎之肌節；肝臟表面無小靜脈之脈絡叢。

　　　　15a.　第一鰓弧鰓耙數 25～33。

　　　　　16a.　體比較肥滿，體長爲體高之 3.3～3.5 倍，尾叉體長爲體高之 3.5～
3.7 倍。第二背鰭及臀鰭之高度中庸（約爲頭長之 1/2）。離鰭不爲黃
色。胸鰭較長，幼魚時先端殆超過第二背鰭之後端。D^1. XIV～XV；
D^2. 13～15（8～9）；A. 13～15（8～9）；P. 32～35；L. 1. 約 190。
鰓耙 7～10＋18～19···**短鮪**

　　　　　16b.　體比較細長，體長爲體高之 3.6～4,1 倍，尾叉體長爲體高之 4.6～
6.1 倍。臀鰭位置比上種略前，成魚之第二背鰭及臀鰭顯著延長，在
大形成魚，二者前部軟條顯然較頭長爲長。離鰭呈黃色，胸鰭長，略大
於頭長，向後超越第二背鰭之起點。前部側線成波狀彎曲。鰾發育完
善。D^1. XII～XIV；D^2. 14～15（8～9）；A. 14～15（8～9）；P.
32～35；L. 1. 220～270；鰓耙 8～11＋19～24。成魚體側下方有約
20 條近於垂直之灰色間斷線紋 ··**黃鰭鮪**

　　　　15b.　第一鰓弧鰓弧數 19～25。

　　　　　體比較細長，體長爲體高之 4.0～4.6 倍。胸鰭較短，略短於頭長。離
鰭呈黃色。無鰾。D^1. XIII；D^2. 14～15（8～9）；A. 13～14（8～9）；
P. 30～35；L. 1. 210～220。鰓耙 5～8＋14～17 ··············**小黃鰭鮪**

　12b.　兩領齒強大，向內彎曲；胸甲不明或缺如；鱗片同大；側線波紋狀。

　　17a.　體延長；兩領齒邊緣銳利；有鋤骨齒。

　　　18a.　有鰾；側線每側一條，簡單而不分枝（*Scomberomorus*）。

　　　　19a.　第一鰓弧有鰓耙 1＋2＝3 枚。側線在第二背鰭後端下方急遽
下彎。體側約有五十條不規則的褐色橫帶。D^1. XVI～XVII；

D^2. 15～18 (9～10)；A. 14～18 (9～10)；P. 22；L. l. 220～240 ……………………………………………………………………………………………………**鰆**

19b. 第一鰓弧有鰓耙 11～14 枚。側線在第一背鰭後端下方急遽下彎。體側有兩列大圓斑。D^1. XIV～XVI；D^2. 15 (8)；A. 16 (7)………………………………………………………………………**中華鰆**

18b. 無鰾；側線每側一條，不在第一或第二背鰭下方急遽下彎，但有許多小分枝 (*Sawara*)。

20a. 舌上無齒；側線顯然彎曲；鰓耙 3+9～11＝12～14；D^1. XIX～XX；D^2. 15～16 (8～9)；A. II, 15～17 (8)………………………………………………………………………**日本馬加鰆**

20b. 舌上有齒；側線僅呈微波狀而無大彎。

21a. 體高與頭長殆相等。體側有暗色斑三～四列。鰓耙 2+8＝10；D^1. XVI～XVII；D^2. 18～20 (8～10)；A. 20～22 (7～9) …………………………………………………**臺灣馬加鰆**

21b. 體高大於頭長。體側有暗色斑 4～5 列。鰓耙 3+10＝13；D^1. XIV；D^2. 18～21 (9)；A. 18～21 (7～8) ……………………………………………………………………………**高麗馬加鰆**

17b. 體肥滿頗似鮪魚；兩頜齒邊緣鈍圓；無鋤骨齒。

22a. 全體被小鱗；舌上無齒。體側約有十五條暗色橫帶。鰓耙 4+9＝13 (*Sarda*)。

D^1. XVIII～XIX；D^2. 14～16 (7～8)；A. II～III, 10～12 (5～7)。鰓耙 2～4+7～9。體上部深藍色，腹面銀白色，上方有約七條近於水平之暗色條紋……**齒鰆**

22b. 胸甲外概無鱗；舌上有絨毛狀齒帶。體背部藍紫色，腹部灰白色，無條紋。鰓耙 2+10＝12(*Gymnosarda*)。

D^1. XIV；D^2. 12～13(6～7)；A. 10～12(6) ……**裸鰆**

6b. D^1±XXV；無鰓耙；體延長而側扁；齒強；脊椎 32+34＝66。吻尖突如嘴；齒三角形，鋤骨、腭骨均有絨毛狀齒帶；胸甲小而不明 (*Acanthocybium*)。

D^1. XV～XVIII；D^2. 10～14 (6～10)；A. 11～14 (6～10)；P. 23～24。體上部深藍色，下部銀白色，體側上方有 24～30 條不甚規則的暗色狹橫帶…………………………………………**棘鰆**

花腹鯖 *Scomber australasicus* CUVIER

英名 Chub mackerel, Pacific mackeral；俗名花身（新），花飛（蘇），花仔鮫（客）；亦名青花魚（動典）；尖頭花鯖；且名丸鯖，胡麻鯖。以蘇澳為主產地，南部及東部近海亦產。*S. scombrus tapeinocephalus* (BLEEKER) 為其異名。(圖 6-161)

白腹鯖 *Scomber japonicus* HOTTUYN

英名 Spotted mackerel, Japanese chub-mackerel；亦名油桐魚（鄭），鮐（顧），日本花鯖，花鯖，鯖，青花魚（梁）；俗名花飛；日名本鯖。產臺灣。

金帶花鯖 *Rastrelliger kanagurta* (CUVIER)

英名 Stripped mackerel, Longjaw mackerel；梁譯長頜花鯖；又名羽鰓鮐（朱）；俗名鐵甲。產高雄、澎湖、蘇澳，比較罕見。*R. chrysozonus* KISHINOUYE 為其異名。（圖 6-161）

福氏金帶花鯖 *Rastrelliger faughni* MATSUI

產臺灣南部海域。

正鰹 *Katsuwonus pelamis* (LINNAEUS)

英名 Bonito, Skipjack bonette；Striped-bellied tunny，又名鰹；俗名鰰鰹（蘇、基），烟仔魚（南部）。產臺灣。（圖 6-161）

巴鰹 *Euthynnus affinis* (CANTOR)

英名 Oceanic Bonito, Eastern Litter Tuna。亦名燒鰹（梁）；俗名倒仲（客），烟仔魚。產臺灣。*E. yaito* KISHINOUYE 為其異名。本種與次種如何區分，或是否應分為不同之二種，以及本種是否應分為若干亞種，學者間意見並不一致。有的學者（例如 DE BEAUFORT & CHAPMAN, 1951；MUNRO, 1967）稱之為 *Euthynnus alleteratus affinis* (CANTOR)。（圖 6-161）

臺灣巴鰹 *Euthynnus alleteratus* (RAFINESQUE)

英名 Litter tung, Mackeral tuna, Black skipjack, Atlantic little tuna。產臺灣。

平花鰹 *Auxis thazard* (LACÉPÈDE)

英名 Frigate mackeral。又名扁舵鰹（朱）。日名平宗太，平目鹿。產臺灣。*A. hira* KISHINOUYE 為其異名。

圓花鰹 *Auxis rochei* RISSO

英名 Bullet mackeral。又名圓舵鰹（朱）。亦名臭肉魚，花鰹（袁），舵鰹，圓花烟魚（梁）；俗名烟仔魚，花烟；日名丸宗太，丸目鹿。產臺灣。*A. tapeinosoma* BLEEKER, *A. thynnoides* BLEEKER, *A. maru* KISHINOUYE 均其異名。亦有人主張將本種列為上種之亞種，如 *A. thazard tapeinosoma* BLEEKER。（圖 6-161）

鮪 *Thunnus thynnus* (LINNAEUS)

英名 Tuna, Tunny, Bluefin tuna；亦名金鎗魚（動典）；俗名串魚，黑甕串，金槍魚，鮔；日名黑鮪。產臺灣。*T. orientalis* (T. & S.) 為其異名。

長鰭鮪 *Thunnus alalunga* (BONNATERRE)

英名 Albacore；Germon, Long-finned albacore；亦名長鬚甕串；日名鬚長。產臺

灣。*Scomber germo* (LACÉPÈDE), *Germo alalunga* (BONNA.) 均其異名。

短鮪 *Thunnus obesus* (LOWE)

英名 Deep-bodied tunny, Bigeye tuna；亦名大目鮪；俗名短墩，大目串；日名眼撥，達磨鮪。產臺灣。*Parathunnus mebachi* KISHINOUYE, *P. sibi* (T. & S.) 均為其異名。(圖 6-161)

黃鰭鮪 *Thunnus albacares* (BONNATERRE)

英名 Yellow-fin tuna, Yellow-fin albacore；亦名黃肌金鎗 (動典)；俗名串仔，黃旗串；日名黃肌。產臺灣。*Neothunnus macropterus* (T. & S.), *N. itosibi* JORDAN & EVERMANN 均為其異名。(圖 6-161)

小黃鰭鮪 *Thunnus tonggol* (BLEEKER)

本種為鮪類中體軀最小者，故亦名小鮪 (袁)，青干金槍魚 (朱)；俗名小串。產基隆。*Kishinoella zacalles* JORDAN & EVERMANN, *Neothunnes rarus* KISHINOUYE, *Kishinoella tonggol* (BLEEKER) 均其異名。(圖 6-161)

鰆 *Scomberomorus commersoni* (LACÉPÈDE)

英名 King mackeral, Spanish mackerel；俗名馬加，馬鮫，梭齒，Toto (頭魠)；日名橫縞鰆。產高雄、澎湖。(圖 6-161)

中華鰆 *Scomberomorus sinensis* (LACÉPÈDE)

英名 Chinese mackerel；俗名七星魚；日名冲鰆；亦名鰆、青箭魚、馬鮫魚 (均動典)，牛皮鮫、青鮫。產臺灣。(圖 6-161)

日本馬加鰆 *Sawara niphonius* (CUVIER & VALENCIENNES)

產臺灣。

臺灣馬加鰆 *Sawara guttata* (BLOCH & SCHNEIDER)

亦名長頜花鰆，斑點馬鮫 (朱)，白腹鰆，長頜青花魚 (梁)；俗名頭魠 (高、新港)，交魚 (客)，Beka；日名臺灣鰆。產臺灣。*Scomberomorus kuklii* (C. & V.) 為本種幼魚。(圖 6-162)

高麗馬加鰆 *Sawara koreana* (KISHINOUYE)

俗名廣腹，亦名扁鮫；日名平鰆。產臺灣。(圖 6-162)

齒鰆 *Sarda orientalis* (TEMMINCK & SCHLEGEL)

英名 Striped bonito, Oriental bonito；俗名炰仔虎；日名齒鰹，故定為齒鰆。產臺灣。本書舊版稱本種為 *Sarda chilensis* (C. & V.)。現一般認為 *S. orientalis* 分佈全球之溫帶海洋，*S. chilensis* 分佈東太平洋，而 *S. sarda* (BLOCH) 則分佈大西洋及地中海，前二者僅頭長及鰓耙數略有差異。(圖 6-162)

裸鰆 *Gymnosarda unicolor* (RÜPPELL)

英名 Surf-tunny, Dogtooth tuna；亦名鮪鰆（袁），單色磯鰆（梁）；俗名長翼（高）；日名磯鮪。產臺灣。*G. nuda* (GÜNTHER) 爲其異名。（圖 6-162）

棘鰆 *Acanthocybium solandri* (CUVIER & VALENCIENNES)

英名 Kingfish, Jack-mackerel, Wahoo, Peto；俗名土拖魚（基）；日名鰤鰆。產本島近海。（圖 6-162）

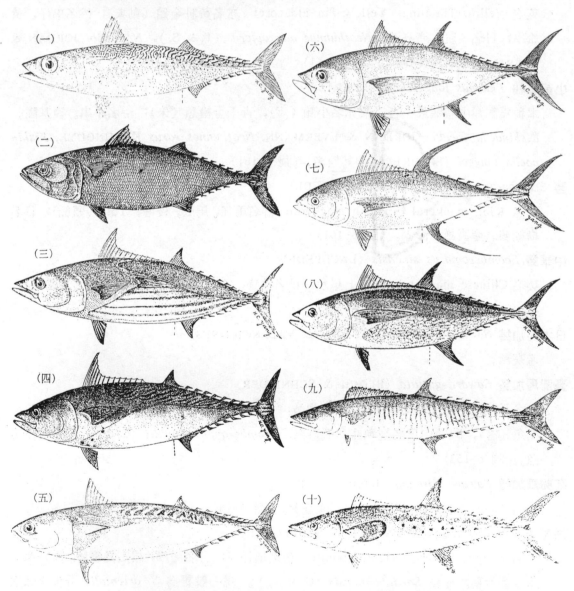

圖 6-161　（一）花腹鯖；（二）金帶花鯖；（三）正鰹；（四）巴鰹；（五）圓花鰹；（六）短鮪；（七）黃鰭鮪；（八）小黃鰭鮪；（九）鰆；（十）中華鰆（以上鯖科；均據楊鴻嘉）。

正旗魚科 ISTIOPHORIDAE

=HISTIOPHORIDAE; Spearfishes, Sailfishes, Marlin, Bayonetfish

體延長，側扁，壯碩有力。頭後最高，向後漸細，尾柄部堅強。被小形而前後延長之稜鱗，埋於皮下，皮膚粗厚如革。上頜骨向前突出如槍頭，其側緣鈍圓，且較扁嘴旗魚之劍狀吻爲短。兩頜齒細小，顆粒狀。下頜有前齒骨 (Predentary)。鰓四枚；左右鰓膜不相連，且在喉峽部游離。鰓絲網狀，不具鰓杷。鰓被架 7。具擬鰓。腸直走而短。鰾大形，分爲若干小囊。脊椎 11＋13 或 12＋12＝24。背鰭兩枚，第一背鰭基底甚長，由後頭部直走尾部，前部或全部延長如帆狀，與小形之第二背鰭相接近。第二背鰭小形，有 6 ～ 7 鰭條，接近尾柄。臀鰭兩枚，彼此遠離；第二臀鰭正在第二背鰭下方，同形，第一臀鰭則在第一背鰭後部之下方，較第二臀鰭略大 (II, 11～14)。尾鰭大形，深分叉。胸鰭低位，鐮刀狀。腹鰭胸位，有 1 ～ 3 軟條。側線每側一條。尾柄每側有兩條隆起稜脊。大形海魚，分佈甚廣。

臺灣產正旗魚科 3 屬 5 種檢索表:

1a. 體較爲延長（體高小於體長之 1/5）；脊椎 12＋12＝24；側線簡單而顯著；腹鰭等於、或長於、或略短於胸鰭。

2a. 第一背鰭顯然較體高爲高（有時超過體高之 2 倍），狀如船帆； 腹鰭特長， 其先端幾達於肛門 (*Istiophorus*)。

體顯然側扁，眼上部背緣成長後逐漸隆起。D¹. III, 9, XXXII～XXXV; D². 6～7; A¹. II, 11; A². 6; V. I, 2。體紫黑色，腹部淺褐色，體側有 17～20 條青色橫帶，每帶由 4 ～ 6 個圓點連成。第一背鰭青色，有小黑點散在。第二背鰭、臀鰭色暗 ⋯⋯⋯⋯⋯⋯⋯⋯⋯⋯⋯⋯⋯⋯**雨傘旗魚**

2b. 第一背鰭較體軀略高或略低；腹鰭較胸鰭略長或略短 (*Tetrapterus*)。

3a. 第一背鰭各鰭條殆同高（第 10 軟條左右及最後數軟條較低），並與體高相等；體顯然側扁，眼上部背緣略成直線狀或略隆起。D¹. III, 11～13, XXXV～XXXVII; D². 6; A¹. II, 12; A². 7; V. I, 2。第二臀鰭較第二背鰭略前。 胸鰭顯然短於腹鰭，肛門遠在第一臀鰭之前方。體背方鉛黑色，體側略呈褐色，有微小之白色波狀紋，腹面銀白色。背鰭、腹鰭帶黑色，尾鰭前部帶黑色⋯⋯⋯⋯⋯⋯⋯⋯⋯⋯⋯⋯⋯⋯⋯⋯⋯⋯⋯⋯⋯⋯⋯⋯⋯⋯⋯**小旗魚**

3b. 第一背鰭前方鰭條與體軀同高或較軀略高，向後逐漸降低，後方大部分鰭條概較體軀爲低。第二背鰭略與第二臀鰭對在。胸鰭略長於或短於腹鰭。肛門接近第一臀鰭起點。D¹. III, 12～15, XXII ～XXV; D². 6; A¹. II, 12～13; A². 6; V. I, 2。體背方銅青色，腹部灰白色，體側有 17～20 條淡青色狹橫帶，各帶上部有一、二排圓斑。背鰭青藍色，有少數黑點散在；胸鰭暗灰色而有黑邊⋯⋯⋯⋯⋯⋯⋯⋯⋯⋯⋯⋯⋯⋯⋯⋯⋯⋯⋯⋯⋯⋯⋯⋯⋯**紅肉旗魚**

1b. 體較爲肥短， 略成圓柱狀（體高大於體長之 1/5）；第一背鰭高度低於體高。眼上部背緣顯然隆起，椎脊 11＋13＝24；側線複雜或不明；腹鰭顯然短於胸鰭 (*Makaira*)。

4a. 胸鰭與體側面直角相交，決不能褶伏；側線簡單。D^1. III, 10～12, XXIII～XXV；D^2. 7；A^1. II, 10～11；A^2. 7；V. I, 2。體背方鐵青色；腹部白色，背鰭、臀鰭青色，胸鰭、尾鰭紫黑色⋯⋯⋯⋯⋯⋯⋯⋯⋯⋯⋯⋯⋯⋯⋯⋯⋯⋯⋯⋯⋯⋯⋯⋯⋯⋯⋯⋯**立翅旗魚**

4b. 胸鰭可以褶伏於體側；側線複雜。D^1. III, 14～16, XXIII～XXVII；D^2. 7；A^1. II, 14；A^2. 7；V. I, 2。體背方紫黑色，腹部灰褐色，體側有 17～18 條不甚明顯之青色橫帶，各帶間有大形圓斑。背鰭藍紫色，第一背鰭有青色斑點散在，胸鰭黑色⋯⋯⋯⋯⋯⋯⋯⋯⋯⋯**黑皮旗魚**

雨傘旗魚 *Istiophorus platypterus* (SHAW & NODDER)

英名 Pacific sail-fish; bayonetfish；亦名蕉旗魚（動典）；東方旗魚，灰旗魚（朱）；俗名雨傘魚，帆魚；Balin；日名芭蕉梶木（芭蕉旗魚）。產本省近海。*I. japonicus* JORDAN & EVERMANN, *I, greyi* JORDAN & EVERMANN, *I. gladius* (BROUSSONET), *I. orientalis* (TEMMINCK & SCHLEGEL) 均為其異名。（圖 6-162）

小旗魚 *Tetrapterus angustirostris* TANAKA

英名 Shortnose spearfish；又名短吻矛旗魚（楊）；俗名茀荣旗魚；日名風來梶木。旗魚中之最小者。產臺灣。JORDAN & EVERMANN 之 *T. illingworthi*, *T. kraussi* 均為其異名。（圖 6-162）

紅肉旗魚 *Tetrapterus audax* (PHILIPPI)

英名 Striped marlin fish, Barred malin, Spearfish；亦名紅肉槍魚，真旗魚（動典）；俗名紅肉丁版，紅肉丁挽；日名真梶木，紅梶木。產臺灣近海，重逾 100 公斤，味美。*T. mitsukurii* JORDAN & SNYDER, *Makaira grammatica*, *M. holei* 均為其異名。*Kajikia formosana* HIRASAKA & NAKAMURA 為其幼魚。

立翅旗魚 *Makaira indica* (CUVIER)

英名 Giant black malin, Silver marlin, Pacific black marlin。亦名白皮槍魚（袁），白肉旗魚，翹翅仔，濶胸仔。旗魚中之最大者，長達丈餘，重逾 500 公斤。產臺灣沿海。*T. brevirostris* (PLAYFAIR), *M. marlina* JORDAN & HILL 均為其異名。（圖 6-162）

黑皮旗魚 *Makaira mazara* (JORDAN & SNYDER)

英名 Black malin, Blue marlin；亦名黑皮槍魚（袁）；俗名鐵皮丁版，鐵皮丁挽，烏皮旗魚，油旗魚。日名真座荒，黑梶木。產臺灣近海。生食味美。*M. nigricans* (LACÉPÈDE), *Eumakaira nigra* HIRASAKA & NAKAMURA 均為其異名。（圖 6-162）

扁嘴旗魚科 XIPHIIDAE

Sword fishes；劍旗魚科（楊）

體軀似正旗魚，但吻部為平扁之劍狀突出，且顯著的延長。齒僅見於幼魚，成長後完全消失。　成魚無鱗，　僅胸部下面有粗糙之感。　側線不發達。　尾柄兩側各有一個堅強之突起稜脊。鰓絲網狀，　無鰓耙。　背鰭兩枚，　第一背鰭基底較短，　三角形，僅佔體軀前部三分之一（幼魚時期與第二背鰭相連接），第二背鰭短小，偏於體之後端。臀鰭兩枚，第二臀鰭與第二背鰭對在而同形，第一臀鰭較為發達。尾鰭有力，深分叉。胸鰭低位。腹鰭與腰帶完全缺如。腸管長，經數次廻旋後直走；幽門盲囊多數。鰾為細長之袋狀，不分小囊。無前齒骨。脊椎15＋11　或　16＋10＝26。餘同正旗魚科。

　　本科僅劍旗魚一種，殆遍佈於全世界海洋。D^1. III, 9, XXVI; D^2. 4; A^1. II, 7, IX～X; A^2. 4。背部暗紫色，腹部淡灰紫色，體側無斑點。極少見，長者可達丈餘。

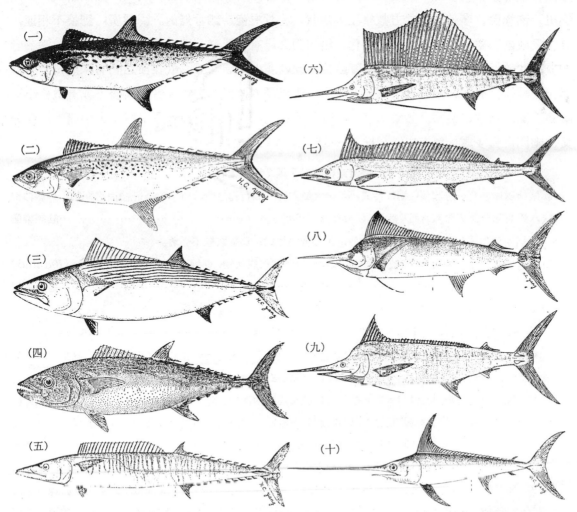

圖 6-162　（一）臺灣馬加鰆；　（二）高麗馬加鰆；　（三）齒鰆；　（四）裸鰆；　（五）棘鰆（以上鯖科）；　（六）雨傘旗魚；　（七）小旗魚；　（八）立翅旗魚；　（九）黑皮旗魚（以上正旗魚科）；　（十）丁挽舊旗魚（扁嘴旗魚科）（均據楊鴻嘉）。

劍旗魚 *Xiphiis gladius* LINNAEUS

英名 Common sword fish, Broad bill swordfish；亦名劍魚，旗魚、舵徹、羽魚（動典）俗名白肉丁版，丁挽舅；日名眼梶木。產臺灣近海。（圖 6-162）

帶鰆科 GEMPYLIDAE
=ACINACEIDAE, RUVETTIDAE; Escolar, Snake Mackerel;
鯖帶魚科（朱）

體長橢圓形而側扁，有時延長如帶狀（如 *Gempylus*）。鱗微小，極易脫落。尾柄瘦，隆起稜脊或有或無。側線一條或二條，有時具一側枝，有時模糊不明。頭大，上頜露出，下頜突出。齒極強，多側扁，前方數枚呈犬齒狀。腭骨有齒，鋤骨無齒。鰓裂廣；鰓膜不相連，且在喉峽部游離。鰓四枚，鰓耙退化。第四鰓之後有一裂隙。鰓被架 6～7。幼魚前鰓蓋骨有放射狀紋，且有棘，成魚無棘。背鰭長，硬棘弱小，硬棘部與軟條部之間有深缺刻。臀鰭與背鰭軟條部對在，且同形，其前方有 I～III 枚硬棘，但亦有無棘者，其後方或有數枚小形離鰭。胸鰭低位，甚短。腹鰭 I, 5，有時硬棘退化，亦有無腹鰭者。尾鰭小或中庸大，深分叉。幽門盲囊少數。鰾存在。脊椎 31～35。遠洋深海魚類。

臺灣產帶鰆科 7 屬 7 種檢索表:

1a. 尾柄兩側各有一隆起稜；鱗片特異，每一大鱗圍有一圈有孔之管狀鱗，故全體體面呈網狀；側線波浪狀，彎曲部分深達體軀背面及腹面 (*Lepidocybium*) ……………………………………**鱗網帶鰆**

1b. 尾柄兩側無隆起稜；鱗片排列法普通，不形成為網狀；側線波紋不顯著。

  2a. 腹緣有堅硬之隆起線；體被小圓鱗，以及骨質棘狀與瘤狀物；側線不明；腹鰭 I 棘 5 軟條 (*Ruvattus*) ……………………………………………………………………………**薔薇帶鰆**

  2b. 腹緣無隆起線；皮膚圓滑，側線發育完善。

    3a. 腹鰭發育完善，有 I 棘 5 軟條，背鰭及臀鰭無離鰭。

      4a. 體紡錘形（體高約為體長之 1/4）；腭骨有齒；下側線向後伸展接近於體軀腹緣；吻部不向前頜骨以前延長；鋤骨每側有齒 1～3 枚；背鰭起點在鰓裂上端之上方；背鰭棘弱，可撓曲；第一鰓弧角上之鰓耙，其內側有二列微棘。口腔及鰓腔內面均黑色 (*Neoepinnula*) …………………**東洋魶**

      4b. 體延長（體高約為體長之 1/10）；腭骨無齒；下側線沿體側正中線後走；吻部尖銳，突出於前頜骨以前；脊椎骨 19+15=34 (*Mimasea*)……………………………………**尖身魶**

    3b. 腹鰭退化或竟缺如，背鰭及臀鰭後方必有離鰭。

      5a. 體十分延長（體高約為體長之 1/12）；離鰭六、七枚；腹鰭 I 棘（微小）4～5 軟條（往往不能以肉眼見之）；主上頜骨之大部分被掩覆於眼下膜下方；第一鰓弧角上之鰓耙三角形；吻部遠突出於前上頜骨之前端以前；側線上下兩條，均由鰓裂上角開始；脊椎 26+23=49 (*Acinacea*) ………………………………………………………………………………**黑刃魶**

5b. 體中等延長（體高大於體長之 1/9）；離鰭兩枚；腹鰭缺如，或僅有 I 棘；主上領骨完全露出於外；第一鰓弧角上之鰓耙 T 字形；吻部略突出於前上領骨以前，亦有不突出者。

　　6a. 體側有側線兩條；成魚無腹鰭；脊椎數 33 或 34 (*Rexes*)。

　　　　體長 242 mm. 以下之標本，腹鰭爲 I 硬棘，棘之後緣有粗雜之鋸齒，成魚則消失不見……
　　　　……………………………………………………………………………………………**梭倫魛**

　　6b. 體側僅有側線一條；腹鰭一般具有；肛門後方無游離棘；側線在前方急劇向下彎曲，彎曲部以後向斜後方分出上下兩分枝；鱗片爲覆瓦狀 (*Promethichthys*)………………**黑鮪魛**

鱗網帶鰆 *Lepidocybium flavobruneum* (SMITH)

　　英名 Escolar。產南方澳。因肉多油脂，故俗名油魚。（圖 6-163）

薔薇帶鰆 *Ruvettus pretiosus* COCCO

　　英名 Oilfish, Caster oil fish, Purgative fish。產小琉球及南方澳。

東洋魛 *Neoepinnula orientalis* (GILCHRIST et VON BONDE)

　　英名 Sackfish。產東港。（圖 6-163）

尖身魛 *Mimasea taeniosoma* KAMOHARA

　　俗名白魚舅。產高雄。（圖 6-163）

黑刃魛 *Acinacea notha* BORY de ST. VINCENT

　　產紅毛港。

梭倫魛 *Rexea solandri* (CUVIER)

　　產高雄。*Jordanidia raptoria* SNYDER 爲其異名。（圖 6-163）

紫金魚 *Promethichthys prometheus* (CUVIER)

　　英名 Rabbitfish; Conejo, Bermuda catfish。日名黑鮪魛。產高雄。（圖 6-163）

帶魚科 TRICHIURIDAE

包含 LEPIDOPIDAE; Silver-eels; Cutlassfishes; Ribbonfishes,
Frostfishes, Sabrefishes。Hairtails; Hair Fishes; 太刀魚科（日）

　　體特別延長，側扁如帶，向後逐漸纖細，尾鰭小，或缺如。鱗片缺如；但有明瞭之側線。頭長（約爲體高之 2 倍），吻端尖，下領突出。口裂寬，主上領骨被眶前骨掩蓋。前上領骨不能伸縮；上下領、腭骨各有側扁且大小不一之銳齒一列，部分上下領齒爲大形有小鉤之犬齒狀齒。背鰭起於前鰓蓋上方，向後連續，直至尾端，背鰭硬棘，鰭基骨，以及髓棘間骨，與該軀幹部之脊椎數相當，而背鰭軟條數則爲同一部位脊椎數之倍，略多或相等。臀鰭長而低，退化爲分離之短棘，僅棘尖突出於皮面，或完全不見於皮面。胸鰭小，位置較低；腹鰭小，胸位，由一鱗狀小棘及一退化之軟條組成，或無腹鰭。鰓四枚；有擬鰓。鰓膜分離，並在喉峽部游離。鰾存在。幽門盲囊多數。脊椎 34＋24, 53＋103, 或 41＋151。

臺灣產帶魚科 4 屬 6 種檢索表：

1a. 腹鰭存在。側線由胸鰭上方緩降，然後在體側中央偏下方直走，在肛門前後，由側線至腹緣之距離，大於由側線至背鰭距離之半。鰓蓋骨後下緣多少凸出。眶間隔隆起，由吻端至背鰭起點有一銳利之縱脊。

　　2a. 尾鰭具有。背鰭軟條 77～93，前方 10 軟條硬棘狀；體長爲體高之 12～13 倍（*Evoxymetopon*）。

　　　　3a. D. X, 77; A. 19。背鰭第一軟條不特別延長。頭部背面凸出。頭長爲眼徑之 5～6 倍。體銀灰色，體側背方有約六條紅色狹帶……………………………………………………………**深海帶魚**

　　　　3b. D. 91，第一軟條特別粗大延長……………………………………**卜氏深海帶魚**

　　2b. 無尾鰭，尾部向後逐漸尖細而終於一線，背鰭軟條 125～147，前方 5 軟條硬棘狀。

　　　　4a. 體長爲體高之 14～18 倍。臀鰭起點在背鰭第 41～43 鰭條下方。D. III, 143～147; 鰓耙 4～8＋8～11。全身銀白色，各鰭灰色，尾黑色……………………………………**妙帶魚**

　　　　4b. 體長爲體高之 18～24 倍。臀鰭起點在背鰭第 46～48 鰭條下方。D. V, 120～142。體背面暗灰色，腹面銀白色，背鰭有小黑點，肛門周圍有一黑環…………………………**隆頭帶魚**

1b. 無腹鰭。側線自胸鰭之後急降，然後在近腹緣直走，在肛門前後，由側線至腹緣之距離，小於由側線至背鰭距離之半。鰓蓋骨後下緣多少凹入。無尾鰭。頭部背面輪廓多少平扁而無縱脊，眶間區約與眼徑同寬。背鰭具 III 棘。

　　　　5a. 臀鰭棘極短，小於瞳孔；臀鰭軟條完全隱於皮下。眼較大，頭長約爲眼徑之 6～7.5 倍（*Trichiurus*）。

　　　　　　6a. 下頜齒中有鈎之齒多於無鈎之尖齒；關節骨之腹突較長，佔該骨全長之 2/5～1/2，該骨之背突前端不超過腹突。體長約爲體高之 13.5 倍。生活時眼、胸鰭、背鰭均爲黃色，D. III, 130～143; 鰓耙 8～14＋15～24……………………………………………………**肥帶魚**

　　　　　　6b. 下頜齒中有鈎之齒少於無鈎之尖齒；關節骨之腹突較短，佔該骨全長之 2/5 以下，該骨之背突前端超越腹突。體長約爲體高之 16 倍。生活時背鰭白色，胸鰭後半黑色，眼灰色。D. III, 134～138……………………………………………………………………………………**瘦帶魚**

　　　　5b. 臀鰭棘較長，約爲眼徑之半；臀鰭軟條如小棘狀，在體表可見。眼較大，頭長約爲眼徑之 6～10 倍（*Lepturacanthus*）。

　　　　　　體長約爲體高之 14～19 倍。D. IV, 108～123。尾前脊椎 33～37。鰓耙 2～4＋3～8。全身銀白色，背鰭、胸鰭密佈黑色小點，尾黑色………………………………………**沙帶魚**

深海帶魚 *Evoxymetopon taeniatus* (POEY)

　　LEE & YANG (1983) 報告於 1979 年在臺東成功得一標本。東港水產試驗所劉文御君亦在東港魚市場採得一標本。爲極爲稀見之深海魚類。

卜氏深海帶魚 *Evoxymetopon poeyi* GÜNTHER

LEE & YANG (1983) 報告於 1978 年在小琉球得一標本。TUCKER (1956) 認爲本種可能爲上種之雄性，但 LEE & YANG 之標本却爲雌性，故確認本種爲獨立之種。

妙帶魚 *Eupleurogrammus muticus* (GRAY)

英名 Malayan haritail, Atlantic cutlass fish。妙帶魚係林書顏 (1936) 所定名。又名小帶魚。李等 (1977) 認爲本書舊版所列本種爲後種之異名。但本種在南中國海及菲律賓產量甚多，而 FAO 魚類檢定活葉手册中，關於本種之分佈包括臺灣在內，亦見於我國大陸南部沿海。

隆頭帶魚 *Tentoriceps cristatus* (KLUNZINGER)

據李等 (1977) 本種產澎湖及東海。

肥帶魚 *Trichiurus lepturus* LINNAEUS

英名 Largehead hairtail, Common hairtail。俗名白魚，牙帶，裙帶，天竺帶魚。日名天竺太刀。產全島各地，南部較多。*T. haumela* (FORSSKÅL) 爲其異名。(圖 6-163)

瘦帶魚 *Trichiurus japonicus* TEMMINCK & SCHLEGEL

本種通常被列爲上種之異名，據李等 (1977) 分析其齒型、關節骨、體高等之差異，而認爲應列爲獨立之種。

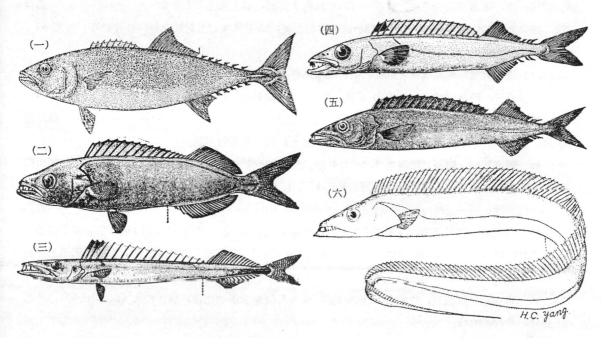

圖 6-163 (一) 鱗網帶鰆; (二) 東洋魛; (三) 尖身魛; (四) 梭倫魛; (五) 紫金魚 (以上帶鰆科); (六) 肥帶魚 (帶魚科)。

沙帶魚 *Lepturacanthus savala* (CUVIER)

英名 Smallhead hairtail。據 DE BEAUFORT & CHAPMAN (1951) 本種之分佈由印尼、南中國海以至日本。在 FAO 魚類檢定活葉手冊中，本種之分佈包括臺灣，亦見於我國大陸沿海。*T. armatus* 爲其異名。

鯧亞目 STROMATEIOIDEI

體卵形，或延長爲紡錘狀，概側扁。被小型或中型圓鱗，偶有被櫛鱗者，均易脫落。側線一條。口裂中等或小。前上頜骨不能或略能伸出。主上頜骨大部分被淚骨掩蓋。上下頜有細銳齒一列，腭骨有齒或無齒。鰓四枚；擬鰓存在，亦有僅留痕跡者。鰓被架 5～7。鰓膜在喉峽部游離或部分癒合。背鰭之硬棘部與軟條部分離或連續，有時硬棘退化而僅留痕跡。臀鰭通常有 III 棘，或 III 棘以上，或無硬棘。腹鰭鰭條 I, 5，胸位，亦有無腹鰭者。尾鰭深分叉；有分枝鰭條 15 枚；尾下支骨 2～6 片；尾柄兩側無隆起稜嵴。鰾或有或無。腸簡單或分枝，幽門盲囊少數；在最後一鰓弧之後方，食道有側囊，囊內壁具乳突或縱摺，有細骨支持之，細骨上有針狀齒。脊椎 24～60。

臺灣產鯧亞目 2 科 5 屬 8 種檢索表:

1a. 背鰭一枚，硬棘部發育不良。食道側囊內壁具乳狀突起，其上密生針狀小齒⋯⋯⋯⋯⋯⋯⋯⋯**鯧科**

　2a. 成魚無腹鰭；鰓裂狹小，鰓膜大部分與喉峽部相連；食道乳突有放射狀之根；鱗片微小；脊椎 30～36 (*Stromateoides*)。

　　3a. 背鰭及臀鰭前部鰭條顯著延長，倒伏時達尾鰭基底，尾鰭深分叉，下葉延長。
　　　體卵圓形，體長爲體高之 1.4～1.6 倍。鰓耙退化爲結節狀。D. IV～V, 39～45; A. V～VII, 34～43; P. 23；體背部灰白色，腹部乳白色，各鰭黑色 ⋯⋯⋯⋯⋯⋯⋯⋯⋯⋯**燕尾鯧**

　　3b. 背鰭及臀鰭前部鰭條不特別延長。尾鰭深分叉，但下葉不特別延長。
　　　4a. 體卵圓形，體長爲體高之 1.3～1.4 倍。鰓耙 4～6+7～11。吻端突出於下頜先端；背鰭、臀鰭前方軟條呈鐮刀狀；D. X, 39～46; A. VII, 34～43, P. 21。體青灰色，下部白色。全身有黑色小點⋯⋯⋯⋯⋯⋯⋯⋯⋯⋯⋯⋯⋯⋯⋯⋯⋯⋯⋯⋯⋯⋯⋯⋯⋯⋯⋯⋯⋯⋯⋯**白鯧**

　　　4b. 體特高，近於圓形；下頜突出於吻端；臀鰭前方 1/3 處各軟條較長，故呈三角形而不爲鐮刀狀；D. IV～VIII, 39～45; A. III～VII, 36～45; P. 20。體上半部暗灰色，下半部灰褐色，有褐色小點散在，各鰭邊緣帶黑色⋯⋯⋯⋯⋯⋯⋯⋯⋯⋯⋯⋯⋯⋯⋯⋯⋯⋯⋯⋯**中國鯧**

　2b. 成魚有腹鰭；鰓裂寬，鰓膜與喉峽部分離；食道乳突無放射狀之根；鱗片較大 (L. l. ±60)，薄而易落 (*Psenopsis*)。
　　D. V～IX, 28～30; A. III, 25～27; P. 19。鰓耙 18～21。體淡灰青色，帶銀色光澤，鰓蓋後上方有一黑斑⋯⋯⋯⋯⋯⋯⋯⋯⋯⋯⋯⋯⋯⋯⋯⋯⋯⋯⋯⋯⋯⋯⋯⋯⋯⋯⋯⋯⋯⋯⋯⋯⋯⋯**瓜子鯧**

1b. 背鰭兩枚，硬棘部發育完善；食道側囊內壁有縱摺，其上生有放射狀細刺⋯⋯⋯⋯⋯⋯**圓鯧科**

    5a. 鋤骨、腭骨無齒。

        6a. IX～XII～I～II, 27～32; A. II～III, 26～35; P. 18～20。鱗片細小，側線鱗 100 以上；脊椎骨 40; 幽門盲囊有多數分枝 (*Icticus*)⋯⋯⋯⋯⋯⋯⋯⋯⋯⋯**花瓣鯧**

        6b. 鱗片較大，側線鱗 100 以下；脊椎骨 25; 幽門盲囊不分枝 (*Psenes*)。

            7a. 臀鰭軟條 21，背鰭軟條 11～17; L. l. 44。沿鱗列有多數暗色縱線⋯⋯⋯⋯⋯**水母鯧**

            7b. 臀鰭軟條 15，背鰭軟條 14～15; L. l. 41～43。體銀白色，有紫色光澤，背鰭硬棘部上方暗色⋯⋯⋯⋯⋯⋯⋯⋯⋯⋯⋯⋯⋯⋯⋯⋯⋯⋯⋯⋯**印度圓鯧**

    5b. 鋤骨、腭骨有齒。

        8a. 腹鰭比較的短，起點在胸鰭基底略後； 鱗較大， 吻部上方亦有鱗，L. l. 55; 背鰭、臀鰭軟條均在 20 枚上下 (*Cubiceps*)⋯⋯⋯⋯⋯⋯⋯⋯⋯⋯⋯⋯⋯⋯**鱗首鯧**

        8b. 腹鰭比較的長，起點在胸鰭基底下方略前。鱗片較小，L. l. 60 枚以上，吻部上方無鱗。腹面有縱溝，腹鰭可匿於此溝中 (*Nomeus*)⋯⋯⋯⋯⋯⋯⋯⋯⋯**雙鰭鯧**

鯧　科 STROMATEIDAE

=PAMPIDAE; 包括 CENTROLOPHIDAE; Butterfishes; Pomfrets.

體橢圓形，側扁或延長。體被小或中型圓鱗。口小，前領骨略能伸縮。吻鈍圓，凸起。上下領有細齒，鋤骨、腭骨無齒。前鰓蓋骨及主鰓蓋骨硬骨化輕微或不硬骨化，前鰓蓋骨一般不明顯，主鰓蓋骨有鋸齒緣，或光滑。食道有側囊，囊之內壁有乳狀突起，突起上有細針狀角質齒。側線一條。背鰭一枚，III～X 棘，但發育不良，有的至成魚時埋於皮下。臀鰭與背鰭軟條部對在而同形。腹鰭 I, 5，胸位；成長後有缺腹鰭者（腰帶仍存在）。尾鰭深分叉；尾柄兩側無隆起稜崤。鰓裂小；鰓膜一般與喉峽部相連。擬鰓或有或無。鰓被架 5 ～ 7 。鰾或有或無。脊椎 24～36。

燕尾鯧 *Stromateoides echinogaster* (BASILEVSKY)

    本種體型較小， 僅吻端，鰭形與次種有別， 不易清分。 *S. nozawae* ISHIKAWA 為其異名。 舊版中本種未列入， 但其分佈與以下三種同（南中國海、東海，至日本），應亦見於臺灣。(圖 6-164)

白鯧 *Stromateoides argenteus* (EUPHRASEN)

    英名 White Pomfret, White Butter fish; 亦名銀鯧（張），車片魚（袞）。產臺灣。(圖 6-164)

中國鯧 *Stromateoides sinensis* (EUPHRASEN)

    產臺灣。(圖 6-164)

瓜子鯧 *Psenopsis anomala* (TEMMINCK & SCHLEGEL)

英名 Japanese Butter Fish, Silver Carp；亦名東洋鯧（袞），刺鯧，疣鯧（梁）；俗名肉鯽，肉魚（基），瓜鯧（客）；日名疣鯛。外形似鯧魚而較為延長，呈瓜子狀，故華南俗名瓜子鯧。產臺灣。亦有將本種列入長鯧科 (CENTROLOPHIDAE) 者。（圖 6-164）

圓鯧科 NOMEIDAE

=PSENIDAE; Man-of-war fishes; Driftfishes; Eyebrowfishes;

鮻科；雙鰭鯧科（朱）

體長橢圓形而側扁。鱗微小或中型，一般易脫落；側線完全。口小，唇薄；吻鈍；前上頜骨不能伸縮。上下頜有小圓錐狀齒一列，鋤骨、腭骨上有齒或無齒。食道側囊之內壁有縱摺，其上生有細刺。鰓蓋諸骨無鋸齒緣。背鰭兩枚，第一背鰭有棘 IX～XII 枚，但較第二背鰭 (0～III, 15～32) 為短，二者基部或有低鰭膜相連。臀鰭與第二背鰭對在 (I～III, 14～34) 且同形。第二背鰭及臀鰭後方無離鰭（偶或具有）。腹鰭小形。鰓膜在喉峽部游離。鰓耙細短。有擬鰓。鰓被架 5～7。脊椎骨 24～41。

花瓣鯧 *Icticus pellucidus* (LÜTKEN)

產基隆。本屬亦有列入長鯧科者。（圖 6-164）

水母鯧 *Psenes arafurensis* GÜNTHER

英名 Arafura Eyebrowfish。產基隆。

印度圓鯧 *Psenes indicus* (DAY)

英名 Indian driftfish。亦名圓鯧，圓疣鯧，印度雙鰭鯧；日名條紋花瓣鯧。產臺灣。

鱗首鯧 *Cubiceps squamiceps* (LLOYD)

英名 Chunky fathead。產高雄。（圖 6-164）

雙鰭鯧 *Nomeus albula* (MENSCHEN)

英名 Bluebottle fish。產本省東北部海域。*N. gronovii* (GMELIN) 為其異名。

#凹頭魚亞目 LUCIOCEPHALOIDEI

體延長，吻端尖銳如梭子魚 (Pike) 狀。有鰓上器。背鰭、臀鰭均無硬棘。背鰭接近尾部，有 9～12 軟條。臀鰭中部有一深缺刻，有 18～19 軟條。腹鰭 I, 5，第一軟條延長為絲狀。尾鰭圓形。側線鱗片 40～42。口能伸縮。左右鰓膜不相連接。有喉板，而無泳鰾。本亞目只含凹頭魚科 (LUCIOCEPHALIDAE, Pikehead) 一科一種，淡水產，分佈馬來半島。

圖 6-164 （一）燕尾鯧；（二）中國鯧；（三）白鯧；（四）瓜子鯧（以上鯧科）；（五）花瓣鯧；（六）鱗首鯧（以上圓鯧科）（一～四據朱等；五～六據阿部）。

鱧亞目 CHANNOIDEI

=OPHIOCEPHALIFORMES；迷器目 LABYRINTHICI（鬥魚類除外）

本亞目為普通魚類之形狀，但其第一鰓弧上部之鰓腔變形為副呼吸器，是曰上鰓器 (Suprabranchial organ)。鰓腔中如有隔膜，乃由第一鰓弧之上鰓突 (Epibranchial protuberances) 及舌頜突 (Hyomandibular process) 共同構成。此一構造不見於鬥魚亞目。體多少呈圓筒形，後部側扁。各鰭無硬棘；背鰭、臀鰭甚長，尤其前者殆佔體之全長，由鰓蓋後方延展至於尾基；腹鰭位於胸鰭後下方，亦有缺腹鰭者，但據 Myers & Shapovolov (1931)

之研究，在同一種中可能有具腹鰭及缺腹鰭二型，故腹鰭之有無不能認爲分類上之重要標準也。胸鰭起點位於體側正中線以下。鰾無氣道。鰓 4 枚，有鰓耙而無擬鰓，左右鰓膜連合，但在喉峽部游離。鰓被架 4。口大，能伸縮。上頜以前上頜骨爲邊緣。無眶蝶骨，亦無中烏喙骨。上下頜、鋤骨、腭骨均有齒。被中型圓鱗，頭頂鱗片特大，頗似蛇首，故有 Snake head 之稱。側線發達。本目僅鱧科一科。

鱧　科 CHANNIDAE

= OPHIOCEPHALIDAE；Snakeheads

本科特徵如鱧亞目。

臺灣產鱧科 1 屬 3 種檢索表：

1a. 通常不具腹鰭及幽門盲囊。

　　D. 44, A. 27～28；L. l. 54。體側有 8～9 條<字狀斑，尖端向前；尾鰭中央有一枚大如眼徑之黑斑 ···七星鱧

1b. 通常具腹鰭及幽門盲囊。

　　2a. 由背鰭起點至側線有鱗 3～3$\frac{1}{2}$ 列，L. l. 41～43；D. 31～35；A. 21～24（有時無腹鰭）體灰黑色，體側有若干<字形暗條紋，頭部有二暗色縱條紋，尾基上半有一暗色圓斑··················寬額鱧

　　2b. 由背鰭起點至側線有鱗 4～6 列，L. l. 56～58；D. 40～44；A. 26～29。體灰黑色，體側有三縱列大形暗斑···鱧

　　2c. 由背鰭起點至側線有鱗 7～10 列，L. l. 59～69；D. 47～52；A. 31～33；體近黑色，體側有二縱列大形黑色斑塊，頭部有二黑色縱帶···黑鱧

七星鱧 *Channa asiatica* (LINNAEUS)

　　亦名七星烏魚（陳），生斑魚（梁）；俗名鮕鮎。產臺北、淡水、桃園、日月潭。

　　C. formosana JOR. & EVERM. 爲其異名。（圖 6-165）

寬額鱧 *Channa gachua* (HAMILTON-BUCHANAN)

　　產臺灣。*Ophiocephalus orientalis* BL. & SCHN. 爲其異名。

鱧 *Channa maculatus* (LACÉPÈDE)

　　亦名雷魚，草鱧，月鱧（袁），七星烏魚；俗名鱴魚，雷鱧。產宜蘭、臺中、臺北、桃園。

　　Ophiocephalus tadianus JOR. & EVERM. 爲其異名。（圖 6-165）

黑鱧 *Channa argus* (CANTOR)

　　產本省北部河川中。

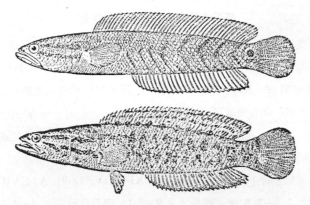

圖 6-165 上，七星鱧；下，鱧（據岡田、松原）。

鬥魚亞目 ANABANTOIDEI

＝ANABANTINA; LABYRINTHICI（迷器目）之一部分。

體橢圓或稍延長，強度側扁。體被櫛鱗，側線或有或無。鰓上腔 (Suprabranchial chamber) 因第一鰓弧上鰓節之延長而形成爲迷器 (Labyrinthiform organ)。鼻骨大型，左右鼻骨相互與額骨縫合，而掩覆中篩骨。腹鰭胸位，具 I 棘 1～5 軟條，軟條有時爲痕跡的。背鰭與臀鰭一般均具有硬棘。胸鰭胸位，低位。鰓膜被鱗片，左右鰓膜互相連合。鰓被架 5～6。無擬鰓。泳鰾後部延伸至尾部。脊椎骨 25～31。

鬥魚科 ANABANTIDAE

Climbing perches; Paradise fishes; Labyrinth fishes;

Walking perches Gouramis; 攀鱸科（動典）

體橢圓，或較爲延長，強度側扁。口小，斜裂；上頜以前頜骨爲邊緣，略能收縮，下頜突出。眶前骨下緣有鋸齒。齒圓錐狀，在上下頜成一齒帶，鋤骨、腭骨有齒或無齒（東南亞產之 *Helostoma* 僅唇上有可動之齒）。被大形或中型櫛鱗；側線完全，或在相當於背鰭硬棘部後端之下方間斷；但亦有退化或無側線者。鰓蓋諸骨完全，或有鋸齒緣。背鰭一枚，有硬棘 I～XIX；或甚長，起於胸鰭基底之上方，而較臀鰭爲長；或較短，起於胸鰭以後，而遠較臀鰭爲短。臀鰭硬棘 I～XVII。尾鰭圓、楔形、凹入、或分叉（如 *Macropodus*）。胸鰭圓，位於體之中線以上。腹鰭 I, 5，其第 1 軟條可能延長爲絲狀，有時整個腹鰭僅以此 1 枚絲狀之鰭條爲代表。鰓四枚；擬鰓退化或缺如。鰓上腔內因第一鰓弧之上部變形爲迷器，可以呼吸空氣，有另成立迷器目者。熱帶或亞熱帶淡水魚類，或以好鬥著稱，或能製巢以孵卵育幼。有謂能援木而升者，當係誤傳。

臺灣產鬥魚科 2 屬 3 種檢索表:

1a. 背鰭起點在胸鰭基底之上方，其基底較臀鰭基底爲長；鱗列整齊；側線發達，但在背鰭硬棘部後端之下方間斷；上下頜、鋤骨、腭骨均有圓錐狀齒；V. I, 5；尾鰭圓形 (*Anabas*)。

D. XVII～XVIII, 8～10；A. IX～X, 9～11；L. l. 28～32；體長（連圓形之尾鰭）爲體高之 3～4 倍，頭長之 3.5～3.7 倍；頭長爲眼徑之 4.5～5 倍‧‧‧‧‧‧‧‧‧‧‧‧‧‧‧‧‧‧‧‧‧‧‧‧‧‧**攀木魚**

1b. 背鰭起點在胸鰭基底以後，其基底較臀鰭基底爲短；鱗列整齊；側線退化或缺如；上下頜有圓錐狀齒，但腭骨無齒；腹鰭 I, 5, 其第 1 軟條延長爲絲狀 (*Macropodus*)。

2a. 尾鰭後緣凹入。前鰓蓋骨下緣有尖銳鋸齒。D. XI～XIV, 5～8；A. XVII～XX, 11～15；l. l. 29～30；體長爲體高之 2.5～2.8 倍，頭長之 2.9～3.1；頭長爲眼徑之 4～4.5 倍；體側有八條黑色橫帶‧‧**鬥魚**

2b. 尾鰭後緣圓形。前鰓蓋骨下緣有弱鋸齒，隱於皮下。D. XVII～XVIII, 6～8；A. XVIII～XXI, 10～12；l. l. 26～31；體長爲體高之 2.5～3.6 倍，頭長之 2.8～3.5 倍。頭長爲眼徑之 3.5～4 倍。體暗褐色，體側有 12～15 條不明顯之深藍色橫帶。鰓蓋後緣有一深藍色圓斑。尾鰭、臀鰭微紅色，腹鰭灰黑色‧‧**圓尾鬥魚**

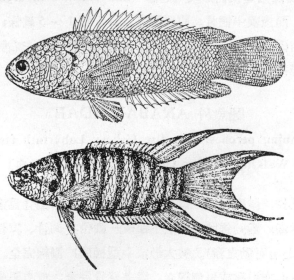

圖 6-166 上，攀木魚；下，鬥魚（上據 WEBER & DE BEAUFORT，下據岡田、松原）。

攀木魚 *Anabas scandens* (DALDORF)

英名 Climbing Perch；水產試驗所有此標本。亦名攀鱸（動典）。華中、華南以至海南島均有報告。而是否產於本省尚成疑問。（圖 6-167）

鬥魚 *Macropodus viridiauratus* LACÉPÈDE

亦名老梳火，菩薩魚，蝶魚（木村），錢汁魚；俗名 Taiwan Kingyo（大島）。*Polyac-anthus operculatus* (L.)，*M. filamentosus* OSHIMA 均其異名。產臺北、臺中、羅東。（圖 6-166）

圓尾鬥魚 *Macropodus chinensis*（BLOCH）

據 OKADA（1960）產臺灣。

棘鰍亞目 MASTACEMBELOIDEI
OPISTHOMI, OPISTHOMIA；後肩目

本亞目體延長，酷似沙鰍，眼前下方亦有小棘；背鰭前部有許多分離之小棘（XIV～XXXV），自胸鰭上方向後列生。背鰭、臀鰭與尾鰭連合（有時具一分離之小尾鰭），極似鰻鱺，故有 Spiny eel 之稱。無腹鰭而有胸鰭，胸帶（上匙骨）以一靱帶與脊柱相連。臀鰭前方有 II～III 硬棘。鰾無氣道。口小，端位，上下領有齒帶，有的鋤骨亦具齒。上領以前上領骨為邊緣，主上領骨在其後。鰓裂小，下位；鰓被架 6 枚；鰓 4 枚；無擬鰓。無基蝶骨，側蝶骨與顱骨後緣相接。無後顱骨。鱗微小。脊椎 77～95。由非洲南部經印度、東南亞以至華北均有報告。臺灣僅產 1 科 2 種。

棘鰍科 MASTACEMBELIDAE
Freshwater spinyeels

本科特徵如棘鰍亞目。

臺灣產棘鰍科僅棘鰍與小林氏棘鰍二種。前者 D. XXXII～XXXIV, 61～64；A. III, 57～65；後者 D. XXXIV～XXXV, 50～54；A. III, 45～50。

棘鰍 *Macrognathus aculeatum*（BLOCH）

亦名針鰻（動典），俗名豬母鋸。產臺灣西部。*Mastacembelus sinensis*（BLEEKER）當為本種之異名。（圖 6-167）

小林氏棘鰍 *Macrognathus kobayashii*（OSHIMA）

產臺灣西部。

圖 6-167 棘鰍（據岡田、松原）。

姥姥魚目 GOBIESOCIFORMES

= XENOPTERYGII, GOBIESOCIDA；奇鰭目；

包括 CALLONYMOIDEI 在內

　　體延長，略平扁；皮膚裸出無鱗。前上頜骨之關節突與升突癒合或無關節突。無後翼骨。鰓蓋諸骨向後延伸成硬棘（部分姥姥魚例外）。背鰭軟條及臀鰭軟條數與相鄰之脊椎數相等。尾鰭圓形或毛刷狀。腹鰭具 4～5 分枝鰭條，位於胸鰭下方之前，有的連合成吸盤狀（姥姥魚科）。在第二脊椎以後有肋骨。淚骨之後方無圍眶骨。無泳鰾。鰓被架 6～7。沿岸底棲性小魚，無甚經濟價值。

　　本目之分類地位，據格陵伍等（1966）置於准棘鰭首目中，僅含姥姥魚一科。後據 GOSLINE（1970）認爲姥姥魚科、鼠䜴魚科及龍䜴魚科，可能都是南極魚（Notothenioids）演化而來，因而將此三科共列於本目中，其地位在鱸目（PERCIFORMES）之上。NELSON 起初同意此說，但他在其新著中（1984）改變主意，支持舊說。上列特徵是否單系起源，目前尚無定論。本書暫依 GOSLINE 之主張，而在本目中包括上述三科而置於鱸目之上。

臺灣產姥姥魚目所含 2 亞目 3 科之檢索目（另一科只見於澳洲）：

1a. 背鰭一枚，接近尾鰭。二腹鰭變形爲吸盤狀（姥姥魚亞目 GOBIESOCOIDEI）……………姥姥魚科
1b. 背鰭二枚（少數缺第一背鰭）。二腹鰭不形成吸盤狀（鼠䜴魚亞目 CALLONYMOIDEI）。
　2a. 每側鼻孔單一。前鰓蓋骨有一大形彎曲強棘；體較平扁…………………………鼠䜴魚科
　2b. 每側鼻孔一對。前鰓蓋骨無棘，主鰓蓋骨與下鰓蓋骨各有一大形彎曲之強棘；體圓柱形而延長……
………………………………………………………………………………………………龍䜴魚科

姥姥魚亞目 GOBIESOCOIDEI

　　體延長，前部平扁，略呈蝌蚪狀。皮膚裸出。口裂中等大，上頜能伸縮。齒絨毛狀或門齒狀。背鰭一枚，無硬棘，偏於體軀後方，與臀鰭對在。腹鰭喉位，左右遠離，但因二腹鰭間有發達之皮摺連在一起，而成爲一強有力的吸盤。上匙骨有一凹入部分，與匙骨之髁突相接。無基蝶骨及眶蝶骨。生殖乳突位於肛門之後。鰓 3 個或 3¹/₂。尾下支骨癒合爲單一骨板。無泳鰾。多數爲熱帶沿岸淺海岩礁中，潮水衝擊處之肉食性小魚，雖無經濟價值，但因其形態特異，在學術上頗饒趣味。

姥姥魚科 GOBIESOCIDAE

Clingfishes

　　腹鰭變形爲吸盤，位於胸鰭之下前方，以供吸着之用，腰帶骨亦特化而用以支持吸盤。

每一腹鰭各具 I 小形弱棘 4 軟條（少數爲 5 枚）；背鰭單一而無硬棘，胸鰭具 4 鰭輻骨，16～31 鰭條。鰓孔分別外開，或在腹面合而爲一。壁肋（pleural ribs）接於側肋（epipleural ribs）之上。尾鰭全部鰭條 16～27（8～14 枚連於尾下支骨）。脊椎 11～12＋13～33。

臺灣產姥姥魚科 4 屬 4 種檢索表:

1a. 鰓膜在喉峽部游離。

　　D. 8～9; A. 6; P. 20。體黑色或暗褐色而體側有黑色橫線紋⋯⋯⋯⋯⋯⋯⋯⋯⋯⋯⋯**扁頭姥姥魚**

1b. 鰓膜連於喉峽部。

　2a. D. 6～7; A. 6. P. 21～24。背鰭、臀鰭之後端不與尾鰭相連。吸盤爲雙型，卽吸盤之前緣游離。

　　　體爲一致之黃綠色⋯⋯⋯⋯⋯⋯⋯⋯⋯⋯⋯⋯⋯⋯⋯⋯⋯⋯⋯⋯⋯⋯⋯⋯⋯⋯⋯⋯**小姥姥魚**

　2b. D. 11～13; A. 8～9; P. 23。 背鰭、臀鰭之後端以低鰭膜與尾柄部相連。吸盤爲雙型，體灰褐色

　　　而眼後及尾部有紅色斑駁⋯⋯⋯⋯⋯⋯⋯⋯⋯⋯⋯⋯⋯⋯⋯⋯⋯⋯⋯⋯⋯⋯⋯⋯⋯**姥姥魚**

　2c. D. 16（15～17）; A. 14（12～15）; P. 28（25～31）。背鰭、臀鰭之後端有鰭膜與尾鰭相連。腹吸

　　　盤小，單一型，卽前後癒合爲一。體爲一致之淡黃色⋯⋯⋯⋯⋯⋯⋯⋯⋯⋯⋯⋯⋯**三崎姥姥魚**

扁頭姥姥魚 *Conidens laticephalus*（TANAKA）

　　產臺灣北部及東北部近海。

小姥姥魚 *Aspasma minima*（DÖDERLEIN）

　　產蘇澳、基隆。（圖 6-168）

姥姥魚 *Aspasmichthys ciconiae*（JORDAN & FOWLER）

　　產臺灣。（圖 6-168）

三崎姥姥魚 *Lepadichthys frenatus* WAITE

　　Aspasma misakia TANAKA 爲本種異名。產臺灣。

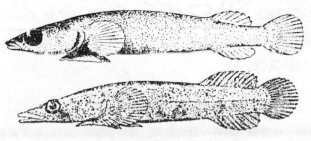

圖 6-168　上，小姥姥魚；下，姥姥魚。

鼠衛魚亞目 CALLIONYMOIDEI

Dragonets.

頭及體軀平扁，或略呈圓筒形，尾部側扁。無鱗。側線或有或無。口小，橫裂，能伸縮、鰓裂小，或中、大；高位，或側位。前鰓蓋骨有一長棘，或無棘；鰓蓋骨及下鰓蓋骨無棘，或鰓蓋骨與下鰓蓋骨退化各成一尖棘。中篩骨位於前額骨（側篩骨）後方，代替眶蝶骨而形成眶間隔，將額骨與前額骨分離，其下緣與側蝶骨相接。前頜骨上突長，插入前額骨與中篩骨所形成之深溝內。無中翼骨及後翼骨，亦無上匙骨。背鰭二枚或一枚；第一背鰭具 II～V 硬棘，第二背鰭鰭條分枝或不分枝。臀鰭與第二背鰭相似。胸鰭大，圓形。腹鰭胸位或喉位，基底遠離，具 I 不分枝鰭條，5 分枝鰭條。脊椎 21～23。

鼠衛魚科 CALLIONYMIDAE

Dragonets；鰤科（朱）；鼠鮋科（日）

體延長，裸出。頭部平扁；口狹，吻尖，上頜能伸縮自如。眼高位，左右靠近。齒細小，多列，僅見於上下頜。前鰓蓋有一隱於皮下之強棘，棘之末端有一至數枚鈎刺，有時在棘之基部有一逆鈎。鰓蓋主骨及下鰓蓋骨無棘。口中庸，上向。側線一條（或二條），兩側之側線或以頸部、背部以及尾柄之橫枝相連接。背鰭兩枚，有時在二背鰭間有鰭膜連接之；第一背鰭甚短，II～IV 棘；第二背鰭長，6～11 分枝或不分枝之軟條。臀鰭與第二背鰭同形而較短（4～10 軟條）。胸鰭大形，基部有三枚鰭基骨。腹鰭 I, 5，喉位，左右遠離，最後軟條或以寬鰭膜與胸鰭基部相連。尾鰭大形。鰓裂小，鰓膜完全連於喉峽部。第四鰓後有一裂孔。有擬鰓。無鰾。脊椎數 8＋13。通常無基蝶骨及後顳骨。鼻骨一對。後匙骨二枚。尾下支骨癒合為單一骨板。雌雄異形，雄者第一背鰭各棘往往延長為絲狀。至於兩性體色差別更為顯著，往往被鑑定為不同之二種。如紅鼠衛魚之雌者曾被名為 *Callionymus calauropomus* RICHARDSON，而雄者被定名為 *C. altivelis* T. & S.。熱帶沿岸小魚，臺灣沿岸產本科魚類甚多。味劣，無甚經濟價值。

臺灣產鼠衛魚科 4 屬 30 種檢索表：

1a. 鰓蓋有一活動之皮瓣。沿體側下緣有一縱走皮摺。臀鰭鰭條不分枝。前鰓蓋棘之基部有 1～2 枚逆向之小棘 (*Diplogrammus*)。

　　體長為頭長之 3.9～4.7 倍，體高之 6.6～10.5 倍。頭長為眼徑之 10 倍以上。腹鰭倒伏時到達臀鰭第一鰭條；前鰓蓋棘之背面有 4～9 枚彎曲之小棘⋯⋯⋯⋯⋯⋯⋯⋯⋯⋯**雙線鼠衛魚**

1b. 腹鰭無活動之皮瓣。沿體側下緣無縱走皮摺。體側無小皮鬚。上下頜有絨毛狀細齒帶。

2a. 腹鰭第一鰭條延長，並且與其他部分分開 (I, 1+4) (*Dactylopus*)。

體長爲頭長之 3.5～4.2 倍，體高之 5.4～7.0 倍。頭長爲眼徑之 2.6～3.5 倍。前鰓蓋棘背面有 2～4 枚，腹面有 2～5 枚逆向之鋸齒……………………………………………………………**指鰭鼠䜴魚**

2b. 腹鰭第一軟條不延長，亦不與其他部分分開 (I, 5)。

3a. 背鰭軟條不分枝 (最後一枚之基部分枝)；鰓孔上位；前鰓蓋棘之基部下面通常有一逆向之棘。吻長通常大於眼徑 (*Callionymus*)。

4a. 前鰓蓋棘之背緣有逆向之小鋸齒；主要尖端直走，不上彎 (亞屬 *Calliurichthys*)。

5a. 第二背鰭有 7～8 鰭條 (鰭式 6,1～7,1)；A. 6 或 6,1。

♂：第一背鰭之第 I、II 棘延長爲絲狀。前鰓蓋棘 1 $\frac{5-6}{-}$ 1；頭長爲腹鰭長之 0.9～1.1 倍，

體長爲尾鰭長之 1.3～1.5 倍。臀鰭外緣有一暗色條紋。

♀：第一背鰭棘均不延長爲絲狀。頭長爲背鰭第 I 棘長之 1.6～2.7 倍；第二背鰭之第八軟條略長於第七軟條 (1.0～1.2 倍)。體長爲尾鰭長之 2.8～3.0 倍。臀鰭外緣有一暗色條紋。腹鰭長爲頭長之 0.6～0.9 倍……………………………………**曳絲鼠䜴魚**

5b. 第二背鰭有 9 鰭條 (8,1)。臀鰭 7,1 或 8,1。頭長爲第一背鰭基底長之 1.4～1.9 倍。

6a. 臀鰭 8,1。

7a. 前鰓蓋棘之腹緣凹入。

♂：第一背鰭之第 I 棘不爲絲狀，與第 II 棘大致相等，約爲第二背鰭第一鰭條之 1.1～1.2 倍；臀鰭透明，外緣有一黑條紋。

♀：第一背鰭第 I 棘較第二背鰭第一鰭條爲短。臀鰭外緣有黑點……………**藍身鼠䜴魚**

7b. 前鰓蓋棘之腹緣平直或凸出。

8a. ♂：第一背鰭之第 I 棘與後部分離 (I+III)，並且延長爲絲狀；尾鰭有二鰭條延長爲絲狀。

♀：第一背鰭色淡，在第三鰭膜上有一卵圓形大黑斑……………**絲鰭鼠䜴魚**

8b. ♂：第一背鰭之第 I 棘與後部有鰭膜相連 (IV)；尾鰭無特別延長之鰭條，或有多數 (至少 6 條) 絲狀鰭條。

♀：第一背鰭之第三鰭膜上無黑斑。

9a. 第一背鰭之 I～III 棘延長爲絲狀；尾鰭中央有多數或長或短之絲狀鰭條 ……………………………………………………………………………………**槍棘鼠䜴魚**

9b. 第一背鰭之 I～III 棘不延長爲絲狀，尾鰭中央無多數絲狀鰭條。

10a. 第一背鰭色暗，外緣黑色；眼下有一黑色條紋；腹鰭倒伏時到達臀鰭第二鰭膜；胸鰭到達臀鰭第三鰭條………………………………………………**南臺鼠䜴魚**

10b. 第一背鰭色淡，有數枚垂直之暗色條紋，眼下無黑色條紋；腹鰭倒伏時到達臀鰭第一鰭條；胸鰭向後倒伏時到達臀鰭第一鰭膜之基部中央………………**槍棘鼠䜴魚**

6b. 臀鰭 7,1。

11a. 第一背鰭之第 I 棘不成絲狀，或僅爲短絲狀（爲絲狀長棘之 1/10 以下）。

12a. 尾鰭長爲頭長之 2 倍以下；臀鰭外方有一黑色寬縱帶，鰭條末端白色；第一背鰭較第二背鰭之第一軟條爲高；第一背鰭第三鰭膜之外側有一大形眼狀黑斑 ···**粗首鼠䰵魚(♀)**

12b. 尾鰭長爲頭長之 2.2 倍以上。

13a. 第一背鰭棘各有一短絲狀部；第一背鰭第 II 棘後方外側無黑斑 ············· ···**粗首鼠䰵魚(♂)**

13b. 第一背鰭棘無絲狀部；第一背鰭第 II 棘後方外側無黑斑，但往往在第三鰭膜上有一大形眼狀斑。

尾鰭延長，末端鈍圓 ·····································**鼠䰵魚(♀)**

11b. 第一背鰭之第 I 棘延長爲長絲狀，第 II 棘亦然；第一背鰭之第三鰭膜上有一大形黑色眼狀斑塊；尾鰭中央四鰭條大約等長·····················**鼠䰵魚(♂)**

4b. 前鰓蓋棘之背緣有大形彎曲之尖頭（有時有一額外之逆向尖頭）；主要尖端通常向上彎（亞屬 *Callionymus*）。

14a. 第一背鰭有三棘。

14b. 第一背鰭有四棘。

15a. 前鰓蓋棘之背緣在主要尖端附近有一枚小形逆鈎，並且有 1～3 枚大形彎曲尖刺。

16a. 第二背鰭及臀鰭甚高，雄魚此二鰭之邊緣略突出。

17a. 第一背鰭之第 I 棘延長爲絲狀，第二背鰭比較的低，頭長約爲其第一鰭條之 1.0 倍，第五鰭條之 0.9 倍。前鰓蓋棘之背緣有 2 彎曲之尖刺（另有一逆向之刺）。第一背鰭第三鰭膜上之黑斑大形，幾乎佈滿整個鰭膜；臀鰭每一鰭膜之外緣有一黑色條紋，外方 2/3 暗褐色，鰭條之末端白色·····················**臺灣鼠䰵魚**

17b. 第一背鰭之第 I 棘不成長絲狀。前鰓蓋棘之主要尖端短。臀鰭之每一鰭膜之外緣有一黑條紋；尾鰭後緣不規則。第一背鰭第三鰭膜有一斜走之暗斑，接近外緣處有一小斑。雄者尾鰭中央二鰭條較長·····························**蘇庫鼠䰵魚**

16b. 第二背鰭和臀鰭較低，外緣平直；尾鰭後緣凸出或略尖，有一、二絲狀鰭條。第一背鰭之第 I 棘延長爲絲狀。前鰓蓋棘之主要尖端較短，背緣之最大尖刺之基部有一小鈎。第二背鰭無色，有橫走之白線紋，體側有一列明顯之黑斑·····················**凱島鼠䰵魚**

15b. 前鰓蓋棘之背緣在主要尖端附近無小形逆鈎。體長爲頭長之 3.4 倍以上。

18a. 臀鰭 6, 1。

19a. 第一背鰭特高，各棘均成絲狀，第 I 棘略短於第 II 棘。尾鰭不延長，後緣透明。第一背鰭透明，第二、三鰭膜上有暗斑。前鰓蓋棘 $1\frac{1-3(4)}{\quad}1$，基部不甚彎曲···**九棘鼠䰵魚(♂)**

19b. 第一背鰭不較第二背鰭顯著的高，各棘不爲絲狀，或僅第 I 棘爲絲狀。前鰓蓋

　　　棘 $1\dfrac{(2-)3-4(-5)}{}1$，基部顯著彎曲（上彎 50～90°）……………**彎棘鼠衙魚**

18b. 臀鰭 7, 1～9, 1。

　　20a. 前鰓蓋棘 $1\dfrac{1}{}1$。

　　　21a. 第一背鰭之第 I 棘爲絲狀。

　　　　22a. 第一背鰭之第三或第四鰭膜上無黑色眼斑…………………**子午鼠衙魚**(♀)

　　　　22b. 第一背鰭之第三和第四鰭膜上有一黑色眼斑………………**滑鼠衙魚**(♂)

　　　21b. 第一背鰭之第 I 棘不爲絲狀。

　　　　23a. 第二背鰭第二軟條爲第一背鰭第 I 棘之 0.35～0.5 倍，第一背鰭透明

　　　　　………………………………………………………………**子午鼠衙魚**(♂)

　　　　23b. 第二背鰭第二軟條爲第一背鰭第 I 棘之 1.3～3.3 倍；第一背鰭之第二

　　　　　或第三到第四鰭膜色暗，眶前區爲眼徑之 0.8～1.2 倍……**滑鼠衙魚**(♀)

20b. 前鰓蓋棘 $1\dfrac{2-8}{}1$。

　　24a. 前鰓蓋棘 $1\dfrac{6-7}{}1$。

　　　25a. 第一背鰭之第 II 棘爲絲狀，第 I、III 棘亦爲絲狀，第 I、II 棘

　　　　約等長；第一背鰭透明…………………………………**薛氏鼠衙魚**(♂)

　　　25b. 第一背鰭之第 II 棘不爲絲狀（第 I 棘或爲絲狀），第 IV 棘較第

　　　　II 棘爲短。

　　　　26a. 第一背鰭色淡，而有暗色小點；腹鰭基約與第一背鰭基等長。

　　　　　尾鰭透明，或有不明顯之暗點………………………**平淡鼠衙魚**(♂)

　　　　26b. 第一背鰭爲均勻之暗色；前鰓蓋棘之基部有一逆向之棘；第一

　　　　　背鰭之第 I 棘長於第 II 棘。

　　　　　27a. 胸鰭基部上方有一大形黑斑；前鰓蓋棘短於眼徑，臀鰭 8, 1

　　　　　　…………………………………………………**薛氏鼠衙魚**(♀)

　　　　　27b. 胸鰭基部無黑斑；前鰓蓋棘長於眼徑。臀鰭 8, 1～9, 1。第

　　　　　　一背鰭第 III 棘長於第 II 棘；體側有小形斑點………………

　　　　　　………………………………………………………**平淡鼠衙魚**(♀)

　　23b. 前鰓蓋棘 $1\dfrac{2-5}{}1$。

　　　28a. 第二背鰭 9, 1。

　　　　29a. 第一背鰭各棘大致等長，爲第二背鰭第一鰭條之 2 倍以上，各

　　　　　棘均成長絲狀……………………………………………**暗色鼠衙魚**(♂)

　　　　29b. 第一背鰭各棘不成絲狀（第 I 棘或例外），如成絲狀則長度不

　　　　　等，約與第二背鰭之第一鰭條等長。

30a. 第一背鰭之第 I～III 棘有短絲狀部（第 IV 棘可能亦成絲狀）。第一背鰭無大形眼斑。第一背鰭之第 I、II 棘顯然較第二背鰭之第一鰭條爲短。泌尿生殖乳突小形或缺如⋯暗色鼠䲗魚(♀)

30b. 第一背鰭之 II、III 棘不成絲狀（第 I 棘或成絲狀）。

  31a. 第一背鰭之第 I 棘成絲狀。

    32a. 第一背鰭之第三或第四鰭膜上有一眼狀黑斑⋯⋯⋯⋯⋯⋯⋯⋯⋯⋯滑鼠䲗魚(♂)

    32b. 第一背鰭上無眼狀黑斑，腹鰭基長與第一背鰭基長約相等；尾鰭透明，或有不明顯之暗色斑點⋯⋯⋯⋯⋯⋯⋯⋯⋯⋯⋯⋯⋯⋯⋯⋯⋯⋯⋯⋯平淡鼠䲗魚(♂)

  31b. 第一背鰭之第 I 棘不成絲狀。

    33a. 第一背鰭之第二或第三鰭膜上有一大形黑色眼斑。前鰓蓋棘之基部顯著彎曲（上彎約 50～90°）⋯⋯⋯⋯⋯⋯⋯⋯⋯⋯⋯⋯⋯⋯⋯⋯彎棘鼠䲗魚

    33b. 第一背鰭上無大形黑色眼斑。

      34a. 前鰓蓋棘之基部顯著彎曲（上彎約 50～90°）⋯⋯⋯⋯⋯⋯彎棘鼠䲗魚(♂)

      34b. 前鰓蓋棘之基部略向上彎（上彎 30° 以下）。

        35a. 第一背鰭透明，有時有暗色小點。臀鰭無暗條紋。腹鰭基約與第一背鰭基等長⋯⋯⋯⋯⋯⋯⋯⋯⋯⋯⋯⋯⋯⋯⋯⋯⋯⋯⋯⋯⋯⋯⋯⋯⋯⋯平淡鼠䲗魚(♂)

        35b. 第一背鰭有一大形暗色區域，或爲均勻之暗色。

          36a. 第一背鰭高於或等於第二背鰭。腹鰭基長約與第一背鰭基等長⋯⋯⋯⋯⋯⋯⋯⋯⋯⋯⋯⋯⋯⋯⋯⋯⋯⋯⋯⋯⋯⋯⋯⋯⋯⋯⋯平淡鼠䲗魚(♀)

          36b. 第一背鰭顯然低於第二背鰭。第一背鰭之第二鰭膜色暗，第一鰭膜透明。尾鰭不延長，末端透明。前鰓蓋棘 $1\frac{1-3}{}1$，其長約爲眼徑之半 ⋯⋯滑鼠䲗魚(♀)

28b. 第二背鰭 6, 1～8, 1。

    37a. 前鰓蓋棘 $1\frac{2}{}1$。

      38a. 尾鰭有多數絲狀長鰭條⋯⋯⋯⋯⋯⋯⋯⋯⋯⋯⋯⋯⋯⋯⋯⋯瓦氏鼠䲗魚(♂)

      38b. 尾鰭無多數絲狀長鰭條。前鰓蓋棘之基部略向上彎（上彎 30° 以下）。

        39a. 第一背鰭有一黑色眼斑。

          40a. 第一背鰭第 II, III 棘成長絲狀（其他各棘亦可能成長絲狀）⋯⋯⋯⋯⋯⋯⋯⋯⋯⋯⋯⋯⋯⋯⋯⋯⋯⋯⋯⋯⋯⋯⋯⋯⋯⋯九棘鼠䲗魚(♂)

          40b. 第一背鰭第 II、III 棘不成長絲狀，或僅成短絲狀（第 I 棘或成長絲狀）。

            41a. 第一背鰭第 IV 棘成絲狀；泌尿生殖乳突小形或不明顯⋯瓦氏鼠䲗魚

            41b. 第一背鰭第 IV 棘不成絲狀；泌尿生殖乳突細長⋯⋯滑鼠䲗魚(♂)

        39b. 第一背鰭無眼狀黑斑。

          42a. 第一背鰭黑色，或有大形暗色區域。

            43a. 第一背鰭之第一鰭膜透明，第二鰭膜黑色，或至少大部分爲黑色。尾鰭不延長，末端色淡，第一背鰭棘無絲狀部。前鰓蓋棘短於眼徑之半⋯⋯⋯⋯⋯⋯⋯⋯⋯⋯⋯⋯⋯⋯⋯⋯滑鼠䲗魚(♀)

43b.　第一背鰭之第一鰭膜黑色（至少大部分爲黑色）。

　　44a.　第一背鰭第 I 棘至少爲第二背鰭第一鰭條之 1.5 倍。

　　　　45a.　第一背鰭之第 IV 棘與第 I 棘約等長……………………………**暗色鼠銜魚**（♂）

　　　　45b.　第一背鰭之第 IV 棘顯然短於第 I 棘（後者長爲前者之 10～18 倍）……………
　　　　　………………………………………………………………………………**子午鼠銜魚**（♀）

　　44b.　第一背鰭之第 I 棘短於第二背鰭之第一鰭條。

42b.　第一背鰭透明（有時有小黑點）。

　　46a.　第一背鰭之第 II、III 棘不成絲狀（第 I 棘可能成絲狀）。

　　　　47a.　第一背鰭之第 I 棘長至少爲第 II 棘之 1.5 倍………………**子午鼠銜魚**

　　　　47b.　第一背鰭之第 I 棘短於第 II 棘……………………………**九棘鼠銜魚**（♀）

　　46b.　第一背鰭之第 II、III 棘成絲狀（I、IV 棘亦可能成絲狀）。

　　　　48a.　第一背鰭之第 IV 棘長至少爲第二背鰭第一鰭條之 1.5 倍………………
　　　　　………………………………………………………………………………**暗色鼠銜魚**（♂）

　　　　48b.　第一背鰭之第 IV 棘顯然短於第二背鰭第一鰭條，後者爲第一背鰭第 I 棘
　　　　　長之 1.5 倍以下………………………………………………………**暗色鼠銜魚**（♀）

37b.　前鰓蓋棘 $1\frac{3-5}{-}1$。

　　49a.　臀鰭 7, 1。

　　　　50a.　第一背鰭之第 I 棘成絲狀。

　　　　51a.　前鰓蓋棘 $1\frac{4-5}{-}1$。

　　　　　　52a.　第一背鰭之第 III 棘成長絲狀。

　　　　　　　　53a.　第一背鰭之第三和（或）第四鰭膜上有一黑色眼斑……………………
　　　　　　　　　…………………………………………………………………………**九棘鼠銜魚**（♂）

　　　　　　　　53b.　第一背鰭透明，無任何黑斑，胸鰭基部上方有一特殊之黑斑…………
　　　　　　　　　…………………………………………………………………………**薛氏鼠銜魚**（♂）

　　　　　　52b.　第一背鰭之第 III 棘不成絲狀，或有一甚短之絲狀部。

　　　　51b.　前鰓蓋棘 $1\frac{3}{-}1$。

　　　　　　54a.　第一背鰭之第 III 棘有一長絲狀部。

　　　　　　　　55a.　尾鰭中央 4～6 鰭條成絲狀………………………**瓦氏鼠銜魚**（♂）

　　　　　　　　55b.　尾鰭中央鰭條不成絲狀。

　　　　　　　　　56a.　第二背鰭 7, 1；第一背鰭之第三或第四鰭膜上有一眼狀黑斑…
　　　　　　　　　　………………………………………………………………………**九棘鼠銜魚**（♂）

　　　　　　　　　56b.　第二背鰭 8, 1；第一背鰭上無眼狀黑斑，但是有很多具暗邊之
　　　　　　　　　　白線紋和斑點………………………………………………………**暗色鼠銜魚**（♂）

54b. 第一背鰭之第 III 棘不成絲狀，或僅有一極短之絲狀部。

57a. 第一背鰭之第 I、II 棘約等長。第一背鰭上無眼狀黑斑。泌尿生殖乳突小形或不顯……………………………………**暗色鼠銜魚**(♀)

57b. 第一背鰭之第 II 棘顯然短於第 I 棘，第一背鰭之第三或第四鰭膜上有一黑斑。

58a. 第一背鰭之第 IV 棘成絲狀，第 II 棘長約爲第 I 棘之 3/4。泌尿生殖乳突小形或不顯……………………**瓦氏鼠銜魚**(♀)

58b. 第一背鰭之第 IV 棘不成絲狀，第 II 棘長爲第 I 棘之 1/2 以下。泌尿生殖乳突一般細長………………………**滑鼠銜魚**

50b. 第一背鰭之第 I 棘不成絲狀，尾鰭長不達體長之 1/2。

59a. 第一背鰭之第 II、III 棘各有長絲狀部，第 I 棘與第 II 棘等長………………………**九棘鼠銜魚**(♂)

59b. 第一背鰭之第 II、III 棘不成絲狀。

60a. 第一背鰭有一眼狀黑斑。尾鰭突出。泌尿生殖乳突小形或不顯……………**瓦氏鼠銜魚**(♀)

60b. 第一背鰭無眼狀黑斑。

61a. 第一背鰭色淡或透明，有時有暗色點或線紋。

62a. 第二背鰭 7,1；頰部有 2 垂直條紋………………………**九棘鼠銜魚**(♀)

62b. 第二背鰭 8,1；前鰓蓋棘 $1\frac{3}{\_}1$。第一背鰭 II～IV 棘有短絲狀部……**暗色鼠銜魚**(♀)

61b. 第一背鰭黑色，或有一大形暗色區域。

63a. 前鰓蓋棘長約爲眼徑之半……………………………………**暗色鼠銜魚**(♀)

63b. 前鰓蓋棘長至少爲眼徑之 3/4。泌尿生殖乳突小形或缺如，胸鰭基部上方有一特別之黑斑……………………………………**薛氏鼠銜魚**(♀)

49b. 臀鰭 8,1～9,1。

64a. 第一背鰭之第 II 棘成絲狀，第 I 棘與第 II 棘等長或略長。

65a. 尾鰭中央 4～5 鰭條成長絲狀………………………………**瓦氏鼠銜魚**(♂)

65b. 尾鰭中央各鰭條不成絲狀。

66a. 第一背鰭之第 IV 棘約與第 I 棘等長。

67a. 體長爲尾鰭長之 3 倍以上；臀鰭基部每一鰭膜上無斑點。前鰓蓋棘

$1\frac{2-3}{\_}1$…………………………………………………**暗色鼠銜魚**(♂)

67b. 體長爲尾鰭長之 2.8 倍以下。臀鰭基部在每一鰭膜上有一特殊斑點，前鰓蓋棘 $1\frac{3-4}{\_}1$ …………………………………**八斑鼠銜魚**(♂)

66b. 第一背鰭之第 IV 棘顯然短於第 I 棘。

68a. 第一背鰭上有一眼狀黑斑，第一背鰭之第 III 棘短於第 IV 棘，泌尿生殖乳突小形或不顯，尾鰭不特別延長…………………**瓦氏鼠銜魚**(♀)

68b.　第一背鰭上無眼狀黑斑。

　69a.　第一背鰭之第 I 棘長為第二背鰭第一鰭條之 2 倍以上。

　　70a.　前鰓蓋棘 $1\frac{3}{1}$ ……………………………………**長崎鼠銜魚**（♂）

　　70b.　前鰓蓋棘 $1\frac{4—5}{1}$ ………………………………**薛氏鼠銜魚**（♂）

　69b.　第一背鰭之第 I 棘長為第二背鰭第一鰭條之 1.5 倍以下。

　　71a.　第一背鰭之第 I、II 棘長於第二背鰭之第一鰭條，並且顯然長於第 III、IV 棘。泌尿生殖乳突一般細長；臀鰭有波狀線紋…………………………………………………………**本氏鼠銜魚**（♂）

　　71b.　第一背鰭之第 I、II 棘顯然短於第二背鰭之第一鰭條，略長於第 III、IV 棘。生殖乳突小形或不顯。臀鰭無波狀線紋…………………………………………………………**暗色鼠銜魚**（♀）

64b.　第一背鰭之第 II 棘不成絲狀。

　72a.　第一背鰭之第 I 棘成絲狀。

　　73a.　第一背鰭之第 IV 棘成絲狀。第一背鰭無黑色眼斑……………**暗色鼠銜魚**（♀）

　　73b.　第一背鰭之第 IV 棘不成絲狀。

　　　74a.　第一背鰭有黑色眼狀斑。

　　　　75a.　前鰓蓋棘之基部顯然向上彎（約 50～90°）………………**彎棘鼠銜魚**（♂）

　　　　75b.　前鰓蓋棘之基部不顯著上彎（20° 以下）………………**滑鼠銜魚**（♂）

　　　74b.　第一背鰭無黑色眼狀斑。

　　　　76a.　第一背鰭之第 II 棘成絲狀，臀鰭有波狀暗色線紋………**本氏鼠銜魚**（♂）

　　　　76b.　第一背鰭之第 II 棘不成絲狀，臀鰭無波狀暗色線紋。

　　　　　77a.　第一背鰭基長約為腹鰭基之 1.55～1.8 倍…………**海南鼠銜魚**（♂）

　　　　　77b.　第一背鰭基長約為腹鰭基之 0.9～1.1 倍………………**平淡鼠銜魚**（♂）

　72b.　第一背鰭之第 I 棘不成絲狀。

　　78a.　第一背鰭有一眼狀黑斑。

　　　79a.　前鰓蓋棘之基部顯然彎曲（約 50～90°）………………**彎棘鼠銜魚**

　　　79b.　前鰓蓋棘之基部不顯著上彎（30° 以下）。

　　　　80a.　臀鰭有波狀暗色線紋………………………………**本氏鼠銜魚**（♀）

　　　　80b.　臀鰭無波狀暗色線紋。頭長為眼徑之 2.5 倍以上；體長為尾鰭長之 4.0～4.7 倍。第一背鰭外部有一黑斑…………………………**長崎鼠銜魚**（♀）

　　78b.　第一背鰭無眼狀黑斑。

　　　81a.　第一背鰭灰色或透明，有時有黑色小點。

　　　　82a.　前鰓蓋棘之基部顯著彎曲（50～90°）；第一背鰭第 II 棘短於第 I 棘，後者長於第二背鰭之第二鰭條。泌尿生殖乳突細長……**彎棘鼠銜魚**（♂）

82b. 前鰓蓋棘之基部略向上彎（30° 以下）。

　83a. 臀鰭之每一鰭膜基部有一黑斑⋯⋯⋯⋯⋯⋯⋯⋯⋯⋯⋯⋯⋯⋯⋯**八斑鼠銜魚**(♀)

　83b. 臀鰭鰭膜之基部無黑斑。

　　84a. 臀鰭有波狀暗色橫線紋⋯⋯⋯⋯⋯⋯⋯⋯⋯⋯⋯⋯⋯⋯⋯⋯⋯**本氏鼠銜魚**(♀)

　　84b. 臀鰭無波狀線紋。前鰓蓋棘不超過眼徑之 3/4。身體背面無特殊暗色橫斑。

　　　85a. 第一背鰭外緣黑色：⋯⋯⋯⋯⋯⋯⋯⋯⋯⋯⋯⋯⋯⋯⋯⋯**長崎鼠銜魚**(♀)

　　　85b. 第一背鰭外緣透明⋯⋯⋯⋯⋯⋯⋯⋯⋯⋯⋯⋯⋯⋯⋯⋯⋯**暗色鼠銜魚**(♀)

81b. 第一背鰭黑色，或有一大形黑色區域。

　　86a. 第一背鰭之第一鰭膜灰色或透明。

　　　87a. 第一背鰭之第二鰭膜灰色或透明⋯⋯⋯⋯⋯⋯⋯⋯⋯⋯⋯**本氏鼠銜魚**

　　　87b. 第一背鰭之第二鰭膜黑色。尾鰭不延長，末端不爲黑色。泌尿生殖乳突小形或不顯

　　　　⋯⋯⋯⋯⋯⋯⋯⋯⋯⋯⋯⋯⋯⋯⋯⋯⋯⋯⋯⋯⋯⋯⋯⋯**長崎鼠銜魚**(♀)

　　86b. 第一背鰭之第一鰭膜黑色。

　　　88a. 胸鰭基部上方有一特別之暗斑⋯⋯⋯⋯⋯⋯⋯⋯⋯⋯⋯⋯**薛氏鼠銜魚**(♀)

　　　88b. 胸鰭基部上方無特殊暗斑。

　　　　89a. 臀鰭每一鰭膜外側有一暗斑；第二背鰭鰭膜有數縱列小暗點⋯**海南鼠銜魚**(♀)

　　　　89b. 臀鰭無暗斑。第二背鰭鰭膜無縱列之小暗點，背面無特別之暗色橫斑；腹鰭基

　　　　　約與第一背鰭基等長⋯⋯⋯⋯⋯⋯⋯⋯⋯⋯⋯⋯⋯⋯⋯**平淡鼠銜魚**(♀)

3b. 背鰭各鰭條均分枝（體長 25 mm. 以上之標本）；鰓裂側位或下側位。前鰓蓋棘之基部通常無逆向之

　棘；吻長通常短於眼徑（*Synchiropus*）。

　　　　90a. ♂：第二背鰭之第一、二鰭條延長，但不成絲狀，通常較最後一鰭條爲長。

　　　　　♀：第一背鰭之第 I 棘較第二背鰭之第一鰭條爲長。

　　　　　第二背鰭之外緣無暗色條紋，而有三列暗點（或無色）⋯⋯⋯⋯⋯**紅鼠銜魚**

　　　　90b. ♂：第二背鰭之第一、二鰭條不延長，通常不較最後一鰭條爲長。♀：第一

　　　　　背鰭之第 I 棘不成絲狀，較第二背鰭之第一鰭條爲短。

　　　　91a. 前鰓蓋棘——$\frac{1}{—}$1。

　　　　　92a. 有眶上觸角；雄魚之第一背鰭無眼狀斑⋯⋯⋯⋯⋯⋯⋯**飯島氏鼠銜魚**

　　　　　92b. 無眶上觸角，雄魚之第一背鰭之第一、二鰭膜上有眼狀斑。

　　　　　　身體兩側之側線在枕區相連接，側線向後達尾鰭最長鰭條之末端⋯⋯⋯⋯⋯

　　　　　　⋯⋯⋯⋯⋯⋯⋯⋯⋯⋯⋯⋯⋯⋯⋯⋯⋯⋯⋯⋯⋯⋯⋯⋯**眼斑鼠銜魚**

　　　　91b. 前鰓蓋棘 0—2 $\frac{2}{—}$ 1。

　　　　　身體兩側之側線在尾柄部相連接；前鰓蓋棘主要尖端之長，爲其背緣最長尖

　　　　　刺之 2 ～ 3 倍。

　　　　　♂：第一背鰭之第 III 棘較第 I 棘爲短。臀鰭有二列眼狀斑⋯⋯⋯**條紋鼠銜魚**

90c. 前鰓蓋棘 $\frac{3-5}{-}$ 1。第二背鰭之外緣凸出，各鰭條通常有 3～5 分枝。胸鰭鰭條 27 枚以上。成魚之臀鰭鰭條分枝。

    93a. 體長為尾柄高之 5.7 倍，眼徑為眶間區之 1.5 倍以下；頭長為臀鰭第一鰭條長之 2.6 倍以上。體欖綠色（保存標本淡藍色），有多數暗欖綠色之眼狀斑……………………………………………**美麗鼠銜魚**

    93b. 體長為尾柄高之 5.6 倍以下，眼徑為眶間區之 1.8 倍以上；頭長為臀鰭第一鰭條長之 2.1 倍以下。體褐色（保存標本淡綠色或褐色），有藍色線紋和斑點……………………………………………**花斑鼠銜魚**

雙線鼠銜魚 *Diplogrammus xenicus* (JORDAN & THOMPSON)

    產臺灣東北部海域。

指鰭鼠銜魚 *Dactylopus dactylopus* (BENNETT in VALENCIENNES)

    英名 Fingered dragonet。又名指脚鱊。產臺灣南部及西南部海域。

曳絲鼠銜魚 *Callionymus* (*Calliurichthys*) *variegatus* TEMMINCK & SCHLEGEL

    英名 Variegated dragonet。亦名短身新娘鮨（陳）；日名曳絲滑鮨。產臺灣。

藍身鼠銜魚 *Callionymus* (*Calliurichthys*) *belcheri recurvispinnis* (LI)

    產高雄、臺灣海峽。據 FRICKE (1983) 增列。

絲鰭鼠銜魚 *Callionymus* (*Calliurichthys*) *filamentosus* VALENCIENNES

    英名 Threadfin dragonet。產臺灣海峽。

槍棘鼠銜魚 *Callionymus* (*Calliurichthys*) *doryssus* (JORDAN & FOWLER)

    英名 Spear dragonet。又名絲鰭美尾鱊（朱）。產澎湖、臺灣海峽、臺灣堆、蘇澳。（圖 6-169）

南臺鼠銜魚 *Callionymus* (*Calliurichthys*) *martinae* FRICKE

    FRICKE (1981) 發表之新種，產臺灣南部海域。

粗首鼠銜魚 *Callionymus* (*Calliurichthys*) *scabriceps* FOWLER

    產澎湖。

鼠銜魚 *Callionymus* (*Calliurichthys*) *japonicus japonicus* HOUTTUYN

    英名 Japanese dragonet；亦名老鼠（F.），鼠銜魚（鄭），美尾鱊（朱）；日名嫁鮨。產臺灣、澎湖。

臺灣鼠銜魚 *Callionymus* (*Callionymus*) *formosanus* FRICKE

    FRICKE (1981) 發表之新種。產澎湖、臺灣海峽。

蘇庫鼠銜魚 *Callionymus* (*Callionymus*) *sokonumeri* KAMOHARA

    產大溪。

凱島鼠銜魚 *Callionymus* (*Callionymus*) *kaianus* GÜNTHER
英名 Kai dragonet。又名尖鼠銜魚。產澎湖。

九棘鼠銜魚 *Callionymus* (*Callionymus*) *enneactis* BLEEKER
產高雄。

彎棘鼠銜魚 *Callionymus* (*Callionymus*) *curvicornis* VALENCIENNES
產臺灣。*C. richardsoni* BLEEKER 爲本種之異名。

子午鼠銜魚 *Callionymus* (*Callionymus*) *meridionalis* SUWARDJI
據 FRICKE (1983) 產臺灣。

滑鼠銜魚 *Callionymus* (*Callionymus*) *lunatus* TEMMINCK & SCHLEGEL
英名 Moon dragonet。亦名滑鰤（動典）。日名滑鯒。產臺灣。（圖 6-169）

薛氏鼠銜魚 *C[alionymus* (*Callionymus*) *schaapi* BLEEKER
產高雄、澎湖、臺灣海峽。

平淡鼠銜魚 *Callionymus* (*Callionymus*) *planus* OCHIAI, ARAGA & NAKAJIMA
產臺灣東北部海域。

暗色鼠銜魚 *Callionymus* (*Callionymus*) *virgis* JORDAN & FOWLER
英名 Hooded dragonet。又名絲鰭鰤。據陳春暉 (1973) 產臺灣北部海域。

瓦氏鼠銜魚 *Callionymus* (*Callionymus*) *valenciennei* TEMMINCK & SCHLEGEL
英名 Whipfin dragonet, Flagfin dragonet。又名絲棘鰤。產澎湖、臺南。*C. flagris*
JORDAN & FOWLER 爲其異名。

八斑鼠銜魚 *Callionymus* (*Callionymus*) *octostigmatus* FRICKE
據 FRICKE (1981, 1983) 產臺灣。

長崎鼠銜魚 *Callionymus* (*Callionymus*) *huguenini* BLEEKER
產臺灣。

本氏鼠銜魚 *Callionymus* (*Callionymus*) *beniteguri* JORDAN & SNYDER
英名 Jordan's dragonet, Kitefin dragonet, Ornatefin dragonet。又名緋鰤。產臺灣
東北部海域。

海南鼠銜魚 *Callionymus* (*Callionymus*) *hainanensis* LI
據 FRICKE (1983) 產臺灣海峽。

紅鼠銜魚 *Synchiropus altivelis* (TEMMINCK & SCHLEGEL)
又名紅鰤。產臺灣。本書舊版之 *Callionymus calauropomus* RICHARDSON 當爲本種
之誤。

飯島氏鼠銜魚 *Synchiropus ijimai* JORDAN & THOMPSON

產臺灣北部及東北部海域。

眼斑鼠銜魚 *Synchiropus ocellatus* (PALLAS)

產小琉球。

條紋鼠銜魚 *Synchiropus lineolatus* (VALENCIENNES)

產澎湖。

美麗鼠銜魚 *Synchiropus picturatus* (PETERS)

英名 Psychedelic fish。產臺灣。

花斑鼠銜魚 *Synchiropus splendidus* (HERRE)

英名 Mandarin-fish。產臺灣南端岩礁中。

龍銜魚科 DRACONETTIDAE

鰓裂較廣；主鰓蓋骨和下鰓蓋骨各有一強棘，前鰓蓋骨無棘；側線在頭部正常，在體側部分退化，胸鰭有四鰭輻骨；基蝶骨及後顳骨存在，無鼻骨，亦無後匙骨。尾下支骨二片，互相分離。背鰭具 III 棘 12～15 軟條，臀鰭 12～13 軟條。鼻孔每側 2 枚。熱帶及溫帶近岸小形魚類。

臺灣僅產龍銜魚 1 種；D. III, 12; A. 12; P. 20～23。鰓蓋棘上彎，背鰭棘柔軟。體黃紅色，體側有四枚紅色橫斑。背鰭 II～III 棘間有三條暗色斜帶，軟條部有五、六條白色平行縱線紋。

龍銜魚 *Draconetta xenica* JORDAN & FOWLER

產本省東北部海域。（圖 6-169）

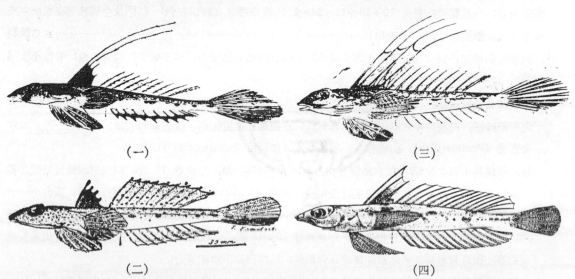

（一）　　　　　　　　（三）

（二）　　　　　　　　（四）

圖 6-169　（一）暗色鼠銜魚；（二）滑鼠銜魚；（三）槍棘鼠銜魚；（四）龍銜魚（二據蒲原；一、三據朱等；四據松原）。

側泳目 PLEURONECTIFORMES

＝HETEROSOMATA（異體目）；鰈形目；Flounder；Flatfishes

　　本目卽一般所謂比目魚類，有側扁而薄之體軀，兩眼並生於頭之一側（左側或右側視種類或個體而異），　故極易與任何其他硬骨魚類相區別。　此種特徵爲生態上的變異，彼等在幼魚時期原保有左右對稱狀態，頭部兩側各有一眼，但稍長慣以一側帖伏海底，一側上向（游泳時係側泳），其結果一側之眼橫過頸部而移至另一側，與另一眼接近。而背鰭則向前移，而終於成爲上向之一側有眼有色，是曰眼側（Ocular side），下側無眼無色，是曰盲側（Blind side）。口、齒、偶鰭，及視神經交叉（Optic chiasma）均多少呈現不對稱狀態，肛門亦往往不在腹面的正中線上。口小，通常能伸縮，前方以間上頜骨爲邊緣。各鰭一般均無棘；背鰭與臀鰭基底延長，鰭條數多，向後接近尾鰭，或與尾鰭連合。胸鰭或有，或退化，或竟缺如。腹鰭胸位或喉位，有 5～6 鰭條。體腔甚小；成魚一般無鰾；鰓四枚，有擬鰓。鰓被架 6～7，或 8。鱗片小，圓鱗或櫛鱗，或成管狀，亦有無鱗者。側線有的有側枝，或有側線二條或三條。頭骨左右頂骨間夾以上枕骨。盲側額骨伸向上眼外方之前額骨；無眶蝶骨。胸帶中無中烏喙骨。本目魚類大都爲近海底棲性，　有的爲半鹹水性，　能進入河口，　或在淡水中棲息。以蠕蟲、甲殼類以及小魚爲食。

臺灣產側泳目 3 亞目 6 科檢索表：

1a. 背鰭向前不超越前鰓蓋之上方，而遠在眼後緣之後方，前方數軟條多少爲硬棘狀；腹鰭近於對稱，有 I 棘 5 軟條；臀鰭前方二軟條弱棘狀。上頜或有一副骨（Supplemental bone）。口大，上下頜齒發達，腭骨有齒；有基蝶骨；脊椎 10＋14～15＝24～25；眼在體之右側或左側；　肛門及生殖乳突在腹面中央線上（**大口鰈亞目 PSETTOIDEI**）⋯⋯⋯⋯⋯⋯⋯⋯⋯⋯⋯⋯⋯⋯⋯⋯⋯⋯⋯⋯**大口鰈科**

1b. 背鰭向前伸展，至少起於眼之上方或更前；背鰭與腹鰭均無硬棘；無基蝶骨；腭骨無齒；脊椎至少爲 9～10＋17～19＝27～29。

2a. 前鰓蓋邊緣顯露；口通常前位，下頜向前突出；視神經交叉單一型（Monomorphic），在右旋型中之左眼神經，左旋型中之右眼神經均在背側；盲側鼻孔位置較高，接近頭部背緣。每側有一片或兩片後匙骨（Postcleithra）。肋骨存在。胸鰭發達（**鰈亞目 PLEURONECTOIDEI**）。

3a. 腹鰭具 I 棘 5 軟條；　左右鰓膜互相分離；尾鰭鰭條 23，分枝者 15 條；眼側胸鰭較盲側短而細長；　後耳骨及外枕骨在前方與前耳骨相接；尾桿（Urostyle）不與尾下骨（Hypural）癒合⋯⋯⋯⋯ ⋯⋯⋯**琴鰈科**

3b. 腹鰭無棘；左右鰓膜互相連接；尾鰭鰭條 17～18 枚，分枝者 9～13 枚；眼側胸鰭較盲側爲長或相等；後耳骨或外枕骨之前端與前耳骨相接；尾桿與尾下骨相癒合。

4a. 兩眼在左側（少數逆轉之例除外），故口亦偏向左方；　左眼神經在背方；　卵中通常無油球⋯⋯⋯ ⋯⋯⋯**左鰈科**

4b. 兩眼在右側（少數逆轉之例除外），故口亦偏向右方；左眼神經在背方；卵中通常無油球……
………………………………………………………………………………………**右鰈科**

2b. 前鰓蓋邊緣隱於頭側之皮膚及鱗片下而不顯露；口前位至下位，退化並扭曲，下頜決不向前突出；視神經交叉重複型 (Dimorphic)，故左眼或右眼神經之在背方，與其體軀之右旋或左旋無關；左右側鼻孔位置大致對稱。無後匙骨及肋骨。成魚之胸鰭退化或消失；腹鰭最多有 5 軟條 (**鰨亞目 SOLEOIDEI**)

5a. 兩眼在右側，故口亦偏右方，體卵圓或長卵形；尾鰭游離或與背鰭及臀鰭相連………**右鰨科**

5b. 兩眼在左側，故口亦偏向左方。體特別延長，後端尖銳，全體呈舌狀；尾鰭完全與背鰭及臀鰭相連………………………………………………………………………**左鰨科**

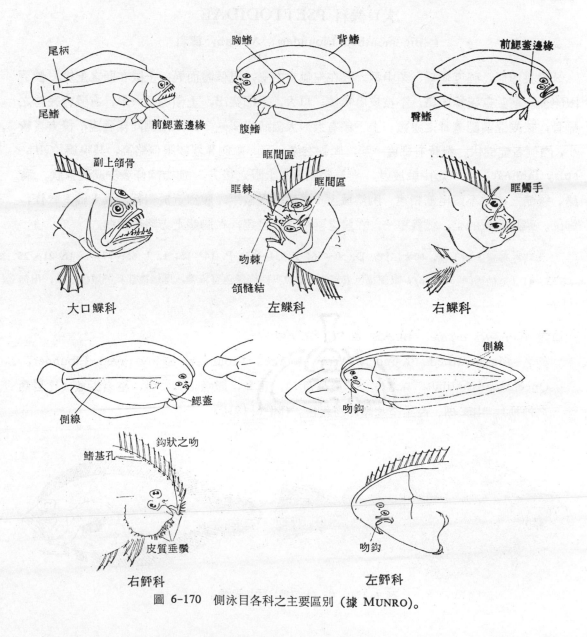

圖 6-170 側泳目各科之主要區別 (據 MUNRO)。

大口鰈亞目 PSETTODOIDEI
鰜亞目

本亞目之一般特徵尚保留許多與鱸形目相同之特徵。背鰭、臀鰭之前方均有硬棘，背鰭起點不到達頭部，遠在眼後緣之後方。腹鰭胸位，具 I 棘 5 軟條。上領有一發達之副上領骨。腭骨有齒。頭骨中有基蝶骨。尾舌骨形狀正常，下緣幾不彎曲。每側有 2 後匙骨。脊椎 10＋14～15＝24～25。

大口鰈科 PSETTODIDAE
Big-mouthed Flounders; Adalah; 鰜科

體長卵形，強度側扁，頭中型。眼在左側或右側，視個體而異；上眼在頭之上緣，較下眼略前。前鰓蓋邊緣顯露，不被皮膚掩蓋。口大，下領突出，上領主骨大形，有發育完善之副骨，後端達前鰓蓋骨之邊緣。上下領有大形犬齒狀齒 2～3 列，兩側同樣發達，後方者較小，內側者能倒伏。鋤骨有細齒一簇，腭骨有齒一列。盲側鼻器較眼側略高，其嗅瓣 (Olfactory laminae) 由一短中軸放射。背鰭起點遠在上眼之後方，前方鰭條多少成硬棘狀。背鰭、臀鰭之後端不與尾鰭相連。胸鰭發達。尾鰭後緣截平。腹鰭近於對稱，具 I 棘 5 軟條，胸位。鱗片比較的小，側線單一，在體之兩側同樣發達，在胸鰭上方略形彎曲。

本科在臺灣僅產 1 種，卽大口鰈。D. 50～56；A. 34～43；P. 14～15；L. l. 65～77；L. tr. 21～28＋33～41（尾柄周圍 32～38）。眼側褐色或灰色，幼魚具四條深色寬橫帶，尾鰭後部具一黑色橫紋，但無黑點。

大口鰈 *Psettodes erumei* (BLOCH & SCHNEIDER)

英名 Big-mouthed Flounder, Arrow-toothed Flounder, Spiny-rayed Flounder, Queensland halibut；亦名左口、眞鼻(F.)，正鼻，鰜魚，大口鰈；俗名鯿魚（比目魚之通稱）。由澎湖、高雄至基隆均有報告。（圖 6-171）

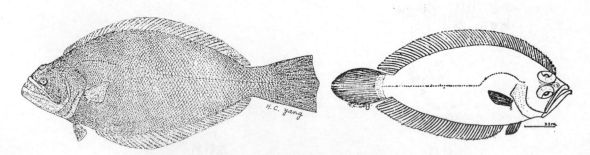

圖 6-171 左，大口鰈；右，鱗鰈。

鰈亞目 PLEURONECTOIDEI

背鰭起點至少在眼之上方或更前，背鰭、臀鰭無棘。腹鰭胸位或喉位，鰭條通常不超過6條。口通常前位，下頜發達，大多向前方突出。上頜無副上頜骨。齒退化，尤以眼側齒為甚。眼在左側或右側。腭骨無齒。前鰓蓋骨邊緣多少為游離狀，不被皮膚掩蓋。盲側鼻孔較高，接近頭部背緣。頭骨中無基蝶骨。尾舌骨下緣深凹入，固而略成叉狀。每側後匙骨一枚或二枚。肛門及生殖乳突偏向一側，脊椎不少於 10＋17＝27 枚。

琴鰈科 CITHARIDAE

背鰭鰭條全部或至少後半部分枝；臀鰭與背鰭同形。眼側胸鰭較盲側為短而細長，內側數鰭條分枝，但盲側胸鰭之全部鰭條均不分枝。腹鰭基底短，有 I 棘 5 軟條，支持腹鰭之腰帶骨位於匙骨後方。尾鰭 23 軟條，分枝者 15 條。兩側之側線均甚發達。眼在左側或右側。齒小，尖銳，成細齒帶。鰓耙發達，有很多小棘排成帶狀，鰓弧之內外側有很多疣突。左右鰓膜分離；上頜副骨或有或無。

本科分為 BRACHYPLEURINAE 與 CITHARINAE 二亞科，前者眼在右側，背鰭及臀鰭僅後半部之鰭條分枝；後者眼在左側，背鰭及臀鰭之全部鰭條均分枝。臺灣已知者僅鱗鰈一種，屬於前者。

鱗鰈: D. 65～70; A. 45～48; P. 11～12; 鰓耙 4～7＋10～11; L. l. 51～58。體延長而較高，中度側扁，體長為體高之 2.4 倍，頭長之 3～3.3 倍; 口大，上頜約為頭長之 1/2 或超過 1/2。鱗片較不易脫落，眼側為櫛鱗，盲側為圓鱗，吻部、上下頜、眶間區，及眼球上部均被鱗，側線在胸鰭上方成弧形。

鱗鰈 *Lepidoblepharon ophthalmolepis* WEBER

產東港。(圖 6-171)

左鰈科 BOTHIDAE

＝BOTHIDAE＋PARALICHTHYIDAE; Flounders; Lefteye flounders;
Turbot; Plaice; Bastard Halibuts; Brills. 鮃科 (朱)

除少數逆轉之種類外，兩眼概在左側；視神經交叉單一型，右眼神經常在背方。各鰭無硬棘，背鰭向前伸展至少達眼之上方。腹鰭有 6 或較少之軟條，其位置與大小，左右側略有差別。口在吻端，下頜多少突出，有的在頤部有明顯的頜髓結。上頜無副上頜骨；上下頜齒大致同樣發達，有的為犬齒狀齒。腭骨無齒。前鰓蓋邊緣顯露。側線單一，或有副枝，前部成弧形。背鰭、臀鰭之後端不與尾鰭相連。尾鰭後緣截平或圓形。盲側鼻器近於頭之邊緣。

脊椎至少 30；後匙骨每側 1～2 枚；鰓被架膜相連接；肋骨存在。卵在卵黃中有一個油球。

臺灣產左鰈科 2 亞科 15 屬 43 種檢索表:

1a. **牙鰈亞科** PARALICHTHINAE　　左右腹鰭基底均比較的短，在眼側者或較長，但並不能超越盲側者之第 1 鰭條；腹鰭有腰帶骨支持，位於匙骨之後，左右相稱，或眼側之腹鰭偏於腹中線；尾椎無側突起。

2a. 左右腹鰭殆同等發達，且近於對稱；左右側均有同樣之側線；口比較的大，上頜長於頭長之 1/3。

　3a. 上下頜齒各成一帶；背鰭、臀鰭鰭條上不被鱗片，且均分枝；背鰭起點在上眼之中點上方，前方數鰭條排列較疏；側線在胸鰭上方有一弧狀彎曲，並有一上顳分枝 (Supratemporal branch) (*Tephrinectes*)。

　　D. 45～49；A. 36～39；P. 14～16；L. l. 76～80；鰓耙 4～5+11。頭及軀幹均有細點，奇鰭上斑點較大⋯⋯⋯⋯⋯⋯⋯⋯⋯⋯⋯⋯⋯⋯⋯⋯⋯⋯⋯⋯⋯⋯⋯⋯⋯⋯⋯⋯⋯**花圓鰈**

　3b. 上下頜齒僅一列；背鰭、臀鰭鰭條上多少有鱗，前部鰭條多不分枝；上下頜及所生之齒兩側殆同樣發達。

　　4a. 側線無顯著之上顳分枝；齒中型或強大，前方有犬齒；背鰭起點在上眼以前或上眼前部上方 (*Paralichthys*)。

　　　D. 66～84；A. 51～64；P. 12～13；L. l. 94～140；鰓耙 5～6+15～18；體長為體高之 2～2¼ 倍；上頜向後超越眼之後緣，眼側灰褐色至暗褐色，有暗色或黑色斑點。奇鰭有暗色斑紋，胸鰭有暗色點或橫條紋⋯⋯⋯⋯⋯⋯⋯⋯⋯⋯⋯⋯⋯⋯⋯⋯⋯⋯⋯⋯⋯⋯⋯⋯⋯**牙鰈**

　　4b. 側線有顯著之上顳分枝，向前伸至背鰭前部鰭條之基部。

　　　5a. 鱗片中型或小型，L. l. 58～100 (*Pseudorhombus*)。

　　　　6a. 鰓耙掌狀（短而分生小棘），長與寬相等。體側有三個或三個以上之眼狀斑（有時每一斑內含二小斑）。

　　　　　背鰭起點在盲側鼻孔之上方或後上方；頭上部輪廓在眼前區凹入；體長為體高之 2.2～2.4 倍；頭長為上頜之 2.25～2.5 倍，上頜向後達眼之中部下方或略過之；盲側下頜有齒 13～22 枚；D. 74～78；A. 56～63；L. l. 73～84。眼側有五（四）個眼狀斑（每斑內含二小斑）；前四個分列側線上下，後一個正騎於側線上⋯⋯⋯⋯⋯⋯⋯⋯⋯⋯⋯⋯⋯⋯⋯**重點扁魚**

　　　　6b. 鰓耙尖銳而長（第一鰓弧下枝有鰓耙 5～18 枚）；眼側鱗片至少在前方者為櫛鱗。

　　　　　7a. 盲側具櫛鱗。體長為體高之 2～2¼ 倍，頭長之 3½～3¾ 倍；頭長為盲側胸鰭長之 2⅕～2½ 倍；D. 78～85；A. 61～65；P. 12～13；L. l. 80～90；鰓耙 3～5+8～10。體褐色，有黑斑或黑環，亦有缺如者，胸鰭後之側線上有一較大之黑斑，奇鰭有不規則之黑點⋯⋯⋯⋯⋯⋯⋯⋯⋯⋯⋯⋯⋯⋯⋯⋯⋯⋯⋯⋯⋯⋯⋯⋯⋯⋯⋯⋯⋯**貧齒扁魚**

　　　　7b. 盲側具圓鱗，眼側全部或部分為櫛鱗。

　　　　　8a. 背鰭起點在盲側鼻孔之上方或略前，並在上眼以前。

　　　　　　9a. 齒強而排列較疏，犬齒大形；下頜盲側有齒 6～16 枚。

10a. D. 68～72; A. 52～55; P. 12～13; L. l. 72～78; 鰓耙 3～4＋9～11。第一脈間棘 (Inter-haemal spine) 之尖端突出於臀鰭起點之前; 頭長約爲上頜之 2 倍; 體長爲頭長之 $3^{1}/_{4}$ 倍; 尾柄高度約爲長度之 2 倍; 體紅褐色, 有五個大形眼斑, 在側線直走部起點有一暗斑, 此外尙有散在之暗色環狀斑⋯⋯⋯⋯⋯⋯⋯**五斑扁魚**

10b. D. 78; A. 59; 第一脈間棘突出; 頭長約爲上頜之 $1^{4}/_{5}$ 倍; 體長大於頭長之 $4^{1}/_{2}$⋯⋯⋯⋯⋯⋯⋯⋯⋯⋯⋯⋯⋯⋯⋯⋯⋯⋯⋯⋯⋯⋯⋯⋯⋯⋯⋯⋯⋯⋯⋯⋯⋯⋯⋯**櫛鱗扁魚**

10c. D. 71～80; A. 54～62; P. 12～13; L. l. 78～86; 鰓耙 3～5＋9～13。第一脈間棘弱小, 不突出; 頭長爲上頜之 $2^{1}/_{5}$～$2^{2}/_{3}$ 倍; 體長爲頭長之 $3^{1}/_{3}$～$3^{3}/_{4}$ 倍; 尾柄高度約爲長度之 $2^{1}/_{4}$～$3^{1}/_{2}$ 倍; 眼側淡褐色, 在側線直走部分起點有一大形暗斑, 側線後部有一、二較小者。其他各處及奇鰭上有很多小暗點散在⋯⋯⋯⋯**大齒扁魚**

9b. 齒小而排列較密, 前方各齒不特大; 盲側下頜有齒 20 枚以上。

11a. 背鰭起點在後鼻孔上方或二鼻孔間上方。上頜向後至眼之中部下方(或稍後); 第一鰓弧下枝有鰓耙 17～19 枚; D. 68～73; A. 53～60; P. 12～13; L. l. 62～80。體褐色, 體側有五枚外白中黑之圓斑, 前四枚分列於側線上下, 後一枚正在側線上⋯⋯⋯⋯⋯⋯⋯⋯⋯⋯⋯⋯⋯⋯⋯⋯⋯⋯⋯⋯⋯**五目扁魚**

11b. 背鰭起點在前鼻孔上方或略前。

12a. 眼側全部被櫛鱗; 第一鰓弧下枝有鰓耙 11～15 枚; D. 67～74; A. 51～58; P. 11～12; L. l. 65～74。體淡褐色, 有五縱列不顯著之深色環紋, 在側線之彎曲部 (胸鰭上方) 與直走部相接處有一白邊之深色圓斑 (有時無白邊), 另在直走部尙有一或二枚同樣而較小之斑紋⋯⋯⋯⋯⋯⋯⋯**高身扁魚**

12b. 眼側前部鱗片多少爲櫛鱗, 後部大都爲圓鱗, 體緣有一帶櫛鱗。頭頂上緣平滑。D. 69～73; A. 50～56; L. l. 67～74。體背面褐色, 有二白邊之暗斑, 一在側線彎曲部之後, 大部在側線上方, 一在體之後部, 正在側線上⋯⋯⋯⋯⋯⋯⋯⋯⋯⋯⋯⋯⋯⋯⋯⋯⋯⋯⋯⋯⋯⋯⋯⋯⋯⋯⋯⋯⋯⋯⋯⋯**爪哇扁魚**

12c. 眼側全部被櫛鱗; 第一鰓弧下枝有鰓耙 11～12 枚; D. 80～89; A. 63～69; P. 12; L. l. 75～82。體褐色, 有若干深色圓斑散在, 在近奇鰭處特爲明顯, 在胸鰭後之側線上, 有一顯明之黑斑, 通常有一白圈, 此斑以後之側線上或更有一、二個同樣之黑斑⋯⋯⋯⋯⋯⋯⋯⋯**桂皮扁魚**

12d. 眼側僅體軀四周有一帶櫛鱗, 其餘均爲圓鱗; 第一鰓弧下枝有鰓耙 8～10 枚; D. 78～90; A. 59～66; P. 12～13; L. l. 75～84。體褐色, 有若干深色斑點散在, 體之上下邊緣各有一列深色環紋, 側線之彎曲部與直走部相接處有一模糊之黑斑。奇鰭上亦有暗色斑點⋯⋯⋯⋯⋯⋯**滑鱗扁魚**

8b. 背鰭起點在盲側後鼻孔之緊後方 (偶或在上方), 眼之前部上方或略前。第一鰓弧下枝有鰓耙 9～11 (12); 頭長爲眼徑之 $3^{3}/_{4}$～$4^{1}/_{4}$ 倍; 頭上方平直或有一淺窩。D. 73～78; A. 55～60; P. 11～13; L. l. 73～78; 眼側淡褐色, 有暗色斑點散在。側線直走部起

點附近有一較暗之圓斑。奇鰭亦有暗色小點…………………………………………**普通扁魚**

5b. 鱗片比較的大，L. l. 50 以下 (*Tarphops*)。

側線亦有一上顬分枝， 上下頜齒亦僅一列， 但盲側眼側均具特大之櫛鱗，故易於區別； D. 62
～70； A. 48～54； P. 10～11； L. l. 42～48。鰓耙 7～8＋19～23。體褐色，有不規則之黑斑
或條紋。奇鰭有的亦有暗色小點………………………………………………………**大鱗鰈**

13a. 兩側之側線均不明顯；或無側線。

14a. 口小或中型，上頜長約爲頭長之 1/2 或短於 1/2，下頜不顯著突出。

15a. 兩眼間有骨質稜脊或狹小之凹窪， 雌雄相同，雄者無吻棘或吻突 (Rostral spines
or turbercles)。

16a. 頭較大，體長爲頭長之 4.5 倍以下。

17a. 眼側具圓鱗或弱櫛鱗； 口大， 上頜長於眼徑； 頭長約爲上頜長之 2～3$^1/_4$ 倍
(*Arnoglossus*)。

18a. 上頜前方各齒僅略大於側方者；下頜齒小，排列較密集；兩眼間有骨質稜脊。

19a. 背鰭前方數鰭條顯著延長爲絲狀（雄魚尤著）； D. 89～98； A. 67～72；
P. 11～12； L. l. 48～55。眼側爲弱櫛鱗，盲側爲圓鱗。體長爲體高之 2$^1/_2$～
3 倍， 頭長之 3～4 倍； 頭長爲眼徑之 3～3$^3/_4$ 倍。鰓弧下枝鰓耙 8～12枚。
眼側褐色，沿體之上下緣各有一列不明顯的暗斑，在胸鰭後上方， 側線直走
部分之起點處有一較大之暗斑，側線直走部分有一、二小形暗斑，背鰭、臀
鰭有多數小褐點……………………………………………………………**低身羊舌魚**

19b. 背鰭前方鰭條不延長爲絲狀，或雄魚背鰭之第二、三鰭條僅略延長。

20a. 頭長爲眼徑之 3$^1/_5$～4$^1/_5$ 倍； 體長爲體高之 2～2$^2/_3$ 倍， 頭長之 3$^2/_3$～4
倍。

21a. D. 80～88； A. 61～65； L. l. 46～48。眼側爲櫛鱗， 盲側爲圓鱗。
眼側爲一致之褐色……………………………………………**一色羊舌魚**

21b. D. 93～103； A. 70～74； L. l. 51～54。 眼側爲弱櫛鱗，盲側爲圓
鱗。眼側爲一致之灰褐色，近背鰭及臀鰭之基底或有若干暗色小點……
………………………………………………………………………**瘦羊舌魚**

20b. 頭長爲眼徑之 3 倍； 體長爲體高之 3 倍或近於 3 倍， 頭長之 3$^1/_2$～3$^2/_3$
倍。 D. 100～102； A. 78～79； L. l. 64～66。 眼側爲弱櫛鱗，盲側爲圓
鱗，全部鰭條均被鱗片(至少在眼側)。體黃褐色，有不明顯之暗色斑點，
側線彎曲部後方有一較大之暗斑，背鰭及臀鰭上各有一列暗斑…………
…………………………………………………………………………**長身羊舌魚**

18b. 上頜前方各齒大於側方者；下頜齒強大而排列較疏；兩眼間有一低狹之骨質
稜脊。背鰭前方鰭條不延長。

22a. 側線鱗片 100 枚以下。

23a. 眼側爲弱櫛鱗，盲側爲圓鱗；D. 103～106；A. 81～84；L. l. 70～75。體長爲體高之
　　　$2^2/_3$～$2^3/_4$ 倍，頭長之 $3^3/_4$～$3^4/_5$ 倍。體灰褐色，背鰭、臀鰭各有一列較大形之斑點，尾鰭
　　　基部有二小暗斑‧‧**南洋羊舌魚**

23b. 眼側、盲側均爲圓鱗。D. 99～106；A. 74～79；L. l. 63～64。體灰褐色，有不明顯之
　　　暗色斑駁；奇鰭色暗，或有暗色斑點‧‧‧‧‧‧‧‧‧‧‧‧‧‧‧‧‧‧‧‧‧‧‧‧‧‧‧‧‧‧‧‧‧‧‧‧‧‧‧**日本羊舌魚**

22b. 側線鱗片 100 枚以上。

　　　D. 106；A. 84；L. l. 110；兩側均爲圓鱗；體灰褐色，各奇鰭色暗 ‧‧‧‧‧‧‧‧‧‧**小眼羊舌魚**

17b. 眼側爲強棘鱗；口小，上領約與眼徑等長。(*Psettina*)

　　24a. 沿背鰭、臀鰭基底之暗色斑擴展至鰭之基部，胸鰭後部有一大暗斑，尾鰭後部有一寬
　　　　　橫帶；上下領齒單列。

　　　　25a. 體長爲頭爲之 $3^4/_5$～$4^1/_2$ 倍。D. 81～93；A. 62～71；L. l. 53～61（盲側無）。鰓
　　　　　　　耙 2～5＋4～6。體暗褐色，除沿背鰭、臀鰭各有一列暗斑外，側線上亦有 2～4 枚
　　　　　　　不明顯之暗斑‧‧**飯島氏鮃鰈**

　　　　25b. 體長爲頭長之 $3^3/_5$ 倍。D. 78～82；A. 60～66；P. 11（眼側）；L. l. 47～52；鰓
　　　　　　　耙 0＋7～8。體色同上種‧‧‧‧‧‧‧‧‧‧‧‧‧‧‧‧‧‧‧‧‧‧‧‧‧‧‧‧‧‧‧‧‧‧‧‧‧**小嘴鮃鰈**

　　24b. 沿背鰭、臀鰭基底之暗斑不擴展至鰭之基部，胸鰭、尾鰭無暗帶。上領齒二列，下領
　　　　　齒單列。鰓弧上枝無鰓耙。

　　　　26a. 上領骨較長，頭長爲其 2.7～3.2 倍。D. 90～103；A. 69～80；P. 11～12；
　　　　　　　（9～11）；L. l. 56～61。鰓耙 0＋6～8。體灰褐色，除沿背鰭、臀鰭基底各有一列
　　　　　　　眼狀暗斑外，其他部分亦散佈若干小形暗斑，上下領及吻部黑色‧‧‧‧‧‧‧**巨鮃鰈**

　　　　26b. 上領骨較短，頭長爲其 3.3～3.9 倍。D. 89～99；A. 69～79；P. 8～11（8～
　　　　　　　10）；L. l. 45～53。鰓耙 0＋6～8。體紅褐色，除沿背鰭、臀鰭基底各有一列 6～
　　　　　　　7 枚眼狀暗斑外，在側線上下方及沿側線亦各有 2～4 枚暗斑。上下領及吻部灰褐
　　　　　　　色‧‧**土佐鮃鰈**

16b. 頭較小，體長爲頭長之 4.7 倍以上。

　　　　27a. 上下領兩側均有齒，上領約與頭長相等，體爲爲頭爲之 4.8～5.7 倍 (*Japono-
　　　　　　　laeops*)。

　　　　　　　D. 109～125；A. 90～101；P. 12～16（12～14）；L. l. 88～106；鰓耙 3～8＋
　　　　　　　6～10；體深黃色，無明顯之斑點 ‧‧‧‧‧‧‧‧‧‧‧‧‧‧‧‧‧‧‧‧‧‧‧‧‧‧‧‧‧‧‧**齒槍鰈**

　　　　27b. 上下領齒殆僅見於盲側；口小，能伸縮；上領短於眼徑 (*Laeops*)。

　　　　　　28a. 體長爲頭長之 $5^8/_{10}$～$5^4/_5$ 倍。頭部上方至眼後近於平直。

　　　　　　　　29a. 體扁薄而較長，近上下緣多少透明。D. 2＋100～106；A. 79～86；P.
　　　　　　　　　　　13～14（11～13）；L. l. 105。體灰紅色，各鰭外緣色深 ‧‧‧‧‧‧**東港槍鰈**

　　　　　　　　29b. 體較厚而短，近上下緣不透明，D. 2＋104～108；A. 86～88；P. 12～13
　　　　　　　　　　　（12～14）；L. l. 93～105。體灰色，有不明顯之斑駁，各鰭外緣色暗‧‧‧‧‧‧‧

···小頭槍鰈

28b. 體長爲頭長之 5⁴/₅ 倍以上。

30a. D. 2+104; A. 88; P. 13~14; L. l. 102~104。鰓弧下枝鰓耙 8~10。體褐色，各

鰭外緣色暗··黑槍鰈

30b. D. 2+103~111; A. 85~91; P. 12~16 (10~15); L. l. 93~105; 鰓弧下枝鰓耙

5~8。體灰黃色，各鰭外緣色暗，吻部色深····························北原氏槍鰈

15b. 兩眼間多少有凹窪分隔之（幼魚例外），成長之雄魚一般有較寬之凹窪；雄魚在兩眼間更有一

枚或一枚以上之吻棘。

31a. 喉峽部先端達下眼之後緣下方；體延長，體長爲體高之 2.4 倍以上。(*Parabothus*)

D. 110~112; A. 87~88; P. 13(10~11); L. l. 79~81; 鰓耙（下枝）8~9。體

黃褐色，有不規則之暗點散在，奇鰭亦有暗色小點····················綠斑鰈

31b. 喉峽部前端達下眼之中部或前部下方。

32a. 鱗片較大，L. l. 65 以下；鰓裂上端伸展至側線，或終於胸鰭基底上方，距側線

尙有一段距離，於是頭部鱗片卽經此空隙而與側線下之體部鱗片相連接。

33a. 眼側有弱櫛鱗；側線鱗片 50 枚以下；頭長爲上頜長之 2¹/₅~3¹/₂ 倍 (*Engypr-*

osopon)。

34a. 尾鰭有一對黑色斑。上頜達下眼之前緣下方或略超過之。

35a. 體長卵形；胸鰭延長爲絲狀，一般長於頭長。尾鰭黑斑在上下第 2~4 軟

條之間。D. 83~96; A. 62~73; P. 9~11 (9~10); L. l. 45~50。鰓耙

0+5~8。體灰綠色，各鰭有黑點散在 ·····························複鱗鰈

35b. 體卵形；胸鰭不延長爲絲狀，等於或短於頭長。尾鰭黑斑在上下第 3~4

軟條之間。D. 79~87; A. 59~65; P. 11~12 (9~10); L. l. 37~43; 鰓

耙 0+6。體色同上種 ···達摩鰈

34b. 尾鰭無特殊斑點。上頜達下眼之中部下方。

D. 85~93; A. 65~70; P. 11~12 (9~11); L. l. 45~47; 鰓耙 0+8~11。

體灰綠色，各鰭有暗點散在···巨鰭鰈

33b. 眼側有強櫛鱗（鱗片有長棘）；側線鱗片 50 枚以上；頭長爲上頜長之 3³/₅~4

倍 (*Crossorhombus*)。

36a. 胸鰭不延長爲絲狀，遠較頭長爲短。尾鰭有二寬橫帶。D. 84~91; A.

67~71; P. 11~13(9~12); L. l. 56~63。鰓耙 1~4+6~8。體褐色，

有不規則的暗色斑點，沿側線有二、三枚較大····················靑纓鰈

36b. 胸鰭延長爲絲狀，較頭長爲長。尾鰭無特殊橫帶。D. 79~86; A. 57~

67; P. 9~11 (9~10); L. l. 50~55; 鰓耙 0+5~7。體灰褐色，有不

明顯的暗色斑駁··纓鰈

32b. 鱗片甚小，L. l. 74 以上；鰓裂上角近於胸鰭基底上方或接近側線；由鰓蓋連於

胸弧 (Pectoral arch) 之膜無鱗；眶間隔甚寬 (至少雄魚如此)，下眼通常在上眼以前；雄魚通常有吻棘或眶棘 (Orbital spines)；上下頜齒二列以上 (至少在前方者如此) (*Bothus*)。

37a. D. 98～103；A. 76～80；P. 10～12；L. l. 85～92；鰓耙 (下枝) 9～11；眼側鱗片爲櫛鱗。上眼前緣在下眼後緣之上方或略後。體褐色，有多數暗色斑點散在 ⋯⋯⋯⋯⋯⋯⋯⋯⋯⋯⋯⋯⋯⋯⋯⋯⋯⋯⋯⋯⋯⋯⋯⋯⋯⋯⋯⋯⋯**蒙鰈**

37b. D. 85～99；A. 62～73；鰓耙 (下枝) 6～8；上眼前緣在下眼後緣之上方或略前。

38a. 眼側全被櫛鱗；眶間隔寬度僅略大於眼徑 (雄魚亦然)；頭長約爲上頜長之 3 倍，頭上輪廓多少凹入；雄者有眶棘。D. 88～93；A. 65～72；P. 9～10 (9～11)；L. l. 70～78；鰓耙 0～5＋6～7。體卵圓形，褐色，有多數小黑點，在側線直走部之中央有一大黑斑，有時在側線直走部之起點有一較小之暗斑，奇鰭及腹鰭暗褐色而有小黑點 ⋯⋯⋯⋯⋯⋯**豹紋鰈**

38b. 眼側一般被圓鱗，有時在軀幹部上下緣具櫛鱗；眶間隔寬度 (在成體) 遠大於眼徑。

39a. 眼側軀幹部上下緣具櫛鱗；L. l. 95～104；頭長爲眼徑之 3～3$\frac{3}{4}$ 倍。

40a. 頭長爲上頜長之 3$\frac{1}{4}$～3$\frac{1}{3}$ 倍。體長爲體高之 1$\frac{1}{2}$～1$\frac{4}{5}$ 倍，頭長之 3$\frac{1}{4}$～4 倍。

D. 89～99；A. 67～73；P. 8～9 (♂者上方鰭條特別延長)；L. l. 100 (±)；鰓耙 (下枝) 8。體褐色，有多數小暗點及環紋散在；一散漫之暗斑在側線直走部之中央，側線直走之起點處有一環狀眼斑 ⋯⋯**布氏鰈**

40b. 頭長爲上頜長之 3$\frac{1}{2}$～3$\frac{4}{5}$ 倍。體長爲體高之 1$\frac{3}{4}$～1$\frac{4}{5}$ 倍，頭長之 4$\frac{1}{6}$～4$\frac{1}{4}$ 倍。

D. 87～97；A. 61～73；P. 8～10 (7～10)；L. l. 74～108；鰓耙 0～5＋5～8。體灰褐色或綠色，有多數褐色小點，點外有灰褐色環，側線直走部中央有一深色大斑，在直走部之起點有一較小而散漫之暗斑，奇鰭亦有暗斑，尾鰭後端色暗 ⋯⋯⋯⋯⋯⋯⋯⋯**繁星鰈**

39b. 眼側全部被圓鱗。頭長約爲眼徑之 4 倍。D. 87；A. 65；P. 11；L. l. 80；鰓耙 (下枝) 6～7。體褐色，在眶間區有數縱列暗色小點，奇鰭色暗 ⋯⋯⋯⋯⋯⋯⋯⋯⋯⋯⋯⋯⋯⋯⋯⋯⋯⋯⋯⋯⋯⋯⋯⋯⋯⋯**菱鰈**

14b. 口甚大，上頜長超過頭長之 1/2，下頜突出，下頜膜 (Mandibular membrane) 不成葦狀。

41a. 上頜骨較頭長爲短，向前不超過吻端，向後遠超過眼之後緣 (*Chascanopsetta*)。

D. 115～120；A. 79～85；P. 13～17(12～15)；L. l. 152～185；鰓耙 0＋0～3。體暗褐色，有多數小黑點散在，腹膜淡藍色，外表可見

·· 深暗大口鰜鰈

41b. 上頜骨長於頭長，其前端超越吻端，後端遠超過眼之後緣（*Kamo-*
haraia）。

D. 109～112；A. 84～86；P. 15～16(11～12)；L. l. 126～127；鰓
耙 7＋8～9。體褐色而有多數暗斑。胸鰭及奇鰭之外側色暗············
·· 大口鰜鰈

13b. 兩側之側線同樣發達（*Grammatobothus*）。

D. 81；A. 66；P. 14(11)；L. l. 76；鰓耙（下枝）8 。體褐色，體之上下緣各有一列暗斑，體
之中央略後有一大形暗斑，背鰭、臀鰭各有一列不明顯的小斑點，尾鰭中央有一對斑點·········
·· 克氏線鰈

花圓鰈 *Tephrinectes sinensis* (LACÉPÈDE)

英名 Chinese Brill；亦名花破帆、花正鼻、花布帆 (F.)，花鮃，花布鮃；產基隆、臺
北。

牙鰈 *Paralichthys olivaceus* (TEMMINCK & SCHLEGEL)

亦名牙鮃（朱），俗名扁魚。產基隆。（圖 6-172）

重點扁魚 *Pseudorhombus dupliciocellatus* REGAN

英名 Ocellated flounder。亦名目鰈（動典），*Platophrys palad* EVERMANN & SEALE
為其異名。產臺南。

貧齒扁魚 *Pseudorhombus oligodon* (BLEEKER)

英名 Rough-scaled Brill。亦名少牙斑鮃（朱）。產臺南、澎湖。

五斑扁魚 *Pseudorhombus quinquocellatus* WEBER & DE BEAUFORT

亦名五點斑鮃（朱）。產臺南安平。

櫛鱗扁魚 *Pseudorhombus ctenosquamis* (OSHIMA)

俗名 Pin Hi（扁魚）。產臺南。

大齒扁魚 *Pseudorhombus arsius* (HAMILTON-BUCHANAN)

英名 Large-toothed Flounder。亦名土齒鰈（袁），地寶（鄭），斑鮃（朱），破板，破
帆 (F.)；俗名扁魚。產宜蘭、東港、澎湖。

五目扁魚 *Pseudorhombus pentophthalmus* GÜNTHER

亦名五眼斑鮃（朱）。*P. ocellifer* REGAN, *Arnoglossus wakiyai* SCHMIDT 均其異名。
產基隆、臺南、東港、高雄。（圖 6-172）

高身扁魚 *Pseudorhombus elevatus* OGILBY

英名 Deep-bodied Flounder。亦名高體斑鮃（朱）。產東港。

爪哇扁魚 *Pseudorhombus javanicus* （BLEEKER）

英名 Javan flounder。據 FAO 手冊本種分佈臺灣海峽南部。

桂皮扁魚 *Pseudorhombus cinnamoneus* （TEMMINCK & SCHLEGEL）

亦名桂皮斑鮃。大島氏之 *P. formosanus, Spinirhombus taiwanus* 為其異名。產基隆、臺南、高雄。（圖 6-172）

滑鱗扁魚 *Pseudorhombus levisquamis* （OSHIMA）

又名圓鱗斑鮃（朱）。俗名扁魚。產臺南、東港。

普通扁魚 *Pseudorhombus neglectus* BLEEKER

亦名南海斑鮃（朱）。產梧棲、東港。

大鱗鰈 *Tarphops oligolepis* （BLEEKER）

亦名左口，圓鰈（袞），海目鰈，俗名風吹鄙 （Honsoepi）。產臺南、東港、大溪。

低身羊舌魚 *Arnoglossus tapeinosoma* （BLEEKER）

據沈世傑教授 （1983） 產大溪。

一色羊舌鰈 *Arnoglossus aspilos* （BLEEKER）

產東港。CHEN & WENG （1965） 所記之 *T. thori* KYLE 當係本種之誤。

瘦羊舌魚 *Arnoglossus tenuis* GÜNTHER

據沈世傑教授 （1983） 產大溪，並認為東大據以發表上種之標本應為本種之誤。

長身羊舌魚 *Arnoglossus elongatus* WEBER

產東港。

南洋羊舌鰈 *Arnoglossus polyspilus* （GÜNTHER）

日名南洋達摩。產東港、基隆、大溪。

日本羊舌魚 *Arnoglossus japonicus* HUBBS

產東港、大溪。沈世傑教授 （1983） 認為本書舊版據 CHEN & WENG （1965） 所記載之 *A. elongatus* WEBER 應為本種之誤。

小眼羊舌鰈 *Arnoglossus microphthalmus* （VON BONDE）

產東港。AMAOKA （1969） 將本種置於其新設立之 *Neolaeops* 屬中。

飯島氏鰜鰈 *Psettina iijimae* （JORDAN & STARKS）

亦名鐮鮃（朱）。產基隆、大溪、高雄。（圖 6-172）

小嘴鰜鰈 *Psettina brevirictus* ALCOCK

產臺南。

巨鰜鰈 *Psettina gigantea* AMAOKA

產臺南、大溪。本書舊版據 CHEN & WENG （1965） 所記 *P. profunda* （WEBER） 應

爲本種之誤，因據 AMAOKA（1969）本種之眼側腹鰭較短，胸鰭鰭條數較多也。

土佐鎌鰈 *Psettina tosana* AMAOKA

據沈世傑教授（1983）產大溪、高雄。

齒鎌鰈 *Japonolaeops dentatus* AMAOKA

產東港。據沈世傑教授（1983）本書舊版所列 *Laeops güntheri* ALCOCK 應爲本種之誤。

東港槍鰈 *Laeops tungkongensis* CHEN & WENG

產東港。CHEN & WENG（1965）發表之新種，本種舊版改爲次種之異名。今據沈世傑教授（1983）仍列爲獨立之種。

小頭槍鰈 *Laeops parviceps* GÜNTHER

產東港。

黑槍鰈 *Laeops nigrescens* LLOYD

產臺南、澎湖。東海大學之液浸標本似已褪色，因本種顯然以其體色而命名也。

北原氏槍鰈 *Laeops kitaharae* SMITH & POPE

亦名 Khaki Flounder，亦名北原左鮃。產安平、東港。據 AMAOKA（1969），*L. lanceolata* FRANZ 以及 *L. variegata* FRANZ 均爲本種之異名。（圖 6-172）

綠斑鰈 *Parabothus chlorospilus* GILBERT

據沈世傑教授（1983）產東港。

複鱗鰈 *Engyprosopon multisquama* AMAOKA

據沈世傑教授（1983）產大溪。

達摩鰈 *Engyprosopon grandisquama*（TEMMINCK & SCHLEGEL）

亦名短額鮃。*Scaeops orbicularis* JORDAN & SEALE 爲其異名。產臺南、高雄、東港、大溪。（圖 6-172）

巨鰭鰈 *Engyprosopon macroptera* AMAOKA

產羅東、大溪、臺南、高雄、東港。本書舊版據 CHEN & WENG（1965）所列之 *E. filimanus*（REGAN）應爲本種之誤。據 AMAOKA（1969）稱，後者之鰭條數及側線鱗片數與本種略有出入。

青纓鰈 *Crossorhombus kanekonis*（TANAKA）

產臺南、澎湖、大溪等地。本書舊版據 CHEN & WENG（1965）所列 *C. azureus*（ALCOCK）可能爲本種之誤。據 AMAOKA（1969）稱，本種之特異點爲上頜齒兩列，兩眼無膜瓣，側線鱗片數較少。

纓鰈 *Crossorhombus kobensis*（JORDAN & STARKS）

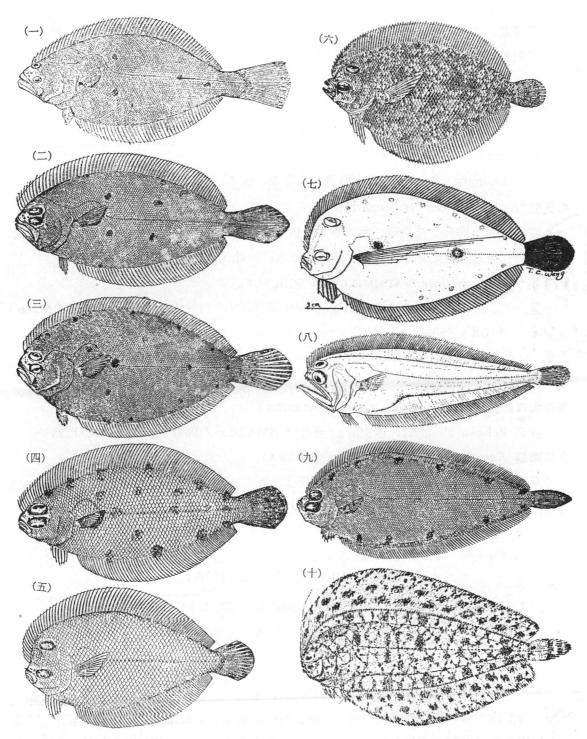

圖 6-172 （一）牙鰈；（二）五目扁魚；（三）桂皮扁魚；（四）飯島氏鰊鰈；（五）達摩鰈；（六）縷鰈；（七）繁星鰈；（八）憂鬱大口鰊鰈；（九）北原氏槍鰈；（十）北原氏槍鰈幼魚期。

產基隆、大溪。本書舊版列 *C. valderostratus* (ALCOCK)，NORMAN (1934) 把現用種名列爲其異名。惟據 AMAOKA (1969) 稱，本種上頜齒二列，尙有其他相異之點，故應列爲獨立之種。（圖 6-172）

蒙鰈 *Bothus mancus* (BROUSSONET)

英名 Tropical flounder。產屏東。

豹紋鰈 *Bothus pantherinus* (RÜPPELL)

英名 Leopard flounder，亦名豹鮃。產澎湖、屏東、桃園。

布氏鰈 *Bothus bleekeri* STEINDACHNER

據楊鴻嘉氏增列。產東港。本種極易與繁星鰈、卵圓鰈相混淆，NORMAN 氏認爲如能大量採集此三種之雄魚、雌魚、及幼魚標本，彼此比較，可能須合併爲一種。

繁星鰈 *Bothus myriaster* (TEMMINCK & SCHLEGEL)

產高雄、澎湖、大溪。本書舊版據 CHEN & WENG (1965) 所列 *B. ovalis* (REGAN) 據 AMAOKA (1969) 應爲本種之幼魚。（圖 6-172）

菱鰈 *Bothus assimilis* (GÜNTHER)

英名 Brill。產臺南。

深暗大口鰜鰈 *Chascanopsetta lugubris* (ALCOCK)

英名 Pelican flounder，產東港。屬名依 AMAOKA (1969) 改正。（圖 6-172）

大口鰜鰈 *Kamoharaia megastoma* (KAMOHARA)

產東港。屬名依 AMAOKA (1969) 改正。

克氏線鰈 *Grammatobothus kremfi* CHABANAUD

據沈世傑教授 (1983) 產臺南。

右鰈科 PLEURONECTIDAE

= HIPPOGLOSSIDAE + PLEURONECTIDAE + SAMARIDAE
+ RHOMBOSOLEIDAE; Righteye flounders; Right-handed flounders,

鰈科（朱）

除少數逆轉之種類外，兩眼概在右側；視神經交叉單一型，左眼神經常在背方。各鰭無硬棘，背鰭向前伸展至少達眼之上方。背鰭、臀鰭之後端完全與尾鰭分離。腹鰭有 3～13 軟條，在眼側者通常較長而位置較前。口在吻端，下頜多少突出。上頜無副上頜骨。上下頜在眼側平直，在盲側成弧形。盲側齒較發達。有的鋤骨具齒，但腭骨無齒。前鰓蓋邊緣游離，盲側鼻器通常近於頭部之外緣，有時則轉至另一側而近於眼側頭部之外緣。側線單一，副枝或有或無，前部直走或成弧形。脊椎至少 30。後匙骨每側一枚。肋骨存在。通常在卵黃中無油球。

臺灣產右鰈科 3 亞科 7 屬 12 種檢索表:

1a. 左右腹鰭殆相等，在眼側者或略前並近於腹中線。

　2a. 背鰭起點在眼之上方，盲側鼻器以後。

　　3a. **右鰈亞科** PLEURONECTINAE　　兩側側線同樣發達；鼻器內無中軸，前後嗅瓣平行。

　　　4a. 口大，上頜至少爲頭長之 1/3；兩側之頜骨與齒殆同等發達；上頜齒兩列，外列較大，前方有犬齒，下頜齒一列；側線有上顬分支，但無向後沿背鰭基底之延長部；眼側之胸鰭遠較盲側者爲發達；盲側具圓鱗，眼側大部分爲櫛鱗；脊椎 10＋32＝42 (*Eopsetta*)。

　　　　體長爲體高之 $2^3/_5 \sim 2^7/_8$ 倍，頭長之 $3^3/_5 \sim 4$ 倍；頭長爲眼徑之 $4^1/_4 \sim 4^1/_8$ 倍，上頜（眼側）之 $2^1/_2 \sim 2^3/_4$ 倍；D. (85) 87〜88 (92)；A. 67〜70 (77)；L. l. 86〜90。體褐色，有若干不甚明顯之深色斑點，其中側線上方及下方各三枚，騎於側線上者六枚……………………**蟲鰈**

　　　4b. 口小，眼側之上頜短於頭長之 1/3；盲側之頜骨與齒均較爲發達。

　　　　5a. 齒尖細，成絨毛狀帶；側線之上顬分支有一向後延長部沿背鰭下方約達 2/3 處；背鰭起點偏於盲側之鼻孔以下；唇厚，有橫褶；兩側均具圓鱗；脊椎 13〜14＋25〜26＝38〜40 (*Pleuronichthys*)。

　　　　　體長爲體高之 $1^3/_4 \sim 2$ 倍，頭長之 $4^1/_8 \sim 5$ 倍；頭長爲眼徑之 3〜4 倍，上頜（眼側）之 $3^2/_3 \sim 4^1/_4$ 倍；D. 70〜83；A. 56〜62；L. l. 98〜110；齒僅見於盲側之上下頜。體紅褐色，頭部、軀幹部、及各奇鰭下部均密被深褐色之圓點……………………**右鰈**

　　　　5b. 齒大，鈍圓、圓錐形、或門齒狀，一列，有時爲不規則之二列。

　　　　　6a. 幽門盲囊 2〜3＋3〜4；體爲長紡錘形；側線前方之上顬分支幾乎不能辨認；上下頜齒兩側同樣發達；兩側均具圓鱗；盲側頭部無粘液腔 (Mucous cavities) (*Tanakius*)。

　　　　　　體長爲體高之 $3 \sim 3^1/_2$ 倍，頭長之 $4^2/_3 \sim 5$ 倍；頭長爲眼徑之 $3 \sim 3^1/_4$ 倍，上頜（眼側）之 $3^1/_4 \sim 4$ 倍；D. (84) 87〜93 (102)；A. 75〜81；L. l. 100 (?)。體爲一致之紅褐色…………………………………………………**田中鰈**

　　　　　6b. 幽門盲囊 2，且極短；體紡錘形，比較的高；側線前端之上顬分支發育完善；齒鈍圓錐形，或門齒狀，在盲側者較爲發達；兩側均具退化之圓鱗，隱於皮下，成長後往往完全無鱗，而代以骨板 (*Platichthys*)。

　　　　　　7a. 側線略上有一列不規則的骨板，背側、腹側（在側線與背鰭或臀鰭之間）另有一列，此外在頭側，尾柄上下，胸鰭基底，或其他部分均可能有小骨板散在，盲側完全平滑；體長爲體高之 $2 \sim 2^1/_2$ 倍，頭長之 $3 \sim 3^1/_4$ 倍；頭長爲眼徑 $4^1/_2 \sim 7$ 倍，上頜長（眼側）之 $3^2/_3 \sim 4$ 倍；D. 63〜74；A. 47〜55；L. l. 73〜82 (孔)。褐色或灰色，有駁雜之深色斑點或條紋……………………………………**石鰈**

　　　　　　7b. 沿背鰭、臀鰭基部有一整列棘狀突起，在頭側、體側（中部較顯）亦有同樣的棘突代替鱗片，盲側僅在鰭基與側線上有棘突；體後方有少數圓鱗隱於皮下；體長爲體高之 2 倍，頭長之 $3^1/_{10}$ 倍；頭長爲眼徑之 6 倍，上頜長之 4 倍；D. 56～62, A. 40～46; L. l. 66～76 (孔)。體帶黑色，背鰭、臀鰭各有 4～6 條深色垂直帶紋 ……………………………………**棘鰈**

3b. 花鰜鰈亞科 POECILOPSETTINAE　側線發育不全，在盲側極難見到；鼻器內有短中軸，鼻瓣由此放射。背鰭、腹鰭前方鰭條不延長；雌雄相同。眼眶上無鬚 (*Poecilopsetta*)。

8a. 齒爲一狹帶，至少在成長後。

9a. L. l. 90～95; D. 59～65; A. 50～54; P. 8～10; 體長爲體高之 $2^2/_3$～3; 頭長爲上頜長之 $3^3/_5$～$3^3/_4$ 倍；兩眼相接。體黃褐色，有暗色斑駁；奇鰭褐色，邊緣灰色……
……………………………………………………………………………………**普來隆花鰜鰈**

9b. L. l. 60～70。

10a. L. l. 60～65; D. 60～64; A. 48～53; P. 8～9; 體長爲體高之 $2^1/_6$～$2^1/_2$ 倍，頭長爲上頜長之 $3^1/_3$～$3^3/_5$ 倍，眼徑之 $3^1/_4$ 倍。體褐色，在身體後部接近背鰭、臀鰭基底有一對黑點，尾鰭有一對黑斑……………………………**丕林塞花鰜鰈**

10b. L. l. 70±; D. 62; A. 54; P. 10; 體長爲體高之 $2^3/_5$ 倍，頭長爲上頜長之 $3^1/_2$ 倍，眼徑之 $2^1/_3$ 倍。體灰褐色，背鰭、臀鰭有不規則之黑斑，尾鰭有一對大形黑斑
……………………………………………………………………………………**那塔花鰜鰈**

2b. 冠鰈亞科 SAMARINAE　背鰭起點在眼以前，更前向吻部伸展達盲側鼻器之下方；鼻瓣平行，無中軸；側線發育不全，在盲側極難見到。腹鰭基底比較的長；口小，上頜通常短於頭長之 1/2; 盲側無胸鰭；側線近於直線；鰓耙 (如有時) 短，無細齒；鱗片較小，不易脫落。

11a. 背鰭前方數鰭條及眼側腹鰭鰭條延長爲絲狀；尾鰭鰭條單一而不分枝(*Samaris*)。
L. l. 68～76; D. (73) 77～80 (81); A. 50～54 (57); 體褐色而有不規則的黑色斑點。背鰭延長鰭條白色，尾鰭有白斑………………………………**冠鰈**

11b. 背鰭前方鰭條及眼側腹鰭鰭條不特別延長；尾鰭中部鰭條分枝 (*Samariscus*)。

12a. 胸鰭爲頭長之 2 倍或 2 倍以上 (以下)。

13a. 體長爲體高之 2～$2^1/_3$; 頭長爲眼徑之 $2^4/_5$～$3^1/_2$ 倍，上頜長之 $2^4/_5$～$3^1/_3$ 倍; D. 68～76; A. 55～58; P. 5; L. l. 57～64。體灰褐色，沿體側上緣下方有五枚，下緣上方有四枚黑斑，在側線前部 (胸鰭中部內側) 有一大形黑斑，沿背鰭、臀鰭基底有六枚小黑斑，尾鰭近基底有一對暗斑，胸鰭有橫條紋………………………………………………………………………**滿月鰈**

13b. 體長爲體高之 $2^2/_3$～3 倍; 頭長爲眼徑之 $3^1/_2$～$3^3/_4$ 倍，上頜長之 3 倍; D. 66～71; A. 50～54; P. 5; L. l. 55～60。體灰褐色，沿體側上緣有 5 枚、沿下緣有 3～4 枚黑斑; 在側線前部有一簇黑斑，沿直走部分有 1～2 枚較小之黑斑; 背鰭、臀鰭有狹之黑邊及一列暗點，胸鰭黑色………**長鰭滿月鰈**

12b. 胸鰭僅較頭部略長。
體長爲頭長之 $3^3/_4$～4 倍，體高之 2 倍; 頭長約爲眼徑之 4 倍，上頜長之

$3^1/_2 \sim 3^2/_3$ 倍；　D. 63～67；　A. 48～50；　P. 5；　L. l. 63。　體褐色，頭部、體側及各鰭有暗色斑點，胸鰭黑色⋯⋯⋯⋯⋯⋯⋯⋯⋯⋯⋯⋯⋯⋯⋯**素滿月鰈**

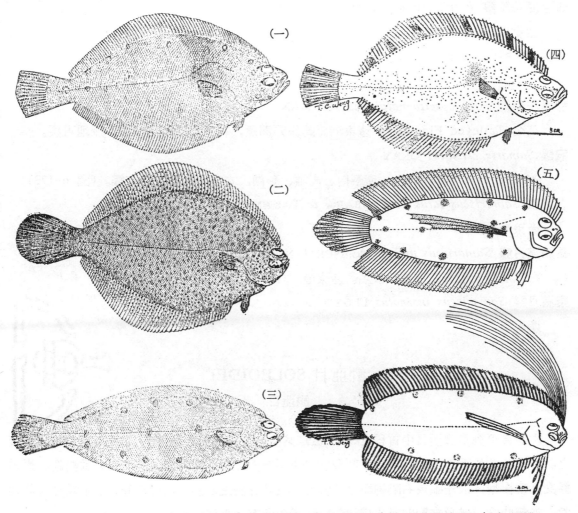

圖 6-173　（一）蟲鰈；（二）右鰈；（三）田中鰈；（四）棘鰈；（五）長鰭滿月鰈；（六）冠鰈。

蟲鰈 *Eopsetta grigorjewi* (Herzenstein)

　　亦名水鮃（動典）。產臺灣。（圖 6-173）

右鰈 *Pleuronichthys cornutus* (Temminck & Schlegel)

　　亦名木葉鰈（動典）；日名眼板鰈。產臺灣。（圖 6-173）

田中鰈 *Tanakius kitaharae* (Jordan & Starks)

　　又名長鰈（朱）。日名柳蟲鰈。產臺灣。（圖 6-173）

石鰈 *Platichthys bicoloratus* (Basilewsky)

　　亦名二色鰈（動典）。產臺灣。

棘鰈 *Platichthys stellatus* (PALLAS)

臺灣大學動物學系有此標本，產地不明。（圖 6-173）

普來隆花鰊鰈 *Poecilopsetta praelonga* ALCOCK

產東港。

丕林塞花鰊鰈 *Poecilopsetta plinthus* JORDAN & STARK

產東港。

那塔花鰊鰈 *Poecilopsetta natalensis* NORMAN

英名 Taileyed Flounder；產東港。此係非洲魚，在東港漁市場採獲，產地可疑。

冠鰈 *Samaris cristatus* GRAY

英名 Crested Flounder。產臺南、高雄、澎湖。本書舊版稱絲翅右鰈。（圖 6-173）

滿月鰈 *Samariscus latus* MATSUBARA & TAKAMUKI

產東港。

長鰭滿月鰈 *Samariscus longimanus* NORMAN

在本屬中有較長之胸鰭，故名。產東港。（圖 6-173）

素滿月鰈 *Samariscus inornatus* LLOYD

產東港。

鮃亞目 SOLEOIDEI[①]
鰨亞目

本亞目可列爲鰈亞目中首科之一。但是其前鰓蓋骨邊緣不游離，而以皮膚及鱗片掩蓋之。口小，前位乃至下位；下頜不甚發達，決不突向前方。左右側鼻孔位置大致對稱。視神經交叉重複型，故左眼或右眼神經之在背方，與其身體之右旋或左旋無關。無基蝶骨及後匙骨，亦無肋骨。成魚之胸鰭退化或消失；腹鰭最多有 5 軟條。

右鮃科 SOLEIDAE
= ACHIRIDAE + SOLEIDAE + SYNAPTURIDAE; Soles.
鰨科（朱）

兩眼概在體之右側。前鰓蓋隱於皮下，不能在表面見之。口裂小而不對稱，橫開於吻之先端或下方；有時吻端下垂，掩覆下頜，於是口裂彎曲如鉤。齒僅盲側發達，成細齒帶，或

---

① 右鮃、左鮃兩科，粤語概名之爲鰨沙，在臺灣則音變而爲鰨西，施梳。華中一帶則名之爲箬鰨魚。

在眼側有極不發達之細齒。各鰭無棘狀鰭條，背鰭起點在眼之前上方；背鰭、臀鰭與尾鰭分離或連合；胸鰭小，退化，右側大於左側，或完全消失。腹鰭基底短，對稱或不對稱，有的與臀鰭相連，有的在眼側無腹鰭。體被中等之圓鱗或櫛鱗，有的變形而為皮瓣，邊緣如垂鬚狀。側線單一，直走，但在頭部或成弧形，並有短副枝。

臺灣產右鮃科8屬15種檢索表[1]:

1a. 吻部顯然彎曲如鈎，口下位；背鰭、臀鰭鰭條均不分枝，鰭膜亦不被鱗片；腹鰭不對稱，眼側腹鰭基底長，由鰓裂達臀鰭，盲側腹鰭基底短，不達臀鰭。無胸鰭。尾鰭一般具19鰭條，不與背鰭、臀鰭之後端相接。盲側之前鼻管肥厚，末端有皮瓣（*Heteromycteris*）。

　D. 79~92；A. 52~64；V. 5~6；L. l. 61~78。脊椎36~38。眼側黃褐色至黑褐色，有黑色小斑點散在。有的有黑色圓斑三列，沿背鰭、臀鰭基底及體側中央各一列……………………**細斑鰨沙**

1b. 吻部近於平直或略彎曲，口前位；背鰭、臀鰭之後端與尾鰭相連或游離，尾鰭鰭條19枚以下。胸鰭或有或無。腹鰭基底短，不與臀鰭相連。

　2a. 胸鰭存在。各鰭鰭條基部無孔器。

　　3a. 背鰭、臀鰭之後端不與尾鰭相連。背鰭、臀鰭鰭條分枝或不分枝，鰭膜被鱗片。左右腹鰭大致對稱。

　　　4a. 兩眼分開，中間有鱗4~5列；鰓膜不與胸鰭基部相連。眼側之前鼻管短，僅達下眼之前緣（*Solea*）。

　　　　D. 59~67；A. 45~50；P. 7~9；V. 50；L. l. 90~99。脊椎32~33。兩側均被小形櫛鱗，盲側頭部前方鱗片變形為絨毛狀感覺突。眼側欖褐色而到處密佈黑色小點。沿背鰭基底有五枚，沿臀鰭基底有四枚較大之黑色圓斑。奇鰭有同樣之黑點；胸鰭後部黑色………………………**卵圓鰨沙**

　　　4b. 兩眼互相接近。鰓膜與胸鰭上方鰭條相連。眼側之鼻管長，達下眼中點之後（*Soleichthys*）。

　　　　5a. 眼在右側；眼側胸鰭最長鰭條約為頭長之1/3~1/2。D. 88~103；A. 77~87；P. 7~9；V. 4~5；C. 16~18；L. l. 99~133。脊椎50~52；眼側黃褐色至褐色，有多對間斷之波狀橫帶，並擴展至背鰭及臀鰭。各鰭外緣色淡，內側有一黑線紋…………………**異鼻鰨沙**

　　　　5b. 眼在左側；眼側胸鰭最長鰭條為頭長之1/2以上。D. 84；A. 69；P. 7；V. 6；C. 18；L. l. 113；脊椎45。眼側棕黑色，有不規則之大形斑塊，延伸至背鰭及臀鰭。各鰭深棕色；盲側白色…………………………………………………………………………**逆眼異鼻鰨沙**

　　3b. 背鰭、臀鰭之後端與尾鰭相連。

　　　6a. 體側無橫帶，但有時具不規則之塊狀或雲斑紋（*Synaptura*）。

　　　　7a. 體橢圓形，體長為體高之二倍以下；D. 59~65；A. 42~50；P. 7；V. 5；C. 17~19。L. l. 75~85。胸鰭鰭條分枝（上方1~2鰭條例外）。眼側紅褐色，胸鰭黑色，體側有若干長短不等之深色橫斑與側線直角相交，斑之上下另有不整齊之黑斑及線紋相間存在，盲

---

① 李、張、巫（1977）報告在恆春南端另產一種 *Synaptura marginata*。

　　側黄色……………………………………………………………………………………………**孃葉仔**

　7b. 體比較的延長，體長爲體高之二倍以上；D. 71～72；A. 57～59；P. 7；V. 5；C. 18。
　　L. 1. 103～104。胸鰭鰭條不分枝。盲側淡褐色，有不規則之大形環狀斑 ………**環斑鰨沙**

　6b. 體側有橫帶，胸鰭鰭條均不分枝。

　　8a. 背鰭第一鰭條不特別延長 (*Zebrias*)。

　　　9a. 背鰭、臀鰭後部鰭條與尾鰭完全相連。

　　　　10a. 兩眼互相接近，中間無鱗片相隔，兩眼各有一暗褐色短觸角。D. 63～75；A.
　　　　53～61；C. 18；L. 1. 85～104。脊椎 41～44。體淡褐色而有 11～12 條橫帶，有
　　　　的可分爲二股；尾鰭有延長之斑塊。盲側黄褐色……………………………**瓜格斑鰨沙**

　　　　10b. 兩眼之間有鱗片相隔，眼無觸角。D. 70～90；A. 60～78；C. 16～18；L. 1.
　　　　87～123。脊椎 45～54。體淡褐色而有十二對暗褐色橫帶，在頭部者三對。第一對
　　　　近吻端。尾鰭有黄斑…………………………………………………………**斑鰨沙**

　　　9b. 背鰭、臀鰭後部鰭條連於尾鰭基部之半，尾鰭之後半游離，兩眼互相接近，中間或
　　　　有少數鱗片。

　　　　11a. D. 65～76；A. 54～63；C. 18；L. 1. 61～80。脊椎 43～45。眼側胸鰭最長
　　　　鰭條約爲頭長之 1/5。眼側黄褐色，有十三對暗褐色橫帶，尾鰭暗褐色而有白色
　　　　斑點…………………………………………………………………………**纓鱗斑鰨沙**

　　　　11b. D. 70～81；A. 58～66；C. 18；L. 1. 80～100；脊椎 41～44。眼側胸鰭最長
　　　　鰭條約爲頭長之半。眼側褐色至黄褐色，而有 9～13 對暗褐色橫帶，尾鰭暗褐色
　　　　但無白斑……………………………………………………………………**日本斑鰨沙**

　　8b. 背鰭第一鰭條延長，且與後方分離；體之兩側均具圓鱗。腹鰭基底短，左右對稱
　　　(*Aesopia*)。

　　　D. 69～83；A. 60～68；P. 10～12；V. 4；C. 16～18；L. 1. 88～105；脊椎 46～48。
　　　口裂略彎，達下眼前端。齒細小，僅生於盲側。眼側淡褐色而有十三對暗褐色橫帶，三
　　　對在頭部。尾鰭黑褐色而有灰色斑………………………………………………**角鰨沙**

2b. 兩側均無胸鰭。

　　　　12a. 在背鰭、臀鰭鰭條之基部有圓形之孔器，腹鰭不對稱，眼側者基底較長，有
　　　　鰭膜與生殖突或臀鰭相連；盲側者基底較短，不發育。背鰭、臀鰭之鰭條均分
　　　　枝，鰭膜上不被鱗片 (*Pardachirus*)。

　　　　　D. 66～70；A. 50～54；V. 5；L. 1. 80～90；脊椎 38。兩側均被小形櫛鱗，
　　　　盲側前部鱗片變形爲絨毛狀感覺突。眼側黄褐色至黑褐色，有許多中心色暗之
　　　　淡色圓斑；奇鰭及腹鰭暗褐色，與體面有同樣之圓斑，邊緣白色………**南鰨沙**

　　　12b. 背鰭、臀鰭鰭條之基部無孔器。眼側腹鰭基底短，與生殖突或臀鰭不相連。

　　　　13a. 兩側概被櫛鱗（盲側前部除外）。左右腹鰭對稱或近於對稱。背鰭、臀鰭
　　　　鰭條不分枝，或僅末端分枝，鰭膜上不被鱗片 (*Aseraggodes*)。

14a. D. 68～78；A. 48～55；V. 5；C. 18；L. l. 60～77； 脊椎 34～37。
眼側灰褐色，近背鰭及臀鰭基部有一列深色小圓斑，在側線上有時有 3～
4 枚深色較大之環狀斑。盲側白色…………………………………**可勃櫛鱗鰨沙**

14b. D. 63～69；A. 47～48；V. 5；C. 18；L. l. 63～77；脊椎 36～37。眼
側淡褐色而有褐色網狀之斑紋，在背鰭及臀鰭基底最爲明顯………………
…………………………………………………………………………**網紋櫛鱗鰨沙**

13b. 兩側概被圓鱗（尾鰭基部除外）。左右腹鰭略不對稱， 與生殖突相接而不
與臀鰭相連。背鰭、臀鰭鰭條不分枝，鰭膜不被鱗片 (*Liachirus*)。
D. 56～68；A. 44～50；V. 5；C. 18；L. l. 65～77。 脊椎 33～35。眼側
褐色，到處有黑色小點及黑褐色斑，奇鰭亦有暗色斑點。盲側黃白色………
…………………………………………………………………………**圓鱗鰨沙**

細斑鰨沙 *Heteromycteris japonicus* (TEMMINCK & SCHLEGEL)

水試所由紅毛港得此，又名鉤嘴鰨（朱），俗名土鐵仔。（圖 6-174）

卵圓鰨沙 *Solea ovata* RICHARDSON

又名卵鰨（朱）。產高雄、臺南、鹿港。（圖 6-174）

異鼻斑鰨沙 *Soleichthys heterorhinos* BLEEKER

產澎湖、恆春。

逆眼異鼻鰨沙 *Soleichthys sp.*

SHEN & LEE (1981) 發表而未定種名。產澎湖。

孃葉仔 *Synaptura orientalis* (BLOCH & SCHNEIDER)

英名 Guava-leafed Sole, Black sole； 亦名箬鰨（朱）；Teaon Pan Yu, Neen Ye Tze
（孃葉仔），Nim Ip Tsai (F.)； 俗名土龜；日名胡麻牛舌。產鹿港、高雄。

環紋鰨沙 *Synaptura annularis* (FOWLER)

產東港。CHEN & WENG (1965) 發表之新種 *S. nebulosa* 爲其異名。（圖 6-174）

瓜格斑鰨沙 *Zebrias quagga* (KAUP)

亦名峨眉條鰨（朱）。產高雄、東港、臺南。

斑鰨沙 *Zebrias zebra* (BLOCH & SCHNEIDER)

英名 Double-banded Sole； 亦名花鰨沙 (F.)， 斑比目（張），條鰨（朱）；俗名狗舌，
閂絲；日名蕢卷、縞牛舌。產基隆、大溪、東港。*Solea fasciatus* BASILEWSKY， 以及
本書舊版之 *Zebrias fasciatus* 均爲其異名。（圖 6-174）

纓鱗鰨沙 *Zebrias crossolepis* CHENG & CHANG

產高雄。

日本斑鰨沙 *Zebrias japonicus* (BLEEKER)

產<u>基隆</u>、<u>東港</u>、<u>高雄</u>、<u>大溪</u>。

角鰨沙 *Aesopia cornuta* KAUP

英名 Broad-barred sole, Horned sole；亦名角鰨（<u>朱</u>）。俗名狗舌；<u>日</u>名角牛舌。產<u>臺南</u>、<u>東港</u>、<u>高雄</u>、<u>澎湖</u>、<u>大溪</u>、<u>恆春</u>。（圖 6-174）

南鰨沙 *Pardachirus pavoninus* (LACÉPÈDE)

英名 Peacock sole。亦名豹鰨（<u>朱</u>）。<u>日</u>名南牛舌。產<u>東港</u>。

可勃櫛鱗鰨沙 *Aseraggodes kobensis* (STEINDACHNER)

亦名櫛鱗鰨。產<u>基隆</u>、<u>臺南</u>、<u>東港</u>、<u>大溪</u>、<u>澎湖</u>。

網紋櫛鱗鰨沙 *Aseraggodes kaianus* (GÜNTHER)

產<u>高雄</u>。

圓鱗鰨沙 *Aseraggodes melanospilus* (BLEEKER)

亦名圓鱗鰨（<u>朱</u>）。*Liachirus nitidus* GTHR. 爲其異名。產<u>臺南</u>、<u>東港</u>、<u>高雄</u>、<u>澎湖</u>、<u>恆春</u>。（圖 6-174）

左鮃科 CYNOGLOSSIDAE

Tonguefishes, Soles；舌鰨科（<u>朱</u>）

體延長，舌形，後端尖銳。兩眼概在體之左側。視神經交叉重複型，左眼或右眼神經位於另側神經的背方。眼小而左右靠近，往往相接，無間隔，亦無突起稜。前鰓蓋隱於皮下，在表面不能見之。唇完全，或如垂纓狀。吻向前下方彎曲如鈎狀皮瓣。上頜無副上頜骨。口小，下位，口裂呈弧狀，左右顯然不對稱。齒細小，只見於盲側。腭骨無齒。鱗片小，多數爲櫛鱗，但盲側可能有圓鱗。側線在眼側者一至三條，有的具副枝偶或無側線；在盲側者不發達，或一至二條。鰭條分節而不成硬棘狀。背鰭起點在頭部前方；背鰭、臀鰭與尾鰭相連合；胸鰭缺如；腹鰭僅見於眼側，與臀鰭相離或相連（少數在盲側亦有腹鰭）。脊椎 42～78（9～10＋33～36）。

臺灣產左鮃科 3 屬 22 種檢索表:

1a. 腹鰭與臀鰭相連；眼側有側線。口下位，口裂顯著的成鈎狀彎曲。

2a. 眼側唇緣有觸鬚或穗狀構造。眼側有側線二或三條 (*Paraplagusia*)。

3a. 眼側有側線二條。

4a. 盲側無腹鰭。

5a. 鈎狀上頜之後端超過下眼後緣（後緣之垂直下方）；二側線間有鱗 16～18 列，盲側無側線；D. 100～117；A. 78～92；V. 4；C. 8～9；L. l.（中條）80～96。脊椎 49。體褐色，密佈細

　　　　點，並有若干不規則的圓斑……………………………………………………………**斑駁纓脣牛舌魚**

　　　5b. 鉤狀上頜之後端不達下眼後緣；　二側線間有鱗 14～16 列，盲側無側線；D. 94～104；A.
　　　　74～79；V. 4；C. 6～8；L. l. (中條) 86～92。脊椎 46～48。體褐色，各鰭深色………………
　　　　……………………………………………………………………………………………**一色纓脣牛舌魚**

　　4b. 盲側有腹鰭而無側線；　D. 112；A. 93；V. 4；L. l. (中條) 112。體爲一致之淡褐色………
　　……………………………………………………………………………………………**臺灣纓脣牛舌魚**

3b. 眼側有側線三條。

　　　6a. 眼側具櫛鱗，盲側具圓鱗；D. 105～119；A. 80～97；V. 4；C. 7～9；L. l. (中條) 88～
　　　　109。脊椎 50～55。體深褐色，有不規則之深色斑點散在…………………………**日本纓脣牛舌魚**

　　　6b. 兩側均具櫛鱗 (盲側後方五分之一部分有圓鱗)；D. 105；A. 78；C. 6；L. l. (中條)
　　　　105。體爲一致之褐色，有不規則之淡色斑點散在 ……………………………………**斑點纓脣牛舌魚**

2b. 眼側脣緣無觸鬚或穗狀物。

　　　7a. 眼側、盲側各有側線二條，　尾鰭鰭條 12。眼側之後鼻孔位於眶間隔，　前鼻孔成管狀，
　　　　近於上脣；D. 102～112；A. 80～87；L. l. 86～98。脊椎 51～53。眼側灰褐色，鰓蓋上
　　　　通常有一不規則的黑斑……………………………………………………………………**雙線鞋底魚**

　　　7b. 盲側無側線。尾鰭鰭條 8～10。

　　　　8a. 眼側有側線二或三條。尾鰭鰭條 10。

　　　　　9a. 盲側被圓鱗。眼側有側線二條。盲側無側線；眼側鼻孔二枚。

　　　　　10a. 兩側線間鱗片 11～12 列。口角去鰓裂之距離短於由彼至吻端之距離。D. 126～
　　　　　　138；A. 97～114；L. l. (中條) 90～101。脊椎 57～66。背面爲一致之褐色，有
　　　　　　時可見不規則之暗色斑駁，腹面較淡…………………………………………**長牛舌魚**

　　　　　10b. 兩側線之間有鱗片 10 列。口角去鰓裂之距離較近於去吻端之距離。D. 125～134；
　　　　　　A. 90～104；L. l. (中條) 70～85。脊椎 47～51。眼側爲一致之淡褐色，盲側白
　　　　　　色………………………………………………………………………………**短壯鞋底魚**

　　　　　10c. 兩側線之間有鱗片 7 ～ 9 列。口角正在吻端與鰓裂之中點。D. 108～130；　A.
　　　　　　80～98；L. l. (中條) 56～70。脊椎 50～57。眼側爲一致之灰褐色，盲側白色……
　　　　　　……………………………………………………………………………………**大鱗鞋底魚**

　　　　9b. 盲側被櫛鱗。眼側有側線二或三條。

　　　　　11a. 口角至鰓裂之距離顯然短於至吻端之距離。

　　　　　　12a. 眼側有側線二條。二側線間有鱗片 12～15 列。D. 99～108；A. 77～85；
　　　　　　　L. l. (中條) 72～90。脊椎 47～52。眼側爲一致之淡褐色，　盲側白色………
　　　　　　　…………………………………………………………………………**利達鞋底魚**

　　　　　　12b. 眼側有側線三條。上、中二側線間有鱗片 19～22 列。D. 115～126；A.
　　　　　　　92～105；L. l. (中條) 102～126。脊椎 57～61。眼側爲一致之淡褐色，各鰭
　　　　　　　略暗，盲側白色………………………………………………………………**蘇茵鞋底魚**

11b. 口角至鰓裂之距離長於至吻端之距離。

13a. 兩眼互相連接。

14a. 鱗片較大，上、中側線間有鱗片 7～12 列（平均 9）。D. 103～115（平均 107）；A. 80～91（平均 82）；C. 10；L. l.（中條）57～72（平均 60）。脊椎 50～55。眼側褐色，通常有不規則之暗色斑點。盲側白色……
…………………………………………………………………**短吻鞋底魚**

14b. 鱗片較小，上、中側線間有鱗片 11～12 列（平均 11）。D. 103～110（平均 107）；A. 84～86（平均 85）；C. 10；L. l.（中條）60～67（平均 63）。脊椎 52。眼側褐色，或有暗色斑駁。盲側黃白色………**斷線鞋底魚**

13b. 兩眼不相連接。

15a. 眼側有側線二條。上、中側線間有鱗片 14～19 列（平均 16）。D. 90～100；A. 72～79；C. 9～11；L. l.（中條）78～99（平均 87）。脊椎 44～49。眼側褐色，全身有不規則之斑駁，多少成橫帶狀，成魚斑駁消失。盲側白色………………………………………………**頭斑鞋底魚**

15b. 眼側有側線二條，二側線間有鱗片 12～14 列。吻較尖，約佔頭長之 32%。D. 95～102；A. 72～78；C. 10；L. l.（中條）70～90。脊椎 44～48。體背面爲一致之褐色，或有暗色斑點，腹面白色……**正鞋底魚**

15c. 眼側有側線三條，上、中側線間有鱗片 11～13 列（平均 12）。D. 105～112；A. 81～85；C. 10；L. l.（中條）65～72。脊椎 50～53。眼側爲一致之褐色，各鰭稍暗。盲側黃白色………………………**喬氏鞋底魚**

8b. 眼側有側線三條。尾鰭鰭條通常爲 8。

16a. 眼側鼻孔單一。上、中側線間有鱗片 12～14 列（平均 13）。D. 102～107；A. 81～86；C. 8；L. l.（中條）71～80。脊椎 50～52。眼側淡褐色，有不規則之暗色斑點。盲側黃白色…………**單鼻鞋底魚**

16b. 眼側有鼻孔二個。上、中側線間有鱗片 18～23 列（平均 21）。

17a. 體較高，通常體長爲體高之五倍以下。D. 128～135（平均 130）；A. 100～108（平均 104）；C. 8（9）；L. l.（中條）118～136（平均 125）。脊椎 60～64。眼側爲一致之褐色，各鰭稍暗。盲側白色
…………………………………………………………………**寬體鞋底魚**

17b. 體較低，通常體長爲體高之五倍。D. 133～137（平均 135）；A. 104～108（平均 106）；C. 8；L. l. 122～138（平均 135）。脊椎 62～64。眼側爲一致之淡褐色，盲側白色………………**窄體鞋底魚**

1b. 腹鰭不與臀鰭相連。眼側無側線，口裂近於水平，吻部不成鈎狀（*Symphurus*）。

18a. D. 93～98；A. 74～86；C. 12；l. l. 81～87。脊椎 51～54。眼側淡褐色，有不明顯之橫帶。吻及上下頜淡紅色。盲側及各鰭

淡褐色……………………………………………………………**東方鞋底魚**

18b. D. 101；A. 88；V. 4；C. 12；l. l. 98。液浸標本淡褐色，體
側有9條褐色橫帶，鰓蓋上另有二條不明顯的褐色橫帶…………
………………………………………………………………**九帶鞋底魚**

18c. D. 105～117；A. 90～104；C. 12～14；l. l. 110～122。脊椎
57～63。眼側淡褐色，每一鱗片有一黑色線紋，背鰭、臀鰭邊緣
黑褐色，盲側黃褐色…………………………………………**緊身鞋底魚**

斑駁櫻唇牛舌魚 *Paraplagusia bilineata* (BLOCH)

英名 Patterned tonguesole, Twoline tonguefish。又名鬚鰨（朱）。產嘉義。*P. marmorata* (BLEEKER) 爲其異名。（圖 6-174）

一色櫻唇牛舌魚 *Paraplagusia blochi* (BLEEKER)

英名 Fringed-lip tonguefish。又名布氏鬚鰨（朱）。本書初版依 *P. bilineata* J. & EVERMANN 名雙線牛舌魚；可能卽本種之異名。產臺南。

臺灣櫻唇牛舌魚 *Paraplagusia formosana* OSHIMA

本書初版名臺灣雙線牛舌魚；日名臺灣牛舌；產臺灣。大島氏之記載，謂本種盲側有腹鰭而無側線，與 *Paraplagusia* 屬之特徵不符，因未見原標本，只能存疑。

日本櫻唇牛舌魚 *Paraplagusia japonica* (TEMMINCK & SCHLEGEL)

亦名日本三線牛舌魚（梁），日本鬚鰨；日名黑牛舌。產基隆、蘇澳。（圖 6-174）

斑點櫻唇牛舌魚 *Paraplagusia guttata* (MACLEAY)

產基隆。

雙線鞋底魚 *Cynoglossus bilineatus* LACÉPÈDE

英名 Tonguefish, Fourline tonguefish；亦名鞋底魚（木村），雙線舌鰨（朱）；雙側線左鮃；俗名塔西，當係鰨沙之音變。產臺南、東港。*Arelia diplasios* JORDAN & EVERMANN, *A. quadrilineata* (BLEEKER) 均爲其異名。

長牛舌魚 *Cynoglossus lingua* HAMILTON-BUCHANAN

英名 Long tonguefish。據 FAO 手册分佈臺灣海峽南部。

短壯鞋底魚 *Cynoglossus robustus* GÜNTHER

亦名寬體舌鰨（朱）。產基隆、高雄。

大鱗鞋底魚 *Cynoglossus urel* (BLOCH & SCHNEIDER)

英名 Tongue sole；亦名鐵沙鮃（袁）；俗名龍脷、龍舌、牛舌、拖梳；日名大鱗狗舌。產基隆、臺南、臺東、澎湖。*C. melampetalus* GÜNTHER, *C. melampetala* RICHARDSON, 及 *C. macrolepidotus* GÜNTHER 均爲其異名。

利達鞋底魚 *Cynoglossus lida* (BLEEKER)

英名 Roughscale tonguefish。 產東港。

蘇茵鞋底魚 *Cynoglossus suyeni* FOWLER

產東港。CHEN & WENG (1965) 以及本書舊版之 *C. gracilis* (non GÜNTHER) 爲其
異名。

短吻鞋底魚 *Cynoglossus kopsi* (BLEEKER)

產臺南。CHEN & WENG (1965) 以及本書舊版之 *C. brevirostris* (non DAY) 爲其
異名。

斷線鞋底魚 *Cynoglossus interruptus* GÜNTHER

亦名斷線舌鰨（朱）；產澎湖。CHEN & WENG (1965) 以及本書舊版之 *C. brachyce-*
phalus (non BLEEKER), *Areliscus lighti* (non NORMAN) 均爲其異名。（圖 6-174）

頭斑鞋底魚 *Cynoglossus puncticeps* (RICHARDSON)

英名 Spotted Tongue-sole。 產臺南、東港。

正鞋底魚 *Cynoglossus cynoglossus* (HAMILTON-BUCHANAN)

據 FAO 手冊本種分佈到達臺灣南部。

喬氏龍舌魚 *Cynoglossus joyneri* GÜNTHER

亦名焦氏舌鰨（朱）；日名赤舌鮃。產東港、臺南。*C. lighti* NORMAN, *Areliscus tenuis*
OSHIMA 均爲其異名。

單鼻鞋底魚 *Cynoglossus itinus* (SNYDER)

產臺灣。

寬體鞋底魚 *Cynoglossus abbreviatus* (GRAY)

本種廣佈我國東海、南海及日本。又名短吻舌鰨。*C. trigrammus* GÜNTHER 爲其異
名。（圖 6-174）

窄體鞋底魚 *Cynoglossus gracilis* GÜNTHER

產臺灣、金門。CHEN & WENG (1965) 以及本書舊版之 *Areliscus trigrammus* (non
GÜNTHER) 爲其異名。

東方鞋底魚 *Symphurus orientalis* (BLEEKER)

產東港。

九帶鞋底魚 *Symphurus novemfasciatus* SHEN

沈世傑教授 (1984) 發表之新種，標本採自東港。

緊身鞋底魚 *Symphurus strictus* GILBERT

產大溪。

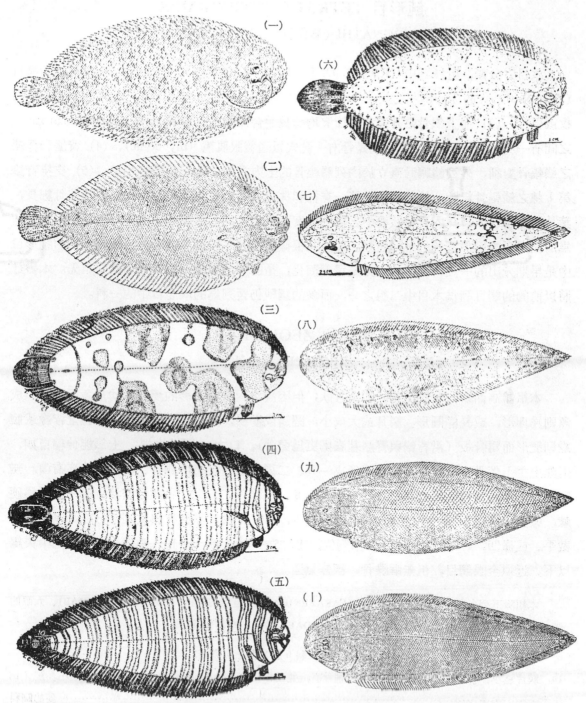

圖 6-174　（一）細斑鰯沙；　（二）卵圓鰯沙；　（三）環紋鰯沙；　（四）斑鰯沙；　（五）角鰯沙；　（六）圓鱗鰯沙（以上右鮃科）；　（七）斑駁纓唇牛舌魚；　（八）日本纓唇牛舌魚；　（九）斷線鞋底魚；　（十）寬體牛尾魚（以上左鮃科）。

魨形目 TETRAODONTIFORMES

= PLECTOGNATHI（癒領目），DIODONTOMORPHI

本目之分類，近據羅申（ROSEN, D. E., 1984）的詳細分析研究，發現向來列為的鯛目（ZEIFORMES）的菱的鯛和的鯛之類，和本目具有以下的共同特徵：(1) 尾鰭之主要鰭條 15 枚或更少，(2) 前上領骨之升突和關節突均延長並合而為一，與泡狀突（alveolar process）之間有一明顯的 "頸部"，(3) 副蝶骨有一孔穴以通後眼肌溝（myodome），(4) 背鰭和臀鰭之鰭輻骨對稱，外列鰭輻骨直立於內列鰭輻骨的上方之間，其距離彼此相等，(5) 支持背鰭第 I 棘之鰭輻骨粗壯，柱狀，接於第一脊椎和枕骨之間，並相互癒合，(6) 間鰓蓋骨細長，葉片狀或羽狀，(7) 內耳球狀囊中之聽石高度大於長度，沿縱軸的溝槽向內凹縊。因此他認為的鯛之類實屬於原始的魨形魚類。他並且根據其他若干特徵而認為菱的鯛在此新的魨形目中是早期分出的一支，而另一支則是單獨演化，是的鯛之類和一般魨類的共同祖先。本書茲將以前的的鯛目列為本目中二組之一，而菱的鯛則仍暫列為的鯛亞目中的一科。

的鯛組 ZEOMORPHI

ZEOIDEI；海魴目

本組體高而短，特別側扁，如葉片狀；但因發育程度有顯著的變化，幼魚多為圓形，成魚則為卵形，或長橢圓形。鱗片或大或小，圓鱗或櫛鱗，亦有完全無鱗者，沿體之背緣或腹緣則變形而為骨板（沿背鰭與臀鰭基底處更為顯著）。口大，開於吻端；上領能伸縮自如，但無上主上領骨。齒細小，在上下領成一列、二列、或一狹帶；鋤骨、腭骨有時亦有齒。無眶蝶骨、中烏喙骨。擬鰓存在。鰓被架 7～8。後顳骨二分叉，與顱骨密接。第一背鰭為硬棘，與第二背鰭相連，或分離。臀鰭硬棘較少，0～IV 枚，亦往往與軟條部分離。尾鰭圓、截平、或微凹，1, 10～13, 1。腹鰭胸位，I, 5～7 或 0, 6～10。胸鰭小，在體之中央線以下。近似金眼鯛目，但無眶蝶骨，鰾無氣道。

本組除下列各科外，尚包括准的鯛（PARAZENIDAE）、巨棘的鯛（MACRUROCYTTIDAE）、大眼的鯛（ZNIONTIDAE）、高身的鯛（OREOSOMATIDAE）等科，臺灣無報告。

臺灣產的鯛組 3 科 6 屬 8 種之檢索表:

1a. 鱗片極小，排成直線狀，與身體前後軸垂直，並互相密接。口小，近於垂直。主上領骨短小。鰓 3 個半···**菱的鯛科**

   2a. 體側無具棘之骨板；背鰭棘和軟條共 32～34 枚（*Xenolepidichthys*）。

     鰓被架 7，前 3 條包於肥厚之肌肉內；腹鰭前方之角隅部位於鰓裂之下端，並位於眶前緣以前；腹鰭第 I 棘與頭部相等或略長，有時延長為絲狀···**菱的鯛**

2b. 體側有數枚互相遠離而具棘之骨板；背鰭棘和軟條共 39～41 枚 (*Daramattus*)。

由腹鰭起點至臀鰭第一棘之距離小於由胸鰭基底至腹鰭起點之距離；腹鰭向後達臀鰭第一棘⋯⋯⋯⋯
⋯⋯⋯⋯⋯⋯⋯⋯⋯⋯⋯⋯⋯⋯⋯⋯⋯⋯⋯⋯⋯⋯⋯⋯⋯⋯⋯⋯⋯⋯⋯⋯⋯⋯⋯**巨菱的鯛**

1b. 無鱗片，或具小圓鱗或櫛鱗，但絕不排成垂直線狀。

3a. 腭骨有齒；脊椎 31～40；背鰭棘 VII～VIII，腹鰭 I, 6～9；口大，斜位⋯⋯⋯⋯⋯**的鯛科**

4a. 沿腹鰭與臀鰭間之腹面有棘狀骨板。

5a. 背鰭硬棘間之鰭膜延長爲絲狀；背鰭、臀鰭基底兩側之骨板堅強；腹鰭 I, 6～7。

6a. 臀鰭棘 IV 枚；體被細鱗，背鰭硬棘部基底無棘狀板 (*Zeus*)。

D. X, 23；A. IV, 20～22；P. 14；L. l. 110；L. tr. 15/80。 體淡褐色，胸鰭後上方有一
大形眼斑。沿背鰭軟條部和臀鰭之基底有 5 ～ 7 枚大形棘狀板⋯⋯⋯⋯⋯**日本的鯛**

6b. 臀鰭棘 III 枚；體裸出；背鰭硬棘部基底有棘狀板 (*Zenopsis*)。

D. IX～X, 27, A. III, 25；P. 12；體灰褐色，背鰭硬棘部黑褐色⋯⋯⋯⋯⋯**雨印鯛**

5b. 背鰭硬棘間之鰭膜不延長爲絲狀； 背鰭軟條部及臀鰭基底之骨板較小；腹鰭 I, 8～9；臀鰭
棘 II 枚；體被小圓鱗。

D. VII, 28～30；A. I-I, 28～29；P. 13～14；L. l. 73～84。鰓耙 1+8～10。 生活時體淡紅
色，各鰭同色⋯⋯⋯⋯⋯⋯⋯⋯⋯⋯⋯⋯⋯⋯⋯⋯⋯⋯⋯⋯⋯⋯⋯⋯⋯**紅的鯛**

4b. 腹鰭與臀鰭間之腹面無棘狀骨板； 被大形櫛鱗，易脫落；口裂斜位，腭骨有齒； 背鰭 VIII,
20～21.，臀鰭 II, 21～22；體菱形或卵形⋯⋯⋯⋯⋯⋯⋯⋯⋯⋯⋯⋯⋯⋯⋯⋯**青的鯛**

3b. 腭骨無齒；脊椎 21～23；背鰭棘 VII～IX；腹鰭 I, 5；口小，近於垂直⋯⋯⋯⋯⋯**菱鯛科**

7a. 背鰭 VIII, 33；臀鰭 IV, 33； 體高大於體長 ⋯⋯⋯⋯⋯⋯⋯⋯⋯⋯⋯⋯**高菱鯛**

7b. 背鰭 IX, 27；臀鰭 III, 26；體長稍大於體高⋯⋯⋯⋯⋯⋯⋯⋯⋯⋯⋯⋯⋯**菱鯛**

菱的鯛科 GRAMMICOLEPIDAE

Diamond dories

鱗極小，成直線狀垂直排列，並互相密接。口小，近於垂直；上頜骨較短，鰓 3½，最後
之鰓直後有裂孔；鰓被架 7；擬鰓大形。背鰭、臀鰭各鰭條不分枝；臀鰭棘 II 枚，與第 1 軟
條分離。 腹鰭 I, 6； 背鰭、臀鰭之基底兩側各有小骨板一列。

菱的鯛 *Xenolepidichthys dalgleishi* GILCHRIST

產臺灣南端沿海。(圖 6-175)

巨菱的鯛 *Daramattus armatus* SMITH

產東港。

的鯛科 ZEIDAE

John Dories; 海魴科 (<u>朱</u>)，魴科 (<u>動典</u>)

體高，強度側扁，多數在體之某部分有骨板。鱗微小，或無鱗。兩頜及鋤骨有細齒一列

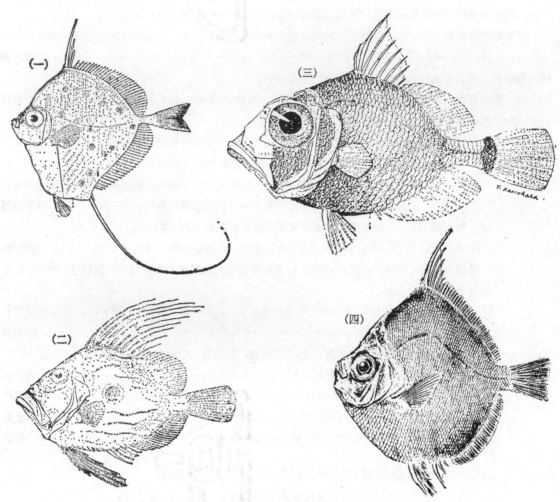

圖 6-175　（一）菱的鯛（菱的鯛科）；　（二）日本的鯛；　（三）青的鯛（以上的鯛科）；
　　　　　（四）高菱鯛（菱鯛科）（一、據岡田、松原；二、四，據朱等；三，據蒲原）

或一帶，腭骨通常有齒。眼高位。頭部骨片上有棘。胸鰭小，腹鰭發達。第一背鰭與第二背
鰭近於分離；第二背鰭之起點與臀鰭之起點對在，二者外形多少相同。口大，上頜突出。鰓
裂大，鰓膜部分連合，但在喉峽部游離。鰓 $3\frac{1}{2}$。鰓被架 7 或 8。鰓耙短。擬鰓發達。

日本的鯛 *Zeus faber* LINNAEUS

英名 Target dory, Japanese dory；亦名魴，的鯛（動典），海魴，日本海魴（朱）。產
臺灣。*Zeus japonicus* C. & V. 爲其異名。（圖 6-175）

雨印鯛 *Zenopsis nebulosa* (TEMMINCK & SCHLEGEL)

英名 John dory；亦名鏡魴（袞），鏡魚（動典）；俗名鏡鯧（中），金鐘（南部），雨印
魚（花）。產臺灣。

紅的鯛 *Cyttopsis roseus* (LOWE)

深海魚。亦名擬海魴，紫的鯛。產東港。*Zen itea* (JORDAN & FOWLER) 爲其異名。

青的鯛 *Cyttomimus affinis* WEBER

深海魚。產東港。（圖 6-175）

菱鯛科 CAPROIDAE

=ANTIGONIIDAE; Boarfishes

體側扁而高，被細櫛鱗。頭較小，被鱗，頭頂有骨質隆起稜。眶前骨及前鰓蓋骨有細鋸齒。口小，前位，下頜較上頜爲長，上頜能伸縮。上下頜有細齒帶，腭骨、鋤骨及舌面均無齒。鰓裂寬大，左右鰓膜分離，不連於喉峽部。鰓被架 6。側線高位，伸達尾鰭基部。背鰭、臀鰭基底長，硬棘部與軟條部之間有缺刻。背鰭具Ⅶ～Ⅸ硬棘，臀臀Ⅱ～Ⅲ硬棘。腹鰭胸位，Ⅰ，5；尾鰭圓形或近於截平。脊椎21～23。

高菱鯛 *Antigonia capros* LOWE

產東港。（圖 6-175）

菱鯛 *Antigonia rubescens* (GÜNTHER)

產東港。亦名紅菱鯛。

魨形組 PLECTOGNATHI

本組包括形態相當複雜而奇特的若干魚類，其腹鰭概退化，有的僅以一棘代表之，或竟缺如；背鰭硬棘部僅具Ⅰ顯著強大之棘，或更附有三數小棘，或缺如；軟條部位於尾部。臀鰭與背鰭軟條部相對，形狀亦相似。胸鰭存在。腹鰭如具有，胸位或次胸位；如缺如時，可能連腰帶骨亦消失或多少已癒合。鰓裂狹小，不向喉峽部伸展，位於胸鰭基部之前方（或後方）。無頂骨、鼻骨、下眶骨及下肋骨。前上頜骨通常與主上頜骨固接或癒合；後顳骨如存在，概不分叉，並且與翼耳骨相癒合。舌頜骨及腭骨與頭顱固接。牙齒通常癒合爲骨板狀。齒骨與關接骨癒着。皮膚具粗糙之鱗片或棘鱗，或具骨質盾板，或軟棘，或刺毛，亦有完全裸出者。側線或有或無，有的爲多條或具分枝。鰾或有或無。脊椎 16～30。

本目主要分佈熱帶至亞熱帶，爲淺海近底棲性魚類，有的見於河口及珊瑚礁中，少數溯游至河川下游。其游泳能力甚差，但有種種適應性保護構造，例如將有鈎之背鰭棘豎立，堅強的骨質甲冑或全身被強棘，或內臟具劇毒，或能將身體脹大。有的胃後方突出擴大而形成氣囊，受驚恐時吞入水或空氣而使身體脹大，而漂浮水面。又能藉磨擦上下頜齒或咽齒，或振動其泳鰾而發聲。化石見於下始新世。可能經由粗皮鯛科演化而來。

臺灣產魨形組分爲 4 亞目 9 科檢索表:

1a. 有尾柄部; 背鰭形狀普通。

　2a. 上下頜齒不癒合。

　　3a. **皮剝魨亞目 BALISTOIDEI** 體側扁。第一背鰭有 I 枚以上之硬棘; 鱗粗雜如砂紙狀, 或被棘; 有腰帶骨。上下頜齒圓錐狀或門齒狀; 體形普通。有鰾而無氣囊。

　　　4a. 左右腹鰭各有 I 大棘, 連於腰帶上; 第一背鰭有硬棘 II～VI 枚; 鱗片圓形, 微小, 多少有棘; 脊椎 19～20 枚‥‥‥‥‥‥‥‥‥‥‥‥‥‥‥‥‥‥‥‥‥‥‥‥**三棘魨科**

　　　4b. 左右腹鰭合成 I 小棘, 連於延長之腰帶後端, 有時無腹鰭; 鱗片粗雜, 菱形, 或有棘。

　　　　5a. 第一背鰭具 III 棘（少數 II 棘）, 第 I 棘特強; 鱗大形, 粗雜, 骨質, 故形成爲一骨質甲; 脊椎 17～18 枚‥‥‥‥‥‥‥‥‥‥‥‥‥‥‥‥‥‥‥‥‥‥‥‥**皮剝魨科**

　　　　5b. 第一背鰭僅 I 棘, 或在其基部有發育不全之第 II 棘; 鱗片細小而非骨質, 邊緣有小棘, 故皮面呈絨毛狀。

　　　　　6a. 頤部無鬚; 鰓裂開於眼下或眼後; 體長橢圓形; 脊椎 18～21 枚‥‥‥‥‥**單棘魨科**

　　　　　6b. 頤部有一長鬚; 鰓裂開於眼前下方; 體細長; 脊椎 29～30 枚‥‥‥‥‥‥‥**鬚魨科**

　　3b. **鎧魨亞目 OSTRACIONTOIDEI** 體鈍短。無第一背鰭（背鰭無硬棘）與腹鰭; 體密被六角形骨板, 合成爲一個不能活動之硬殼（僅兩頜、尾部、及各鰭基底可以活動）; 無腰帶骨。上下頜各有一列細長之齒; 體爲箱盒狀, 其橫斷面呈三邊、四邊、五邊、或六邊形; 無氣囊‥‥‥‥‥‥**鎧魨科**

　2b. **四齒魨亞目 TETRAODONTOIDEI** 體長圓形或略側扁。上下頜齒完全癒合爲鳥嘴狀, 外被琺瑯質; 鱗片爲菱形或棘狀, 有如根之基部; 背鰭無棘; 無腹鰭; 肋骨、腰帶骨、與尾椎亦往往缺如。有鰾。胃之一部分變爲氣囊。

　　　　　7a. 上下頜鳥嘴狀之齒均分爲左右兩半（中央有裂縫）; 體背面圓而廣, 頭部寬; 前上頜骨及齒骨決不癒合; 額骨與上枕骨相連合; 鼻孔形狀有種種‥‥‥‥‥‥**四齒魨科**

　　　　　7b. 上下頜鳥嘴狀之齒概無中央裂縫, 故不能分爲左右兩半; 前上頜骨及齒骨癒合爲一; 主上頜骨向側後方延長; 體堅硬, 被多數之棘, 各棘均有根部‥‥‥‥**二齒魨科**

　　　　　7c. 上下頜齒癒合爲鳥嘴狀, 但上頜有一中央裂縫, 而下頜無之; 背鰭無棘; 腹部甚大而側扁, 有時擴展爲囊狀, 與腹腔相通, 但此囊中無消化管‥‥‥‥‥‥**三齒魨科**

1b. **翻車魚亞目 MOLOIDEI** 無尾柄部, 尾鰭形狀特異, 但鰭條尙可淸認; 背鰭、臀鰭發育完善, 二鰭後方卽形截斷, 故魚體恰如一大魚之頭部; 上下頜固結成齒板, 無中央裂縫, 無鰾, 無氣囊‥‥‥**翻車魚科**

皮剝魨亞目 BALISTOIDEI

=SCLERODERMI; 鱗魨亞目

體爲長橢圓形或延長, 側扁, 尾柄細長, 顯著。有二背鰭, 第一背鰭至少一棘, 第二背鰭低, 基底中等長。臀鰭無棘, 與第二背鰭相對, 同形。腹鰭各有一棘或共有一短棘, 少數有 1～2 短軟條。有的無腹鰭。腰帶骨發達，有的伸出體外。上下頜各有 1～2 列楔形或圓錐形齒，決不癒合爲骨質齒板。鋤骨及腭骨無齒。鰓孔小，側位。鰓 4 枚，第四鰓之後有一裂孔。有擬鰓。有鰾。胃無可脹大之小室。鱗片小，有小棘或稜脊，或爲大形之堅硬稜鱗，邊緣互相癒合。有的無鱗。無側線，或有而不明顯。脊椎 17～21。

三棘魨科 TRIACANTHIDAE

包括 TRIACANTHODIDAE; Hornfishes; Spikefishes; Tripodfishes.

三刺魨科；銀皮剝科（日）

體側扁延長，尾柄細長。吻稍突出，或爲管狀；前上頜骨與主上頜骨不癒合。全體被小圓鱗，各鱗上有絨狀細刺。口小，上下頜齒一、二列，圓錐狀或門齒狀。第一背鰭 II～VI 棘，第 I 棘特強；第二背鰭低而長（13～25 軟條）；臀鰭（12～20）與之相對。腹鰭僅以 I 粗壯之棘（與背鰭第 I 棘相似）爲代表，堅強挺立時與背鰭第一棘成三脚狀，有時在後方有 1～2 退化之軟條。尾鰭深分叉，圓凸或截平。側線完全，或不顯，或缺如。鰓裂小，橫裂，開於胸鰭基部前上方。脊椎 19～20。熱帶沿海魚類。

臺灣產三棘魨科 5 屬 9 種檢索表:

1a. 尾柄向後延長，尾鰭二分叉。

　2a. 背鰭第 I 棘粗大，第 II 棘遠較第 I 棘之 1/2 爲短；鱗片上有十字形稜脊（*Triacanthus*）。

　　3a. 吻背凹入；二腹鰭大棘（每鰭一枚）間之腰帶骨向後尖細。

　　　4a. 在背鰭第 I～II 棘間之鰭膜基部深褐色。體長（尾鰭除外）爲尾柄長之 4.5 倍。D^1. V; D^2. 23; A. 18; P. 14 ·····················突吻三棘魨

　　　4b. 在背鰭第 I～II 棘間之鰭膜一色無斑。體長（尾鰭除外）爲尾柄長之 4.3～4.9 倍。頭長爲吻長之 1.5～1.6 倍。D^1. V; D^2. 22～23; A. 16～17; P. 14 ·····················勃氏三棘魨

　　3b. 吻背平坦；二腹鰭大棘間之腰帶骨向後略形尖細；背鰭第 I、II 大棘間之鰭膜多少着色較濃；體長（尾鰭除外）爲尾柄長之 4.3～4.6 倍。頭長爲吻長之 1.8～2.1 倍。D^1. IV～V; D^2. 23～24; A. 18～20; P. 14～16·····················短吻三棘魨

　2b. 背鰭第 II 棘較第 I 棘之 1/2 爲長；鱗片上有幾條橫稜線（*Pseudotriacanthus*）。

　　吻背略凹入；體長爲尾柄長之 4.75 倍，頭長爲吻長之 1.5～1.7 倍。D^1. V; D^2. 20～23; A. 15～18; P. 12～14·····················準三棘魨

1b. 尾柄短，不向後延長；尾鰭圓凸或截平。

　5a. 背鰭棘 VI 枚，第 V～VI 枚微小而不顯；吻不顯著突出；臀鰭起點遠在背鰭軟條部起點以後。

　　6a. 齒圓錐形，口開於吻端（或略偏於吻背），唇薄或中等厚；眶間隔凸起，眶緣不顯著的突出；側線不顯；體短而高。

7a. 鰓裂寬，由胸鰭基底中部向下延長；擬鰓由鰓蓋內壁之上半部向下延長；鱗片短，每鱗有三小齒；上下頜齒約 20 枚一列（*Triacanthodes*）。

 8a. D^1. IV～VI；D^2. 13～16；A. 12～13；P. 14；V. I, 1～2；背鰭第 I 棘及腹鰭棘有強刺，但無逆刺，近基部 1/2 處更爲粗雜。體鮮紅色，腹部淡色，體側有兩條黃色帶狀紋，第一條由眼上至尾柄上方，第二條由眼後向後下方彎至肛門……………………**擬三棘魨**

 8b. D. VI, 15～16；A. 12～13；P. 13～16；V. I, 1～2。體淡紅色，體側有三條黃色條紋，由前上方向後下方斜走……………………………………**東非擬三棘魨**

7b. 鰓裂狹，不由胸鰭基底向下方延長；擬鰓僅限於鰓蓋內壁之上半部；鱗片中等高，每鱗有 5～6 枚小齒；上下頜齒約 10 枚（*Paratriacanthodes*）。

 D^1. V～VI；D^2. 15；A. 13；背鰭第 I 棘及腹鰭棘有許多逆鈎。體色淡紅，體側有三條帶紅色之狹縱帶，第一帶在體軀背緣與體軸之間，第三條由眼之下後緣至尾柄，第二帶在二者之間……………………………………………………**逆鈎三棘魨**

6b. 齒截平（或圓錐形）；口開於吻背；唇特肥厚；吻略呈管狀；眶間隔凹入，眶緣顯然突起；側線明顯；體延長（*Tydemania*）。

 齒截平；鰓裂短於眼徑之 1/2；尾鰭後緣圓。體淡紅色，由眼後至第 IV 背鰭下方有一青色縱帶。頭長爲吻長之 2.5～2.8 倍，爲眼徑之 2.2～2.3 倍。D^1. VI；D^2. 14～15；A. 12～14；P. 12～13 ……………………………………………………**厚唇三棘魨**

5b. 背鰭棘 II～III 枚；吻顯然突出爲管狀；口開於吻背；臀鰭起點與背鰭軟條部起點對在；側線不顯；兩頜齒圓錐形；唇不顯著的平扁（*Halimochirurgus*）。

 D^1. II；D^2. 12～13；A. 12；P. 11～12；V. I；背鰭棘有逆鈎（腹鰭棘逆鈎較疏）；尾柄長約與眼徑相等。體紅色；液浸標本銀白色，沿背緣有一褐色縱條紋，自眼向後有一類似之條紋，在尾柄上方有一褐色橫斑……………………………………………………**亞氏三棘魨**

突吻三棘魨 *Triacanthus biaculeatus*（BLOCH）

 產臺灣。

勃氏三棘魨 *Triacanthus blochi* BLEEKER

 產臺灣。

短吻三棘魨 *Triacanthus brevirostris* TEMMINCK & SCHLEGEL

 亦名三刺魨。產臺灣。（圖 6-176）

準三棘魨 *Pseudotriacanthus strigilifer*（CANTOR）

 產臺灣。

擬三棘魨 *Triacanthodes anomalus*（TEMMINCK & SCHLEGEL）

 日名紅皮剝。產基隆、東港。（圖 6-176）

東非擬三棘魨 *Triacanthodes ethiops* ALCOCK

據沈世傑教授（1984）。產本省西南部泥沙底海域。

逆鈎三棘魨 *Paratriacanthodes retrospinis* FOWLER

產臺灣。

厚唇三棘魨 *Tydemania navigatoris* WEBER

產東港。（圖 6-176）

亞氏三棘魨 *Halimochirurgus alcocki* WEBER

產東港。楊鴻嘉氏於 1967 另發表之 *H. triacanthus* FOWLER 亦採自東港，今據 TYLER（1968）列爲本種之異名。

皮剝魨科 BALISTIDAE

Triggerfishes，紋殼皮剝科（日）；革魨科（朱）；鱗魨科（張）。

　　體橢圓形或卵形，側扁，有排列整齊之菱形鱗片或各種形狀之稜鱗，各鰭之邊緣多少接疊癒合而僅稍能活動，故全體如披甲冑，但並非如鎧魨科之完全不能活動的堅殼。側線不明或缺如。上下頜各有一列八枚門齒狀之齒，上頜在內側另有一列六枚。眼極高，且遠在頭之後方。頤部無鬚。鰓裂小，在眼之後下方，亦卽胸鰭基底之前上方。鰓裂後通常有一大形之骨板。背鰭兩枚，第一背鰭 II～III 棘，第 I 棘特強，後緣有 V 字形深溝，較小之第 II 棘嵌於其內，如非掣伏第 II 棘，則第 I 棘堅強竪立，游泳時二棘均倒伏背部之縱溝中，故第 II 棘之作用如 "扳機"。第二背鰭 17～35 軟條。臀鰭 19～30 軟條。左右腹鰭共以單一之短棘爲代表，腰帶骨長而能活動，支持後方之皮瓣，強壯之腹鰭棘附着於其後端。尾鰭後緣圓形或彎月形。胃無可脹大之小室。脊椎 17～18 個。熱帶沿岸食肉性魚類，中型或大型，往往有毒，故食用者極少。

臺灣產皮剝魨科 5 屬 17 種檢索表:

1a. 鰓裂後方有粗大之鱗片或骨板；腹鰭棘能自由活動。

2a. 眼前有一特殊之溝伸向鼻孔下方。

3a. 齒紅色；上頜前部有二齒特別強大而突出 (*Odonus*)。

鱗片較大。尾鰭上下葉外側鰭條特別延長。D¹. III；D². 32～36； A. 28～31； P. 13～14； sq. l. ±30。生活時爲一致之深青色，背鰭、臀鰭基底各有一條黃色縱帶…………………………**紅齒皮剝魨**

3b. 齒白色。

4a 齒大小均一，門齒狀。背鰭第 III 棘微小；第二背鰭及臀鰭前方鰭條稍延長。尾柄兩側無明顯之棘或瘤狀突起 (*Melichthys*)。

5a. 體暗色乃至黑褐色，奇鰭黃色，第二背鰭及臀鰭邊緣黑色。D¹. III；D². 33～35；A. 29～32； P. 14； sq. l. 65 ………………………………………**黃鰭皮剝魨**

5b. 全身爲一致之黑色，第二背鰭及臀鰭基部有一淡色狹帶。D¹. III; D². 31～33; A. 28～30;
P. 15; sq. 1. 53～62‧‧**黑皮剝魨**

4b. 齒大小不一，各齒多少有深缺刻，不呈門齒狀。尾柄兩側有強棘，並且有小瘤狀突起數縱列。

6a. 尾柄左右側扁，其高大於寬 (*Balistes*)。

7a. 體背腹面輪廓凸出，成橢圓形。尾鰭後緣圓形。具小棘或瘤狀突起之鱗片限於第二背鰭
後部以後。

8a. 第二背鰭起點與臀鰭起點間有鱗片約 18 橫列。頭部至少在吻端及頤部有部分裸出，
口角附近有肉質皮瓣而無鱗。D¹. III; D². 24～26; A. 23～24; P. 14; sq. 1. 30～33。
體欖褐色，每一鱗片中央有一暗點；唇黑色，中央被前頭部之灰色帶分開‧‧‧‧‧‧‧‧‧
‧‧**胡麻皮剝魨**

8b. 第二背鰭起點與臀鰭起點間有鱗片約 30 橫列。頭部完全爲較小之鱗片包被。
D¹. III; D². 25～27; A. 20～22; P. 14; sq. 1. 36。體黑褐色，下側有大形黃色圓斑 3
～4 列，在第一背鰭下方有一灰色區域，其中有很多暗色小點。橫過吻背中央至兩眼前
方有一鮮黃色帶，吻端及尾柄黃色‧‧‧‧‧‧‧‧‧‧‧‧‧‧‧‧‧‧‧‧‧‧‧‧‧**花斑皮剝魨**

7b. 體較延長，背腹面輪廓比較的平直。尾鰭後緣截平或略凹入。具小棘或瘤狀突起之鱗片
分佈較廣 (*Sufflamen* 亞屬)。

9a. 頰部有一簇方形之鱗片，較體鱗爲大。第二背鰭起點與臀鰭起點間有鱗片約 34 橫
列。D¹. III; D². 28～30; A. 26～27; P. 14～15; sq. 1. 50～56。體黃褐色，口周
圍有一黃色環帶，並由口角向後延伸而橫過頰部‧‧‧‧‧‧‧‧‧‧‧‧‧‧‧‧‧**環頜皮剝魨**

9b. 頰部鱗片菱形，與體鱗同大或略小。第二背鰭起點與臀鰭起點間有鱗約 25 橫列。

10a. D¹. III; D². 26～28; A. 23～25; P. 13～14; sq. 1. 43～50。體深褐色至黑色，
第二背鰭、臀鰭及胸鰭黃色，尾鰭後緣及上下緣白色。唇黃色，口後有一黃色環帶
‧‧**金鰭皮剝魨**

10b. D¹. III; D². 28～30; A. 25～27; P. 14～15; sq. 50。體灰褐色，由口角至臀
鰭起點有一藍灰色彎曲之狹帶。由眼下緣至胸鰭基底有一彎刀形之暗斑‧‧‧‧‧‧‧‧
‧‧**白線皮剝魨**

6b. 尾柄平扁，高與寬約相等。尾鰭後緣略凹入，上下葉外側鰭條延長 (*Abalistes*)。
D¹. III; D². 26～27; A. 23～26; P. 14～15; sq. 1. 42～46。體背部暗褐色，有許多青色小
點，下部色淡，頭頂、第一背鰭下方、第二背鰭中下方各有一白斑‧‧‧‧‧‧‧‧‧‧**扁尾皮剝魨**

2b. 眼前方無深溝，或有一淺溝；齒白色，大小不一，有缺刻 (*Balistapus*)。

11a. 頰部全部被鱗；尾部兩側有 2～5 縱列前向之棘。第二背鰭及臀鰭前方鰭條不
延長。尾鰭後緣截平。

12a. 背鰭第 III 棘發育完善；尾柄粗大，有六枚大棘，分爲上下二縱列。體色暗
而有波狀之帶紋 (*Balistapus* 亞屬)。
體青紫色，有若干波狀之茶褐色帶由體背向後下方斜走，尾柄各棘附近黑色。

D^1. III；D^2. 24～27；A. 22～24；P. 13～14；sq. l. 40～50 ……**波紋皮剝魨**

12b. 背鰭第 III 棘弱小；尾柄比較的細，有多數小棘排成 2 ～ 4 縱列；吻略長。眶間區有淡色橫帶，並且由眼下方至胸鰭基底（*Rhinecanthus* 亞屬）。

13a. 尾柄部及尾部後方有 4 ～ 5 列小棘。由眼至鰓裂及胸鰭基部，至肛門及臀鰭基底前部有一寬黑色帶，此帶之上緣有黃色狹帶，黃帶後部分叉，一枝至背鰭後端，一枝至臀鰭後端。尾柄部有一楔形黑斑，其尖端在前。D^1. III；D^2. 22～25；A. 20～22；P. 13～14；sq. l. 39～45 ……………**斜帶皮剝魨**

13b. 尾柄部及尾部後方有三列小棘，上列短，只限於尾部，體淡褐色。在肛門及臀鰭前部上方有一暗褐色大斑，向上達體側中央。尾柄部有一黑色寬橫帶，由眼至胸鰭基底有二黑色帶，另有一黑色縱帶則自口部走向胸鰭基底下端。D^1. III；D^2. 24～26；A. 21～22；P. 13；sq. l. 42～45……**尾斑皮剝魨**

13c. 尾柄部及尾部後方有三列小棘，下列短，只限於尾柄部。體灰黑色，眶間區有四條藍色條紋，與黑條紋相間。口有黃色環帶，並由口角延伸至胸鰭基底。由體側中央至臀鰭基部有 4 ～ 5 條白色斜帶。D^1. III；D^2. 24～25；A. 21～22；P. 13～14；sq. l. 36～41 ……………**多棘皮剝魨**

11b. 頰部大部分裸出（至少成魚如此），僅後部有較小之鱗片，排成縱列。第二背鰭及臀鰭前方鰭條延長；成魚之尾鰭上下葉鰭條延長（*Pseudobalistes* 亞屬）。

14a. 尾柄及尾部無小棘或瘤狀突起。體藍褐色而有藍綠色之蟲狀線紋或斑點。眶間區有三條暗色狹帶，第二背鰭及臀鰭外緣色淡。D^1. III；D^2. 24～27；A. 22～26；P. 13～14；sq. l. 45～55；l. tr. 27～31……………………………………………………………………**褐皮剝魨**

14b. 尾柄及尾部後方有棘 5 ～ 6 列。體深藍色，而到處散佈暗色斑點，頰部、頤部及胸部橙色，第二背鰭、臀鰭及尾鰭有黃紅邊。D^1. III；D^2. 26～27；A. 22～24；P. 15；sq. l. 30～35；l. tr. 18～22……**黃緣皮剝魨**

1b. 鰓裂後方無粗大之鱗片及骨板；眼前方有一溝；頰部完全被鱗而不形成爲溝；第二背鰭及臀鰭前方鰭條延長；尾鰭略凹入；腹鰭棘完全固定或略能活動；鱗小；不論體軀或尾部概無棘或瘤狀突起（*Canthidermis*）。

15a. 各鱗有中央稜脊，多數鱗片相連，在體側形成若干條隆起稜線；鱗片一縱列 45～63 枚；兩背鰭間之距離略短於第一背鰭基底長；吻背凸起。D^1. III；D^2. 25～26；A. 22～23；P. 15………………**棘身皮剝魨**

15b. 各鱗有大形棘狀結節；鱗片一縱列 38～42 枚；兩背鰭間之距離長於第一背鰭基底長；吻背直線狀…………………………………**大棘皮剝魨**

紅齒皮剝魨 *Odonus niger* (RÜPPELL)

英名 Redfang triggerfish, Red-toothed triggerfish。 產臺灣。 *Balistes erythrodon*

GÜNTHER 爲其異名。

黃鰭皮剝魨 *Melichthys vidua* (SOLANDER)

英名 White-tailed triggerfish, Pinktail triggerfish。又名黃鰭黑鱗魨。產臺灣。

黑皮剝魨 *Melichthys niger* BLOCH

英名 Black triggerfish。據 KUNTZ (1970) 產臺灣。*Balistes radula* SOLANDER, *B. buniva* (LACÉPÈDE) 均爲其異名。

胡麻皮剝魨 *Balistes viridescens* BLOCH & SCHNEIDER

英名 Dotty triggerfish, Bluefinned triggerfish。又名綠鰭魨（朱）。日名胡麻紋殼，可能由於本種體軀橢圓形，近於胡麻葉，因據以爲名。產臺灣、綠島。（圖 6-176）

花斑皮剝魨 *Balistes conspicillum* BLOCH & SCHNEIDER

英名 Clown triggerfish, Yellow-blotched triggerfish。日名紋殼皮剝。*B. niger* BONNATERRE 爲其異名。產臺灣。

環頷皮剝魨 *Balistes fraenatus* LATREILLE

英名 Bridle triggerfish, 產基隆、恆春。*B. capistratus* SHAW 爲其異名。

金鰭皮剝魨 *Balistes chrysopterus* BLOCH & SCHNEIDER

英名 Golden-finned triggerfish, Half-moon triggerfish。產恆春。（圖 6-176）

白線皮剝魨 *Balistes bursa* BLOCH & SCHNEIDER

英名 White-lined triggerfish。產恆春、蘭嶼。（圖 6-176）

扁尾皮剝魨 *Abalistes stellatus* (LACÉPÈDE)

英名 Leather fish, Starry triggerfish；亦名冲魨，寬尾鱗魨（朱），洞黑奴魨（梁），黑羊皮魚（袁）；俗名削皮魚，歸；日名冲鱝魚。產臺灣。*A. stellaris* (BLOCH & SCHNEIDER) 爲其異名。（圖 6-176）

波紋皮剝魨 *Balistapus undulatus* MUNGO PARK

英名 Orange striped triggerfish, Vermiculated triggerfish；又名波紋溝鱗魨，產恆春、基隆。（圖 6-176）

斜帶皮剝魨 *Balistapus echarpe* (LACÉPÈDE)

英名 Wedge-tailed triggerfish, Patchy triggerfish。產臺灣。*B. rectangulus* (BLOCH & SCHNEIDER) 爲其異名。

多棘皮剝魨 *Balistapus aculeatus* (LINNAEUS)

英名 Blackbar triggerfish, White-barred triggerfish。又名叉斑鉤鱗魨。俗名竹仔魚。產高雄、恆春、綠島、基隆。（圖 6-176）

褐皮剝魨 *Balistapus fuscus* BLOCH & SCHNEIDER

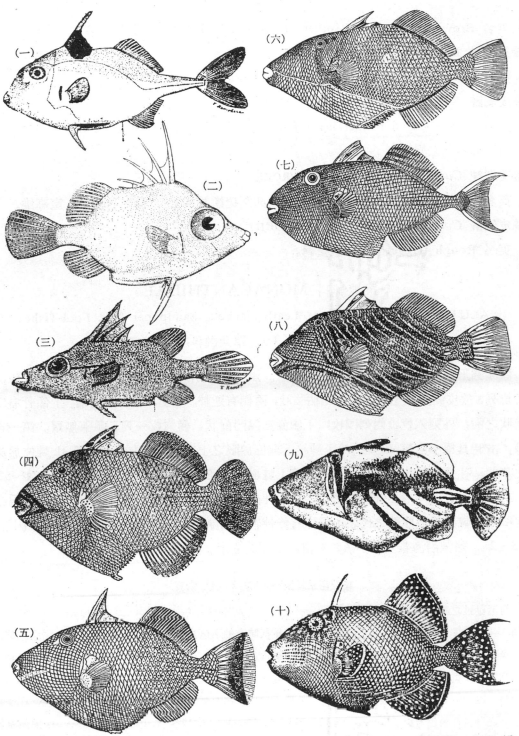

圖 6-176 （一）短吻三棘魨；（二）擬三棘魨；（三）厚唇三棘魨（以上三棘魨科）；（四）胡麻皮剝魨；（五）金鰭皮剝魨；（六）白線皮剝魨；（七）扁尾皮剝魨；（八）波紋皮剝魨；（九）多棘皮剝魨；（十）褐皮剝魨（以上皮剝魨科）（一據岡田、松原；三據蒲原；四～八據 FOWLER）。

英名 Brown triggerfish, Rippled triggerfish。產<u>恆春</u>。（圖 6-176）

黃緣皮剝魨 *Balistapus flavimarginatus* (RÜPPELL)

英名 Yellowface triggerfish, Green triggerfish。產<u>臺灣</u>。

尾斑皮剝魨 *Balistapus verrucosus* (LINNAEUS)

英名 Black-bellied triggerfish。產<u>小琉球</u>、<u>恆春</u>、<u>基隆</u>。SHEN & LIN (1974) 將本種列爲次種之異名。

棘身皮剝魨 *Canthidermis rotundatus* (PROCÉ)

英名 White-spotted triggerfish。又名卵圓疣鱗魨（<u>朱</u>），俗名竹仔魚。產<u>高雄</u>。

大棘皮剝魨 *Canthidermis maculatus* (BLOCH)

英名 Rough triggerfish。產<u>臺灣</u>。

單棘魨科 MONACANTHIDAE

=ALUTERIDAE; File-fishes; Leatherjackets, Sandpaper-fish, Fool-fishes; 皮剝科（<u>日</u>），革魨科（<u>朱</u>）；單角魨科；魨科（動典）

體卵圓形至圓形，顯然側扁，呈薄板狀。尾柄短。鱗片微小而非骨質，邊緣有細棘，不接叠排列，故皮面呈絨毛狀。雄者尾柄強壯，兩側有逆棘。口小，在吻之先端。上頜骨有二列門齒狀之齒，外列六枚，內列四枚；下頜齒亦爲門齒狀，僅六枚一列。頤部無鬚。第一背鰭 I 棘，有時具極小之第 II 棘。第 I 棘接近或位於眼之上方，棘上有小刺。第 II 棘位於第 I 棘之基部，往往隱於皮下，其作用能使第 I 棘挺立。第二背鰭 24～50 軟條；臀鰭 24～52 軟條；二者相對且係同形。腰帶骨癒合，往往伸出體壁而支持一三角形之皮瓣，其末端爲小形有刺單一之棘，是爲腹鰭之代表，但亦有無棘者。胸鰭小形。尾鰭後緣圓形或近於截平。脊椎 18～21。熱帶沿海雜食性小魚，有毒，不能供食用。

臺灣產單棘魨科 13 屬 21 種檢索表:

1a. 有活動性之腹鰭棘。脊椎 19 枚。

　2a. 背鰭第 I 棘位於眼中央正上方或以前，棘倒伏時有的可匿於溝中，棘之前緣有一列上指之小刺，後緣兩側各有一列下指之強刺。鱗片小，每一鱗片之後緣有一列強櫛刺，尾部之鱗片有剛毛狀棘刺。腰帶楯板及腹鰭棘較大，皮瓣較小 (*Pervagor*)。

　　3a. 尾柄較高，約爲其長度之 2.3～2.5 倍。尾柄兩側有長鬚狀之剛毛狀棘，全身松葉色，在鰓裂附近有一青黑色大斑。D¹. II; D². 29～34; A. 27～30; P. 12～13 ⋯⋯⋯⋯⋯⋯⋯⋯⋯⋯**黑頭單棘魨**

　　3b. 尾柄較低，約爲其長度之 1.3～1.75 倍。尾柄兩側鱗片長橢圓形，其後緣有一列剛毛狀之櫛刺，在雄者成長鬚狀。體淡綠色，鰓裂附近無黑斑。液浸標本由鰓裂後方至體側中央有一弧形帶；體側有雲狀暗斑，在腹面形成約四條橫帶。D¹. II; D². 27～30; A. 25～28; P. 10～12⋯⋯**茸鱗單棘魨**

2b. 背鰭第 I 棘位於眼中央之後上方。

4a. 背鰭棘有四列小棘，二列在前面 (*Laputa*)。

D. I, 25；A. 24；P. 14。體黃褐色而散佈若干暗色小點，尾鰭暗褐色而有一淡色橫帶 ⋯⋯⋯⋯⋯⋯⋯⋯⋯⋯⋯⋯⋯⋯⋯⋯⋯⋯⋯⋯⋯⋯⋯⋯⋯⋯⋯⋯⋯⋯⋯⋯⋯**前棘單棘魨**

4b. 背鰭棘上僅二列小棘，只見於後面。

5a. 體側各鱗具多數小棘，其中有若干小棘較長；尾柄無向後之棘。腹部之皮瓣狀部小。背鰭棘僅後緣有逆鈎（有時無之），前緣粗雜同體面。

6a. 鱗片上小棘由基底板直接上生；腹鰭棘細長；尾部無剛毛狀小棘 (*Paramonacanthus*)。

7a. 體褐色，在第二背鰭直下之體側背方有二黑斑，其他各處有不規則之暗色部散在。尾鰭後部三角形，中央有一枚乃至數枚軟條延長為絲狀。體長為體高之 2.5～2.6 倍，頭長之 2.9 倍。D^1. II；D^2. 25～28；A. 25～29；P. 10～11 ⋯⋯⋯⋯⋯⋯⋯⋯⋯**長身單棘魨**

7b. 體污褐色，有三條褐色寬廣之縱帶從頭部背方向後斜走；尾鰭中部鰭條不延長，但上下方有數鰭條延長為絲狀。體長為體高之 2.0～2.1 倍，頭長之 2.7～2.8 倍。D^1. II；D^2. 29～30；A. 28～30；P. 14⋯⋯⋯⋯⋯⋯⋯⋯⋯⋯⋯⋯⋯⋯**日本長身單棘魨**

6b. 鱗片上小棘由一柄狀部上生；腹鰭棘短，四角形；尾部通常有剛毛狀小棘 (*Stephanolepis*)。

8a. 體短而高，略近圓形，吻背真直；體長為體高之 1.4～1.6 倍；D^2. 29～35；A. 29～34；P. 14；雄者背鰭第 2 軟條延長為絲狀。體側有數條不明而且處處間斷之水平暗色帶 ⋯⋯⋯⋯⋯⋯⋯⋯⋯⋯⋯⋯⋯⋯⋯⋯⋯⋯⋯⋯⋯⋯⋯⋯⋯⋯⋯⋯⋯**曳絲單棘魨**

8b. 體橢圓形，吻背略凹；體長為體高之 1.8～1.9 倍；D^2. 24～30；A. 24～29；P. 10；背鰭第二軟條不延長。體污褐色，有不規則之褐色斑⋯⋯⋯⋯⋯⋯⋯⋯**日本單棘魨**

5b. 體側各鱗中心有一強棘，有時在基部尚有小棘。

9a. 尾柄無後向之棘；腹部之皮瓣狀部小型或中型；背鰭棘前後緣通常均有逆鈎。

10a. 腰帶楯板及腹鰭棘較小，尖細，邊緣有中等之小刺。第二背鰭及臀鰭之前部略延長。體側鱗片（頭部除外）排成明顯之縱列；皮鬚不發育或無 (*Arotrolepis*)。

D^2. 29～33；A. 30～34；P. 14～15；體長為頭長之 2.9～3.0 倍，體高之 1.7～2.0 倍；尾鰭圓，上方有一軟條延長為絲狀。體為一致之灰褐色，有不規則之暗色斑；尾鰭有兩條暗色之寬橫帶，平行的走向後緣；有時體之背側有一黑色斑⋯⋯**大鰓單棘魨**

10b. 腰帶楯板及腹鰭棘較大，四角形，有強刺。第二背鰭及臀鰭之前部不延長。體長為體高之 1.4 倍。尾柄基部緊縊。鱗片粗雜。皮鬚極發達 (*Chaetoderma*)。

D^2. 25～26；A. 23～24；P. 12。尾鰭略尖，上下方鰭條不延長為絲狀。體淡灰色至青灰色，有不規則之暗色斑塊及縱走線紋，胸鰭後上方有二個暗斑，各鰭有暗色小點 ⋯⋯⋯⋯⋯⋯⋯⋯⋯⋯⋯⋯⋯⋯⋯⋯⋯⋯⋯⋯⋯⋯⋯⋯⋯⋯⋯⋯⋯**皮鬚單棘魨**

9b. 在尾柄中軸部上下有自基底向後方生之 4～6 枚棘；腹部之皮瓣狀部顯著的發達；背鰭棘僅後緣有逆鈎 (*Monacanthus*)。

D^2. 29～33；A. 29～32；體長為頭長之 3.4～3.7 倍，體高之 1.3～1.6 倍；尾鰭圓，

上方有一軟條延長爲絲狀。體黃褐色，有不規則之暗色小圓點及雲狀斑……**中國單棘魨**

1b. 無能動性之腹鰭棘。

　11a. 脊椎 20 枚；臀鰭鰭條少於 40 枚。

　　12a. 背鰭第 I 棘因微小之第 II 棘之作用能完全挺立而固定不動。

　　　13a. 背鰭第 I 棘起點在眼球之中部偏後。

　　　　14a. 鰓裂在眼之正下方；尾柄有前向之刺而無剛毛狀小刺，腰帶骨不突出；體大型，長卵圓形 (*Navodon*)。

　　　　　15a. 體爲一致之淡靑灰色（成魚體側無斑點）。背鰭第 I 棘前緣正中線兩側各有二列小棘，後緣兩側各有一列大棘；D^2. 36～38；A. 34～36； 體長爲體高之 $2^1/_5$～$2^3/_4$ 倍……………………………**馬面單棘魨**

　　　　　15b. 體帶灰褐色，密佈多數褐色點。D^2. 36；A. 32～33； 體長爲體高之 2 倍………………………………………………………**密斑單棘魨**

　　　　14b. 鰓裂在眼之中央偏後；雄魚在尾柄部有剛毛狀小棘，細長而能彎曲；體較短而高，小形種 (*Rudarius*)。

　　　　　D. I—II, 23～28；A. 23～28；P. 10～11。體黃褐色至藍褐色而有網狀斑紋………………………………………………………………**網紋單棘魨**

　　　13b. 背鰭第 I 棘起點在眼球中部上方或偏前，如有逆鈎時，在後面側方者大於前面者。

　　　　16a. 吻不突出，口在吻端 (*Amanses*)。

　　　　　17a. 雄魚在體側第二背鰭與臀鰭之間有一簇（5 枚以上）後向之長棘，幾與背鰭第 I 棘等長。在雌魚則爲長剛毛狀。

　　　　　　D^2. 27～28；A. 24～25；P. 13。體爲一致之黑褐色，第二背鰭及臀鰭淡黃色…………………………………………………………**側棘單棘魨**

　　　　　17b. 在體側第二背鰭與臀鰭之間無成簇之長棘或長剛毛。雄魚在尾柄部有二對逆棘。

　　　　　　18a. 背鰭第 I 棘上之小刺不發達。

　　　　　　　19a. 背鰭第 I 棘前下方側緣有細鋸齒。第二背鰭前方不延長。

　　　　　　　　D^2. 33～36；A. 29～32；P. 13。體灰褐色，由口向後至頰部有多數灰色縱條紋，體側有不明顯之網狀細紋………………**豹紋單棘魨**

　　　　　　　19b. 背鰭第 I 棘各側僅下方有細刺。第二背鰭前方延長。

　　　　　　　　D^2. 32～36；A. 29～32；P. 13～14。 體爲一致之暗褐色，有時有細小之黑點散在…………………………………**檀島單棘魨**

　　　　　　18b. 背鰭第 I 棘有發達之小刺。

　　　　　　　體長爲體高之 1.5～1.7 倍。D^2. 38；A. 33。體紫褐色，有許多大如瞳孔之白點，其間更有小黑點散在，尾鰭有二灰色橫帶…**白點單棘魨**

16b.　吻顯然突出，口開於吻端背面（*Oxymonacanthus*）。

　　　體長為體高之 2.5～3.0 倍。D². 3l～32; A. 28～31; P. 11。體暗綠色，體側有 6～7 縱列大形橙色斑點，以眼為中心有 6 條放射狀橙色短帶⋯⋯⋯⋯⋯⋯⋯⋯⋯⋯⋯⋯⋯⋯⋯⋯⋯⋯⋯⋯⋯⋯**長吻單棘魨**

12b.　背鰭第 I 棘包於皮膜內而與體之背面相連，故不能充分挺立。棘位於眼上方偏後，無鈎刺。無腰帶楯板，腹面亦無皮瓣。尾柄兩側各有一簇剛毛狀突起及二列逆鈎（*Paraluteres*）。

　　　D². 25～28; A. 24; P. 11～12。體灰綠色，背面有四個黑色鞍狀斑，下側有褐色斑點，喉部有波狀條紋⋯⋯⋯⋯⋯⋯⋯⋯⋯⋯⋯⋯⋯⋯⋯⋯⋯**鞍斑單棘魨**

11b.　脊椎骨 21 枚; 臀鰭鰭條 40 枚以上。

20a.　背鰭棘在眼之中央上方，棘上小刺在幼魚較強。腰帶隱於皮下; 無腹鰭棘（*Alutera*）。

21a.　尾鰭較頭長為短，後緣截平; 尾柄長度大於高度。幼魚吻部背面凹入，長大後凸出。體淡灰色，頭部及體軀背方有較瞳孔為小之暗色斑點散在。D². 45～50; A. 47～53; P. 14～15⋯⋯⋯⋯⋯⋯⋯⋯⋯⋯⋯⋯⋯⋯⋯⋯⋯⋯⋯**薄葉單棘魨**

21b.　尾鰭顯然較頭部為長，後緣圓; 尾柄肥短，長度小於高度。吻部背面凹入。體淡灰色，頭部、體軀、及尾部有與瞳孔同大之暗色斑點散在，頭部有數條波狀縱線。D². 43～50; A. 46～53; P. 14～15⋯⋯⋯⋯⋯⋯⋯⋯⋯⋯⋯⋯⋯⋯**長尾單棘魨**

黑頭單棘魨 *Pervagor melanocephalus* (BLEEKER)

　　英名 Redtail filefish, Lace-finned leatherjacket, Black-headed leatherjacket。產臺灣。(圖 6-177)

茸鱗單棘魨 *Pervagor tomentosus* (LINNAEUS)

　　英名 Banded leatherjacket。產臺灣。

前棘單棘魨 *Laputa cingalensis* FRASER-BRUNNER

　　產本省南端沿岸岩礁區。

長身單棘魨 *Paramonacanthus oblongus* (TEMMINCK & SCHLEGEL)

　　英名 Hair-finned leatherjacket。亦名長魨（動典）; 日名長鰭魚。產臺灣。(圖 6-177)

日本長身單棘魨 *Paramonacanthus nipponensis* (KAMOHARA)

　　叉名叉尾單棘魨。產臺灣。(圖 6-177)

曳絲單棘魨 *Stephanolepis cirrhifer* (TEMMINCK & SCHLEGEL)

英名 Triggerfish；亦名沙猛魚 (F.)，絲鰭單角魨，鹿角魚（梁）；日名皮剝，皮鰭魚。產臺灣。*Monacanthus setifer* BENNETT 爲其異名。

日本單棘魨 *Stephanolepis japonicus* (TILESIUS)

亦名魴魨（動典），日本前刺單角魨（朱）。產臺灣。（圖 6-177）

大鰓單棘魨 *Arotrolepis sulcatus* (HOLLARD)

大鰓指其較寬之鰓裂也。又名絨紋單角魨。產基隆、澎湖。

皮鬚單棘魨 *Chaetoderma spinosissimus* (QUOY & GAIMARD)

產臺灣。*Monacanthus penicilligera* (CUVIER) 爲其異名。

中國單棘魨 *Monacanthus chinensis* (OSBECK)

英名 Centreboard leatherjacket。又名中華角魨。產基隆、澎湖。*M. mylii* (BORY de SAINT VINCENT) 爲其異名。

馬面單棘魨 *Navodon modestus* (GÜNTHER)

英名 Black scraper。日名馬面皮剝。亦名綠鰭馬面魨；俗名剝皮魚。產基隆。

密斑單棘魨 *Navodon tessellatus* (GÜNTHER)

日名更紗剝，產臺灣堆。

網紋單棘魨 *Rudarius ercodes* JORDAN & FOWLER

產本省北部沿岸岩礁中。

側棘單棘魨 *Amanses scopas* (CUVIER)

英名 Brush-sided leatherjacket, Broom filefish。產臺灣。

豹紋單棘魨 *Amanses pardalis* (RÜPPELL)

英名 Honeycomb filefish, Leopard leatherjacket。產臺灣。據部分學者，本種或可能爲次種之異名。（圖 6-177）

檀島單棘魨 *Amanses sandwichiensis* (QUOY & GAIMARD)

英名 Wire-netting leatherjacket。俗名剝皮魚。產恆春。

白點單棘魨 *Amanses dumerilii* (HOLLARD)

英名 White spotted filefish。產臺灣。*A. howensis* (OGILBY) 爲其異名。（圖 6-177）

長吻單棘魨 *Oxymonacanthus longirostris* (BLOCH & SCHNEIDER)

英名 Beaked leatherjacket, Harlequin filefish。產臺灣。（圖 6-177）

鞍斑單棘魨 *Paraluteres prionurus* (BLEEKER)

英名 Black-saddled leatherjacket, Blacksaddle mimic。產臺灣。

薄葉單棘魨 *Alutera monoceros* (LINNAEUS)

英名 Unicorn leatherjacket。又名獨角魨，鹿角魚（袁），一角剝，薄葉剝（陳），革

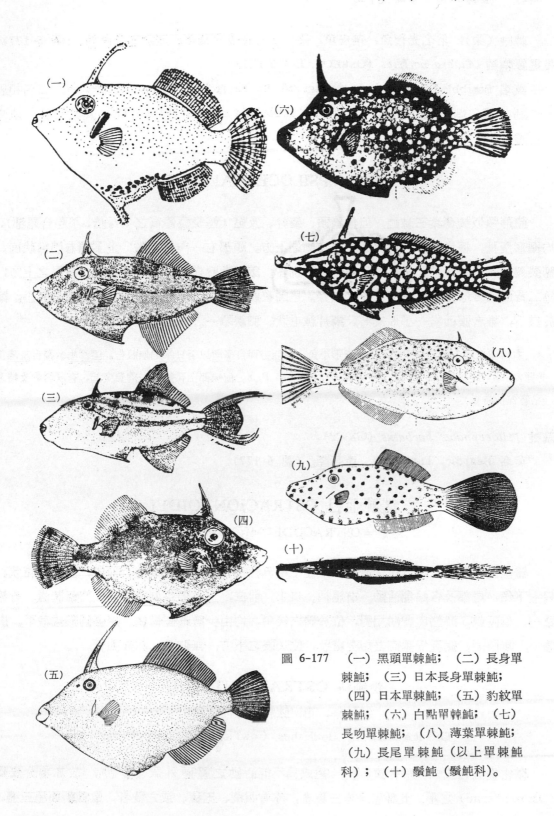

圖 6-177　（一）黑頭單棘魨；　（二）長身單棘魨；　（三）日本長身單棘魨；　（四）日本單棘魨；　（五）豹紋單棘魨；　（六）白點單棘魨；　（七）長吻單棘魨；　（八）薄葉單棘魨；　（九）長尾單棘魨（以上單棘魨科）；　（十）鬃魨（鬃魨科）。

棘魨（朱）；俗名光復魚，削皮魚，歸；日名長崎角鱔魚。產本島及澎湖。（圖 6-177）

長尾單棘魨 *Alutera scriptus* (OSBECK, L. GMELIN)

英名 Scribbled leatherjacket, Figured leatherjacket, Scrawled filefish。日名相思剝，星波剝。俗名烏達婆，剝皮魚。*Osbeckia scripta* (FORSTER) 爲其異名。產臺灣。（圖 6-177）

鬚魨科 PSILOCEPHALIDAE

體形類似於薄葉三棘魨，但無論頭、軀幹、及尾（體長爲體高之 $7^2/_3$ 倍，不包含尾部），均顯形瘦長，極度側扁；吻突出，口在吻端上方，頤部有一肉質之鬚；上下領有門齒狀齒。鰓裂斜，在眼眶以前，故在本目爲最易區別者。第一背鰭僅以一細棘爲代表，在眼之上方；第二背鰭與臀鰭相對，均有較多之軟條。尾鰭較頭長爲長，中部鰭條較長。腰帶骨甚小，隱於皮下，雄者腹面有一小形皮瓣。鱗片絨毛狀。側線單一。脊椎 29～30。

本科僅 1 屬 1 種，爲印度洋沿岸奇形小魚，東亞方面自臺灣以至日本均無報告。梁潤生教授自基隆得此標本一尾（♂）；D¹. I; D². 49～52; A. 57～64; P. 8。由喉部至臀鰭有一肉質突起，有腰帶骨支持之（♀者無此特徵）。

鬚魨 *Psilocephalus barbatus* (GRAY)

英名 Beardie, Tape-fish。產基隆。（圖 6-177）

鎧魨亞目 OSTRACIONTOIDEI

＝OSTRACODERMI；箱魨亞目

體鈍短，包於三至六稜之體甲內，體甲由五角或六角形之骨板癒合而成，整個如箱狀，只上下領，尾部及各鰭能活動。有尾柄。口小，前位，上下領每側約有五枚門齒狀齒。背鰭單一，無硬棘，臀鰭與背鰭相對，位於體之後半，均由少數軟條構成。尾鰭圓形或截平，胸鰭小。無腹鰭。鰓孔爲垂直之短裂縫狀，位於眼之下方。無側線，亦無肋骨。

鎧魨科 OSTRACIONTIDAE

箱魨科，箱河豚科，鎧河豚科；
OSTRACIIDAE; Boxfishes, Cowfishes, Trunk fishes;

體密被五角或六角形骨質盾板，組成爲不能活動之堅硬外殼（體甲），故亦有介皮類 (Ostracodermi) 之稱。此種堅殼有三稜者，亦有四稜、五稜、或六稜者，故橫斷面呈三邊、四邊、五邊、或六邊形。第一背鰭及腹鰭均缺如。第二背鰭、臀鰭、尾鰭、及胸鰭均比較的不甚發達，但其基部概係柔軟之皮膚（尾鰭則由柔軟之尾柄連於堅殼），故能做緩慢的游泳。脊椎 14～16 枚，後方 5 枚甚短，無肋骨。多棲息於熱帶沿海海底，游泳力雖甚弱，但能隨海流遠播。

臺灣產鎧魨科 4 屬 8 種檢索表：

1a. ARACANINAE 亞科　　體甲在背鰭、臀鰭開放。腹稜多少發達。

　體甲背面有二稜，腹面二稜，側面各一稜，共六隆起稜（橫斷面呈六角形）(*Kentrocapros*)。

　D. 10～11．A. 10；盾板一縱列 8 ～ 9 枚（腹面最寬處 8 枚，由背面中央線至腹稜間 8 ～ 9 枚）；相當於第一背鰭之位置有一短壯之鈍棘；在側稜上後方盾板有向後之鈍棘（約 5 枚）；腹稜後方亦有 5 鈍棘。體黃褐色，上方略暗，背面及體側上部有若干暗褐色圓斑散在……………………………**六稜鎧魨**

1b. OSTRACIONTINAE 亞科　　體甲至少在臀鰭後方閉合。無腹稜。

2a. 側隆起稜不顯著，背隆起稜及腹面隆起特別顯著，故體甲只見三隆起稜（橫斷面呈三角形）。無眼前棘 (*Rhinesomus*)。

　3a. 背中稜上有一特大高聳之棘。眼上棘一枚。

　　D. 9；A. 9；P. 10；盾板一縱列 9 枚；體淡褐色而帶黃味，體側有五個斜斑，背中棘之基部，背鰭基部、尾柄，臀鰭基部各有一黑斑，尾鰭有二黑色橫帶……………………**駝背三稜鎧魨**

　3b. 背中稜上有二枚小形之棘。眼上棘二枚。

　　D. 9；A. 9；P. 10；C. 10；盾板一縱列 8 ～ 9 枚；體黃色，邊緣黑色，尾柄有黑斑……**三稜鎧魨**

2b. 側隆起稜顯著。

　4a. 無眼前棘或腰棘。體甲之背中稜不顯。背面凸起，側稜及腹稜鈍圓，體橫斷面作四角形，體甲光滑無棘。吻部不突出 (*Ostracion*)。

　　5a. 唇後之體甲前端開口部之直徑約與眼窩相等。體長爲體高之三倍以下。吻部背面淺凹。D. 9～10；A. 9～10；P. 10；盾板一縱列 11 枚；臀鰭在背鰭略後；尾鰭較體長（頭與軀幹）之 1/4 略長；鰓裂完全在眼眶以後。體褐色或黃褐色，有赤褐色小點散在，各盾板中間有白色斑，與瞳孔同大……………………………………………………**粒突鎧魨**

　　5b. 唇後之體甲前端開口部之直徑較眼徑爲長。體長爲體高之三倍。雄者吻部背面近於平坦，雌者凹入。D. 9；A. 9；P. 10。體褐色至黑色，體側有淡黃色或白色小點 ……………**細點鎧魨**

　4b. 有眼前棘及腰棘。背面平坦或凹入。體橫斷面作五角形；側稜及腹稜鈍圓，體甲到處有棘。(*Lactoria*)。

　　6a. 背中稜上有一大形尖銳之強棘。腰帶棘堅強，錐形；眼前棘較短。D. 9；A. 9；P. 10。體淡褐色，體側有不規則之褐色或黑色斑點，以及長短不一之黑色條紋……………**五棘鎧魨**

　　6b. 背中稜上無棘，或有一不明顯之棘。腰帶棘細長；眼前棘長；尾長，鰭條二分叉。D. 9；A. 9；P. 10；盾板一縱列 9～10 枚；額棘銳長而前向，腹隆起稜後端有向後之長棘；背中線中央棘低而鈍；成魚之尾頗長。體黃色或帶灰色，體側及尾鰭有不規則之黑斑……………

……………………………………………………………………………………角棘四稜鎧魨

6c. 背中稜有一短而扁之棘。眼前棘及腹稜棘均較短。尾中等長，鰭條多分叉。D. 9；A. 9；P. 10；盾板一縱列 10 枚；額棘短，斜向前上方，腹隆起稜後端亦有向後之小棘；其前方更有小棘 2 個，背中線中央棘強大，背隆起稜中部亦各有 1 枚較小之棘；成魚尾部普通長。體青褐色，除尾鰭外概有不規則之黑褐色斑點……………………………………………海燕四稜鎧魨

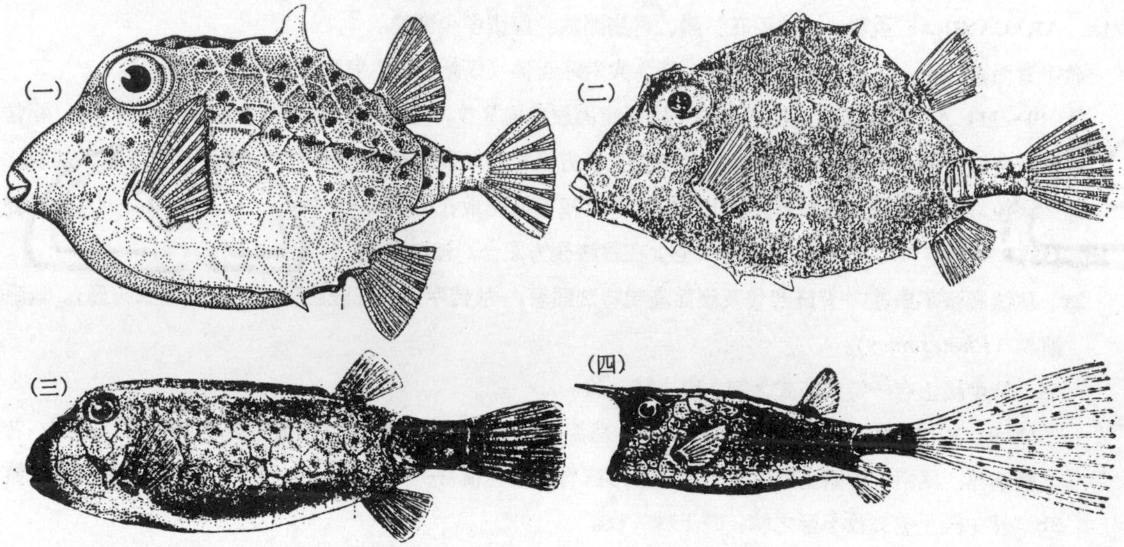

圖 6-178　（一）六稜鎧魨；（二）三稜鎧魨；（三）粒突鎧魨；（四）角棘四稜鎧魨（一、二據岡田、松原；三據朱等；四據阿部）。

六稜鎧魨 *Kentrocapros aculeatus* (HOUTTUYN)

亦名瞪魳（動典）；日名系卷河魨。產臺灣。(圖 6-178)

駝背三稜鎧魨 *Rhinesomus gibbosus* (LINNAEUS)

英名 Hunchback boxfish。亦名單峯鎧河魨（袁）；俗名厚皮歸。日名駱駝箱河魨。產臺灣。

三稜鎧魨 *Rhinesomus concatenatus* (BLOCH & SCHNEIDER)

英名 Triangular boxfish。又名雙峯三稜箱魨。產臺灣、澎湖。*L. tritropis* SNYDER, *Ostracion stellifer* BLOCH & SCHNEIDER 均為其異名。(圖 6-178)

粒突鎧魨 *Ostracion tuberculatus* LINNAEUS

英名 Boxy, Black-spotted boxfish。產臺灣。*O. cubicus* L., *O. immaculatus* T. & S. 均為其異名。(圖 6-178)

細點鎧魨 *Ostracion meleagris* SHAW

產恆春、小琉球。*O. sebae* BLEEKER 爲其異名。

五棘鎧魨 *Lactoria fornasini* (BIANCONI)

產大溪。*Ostracion pentacanthus* BLEEKER 爲其異名。

角棘四稜鎧魨 *Lactoria cornutus* (LINNAEUS)

英名 Longhorn cowfish；亦名三角箱魨，三旁龜 (F.)，俗名 Koh gong；日名金剛河豚。產高雄、東港、大溪。(圖 6-178)

海燕四稜鎧魨 *Lactoria diaphana* (BLOCH & SCHNEIDER)

英名 Swallow puffers, Spiny cowfish；亦名雀河豚（動典）；日名海雀。產臺灣。

四齒魨亞目 TETRAODONTOIDEI

=GYMNODONTES；魨亞目

上下頜齒癒合爲堅硬之鳥嘴狀骨質齒板。齒縫或有或無，因 "齒" 爲二、三、或四枚而定，上頜不能伸出。無後顳骨，除三齒魨外均無尾舌骨；無腹鰭，除三齒魨外均無腰帶。體裸出，或有大小不定之棘埋於皮膚中。側線或有或無，有的爲多條或有分枝。背鰭單一，無棘，位於體之後部而與臀鰭相對。鰓孔小，側位。鰓三對，第四鰓弧無鰓絲。有鰾。胃之一部分變爲氣囊，能吸水和空氣而使身體脹大，用以自衞或漂浮水面。

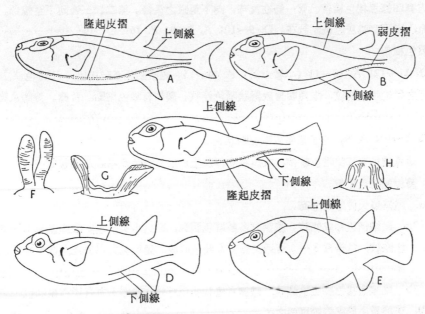

圖 6-179　四齒魨科各重要屬之形態差異。A-E, 側線及隆起皮摺之差異。F, *Arothron* 屬之鼻孔；G, *Chelonodon* 屬之鼻孔；H, *Lagocephalus* 屬之鼻孔（據 MUNRO）。

四齒魨科 TETRAODONTIDAE

Globefishes; Puffers; Swellfishes; 正河豚科，河豚科（動典）

體橢圓或延長，略形側扁，有時平扁。頭及吻寬鈍，或稍側扁。腹部能膨大，而仰泳。體無鱗而密佈能動而無根之小棘。上下頜均有一齒板，每板中間有一縫線，故形成為四齒狀。前上頜骨和齒骨在前端均不相互癒合。第一背鰭與腹鰭缺如。第二背鰭及臀鰭均偏於體之後方。，各具 7～18 軟條。尾鰭具 10 主要鰭條而無逆向之短鰭條，後緣中度分叉或成圓形。胸鰭短而廣。脊椎數少，7～8＋9～13，尾椎正常發達，無肋骨與腰帶骨。鼻孔兩個，形狀甚複雜。鰓裂小，側位，正在胸鰭基底以前。有擬鰓。有鰾。熱帶沿海小魚，內臟有劇毒，不能供食用。

臺灣產四齒魨科 8 屬 31 種檢索表:

1a. CANTHIGASTERINAE　　體背面側扁；無側線；鰓裂向下不超過胸鰭基底之一半。額骨不與上枕骨相接，中間以蝶耳骨隔開。鼻孔微小，每側一枚 (Canthigaster)。

2a. 體背方有 3～4 條暗色寬橫帶。

3a. 背方有四條黑褐色橫帶，帶之前後各有一列白邊之黑點。第一條在眶間隔，第四條在尾部並向前延伸。由下頜至胸鰭基底下方有一淡黃色縱帶。頭部、體側及尾部有黃邊之黑點散在。D. 9；A. 9；P. 16～17 ·····························冠帶扁背魨

3b. 背方有四條黑褐色橫帶，第一條在枕部，向下至眼之後緣。第二、三條向下至腹部，第四條在尾部背面，腹面有暗灰色斑點散在。D. 9～10；A. 8～9；P. 16 ·····················横帶扁背魨

2b. 體無暗色橫帶。

4a. D. 11～12；A. 10～11 (少數 12)；P. 14～15。體淡褐色至暗褐色，下方色淡。吻側有很多平行之斜走暗色條紋，眼周圍有放射狀暗色條紋。體側有暗色斑點。背鰭、臀鰭及胸鰭基部黑色 ···安汶扁背魨

4b. D. 9～10；A. 9。背鰭基部有暗色眼狀斑。

5a. 幼魚體側有二條暗色縱帶，成魚在吻部及上側或有暗色蠕蟲狀及網狀紋···········條紋扁背魨

5b. 體側無暗色縱帶。

6a. 尾柄長大於尾柄之高。

7a. 尾鰭無斑點或條紋。體側有多數紅色圓點，點之中央藍色。眼周圍有 6～8 條輻射狀藍色條紋，口後有 3～5 條近於垂直之藍色條紋。尾柄背方有斜走之藍色條紋，與對側者相接···本氏扁背魨

7b. 尾鰭有褐色垂直狹條紋。體側有蟲狀淡色線紋，頭部上方有淡色縱條紋······蟲紋扁背魨

6b. 尾柄長小於或等於尾柄之高。

8a. 尾鰭及體側均有藍色眼狀斑。

9a. D. 8～9 (通常為 8)；A. 8～9；P. 16～17。尾柄部斑點十列以下，尾鰭基部眼狀斑不明顯···真珠扁背魨

9b.　D. 8～10（通常爲 9）；A. 8～10；P. 15～18。尾柄部斑點密集而明顯。眼外有 8～
　　　10 條放射狀暗線紋，眶間區及吻部背面有橫帶，背鰭基部眼狀斑明顯……**眼斑扁背魨**

8b.　尾鰭無斑點或條紋。體側有很多與眼徑或瞳孔同大之淡色斑點，多少成網目狀………
　　　‥‥‥‥‥‥‥‥‥‥‥‥‥‥‥‥‥‥‥‥‥‥‥‥‥‥‥‥‥‥‥‥‥‥**白紋扁背魨**

1b.　體背面寬廣而不側扁；每側側線 1～2 條；鰓裂向下超過胸鰭基底之一半；嗅覺器官顯著，額骨與上
　枕骨相接。

9a.　LAGOCEPHALINAE　　吻部有鼻孔兩對；鰾多數爲球形或卵形。

10a.　體面圓滑無鱗，而有無數微細之縱走皮褶，但無沿體下部之縱走皮褶（*Liosaccus*）。
　　　體背方淡青灰色，腹方淡色，概無斑紋。體及背面有無數微細的縱走皮褶，易與其
　　　他四齒魨區別。D. 7～10；A. 9～10；P. 15～16 ……………………**縱褶河魨**

10b.　體面無微細之縱走皮褶，但沿尾部及體之下部兩側多少有一明顯之皮褶。

11a.　尾鰭後緣彎月形，背鰭及臀鰭前部各有不分枝之鰭條 1～2 枚，與其後方最長
　　　之第 1～2 分枝鰭條同長；脊椎 17～20 枚（*Lagocephalus*）。

12a.　體背面平滑，腹面有成列之粒狀體。鰓裂黑色；背方淡褐色，無暗色點，側
　　　面、腹面金黃色。D. 12～14；A. 11～12；P. 16～17 ……………**滑背河魨**

12b.　體背面、腹面無成列之粒狀體而有小棘散在。

13a.　尾柄平扁，寬度大於（背鰭後）高度。鰓裂黑色，體背面有暗色斑點，眼
　　　前有一三角形之銀白色部分，體側下方有一銀白色之寬縱帶。D. 11～13；
　　　A. 11～12；P. 16～18…………………………………………**仙人河魨**

13b.　尾柄側扁。

14a.　背面小棘伸展至背鰭基部及尾柄部。鰓裂淡色，體背方灰青色，側面、
　　　腹面銀白色。D. 11～13；A. 10～11；P. 17～19 ………………**栗色河魨**

14b.　背面小棘伸展至胸鰭上方而不到達背鰭起點。體（保存標本）背方黑褐
　　　色，側面銀白色，腹面白色，尾鰭上下葉後部 1/3 白色。D. 12～14；A.
　　　12～13；P. 15～16…………………………………………………**鯖河魨**

11b.　尾鰭後緣截平或圓形；脊椎 20～24 枚。

15a.　D. 9～11；A. 7～8；其中最前方涌常有 1～2 不分枝之軟條；P.
　　　15～17。脊椎骨 7+13=20（*Amblyrhynchotes*）。
　　　體背方暗褐色，頭部有三條暗色橫帶，第一條在眼前，第二條在眼下，
　　　第三條在眼後，體側有一條銀白色縱帶…………………………**縱帶河魨**

15b.　D. 12～18，最前之不分枝軟條通常爲 2～6 枚；A. 9～16，最前之不
　　　分枝軟條通常爲 1～6 枚；脊椎骨 20～24 枚，偶或 19 或 25 枚（*Fugu*）。

16a.　體側面在鰓裂前與胸鰭基底後兩區有棘；鰾腎形；頰部及體側有明
　　　顯之暗色垂直帶。
　　　D. 13；A. 11；P. 16；脊椎 20。體背方褐色，有白色或淡色斑點，

又有褐色之不規則橫帶向體側延展，後部之褐色橫帶間有白色帶向上方延展，在胸鰭基底與胸鰭後方之橫帶特寬，體側有一帶銀白色之黃色橫帶⋯⋯⋯⋯⋯⋯⋯⋯⋯⋯⋯⋯⋯⋯⋯⋯⋯⋯⋯⋯⋯⋯**橫紋河魨**

16b. 頭部及體側一般無棘； 鰾圓形或卵圓形； 頰部及體側無暗色垂直帶； D. 及 A. 均有 9～16 軟條。

17a. 額骨上之隆起稜線向前達前額骨而不向外彎曲；背面與腹部有明瞭之小棘。

18a. 體側有淡灰色或白色斑點，有時成蟲紋狀，但概較地色為淡；胸鰭以後有一大形黑斑，另有一橫跨背部之黑色橫帶連結此兩側之黑斑，背鰭基底兩側亦各有一大形黑斑，無論斑紋或帶紋均有白邊，故極明顯。體背部與腹部均有小棘； 體側皮褶不顯； D. 14～15； A. 13～14； P. 18～19⋯⋯⋯⋯⋯⋯⋯⋯⋯**眼斑沙魨**

18b. 背方灰青色，有顯著之淡黃色斑點散在，胸鰭上方有一黑斑。D. 11～14； A. 10～12； P. 15～17。腹椎 7～8 ⋯⋯**星點沙魨**

18c. 體背面或有白色小點，橫跨背部有一橫帶，帶下相當於胸鰭上方，每側有一大形白邊之黑斑， 但與背上橫帶不相連。 D. 15～19； A. 13～16；腹椎 9。

19a. 臀鰭白色⋯⋯⋯⋯⋯⋯⋯⋯⋯⋯⋯⋯⋯⋯⋯⋯⋯⋯⋯⋯⋯**虎河魨**

19b. 臀鰭黑色⋯⋯⋯⋯⋯⋯⋯⋯⋯⋯⋯⋯⋯⋯⋯⋯⋯⋯⋯⋯**黑鰭河魨**

18d. 體背面及側面藍黑色，自胸鰭上後方有 3～4 斜走白帶，向後沿體側延伸，直至尾基，胸鰭上部及背鰭基部無黑斑，生活時各鰭黃色。D. 15～17； A. 14～15； P. 18 ⋯⋯⋯⋯⋯⋯⋯**黃鰭河魨**

17b. 額骨上之隆起稜線向前外方彎曲而達額骨外側之游離緣。

20a. 體背面帶綠色，或黃褐色，或褐色，或黑色，多數有淡色或暗色點，有時有淡色蠕蟲狀花紋。腹椎 (7) 8 個。

21a. 皮面無明瞭之棘； 各鰭無花紋。

體帶青灰褐色，胸鰭上方有一大黑斑，尾鰭帶綠褐或黃褐色， 生活時臀鰭黃色 。 D. 14～18 (偶或 12～13)， A. 13～14 (偶或 11～12)； P. 15 ⋯⋯⋯⋯⋯⋯**雲斑蟲紋河魨**

21b. 體背面腹面有明瞭之小棘； 各鰭無花紋。

體肥短。生活時臀鰭黃色或橙黃色。A. 12～13； A. 11； P. 15～17 ⋯⋯⋯⋯⋯⋯⋯⋯⋯⋯⋯⋯⋯⋯⋯⋯⋯**網斑河魨**

20b. 體背方褐色，有濃褐色或黑色之斑紋散在。皮面有柔軟之小瘤狀物；腹椎 9～10 個⋯⋯⋯⋯⋯⋯⋯⋯⋯⋯**豹斑河魨**

9b. TETRAODONTINAE 吻部僅有鼻孔一對， 但有種種形狀。鰾臀臟形，後部凹入或分叉爲二葉。

22a.　鼻腔有葉狀邊緣；鰾腎臟形，後緣凹入；額骨上之高隆起稜不向外方彎曲，前
　　　端與前額骨相接；D. 9～10；A. 8～9；其最前 2 枚不分枝；P. 15～16，最上 1
　　　枚不分枝；脊椎骨 8＋11＝19 (*Chelonodon*)。

　　　體背面褐色乃至黑褐色，有無數圓形或卵圓形白點，體側銀白色，下部白色，有
　　　三條暗色橫帶，第一條在胸鰭後方，第二條沿背鰭基底，第三條在尾柄部；另有
　　　一條暗色帶橫過眶間區⋯⋯⋯⋯⋯⋯⋯⋯⋯⋯⋯⋯⋯⋯⋯⋯⋯⋯**冲繩河魨**

22b.　鼻腔有二觸角狀皮瓣；鰾後部分叉爲二葉；額骨上之高隆起稜向外彎曲，故不
　　　達前額骨。

　　23a.　D. 14～15；A. 13～14，其最前 2～4 枚不分枝；P. 14～16，最上 1 枚不
　　　　　分枝；脊椎骨 8＋12＝20 (*Boesemanichthys*)。

　　　　體後部（多數在背鰭以後）無鱗，其他部分被有明顯之棘。體褐色，腹部淡，
　　　　有圓或橢圓之淡色大形斑點，各鰭淡色⋯⋯⋯⋯⋯⋯⋯⋯⋯⋯⋯**星斑河魨**

　　23b.　D. 9～13；A. 10～12，最前 1～2 枚不分枝；P. 17～20，最上 1 枚不分
　　　　　枝；脊椎骨 8＋10＝18 (*Tetraodon*)。

　　　24a.　尾鰭邊緣黑色。體背部、側面無斑點，而有二十餘條深褐色縱條紋（幼魚
　　　　　　22條，成魚 28 條），在頭部則成爲斜線，各鰭污褐色，尾鰭特濃，而臀鰭特
　　　　　　淡⋯⋯⋯⋯⋯⋯⋯⋯⋯⋯⋯⋯⋯⋯⋯⋯⋯⋯⋯⋯⋯⋯⋯⋯⋯**線紋河魨**

　　　24b.　尾鰭邊緣不爲黑色。

　　　　25a.　體側、尾鰭及臀鰭均有黑色圓形斑點，體背部青灰色，密佈小於瞳孔之
　　　　　　　黑色斑點，肛門黑色。

　　　　　26a.　黑色斑點之間隔較小，斑點擴展至胸鰭下方；雄魚胸鰭基部下方之黑
　　　　　　　　色斑點較大⋯⋯⋯⋯⋯⋯⋯⋯⋯⋯⋯⋯⋯⋯⋯⋯⋯⋯⋯**白網紋河魨**

　　　　　26b.　黑色斑點之間隔較大；雄魚胸鰭基部下方之黑色斑點較小；幼魚在腹
　　　　　　　　面有斜走之黑色條紋⋯⋯⋯⋯⋯⋯⋯⋯⋯⋯⋯⋯⋯⋯⋯⋯**橫樣河魨**

　　　　25b.　各鰭無斑點，體黃色或青褐色，有少數不規則之黑色斑點散在，各鰭邊
　　　　　　　緣白色。肛門黑色⋯⋯⋯⋯⋯⋯⋯⋯⋯⋯⋯⋯⋯⋯⋯⋯⋯⋯**黑斑河魨**

　　　　25c.　體側、尾部及尾鰭有白色斑點。腹面淡色而有暗色縱條紋。鰓裂及胸鰭
　　　　　　　基底上方有一白邊之黑斑。

　　　　　27a.　體側條紋擴展至吻部及頰部，並包圍鰓孔。尾柄之高大於其長⋯⋯
　　　　　　　　⋯⋯⋯⋯⋯⋯⋯⋯⋯⋯⋯⋯⋯⋯⋯⋯⋯⋯⋯⋯⋯⋯⋯**網紋河魨**

　　　　　27b.　頰部及吻部暗色而有白色圓斑，體側條紋不擴展至頭部。尾柄之高
　　　　　　　　小於其長⋯⋯⋯⋯⋯⋯⋯⋯⋯⋯⋯⋯⋯⋯⋯⋯⋯⋯**腹紋白點河魨**

　　　　25d.　全身爲一致之黑褐色，密佈較瞳孔爲小之圓形及星形白色斑點（各鰭除
　　　　　　　外），腹面之斑點略大，胸鰭基部無黑斑⋯⋯⋯⋯⋯⋯⋯⋯⋯**白點河魨**

冠帶扁背魨 *Canthigaster coronatus* (Vaillant & Sauvage)

產恆春。*C. cinctus* Jordan & Evermann 爲其異名。

横帶扁背魨 *Canthigaster valentini* (Bleeker)

英名 Blacksaddled toby (puffer)。日名縞巾着河魨。俗名鰕魚。產小琉球、恆春。
C. cinctus (Richardson) 爲其異名。

安汶扁背魨 *Canthigaster amboinensis* (Bleeker)

英名 Spotted toby。產恆春、蘇澳、基隆。（圖 6-180）

條紋扁背魨 *Canthigaster rivulatus* (Temminck & Schlegel)

又名水紋扁背魨。日名北枕。產基隆、蘇澳。（圖 6-180）

本氏扁背魨 *Canthigaster bennetti* (Bleeker)

英名 Bennett's Puffer, Roseband toby。產恆春、蘭嶼。

蟲紋扁背魨 *Canthigaster compressus* (Procé)

產恆春。

眞珠扁背魨 *Canthigaster margaritatus* (Rüppell)

英名 Ocellated puffer。日名蛇乃目巾着。楊（1970）及張、李、巫（1977）均報告本
種產於臺灣。可能係次種之誤。因據 Randall（1977）本種僅見於紅海一帶。

眼斑扁背魨 *Canthigaster solandri* (Richardson)

英名 False-eye toby。產恆春、臺東。

白紋扁背魨 *Canthigaster janthinopterus* (Bleeker)

英名 White-spotted toby, Honeycomb toby。日名基盤河魨。產恆春、蘭嶼。Woods
（1966）稱 *C. jactator* (Jenkins) 之背鰭基部無眼狀斑，吻部背面無横條紋，故與本
種有別。此二種在本地區均有採獲報告。惟二者差別甚微，是否爲不同之二種，或僅係
地區性或個體間之差異，值得研究。Allen & Randall（1977）認爲彼等已表現充
分的地理隔離及色型之差異。*C. jactator* 之分佈只限於夏威夷羣島。

縱褶河魨 *Liosaccus pachygaster* (Müller & Troschel)

英名 Slackskin blaasop。又名皺紋河魨（楊）。產基隆、高雄。*L. cutaneous* (Günt-
her) 爲其異名。（圖 6-180）

滑背河魨 *Lagocephalus inermis* (Temminck & Schlegel)

英名 Unarmed blaasop。又名黑鰓兎頭魨，光兎魨。日名金河豚。產基隆、高雄。

仙人河魨 *Lagocephalus sceleratus* (Forster)

英名 Silvercheek blaasop, Giant toadfish。又名圓斑兎頭魨。俗名鬼魚，麵歸；亦名
銀河豚（動典）。產臺灣、澎湖。

栗色河魨 *Lagocephalus lunaris* (B<small>LOCH</small> & S<small>CHNEIDER</small>)

英名 Moontail blaasop, Green toadfish, silver toadfish。又名大眼兎頭魨，鷄泡魚（R.），鯖鯤（動典），月腹刺魨（朱）。產基隆、高雄、淡水。(圖 6-180)

鯖河魨 *Lagocephalus gloveri* A<small>BE</small> & T<small>ABETA</small>

又名棕斑兎頭魨，或名棕腹刺魨。產基隆。本種以前誤稱為 *L. lunaris spadiceus* (R<small>ICHARDSON</small>)，今據 A<small>BE</small> 等改正。(圖 6-180)

縱帶河魨 *Amblyrhynchotes hypselogeneion* (B<small>LEEKER</small>)

英名 Harlequin blaasop, Bar-cheeked toadfish。又名頭紋寬吻魨（朱），花吻河魨（楊）。產基隆。

橫紋河魨 *Fugu oblongus* (B<small>LOCH</small>)

英名 Oblong toadfish, Lattice blaasop。亦名橫紋東方魨（朱），瀧紋河魨（楊）。產基隆、澎湖、高雄、東港。

眼斑河魨 *Fugu ocellatus ocellatus* (L<small>INNAEUS</small>)

亦名鷄泡魚、玉泡（R.），弓斑東方魨（朱）。產澎湖。(圖 6-180)

星點河魨 *Fugu niphobles* (J<small>ORDAN</small> & S<small>NYDER</small>)

亦名星點東方魨（朱），日本河魨（楊）；日名草河豚。產鹿港、王功、蒔裡、內灣、澎湖、基隆、三頂嶺。(圖 6-180)

虎河魨 *Fugu rubripes* (T<small>EMMINCK</small> & S<small>CHLEGEL</small>)

虎河豚，柳河豚均日名，亦名虎鯤（動典），紅鰭東方魨（朱）。產臺灣。

黑鰭河魨 *Fugu chinensis* (A<small>BE</small>)

本種亦產日本，名烏鴉河豚，味較虎河豚為劣。產基隆。

黃鰭河魨 *Fugu xanthopterus* (T<small>EMMINCK</small> & S<small>CHLEGEL</small>)

亦名條紋東方魨（朱）。日名縞河豚。產臺灣。

雲斑蟲紋河魨 *Fugu vermicularis porphyreus* (T<small>EMMINCK</small> & S<small>CHLEGEL</small>)

亦名蟲紋東方魨（朱），正河魨（楊）。產基隆，日名滑河豚。*Spheroides borealis* J<small>OR</small>-D<small>AN</small> & S<small>NYDER</small> 及 *S. moriwaki* T<small>ANAKA</small> 為其異名。

網斑河魨 *Fugu poecilonotus* (T<small>EMMINCK</small> & S<small>CHLEGEL</small>)

產基隆。據 D<small>E</small> B<small>EAUFORT</small> & B<small>RIGGS</small> (1962) 應改名為 *Sphoeroides alboplumbeus* (R<small>ICH</small>.)。

豹斑河魨 *Fugu pardalis* (T<small>EMMINCK</small> & S<small>CHLEGEL</small>)

日名彼岸河豚。產臺灣。

沖繩河魨 *Chelonodon patoca* (H<small>AMILTON</small>-B<small>UCHANAN</small>)

英名 Milk-spotted toadfish (blaasop)。又名凹鼻魨（朱），琉球河魨（楊）。產高雄、東港、澎湖。

星斑河魨 *Boesemanichthys firmamentum* (TEMMINCK & SCHLEGEL)

產基隆。

線紋河魨 *Tetraodon immaculatus* BLOCH & SCHNEIDER

英名 Blackedged blaasop, Narrowlined toadfish。亦名無斑魨（梁）。產基隆、高雄、澎湖。

白網紋河魨 *Tetraodon alboreticulatus* TANAKA

亦名白網魨（梁）。屬名松原氏（1955）改爲 *Arothron*。　產臺灣。

模樣河魨 *Tetraodon stellatus* BLOCH & SCHNEIDER

英名 Starry toadfish, Spottedfin blaasop, Diagonal-banded toadfish。又名星斑叉鼻魨（朱），密點河魨（楊）。產臺灣堆、高雄、蘇澳、東港、澎湖、基隆。*T. aerostaticus* JENYNS 爲其異名。

網紋河魨 *Tetraodon reticularis* BLOCH & SCHNEIDER

據 DE BEAUFORT & BRIGGS (1962)　產臺灣。但迄未採得標本。

黑斑河魨 *Tetraodon nigropunctatus* (BLOCH & SCHNEIDER)

英名 Blackspotted blaasop (toadfish)。又名黑點叉鼻魨（朱），污點河魨（楊）。產高雄、恆春。（圖 6-180）

腹紋白點河魨 *Tetraodon hispidus* (LINNAEUS)

英名 Whitespotted blaasop, Broad-barred toadfish。又名紋腹叉鼻魨，鷄籠泡（R.），產高雄、基隆、澎湖、臺南、東港、臺東。*T. sazanami* TANAKA 爲其異名。（圖 6-180）

白點河魨 *Tetraodon mappa* (LESSON)

英名 Map blaasop, Scribbled toadfish。亦名眼斑河豚（袁）；俗名海猪仔，歸魚。產本省近海。*T. meleagris* LACÉPÈDE 爲其異名。（圖 6-180）

二齒魨科 DIODONTIDAE

Porcupinefishes; Globefishes; 針千本科（日），刺魨科（朱）。

體短而寬，背部平廣，有氣囊，故腹部能相當的膨脹。體除上下唇、尾柄、及各鰭基部外，密被由鱗片變成之強棘，各棘有二、三根部，活動或不能活動（二根者通常能倒伏）。無側線。頭及吻寬平。口端位，中小形。前上頜骨與齒骨在前端相互癒合。上下頜齒各癒合爲一骨質板，而中間並無縫線。有發達之內齒板。鼻瓣爲短觸角狀，每側一枚，有二開口。鰓裂圓，側位，位於胸鰭前方。眼大。背鰭、臀鰭短而圓，偏於體之後部。無腹鰭。熱帶沿岸，海草岩礁間行動遲緩之魚類，有毒不能供食用。

臺灣產二齒魨科1屬4種檢索表:

1a. 棘長，大部分或全部各有二棘根，能直立活動 (*Diodon*)。

  2a. 各鰭均無斑點。體軀背面至兩側有 5～6 個黃色邊緣之暗斑。各鰭為一致之黃色。

    3a. 體上部灰褐色，下部白色。背面有 6 個大斑，第一斑在兩眼之間，第二斑在後頭部，此二斑均向兩側伸展。胸鰭後上方有一斑，背部中央以及背鰭基底亦各有一斑。此外到處有小形之圓斑或橢圓斑散在。由吻至背鰭有強棘 13～16 枚，由此側胸鰭經腹面而至彼側胸鰭之間有強棘 18～20 枚，額頂之棘較胸鰭後者為長，眼眶上方各有 3～4 枚強棘，其長至少與眼徑相等。D. 3+10; A. 3+10; P. 22～23 ⋯⋯⋯⋯⋯⋯⋯⋯⋯⋯⋯⋯⋯⋯⋯⋯⋯⋯⋯⋯⋯⋯⋯⋯⋯⋯六斑刺河魨

    3b. 體黃褐色，背面有 9 個大黑斑，斑之周圍有白色環紋。第一斑在頭頂，橫長形，第二、三斑在前背部兩側，第四斑在後背部中央，第五斑在背鰭基部周圍。在頭側有二個大橫斑，一在眼下，一在眼與胸鰭基部之間。由吻端至背鰭有 16～19 棘，腹面在兩胸鰭之間有棘 22 枚，眼間隔有棘 4 橫列，每列 4～10 枚。眼上棘長約為眼徑之 1/2。D. 2+14; A. 2+13; P. 2+22⋯⋯⋯⋯九斑刺河魨

  2b. 全身除腹面外，到處及各鰭均有黑色小圓斑散在。

    體之背面及各鰭均為淡黃色或灰褐色，腹面白色。由前額至背鰭有強棘 18～20 枚；眶間隔有棘 3～4 橫列，每列 6～8 枚；尾柄背方有棘 3～4 對；腹面在兩胸鰭間有棘 12 枚。除少數胸鰭後方之棘外，其他均較眼徑為短。D. 2～3, 11～13; A. 2～3, 11～13; P. 1～3, 21～22 ⋯⋯⋯⋯斑點刺河魨

1b. 各棘均具三棘根，棘短而不能活動 (*Chilomycterus*)。

  前頭部無棘，但鼻孔前方有一棘，眼上方有二棘。體背面灰色，腹面白色，體側有四條不明顯的暗色橫帶。D. 12; A. 12; P. 21 ⋯⋯⋯⋯⋯⋯⋯⋯⋯⋯⋯⋯⋯⋯⋯⋯⋯⋯⋯⋯⋯短棘刺河魨

六斑刺河魨 *Diodon holacanthus* LINNAEUS

英名 Balloonfish; Balloon porcupinefish; Freckled porcupinefish; 亦名鯱, 針魨 (動典); 日名針千本。產臺灣、澎湖。(圖 6-180)

九斑刺河魨 *Diodon novemmaculatus* BLEEKER

據 JONES (1970) 產臺灣。MASUDA 等 (1975) 之 *D. liturosus* SHAW 似為本種之誤。LEE (1980) 之 *D. liturosus* 或亦屬於本種。

密斑刺河魨 *Diodon hystrix* LINNAEUS

英名 Spotted porcupinefish, Longspine porcupinefish; 亦名勒泡 (Lak po, F.); 俗名刺海豬仔，氣瓜仔，刺歸; 日名鼠河豚。產臺灣。

短棘刺河魨 *Chilomycterus affinis* GÜNTHER

產恆春南端岩礁中。

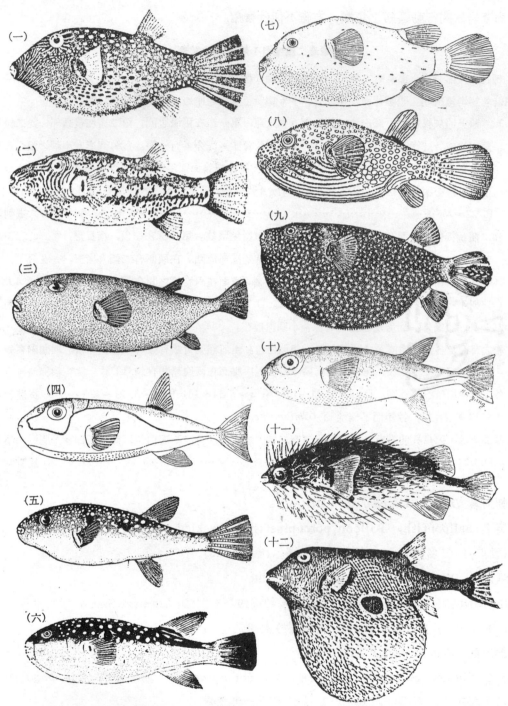

圖 6-180　（一）安汶扁背魨；（二）條紋扁背魨；（三）縱摺河魨；（四）栗色河魨；（五）眼
斑河魨；（六）星點河魨；（七）黑斑河魨；（八）腹紋白點河魨；（九）白點河魨；
（十）鯖河魨（以上四齒魨科）；（十一）六斑刺河魨（刺河魨科）；（十二）三齒
魨（三齒魨科）（一據 WOODS，二、十一據阿部，三、五據岡田、松原，四、七、
八據 FOWLER，十據楊鴻嘉）。

三齒魨科 TRIODONTIDAE
Threetoothed puffer; 團扇魨科（楊）

體側扁，被小形細長如棘之骨質鱗。腹部甚大，成爲側扁之囊，有腰帶骨支持之，內部與腹腔相通，但不含內臟。背鰭與臀鰭之基底甚短，尾鰭二分叉，由 12 主要鰭條構成，有多數逆向之短鰭條。上下頜齒癒合爲鳥嘴狀，但上頜齒中央有縫，下頜齒無之。前上頜骨不能伸縮。鼻孔每側兩枚。往往有痕跡性之第一背鰭，由少數易屈曲之棘構成，匿於背面溝隙中。第二背鰭及臀鰭均較短。無肋骨。腰帶由單一骨片代表之；無腹鰭。

臺灣產三齒一種，體褐色，腹側囊基底中部兩側各有一淡靑色邊緣之黑色眼狀斑。D. (II), 10～11；A. 9～10；P. 15～16。

三齒魨 *Triodon bursarius* REINWARDT
產東港。（圖 6-180）

翻車魚亞目 MOLOIDEI
翻車魨亞目

體卵圓形或長卵圓形，尾部很短，無尾柄。背鰭單一，無棘，鰭條延長，高大於基底長，臀鰭與背鰭同形，其基部皮下均有許多小軟骨片支持之。尾鰭甚短，與背鰭及臀鰭相連。鰓孔小，側位。皮面光滑而埋有六角形骨板，或粗糙而無骨板。上下頜齒癒合爲齒板，中央無縫。鰓 4 枚，第四鰓後有裂孔。無鰾，亦無氣囊。脊椎 17～19 枚。骨骼發育不良，含大量軟骨。

翻車魚科 MOLIDAE
=ORTHAGORISCIDAE; Headfish; Ocean sunfish; Moonfish

本科爲一類奇形的魚類，恰如一大魚之體軀，在背鰭、臀鰭之後已被截去，而僅留一龐大之頭部者。齒之特徵同二齒魨。皮面粗雜，有裸出者，亦有被小骨板或小刺者。背鰭、臀鰭如薄双狀，尾鰭殆佔有廣寬而平截之體軀後端，寬而短，後緣有波狀缺刻，有的在正中有一矛頭狀尾葉 (Clavus)，此乃由背鰭和臀鰭鰭條後移而形成的假尾鰭，稱爲橋尾鰭 (Gephyrocercal fin)。每側有微小鼻孔二枚。尾柄部缺如。無腰帶骨及肋骨，亦無第一背鰭與腹鰭。無側線。熱帶潢洋大形魚類（有達 1,400 公斤者）。肉質粗，不能供食用；或謂美味。

臺灣產翻車魚科 3 屬 4 種檢索表:

1a. 體較延長，長卵形（體長爲體高之 2 倍）。皮面光滑，但埋有六角形之小盾板。口近於垂直，唇突出。

尾葉鰭條 22 (*Ranzania*)。

　D. 17～19; A. 18～19; P. 13。尾葉 22。體銀灰白，背面較深，體側有銀色橫帶，頭部三條，在眼前及眼下方，有黑邊，後方各條有黑點⋯⋯⋯⋯⋯⋯⋯⋯⋯⋯⋯⋯⋯⋯⋯⋯⋯⋯⋯⋯**長翻車魚**

1b. 體較短，卵圓形（體長不達體高之 2 倍。皮膚鞣質，體軀及尾葉有小皮齒，故皮膚厚而粗糙。唇不爲漏斗狀。

　2a. 尾葉中部之鰭條突出，故尾葉顯著，鰭條 18～22 (*Masturus*)。

　　3a. 頤部明顯。頭部背面平坦凸出；背鰭基底長於臀鰭基底。D＋A＋尾葉＝60～62。C. 8（少數 7 或 9）。體暗灰褐色，下方較淡，奇鰭暗灰色 ⋯⋯⋯⋯⋯⋯⋯⋯⋯⋯⋯⋯⋯⋯⋯⋯⋯**槍尾翻車魚**

　　3b. 頤部不顯；頭部背面輪廓在眼之上後方有一明顯之凹入部分；背鰭和臀鰭基底約等長。D.＋A＋尾葉＝55～57; C. 4（少數爲 3 或 5）⋯⋯⋯⋯⋯⋯⋯⋯⋯⋯⋯⋯⋯⋯⋯⋯⋯**尖尾翻車魚**

　2b. 尾葉中部之鰭條不突出，其後緣圓形，鰭條 12～16 (*Mola*)。

　　尾葉鰭條 12，其中 8 或 9 枚具分佈稀疏之小皮齒；在尾葉基部由背鰭至臀鰭有一帶平滑之退化皮齒。

　　D. 17～18; A. 14～17; P. 12～13。 體暗灰色，側面淡灰色而有銀白色光輝。 沿體之後緣有一廣濶之黑色橫帶⋯⋯⋯⋯⋯⋯⋯⋯⋯⋯⋯⋯⋯⋯⋯⋯⋯⋯⋯⋯⋯⋯⋯⋯⋯⋯⋯⋯**翻車魚**

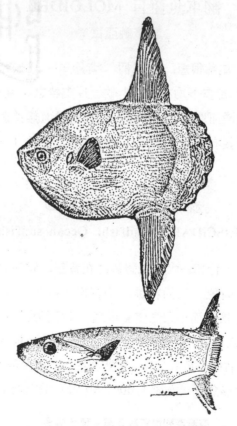

圖 6-181　左，翻車魚；右，長翻車魚
（左據 TINKER，右據蒲原）。

長翻車魚 *Ranzania laevis* (PENNANT)

日名楔河豚。亦名楔魨（動典）。產臺灣。*R. truncata* (RETZLUS)，*R. makua* JENKINS 均為其異名。FRASER-BRUNNER 將本種分為 *R. laevis laevis* 與 *R. laevis makua* 二亞種，前者分佈大西洋，後者分佈太平洋，前者較長，後者較短。（圖 6-181）

槍尾翻車魚 *Masturus lanceolatus* (LIÉNARD)

據楊鴻嘉報告產蘇澳、東港。

尖尾翻車魚 *Masturus oxyuropterus* (BLEEKER)

據沈世傑教授（1984）產臺灣北部海域。

翻車魚 *Mola mola* (LINNAEUS)

英名 Ocean sunfish, Round-tailed sunfish。亦名楂魚（動典），蜇魴魚，蜇魚。產臺灣近海。（圖 6-181）

總鰭亞綱 CROSSOPTERYGII

＝肉鰭魚類 (SARCOPTERYGII)，內鼻魚類 (CHOANICHTHYES) 之一部分

上文我們曾討論了硬骨魚類的演化與分類，已了解其中的條鰭魚類是水生脊椎動物中最成功的一羣，他們在自白堊紀早期迄今的一億餘年期間，達到演化的巔峯，並且預期在相當長久的未來歲月中，將繼續保持優勢。不過硬骨魚類的其他支系却有迥然不同的遭際，其一是總鰭魚類，現今雖僅以腔棘魚（*Latimeria chalumnae*）為代表而倖存苟延，但是其早期種類却是四足類的祖先，另一支是肺魚類，它們雖無顯赫的演化歷史，其後代却仍以少數種類而在南半球掙扎圖存。

關於條鰭魚類、總鰭魚類，以及肺魚類三者之間的類緣關係，以前認為前二者之間的關係較近，與肺魚類較疏。不過如拿中泥盆紀的早期化石代表相比較，又見總鰭魚類與肺魚類具有很多彼此相似的基本構造，例如後頭部的形態，索上葉較發達的歪型尾，背鰭二枚，近乎原鰭型（Archipterygian）的偶鰭，硬鱗型的鱗片等。所以 ROMER (1966) 認為這二者應屬同類，是同一祖先所衍生的後裔，因而把它們分別列為肉鰭亞綱下平行的二目。GARDINER (1973) 也說肺魚類與條鰭魚類沒有共同的進步特徵，却與總鰭魚類有若干共同的專化特徵，例如都具有舌下型基舌骨，二頭之舌頜骨，舌頜關節的位置亦相同，這些特徵與它們彼此相似的呼吸機制有關，而與條鰭魚類者不同。他對全部真口魚類的演化分歧關係如下圖所示：

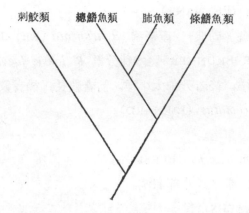

但是 JARVIK （1980）却對頜口動物 （GNATHOSTOMATA） 的分類系統持完全不同的看法。他把全部頜口動物分爲端口 （TELEOSTOMI） 與橫口 （PLAGIOSTOMI） 兩大類，前者的共同特徵是口端位，具有由主上頜骨、前上頜骨，以及齒骨所形成的外齒弧 （Outer dental arcade），除包括條鰭魚類 （ACTINOPTERYGII），腕鰭魚類 （BRACHIOPTERYGII），總鰭魚類中的腔棘類 （COELACANTHIFORMES）、爪齒類 （STRUNIIFORMES, ＝ONYCHODONTIDA），兩生綱中的無足類 （APODA）、有尾類 （URODELOMORPHA, ＝CAUDATA） 之外，並且把一般列入總鰭魚類而以後演化爲眞四足類 （EUTETRAPODS） 的骨鱗魚目 （OSTEOLEPIFORMES） 列爲其中單獨的一類 （眞四足類分爲蟾形 BATRACHOMORPHS 與爬蟲形 REPTILOMORPHS 二類，合稱骨鱗鰭脚類 OSTEOLEPIPODA）。橫口類的共同特徵是口端下位無外齒弧，包括板鰓類 （ELASMOBRANCHII, 刺鮫類包括在其內），盾皮類 （PLACODERMI），全頭類 （HOLOCEPHALI） 以及肺魚類 （DIPNOI）。如圖 6-182 所示，JARVIK 的分類系統的重要特色是：（1）視現代兩生類爲三系起源，亦卽現生之無尾類、無足類與有尾類是分別源自不同的祖先；（2）視肺魚類與軟骨性之板鰓類、全頭類，以及體被骨甲之盾皮類爲同一類羣，刺鮫類雖然具有硬骨性構造，却列爲板鰓類的一員。他的大部分觀點自成體系，立論有據。或因略失於偏斷，未能獲得普遍支持。不過因肺魚類的吻部的構造差別太大，頭顱及偶鰭的基本構造亦顯然不同，所以現今多數分類學家把肺魚類、總鰭魚類以及條鰭魚類列爲硬骨魚類中平行的三個亞綱。

無論總鰭魚類是否與條鰭魚類爲同一共同祖先所衍生，二者都是自下泥盆紀開始出現的重要魚類。只是前者自古生代以後卽漸趨式微，現今僅以殘存之腔棘魚爲其代表。後者則繁榮滋盛，長久成爲水域中之霸主。

總鰭魚類的主要特徵是具有二枚背鰭，一枚臀鰭，鰭之支鰭骨顯著減縮，通常形成一基板，鰭輻骨數目不一。偶鰭瓣狀，基部緊縮，以單一骨片 （肱骨、股骨） 與胸帶相連，外方是橈骨與尺骨 （脛骨、腓骨），最外方是數目不一之小支鰭骨。尾鰭歪型或圓型，有明顯之

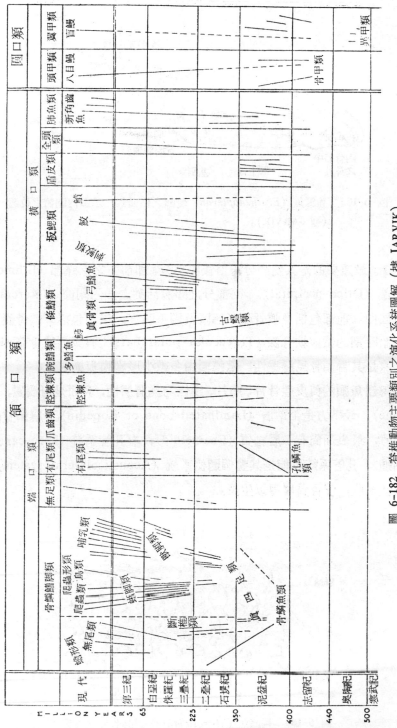

圖 6-182　脊椎動物主要類別之演化系統圖解（樣 JARVIK）

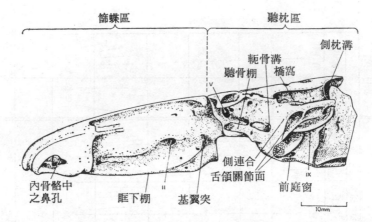

圖 6-183　強翼魚 (*Eusthenopteron*) 髓顱之側面觀，示顱內關節之位置
（據 JARVIK）。

索上葉與索下葉。最重要的是其髓顱分為前後兩部分，即前方之篩蝶部 (Ethmo-sphenoid)，與後方之聽枕部 (Otico-occipital)。 兩部分之間有活動之顱內關節 (Intercranial joint)，故頭部可上下屈曲。前部包括鼻軟骨囊，篩區及腦垂腺窩，後部包括耳軟骨囊及枕區，這兩部分相當於胚胎時期的索前軟骨條 (Trabecular-polar bars) 與索側軟骨條 (Parachordals) 所形成者。其次是其舌頜骨為懸垂性；鞏膜環由多數小形鞏膜板構成。

很多早期總鰭魚類的真皮性骨片、鱗片、鱗條均為層鱗性，表面是層鱗質，下方是脈管層 (Vascular bone)，最下方是平準層 (Laminated bone or isopedin)。層鱗質的主要成分是齒質 (Dentine)，最表面尚有一層釉質 (Enameloid)，有孔管系統 (Pore-canal system) 的開口與外界相通。 孔管系統可能是其整個聽側系統 (Acousticolateral system) 的一部分。層鱗質會定期被吸收，使骨質層得以生長。

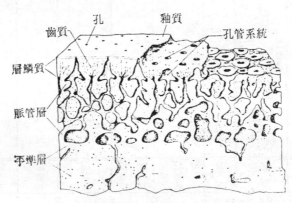

圖 6-184　巨鰭魚 (*Megalichthys*) 之外骨骼之構造
（據 GOODRICH）。

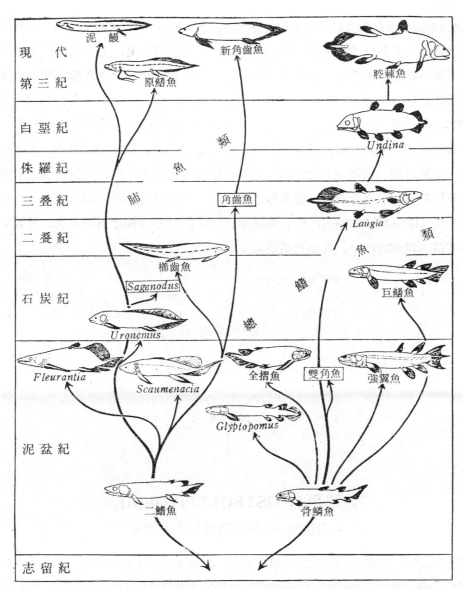

圖 6-185　肺魚類與總鰭魚類的演化系統圖，顯示二者在志留紀以前卽已分道揚鑣
（據 GREGORY）。

　　總鰭魚類大都爲掠食性，嗅囊大而眼小，靠靈敏之嗅覺捕捉食餌。其部分種類具有內鼻
孔 (Choana)，故久被認爲是四足類的祖先，部分分類學家甚至把總鰭魚類與四足類共列爲
內鼻類 (CHOANATA)，以強調其彼此的親緣關係。

　　已知之總鰭魚類大致可分爲骨鱗魚(OSTEOLEPIFORMES)、孔鱗魚(POROLEPIFORMES)、
根齒魚 (RHIZODONTIFORMES)、爪齒魚 (ONYCHODONTIFORMES)、腔棘魚 (COELACA-
NTIIIFORMES) 五類。這五類到底應如何劃分，以及其彼此的親緣關係如何，學者間迄無一
致之意見。在爪齒魚類尚未建立之前，較早的分類學家（如 BERG, 1940; ROMER, 1966;

MOY-THOMAS & MILES, 1971)重視腔棘魚類的特點，將其單獨列為一首目（ACTINISTIA），其重要特徵是無內鼻孔；尾鰭圓形（Diphycercal），而分為三葉，上下葉之鰭條各有單一之鰭輻骨；下鰓蓋骨微小或全無；外翼骨多少退化；主腭骨與後翼骨及方骨之間有空隙；鰾硬骨化；舌頜骨退化，不為支持上下頜之一部分。骨鱗魚、根齒魚、孔鱗魚三類共隸扇鰭首目（RHIPIDISTIA），其共同特徵是均有內鼻孔；尾鰭歪型或圓型，但絕不分為三葉；有下鰓蓋骨；外翼骨發達；鱗片表面有層鱗質，能定期消失並再現。JARVIK（1980）在其新著中亦襲用同樣的分類系統。但是 ANDREWS（1973）則根據顱型的不同，並比較很多其他構造，提出新的分類系統，因為骨鱗魚、根齒魚、爪齒魚三類的顱內關節兩側各有四片膜骨，共隸於四膜骨首目（QUADROSTIA），而孔鱗魚類、腔棘類的顱內關節兩側各有二片膜骨，共隸於二膜骨首目（BINOSTIA）。其演化系統如下：

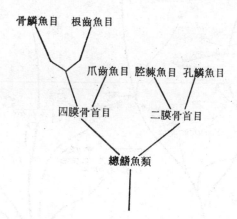

*骨鱗魚目 OSTEOLEPIFORMES
＝扇鰭類 RHIPIDISTIA 之一部分

本目包括由泥盆紀中期至二叠紀之很多種屬（例如 *Osteolepis*, *Gyroptychius*, *Megalichthys*, *Eusthenopteron*, *Rhizodopsis*, *Thursius*, *Tristichopterus* 等），其特徵為有眞正之內鼻孔由鼻腔通至口蓋。外鼻孔單一，後外鼻孔已後移至眼窩而成為鼻淚管。髓顱之前後兩部分均為單一骨片。顱頂中央有一對長形後頂骨，兩側有成對的上顳骨、案骨，均有側線通過其上，多數種類之松菓孔開放。頰板由七對膜性骨片合成，包括主上頜骨、方軛骨在內。下頜之齒骨下方有一列下齒骨，一中央喉板，及一列側喉板。牙齒不一，由小形之簡單齒至具有摺齒質（Plicidentine）之大形齒均有，有的為複雜的複曲型齒（Polyplocodont），

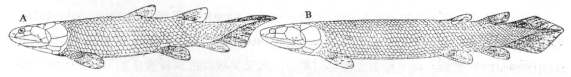

圖 6-186　骨鱗魚目二例，*A. Osteolepis*; *B. Gyroptychius*（據 JARVIK）。

大形種類有齒摺更複雜的強齒 (Eusthenodont)。偶鰭短而圓，其內骨骼爲單列之原鰭型，中軸骨4～5
片，鰭條多數並分枝。脊椎較原始，有側椎體，間椎體及椎弧，但脊索並未凹縊，有些種類的間椎體與側
椎體相癒合而形成椎體環。有的在軀幹部具有二頭之肋骨。胸帶中有間鎖骨。奇鰭有單一之鰭基骨及少數
之簡單鰭輻骨。尾鰭歪型，但後期種類逐漸變爲對稱型。鱗片菱形，表面有層鱗質，內面有關節稜，後期
種類變爲圓形薄鱗。本目之另一特點是鰭葉之兩側基部有大形之盾板 (Scutes)。

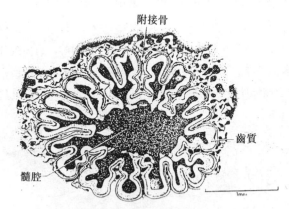

圖 6-187　強翼魚之迷齒之橫切面，示摺曲之摺齒質
（據 SCHULTZE）。

本目魚類因其部分特徵可與原始兩生類相對照，故探討四足類的起源問題時常常取爲例證。尤其是其
中的強翼魚 (*Eusthenopteron*)。

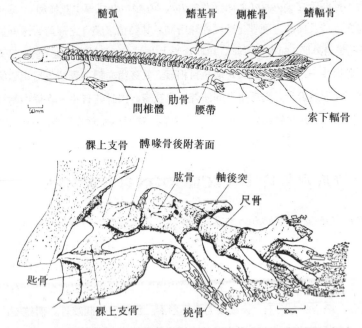

圖 6-188　強翼魚 (*Eusthenopteron*) 之中軸骨骼之側面觀 （上）
與左側胸鰭及胸帶 （據 ANDREWS and WESTOLL）。

*孔鱗魚目 POROLEPIFORMES
=全摺目 HOLOPTYCHIIDA

　　本目現知者只有 *Porolepis, Holoptychius, Glyptolepis* 等少數泥盆紀的種屬。其鼻區亦有內鼻孔，但有兩對外鼻孔。髓顱之前後兩部亦均爲單一骨片，顱頂有一對大形後頂骨，後側方是成對的案骨及外顱骨。松菓孔不開於表面。頰板之骨片數較多，下頜無中央喉板。牙齒具有更複雜之齒摺，稱爲樹曲型齒 (Dendrodont)。下頜前方中央有一對髓合板 (Symphysial plate)，有多列牙齒附着其上。胸帶中有間鎖骨。胸鰭延長，其內骨骼不詳。分枝鰭條多數。脊椎構造大致與骨鱗魚目相似，但是有很多髓弧棘 (Epineural spines)。奇鰭之鰭輻骨較多。尾鰭均爲歪型。鱗片同骨鱗魚目，但其鰭葉基部無盾板。

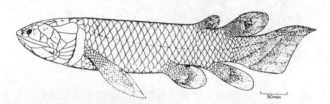

圖 6-189　全摺魚 (*Holoptychius*) 之側面觀（據 JARVIK）。

*根齒魚目 RHIZODONTIFORMES

　　本目包括目前尙不甚明瞭之 *Sauripterus, Rhizodus, Strepsodus* 等少數種屬。其吻部構造不詳，內鼻孔、外鼻孔是否存在，以及髓顱之硬骨化狀況亦無所知。其顱頂諸膜骨之形態大致介於骨鱗魚目與孔鱗魚目之間，但其松菓孔是否外開，則尙無所知。頰板除強大之主上頜骨外，其他不詳。下頜則除齒骨，一列下齒骨外，另有中央喉板及一列側喉板，與骨鱗魚目相似。其牙齒亦爲與骨鱗魚目相似的複曲型的摺齒，有的在下頜縫合部有一大形之銳齒。胸帶中有間鎖骨。偶鰭短，內骨骼有 4～5 片中軸骨，鰭條多數並分枝。脊柱有較發達之椎環。奇鰭之鰭輻骨較多。尾部不詳。鱗片爲大形薄圓鱗，內面有突出部，以便附着。各鰭基部無盾板。

*爪齒魚目 ONYCHODONTIFORMES

　　本目現知者僅 *Strunius* 與 *Onychodus* 二屬，前者甚小，可能爲一幼體，後者只是一些分散的牙齒、鱗片及骨片。無內鼻孔，外鼻孔一對，鼻腔小而簡單。髓顱之前後兩部分各有好幾個硬骨化中心，前部包括成對的鼻囊骨，一片鼻間隔及一片基蝶骨，後部包括成對的耳囊骨以及枕骨，顱頂諸膜骨之形態同骨鱗魚目，但其松菓孔已閉合。下頜除齒骨外，有下齒骨四片以上，中央喉板或缺如，但有一片側喉板。牙齒簡單，無眞正之摺齒質，縫合部有大形之銳齒及若干小形齒。胸帶中無間鎖骨。偶鰭短，鰭條多數，分枝亦分節。脊索無凹縊，其上有髓弧、間椎體等，但肋骨及椎環不詳。尾鰭圓型，分爲三葉。鱗片爲薄圓鱗，內側有突出部。各鰭基部無盾板。

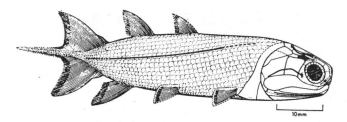

圖 6-190　爪齒目之 *Strunius* 之側面觀（據 JESSEN）。

腔棘魚目 COELACANTHIFORMES

＝ACTINISTIA；管椎目

本目包括很多由中泥盆紀至上白堊紀之化石種屬（如 *Diplocercides, Coelacanthus, Rhabdoderma, Nesides, Laugia*），以及現今依然生存之腔棘魚 *Latimeria chalumnae*。本目魚類均無眞正之內鼻孔，但有前後兩對外鼻孔。吻部有一中央吻腔。髓顱之前後兩部分各有好幾個硬骨化中心，前部包括成對之篩骨及一片基蝶骨，後部包括成對之耳囊骨及一片枕骨。顱頂有一對大形之後頂骨，側後方有案骨，與孔鱗魚目者相似，但無外顱骨，松菓孔已閉合。頰部有 4～5 片分離之骨片，但無主上領骨及方軛骨。下領之齒骨甚短，"上隅骨"大形。下領無中喉板，亦無側喉板以及鰓被架。牙齒簡單，無摺齒質，縫合部有未分化之小齒。胸帶中無間鎖骨。偶鰭短，有 4～5 片中軸骨，鰭輻骨退化，鰭條少數，不分枝。脊索無凹緣，脊椎有髓弧、側椎體、間椎體、脈弧之分化。尾鰭圓型，中央有一副葉。鱗片爲薄圓鱗，內側無脊稜或突起，表面無層鱗質。各鰭之基部無盾板。

腔棘魚類具有極強的保守性，其中泥盆紀的 *Diplocercides, Dictyonosteus*，石炭紀的 *Rhaddoderma*，以及二叠紀的 *Coelacanthus*，彼此無大差別。早期種類大都爲淡水產，至三叠紀數量增多，個體間差異增大，有的進入海中。在侏羅紀及白堊紀出現的分別有 *Holophagus* 及 *Macropoma* 等屬。白堊紀以後即不見任何化石紀錄。但在 1938 年，南非洲的 M. COU-RTENAY-LATIMER 小姐（後爲東倫敦博物館主官）在由 Chalumna 河口 20 哩外約 70 公尺深處捕獲的一堆魚中，發現一條前所未見的大形藍色魚類，後經史密斯(J. L. B. SMITH)確認屬於早已絕跡的腔棘魚類，並定名爲 *Latimeria chalumnae*。其主要特徵與早期種類仍無多大差別。這一活化石的發現，引起科學界極大振撼，自此之後，南非及法國學者陸續在 Comoro 島附近採集，至今已獲得標本近 200 尾，體長自 42 至 180 公分不等。經多位學者詳加研究，現已稔知其具有很多特殊構造，異於現生一般脊椎動物，對於整個腔棘魚類的了解有極大幫助，但並無一特徵顯示其與四足類的起源有任何關聯。

現生腔棘魚的頭骨中仍保存着它們老祖宗有助於捕食小魚的顱內關節；氣鰾佔有腹腔背側的全部，腹面有孔與食道相通。鰾的內腔甚小，鰾壁有95％是脂肪質，不僅無呼吸空氣的

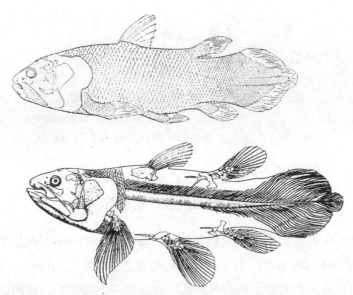

圖 6-191　現生腔棘魚（*Latimeria chalumnae*）之外形（上）
及其骨骼（上據 ANDREWS，下據 BJERRING）。

功用，對於調節魚體比重的效用恐亦甚小。它們在深海中活動，當然不會呼吸空氣。歷經七千餘萬年的銷聲匿跡，却在四十餘年前初次捕獲，可以想見它們並無任意浮沉的能力。心臟之靜脈竇與心房仍在心室後方；動脈錐中有瓣四列。紅血球大形，與板鰓類、肺魚類以及兩生類一般。卵大形。長約 8.5～9 公分，無卵殼，在雌體右輸卵管內發育，因與輸卵管並無連接，故爲卵胎生，孕期可能達一年以上。雌雄均無泄殖腔，雄者之輸精管通於直腸中，雌者之輸卵管則直接通於體外。

腔棘魚的腦甚小，僅佔顱腔後方的 1％，其餘的99％充滿脂肪。腦的構造多少近於眞骨魚，有一菲薄之前腦頂壁，大形之紋狀體（Striatum）。腦垂裂（Pituitary cleft）大形，腺體仍與口腔頂壁相通。

前後鼻孔均開於頭部上方，與呼吸無關。有所謂吻器（Rostral organ）者是一個大形的囊狀物，在中央吻腔中，有三對管子開於吻背，淺眼枝神經（Superficial ophthalmic nerve）派出許多神經分枝密佈其間。此囊亦見於泥盆紀時代的腔棘魚，其功用如何現仍無所知，眼、內耳，及側線器均發育完善。

Latimeria 如何能從侏羅紀極少變化而生存到今天，是一個難於了解的疑問，是否牠們因爲在隔絕的環境中生活，沒有受到嚴苛的環境條件的影響，一切當待將來的發見。不過如多鰭魚、鱘魚，以及肺魚之類，也都是從古生代生存到現在，由於棲處較爲暴露，所以老早就被人類發現。在海洋深處至今仍有許多未經人類發現的生物，*Latimeria* 的存在，似乎沒有什麼值得驚奇的地方。

肺魚亞綱 DIPNOI

=DIPNEUSTA

肺魚類是自下泥盆紀開始出現而現今依然存在的另一類硬骨魚類。在其長時期的演化中，其硬骨已逐漸喪失，其他若干特徵亦隨之退化。而最特殊的是奇鰭恢復爲連續性。下泥盆紀的 *Uranolophus* 雖已爲典型之肺魚，但是除了頭顱之形態外，其與原始的骨鱗魚類殆難清分；而現生之泥鰻 (*Lepidosiren*) 則與任何原始硬骨魚類顯然有別。

現生最原始的肺魚是新角齒魚 (*Neoceratodus*)，其頭顱中僅有少數深陷之大形薄骨片，無喉板。上下頜有厚唇。牙齒由鋤骨齒板、翼腭骨齒板，以及下頜齒板構成。鱗片薄，埋於皮下。尾鰭對稱型，與背鰭及臀鰭相連，鰭條爲角質而分節之樣條 (Camptotrichia)。而原始之下泥盆紀 *Uranolophus* 則被堅厚之膜骨及鱗片，表面有層鱗質，側線溝隱藏其中。頭顱中膜骨小而多，有大形喉板；尾鰭歪型，有前後二背鰭及一臀鰭，均與尾鰭分離，鰭條爲骨質之鱗條 (Lepidotrichia)。肺魚類在演化中其腭方骨已與髓顱瘉合（自接型）；舌頜骨退化，已不復爲懸器 (Suspensorium) 的功能。構成上下頜邊緣之前上頜骨、主上頜骨、齒骨等一概缺如，亦無見於一般硬骨魚類的緣齒 (Marginal teeth)。外鼻孔腹位，前外鼻孔在口之邊緣，後外鼻孔在口蓋前方，後者相當於一般條鰭魚類的後外鼻孔，後起性移入口腔。所有肺魚之鰭均爲瓣狀，表面被鱗片，內骨骼集中，但偶鰭則爲 "原鰭型"，有一延長而分節之中軸，鰭輻骨排成相對之二列。

肺魚類的其他特徵是脊椎無椎體，脊索爲圓柱狀，終生存在。硬骨性之髓弧（與髓棘分開）、脈弧及肋骨與脊索韌結合。鰓蓋區有主鰓蓋骨、下鰓蓋骨，有時並具前鰓蓋骨。鰾之腹側有孔，有氣道開於食道。鰾壁富於血管，可以呼吸空氣，而有肺的功能。心耳有左右之分（不完全），故有體循環與肺循環，近似於陸生四足類。腸有螺旋瓣而無幽門盲囊。生殖物之輸出，雌者經華爾夫氏管 (Wolffian duct)，雄者經密拉氏管 (Müllerian duct)，一如鮫類。

現生肺魚中之澳洲肺魚（即新角齒魚）比較接近於三叠紀肺魚，是最原始的一屬。牠不能離水生活，乾旱季節也須在靜水潭中渡過。南美和非洲的肺魚與此不同，當江湖在乾涸季節，牠們可以就地在泥底做一土房，蟄居其中，進行夏眠，房頂留有小孔，可以用肺呼吸空氣。在蟄居期間，其腎臟與生殖腺附近所貯存之脂肪，就供給牠們營養之需。一俟降雨或積水時即甦醒而由土房中逸出而改用鰓呼吸。

雖然肺魚類有若干特徵近似於最原始的四足類，即原始兩生類，但決非四足類的直系祖先。因爲肺魚類的某些特徵過於專化，不可能由彼演化爲原始四足類。肺的存在雖則可以適

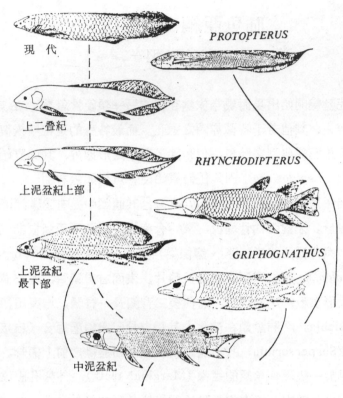

現代

PROTOPTERUS

上二叠紀

RHYNCHODIPTERUS

上泥盆紀上部

上泥盆紀
最下部

GRIPHOGNATHUS

中泥盆紀

圖 6-192 不同地質時代之肺魚類（據 JARVIK）。

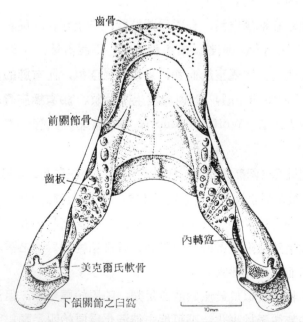

齒骨

前關節骨

齒板

內轉窩

美克爾氏軟骨

下頜關節之臼窩

10mm

圖 6-193 *Rhinodipterus* 之下頜背面觀（據 JARVIK）。

應呼吸作用的轉變，但因其偶鰭構造特殊，無法說明如何由泥盆紀魚類的偶鰭演變爲原始四足類的偶肢，而完成登陸的艱鉅工作。所以現代學者大都認爲總鰭魚類中的骨鱗魚目比較接近於原始四足類的祖先，牠們有氣鰾可以轉變爲呼吸空氣的肺，有肉鰭可以轉變爲爬行的步腳，這是原始肺魚類所難以比擬的。

　　肺魚類在泥盆紀後期至石炭紀是演化上的鼎盛時期，以後即漸趨衰微。但是其演化的軌跡並未中斷，迄今依然有少數種類分佈南半球的淡水湖沼中，不能不說是造化的奇蹟。關於整個肺魚亞綱的分類，學者們尚無一致之具體主張，現暫依 MOY-THOMAS & MILES (1971) 分爲八目如下：

*二鰭魚目 DIPTERIFORMES
=CTENODIPTERINI

　　泥盆紀之原始肺魚類，背鰭二枚，臀鰭一枚，均爲瓣狀；尾鰭歪型，索上葉小而索下葉大形。吻長；內顱爲單一骨片。無上頜骨而有一齒骨。顱頂諸骨在表皮下方，體被圓鱗，覆瓦狀排列，表面有層鱗質。本目中主要之屬有 Chirodipterus, Dipnorhynchus, Dipterus, Rhinodipterus, Uranolophus 等。

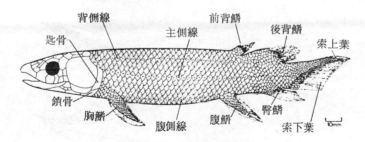

圖 6-194　泥盆紀之二鰭魚 (Dipterus) 之側面觀
（據 FORSTER-COOPER）。

*全二鰭魚目 HOLODIPTERIFORMES

　　上泥盆紀之肺魚，目前所知甚少，其齒板之輪廓不顯，但有隆起之壓磨面。主要之屬有 Devonosteus, Holodipterus 等。

*吻二鰭魚目 RHYNCHODIPTERIFORMES

　　本目包括 Griphognathus, Rhynchodipterus, Soederberghia 等屬，兼具若干原始及特化之特徵。其吻部特別延長，完全硬骨化；頭部骨片多數；下頜枝延長；牙齒並未癒合爲齒板；體形及鱗片均如二鰭魚目。但其脊柱有發育完善之環狀椎體，有各別之髓弧及脈弧。有的髓顱已完全硬骨化。

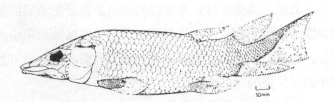

圖 6-195　*Griphognathus* 之側面觀（據 SCHULTZE）。

*顯胸魚目 PHANEROPLEURIFORMES

=SCAUMANACIFORMES

　　本目包括 *Fleurantia, Jarvikia, Phaneropleuron, Scaumenacia* 等上泥盆紀的化石肺魚類，其頭顱延長，下頜枝亦延長。但是有的種類第一背鰭基部延長，不復爲肉質瓣狀。其尾鰭之索上葉增大，不復爲明顯之歪型。進而有的種類前後二背鰭與尾鰭之索上葉連續，尾鰭變爲對稱型。其次是吻部之硬骨已喪失，膜骨及鱗片之硬鱗質亦喪失，膜骨變薄。牙齒爲顆粒狀小齒，或爲發育不良之齒板。

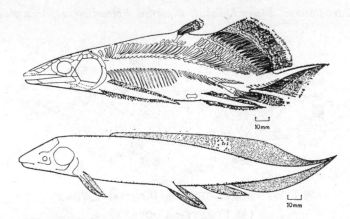

圖 6-196　顯胸魚目二例；上，*Fleurantia*；下，*Phaneropleuron*（上據 GRAHAM-SMITH & WESTOLL，下據 DOLLO）。

*細尾魚目 URONEMIFORMES

　　本目包括石炭紀之 *Uronemus, Conchopoma* 等屬，其背鰭及臀鰭均與尾鰭相連續，尾鰭對稱型。頭部之眞皮性骨片進一步減少，髓顱之硬骨化程度更低，最後只存一對外枕骨。齒板退化爲顆粒狀齒。

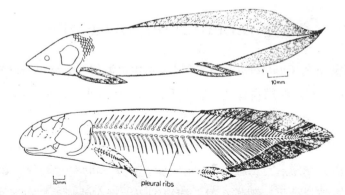

圖 6-197 細尾魚目二例; 上, *Uronemus*; 下, *Conchopoma* (上據
DOLLO, 下據 WEITZEL)。

*櫛齒魚目 CTENODONTIFORMES

本目包括石炭紀之 *Ctenodus, Sagenodus, Tranodis* 等屬, 其特徵大致與細尾魚目相同, 故常合併
爲一目。但是其髓顱完全未硬骨化, 無齒骨, 夾板骨與後夾板骨相癒合。上下頜無緣齒。齒板適於切截,
但齒脊及小齒突數減少, 或適於壓磨, 而齒脊及小齒突增多。

角齒魚目 CERATODONTIFORMES

本目包括下三叠紀分佈甚廣之角齒魚 (*Ceratodus*), 以及現今依然見於澳洲昆士蘭北部
河川中之新角齒魚 (*Neoceratodus forsteri*)。 本目之主要特徵是內顱軟骨性, 肺不成對, 鱗
片大形, 鰓弧 5 對。偶鰭葉狀, 基部有鱗。幼魚無外鰓, 亦無吸着器 (Cement organ)。新
角齒魚常年棲息水中, 長達一公尺餘, 重達 10 公斤, 性遲鈍, 肉食性, 不進行夏眠, 發育
中不變態。

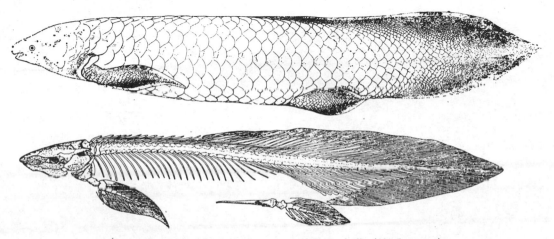

圖 6-198 新角齒魚之外形 (上) 及其骨骼 (下) (據 JARVIK)。

泥鰻目 LEPIDOSIRENIFORMES

本目包括上石炭紀之 *Gnathorhina*（?）以及現生之泥鰻（*Lepidosiren*）與原鰭魚（*Protopterus*）。其主要特徵是內顱爲膜骨性，肺左右成對，鱗片小形；偶鰭退化爲絲狀，表面無鱗。鰓弧 5～6 對。幼魚有外鰓，亦有吸着器。

泥鰻（*L. paradoxa*）鰓弧 5 對，分佈南美洲雜草叢生之湖沼中，長約 1 公尺。乾涸時期即隱於泥底進行夏眠。原鰭魚有三種（*P. aethiopicus; P. annectens; P. dolli*），分佈非洲大陸中部河川中，長可達 2 公尺，鰓弧 6 對。棲息湖沼中者在乾涸季節在泥底用黏液將泥土黏成一土房，蟄居其中進行夏眠。肉食性。泥鰻與原鰭魚均爲當地人民之食用魚類。

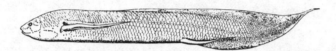

圖 6-199　原鰭魚（*Protopterus annectens*）之外形
（據 Jarvik）。

軟骨魚綱及硬骨魚綱重要參考文獻

ABE, T. (1980).　Keys to the Japanese Fishes fully illustrated in colors, 9 th Rev. Ed., Hokuryukan Co.

AKAZAKI, M.　(赤崎正人) (1962).　Studies on Spariform Fishes, Morphology, Phylogeny, Taxonomy, and Ecology. Spec. Rep. Misaki Marine Biol. Inst.　Kyoto Univ., (1)：1–368.

AKIHITO, Prince, & K. MEGURO (1980).　On the six species of the genus *Bathygobius* found in Japan.　Jap. Jour. Ichth., 27 (3)：215–236.

ALLEN, G. R. (1975).　Anemonefishes, their classification and biology. T. F. H. Publ. Co., Neptune City, N. J. 352 pp.

ALLEN, G. R. (1975).　Damselfishes of the South Seas.　T. F. H. Publ. Co., Neptune City, N. J., 237 pp.

ALLEN, G, R, (1979).　Butterfly and Angelfishes of the world, Vol. 2. Wiley–Interscience.

ALLEN, G. R. & J. E. RANDALL (1977).　Review of the Sharpnose Pufferfishes (subfamily Canthigasteridae) of the Indo–Pacific.　Rec. Austr. Mus., 30 (17)：475–517.

AMAOKA, K. (1969).　Studies on the Sinistral Flounders found in the waters around Japan —Taxonomy, Anatomy and Phylogeny.　Jour. Shimoneseki Univ. Fisher., 18 (2)：63–340.

AMAOKA, K., K. NAKAYA, H. ARAYA & T. YASUI (ed.) (1983).　Fishes from the Northeastern Sea of Japan and the Okhotsk Sea off Hokkaido. Japan Fisher. Res. Cons. Assoc., 371 pp.

AOKI, M.　(青木赳雄) (1917).　臺灣に就鱒の一種を產す。水研，XII (2) pp. 305–306.

AOKI, M. (1922–28).　重要魚調查。臺灣總督府殖產局，臺灣近海海洋調查，1–6 (4).

AOKI, M. (1927).　臺灣產魚類に就て。水研，XXII (5) pp. 118–122.

AOYAGI, H.　(青柳兵司) (1941).　The Damsel Fishes found in the waters of Japan.　Biogeogr. (Trans. Biogeogr. Soc. Japan), 4 (1)：153–279; 52 figs.

AOYAGI, H. (1943).　Coral Fishes, pt. 1. Maruzen Comp., Tokyo, 224 pp., 54 figs., 32 pls.

AOYAGI, H. (1957).　日本列島產淡水魚類總說。大修館，272＋17＋20 pp., 212 figs.

AOYAGI, H. & 長濱克重 (1940).　琉球宮古島の珊瑚礁魚類。博物學雜誌，第 38 卷，第 69 號，pp. 41–47.

AOYAGI, H. & 長濱克重 (1941).　琉球宮古島の珊瑚礁魚類追記。同上，第 38 卷，第 71 號，pp. 31–35, 3 figs.

ASANO, H. (1962).　Studies on the Congrid Eels of Japan.　Bull. Misaki Marine Biol. Inst. Kyoto Univ., (1)：1–143.

BEAUFORT, L. F. De (1940). The Fishes of the Indo-Australian Archipelago, Vol. 8, 508 pp., 56 figs.

BEAUFORT, L. F. De & J. C. BRIGGS (1962). The Fishes of the Indo-Australian Archipelago, Vol. 11, 481 pp., 100 figs.

BEAUFORT, L. F. De & W. M. CHAPMAN (1951). The Fishes of the Indo-Australian Archipelago, Vol. 9, 484 pp., 89 figs.

BEHNKE, R. J. (1959). A note on *Oncorhynchus formosanum* and *Oncorhynchus masou*. Jap. Jour. Ichth., 7 (5/6): 151-152.

BEHNKE, R. J., TL PL KOH, & P. R. NEEDHAM (1962). Status of the landlocked salmonid fishes of Formosa, with a review of *Oncorhynchus masou* (BREVOORT). Copeia, 2: 400-409, 2 tabs., 2 figs.

BERG, L. S. (1941). Classification of Fishes, both recent and fossils. Trav. Inst. Zool. Acad. Sci. URSS., V (2): pp. 7-517 pp., 190 figs.

BERRY, F. H. & W. L. BALDWIN (1966). Triggerfishes (Balistidae) of the Eastern Pacific. Proc. Calif. Acad. Sci., 34 (9): 429-474.

BERTELSEN, E. (1951). The Ceratioid Fishes, Ontogeny, Taxonomy, Distribution and Biology. Dana Report No. 39.

BERTESEN, E., G. KREFFT, & N. B. MARSHALL (1976). The fishes of the family Notosudidae. Dana Report. No. 86.

BLEEKER, P. (1862-77). Atlas Ichthyologique des Indes Orientales Neerlandaises, publie sous les lcs auspices du Gouvernment Colonial Neerlandais, 9 Vols.

BLOCH, M. E. (1785-1797). Ichthyogie on Histoire naturelle, generale et particuliere des poissons, 12 Vols, 432 pls. Berlin.

BOESMAN, M. (1947). Revision of the fishes collected by Burger and Von Siebold in Japan. E. J. Brill, Leiden, 242 pp.

BOULENGER, G. A. (1904). A Synopsis on the suborders and families of teleostean fishes. Ann. Mag. Nat. Hist., 7 (13): 161-190.

BRIGGS, J. C. (1955). A Monograph of the Clingfishes (Order Xenopterygii). Stanford Ichth. Bull., 6: iv 224 pp.

BURGESS, W. E. (1978). Butterflyfishes of the World. T. F. H. Pub. Co., Neptune City, N. J., 832 pp.

BURGESS, W. E. & H. R. AXELROD (1972-1975). Pacific Marine Fishes, Books 1-6. T. F. H. Pub. Co., Neptune City, N. J.

BURGESS, W. E. & H. R. AXELROD (1976). Fishes of the Great Barrier Reef, Pacific Marine Fishes Book 7. T. F. H. Pub. Co., Neptune City, N. J.

BURKE, V. (1930). Revision of the Fishes of the family Liparidae. Bull. U. S. Nat. Mus., 150, 204 pp.

CANTOR, T. E. (1842). General feature of Chusan with remarks on the Flora and Fauna of that Island. Ann. Mag. Nat. Hist., 9: 265—, 361—, 481—.

CANTOR, T. E. (1849). Catalogue of Malayan Fishes. Jour. Asiat. Soc. Bengal, 18(2): 983-1443.

CASTLE, P. H. J. (1968). The Congrid Eels of the Western Indian Ocean and the Red Sea. Ichth. Bull. No. 33, Rhodes Univ., Grahamstown.

CARCASSON, R. H. (1977). A field guide to the Coral Fishes of the Indian and West Pacific Oceans. Collins, London.

CHAN, L. Y. (1965). A. systematic revision of the Indo-Pacific Clupeid Fishes of the Genus *Sardinella* (family Clupeidae). Jap. Jour. Ichth., 12 (3-6): 104-118.

CHAN, L. Y. (1965). A new Anacanthobatid Skate of the genus *Springera* from the South China Sea. Jap. Jour. Ichth., 13 (1/3): 40-45.

CHAN, L. Y. (1966). Note on Opisthognathid Jawfish from the Hong Kong, with description of a new species. Jap. Jour. Ichth., 14 (1/3): 9-11.

CHANG, K. H. & C. P. CHEN (1974). The newly recorded Sandborers, *Sillago parvisquamis* GILL of Taiwan. Bull. Inst. Zool., Acad. Sinica, 13 (1): 35-36.

CHANG, K. H. & C. S. LEE (1968). Notes on the fishes found in the waters around the coastal lines of the south-most part of Taiwan. Sci. Rep. Taiwan Mus., 11: 57-83 (in Chinese).

CHANG, K. H. & S. C. LEE (1969). Additions to the notes on the fishes found in the waters around the coastal lines of the south-most part of Taiwan. Sci. Rep. Taiwan Mus., 12: 119-127.

CHANG, K. H., & S. C. LEE (1971). Five newly recorded gobies of Taiwan. Bull. Inst. Zool., Acad. Sinica, 10: 37-43.

CHANG, K. H., & S. C. LEE (1971). Study on the fishes of the Subfamily Scombrinae from Taiwan. Acta Oceanogr. Taiwanica, 1: 77-87.

CHANG, K. H., & S. C. LEE, & K. T. SHAO (1977). Evaluation of artificial reef efficiency based on the studies of model reef fish community installed in northern Taiwan. Bull. Inst. Zool., Acad. Sinica, 16 (1): 23-36.

CHANG, K. H., & S. C. LEE, & K. T. SHAO (1978). A list of forty newly recorded coral fishes in Taiwan. Bull. Inst. Zool., Acad. Sinica, 17 (1): 75-78.

CHANG, K. H., & S. C. LEE, & T. S. WANG (1969). A preliminary report of ecological study on some intertidal fishes of Taiwan. Bull. Inst. Zool., Acad. Sinica, 8(2): 59-70.

CHANG, K. H., & S. C. LEE, & W. L. WU (1977). Fishes of the limestone platform at Maopitou, Taiwan: Diversity and abundance. Bull. Inst. Zool., Acad. Sinica, 16: 9–21.

CHANG, K. H., K. T. SHAO, & S. C. LEE (1979). Coastal Fishes of Taiwan (1). Inst. Zool., Acad. Sinica, 150 pp.

CHEN, C. H. (1973). Notes on food fishes found in north coast of Taiwan in Summer. Rep. Lab. Fisher. Biol. Taiwan Fisher. Res. Inst., 24: 11–43.

CHEN, C. H. (1978). Taxonomical studies on the flying Fishes (Oxyporhamphidae and Exocoetidae) from the waters around Taiwan. Bull. Taiwan Fisher. Res. Inst., 30: 291–300.

CHEN, J. T. F. (1929). Review of the Apodal fishes of Kwangtung. Bull. Biol. Dept., Sun Yatsen Univ., No. 1, 46+12 pp., 24 figs., 3 pls.

CHEN, J. T. F. (1935). A Preliminary Review of the Lophobranchiate fishes of China. Biol. Bull., Shian Chyn Univ., No. 1, 22 pp. 4 pls.

CHEN, J. T. F. (1948). A Summary of the Chinese Sharks (in Chinese). Q. J. T. M., I (2): 21–45.

CHEN, J. T. F. (1948). Notes on the Fish-fauna of Taiwan in the Collection of the Taiwan Museum, I. Some records of Platosomeae from Taiwan, with description of a new species of *Dasyatis*. Q. J. T. M., I (3): 1–14, 9 figs.

CHEN, J. T. F. (1948). A Synopssis of the Platosomeae of China. Q. J. T. M., I (4): 23–50.

CHEN, J. T. F. (1951–53). Check-list of the Species of fishes Known from Taiwan (Formosa), pt. I. Q. J. T. M., IV (3, 4): 181–210; pt. II, ibid, V (4): 305–341; pt. III, ibid, VI (2): 102–128.

CHEN, J. T. F. (1954). 臺灣魚類誌。臺灣研究叢刊（臺銀）第二十七種，126 頁。

CHEN, J. T. F. (1954). 臺灣魚類中、英、日名對照表。45+33 頁。

CHEN, J. T. F. (1963). A Reviews of the Sharks of Taiwan. Ichth. Ser., (Tunghai Univ.) No. 1, 102 pp., 28 figs.

CHEN, J. T. F. & Y. S. LIANG, (1948). A new genus and species of the Family ACANTHOCLINIDAE. Q. J. T. M., I (3): 31–34, 1 fig.

CHEN, J. T. F. & Y. S. LIANG, (1949). Description of a new HOMALOPTERIDAE fish *Pseudogastromyzon tungpeiensis*, with synopsis of all the Known Chinese HOMALOPTERIDAE. Q. J. T. M., II (4): 157–172, 1 fig.

CHEN, J. T. F. & H. T. C. WENG (1965). A Review of the Flatfishes of Taiwan. Ichth. Ser. Tunghai Univ. No. 5, 103 pp., 72 figs.

CHEN, J. T. F. & H. T. C. WENG (1967). A Review of the Apodal fishes of Taiwan.

Ichth. Ser. (Tunghai Univ.) No. 6, 86 pp., 64 figs.

CHEN, J. T. F., M. C. LIU, & S. C. LEE (1967).　A. Review of the Pediculate fishes of Taiwan. Ichth. Ser. (Tunghai Univ.) No. 7, 23 pp., 11 figs.

CHEN, L. C. (1981).　Scorpaenid Fishes of Taiwan. Quart. Jour. Taiwan Mus., 34 (1, 2)：1-60.

CHEN, T. R. (1958).　記蘭嶼的鰕虎亞目魚類。中國水產，第 49 期。

CHEN, T. R. (1959).　Four additions in the Goby fauna from Taiwan (Formosa), with the description of a new Goby. Q. J. T. M., XII (3, 4)：209-213, 1 fig.

CHEN, T. R. (1960).　Some additiones on Goby fauna from Taiwan (Formosa), including the description of *Cryptocentrus yangii* sp. nov. Lab. Fish. Biol. Rep., No. 11, 16 pp., 1 fig.

CHEN, T. R. (1960).　Contributions to the fishes from Quemoy (Kinmen). Q. J. T. M., XIII (3, 4)：191-213.

CHEN, T. R. (1964).　A Review of Gobies found in the waters of Taiwan and adjacent seas. Q. J. T. M., XVII (1, 2)：37-59, 7 figs.

CHEN, T. R. & C. F. YEH (1964).　A Study of Lizard-fishes (Synodontidae) found in waters of Formosa and adjacent Islands. Biol. Bull. Tunghai Univ. No. 23, 24 pp., 4 pls.

CHU, K. Y. (1956).　A Review of Sciaenoid fishes of Taiwan. Rep. Fish. Inst. Biol. Nat. Taiwan Univ., I (1)：13-46, 5 pls.

CHU, K. Y. (1957).　A Note to the Echenoid Fishes of Taiwan. Q. J. T. M., X (1)：47-53.

CHU, K. Y. (1957, 2).　A List of fishes from Pescadore Islands. Rep. Inst. Fish. Biol. Nat. Taiwan Univ., I (2)：14-23.

CHU, K. Y. & T. R. CHEN (1958).　On the Rhynchoconger eels, with description of a New Species. Q. J. T. M., XI (1, 2)：127-129.

CHU, K. Y. & C. F. TSAI (1958).　A Review of the Clupeid Fishes of Taiwan, with description of a New Species. Q. J. T. M., XI (1, 2)：103-125, 3 pls.

CHU, Y. T. (1930).　Bibliography of Chinese Fishes. Pek Soc. Nat. Hist. Bull., IV (4)：45-65.

CHU, Y. T. (1931).　Index Piscium Sinensium. Biol. Bull. St. Johns Univ., I. 290 pp.

朱元鼎 (1960).　中國軟骨魚類誌。X+225 pp., 203 figs.

朱元鼎等 (1962).　南海魚類誌。XVI+1184 pp., 860 figs.

朱元鼎等 (1979).　南海諸島海域魚類誌。XXV+613 pp., 391 figs., 38 pls.

朱元鼎、張春霖、成慶泰 (1963).　東海魚類誌。XXVIII+642 pp., 442 figs

朱元鼎、羅雲林、伍漢霖 (1963).　中國石首魚類分類系統的研究，和新屬新種的敍述。100 pp., 40 pls., 94 figs.

朱元鼎、孟慶聞 (1979).　中國軟骨魚類的側線管系統以及羅倫瓮和羅倫管系統的研究。64 pp., 71

figs.

CRESSEY, R. (1981).　Revision of Indo-West Pacific Lizardfishes of the Genus *Synodus* (Pisces: Synodontidae). Smithson. Contrib. Zool., 342, 52 pp.

CUVIER, G. & VALENCIENNES (1828-49).　Histoire Naturelle des Poissons, 22 vols., 650 pls., Paris.

D'ANCONA, U. & G. CAVINATO (1965).　The fishes of the family Pregmacerotidae.　Dana Report No. 64.

DAY, F. (1878). The fishes of India, being a natural history of the fishes known to inhabit the seas and fresh waters of India, Burma, and Ceylon. 2 vols., London.

DAY, F. (1889).　"Fishes" in Fauna on British India, 2 vols.

DAWSON, C. E. (1977).　Review of the Pipefish Genus *Corythoichthys*, with description of three new species. Copeia, 2: 295-338.

DAWSON, C. E. (1981).　Review of the Indo-Pacific Pipefish Genus *Doryrhamphus* KAUP (Pisces: Syngnathidae), with descriptions of a new species and a new subspecies.　Ichth. Bull. J. L. B. Smith Ichth. Inst., No. 44, Grahamstown.

DAWSON, C. E. (1982).　Review of the Indo-Pacific Genus *Trachyrhamphus* (Syngnathidae). Micronesica, 18: 163-191.

DAWSON, C. E. (1982).　Synopsis of the Indo-Pacific Genus *Solegnathus* (Pisces: Syngnathidae).　Jap. Jour. Ichth., 29 (2): 139-161.

DAWSON, C. E. (1984).　Review of the Genus *Microphis* (Pisces: Syngnathidae).　Bull. Marine Science, 32 (2): 117-181.

DAWSON, C. E. (1984).　Indo-Pacific Pipefishes. Gulf Res. Lab., 230 pp.

DEAN, B. (1916-1923).　A Bibliography of Fishes, 3 vols.　Amer. Mus. Nat. Hist.

DOOLEY, J. K. (1978).　Systematics and Biology of the Tilefishes (Perciformes: Branchiostegidae and Malacanthidae), with descriptions of two new species. NOAA Technical Report NMFS Cir. 411, 78 pp.

EBELING, A. W. (1962).　Melaphaidae, 1: Systematics and Zoogeography of the species in the Bathypelagic fish Genus *Melaphaes* GÜNTHER.　Dana Report No. 58.

EGE, V. (1948).　*Chauliodus* SCHN., Bathypelagic Genus of Fishes, a systematic, phylogenetic and geographical study.　Dana Report No. 31.

EGE, V. (1953).　Paralepididae 1. (*Paralepis* and *Lestidium*).　Dana Report No. 40.

EGE, V. (1957).　Paralepididae II (*Macroparalepis*).　Dana Report No. 43.

ESCHMEYER, W. N., K. V. RAMA-RAO & L. E. HALLACHER (1979).　Fishes of the Scorpionfish Subfamily Choridactylinae from the Western Pacific and the Indian Ocean. Proc. Calif. Acad. Sci., XLI (21): 475-500.

FANG, P. W. (1934).　Study on the fishes refering to Salangidae of China. Sinensia, IV (9): 231-268, 10 figs.

Fishes of the Western North Atlantic, 7 Parts. Sears Found. Marine Res., Yale Univ.

FOWLER, H. W. (1918).　New and little known fishes from the Philippine Islands. Proc. Acad. Nat. Sci. Philad., pp. 1-71.

FOWLER, H. W. (1922).　Fishes from Formosa and Philippine Islands. Proc. U. S. Nat. Mus., 62 (2448): 1-73.

FOWLER, H. W. (1928-49).　The fishes of Oceania, with suppl. 1-3. Mem. B. P. Bishop Mus., Vols. 10, 11 (5, 6), 12 (2).

FOWLER, H. W. (1930-1962).　A Synopsis of the Fishes of China (Reprints from Hong Kong Naturalist, vols. 1-10, 1930-41; Hong Kong Fisher. Res. Sta., vol. 2, 1949; Q. J. T. M., vols. 6-15, 1953-1962). Antiquarraat Junk, in 2 vols.

FOWLER, H. W. (1930).　A Collection of Fresh-water fishes obtained chiefly at Tsinan, China. Pek. Soc. Nat. Hist. Bull. V (2): 27-31, 1 pl.

FOWLER, H. W. (1930).　The Fishes of the Families Amiidae, Chandidae, Duleidae, and Serranidae, obtained by the U. S. Bur. Fish. Steam. "Albatross" in 1907 to 1910, chiefly in the Philippine Islands and adjacent waters. Bull. U. S. Nat. Mus., (100) X, 334 pp., 24 figs.

FOWLER, H. W. (1931).　Fishes of the Families Pseudochromidae, Lobotidae, Pempheridae, Priacanthidae......collected by the U. S. Bur. Fish. Steam. "Albatross" chiefly in Philippine seas and adjacent waters. Bull. U. S. Nat. Mus., (100); XI, 388 pp., 29 figs.

FOWLER, H. W. (1933).　Description of new fishes obtained 1907-1910 chiefly in the Philippine Islands and adjacent Seas. Proc. Acad. Nat. Sci. Philad., 85: 233-267.

FOWLER, H. W. (1933).　The Fishes of the Families Banjosidae, Lethrinidae, Sparidae, Girelidae......collected by the U. S. Bur. Fish. Steam. "Albatross" chiefly in Philippine Seas and adjacent waters. Bull. U. S. Nat. Mus., (100) XII, 465 pp., 32 figs.

FOWLER, H. W. (1941).　New fishes of the family Callionymidae, mostly Philippine, obtained by the U. S. Bur. Fish. Steam. "Albatross". Proc. U. S. Nat. Mus., XL (3106), pp. 1-31, 16 figs.

FOWLER, H. W. (1941). The Fishes of the groups Elasmobranchii, Holocephali, Isospondyli, and Ostariophysi obtained by the U. S. Bur. Fish. Steam. "Albatross" in 1907-1910 chiefly in the Philippine Islands and adjacent seas. Bull. U. S. Nat. Mus., (100) XIII, 879 pp., 30 figs.

FOWLER, II. W. (1946).　A collection of fishes obtained from Riu-kiu Islands by Captain Ernest R. Tinkham A. U. S. Proc. Acad. Nat. Sci. Philad., 98: 123-218.

FOWLER, H. W. (1959).　Fishes of Fiji. Government of Fiji, 670 pp.

FOWLER, H. W. & B. A. BEAN (1922).　Fishes from Formosa and the Philippine Islands. Proc. U. S. Nat. Mus., LXII (2448), 37 pp., 4 figs.

FOWLER, H. W. & B. A. BEAN (1928). The Fishes of the Families Pomacentridae, Labridae & Callyodontidae collected by the U. S. Bur. Fish. Steam. "Albatross" chiefly in Philippine seas and adjacent waters. Bull. U. S. Nat. Mus., (100) VII, pp. 1-525.

FOWLER, H. W. & B. A. BEAN (1929).　The Fishes of the series Capriformes, Ephippiformes, and Squamipinnes collected by the U. S. Bur. Fish. Steam. "Albatross" chiefly in Philippine Seas and adjacent waters.　Bull. U. S. Nat. Mus., (100) VIII, 352 pp., 24 figs.

FOWLER, H. W. & B. A. BEAN (1930).　The fishes of the families Amiidae, Chandidae, Duleidae, and Serranidae, obtained by the U. S. Bureau of Fisheries Steamer "Albatross" in 1907 to 1910, chiefly in the Philippine Islands and adjacent Seas. Bull. U. S. Nat. Mus., (100)10: 334 pp.

FAO Species Identification Sheets for Fishery Purposes (1974).　FAO, U. N., Rome, 4 vols.

FRICHE, R. (1983).　Revision of the Indo-Pacific Genera and Species of the Dragonet Family Callionymidae (Teleostei).　J. Cramer, Braunschweig, W-Germany.

GARRICK, J. A. F. (1974).　The taxonomy of New Zealand Skates (Suborder Rajoidea), with description of three new species. Jour. Royal Soc. New Zealand, 4 (3): 345-377, 19 figs.

GARRICK, J. A. F. (1982).　Sharks of the Genus *Carcharhinus*. NOAA Tech. Rep. NMFS Cir. 445.

GILBERT, C. H. (1905).　The aquatic resources of the Hawaiian Islands, Part 2, Section II, the deep-sea fishes. Bull. U. S. Comm. for 1903.

GILBERT, C. H. & C. L. HUBBS (1920).　The Macrouroid Fishes of the Philippine Islands and the East Indies. Bull. U. S. Nat. Mus., (100) 1 (7): 369-588.

GILBERT, C. R. (1967).　A revision of the Hammerhead Sharks (Family Sphyraenidae). Proc. U. S. Nat. Mus., 119 (3539): 1-88, 10 pls.

GILBERT, P. W., R. F. MATHEWSON & D. P. RALL (1967).　Sharks, Skates, and Rays. John Hopkins Pr.

GOSLINE, W. A. (1968).　The Suborders of Perciform Fishes.　Proc. U. S. Nat. Mus., 124 (3647): 1-78.

GOSLINE, W. A. (1971).　Functional Morphology and Classification of Teleostean Fishes. Univ. Hawaii Pr. 208 pp.

GOSLINE, W. A. & V. E. BROCK (1960).　Handbook of Hawaiian Fishes. Univ. Hawaii Pr., 372 pp.

GREENFIELD, D. W. (1974).　　A revision of the Squirrelfish Genus *Myripristis* CUVIER (Pisces: Holocentridae).　Sci. Bull. 19, Nat. Hist. Mus. Los Angeles County.

GREENWOOD, P. H., D. E. ROSEN, S. H. WEITZMAN, & G. S. MYERS (1966).　　Phyletic studies of Teleostean Fishes, with a provisional classification of living forms. Bull. Amer. Mus. Nat. Hist., 131 (4): 339-456, figs. 1-9, pls. 21-23, charts 1-32.

GÜNTHER, A. (1859-1870).　Catalogue of the fishes in the British Museum. 8 vols., London.

GÜNTHER, A. (1873-1910).　　Andrew Garrett's Fische der Sudsee, 1-III.

GÜNTHER, A. (1874).　Report on a collection of Fishes made by Mr. Swinhoe in China. Ann. Mag. Nat. Hist., (4) XIII: 154-159.

GÜNTHER, A. (1877).　　Preliminary notes on new fishes collected in Japan during the Expedition of H. M. S. "Challenger".　Ann Mag. Nat. Hist., (4) XX: 433-446.

GÜNTHER, A. (1880).　　Report on the Shore Fishes procured during the voyage of H. M. S. "Challenger" in the years 1873-76, Report on the scientific results of the voyage of H. M. S. "Challenger", Zool., 1: 1-82.

GUSHIKEN, S. (1983).　　Revision of the Carangid Fishes of Japan. Galaxea, 2: 135-264.

HALSTEAD, B. W. (1978).　　Poisonous and venomous marine animals of the world, Rev. ed., Darwin Pr., Princeton, N. J.

原田五十吉 (1943).　　海南島淡水魚類譜，114 pp., 28 pls.

HART, J. L. (1973).　　Pacific Fishes of Canada. Fisher. Res. Board Canada, Ottuda.

HERRE, A. W. (1927).　　Gobies of the Philippine and China Sea. Bur. Sci., Manila, Monogr. 23, 352 pp., 30 pls.

HERRE, A. W. (1934).　　Hongkong fishes collected in Oct-Dec. 1931. HK. Nat., Suppl. No. 3, pp. 26-36.

HERRE, A. W. (1936). Fishes of the Crane Pacific Expedition. Field Mus. Nat. Hist., Zool. Ser., pp. 1-472.

HERRE, A. W. (1953).　　Check-list of Philippine Fishes. Fish & Wildlife Service (U. S. Dept. Interior), Research Report 20, 977 pp.

HILGENDORF, F. M. (1904).　　Ein neuer Scyllium-artiger haifisch *Procyllium habereri* nov. subgen., n. sp. von Formosa. Stizb. Ges. Nat. Freunde Berlin, pp. 39-41 (not seen).

平坂恭介 (1939).　　ニェーヅーランドの旗魚，臺灣水產雜誌; (288): 1-4.

HIRASAKA. K. & H. NAKAMURA (1947).　　On the Formosan Spearfishes.　Bull. Oceanogr. Inst. Taiwan, 3: 9-24, pls I~III.

HUANG, C. C. & R. T. YANG (1979).　　A newly recorded lancelet (*Asymmetron lucayanum* ANDREWS) found in the southern tip of Taiwan.　Acta Oceanogr. Taiwanica, 10: 176-182.

HUBBS, C. L. (1915). Flounders and Soles from Japan, collected by the U. S. Bur. Fish. Steam. "Albatross" in 1906. Proc. U. S. Nat. Mus., XLVIII (2082)：449-496. pls. 25-27.

IKEDA (1939). Notes on the fishes of the Riukiu Islands, III, A biometric study on the species Kuhliidae in the Riu Kiu Islands. Biogeoogr., III. 2. pp. 131-158, 8 figs.

IKEDA (1940). The Fishes collected at Kirun, Formosa (in Japanese). Tokyo Hakubutsu Zassi, XXXVIII (68), pp. 15-18, 1 fig.

ISHIKAWA, C. & N. TAKAHASHI (1914). Note on the Eels of Japanese Corean, Formosan and adjacent waters. Journ. Coll. Agri. Tokyo Imp. Univ., IV (7)：415-433, 5 tabs, XL∼ XLII pls.

ISHIYAMA, R. (1958). Studies on the Rajid fishes (Rajidae) found in the Waters around Japan. Journ. Shimonoski Coll. Fisher., VII (2, 3)：193-394 (1-202 pp.), 3 pls, 86 figs.

ISHIYAMA, R. (1967). Raiidae, Fauna Japonica, 82 pp., 32 pls.

IWAI, T., I. NAKAMURA, & K. MATSUBARA (1965). Taxonomic study of the Tunas. Misaki Marine Biol. Inst. Spec. Rep. No. 2, pp. 1-51.

JAMES, P. S. B. R. (1967). The Ribbon-fishes of the family Trichiuridae of India. Marine Biol. Assoc. India, Mem. I.

JONES, R. S., R. H. RANDALL, Y. CHENG, H. T. KAMI, & S. MAK (1972). A marine biological survey of Southern Taiwan with emphasis on Corals and Fishes. Inst. Oceanogr. Nat. Taiwan Univ. Spec. Publ., 1：VI+93 pp.

JONES, S. & M. KUMARAN (1980). Fishes of the Laccadive Archipelago. Nature Cons. Aqua. Sci. Ser., Santinivas, 760 pp.

JORDAN, D. S. (1902). The Salmon & Trout of Japan. Annot. Zool. Jap., IV (2)：69-75.

JORDAN, D. S. (1902). A Review of the Japanese Species of Surf-fishes or Embiotocidae. Proc. U. S. Nat. Mus., XXIV (1261)：361-381.

JORDAN, D. S. (1902). A Review of the Pediculate fishes or Angulers of Japan. Proc. U. S. Nat. Mus., XXIV (1261)：361-381.

JORDAN, D. S. (1903). Supplementary note of *Bleekeria mitsukurii* and on certain Japanese fishes. Proc. U. S. Nat. Mus., XXVI (1328)：693-696.

JORDAN, D. S. (1905). Note on the salmon an Trout of Japan. Annot. Zool. Jap., 4：161-162.

JORDAN, D. S. (1906). A Review of the Sand lances or Ammodytidae of the waters of Japan. Proc. U. S. Nat. Mus., XXX (1464)：715-719.

JORDAN, D. S. (1907). A Review of the fishes of the family Histiopteridae found in the waters of Japan, with a note on *Tephritis* GTHR. Proc. U. S. Nat. Mus., XXXII (1523)：235-239.

JORDAN, D. S. (1907). A Review of the fishes of the family Gerridae found in the waters of Japan. Proc. U. S. Nat. Mus., XXXII (1525): 245-248.

JORDAN, D. S. (1917-1920). The Genera of Fishes, 4 parts. Stanford Junior University Publications, Univ. Series (IX+XIII+XV+XVIII), 576 pp.

JORDAN, D. S. (1923). A Classification of Fishes including families and genera as far as known. Stanford University Publications, Univ. Ser., III, 2.

JORDAN, D. S. & B. W. EVERMANN (1902). Notes on a collection of Fishes from the Island of Formosa. Proc. U. S. Nat. Mus., XXV (1289): 315-368, 20 figs.

JORDAN, D. S. & B. W. EVERMANN (1905). The aquatic resources of the Hawaiian Islands, Part 1, The Shore Fishes. Bull. U. S. Fish. Comm. for 1903.

JORDAN, D. S. & B. W. EVERMANN (1926). A review of the giant mackerel-like fishes, tunnies, spearfishes and swordfishes. Occa. Pap. Calif. Acad. Sci., XII, 5-113, 20 pls.

JORDAN, D. S. & H. W. FOWLER (1902). A Review of the Chaetodontidae and related families of fishes found in the waters of Japan. Proc. U. S. Nat. Mus., XXV (1296): 513-563.

JORDAN, D. S. & H. W. FOWLER (1902). A Review of the Dragonets (Callionymidae) and related fishes of the waters of Japan. Proc. U. S. Nat. Mus., XXV (1305): 939-959.

JORDAN, D. S. & H. W. FOWLER (1902). A Review of the Ophidioid fishes of Japan. Proc. U. S. Nat. Mus., XXV (1303): 743-766.

JORDAN, D. S. & H. W. FOWLER (1902). A Review of the Clingfishes (Gobiesocidae) of the waters of Japan. Proc. U. S. Nat. Mus., XXV (1291): 413-416.

JORDAN, D. S. & H. W. FOWLER (1902). A Review of the Oplegnathoid fishes of Japan. Proc. U. S. Nat. Mus., XXV (1278): 75-78.

JORDAN, D. S. & H. W. FOWLER (1902). A Review of the Triggler-fishes, File-fishes, & Trunk-fishes of Japan. Proc. U. S. Nat. Mus., XXV (1287): 251-286.

JORDAN, D. S. & H. W. FOWLER (1903). A Review of the Berycoid fishes of Japan. Proc. U. S. Nat. Mus., XXVI (1306): 1-21.

JORDAN, D. S. & H. W. FOWLER (1903). A Review of the Elasmobranchiate fishes of Japan. Proc. U. S. Nat. Mus., XXVI (1324): 593-674.

JORDAN, D. S. & H. W. FOWLER (1903). A Review of the Cobitidae, or Loaches, of the rivers of Japan. Proc. U. S. Nat. Mus., XXVI (1332): 765-774.

JORDAN, D. S. & H. W. FOWLER (1903). A. Review of the Cyprinoid fishes of Japan. Proc. U. S. Nat. Mus., XXVI (1334): 811-862.

JORDAN, D. S. & H. W. FOWLER (1903). A Review of the Siluroid fishes or Catfishes of Japan. Proc. U. S. Nat. Mus., XXVI (1338): 897-911.

JORDAN, D. S. & H. W. FOWLER (1903).　A Review of the Cepolidae or Band-fishes of Japan. Proc. U. S. Nat. Mus., XXVI (1330)：699-702.

JORDAN, D. S. & A. W. HERRE (1906).　A Review of the Herring-Iike fishes of Japan. Proc. U. S. Nat. Mus., XXXI (1499)：613-645.

JORDAN, D. S. & A. W. HERRE (1907).　A Review of the Lizard-fishes or Synodontidae of the Waters of Japan. Proc. U. S. Nat. Mus., XXXII (1544)：513-524.

JORDAN, D. S. & A. W. HERRE (1907).　A Review of the Cirrhitoid fishes of Japan. Proc. U. S. Nat. Mus., XXXIII (1562)：157-167.

JORDAN, D. S. & C. L. HUBBS (1925).　Record of fishes obtained by D. S. JORDAN in Japan, 1922. Mem. Carneg. Mus., X (2)：93-346, pls. V~XII.

JORDAN, D. S. & E. K. JORDAN (1922).　A list of fishes of Hawaii, with notes and descriptions of new species. Mem. Carneg. Mus., X (1)：1-92.

JORDAN, D. S. & R. C. McGREGOR (1906).　Description of a new species of Threadfin (fam. POLYNEMIDAE) from Japan. Proc. U. S. Nat. Mus., XXX (1470)：813-815.

JORDAN, D. S. & M. OSHIMA (1919).　*Salmon formosanus*, a new trout from the mountain streams of Formosa. Proc. Acad. Nat. Sci. Philad., pp. 122-124, 1 fig.

JORDAN, D. S. & R. E. RICHARDSON (1908).　A Review of the Flat-heads, Gurnards and other Mail-cheeked fishes of the waters of Japan. Proc. U. S. Nat. Mus., XXXIII (1581)：629-670.

JORDAN, D. S. & R. E. RICHARDSON (1909).　A Catalogue of the Fishes of the Island of Formosa or Taiwan, based on the collections of Dr. HANS SAUTER. Mem. Carneg. Mus., IV (4)：159-204, pls. LXXIII~LXXIV, 29 figs.

JORDAN, D. S. & R. E. RICHARDSON (1910).　A Review of the Serranidae or sea-bass of Japan. Proc. U. S. Nat. Mus., XXXVII (1714)：421-474.

JORDAN, D. S. & R. E. RICHARDSON (1910).　Check-list of the species of fishes known from the Philippine Archipelago. Bur. Sci. Manila, Pub. No. 1, 78 pp.

JORDAN, D. S. & A. SEALE (1906).　The Fishes of Samoa. Bull. Bur. Fisher., XXV, pp. 175-455, pls. XXXIII~LIII.

JORDAN, D. S. & A. SEALE (1906).　List of fishes collected in 1882-83 by Pierre Louis Jouy at Shanghai and Hongkong, China. Proc. U. S. Nat. Mus., XXIX (1433)：517-518.

JORDAN, D. S. & A. SEALE (1926).　Review of the Engraulidae, with descriptions of new and rare species. Bull. Mus. Comp. Zool. Mus. Harv. Coll., LXVII (11)：355-418.

JORDAN, D. S. & J. O. SNYDER (1901).　A Review of the Apodal fishes or eels of Japan with descriptions of nineteen new species. Proc. U. S. Nat. Mus., XXIII (1239)：837-889.

JORDAN, D. S. & J. O. SNYDER (1901).　A Review of the Cardinal fishes of Japan.　Proc. U. S. Nat. Mus., XXIII (1240): 891-913.

JORDAN, D. S. & J. O. SNYDER (1901).　A Review of the Hypostomidae and Lophobranchiates fishes of Japan.　Proc. U. S. Nat. Mus., XXIV (1241): 1-20.

JORDAN, D. S. & J. O. SNYDER (1901).　A Review of the Gobioid fishes of Japan, with descriptions of twenty-one new species.　Proc. U. S. Nat. Mus., XXIV (1244): 33-132.

JORDAN, D. S. & J. O. SNYDER (1901).　A Review of the Gymnodont fishes of Japan.　Proc. U. S. Nat. Mus., XXIV (1254): 229-264.

JORDAN, D. S. & J. O. SNYDER (1901).　A Preliminary check-list of fishes of Japan.　Annot. Zool. Jap., III: 31-160.

JORDAN, D. S. & J. O. SNYDER (1902).　A Review of the Trahinoid fishes and their supposed allies found in the waters of Japan.　Proc. U. S. Nat. Mus., XXIV (1263): 461-97.

JORDAN, D. S. & J. O. SNYDER (1902).　A Review of the Labroid fishes and related forms found in the water of Japan.　Proc. U. S. Nat. Mus., XXIV (1266): 595-662.

JORDAN, D. S. & J. O. SNYDER (1902).　A Review of the Salmonoid fishes of Japan.　Proc. U. S. Nat. Mus., XXIV (1265): 567-593.

JORDAN, D. S. & J. O. SNYDER (1902).　A Review of the Blennioid fishes of Japan.　Proc. U. S. Nat. Mus., XXV (1293): 441-504.

JORDAN, D. S. & J. O. SNYDER (1902).　A Review of the Discobolous fishes of Japan.　Proc. U. S. Nat. Mus., XXIV (1259): 343-351.

JORDAN, D. S. & J. O. SNYDER (1906).　A Review of the Poeciliidae or killifishes of Japan.　Proc. U. S. Nat. Mus., XXXI (1486): 287-290.

JORDAN, D. S. & J. O. SNYDER (1906).　A Synopsis of the Sturgeons (Acipenseridae) of Japan.　Proc. U. S. Nat. Mus., XXX (1455): 397-393.

JORDAN, D. S. & J. O. SNYOER (1908).　Descriptions of three new species of Carangoid fishes from Formosa.　Mem Carn. Mus., IV (2): 37-40, pl. 51-53.

JORDAN, D. S. & E. C. STARKS (1901).　A Review of the Atherine fishes of Japan.　Proc. U. S. Nat. Mus., XXIV (1250): 199-206.

JORDAN, D. S. & E. C. STARKS (1903).　A Review of the Synentognathous fishes of Japan.　Proc. U. S. Nat. Mus., XXVI (1319): 525-544.

JORDAN, D. S. & E. C. STARKS (1903).　A Review of the fishes of Japan belonging to the family of Hexagrammidae.　Proc. U. S. Nat. Mus., XXVI (1348): 1003-1013.

JORDAN, D. S. & E. C. STARKS (1903).　A Review of the Hemibranchiate fishes of Japan.　Proc. U. S. Nat. Mus., XXVI (1308): 57-73.

JORDAN, D. S. & E. C. STARKS (1904).　A Review of the Scorpaenoid fishes of Japan. Proc. U. S. Nat. Mus., XXVII (1351): 91-175.

JORDAN, D. S. & E. C. STARKS (1904).　A Review of the Cottidae or Sculpins found in the waters of Japan.　Proc. U. S. Nat. Mus., XXVII (1358): 231-335.

JORDAN, D. S. & E. C. STARKS (1904).　A Review of the Japanese fishes of the family of AGONIDAE.　Proc. U. S. Nat. Mus., XXVII (1365): 575-599.

JORDAN, D. S. & E. C. STARKS (1906).　A Review of the Flounders and Soles of Japan. Proc. U. S. Nat. Mus., XXXI (1484): 161-246.

JORDAN, D. S., S. TANAKA & J. O. SNYDER (1913).　A Catalogue of the fishes of Japan. Journ. Coll. Sci. Imp. Univ. Tokyo, XXXIII (1): 497 pp., 396 figs.

JORDAN, D. S. & W. F. THOMPSON (1911).　A review of Sciaenoid fishes of Japan.　Proc. U. S. Nat. Mus., XXXIX (1787): 241-261.

JORDAN, D. S. & W. F. THOMPSON (1911).　A review of the families Lobotidae and LUTIANIDAE, found in the waters of Japan.　Proc. U. S. Nat. Mus., XXXIX (1792): 435-471.

JORDAN, D. S. & W. F. THOMPSON (1912).　A review of the Sparidae and related families of Perch-like fishes found in the waters of Japan.　Proc. U. S. Nat. Mus., XLI (1875): 521-601.

JORDAN, D. S. & W. F. THOMPSON (1914).　Record of the fishes obtained in Japan in 1911. Mem. Carneg. Mus., VI (4): 205-213, pls. 24-42.

KAMOHARA, T. (1936, 1).　A review of the Peristedioid fishes found in the waters of Japan. Annot. Zool. Jap., XV (4): 436-445, pl. 2, figs. 1-8.

KAMOHARA, T. (1936).　土佐産紋殻皮剝科の魚類に就て。動植 IV (10): pp. 1739-1745.

KAMOHARA, T. (1937).　A review of the Triacanthoid fishes found in the waters of Japan. Annot. Zool. Jap., XVI (1): 5-8, 1 pl.

KAMOHARA, T. (1937).　Fishes of the Family Oncocephalidae obtained by trawlers off Prov. Tosa. Japan. Annot. Zool. Jap., XVI (1): 11-14, pl. I, figs. 5-10.

KAMOHARA, T. (1938).　On the offshore botton-fishes of Prov. Tosa, Shikoku, Japan, pp. 1-86.

KAMOHARA, T. (1940).　Sclerodermi, in "Fauna Nipponica" （日本動物分類）, vol. XV, Fas. II, No. 3, 112 pp., 56 figs. （日文）

KAMOHARA, T. (1940).　Zeoidei, Rhegnopteri, Holconoti, in "Fauna Nipponica", vol. XV, Fas. II, No. 4, 79. pp., 26 figs. （日文）

KAMOHARA, T. (1940).　Scombroidei, in "Fauna Nipponica", vol. XV, Fas. II, No. 5, 225 pp., 102 figs. （日文）

KAMOHARA, T. (1952). Revised desricptions of the offshore bottom fishes of Prov. Tosa, Shikoku, Japan. Rep. Kochi Univ., Nat. Sci., 3: 1-122, 100 figs.

KAMOHARA, T. (1954). A list of fishes from the Tokara Islands, Kagoshima Prefecture, Japan. Publ. Seto Marine Biol. Lab., 3 (3): 265-299.

KAMOHARA, T. (1955-1961). 原色日本魚類圖鑑：（正）135頁，76圖，64版，（續）168頁，68版，昭和36年。

KAMOHARA, T. (1957). Reports of the Usa Marine Biological station IV, 1, 65 pp., 38 figs (List of Fishes from Amami-Oshima and Adjacent regions, Kagoshima Prefecture, Japan).

KAMOHARA, T. (1958). A review of the Labrid Fishes found in the waters of Kochi Prefecture, Japan. Rep. Usa Marine Biol. Sta., 5 (2): 1-20.

KANO, T. (1931). 紅頭嶼產淡水魚ㄜ就て。日本生物地理學會會報，II, 2, pp. 155-156.

KAO, H. W. & S. C. SHEN (1985). A new Percophidid Fish, Osopsaron formosensis (Percophidae: Hermerocoetinae) from Taiwan. Jour. Taiwan Mus., 38 (1): 175-178.

KATAYAMA, M. (1960). Serranidae, Fauna Japonica, 189 pp., 86 pls.

KAUP, J. J. (1856). Catalogue of Apodal fish in the collection of the British Museum, 163 pp., 19 pls.

KAUP, J. J. (1856). Catalogue of Lophobranchiate fish in the collection of the British Museum, 80 pp., 4 pls.

KENDALL, W. C. & E. L. GOLDSBOROUGH (1911). The Shore Fishes. Mem. Mus. Comp. Zool., XXVI (7): 241-343, 7 pls.

KENDALL, W. C. & L. RADCLIFFE (1912). The Shore Fishes. Mem. Mus. Comp. Zool., XXXV (3): 77-171, 8 pls.

KISHINOUYE, K. (1916). 臺灣產のサワラ。水產學報, I, 4, pp. 378-380.

KISHINOUYE, K. (1923). Contribution to the comparative study of the so-called Scombroid fishes. Journ. Coll. Agr., VIII, 3, pp. 293-475, pls. XIII~XXXIV.

KNER, R. (1858). Ueber neue Fische aus dem Museum der Herren Johann Cäsar GODEFFROY & SOHN in Hamburg. IV, Folge, Sitzber. Akad. Wiss. Wien LVIII, 26-31, 293-356, 9 pls.

KOBAYASHI, H. (1922). 臺灣產鱒の發生に就て。水研, XVII, 6, pp. 129-133.

KOBAYASHI, H. (1923). 淡水魚 Rhinogobius formosanus の發生に就て。水研, XVIII, 4, pp. 107-110.

KOBAYASHI, H. (1925). 「タップミノォ」(Gambusia affinis) の分娩に就て (I~II)。水研, XX, 6 (197-207); XX, 7 (232-241).

KOBAYASHI, H. (1935). 日本淡水魚類並に其寄生蟲, 148頁，71圖。

KOTTHAUS, A. (1970). *Flagelloserranus*, a new genus of the Serranid Fishes, with the description of two new species (Pisces, Percomorphi). Dana-Report No. 78.

KOUMANS, F. P. (1953). The fishes of Indo-Australian Archipelago, vol. 10, 423 pp., 95 figs.

KUNTZ, R. E. (1970). Vertebrates of Taiwan taken for parasitological and biomedical studies by U. S. Naval Medical research Unit No. 2, Taipei, Taiwan, Republic of China. Quart. Jour. Taiwan Mus., 23 (1, 2): 1-37.

KURODA, N. (1951). A nominal list with distribution of the fishes of Suruga Bay, inclusive of the freshwater species found near the Coast. Jap. Journ. Ichth., I (5): 314-388; I (6): pp. 376-394, with 1 fig.

KURONUMA, K. (1939). A Study on the Triglidae of Japan. Bull. Biogeogr. Soc. Jap., IX (14): 223-260, 10 figs.

LACÉPÈDE, B. G. E. (1798-1803). Histoire Naturelle des Poissons, 5 vols., Paris.

LACHNER, E. A. & S. J. KARNELLA (1980). Fishes of the Indo-Pacific genus *Eviota*, with descriptions of eight new species (Teleostei: Gobiidae). Smithson. Contrib. Zool. 315, 127 pp.

LACHNER, E. A. & J. F. McKINNEY (1978). A revision of the Indo-Pacific Fish Genas *Gobiopsis* with descriptions of four new species (Pisces: Gobiidae). Smithson. Contrib. Zool., 262, 52 pp.

LAI, C. F. (1976). The list of Marine Tropical Aquarium Fishes in Taiwan. 漁牧科學 3(11, 12): 85-97.

LAI, C. F. & L. C. HUANG (1981). A Bibliography of *Tilapia* (Fam. Cichlidae) in Taiwan. Agriculture, (22): 389-394.

李嘉亮 (1982). 臺灣魚類圖鑑 (1)。釣魚出版社。

LEE, S. C. (1967). Report on the fishes of Pescadore Islands. Biol. Bull. Taiwan Normal Univ., 2: 43-49, 1 fig.

LEE, S. C. (1979). New record of two Blennoid fishes, *Exallias brevis* and *Cirripectes fuscoguttatus* from waters of Taiwan. Bull. Inst. Zool., Acad. Sinica, 18 (1): 55-57.

LEE, S. C. (1979). A new record of the blenny, *Andamia tetradactylus* (BLEEKER) collected from Sanhsientai, Eastern Taiwan. Bull. Inst. Zool., Acad. Sinica, 18 (2): 89-90.

LEE, S. C. (1979). Intertidal fishes of a rocky pool at Wanli, Northern Taiwan. Ann. Sci. Rep. Taiwan Mus., 22: 167-190.

LEE, S. C. (1980). Intertidal fishes of the rocky pools at Lanyu (Botel Tobago), Taiwan. Bull. Inst. Zool., Acad. Sinica, 19 (2): 1-13.

LEE, S. C. (1980). Intertidal Fishes of a rocky pool of the Sanhsientai, Eastern Taiwan.

Bull. Inst. Zool., Acad. Sinica, 19 (1): 19-26.

LEE, S. C. (1980). The family Priacanthidae of Taiwan. Quart. Jour. Taiwan Mus., 33 (1, 2): 43-54.

LEE, S. C. (1980). The family Monotaxidae (Pisces: Perciformes) of Taiwan. Bull, Inst. Zool., Acad. Sinica, 22 (2): 155-160.

LEE, S. C. (1980). The genus *Paracaesio* (Perciformes: Lutjanidae) of Taiwan. Quart. Jour. Taiwan Mus., 35 (1, 2): 127-131.

LEE, S. C. (1982). The family Syngnathidae (Pisces: Syngnathidae) of Taiwan. Bull. Inst. Zool., Acad. Sinica, 22 (1): 67-82.

LEE, S. C. (1983). The family Sparidae (Pisces: Perciformes) of Taiwan. Jour. Taiwan Mus., 34 (1): 47-55.

LEE, S. C., K. H. CHANG, W. L. WU, & H. C. YANG (1977). Formosan Ribbonfishes (Perciformes: Trichiuridae). Bull. Inst. Zool., Acad. Sinica, 16 (2): 77-83.

LEE, S. C. & C. H. LEE (1981). A collection of subtidal fishes from Lanyu (Botel Tobago), Taiwan, with a note on a newly recorded Serranid, *Ypsigramma lineata*. Bull. Inst. Zool., Acad. Sinica, 20 (2): 87-89.

LEE, S. C., W. L. WU, & K. H. CHANG (1977). Food fishes of the waters off Kaohsiung, Taiwan. Ann. Sci. Rep. Taiwan Mus., 20: 245-262.

LEE, S. C. & H. C. YANG (1966). Notes on the Congrid eels of Taiwan. Biol, Bull. Taiwan Normal Univ., 1: 52-63, 9 figs.

LEE, S. C. & H. C. YANG (1967). Notes on the fishes of genus *Acropoma* found in the waters of Taiwan. Ibid., 2: 23-25, 2 figs.

LEE, S. C. & H. C. YANG (1983). Fishes of the Suborder Scombroidei of Taiwan. Bull. Inst. Zool., Acad. Sinica, 22 (2): 214-242.

LI, L. K. (1960). Addition to the Apodal Ichthyofauna of Taiwan (Formosa). Q. J. T. M., XIII (1, 2): 83-89.

LIANG, Y. S. (1948). Notes on a collection of fishes from Pescadores Islands, Taiwan. Q. J. T. M., I (2): 1 20.

LIANG, Y. S. (1948). On a small collection of fishes made by Mr. CHOW at Taiwan. Q. J. T. M., I (4): 51-60.

LIANG, Y. S. (1951). A Check list of the Fish specimens in the Taiwan Fisheries Research Institute. Lab. Biol., Rep. No. 3: 1, 35 pp.

LIANG, Y. S. (1955). Notes on the fishes of the family Uranoscopidae from Taiwan (Formosa). Q. J. T. M., VIII (2): 169-176.

LIANG, Y. S. (1960). Notes on fishes collection made by NAMERU 2. Q. J. T. M., XIII(3,

4): 175-180.

LIANG, Y. S. (1978). Study on the Taiwanian *Clarias*. 1, Classification, Interrelation and Seasonal Variation of day-length, body-weight and gonads. Rep. Inst. Fisher. Biol. Nat. Taiwan Univ., 3 (3): 1-18.

LIANG, Y. S. (1984). Notes on *Rhyacichthys aspro* found in Taiwan. Bull. Inst. Zool. Acad. Sinica, 23 (2): 211-218

LIAW, W. K. (1960). Study on the fishes from Makung, Pescadore Islands (Penghu), Taiwan. Lab. Fisher Biol. Taiwan Fisher. Res. Inst., Rep. No. 13, 26 pp., 5 pls.

LIN, S. Y. (1933). A new genus and three new species of marine fishes from Hainan Island. Lingn. Sci. Jour., XII (1): 93-96.

LIN, S. Y. (1935). Notes on some Important Sciaenid fishes of China. Bull. Chekiang Prov. Fish. Exp. Stat. I (1): 30 pp., 12 figs.

LIN, S. Y. (1936). Notes on Hair tails and Eels of China. Bull. Chekiang Prov. Fish. Exp. Stat., II (5): 1-16, 5 figs.

LINDBERG, G. U. (1974). Fishes of the World, a key to families and a checklist, Trans. by H. Hardin. Israel Prog. Trans.

LINDBERG, G. U. & Z. V. KRASYUKOVA (1967-1971). Fishes of the Sea of Japan and the adjacent areas of the Seas of Okhotsk and the Yellow Sea. Israel Prog. Trans., 3 vols.

LIU, C. H. (1978). The Sea Ornamental Fishes of Taiwan. Harvest Farm Mag.

LIU, F. H. (劉發煊) (1956). Distribution and Fluctuation of 10 important demersal fishes of the Nothern trawling ground of Taiwan. Rep. Inst. Fish. Biol. Taiwan Univ. I (1): 1-12, 2 pls., 2 tabs.

LIU, F. H. (1956). Studies on Black Croaker (*Argyrosomus nibe* J. & T.) of the Northern trawling ground of Taiwan (Contd.). Ibid., I (1): 62-67, 3 figs., 2 tabs.

LIU, F. H. (1957). The Lunar diel periodicity and the population structure of some Demersal fishes. Ibid., I (2): 1-14, 4 figs.

LIU, F. H. & G. C. CHEN (1957). A third report on the study of the Black Croaker (*Argyrosomus nibe* J. & T.) of the Northern trawling ground of Taiwan. Ibid., I (2): 33-38, 2 figs., 3 tabs.

LIU, F. H. & G. C. CHEN (1959). The Distribution and Fluctuation of some Demersal fishes of Taiwan. Ibid., I (3): 16-23, 11 figs.

LIU, F. H. & S. C. SHEN (1957). A Preliminary report on the activity of Wen-fishes (Herring-like fishes) along the Coast of Taiwan. Ibid., I (2): 24-32, 1 fig., 3 tabs.

LIU, F. H. & I. H. TUNG (1959). The Reproduction and the Spawning ground of the Lizard fishes (*Saurida tumbil* BLOCH) of Taiwan Strait. Ibid., I (3): 1-11, 4 figs, 1 pl., & 3 tabs.

Liu, W. Y. (1980).　Taxonomical study on the Soleoid Fishes from the waters around Taiwan. Master thesis.

Marshall, T. C. (1964).　Fishes of the Great Barrier Reef and Coastal Waters of Queensland.　Angus & Robertson, 566 pp., 72 pls.

Martens, E. Von (1876).　Die Preussische Expedition nach Ost-Asien. Zool. Abtheil., 2bd. Berlin. (not seen).

Martin, C. & H. R. Montabbon (1934).　Philippine Sillaginidae.　Philippine Jour. Sci., 55: 221-229.

Masuda, H., C. Araga & T. Yoshino (1975).　Coastal Fishes of Southern Japan. Tokai Univ. Press, Tokyo, 379 pp.

Masuda, H., K. Amoaka, C. Araya, T. Uyeno & T. Yoshino (1984).　The Fishes of the Japanese Archelago, 2 vols. Tokai Univ. Press.

Matsubara, K. (1936).　Plagiostomi I (Sharks), in "Fauna Nipponica", vol. XV, fas. II, No. 1, 160 pp., 93 figs. (日文)

Matsubara, K. (1936).　Plagiostomi II (Rays) & Holocephali, in "Fauna Nipponica", vol. XV, fas. II, No. 2, 70 pp., 40 figs. (日文)

Matsubara, K. (1938).　A Review of the Lizard fishes of the Genus *Synodus* found in Japan.　Journ. Imp. Fish. Inst., XXXI (1): 1-36.

Matsubara, K. (1943).　Studies on the Scorpaenoid fishes of Japan, II (6th part, Taxonomy).　Trans. Sigenk. Kenk., No. 2, pp. 171-486, figs 67-156, 4 pls.

Matsubara, K. (1971).　Fish Morphology and Hierarchy (魚類の形態と檢索), in 3 pts, pt. I, pp. XX+789, 289 figs; pt. II, pp. V+791~1605, 290~536 figs., pt. III, pp. XIII, pls. 1-135.

Matsubara, K. (1963). Systematic Zoology, vol. 9 (1, 2), Pisces (i, 2). Nakayama Shoten, Tokyo.

Matsubara, K. & T. Iwai (1965).　Ichthyology.　Koseisha-Koseikaku, Tokyo, 2 vols.

Matsudara, K. & Ochiai (1955).　A Revision of the Japanese fishes of the family PLATYCEPHALIDAE (the flatheads).　Mem. Coll. Agr., Kyoto Univ., 68, 109 pp., 33 figs., 3 pls.

McAllister, D. E. (1968).　Evolution of Branchiostegals and Classification cf Teleostome Fishes.　Bull. Nat. Mus. Canada, 221.

McCosker, J. E. (1977).　The Osteology, Classification and Relationships of the Eel family Ophichthyidae.　Proc. Calif. Acad. Sci., (4) 41 (1): 123 pp., 45 figs.

McKinney, J. P. & V. G. Springer (1976).　Four new species of the fish Genus *Ecsenius*, with notes on other species of the Genus (Blenniidae: Salariini). Smithson. Contrib. Zool., 236, 27 pp.

MEAD, G. W. (1972).　Bramidae. Dana Report No. 81.

MENON, A. G. K. (1977).　A systematic Monograph of the Tongue Soles of the Genus *Cynoglossus* HAMILTON & BUCHANAN (Pisces: Cynoglossidae). Smithson. Contrib. Zool., 238, 129 pp.

MITSUKURI, K. (箕作佳吉) (1897).　清國汕頭に於てフヒールド女史が得たる魚類の蒐集。動雜, IX (104), pp. 85-86.

MIYADI, D., H. KAWANABE, & N. MIZUNO (1976).　Colored Illustrations of the Fresh-water Fishes of Japan. Haikusha Pub. Co., Japan.

MOHR, E. (1937).　Revision der Centriscidae (Acanthopterygii, Centrisciformes). Dana Report, No. 13.

MONTALBAN, H. R. (1927).　Pomacentridae of the Philippine Islands. Bur. Sci. Manila, Monogr. 24, 117 pp., 19 pls.

MORI, T. (1952).　Check list of the Fishes of Korea. Mem. Hyogo Univ., 1 (3): 1-228.

MUNRO, I. S. R. (1955).　The Marine and Freshwater Fishes of Ceylon. Dept. External Affairs, Canberra, 351 pp., 56 pls.

MUNRO, I. S. R. (1967).　The Fishes of New Guinea. Dept. Agri., Stock & Fisher., Port Moresby, 650 pp., 78 pls.

MYERS, G. S. (1929).　A Note on the Formosan Homalopterid fishes, *Crossostoma lacustre* STEINDACHNER. Copeia, 170: 2.

MYERS, G. S. (1930).　*Ptychidio jordani*, an unusual new Cyprinoid from Formosa. Copeia, 4: 110-113, figs.

MYERS, G. S. (1932).　The two Chinese Labyrinth fishes of the Genus *Macropodus*. Lingn. Sci. Journ., XI, 3. pp. 385-403. pls. VI～VII.

NAKAMURA, H. (中村廣司) (1934).　臺灣産の珍奇なる鮫に就いて。臺灣博物會學報, XXIV, 135, pp. 486-488. 1 pl.

NAKAMURA, H. (1935). On the two species of the Thresher shark from Formosan waters. Mem. Fac. Sci. Agric. Taihoku Imp. Univ., XIV, 1 (Zool. No. 4), 6 pp., 3 pls.

NAKAMURA, H. (1935).　ララナガザメ科の二新種。臺灣博物學會報, XXV (142): 220-225.

NAKAMURA, H. (1936).　臺灣産鮫類調查報告。臺灣總督府水產試驗場報告, 7(1):1-54, 18 pls.

NAKAMURA, H. (1938).　臺灣近海産旗魚類調查報告。臺灣總督府水試驗場報告, 10: 1-34, 15 pls.

NAKAMURA, H. (1939).　臺灣近海産マグロ類調查報告, 臺灣總督府水產試驗場報告, 13: 1-15, 7 pls.

NAKAMURA, H. (1939). 臺灣のトゲウナギ。動雜，LI (8)：604-606, 1 text fig.

NAKAMURA, H. (1939). 臺灣近海產鯖類調查報告概況。臺灣水產雜誌，第288號，22-26頁。

NAKAMURA, H. (1939). キハグとイトシビの異同に關おる一考察。臺灣水產雜誌，第288號，27-32頁。

NAKAMURA, H. (1940). 海南島近海產魚類調查表（附錄：海南島近海產貝類）。臺灣總督府水產試驗場報告，15：1-30.

NAKAMURA, H. (1940). バセフカヂキの產卵習性に就いて。動雜，LII (8)：296-297, 1 fig.

NAKAMURA, H. (1941). カヂキ科魚類の習性，特にクロカヂキの產卵に就いて。動雜，LIII (1)：17-21, 2 figs.

NAKAMURA, H. (1943). 實用臺灣主要魚介圖說，100頁，200圖（臺灣水產會發行）。

NAKAMURA, I., T. IWAI, & K. MATSUBARA (1968). A Review of the Sailfish, Spearfish, Marlin and Swordfish of the World. Misaki Marine Biol. Inst., No. 4, pp. 1-95.

NAKAMURA, M. (中村守純) (1979). 原色淡水魚類檢索圖鑑。北隆館，262 pp.

NELSON, G. J. (1969). Gill arches and the phylogeny of fishes, with notes on the classification of vertebrates. Bull. Amer. Mus. Nat . Hist., 141 (4)：475-552.

NELSON, G. & M. N. ROTHMAN (1973). The species of Gizzard shads (Dorosomatinae) with particular reference to the Indo-Pacific region. Amer. Mus. Nat. Hist., 150(2)：133-206.

NOCHOLS, J. T. (1930). Some Chinese freshwater fish Synonyms. Pek. Soc. N. H. Bull., 5 (2)：15-26.

NICHOLS, J. T. (1943). The freshwater fishes of China. Nat. Hist. Cent. Asia, IX, 322 pp., 143 figs., 10 color pls., 1 map.

NIELSEN, J. G. & D. G. SMITH (1978). The Eel family Nemichthyidae (Pisces：Anguilliformes). Dana Report, No. 88.

NORMAN, J. R. (1925). Two new fishes from China. Ann. Mag. Nat. Hist. (9) XVI, p. 270.

NORMAN, J. R. (1926). A Synopsis of the rays of the family RHINOBATIDAE, with a revision of the Genus Rhinobatus. Proc. Zool. Soc. Lond., pp. 931-982, 30 figs.

NORMAN. J. R. (1934). A Systematic Monograph of the Flatfish (Heterosomata), vol. 1, 459 pp.

NORMAN, J. R. (1966). A Draft Synopsis of the Orders, Families and Genera of recent fishes and fish-like vertebrates. Brit. Mus. (Nat. Hist.), London, 649 pp.

OCHIAI, A. (1964). Soleina. Fauna Japonica, 114 pp., 24 pls.

OCHIAI, A., C. ARAGA, & M. NAKAJIMA (1955). A revision of the dragonets referable to the Genus Callionymus found in the waters of Japan. Pub. Seto Marine Biol. Lab., 5

(1)：95-132.

OKADA, Y. (1938).   A Catalogue of Vertebrates of Japan, Pisces (pp. 116-275).

OKADA, Y. (1959-60).   Studies on the Freshwater fishes of Japan, 860 pp., 61 pls., 133 figs., 135 tabs.

OKADA, Y. & H. IKEDA (1936).   Notes on the fishes of Riu Kiu Islands I, CHAETODO-NTIDAE, Bull. Biogeogr. Soc. Jap., IV, 28, pp. 253-273.

OKADA, Y. & H. IKEDA (1937).   Notes on the Fishes of the Riukiu Riu Islands, II, POM-ACENTRIDAE and CALLIONYMIDAE. Bull. Biogeogr. Soc. Jap., VII, pp. 67-95.

OKADA, Y. & H. IKEDA (1939).   Notes on the Fishes of the Riukiu Islands, IV, The Damsel fishes, Pomacentridae, collected on 1938. Trans. Biogeogr. Soc. Jap., III, pp. 131-158.

OKADA, Y. & K. MATSUBARA (1938).   Key to the Fishes and Fish-like Animals of Japan. 三省堂，東京，XI+584 pp., 113 figs. （日文）

OKADA, Y., UCHIDA & MATSUBARA (1935).   日本魚類圖說。三省堂，425+46頁，166 pls.

OKAMURA, O. (1963).   A new Macrouroid Fish found in the adjacent waters of Formosa. Bull. Misaki Marine Biol. Inst., Kyoto Univ., 4: 37-42, 2 figs.

OKAMURA, O. (1970).   Studies on the Macrouroid Fishes of Japan, Morphology, Ecology, and Phylogeny. Rep. Usa Marine Biol. Sta., 17 (1, 2): 1-179.

OKAMURA, O. (1970).   Macrourina. Fauna Japonica, 216 pp., 44 pls.

OKAMURA, O., K. AMOAKA & F. MITANI (ed.) (1983).   Fishes of the Kyushu-Palau Ridge and Tosa Bay. Japan Fisher. Res. Cons. Assoc., 435 pp.

OKAMURA, O. et al. (ed.) (1984, 1985).   Fishes of the Okinawa Trough and the adjacent waters, 1 & II, Japan Fisher. Res. Cons. Assoc.

OSHIMA, M. (1919).   Contribution to the Study of the fresh-water fishes of the Island of Formosa. Ann. Carneg. Mus., XII (2-4)：169-328, pls. XLVIII~LIII.

OSHIMA, M. (1920).   Notes on Fresh water Fishes of Formosa, with descriptions of New Genera & Species. Proc. Acad. Nat. Sci. Philad., LXXII: 120-135, pls. III~V.

OSHIMA, M. (1902).   Two new Cyprinoid fishes from Formosa. Proc. Acad. Nat. Sci. Philad., LXXII: 189-191, 2 figs.

OSHIMA, M. (1921).   臺灣に產するカラスミ鰡に就て。動雜，XXXIII (389)：71-80, 3 figs.

OSHIMA, M. (1922).   A Review of the family MUGILIDAE found in the Waters of Form-osa. Ann. Carneg. Mus., XIII (3, 4)：240-259, pls. XI~XIII.

OSHIMA, M. (1922).   A Review of the Fishes of the family CENTRICIDAE found in the waters of Formosa. Ann. Carneg. Mus., XIII (3, 4): 260-264, pls. XIII, figs 2-3.

OSHIMA, M. (1922).   日月潭に棲息する魚類に就て。動雜，XXXIV：602-609.

OSHIMA, M. (1923).　　臺灣產淡水魚の分佈を論じ併せて臺灣と附近各地との地理的關係に及ぶ，動雜，XXXV (411)：1–49.

OSHIMA, M. (1923).　　A List of the Carangoid fishes from the waters of Formosa. Proc. Pan-Pacific Sci. Cong. (Australia), II: 157–177.

OSHIMA, M. (1923).　　臺灣產淡水魚分佈補遺。動雜，XXXIV (416)：236–240.

OSHIMA, M. (1925).　　A Review of the Carangoid Fishes found in the waters of Formosa. Philipp. Journ. Sci., XXVI (3): 345–413, pl. 1.

OSHIMA, M. (1925).　　大甲溪の鱒に關する生態學的研究。植物ト動物，IV (2)：337–349.

OSHIMA, M. (1926).　　臺灣產淡水魚の一新種，「トゲウナギ」。動雜，XXXVIII (453)：194–197.

OSHIMA, M. (1927).　　A review of the Sparoid Fishes found in the waters of Formosa. Jap. Journ, Zool. I (5)：127–155.

OSHIMA, M. (1927).　　List of Flounders and Soles found in the waters of Formosa, with description of hitherto unrecorded species.　Jap. Journ. Zool., I (5)：177–204.

PATTERSON, C. & D. E. ROSEN (1977).　　Review of Ichthyodectiform and other Mesozoic Teleost fishes and the theory and practice of classifying fossils. Bull. Amer. Mus. Nat. Hist., 158 (2)：83–172.

PELLEGRIN, J. (1908).　　Poissons d'eau douce de Formose, Description d'une espèce nouvelle de la famille des Cyprinidés. Bull. Mus. Hist. Nat. Paris, XIV：262–265.

The Philippine Journal of Science, Selected Ichthyological Papers (vol. 3, 1908 to vol. 87, 1958), in 3 vols. T. F. H. Pub. Co. & Smithson. Inst.

PIETSCHMANN, V. (1911).　　Uber *Neopercis macrophthalma* n. sp. und *Heterognathoden doderleini* Ishikawa, zwei Fische aus Formosa. Ann, K. K. Hofmuseum, Wien, XXV: 431–435, 2 figs.

RANDALL, H. A. & G. R. ALLEN (1977).　　A revision of the Damselfish Genus *Dascyllus* (Pomacentridae), with the description of a new species.　Rec. Aust. Mus., 31 (9): 349–385.

RANDALL, J. E. (1955).　　An analysis of the genera of Surgeon fishes (family Acanthurldae).　Pac. Sci., 9 (3): 359–367.

RANDALL, J. E. (1955).　　A revision of the Surgeon fish Genus *Zebrasoma* and *Paracanthurus*.　Pac. Sci., 9 (4): 396–411.

RANDALL, J. E. (1955).　　A revision of the Surgeon fish Genus *Ctenochaetes*, family Acanthuridae, with description of five new species. Zoologica, 40: 149–166.

RANDALL, J. E. (1956).　　A revision of the Surgeon fish Genus *Acanthurus*. Pac. Sci., 10(2)：159–235.

RANDALL, J. E. (1958).　A revision of the Labrid fish Genus *Labroides*, with description of two new species and notes on Ecology. Pac. Sci., 12 (4)：327-347.

RANDALL, J. E. (1963).　Revision of the Hawkfishes (family Cirrhitidae). Proc. U. S. Nat. Mus., 114 (3472)：389-451.

RANDALL, J. E. (1972).　A revision of Labrid fish Genus *Anampses*. Micron., 8 (1, 2)：151-195.

RANDALL, J. E. (1975).　A revision of the Indo-Pacific Angelfish genus *Genicanthus*, with descriptions of three new species. Bull. Marine Sci., 25 (3)：393-421.

RANDALL, J. E. & G. R. ALLEN (1973).　A revision of the Gobiid fish Genus *Nemateleotris*, with descriptions of two new species. Quart. Jour. Taiwan Mus., 26 (3, 4)：347-367.

RANDALL, J. E. & R. W. BRUCE (1983).　The Parrotfishes of the Subfamily Scarinae of the Western Indian Ocean, with descriptions of three new species. Ichth. Bull. J. L. B. Smith Inst. Ichth., No. 47; 39 pp., 6 pls.

RANDALL, J. E., H. IDA, & J. C. MOYER (1981).　A revision of the Damselfishes of the Genus *Chromis* from Japan and Taiwan, with descriptions of six new species. Jap. Jour. Ichth., 28 (3)：203-242.

RANDALL, J. E. & M. M. SMITH (1982).　A review of the Labrid fishes of the Genus *Halichores* of the Western Indian Ocean, with description of six new species. Ichth. Bull. J. L. B. Smith Ichth. Inst., No. 45, 26 pp., 8 pls.

RANDALL, J. E. & S. C. SHEN (1978).　A review of the Labrid fishes of the genus *Cirrhilabrus* from Taiwan, with description of a new species. Bull. Inst. Zool., Acad. Sinica, 17 (1)：13-24.

REEVES, C. D. (1933).　Manual of Vertebrate Animals of Northeastern and Central, China, Exclusive of Birds.　Chung Hwa Book Co.,　806 pp., 169 figs.

REGAN, C. T. (1906).　A Classification of the Selachian fishes. Proc. Zool. Soc. London, pp. 722-768, 10 figs.

REGAN, C. T. (1907).　Descriptions of some new Sharks in the British Museum Collection. Ann. Mag. Nat. Hist., (7) XVII: 435-440.

REGAN, C. T. (1908).　Descriptions of new fresh-water fishes from China and Japan. Ann. Mag. Nat. Hist., (8) I: 149-153.

REGAN, C. T. (1908).　A Synopsis of the Sharks of the family Scylliorhinidae. Ann. Mag. Nat. Hist., (8) I: 453-465.

REGAN, C. T. (1908).　A Synopsis of the Sharks of the family Cestraciontidae. Ann. Mag. Nat. Hist., (8) I: 493-497.

REGAN, C. T. (1908).　A Synopsis of the family Squalidae. Ann. Mag. Nat. Hist., (8)

II: 39-57.

REGAN, C. T. (1908).　Description of New Fishes from Lake Candidius, Formosa, collected by Dr. A. MOLTRECHT.　Ann. Mag. Nat. Hist., (8) II: 358-360.

REGAN, C. T. (1908).　A Synopsis of the Subfamily Salanginae.　Ann. Mag. Nat. Hist., (8) II: 444-446.

REGAN, C. T. (1908).　A Revision of the Sharks of the family Orectolobidae.　Proc. Zool. Soc. London, pp. 347-364, pl. 11-13.

REGAN, C. T. (1911).　The Osteology and Classification of the Teleostean fishes of the Order Microcyprini.　Ann. Mag. Nat. Hist., (8) VII: 320-327.

REGAN, C. T. (1917).　A Review of the Clupeoid fishes of the Genera *Sardinella, Harengula,* etc.　Ann. Mag. Nat. Hist., (8) XIX: 377-395.

REGAN, C. T. (1917).　A Review of the Clupeoid fishes of the Genera *Pomolobus, Brevoortia,* and *Dorosoma,* and their allies.　Ann. Mag. Nat. Hist., (8) XIX: 297-316.

REGAN, C. T. (1926).　The Pediculate fishes of the Suborder Ceratoidea. The "Dana" Expeditions 1920-22 in the N. Atlantic and the Gulf of Panama. Oceanogr. Rep. 2(XIII): 1-45.

RENDAHL, H. (1945).　Die auf Formosa Vorkommende form der *Cobitis taenia.* Ark. Zool., Bd. 35, A., No. 15, 9 pp.

RICHARDSON, J. (1846).　Report on the Ichthyology of the seas of China and Japan. Report Brit. Assoc. Adv. Sci., XV, pp. 187-320.

ROSEN, D. E. (1964).　The relationships and taxonomic position of the Halfbeaks, Killifishes, Silversides, and their relatives. Bull. Amer. Mus. Nat. Hist., 127 (5): 219-267.

ROSEN, D. E. (1974).　Phylogeny and Zoogeography of Salmoniform Fishes and relationships of *Lepidogalaxias salamandroides.* Bull. Amer. Mus. Nat. Hist., 153 (2): 267-325.

ROSEN, D. E. & C. PATTERSON (1969).　The structure and relationships of the Paracanthopterygian fishes.　Bull. Amer. Mus. Nat. Hist., 141 (3): 259-474, pls. 52-78.

ROXAS, H. A. (1934).　A Review of Philippine Mugilidae.　Philipp. Journ. Sci., LIV (3): 393-431. 2 pls.

ROXAS, H. A. (1934).　A Review of Philippine Isospondylous fishes. Philipp. Journ. Sci., LV (3): 231-295, 3 pls.

SATO, T. (1971).　A revision of the Japanese Sparoid Fishes of the Genus *Lethrinus.* Jour. Fac. Sci. Univ. Tokyo, Sec. 4, 12 (2): 117-144.

SAWADA, Y. (1982).　Phylogeny and Zoogeography of the Superfamily Gobitoidea (Cyprinoidei, Cypriniformes). Mem. Fac. Fisher. Hokkaido Univ., 28 (2): 65-223.

SCHMIDT, P. (1930).　Fishes of the Riukiu Islands. Trans Pac. comm. Acad. Sci. USSR., I:

19-156, pls. 1-6.

SCHMIDT, P. (1930).　A List of the fishes of the Riukiu Islands, Collected by K. Awaya on 1929.　Bull. Acad. Sci, USSR., pp. 541-558.

SCHMIDT, P. (1930).　A Check-list of the Fishes of the Riukiu Islands. Journ. Pan-Pacific Res. Inst., Honolulu, V (4): 2-5.

SCHULTZ, L. P. (1943).　Fishes of the Phoenix and Samoan Islands collected in 1939 during the expedition of the U. S. S. "Bushnell". Bull. U. S. Nat. Mus., 180, 316 pp.

SCHULTZ, L. P. (1957).　The Frogfishes of the family Antennariidae. Proc. U. S. Nat. Mus., 107 (3383): 47-105.

SCHULTZ, L. P. (1958).　Review of the Parrotfishes family Scaridae. U. S. Nat. Bull. 214, 143 pp., 27 pls.

SCHULTZ, L. P. (1968).　Four new fishes of the Genus *Parapercis*, with notes on other species, from the Indo-Pacific area (family Mugiloididae). Proc. U. S. Nat. Mus., 124 (3636): 1-16.

SCHULTZ, L. P. (1969).　The taxonomic states of the controversial genera and species of Parrotfishes, with a descriptive list (family Scaridae). Smithson. Contrib. Zool. No. 17, 49 pp., 8 pls.

SCHULTZ, L. P. & Collaborators (1953, 1960, 1966).　Fishes of the Marshall and Marianas Islands, 3 vols.　U. S. Nat. Mus. Bull. 202.

SEALE, A (1914),　Fishes of Hongkong. Philipp. Journ. Sci., 9 (1): 59-81, 2 pls.

SHAO, K. T. & K. H. CHANG (1978).　A revision of the Sandborers (Genus *Sillago*) of Taiwan.　Bull. Inst. Zool., Acad. Sinica, 17 (1): 1-11.

SHEN, S. C. (1959).　Anchovies found in Taiwan. Rept. Inst. Fish. Biol. Nat. Taiwan Univ., I (3): 24-37, 3 pls.

SHEN, S. C. (1960, 1).　*Bregmaceros lanceolatus* and *Bregmaceros pescadorus*, two new species from Taiwan.　Q. J. T. M., XIII (1, 2): 67-74, 9 figs., 2 pls.

SHEN, S. C. (1960, 2).　Contribution to the Fishes from Quemoy (Kinmen). Q. J. T. M., XIII (3, 4): 191-213.

SHEN, S. C. (1963).　On the occurance of Leptocephali in the estuary of Tam-Sui River of Taiwan.　Q. J. T. M., XVI (3, 4): 261-269, 14 figs.

SHEN, S. C. (1964). Notes on the Leptocephali and Juveniles of *Elops saurus* L. and *Albula vulpes* (L.) collected from the estuary of Tam-sui River in Taiwan. Q. J. T. M., XVII (1, 2): 61-66, 3 figs.

SHEN, S. C. (1967).　Studies on the Flatfishes (Pleuronectiformes or Heterosomata) in the adjacent waters of Hongkong. Q. J. T. M., XX (1, 2): 149-281, 6 tabs., 160 figs.

SHEN, S. C. (1969).　Additions to the study of Flatfishes in the adjacent waters of Hong Kong.　Rep. Inst. Fisher. Biol. Nat. Taiwan Univ., 2 (4): 19-27.

SHEN, S. C. (1971).　Osteological study on *Springeratus xanthosoma* (BLEEKER) from the Indo-Pacific region, exclusive of South Africa, Australia and New Zealand.　Rep. Inst. Fisher. Biol. Nat. Taiwan Univ., 2 (4): 16-39.

SHEN, S. C. (1971).　Notes on Clingfishes and its distributions. Bull. Inst. Zool., Acad. Sinica, 10 (2): 83-95.

SHEN, S. C. (1971).　A new genus of Clinid fishes from the Indo-Pacific, with a redescription of *Clinus nematopterus*.　Copeia, 4: 697-707.

SHEN, S. C. (1973).　Study on the Chaetodont fishes (Chaetodontidae), with description of a new species and its distribution. Rep. Inst. Fisher. Biol. Nat. Taiwan Univ., 3 (1): 1-74.

SHEN, S. C. (1974).　Two new records of the genus *Rhinomuraena* (family Muraenidae) found in the waters of Taiwan.　Acta Oceanogr. Taiwanica, 4: 181-190.

SHEN, S. C. (1976).　Study on the Goatfishes-Mullidae. Acta Oceanogr. Taiwanica, 6: 151-178.

SHEN, S. C. (1983).　Study on the Bothid Fishes (Family Bothidae) from Taiwan. Jour. Taiwan Mus., 34 (1): 1-41.

SHEN, S. C. (1984).　Synopsis of Fishes of Taiwan. Southern Materials Center, Inc., 533 pp.

SHEN, S. C. (1984).　Costal Fishes of Taiwan.　Taiwan Mus., 189 pp., 152 pls.

SHEN, S. C. & S. K. CHEN (1977).　Study on the Anemonefishes (Pomacentridae: Subfamily Amphiprioninae) from Taiwan and its adjacent Islands.　Nat. Sci. Coun. Month., 5: 116-121.

SHEN, S. C. & S. K. CHEN (1978, 1979).　Study on the Demoiselles (Pomacentridae: Pomacentrinae) from Taiwan.　Quart. Jour. Taiwan Mus., 31 (3, 4): 203-262; 32 (1, 2): 37-98.

SHEN, S. C. & Y. H. CHOI (1976).　Study on the Labrid fishes (Labridae). Rep. Inst. Fisher. Biol. Nat. Taiwan Univ., 3 (2): 67-106.

SHEN, S. C. & Y. H. CHOI (1978).　Study on the Labrid fishes (Labridae). Rep. Inst. Fisher. Biol. Nat. Taiwan Univ., 3 (3): 68-126.

SHEN, S. C. & C. LAM (1977).　A review of the Cardinal fishes (family Apogonidae) from Taiwan.　Acta Oceanogr. Taiwanica, 6: 154-192.

SHEN, S. C. & C. LAM (1977).　First records of *Chelmo rostratus* and *Forcipiger longirostris* from the waters of Taiwan.　Jap. Jour. Ichth., 24 (3): 207-212.

SHEN, S. C. & C. H. LEE (1981).　Study on Sole fishes (family Soleidae) from Taiwan.

Bull. Inst. Zool., Acad. Sinica, 20 (2)：29-39, 16 figs.

SHEN, S. C. & P. J. LEE (1979).　A revision of the family Cirrhitidae from Taiwan. Acta Oceanogr. Taiwanica, 10：183-193.

SHEN, S. C. & P. C. LIM (1973).　Study on the Surgeon fishes (family Acanthuridae) and its distribution with description of three new species. Rep. Inst. Fisher. Biol. Nat. Taiwan Univ., 3 (1)：76-157.

SHEN, S. C. & P. C. LIM (1973).　Study on the Plectognath fishes—a. The family of Ostraciontoid fishes, Ostraciontidae. Acta Oceanogr. Taiwanica, 3：245-267.

SHEN, S. C. & P. C. LIM (1974).　Study on the Plectognath fishes—b. The family of Canthigasterid fishes, Canthigasteridae.　Bull. Inst. Zool., Acad. Sinica, 13 (1)：15-34.

SHEN, S. C. & P. C. LIM (1974).　Study on the Plectognath fishes—d. The family Balistidae. Acta Oceanogr. Taiwanica, 4：191-223.

SHEN, S. C. & P. C. LIM (1975).　An additional study on Chaetodont fishes (Chaetodontidae) with description of two new species. Bull. Inst. Zool., Acad. Sinica, 14(2)：79-105.

SHEN, S. C., P. C. LIM, & W. H. TING (1975).　Study on the Plectognath fishes — c. The family Tetraodontidae.　Acta Oceanogr. Taiwanica, 5：152-178.

SHEN, S. C., R. P. LIM, & C. C. LIU (1979).　Redescription of a protandrous hermaphroditic moray eel (*Rhinomuraena quaestia* GARMAN). Bull. Inst. Zool., Acad. Sinica, 18 (2)：79-87.

SHEN, S. C. & W. W. LIN (1984).　Some New Records of Fishes from Taiwan, with descriptions of three New Species. Taiwan Mus. Spe. Pub. Ser. No. 4.

SHEN, S. C., C. C. LIU, & C. H. LEE (1980).　A revision on Squirrelfishes (Holocentridae) from the adjacent waters of Taiwan, with the description of six new records. Quart. Jour. Taiwan Mus., 33 (3, 4)：231-241.

SHEN, S. C. & H. J. TAO (1972).　Notes on Chimaeroid fish, *Chimaera phantasma* JORDAN & SNYDER, and its distribution.　Chinese Bioscience, 1 (4)：65-82.

SHEN, S. C. & W. H. TING (1972).　Notes on some rare continental shelf fishes and description of two new species. Bull. Inst. Zool., Acad. Sinica, 11 (1)：13-31.

SHIMIZU, T. & T. YAMAKAWA (1979).　Review of the squirrelfishes (family Holocentridae：Order Beryciformes) of Japan, with description of a new species.　Jap. Jour. Ichth., 26 (2)：109-147.

SMITH, J. L. B. (1956-66).　Ichth. Bull. No. 1-32.　Dept. Ichth. Rhodes Univ., Grahamstown.

SMITH, J. L. B. (1961).　The Sea Fishes of Southern Africa.　Central News Agency, S. Africa, 580 pp., 111 pls.

SMITH, J. L. B. & M. M. SMITH (1969).　The fishes of Seychelles. Dept. Ichth., Rhodes

Univ., Grahamstown.

SMITH, M. M. (1975). Common and Scientific Names of the fishes of Southern Africa. J. L. B. Smith Inst. Ichth. Spec. Pub. No. 14, 178 pp.

SMITH-VANIZ, M. F. (1976). The Saber-toothed Blennies, tribe Nemophini (Blenniidae). Acad. Nat. Sci. Philad., Monogr. 19.

SMITH-VANIZ, W. F. & V. G. SPRINGER (1971). Synopsis of the tribe Salariini, with description of five new genera and three new species (Pisces: Blenniidae). Smithson. Contrib. Zool., 72, 73 pp.

SNYDER, J. O. (1907). A Review of the family Mullidae, Surmullets or Goatfishes of the shores of Japan. Proc. U. S. Nat. Mus., XXXII (1513): 87-102.

SNYDER, J. O. (1908). Descriptions of eighteen new species and two new genera of Fishes from Japan and the Riukiu Islands. Proc. U. S. Nat. Mus., XXXV (1635): 93-111.

SNYDER, J. O. (1909). Descriptions of new genera and species of Fishes from Japan and Riukiu Islands. Proc. U. S. Nat. Mus., XXXVI (1688): 597-610.

SNYDER, J. O. (1911). Descriptions of new genera and species of Fishes from Japan and the Riukiu Islands. Proc. U. S. Nat. Mus., XL (1836): 449-525.

SNYDER, J. O. (1912). The Fishes of Okinawa, one of the Riukiu Islands. Proc. U. S. Nat. Mus., XLII (1913): 487-519.

SPRINGER, V. G. (1964). A revision of the Carcharhinid shark Genera *Scoliodon*, *Loxodon*, and *Rhizoprionodon*. Proc. U. S. Nat. Mus., 115 (3493): 559-632.

SPRINGER, V. G. (1967). Revision of the Circumtropical Shorefish genus *Entomacrodus* (Blenniidae: Salariinae). Proc. U. S. Nat. Mus., 122 (3582): 150 pp. 30 pls.

SPRINGER, V. G. (1968). Osteology and Classification of the fishes of the family Blenniidae. U. S. Nat. Mus., Bull. 284, 85 pp., 11 pls.

SPRINGER, V. G. (1971). Revision of the fish Genus *Ecsenius* (Blenniidae: Blenniinae, Salariini). Smithson. Contrib. Zool., 72, 74 pp.

SPRINGER, V. G. (1972). Synopsis of the tribe Omobranchini, with description of three new genera and two new species (Pisces: Blenniidae). Smithson. Contrib. Zool., 130, 31 pp.

SPRINGER, V. G. (1972). Additions to revisions of the blenniid fish Genera *Ecsenius* and *Entomacrodus*, with descriptions of three new species of *Ecsenius*. Smithson. Contrib. Zool., 134, 13 pp.

SPRINGER, V. G. & M. F. GOMON (1975). Revision of the Blenniid fish Genus *Omobranchus*, with descriptions of three new species and notes on other species of the tribe Omobranchini. Smithson. Contrib. Zool., 177, 135 pp.

SPRINGER, V. G. & J. E. RANDALL (1974). Two new species of the Labrid Fish Genus *Cirrhilabrus* from the Red Sea. Israel Jour. Zool., 23: 45-54.

SPRINGER, V. G. & W. F. SMITH-VANIZ (1968). Systematics and distribution of the Monotypic Indo-Pacific Blenniid Fish Genus *Atrosalarias*. Proc. U. S. Nat. Mus., 124 (3643): 12 pp., 1 pl.

SPRINGER, V. G. & W. F. SMITH-VANIZ (1972). Mimetic relationships involving fishes of the Family Blenniidae. Smithson. Contrib. Zool., 112, 36 pp.

SPRINGER, V. G. & A. E. SPREITZER (1978). Five new species and a new genus of Indian Ocean Blenniid fishes, tribe Salariini, with a key to genera of the tribe. Smithson. Contrib. Zool., 268, 20 pp.

STEENE, R. C. (1977). Butterfly and Angelfishes of the world, Vol. 1. Wiley-Interscience.

STEHMANN, M. (1976). Revision der Rajoiden-Arten des nordlichen Indischen Ozean und Indopazifik (Elasmobranchii, Batoidea, Rajiiformes). Beaufortia, 24 (315): 133-175.

SUZUKI, K. (1962). Anatomical and Taxonomical studies on the Carangid Fishes of Japan. Rep. Fac. Fish. Pref. Univ. Mie, 4 (2): 43-232.

TANAKA, S. (田中茂穗) (1911). Figures and Descriptions of the Fishes of Japan, 1-48, 1911-1930. 49-59, 1953-58, 富山一郎，阿部宗明續寫。

TANAKA, S. & ABE(1955-1957). 圖說有用魚類千種（正），294+12頁，（續）295-383+3-85頁，森北出版，東京。

TCHANG, T. L. (張春霖) (1931). Contribution à l'étude morphologique, biologique et taxonomic des Cyprinidés du basin du Yangtze, 171 pp. 11, figs., 4 pls.

TCHANG, T. L. (1933). The Study of Chinese Cyprinoid fishes, Pt. I. Zool. Sinica, (B), II (1): 247 pp., 115 fig., 5 pls.

TCHANG, T. L. & COLLABORATORS (1955). Fishes of the Yellow Sea and Pohai, China. XVI+362 pp., 206 figs.

TEMMINCK, C. J. & H. SCHLEGEL (1850). SIEBOLD'S Fauna Japonica, Pisces, 1842-1850, 323 pp., 144 pls.

TENG, H. T. (鄧火土) (1958, 1). 臺灣產圓口類一新種。中國水產六十六期。

TENG, H. T. (1958). 記臺灣鱒的形態與生態。中國水產七十二期。

鄧火土 (1958). 臺灣產板鰓類之研究，第一報，臺灣未記載鮫類十八種。臺灣省水產試驗所試驗報告，第三號，pp. 1-30.

TENG, H. T. (1959). 臺灣高地產陸封鮭魚的形態與生態。水試報告第五號，pp. 77-82, 5 figs.

TENG, H. T. (1962). 臺灣產軟骨魚類の分類ならびに分布に關する研究。304 pp., 77 figs.

TENG, H. T. & C. H. CHEN (1972). Pacific Lancefish (*Alepisaurus borealis* GILL) found in the southern waters of Taiwan. Bull. Taiwan Fisher. Res. Inst., 20: 145-151.

TENG, H. T. & C. H. CHEN (1972).　Black Monk-sillago (*Pseudoscopelus scriptus sagamianus* TANAKA) found in the southern waters of Taiwan. Bull. Taiwan Fisher. Res. Inst., 20: 153-156.

TENG, H. T. & T. R. CHEN (1960).　Contribution to the studies of Fishes from I-lan and Lo-tong District. Lab. Fish. Biol. Rep., No. 11, 28 pp.

THOMAS, P. A. (1969).　The Goatfishes (family Mullidae) of the Indian Seas. Marine Biol. Assoc. India, Mem. III.

TINKER, S. W. (1978).　Fishes of Hawaii. Hawaiian Service, 532+XXXV pp.

TOMIYAMA, I. (1936).　Gobiidae of Japan. Jap. Jour. Zool., VII (1): 37-112, 44 figs.

TOMIYAMA, I. (1955).　Notes on some fishes, including one new genus and three new species from Japan, the Ryukyu and Pescadores. Jap. Jour. Ichth., 4 (1/3): 1-15.

TOMIYAMA, I. (1972).　List of the fishes preserved in the Aitsu Marine Biological Station, Kumanoto University, with notes on some interesting species and descriptions of two new species. Pub. Amakusa Marine Biol. Lab., 3 (1): 1-21, 9 figs.

TOMIYAMA, I., T. ABE, & T. TOKIOA (1958).　原色動物大圖鑑，II. 北隆館，東京，XIV+392+86 PP.

TREWAVAS, E. (1977).　The Sciaenid fishes (croakers or drums) of the Indo-West-Pacific. Zool. Soc. London, pp. 253-541, 61 figs., 14 pls.

TSAI, C. F. (1960).　A study of fishes belonging to Genus *Cephalopholis* from Taiwan and Pescadore Islands. Q. J. T. M., XIII (3, 4): 181-190, 1 fig.

TSENG, C. S. & S. C. SHEN (1982).　Studies on the Homalopterid Fishes of Taiwan, with description of a new species. Bull. Inst. Zool., Acad. Sinica, 21 (2): 161-169.

TSENG, W. Y. (1976).　本省吳郭魚之種類。漁牧科學，4 (1): 9-28.

TSENG, W. Y. & C. H. CHEN (1971).　Pacific Portholefish (*Diplophos pacificus* GÜNTHER) found in waters of Taiwan. Bull. Taiwan Fisher. Res. Inst., 18: 125-127.

TUCKER, D. W. (1956).　Studies on the Trichiuroid Fishes. —3. A. Preliminary revision of the Family Trichiuridae. Bull. Brit. Mus. (Nat. Hist.) Zool., 4 (3): 73-130.

TUNG, I. H. (1959).　Notes on the food habit of Lizzard fish (*Saurida tumbil* BLOCH) of Taiwan Strait. Rep. Inst. Fisher. Biol. Nat. Taiwan Univ., 1 (3): 38-41, 1 fig., 3 tabs.

TYLER, J. C. (1968).　A Monograph on Plectognath Fishes of the Superfamily Triacanthoidea. Acad. Nat. Sci. Philad. Monogr. 16.

WAKIYA, Y. (脇谷洋次郎) (1924).　The Carangid fishes of Japan. Carneg. Mus., XV (2, 3): 139-292, pls. 15-38.

WATANABE, M. (1960).　COTTIDAE. Fauna Japonica, 218 pp., 40 pls.

WATANABE, M. (1972). First record of the Gobioid Fish, *Rhyacichthys aspro*, from Formosa. Jap. Jour. Ichth., 19 (2): 120-124.

WEBER, M. & L. F. de BEAUFORT (1911-1936). The Fishes of the Indo-Australian Archipelago, vols. 1-7.

WHITEHEAD, P. J. P. (1965). A preliminary revision of the Indo-Pacific Alosinae (Pisces: Clupeidae). Bull. Brit. Mus. (Nat. Hist.) Zool., 12 (4): 117-156.

WHITEHEAD, P. J. P. (1965). A revision of the Elopoid and Clupeoid Fishes of the Red Sea and adjacent regions. Bull. Brit. Mus. (Nat. Hist.) Zool., 12 (7): 227-281.

WHITEHEAD, P. J. P. (1966). The Elopoid and Clupeoid Fishes in Richardson's "Ichthyology of the seas of China and Japan" 1846. Bull. Brit. Mus. (Nat. Hist.) Zool., 14 (2): 3-45., 7 pls.

WHITEHEAD, P. J. P. (1967). The Clupeoid Fishes of Malaya. Jour. Mar. Ass. India, 9 (2): 223-280.

WHITEHEAD, P. J. P., M. BOESEMAN, & A. C. WHEELER (1966). The Types of Bleeker's Indo-Pacific Elopoid and Clupeoid Fishes. Zool. Verhand., No. 84, Brill, Leiden.

伍漢霖，金鑫波 (1979). 中國有毒魚類和藥用魚類。300 pp.

WU, H. W. (伍獻文) (1932). Contribution à l'étude morphologique, biologique, et systematique des Poisons Heterosome de la Chine. 179 pp.

伍獻文等 (1964, 1977). 中國鯉科魚類誌，上下卷。

YANG, H. C. (楊鴻嘉) (1957). 臺灣新發見的鷄冠刀魚。中國水產，第五十五期，6－7頁。

楊鴻嘉 (1963). 論臺灣之鮫類。中國水產，125: 2-9.

楊鴻嘉 (1964). 論臺灣之鱝類與銀鮫類。中國水產，134: 2-6.

YANG, H. C. (1967). Poisonous and venomous fishes of Taiwan. Ann. Sci. Rep. Taiwan Mus., 10: 36-71 (in Chinese).

楊鴻嘉 (1967). 蘇澳小型拖網漁業調查。臺灣省水產試驗所試驗報告，第十三號，pp. 137-156.

楊鴻嘉 (1967). 中國鱒之發現。中國水產，171: 6.

楊鴻嘉 (1969). 東港深海拖網漁場之魚羣相。臺灣省水產試驗所試驗報告，第十五號，pp. 123-138.

楊鴻嘉 (1970). 臺灣的旗魚類。臺灣省水產試驗所試驗報告，第十六號，pp. 159-169.

楊鴻嘉，陳同白 (1971). 臺灣重要食用魚介圖說。農復會農業彙刊第 10 號，4+98 pp.

YANG, H. C. & C. H. CHUNG (1978). Studies on the intertidal fishes and their geographical distribution in Liuchiu Island. Ann. Sci. Rep. Taiwan Mus., 21: 197-229.

YANG, H. C. & S. C. LEE (1964). Study on the Fishes of Tainan Hsien, pt. 1. 35 pp., 3 figs.

YANG, H. C. & S. C. LEE (1965). Study on the Fishes of Tainan Hsien, pt. 2. 31 pp., 12 figs.

楊鴻嘉，李信徹 (1966).　　臺灣新發現的蓆鱗鱈鰻。臺灣省立博物館科學年刊，9：29-31.

楊鴻嘉，鄧火土 (1969).　　臺灣新發現的鮭頭魚。臺灣省水產試驗所試驗報告，第十五號，pp. 117-121.

YIN, Y. (尹燕) (1960).　　Studies on the Ribbon fishes (*Trichiurus*) and their Juveniles. Q. J. T. M. XIII (1, 2)：75-81, 5 figs.

YOSHIZAWA (吉澤莊作) (1898).　　臺灣の魚類。動雜，XI (124)：77-78.

YU, M. J. (1963).　　The fishes of the family HOLOCENTRIDAE found in the Waters of Taiwan. Ichth. Ser. Tunghai Univ., No. 2, 20 pp., 10 figs.

YU, M. J. (1968).　　The Labrid fishes of Taiwan. Ichth. Ser. Tunghai Univ., No. 4, 137 pp., 57 figs.

YU, M. J. & C. H. CHUNG (1975).　　A study of the shorefishes of Liuchiu Island, with description of twenty-nine new records for the Taiwan area.　Biol. Bull. Tunghai Univ., 42：1-26.

YOUNG, R. T., K. S. CHI, S. C. HU, & H. T. CHEN (1975).　　Corals, fishes and benthic biota of Hsiao-Liuchiu.　Inst. Oceanogr. Nat. Taiwan Univ., Spec. Pub. 7, 53 pp.

西文名稱索引

(魚類部分)

Z

中文名稱索引

(魚類部分)

附　　錄

臺灣產軟骨魚類簡明目錄

（包括文昌魚及盲鰻之類）

狹心綱 LEPTOCARDII

右殖文昌魚科 EPIGONICHTHYIDAE

1. 魯卡亞文昌魚
   Asymmetron Iucayanum ANDREWS

頭甲綱
CEPHALASPIDOMORPHI

黏盲鰻科 EPTATRETIDAE

2. 蒲氏黏盲鰻
   Eptatretus burgeri (GIRARD)
3. 陳氏准盲鰻
   Paramyxine cheni SHEN & TAO
4. 楊氏准盲鰻
   Paramyxine yangi TENG
5. 臺灣准盲鰻
   Paramyxine taiwanae SHEN & TAO
6. 日本准盲鰻
   Paramyxine atami DEAN

軟骨魚綱 CHONDRICHTHYES

六鰓鮫目 HEXANCHIFORMES

六鰓鮫科 HEXANCHIDAE

7. 油夷鮫
   Heptranchias pectorosus GARMAN
8. 尖頭七鰓鮫
   Heptranchias perlo (BONNATERRE)
9. 灰六鰓鮫
   Hexanchus griseus (BONNATERRE)

棘鮫目 SQUALIFORMES

棘鮫科 SQUALIDAE

10. 油角棘鮫
    Squalus acanthias LINNAEUS
11. 高棘棘鮫
    Squalus blainville (RISSO)
12. 斐南氏棘鮫
    Squalus fernandinus MOLINA
13. 短吻棘鮫
    Squalus megalops MACLEAY
14. 鬚棘鮫
    Cirrhigaleus barbifer TANAKA
15. 燈籠棘鮫
    Etmopterus lucifer JORDAN & SNYDER
16. 烏棘鮫
    Etmopterus pusillus (LOWE)
17. 篦吻棘鮫
    Deania eglantina JORDAN & SNYDER
18. 尖吻棘鮫
    Deania aciculata (GARMAN)
19. 鏃棘尖鰭鮫
    Centrophorus armatus (GILCHRIST)
20. 尖鰭鮫
    Centrophorus lusitanicus BOCAGE & CAPELLO
21. 黑緣尖鰭鮫
    Centrophorus atromarginatus GARMAN
22. 皺皮尖鰭鮫
    Centrophorus scalpratus McCULLOCH
23. 黑尖鰭鮫
    Centrophorus acus GARMAN
24. 鄧氏尖鰭鮫
    Centrophorus niaukany TENG

黑鮫科 DALATIIDAE

25. 小抹香鮫
Squaliolus alii TENG

26. 黑鮫
Dalatias licha (BONNATERRE)

27. 大溪黑鮫
Dalatias tachiensis SHEN & TING

笠鱗鮫科 ECHINORHINIDAE

28. 笠鱗鮫
Echinorhinus brucus (BONNATERRE)

鋸鮫目 PRISTIOPHORIFORMES

鋸鮫科 PRISTIOPHORIDAE

29. 日本鋸鮫
Pristiophorus japonicus GÜNTHER

琵琶鮫目 SQUATINOIFORMES

琵琶鮫科 SQUATINIDAE

30. 擬背斑琵琶鮫
Squatina tergocellatoides CHEN

31. 日本琵琶鮫
Squatina japonica BLEEKER

32. 雲斑琵琶鮫
Squatina nebulosa REGAN

33. 臺灣琵琶鮫
Squatina formosa SHEN & TING

異齒鮫目 HETERODONTIFORMES

異齒鮫科 HETERODONTIDAE

34. 日本異齒鮫
Heterodontus japonicus DUMÉRIL

35. 斑紋異齒鮫
Heterodontus zebra (GRAY)

鬚鮫目 ORECTOLOBIFORMES

鯨鮫科 RHINCODONTIDAE

36. 鯨鮫
Rhincodon typus ANDREW SMITH

鬚鮫科 ORECTOLOBIDAE

37. 斑鬚鮫
Orectolobus maculatus (BONNATERRE)

38. 日本鬚鮫
Orectolobus japonicus REGAN

39. 臺灣喉鬚鮫
Cirrhoscyllium formosanum TENG

40. 銹鬚鮫
Ginglymostoma ferrugineum (LESSON)

41. 大尾虎鮫
Stegostoma fasciatum (HERMANN)

42. 狗鮫
Chiloscyllium punctatum (MÜLLER & HENLE)

43. 斑竹狗鮫
Chiloscyllium plagiosum (BENNETT)

44. 印度狗鮫
Chiloscyllium colax (MEUSCHEN)

鼠鮫目 LAMNIFORMES

鯖鮫科 LAMNIDAE

45. 灰鯖鮫
Isurus glaucus (MÜLLER & HENLE)

46. 食人鮫
Carcharodon carcharias (LINNAEUS)

象鮫科 CETORIIINIDAE

47. 象鮫
Cetorhinus maximus (GUNNERUS)

狐鮫科 ALOPIIDAE

48. 淺海狐鮫

Alopias pelagicus NAKAMURA

49. 狐鮫
Alopias vulpinus (BONNATERRE)

50. 深海狐鮫
Alopias profundus NAKAMURA

砂鮫科 ODONTASPIDIDAE

51. 戟齒砂鮫
Odonlaspis taurus (RAFINESQUE)

52. 揚氏砂鮫
Carcharias yangi TENG

白眼鮫目
CARCHARINIFORMES

貓鮫科 SCYLIORHINIDAE

53. 依氏蝲鮫
Galeus eastmani (JORDAN & SNYDER)

54. 梭氏蝲鮫
Galeus sauteri (JORDAN & RICHARDSON)

55. 頭鮫
Cephaloscyllium umbratile JORDAN & FOWLER

56. 星頭鮫
Cephaloscyllium formosanum TENG

57. 斑貓鮫
Atelomycterus marmoratus (BENNETT)

58. 豹鮫
Halaelurus burgeri (MÜLLER & HENLE)

59. 廣吻篦鮫
Apristurus macrorhynchus TANAKA

擬貓鮫科 PSEUDOTRIAKIDAE

60. 啞吧鮫
Pseudotriakis acrages JORDAN & SNYDER

平滑鮫科 TRIAKIDAE

61. 星貂鮫
Mustelus manazo BLEEKER

62. 灰貂鮫

Mustelus griseus PIETSCHMANN

63. 白沙貂鮫
Mustelus kanekonis (TANAKA)

64. 三峯齒鮫
Triakis scyllia MÜLLER & HENLE

65. 鼉鮫
Triaenodon abesus (RÜPPELL)

66. 原鮫
Proscyllium habereri (HILGENDORF)

67. 日本原鮫
Proscyllium venustum (TANAKA)

白眼鮫科 CARCHARHINIDAE

68. 寬尾曲齒鮫
Scoliodon laticaudus MÜLLER & HENLE

69. 廣鼻曲齒鮫
Loxodon macrorhinus MÜLLER & HENLE

70. 尖頭曲齒鮫
Rhizoprionodon acutus (RÜPPELL)

71. 槍頭鮫
Hypoprion macloti (MÜLLER & HENLE)

72. 恆河白眼鮫
Carcharhinus gangeticus (MÜLLER & HENLE)

73. 汙斑白眼鮫
Carcharhinus longimanus (POEY)

74. 杜氏白眼鮫
Carcharhinus dussumieri (MÜLLER & HENLE)

75. 白邊鰭白眼鮫
Carcharhinus albimarginatus (RÜPPELL)

76. 沙拉白眼鮫
Carcharhnus sorrah (MÜLLER & HENLE)

77. 沙條白眼鮫
Carcharhinus plumbeus (NARDO)

78. 絲光白眼鮫
Carcharhinus faciformis (MÜLLER & HENLE)

79. 短尾白眼鮫
Carcharhinus brachyurus (GÜNTHER)

80. 汙灰白眼鮫

Carcharhinus abscurus (LESUEUR)

81. 烏翅白眼鮫
Carcharhinus melanopterus (QUOY &
GAIMARD)

82. 牛公白眼鮫
Carcharhinus leucus (MÜLLER & HENLE)

83. 黑印白眼鮫
Carcharhinus limbatus (MÜLLER &
HENLE)

84. 鋸峯齒鮫
Prionace glauca (LINNAEUS)

85. 倍氏沙條鮫
Negogaleus balfouri (DAY)

86. 小口沙條鮫
Negogaleus microstoma (BLEEKER)

87. 大口沙條鮫
Negogaleus macrostoma (BLEEKER)

88. 鄧氏沙條鮫
Negogaleus tengi CHEN

89. 鼬鮫
Galeocerdo cuvier (LESSUEUR)

90. 日本灰鮫
Galeorhinus japonicus (MÜLLER &
HENLE)

91. 黑緣灰鮫
Galeorhinus hyugaensis (MIYOSHI)

丫髻鮫科 SPHYRNIDAE

92. 八鰭丫髻鮫
Sphyrna mokarran (RÜPPELL)

93. 紅肉丫髻鮫
Sphyrna lewini (GRIFFITH)

94. 丫髻鮫
Sphyrna zygaena (LINNAEUS)

鱝魟目 RAJIFORMES

龍文鱝科 RHYNCHOBATIDAE

95. 吉打龍文鱝
Rhynchobatue djiddensis (FORSSKÅL)

96. 波口鱟頭鱝
Rhina ancylostoma BLOCH & SCHNEIDER

琵琶鱝科 RHINOBATIDAE

97. 臺灣琵琶鱝
Rhinobatos formosensis NORMAN

98. 薛氏琵琶鱝
Rhinobatos schlegelii MÜLLER & HENLE

99. 犁頭琵琶鱝
Rhinobatos hennicephalus RICHARDSON

100. 顆粒琵琶鱝
Rhinobatos granulatus CUVIER

101. 中國黃點鯆
Platyrhina sinensis (BLOCH &
SCHNEIDER)

102. 林氏黃點鯆
Platyrhina limboonkengi TANG

鰩魟科 RAJIDAE

103. 天狗老板鯆
Raja tengu JORDAN & FOWLER

104. 黑老板鯆
Raja fusca GARMAN

105. 平背老板鯆
Raja kenojei MÜLLER & HENLE

106. 何氏老板鯆
Raja hollandi JORDAN & RICHARDSON

107. 大眼老板鯆
Raja macrophthalma ISHIYAMA

108. 奧遜老板鯆
Raja olseni BIGELOW & SCHROEDER

109. 銳棘老板鯆
Raja acutispina ISHIYAMA

110. 多棘老板鯆
Raja porosa porosa GÜNTHER

裸鯆科 ANACANTHOBATIDAE

111. 黑身司氏裸鯆
Springeria melanosoma CHAN

電鱝目 TORPEDINIFORMES

電鱝科 TORPEDINIDAE

112. 印度木鏟電鱝
Narcine maculata (SHAW)
113. 丁氏木鏟電鱝
Narcine timlei (BLOCH & SCHNEIDER)
114. 深海電鱝
Benthobatis moresbyi ALCOCK
115. 地中海電鱝
Torpedo nobiliana BONAPARTE
116. 東京電鱝
Torpedo tokionis (TANAKA)
117. 日本電鱝
Narke japonica (TEMMINCK & SCHLEGEL)
118. 睡電鱝
Crassinarke dormitor TAKAGI

鋸鱝目 PRISTIFORMES

鋸鱝科 PRISTIDAE

119. 鋸鱝
Pristis cuspidatus LATHAM

魟目 MYLIOBATIFORMES

平魟科 UROLOPHIDAE

120. 平魟
Urolophus aurantiacus MÜLLER & HENLE
121. 孟達平魟
Urotrygon mundus GILL

土魟科 DASYATIDAE

122. 非洲刺土魟
Urogymnus africanus (BLOCH & SCHWEIDER)
123. 梅英帶尾土魟
Taeniura meyeni MÜLLER & HENLE

124. 黑點帶尾土魟
Taeniura melanospilos BLEEKER
125. 豹紋土魟
Dasyatis uarnak (FORSSKÅL)
126. 齊氏土魟
Dasyatis gerrardi (GRAY)
127. 黃土魟
Dasyatis bennetti (MÜLLER & HENLE)
128. 鬼土魟
Dasyatis lata (GARMAN)
129. 小眼土魟
Dasyatis microphthalmus CHEN
130. 牛土魟
Dasyatis ushiei JORDAN & HUBBS
131. 尖嘴土魟
Dasyatis zugei (MÜLLER & HENLE)
132. 陳氏土魟
Dasyatis cheni TENG
133. 光土魟
Dasyatis laevigatus CHU
134. 古氏土魟
Dasyatis kuhlii (MÜLLER & HENLE)
135. 赤土魟
Dasyatis akajei (MÜLLER & HENLE)
136. 黑土魟
Dasyatis navarrae (STEINDACHNER)

鳶魟科 GYMNURIDAE

137. 菱鳶魟
Aetoplatea zonura BLEEKER
138. 日本鳶魟
Gymnura japonica (TEMMINCK & SCHLEGEL)
139. 戴星鳶魟
Gymnura bimaculata (NORMAN)

燕魟科 MYLIOBATIDAE

140. 燕魟
Myliobatis tobijei BLEEKER
141. 星點圓吻燕魟
Aetomylaeus maculatus (GRAY)

142. 青帶圓吻燕魟
    Aetomylaeus nichofii (BLOCH &
        SCHNEIDER)
143. 鷹形圓吻燕魟
    Aetomylaeus milvus (MÜLLER & HENLE)
144. 雪花鴨嘴燕魟
    Aetobatus narinari (EUPHRASEN)
145. 網紋鴨嘴燕魟
    Aetobatus reticulatus TENG

叉頭燕魟科 RHINOPTERIDAE

146. 叉頭燕魟
    Rhinoptera javanica MÜLLER & HENLE

蝠魟科 MOBULIDAE

147. 日本蝠魟
    Mobula japonica (MÜLLER & HENLE)

148. 臺灣蝠魟
    Mobula formosona TENG
149. 姬蝠魟
    Mobula diabolus (SHAW)
150. 鬼蝠魟
    Manta birostris (DONNDORFF)

六鰓魟科 HEXATRYGONIDAE

151. 楊氏六鰓魟
    Hexatrygon yangi SHEN & LIU

緩齒目 BRADYODONTIFORMES

短鼻銀鮫科 CHIMAERIDAE

152. 黑線銀鮫
    Chimaera phantasma JORDAN & SNYDER

臺灣產硬骨魚類簡明目錄

硬骨魚綱 OSTEICHTHYES

鱘目 ACIPENSERIFORMES

鱘科 ACIPENSERIDAE

1. 中華鱘
   Acipenser chinensis GRAY

骨咽目 OSTEOGLOSSIFORMES

駝背魚科 NOTOPTERIDAE

2. 駝背魚
   Notopterus notopterus (PALLAS)

海鰱目 ELOPHIFORMES

海鰱科 ELOPIDAE

3. 夏威夷海鰱
   Elops saurus LINNAEUS

大眼海鰱科 MEGALOPIDAE

4. 大眼海鰱
   Megalops cyprinoides (BROUSSONET)

狐鰮科 ALBULIDAE

5. 狐鰮
   Albula vulpes (LINNAEUS)

鰻目 ANGUILLIFORMES

鰻鱺科 ANGUILLIDAE

6. 白鰻
   Anguilla japonica TEMMINCK & SCHLEGEL

7. 鱸鰻
   Anguilla marmorata QUOY & GAIMARD
8. 南洋鰻
   Anguilla bicolor pacifica SCHMIDT

蚓鰻科 MORINGUIDAE

9. 大頭蚓鰻
   Moringua macrocephala (BLEEKER)
10. 線蚓鰻
    Moringua abbreviata (BLEEKER)

鯙科 MURAENIDAE

11. 斑蝮鯙
    Echidna zebra (SHAW)
12. 多環蝮鯙
    Echidna polyzona (RICHARDSON)
13. 星帶蝮鯙
    Echidna nebulosa (AHL)
14. 喜樂蝮鯙
    Echidna delicatula (KAUP)
15. 黑身管鼻鯙
    Rhinomuraena quaesita GARMAN
16. 長尾鯙
    Thyrsoidea macrurus (BLEEKER)
17. 豹紋鯙
    Muraena pardalis TEMMINCK & SCHLE-GEL
18. 花裸胸鯙
    Gymnothorax pictus (AHL)
19. 密點裸胸鯙
    Gymnothorax thyrsoidea (RICHARDSON)
20. 裂吻裸胸鯙
    Gymnothorax schismatorhynchus (SHAW)
21. 黃黑斑裸胸鯙
    Gymnothorax meleagris (SHAW)
22. 豹紋裸胸鯙
    Gymnothorax polyuranodon (BLEEKER)

23. 黃邊鰭裸胸鯙
Gymnothorax flavimarginatus (RÜPPELL)
24. 濶帶裸胸鯙
Gymnothorax petelli BLEEKER
25. 環帶裸胸鯙
Gymnothorax ruppelli (McCLELLAND)
26. 疎條紋裸胸鯙
Gymnothorax reticularis BLOCH
27. 密條紋裸胸鯙
Gymnothorax punctatofasciatus
(BLEEKER)
28. 蠕紋裸胸鯙
Gymnothorax kidako (TEMMINCK &
SCHLEGEL)
29. 疎斑裸胸鯙
Gymnothorax undulatus (LACÉPÈDE)
30. 淡網紋裸胸鯙
Gymnothorax pseudothyrsoideus
(BLEEKER)
31. 暗網紋裸胸鯙
Gymnothorax richardsoni (BLEEKER)
32. 班第氏裸胸鯙
Gymnothorax berndti SNYDER
33. 伯恩斯裸胸鯙
Gymnothorax buroensis (BLEEKER)
34. 黑斑裸胸鯙
Gymnothorax melanospilus (BLEEKER)
35. 澎湖裸胸鯙
Gymnothorax pescadoris JORDAN &
EVERMANN
36. 花鰭裸胸鯙
Gymnothorax fimbriatus (BENNETT)
37. 大斑裸胸鯙
Gymnothorax favagineus BLOCH &
SCHNEIDER
38. 白斑裸胸鯙
Gymnothorax leucostigma JORDAN &
RICHARDSON
39. 花斑裸胸鯙
Gymnothorax neglectus TANAKA
40. 雲紋裸胸鯙

Gymnothorax chilospilus BLEEKER
41. 暗色裸胸鯙
Gymnothorax hepatica RÜPPELL
42. 苔斑鯙
Aemasia lichenosa JORDAN & SNYDER
43. 眼斑裸胸鯙
Gymnothorax monostigmus (REGAN)
44. 銳齒鰻鯙
Enchelynassa canina QUOY & GAIMARD
45. 布氏竹鯙
Strophidon brummeri BLEEKER
46. 竹鯙
Strophidon ui TANAKA
47. 一色裸鯙
Gymnomuraena concolor (RÜPPELL)
48. 斑紋裸鯙
Gymnomuraena marmorata LACÉPÈDE

糯鰻科 CONGRIDAE

49. 大眼擬海糯鰻
Parabathymyrus macrophthalmus
KAMOHARA
50. 銼吻海糯鰻
Bathymyrus simus SMITH
51. 白糯鰻
Anago anago (TEMMINCK & SCHLEGEL)
52. 異糯鰻
Alloconger anagoides (BLEEKER)
53. 大異糯鰻
Alloconger major ASANO
54. 繁星糯鰻
Conger myriaster (BREVOORT)
55. 魏氏糯鰻
Conger wilsoni (BLOCH & SCHNEIDER)
56. 灰糯鰻
Conger cinereus RÜPPELL
57. 緋糯鰻
Rhynchocymba nystromi (JORDAN &
SNYDER)
58. 突吻糯鰻
Rhynchoconger ectenurus (JORDAN &

RICHARDSON)

59. 短吻糯鰻
Rhynchoconger brevirostris CHEN & WENG

60. 黑邊鰭糯鰻
Congrina retrotincta JORDAN & SNYDER

61. 狹尾糯鰻
Uroconger lepturus (RICHARDSON)

海鰻科 MURAENESOCIDAE

62. 灰海鰻
Muraenesox cinereus (FORSSKÅL)

63. 百吉海鰻
Muraenesox bagio (HAMILTON)

64. 鶴海鰻
Congresox talabon (CANTOR)

65. 擬鶴海鰻
Congresox talabonoides (BLEEKER)

66. 狹頜海鰻
Oxyconger leptognathus (BLEEKER)

鴨嘴鰻科 NETTASTOMIDAE

67. 線尾鴨嘴鰻
Chlopsis fierasfer JORDAN & SNYDER

68. 臺灣鴨嘴鰻
Chlopsis taiwanensis CHEN & WENG

異糯鰻科 XENOCONGRIDAE

69. 二齒異糯鰻
Kaupichthys diodontus SCHULTZ

蛇鰻科 OPHICHTHYIDAE

70. 陳氏油鰻
Myrophis cheni CHEN & WENG

71. 裸蟲鰻
Muraenichthys gymnotus BLEEKER

72. 大口蛇鰻
Brachysomophis cirrhochilus (BLEEKER)

73. 中國鬃蛇鰻
Cirrimuraena chinensis KAUP

74. 竹節蛇鰻
Myrichthys colubrinus BOODAERT

75. 安歧蛇鰻
Myrichthys aki TANAKA

76. 巨斑蛇鰻
Myrichthys maculosus (CUVIER)

77. 盲蛇鰻
Bascanichthys kirkii (GÜNTHER)

78. 半環平蓋蛇鰻
Leiuranus semicinctus (LAY & BENNETT)

79. 食蟹壹齒蛇鰻
Pisoodonophis cancrivorus (RICHARDSON)

80. 波路壹齒蛇鰻
Pisoodonophis boro (HAMILTON-BUCHANAN)

81. 斑蛇鰻
Microdonophis polyphthalmus (BLEEKER)

82. 紋蛇鰻
Microdonophis erabo JORDAN & SNYDER

83. 頸帶蛇鰻
Ophichthys cephalozona BLEEKER

84. 愛氏蛇鰻
Ophichthys evermanni JORDAN & RICHARDSON

85. 裾蛇鰻
Ophichthys urolophus (TEMMINCK & SCHLEGEL)

86. 頂蛇鰻
Ophichthys apicalis (BENNETT)

87. 長身蛇鰻
Ophichthys macrochir (BLEEKER)

88. 錦蛇鰻
Ophichthys tsuchidai JORDAN & SNYDER

盲糯鰻科 DYSOMMIDAE

89. 盲糯鰻
Dysomma angullaris BARNARD

90. 尖嘴盲糯鰻
Dysomma melanurum CHEN & WENG

線鰻科 NEMICHTHYIDAE

91. 線鰻
Nemichthys scolopaceus RICHARDSON

92. 反嘴線鰻
Avocettina infans (GÜNTHER)

鯡目 CLUPEIFORMES

鰮科 DUSSUMIERIIDAE

93. 灰海荷鰮
Spratelloides gracilis (TEMMINCK & SCHLEGEL)
94. 喜樂鰮
Spratelloides delicatulus (BENNETT)
95. 尖杜氏鰮
Dussumieria acuta CUVIER & VALENCIENNES
96. 哈氏鰮
Dussumieria hasselti BLEEKER
97. 臭肉鰮
Etrumeus terres (DE KAY)

水滑科 DOROSOMATIDAE

98. 海鯽
Anodontostoma chacunda (BUCHANAN-HAMILTON)
99. 高鼻水滑
Nematolosa nasus (BLOCH)
100. 日本水滑
Nematolosa japonica REGAN
101. 銀鱗水滑
Clupanodon thrissa (LINNAEUS)
102. 斑點水滑
Clupanodon punctatus (TEMMINCK & SCHLEGEL)

鯡科 CLUPEIDAE

103. 瘦青鱗魚
Herklotsichthys schrammi (BLEEKER)
104. 斑青鱗魚
Herklotsichthys punctatus (RÜPPELL)
105. 花蓮青鱗魚
Herklotsichthys hualiensis (CHU & TSAI)
106. 塞姆砂魟
Sardinella sirm (WALBAUM)
107. 白腹小砂魟
Sardinella clupeoides (BLEEKER)
108. 平腹小砂魟
Sardinella leiogaster CUVIER & VALENCIENNES
109. 黃砂魟
Sardinella aurita (CUVIER & VALENCIENNES)
110. 長頭砂魟
Sardinella longiceps CUVIER & VALENCIENNES
111. 黑尾砂魟
Sardinella melanura (CUVIER)
112. 金帶砂魟
Sardinella gibbosa (BLEEKER)
113. 星德砂魟
Sardinella sindensis (DAY)
114. 縫鱗砂魟
Sardinella fimbriata (CUVIER & VALENCIENNES)
115. 孔鱗砂魟
Sardinella perforata (CANTOR)
116. 短身砂魟
Sardinella brachysoma BLEEKER
117. 白砂魟
Sardinella albella (CUVIER & VALENCIENNES)
118. 青花魚
Sardinella zunasi (BLEEKER)
119. 神仙青花魚
Sardinella nymphea (RICHARDSON)
120. 無斑砂魟
Sardinops immaculata (KISHINOUYE)
121. 黑點砂魟
Sardinops melanosticta TEMMINCK & SCHLEGEL
122. 花點鰣
Macrura kelee (CUVIER)
123. 黎氏鰣

Macrura reevesii (RICHARDSON)

124. 中國鰣

Macrura sinensis (LINNAEUS)

125. 庇隆鰳

Pellona ditchela CUVIER & VALENCIENNES

126. 印度鰳

Ilisha indica (SWAINSON)

127. 長鰳

Ilisha elongata (BENNETT)

128. 後鰭魚

Opisthopterus tardoore (CUVIER & VALENCIENNES)

鯷科 ENGRAULIDAE

129. 鱭

Voilia mystus (LINNAEUS)

130. 七絲鱭

Coilia grayii RICHARDSON

131. 日本鯷

Engraulis japonicus (HOUTTUYN)

132. 異葉銀帶鰶

Stolephorus heterolobus (RÜPPELL)

133. 左氏銀帶鰶

Stolephorus buccaneeri STRASBURG

134. 擬異葉銀帶鰶

Stolephorus pseudoheterolobus HERDENBERG

135. 屈里銀帶鰶

Stolephorus tri (BLEEKER)

136. 印度銀帶鰶

Stolephorus indicus (VAN HASSELT)

137. 孔氏銀帶鰶

Stolephorus commersonii LACÉPÈDE

138. 巴達維銀帶鰶

Stolephorus bataviensis HARDENBERG

139. 絲翅鰶

Setipinna taty (CUVIER & VALENCIENNES)

140. 杜氏劍鰶

Thrissocles dussumieri (CUVIER & VALENCIENNES)

141. 髭吻劍鰶

Thrissocles setirostris (BROUSSONET)

142. 干麥爾劍鰶

Thrissocles kammalensis (BLEEKER)

143. 哈氏劍鰶

Thrissocles hamiltonii (GRAY)

144. 鬚劍鰶

Thrissocles mystax (BLOCH & SCHNEIDER)

145. 平胸劍鰶

Thrissina baelama (FORSSKÅL)

寶刀魚科 CHIROCENTRIDAE

146. 寶刀魚

Chirocentrus dorab (FORSSKÅL)

147. 高身寶刀魚

Chirocentrus hypselosoma BLEEKER

鼠鱚目 GONORHYNCHIFORMES

鼠鱚科 GONORHYNCHIDAE

148. 鼠鱚

Gonorhynchus abbreviatus TEMMINCK & SCHLEGEL

虱目魚科 CHANIDAE

149. 虱目魚

Chanos chanos (FORSSKÅL)

鯉目 CYPRINIFORMES

平鰭鰍科 HOMALOPTERIDAE

150. 臺灣纓口鰍

Crossorstoma lacustre STEINDACHNER

151. 埔里吸腹鰍

Sinogastromyzon puliensis LIANG

152. 臺灣爬岩鰍

Hemimyzon formosanum (BOULENGER)

153. 臺東爬岩鰍

Hemimyzon taitungensis TSENG & SHEN

鯉科 CYPRINIDAE

154. 黑鰱
Aristichthys nobilis (RICHARDSON)

155. 白鰱
Hypophthalmichthys molitrix (CUVIER &
VALENCIENNES)

156. 臺灣鰍鮀
Gobiobotia cheni BANAERSCU & NALB-
ANT

157. 間鰍鮀
Gobiobotia intermedia intermedia
BANAERSCU & NALBANT

158. 鯉魚
Cyprinus (Cyprinus) carpio haematopterus
TEMMINCK & SCHLEGEL

159. 鯽魚
Carassius auratus auratus (LINNAEUS)

160. 白鱎
Hemiculter leucisculus (BASILEWSKY)

161. 屏東鱎
Hemiculter akoeusis OSHIMA

162. 紅鰭鮊魚
Culter erythropterus BASILEWSKY

163. 大鱗鱎
Ischikauia macrolepis macrolepis REGAN

164. 大目孔
Sinibrama macrops (GÜNTHER)

165. 尖頭鮊魚
Erythroculter oxycephalus (BLEEKER)

166. 翹嘴鮊魚
Erythroculter illishaformis illishaformis
(BLEEKER)

167. 臺灣黃鯝魚
Rasborinus formosae OSHIMA

168. 線紋黃鯝魚
Rasborinus lineatus (PELLEGRIN)

169. 鯃魚
Distoechodon tumirostris PETERS

170. 青魚
Mylopharyngodon piceus (RICHARDSON)

171. 草魚
Ctenopharyngodon idellus (CUVIER &
VALENCIENNES)

172. 菊池氏細鯽
Aphyocypris kikuchii (OSHIMA)

173. 中臺鯪
Xenocypris medius (OSHIMA)

174. 叉尾鯪
Xenocypris schisturus (OSHIMA)

175. 平頜鱲
Zacco platypus (TEMMINCK & SCHLE-
GEL)

176. 丹氏鱲
Zacco temmincki (TEMMINCK & SCHLE-
GEL)

177. 粗首鱲
Zacco pachycephalus GÜNTHER

178. 臺灣馬口魚
Candidia barbata (REGAN)

179. 點鱊
Rhodeus ocellatus (KNER)

180. 鱊
Rhodeus spinalis OSHIMA

181. 臺灣石鮒
Paracheilognathus himategus GÜNTHER

182. 蘭嶼石鮒
Metzia mesembrina (JORDAN & EVERM-
ANN)

183. 臺灣白魚
Pararasbora moltrechtii REGAN

184. 長棘魶
Spinibarbus elongatus OSHIMA

185. 何氏棘魶
Spinibarbus hollandi OSHIMA

186. 紅目鱨
Capoeta semifasciolata (GÜNTHER)

187. 史氏紅目鱨
Puntius snyderi OSHIMA

188. 軟魶
Acrossocheilus (Lissochilichthys) labiatus
(REGAN)

189. 石鱝
Acrossocheilus (Acrossocheilus) formos-
anus (REGAN)
190. 條紋石鱝
Acrossocheilus (Acrossocheilus) fasciatus
(STEINDACHNER)
191. 鯝魚
Varicorhinus barbatulus (PELLEGRIN)
192. 高身鯝魚
Varicorhinus alticorpus (OSHIMA)
193. 鯁魚
Cirrhina molitorella (CUVIER & VALEN-
CIENNES)
194. 嘉魚
Ptychidio jordani MYERS
195. 鮕
Hemibarbus labeo (PALLAS)
196. 羅漢魚
Pseudorasbora parva (TEMMINCK &
SHLEGEL)
197. 小鰁
Sarcocheilichthys parvus NICHOLS
198. 斑鰁
Sarcocheilichthys nigripinnis (GÜNTHER)
199. 飯島氏麻魚
Gnathopogon ijimae OSHIMA
200. 短吻鐮柄魚
Abbottina brevirostris GÜNTHER

鰍科 COBITIDAE

201. 沙鰍
Cobitis taenia LINNAEUS
202. 土鰍
Misgurnus anguillicaudatus (CANTOR)
203. 粗鱗土鰍
Misgurnus decemcirrosus BASILEWSKY

鯰目 SILURIFORMES

塘蝨魚科 CLARIIDAE

204. 塘蝨魚

Clarias fuscus (LACÉPÈDE)

鯰科 SILURIDAE

205. 鯰魚
Parasilurus asotus (LINNAEUS)

鰻鯰科 PLOTOSIDAE

206. 鰻鯰
Plotosus anguillaris (BLOCH)

海鯰科 ARIIDAE

207. 斑海鯰
Arius maculatus (THUNBERG)
208. 沙加海鯰
Arius sagor (HAMILTON-BUCHANAN)
209. 泰來海鯰
Arius thalassinus (RÜPPELL)

鮰科 AMBLYCEPIDAE

210. 南投鮰
Liobagrus nantoensis OSHIMA
211. 紅鮰
Liobagrus reini HILGENDORF
212. 臺灣鮰
Liobagrus formosanus REGAN

鮠科 BAGRIDAE

213. 橙色黃顙魚
Pseudobagrus aurantiacus (TEMMINCK &
SCHLEGEL)
214. 長黃顙魚
Pseudobagrus tenuis GÜNTHER
215. 日月潭鮠
Leiocassis brevianalis (REGAN)
216. 臺灣鮠
Leiocassis taiwanensis (OSHIMA)
217. 淡水河鮠
Leiocassis adiposalis (OSHIMA)
218. 粗唇鮠
Leiocassis crassilabris crassilabris
GÜNTHER

219. 截尾鮠
Leiocassis truncatus REGAN

鮭目 SALMONIFORMES

水珍魚科 ARGENTINIDAE

220. 水珍魚
Argentina kagoshimae JORDAN &
SNYDER
221. 半帶水珍魚
Argentina semifasciata KISHINOUYE

黑頭魚科 ALEPOCEPHALIDAE

222. 黑頭魚
Alepocephalus bicolor ALCOCK

鮭科 SALMONIDAE

223. 櫻花鉤吻鮭
Oncorhynchus masou (BREVOORT)
224. 虹鱒
Salmo gairdneri irideus GIBBONS

鮎科 PLECOGLOSSIDAE

225. 鮎
Plecoglossus altivelis (TEMMINCK &
SCHLEGEL)

銀魚科 SALANGIDAE

226. 銳頭銀魚
Salanx acuticeps REGAN
227. 有明銀魚
Salanx ariakensis KISHINOUYE

廣口魚目 STOMIATIFORMES

櫛口魚科 GONOSTOMATIDAE

228. 太平洋櫛口魚
Diplophos pacificus GÜNTHER
229. 長身櫛口魚

Gonostoma elongatum GÜNTHER

胸狗母科 STERNOPTYCHIDAE

230. 豐年狗母
Polyipnus spinosus GÜNTHER
231. 銀斧狗母
Argyropelecus aculeatus CUVIER &
VALENCIENNES

廣口魚科 STOMIATIDAE

232. 阿羅氏廣口魚
Stomias nebulosus ALCOCK
233. 貢氏廣口魚
Stomias affinis GÜNTHER

蝰魚科 CHAULIODONTIDAE

234. 正蝰魚
Chauliodus sloanei sloanei SCHNEIDER
235. 次蝰魚
Chauliodus sloanei secundus EGE

食星魚科 ASTRONESTHIDAE

236. 食星魚
Astronesthes lucifer GILBERT

三叉槍魚科 IDIACANTHIDAE

237. 三叉槍魚
Idiacanthus fasciola PETERS

黑膚口魚科 MELANOSTOMIATIDAE

238. 長鬚眞黑廣口魚
Eustomias longibarba PARR
239. 明鰭布袋狗母
Photonectes albipennis (DÖDERLEIN)
240. 黑廣口魚
Melanostomias melanopogon REGAN &
TREWAVAS
241. 纖黑廣口魚
Leptostomias robustus IMAI

仙女魚目 AULOPIFORMES

仙女魚科 AULOPIDAE

242. 仙女魚
Hime japonica (GÜNTHER)

青眼魚科 CHLOROPHTHALMIDAE

243. 雙角青眼魚
Chlorophthalmus bicornis NORMAN
244. 短吻青眼魚
Chlorophthalmus agassizi BONAPARTE
245. 日本青眼魚
Chlorophthalmus japonicus KAMOHARA
246. 青眼魚
Chlorophthalmus albatrossis JORDAN &
STARKS
247. 北方青眼魚
Chlorophthalmus borealis KURONUMA &
YAMAGUCHI
248. 尖吻青眼魚
Chlorophthalmus acutifrous HIYAMA
249. 黑緣青眼魚
Chlorophthalmus nigromarginatus
KAMOHARA

大鱗狗母科 SCOPELOSAURIDAE

250. 何氏大鱗狗母
Scopelosaurus hoedti BLEEKER
251. 哈氏大鱗狗母
Scopelosaurus harryi (MEAD)

合齒科 SYNODONTIDAE

252. 長蜥魚
Saurida elongatus (TEMMINCK & SCHL-
EGEL)
253. 小蜥魚
Saurida gracilis (QUOY & GAIMARD)
254. 絲鰭蜥魚
Saurida filamentosa OGILBY
255. 鱷蜥魚

Saurida wanieso SHINDO & YAMADA
256. 錦鱗蜥魚
Saurida tumbil (BLOCH)
257. 正蜥魚
Saurida undosquamis (RICHARDSON)
258. 褐狗母
Synodus fuscus TANAKA
259. 雙斑狗母
Synodus binotatus SCHULTZ
260. 恩氏狗母
Synodus englemani SCHULTZ
261. 裸頰狗母
Synodus jaculum RUSSELL & CRESSEY
262. 花狗母
Synodus variegatus (LACÉPÈDE)
263. 叉斑狗母
Synodus macrops TANAKA
264. 紅斑狗母
Synodus rubromarmoratus RUSSELL &
CRESSEY
265. 短吻花狗桿魚
Trachinocephalus myops (BLOCH &
SCHNEIDER)

鎌齒科 HARPODONTIDAE

266. 鎌齒魚
Harpodon nehereus (HAMILTON-
BUCHANAN)
267. 小鰭鎌齒魚
Harpodon microchir GÜNTHER

裸狗母科 PARALEPIDAE

268. 大西洋裸狗母
Paralepis atlantica KRØYER
269. 巨尾裸狗母
Stemonosudis macrura (EGE)
270. 混裸狗母
Stemonosudis miscella (EGE)
271. 中間裸狗母
Lestrolepis intermedia (POEY)
272. 日本裸狗母

Lestidium japonica TANAKA

273. 正裸狗母

Lestidium nudum GILBERT

274. 印太裸狗母

Lestidium indopacificum EGE

275. 正大西洋裸狗母

Lestidium atlanticum BORODIN

槍蜥魚科 ALEPISAURIDAE

276. 北方槍蜥魚

Alepisaurus borealis GILL

燈籠魚目 MYCTOPHIFORMES

燈籠魚科 MYCTOPHIDAE

277. 短鰭燈籠魚

Neoscopelus microchir MATSUBARA

278. 七星魚

Benthosema pterota (ALCOCK)

279. 寬燈籠魚

Diaphus latus GILBERT

280. 細燈籠魚

Diaphus diadematus TANING

鱈形目 GADIFORMES

鼠尾鱈科 MACROURIDAE

281. 多棘鬚鱈

Coelorhynchus multispinulosus
　　KATAYAMA

282. 蒲原氏鬚鱈

Coelorhynchus kamoharai MATSUBARA

283. 臺灣鬚鱈

Coelorhynchus formosanus OKAMURA

284. 絲鰭鬚鱈

Coelorhynchus dorsalis GILBERT & HUBBS

285. 鴨嘴鬚鱈

Coelorhynchus anatirostris JORDAN &
　　GILBERT

286. 松原氏鬚鱈

Coelorhynchus matsubarai OKAMURA

287. 橫帶鬚鱈

Coelorhynchus cingulatus GILBERT &
　　HUBBS

288. 岸上氏鬚鱈

Coelorhynchus kishinouyi JORDAN &
　　SNYDER

289. 東京鬚鱈

Coelorhynchus tokiensis (STEINDACHNER
　　& DÖDERLEIN)

290. 吉勃氏鬚鱈

Coelorhynchus gilberti JORDAN & HUBBS

291. 長鬚條鱈

Hymenocephalus longiceps SMITH &
　　RADCLIFFE

292. 正條鱈

Hymenocephalus striatissimus JORDAN &
　　GILBERT

293. 軟頭條鱈

Malacocephalus laevis (LOWE)

294. 黑背鰭底鱈

Ventrifossa nigrodorsalis GILBERT &
　　HUBBS

295. 加曼氏底鱈

Ventrifossa garmani (JORDAN &
　　GILBERT)

海鰗鰍科 BREGMACEROTIDAE

296. 矢狀海鰗鰍

Bregmaceros lanceolatus SHEN

297. 澎湖海鰗鰍

Bregmaceros pescadorus SHEN

298. 澳洲海鰗鰍

Bregmaceros nectabanus WHITLEY

299. 日本海鰗鰍

Bregmaceros japonicus TANAKA

300. 斑點海鰗鰍

Bregmaceros macclellandi THOMPSON

稚鱈科 MORIDAE

301. 日本鬚稚鱈

Physiculus japonicus HILGENDORF

302. 土佐鬚稚鱈
Physiculus tosaensis KAMOHARA
303. 紅鬚稚鱈
Physiculus roseus ALCOCK
304. 喬丹氏稚鱈
Physiculus jordani BÖHLKE & MEAD
305. 無鬚稚鱈
Physiculus inbarbatus KAMOHARA
306. 蝦夷磯鬚鱈
Lotella maximowiczi HERZENSTEIN
307. 磯鬚鱈
Lotella phycis (TEMMINCK & SCHLEGEL)

鬚鼬科 BROTULIDAE

308. 無鬚鼬魚
Sirembo imberbis (TEMMINCK & SCHLE-GEL)
309. 棘無鬚鼬魚
Hoplobrotula armata (TEMMINCK & SCHLEGEL)
310. 多鬚鼬魚
Brotula multibarbata TEMMINCK & SCHLEGEL
311. 黑斑新鼬魚
Neobythites nigromaculatus KAMOHARA
312. 新鼬魚
Neobythites sivicolus (JORDAN & SNYDER)
313. 紋身新鼬魚
Neobythites fasciatus SMITH & RADCLI-FFE
314. 尖鰭鼬魚
Homostolus acer SMITH & RADCLIFFE
315. 庫馬鼬魚
Monomitopus kumai JORDAN & HUBBS
316. 布氏鼬魚
Bassobythites brunswigi BAUER
317. 細鱗鼬魚
Itatius microlepis MATSUBARA
318. 硫球鼬魚
Brotulina fusca FOWLER
319. 小眼鼬魚

Dinematichthys iluocoeteoides BLEEKER
320. 蓆鱗鼬魚
Otophidium asiro JORDAN & FOWLER

隱魚科 CARAPIDAE

321. 底隱魚
Carapus owasianus MATSUBARA
322. 荷姆隱魚
Carapus homei (RICHARDSON)
323. 密星隱魚
Jordanicus gracilis (BLEEKER)

鮟鱇目 LOPHIIFORMES

鮟鱇科 LOPHIIDAE

324. 黃鮟鱇
Lophius litulon (JORDAN)
325. 鮟鱇
Lophiomus setigerus (VAHL)
326. 日本鮟鱇
Lophiodes mutilus (ALCOCK)

躄魚科 ANTENNARIIDAE

327. 蒲氏躄魚
Histiophryne bougainvilli (CUVIER & VALENCIENNES)
328. 斑馬躄魚
Phrynelox zebrinus SCHULTZ
329. 三齒躄魚
Phrynelox tridens (TEMMINCK & SCHLEGEL)
330. 黑躄魚
Phrynelox nox (JORDAN)
331. 高棘躄魚
Antennarius altipinnis SMITH & RADCLIFFE
332. 眼斑躄魚
Antennarius nummifer (CUVIER)
333. 粉紅躄魚
Antennarius coccineus (LESSON)

334. 花鮟
Histrio histrio histrio (LINNAEUS)

單棘躄魚科 CHAUNACIDAE

335. 細點單棘躄魚
Chaunax pictus LOWE
336. 阿部氏單棘躄魚
Chaunax abei LE DANOIS

棘茄科 OGCOCEPHALIDAE

337. 日本二鰓棘茄魚
Dibranchus japonicus AMAOKA &
TOYOSHIMA
338. 棘茄魚
Halieutaea stellata (VAHL)
339. 雲紋棘茄魚
Halieutaea fumosa ALCOCK
340. 費氏棘茄魚
Halieutaea fitzsmonsi (GILCHRIST &
THOMPSON)
341. 網紋棘茄魚
Halicmetes reticulatus SMITH &
RADCLIFFE
342. 環紋三角棘茄魚
Malthopsis annulifera TANAKA
343. 密星三角棘茄魚
Malthopsis lutea ALCOCK

疎刺鮟鱇科 HIMANTOLOPHIIDAE

344. 疎刺鮟鱇
Himantolophlus groenlandicus
REINHARDT

密刺鮟鱇科 CERATIIDAE

345. 密刺鮟鱇
Cryptopsaras couesi GILL

鯉齒目
CYPRINODONTIFORMES

鶴鱵科 BELONIDAE

346. 扁鶴鱵
Belone persimilis GÜNTHER
347. 尖嘴扁頷鶴鱵 Ablennes anastomella
(CUVIER & VALENCIENNES)
348. 扁頷鶴鱵
Ablennes hians (CUVIER & VALENCIEN-
NES)
349. 垂吻鶴鱵
Thalarsosteus appendiculatus (KLUNZIN-
GER)
350. 圓尾鶴鱵
Tylosurus strongylurus (VAN HASSELT)
351. 臺灣圓尾鶴鱵
Tylosurus leiurus (BLEEKER)
352. 大鱗圓尾鶴鱵
Tylosurus incisus (CUVIER & VALENCIE-
NNES)
353. 大鶴鱵
Tylosurus annulata (CUVIER & VALENC-
IENNES)
354. 叉尾鶴鱵
Tylosurus melanotus (BLEEKER)
355. 鱷形鶴鱵
Tylosurus crocodila (LE SUEUR)

鱵科 HEMIRHAMPHIDAE

356. 長吻鱵
Euleptorhamphus viridis (VAN HASSELT)
357. 塞氏鱵
Hemirhamphus sajori TEMMINCK &
SCHLEGEL
358. 長頭鱵
Hemirhamphus intermedius CANTOR
359. 喬氏鱵
Hemirhamphus georgi CUVIER &
VALENCIENNES
360. 黑尾鱵
Hemirhamphus melanurus CUVIER &
VALENCIENNES

361. 杜氏鱵
Hemirhamphus dussumieri CUVIER & VALENCIENNES
362. 庫氏鱵
Hemirhamphus quoyi CUVIER & VALENCIENNES
363. 星鱵
Hemirhamphus far (FORSSKÅL)
364. 水針鱵
Hemirhamphus marginatus (FORSSKÅL)

突頜文鰩魚科 OXYPORHAMPHIDAE

365. 突頜文鰩魚
Oxyporhamphus micropterus micropterus (CUVIER & VALENCIENNES)

文鰩魚科 EXOCOETIDAE

366. 白短翅擬文鰩魚
Parexocoetus brachypterus brachypterus (RICHARDSON)
367. 黑短翅擬文鰩魚
Parexocoetus mento mento CUVIER & VALENCIENNES
368. 大頭文鰩魚
Exocoetus volitans LINNAEUS
369. 單鬚文鰩魚
Exocoetus monocirrhus RICHARDSON
370. 尖頭文鰩魚
Hirundichthys oxycephalus (BLEEKER)
371. 細身文鰩魚
Hirundichthys speculiger (CUVIER & VALENCIENNES)
372. 隆德爾文鰩魚
Danichthys rondelelii (CUVIER & VALENCIENNES)
373. 短翅眞文鰩魚
Prognichthys brevipinnis (CUVIER & VALENCIENNES)
374. 塞氏眞文鰩魚
Prognichthys sealei ABE
375. 阿戈文鰩魚

Cypselurus agoo (TEMMINCK & SCHLEGEL)
376. 一色文鰩魚
Cypselurus unicolor CUVIER & VALENCIENNES
377. 花翅文鰩魚
Cypselurus poecilopterus CUVIER & VALENCIENNES
378. 斑翅文鰩魚
Cypselurus spilopterus (CUVIER & VALENCIENNES)
379. 紅翅文鰩魚
Cypselurus atrisignis JENKINS
380. 蘇通氏文鰩魚
Cypselurus suttoni (WHITLEY & COLEFAX)
381. 白翅文翅魚
Cypselurus arcticeps (GÜNTHER)
382. 黃翅文鰩魚
Cypselurus katoptron (BLEEKER)
383. 飛躍文鰩魚
Cypselurus exsiliens (LINNAEUS)
384. 垂鬚文鰩魚
Cypselurus naresii (GÜNTHER)
385. 狹頭文鰩魚
Cypselurus angusticeps NICHOLS & BREDER
386. 紫鰭文鰩魚
Cypselurus spilonotopterus (BLEEKER)
387. 黑鰭文鰩魚
Cypselurus cyanopterus (CUVIER & VALENCIENNES)
388. 有明文鰩魚
Cypselurus starksi ABE
389. 瓣鬚文鰩魚
Cypselurus pinnatibarbatus japonicus (FRANZ)
390. 灰鰭文鰩魚
Cypselurus simus (CUVIER & VALENCIENNES)
391. 細文鰩魚

Cypselurus opisthopus hiraii ABE

392. 貧鱗文鰩魚
Cypselurus oligolepis (BLEEKER)

393. 杜氏文鰩魚
Cypselurus heterurus doderleini
(STEINDACHNER)

米鱂科 ORYZIATIDAE

394. 米鱂
Oryzias latipes (TEMMINCK &
SCHLEGEL)

花鱂魚科 POECILIIDAE

395. 大肚魚
Gambusia affinis (BAIRD & GIRARD)

396. 孔雀魚
Poecilia reticulata PETERS

銀漢魚目 ATHERINIFORMES

浪花魚科 ISONIDAE

397. 浪花魚
Iso flos-maris JORDAN & STARKS

銀漢魚科 ATHERINIDAE

398. 麥銀漢魚
Atherion elymus JORDAN & STARKS

399. 吳氏銀漢魚
Allanetta woodwardi (JORDAN &
STARKS)

400. 布氏銀漢魚
Allanetta bleekeri (GÜNTHER)

401. 劍銀漢魚
Hypoatherina tsurugae (JORDAN &
STARKS)

402. 南洋銀漢魚
Pranesus insularum (JORDAN &
EVERMANN)

403. 莫利斯銀漢魚
Pranesus morrisi (JORDAN & STARKS)

月魚目 LAMPRIDIFORMES

月魚科 LAMPRIDAE

404. 月魚
Lampris regius (BONNATERRE)

草鰺科 VELIFERIDAE

405. 草鰺
Velifer hypselopterus BLEEKER

粗鰭魚科 TRACHIPTERIDAE

406. 飯島氏粗鰭魚
Trachipterus ijimai JORDAN & SNYDER

407. 石川氏粗鰭魚
Trachipterus ishikawai JORDAN &
SNYDER

408. 眼斑粗鰭魚
Trachipterus iris (WALBAUM)

皇帶魚科 REGALECIDAE

409. 勒氏皇帶魚
Regalecus russellii (SHAW)

軟腕科 ATELEOPIDAE

410. 日本軟腕魚
Ateleopus japonicus BLEEKER

411. 飯島氏軟腕魚
Ijimaia dofleini SAUTER

金眼鯛目 BERYCIFORMES

銀眼鯛科 POLYMIXIIDAE

412. 銀眼鯛
Polymixia nobilis LOWE

413. 貝氏銀眼鯛
Polymixia berndti GILBERT

金鱗魚科 HOLOCENTRIDAE

414. 金鱗魚

Ostichthys japonicus (CUVIER & VALENCIENNES)

415. 焦松毬
Myripristis adustus BLEEKER

416. 紫松毬
Myripristis violaceus BLEEKER

417. 赤松毬
Myripristis murdjan (FORSSKÅL)

418. 小齒松毬
Myripristis parvidens CUVIER

419. 康提松毬
Myripristis kuntee CUVIER

420. 堅松毬
Myripristis pralinius CUVIER & VALENCIENNES

421. 莎姆金鱗魚
Flammeo sammara (FORSSKÅL)

422. 尖吻金鱗魚
Adioryx spinifer (FORSSKÅL)

423. 鼻棘金鱗魚
Adioryx cornutus (BLEEKER)

424. 厚殼丁
Adioryx spinosissimus (TEMMINCK & SCHLEGEL)

425. 黑帶金鱗魚
Adioryx ruber (FORSSKÅL)

426. 尾斑金鱗魚
Adioryx caudimaculatus (RÜPPELL)

427. 白斑金鱗魚
Adioryx lacteoguttatus (CUVIER)

428. 銀帶金鱗魚
Adioryx diadema LACÉPÈDE

429. 日本金鱗魚
Adioryx ittodai JORDAN & FOWLER

金眼鯛科 BERYCIDAE

430. 正金眼鯛
Beryx splendens LOWE

431. 夷金眼鯛
Beryx decadactylus CUVIER & VALENCIENNES

432. 軟金眼鯛
Beryx mollis ABE

黑銀眼鯛科 DIRETMIDAE

433. 黑銀眼鯛
Diretmus argenteus JOHNSON

燈眼魚科 ANOMALOPIDAE

434. 燈眼魚
Anomalops katoptron (BLEEKER)

燧鯛科 TRACHICHTHYIDAE

435. 橋燧鯛
Gephyroberyx japonicus (DÜDERLEIN)

436. 燧鯛
Hoplostethus mediterraneus (CUVIER & VALENCIENNES)

437. 准燧鯛
Paratrachichthys prosthemius JORDAN & FOWLER

松毬魚科 MONOCENTRIDAE

438. 松毬魚
Monocentrus japonicus (HOUTTUYN)

棘魚目 GASTEROSTEIFORMES

馬鞭魚科 FISTULARIIDAE

439. 馬鞭魚
Fistularia petimba LACÉPÈDE

440. 棘馬鞭魚
Fistularia villosa KLUNZINGER

管口科 AULOSTOMIDAE

441. 中國管口魚
Aulostomus chinensis (LINNAEUS)

鷸嘴魚科 MACRORHAMPHOSIDAE

442. 鷸嘴魚
Macrorhamphosus scolopax (LINNAEUS)

蝦魚科 CENTRISCIDAE

443. 條紋蝦魚
Aeoliscus strigatus (GÜNTHER)
444. 臺灣蝦魚
Centriscus capito OSHIMA
445. 蝦魚
Centriscus scutatus LINNAEUS

溝口科 SOLENOSTOMIDAE

446. 剃刀魚
Solenostomus paradoxus (PALLAS)
447. 藍鰭剃刀魚
Solenostomus cyanopterus BLEEKER
448. 鋸吻剃刀魚
Solenostomus paegnius JORDAN &
THOMPSON
449. 甲冑剃刀魚
Solenostomus armatus WEBER

海龍科 SYNGNATHIDAE

450. 黑環海龍
Dunckerocamphus dactyliophorus
(BLEEKER)
451. 無棘海龍
Coelonotus liaspis (BLEEKER)
452. 海蠋魚
Halicampus grayi KAUP
453. 布氏海龍
Halicampus brocki (HERALD)
454. 鋸吻海龍
Trachyrhamphus serratus (TEMMINCK &
SCHLEGEL)
455. 長吻海龍
Trachyrhamphus longirostris KAUP
456. 黑腹海龍
Doryrhamphus excisus excisus KAUP
457. 印尼海龍
Microphis manadensis (BLEEKER)
458. 寶珈海龍
Microphis boaja (BLEEKER)

459. 藍點海龍
Hippichthys cyanospilus (BLEEKER)
460. 七角海龍
Hippichthys heptagonus (BLEEKER)
461. 橫帶海龍
Hippichthys spicifer (RÜPPELL)
462. 銀點海龍
Syngnathus penicillus CANTOR
463. 遠洋海龍
Syngnathus pelagicus LINNAEUS
464. 弓形海龍
Syngnathus acus LINNAEUS
465. 黃帶海龍
Corythoichthys flavofasciatus (RÜPPELL)
466. 冠海龍
Corythoichthys haematopterus (BLEEKER)
467. 短吻海龍
Micrognathus brevirostris (RÜPPELL)
468. 馬塔法海龍
Micrognathus mataafae (JORDAN &
SEALE)
469. 彫紋海龍
Choeroichthys sculptus (GÜNTHER)
470. 黑海龍
Ichthyocampus belcheri (KAUP)
471. 棘海龍
Syngnathoides biaculeatus (BLOCH)
472. 皮肢海馬
Halichthys taeniophorus GRAY
473. 長棘海馬
Hippocampus histrix KAUP
474. 棘海馬
Hippocampus erinaceus (GÜNTHER)
475. 三斑海馬
Hippocampus trimaculatus LEACH
476. 庫達海馬
Hippocampus kuda BLEEKER
477. 萊提柄頜海龍
Solegnathus lettiensis BLEEKER
478. 哈氏柄頜海龍
Solegnathus hardwickii (GRAY)

479. 貢氏柄頜海龍
    Solegnathus güntheri DUNCKER

海蛾目 PEGASIFORMES

海蛾科 PEGASIDAE

480. 海蛾
    Zalises draconis LINNAEUS
481. 飛海蛾
    Pegasus volitans LINNAEUS
482. 擬海蛾
    Parapegasus natans (LINNAEUS)

飛角魚目 DACTYLOPTERIFORMES

飛角魚科 DACTYLOPTERIDAE

483. 飛角魚
    Dactyloptena orientalis (CUVIER &
        VALENCIENNES)
484. 吉氏飛角魚
    Dactyloptena gilberti SNYDER
485. 星蟬飛角魚
    Daicocus peterseni (NYSTRÖM)
486. 埃比蘇飛角魚
    Ebisinus cheirophthalmus (BLEEKER)

合鰓目 SYNBRANCHIFORMES

鱔科 SYNBRANCHIDAE

487. 鱔魚
    Monopterus alba (ZUIEW)

鮋目 SCORPAENIFORMES

鮋科 SCORPAENIDAE

488. 日本絨鮋
    Neocentropogon aeglefinus japonicus
        MATSUBARA
489. 山魈絨鮋
    Snyderina yamanokami JORDAN &
        STARKS
490. 長絨鮋
    Amblyapistus taenianotus (CUVIER &
        VALENCIENNES)
491. 長棘絨鮋
    Amblyapistus macracanthus (BLEEKER)
492. 三棘高身鮋
    Taenianotus triacanthus LACÉPÈDE
493. 裸棘絨鮋
    Ocosia spinosa L. CHEN
494. 裸帶絨鮋
    Ocosia fasciata MATSUBARA
495. 裸絨鮋
    Ocosia vespa JORDAN & STARKS
496. 葉絨鮋
    Hypodytes rubripinnis (TEMMINCK &
        SCHLEGEL)
497. 鹿兒島絨鮋
    Paraploactis kagoshimensis (ISHIKAWA)
498. 絨皮鮋
    Aploactis aspera RICHARDSON
499. 絨鮋
    Erisphex pottii (STEINDACHNER)
500. 平滑絨鮋
    Erisphex simplex L. CHEN
501. 鬃鮋
    Apistus carinatus (BLOCH & SCHNEIDER)
502. 深海鮋
    Ectreposebastes imus GARMAN
503. 長臂簑鮋
    Setarches longimanus (ALCOCK &
        McGRICHRIST)
504. 異尾簑鮋
    Parapterois heterurus (BLEEKER)
505. 烏帽子簑鮋
    Ebosia bleekeri (DÖDERLEIN)
506. 雙斑臂簑鮋
    Dendrochirus biocellatus (FOWLER)

507. 花斑簑鮋
Dendrochirus zebra (CUVIER)

508. 赤斑臂簑鮋
Dendrochirus bellus (JORDAN & HUBBS)

509. 鋸稜短簑鮋
Brachypterois serrulatus (RICHARDSON)

510. 龍鬚簑鮋
Pterois lunulata TEMMINCK & SCHLEGEL

511. 素尾簑鮋
Pterois russelli BENNETT

512. 魔鬼簑鮋
Pterois volitans (LINNAEUS)

513. 輻紋簑鮋
Pterois radiata CUVIER

514. 觸角簑鮋
Pterois antennata (BLOCH)

515. 隆頭簑鮋
Neosebastes entaxis JORDAN & STARKS

516. 皮鬚鮋
Thysanichthys crossotus JORDAN & STARKS

517. 裘納氏大目鮋
Sebastes joyneri (GÜNTHER)

518. 棘鮋
Hoplosebastes armatus SCHMIDT

519. 鬚小鮋
Scorpaenodus hirsutus (SMITH)

520. 克氏小鮋
Scorpaenodus kelloggi (JENKINS)

521. 花翅小鮋
Scorpaenodus varipinnis SMITH

522. 短翅小鮋
Scorpaenodus parvipinnis (GARRETT)

523. 淺海小鮋
Scorpaenodus littoralis (TANAKA)

524. 關島小鮋
Scorpaenodus guamensis (QUOY & GAIMARD)

525. 魔翅鮋
Pteropelor noronhai FOWLER

526. 安朋魔翅鮋
Pteroidichthys amboinensis BLEEKER

527. 平額石狗公
Plectrogenium nanum GILBERT

528. 無鰾鮋
Helicolenus hilgendorfi (STEINDACHNER & DÖDERLEIN)

529. 白條紋石狗公
Sebastiscus albofasciatus (LACÉPÈDE)

530. 石狗公
Sebastiscus marmoratus (CUVIER & VALENCIENNES)

531. 三色石狗公
Sebastiscus tertius (BARSUKOV & CHEN)

532. 斑點紅鮋
Iracundus signifer JORDAN & EVERMANN

533. 大眼鮋
Phenacoscorpius megalops FOWLER

534. 鬼石狗公
Scorpaenopsis cirrohsa (THUNBERG)

535. 常石狗公
Scorpacnopsis neglecta HECKEL

536. 魔石狗公
Scorpaenopsis diabolis CUVIER

537. 深海觸手鮋
Pontinus tentacularis (FOWLER)

538. 圓鱗鮋
Parascorpaena picta (KUHL & VAN HASSELT)

539. 斑翅鮋
Parascorpaena maculipinnis SMITH

540. 金色鮋
Parascorpaena aurita (RÜPPELL)

541. 伊豆石狗公
Scorpaena izensis JORDAN & STARKS

542. 絡腮石狗公
Scorpaena neglecta TEMMINCK & SCHLEGEL

543. 兩色石狗公
Scorpaena albobrunnea GÜNTHER

544. 貝諾石狗公
Scorpaena bynoensis RICHARDSON

545. 鈍吻新棘鮋
Neomerinthe rotunda L. CHEN
546. 大鱗新棘鮋
Neomerinthe megalepis (FOWLER)
547. 曲背新棘鮋
Neomerinthe procurva L. CHEN

毒鮋科 SYNANCEIIDAE

548. 單指毒鮋
Minous monodactylus (BLOCH & SCHNEIDER)
549. 五脊毒鮋
Minous quincarinatus (FOWLER)
550. 細鰭毒鮋
Minous pusillus TEMMINCK & SCHLEGEL
551. 粗首毒鮋
Minous trachycephalus (BLEEKER)
552. 橙色毒鮋
Minous cocineus ALCOCK
553. 斑翅毒鮋
Minous pictus GÜNTHER
554. 日本鬼鮋
Inimicus japonicus (CUVIER & VALENCIENNES)
555. 中華鬼鮋
Inimicus sinensis CUVIER & VALENCIENNES
556. 雙指毒鮋
Inimicus didactylus (PALLAS)
557. 獅頭毒鮋
Erosa erosa (LANGSDORF)
558. 玫瑰毒鮋
Synanceia verrucosa BLOCH & SCHNEIDER

棘頰鮋科 CARACANTHIDAE

559. 斑點棘頰鮋
Caracanthus maculatus (GRAY)

角魚科 TRIGLIDAE

560. 黑角魚
Chelidonichthys kumu (LESSON & GARNOT)
561. 棘角魚
Chelidonichthys spinosus (McCLELLAND)
562. 紅雙鎗角魚
Lepidotrigla alata (HOUTTUYN)
563. 日本角魚
Lepidotrigla japonica (BLEEKER)
564. 貢氏角魚
Lepidotrigla guntheri HILGENDORF
565. 臂斑角魚
Lepidotrigla punctipectoralis FOWLER
566. 深海角魚
Lepidotrigla abyssalis JORDAN & STARKS
567. 岸上氏角魚
Lepidotrigla kishinouyi SNYDER
568. 短鰭角魚
Lepidotrigla microptera GÜNTHER
569. 尖棘角魚
Pterygotrigla hemisticta (TEMMINCK & SCHLEGEL)
570. 硫球角魚
Pterygotrigla ryukyuensis (MATSUBARA & HIYAMA)
571. 長吻擬角魚
Parapterygotrigla macrorhynchus (KAMOHARA)
572. 密點擬角魚
Parapterygotrigla multiocellata MATSUBARA
573. 波面黃魴鮄
Gargariscus prionocephalus (DUMÉRIL)
574. 東方黃魴鮄
Peristedion orientale TEMMINCK & SCHLEGEL
575. 黑帶黃魴鮄
Peristedion nierstraszi WEBER
576. 長鬚黃魴鮄
Satyrichthys amiscus (JORDAN & STARKS)
577. 平面黃魴鮄
Satyrichthys rieffeli (KAUP)

578. 魏氏黃魴鮄
Satyrichthys welchi (HERRE)

牛尾魚科 PLATYCEPHALIDAE

579. 短鯒
Parabembras curtus (TEMMINCK & SCHLEGEL)

580. 赤鯒
Bembras japonicus CUVIER & VALENCI-ENNES

581. 松葉牛尾魚
Rogadius asper (CUVIER & VALENCIEN-NES)

582. 突粒牛尾魚
Onigocia tuberculatus (CUVIER & VALENCIENNES)

583. 鬼牛尾魚
Onigocia spinosa (TEMMINCK & SCHLEGEL)

584. 大鱗牛尾魚
Onigocia macrolepis (BLEEKER)

585. 大棘牛尾魚
Suggrundus rodericensis (CUVIER & VALENCIENNES)

586. 大眼牛尾魚
Suggrundus meerdervoortii (BLEEKER)

587. 橫帶牛尾魚
Grammoplites scaber (LINNAEUS)

588. 日本牛尾魚
Inegocia japonica (TILESIUS)

589. 眼眶牛尾魚
Inegocia guttata (CUVIER & VALENCIE-NNES)

590. 鱷形牛尾魚
Cociella crocodilus (TILESIUS)

591. 印度牛尾魚
Platycephalus indicus (LINNAEUS)

針鯒科 HOPLICHTHYIDAE

592. 雷根氏針鯒
Hoplichthys regani JORDAN & RICHARD-SON

593. 朗陶氏針鯒
Hoplichthys langsdorfii CUVIER & VALENCIENNES

594. 吉勃氏針鯒
Hoplichthys gilberti JORDAN & RICHAR-DSON

595. 橫帶針鯒
Hoplichthys fasciatus MATSUBARA

杜父魚科 COTTIDAE

596. 松江鱸魚
Trachidermus fasciatus HECKEL

圓鰭魚科 CYCLOPTERIDAE

597. 細紋獅子魚
Liparis tanakai (GILBERT & BURKE)

鱸目 PERCIFORMES

鱸亞目 PERCOIDEI

雙邊魚科 CENTROPOMIDAE

598. 雙邊魚
Ambassis urotaenia BLEEKER

599. 眶棘雙邊魚
Ambassis gymnocephalus (LACÉPÈDE)

600. 扁紅眼鱸
Lates calcarifer (BLOCH)

601. 紅眼鱸
Psammoperca waigiensis (CUVIER & VALENCIENNES)

𪓩鱸科 PERCIHTHYIDAE

602. 東洋鱸
Niphon spinosus CUVIER & VALENCIENNES

603. 紅鱸
Doderleinia berycoides (HILGENDORF)

604. 大眼鱸

Malakichthys griseus DÖDERLEIN

605. 瘦大眼鱸
Malakichthys elegans MATSUBARA &
   YAMAGUTI

606. 脇谷氏大眼鱸
Malakichthys wakiyai JORDAN & HUBBS

607. 鱸魚
Lateolabrax japonicus (CUVIER &
   VALENCIENNES)

花鱸科 SERRANIDAE

608. 小花鱸
Chelidoperca hirundinacea (CUVIER &
   VALENCIENNES)

609. 花鱸
Plectranthias japonicus (STEINDACHNER)

610. 東花鱸
Plectranthias kelloggi (JORDAN &
   EVERMANN)

611. 眞花鱸
Plectranthias anthioides (GÜNTHER)

612. 卡米花鱸
Plectranthias kami RANDALL

613. 中洲花鱸
Plectranthias chungchowensis SHEN & LIN

614. 長臂花鱸
Plectranthias longimanus (WEBER)

615. 斑花鱸
Selenanthias analis TANAKA

616. 異臂花鱸
Caprodon schlegeli (GÜNTHER)

617. 金帶花鱸
Holanthias chrysostictus (GÜNTHER)

618. 單斑花鱸
Odontanthias unimaculatus (TANAKA)

619. 紅衣花鱸
Odontanthias rhodopeplus (GÜNTHER)

620. 高身花鱸
Serranocirr hitus latus WATANABE

621. 姬花鱸
Tosana niwai SMITH & POPE

622. 珠斑花鱸
Sacura margaritaceus (HILGENDORF)

623. 游牧花鱸
Anthias pascalus (JORDAN & TANAKA)

624. 史氏花鱸
Anthias smithvanizi RANDALL &
   LUBBOCK

625. 異色花鱸
Anthias dispar (HERRE)

626. 長花鱸
Pseudanthias elongatus (FRANZ)

627. 側帶花鱸
Pseudanthias pleurotaenia (BLEEKER)

628. 金花鱸
Franzia squamipinnis (PETERS)

629. 巨棘花鱸
Giganthias immaculatus KATAYAMA

630. 鐵鱸
Belonoperca chabanaudi FOWLER & BEAN

631. 條紋高鱸
Ypsigramma lineata SCHULTZ

632. 日本鱠
Chorististium japonica (DÖDERLEIN)

633. 縱帶鱠
Chorististium latifasciata (TANAKA)

634. 彎月鱠
Chorististium lunulata (GUICHENOT)

635. 鞭棘鱸
Falgelloserranus meteori KOTTHAUS

636. 鰭魚
Cromileptes altivelis (CUVIER &
   VALENCIENNES)

637. 截尾豹鱠
Plectropomus truncatus FOWLER & BEAN

638. 橫斑豹鱠
Plectropomus melanoleucus (LACÉPÈDE)

639. 豹紋豹鱠
Plectropomus leopardus (LACÉPÈDE)

640. 線紋豹鱠
Plectropomus oligacanthus BLEEKER

641. 星鱠

Variola louti (FORSSKÅL)

642. 花蓮鱠
Cephalopholis awanius TSAI

643. 伊加拉鱠
Cephalopholis igarashiensis KATAYAMA

644. 橫紋鱠
Cephalopholis pachycentron (CUVIER &
　　VALENCIENNES)

645. 黑鱠
Cephalopholis boenack (BLOCH)

646. 珞珈鱠
Cephalopholis rogaa FORSSKÅL

647. 霓鱠
Cephalopholis urodelus (BLOCH &
　　SCHNEIDER)

648. 網紋鱠
Cephalopholis sonnerati (CUVIER &
　　VALENCIENNES)

649. 紅鱠
Cephalopholis miniatus (FORSSKÅL)

650. 黑邊鰭紅鱠
Cephalopholis aurantius (CUVIER &
　　VALENCIENNES)

651. 眼斑鱠
Cephalopholis argus BLOCH & SCHNEIDER

652. 鳶鱠
Trisotropis dermopterus (TEMMINCK &
　　SCHLEGEL)

653. 疏點石斑
Epinephelus flavocaeruleus (LACÉPÈDE)

654. 亙點石斑
Epinephelus areolatus (FORSSKÅL)

655. 密點石斑
Epinephelus chlorostigma (CUVIER &
　　VALENCIENNES)

656. 布氏石斑
Epinephelus bleekeri (VAILLANT &
　　BOCOURT)

657. 吊橋石斑
Epinephelus morrhua (CUVIER &
　　VALENCIENNES)

658. 擬靑石斑
Epinephelus diacanthus (CUVIER &
　　VALENCIENNES)

659. 玳瑁石斑
Epinephelus megachir (RICHARDSON)

660. 赤石斑
Epinephelus fasciatus (FORSSKÅL)

661. 黑斑石斑
Epinephelus melanostigma SCHULTZ

662. 藍身石斑
Epinephelus tukula MORGNA

663. 鱸滑石斑
Epinephelus tauvina (FORSSKÅL)

664. 蜂巢石斑
Epinephelus hexagonatus (BLOCH &
　　SCHNEIDER)

665. 藍點石斑
Epinephelus caeruleopunctatus (BLOCH)

666. 黑點石斑
Epinephelus fuscoguttatus (FORSSKÅL)

667. 槍頭石斑
Epinephelus lanceolatus (BLOCH)

668. 赤點石斑
Epinephelus akaara (TEMMINCK &
　　SCHLEGEL)

669. 霜點石斑
Epinephelus rhyncholipis (BLEEKER)

670. 靑石斑
Epinephelus awoara (TEMMINCK &
　　SCHLEGEL)

671. 黑駮石斑
Epinephelus corallicola (CUVIER &
　　VALENCIENNES)

672. 網紋石斑
Epinephelus merra BLOCH

673. 靑點石斑
Epinephelus fario (THUNBERG)

674. 瑪拉巴石斑
Epinephelus malabaricus (BLOCH &
　　SCHNEIDER)

675. 鮭形石斑

Epinephelus salmonoides (LACÉPÈDE)

676. 鑲點石斑
Epinephelus amblycephalus (BLEEKER)

677. 正石斑
Epinephelus hata KATAYAMA

678. 小紋石斑
Epinephelus epistictus (TEMMINCK & SCHLEGEL)

679. 波紋石斑
Epinephelus summana (FORSSKÅL)

680. 縱帶石斑
Epinephelus latifasciatus (TEMMINCK & SCHLEGEL)

681. 雲紋石斑
Epinephelus moara (TEMMINCK & SCHLEGEL)

682. 泥石斑
Epinephelus brunnes (BLOCH)

683. 花點石斑
Epinephelus maculatus (BLOCH)

684. 間帶石斑
Epinephelus septemfasciatus (THUNBERG)

黑鱸科 GRAMMISTIDAE

685. 雙帶鱸
Diploprion bifasciatum (KUHL & VAN HASSET) CUVIER & VALENCIENNES]

686. 琉璃黑鱸
Aulacocephalus temmincki BLEEKER

687. 六線黑鱸
Grammistes sexlineatus (THUNBERG)

688. 斑點鬚鱸
Pogonoperca punctata (CUVIER & VALENCIENNES)

689. 眼斑黑鱸
Grammistops ocellatus SCHULTZ

准雀鯛科 PSEUDOCHROMIDAE

690. 黑條紋准雀鯛
Dampieria malanotaenia (BLEEKER)

691. 線紋准雀鯛
Dampieria lineata CASTELNAU

692. 黑斑准雀鯛
Dampieria malanostigma FOWLER

693. 眼斑准雀鯛
Dampieria ocellifera FOWLER

694. 環眼准雀鯛
Dampieria cyclophthalmus (MÜLLER & TROSCHEL)

695. 斑鰭准雀鯛
Dampieria spiloptera (BLEEKER)

696. 橫帶准雀鯛
Dampieria atrafasciatus (HERRE)

697. 黃准雀鯛
Dampieria trispilos (BLEEKER)

698. 黑帶准雀鯛
Pseudochromis melanotaenia BLEEKER

699. 紫准雀鯛
Pseudochromis porphyreus LUBBOCK & GOLDMON

700. 藍帶准雀鯛
Pseudochromis cyanotaenia BLEEKER

701. 泥黃准雀鯛
Pseudochromis luteus AOYAGI

702. 瘦身准雀鯛
Pseudochromis tapeinosoma BLEEKER

703. 金色准雀鯛
Pseudochromis aureus SEALE

704. 喜界准雀鯛
Pseudochromis hikaii AOYAGI

705. 褐准雀鯛
Pseudochromis fuscus MULLER & TROSCHEL

706. 黃鰭准雀鯛
Pseudochromis xanthochir BLEEKER

准稚鱸科 PSEUDOGRAMMIDAE

707. 多棘准稚鱸
Pseudogramma polyacanthus (BLEEKER)

708. 雙線准稚鱸
Aporps bilinearis SCHULTZ

七夕魚科 PLESIOPIDAE

709. 礁湖七夕魚
Plesiops corallicola BLEEKER

710. 七夕魚
Plesiops nigricans (RÜPPELL)

711. 黑七夕魚
Plesiops caeruleolineatus RÜPPELL

712. 蘭氏七夕魚
Assesor randalli ALLEN & KUITAR

713. 瑰麗七夕魚
Calloplesiops altivelis (STEINDACHNER)

棘鰭銀寶科 ACANTHOCLINIDAE

714. 海特氏銀寶
Acanthoplesiops hiatti SCHULTZ

715. 橫帶銀寶
Ernogrammoides fasciatus CHEN & LIANG

葉鯛科 GLAUCOSOMIDAE

716. 青葉鯛
Glaucosoma hebraicum RICHARDSON

717. 葉鯛
Glaucosoma fauvelii SAUVAGE

條紋鷄魚科 TERAPONIDAE

718. 花身鷄魚
Therapon jarbua (FORSSKÅL)

719. 條紋鷄魚
Therapon theraps CUVIER & VALENCIE-
NNES

720. 橫紋鷄魚
Therapon cancellatus (CUVIER &
VALENCIENNES)

721. 四線鷄魚
Pelates quadrilineatus (BLOCH)

722. 尖吻鷄魚
Pelates oxyrhynchus TEMMINCK &
SCHLEGEL)

723. 六線鷄魚
Helotes sexlineatus (QUOY & GAIMARD)

扁棘鯛科 BANJOSIDAE

724. 扁棘鯛
Banjos banjos (RICHARDSON)

湯鯉科 KUHLIIDAE

725. 大口湯鯉
Kuhlia rupestris (LACÉPÈDE)

726. 湯鯉
Kuhlia marginata (CUVIER & VALENCI-
ENNES)

727. 銀湯鯉
Kuhlia mugil BLOCH & SCHNEIDER

728. 小笠原湯鯉
Kuhlia boninensis (FOWLER)

大眼鯛科 PRIACANTHIDAE

729. 血斑大眼鯛
Priacanthus cruentatus (LACÉPÈDE)

730. 大眼鯛
Priacanthus macracanthus CUVIER &
VALENCIENNES

731. 斑鰭大眼鯛
Priacanthus blochii BLEEKER

732. 曳絲大眼鯛
Priacanthus tayenus RICHARDSON

733. 寶石大眼鯛
Priacanthus hamrur (FORSSKÅL)

734. 紅目大眼鯛
Priacanthus boops (SCHNEIDER)

735. 大鱗大眼鯛
Pseudopriacanthus niphonius (CUVIER &
VALENCIENNES)

736. 橫帶大眼鯛
Pseudopriacanthus multifasciata
(YOSHINO & IWAI)

天竺鯛科 APOGONIDAE

737. 等斑天竺鯛
Fowleria isostigma (JORDAN & SEALE)

738. 頰斑天竺鯛

Fowleria aurita (CUVIER &
VALENCIENNES)

739. 臺灣正石䱵
Apogonichthys brachygramma (JENKINS)

740. 南洋正石䱵
Apogonichthys perdix BLEEKER

741. 眼斑正石䱵
Apogonichthys ocellatus (WEBER)

742. 吳氏管天竺鯛
Siphamia woodi (McCULLOCH)

743. 棕線管天竺鯛
Siphamia fuscolineata LACHNER

744. 棕線管天竺鯛
Siphamia fuscolineata LACHNER

745. 變色管天竺鯛
Siphamia versicolor (SMITH &
RADCLIFFE)

746. 箭天竺鯛
Rhabdamia gracilis (BLEEKER)

747. 橫紋長鰭天竺鯛
Archamia dispilus LACHNER

748. 雙斑長鰭天竺鯛
Archamia biguttata LACHNER

749. 褐斑長鰭天竺鯛
Archamia fucata (CANTOR)

750. 原長鰭天竺鯛
Archamia lineolata (CUVIER &
VALENCIENNES)

751. 紅天竺鯛
Apogon coccineus RÜPPELL

752. 一色天竺鯛
Apogon unicolor DÖDERLEIN

753. 長棘天竺鯛
Apogon doryssa (JORDAN & SEALE)

754. 堅頭天竺鯛
Apogon crassiceps GARMAN

755. 絲鰭天竺鯛
Apogon nematopterus BLEEKER

756. 牛眼天竺鯛
Apogon nigrippinis CUVIER &
VALENCIENNES

757. 黑天竺鯛
Apogon niger DÖDERLEIN

758. 黑邊天竺鯛
Apogon ellioti DAY

759. 單斑天竺鯛
Apogon carinatus CUVIER &
VALENCIENNES

760. 魔鬼天竺鯛
Apogon savayensis GÜNTHER

761. 班達天竺鯛
Apogon bandanensis BLEEKER

762. 雲紋天竺鯛
Apogon nubilis GARMAN

763. 半線天竺鯛
Apogon semilineatus TEMMINCK &
SCHLEGEL

764. 環尾天竺鯛
Apogon fleurieu (LACÉPÈDE)

765. 細條紋天竺鯛
Apogon lineatus TEMMINCK & SCHLEGEL

766. 三斑天竺鯛
Apogon trimaculatus CUVIER &
VALENCIENNES

767. 雙帶天竺鯛
Apogon taeniatus CUVIER &
VALENCIENNES

768. 黑身天竺鯛
Apogon melas BLEEKER

769. 裂帶天竺鯛
Apogon compressus (SMITH & RADCLIFF)

770. 中線天竺鯛
Apogon kinensis JORDAN & SNYDER

771. 金線天竺鯛
Apogon cyanosoma BLEEKER

772. 小條天竺鯛
Apogon endekataenia BLEEKER

773. 寬帶天竺鯛
Apogon angustatus (SMITH & RADCLIFF)

774. 粗身天竺鯛
Apogon robustus (SMITH & RADCLIFF)

775. 四帶天竺鯛

Apogon fasciatus (WHITE)

776. 九帶天竺鯛
Apogon novemfasciatus CUVIER &
VALENCIENNES

777. 阿魯巴天竺鯛
Apogon aroubiensis HOMBORN &
JACQUINOT

778. 稻氏天竺鯛
Apogon doderleini JORDAN & SNYDER

779. 棕天竺鯛
Apogon fusca (QUOY & GAIMARD)

780. 四線天竺鯛
Apogon quadrifasciatus CUVIER &
VALENCIENNES

781. 棘頭天竺鯛
Apogon kallopterus (BLEEKER)

782. 棘眼天竺鯛
Apogon fraenatus VALENCIENNES

783. 單線天竺鯛
Apogon exostigma (JORDAN & STARKS)

784. 史氏天竺鯛
Apogon snyderi JORDAN & EVERMANN

785. 正天竺鯛
Apogon apogonides (BLEEKER)

786. 雙點天竺鯛
Apogon notatus (HOUTTUYN)

787. 巨齒天竺鯛
Cheilodipterus macrodon (LACÉPÈDE)

788. 六線天竺鯛
Paramia quinquelineata (CUVIER &
VALENCIENNES)

789. 日本尖齒鯛
Synagrops japonicus (STEINDACHNER &
DÖDERLEIN)

790. 菲島尖齒鯛
Synagrops philippinensis (GÜNTHER)

791. 尾斑裸天竺鯛
Gymnapogon urospilotus LACHNER

792. 無斑裸天竺鯛
Gymnapogon annona WHITLEY

793. 細尾裸天竺鯛

Gymnapogon gracilicauda LACHNER

794. 鈍尾擬天竺鯛
Pseudamia amblyuropterus (BLEEKER)

螢石䱵科 ACROPOMATIDAE

795. 螢石䱵
Acropoma japonicum GÜNTHER

796. 羽根田氏螢石䱵
Acrompoma hanedai MATSUBARA

沙鮻科 SILLAGINIDAE

797. 沙鮻
Sillago sihama (FORSSKÅL)

798. 星沙鮻
Sillago maculata QUOY & GAIMARD

799. 銀帶沙鮻
Sillago argentifasciata MARTIN &
MONTALBAN

800. 青沙鮻
Sillago japonica TEMMINCK & SCHLEGEL

801. 小鱗沙鮻
Sillago parvisquamis GILL

馬頭魚科 BRANCHIOSTEGIDAE

802. 白馬頭魚
Branchiostegus albus DOOLEY

803. 銀馬頭魚
Branchiostegus argentatus (CUVIER)

804. 金色馬頭魚
Branchiostegus auratus (KISHINOUYE)

805. 日本馬頭魚
Branchiostegus japonicus (KISHINOUYE)

806. 縱帶軟棘魚
Malacanthus latovittatus (LACÉPÈDE)

807. 短吻軟棘魚
Malacanthus brevirostris GUICHENOT

乳鯖科 LACTARIIDAE

808. 乳鯖
Lactarius lactarius (BLOCH &
SCHNEIDER)

扁鰺科 POMATOMIDAE

809. 扁鰺
Pomatomus saltator LINNAEUS

海䱽科 RACHYCENTRIDAE

810. 海䱽
Rachycentron canadum (LINNAEUS)

印魚科 ECHENEIDAE

811. 長印魚
Echeneis naucrates LINNAEUS

812. 白短印魚
Remora albescens (TEMMINCK & SCHLEGEL)

813. 黑短印魚
Remora brachyptera (LOWE)

814. 短印魚
Remora remora (LINNAEUS)

815. 菱印魚
Rhombochirus osteochir (CUVIER)

鰺科 CARANGIDAE

816. 眞鰺
Trachurus japonicus (TEMMINCK & SCHLEGEL)

817. 綠眞鰺
Trachurus declivis (JENYNS)

818. 紅瓜鰺
Decapterus russelli (RÜPPELL)

819. 長身鰺
Decapterus macrosoma BLEEKER

820. 拉洋鰺
Decapterus macarellus (CUVIER)

821. 黃帶鰺
Decapterus muroadsi (TEMMINCK & SCHLEGEL)

822. 銅鏡鰺
Decapterus maruadsi (TEMMINCK & SCHLEGEL)

823. 紅扁鰺

Decapterus akaadsi ABE

824. 泰勃鰺
Decapterus tabl BERRY

825. 扁甲鰺
Megalaspis cordyla (LINNAEUS)

826. 白鬃鰺
Alectis ciliaris (BLOCH)

827. 印度白鬃鰺
Alectis indica (RÜPPELL)

828. 腹溝鰺
Atropus atropus (BLOCH & SCHNEIDER)

829. 烏魯鰺
Ulua mentalis (EHRENBERG in VALENCIENNES)

830. 瘦平鰺
Atule mate (CUVIER & VALENCIENNES)

831. 牛眼鰺
Selar boops (CUVIER & VALENCIENNES)

832. 脂眼鰺
Selar crumenophthalmus (BLOCH)

833. 麗葉鰺
Alepes pava (CUVIER & VALENCIENNES)

834. 吉打鰺
Alepes djedaba (FORSSKÅL)

835. 黑鰭鰺
Alepes melanopterus SWAINSON

836. 大尾鰺
Alepes vari (CUVIER & VALENCIENNES)

837. 橫紋平鰺
Carangoides plagiotaenia BLEEKER

838. 金點平鰺
Carangoides bajad (FORSSKÅL)

839. 直線平鰺
Carangoides orthogrammus (JORDAN & GILBERT)

840. 印度平鰺
Carangoides ferdau (FORSSKÅL)

841. 星點平鰺
Carangoides fulvoguttatus (FORSSKÅL)

842. 瓜仔鰺
Carangoides malabaricus (BLOCH &

SCHNEIDER)

843. 鎧鰺
Carangoides armatus (FORSSKÅL)

844. 海德蘭鎧鰺
Carangoides hedlandensis (WHITLEY)

845. 冬瓜鰺
Carangoides chrysophrys (CUVIER &
VALENCIENNES)

846. 青羽鰺
Carangoides caeruleopinnatus (RÜPPELL)

847. 曳絲平鰺
Carangichthys dinema (BLEEKER)

848. 長鎧鰺
Carangichthys oblongus (CUVIER &
VALENCIENNES)

849. 六帶鰺
Caranx sexfasciatus QUOY & GAIMARD

850. 泰利鰺
Caranx tille CUVIER & VALENCIENNES

851. 藍鰭鰺
Caranx melampygus CUVIER &
VALENCIENNES

852. 濶步鰺
Caranx lugubris POEY

853. 巴布亞鰺
Caranx papuensis ALLEYNE & MACLEAY

854. 浪人鰺
Caranx ignobilis (FORSSKÅL)

855. 縱帶鰺
Pseudocaranx dentex (BLOCH &
SCHNEIDER)

856. 半鰺
Kaiwarinus equula (TEMMINCK &
SCHLEGEL)

857. 冲鰺
Uraspis helvolus (FORSTER)

858. 正冲鰺
Uraspis uraspis (GÜNTHER)

859. 木葉鰺
Selariodes leptolepis (CUVIER &
VALENCIENNES)

860. 無齒鰺
Gnathanodon speciosus (FORSSKÅL)

861. 黑帶鰺
Naucrates ductor (LINNAEUS)

862. 青甘鰺
Seriola quinqueradiata TEMMINCK &
SCHLEGEL

863. 金帶鰺
Seriola lalandi CUVIER & VALENCIENNES

864. 紅甘鰺
Seriola dumerili (RISSO)

865. 黃尾鰺
Seriola rivoliana CUVIER &
VALENCIENNES

866. 小甘鰺
Seriolina nigrofasciata (RÜPPELL)

867. 雙帶鰺
Elagatis bipinnulatus (QUOY & GAIMARD)

868. 大口逆鈎鰺
Scomberoides commersonnianus LACÉPÈDE

869. 逆鈎鰺
Scomberoides lysan (FORSSKÅL)

870. 托爾逆鈎鰺
Scomberoides tol (CUVIER &
VALENCIENNES)

871. 黃臘鰺
Trachinotus blochi (LACÉPÈDE)

872. 裴氏黃臘鰺
Trachinotus baillonii (LACÉPÈDE)

873. 羅氏黃臘鰺
Trachinotus russellii CUVIER &
VALENCIENNES

鱰科 CORYPHAENIDAE

874. 短鬼頭刀
Coryphaena equiselis LINNAEUS

875. 鬼頭刀
Coryphaena hippurus LINNAEUS

烏鯧科 FORMIONIDAE

876. 烏鯧

Formio niger (BLOCH)

眼眶魚科 MENIDAE

877. 眼眶魚
   Mene maculata (BLOCH & SCHNEIDER)

鰏科 LEIOGNATHIDAE

878. 仰口鰏
   Secutor ruconius(BUCHANAN-HAMILTON)
879. 靜鰏
   Secutor insidiator (BLEEKER)
880. 長身鰏
   Leiognathus elongatus (GÜNTHER)
881. 條紋鰏
   Leiognathus fasciatus (LACÉPÈDE)
882. 狗腰鰏
   Leiognathus equulus (FORSSKÅL)
883. 臺灣鰏
   Leiognathus splendens (CUVIER)
884. 曳絲鰏
   Leiognathus leuciscus (GÜNTHER)
885. 短吻鰏
   Leiognathus brevirostris (CUVIER & VALENCIENNES)
886. 頸斑鰏
   Leiognathus nuchalis TEMMINCK & SCHLEGEL
887. 花身鰏
   Leiognathus rivulatus (TEMMINCK & SCHLEGEL)
888. 黑斑鰏
   Leiognathus daura (CUVIER)
889. 斑都鰏
   Leiognathus bindus (CUVIER & VALENCIENNES)
890. 大眼鰏
   Leiognathus berbis (CUVIER & VALENCIENNES)
891. 細紋鰏
   Leiognathus lineolatus (CUVIER & VALENCIENNES)

892. 橢圓鰏
   Gazza minuta (BLOCH)
893. 銀身鰏
   Guzza achlamys JORDAN & STARKS

烏魴科 BRAMIDAE

894. 多棘烏魴
   Pterycombus petersii (HILGENDORF)
895. 紅褐烏魴
   Taractes rubescens (JORDAN & EVERMANN)
896. 熱帶烏魴
   Brama orcini CUVIER
897. 杜氏烏魴
   Brama dussumieri CUVIER
898. 日本烏魴
   Brama japonica HILGENDORF
899. 正烏魴
   Brama brama (BONNATERRE)
900. 大鱗烏魴
   Taractichthys steindachneri (DÖDERLEIN)
901. 光鮮烏魴
   Eumegistus illustris JORDAN & JORDAN

鮻科 EMMELICHTHYIDAE

902. 史氏鮻
   Emmelichthys struhsakeri HEEMSTRA & RANDALL
903. 燭鮻
   Dipterygonotus leucogrammicus (BLEEKER)
904. 薛氏鮻
   Erythrocles schlegeli (RICHARDSON)

笛鯛科 LUTJANIDAE

905. 曳絲笛鯛
   Lutjanus nematophorus (BLEEKER)
906. 黑斑笛鯛
   Lutjanus johni (BLOCH)
907. 愛倫氏笛鯛
   Lutjanus ehrenbergii PETERS

908. 銀紋笛鯛
Lutjanus argentimaculatus (FORSSKÅL)

909. 半帶笛鯛
Lutjanus semicinctus QUOY & GAIMARD

910. 交叉笛鯛
Lutjanus decussatus (CUVIER & VALENCIENNES)

911. 雙斑笛鯛
Lutjanus bohar (FORSSKÅL)

912. 海難母笛鯛
Lutjanus rivulatus (CUVIER & VALENCIENNES)

913. 白星笛鯛
Lutjanus stellatus AKAZAKI

914. 維琪笛鯛
Lutjanus vaigiensis (QUOY & GAIMARD)

915. 紫尾笛鯛
Lutjanus janthinuropterus (BLEEKER)

916. 黃足笛鯛
Lutjanus flavipes (CUVIER & VALENCIENNES)

917. 單斑笛鯛
Lutjanus monostigma (CUVIER & VALENCIENNES)

918. 黑星笛鯛
Lutjanus russellii (BLEEKER)

919. 火斑笛鯛
Lutjanus fulviflamma (FORSSKÅL)

920. 縱帶笛鯛
Lutjanus vitta (QUOY & GAIMARD)

921. 琴絃笛鯛
Lutjanus lineolatus (RÜPPELL)

922. 正笛鯛
Lutjanus lutjanus BLOCH

923. 紅線笛鯛
Lutjanus rutolineatus (CUVIER & VALENCIENNES)

924. 五線笛鯛
Lutjanus spilurus (BENNETT)

925. 四線笛鯛
Lutjanus kasmira (FORSSKÅL)

926. 藍帶笛鯛
Lutjanus caeruleovittatus (VALENCIENNES)

927. 赤鰭笛鯛
Lutjanus erythropterus BLOCH

928. 隆背笛鯛
Lutjanus gibbus (FORSSKÅL)

929. 摩拉吧笛鯛
Lutjanus malabaricus (BLOCH & SCHNEIDER)

930. 川紋笛鯛
Lutjanus sebae (CUVIER & VALENCIENNES)

931. 黑背笛鯛
Macolar nigar (FORSSKÅL)

932. 斜鱗笛鯛
Pinjalo pinjalo (BLEEKER)

933. 藍笛鯛
Aprion virescens (CUVIER & VALENCIENNES)

934. 田中笛鯛
Aprion kanekonis TANAKA

935. 長崎姬鯛
Pristipomoides typus BLEEKER

936. 小齒姬鯛
Pristipomoides microdon (STEINDACHNER)

937. 絲鰭姬鯛
Pristipomoides filamentosus (CUVIER & VALENCIENNES)

938. 黃鰭姬鯛
Pristipomoides flavipinnis SHINOHARA

939. 姬鯛
Pristipomoides sieboldii (BLEEKER)

940. 濱鯛
Etelis carbunculus CUVIER & VALENCIENNES

紅姑魚科 NEMIPTERIDAE

941. 項圈鯛
Synphorus spilurus GÜNTHER

942. 狹帶項圈鯛
Symphorus taeniolatus GÜNTHER

943. 裴氏紅姑魚
Nemipterus peronii (CUVIER &
　　VALENCIENNES)

944. 鞍斑紅姑魚
Nemipterus ovenii (BLEEKER)

945. 虹色紅姑魚
Nemipterus hexodon (QUOY & GAIMARD)

946. 紅棘紅姑魚
Nemipterus nemurus (BLEEKER)

947. 狹身紅姑魚
Nemipterus metopias (BLEEKER)

948. 雙鞭紅姑魚
Nemipterus nematophorus (BLEEKER)

949. 薔薇鯛
Nemipterus tolu (CUVIER &
　　VALENCIENNES)

950. 瓜衫紅姑魚
Nemipterus japonicus (BLOCH)

951. 狄拉瓜紅姑魚
Nemipterus delagoae SMITH

952. 金線紅姑魚
Nemipterus virgatus (HOUTTUYN)

953. 黃腹紅姑魚
Nemipterus bathybus SNYDER

954. 灰鰭紅姑魚
Nemipterus marginatus (CUVIER &
　　VALENCIENNES)

955. 松原氏紅姑魚
Nemipterus matsubarae JORDAN &
　　EVERMANN

956. 海鯡
Scolopsis eriomma JORDAN &
　　RICHARDSON

957. 橫帶海鯡
Scolopsis inermis (SCHLEGEL)

958. 異色海鯡
Scolopsis xenochrous GÜNTHER

959. 條紋海鯡
Scolopsis margaritifer (CUVIER &
　　VALENCIENNES)

960. 白頸赤尾冬
Scolopsis vosmeri (BLOCH)

961. 藍帶赤尾冬
Scolopsis taeniopterus (CUVIER &
　　VALENCIENNES)

962. 黑帶赤尾冬
Scolopsis dubiosus WEBER

963. 白帶赤尾冬
Scolopsis ciliatus (LACÉPÈDE)

964. 花吻赤尾冬
Scolopsis temporalis (CUVIER &
　　VALENCIENNES)

965. 黃帶赤尾冬
Scolopsis cancellatus (CUVIER &
　　VALENCIENNES)

966. 單帶赤尾冬
Scolopsis monogramma (CUVIER &
　　VALENCIENNES)

967. 雙帶赤尾冬
Scolopsis bilineatus (BLOCH)

松鯛科 LOBOTIDAE

968. 松鯛
Lobotes surinamensis (BLOCH)

鑽嘴科 GERREIDAE

969. 日本鑽嘴
Gerreomorpha japonica (BLEEKER)

970. 曳絲鑽嘴
Gerres filamentosus CUVIER

971. 短棘鑽嘴
Gerres lucidus CUVIER

972. 短鑽嘴
Gerres abbreviatus BLEEKER

973. 奧奈鑽嘴
Gerres oyena (FORSSKÅL)

974. 巨鑽嘴
Gerres macrosoma BLEEKER

975. 長身鑽嘴
Gerres oblongus CUVIER

976. 銀鑽嘴
Gerres argyreus BLOCH & SCHNEIDER

977. 長臂鑽嘴
Pentaprion longimanus (CANTOR)

石鱸科 HAEMULIDAE

978. 三線鶏魚
Parapristipoma trilineatus (THUNBERG)

979. 細鱗石鱸
Plectorhynchus pictus (THUNBERG)

980. 黑石鱸
Plectorhynchus nigrus (CUVIER &
　　　VALENCIENNES)

981. 厚唇石鱸
Plectorhynchus chaetodonoides LACÉPÈDE

982. 灰石鱸
Plectorhynchus schotaf (FORSSKÅL)

983. 黃點石鱸
Plectorhynchus flavomaculatus
　　　(EHRENIBERG)

984. 南洋石鱸
Plectorhynchus celebicus BLEEKER

985. 花軟唇
Plectorhynchus cinctus (TEMMINCK &
　　　SCHLEGEL)

986. 白帶石鱸
Plectorhynchus albovittatus (RÜPPELL)

987. 東方石鱸
Plectorhynchus orientalis (BLOCH)

988. 雙帶石鱸
Plectorhynchus diagrammus (LINNAEUS)

989. 斜帶石鱸
Plectorhynchus goldmanni (BLEEKER)

990. 條紋石鱸
Plectorhynchus lineatus (LINNAEUS)

991. 岸上氏髭鯛
Hapalogeny kishinouyei SMITH & POPE

992. 黑鰭髭鯛
Hapalogeny nigripinnis (TEMMINCK &
　　　SCHLEGEL)

993. 髭鯛
Hapalogeny nitens RICHARDSON

994. 縱帶髭鯛

Hapalogeny maculatus RICHARDSON

995. 橫帶髭鯛
Hapalogeny mucronatus (EYDOUX &
　　　SOULEYET)

996. 斑鶏魚
Pomadasys maculatus (BLOCH)

997. 銀鶏魚
Pomadasys argenteus (FORSSKÅL)

998. 星鶏魚
Pomadasys hasta (BLOCH)

999. 赤筆鶏魚
Pomadasys furcatus (SCHNEIDER)

1000. 金帶鶏魚
Pomadasys stridens (FORSSKÅL)

龍占科 LETHRINIDAE

1001. 長吻龍占
Lethrinus miniatus (BLOCH &
　　　SCHNEIDER)

1002. 絲棘龍占
Lethrinus nematacanthus BLEEKER

1003. 橫紋龍占
Lethrinus amboinensis BLEEKER

1004. 網紋龍占
Lethrinus reticulatus CUVIER &
　　　VALENCIENNES

1005. 阿根遜龍占
Lethrinus atkinsoni SEALE

1006. 一點龍占
Lethrinus frenatus VALENCIENNES

1007. 單斑龍占
Lethrinus harak (FORSSKÅL)

1008. 紅鰭龍占
Lethrinus fletus WHITLEY

1009. 條紋龍占
Lethrinus kallopterus BLEEKER

1010. 青嘴龍占
Lethrinus nebulosus (FORSSKÅL)

1011. 紅帶龍占
Lethrinus ornatus VALENCIENNES

1012. 龍占

Lethrinus haematopterus TEMMINCK & SCHLEGEL

1013. 濱龍占
Lethrinus choerorhynchus (BLOCH & SCHNEIDER)

1014. 磯龍占
Lethrinus mahsenoides CUVIER & VALENCIENNES

1015. 烏帽龍占
Lethrinus leutjanus (LACÉPÈDE)

絲尾鯛科 PENTAPODIDAE

1016. 異黑鯛
Monotaxis grandoculis (FORSSKÅL)

1017. 金帶鯛
Gnathodentax aurolineatus (LACÉPÈDE)

1018. 莫三鼻克鯛
Gnathodentax mossambicus SMITH

1019. 細齒絲尾鯛
Pentapodus microdon (BLEEKER)

1020. 藍線裸頂鯛
Gymnocranius robinsoni (GILCHRIST & THOMPSON)

1021. 白鱲
Gymnocranius griseus (TEMMINCK & SCHLEGEL)

1022. 日本裸頂鯛
Gymnocranius japonicus AKAZAKI

鯛科 SPARIDAE

1023. 長旗鯛
Argyrops spinifer (FORSSKÅL)

1024. 小長旗鯛
Argyrops bleekeri OSHIMA

1025. 血鯛
Evynnis japonicus TANAKA

1026. 飯鯛
Evynnis cardinalis (LACÉPÈDE)

1027. 烏鯮
Mylio latus (HOUTTUYN)

1028. 黃鰭鯛
Mylio berda (FORSSKÅL)

1029. 黑鯛
Mylio macrocephalus (BASILWSKY)

1030. 黑尾鯛
Mylio sivicolus (AKAZAKI)

1031. 赤鯮
Taius tumifrons (TEMMINCK & SCHLEGEL)

1032. 嘉鱲魚
Sparus major (TEMMINCK & SCHLEGEL)

1033. 黃錫鯛
Rhabdosargus sarba (FORSSKÅL)

烏尾冬科 CAESIONIDAE

1034. 蒂爾烏尾冬
Pterocaesio tile (CUVIER & VALENCIENNES)

1035. 黃烏尾冬
Paracaesio xanthurus (BLEEKER)

1036. 藍色烏尾冬
Paracaesio caeruleus (KATAYAMA)

1037. 橫帶烏尾冬
Paracaesio kusaharii ABE

1038. 赤腹烏尾冬
Caesio erythrogaster CUVIER & VALENCIENNES

1039. 花烏尾冬
Caesio lunaris CUVIER & VALENCIENNES

1040. 黃背烏尾冬
Caesio xanthonotus BLEEKER

1041. 烏尾冬
Caesio caerulaureus LACÉPÈDE

1042. 金帶烏尾冬
Caesio chrysozona CUVIER & VALENCIENNES

1043. 雙帶烏尾冬
Caesio diagramma BLEEKER

1044. 瘦身烏尾冬
Caesio pisang BLEEKER

石首魚科 SCIAENIDAE

1045. 黃唇魚
Bahaba taipingensis (HERRE)

1046. 鈍頭鬚鯎
Johnius amblycephalus (BLEEKER)

1047. 白帶魟口
Johnius carutta BLOCH

1048. 突吻魟口
Johnius coitor (HAMILTON-BUCHANAN)

1049. 皮氏魟口
Johnius belangerii (CUVIER & VALENCIENNES)

1050. 杜氏魟口
Johnius dussumieri (CUVIER & VALENCIENNES)

1051. 灣鯎
Johnius sina (CUVIER & VALENCIENNES)

1052. 丁氏魟口
Johnius tingi (TANG)

1053. 巨鮸
Protonibea diacanthus (LACÉPÈDE)

1054. 勒氏鮸
Dendrophysa russelli (CUVIER & VALENCIENNES)

1055. 朱氏鮸
Nibea chui TRAWAVAS

1056. 黑邊鯎
Nibea soldado (LACÉPÈDE)

1057. 半條紋鯎
Nibea semifasciata CHU, LO & WU

1058. 白花鯎
Nibea albiflora (RICHARDSON)

1059. 截尾鯎
Pennahia macrophthalmus (BLEEKER)

1060. 白米魚
Pennahia macrocephalus (TANG)

1061. 白鯎
Pennahia pawak (LIN)

1062. 日本白口
Pennahia argentatus (HOUTTUYN)

1063. 黑鯎
Atrobucca nibe (JORDAN & THOMPSON)

1064. 日本鯎
Argyrosomus japonicus (TEMMINCK & SCHLEGEL)

1065. 鮸魚
Argyrosomus miiuy (BASILWSKY)

1066. 廈門巨鮸
Argyrosomus amoyensis (BLEEKER)

1067. 尖頭鯎
Chrysochir aureus (RICHARDSON)

1068. 銀齒鯎
Otolithes ruber (SCHNEIDER)

1069. 大黃魚
Larimichthys crocea (RICHARDSON)

1070. 小黃魚
Larimichthys polyactis (BLEEKER)

1071. 梅童魚
Collichthys lucidus (RICHARDSON)

1072. 褐毛鱨
Megalonibea fusca CHU, LO & WU

1073. 銅色齒鯎
Otolithoides biauritus (CANTOR)

1074. 小齒鯎
Panna microdon (BLEEKER)

鬚鯛科 MULLIDAE

1075. 秋姑魚
Upeneus bensasi (TEMMINCK & SCHLEGEL)

1076. 洋鑽秋姑魚
Upeneus tragula RICHARDSON

1077. 赭帶秋姑魚
Upeneus sundaicus BLEEKER

1078. 摩鹿加秋姑魚
Upeneus moluccensis (BLEEKER)

1079. 硫磺秋姑魚
Upeneus sulphureus CUVIER & VALENCIENNES

1080. 金帶秋姑魚
Upeneus vittatus (FORSSKÅL)

1081. 黃帶鬚鯛
Mulloidichthys erythrinus (KLUNZINGER)

1082. 紅鬚鯛
Mulloidichthys auriflamma (FORSSKÅL)

1083. 焰鬚鯛
Mulloidichthys vanicolensis (CUVIER & VALENCIENNES)

1084. 瘦金帶鬚鯛
Mulloidichthys flavolineatus LACÉPÈDE

1085. 斑點海緋鯉
Parupeneus heptacanthus LACÉPÈDE

1086. 黑頭海緋鯉
Parupeneus barberinoides (BLEEKER)

1087. 鞍斑海緋鯉
Parupeneus spilurus (BLEEKER)

1088. 黑斑海緋鯉
Parupeneus pleurostigma (BENNETT)

1089. 單帶海緋鯉
Parupeneus barberinus (LACÉPÈDE)

1090. 印度海緋鯉
Parupeneus indicus (SHAW)

1091. 雙帶海緋鯉
Parupeneus bifasciatus (LACÉPÈDE)

1092. 三帶海緋鯉
Parupeneus trifasciatus (LACÉPÈDE)

1093. 多帶海緋鯉
Parupeneus multifasciatus (QUOY & GAIMARD)

1094. 蓬萊海緋鯉
Parupeneus fraterculus CUVIER & VALENCIENNES

1095. 圓口海緋鯉
Parupeneus cyclostomus (LACÉPÈDE)

1096. 金色海緋鯉
Parupeneus chryseredros CUVIER & VALENCIENNES

1097. 紫斑海緋鯉
Parupeneus porphyreus JENKINS

1098. 紅鯡魚
Parupeneus chrysopleuron (TEMMINCK & SCHLEGEL)

1099. 海緋鯉
Parupeneus luteus (CUVIER & VALENCIENNES)

1100. 素色海緋鯉
Parupeneus megalops TANAKA

1111. 紅色海緋鯉
Parupeneus janseni (BLEEKER)

銀鱗鯧科 MONODACTYLIDAE

1112. 銀鱗鯧
Monodactylus argenteus (LINNAEUS)

擬金眼鯛科 PEMPHERIDAE

1113. 充金眼鯛
Parapriacanthus ransonneti STEINDACHNER

1114. 黑鰭擬金眼鯛
Pempheris compressus (SHAW)

1115. 黑緣擬金眼鯛
Pempheris vanicolensis CUVIER & VALENCIENNES

1116. 烏伊蘭擬金眼鯛
Pempheris oualensis CUVIER

1117. 白緣擬金眼鯛
Pempheris nyctereutes JORDAN & EVERMANN

舵魚科 KYPHOSIDAE

1118. 蘭勃舵魚
Kyphosus lembus (CUVIER & VALENCIENNES)

1119. 銅色舵魚
Kyphosus vaigiensis (QUOY & GAIMARD)

1120. 天竺舵魚
Kyphosus cinerascens (FORSSKÅL)

1121. 瓜子鱲
Girella punctata GRAY

1122. 黑瓜子鱲
Girella melanichthys (RICHARDSON)

1123. 黃帶瓜子鱲
Girella mezina JORDAN & STARKS

銀鮲科 EPHIPPIDAE

1124. 燕魚
Platax teira (FORSSKÅL)

1125. 尖翅燕魚
Platax orbicularis (FORSSKÅL)

1126. 萬隆燕魚
Platax batavianus CUVIER &
VALENCIENNES

1127. 圓翅燕魚
Platax pinnatus (LINNAEUS)

1128. 斑點簾鯛
Drepane punctata (LINNAEUS)

1129. 條紋簾鯛
Drepane longimana (BLOCH &
SCHNEIDER)

1130. 銀鯢
Ephippus orbis (BLOCH)

黑星銀鯢科 SCATOPHAGIDAE

1131. 黑星銀鯢
Scatophagus argus (LINNAEUS)

柴魚科 SCORPIDAE

1132. 柴魚
Microcanthus strigatus (CUVIER &
VALENCIENNES)

蝶魚科 CHAETODONTIDAE

1133. 黑長吻蝶魚
Forcipiger longirostris (BROUSSONET)

1134. 長吻蝶魚
Forcipiger flavissimus JORDAN &
McGREGOR

1135. 霞斑蝶魚
Hemitaurichthys zoster (BENNETT)

1136. 羞怯蝶魚
Hemitaurichthys polylepis (BLEEKER)

1137. 黑尾蝶魚
Coradion altivelis McCULLOCH

1138. 金帶蝶魚
Coradion chrysozonus (CUVIER)

1139. 突吻蝶魚
Chelmon rostratus (LINNAEUS)

1140. 三帶立旗鯛
Heniochus chrysostomus CUVIER

1141. 黑吻雙帶立旗鯛
Heniochus singularius SMITH & RADCLIFF

1142. 白吻雙帶立旗鯛
Heniochus acuminatus (LINNAEUS)

1143. 獨角立旗鯛
Heniochus monoceros CUVIER &
VALENCIENNES

1144. 黑背立旗鯛
Heniochus varius (CUVIER)

1145. 立旗鯛
Heniochus permutatus CUVIER &
VALENCIENNES

1146. 眼斑准蝶魚
Parachaetodon ocellatus (CUVIER &
VALENCIENNES)

1147. 〰紋蝶魚
Chaetodon trifascialis QUOY & GAIMARD

1148. 黑腰蝶魚
Chaetodon plebeius CUVIER &
VALENCIENNES

1149. 本氏蝶魚
Chaetodon bennetti CUVIER &
VALENCIENNES

1150. 鏡斑蝶魚
Chaetodon speculum CUVIER &
VALENCIENNES

1151. 日本蝶魚
Chaetodon nippon DÖDERLEIN &
STEINDACHNER

1152. 尖嘴蝶魚
Chaetodon modestus TEMMINCK &
SCHLEGEL

1153. 黑背蝶魚
Chaetodon ephippium CUVIER &
VALENCIENNES

1154. 楊旛蝶魚
Chaetodon auriga FORSSKÅL

1155. 細點蝶魚

Chaetodon semeion BLEEKER

1156. 新月蝶魚
Chaetodon lineolatus CUVIER &
VALENCIENNES

1157. 鞍斑蝶魚
Chaetodon ulietensis CUVIER &
VALENCIENNES

1158. 簾蝶魚
Chaetodon falcula BLOCH

1159. 雷氏蝶魚
Chaetodon rafflesi BENNETT

1160. 飄浮蝶魚
Chaetodon vagabundus LINNAEUS

1161. 彎月蝶魚
Chaetodon selene BLEEKER

1162. 網紋蝶魚
Chaetodon reticulatus CUVIER &
VALENCIENNES

1163. 麥氏蝶魚
Chaetodon meyeri SCHNEIDER

1164. 六帶蝶魚
Chaetodon ornatissimus CUVIER &
VALENCIENNES

1165. 月斑蝶魚
Chaetodon lunula (LACÉPÈDE)

1166. 黃吻蝶魚
Chaetodon flavirostris GÜNTHER

1167. 金色蝶魚
Chaetodon auripes JORDAN & SNYDER

1168. 菲島蝶魚
Chaetodon adiergastos SEALE

1169. 紅尾蝶魚
Chaetodon collare BLOCH

1170. 荷包蝶魚
Chaetodon wiebeli KAUP

1171. 繡蝶魚
Chaetodon daedelma JORDAN & FOWLER

1172. 胡麻蝶魚
Chaetodon citrinellus CUVIER &
VALENCIENNES

1173. 四斑蝶魚

Chaetodon quadrimaculatus GRAY

1174. 曙色蝶魚
Chaetodon melannotus BLOCH &
SCHNEIDER

1175. 霙蝶魚
Chaetodon kleinii BLOCH

1176. 粟籽蝶魚
Chaetodon miliaris QUOY & GAIMARD

1177. 貢氏蝶魚
Chaetodon guentheri AHL

1178. 繁紋蝶魚
Chaetodon punctatofasciatus CUVIER &
VALENCIENNES

1179. 三帶蝶魚
Chaetodon trifasciatus MUNGO PARK

1180. 單斑蝶魚
Chaetodon unimaculatus BLOCH

1181. 三角蝶魚
Chaetodon triangulum CUVIER &
VALENCIENNES

1182. 巴氏蝶魚
Chaetodon baronessa CUVIER &
VALENCIENNES

1183. 銀蝶魚
Chaetodon argentatus SMITH &
RADCLIFFE

1184. 黃尾蝶魚
Chaetodon xanthurus BLEEKER

1185. 珠光蝶魚
Chaetodon mertensii CUVIER &
VALENCIENNES

1186. 八帶蝶魚
Chaetodon octofasciatus BLOCH

棘蝶魚科 POMACANTHIDAE

1187. 蟲紋棘蝶魚
Chaetodontoplus mesoleucus (BLOCH)

1188. 杜氏棘蝶魚
Chaetodontoplus dubouleyi (GÜNTHER)

1189. 北方棘蝶魚
Chaetodontoplus septentrionelis

(TEMMINCK & SCHLEGEL)

1190. 黃面棘蝶魚
Chaetodontoplus chrysocephalus
(BLEEKER)

1191. 黑身棘蝶魚
Chaetodontoplus melanosoma BLEEKER

1192. 擬棘蝶魚
Chaetodontoplus personifer(McCULLOCH)

1193. 環紋棘蝶魚
Pomacanthus annularis (BLOCH)

1194. 條紋棘蝶魚
Pomacanthus imperator (BLOCH)

1195. 叠波棘蝶魚
Pomacanthus semicirculatus (CUVIER &
VALENCIENNES)

1196. 六帶棘蝶魚
Euxiphipops sexstriatus (CUVIER &
VALENCIENNES)

1197. 黃頰棘蝶魚
Euxiphipops xanthometopon (BLEEKER)

1198. 愛神棘蝶魚
Holacanthus venustus YASUDA &
TOMINAGA

1199. 拉馬克棘蝶魚
Genicanthus lamarck (LACÉPÈDE)

1200. 渡邊氏棘蝶魚
Genicanthus watanabei (YASUDA &
TOMINAGA)

1201. 半帶棘蝶魚
Genicanthus semifasciatus (KAMOHARA)

1202. 黑點棘蝶魚
Genicanthus melanospilos (BLEEKER)

1203. 三斑棘蝶魚
Apolemichthys trimaculatus (CUVIER &
VALENCIENNES)

1204. 錦紋棘蝶魚
Pygoplites diacanthus (BODDAERT)

1205. 赫氏棘蝶魚
Centropyge hearldi WOODS & SCHULTZ

1206. 二色棘蝶魚
Centropyge bicolor (BLOCH)

1207. 白斑棘蝶魚
Centropyge tibicen (CUVIER &
VALENCIENNES)

1208. 黑褐棘蝶魚
Centropyge nox (BLEEKER)

1209. 雙棘棘蝶魚
Centropyge bispinosus (GÜNTHER)

1210. 伏羅氏棘蝶魚
Centropyge vroliki (BLEEKER)

1211. 黃尾棘蝶魚
Centropyge flavicauda FRASER-BRUNNER

1212. 銹色棘蝶魚
Centropyge ferrugatus RANDALL &
BURGESS

旗鯛科 HISTIOPTERIDAE

1213. 旗鯛
Histiopterus typus TEMMINCK &
SCHLEGEL

石鯛科 OPLEGNATHIDAE

1214. 橫帶石鯛
Oplegnathus fasciatus (TEMMINCK &
SCHLEGEL)

1215. 斑點石鯛
Oplegnathus punctatus (TEMMINCK &
SCHLEGEL)

慈鯛科 CICHLIDAE

1216. 吉利吳郭魚
Tilapia zillii (GERVAIS)

1217. 尼羅吳郭魚
Tilapia nilotica (LINNAEUS)

1218. 在來吳郭魚
Tilapia mossambica PETERS

1219. 奧利亞吳郭魚
Tilapia aurea PETERS

1220. 紅色吳郭魚
Tilapia sp.

雀鯛科 POMACENTRIDAE

1221. 克氏海葵魚
   Amphiprion clarkii BENNETT
1222. 黃帶海葵魚
   Amphiprion chrysopterus CUVIER
1223. 雙帶海葵魚
   Amphiprion bicinctus RÜPPELL
1224. 鞍斑海葵魚
   Amphiprion polymnus (LINNAEUS)
1225. 眼斑海葵魚
   Amphiprion ocellaris CUVIER
1226. 橘色海葵魚
   Amphiprion percula (LACÉPÈDE)
1227. 白條海葵魚
   Amphiprion frenatus BREVOORT
1228. 粉紅海葵魚
   Amphiprion perideraion BLEEKER
1229. 三帶光鰓雀鯛
   Dascyllus aruanus (LINNAEUS)
1230. 黑尾光鰓雀鯛
   Dascyllus melanurus BLEEKER
1231. 網紋光鰓雀鯛
   Dascyllus reticulatus (RICHARDSON)
1232. 三斑光鰓雀鯛
   Dascyllus trimaculatus (RÜPPELL)
1233. 細鱗光鰓雀鯛
   Chromis lepidolepis BLEEKER
1234. 范氏光鰓雀鯛
   Chromis vanderbilti (FOWLER)
1235. 雙斑光鰓雀鯛
   Chromis elerae FOWLER & BEAN
1236. 安朋光鰓雀鯛
   Chromis amboinensis (BLEEKER)
1237. 卵形光鰓雀鯛
   Chromis ovatiformis FOWLER
1238. 黑鰭光鰓雀鯛
   Chromis atripes FOWLER & BEAN
1239. 二色光鰓雀鯛
   Chromis margaritifer FOWLER
1240. 亞倫氏光鰓雀鯛
   Chromis alleni RANDALL
1241. 短身光鰓雀鯛

   Chromis chrysura (BLISS)
1242. 燕尾光鰓雀鯛
   Chromis fumea (TANAKA)
1243. 黃斑光鰓雀鯛
   Chromis flavomaculata KAMOHARA
1244. 斑鰭光鰓雀鯛
   Chromis notatus (TEMMINCK & SCHLEGEL)
1245. 大眼光鰓雀鯛
   Chromis mirationis TANAKA
1246. 藍綠光鰓雀鯛
   Chromis caeruleus (CUVIER & VALENCIENNES)
1247. 黑腋光鰓雀鯛
   Chromis atripectoralis WELANDER & SCHULTZ
1248. 黃光鰓雀鯛
   Chromis analis (CUVIER & VALENCIENNES)
1249. 黃尾光鰓雀鯛
   Chromis xanthurus (BLEEKER)
1250. 黃腋光鰓雀鯛
   Chromis xanthochir (BLEEKER)
1251. 灰光鰓雀鯛
   Chromis cinerascens (CUVIER & VALENCIENNES)
1252. 韋氏光鰓雀鯛
   Chromis weberi FOWLER & BEAN
1253. 臺灣雀鯛
   Teixeirichthys formosana (FOWLER & BEAN)
1254. 喬丹氏雀鯛
   Teixeirichthys jordani (RUTTER)
1255. 海灣雀鯛
   Pristotis jerdoni (DAY)
1256. 黑空雀鯛
   Stegastes nigricans (LACÉPÈDE)
1257. 高身雀鯛
   Stegastes altus (OKADA & IKEDA)
1258. 金色雀鯛
   Stegastes aureus (FOWLER)

1259. 珍氏雀鯛
Stegastes jenkinsi (JORDAN &
EVERMANN)

1260. 澳洲雀鯛
Stegastes apicalis (DE VIS)

1261. 太平洋雀鯛
Stegastes fasciolatus (OGILBY)

1262. 黃褐雀鯛
Stegastes luteobrunneus (SMITH)

1263. 李察氏雀鯛
Pomachromis richardsoni (SNYDER)

1264. 黑臀雀鯛
Dischistodus notophthalmus (BLEEKER)

1265. 藍雀鯛
Pomacentrus pavo (BLOCH)

1266. 霓紅雀鯛
Pomacentrus coelestis· JORDAN & STARKS

1267. 黑鰭雀鯛
Pomacentrus melanopterus BLEEKER

1268. 菲律賓雀鯛
Pomacentrus philippinus EVERMANN &
SEALE

1269. 頰鱗雀鯛
Pomacentrus lepidogenys FOWLER &
BEAN

1270. 細點雀鯛
Pomacentrus bankanensis BLEEKER

1271. 白尾雀鯛
Pomacentrus rhodonotus BLEEKER

1272. 摩鹿加雀鯛
Pomacentrus moluccensis BLEEKER

1273. 安朋雀鯛
Pomacentrus amboinensis BLEEKER

1274. 檸檬雀鯛
Pomacentrus popei JORDAN & SEALE

1275. 王子雀鯛
Pomacentrus vaiuli JORDAN & SEALE

1276. 藍點雀鯛
Pomacentrus grammorhynchus FOWLER

1277. 三斑雀鯛
Pomacentrus tripunctatus CUVIER ·&
VALENCIENNES

1278. 白點雀鯛
Pomacentrus albimaculus ALLEN

1279. 紫雀鯛
Neopomacentrus violascens (BLEEKER)

1280. 黃尾雀鯛
Neopomacentrus azysron (BLEEKER)

1281. 藍帶雀鯛
Neopomacentrus taeniurus (BLEEKER)

1282. 梭地雀鯛
Abedefduf sordidus (FORSSKÅL)

1283. 暗色雀鯛
Abedefduf notatus DAY

1284. 六帶雀鯛
Abedefduf coelestinus CUVIER &
VALENCIENNES

1285. 孟加拉雀鯛
Abedefduf bengalensis (BLOCH)

1286. 條紋雀鯛
Abedefduf saxatilis (QUOY & GAIMARD)

1287. 七帶雀鯛
Abedefduf septemfasciatus CUVIER &
VALENCIENNES

1288. 朋眸雀鯛
Plectroglyphidodon imparipennis
(VAILLANT & SAUVAGE)

1289. 珠點雀鯛
Plectroglyphidodon lacrymatus (QUOY &
GAIMARD)

1290. 白帶雀鯛
Plectroglyphidodon leucozona (BLEEKER)

1291. 廸克氏雀鯛
Plectroglyphidodon dickii (LIENARD)

1292. 約島雀鯛
Plectroglyphidodon johnstonians FOWLER
& BALL

1293. 三元雀鯛
Amblyglyphidodon ternatensis BLEEKER

1294. 黃背雀鯛
Amblyglyphidodon aureus CUVIER &
VALENCIENNES

1295. 黑吻雀鯛
Amblyglyphidodon curacao (BLOCH)

1296. 黑雀鯛
Paraglyphidodon melas (CUVIER &
VALENCIENNES)

1297. 皇貴雀鯛
Paraglyphidodon melanopus (BLEEKER)

1298. 黑褐雀鯛
Paraglyphidodon xanthurus (BLEEKER)

1299. 擬黑雀鯛
Paraglyphidodon nigroris (CUVIER &
VALENCIENNES)

1300. 横帶雀鯛
Paraglyphidodon thoracotaeniatus
(FOWLER & BEAN)

1301. 史氏雀鯛
Glyphidodontops starcki (ALLEN)

1302. 帝王雀鯛
Glyphidodontops rex (SNYDER)

1303. 藍魔鬼雀鯛
Glyphidodontops cyaneus (QUOY &
GAIMARD)

1304. 單斑雀鯛
Glyphidodontops uniocellatus (QUOY &
GAIMARD)

1305. 灰雀鯛
Glyphidodontops glaucus (CUVIER &
VALENCIENNES)

1306. 雙斑雀鯛
Glyphidodontops biocellatus (QUOY &
GAIMARD)

1307. 波浪雀鯛
Glyphidodontops leucopomus (LESSON)

鷹斑鯛科 CIRRHITIDAE

1308. 日本准鷹斑鯛
Isobuna japonica (STEINDACHNER &
DÖDERLEIN)

1309. 燕尾鷹斑鯛
Cyprinocirrhites polyactis (BLEEKER)

1310. 低眶鷹斑鯛

Cirrhitus pinnulatus (BLOCH &
SCHNEIDER)

1311. 福氏鷹斑鯛
Paracirrhitus forsteri (BLOCH &
SCHNEIDER)

1312. 正鷹斑鯛
Paracirrhitus types RANDALL

1313. 馬蹄鷹斑鯛
Paracirrhitus arcatus (CUVIER &
VALENCIENNES)

1314. 雙斑鷹斑鯛
Amblycirrhitus bimacula (JENKINS)

1315. 單斑鷹斑鯛
Amblycirrhitus unimacula (KAMOHARA)

1316. 横帶鷹斑鯛
Cirrhitichthys aprinus (CUVIER &
VALENCIENNES)

1317. 鋸頰鷹斑鯛
Cirrhitichthys serratus RANDALL

1318. 鷹斑鯛
Cirrhitichthys falco RANDALL

1319. 尖頭鷹斑鯛
Cirrhitichthys oxycephalus (BLEEKER)

1320. 金色鷹斑鯛
Cirrhitichthys aureus (TEMMINCK &
SCHLEGEL)

鷹羽鯛科 APLODACTYLIDAE

1321. 花尾鷹羽鯛
Goniistius zonatus (CUVIER &
VALENCIENNES)

1322. 素尾鷹羽鯛
Goniistius quadricornis (GÜNTHER)

1323. 條紋鷹羽鯛
Goniistius zebra (DÖDERLEIN)

甘鯛科 OWSTONIDAE

1324. 底甘鯛
Owstonia totomiensis TANAKA

1325. 土佐甘鯛
Qustonia tosaensis KAMOHARA

1326. 擬紅簾魚
Pseudocepola taeniosoma KAMOHARA

紅簾魚科 CEPOLIDAE

1327. 一點紅簾魚
Acanthocepola limbata (CUVIER & VALENCIENNES)

1328. 印度紅簾魚
Acanthocepola indica (DAY)

1329. 紅簾魚
Acanthocepola krusensternii (TEMMINCK & SCHLEGEL)

1330. 史氏紅簾魚
Cepola schlegeli (BLEEKER)

鯔亞目 MUGILOIDEI

鯔科 MUGILIDAE

1331. 鋸鯔
Mugil affinis GÜNTHER

1332. 烏魚
Mugil cephalus LINNAEUS

1333. 噶拉鯔
Mugil kelaartii GÜNTHER

1334. 白鯔
Mugil subviridis (CUVIER & VALENCIENNES)

1335. 臺灣鯔
Liza formosae OSHIMA

1336. 鮴華鯔
Liza carinata (CUVIER & VALENCIENNES)

1337. 韃特鯔
Liza tade (FORSSKÅL)

1338. 小鯔
Liza parva OSHIMA

1339. 澎湖鯔
Liza pescadorensis OSHIMA

1340. 大鱗鯔
Liza macrolepis (ANDREW SMITH)

1341. 污鰭鯔
Liza melinoptera (CUVIER & VALENCIENNES)

1342. 佛吉鯔
Liza vaigiensis (QUOY & GAIMARD)

1343. 長鰭鯔
Valamugil cunnesius (CUVIER & VALENCIENNES)

1344. 史氏鯔
Valamugil speigleri (BLEEKER)

1345. 藍斑鯔
Valamugil seheli (FORSSKÅL)

1346. 瘰唇鯔
Crenimugil crenilabis (FORSSKÅL)

金梭魚目 SPHYRAENOIDEI

金梭魚科 SPHYRAENIDAE

1347. 竹針魚
Sphyraena jello CUVIER & VALENCIENNES

1348. 大眼金梭魚
Sphyraena forsteri CUVIER & VALENCIENNES

1349. 日本金梭魚
Sphyraena japonica CUVIER & VALENCIENNES

1350. 黑背金梭魚
Sphyraena qenie KLUNZINGER

1351. 達摩金梭魚
Sphyraena obtusata CUVIER & VALENCIENNES

1352. 肥金梭魚
Sphyraena pinguis GÜNTHER

1353. 巨金梭魚
Sphyraena barracuda (WALBAUM)

1354. 黃尾金梭魚
Sphyraena flavicauda RÜPPELL

馬鮁亞目 POLYNEMOIDEI

馬鮁科 POLYNEMIDAE

1355. 四絲馬鮁
Eleuthronema tetradactylum (SHAW)
1356. 五絲馬鮁
Polynemus plebeius BROUSSONET
1357. 小口馬鮁
Polynemus microstoma BLEEKER
1358. 印度馬鮁
Polynemus indicus SHAW
1359. 六絲馬鮁
Polynemus sextarius (BLOCH & SCHNEIDER)

隆頭魚亞目 LABROIDEI

隆頭魚科 LABRIDAE

1360. 摩鹿加擬寒鯛
Pseudodax moluccanus (CUVIER & VALENCIENNES)
1361. 日本裸頰寒鯛
Peaolopesia gymnogenys (GÜNTHER)
1362. 四斑寒鯛
Xiphocheilus qudrimaculatus GÜNTHER
1363. 寒鯛
Choerodon azurio (JORDAN & SNYDER)
1364. 楔斑寒鯛
Choerodon anchorago (BLOCH)
1365. 黑旗寒鯛
Choerodon nectemblema (JORDAN & EVERMANN)
1366. 三寶顏寒鯛
Choerodon zamboangae (SEALE & BEAN)
1367. 四帶寒鯛
Choerodon quadrifasciatus YU
1368. 黑斑寒鯛
Choerodon melanostigma FOWLER & BEAN
1369. 靑衣寒鯛
Choerodon schoeleinii˙(CUVIER & VALENCIENNES)
1370. 喬丹氏寒鯛
Choerodon jordani (SNYDER)
1371. 橫帶寒鯛
Lienardella fasciatus (GÜNTHER)
1372. 斑紋寒鯛
Bodianus diana (LACÉPÈDE)
1373. 太平洋寒鯛
Bodianus pacificus (KAMOHARA)
1374. 腋斑寒鯛
Bodianus axillaris (BENNETT)
1375. 白斑寒鯛
Bodianus albomaculatus (SMITH)
1376. 中胸寒鯛
Bodianus mesothorax (BLOCH & SCHNEIDER)
1377. 靑頭寒鯛
Bodianus anthioides (BENNETT)
1378. 雙月斑狐鯛
Bodianus bilunulatus (LACÉPÈDE)
1379. 紅衣狐鯛
Bodianus perditio (QUOY & GAIMARD)
1380. 黑鰭狐鯛
Bodianus hirsutus (LACÉPÈDE)
1381. 狐鯛
Bodianus oxycephalus (BLEEKER)
1382. 黃斑狐鯛
Bodianus luteopunctatus (BLEEKER)
1383. 網紋擬狐鯛
Semicossyphus reticulatus (CUVIER & VALENCIENNES)
1384. 曳絲鸚鯛
Pteragogus flagellifera (CUVIER & VALENCIENNES)
1385. 金梭鯛
Checlio inermis (FORSSKÅL)
1386. 藍帶裂唇鯛
Labroides dimidiatus (CUVIER &

VALENCIENNES)

1387. 二色裂唇鯛
Labroides bicolor FOWLER & BEAN

1388. 琉球厚唇鯛
Labropsis manabei SCHMIDT

1389. 單線摺唇鯛
Labrichthys unilineatus (GUICHENOT)

1390. 花娘鸚鯛
Coris musume (JORDAN & SNYDER)

1391. 蓋馬氏鸚鯛
Coris gaimard (QUOY & GAIMARD)

1392. 紅喉鸚鯛
Coris angulata LACÉPÈDE

1393. 彩衣鸚鯛
Coris multicolor (RÜPPELL)

1394. 雜色鸚鯛
Coris variegata (RÜPPELL)

1395. 細鱗鸚鯛
Hologymnosus semidiscus (LACÉPÈDE)

1396. 大口鸚鯛
Hemigymnus fasciatus (BLOCH)

1397. 垂口鸚鯛
Hemigymnus melapterus (BLOCH)

1398. 竹葉鸚鯛
Pseudolabrus japonicus (HOUTTUYN)

1399. 細竹葉鸚鯛
Pseudolabrus gracilis (STEINDACHNER)

1400. 腹紋鸚鯛
Stethojulis strigiventer (BENNETT)

1401. 班達鸚鯛
Stethojulis bandanensis (BLEEKER)

1402. 三線鸚鯛
Stethojulis trilineata (BLOCH &
SCHNEIDER)

1403. 斷線鸚鯛
Stethojulis interrupta (BLEEKER)

1404. 蟲紋鸚鯛
Anampses geographicus CUVIER &
VALENCIENNES

1405. 青點鸚鯛
Anampses caeruleopunctatus RÜPPELL

1406. 北斗鸚鯛
Anampses meleagrides CUVIER &
VALENCIENNES

1407. 烏尾鸚鯛
Anampses melanurus BLEEKER

1408. 新幾內亞鸚鯛
Anampses neoguinaicus BLEEKER

1409. 黃胸鸚鯛
Anampses twistii BLEEKER

1410. 內華羅曲齒鸚鯛
Macropharyngodon negrosensis HERRE

1411. 網紋曲齒鸚鯛
Macropharyngodon meleagris (CUVIER &
VALENCIENNES)

1412. 青腹儒艮鯛
Halichoeres cyanopleura (BLEEKER)

1413. 三斑儒艮鯛
Halichoeres trimaculatus (QUOY &
GAIMARD)

1414. 頸帶儒艮鯛
Halichoeres scapularis (BENNETT)

1415. 四點儒艮鯛
Halichoeres hortulanus (LACÉPÈDE)

1416. 黑臂儒艮鯛
Halichoeres melanochir FOWLER & BEAN

1417. 烏尾儒艮鯛
Halichoeres melanurus (BLEEKER)

1418. 白雪儒艮鯛
Halichoeres marginatus RÜPPELL

1419. 瑰麗儒艮鯛
Halichoeres kallochroma (BLEEKER)

1420. 黑帶儒艮鯛
Halichoeres dussumieri (CUVIER &
VALENCIENNES)

1421. 里巴儒艮鯛
Halichoeres leparensis (BLEEKER)

1422. 小儒艮鯛
Halichoeres miniatus (CUVIER &
VALENCIENNES)

1423. 眞珠儒艮鯛
Halichoeres margaritaceus (CUVIER &

VALENCIENNES)

1424. 雲紋儒艮鯛
Halichoeres nebulosus (CUVIER &
VALENCIENNES)

1425. 安保儒艮鯛
Halichoeres amboinensis (BLEEKER)

1426. 花翅儒艮鯛
Halichoeres poecilopterus (TEMMINCK &
SCHLEGEL)

1427. 纖棘儒艮鯛
Halichoeres tenuispinis (GÜNTHER)

1428. 單斑儒艮鯛
Halichoeres kawarin (BLEEKER)

1429. 雙斑儒艮鯛
Halichoeres biocellatus SCHULTZ

1430. 大眼儒艮鯛
Halichoeres argus (BLOCH & SCHNEIDER)

1431. 詹森氏葉鯛
Thalassoma jansenii (BLEEKER)

1432. 哈氏葉鯛
Thalassoma hardwicke (BENNETT)

1433. 影斑葉鯛
Thalassoma umbrostigma (RÜPPELL)

1434. 紫衣葉鯛
Thalassoma purpureum (FORSSKÅL)

1435. 五帶葉鯛
Thalassoma quinquevittatus (LAY &
BENNETT)

1436. 綠斑葉鯛
Thalassoma fuscum (LACÉPÈDE)

1437. 花面葉鯛
Thalassoma cupido (TEMMINCK &
SCHLEGEL)

1438. 黃衣葉鯛
Thalassoma lutescens (LAY & BENNETT)

1439. 月斑葉鯛
Thalassoma lunare (LINNAEUS)

1440. 鈍頭葉鯛
Thalassoma amblycephalus (BLEEKER)

1441. 突吻鸚鯛
Gomphosus varius LACÉPÈDE

1442. 管口鸚鯛
Epibulus insidiator (PALLAS)

1443. 菲島大鱗鸚鯛
Watmorella philippina FOWLER & BEAN

1444. 紅斑綠鸚鯛
Cheilinus chlorurus (BLOCH)

1445. 尖頭鸚鯛
Cheilinus oxycephalus BLEEKER

1446. 三葉鸚鯛
Cheilinus trilobatus LACÉPÈDE

1447. 橫帶鸚鯛
Cheilinus fasciatus (BLOCH)

1448. 波紋鸚鯛
Cheilinus undulatus CUVIER &
VALENCIENNES

1449. 雙斑鸚鯛
Cheilinus bimaculatus CUVIER &
VALENCIENNES

1450. 雙線鸚鯛
Cheilinus diagrammus (LACÉPÈDE)

1451. 單帶鸚鯛
Cheilinus rhodochrous GÜNTHER

1452. 銳吻鸚鯛
Cheilinus oxyrhynchus (BLEEKER)

1453. 六帶擬鸚鯛
Pseudocheilinus hexataenia (BLEEKER)

1454. 帶尾鸚鯛
Novaculichthys taeniourus (LACÉPÈDE)

1455. 離鰭鯛
Hemipteronotus pentadactylus
(LINNAEUS)

1456. 黑斑離鰭鯛
Hemipteronotus melanopus (BLEEKER)

1457. 薔薇離鰭鯛
Hemipteronotus verrens JORDAN &
EVERMANN

1458. 紅斑離鰭鯛
Hemipteronotus caeruleopunctatus YU

1459. 星離鰭鯛
Hemipteronotus evides JORDAN &
RICHARDSON

1460. 細斑離鰭鯛
Xyrichthys punctulatus CUVIER &
VALENCIENNES

1461. 紅楔鯛
Iniistius dea (TEMMINCK & SCHLEGEL)

1462. 孔雀楔鯛
Iniistius pavo CUVIER & VALENCIENNES

1463. 藍身絲鰭鯛
Cirrhilaborus cyanopleura (BLEEKER)

1464. 丁氏絲鰭鯛
Cirrhilaborus temminckii BLEEKER

1465. 艷麗絲鰭鯛
Cirrhilaborus exquisitius SMITH

1466. 黑緣絲鰭鯛
Cirrhilaborus melanomarginatus RANDALL
& SHEN

鸚哥魚科 SCARIDAE

1467. 青鸚哥魚
Cetoscarus bicolor (RÜPPELL)

1468. 紅海鸚哥魚
Hipposcarus harid FORSSKÅL

1469. 突額鸚哥魚
Ypsiscarus ovifrons (TEMMINCK &
SCHLEGEL)

1470. 紅紫鸚哥魚
Scarus rubroviolaceus (BLEEKER)

1471. 鈍頭鸚哥魚
Scarus gibbus RÜPPELL

1472. 白條鸚哥魚
Scarus dubius BENNETT

1473. 翠綠鸚哥魚
Scarus formosus CUVIER &
VALENCIENNES

1474. 鸚嘴鸚哥魚
Scarus psittacus (FORSSKÅL)

1475. 雜色鸚哥魚
Scarus festivus CUVIER & VALENCIENNES

1476. 面具鸚哥魚
Scarus capistratoides BLEEKER

1477. 琉球鸚哥魚
Scarus bowersi (SNYDER)

1478. 白斑鸚哥魚
Scarus sordidus FORSSKÅL

1479. 污褐鸚哥魚
Scarus niger FORSSKÅL

1480. 單帶鸚哥魚
Scarus frenatus LACÉPÈDE

1481. 蟲紋鸚哥魚
Scarus globiceps CUVIER &
VALENCIENNES

1482. 五帶鸚哥魚
Scarus scaber CUVIER & VALENCIENNES

1483. 藍點鸚哥魚
Scarus ghobban FORSSKÅL

1484. 銹色鸚哥魚
Scarus ferrugineus FORSSKÅL

1485. 綠領鸚哥魚
Scarus prasiognathos CUVIER &
VALENCIENNES

1486. 白星鸚鯉
Calotomus spinidens (QUOY & GAIMARD)

1487. 日本鸚鯉
Calotomus japonicus (CUVIER &
VALENCIENNES)

1488. 鸚鯉
Leptoscarus vaigiensis (QUOY &
GAIMARD)

鱷鱚亞目 THACHINOIDEI

鱷鱚科 CHAMPSODINTIDAE

1489. 貢氏鱷鱚
Champsodon guentheri REGAN

1490. 史氏鱷鱚
Champsodon snyderi FRANZ

大口鱚科 CHIASMODONTIDAE

1491. 黑仿主鱚
Pseudoscopelus scriptus sagamiensis
TANAKA

虎鱚科 MUGILOIDIDAE

1492. 十二帶虎鱚
Parapercis decemfasciata FRANZ

1493. 圓虎鱚
Parapercis cylindrica (BLOCH)

1494. 十帶虎鱚
Parapercis multifasciata (DÖDERLEIN)

1495. 赤虎鱚
Parapercis aurantiaca (DÖDERLEIN)

1496. 倍斑虎鱚
Parapercis binivirgata (WAITE)

1497. 鞍斑虎鱚
Parapercis sexfasciata (TEMMINCK & SCHLEGEL)

1498. 格紋虎鱚
Parapercis mimaseana (KAMOHARA)

1499. 史尼德虎鱚
Parapercis snyderi (JORDAN & STARKS)

1500. 牟婁虎鱚
Parapercis muronis TANAKA

1501. 雲紋虎鱚
Parapercis nebulosa (QUOY & GAIMARD)

1502. 四棘虎鱚
Parapercis quadrispinosa (M. WEBER)

1503. 肩斑虎鱚
Parapercis clathrata (OGILBY)

1504. 頭斑虎鱚
Parapercis cephalopunctatus (SEALE)

1505. 四角虎鱚
Parapercis tetracantha (LACÉPÈDE)

1506. 黃斑虎鱚
Parapercis xanthozona (BLEEKER)

1507. 蒲原氏虎鱚
Parapercis kamoharai SCHULTZ

1508. 美虎鱚
Parapercis pulchella (TEMMINCK & SCHLEGEL)

1509. 正虎鱚
Parapercis ommatura (JORDAN & SNYDER)

1510. 多斑虎鱚
Parapercis polyphthalma (CUVIER & VALENCIENNES)

1511. 六斑虎鱚
Parapercis hexophthalmus (CUVIER & VALENCIENNES)

掛帆鱚科 PERCOPHIDIDAE

1512. 尾斑掛帆鱚
Bembrops caudimacula STEINDACHNER

1513. 掛帆鱚
Pteropsaron evolans JORDAN & SNYDER

1514. 臺灣掛帆鱚
Pteropsaron formosensis (KAO & SHEN)

1515. 九斑掛帆鱚
Chrionema chryseres GILBERT

1516. 三斑掛帆鱚
Chrionema chlorotaenia MCKAY

絲鰭鱚科 TRICHONOTIDAE

1517. 沙絲鰭鱚
Limnichthys sp.

1518. 絲鰭鱚
Trichonotus setigerus BLOCH & SCHNEIDER

後頜鱚科 OPISTHOGNATHIDAE

1519. 後頜鱚
Opisthognathus castelnaui BLEEKER

1520. 橫帶後頜鱚
Opisthognathus fasciatus CHAN

1521. 一色後頜鱚
Opisthognathus sp.

瞻星魚科 URANOSCOPIDAE

1522. 日本瞻星魚
Uranoscopus japonicus HOUTTUYN

1523. 貧鱗瞻星魚
Uranoscopus oligolepis BLEEKER

1524. 雙斑瞻星魚
Uranoscopus bicinctus TEMMINCK &

SCHLEGEL

1525. 披巾瞻星魚
Ichthyoscopus lebeck (BLOCH &
SCHNEIDER)

1526. 青瞻星魚
Gnathagnus elongatus (TEMMINCK &
SCHLEGEL)

鳚亞目 BLENNIOIDEI

長帶鳚科 XIPHASIIDAE

1527. 長帶鳚
Xiphasia setifer SWAINSON

鳚科 BLENNIIDAE

1528. 平頂鳚
Pictiblennius yatabei (JORDAN & SNYDER)

1529. 頂鬚鳚
Scartella cristata (LINNAEUS)

1530. 肉冠鳚
Omobranchus fasciolatoceps
(RICHARDSON)

1531. 韋馱鳚
Omobranchus punctatus (CUVIER &
VALENCIENNES)

1532. 大湖鳚
Omobranchus ferox (HERRE)

1533. 長身鳚
Omobranchus elongatus (PETERS)

1534. 吉曼氏鳚
Omobranchus germaini (SAUVAGE)

1535. 斜帶鳚
Omobranchus loxozonus (JORDAN &
STARKS)

1536. 准黑鳚
Parachelyurus hepburni (SNYDER)

1537. 克氏黑鳚
Enchelyurus kraussi (KLUNZINGER)

1538. 黑鳚
Enchelyurus ater (GÜNTHER)

1539. 褐點蠕鳚
Cirripectes fuscoguttatus STRASBURG &
SCHULTZ

1540. 異斑蠕鳚
Cirripectes variolosus (CUVIER &
VALENCIENNES)

1541. 紅鰭蠕鳚
Cirripectes sebae (CUVIER &
VALENCIENNES)

1542. 橫帶蠕鳚
Cirripectes quagga (FOWLER & BALL)

1543. 短身蠕鳚
Exallias brevis (KNER)

1544. 波江氏鳚
Ecsenius namiyei (JORDAN & EVERMANN)

1545. 條紋鳚
Ecsenius lineatus KLAUSEWITZ

1546. 眼斑鳚
Ecsenius oculus SPRINGER

1547. 琉球鳚
Ecsenius yaeyamaensis (AOYAGI)

1548. 褐鳚
Atrosalarias fuscus (RÜPPELL)

1549. 塞昔爾鳚
Stanulus seychellensis SMITH

1550. 吸盤鳚
Anadamia tetradactylus (BLEEKER)

1551. 雷氏吸盤鳚
Andamia reyi (SAUVAGE)

1552. 太平洋吸盤鳚
Anadamia pacifica TOMIYAMA

1553. 跳鳚
Alticus saliens (FORSTER)

1554. 種子島鳚
Praealticus tanegashimae (JORDAN &
STARKS)

1555. 珠點鳚
Praealticus margaritarius (SNYDER)

1556. 狹鰓鳚
Crossosalarius macrospilus (SMITH-VANIZ
& SPRINGER)

1557. 彈塗鳚
Istiblennius periophthalmus CUVIER & VALENCIENNES

1558. 白點鳚
Istiblennius meleagris (CUVIER & VALENCIENNES)

1559. 黑線鳚
Istiblennius lineatus (CUVIER & VALENCIENNES)

1560. 黑邊鳚
Istiblennius atrimarginatus (FOWLER)

1561. 穆氏鳚
Istiblennius mulleri (KLUNZINGER)

1562. 杜氏鳚
Istiblennius dussumieri (CUVIER & VALENCIENNES)

1563. 條斑鳚
Istiblennius striatomaculatus (KNER)

1564. 波浪鳚
Istiblennius edentulus (BLOCH & SCHNEIDER)

1565. 江之島鳚
Istiblennius enosimae (JORDAN & SNYDER)

1566. 青點鳚
Istiblennius cyanostigma (BLEEKER)

1567. 比立頓鳚
Istiblennius bilitonensis (BLEEKER)

1568. 間斑鳚
Istiblennius interruptus (BLEEKER)

1569. 皺唇鳚
Salarias sinuosus SNYDER

1570. 橫帶鳚
Salarias fasciatus (BLOCH)

1571. 海蛙鳚
Entomacrodus thalassinus (JORDAN & SEALE)

1572. 星點蛙鳚
Entomacrodus stellifer (JORDAN & SNYDER)

1573. 賴特蛙鳚

Entomacrodus lighti (HERRE)

1574. 尾紋蛙鳚
Entomacrodus caudofasciatus (REGAN)

1575. 網紋蛙鳚
Entomacrodus decussatus (BLEEKER)

1576. 珍珠蛙鳚
Entomacrodus striatus (QUOY & GAIMARD)

1577. 紐富島蛙鳚
Entomacrodus niuafooensis (FOWLER)

1578. 摺唇蛙鳚
Entomacrodus epalzeocheilus (BLEEKER)

1579. 黑帶鳚
Mimoblennius atrocinctus (REGAN)

1580. 細身鳚
Rhabdoblennius ellipes JORDAN & STARKS

1581. 藍帶鳚
Plagiotremus rhinorhynchus (BLEEKER)

1582. 矮身鳚
Plagiotremus tapeinosoma (BLEEKER)

1583. 僧帽鳚
Petroscirtes mitratus RÜPPELL

1584. 史氏鳚
Petroscirtes springeri SMITH-VANZ

1585. 鈍頭鳚
Petroscirtes breviceps (BLEEKER)

1586. 變色鳚
Petroscirtes variabilis CANTOR

1587. 縱帶鳚
Aspidontus taenidtus QUOY & GAIMARD

1588. 線紋鳚
Meiacanthus grammistes (CUVIER & VALENCIENNES)

1589. 蒲原氏鳚
Meiacanthus hamoharai TOMIYAMA

石鳚科 CLINIDAE

1590. 黃身石鳚
Springeratus xanthosoma (BLEEKER)

三鰭䲁科 TRIPTERYGIIDAE

1591. 斜帶三鰭䲁
　　Tripterygion inclinatus (FOWLER)
1592. 污尾三鰭䲁
　　Tripterygion bapturum JORDAN &
　　SNYDER
1593. 黑胸三鰭䲁
　　Tripterygion fascipectoris (FOWLER)
1594. 半黑三鰭䲁
　　Tripterygion hemimelas KNER &
　　STEINDACHNER
1595. 篩口三鰭䲁
　　Tripterygion etheostoma JORDAN &
　　SNYDER
1596. 黑尾三鰭䲁
　　Tripterygion fuligicauda (FOWLER)
1597. 小三鰭䲁
　　Tripterygion minutus (GÜNTHER)
1598. 菲島三鰭䲁
　　Tripterygion philippinum PETERS
1599. 橫帶三鰭䲁
　　Tripterygion fasciatum WEBER
1600. 四斑三鰭䲁
　　Tripterygion quadrimaculatum (FOWLER)
1601. 斜條紋三鰭䲁
　　Heleogramma sp.

玉筋魚亞目 AMMODYTOIDEI

玉筋魚科 AMMODYTIDAE

1602. 臺灣玉筋魚
　　Embolichthys mitsukurii (JORDAN &
　　EVERMANN)
1603. 綠土筋魚
　　Bleekeria viridianguilla (FOWLER)

鰕虎亞目 GOBIOIDEI

溪鱧科 RHYACKHTHYIDAE

1604. 溪鱧
　　Rhyacichthys aspro (KUHL & VAN
　　HASSELT)

塘鱧科 ELEOTRIDAE

1605. 中國塘鱧
　　Bostrichthys sinensis (LACÉPÈDE)
1606. 棕塘鱧
　　Eleotris fusca (BLOCH & SCHNEIDER)
1607. 黑塘鱧
　　Eleotris melanosoma BLEEKER
1608. 銳頭塘鱧
　　Eleotris oxycephala TEMMINCK &
　　SCHLEGEL
1609. 條紋塘鱧
　　Eleotris fasciatus CHEN
1610. 星塘鱧
　　Asterropteryx semipunctatus RÜPPELL
1611. 安朋塘鱧
　　Butis amboinensis (BLEEKER)
1612. 土鮒
　　Mogurnda obscura (TEMMINCK &
　　SCHLEGEL)
1613. 大鱗塘鱧
　　Butis butis (HAMILTON-BUCHANAN)
1614. 花錐塘鱧
　　Prionobutis koilomatodon (BLEEKER)
1615. 尾斑塘鱧
　　Trimma caudomaculata YOSHINO &
　　ARAGA
1616. 紅塘鱧
　　Trimma naudei SMITH
1617. 磯塘鱧
　　Eviota abax (JORDAN & SNYDER)
1618. 寶石塘鱧
　　Eviota smaragdus JORDAN & SEALE
1619. 塞班塘鱧
　　Eviota saipanensis FOWLER
1620. 韮綠塘鱧
　　Eviota prasina (KLUZINGER)
1621. 昆士蘭塘鱧

Eviota queenslandica WHITLEY

1622. 帶鰭塘鱧

Hypseleotris taenionotopterus (BLEEKER)

1623. 短塘鱧

Hypseleotris bipartita HERRE

1624. 紅帶塘鱧

Eleotriodes strigatus (BROUSSONET)

1625. 雙帶塘鱧

Eleotriodes helsdingenii BLEEKER

1626. 長鰭塘鱧

Eleotriodes longipinnis (LAY & BENNETT)

1627. 六點塘鱧

Eleotriodes sexguttatus (CUVIER & VALENCIENNES)

1628. 頭孔塘鱧

Ophiocara porocephala (CUVIER & VALENCIENNES)

1629. 無孔塘鱧

Ophiocara aporos (BLEEKER)

1630. 斑駁尖塘鱧

Oxyeleotris marmorata (BLEEKER)

1631. 尾斑尖塘鱧

Oxyeleotris urophthalmus (BLEEKER)

1632. 帶狀塘鱧

Parioglossus taeniatus REGAN

1633. 道津氏塘鱧

Parioglossus dotui TOMIYAMA

1634. 瑰麗塘鱧

Ptereleotris evides (JORDAN & HUBBS)

1635. 三色塘鱧

Ptereleotris tricolor SMITH

1636. 細鱗塘鱧

Ptereleotris microlepis (BLEEKER)

1637. 異臂塘鱧

Ptereleotris heteropterus (BLEEKER)

1638. 絲鰭塘鱧

Nemateleotris magnificus FOWLER

1639. 鬃塘鱧

Pogonoculius zebra FOWLER

1640. 軟塘鱧

Austrolethops wardi WHITELY

鰕虎科 GOBIIDAE

1641. 五帶短鰕虎

Gobiodon quinquestrigatus (CUVIER & VALENCIENNES)

1642. 橙色短鰕虎

Gobiodon citrinus (RÜPPELL)

1643. 暗色短鰕虎

Gobiodon rivulatus (RÜPPELL)

1644. 紅衣鯊

Kelloggella cardinalis (JORDAN & SEALE)

1645. 鍾馗鯊

Triaenopogon barbatus (GÜNTHER)

1646. 尤金鯊

Quisquilius eugenius JORDAN & EVERMANN

1647. 馬來鯊

Quisquilius malayanus HERRE

1648. 因卡鯊

Quisquilius inhaca (SMITH)

1649. 絛鯊

Zonogobius semidoliatus (CUVIER & VALENCIENNES)

1650. 濶頭鰕虎

Bathygobius cotticeps (STEINDACHNER)

1651. 岩鰕虎

Bathygobius petrophilus (BLEEKER)

1652. 椰子鰕虎

Bathygobius cocosensis (BLEEKER)

1653. 黑鰕虎

Bathygobius fuscus (RÜPPELL)

1654. 巴東鰕虎

Bathygobius padangensis (BLEEKER)

1655. 肩斑鰕虎

Bathygobius scapulopunctatus (DE BEAUFORT)

1656. 鸚哥鯊

Gnatholepis puntang (BLEEKER)

1657. 美尾鯊

Gnatholepis calliurus JORDAN & SEALE

1658. 浴衣鯊

Gnatholepis otakii (JORDAN & SNYDER)

1659. 武士鰕
Gnatholepis knight (JORDAN &
EVERMANN)

1660. 虎齒鰕虎
Vaimosa caninus (CUVIER &
VALENCIENNES)

1661. 梅遜氏鰕虎
Vaimosa masoni (DAY)

1662. 雀鰕虎
Rhinogobius viganensis STEINDACHNER

1663. 條紋鰕虎
Rhinogobius pflaumi BLEEKER

1664. 麗飾鰕虎
Rhinogobius decoratus HERRE

1665. 斑點鰕虎
Rhinogobius gymnauchen BLEEKER

1666. 雲紋鰕虎
Rhinogobius nebulosus (FORSSKÅL)

1667. 極樂鰕虎
Rhinogobius giurinus RUTTER

1668. 川鰕虎
Rhinogobius brunneus (TEMMINCK &
SCHLEGEL)

1669. 植鰕虎
Rhinogobius neophytus (GÜNTHER)

1670. 飾衝鯊
Acentrogobius ornatus (RÜPPELL)

1671. 康培氏衝鯊
Acentrogobius campbelli (JORDAN &
SNYDER)

1672. 珠點衝鯊
Acentrogobius spence (SMITH)

1673. 星衝鯊
Acentrogobius hoshinonis (TANAKA)

1674. 高倫氏衝鯊
Acentrogobius cauerensis (BLEEKER)

1675. 紫鰭衝鯊
Acentrogobius janthinopterus (BLEEKER)

1676. 龐氏衝鯊
Acentrogobius bontii (BLEEKER)

1677. 阿部氏鰕虎
Mugilogobius abei (JORDAN & SNYDER)

1678. 塔加拉鰕虎
Tamanka tagala (HERRE)

1679. 厚唇鯊
Awaous ocellaris (BROUSSONNET)

1680. 絲厚唇鯊
Awaous stamineus (VALENCIENNES)

1681. 斑點狹鯊
Oligolepis acutipinnis (CUVIER &
VALENCIENNES)

1682. 種子鯊
Stenogobius genivittatus (CUVIER &
VALENCIENNES)

1683. 白頸脊鯊
Cristatogobius albins SHEN

1684. 十字紋鯊
Amblygobius decussatus (BLEEKER)

1685. 林克氏鯊
Amblygobius linki HERRE

1686. 環帶鯊
Amblygobius albimacultus (RÜPPELL)

1687. 更紗鯊
Amblygobius sphynx (CUVIER &
VALENCIENNES)

1688. 長背鴿鯊
Oxyurichthys amabilis SEALE

1689. 鱟鴿鯊
Oxyurichthys microlepis (BLEEKER)

1690. 眼絲鴿鯊
Oxyurichthys ophthalmonema (BLEEKER)

1691. 尖尾鴿鯊
Oxyurichthys papuensis (CUVIER &
VALENCIENNES)

1692. 眼角鴿鯊
Oxyurichthys tentacularis (CUVIER &
VALENCIENNES)

1693. 楊氏猴鯊
Cryptocentrus yangii CHEN

1694. 巴布亞猴鯊
Cryptocentrus papuanus (PETERS)

1695. 絲鰭猴鯊
Cryptocentrus filifer (CUVIER & VALENCIENNES)

1696. 谷津氏猴鯊
Cryptocentrus yatsui TOMIYAMA

1697. 紅猴鯊
Cryptocentrus russus (CANTOR)

1698. 圓鱗鯊
Callogobius liolepis KOUMANS

1699. 稜頭鯊
Callogobius sclateri (STEINDACHNER)

1700. 史奈利鯊
Callogobius snelliusi KOUMANS

1701. 赫氏鯊
Callogobius hasselti (BLEEKER)

1702. 長身鯊
Synechogobius hasta (TEMMINCK & SCHLEGEL)

1703. 黃臀棘鯊
Acanthogobius flavimanus (TEMMINCK & SCHLEGEL)

1704. 尾斑棘鯊
Acanthogobius ommaturus (RICHARDSON)

1705. 翼鯊
Pterogobius elapoides (GÜNTHER)

1706. 雙斑叉舌鯊
Glossogobius biocellatus (CUVIER & VALENCIENNES)

1707. 背斑叉舌鯊
Glossogobius giuris brunneus (TEMMINCK & SCHLEGEL)

1708. 叉舌鯊
Glossogobius giuris giuris (HAMILTON BUCHANAN)

1709. 砂鰕虎
Gobiopsis arenarius (SNYDER)

1710. 五帶砂鰕虎
Gobiopsis quinquecincta (H. M. SMITH)

1711. 多鬚擬鬚鯊
Parachaeturichthys polynema (BLEEKER)

1712. 銹鯊
Sagamia geneionema (HILGENDORF)

1713. 西海竿鯊
Luciogobius saikaiensis DÔTU

1714. 臥齒鯊
Apocryptodon madurensis (BLEEKER)

1715. 大彈塗魚
Boleophthalmus pectinirostris (LINNAEUS)

1716. 青彈塗魚
Scartelaos viridis (HAMILTON BUCHANAN)

1717. 日本禿頭鯊
Sicyopterus japonicus (TANAKA)

1718. 雙帶禿頭鯊
Stiphodon elegans (STEINDACHNER)

1719. 彈塗魚
Periophthalmus cantonensis (OSBECK)

擬鰕虎科 GOBIOIDIDAE

1720. 灰盲條魚
Taenioides cirratus (BLYTH)

1721. 盲條魚
Taenioides anguillaris (LINNAEUS)

赤鯊科 TRYPAUCHENIDAE

1722. 赤鯊
Trypauchen vagina (BLOCH & SCHNEIDER)

1723. 櫛赤鯊
Ctenotrypauchen microcephalus (BLEEKER)

粗皮鯛亞目 ACANTHUROIDEI

角蝶魚科 ZANCLIDAE

1724. 角蝶魚
Zanclus cornutus (LINNAEUS)

臭都魚科 SIGANIDAE

1725. 狐臭都魚
Siganus vulpinus (SCHLEGEL & MÜLLER)

1726. 銀色臭都魚

Siganus argenteus (QUOY & GAIMARD)

1727. 花臭都魚

Siganus rostratus (CUVIER & VALENCIENNES)

1728. 黑臭都魚

Siganus spinus (LINNAEUS)

1729. 網紋臭都魚

Siganus oramin (BLOCH & SCHNEIDER)

1730. 臭都魚

Siganus fuscescens (HOUTTUYN)

1731. 條紋臭都魚

Siganus javas (LINNAEUS)

1732. 白點臭都魚

Siganus canaliculitus (MUNGO PARK)

1733. 四帶臭都魚

Siganus tetrazona (BLEEKER)

1734. 小臭都魚

Siganus virgatus (CUVIER & VALENCIENNES)

1735. 雜臭都魚

Siganus puellus (SCHLEGEL)

1736. 蟲紋臭都魚

Siganus vermiculatus (CUVIER & VALENCIENNES)

1737. 星臭都魚

Siganus guttatus (BLOCH)

粗皮鯛科 ACANTHURIDAE

1738. 漣紋粗皮鯛

Ctenochaetus striatus (QUOY & GAIMARD)

1739. 二點粗皮鯛

Ctenochaetus binotatus RANDALL

1740. 高鰭粗皮鯛

Zebrasoma veliferum (BLOCH)

1741. 黃高鰭粗皮鯛

Zebrasoma flavescens (BENNETT)

1742. 藍線高鰭粗皮鯛

Zebrasoma scopas (CUVIER)

1743. 楔尾藍粗皮鯛

Paracanthurus hepatus (LINNAEUS)

1744. 日本粗皮鯛

Acanthurus japonicus (SCHMIDT)

1745. 白吻粗皮鯛

Acanthurus glaucopareius CUVIER

1746. 一字粗皮鯛

Acanthurus olivaceus BLOCH & SCHNEIDER

1747. 黑斑粗皮鯛

Acanthurus gahhm (FORSSKÅL)

1748. 肩斑粗皮鯛

Acanthurus maculiceps (AHL)

1749. 黑點粗皮鯛

Acanthurus bariene LESSON

1750. 綠色粗皮鯛

Acanthurus triostegus (LINNAEUS)

1751. 布氏粗皮鯛

Acanthurus bleekeri GÜNTHER

1752. 白頰粗皮鯛

Acanthurus leucopareius (JENKINS)

1753. 斑頰粗皮鯛

Acanthurus nigrofuscus (FORSSKÅL)

1754. 藍線粗皮鯛

Acanthurus lineatus (LINNAEUS)

1755. 白頤粗皮鯛

Acanthurus leucocheilus HERRE

1756. 火斑粗皮鯛

Acanthurus pyroferus KITTLITZ

1757. 黑鰭粗皮鯛

Acanthurus melanopterus SHEN & LIM

1758. 麗生粗皮鯛

Acanthurus lishenus SHEN & LIM

1759. 杜氏粗皮鯛

Acanthurus dussumieri CUVIER & VALENCIENNES

1760. 黃鰭粗皮鯛

Acanthurus xanthopterus CUVIER & VALENCIENNES

1761. 馬塔粗皮鯛

Acanthurus mata (CUVIER)

1762. 網紋粗皮鯛

Acanthurus reticulatus SHEN & LIM

1763. 三棘天狗鯛

Xesurus scalprum (CUVIER & VALENCIENNES)

1764. 獨角天狗鯛
Naso unicornis (FORSSKÅL)

1765. 短吻天狗鯛
Naso brevirostris (CUVIER & VALENCIENNES)

1766. 赫氏天狗鯛
Naso herrei SMITH

1767. 短角天狗鯛
Naso annulatus (QUOY & GAIMARD)

1768. 高鼻天狗鯛
Naso vlamingii (CUVIER & VALENCIENNES)

1769. 瘤鼻天狗鯛
Naso tuberosus LACÉPÈDE

1770. 六棘天狗鯛
Naso hexacanthus (BLEEKER)

1771. 鸚鵡天狗鯛
Callicanthus lituratus (BLOCH & SCHNEIDER)

1772. 低鼻天狗鯛
Axinurus thynnoides CUVIER & VALENCIENNES

鯖亞目 SCOMBROIDEI

鯖科 SCOMBRIDAE

1773. 花腹鯖
Scomber australasicus CUVIER

1774. 白腹鯖
Scomber japonicus HOTTUYN

1775. 金帶花鯖
Rastrelliger kanagurta (CUVIER)

1776. 福氏金帶花鯖
Rastrelliger faughni MATSUI

1777. 正鰹
Katsuwonus pelamis (LINNAEUS)

1778. 巴鰹
Euthynnus affinis (CANTOR)

1779. 臺灣巴鰹
Euthynnus alleteratus (RAFINESQUE)

1780. 平花鰹
Auxis thazard (LACÉPÈDE)

1781. 圓花鰹
Auxis rochei RISSO

1782. 鮪
Thunnus thynnus (LINNAEUS)

1783. 長鰭鮪
Thunnus alalunga (BONNATERRE)

1784. 短鮪
Thunnus obesus (LOWE)

1785. 黃鰭鮪
Thunnus albacares (BONNATERRE)

1786. 小黃鰭鮪
Thunnus tonggol (BLEEKER)

1787. 鰆
Scomberomorus commersoni (LACÉPÈDE)

1788. 中華鰆
Scomberomorus sinensis (LACÉPÈDE)

1789. 日本馬加鰆
Sawara niphonius (CUVIER & VALENCIENNES)

1790. 臺灣馬加鰆
Sawara guttata (BLOCH & SCHNEIDER)

1791. 高麗馬加鰆
Sawara koreana (KISHINOUYE)

1792. 齒鰆
Sarda orientalis (TEMMINCK & SCHLEGEL)

1793. 裸鰆
Gymnosarda unicolor (RÜPPELL)

1794. 棘鰆
Acanthocybium solandri (CUVIER & VALENCIENNES)

正旗魚科 ISTIOPHORIDAE

1795. 雨傘旗魚
Istiophorus platypterus (SHAW & NODDER)

1796. 小旗魚

Tetrapterus angustirostris TANAKA

1797. 紅肉旗魚
Tetrapterus audax (PHILIPPI)

1798. 立翅旗魚
Makaira indica (CUVIER)

1799. 黑皮旗魚
Makaira mazara (JORDAN & SNYDER)

扁嘴旗魚科 XIPHIIDAE

1800. 丁挽舊旗魚
Xiphiis gladius LINNAEUS

帶鰆科 GEMPYLIDAE

1801. 鱗網帶鰆
Lepidocybium flavobrunneum (SMITH)

1802. 薔薇帶鰆
Ruvettus pretiosus COCCO

1803. 東洋魛
Neoepinnula orientalis (GILCHRIST et VON BONDE)

1804. 尖身魛
Mimasea taeniosoma KAMOHARA

1805. 黑刃魛
Acinacea notha BORY dE ST. VINCENT

1806. 梭倫魛
Rexea solandri (CUVIER)

1807. 紫金魚
Promethichthys prometheus (CUVIER)

帶魚科 TRICHIURIDAE

1808. 深海帶魚
Evoxymetopon taeniatus (POEY)

1809. 卜氏深海帶魚
Evoxymetopon poeyi GÜNTHER

1810. 妙帶魚
Eupleurogrammus muticus (GRAY)

1811. 隆頭帶魚
Tentoriceps cristatus (KLUNZINGER)

1812. 肥帶魚
Trichiurus lepturus LINNAEUS

1813. 瘦帶魚

Trichiurus japonicus TEMMINCK & SCHLEGEL

1814. 沙帶魚
Lepturacanthus savala (CUVIER)

鯧亞目 STROMATEOIDEI

鯧科 STROMATEIDAE

1815. 燕尾鯧
Stromateoides echinogaster (BASILEVSKY)

1816. 白鯧
Stromateoides argenteus (EUPHRASEN)

1817. 中國鯧
Stromateoides sinensis (EUPHRASEN)

1818. 瓜子鯧
Psenopsis anomala (TEMMINCK & SCHLEGEL)

圓鯧科 NOMEIDAE

1819. 花瓣鯧
Icticus pellucidus (LÜTKEN)

1820. 水母鯧
Psenes arafurensis GÜNTHER

1821. 印度圓鯧
Psenes indicus (DAY)

1822. 鱗首鯧
Cubiceps squamiceps (LLOYD)

1823. 雙鰭鯧
Nomeus albula (MENSCHEN)

鱧亞目 CHANNOIDEI

鱧科 CHANNIDAE

1824. 七星鱧
Channa asiatica (LINNAEUS)

1825. 寬額鱧
Channa gachua (HAMILTON-BUCHANAN)

1826. 鱧
Channa maculatus (LACÉPÈDE)

1827. 黑鱧
Channa argus (CANTOR)

闘魚亞目 ANABANTOIDEI

闘魚科 ANABANTIDAE

1828. 攀木魚
Anabas scandens (DALDORF)
1829. 闘魚
Macropodus viridiauratus LACÉPÈDE
1830. 圓尾闘魚
Macropodus chinensis (BLOCH)

棘鰍亞目 MASTACEMBELOIDEI

棘鰍科 MASTACEMBELIDAE

1831. 棘鰍
Macrognathus aculeatum (BLOCH)
1832. 小林氏棘鰍
Macrognathus kobayashii (OSHIMA)

姥姥魚目 GOBIESOCIFORMES

姥姥魚亞目 GOBIESOCOIDEI

姥姥魚科 GOBIESOCIDAE

1833. 扁頭姥姥魚
Conidens laticephalus (TANAKA)
1834. 小姥姥魚
Aspasma minima (DODERLEIN)
1835. 姥姥魚
Aspasmichthys ciconiae (JORDAN & FOWLER)
1836. 三崎姥姥魚
Lepadichthys frenatus WAITE

鼠銜魚亞目 CALLIONYMOIDEI

鼠銜魚科 CALLIONYMIDAE

1837. 雙線鼠銜魚
Diplogrammus xenicus (JORDAN & THOMPSON)
1838. 指鰭鼠銜魚
Dactylopus dactylopus(BENNETT in VALENCIENNES)
1839. 曳絲鼠銜魚
Callionymus (Calliurichthys) variegatus TEMMINCK & SCHLEGEL
1840. 藍身鼠銜魚
Callionymus (Calliurichthys) belcheri recurvispinnis (LI)
1841. 絲鰭鼠銜魚
Callionymus (Calliurichthys) filamentosus VALENCIENNES
1842. 槍棘鼠銜魚
Callionymus (Calliurichthys) doryssus (JORDAN & FLWLER)
1843. 南臺鼠銜魚
Callionymus (Calliurichthys) martinae FRICKE
1844. 粗首鼠銜魚
Callionymus (Calliurichthys) scabriceps FOWLER
1845. 鼠銜魚
Callionymus (Calliurichthys) japonicus japonicus HOUTTUYN
1846. 臺灣鼠銜魚
Callionymus (Callionymus) formosanus FRICKE
1847. 蘇庫鼠銜魚
Callionymus (Callionymus) sokonumeri KAMOHARA
1848. 凱島鼠銜魚
Callionymus (Callionymus) kaianus GÜNTHER
1849. 九棘鼠銜魚
Callionymus (Callionymus) enneactis BLEEKER
1850. 彎棘鼠銜魚
Callionymus (Callionymus) curvicornis

VALENCIENNES

1851. 子午鼠䲗魚
Callionymus (Callionymus) meridionalis
SUWARDJI

1852. 滑鼠䲗魚
Callionymus (Callionymus) lunatus
TEMMINCK & SCHLEGEL

1853. 薛氏鼠䲗魚
Callionymus (Callionymus) schaapi
BLEEKER

1854. 平淡鼠䲗魚
Callionymus (Callionymus) planus
OCHIAI, ARAGA & NAKAJIMA

1855. 暗色鼠䲗魚
Callionymus (Callionymus) virgis
JORDAN & FOWLER

1856. 瓦氏鼠䲗魚
Callionymus (Callionymus) valenciennei
TEMMINCK & SCHLEGEL

1857. 八斑鼠䲗魚
Callionymus (Callionymus) octostigmatus
FRICKE

1858. 胡氏鼠䲗魚
Callionymus (Callionymus) huguenini
BLEEKER

1859. 本氏鼠䲗魚
Callionymus (Callionymus) beniteguri
JORDAN & SNYDER

1860. 海南鼠䲗魚
Callionymus (Callionymus) hainanensis LI

1861. 紅鼠䲗魚
Synchiropus altivelis (TEMMINCK &
SCHLEGEL)

1862. 飯島氏鼠䲗魚
Synchiropus ijimai JORDAN & THOMPSON

1863. 眼斑鼠䲗魚
Synchiropus ocellatus (PALLAS)

1864. 條紋鼠䲗魚
Synchiropus lineolatus (VALENCIENNES)

1865. 美麗鼠䲗魚
Synchiropus picturatus (PETERS)

1866. 花斑鼠䲗魚
Synchiropus splendidus (HERRE)

龍䲗魚科 DRACONETTIDAE

1867. 龍䲗魚
Draconetta xenica JORDAN & FOWLER

側泳目 PLEURONECTIFORMES

大口鰈亞目 PSETTODOIDEI

大口鰈科 PSETTODIDAE

1868. 大口鰈
Psettodes erumei (BLOCH & SCHNEIDER)

鰈亞目 PLEURONECTOIDEI

琴鰈科 CITHARIDAE

1869. 鱗鰈
Lepidoblepharon ophthalmolepis WEBER

左鰈科 BOTHIDAE

1870. 花圓鰈
Tephrinectes sinensis (LACÉPÈDE)

1871. 牙鰈
Paralichthys olivaceus (TEMMINCK &
SCHLEGEL)

1872. 重點扁魚
Pseudorhombus dupliciocellatus REGAN

1873. 貧齒扁魚
Pseudorhombus oligodon (BLEEKER)

1874. 五斑扁魚
Pseudorhombus quinquocellatus WEBER &
DE BEAUFORT

1875. 櫛鱗扁魚
Pseudorhombus ctenosquamis (OSHIMA)

1876. 大齒扁魚
Pseudorhombus arsius (HAMILTON-
BUCHANAN)

1877. 五目扁魚

Pseudorhombus pentophthalmus GÜNTHER

1878. 高身扁魚
Pseudorhombus elevatus OGILBY

1879. 爪哇扁魚
Pseudorhombus javanicus (BLEEKER)

1880. 桂皮扁魚
Pseudorhombus cinnamoneus (TEMMINCK & SCHLEGEL)

1881. 滑鱗扁魚
Pseudorhombus levisquamis (OSHIMA)

1882. 普通扁魚
Pseudorhombus neglectus BLEEKER

1883. 大鱗鰈
Tarphops oligolepis (BLEEKER)

1884. 低身羊舌魚
Arnoglossus tapienosoma (BLEEKER)

1885. 一色羊舌鰈
Arnoglossus aspilos (BLEEKER)

1886. 瘦羊舌魚
Arnoglossus tenuis GÜNTHER

1887. 長身羊舌鰈
Arnoglossus elongatus WEGER

1888. 南洋羊舌鰈
Arnoglossus polyspilus (GÜNTHER)

1889. 日本羊舌魚
Arnoglossus japonicus HUBBS

1890. 小眼羊舌鰈
Arnoglossus microphthalmus (VON BONDE)

1891. 飯島氏鰊鰈
Psettina iijimae (JORDAN & STARKS)

1892. 小嘴鰊鰈
Psettina brevirictus ALCOCK

1893. 巨鰊鰈
Psettina gigantea AMAOKA

1894. 土佐鰊鰈
Psettina tosana AMAOKA

1895. 齒鰊鰈
Japonolaeops dentatus AMAOKA

1896. 東港槍鰈
Laeops tungkongensis CHEN & WENG

1897. 小頭槍鰈
Laeops parviceps GÜNTHER

1898. 黑槍鰈
Laeops nigrescens LLOYD

1899. 北原氏槍鰈
Laeops kitaharae SMITH & POPE

1900. 綠斑鰈
Parabothus chlorospilus GILBERT

1901. 複鱗鰈
Engyprosopon multisquama AMAOKA

1902. 達摩鰈
Engyprosopon grandisquamis (TEMMINCK & SCHLEGEL)

1903. 巨鰭鰈
Engyprosopon macroptera AMAOKA

1904. 青纓鰈
Crossorhombus kanekonis (TANAKA)

1905. 纓鰈
Crossorhombus kobensis (JORDAN & STARKS)

1906. 蒙鰈
Bothus mancus (BROUSSONET)

1907. 豹紋鰈
Bothus pantherinus (RÜPPELL)

1908. 布氏鰈
Bothus bleekeri STEINDACHNER

1909. 繁星鰈
Bothus myriaster (TEMMINCK & SCHLEGEL)

1910. 菱鰈
Bothus assimilis (GÜNTHER)

1911. 憂鬱大口鰊鰈
Chascanopsetta lugubris ALCOCK

1912. 大口鰊鰈
Kamoharaia megastoma KAMOHARA

1913. 克氏線鰈
Grammatobothus kremfi CHABANAUD

右鰈科 PLEURONECTIDAE

1914. 蟲鰈
Eopsetta grigorjewi (HERZENSTEIN)

1915. 右鰈
Pleuronichthys cornutus (TEMMINCK & SCHLEGEL)

1916. 田中鰈
Tanakius kitaharae (JORDAN & STARKS)

1917. 石鰈
Platichthys bicoloratus (BASILEWSKY)

1918. 棘鰈
Platichthys stellatus (PALLAS)

1919. 普來隆花鰊鰈
Poecilopsetta praelonga ALCOCK

1920. 丕林塞花鰊鰈
Poecilopsetta plinthus JORDAN & STARK

1921. 那塔花鰊鰈
Poecilopsetta natalensis NORMAN

1922. 冠鰈
Samaris cristatus GRAY

1923. 滿月鰈
Samariscus latus MATSUBARA & TAKAMUKI

1924. 長鰭滿月鰈
Samariscus longimanus NORMAN

1925. 素滿月鰈
Samariscus inornatus LLOYD

鰨亞目 SOLEOIDEI

右鰨科 SOLEIDAE

1926. 細斑鰨沙
Heteromycteris japonicus (TEMMINCK & SCHLEGEL)

1927. 卵圓鰨沙
Solea ovata RICHARDSON

1928. 異鼻斑鰨沙
Soleichthys heterorhinos BLEEKER

1929. 逆眼異鼻鰨沙
Soleichthys sp.

1930. 孃葉仔
Synaptura orientalis (BLOCH & SCHNEIDER)

1931. 環紋鰨沙
Synaptura annularis (FOWLER)

1932. 瓜格斑鰨沙
Zebrias quagga (KAUP)

1933. 斑鰨沙
Zebrias zebra (BLOCH & SCHNEIDER)

1934. 纓鱗鰨沙
Zebrias crossolepis CHENG & CHANG

1935. 日本斑鰨沙
Zebrias japonicus (BLEEKER)

1936. 角鰨沙
Aesopia cornuta KAUP

1937. 南鰨沙
Pardachirus pavoninus (LACÉPÈDE)

1938. 可勃櫛鱗鰨沙
Aseraggodes kobensis (STEINDACHNER)

1939. 網紋櫛鱗鰨沙
Aseraggodes kaianus (GÜNTHER)

1940. 圓鱗鰨沙
Aseraggodes melanospilus (BLEEKER)

左鰨科 CYNOGLOSSIDAE

1941. 斑駁纓唇牛舌魚
Paraplagusia bilineata (BLOCH)

1942. 一色纓唇牛舌魚
Paraplagusia blochi (BLEEKER)

1943. 臺灣纓唇牛舌魚
Paraplagusia formosana OSHIMA

1944. 日本纓唇牛舌魚
Paraplagusia japonica (TEMMINCK & SCHLEGEL)

1945. 斑點纓唇牛舌魚
Paraplagusia guttata (MACLEAY)

1946. 雙線鞋底魚
Cynoglossus bilineatus LACÉPÈDE

1947. 長牛舌魚
Cynoglossus lingua HAMILTON-BUCHMANN

1948. 短壯鞋底魚
Cynoglossus robustus GÜNTHER

1949. 大鱗鞋底魚
Cynoglossus arel (BLOCH & SCHNEIDER)

1950. 利達鞋底魚
Cynoglossus lida (BLEEKER)
1951. 蘇茵鞋底魚
Cynoglossus suyeni FOWLER
1952. 短吻鞋底魚
Cynoglossus kopsi (BLEEKER)
1953. 斷線鞋底魚
Cynoglossus interruptus GÜNTHER
1954. 頭斑鞋底魚
Cynoglossus puncticeps (RICHARDSON)
1955. 正鞋底魚
Cynoglossus cynoglossus (HAMILTON-BUCHANAN)
1956. 喬氏龍舌魚
Cynoglossus joyneri GÜNTHER
1957. 單鼻鞋底魚
Cynoglossus itinus (SNYDER)
1958. 寬體鞋底魚
Cynoglossus abbreviatus (GRAY)
1959. 窄體鞋底魚
Cynoglossus gracilis GÜNTHER
1960. 東方鞋底魚
Symphurus orientalis (BLEEKER)
1961. 九帶鞋底魚
Symphurus novemfasciatus SHEN
1962. 緊身鞋底魚
Symphurus strictus GILBERT

魨形目 TETRAODONTIFORMES

的鯛形組 ZEOMORPHI

菱的鯛科 GRAMMICOLEPIDAE

1963. 菱的鯛
Xenolepidichthys dalgleishi GILCHRIST
1964. 巨菱的鯛
Daramattus armatus SMITH

的鯛科 ZEIDAE

1965. 日本的鯛

Zeus faber LINNAEUS
1966. 雨印鯛
Zenopsis nebulosa (TEMMINCK & SCHLEGEL)
1967. 紅的鯛
Cyttopsis roseus (LOWE)
1968. 青的鯛
Cyttomimus affinis WEBER

菱鯛科 CAPROIDAE

1969. 高菱鯛
Antigonia capros LOWE
1970. 菱鯛
Antigonia rubescens (GÜNTHER)

魨形組 PLECTOGNATHI

皮剝魨亞目 BALISTOIDEI

三棘魨科 TRIACANTHIDAE

1971. 突吻三棘魨
Triacanthus biaculeatus (BLOCH)
1972. 勃氏三棘魨
Triacanthus blochi BLEEKER
1973. 短吻三棘魨
Triacanthus brevirostris TEMMINCK & SCHLEGEL
1974. 準三棘魨
Pseudotriacanthus strigilifer (CANTOR)
1975. 擬三棘魨
Triacanthodes anomalus (TEMMINCK & SCHLEGEL)
1976. 東非擬三棘魨
Triacanthodes ethiops ALCOCK
1977. 逆鈎三棘魨
Paratriacanthodes retrospinis FOWLER
1978. 厚唇三棘魨
Tydemania navigatoris WEBER
1979. 亞氏三棘魨
Halimochirurgus alcocki WEBER

皮剝魨科 BALISTIDAE

1980. 紅齒皮剝魨
Odonus niger (RÜPPELL)

1981. 黃鰭皮剝魨
Melichthys vidua (SOLANDER)

1982. 黑皮剝魨
Melichthys niger BLOCH

1983. 胡麻皮剝魨
Balistes viridescens BLOCH & SCHNEIDER

1984. 花斑皮剝魨
Balistes conspicillum BLOCH & SCHNEIDER

1985. 環頜皮剝魨
Balistes fraenatus LATREILLE

1986. 金鰭皮剝魨
Balistes chrysopterus BLOCH & SCHNEIDER

1987. 白線皮剝魨
Balistes bursa BLOCH & SCHNEIDER

1988. 扁尾皮剝魨
Blistes stellatus (LACÉPÈDE)

1989. 波紋皮剝魨
Balistapus undulatus MUNGO PARK

1990. 斜帶皮剝魨
Balistapus echarpe (LACÉPÈDE)

1991. 多棘皮剝魨
Balistapus aculeatus (LINNAEUS)

1992. 褐皮剝魨
Balistapus fuscus BLOCH & SCHNEIDER

1993. 黃緣皮剝魨
Balistapus flavimarginatus (RÜPPELL)

1994. 尾斑皮剝魨
Balistapus verrucosus (LINNAEUS)

1995. 棘身皮剝魨
Canthidermis rotundatus (PROCÉ)

1996. 大棘皮剝魨
Canthidermis maculatus (BLOCH)

單棘魨科 MONACANTHIDAE

1997. 黑頭單棘魨

Pervagor melanocephalus (BLEEKER)

1998. 茸鱗單棘魨
Pervagor tomentosus (LINNAEUS)

1999. 前棘單棘魨
Laputa cingalensis FRASER-BRUNNER

2000. 長身單棘魨
Paramonacanthus oblongus (TEMMINCK & SCHLEGEL)

2001. 日本長身單棘魨
Paramonacanthus nipponensis (KAMOHARA)

2002. 曳絲單棘魨
Stephanolepis cirrhifer (TEMMINCK & SCHLEGEL)

2003. 日本單棘魨
Stephanolepis japonicus (TILESIUS)

2004. 大鰓單棘魨
Arotrolepis sulcatus (HOLLARD)

2005. 皮鬚單棘魨
Chaetoderma spinosissimus (QUOY & GAIMARD)

2006. 中國單棘魨
Monacanthus chinensis (OSBECK)

2007. 馬面單棘魨
Navodon modestus (GÜNTHER)

2008. 密斑單棘魨
Navodon tessellatus (GÜNTHER)

2009. 網紋單棘魨
Rudarius ercodes JORDAN & FOWLER

2010. 側棘單棘魨
Amanses scopas (CUVIER)

2011. 豹紋單棘魨
Amanses pardalis (RÜPPELL)

2012. 檀島單棘魨
Amanses sandwichiensis (QUOY & GAIMARD)

2013. 白點單棘魨
Amanses dumerilii (HOLLARD)

2014. 長吻單棘魨
Oxymonacanthus longirostris (BLOCH & SCHNEIDER)

2015. 鞍斑單棘魨
Paraluteres prionurus (BLEEKER)
2016. 薄葉單棘魨
Alutera monoceros (LINNAEUS)
2017. 長尾單棘魨
Alutera scriptus (OSBECK, L. GMELIN)

鬚魨科 PSILOCEPHALIDAE

2018. 鬚魨
Psilocephalus barbatus (GRAY)

鎧魨亞目 OSTRACIONTOIDEI

鎧魨科 OSTRACIONTIDAE

2019. 六稜鎧魨
Kentrocapros aculeatus (HOUTTUYN)
2020. 駝背三稜鎧魨
Rhinesomus gibbosus (LINNAEUS)
2021. 三稜鎧魨
Rhinesomus concatenatus (BLOCH & SCHNEIDER)
2022. 粒突鎧魨
Ostracion tuberculatus LINNAEUS
2023. 細點鎧魨
Ostracion meleagris SHAW
2024. 五棘鎧魨
Lactoria fornasini (BIANCONI)
2025. 角棘四稜鎧魨
Lactoria cornutus (LINNAEUS)
2026. 海燕四稜鎧魨
Lactoria diaphana (BLOCH & SCHNEIDER)

四齒魨亞目 TETRAODONTOIDEI

四齒魨科 TETRAODONTIDAE

2027. 冠帶扁背魨
Canthigaster coronatus (VAILLANT & SAUVAGE)
2028. 橫帶扁背魨

Canthigaster valentini (BLEEKER)
2029. 安汶扁背魨
Canthigaster amboinensis (BLEEKER)
2030. 條紋扁背魨
Canthigaster rivulatus (TEMMINCK & SCHLEGEL)
2031. 本氏扁背魨
Canthigaster bennetti (BLEEKER)
2032. 蟲紋扁背魨
Canthigaster compressus (PROCÉ)
2033. 眞珠扁背魨
Canthigaster margaritatus (RÜPPELL)
2034. 眼斑扁背魨
Canthigaster solandri (RICHARDSON)
2035. 白紋扁背魨
Canthigaster janthinopterus (BLEEKER)
2036. 縱褶河魨
Liosaccus pachygaster (MÜLLER & TROSCHEL)
2037. 滑背河魨
Lagocephalus inermis (TEMMINCK & SCHLEGEL)
2038. 仙人河魨
Lagocephalus sceleratus (FORSTER)
2039. 栗色河魨
Lagocephalus lunaris (BLOCH & SCHNEIDER)
2040. 鯖河魨
Lagocephalus gloveri ABE & TABETA
2041. 縱帶河魨
Amblyrhynchotes hypselogeneion (BLEEKER)
2042. 橫紋河魨
Fugu oblongus (BLOCH)
2043. 眼斑河魨
Fugu ocellatus ocellatus (LINNAEUS)
2044. 星點河魨
Fugu niphobles (JORDAN & SNYDER)
2045. 虎河魨
Fugu rubripes (TEMMINCK & SCHLEGEL)
2046. 黑鰭河魨

Fugu chinensis (ABE)

2047. 黃鰭河魨
Fugu xanthopterus (TEMMINCK &
SCHLEGEL)

2048. 雲斑蟲紋河魨
Fugu vermicularis porphyreus (TEMMINCK
& SCHLEGEL)

2049. 網斑河魨
Fugu poecilonotus (TEMMINCK &
SCHLEGEL)

2050. 豹斑河魨
Fugu pardalis (TEMMINCK & SCHLEGEL)

2051. 冲繩河魨
Chelonodon patoca (HAMILTON-
BUCHANAN)

2052. 星斑河魨
Boesemanichthys firmamentum
(TEMMINCK & SCHLEGEL)

2053. 線紋河魨
Tetraodon immaculatus BLOCH &
SCHNEIDER

2054. 白網紋河魨
Tetraodon alboreticulatus TANAKA

2055. 模樣河魨
Tetraodon stellatus BLOCH & SCHNEIDER

2056. 網紋河魨
Tetraodon reticularis BLOCH &
SCHNEIDER

2057. 黑斑河魨
Tetraodon nigropunctatus (BLOCH &
SCHNEIDER)

2058. 腹紋白點河魨
Tetraodon hispidus (LINNAEUS)

2059. 白點河魨
Tetraodon mappa (LESSON)

二齒魨科 DIODONTIDAE

2060. 六斑刺河魨
Diodon holacanthus LINNAEUS

2061. 九斑刺河魨
Diodon novemmaculatus BLEEKER

2062. 密斑刺河魨
Diodon hystrix LINNAEUS

2063. 短棘刺河魨
Chilomycterus affinis GÜNTHER

三齒魨科 TRIODONTIDAE

2064. 三齒魨
Triodon bursarius REINWARDT

翻車魚亞目 MOLOIDEI

翻車魚科 MOLIDAE

2065. 長翻車魚
Ranzania laevis (PENNANT)

2066. 槍尾翻車魚
Masturus lanceolatus (LIÉNARD)

2067. 尖尾翻車魚
Masturus oxyuropterus (BLEEKER)

2068. 翻車魚
Mola mola (LINNAEUS)

補　遺

2069. 黃尾雀鯛
Pomacentrus flavicauda WHITLEY

2070. 一點雀鯛
Glyphidodontops unimaculatus (CUVIER)

2071. 側斑海緋鯉
Parupeneus pleurorpilus (BLEEKER)

2072. 大鱗石狗公
Scorpaena amplisquamiceps FOWLER

2073. 東洋魮
Nibea mitsukurii (JORDAN & SNYDER)

2074. 金色儒艮鯛
Halichoeres chrysurus RANDALL

2075. 南洋鸚鯛
Cheilinus celebicus BLEEKER

2076. 黃尾龍占
Lethrinus mahsena (FORSSKÅL)

2077. 圓頭鯔
Liza strongylocephalus (RICHARDSON)

2078. 巨鼻白眼鮫
Carcharhinus altimus (SPRINGER)

2079. 短翅白眼鮫
Carcharhinus brevipinna (MÜLLER & HENLE)

2080. 婆羅乃裸鯆
Anacanthobatis borneensis CHAN

2081. 黑帶光鰓雀鯛
Chromis retrofasciatus WEBER

2082. 烏面雀鯛
Dischistodus prosopotaenia (BLEEKER)

2083. 尾斑雀鯛
Abudefduf lorenzi HENSLEY & ALLEN

2084. 黑緣雀鯛
Pomacentrus nigromarginatus ALLEN

2085. 塔布拉雀鯛
Pomacentrus tablasensis MONTALBEN

2086. 紅尾金眼鯛
Centroberyx rubricaudus LIU & SHEN

2087. 黑環裸胸鯙
Gymnothorax chlamydatus SNYDER

2088. 紅鰓龍占
Lethrinus rubrioperculatus SATO

2089. 長身龍占
Lethrinus semicinctus VALENCIENNES

2090. 固頜鴨嘴鰻
Nettastoma solitarium CASTLE & SMITH

2091. 橫帶花鱸
Pseudanthias fasciatus (KAMOHARA)

2092. 白條紋石斑
Anyperodon leucogrammicus (VALENCIENNES)

2093. 三色鸚哥魚
Scarus tricolor BLEEKER

2094. 史氏鸚哥魚
Scarus schlegeli (BLEEKER)

2095. 二色鸚哥魚
Scarus dimidiatus BLEEKER

2096. 紅鰓鸚哥魚
Scarus rivulatus VALENCIENNES

2097. 日本鸚哥魚
Scarus japanensis (BLOCH)

2098. 環紋細鱗鸚鯛
Hologymnous annulatus (LACEPEDE)

2099. 有鬚掛帆鱚
Spinapsaron barbatum OKAMURA & KISHIDA

2100. 淡帶秋姑魚
Upeneus subvittatus TEMMINCK & SCHLEGEL

臺灣脊椎動物誌＝A synopsis of the
vertebrates of Taiwan／陳兼善原著；于名
振增訂. --二次增訂版. --臺北市：臺灣商
務，民75
 冊；　公分
參考書目：面
含索引
ISBN 957-05-0409-9 (一套：精裝)

1.脊椎動物 - 臺灣

388   82004132

臺灣脊椎動物誌（精裝三冊）

中册　基本定價二十四元

原 著 者　陳　兼　善
增 訂 者　于　名　振
發 行 人　張　連　生
出 版 者
印 刷 所　臺灣商務印書館股份有限公司
　　　　　臺北市 10036 重慶南路 1 段 37 號
　　　　　電話：(02)3116118・3115538
　　　　　傳眞：(02)3710274
　　　　　郵政劃撥：0000165-1 號
　　　　　出版事業
　　　　　登 記 證・局版臺業字第 0836 號

• 中華民國四十五年初版
• 中華民國五十八年五月增訂版第一次印刷
• 中華民國七十五年七月二次增訂版第一次印刷
• 中華民國八十二年九月二次增訂版第二次印刷

ISBN　957-05-0409-9（一套：精裝）　　　43142
ISBN　957-05-0745-4（中册：精裝）

ISBN 957-05-0745-4 　(388)

01080